ESTÁTICA VECTORIAL

ANTONIO LA CAVA

ESTÁTICA VECTORIAL

ANTONIO LA CAVA

nueva librería

La Cava, Antonio
Estática Vectorial. - 1a ed. - Buenos Aires : Nueva Librería, 2015.
436 págs. ; 27 x 20 cm.

ISBN 978-987-1871-30-8

1. Mecánica. 2.Ingeniería. 3.Estática. I, Título
CDD 531.12

Estados Unidos 301
(1101) Buenos Aires, Argentina
Tel.: 4362.9266 Fax: 4362.6887

libros@nuevalibreria.com.ar
www.nuevalibreria.com.ar

ISBN 10: 987-1871-30-9

ISBN 13: 978-987-1871-30-8

Hecho el depósito que marca la ley 11.723

Impreso en Argentina - Printed in Argentina

Prólogo

La presente obra, es un compendio ordenado de las clases de la materia Estabilidad I, que como Profesor dicto en la Facultad de Ingeniería de la Escuela Superior Técnica del Ejército, para las carreras de Ingenierías Civil y Mecánica, y en la Facultad de Ingeniería de la Universidad de Buenos Aires (F.I.U.B.A.), para las Ingenierías Mecánica y Naval en la materia Estabilidad IB.

La enseñanza de la Estática ha evolucionado lentamente desde su explicación en forma gráfica, hasta el modo en que se lo hace actualmente en la mayoría de las Facultades de Ingeniería de la Argentina, que es la exposición de los temas en forma vectorial. En este texto la metodología es exclusivamente vectorial y las explicaciones y demostraciones se hacen, casi siempre, con vectores generales.

La adopción del lenguaje vectorial además de hacer las demostraciones más generales y simples, da al ingeniero una potente herramienta para la solución de problemas cuando los vectores se refieren a algún sistema coordenado y en particular al cartesiano, por la independencia del resultado de la elección del sistema coordenado. Ha de destacarse la posibilidad de hacer fácilmente resoluble problemas de cuerpos con vinculación y cargas espaciales.

En el texto se supone que los cuerpos son rígidos e individibles y así se los considera en los primeros ocho capítulos. No obstante, para adecuarlo a los programas de las materias de las distintas Facultades de Ingeniería, en el último capítulo se eliminan estas dos premisas básicas y se estudia en particular el cuerpo con la forma de una barra que se considera como deformable a la cual se separa en partes para conocer las fuerzas internas.

Además, el aprendizaje de esta importante rama de la Mecánica sirve como base para el estudio de la Dinámica, Mecánica Analítica, Mecánica del Sólido deformable y aún la Mecánica de Fluidos que se estudian en los cursos superiores de la carrera.

Finalmente deseo expresar mi reconocimiento a las personas que leyeron el texto inicial, realizaron valiosas observaciones y señalaron la conveniencia de incluir algunos temas, particularmente a mi esposa, la Ing. Susana T. Angelomé como compiladora, y a los integrantes de la Comisión Editorial de la F.I.U.B.A. que actuó hasta febrero del año 2014, bajo la dirección del Ing. Eduardo Núñez, los distinguidos Profesores Ings. Arístides B. Domínguez, José T. Rusell y Alejandro Verri. A los integrantes de la editorial Nueva Librería, por haber confiado en la utilidad de la impresión de esta obra. No quiero olvidar en esta instancia, a aquellos maestros de la enseñanza de la Ingeniería de los que tanto aprendí y en particular del Profesor, no debidamente reconocido aún, Ing. Horacio Rezk.

Buenos Aires, febrero de 2015

ÍNDICE

Capítulo 1
Introducción

Este libro es un texto para estudiar a nivel universitario la *Estática del Cuerpo Rígido*, es decir aquella parte de la Mecánica que se ocupa de las condiciones en las que un cuerpo o un grupo de cuerpos bajo la acción de fuerzas, queda en equilibrio, ya sea inmóvil o en movimiento con velocidad (vectorial) constante, por medio de un planteo que utiliza fundamentalmente álgebra y análisis vectorial.

El uso del lenguaje vectorial permite simplificar las demostraciones y obtener resultados generales a partir de los cuales se deducen casos particulares de una manera más clara.

Si bien las demostraciones se hacen mayormente con vectores generales, en las aplicaciones prácticas las soluciones se facilitan notablemente cuando los mismos se asocian o expresan en algún sistema de coordenadas.

Se supone que el lector tiene conocimiento de materias tales como Análisis Matemático, Álgebra y Física. No obstante se realiza una revisión de vectores como los que se exponen en un curso de álgebra vectorial, más algunos temas que se utilizan en capítulos posteriores.

1.1 Conceptos básicos

Los conceptos básicos que se estudian en física como son los de longitud, tiempo, masa y fuerza, leyes de Newton, gravitación, trabajo, energía, sistema de unidades no se repetirán aquí y pueden repasarse en cualquier libro de física de nivel universitario.

1.1.1 Idealizaciones

Algunas de las idealizaciones que seguidamente se enumeran han sido tratadas en física. Luego explicaremos, allí donde corresponda, y con mayor detalle, las que utilizamos en el estudio de la estática del cuerpo rígido.

Punto material o partícula: Todos los cuerpos tienen un tamaño que es mayor o menor que cualquiera que se tome como referencia. Sin embargo cuando por las características del problema, ya sea porque su tamaño real sea despreciable respecto a los otros con los que se relaciona, o cuando no interese ni su tamaño ni su forma, se lo puede considerar como un punto material, en el sentido que el punto está asociado a un cuerpo con una cierta masa.

Cuerpo rígido: Los cuerpos reales bajo la acción de fuerzas (u otras acciones) se "desforman", o sea que pierden la forma original que tenían antes que las fuerzas actuasen. Por ello decimos que un cuerpo bajo distintas acciones se deforma.

El grado de deformación depende del material del cuerpo y de la magnitud de las fuerzas (que es la única acción que consideramos),

La alusión a cuerpo rígido hecha previamente, la entendemos como la propiedad de no cambiar de forma ni de tamaño, no importa cuál sea su material y la magnitud de las fuerzas actuantes. Oportunamente daremos una definición más precisa de cuerpo rígido.

Digamos que además los consideramos individibles, o sea que en el estudio de los distintos temas no podemos hacer cortes o separación en partes de un cuerpo, aunque sí hacer desconexiones cuando se encuentre unido a otros cuerpos, de modo que esa conexión permite el movimiento relativo de los cuerpos unidos.

Estas hipótesis fundamentales, de rigidez e individibilidad de los cuerpos, será abandonada en el último capítulo cuando estudiemos algunos aspectos de los cuerpos deformables.

Fuerza concentrada: La magnitud que es la medida cuantitativa de las interacciones mecánicas entre los cuerpos, sea por contacto directo o no, es lo que llamamos fuerza.

Todas las fuerzas están distribuidas en parte o en toda la superficie del cuerpo y se deben al contacto directo. Existen también fuerzas que se ejercen sobre la masa del cuerpo sin contacto físico.

Si la superficie de contacto es muy pequeña en relación al resto de la superficie del cuerpo, es una buena aproximación que facilita el estudio, considerarla como una fuerza concentrada en un punto contenido en la superficie de contacto.

Otras idealizaciones se expondrán oportunamente.

Las cargas que actúan sobre un cuerpo dan lugar a diversos efectos mecánicos que denominamos externos, para distinguirlos de los internos. Los efectos externos se refieren al estado de movimiento si el cuerpo es libre o con algún grado de movilidad y las interacciones con otros cuerpos.

1.2 Escalares y vectores

Una magnitud es escalar cuando para caracterizarla basta dar un número que se corresponde con la longitud de un segmento en la recta real (longitud, volumen, tiempo, etc.).

Si para caracterizar una magnitud es insuficiente la longitud del segmento de la recta real y debe darse además la orientación del segmento y su sentido, es una magnitud vectorial o vector (desplazamiento, fuerza, velocidad, aceleración, etc.).

Los vectores los representamos gráficamente, *fig.1-1*, por un segmento de recta y una flecha en un extremo del mismo.

La dirección del vector la da la orientación del segmento respecto a una recta de referencia y la flecha indica el sentido en esa dirección.

La longitud del segmento es proporcional al módulo del vector.

La recta a la que pertenece el segmento es la recta de acción o soporte del vector.

Los vectores los indicamos, como $\vec{A}$ u $\overrightarrow{OP}$, siendo ***O*** el origen (o cola) y ***P*** su extremo (o punta). Al módulo del vector lo designamos como $|\vec{A}|$ o, sabiendo que es un vector, simplemente como ***A***.

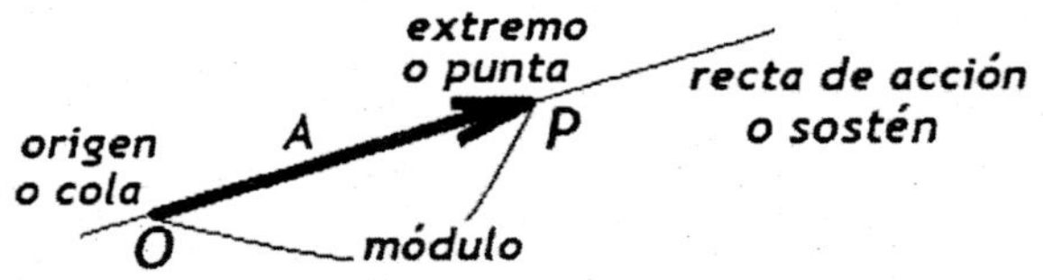

fig.1-1

Un vector, *fig.1-2*, con una cierta orientación y sentido en el espacio, se dice libre cuando puede estar en cualquier lugar sobre la misma recta, u otra paralela a la de referencia y con el mismo sentido e igual módulo.

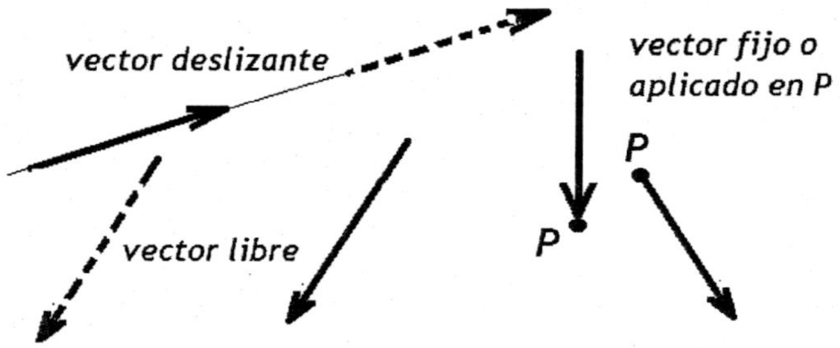

fig.1-2

Un vector es deslizante cuando el segmento que lo representa puede estar en cualquier lugar sobre su recta de acción o soporte, manteniendo el mismo sentido y módulo.

Un vector es aplicado o fijo cuando su origen o extremo está unido a un punto del espacio.

Dos o más vectores deslizantes sobre distintas líneas de acción son todos concurrentes si sus líneas de acción, se cruzan en un punto.

Dos o más vectores libres son iguales cuando sus rectas de acción son paralelas, tienen igual sentido y sus módulos son iguales.

Si dos o más vectores están sobre la misma línea de acción, los vectores son *colineales*.

Si las rectas de acción de dos o más vectores están todas en un mismo plano, los vectores son *coplanares*.

El producto de un vector por una constante escalar da como resultado otro vector colineal con el original, cuyo módulo es igual al producto de la constante por el módulo del vector y su sentido, con referencia al vector, lo da el signo del factor escalar: si este es negativo, el vector que resulta del producto tiene sentido opuesto al vector original, *fig.1-3*.

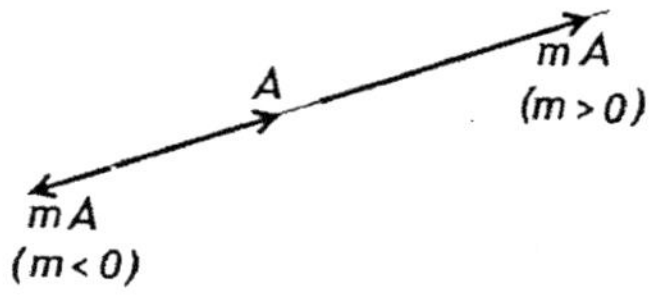

fig.1-3

$$m\,\overrightarrow{A} = \overrightarrow{B} \qquad \left|\overrightarrow{B}\right| = m\left|\overrightarrow{A}\right| \qquad [1.1]$$

Si $m > 0$, es el $sentido\ \overrightarrow{B} = sentido\ \overrightarrow{A}$
Si $m < 0$, es el $sentido\ \overrightarrow{B} \neq sentido\ \overrightarrow{A}$

Así si $\boldsymbol{m} = -\mathbf{1}$, el resultado es el vector opuesto al dado: $\overrightarrow{\mathbf{B}} = -\mathbf{1}\,\overrightarrow{\mathbf{A}} = -\overrightarrow{\mathbf{A}}$ y tal que $\left|\overrightarrow{\boldsymbol{B}}\right| = \left|\overrightarrow{\boldsymbol{A}}\right|$.

1.3 Vector unitario

Es un vector libre, de módulo ***1*** y adimensional, *fig.1-4*. Fija una dirección y sentido en el espacio, de modo que si $\overrightarrow{\boldsymbol{A}}$ es un vector, el vector unitario que está en su dirección y con el mismo sentido, es:

$$\overrightarrow{\boldsymbol{e_a}} = \frac{\overrightarrow{A}}{\left|\overrightarrow{A}\right|} \qquad [1.2]$$

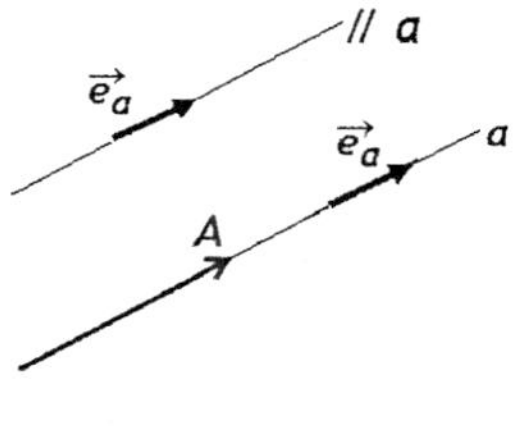

fig.1-4

Con la *ec.[1.2]*, se puede expresar al propio vector como: $\overrightarrow{\boldsymbol{A}} = \left|\overrightarrow{\boldsymbol{A}}\right|\overrightarrow{\boldsymbol{e}}_{\boldsymbol{a}}$ [1.3]

Los vectores unitarios los designamos $\overrightarrow{\boldsymbol{e}}$, con un subíndice apropiado; para ciertas direcciones particulares usamos otros símbolos, como veremos luego.

1.4 Adición y sustracción de vectores libres

Simbólicamente la adición y sustracción de dos vectores libres $\overrightarrow{\boldsymbol{A}}$ y $\overrightarrow{\boldsymbol{B}}$ puede ponerse como:

$$\overrightarrow{A} + \overrightarrow{B} = \overrightarrow{R} \qquad \overrightarrow{A} - \overrightarrow{B} = \overrightarrow{A} + \left(-\overrightarrow{B}\right) = \overrightarrow{R}$$

siendo $\overrightarrow{\boldsymbol{R}}$ el vector suma o *vector resultante*.

Gráficamente puede obtenerse, *fig.1-5a*, llevando a un punto común los orígenes de ambos vectores y completar el paralelogramo que tiene por lados a segmentos cuyas longitudes son los módulos de los vectores. La diagonal del paralelogramo con origen en el punto común, es el vector suma o resultante $\overrightarrow{R}$.

Para la sustracción, *fig.1-5b*, aplicando el procedimiento anterior, se suma al $\overrightarrow{A}$, el vector opuesto del $\overrightarrow{B}$.

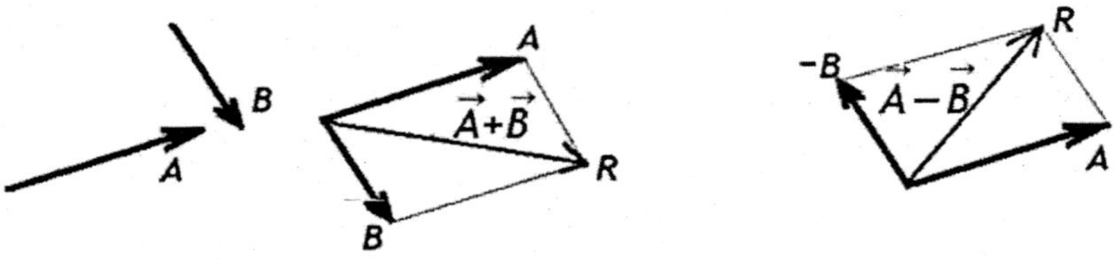

fig.1-5 a) b)

Un método gráfico alternativo para la adición, es construir el denominado *triángulo de vectores*. A partir de uno de los vectores se lleva el otro haciendo coincidir su origen con el extremo del primero, *fig.1-6*. El vector resultante se obtiene uniendo el origen del primer vector con el extremo del segundo, formándose un triángulo entre los tres vectores.

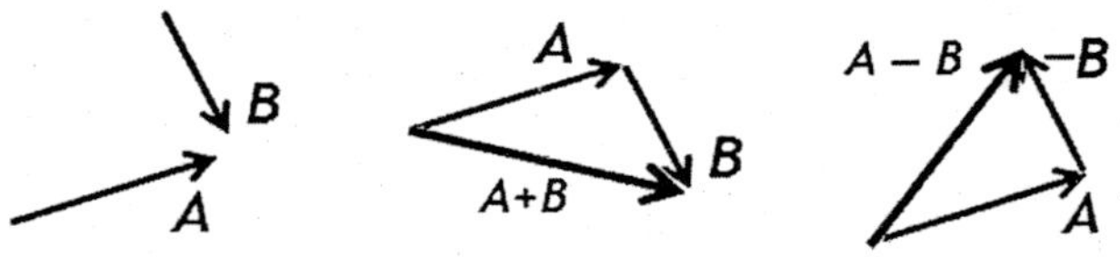

fig.1-6

Si los vectores son más de dos, *fig.1-7a*, como una extensión del método del triángulo, se construye un polígono de vectores disponiendo los vectores uno a continuación del otro; el vector resultante es el que une el origen del primer vector y la punta del último. Si los vectores que se suman son coplanares, ellos y la resultante forman un polígono de vectores que está en el mismo plano; si los vectores tienen una disposición cualquiera en el espacio, forman un polígono espacial.

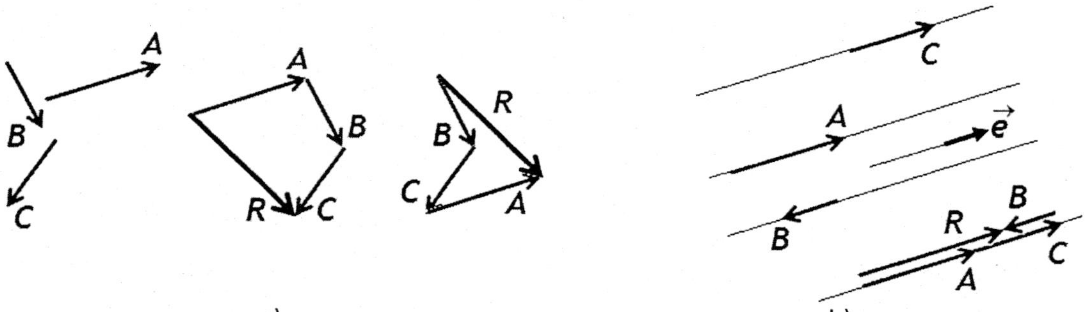

fig.1-7 a) b)

Se obtiene el mismo vector resultante si los vectores que se suman se llevan en cualquier otro orden:

$$\overrightarrow{A}+\overrightarrow{B}+\overrightarrow{C}=\overrightarrow{C}+\overrightarrow{B}+\overrightarrow{A}=\overrightarrow{C}+\overrightarrow{A}+\overrightarrow{B}=\overrightarrow{R}$$

Como un caso particular si las líneas de acción de los vectores son paralelas, se define para las rectas un sentido positivo por medio de un vector unitario, *fig.1-7b*, la resultante será un vector cuya recta de acción es paralela a las rectas de acción de las fuerzas. Su valor, si expresamos cada fuerza como el producto de su módulo por el vector unitario, es:

$$\overrightarrow{R}=A\,\overrightarrow{e}+B\,(-\overrightarrow{e})+C\,\overrightarrow{e}$$

como cualitativamente se muestra en la figura.

Si los vectores son colineales la propia recta de acción que los contiene, es la recta de acción de la resultante.

1.5 Multiplicación escalar

Se define como la multiplicación escalar entre los vectores $\vec{A}$ y $\vec{B}$, *fig.1-8a*, y que se expresa como $\vec{A} \cdot \vec{B}$:

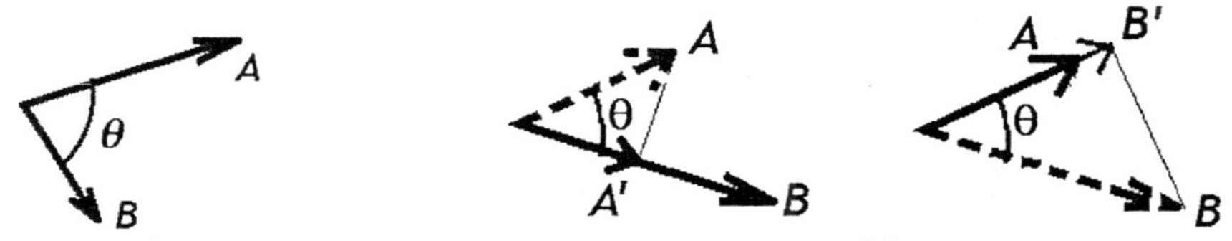

fig.1-8 a) b)

$$\vec{A} \cdot \vec{B} = |\vec{A}|\,|\vec{B}|\,\cos\theta \qquad 0 \leq \theta \leq \pi \tag{1.4}$$

y cuyo producto es una magnitud escalar.

Si los vectores no son concurrentes, se los trata como libres y se los mueve a un origen común para poder definir el ángulo θ.

Esta multiplicación tiene las siguientes propiedades:

Conmutativa: $\vec{A} \cdot \vec{B} = \vec{B} \cdot \vec{A}$

Distributiva respecto a la suma: $\vec{A} \cdot (\vec{B} + \vec{C}) = \vec{A} \cdot \vec{B} + \vec{A} \cdot \vec{C}$

Distributiva respecto a la multiplicación por una constante: $m(\vec{A} \cdot \vec{B}) = (m\,\vec{A}) \cdot \vec{B} = \vec{A} \cdot (m\,\vec{B})$

De acuerdo con la definición puede decirse también que, *fig.1-8b*:

$$\vec{A} \cdot \vec{B} = |\vec{B}|\,(|\vec{A}|\,\cos\theta) = |\vec{B}|\,|\vec{A'}| \quad \text{o} \quad \vec{A} \cdot \vec{B} = |\vec{A}|\,(|\vec{B}|\,\cos\theta) = |\vec{A}|\,|\vec{B'}| \tag{1.5}$$

es la multiplicación del módulo de uno de los vectores por el módulo de la proyección del otro sobre él.

Con esta conclusión, *fig.1-9*, la magnitud de la proyección de un vector sobre una recta ***a***, caracterizada por el vector unitario $\vec{e_a}$, es el producto escalar de:

$$\vec{A} \cdot \vec{e_a} = |\vec{A}|\,1\,\cos\theta = A_a$$

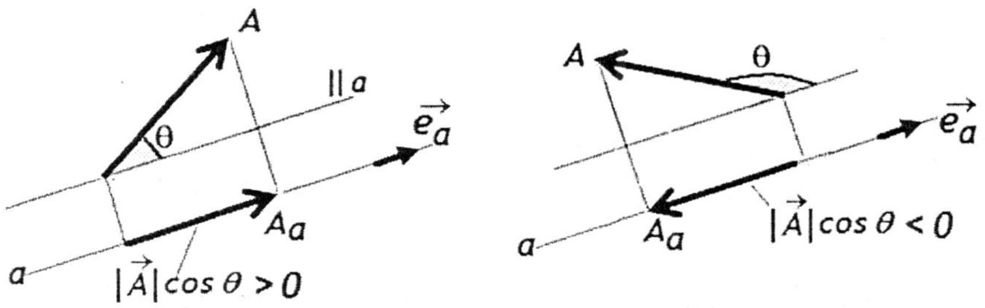

fig.1-9 a) b)

y al vector proyectado en la dirección ***a***: $$\vec{A_a} = A_a\,\vec{e_a} = (\vec{A} \cdot \vec{e_a})\,\vec{e_a} \tag{1.6}$$

El signo de $\vec{A} \cdot \vec{e_a}$ indica si el sentido del vector proyectado $\vec{A_a}$ está en el de $\vec{e_a}$, *fig.1-9a*, o en el opuesto, *fig.1-9b*.

1.6 Multiplicación vectorial

Se escribe como $\vec{A} \times \vec{B}$ y su producto es un vector cuyo módulo es, *fig.1-10a*:

$$|\vec{A} \times \vec{B}| = |\vec{A}|\,|\vec{B}|\ sen\,\theta \qquad [1.7]$$

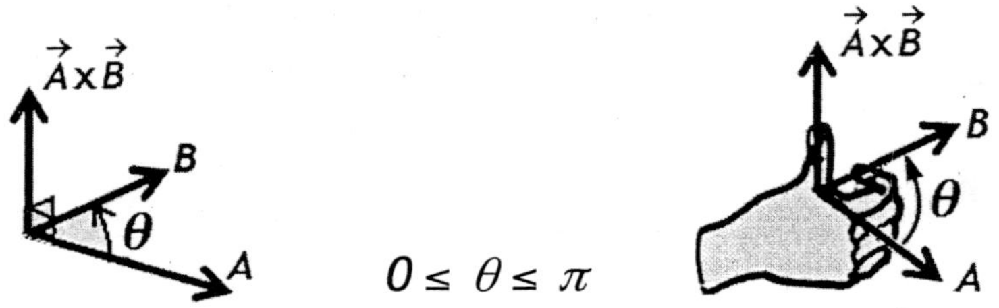

fig.1-10 a) b)

Si los vectores tienen cualquier posición relativa en el espacio, se los trata como libres y se los lleva a un origen común para definir el θ.

La dirección del vector producto vectorial, *fig.1-10a*, es perpendicular al plano que definen los vectores $\vec{A}$ y $\vec{B}$ (llevados a un origen común). El sentido del vector $\vec{A} \times \vec{B}$ se obtiene, *fig.1-10b*, según la regla de la mano derecha, por la cual si los cuatro dedos unidos a la palma de esa mano se giran desde el primer vector $\vec{A}$, hacia el segundo vector $\vec{B}$, el sentido hacia donde indica el dedo pulgar, da el sentido del vector producto vectorial.

Algunas de las propiedades que tiene esta multiplicación son:

No conmutativa: $\vec{A} \times \vec{B} \neq \vec{B} \times \vec{A}$ aunque sí: $\vec{A} \times \vec{B} = -\left(\vec{B} \times \vec{A}\right)$ [1.8]

Distributiva respecto a la suma: $\vec{A} \times \left(\vec{B} + \vec{C}\right) = \vec{A} \times \vec{B} + \vec{A} \times \vec{C}$ [1.9]

El módulo del vector $\vec{A} \times \vec{B}$ es, numéricamente, equivalente al área del paralelogramo cuyos lados son $|\vec{A}|$ y $|\vec{B}|$ o también, el doble del área del triángulo que los tiene por lados, siendo el tercer lado el que une los extremos de los vectores cuando se los lleva a un origen común.

Un resultado importante de la multiplicación vectorial, es que permite establecer la condición de alineamiento de tres puntos, es decir dados los puntos **A**, **B** y **C**, *fig.1-11*:

fig.1-11

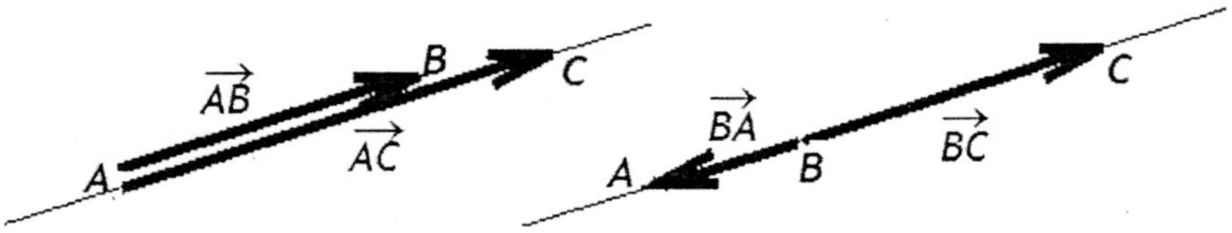

Si se toma uno de ellos como origen y se definen dos vectores con los otros puntos como sus extremos y se cumple que:

$$|\vec{AB} \times \vec{AC}| = \overline{AB}\ \overline{AC}\ sen\,0 = 0 \qquad ó \qquad |\vec{BA} \times \vec{BC}| = \overline{BA}\ \overline{CA}\ sen\,\pi = 0$$

entonces los tres puntos están sobre una misma recta.

1.7 Multiplicación mixta

Dados tres vectores $\vec{A}$, $\vec{B}$ y $\vec{C}$, se define a la multiplicación entre ellos, llamada mixta a:

$$(\vec{A}\times\vec{B})\cdot\vec{C}$$

realizada con la secuencia indicada, es decir que al vector producto vectorial $\vec{A}\times\vec{B}$, se lo multiplica escalarmente por $\vec{C}$. Su producto final es un escalar. Son equivalentes las siguientes formas de expresarla:

$$(\vec{A}\times\vec{B})\cdot\vec{C} = (\vec{B}\times\vec{C})\cdot\vec{A} = (\vec{C}\times\vec{A})\cdot\vec{B}$$

1.8 Expresiones vectoriales cartesianas

La conveniencia de la formulación vectorial en el estudio de la Mecánica y de la Estática en particular, se pone de manifiesto cuando los vectores están referidos a un sistema de referencia que podemos elegir a conveniencia, dado que los resultados son independientes del tipo, ubicación y orientación del sistema coordenado.

Así consideremos un sistema de tres rectas numéricas mutuamente ortogonales y concurrentes en un punto ***O***, a las que designamos ***X***, ***Y***, ***Z***, *fig.1-12a*, y que forma un sistema de coordenadas cartesiano derecho. Elegimos el punto ***O***, origen del sistema, y la orientación de los ahora ejes cartesianos, de modo tal que los vectores expresados en él, sea lo más simple para nuestros propósitos. Asociamos a las rectas vectores unitarios llamados vectores base y que designamos particularmente como:

$$\vec{e}_x = \vec{\imath} \qquad \vec{e}_y = \vec{\jmath} \qquad \vec{e}_z = \vec{k}$$

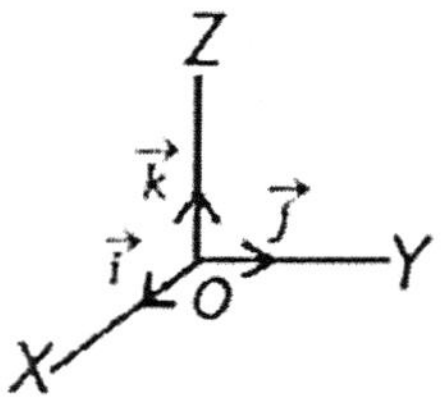

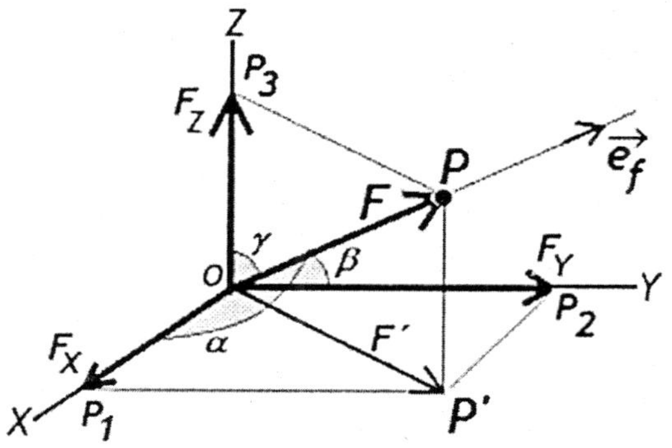

fig.1-12 a) b)

Sea cierto vector $\vec{F}$, *fig.1-12b*, cuyo origen coincide con el de coordenadas ***O*** y tiene su extremo en un punto ***P*** del espacio. Proyectamos el segmento $\overline{OP}$ sobre el eje ***Z*** y sobre plano ***X-Y***, resultando los segmentos:

$$\overline{OP_3} = F_Z \qquad \text{y} \qquad \overline{OP'} = F'$$

Proyectamos luego al segmento $\overline{OP'}$ sobre los ejes ***X*** e ***Y***, obteniendo los segmentos:

$$\overline{OP_1} = F_X \qquad \text{y} \qquad \overline{OP_2} = F_Y$$

Definimos los vectores que tienen a esos segmentos como módulos, y sentidos dados por los vectores unitarios base:

$$\overrightarrow{F_X} = F_X\,\vec{\imath} \qquad \overrightarrow{F_Y} = F_Y\,\vec{\jmath} \qquad \overrightarrow{F_Z} = F_Z\,\vec{k} \tag{1.10}$$

Como puede verse en la *fig.1-12b*, el vector $\overrightarrow{F'}$ es la suma:

$$\overrightarrow{F_X} + \overrightarrow{F_Y} = \overrightarrow{F'} \tag{1.11}$$

Asimismo, el vector $\vec{F}$ es la suma $\overrightarrow{F'} + \overrightarrow{F_Z} = \vec{F}$

por lo que, con *ec.[1.11]*: $$\vec{F} = \overrightarrow{F_X} + \overrightarrow{F_Y} + \overrightarrow{F_Z} \tag{1.12}$$

Las $\overrightarrow{F_X}$, $\overrightarrow{F_Y}$, $\overrightarrow{F_Z}$ se denominan componentes cartesianas de $\vec{F}$, o también como las componentes rectangulares. Expresadas en términos de los vectores base, *ec.[1.10]*:

$$\vec{F} = F_X\,\vec{\imath} + F_Y\,\vec{\jmath} + F_Z\,\vec{k}$$

El módulo de $\vec{F}$, en término de los módulos de las componentes cartesianas es:

$$|\vec{F}| = F = \sqrt{F_X^2 + F_Y^2 + F_Z^2} \tag{1.13}$$

1.8.1 Del vector unitario

Podemos definir al vector unitario en la dirección y sentido del vector $\vec{F}$, *ec.[1.1]*:

$$\vec{e}_f = \frac{\vec{F}}{F} = \frac{F_X}{F}\vec{\imath} + \frac{F_Y}{F}\vec{\jmath} + \frac{F_Z}{F}\vec{k} \tag{1.14}$$

Como se observa en la *fig.1-12b*, cada uno de los componentes de $\overrightarrow{e_f}$ son:

$$\frac{F_X}{F} = \cos\alpha \qquad \frac{F_Y}{F} = \cos\beta \qquad \frac{F_Z}{F} = \cos\gamma \tag{1.15}$$

llamados *cosenos directores* del vector $\vec{e}_f$.

Los ángulos $0 < \alpha, \beta, \gamma < \pi$ de $\vec{e}_f$ son los que forma la cola del vector con los semiejes positivos ***X***, ***Y***, ***Z***, respectivamente y se denominan *ángulos directores coordenados*.

Reemplazando en *ec.[1.14]*, las *ecs.[1.15]*:

$$\vec{e}_f = \cos\alpha\ \vec{\imath} + \cos\beta\ \vec{\jmath} + \cos\gamma\,\vec{k} \tag{1.16}$$

Es decir que las componentes cartesianas del vector unitario son los cosenos de los ángulos α, β, γ, que el origen del vector forma con los semiejes coordenados positivos.

Por otra parte de la condición que: $$|\vec{e}_f| = \sqrt{\cos^2\alpha + \cos^2\beta + \cos^2\gamma} = 1$$

se obtiene la importante relación: $$\cos^2\alpha + \cos^2\beta + \cos^2\gamma = 1 \tag{1.17}$$

El vector unitario genérico, se indica por brevedad, también como: $\vec{e} = l\,\vec{\imath} + m\,\vec{\jmath} + n\,\vec{k}$
en el cual los cosenos directores han sido designados como:

$$\boldsymbol{\cos\alpha = l} \qquad \boldsymbol{\cos\beta = m} \qquad \boldsymbol{\cos\gamma = n}$$

En el plano, *fig.1-13a*, el vector unitario, expresado en forma vectorial cartesiana:

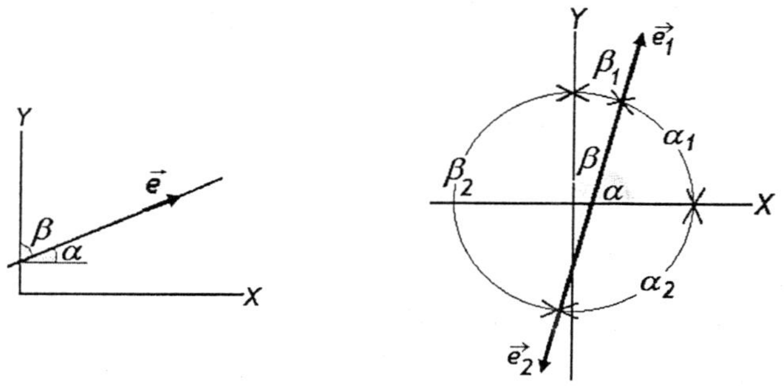

fig.1-13 a) b)

$$\vec{e} = \boldsymbol{\cos\alpha\,\vec{\imath} + \cos\beta\,\vec{\jmath}}$$

que puede ponerse en función sólo del ángulo α a partir de: $\boldsymbol{\cos\beta = \cos\left(\frac{\pi}{2} - \alpha\right) = sen\,\alpha}$

$$\vec{e} = \boldsymbol{\cos\alpha\,\vec{\imath} + sen\,\alpha\,\vec{\jmath}} \qquad [1.18]$$

En el caso de un vector dado se puede obtener directamente el vector unitario en su mismo sentido dividiendo al vector por su módulo, *ec.1.14*.

Frecuentemente para una recta, cuya orientación viene caracterizada por los ángulos que forma con los ejes coordenados, debemos definir un sentido positivo asociado a la recta.

Para ello consideremos cierta recta, *fig.1-13b*, que forma los ángulos α y β con los ejes ***X*** e ***Y*** respectivamente y queremos definir un sentido positivo en la recta. Si lo hacemos, por ejemplo, con el vector unitario $\overrightarrow{e_1}$ debemos determinar su expresión cartesiana, a partir de los ángulos directores del vector α_1 y β_1 (que forma con los semiejes coordenados positivos). Éstos de obtiene a partir de los ángulos que la recta forma con los ejes coordenados, o sea:

$$\overrightarrow{e_1} = \boldsymbol{\cos\alpha_1\,\vec{\imath} + \cos\beta_1\,\vec{\jmath}} \qquad \text{en la cual son } \boldsymbol{\alpha_1 \equiv \alpha} \qquad \text{y} \qquad \boldsymbol{\beta_1 \equiv \beta}$$

En cambio si el sentido positivo de la recta lo damos por el vector unitario $\overrightarrow{e_2}$, su expresión cartesiana es:

$$\overrightarrow{e_2} = \boldsymbol{\cos\alpha_2\,\vec{\imath} + \cos\beta_2\,\vec{\jmath}} \qquad \text{en la cual son } \boldsymbol{\alpha_2 = \pi - \alpha} \qquad \text{y} \qquad \boldsymbol{\beta_2 \equiv= \pi - \beta}$$

Si la recta está en el espacio, la expresión cartesiana del vector unitario se define con criterio similar al realizado en el plano.

1.9 Operaciones con vectores cartesianos

La forma cartesiana de expresar los vectores simplifica las operaciones con ellos y como los resultados son independientes de cómo se elija el sistema de referencia, a adopción del mismo se realiza de modo que se simplifique la formulación cartesiana de los vectores que intervienen en los cálculos.

1.9.1 Adición y sustracción

Así tendremos que esta operación $\vec{A} \pm \vec{B}$, con los vectores dados en sus componentes cartesianas, y si llamamos resultante $\vec{R}$, al vector resultado:

$$\vec{R} = R_X\,\vec{\imath} + R_Y\,\vec{\jmath} + R_Z\,\vec{k} = \left(A_X\,\vec{\imath} + A_Y\,\vec{\jmath} + A_Z\,\vec{k}\right) \pm \left(B_X\,\vec{\imath} + B_Y\,\vec{\jmath} + B_Z\,\vec{k}\right)$$

donde:

$$\boldsymbol{R_X = A_X \pm B_X} \qquad \boldsymbol{R_Y = A_Y \pm B_Y} \qquad \boldsymbol{R_Z = A_Z \pm B_Z}$$

1.9.2 Multiplicación escalar

Obtengamos antes el producto de la multiplicación escalar entre los vectores unitarios base:

$$\vec{\imath}\cdot\vec{\imath} = 1\cdot 1\cdot \cos 0 = \mathbf{1} \qquad \text{e igualmente:} \qquad \vec{\jmath}\cdot\vec{\jmath} = 1 \qquad \vec{k}\cdot\vec{k} = 1 \qquad [1.19]$$

y también: $\vec{\imath}\cdot\vec{\jmath} = \vec{\jmath}\cdot\vec{\imath} = 1\cdot 1\cdot \cos\frac{\pi}{2} = \mathbf{0} \qquad \vec{\jmath}\cdot\vec{k} = \qquad \vec{k}\cdot\vec{\imath} = 0$

De modo que expresados los vectores en sus componentes cartesianas, queda la multiplicación escalar en términos de ellas:

$$\vec{A}\cdot\vec{B} = \left(A_X\,\vec{\imath} + A_Y\,\vec{\jmath} + A_Z\,\vec{k}\right)\cdot\left(B_X\,\vec{\imath} + B_Y\,\vec{\jmath} + B_Z\,\vec{k}\right)$$

luego distribuyendo:

$$\vec{A}\cdot\vec{B} = A_X\,B_X\,(\vec{\imath}\cdot\vec{\imath}) + A_X\,B_Y\,(\vec{\imath}\cdot\vec{\jmath}) + A_X\,B_Z\,(\vec{\imath}\cdot\vec{k}) + A_Y\,B_X\,(\vec{\jmath}\cdot\vec{\imath}) + A_Y\,B_Y\,(\vec{\jmath}\cdot\vec{\jmath}) + A_Y\,B_Z\,(\vec{\jmath}\cdot\vec{k})$$
$$+ A_Z\,B_X\,(\vec{k}\cdot\vec{\imath}) + A_Z\,B_Y\,(\vec{k}\cdot\vec{\jmath}) + A_Z\,B_Z\,(\vec{k}\cdot\vec{k})$$

Con los productos de las multiplicaciones escalares de los vectores base, *ec.[1.19]*, el producto escalar, en términos de las componentes cartesianas de los factores, resulta:

$$\vec{A}\cdot\vec{B} = \boldsymbol{A_X\,B_X + A_Y\,B_Y + A_Z\,B_Z} \qquad [1.20]$$

Por ello es nuevamente: $\vec{A}\cdot\vec{A} = \boldsymbol{A_X^2 + A_Y^2 + A_Z^2 = A^2}$

y para el vector unitario: $\vec{e}\cdot\vec{e} = \mathbf{1}$

1.9.3 Multiplicación vectorial

Obtengamos, previamente, el producto de la multiplicación vectorial de los vectores base, *fig.1-12a*:

$$|\vec{\imath}\times\vec{\imath}| = 1\cdot 1\cdot sen\,0 = \mathbf{0}, \text{ e igualmente:} \qquad |\vec{\jmath}\times\vec{\jmath}| = 0 \qquad |\vec{k}\times\vec{k}| = 0 \qquad [1.21]$$

$$|\vec{\imath}\times\vec{\jmath}| = |\vec{\jmath}\times\vec{\imath}| = 1\cdot 1\cdot sen\frac{\pi}{2} = \mathbf{1} \qquad |\vec{\jmath}\times\vec{k}| = |\vec{k}\times\vec{\jmath}| = 1 \qquad |\vec{k}\times\vec{\imath}| = |\vec{\imath}\times\vec{k}| = 1 \qquad [1.22]$$

Como estos productos son vectores, para definir el sentido de los mismos, aplicamos la regla de la mano derecha:

$$\vec{\imath}\times\vec{\jmath} = \mathbf{1}\,\vec{k} \qquad \vec{\jmath}\times\vec{k} = \vec{\imath} \qquad \vec{k}\times\vec{\imath} = \vec{\jmath} \qquad [1.23]$$

Del mismo modo son: $\vec{j}\times\vec{i} = 1\left(-\vec{k}\right) \quad \vec{k}\times\vec{j} = -\vec{i} \quad \vec{i}\times\vec{k} = -\vec{j}$ [1.24]

Con las expresiones cartesianas de los vectores, el producto de la multiplicación escalar se expresa:

$$\vec{A}\times\vec{B} = \left(A_X\,\vec{i} + A_Y\,\vec{j} + A_Z\,\vec{k}\right)\times\left(B_X\,\vec{i} + B_Y\,\vec{j} + B_Z\,\vec{k}\right)$$

y aplicando la propiedad distributiva, el producto vectorial en términos de sus componentes cartesianas:

$$\vec{A}\times\vec{B} = = A_X B_X\,\vec{i}\times\vec{i} + A_X B_Y\,\vec{i}\times\vec{j} + A_X B_Z\,\vec{i}\times\vec{k} + A_Y B_X\,\vec{j}\times\vec{i} + A_Y B_Y\,\vec{j}\times\vec{j} + A_Y B_Z\,\vec{j}\times\vec{k} + A_Z B_X\,\vec{k}\times\vec{i} + A_Z B_Y\,\vec{k}\times\vec{j} + A_Z B_Z\,\vec{k}\times\vec{k}$$

con los productos vectoriales entre los vectores base, *ecs.[1.23]* y *[1.24]*, se obtiene:

$$\vec{A}\times\vec{B} = (A_Y B_Z - A_Z B_Y)\,\vec{i} + (A_Z B_X - A_X B_Z)\,\vec{j} + (A_X B_Y - A_Y B_X)\,\vec{k} \qquad [1.25]$$

Su resultado es un vector que puede expresarse sintéticamente como el desarrollo del determinante, *ec.[1.26]*:

$$\vec{A}\times\vec{B} = \begin{vmatrix} \vec{i} & \vec{j} & \vec{k} \\ A_X & A_Y & A_Z \\ B_X & B_Y & B_Z \end{vmatrix} \qquad [1.26]$$

1.9.4 Multiplicación mixta $\left(\vec{A}\times\vec{B}\right)\cdot\vec{C}$

Expresados los vectores $\vec{A}$ y $\vec{B}$ en sus componentes cartesianas, su producto vectorial es un vector, y al que luego se lo multiplica escalarmente por $\vec{C}$, el producto final se denomina mixto. Queda expresado en término de las componentes cartesianas de los tres vectores.

Si se disponen las componentes cartesianas de cada uno de los vectores, en el mismo orden que los factores de la multiplicación mixta, en las filas de una matriz, el producto es el desarrollo de su determinante, *ec.[1.27]*:

$$\left(\vec{A}\times\vec{B}\right)\cdot\vec{C} = \begin{vmatrix} A_X & A_Y & A_Z \\ B_X & B_Y & B_Z \\ C_X & C_Y & C_Z \end{vmatrix} \qquad [1.27]$$

1.9.5 Otras multiplicaciones vectoriales

1.9.5.1 Multiplicación vectorial doble $\left(\vec{A}\times\vec{B}\right)\times\vec{C}$

Supongamos tres vectores $\vec{A}, \vec{B}, \vec{C}$ libres y con cualquier orientación entre sí, *fig.1-14a*, que llevamos a un origen común ***O***.

Dado que el resultado de una operación realizada con vectores no depende del origen ni orientación del sistema coordenado, *fig.1-14b*, adoptamos el sistema coordenado de modo que el vector $\vec{A}$ quede sobre el eje ***X***:

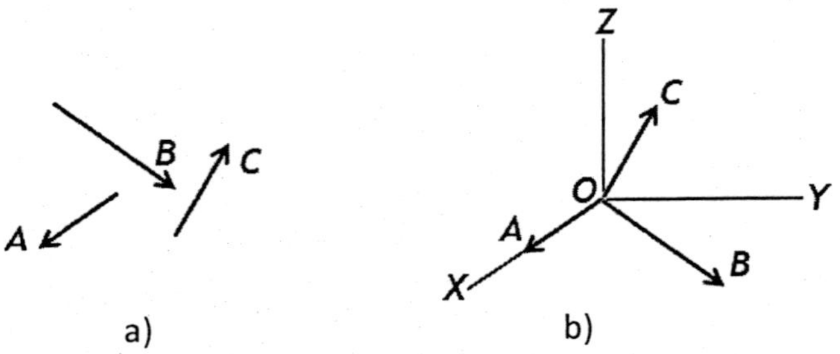

fig.1-14

Elegimos al eje ***Y*** de modo que el vector $\vec{B}$ quede en el plano ***X-Y***, por lo que el $\vec{C}$ queda con una orientación cualquiera:

Las expresiones vectoriales cartesianas son:

$$\vec{A} = a_1\,\vec{i} \qquad [1.28]$$

$$\vec{B} = b_1\,\vec{i} + b_2\,\vec{j} \qquad [1.29]$$

y el vector $\vec{C}$ estará en general expresado por sus tres componentes: $\vec{C} = c_1\,\vec{i} + c_2\,\vec{j} + c_3\,\vec{k}$

Con las admisiones anteriores, resulta el producto: $\vec{A}\times\vec{B} = a_1\,b_2\,\vec{k}$ [1.30]

Remplazando, con *ec.[1.30]*: $(\vec{A}\times\vec{B})\times\vec{C} = (a_1\,b_2\,\vec{k})\times(c_1\,\vec{i} + c_2\,\vec{j} + c_3\,\vec{k})$

$$(\vec{A}\times\vec{B})\times\vec{C} = -\,a_1\,b_2\,c_2\,\vec{i} + a_1\,b_2\,c_1\,\vec{j} \qquad [1.31]$$

Si expresamos los vectores base $\vec{i}$ y $\vec{j}$, en términos de $\vec{A}$ y $\vec{B}$ a partir de las *ecs.[1.28/29]:*

$$\vec{i} = \frac{\vec{A}}{a_1} \qquad \vec{j} = \frac{\vec{B} - b_1\,\vec{i}}{b_2} = \frac{\vec{B}}{b_2} - \frac{b_1}{b_2}\frac{\vec{A}}{a_1}$$

y sustituyendo en la *ec.[1.31]* los vectores base en términos de los $\vec{A}, \vec{B}$:

$$(\vec{A}\times\vec{B})\times\vec{C} = -\,a_1\,b_2\,c_2\,\frac{\vec{A}}{a_1} + a_1\,b_2\,c_1\left(\frac{\vec{B}}{b_2} - \frac{b_1}{b_2}\frac{\vec{A}}{a_1}\right)$$

Con las simplificaciones correspondientes: $(\vec{A}\times\vec{B})\times\vec{C} = -(b_1\,c_1 + b_2\,c_2)\,\vec{A} + a_1\,c_1\,\vec{B}$

Donde se ve que son: $b_1\,c_1 + b_2\,c_2 = \vec{B}\cdot\vec{C}$ y $a_1\,c_1 = \vec{A}\cdot\vec{C}$

Luego: $(\vec{A}\times\vec{B})\times\vec{C} = (\vec{A}\cdot\vec{C})\,\vec{B} - (\vec{B}\cdot\vec{C})\,\vec{A}$ [1.32]

cuyo resultado es un vector.

Si bien el cálculo se hizo para una orientación de los ejes coordenados supeditados a los vectores $\vec{A}$ y $\vec{B}$, es válida en general, porque los resultados de las operaciones vectoriales son independientes del sistema coordenado.

Este doble producto es no asociativo: $(\vec{A}\times\vec{B})\times\vec{C} \neq \vec{A}\times(\vec{B}\times\vec{C})$

1.9.5.2 Multiplicación vectorial de dos multiplicaciones vectoriales $(\vec{A}\times\vec{B})\times(\vec{C}\times\vec{D})$

Llamando al segundo producto: $\vec{C}\times\vec{D} = \vec{E}$ [1.33]

por lo que: $(\vec{A}\times\vec{B})\times(\vec{C}\times\vec{D}) = (\vec{A}\times\vec{B})\times\vec{E}$

y aplicando a esta última, el resultado anterior, *ec.[1.32]*:

$$(\vec{A}\times\vec{B})\times\vec{E} = (\vec{A}\cdot\vec{E})\,\vec{B} - (\vec{B}\cdot\vec{E})\,\vec{A}$$

Reemplazando $\vec{E}$, *ec.[1.33]*:

$$(\vec{A}\times\vec{B})\times(\vec{C}\times\vec{D}) = [(\vec{C}\times\vec{D})\cdot\vec{A}]\,\vec{B} - [(\vec{C}\times\vec{D})\cdot\vec{B}]\,\vec{A} \quad [1.34]$$

1.10 Vector posición cartesiano

Dado un sistema cartesiano ortogonal de referencia, con origen en un punto ***O*** del espacio y un punto ***P*** del mismo, se define el *vector posición absoluta* de ***P***, *fig.1-15a*, al que tiene su origen en el de coordenadas ***O*** y extremo o punta en ***P***.

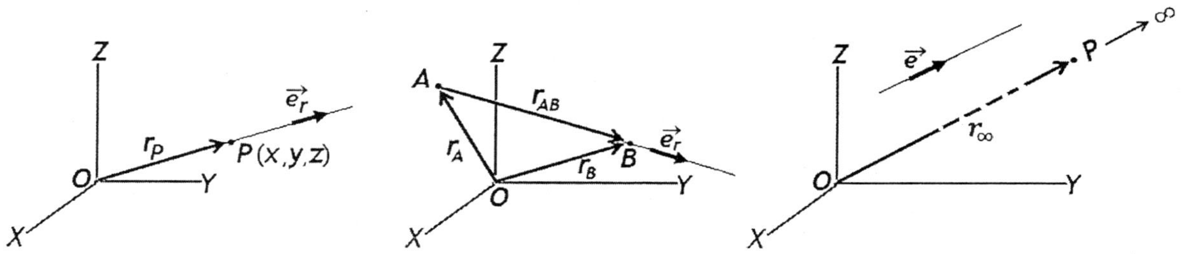

fig.1-15 a) b) c)

Si ***x, y, z*** son las coordenadas de ***P***, su vector posición absoluta es:

$$\vec{r_P} = x\,\vec{i} + y\,\vec{j} + z\,\vec{k} \quad [1.35]$$

El vector unitario correspondiente: $\vec{e_r} = \dfrac{\vec{r_P}}{r_P}$

En lo sucesivo designamos a los vectores posición de un punto como $\vec{r}$ con un subíndice apropiado.

Si son ***A*** y ***B*** dos puntos y $\vec{r_A}$, $\vec{r_B}$, sus vectores posición absoluta, *fig.1-15b*, se denomina *vector posición relativa* de ***B*** con respecto a ***A***, al vector con origen en ***A*** y extremo o punta en ***B*** y que se denota $\vec{r_{AB}}$. En el triángulo vectorial que forman ***O, A*** y ***B*** es:

$$\vec{r_B} = \vec{r_A} + \vec{r}_{AB} \qquad \text{y} \qquad \vec{r}_{AB} = \vec{r_B} - \vec{r_A} \quad [1.36]$$

y también: $\vec{r}_{BA} = \vec{r_A} - \vec{r_B} = -\vec{r}_{AB}$ [1.37]

En componentes cartesianas:

$$\vec{r}_{AB} = \vec{r_B} - \vec{r_A} = (x_B - x_A)\;\vec{i} + (y_B - y_A)\;\vec{j} + (z_B - z_A)\;\vec{k} \quad [1.38]$$

es decir que las componentes del vector posición relativa de un punto respecto a otro, se forman restando las coordenadas del punto extremo al de origen. Su módulo:

$$r_{AB} = \sqrt{(x_B - x_A)^2 + (y_B - y_A)^2 + (z_B - z_A)^2} \quad [1.39]$$

El vector unitario correspondiente a $\vec{r}_{AB}$ y los ángulos directores coordenados:

$$\vec{e_r} = \frac{\vec{r}_{AB}}{r_{AB}} = \frac{x_B - x_A}{r_{AB}}\,\vec{\imath} + \frac{y_B - y_A}{r_{AB}}\,\vec{\jmath} + \frac{z_B - z_A}{r_{AB}}\,\vec{k} \quad [1.40]$$

$$\alpha_r = arc\ cos\left(\frac{x_B - x_A}{r_{AB}}\right) = arc\ cos\ (\vec{e_r} \cdot \vec{\imath}) \qquad \beta_r = arc\ cos(\vec{e_r} \cdot \vec{\jmath}) \quad \gamma_r = arc\ cos(\vec{e_r} \cdot \vec{k}) \quad [1.41]$$

Si ***P*** está infinitamente alejado en cierta dirección $\vec{e}$, *fig.1-15c*, su vector posición lo indicamos como:

$$\vec{r_P} = r_\infty\,\vec{e}$$

donde $r_\infty \to \infty$

1.11 Formas de obtener la expresión cartesiana de un vector

En las aplicaciones, para realizar los cálculos, una parte importante es tener la expresión cartesiana de los vectores que intervienen en la operación.

Si la línea de acción de cierto vector $\vec{F}$, de módulo F, pasa por dos puntos de coordenadas conocidas $A(x_A,\ y_A,\ z_A)$ y $B(x_B,\ y_B,\ z_B)$ y el sentido del vector va desde ***A*** hacia ***B***, puede obtenerse la expresión vectorial de $\vec{F}$, determinando primero el vector posición relativa de ***B*** respecto a ***A*** y su módulo:

$$\vec{r}_{AB} = (x_B - x_A)\,\vec{\imath} + (y_B - y_A)\,\vec{\jmath} + (z_B - z_A)\,\vec{k} \qquad r_{AB}$$

Luego el vector unitario, *ec[1.40]*: $\vec{e_f} = \frac{\vec{r}_{AB}}{r_{AB}}$

que al multiplicarlo por el módulo del vector, permite obtener la expresión vectorial cartesiana del mismo:

$$\vec{F} = F\,\vec{e_f}$$

Otras veces de un vector de módulo ***F***, se informa la orientación de su línea de acción y a partir de los ángulos que forma con los ejes coordenados. Con ellos se define un vector unitario determinando los ángulos directores, como se explicó en el *ap.1.8.1, fig.1-13b*.

Así si son dos de los ángulos directores, por ejemplo α y β, el coseno director del tercer ángulo director, se obtiene a partir de la *ec.[1.17]*:

$$cos\,\gamma = \sqrt{1 - cos^2\alpha - cos^2\beta}$$

y con el cual se determina el vector unitario, *ec.[1.16]*: $\vec{e_f} = cos\,\alpha\ \vec{\imath} + cos\,\beta\ \vec{\jmath} + cos\,\gamma\,\vec{k}$

y luego el propio vector $\vec{F} = F\,\vec{e_f}$.

También, a veces, se indica que la línea de acción de un vector de módulo ***F***, *fig.1-16*, contiene a la diagonal ***AB*** de un paralelepípedo recto, cuyas caras son paralelas a los planos coordenados y con la longitud de sus aristas conocidas. En general no es necesario conocer las coordenadas de ***A*** y ***B***, ya que la posición relativa de ***B*** con respecto a ***A*** puede obtenerse a partir de las longitudes de los lados del paralelepípedo:

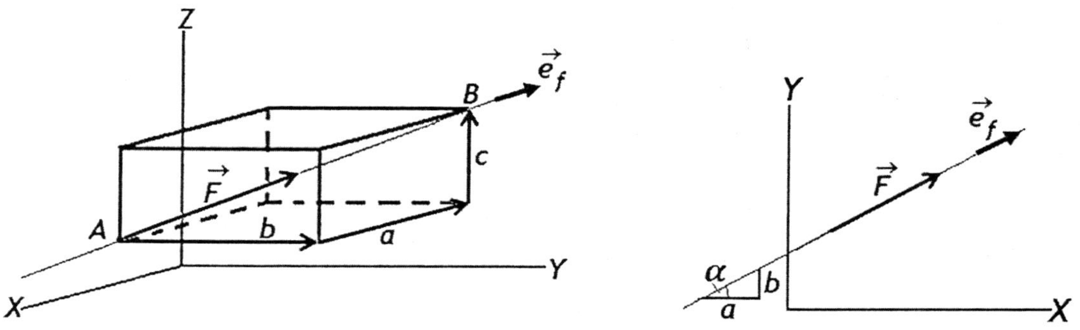

fig.1-16 a) b)

Si definimos al vector $\overrightarrow{AB}$ con origen en ***A*** y extremo en ***B*** de la diagonal y cuyo módulo es la longitud de esta, podemos considerarlo la resultante del polígono espacial formado por tres vectores que coinciden con los lados del paralelepípedo. En el ejemplo de la *fig.1-16a*:

$$\overrightarrow{AB} = b\,\vec{j} + a\,(-\vec{i}) + c\,\vec{k} = -\,a\,\vec{i} + b\,\vec{j} + c\,\vec{k}$$

El vector unitario: $\overrightarrow{e_f} = \frac{\overrightarrow{AB}}{\overline{AB}} = \frac{-a\,\vec{i} + b\,\vec{j} + c\,\vec{k}}{\sqrt{a^2 + b^2 + c^2}}$

Con el módulo ***F*** y el vector unitario, obtenemos la expresión vectorial: $\vec{F} = F\,\overrightarrow{e_f}$

También es válida esta forma de obtener la expresión cartesiana, si el vector ***F*** se dibuja sobre la recta que contiene a la diagonal, parcial o totalmente fuera del paralelepípedo.

Si el problema se plantea en el plano, y este es el ***X-Y***, *fig.1-16b*, ahora es el vector unitario es:

$$\overrightarrow{e_f} = \cos\alpha\;\vec{i} + \operatorname{sen}\alpha\;\vec{j} = \frac{a}{\sqrt{a^2 + b^2}}\vec{i} + \frac{b}{\sqrt{a^2 + b^2}}\,\vec{j}$$

1.12 Ecuación vectorial de la recta

Valiéndonos de los vectores unitario y posición, obtenemos la expresión vectorial de una recta en el espacio.

Consideremos, *fig.1-17*, en un sistema cartesiano de referencia, una recta que tiene cierta dirección en el espacio caracterizada por el vector unitario: $\vec{e} = l\,\vec{i} + m\,\vec{j} + n\,\vec{k}$

y un punto P_1 de ella, de vector posición: $\overrightarrow{r_1} = x_1\,\vec{i} + y_1\,\vec{j} + z_1\,\vec{k}$

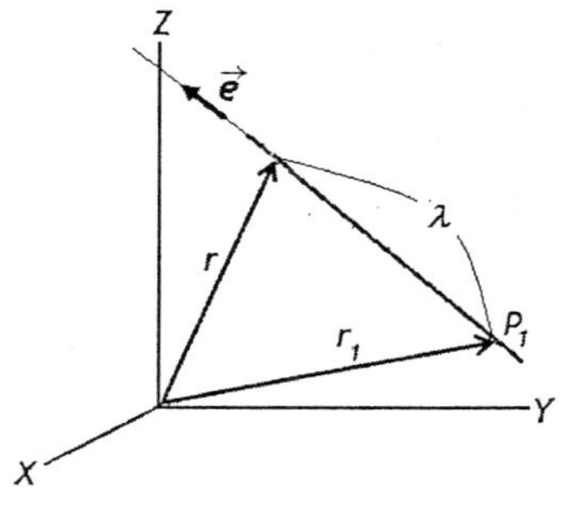

fig.1-17

El vector posición de otro punto de la recta, puede obtenerse como:

$$\vec{r} = \overrightarrow{r_1} + \lambda\,\vec{e} \qquad [1.42]$$

Donde λ es un escalar variable que puede tomar cualquier valor real. Variando λ, la punta de $\vec{r}$ se posiciona sobre la recta, de modo que la *ec.[1.42]* puede tomarse como la ecuación vectorial de la recta.

*1.12.1 Distancia desde un punto a una recta

Sea la recta que pasa por un punto ***P*** y dirección y sentido dado por el vector unitario $\vec{e}$, *fig.1-18*. Se debe obtener la distancia ***d*** desde cierto punto ***T*** exterior a la recta y el punto de encuentro ***Q*** de la recta normal que pasa por ***T*** y que define a ***d***.

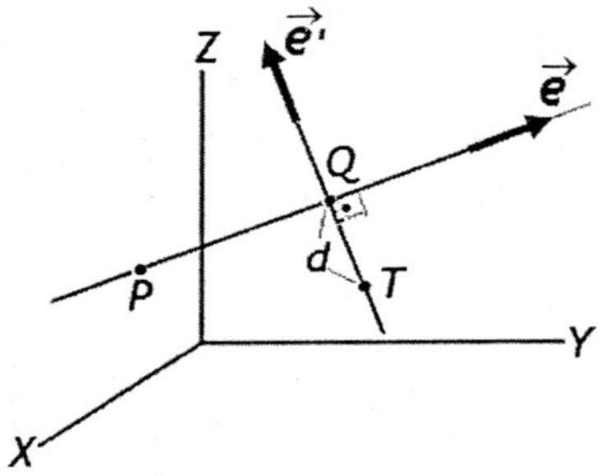

fig.1-18

La ecuación vectorial de la recta que pasa por ***P*** y tiene la dirección $\vec{e}$ es, *ec.[1.42]*:

$$\vec{r} = \vec{r_P} + \lambda\,\vec{e}$$

La ecuación de la recta normal a la dada, que pasa por el punto ***T***, es: $\vec{r'} = \vec{r_T} + \lambda'\,\vec{e'}$

Al ser ambas rectas perpendiculares, lo son también los vectores unitarios definidos a partir de las rectas, o sea es $\vec{e}\cdot\vec{e'} = \mathbf{0}$.

La posición del punto de intersección ***Q***, definida a partir de ambas rectas, es:

$$\vec{r_Q} = \vec{r_P} + \lambda\,\vec{e} = \vec{r_T} + \lambda'\,\vec{e'}$$

Si multiplicamos ambos miembros escalarmente por $\vec{e}$, tendremos:

$$\vec{r_P}\cdot\vec{e} + \lambda\,\vec{e}\cdot\vec{e} = \vec{r_T}\cdot\vec{e} + \lambda'\,\vec{e'}\cdot\vec{e}$$

Con: $\vec{e}\cdot\vec{e} = 1$ y $\vec{e'}\cdot\vec{e} = 0$

se obtiene el valor del parámetro: $\lambda = (\vec{r_T} - \vec{r_P})\cdot\vec{e} = \vec{r_{PT}}\cdot\vec{e}$

que permite definir la posición del punto de intersección ***Q***:

$$\vec{r_Q} = \vec{r_P} + (\vec{r_{PT}}\cdot\vec{e})\,\vec{e} \qquad [1.43]$$

Ubicado ***Q***, puede obtenerse la distancia desde el punto ***T*** a la recta que pasa por ***P***:

$$d = |\vec{r}_{TQ}| = |\vec{r_Q} - \vec{r_T}| = |\vec{r_P} + (\vec{r_{PT}}\cdot\vec{e})\,\vec{e} - \vec{r_T}| = |(\vec{r_{PT}}\cdot\vec{e})\,\vec{e} - (\vec{r_T} - \vec{r_P})| = |(\vec{r}_{PT}\cdot\vec{e})\,\vec{e} - \vec{r}_{PT}| \qquad [1.44]$$

*1.12.2 Recta normal a una dada

Dada la recta de dirección $\vec{e}$ que pasa por un punto ***P***, determinar la ecuación de la recta normal a ella y que pasa por un punto ***T***.

Obtenido ***Q***, *ec.[1.43]*, puede determinarse la dirección $\vec{e'}$ normal a la $\vec{e}$:

$$\vec{e'} = \frac{\vec{r}_{TQ}}{r_{TQ}} = \frac{\vec{r_Q} - \vec{r_T}}{r_{TQ}} = \frac{(\vec{r}_{PT} \cdot \vec{e})\,\vec{e} - \vec{r}_{PT}}{|(\vec{r}_{PT} \cdot \vec{e})\,\vec{e} - \vec{r}_{PT}|}$$

De modo que la ecuación de la recta que pasa por ***T*** y es perpendicular a la dada:

$$\vec{r'} = \vec{r_T} + \lambda'\,\vec{e'} \qquad [1.45]$$

Variando λ' se obtiene un punto de la recta normal.

1.12.2.1 Dirección normal en el plano

En el espacio por un punto de una recta pasan infinitas rectas normales, contenidas en el plano normal a la recta por el punto. En el plano, si este es el ***X-Y***, *fig.1-19*:

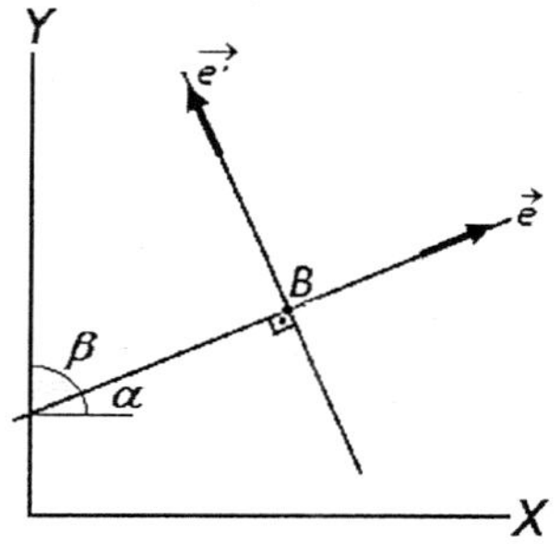

fig.1-19

definimos al vector unitario en dirección de la recta: $\vec{e} = \cos\alpha\ \vec{\imath} + \cos\beta\ \vec{\jmath} = \boldsymbol{\cos\alpha}\ \vec{\boldsymbol{\imath}} + \boldsymbol{sen\,\alpha}\ \vec{\boldsymbol{\jmath}}$

De los dos vectores unitarios que pueden definirse en los dos sentidos de la recta normal $\vec{e'}$, consideramos de aquí y en lo sucesivo el que resulta de la multiplicación vectorial:

$$\vec{k} \times \vec{e} = \vec{e'} \qquad [1.46]$$

Luego el vector unitario en la dirección normal $\vec{e'}$, en término de las componentes de la dirección de referencia dada por el vector unitario $\vec{e}$, es:

$$\vec{e'} = -\,\boldsymbol{sen\,\alpha}\ \vec{\boldsymbol{\imath}} + \boldsymbol{\cos\alpha}\ \vec{\boldsymbol{\jmath}}$$

Ambos vectores son ortogonales pues: $\vec{e} \cdot \vec{e'} = 0$

Dada una recta de dirección $\vec{e}$, y un punto ***B*** de ella, *fig.1-19*, la ecuación de la recta normal a esa dirección y que pasa por el punto ***B*** es:

$$\vec{r'} = \vec{r_B} + \lambda'\,\vec{e'} = \vec{r_B} + \lambda'\,(\vec{k} \times \vec{e}) \qquad [1.47]$$

donde λ' es el parámetro variable con el cual se obtiene un punto de la recta normal.

1.13 Intersección de rectas

Dada la importancia que en los problemas planos tiene la obtención del punto de intersección de dos rectas, consideremos diversos casos cuyos resultados se usarán en capítulos posteriores.

1.13.1 Intersección de dos rectas coplanares

Consideremos dos rectas ***a***, ***b*** que pasan, respectivamente, por los puntos ***A*** y ***B*** del plano ***X-Y***, *fig.1-20a*, y debemos determinar la posición del punto de intersección ***E*** de ellas.

Si definimos los vectores unitarios $\overrightarrow{e_a}$, $\overrightarrow{e_b}$ para fijar un sentido positivo en las rectas, sus ecuaciones vectoriales son:

$$\vec{r} = \overrightarrow{r_A} + \lambda\ \overrightarrow{e_a} \qquad [1.48]$$

$$\vec{r} = \overrightarrow{r_B} + \lambda\ \overrightarrow{e_b} \qquad [1.49]$$

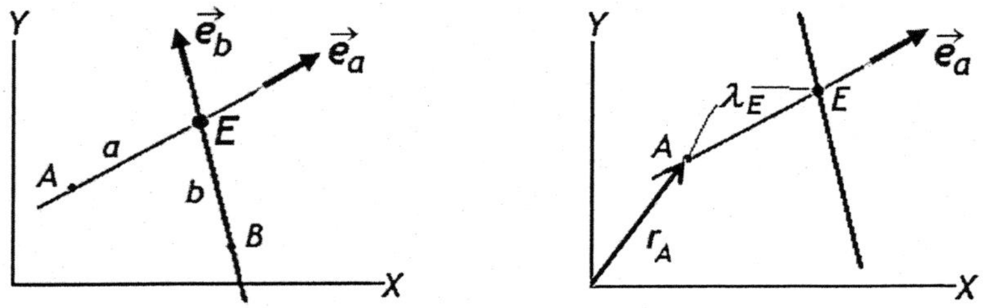

fig.1-20 a) b)

Los vectores posición del punto de encuentro ***E***, escritos para ambas rectas:

$$\overrightarrow{r_E} = \overrightarrow{r_A} + \lambda_a\, \overrightarrow{e_a} \qquad\qquad \overrightarrow{r_E} = \overrightarrow{r_B} + \lambda_b\, \overrightarrow{e_b}$$

En las cuales λ_a, λ_b son los respectivos parámetros de cada recta, para el punto ***E***.

De la igualdad del punto de encuentro expresadas por las dos rectas:

$$\overrightarrow{r_A} + \lambda_a\, \overrightarrow{e_a} = \overrightarrow{r_B} + \lambda_b\, \overrightarrow{e_b}$$

postmultiplicadas, vectorialmente, en ambos miembros por $\overrightarrow{e_b}$:

$$\overrightarrow{r_A}\times\overrightarrow{e_b} + \lambda_a\, \overrightarrow{e_a}\times\overrightarrow{e_b} = \overrightarrow{r_B}\times\overrightarrow{e_b} + \lambda_b\, \overrightarrow{e_b}\times\overrightarrow{e_b}$$

y siendo: $\overrightarrow{e_b}\times\overrightarrow{e_b} = 0$ es: $\overrightarrow{r_A}\times\overrightarrow{e_b} + \lambda_a\, \overrightarrow{e_a}\times\overrightarrow{e_b} = \overrightarrow{r_B}\times\overrightarrow{e_b}$

y de la cual: $\lambda_a\, \overrightarrow{e_a}\times\overrightarrow{e_b} = \overrightarrow{r_B}\times\overrightarrow{e_b} - \overrightarrow{r_A}\times\overrightarrow{e_b} = \overrightarrow{r_{AB}}\times\overrightarrow{e_b}$

Multiplicando ahora esta última ecuación, escalarmente por $\vec{k}$ en ambos miembros:

$$\lambda_a(\overrightarrow{e_a}\times\overrightarrow{e_b})\cdot\vec{k} = (\overrightarrow{r_{AB}}\times\overrightarrow{e_b})\cdot\vec{k}$$

Se obtiene el parámetro: $\lambda_a = \lambda_E = \frac{(\overrightarrow{r_{AB}}\times\overrightarrow{e_b})\cdot\vec{k}}{(\overrightarrow{e_a}\times\overrightarrow{e_b})\cdot\vec{k}}$ [1.50]

Con λ_a, y a partir de la recta ***a***, se obtiene la posición del punto de encuentro ***E*** de las rectas:

$$\overrightarrow{r_E} = \overrightarrow{r_A} + \lambda_E \overrightarrow{e_a} = \overrightarrow{r_E} = \overrightarrow{r_A} + \frac{(\overrightarrow{r_{AB}} \times \overrightarrow{e_b}) \cdot \vec{k}}{(\overrightarrow{e_a} \times \overrightarrow{e_b}) \cdot \vec{k}} \overrightarrow{e_a} \qquad [1.51]$$

Gráficamente es la suma vectorial del vector posición de $\boldsymbol{A}$, más un vector $\lambda_E \overrightarrow{e_a}$, *fig.1-20b*.
Similarmente, si la determinación se hubiera realizado a partir de la recta $\boldsymbol{b}$, se obtendría:

$$\overrightarrow{r_E} = \overrightarrow{r_B} + \frac{(\overrightarrow{r_{BA}} \times \overrightarrow{e_a}) \cdot \vec{k}}{(\overrightarrow{e_b} \times \overrightarrow{e_a}) \cdot \vec{k}} \overrightarrow{e_b} \qquad [1.52]$$

1.13.1.1 Rectas paralelas

Si las rectas son paralelas, *fig.1-21a*, y los vectores unitarios definidos en ellas, son $\overrightarrow{e_b} \equiv \overrightarrow{e_a}$:

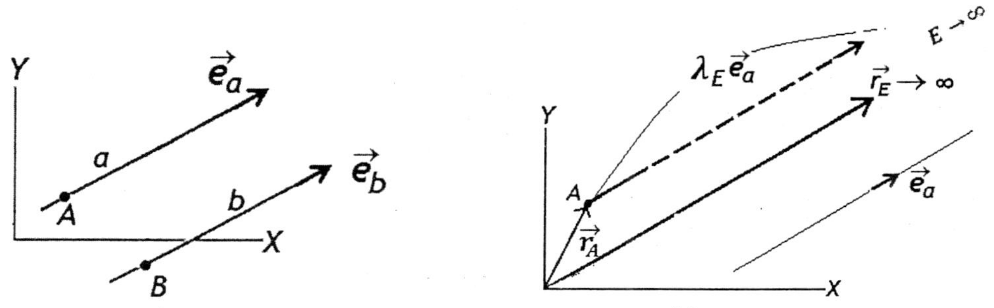

fig.1-21 a) b)

con lo que las ecuaciones vectoriales de las rectas son: $\vec{r} = \overrightarrow{r_A} + \lambda\, \overrightarrow{e_a}$ $\vec{r} = \overrightarrow{r_B} + \lambda\, \overrightarrow{e_b}$

Evidentemente su punto de encuentro $\boldsymbol{E} \to \infty$.

Podemos plantear la cuestión como una condición límite, diciendo que: $\overrightarrow{e_b} \to \overrightarrow{e_a}$
y a partir de *ec.[1.51]*:

$$\lim_{\overrightarrow{e_b} \to \overrightarrow{e_a}} \overrightarrow{r_E} = \overrightarrow{r_A} + \left(\lim_{\overrightarrow{e_b} \to \overrightarrow{e_a}} \lambda_E \right) \overrightarrow{e_a}$$

y es $$\lim_{\overrightarrow{e_b} \to \overrightarrow{e_a}} \lambda_E = \lim_{\overrightarrow{e_b} \to \overrightarrow{e_a}} \frac{(\overrightarrow{r_{AB}} \times \overrightarrow{e_b}) \cdot \vec{k}}{(\overrightarrow{e_a} \times \overrightarrow{e_b}) \cdot \vec{k}} = \frac{(\overrightarrow{r_{AB}} \times \overrightarrow{e_b}) \cdot \vec{k}}{0} \to \infty$$

Vectorialmente podemos expresar este resultado como: $\overrightarrow{r_E} = \overrightarrow{r_A} + \lambda_E\, \overrightarrow{e_a}$ con $\lambda_E \to \infty$

Si llamamos al parámetro $\lambda_E = r_\infty$, expresamos al vector posición del punto de encuentro, como:

$$\overrightarrow{r_E} = \pm r_\infty\, \overrightarrow{e_a}$$

$\boldsymbol{E}$ puede imaginarse infinitamente alejado en ambos sentidos de $\overrightarrow{e_a}$, de allí el doble signo de $\overrightarrow{r_E}$.
Gráficamente, *fig.1-21b*, se ve que al sumar a un vector de magnitud finita $\overrightarrow{r_A}$, otro de magnitud infinita $\lambda_E\, \overrightarrow{e_a} = r_\infty\, \overrightarrow{e_a}$ debido a la prevalencia de este último, da el resultado indicado.

1.13.2 Intersección de dos rectas definidas por dos puntos

Si las rectas, *fig.1-22*, quedan definidas cada una de ellas por dos puntos: la recta $\boldsymbol{a}$ por los $\boldsymbol{A}$ y $\boldsymbol{C}$, y la recta $\boldsymbol{b}$ por otros dos puntos $\boldsymbol{B}$ y $\boldsymbol{D}$, el punto de intersección $\boldsymbol{E}$ de ellas, se obtiene a partir de la *ec.[1.51]*.

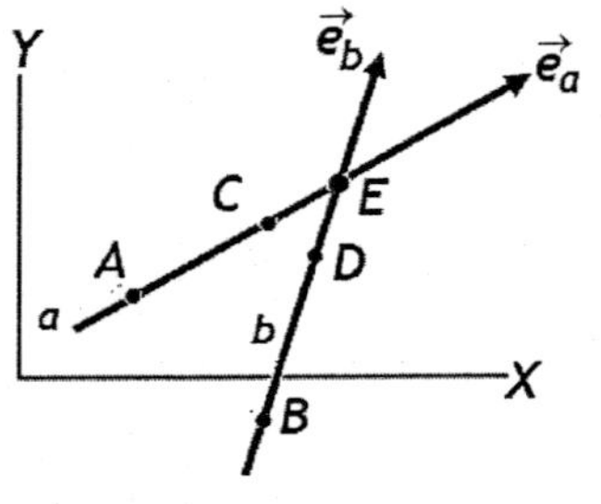

fig.1-22

en la cual los vectores unitarios los determinamos a partir de los dos puntos de cada recta, o sea:

$$\overrightarrow{e_a} = \frac{\vec{r}_{AC}}{r_{AC}} \qquad \overrightarrow{e_b} = \frac{\vec{r}_{BD}}{r_{BD}}$$

que al sustituirlos en la *ec.[1.51]* y simplificar los módulos de los vectores:

$$\overrightarrow{r_E} = \overrightarrow{r_A} + \frac{\left(\vec{r}_{AB}\times\frac{\overrightarrow{r_{BD}}}{r_{BD}}\right)\cdot\vec{k}}{\left(\frac{\overrightarrow{r_{AC}}}{r_{AC}}\times\frac{\overrightarrow{r_{BD}}}{r_{BD}}\right)\cdot\vec{k}}\frac{\overrightarrow{r_{AC}}}{r_{AC}} = \overrightarrow{r_A} + \frac{(\vec{r}_{AB}\times\overrightarrow{r_{BD}})\cdot\vec{k}}{(\overrightarrow{r_{AC}}\times\overrightarrow{r_{BD}})\cdot\vec{k}}\overrightarrow{r_{AC}} \qquad [1.53]$$

Donde son: $\vec{r}_{AB} = \overrightarrow{r_B} - \overrightarrow{r_A} \qquad \overrightarrow{r_{AC}} = \overrightarrow{r_C} - \overrightarrow{r_A} \qquad \overrightarrow{r_{BD}} = \overrightarrow{r_D} - \overrightarrow{r_B}$

Si una de las rectas está definida por un punto ***A*** y el vector $\overrightarrow{e_a}$, y la otra recta por dos puntos ***B*** y ***D***, el vector posición del punto de intersección en función de los datos, es:

$$\overrightarrow{r_E} = \overrightarrow{r_A} + \frac{(\vec{r}_{AB}\times\overrightarrow{r_{BD}})\cdot\vec{k}}{(\overrightarrow{e_a}\times\overrightarrow{r_{BD}})\cdot\vec{k}}\overrightarrow{e_a} \qquad [1.54]$$

1.13.3 Intersección de una recta con la normal a otra recta

En algunas situaciones debemos encontrar la posición del punto de intersección ***E*** de una recta ***a***, que pasa por un punto ***A*** y vector unitario $\overrightarrow{e_a}$, con la normal ***b´***, a otra recta ***b*** y $\overrightarrow{e_b}$, y que pasa por un punto ***B***, *fig.1-23*.

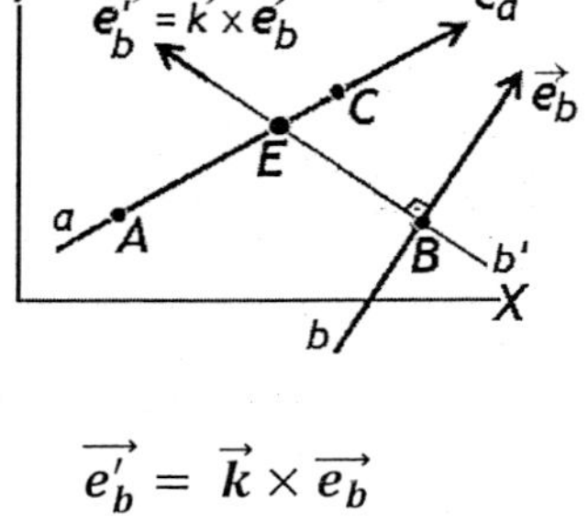

fig.1-23

El vector unitario normal a la recta ***b***, es: $\overrightarrow{e_b'} = \vec{k}\times\overrightarrow{e_b}$

La expresión que da el punto de intersección ***E*** es ahora, *ec.[1.51]*:

$$\overrightarrow{r_E} = \overrightarrow{r_A} + \frac{\left(\vec{r}_{AB}\times\overrightarrow{e_b'}\right)\cdot\vec{k}}{\left(\overrightarrow{e_a}\times\overrightarrow{e_b'}\right)\cdot\vec{k}}\overrightarrow{e_a} \qquad [1.55]$$

Si la recta ***a***, está definida por dos puntos ***A*** y ***C***, es: $\overrightarrow{e_a} = \frac{\overrightarrow{r_{AC}}}{r_{AC}}$

$$\overrightarrow{r_E} = \overrightarrow{r_A} + \frac{\left(\vec{r}_{AB}\times\overrightarrow{e'_b}\right)\cdot\vec{k}}{\left(\overrightarrow{r_{AC}}\times\overrightarrow{e'_b}\right)\cdot\vec{k}}\,\overrightarrow{r_{AC}} \qquad [1.56]$$

Reemplazando: $\overrightarrow{e'_b} = \vec{k}\times\overrightarrow{e_b}$ queda puesta en función de los datos:

$$\overrightarrow{r_E} = \overrightarrow{r_A} + \frac{\left[\vec{r}_{AB}\times\left(\vec{k}\times\overrightarrow{e_b}\right)\right]\cdot\vec{k}}{\left[\overrightarrow{e_a}\times\left(\vec{k}\times\overrightarrow{e_b}\right)\right]\cdot\vec{k}}\,\overrightarrow{e_a}$$

y realizadas las multiplicaciones vectoriales, se obtiene: $\overrightarrow{r_E} = \overrightarrow{r_A} + \frac{\vec{r}_{AB}\cdot\overrightarrow{e_b}}{\overrightarrow{e_a}\cdot\overrightarrow{e_b}}\overrightarrow{e_a}$ [1.57]

Si la recta ***a***, está definida por los puntos ***A*** y ***C***, reemplazando $\overrightarrow{e_a}$ en la *ec.[1.57]*, resulta:

$$\overrightarrow{r_E} = \overrightarrow{r_A} + \frac{\vec{r}_{AB}\cdot\overrightarrow{e_b}}{\overrightarrow{r_{AC}}\cdot\overrightarrow{e_b}}\,\overrightarrow{r_{AC}} \qquad [1.58]$$

*1.13.4 Intersección entre las normales a otras dos rectas, *fig.1-24*

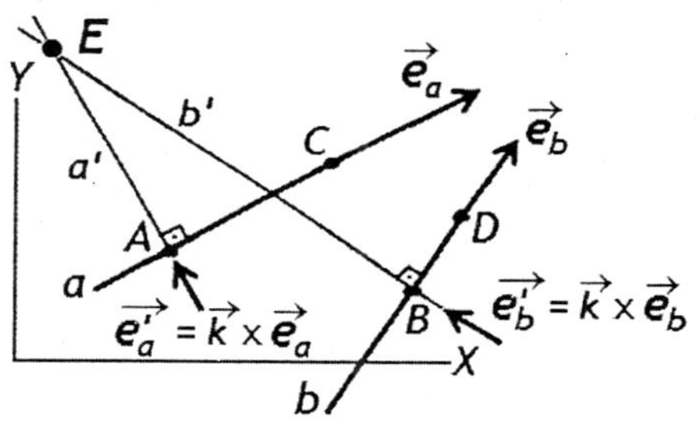

fig.1-24

Los vectores unitarios correspondientes a las rectas normales a las rectas dadas son:

$$\overrightarrow{e'_a} = \vec{k}\times\overrightarrow{e_a} \qquad \text{y} \qquad \overrightarrow{e'_b} = \vec{k}\times\overrightarrow{e_b}$$

El punto ***E*** es la intersección de las dos rectas perpendiculares a las dadas, y que pasan por lo puntos ***A*** y ***B*** es, *ec.[1.51]*:

$$\overrightarrow{r_E} = \overrightarrow{r_A} + \frac{\left(\vec{r}_{AB}\times\overrightarrow{e'_b}\right)\cdot\vec{k}}{\left(\overrightarrow{e'_a}\times\overrightarrow{e'_b}\right)\cdot\vec{k}}\,\overrightarrow{e'_a} \qquad [1.59]$$

o en términos de $\overrightarrow{e_a}$ y $\overrightarrow{e_b}$: $\overrightarrow{r_E} = \overrightarrow{r_A} + \frac{[\vec{r}_{AB}\times(\vec{k}\times\overrightarrow{e_b})]\cdot\vec{k}}{[(\vec{k}\times\overrightarrow{e_a})\times(\vec{k}\times\overrightarrow{e_b})]\cdot\vec{k}}\left(\vec{k}\times\overrightarrow{e_a}\right)$

Desarrolladas ambas multiplicaciones vectoriales: en el numerador, por *ec.[1.32]*

$$\left[\vec{r}_{AB}\times\left(\vec{k}\times\overrightarrow{e_b}\right)\right]\cdot\vec{k} = -\left[\left(\vec{k}\times\overrightarrow{e_b}\right)\times\vec{r}_{AB}\right]\cdot\vec{k} = -\left[0-\left(\overrightarrow{e_b}\cdot\vec{r}_{AB}\right)\vec{k}\right]\cdot\vec{k} = \left(\overrightarrow{e_b}\cdot\vec{r}_{AB}\right)\left(\vec{k}\cdot\vec{k}\right) = \vec{r}_{AB}\cdot\overrightarrow{e_b}$$

y en el denominador, por *ec.[1.34]*:

$$\left[\left(\vec{k}\times\overrightarrow{e_a}\right)\times\left(\vec{k}\times\overrightarrow{e_b}\right)\right]\cdot\vec{k} = \left\{\left[\vec{k}\cdot\left(\vec{k}\times\overrightarrow{e_b}\right)\right]\overrightarrow{e_a} - \left[\overrightarrow{e_a}\cdot\left(\vec{k}\times\overrightarrow{e_b}\right)\right]\vec{k}\right\}\cdot\vec{k} = \left\{[0]\,\overrightarrow{e_a} - \left[\left(\vec{k}\times\overrightarrow{e_b}\right)\cdot\overrightarrow{e_a}\right]\vec{k}\right\}\cdot\vec{k}$$
$$= \left\{\left[\left(\overrightarrow{e_b}\times\vec{k}\right)\cdot\overrightarrow{e_a}\right]\vec{k}\right\}\cdot\vec{k} = \left[\left(\vec{k}\times\overrightarrow{e_a}\right)\cdot\overrightarrow{e_b}\right]\left(\vec{k}\cdot\vec{k}\right) = \left(\vec{k}\times\overrightarrow{e_a}\right)\cdot\overrightarrow{e_b}$$

Con las cuales la posición del encuentro ***E***, de ambas normales, es:

$$\overrightarrow{r_E} = \overrightarrow{r_A} + \frac{\overrightarrow{r_{AB}} \cdot \overrightarrow{e_b}}{(\vec{k} \times \overrightarrow{e_a}) \cdot \overrightarrow{e_b}} (\vec{k} \times \overrightarrow{e_a}) \qquad [1.60]$$

Si en lugar de los vectores unitarios $\overrightarrow{e_a}$ y $\overrightarrow{e_b}$, se conocen dos puntos de cada recta, *fig.1-24*, pueden definirse los vectores unitarios a partir de esos puntos:

$$\overrightarrow{e_a} = \frac{\overrightarrow{r_{AC}}}{r_{AC}} \qquad \overrightarrow{e_b} = \frac{\overrightarrow{r_{BD}}}{r_{BD}}$$

y reemplazados en la *ec.[1.60]*, y simplificados los módulos de los vectores:

$$\overrightarrow{r_E} = \overrightarrow{r_A} + \frac{\overrightarrow{r_{AB}} \cdot \overrightarrow{r_{BD}}}{(\vec{k} \times \overrightarrow{r_{AC}}) \cdot \overrightarrow{r_{BD}}} (\vec{k} \times \overrightarrow{r_{AC}}) \qquad [1.61]$$

que queda expresada en término de los vectores posición de los cuatro puntos, puesto que son:

$$\overrightarrow{r_{AB}} = \overrightarrow{r_B} - \overrightarrow{r_A} \qquad \overrightarrow{r_{AC}} = \overrightarrow{r_C} - \overrightarrow{r_A} \qquad \overrightarrow{r_{BD}} = \overrightarrow{r_D} - \overrightarrow{r_B}$$

1.14 Los ejemplos

En los próximos capítulos se incluyen varios problemas de ejemplo con resultado algebraico o numérico, para ilustrar la aplicación de la teoría y en algunos casos para ampliarla.

Se utiliza del Sistema Internacional de Unidades (*SI*), las unidades:

MASA→kg (kilogramo)
LONGITUD→m (metro)
TIEMPO→seg (segundo)

y las unidades derivadas:

FUERZA→ $N(Newton) = \frac{kg \cdot m}{seg^2}$
FUERZA SUPERFICIAL→ $Pa\ (Pascal) = \frac{N}{m^2}$

Para estas unidades y según el contexto, se usarán los siguientes múltiplos y submúltiplos:

$mm\ (milímetro) = 0.001\ m$
$kN\ (kiloNewton) = 1000\ N$ $\quad MN\ (MegaNewton) = 1000\ kN = 10^6\ N$
$kPa\ (kiloPascal) = 1000\ Pa$ $\quad MPa\ (MegaPascal) = 1000\ kPa = 10^6\ Pa$

Capítulo 2
Magnitudes vectoriales en el estudio de la estática

En este capítulo presentamos los vectores que vamos a utilizar en el estudio de la Estática del Cuerpo Rígido.

2.1 El vector fuerza

Las fuerzas que se ejercen sobre un cuerpo son consecuencia de la interacción física con otros cuerpos, sea por contacto directo con cuerpos sólidos, o con un fluido en movimiento relativo o no respecto al cuerpo y también por la presencia del cuerpo en un campo de fuerza (aceleración, electromagnético). Es una magnitud vectorial porque de esta interacción debe darse, además del valor, su dirección y sentido. La cuestión respecto al punto de aplicación de la fuerza lo veremos con detalle en un capítulo posterior.

Sobre un cuerpo pueden actuar, simultáneamente, un conjunto de fuerzas independientes entre sí y de distinto origen.

En este capítulo a las fuerzas las consideramos idealizadas como fuerzas concentradas.

Las fuerzas sobre un cuerpo, *fig.2-1a*, se pueden sumar, operación a la que designamos *composición* y a cuya suma designamos *fuerza resultante*. En el caso general de componer ***n*** fuerzas:

$$\sum_n \overrightarrow{F_i} = \overrightarrow{F_R} \tag{2.1}$$

En forma gráfica para la composición de un sistema de fuerzas coplanar o espacial actuantes en el cuerpo, se las trata como vectores libres. A partir de un punto cualquiera, *fig.2-1b*, se dispone el origen de una de las fuerzas, luego se lleva a coincidir con la punta de esa primera, el origen de otra de las fuerzas y luego una tercera a partir de la punta de la segunda fuerza y del mismo modo con el resto de las fuerzas, manteniendo cada una de ellas su dirección y sentido; al unir el origen de la primera fuerza con la punta de la última, se obtiene la fuerza resultante, configurando un polígono cerrado plano o espacial:

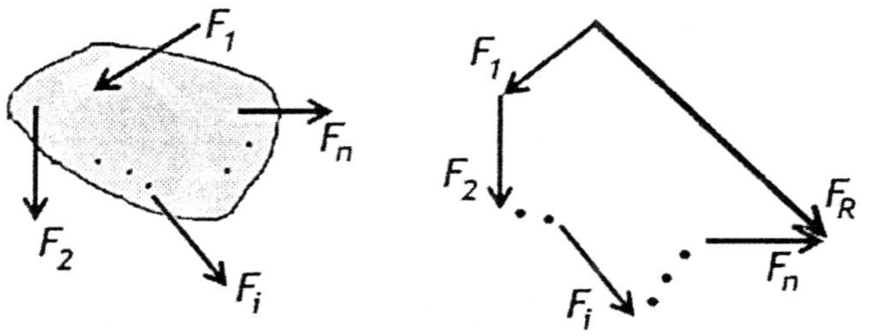

fig.2-1 a) b)

Si las fuerzas son dos y se colocan con su origen en común y se completa un paralelogramo a partir de ellas, *fig.2-2b*, la línea de acción de la fuerza resultante coincide con la diagonal del paralelogramo que pasa por el vértice correspondiente al punto origen de las dos fuerzas.

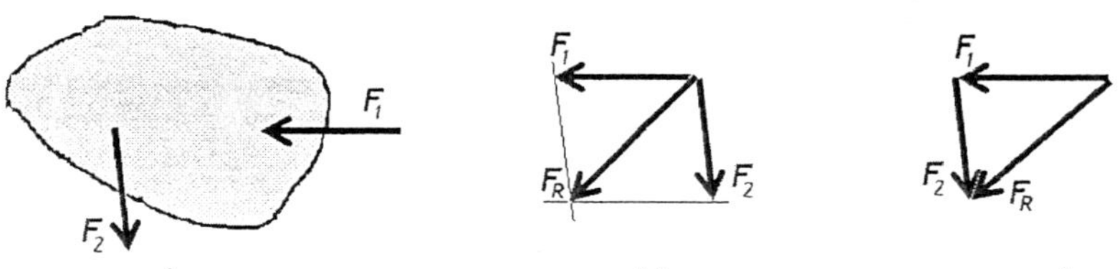

fig.2-2 a) b) c)

En este caso el polígono de fuerzas deviene en un triángulo, *fig.2-2c*.

Para solucionar distintos problemas de componer dos fuerzas y obtener su resultante y su orientación relativa con respecto a ellas, se construye el triángulo de fuerzas y se utilizan los teoremas del seno y del coseno para triángulos.

Para el caso general de componer fuerzas en el espacio o más de dos coplanares usamos, más convenientemente, vectores cartesianos.

Adoptado un sistema cartesiano ortogonal, *fig.2-3*, la expresión vectorial de cada fuerza es:

$$\overrightarrow{F_i} = F_{iX}\,\vec{i} + F_{iY}\,\vec{j} + F_{iZ}\,\vec{k}$$

donde F_{iX}, F_{iY}, F_{iZ} son sus componentes rectangulares o cartesianas.

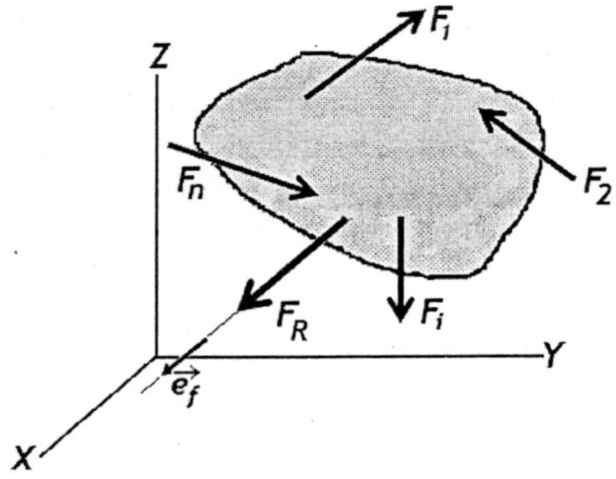

fig.2-3

Con las expresiones vectoriales cartesianas de las fuerzas, la *ec.[2.1]* se expresa:

$$\sum_n F_{iX}\,\vec{i} + F_{iY}\,\vec{j} + F_{iZ}\,\vec{k} = \overrightarrow{F_R} = F_{RX}\,\vec{i} + F_{RY}\,\vec{j} + F_{RZ}\,\vec{k}$$

donde F_{RX}, F_{RY}, F_{RZ} son las componentes cartesianas de la fuerza resultante.

Igualando componente a componente se obtienen las componentes de la fuerza resultante, en función de las de las fuerzas:

$$F_{RX} = \textstyle\sum_n F_{iX} \qquad F_{RY} = \sum_n F_{iY} \qquad F_{RZ} = \sum_n F_{iZ}$$

El módulo de la fuerza resultante, el vector unitario en su dirección y sentido y los ángulos directores:

$$F_R = \left|\overrightarrow{F_R}\right| = \sqrt{F_{RX}^2 + F_{RY}^2 + F_{RZ}^2} \qquad \overrightarrow{e_f} = \frac{\overrightarrow{F_R}}{F_R} = \frac{F_{RX}}{F_R}\vec{i} + \frac{F_{RY}}{F_R}\vec{j} + \frac{F_{RZ}}{F_R}\vec{k} = \cos\alpha\,\vec{i} + \cos\beta\,\vec{j} + \cos\gamma\,\vec{k}$$

$$\alpha_R = arc\cos\left(\frac{F_{RX}}{F_R}\right) = arc\cos\left(\overrightarrow{e_f}\cdot\vec{i}\right) \qquad \beta_R = arc\cos\left(\overrightarrow{e_f}\cdot\vec{j}\right) \qquad \gamma_R = arc\cos\left(\overrightarrow{e_f}\cdot\vec{k}\right)$$

que definen los ángulos que forma la fuerza resultante con los semiejes coordenados positivos.

De un conjunto de fuerzas puede obtenerse también, la resultante parcial de un subconjunto de ellas.

2.2 Descomposición de una fuerza en direcciones concurrentes con la fuerza

Descomponer una fuerza significa que se la reemplaza por otras y tal que los efectos mecánicos externos que ella producía sobre el cuerpo en el cual está aplicada, son equivalentes a las que producen las fuerzas sustituyentes.

2.2.1 Descomposición de una fuerza en dos direcciones concurrentes, coplanares con la fuerza

Veamos la descomposición de una fuerza $\vec{F}$ en dos fuerzas $\vec{A}$ y $\vec{B}$, cuyas rectas de acción $\boldsymbol{a}$ y $\boldsymbol{b}$ son concurrentes con la fuerza y que forman entre sí el ángulo θ y son coplanares con la fuerza, *fig.2-14a*, tales que su composición tiene como suma a la fuerza original $\vec{F}$:

$$\vec{A} + \vec{B} = \vec{F} \qquad [2.2]$$

Si se construye el paralelogramo o el triángulo con las fuerzas, como se indican en las *figs.2-4b,c*:

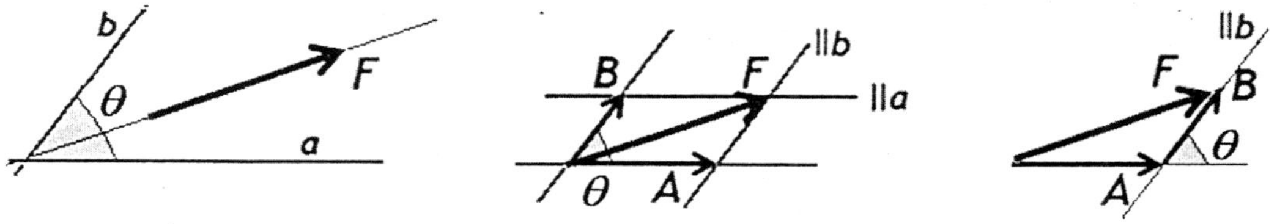

fig.2-4 a) b) c)

pueden determinarse los módulos y orientaciones de las fuerzas con los teoremas del seno y coseno.

Con vectores cartesianos el problema puede formularse del siguiente modo:

Adoptado un sistema de referencia, *fig.2-5*:

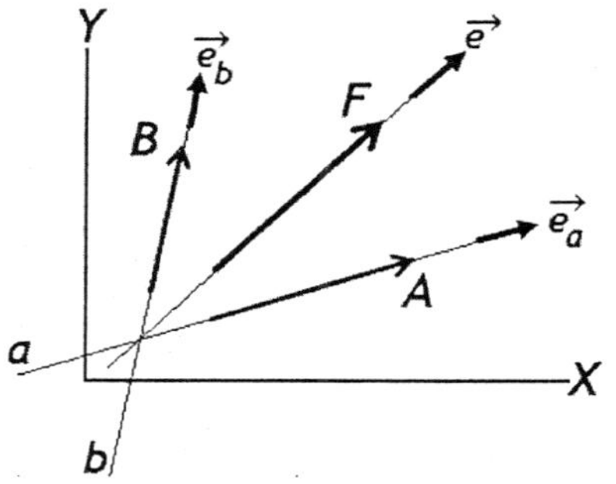

fig.2-5

Adoptado un sentido positivo en cada una de las rectas y con el ángulo que forman con el eje $\boldsymbol{X}$, definimos los vectores unitarios $\overrightarrow{e_a}$ y $\overrightarrow{e_b}$. Expresadas las fuerzas $\vec{F}$, $\vec{A}$ y $\vec{B}$, en sus componentes cartesianas:

$$\vec{F} = F_X\,\vec{\imath} + F_Y\,\vec{\jmath} = F\,\vec{e} = \boldsymbol{F}\,(\boldsymbol{cos\,\alpha\ \vec{\imath} + sen\,\alpha\ \vec{\jmath}})$$
$$\vec{A} = A\,\overrightarrow{e_a} = \boldsymbol{A}\,(\boldsymbol{cos\,\alpha_a\ \vec{\imath} + sen\,\alpha_a\ \vec{\jmath}})$$
$$\vec{B} = B\,\overrightarrow{e_b} = \boldsymbol{B}\,(\boldsymbol{cos\,\alpha_b\ \vec{\imath} + sen\,\alpha_b\ \vec{\jmath}})$$

y reemplazadas en la *ec.[2.2]*:

$$A\,(cos\,\alpha_a\ \vec{\imath} + sen\,\alpha_a\ \vec{\jmath}) + B\,(cos\,\alpha_b\ \vec{\imath} + sen\,\alpha_b\ \vec{\jmath}) = F\,(cos\,\alpha\ \vec{\imath} + sen\,\alpha\ \vec{\jmath})$$

Al igualar las componentes cartesianas de ambos miembros, se obtiene el sistema de ecuaciones:

$$A\,cos\,\alpha_a + B\,cos\,\alpha_b = F\ cos\,\alpha$$
$$A\,sen\,\alpha_a + B\,sen\,\alpha_b = F\ sen\,\alpha \qquad [2.3]$$

Con el módulo y la orientación de la fuerza como dato, quedan cuatro valores incógnitos posibles: los módulos ***A*** y ***B*** y las orientaciones (ángulos α_a y α_b) de las fuerzas componentes. Dados dos valores de estas cuatro incógnitas, se determinan las otras dos resolviendo el sistema de ecuaciones *[2.3]*. Seguidamente se tratan los diversos casos.

1. Datos: los ángulos directores α_a y α_b de los vectores unitarios $\vec{e_a}$ y $\vec{e_b}$.

Incógnitas: sus módulos ***A*** y ***B***.

Resuelto el sistema lineal de *ecs.[2.3]*, se obtienen los módulos ***A*** y ***B***. Si uno o ambos resultan con valor negativo, significa que el sentido de la fuerza correspondiente es opuesto al respectivo vector unitario.

2. Datos: una de las fuerzas, por ejemplo $\vec{A}$.

Incógnitas: la otra fuerza ***B*** y α_b.

A partir de la *ec.[2.2]*:

$$\vec{B} = \vec{F} - \vec{A} = (F\ \cos\alpha - A\ \cos\alpha_a)\,\vec{\imath} + (F\ sen\,\alpha - A\ sen\,\alpha_a)\,\vec{\jmath} = B_X\,\vec{\imath} + B_Y\,\vec{\jmath}$$

de la cual se determina su módulo y el ángulo director de $\vec{B}$:

$$B = \sqrt{B_X^2 + B_Y^2} \qquad \alpha_b = arc\ tan\left(\frac{B_Y}{B_X}\right) = arc\ cos\left(\vec{B}\cdot\vec{\imath}\right)$$

3. Datos: el módulo de una de las fuerzas ***A*** y el ángulo director de la otra fuerza α_b.

Incógnitas: el módulo ***B*** de la otra fuerza y el ángulo director de la fuerza α_a.

Del sistema de *ecs.[2.3]*, dejando en el primer miembro los primeros términos y elevando luego al cuadrado:

$$(A\cos\alpha_a)^2 = (F\ \cos\alpha - B\cos\alpha_b)^2$$
$$(A\,sen\,\alpha_a)^2 = (F\ sen\,\alpha - B\,sen\,\alpha_b)^2$$

que luego de sumadas y desarrolladas, conduce a la ecuación de segundo grado en ***B***:

$$B^2 - 2\,F\ \cos(\alpha - \alpha_b)\,B + \left(F^2 - A^2\right) = 0 \qquad [2.4]$$

Una vez resuelta, se obtiene luego:

$$\alpha_a = arc\ cos\left(\frac{F\ \cos\alpha - B\ \cos\alpha_b}{A}\right) \qquad [2.4']$$

4. Datos: los módulos de las fuerzas ***A*** y ***B***.

Incógnitas: los ángulos directores α_a y α_b.

A partir de la *ec.[2.4]*, del caso anterior, se obtiene:

$$\alpha_b = \alpha - arc\ cos\ \frac{B^2 + F^2 - A^2}{2\,F\,B}$$

El otro ángulo con la *ec.[2.4']*:

$$\alpha_a = arc\ cos\left(\frac{F\ \cos\alpha - B\ \cos\alpha_b}{A}\right)$$

Ejemplo 1: La embarcación se introduce en el amarradero, por medio de los dos cables unidos a un anillo en su frente, que ejercen fuerzas iguales con la orientación indicada. Determinar:

a) La fuerza total con la que se la arrastra.
b) Hacia que orilla, vista desde la embarcación se dirige suponiendo que lo hace en dirección de la resultante.
c) Si la resistencia del agua al avance se estima en $\boldsymbol{R_a = 2.5\ kN}$, y queremos mover la embarcación hasta el final del canal, obtener las fuerzas a ejercer por los cables (que mantienen su orientación), de modo que la resultante quede coincidente con el eje del canal.

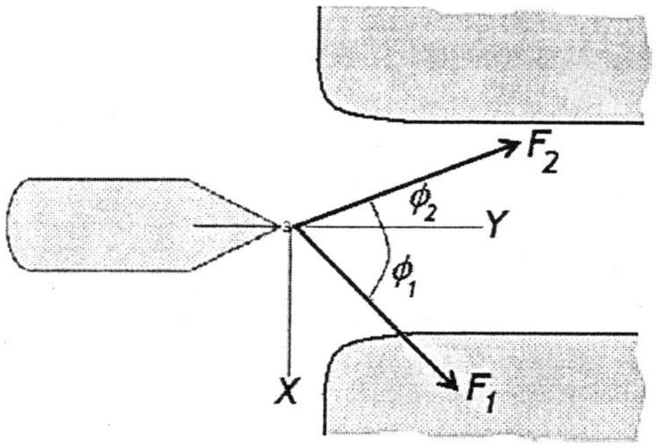

$F_1 = 1.8\ kN \quad \phi_1 = 42°$ $\qquad F_2 = 1.8\ kN \quad \phi_2 = 20°$

En primer lugar, e independientemente de la resistencia del agua, calculamos la fuerza total que ejercen los cables y la dirección de la resultante.
a) La fuerza total actuante sobre la embarcación se calcula componiendo las fuerzas que los cables ejercen sobre ella. Construimos el triángulo vectorial con las fuerzas de los cables y la resultante:

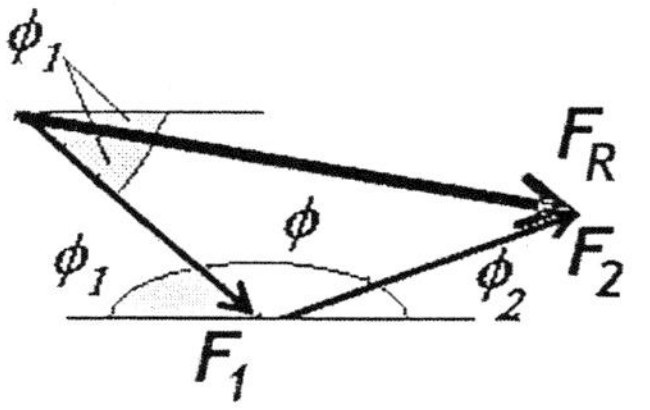

$$\overrightarrow{F_1} + \overrightarrow{F_2} = \overrightarrow{F_R}$$

De acuerdo a las orientaciones de las fuerzas con respecto a la recta central del canal, el ángulo interior entre las fuerzas es:

$$\boldsymbol{\phi} = 180° - \phi_1 - \phi_2 = \mathbf{118°}$$

El módulo de la resultante lo calculamos, usando el *teorema del coseno*:

$$\boldsymbol{F_R} = \sqrt{F_1^2 + F_2^2 - 2\,F_1\,F_2\ cos\,\phi} = \mathbf{3.086}\ \boldsymbol{kN}$$

b) Para ver hacia qué lado se dirigiría, determinamos el ángulo que la resultante de las fuerzas, forma con el eje del canal.

Para ello, obtenemos previamente los ángulos que la resultante forma con las fuerzas. Usamos el *teorema del seno*. En la figura podemos ver que:

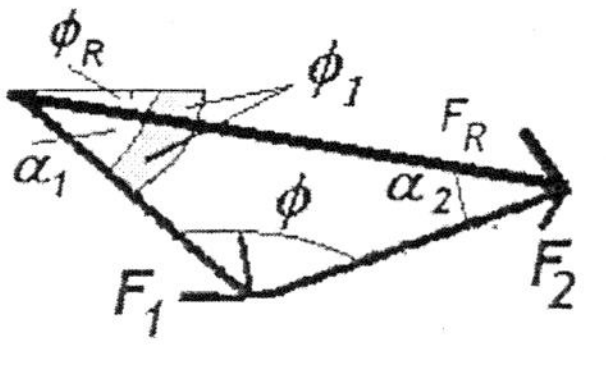

$$\frac{F_1}{sen\,\alpha_2} = \frac{F_2}{sen\,\alpha_1} = \frac{F_R}{sen\,\phi}$$

De ambas igualdades:

$$\boldsymbol{\alpha_1} = arc\ sen\left(\frac{F_2}{F_R}\ sen\ \phi\right) = \mathbf{31°} \qquad \boldsymbol{\alpha_2} = arc\ sen\left(\frac{F_1}{F_R}\ sen\ \phi\right) = \mathbf{31°}$$

A partir de: $\phi_1 = \phi_R + \alpha_1$

se obtiene el ángulo que forma la resultante con el eje del canal: $\boldsymbol{\phi_R} = \phi_1 - \alpha_1 = \mathbf{11°}$

Estos mismos resultados pueden obtenerse usando *Vectores Cartesianos*. Adoptamos el sistema de referencia con origen en el centro del anillo donde los cables tiran de la embarcación.

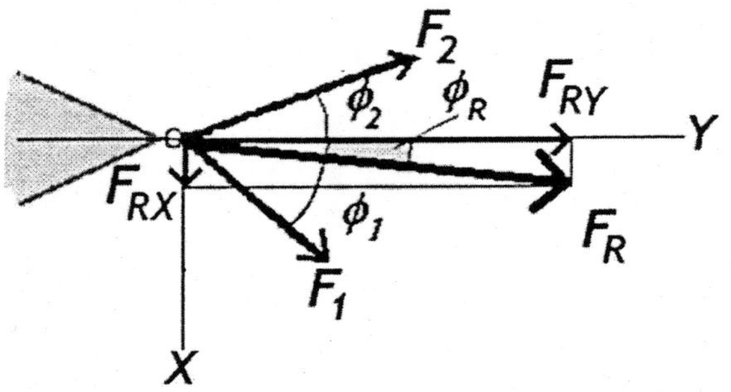

En la ecuación vectorial $\overrightarrow{F_R} = \overrightarrow{F_1} + \overrightarrow{F_2}$, expresamos cada fuerza por sus componentes cartesianas:

$$\boldsymbol{F_{RX}\,\vec{\imath} + F_{RY}\,\vec{\jmath}} = (F_{1X}\,\vec{\imath} + F_{1Y}\,\vec{\jmath}) + (F_{2X}\,\vec{\imath} + F_{2Y}\,\vec{\jmath})$$
$$= \boldsymbol{F_1\,(sen\,\phi_1\,\vec{\imath} + cos\,\phi_1\,\vec{\jmath}) + F_2\,(-sen\,\phi_2\,\vec{\imath} + cos\,\phi_2\,\vec{\jmath})}$$

Separando e igualando las componentes en las direcciones coordenadas:

$$\boldsymbol{F_{RX}} = F_1\ sen\ \phi_1 - F_2\ sen\ \phi_2 = \mathbf{0.589\ \mathit{kN}}$$
$$\boldsymbol{F_{RY}} = F_1\ cos\ \phi_1 + F_2\ cos\ \phi_2 = \mathbf{3.029\ \mathit{kN}}$$

Con las componentes cartesianas de la resultante, obtenemos su módulo y el ángulo con el eje del canal:

$$\boldsymbol{F_R} = \sqrt{F_{RX}^2 + F_{RY}^2} = \mathbf{3.086\ \mathit{kN}} \qquad \boldsymbol{\phi_R} = arc\ tan\frac{F_{RX}}{F_{RY}} = \mathbf{11°}$$

Este último resultado permite concluir que la embarcación se dirigiría hacia su lado derecho.

c) Para que la embarcación se mueva, la acción total de los cables debe ser por lo menos igual a la resistencia del agua al avance. Es decir que la resultante de las fuerzas que ejercen los cables en acción conjunta, debe ser de igual módulo que la resistencia; y para llegar al final del canal, y no hacia uno de sus márgenes, esta resultante debe quedar en dirección del eje del canal.

En este caso se trata de descomponer la fuerza resultante, en dos direcciones concurrentes.

Construimos, esquemáticamente, el triángulo de fuerzas, en el cual ahora conocemos el módulo de la resultante, que es igual a la resistencia del agua al avance, su orientación y la orientación de las fuerzas de los cables (ya que se dijo que estas no cambiaban). Las incógnitas son los módulos de las fuerzas de los cables:

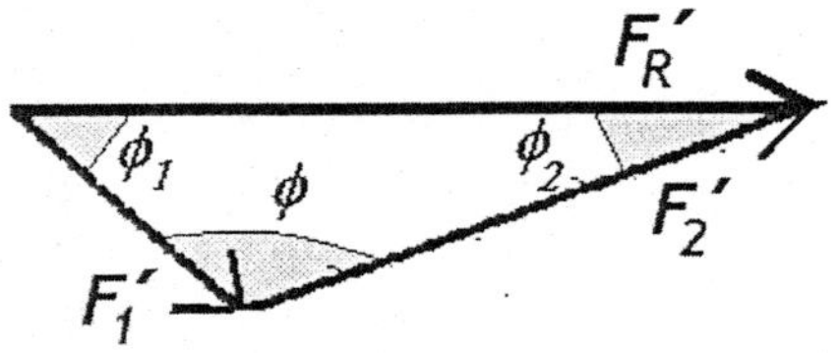

$$F_R' = R_a \qquad \frac{F_1'}{sen\ \phi_2} = \frac{F_2'}{sen\ \phi_1} = \frac{F_R'}{sen\ \phi}$$

Donde el ángulo $\boldsymbol{\phi}$, se obtiene a partir de que la suma de los ángulos interiores de un triángulo:

$$\phi_1 + \phi_2 + \phi = 180° \qquad \boldsymbol{\phi = 118°}$$

De modo que: $\boldsymbol{F'_1} = \frac{sen\,\phi_2}{sen\,\phi} F'_R = \mathbf{0.968\ kN}$ $\qquad \boldsymbol{F'_2} = \frac{sen\,\phi_1}{sen\,\phi} F'_R = \mathbf{1.895\ kN}$

Usando *Vectores Cartesianos*:

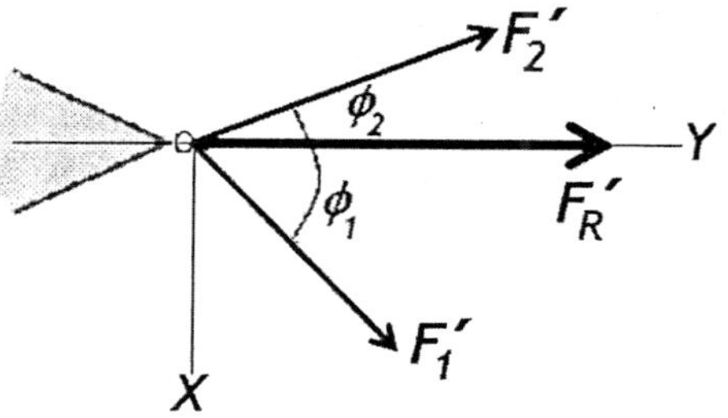

$$\overrightarrow{F'_R} = F'_{RX}\,\vec{\imath} + F'_{RY}\,\vec{\jmath} = F'_1\,(sen\,\phi_1\,\vec{\imath} + cos\,\phi_1\,\vec{\jmath}) + F'_2\,(-sen\,\phi_2\,\vec{\imath} + cos\,\phi_2\,\vec{\jmath})$$

Separando en componentes:

$$F'_{RX} = 0 = F'_1\,sen\,\phi_1 - F'_2\,sen\,\phi_2$$
$$F'_{RY} = F'_R = R_a = F'_1\,cos\,\phi_1 + F'_2\,cos\,\phi_2$$

Resolviendo este sistema de ecuaciones se obtiene:

$$\boldsymbol{F'_1} = \frac{sen\,\phi_2}{sen\,\phi_1\,cos\,\phi_2 + cos\,\phi_1\,sen\,\phi_2} R_a = \frac{sen\,\phi_2}{sen\,(\phi_1 + \phi_2)} R_a = \frac{\boldsymbol{sen\,\phi_2}}{\boldsymbol{sen\,(180° - \phi)}} \boldsymbol{R_a}$$

$$\boldsymbol{F'_1} = \frac{sen\,\phi_2}{sen\,\phi} R_a = \mathbf{0.968\ kN} \qquad \boldsymbol{F'_2} = \frac{sen\,\phi_1}{sen\,\phi} R_a = \mathbf{1.895\ kN}$$

2.2.2 Descomposición de una fuerza en tres direcciones concurrentes del espacio y de la fuerza

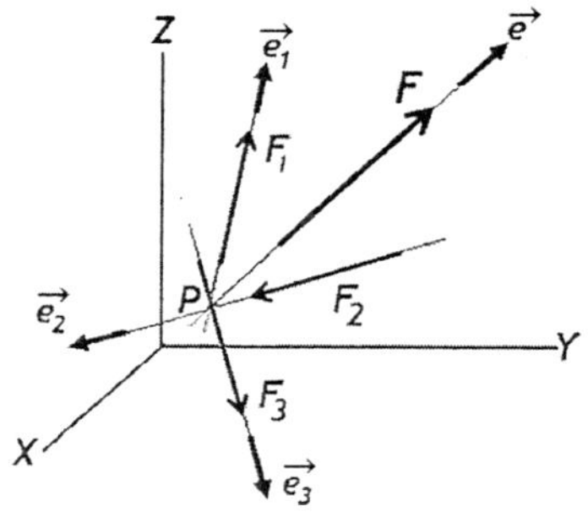

fig.2-6

Dada la fuerza: $\vec{F} = F_X\,\vec{\imath} + F_Y\,\vec{\jmath} + F_Z\,\vec{k} = F\,\vec{e} = \boldsymbol{F}\left(\boldsymbol{cos\,\alpha\,\vec{\imath} + cos\,\beta\,\vec{\jmath} + cos\,\gamma\,\vec{k}}\right)$

a ser descompuesta en tres fuerzas no coplanares y concurrentes en un punto $\boldsymbol{P}$ de la recta de acción de la fuerza, *fig.2-6*. Se supone además que las rectas no son coplanares.

A partir de la orientación de las rectas expresamos los vectores unitarios en coordenadas cartesianas por medio de los ángulos directores que resultan según cómo se elija el sentido de los vectores unitarios:

$$\vec{e_i} = \cos\alpha_i\,\vec{i} + \cos\beta_i\,\vec{j} + \cos\gamma_i\,\vec{k} \qquad (i = 1,\ 2,\ 3)$$

Las expresiones vectoriales de las fuerzas componentes son:

$$\vec{F_1} = F_1\,\vec{e_1} \qquad \vec{F_2} = F_2\,\vec{e_2} \qquad \vec{F_3} = F_3\,\vec{e_3}$$

Su suma debe ser igual a la fuerza original $\vec{F}$, es decir que: $\sum_n \vec{F_i} = \vec{F}$

Explícitamente: $\boldsymbol{F_1\,\vec{e_1} + F_2\,\vec{e_2} + F_3\,\vec{e_3} = F\,\vec{e}}$

Esta ecuación vectorial es equivalente al sistema de tres ecuaciones escalares:

$$F_1\cos\alpha_1 + F_2\cos\alpha_2 + F_3\cos\alpha_3 = F\ \cos\alpha \qquad [1']$$
$$F_1\cos\beta_1 + F_2\cos\beta_2 + F_3\cos\beta_3 = F\ \cos\beta \qquad [1'']$$
$$F_1\cos\gamma_1 + F_2\cos\gamma_2 + F_3\cos\gamma_3 = F\ \cos\gamma \qquad [1''']$$

En el caso general, dada la fuerza $\vec{F} = F\,\vec{e}$ a descomponer, si se dan las direcciones $\vec{e_1},\ \vec{e_2},\ \vec{e_3}$ de las fuerzas y deben determinarse sus módulos F_1, F_2, F_3, se resuelve el sistema lineal de ecuaciones algebraicas *[1'], [1''], [1''']*.

Por otra parte si se da como dato uno o dos de los módulos y los ángulos de ellos o de otra de las direcciones se cuenta con las relaciones adicionales:

$$\cos^2\alpha_1 + \cos^2\beta_1 + \cos^2\gamma_1 = 1 \qquad [2']$$
$$\cos^2\alpha_2 + \cos^2\beta_2 + \cos^2\gamma_2 = 1 \qquad [2'']$$
$$\cos^2\alpha_3 + \cos^2\beta_3 + \cos^2\gamma_3 = 1 \qquad [2''']$$

Así por ejemplo si los datos son los ángulos directores $\boldsymbol{\alpha_1, \beta_1, \alpha_2, \beta_2}$, los otros se obtienen con:

$$\gamma_{1,2} = arc\ \cos\sqrt{1 - \cos^2\alpha_{1,2} - \cos^2\beta_{1,2}}$$

y el módulo de la tercera fuerza $\boldsymbol{F_3}$ y el ángulo director $\boldsymbol{\gamma_3}$ con el eje $\boldsymbol{Z}$ del vector unitario $\vec{e_3}$, se deber determinar los módulos $\boldsymbol{F_1, F_2}$ y los ángulos directores $\boldsymbol{\alpha_3, \beta_3}$ de $\vec{e_3}$.

Se resuelve el sistema no lineal de ecuaciones *[1'], [1''], [1''']* y *[2''']*.

Si la fuerza a descomponer es coplanar con dos de las direcciones como las ***1*** y ***2*** y no con la dirección ***3***, la fuerza componente en esta tercera dirección $\boldsymbol{F_3 = 0}$.

Si las tres direcciones concurrentes con la fuerza son coplanares con ella, el problema queda indeterminado.

2.3 Cupla de fuerzas o par de fuerzas

Muchas veces sobre los cuerpos actúan dos fuerzas que tienen igual módulo, dirección y con los sentidos opuestos, sus líneas de acción son paralelas con una distancia ***d*** entre ellas y son, por lo tanto coplanares, *fig.2-7a*:

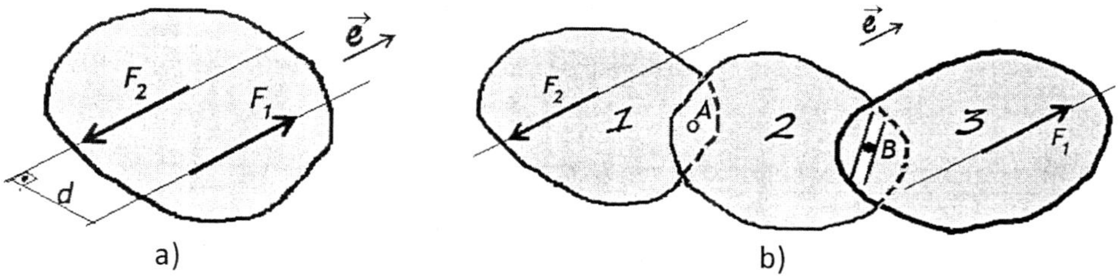

fig.2-7

Al conjunto de estas dos fuerzas que cumplen las condiciones mencionadas, se lo llama *cupla de fuerzas* o *par de fuerzas* y su acción sobre un cuerpo se considera en forma conjunta.

El plano al que pertenecen las líneas de acción de las fuerzas se denomina *plano de acción de la cupla o par*, y la distancia ***d*** entre las líneas de acción es el *brazo de la cupla* o *par*.

La consideración en conjunto de ambas fuerzas del par sólo puede hacerse si están aplicadas a un mismo cuerpo rígido.

Si se tiene un sistema de cuerpos rígidos conectados y tal que entre ellos pueden tener movimientos relativos, *fig.2-7b*, y hay dos fuerzas con estas características, aplicadas a distintos cuerpos del sistema puede tratárselo como un par si el sistema mecánico es considerado en su conjunto. Sin embargo si el análisis se hace para cada cuerpo por separado, entonces cada fuerza del par debe considerarse actuando individualmente sobre los respectivos cuerpos como si fuera una fuerza más. En la *fig.2-7b*, ***A*** es una conexión entre los cuerpos ***1*** y ***2*** que llamamos articulación que permite sólo la rotación relativa entre estos cuerpos, en tanto que ***B*** es una conexión que permite la rotación relativa y la traslación relativa entre los cuerpos ***2*** y ***3***. Estas cuestiones se analizarán con mayor detalle en capítulos posteriores y aquí se las menciona brevemente para que se comprenda la explicación relativa al par de fuerzas.

Si $\vec{e}$ es el vector unitario en dirección de las rectas de acción de las fuerzas, tal que su sentido positivo coincide con una de ellas, por ejemplo $\vec{F_1}$, teniendo en cuenta que $|\vec{F_1}| = |\vec{F_2}| = F$, las expresiones vectoriales de las fuerzas son:

$$\vec{F_1} = |\vec{F_1}|\,\vec{e} = F\,\vec{e} \qquad \text{y} \qquad \vec{F_2} = |\vec{F_2}|(-\vec{e}) = -|\vec{F_2}|\,\vec{e} = -F\,\vec{e} = -\vec{F_1}$$

Evidentemente la fuerza resultante de ambas: $\vec{F_R} = \vec{F_1} + \vec{F_2} = \mathbf{0}$

Sin embargo debido a los efectos mecánicos a que da lugar la acción del par de fuerzas sobre el cuerpo rígido, se lo trata como una entidad con características propias.

2.4 Momento de una fuerza con respecto a un punto

Sea el cuerpo sobre el que actúa una fuerza $\vec{F}$ y un punto ***O*** del espacio, llamado *centro de momentos*, perteneciente o no al cuerpo, *fig.2-8a*:

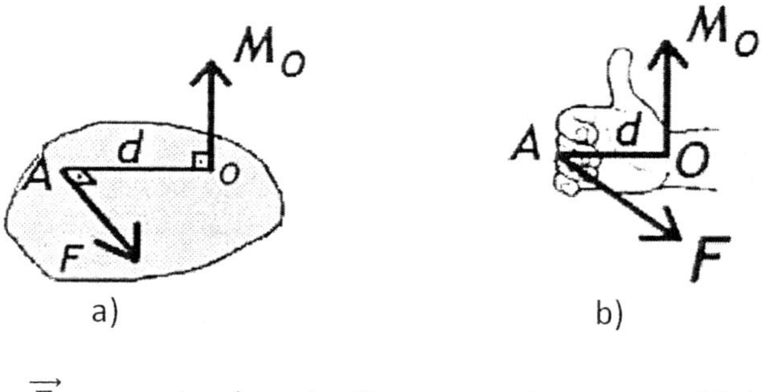

fig.2-8

El momento de la fuerza $\vec{F}$, respecto al punto ***O***, es un vector cuyo módulo es el producto del módulo de la fuerza por la distancia desde el punto ***O*** a la línea de acción de la fuerza:

$$\left|\overrightarrow{M_O}\right| = \left|\vec{F}\right| d \qquad [2.5]$$

El vector momento es un vector deslizante que pasa el punto ***O*** y su La línea de acción es perpendicular al plano que determinan la recta de acción de la fuerza y ***O***.

Para orientar al vector momento utilizaremos, convencionalmente, la regla de la mano derecha, *fig.2-8b*, según la cual si se supone la muñeca en el punto ***O***, la palma en dirección de ***OA*** y los dedos, en el sentido de la fuerza, el dedo pulgar indica el sentido del vector momento.

La expresión vectorial del vector momento de una fuerza con respecto a un punto es:

$$\overrightarrow{M_O} = \overrightarrow{r_{OA}} \times \vec{F} \qquad [2.6]$$

donde $\overrightarrow{r_{OA}}$ es el vector posición de cualquier punto ***A*** de la recta de acción de la fuerza, respecto a ***O***.

Para demostrar que efectivamente el módulo de $\overrightarrow{M_O}$ es el dado por la *ec.[2.5]*, realicemos la multiplicación vectorial, *fig.2-9*:

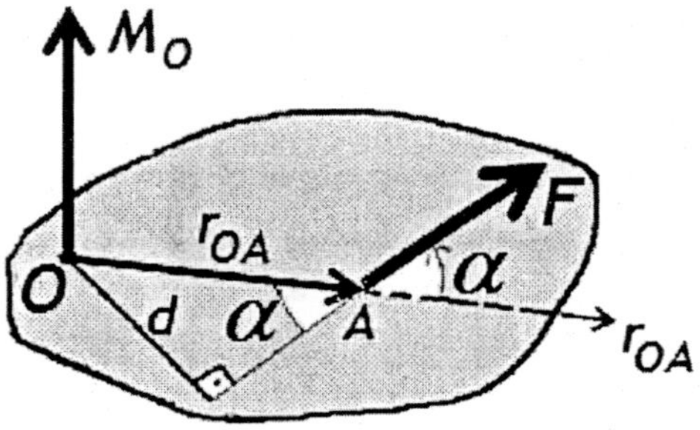

fig.2-9

Llevamos los orígenes de los vectores al punto ***A***, los que definen el ángulo α $(0 \leq \alpha \leq \pi)$ entre los vectores, y que es el menor ángulo que se describe cuando se gira desde $\overrightarrow{r_{OA}}$ hacia $\vec{F}$. Luego:

$$\left|\overrightarrow{M_O}\right| = \left|\overrightarrow{r_{OA}}\right| \left|\vec{F}\right| sen\,\alpha = F\,(r_{OA}\ sen\,\alpha) = F\,d \qquad [2.7]$$

Comprobemos que cualquiera sea el punto de la línea de acción de la fuerza que se tome como punta de $\vec{r}$ (manteniendo su origen en el punto ***O***), los resultados no cambian, *fig.2-10a.*

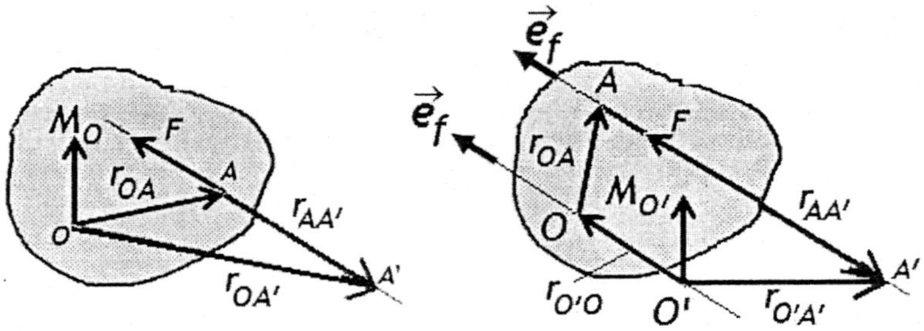

fig.2-10 a) b)

La expresión del momento respecto a ***O***, tomando al punto ***A*** de la recta de acción de la fuerza es:

$$\overrightarrow{M_O} = \overrightarrow{r_{OA}} \times \vec{F}$$

Considerando otro punto sobre la línea de acción de la fuerza, tal como el ***A'***, será:

$$\overrightarrow{M'_O} = \overrightarrow{r_{OA'}} \times \overrightarrow{F}$$

En el triángulo vectorial ***OAA'***, es: $\overrightarrow{r_{OA'}} = \overrightarrow{r_{OA}} + \overrightarrow{r_{AA'}}$ por lo que:

$$\overrightarrow{M'_O} = \overrightarrow{r_{OA'}} \times \overrightarrow{F} = (\overrightarrow{r_{OA}} + \overrightarrow{r_{AA'}}) \times \overrightarrow{F} = \overrightarrow{r_{OA}} \times \overrightarrow{F} + \overrightarrow{r_{AA'}} \times \overrightarrow{F} = \overrightarrow{r_{OA}} \times \overrightarrow{F} + \mathbf{0} = \overrightarrow{M_O}$$

dado que la colinealidad entre $\overrightarrow{r_{AA'}}$ y $\overrightarrow{F}$ hace a su producto vectorial nulo.

Asimismo el momento de la fuerza respecto a cualquier otro punto ***O'*** sobre una recta paralela a la fuerza, que sea pasante por ***O***, *fig.2-10b, es:*

$$\overrightarrow{M_{O'}} = \overrightarrow{r_{O'A'}} \times \overrightarrow{F}$$

En el cuadrilátero vectorial ***O'OAA'***, es:

$$\overrightarrow{r_{O'A'}} = \overrightarrow{r_{O'O}} + \overrightarrow{r_{OA}} + \overrightarrow{r_{AA'}} = r_{O'O}\overrightarrow{e_f} + \overrightarrow{r_{OA}} + r_{AA'}(-\overrightarrow{e_f})$$

luego:

$$\overrightarrow{M_{O'}} = r_{O'O}\overrightarrow{e_f} \times \overrightarrow{F} + \overrightarrow{r_{OA}} \times \overrightarrow{F} + r_{AA'}(-\overrightarrow{e_f}) \times \overrightarrow{F} = \overrightarrow{r_{OA}} \times \overrightarrow{F} = \overrightarrow{M_O}$$

Si el punto $\boldsymbol{O}$ está sobre la línea de acción de $\overrightarrow{F}$, el momento de la fuerza, es $\overrightarrow{M_O} = \mathbf{0}$, ya que en ese caso es:

$$\overrightarrow{M_O} = \overrightarrow{r_{OA}} \times \overrightarrow{F} = r_{OA}\overrightarrow{e_f} \times \overrightarrow{F} = \mathbf{0}$$

También desde el punto de vista escalar es $\boldsymbol{d} = \mathbf{0}$.

Las unidades del momento de una fuerza son: *Nm* (ó *kNm*, *MNm*).

2.4.1 Momento de un sistema de fuerzas-Teorema de VARIGNON

Si sobre el cuerpo actúa un sistema de fuerzas, *fig.2-11a*, el momento de cada una de las fuerzas con respecto a un mismo punto del espacio, es:

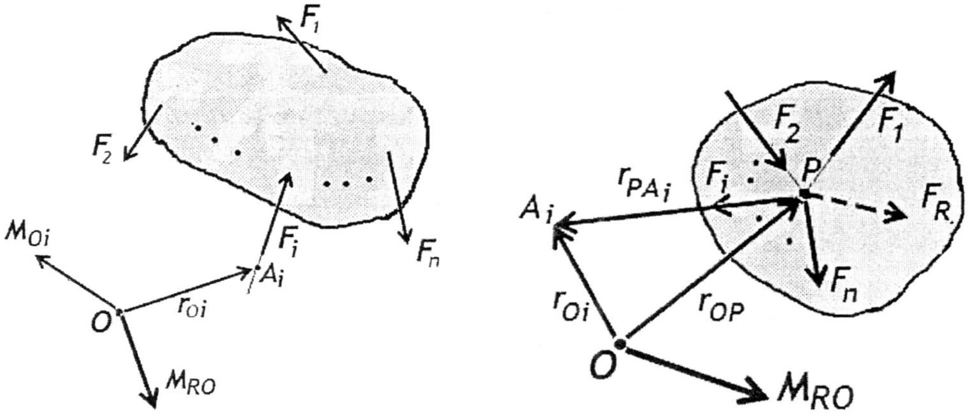

fig.2-11 a) b)

$$\overrightarrow{M_{Oi}} = \overrightarrow{r_{Oi}} \times \overrightarrow{F_i}$$

Estos vectores momento pueden componerse como cualquier vector; la suma de los momentos individuales de las ***n*** fuerzas, se llama *momento resultante*:

$$\overrightarrow{M_{RO}} = \sum_n \overrightarrow{M_{O\iota}} = \sum_n \overrightarrow{r_{O_\iota}} \times \overrightarrow{F_\iota} \qquad [2.8]$$

Consideremos como caso particular al cuerpo bajo la acción de un conjunto de fuerzas concurrentes en un punto ***P*** del espacio, perteneciente o no al cuerpo, *fig.2-11b*:

Calculemos el momento de las fuerzas respecto a un punto ***O*** cualquiera distinto de ***P***. Si es A_i un punto de la línea de acción de cada fuerza, el momento de la fuerza $\overrightarrow{F_\iota}$, respecto a ***O*** es:

$$\overrightarrow{M_{O\iota}} = \overrightarrow{r_{O\iota}} \times \overrightarrow{F_\iota}$$

En el triángulo vectorial OPA_i es: $\overrightarrow{r_{O\iota}} = \overrightarrow{r_{OP}} + \overrightarrow{r_{PA_\iota}}$

luego: $\overrightarrow{M_{O\iota}} = \left(\overrightarrow{r_{OP}} + \overrightarrow{r_{PA_\iota}}\right) \times \overrightarrow{F_\iota} = \overrightarrow{r_{OP}} \times \overrightarrow{F_\iota} + \overrightarrow{r_{PA_\iota}} \times \overrightarrow{F_\iota} = \overrightarrow{r_{OP}} \times \overrightarrow{F_\iota} \qquad \left(\overrightarrow{r_{PA_\iota}} \times \overrightarrow{F_\iota} = \mathbf{0}\right)$

De modo que el momento de cada fuerza puede calcularse tomando al de concurrencia ***P*** como punto de la recta de acción de la fuerza. El momento resultante de todas las fuerzas respecto al punto ***O***, es, *ec.[2.8]*:

$$\overrightarrow{M_{RO}} = \sum_n \overrightarrow{r_{OP}} \times \overrightarrow{F_\iota}$$

Como $\overrightarrow{r_{OP}}$ es el mismo para todas las fuerzas: $\overrightarrow{M_{RO}} = \overrightarrow{r_{OP}} \times \sum_n \overrightarrow{F_\iota}$

La suma de todas las fuerzas es la fuerza resultante: $\sum_n \overrightarrow{F_\iota} = \overrightarrow{F_R}$

por lo que resulta: $\overrightarrow{M_{RO}} = \overrightarrow{r_{OP}} \times \overrightarrow{F_R}$ [2.8´]

El *teorema de Varignon* establece que el momento resultante de un sistema de fuerzas concurrentes, con respecto a un punto, es igual al momento, con respecto al mismo punto, de la fuerza resultante del sistema de fuerzas.

2.4.2 Formulación cartesiana

Si usamos vectores cartesianos para la formulación del momento de una fuerza respecto a un punto, *fig.2-12a*, su expresión vectorial explícita:

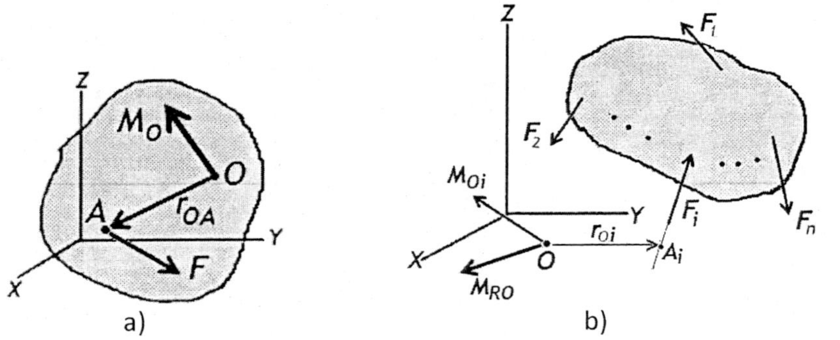

fig.2-12

$$\overrightarrow{M_O} = M_{O_X}\vec{\imath} + M_{O_Y}\vec{\jmath} + M_{O_Z}\vec{k} = \overrightarrow{r_{OA}} \times \vec{F} = \begin{vmatrix} \vec{\imath} & \vec{\jmath} & \vec{k} \\ x_A - x_O & y_A - y_O & z_A - z_O \\ F_X & F_Y & F_Z \end{vmatrix}$$

Esta forma vectorial cartesiana, simplifica el cálculo en aquellos casos en que es difícil definir la distancia entre la línea de acción de la fuerza y el punto, y haría difícil aplicar la simple *ec.[2.5]* para obtener el módulo y la orientación.

Si hay más de una fuerza, *fig.2-12b*, el momento resultante, respecto al mismo punto ***O***, es:

$$\overrightarrow{M_{RO}} = M_{RO_X}\,\vec{\imath} + M_{RO_Y}\,\vec{\jmath} + M_{RO_Z}\,\vec{k} = \sum_n \overrightarrow{M_{O\iota}} = \sum_n \overrightarrow{r_{O_\iota}} \times \overrightarrow{F_\iota} \qquad [2.9]$$

Con el cual determinamos el módulo, el vector unitario y los ángulos directores:

$$M_{RO} = \sqrt{M_{RO_X}^2 + M_{RO_Y}^2 + M_{RO_Z}^2}$$

$$\overrightarrow{e_m} = \frac{\overrightarrow{M_{RO}}}{M_{RO}} \qquad \alpha_m = arc\cos\left(\frac{M_{RO_X}}{M_{RO}}\right) = \boldsymbol{arc\cos}\ (\overrightarrow{e_m}\cdot\vec{\imath}) \qquad \boldsymbol{\beta_m} \qquad \boldsymbol{\gamma_m}$$

*2.4.3 Fuerza correspondiente a un momento

El problema inverso al anterior es el de determinar la fuerza en el espacio para que su momento respecto a un punto ***O***, dé lugar a un vector momento especificado. Es decir dados:

$$\overrightarrow{M_O} = M_O\,\overrightarrow{e_m} \qquad O(x_O, y_O, z_O),\ \text{determinar}\ \vec{F} = F\,\overrightarrow{e_f}$$

El problema formulado de este modo tiene infinitas soluciones. La fuerza debe estar en un plano normal al vector $\overrightarrow{M_O}$, puesto que este es normal al plano que determinan ***O*** y la línea de acción de $\vec{F}$. De la definición:

$$\overrightarrow{M_O} = M_O\,\overrightarrow{e_m} = \overrightarrow{r_{OA}} \times F\,\overrightarrow{e_f}$$

A partir del hecho que $\overrightarrow{M_O}$ es perpendicular al plano que determinan ***O*** y la recta de acción $\vec{F}$, elegido un punto ***A*** sobre la recta de $\vec{F}$, *fig.2-13a*:

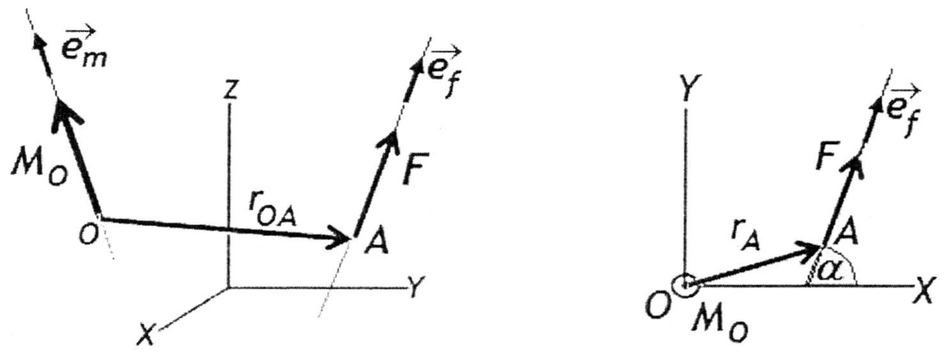

fig.2-13 a) b)

debe cumplirse que:

$$\overrightarrow{r_{OA}}\cdot\overrightarrow{e_m} = (x_A - x_O)\cos\alpha_m + (y_A - y_O)\cos\beta_m + (z_A - z_O)\cos\gamma_m = 0$$

Esto último indica que se pueden elegir dos coordenadas de ***A***, tal como las x_A, y_A y determinar, de la relación anterior, la tercera coordenada:

$$z_A = -\frac{(x_A - x_O)\cos\,\alpha_m + (y_A - y_O)\cos\,\beta_m}{\cos\,\gamma_m} + z_O$$

Definida la posición del punto **A** de la línea de acción de la fuerza, si en: $M_O\,\overrightarrow{e_m} = \overrightarrow{r_{OA}} \times F\,\overrightarrow{e_f}$ multiplicamos ambos miembros escalarmente por el vector unitario $\overrightarrow{e_m}$:

$$M_O(\overrightarrow{e_m}\cdot\overrightarrow{e_m}) = (\overrightarrow{r_{OA}} \times F\,\overrightarrow{e_f})\cdot\overrightarrow{e_m}$$

a partir de la cual se obtiene el módulo de la fuerza:

$$F = \frac{M_O}{(\overrightarrow{r_{OA}} \times \overrightarrow{e_f})\cdot\overrightarrow{e_m}} \qquad [2.10]$$

Sin embargo se requiere especificar $\overrightarrow{e_f}$. Si imponemos que uno de los ángulos de la línea de acción de la fuerza sea por ejemplo el γ_f, los otros α_f y β_f, se determinan a partir de la condición de ortogonalidad entre la dirección de $\overrightarrow{M_O}$ y la de la fuerza $\vec{F}$, por lo que deberá cumplirse que:

$$\overrightarrow{e_m}\cdot\overrightarrow{e_f} = \cos\alpha_m\,\cos\alpha_f + \cos\beta_m\cos\beta_f + \cos\gamma_m\cos\gamma_f = 0$$

Siendo además: $\cos^2\alpha_f + \cos^2\beta_f + \cos^2\gamma_f = 1$

De la primera, se obtiene:

$$\cos^2\beta_f = \frac{(\cos\alpha_m\,\cos\alpha_f + \cos\gamma_m\,\cos\gamma_f)^2}{\cos^2\beta_m}$$

que reemplazada en la segunda ecuación:

$$\cos^2\alpha_f + \frac{(\cos\alpha_m\,\cos\alpha_f + \cos\gamma_m\,\cos\gamma_f)^2}{\cos^2\beta_m} + \cos^2\gamma_f = 1$$

conduce a una ecuación en α_f con la que, una vez resuelta, se obtiene β_f.

Determinada $\overrightarrow{e_f}$ se obtiene finalmente **F**, con la *ec.[2.10]*.

Si el sistema coordenado no está inicialmente impuesto, lo elegimos de modo que el plano determinado por **O** y $\vec{F}$, sea el **X-Y**, *fig.2-13b*, por lo que el eje **Z** es la dirección del vector $\overrightarrow{M_O}$, por lo que:

$$\overrightarrow{e_m} \equiv \vec{k} \qquad \overrightarrow{M_O} = M_O\,\vec{k} \qquad \text{y} \qquad \overrightarrow{r_{OA}} = \overrightarrow{r_A}$$

Se supone que se conoce un punto **A** sobre la línea de acción de **F** y el ángulo α. La *ec.[2.9]*, resulta ahora, con:

$$\overrightarrow{e_f} = \cos\alpha\,\vec{\imath} + sen\,\alpha\,\vec{\jmath} \qquad F = \frac{M_O}{(\overrightarrow{r_A}\times\overrightarrow{e_f})\cdot\vec{k}} \qquad [2.11]$$

Ejemplo 2: Se tiene un poste de altura **H** empotrado en el piso y dispuesto en coincidencia con la arista del encuentro de dos paredes perpendiculares entre sí. Se une, rígidamente, al extremo superior del poste un brazo horizontal de longitud **L** que forma el ángulo α con una de las paredes. Al extremo libre del brazo está unido un cable cuyo otro extremo está amarrado al piso en el punto **D**. El cable está tensado y ejerce la fuerza **F** en el extremo del brazo. Determinar:

a) El vector momento de la fuerza del cable, respecto al empotramiento **A**, su magnitud y orientación.

b) La distancia desde el cable al empotramiento.

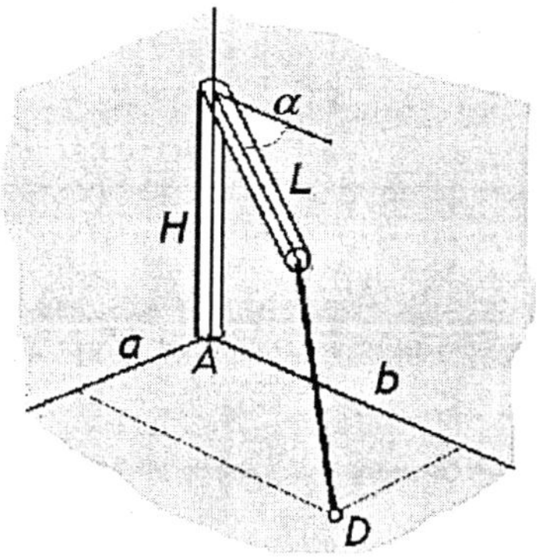

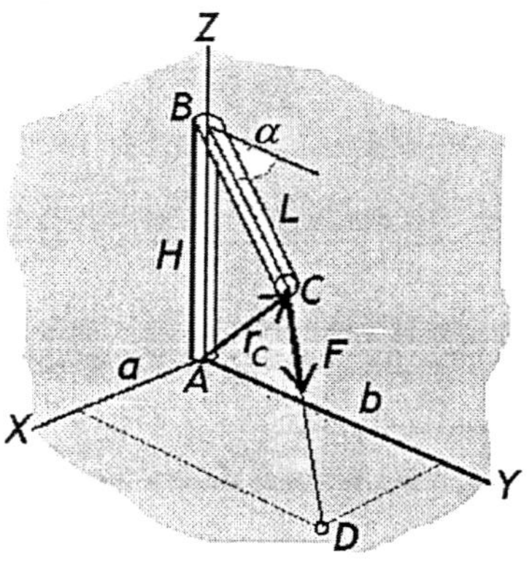

$H = 3.5\ m$ $\quad a = 3\ m$ $\quad b = 5.3\ m$ $\quad L = 2\ m$ $\quad \alpha = 35$ $\quad F = 2.75\ kN$

De acuerdo con los datos, el sistema coordenado que resulta más conveniente es el que tiene su origen en el vértice ***A*** de encuentro de las paredes y el piso donde está empotrado el poste. Orientamos los ejes como se indica en la figura.

a) El módulo del momento de la fuerza del cable, respecto al empotramiento ***A***, podríamos obtenerlo con la expresión:

$$M_A = F\ d$$

Siendo ***d*** la distancia de la línea de acción de ***F*** (que es la del cable) hasta ***A***. Dado el carácter espacial del problema, resulta dificultoso obtener ***d***. Realizamos el cálculo en forma vectorial a partir de:

$$\overrightarrow{M_A} = \vec{r} \times \vec{F}$$

Donde $\vec{\boldsymbol{r}}$ es el vector posición de un punto cualquiera de la línea de acción de la fuerza respecto a ***A***. Elegimos el punto *C*, siendo:

$$\vec{\boldsymbol{r}} = \overrightarrow{r_{AC}} = \overrightarrow{r_C} - \overrightarrow{r_A} = \overrightarrow{\boldsymbol{r_C}} \qquad (\overrightarrow{r_A} = 0)$$

Como se ve es: $\quad \overrightarrow{\boldsymbol{r_C}} = L\ sen\ \alpha\ \vec{\imath} + L\ cos\ \alpha\ \vec{\jmath} + H\ \vec{k} = \mathbf{1.147}\ \vec{\boldsymbol{\imath}} + \mathbf{1.638}\ \vec{\boldsymbol{\jmath}} + \mathbf{3.5}\ \vec{\boldsymbol{k}}\ \boldsymbol{m}$

La expresión vectorial de la fuerza: $\quad \vec{\boldsymbol{F}} = \boldsymbol{F}\ \overrightarrow{\boldsymbol{e_f}}$

requiere determinar el vector unitario $\overrightarrow{\boldsymbol{e_f}}$ en la dirección del cable; el módulo de la fuerza es dato. Conocidas las coordenadas de los puntos extremos del cable, puede calcularse a partir de ellas:

$$\overrightarrow{e_f} = \frac{\overrightarrow{\boldsymbol{r_{CD}}}}{\boldsymbol{r_{CD}}}$$

Siendo: $\quad \overrightarrow{\boldsymbol{r_D}} = a\ \vec{\imath} + b\ \vec{\jmath} = \mathbf{3}\ \vec{\boldsymbol{\imath}} + \mathbf{5.3}\ \vec{\boldsymbol{\jmath}}\ \boldsymbol{m}$ $\quad$ y $\quad$ con el $\overrightarrow{\boldsymbol{r_C}}$, (obtenido antes):

$$\overrightarrow{\boldsymbol{r_{CD}}} = \overrightarrow{r_D} - \overrightarrow{r_C} = \mathbf{1.853}\ \vec{\boldsymbol{\imath}} + \mathbf{3.662}\ \vec{\boldsymbol{\jmath}} - \mathbf{3.5}\ \vec{\boldsymbol{k}}\ \boldsymbol{m} \qquad \boldsymbol{r_{CD}} = \mathbf{5.394}\ \boldsymbol{m}$$

el vector unitario y la expresión vectorial de la fuerza del cable, son:

$$\overrightarrow{e_f} = \mathbf{0.344}\ \vec{\boldsymbol{\imath}} + \mathbf{0.679}\ \vec{\boldsymbol{\jmath}} - \mathbf{0.649}\ \vec{\boldsymbol{k}} \qquad \vec{F} = F\ \overrightarrow{e_f} = \mathbf{0.945}\ \vec{\boldsymbol{\imath}} + \mathbf{1.867}\ \vec{\boldsymbol{\jmath}} - \mathbf{1.785}\ \vec{\boldsymbol{k}}\ \boldsymbol{kN}$$

El vector momento de la fuerza del cable, respecto a ***A*** y su módulo:

$$\overrightarrow{M_A} = \overrightarrow{r_C} \times \vec{F} = -9.458\,\vec{\imath} + 5.354\,\vec{\jmath} + 0.594\,\vec{k}\ kNm \qquad M_A = 10.884\ kNm$$

La orientación espacial de $\overrightarrow{M_A}$ se obtiene a partir del vector unitario en la dirección del vector momento:

$$\overrightarrow{e_m} = \frac{\overrightarrow{M_A}}{M_A} = -\,0.869\,\vec{\imath} + 0.492\,\vec{\jmath} + 0.055\,\vec{k}$$

con el cual determinamos los ángulos de $\overrightarrow{M_A}$, con los semiejes coordenados positivos:

$$\alpha_m = arc\,cos(\overrightarrow{e_m} \cdot \vec{\imath}) = 150.3° \quad \beta_m = arc\,cos(\overrightarrow{e_m} \cdot \vec{\jmath}) = 60.5° \quad \gamma_m = arc\,cos(\overrightarrow{e_m} \cdot \vec{k}) = 86.9°$$

La representación del vector momento:

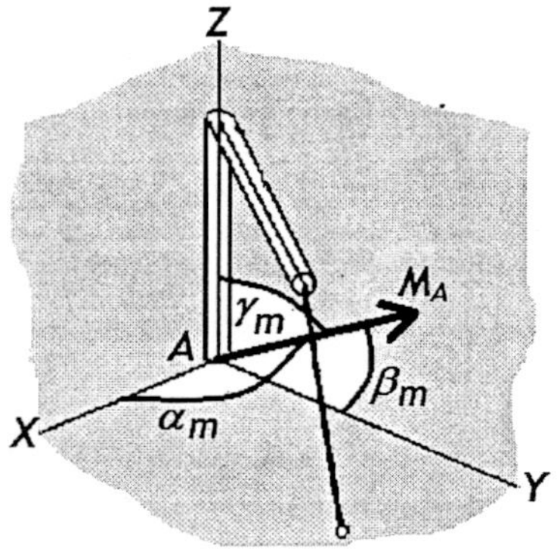

b) La distancia del cable al empotramiento puede obtenerse a partir de:

$$M_A = F\,d \qquad d = \frac{M_A}{F} = 3.958\ m$$

Resolvamos el problema tomando el punto ***D*** como punto de la línea de acción de la fuerza, para definir $\vec{r}$. Obtendríamos:

$$\overrightarrow{M_A} = \overrightarrow{r_D} \times \vec{F} = -9.458\,\vec{\imath} + 5.354\,\vec{\jmath} + 0.594\,\vec{k}\ kNm$$

Ejemplo 3**: La barra acodada ***EABC está empotrada en ***E***. Soporta la fuerza de módulo ***F***, aplicada en su extremo libre ***C***, y cuyo vector representativo va por la diagonal del paralelepípedo mostrado en ***C***. Calcular el momento de la fuerza respecto al empotramiento ***E***.

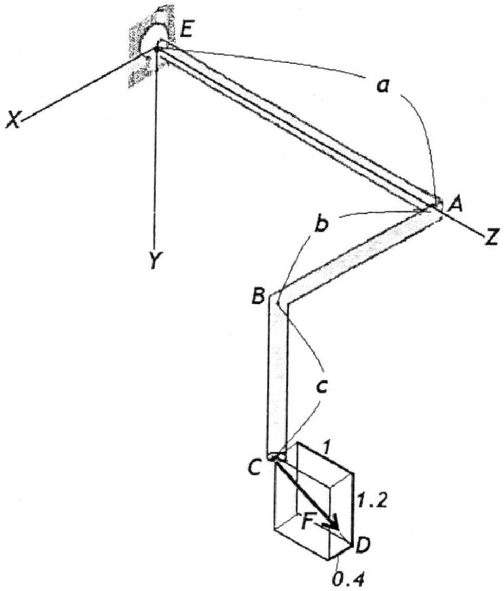

$a = 2\ m \qquad b = 1.5\ m \qquad c = 1\ m \qquad F = 450\ N$

Los vectores posición de los puntos ***A***, ***B***, ***C***, son:

$$\overrightarrow{r_A} = a\,\vec{k} = \mathbf{2}\ \vec{\boldsymbol{k}}\,\boldsymbol{m}$$
$$\overrightarrow{r_B} = a\,\vec{k} + b\,\vec{\imath} = \mathbf{1.5}\,\vec{\boldsymbol{\imath}} + \mathbf{2}\,\vec{\boldsymbol{k}}\,\boldsymbol{m}$$
$$\overrightarrow{r_C} = a\,\vec{k} + b\,\vec{\imath} + c\,\vec{\jmath} = \mathbf{1.5}\,\vec{\boldsymbol{\imath}} + \mathbf{1}\,\vec{\boldsymbol{\jmath}} + \mathbf{2}\,\vec{\boldsymbol{k}}\,\boldsymbol{m}$$

Para expresar vectorialmente la fuerza, obtenemos el vector unitario por la dirección de ella, a partir del paralelepípedo de diagonal ***CD***:

$$\overrightarrow{e_f} = \frac{\overrightarrow{r_{CD}}}{r_{CD}} = \frac{0.4(-\vec{\imath}) + 1\,\vec{k} + 1.2\,\vec{\jmath}\,m}{\sqrt{(-0.4)^2 + 1.2^2 + 1^2}\,m} = -\mathbf{0.248}\,\vec{\boldsymbol{\imath}} + \mathbf{0.744}\,\vec{\boldsymbol{\jmath}} + \mathbf{0.62}\,\vec{\boldsymbol{k}}$$

El vector fuerza: $\qquad \vec{F} = F\,\overrightarrow{e_f} = -\mathbf{111.6}\,\vec{\boldsymbol{\imath}} + \mathbf{334.9}\,\vec{\boldsymbol{\jmath}} + \mathbf{279.1}\,\vec{\boldsymbol{k}}\ \boldsymbol{N}$

El momento de la fuerza, respecto a ***E***, es el producto de la multiplicación vectorial del vector posición de un punto de la línea de acción de la fuerza respecto a ***E***, por la fuerza. Como punto de la línea de acción de la fuerza tomamos al ***C***. Es:

$$\overrightarrow{r_{EC}} = \overrightarrow{r_C} \qquad \overrightarrow{\boldsymbol{M_A}} = \overrightarrow{r_{EC}} \times \vec{F} = -\mathbf{390.7}\,\vec{\boldsymbol{\imath}} - \mathbf{641.9}\,\vec{\boldsymbol{\jmath}} + \mathbf{614}\,\vec{\boldsymbol{k}}\ \boldsymbol{kNm} \qquad \boldsymbol{M_A} = \mathbf{970.4}\ \boldsymbol{kNm}$$

A partir del vector unitario en la dirección del vector momento:

$$\overrightarrow{e_m} = \frac{\overrightarrow{M_A}}{M_A} = -\mathbf{0.403}\,\vec{\boldsymbol{\imath}} - \mathbf{0.661}\,\vec{\boldsymbol{\jmath}} + \mathbf{0.633}\,\vec{\boldsymbol{k}}$$

y sus ángulos directores coordenados:

$$\alpha_m = arc\ cos(\overrightarrow{e_m} \cdot \vec{\imath}) = \mathbf{113.7}° \qquad \beta_m = arc\ cos(\overrightarrow{e_m} \cdot \vec{\jmath}) = \mathbf{131.4}° \qquad \gamma_m = \mathbf{50.7}°$$

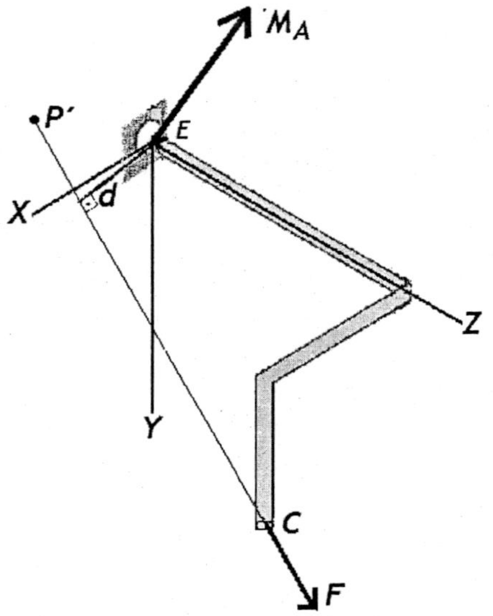

La distancia de ***E*** a la recta de acción de ***F*** con: $\boldsymbol{d = \frac{M_A}{F} = 2.156\ m}$

La ecuación (vectorial) de la recta de acción de la fuerza es: $\vec{r} = \vec{r_C} + \lambda\ \vec{e_f}$

expresada como: $\vec{r_C} = x_C\,\vec{\imath} + y_C\,\vec{\jmath} + z_C\,\vec{k} = (\vec{r_C}\cdot\vec{\imath})\,\vec{\imath} + (\vec{r_C}\cdot\vec{\jmath})\,\vec{\jmath} + (\vec{r_C}\cdot\vec{k})\,\vec{k}$

Para determinar el punto ***P'(x', y',0)*** en que la recta de acción de ***F***, intercepta al plano ***X-Y***, que contiene al empotramiento ***E***, se debe obtener el valor que adquiere el parámetro λ' para ***P'***. En este punto es:

$$\vec{r_{P'}} = x'\,\vec{\imath} + y'\,\vec{\jmath} = \vec{r_C} + \lambda'\ \vec{e_f}$$

Puesto el segundo miembro en término de sus componentes:

$$x'\,\vec{\imath} + y'\,\vec{\jmath} = \left[(\vec{r_C}\cdot\vec{\imath})\,\vec{\imath} + (\vec{r_C}\cdot\vec{\jmath})\,\vec{\jmath} + (\vec{r_C}\cdot\vec{k})\,\vec{k}\right] + \lambda'\left[(\vec{e_f}\cdot\vec{\imath})\,\vec{\imath} + (\vec{e_f}\cdot\vec{\jmath})\,\vec{\jmath} + (\vec{e_f}\cdot\vec{k})\,\vec{k}\right]$$

e igualando componente a componente:

$$x' = (\vec{r_C}\cdot\vec{\imath}) + \lambda'\,(\vec{e_f}\cdot\vec{\imath}) \qquad y' = (\vec{r_C}\cdot\vec{\jmath}) + \lambda'\,(\vec{e_f}\cdot\vec{\jmath}) \qquad 0 = (\vec{r_C}\cdot\vec{k}) + \lambda'\,(\vec{e_f}\cdot\vec{k})$$

De la última se obtiene el parámetro:

$$\lambda' = -\frac{\vec{r_C}\cdot\vec{k}}{\vec{e_f}\cdot\vec{k}} = -3.225\ m$$

Con este valor de $\boldsymbol{\lambda'}$, calculamos las coordenadas ***x'*** e ***y´*** de ***P'***:

$$x' = (\vec{r_C}\cdot\vec{\imath}) + \lambda'(\vec{e_f}\cdot\vec{\imath}) = 2.3\ m$$
$$y' = (\vec{r_C}\cdot\vec{\jmath}) + \lambda'(\vec{e_f}\cdot\vec{\jmath}) = -1.4\ m$$

Su vector posición: $\vec{r_{P'}} = x'\,\vec{\imath} + y'\,\vec{\jmath} = 2.3\,\vec{\imath} - 1.4\,\vec{\jmath}\ m$

Comprobemos indirectamente que este punto P' pertenece a la recta de acción de la fuerza.

El momento de la fuerza respecto a E, tomando al punto P' como punto de la línea de acción de ella, es:

$$\overrightarrow{r_{P'}} \times \vec{F} = -390.7\,\vec{\imath} - 641.9\,\vec{\jmath} + 614\,\vec{k}\ Nm \equiv \overrightarrow{M_A}$$

También comprobemos que la distancia desde el empotramiento hasta la recta de acción de la fuerza es igual al valor obtenido por consideraciones estáticas.

La expresión de la distancia desde el empotramiento E a la recta de acción de la fuerza, en su forma vectorial, se puede calcular con la *ec.[1.47]*. Si tomamos al punto C como definidor de la recta de acción de la fuerza, cuya dirección es la del vector unitario $\overrightarrow{e_f}$, es:

$$d = \left|(\overrightarrow{r_C} - \overrightarrow{r_E}) - \left[(\overrightarrow{r_C} - \overrightarrow{r_E}) \cdot \overrightarrow{e_f}\right] \overrightarrow{e_f}\right| = 2.156\ m$$

Ejemplo 4: Para accionar una máquina se actúa sobre el pedal B. Se necesita generar un par de momento en el sentido horario, para vencer el momento M_O a que da lugar la acción del resorte de torsión que lo mantiene en la posición mostrada, por medio del tope T. Determinar la fuerza mínima necesaria a aplicar, con el ángulo indicado, para accionarla.

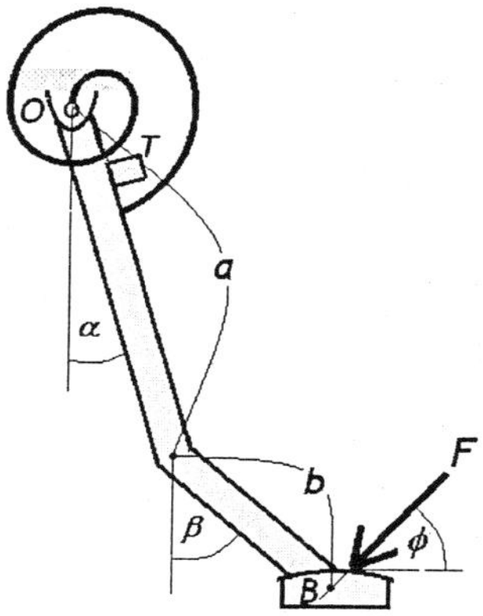

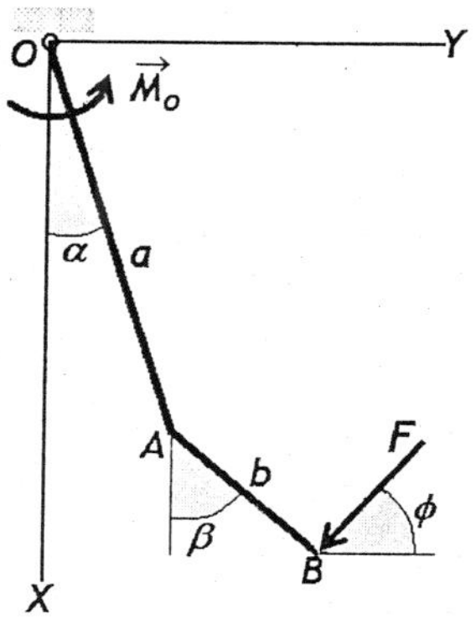

$a = 300\ mm$ $b = 120\ mm$ $\alpha = 30°$ $\beta = 50°$ $\phi = 45°$ $M_O = 60\ Nm$

Modelamos el pedal como se indica en la figura derecha.

Para poder aplicar la relación $M_O = F\,d$ y determinar la fuerza F, deberíamos conocer la distancia d desde su línea de acción hasta la articulación O, lo cual resulta dificultoso. Usamos la forma vectorial de cálculo:

$$\vec{M} = \overrightarrow{M_O} = -(\vec{r} \times \vec{F})$$

Donde $\vec{r}$ es el vector posición, respecto al centro de momento, de un punto cualquiera de la línea de acción de la fuerza. Como el momento que ejerce el resorte está en la articulación O, al centro de momentos de la fuerza lo tomamos allí. El signo negativo se debe a que el momento que genera la fuerza debe ser opuesto al del resorte que es el $\overrightarrow{M_O}$ indicado.

Definimos el sistema cartesiano con origen en la articulación O. Como punto de la línea de acción de la fuerza elegimos al B. Expresamos vectorialmente la posición de B, de la fuerza y del momento:

$$\overrightarrow{r_{OB}} = \overrightarrow{r_B} = \overrightarrow{r_A} + \overrightarrow{r_{AB}} = a\,(\cos\alpha\,\vec{\imath} + \operatorname{sen}\alpha\,\vec{\jmath}) + b\,(\cos\beta\,\vec{\imath} + \operatorname{sen}\beta\,\vec{\jmath})$$

$$\overrightarrow{r_B} = (a\cos\alpha + b\cos\beta)\,\vec{\imath} + (a\operatorname{sen}\alpha + b\operatorname{sen}\beta)\,\vec{\jmath} \qquad \vec{F} = F\,(\operatorname{sen}\phi\,\vec{\imath} - \cos\phi\,\vec{\jmath})$$

$$\vec{M} = \vec{r_B} \times \vec{F} = -M_O\, \vec{k}$$

El producto vectorial es:

$$F\,[-(a\cos\alpha + b\ \cos\beta)\cos\phi - (a\,sen\,\alpha + b\ sen\,\beta)\,sen\,\phi]\,\vec{k} = -M_O\,\vec{k}$$

De la cual se obtiene el módulo de la fuerza:

$$F = \frac{M_O}{(a\cos\alpha + b\ \cos\beta)\cos\phi\ +\ (a\ sen\,\alpha + b\ sen\,\beta)\,sen\,\phi} = \frac{M_O}{a\cos(\alpha - \phi) + b\cos(\beta - \phi)} = \mathbf{146.6\ N}$$

Por consideraciones estáticas podemos calcular la distancia de la articulación ***O*** a línea de acción de la fuerza, con:

$$d = \frac{M_O}{F} = \mathbf{409.3\ mm}$$

Solución Escalar: Para facilitar el cálculo del momento de la fuerza, podemos considerar que la fuerza es la resultante de sus componentes cartesianas y aplicar el teorema de *Varignon*. En lugar de calcular el momento de la fuerza (el momento de la resultante), calculamos el de las componentes mencionadas, ya que las distancias horizontal y vertical de las líneas de acción de las mismas pueden determinarse más fácilmente.

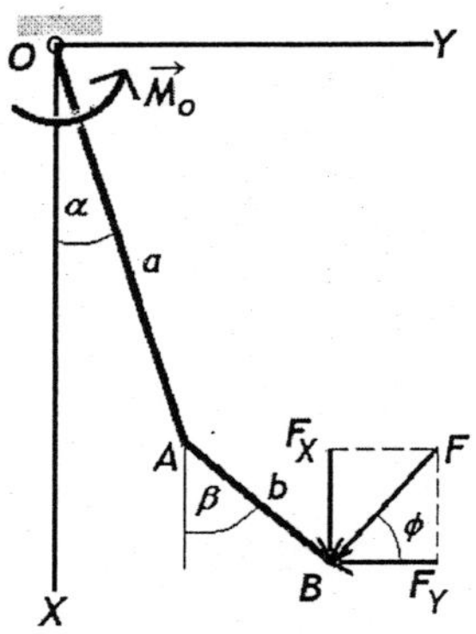

Cuando se calcula el momento de una fuerza en forma escalar, tanto la fuerza como la distancia se ponen como positivos. El signo del momento a que da lugar cada componente de la fuerza, viene dado por la regla de la mano derecha. Si el momento es negativo o sea que los dedos de la mano giran desde ***+Y*** hacia ***+X***, el pulgar apunta hacia ***–Z***, multiplicamos al momento por ***(-1)***.

Para ambas componentes: $F_X = F\ sen\,\phi$ $F_Y = F\ \cos\phi$
el momento respecto a la articulación:

$$M_O = F\,sen\,\phi\ (a\,sen\,\alpha + b\,sen\,\beta)(-1) +\ F\cos\phi\ (a\cos\alpha + b\cos\beta)(-1)$$

Como el momento a que dan lugar ambas componentes está en el sentido ***–Z***, los dos términos aparecen multiplicados por ***(-1)***.

De la ecuación anterior se obtiene el mismo valor de ***F*** que con el cálculo vectorial.

2.4.4 Momento de un par de fuerzas o cupla de fuerzas

Consideremos un cuerpo (no dibujado), *fig.2-14*, que tiene aplicadas dos fuerzas de igual módulo, líneas de acción paralelas y con sentidos opuestos, separadas la distancia $\boldsymbol{d}$, a cuyo conjunto denominamos cupla o par de fuerzas.

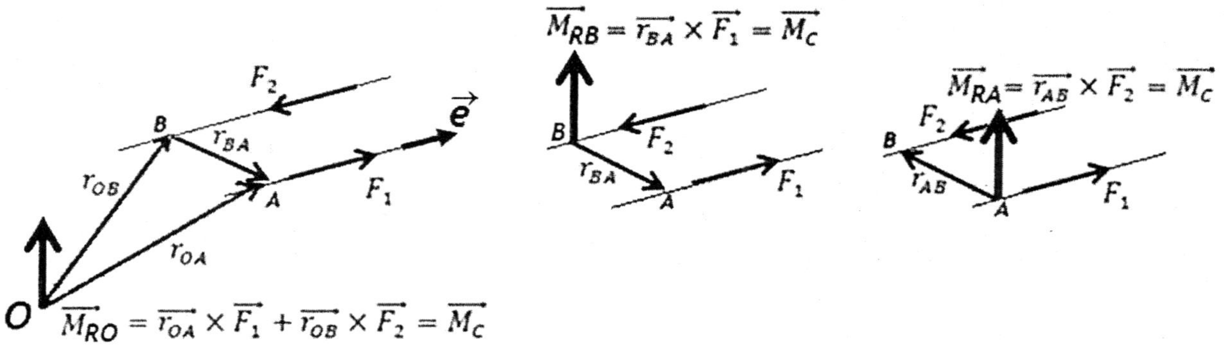

fig.2-14 a) b) c)

Si $\vec{e}$ es el vector unitario en dirección de las rectas de acción y su sentido positivo coincidente con el de una de las fuerzas, tal como la $\overrightarrow{F_1}$, siendo $\boldsymbol{F}$ su módulo, es: $\overrightarrow{F_1} = F\,\vec{e}$

Dada la igualdad de sus módulos, $|\overrightarrow{F_1}| = |\overrightarrow{F_2}| = F$, la fuerza $\overrightarrow{F_2}$ se expresa vectorialmente como:

$$\overrightarrow{F_2} = F\,(-\vec{e}) = -F\,\vec{e} = -\overrightarrow{F_1} \qquad [2.12]$$

El momento resultante de ambas fuerzas respecto a cierto punto $\boldsymbol{O}$ del espacio, siendo $\boldsymbol{A}$ y $\boldsymbol{B}$ puntos de sus rectas de acción, es:

$$\overrightarrow{M_{RO}} = \overrightarrow{r_{OA}} \times \overrightarrow{F_1} + \overrightarrow{r_{OB}} \times \overrightarrow{F_2}$$

En el triángulo vectorial ***OAB*** es: $\overrightarrow{r_{OA}} = \overrightarrow{r_{OB}} + \overrightarrow{r_{BA}}$

Luego:

$$\overrightarrow{M_{RO}} = \overrightarrow{r_{OB}} \times \overrightarrow{F_1} + \overrightarrow{r_{BA}} \times \overrightarrow{F_1} + \overrightarrow{r_{OB}} \times \overrightarrow{F_2} = \overrightarrow{r_{OB}} \times (\overrightarrow{F_1} + \overrightarrow{F_2}) + \overrightarrow{r_{BA}} \times \overrightarrow{F_1} \equiv \overrightarrow{M_{RB}}$$

Siendo: $\overrightarrow{F_1} + \overrightarrow{F_2} = \overrightarrow{F_R} = 0$

$$\overrightarrow{M_{RO}} = \overrightarrow{r_{BA}} \times \overrightarrow{F_1} \equiv \overrightarrow{M_{RB}} \qquad [2.13]$$

que puede escribirse también, con: $\overrightarrow{r_{BA}} = -\overrightarrow{r_{AB}}$

$$\overrightarrow{M_{RO}} = -\overrightarrow{r_{AB}} \times \overrightarrow{F_1} = \overrightarrow{r_{AB}} \times (-\overrightarrow{F_1}) = \overrightarrow{r_{AB}} \times \overrightarrow{F_2}$$

$$\overrightarrow{M_{RO}} = \overrightarrow{r_{AB}} \times \overrightarrow{F_2} \equiv \overrightarrow{M_{RA}} \qquad [2.14]$$

Es decir que la suma del momento de ambas fuerzas es independiente del punto $\boldsymbol{O}$ respecto al cual se lo calcula, ya que en el segundo miembro de la *ec.[2.13]* (o *[2.14]*), no figura ninguna referencia a ese punto y sólo a los puntos genéricos $\boldsymbol{A}$ y $\boldsymbol{B}$ sobre ambas líneas de acción, o sea que el momento resultante de un par es intrínseco a él.

Al ser independiente del punto ***O***, y de cualquier otro del espacio, designamos al momento del par de fuerzas o cupla como:

$$\overrightarrow{M_C} = \overrightarrow{r_{BA}} \times \overrightarrow{F_1} = \overrightarrow{r_{AB}} \times \overrightarrow{F_2} \qquad [2.15]$$

De modo que para su determinación se puede elegir un punto sobre la línea de acción de una de las fuerzas y calcular el momento de la otra fuerza, respecto al punto elegido sobre la primera de ellas.

La dirección del vector momento del par es perpendicular al plano de acción del par, es decir al que contiene a las fuerzas.

El módulo del momento del par se obtiene a partir del producto vectorial, *ec.[2.7]*. Si, *fig.2-15a*, en el punto ***A*** ubicamos el origen común de los vectores $\overrightarrow{r_{BA}}$ y $\overrightarrow{F_1}$, y es α el menor ángulo entre ellos, el módulo de $\overrightarrow{M_C}$, es:

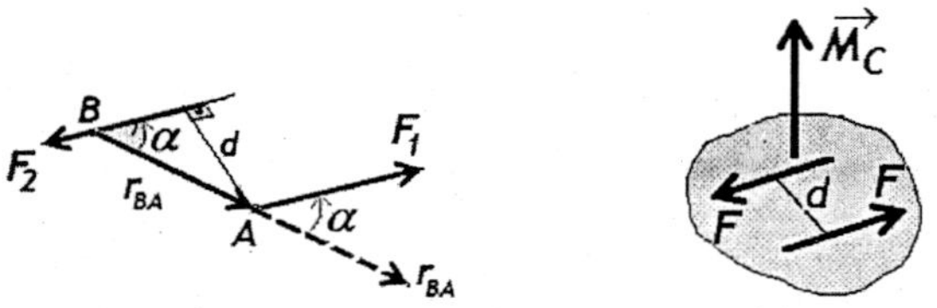

fig.2-15 a) b)

$$\left|\overrightarrow{M_C}\right| = F_1\, r_{BA}\, sen\, \alpha = F_1\, d \qquad [2.16]$$

Al mismo resultado se llega a partir de F_2. En conclusión: $M_C = F\,d$

Es decir que el módulo del momento de un par de fuerzas, es el producto del módulo de cualquiera de las fuerzas, por la distancia entre las líneas de acción de ellas.

Para obtener el sentido del vector momento del par, usamos la regla de la mano derecha: suponemos un punto sobre una cualquiera de las rectas de acción y evaluamos el momento de la otra fuerza respecto a ese punto, con lo cual obtenemos el sentido del vector $\overrightarrow{M_C}$, *fig.2-15b*.

Las unidades en que se mide el momento de una cupla, son las mismas que para el momento de una fuerza: *Nm*.

2.4.4.1 Posición de $\overrightarrow{M_C}$

Como se ve en *fig.2-15b*, no está especificada la recta de acción de $\overrightarrow{M_C}$.

De acuerdo a lo que se dijo, el vector momento $\overrightarrow{M_C}$ calculado con la *ec.2.15*, quedaría representado como en la *fig.2-16a,b*. También como $\overrightarrow{M_C}$ puede asociarse a cualquier punto del espacio, *fig.2-16c*, podemos afirmar que el vector momento de una cupla o par $\overrightarrow{M_C}$, es un vector libre.

2.4.4.2 Equivalencia de pares

Consideremos un cuerpo (no dibujado), *fig.2-17a*, sobre el cual actúa el par de fuerzas de módulo $\left|\overrightarrow{F_1}\right| = \left|\overrightarrow{F_2}\right| = F$, separadas una distancia ***d*** cuyo plano de acción es α. Y sea el plano β, paralelo al α y distante ***h*** del mismo.

En el plano β, justamente encima de las fuerzas $\overrightarrow{F_1}$ y $\overrightarrow{F_2}$, consideremos a las rectas paralelas (separadas también ***d***). Sobre estas paralelas (en el plano β) coloquemos los sistemas nulos formado por dos fuerzas $\overrightarrow{F_1}$ y $\overrightarrow{F_2}$ como se indica en la *fig.2-16a*.

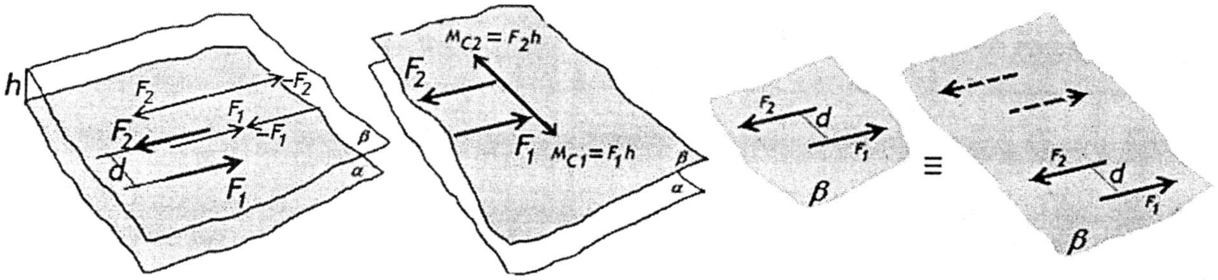

fig.2-16 a) b) c) d)

Las fuerzas $\overrightarrow{F_1}$ original y una de las $\overrightarrow{F_1}$ del sistema nulo (en $\boldsymbol{\beta}$), forman un par de vector momento $\overrightarrow{M_{C1}}$ y módulo $F_1 h$, como se indica en *fig.2-16b*. Iguales comentarios valen para la fuerza original $\overrightarrow{F_2}$ y la opuesta del sistema nulo en $\boldsymbol{\beta}$, que forman un par de vector momento $\overrightarrow{M_{C2}}$ de módulo $F_2 h$, que tiene igual dirección pero sentido opuesto al de $\overrightarrow{M_{C1}}$. Ambos pares tienen igual módulo y pueden cancelarse entre sí. Como se ve el par original en α, aparece de modo idéntico en un plano paralelo $\boldsymbol{\beta}$ e independientemente de la separación $\boldsymbol{h}$ entre los planos, *fig.2-16c*. Esto significa que para el cuerpo, es indiferente que el par de fuerzas actúe en el plano original o en cualquiera paralelo al mismo.

Las fuerzas en el plano $\boldsymbol{\alpha}$, el $\boldsymbol{\beta}$ o cualquier otro paralelo, pueden suponerse en cualquier lugar dentro del plano, *fig.2-16d*.

Asimismo si tenemos el par de fuerzas de módulo ***F***, separadas la distancia ***d*** y que dan lugar a un momento de módulo $M_C = F\,d$, *fig.2-17a*, y en el mismo plano (u otro paralelo), *fig.2-17b*, tenemos el par formado por dos fuerzas de valor:

$$F' = \alpha\, F \qquad (\alpha > 0)$$

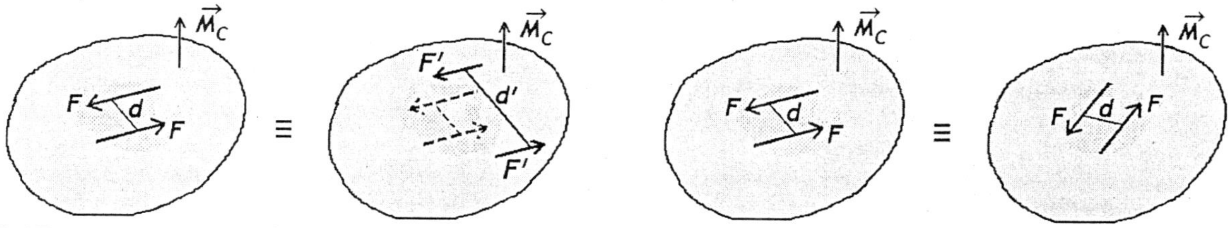

fig.2-17 a) b)

separadas la distancia d', el momento de la cupla que forman es: $M'_C = F'\,d'$

Para que estas nuevas fuerzas den lugar al mismo momento que la cupla inicial, o sea:

$$M'_C = F'\,d' = M_C = F\,d$$

la distancia a la que deben disponerse las nuevas fuerzas F' es: $d' = \frac{F\,d}{F'} = \frac{F\,d}{\alpha\,F} = \frac{d}{\alpha}$

Es decir que podemos concebir infinitos pares de fuerzas y sus correspondientes brazos, que den lugar a igual momento del par. La orientación de las fuerzas de cada uno de estos infinitos pares puede ser cualquiera, *fig.2-17b*.

Por eso los efectos externos que produce sobre un cuerpo rígido, un par de fuerzas actuante en su plano de acción, con la separación ***d*** y que definen un vector momento, son equivalentes a los que provoca cualquier otro par de fuerzas situado en cualquier plano paralelo al original con cualquier valor de las fuerzas y separados una distancia de modo que den lugar al mismo vector momento.

Todos estos infinitos pares se dicen equivalentes en cuanto a los efectos externos sobre un cuerpo rígido en el que estarían aplicados.

Por ejemplo, *fig.2-19*, si sobre cierto cuerpo (no dibujado) actúa el par de fuerzas de ***50 N*** separadas ***2 m*** (en el plano ***X-Y***) la dirección y sentido del vector momento del par es la del eje ***+Z***, y su módulo ***100 N m***. Los efectos externos sobre el cuerpo serían equivalentes si en lugar de este par, actuasen uno de los otros dibujados o cualquiera de los infinitos pares que cumplan la condición de dar lugar a un momento de igual valor (***100 N·m***) en la dirección del eje ***+Z*** y los planos de acción de estos pares equivalentes pueden ser el propio plano ***X-Y*** o cualquier otro paralelo a él.

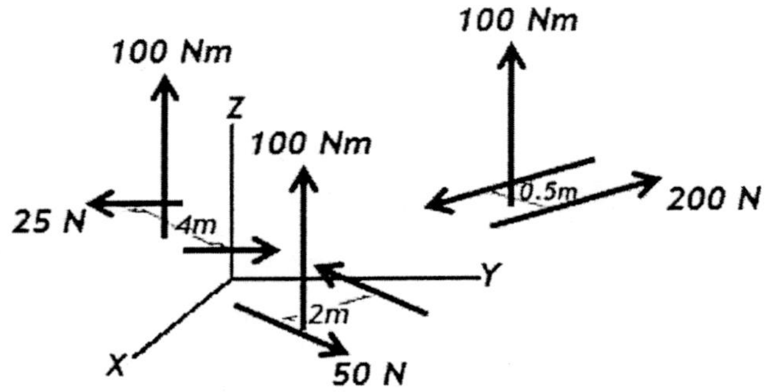

fig.2-19

Cuando el plano del par de fuerzas está en el plano del dibujo, como el ***X-Y*** de la *fig.2-20*, su vector momento aparecería representado por un punto (ya que es perpendicular al plano de acción del par). Para visualizarlo y tener en claro su sentido, se lo representa con un trazo curvo con una flecha, que corresponde con la orientación de los dedos de la mano derecha y donde el pulgar, indica el sentido del vector $\overrightarrow{M_C}$. En esta figura la punta del vector momento de la cupla dibujada es saliente del plano del dibujo.

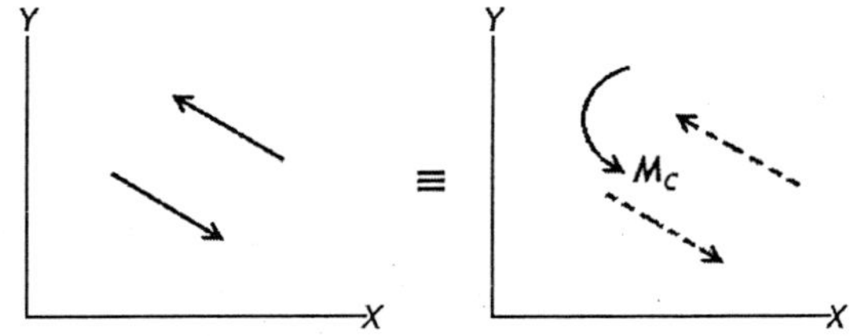

fig.2-20

La componente del vector momento de un par, en una cierta dirección $\vec{e}$, *fig.2-21*, se obtiene con:

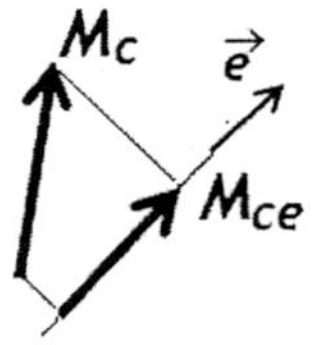

fig.2-21

$$\overrightarrow{M_{Ce}} = \left(\overrightarrow{M_C} \cdot \vec{e}\right) \vec{e} \qquad [2.17]$$

Señalemos que los vectores momento de una fuerza con respecto a un punto y el vector momento de una cupla se pueden sumar como dos vectores cualesquiera.

Ejemplo 5: Para el bloque sobre el cual actúan las fuerzas indicadas, determinar el valor de ***P*** y ***F*** para que el momento resultante sea nulo.

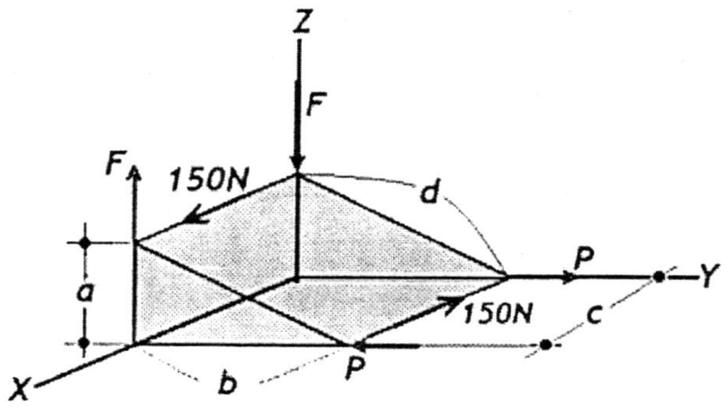

$a = 0.3\ m$ $b = 0.4\ m$ $c = 0.6\ m$

Como puede verse, del conjunto de fuerzas pueden definirse tres pares. Adoptamos el sistema coordenado indicado para dar las expresiones vectoriales de los momentos de los pares.

Los módulos de los momentos de los pares, son: $\boldsymbol{M_{C1}} = \boldsymbol{F\ c}$ $\boldsymbol{M_{C2}} = \boldsymbol{P\ c}$ $M_{C3} = 150N\ d$

donde el brazo del par $\boldsymbol{M_{C3}}$: $\boldsymbol{d} = \sqrt{a^2 + b^2} = \boldsymbol{0.5\ m}$

La condición exigida para el bloque es que: $\overrightarrow{M_{C1}} + \overrightarrow{M_{C2}} + \overrightarrow{M_{C3}} = 0$

Para definir vectorialmente el momento de cada par, multiplicamos su módulo por el vector unitario normal al plano de acción del par. La representación del cuerpo con los pares aplicados, nos permite dar sus expresiones vectoriales. Para asignarles el sentido usamos la regla de la mano derecha. Así son:

$$\overrightarrow{\boldsymbol{M_{C1}}} = M_{C1}(-\vec{j}) = -\boldsymbol{F\ c}\,\vec{\boldsymbol{j}} \qquad \overrightarrow{\boldsymbol{M_{C2}}} = M_{C2}(-\vec{k}) = -\boldsymbol{P\ c}\,\vec{\boldsymbol{k}}$$

Para el tercer par, cuyo plano de acción es el plano inclinado (que es paralelo al eje ***X***), realizamos el gráfico auxiliar:

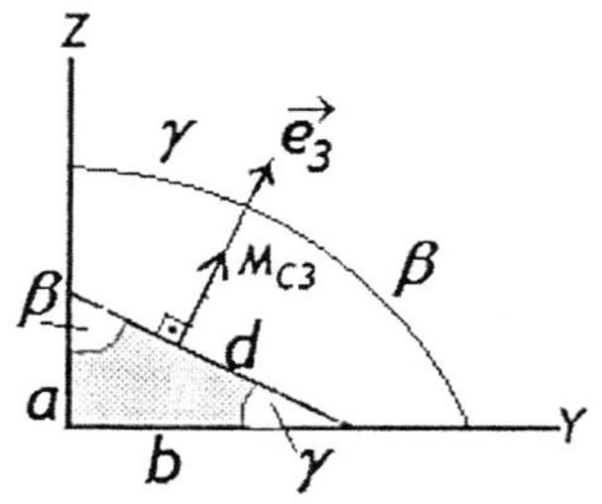

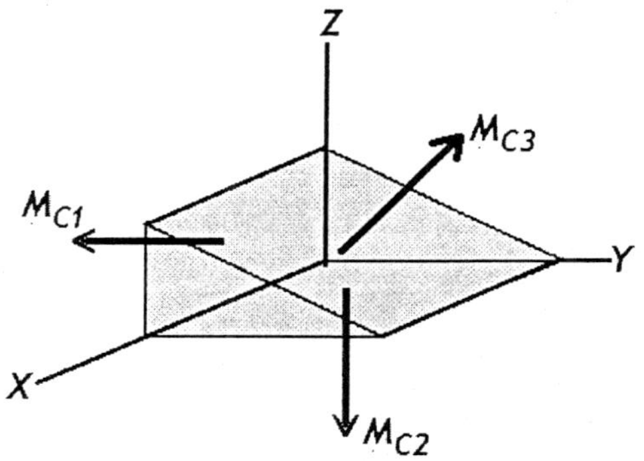

La expresión del vector unitario normal al plano inclinado: $\vec{e} = \cos\beta\,\vec{j} + \cos\gamma\,\vec{k}$ $\alpha = \frac{\pi}{2}$

En el triángulo son: $\cos\beta = \frac{a}{d}$ y $\cos\gamma = \frac{b}{d}$

Por lo que: $\overrightarrow{\boldsymbol{M_{C3}}} = M_{C3}\,\vec{e} = 150N\ d\left(\frac{a}{d}\,\vec{j} + \frac{b}{d}\,\vec{k}\right) = \boldsymbol{150\left(a\,\vec{j} + b\,\vec{k}\right) N}$

La representación de los vectores de los momentos de los pares: pueden hacerse en cualquier lugar y perpendiculares a cualquier plano paralelo al de acción del par.

La condición impuesta a los tres pares:

$$\sum_{3} \overrightarrow{M_{Ci}} = \overrightarrow{M_{C1}} + \overrightarrow{M_{C2}} + \overrightarrow{M_{C3}} = -F\,c\,\vec{j} - P\,c\,\vec{k} + 150\,(a\,\vec{j} + b\,\vec{k})N = \mathbf{0}$$

$$(-F\,c + 150N\,a)\,\vec{j} + (-P\,c + 150N\,b)\,\vec{k} = 0$$

De la anulación de cada componente, se obtienen:

$$\boldsymbol{F} = \frac{a}{c}150\,N = \mathbf{75\,N} \qquad \boldsymbol{P} = \frac{b}{c}150\,N = \mathbf{100\,N}$$

*2.4.4.3 Fuerzas de un par de momento dado

Supongamos un cuerpo con movimiento posible en el plano ***X-Y***, sobre el cual actúa un par de momento $\overrightarrow{\boldsymbol{M_C}} = \boldsymbol{M}\,\vec{\boldsymbol{k}}$, y del cual queremos determinar la expresión vectorial de las fuerzas que lo forman, tal que sus líneas de acción pasen por dos puntos ***A*** y ***B*** del cuerpo y tengan cierta dirección $\vec{\boldsymbol{e}}$, *fig.2.22.*

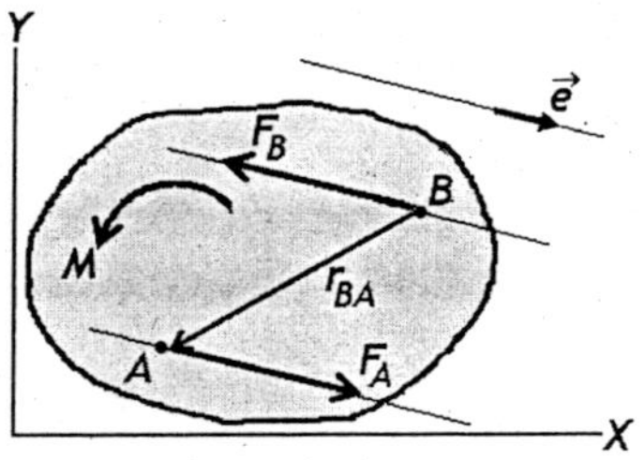

fig.2-22

Si son $\overrightarrow{\boldsymbol{F_A}} = \boldsymbol{F}\,\vec{\boldsymbol{e}}$ y $\overrightarrow{\boldsymbol{F_B}} = -\overrightarrow{\boldsymbol{F_A}} = \boldsymbol{F}\,(-\vec{\boldsymbol{e}})$ las fuerzas del par, y $\overrightarrow{\boldsymbol{r_{BA}}}$ la posición relativa de ***A*** respecto a ***B***, tendremos que:

$$\overrightarrow{\boldsymbol{r_{BA}}} \times \overrightarrow{\boldsymbol{F_A}} = \overrightarrow{\boldsymbol{M_C}}$$

Multiplicando escalarmente por $\vec{\boldsymbol{k}}$: $(\overrightarrow{\boldsymbol{r_{BA}}} \times \boldsymbol{F}\,\vec{\boldsymbol{e}}) \cdot \vec{\boldsymbol{k}} = \overrightarrow{\boldsymbol{M_C}} \cdot \vec{\boldsymbol{k}}$ luego: $\boldsymbol{F} = \dfrac{\overrightarrow{M_C} \cdot \vec{k}}{(\overrightarrow{r_{BA}} \times \vec{e}) \cdot \vec{k}}$

$$\vec{\boldsymbol{F}} = \boldsymbol{F}\,\vec{\boldsymbol{e}} = \frac{\overrightarrow{M_C} \cdot \vec{k}}{(\overrightarrow{r_{BA}} \times \vec{e}) \cdot \vec{k}}\,\vec{e} \qquad \overrightarrow{\boldsymbol{F_A}} = \frac{\overrightarrow{M_C} \cdot \vec{k}}{(\overrightarrow{r_{BA}} \times \vec{e}) \cdot \vec{k}}\,\vec{e} \qquad \text{y} \qquad \overrightarrow{\boldsymbol{F_B}} = -\overrightarrow{\boldsymbol{F_A}} \qquad [2.18]$$

2.5 Cambio del punto de aplicación de una fuerza

Consideremos al cuerpo libre o vinculado, cargado con una fuerza aplicada en el punto ***A***, *fig.2-23*, que provoca en el cuerpo determinados efectos mecánicos externos.

Cambiemos el punto de aplicación de la fuerza, manteniendo su módulo, dirección y sentido, y veamos las consecuencias que esto tiene en los efectos externos del cuerpo.

Si la quitamos de ***A*** y la llevamos a otro punto ***B*** sobre una recta paralela a la de acción de la fuerza cuando estaba aplicada en ***A***, circunstancia que hace que en general los efectos externos se modifiquen.

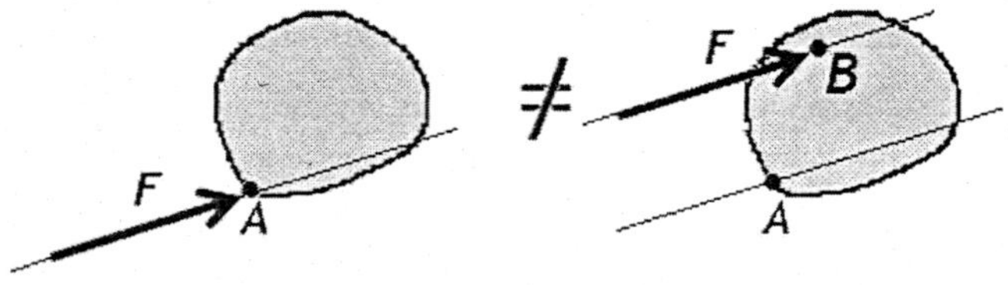

fig.2-23

Veamos cómo hacer para que, al realizar este cambio del punto de aplicación de la fuerza, no se alteren los efectos externos en el cuerpo.

Supongamos, *fig.2-24*, que en el punto $\boldsymbol{B}$, a la distancia $\boldsymbol{d}$ de la línea de acción original de la fuerza, aplicamos dos fuerzas opuestas, de módulos iguales al de la fuerza original y con la misma dirección, lo cual no altera en nada la situación existente, porque se colocó en $\boldsymbol{B}$ un sistema con resultante parcial nula.

La fuerza original en $\boldsymbol{A}$ y una de las agregadas, la que tiene sentido opuesto aplicada en $\boldsymbol{B}$, constituyen un par de momento $\overrightarrow{\boldsymbol{r}_{BA}}\times\overrightarrow{\boldsymbol{F}}$, de módulo $\boldsymbol{F}\ \boldsymbol{d}$.

Podemos considerar entonces, que el cuerpo queda ahora bajo la acción de una fuerza $\overrightarrow{\boldsymbol{F}}$ igual a la original aplicada en **B** y un par de momento $\overrightarrow{\boldsymbol{M}_r} = \overrightarrow{\boldsymbol{r}_{BA}}\times\overrightarrow{\boldsymbol{F}}$.

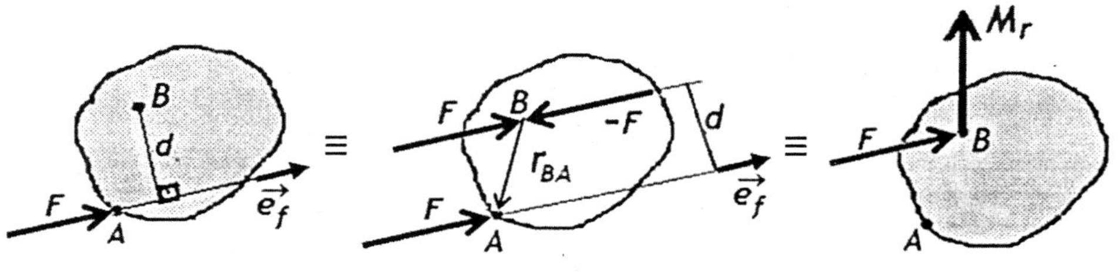

fig.2-24

Entonces, para que los efectos externos sobre un cuerpo rígido no se vean alterados por el traslado de la fuerza a una línea de acción paralela distante ***d*** de la original, se le debe adicionar un par cuyo momento es:

$$\overrightarrow{\boldsymbol{M}_r} = \overrightarrow{\boldsymbol{r}_{BA}}\times\overrightarrow{\boldsymbol{F}} = \overrightarrow{\boldsymbol{r}_{BA}}\times\boldsymbol{F}\,\overrightarrow{\boldsymbol{e}_f} \qquad \text{y módulo:} \qquad \boldsymbol{M}_r = \boldsymbol{F}\,\boldsymbol{d}$$

El momento de este par a agregar, para que al desplazar el punto de aplicación de una fuerza a otro punto fuera de su línea de acción, se denomina *momento de reducción* de la fuerza y el proceso de trasladar una fuerza (manteniendo la dirección, el sentido y módulo) a una línea de acción paralela con el agregado del momento de reducción, se designa como *reducción de la fuerza a un punto.*

Para otro punto sobre la misma recta sobre la que está el **B**, tal como el ***B´***, *fig.2-25a*, el momento de reducción de la fuerza sería:

$$\overrightarrow{\boldsymbol{M}'_r} = \overrightarrow{r_{B'A}}\times\overrightarrow{F} = \left[\boldsymbol{r}_{B'B}\left(-\overrightarrow{\boldsymbol{e}_f}\right) + \overrightarrow{\boldsymbol{r}_{BA}}\right]\times\overrightarrow{\boldsymbol{F}}$$

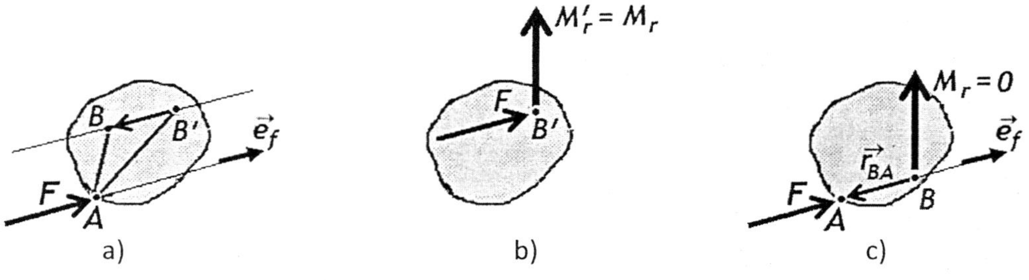

fig.2-25

Distribuyendo, queda:
$$\overrightarrow{\boldsymbol{M}'_r} = -r_{B'B}\left(\overrightarrow{e_f}\times\overrightarrow{F}\right) + \overrightarrow{r_{BA}}\times\overrightarrow{F} = \overrightarrow{\boldsymbol{r}_{BA}}\times\overrightarrow{\boldsymbol{F}} = \overrightarrow{\boldsymbol{M}_r}$$

Es decir que el momento de reducción $\overrightarrow{\boldsymbol{M}_r}$ es independiente del punto que elijamos sobre la recta paralela a la que trasladamos la fuerza.

Como ejemplo de lo anterior, consideremos la tabla articulada en la mitad de su longitud, *fig.2-26*, con una fuerza aplicada en su extremo izquierdo *A*, *fig.2-26a* y que provoca su rotación en el sentido indicado por la flecha curva punteada y una fuerza de interacción entre la articulación ***C*** y la tabla. Si colocamos la fuerza en ***B*** (quitándola de ***A***), *fig.2-26b*, la rotación es ahora en el sentido opuesto al anterior, aunque no cambia la fuerza de interacción tabla-articulación. Es decir que ha habido un cambio de alguno de los efectos (el sentido de la rotación).

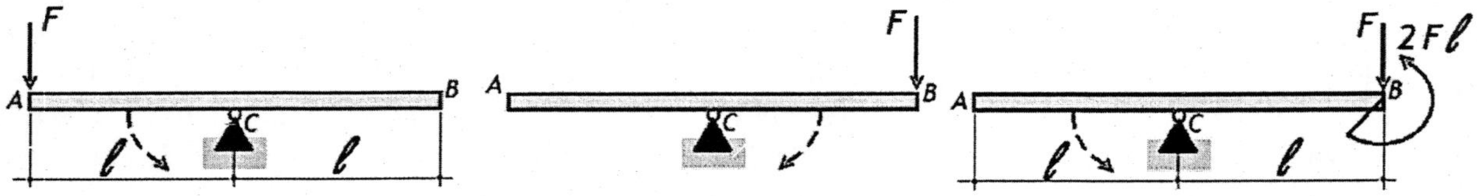

fig.2-26 a) b) c)

Para que los efectos que la fuerza aplicada provocaba cuando actuaba en ***A***, se reproduzcan si se la aplica en ***B***, se debe agregar el momento de reducción indicado en *fig.2-26c*.

Se propone estudiar la situación de trasladar el punto de aplicación de la fuerza al punto medio ***C***.

Obsérvese que si el punto ***B*** al que se realiza el cambio de posición de la fuerza, está sobre la línea de acción de la propia fuerza, *fig.2-25c*, se tendrá que:

$$\overrightarrow{M_r} = \overrightarrow{r_{BA}} \times \overrightarrow{F} = 0$$

y en este nuevo punto el cuerpo queda con la fuerza ahora aplicada en ***B***.

Esto último de mover una fuerza a otro punto ubicado sobre su propia línea de acción y que no se produzcan cambios en los efectos mecánicos externos se denomina, a veces, *principio de transmisibilidad*, que no es tal, pues es un caso particular de reducción de una fuerza, *fig.2-27*.

fig.2-27

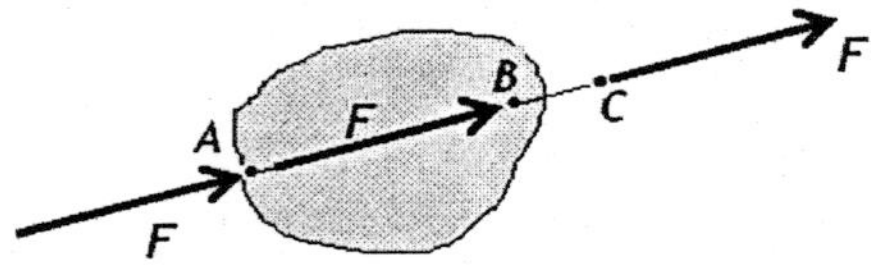

Como ejemplo consideremos la viga apoyada en sus extremos, *fig.2-28a*. Si colocamos un peso en su parte superior y en la mitad de la separación entre los apoyos y estos no ceden, no hay movimiento y la viga permanece en reposo y ejerce fuerzas (evidentemente iguales) sobre los apoyos.

Si al peso, y en la misma parte central, lo suspendemos del punto inferior de la viga, *fig.2-28b*, o de un cable (suponiendo despreciable su peso), *fig.2-28c*, no habrá cambio en su estado de movimiento (seguirá inmóvil) y las fuerzas que aplica sobre los apoyos tienen el mismo valor que en el caso *a)*.

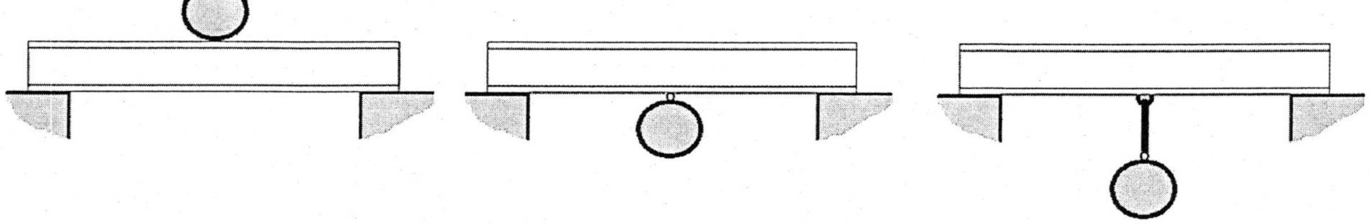

fig.2-28 a) b) c)

2.6 Momento de una fuerza respecto a una recta

El momento de una fuerza con respecto a una recta, es la magnitud que resulta de proyectar sobre esa recta, al vector momento de la fuerza respecto a un punto cualquiera de la recta.

Sea la recta $\boldsymbol{a}$ y una fuerza $\overrightarrow{F}$, cuya recta de acción puede o no ser coplanar con la recta.

2.6.1 Fuerza y recta no coplanares, fig.2-29

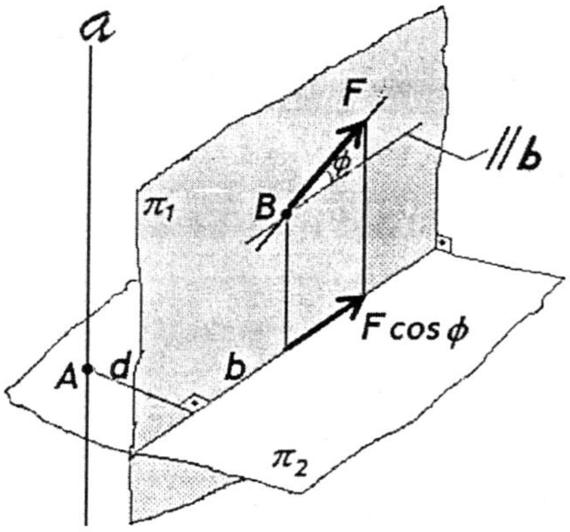

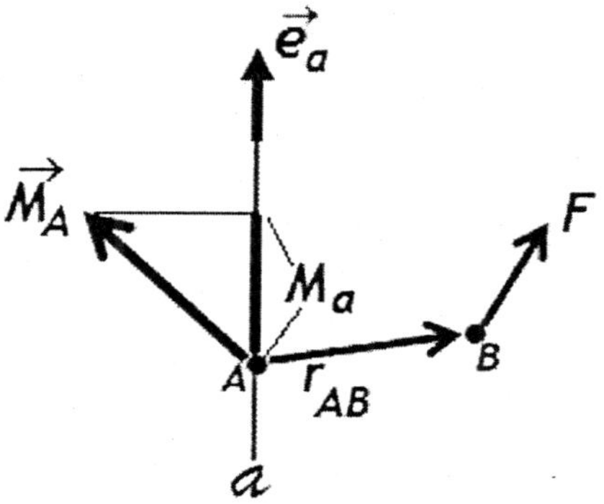

fig.2-29 a) b)

La formulación escalar del momento de la fuerza con respecto a una recta $\boldsymbol{a}$ es del siguiente modo, *fig.2-29a*: consideremos al plano π_1 que contiene a $\vec{F}$ y es paralelo a la recta $\boldsymbol{a}$.

Sea π_2 otro plano cualquiera perpendicular a la recta $\boldsymbol{a}$ y al plano π_1. Este plano π_2 intersecta a la recta en el punto A y la intersección con el plano π_1 es la recta $\boldsymbol{b}$ y $\boldsymbol{d}$ la distancia desde el punto A hasta la recta $\boldsymbol{b}$. El punto $\boldsymbol{B}$ está sobre la línea de acción de la fuerza.

El módulo de la fuerza proyectada sobre la recta $\boldsymbol{b}$ es $F\cos\phi$.

Se define entonces al momento de la fuerza, con respecto a la recta $\boldsymbol{a}$, al momento de la fuerza proyectada sobre la recta $\boldsymbol{b}$ y que es $F\cos\phi$, respecto al punto $\boldsymbol{A}$:

$$M_a = F\cos\phi\; d \qquad [2.19]$$

Para la formulación vectorial, *fig.2-29b*, definimos el vector unitario $\vec{e_a}$ correspondiente a la recta $\boldsymbol{a}$, y calculamos el momento de la fuerza con respecto a un punto cualquiera $\boldsymbol{A}$ de la recta y donde $\boldsymbol{B}$ es un punto de la línea de acción de $\vec{F}$:

$$\overrightarrow{M_A} = \overrightarrow{r_{AB}} \times \vec{F}$$

La proyección de $\overrightarrow{M_A}$ sobre $\boldsymbol{a}$, se obtiene de su multiplicación escalar por el vector unitario definido en dirección de la recta *a*:

$$M_a = \overrightarrow{M_A} \cdot \overrightarrow{e_a} = \left(\overrightarrow{r_{AB}} \times \vec{F}\right) \cdot \overrightarrow{e_a} \qquad [2.20]$$

cuyo producto es un escalar.

Asimismo puede definirse al vector momento respecto a la recta $\boldsymbol{a}$, al que tiene por módulo a M_a y cuya dirección y sentido está dado por el vector unitario $\overrightarrow{e_a}$ y que es el vector proyección de $\overrightarrow{M_A}$ sobre la recta $\boldsymbol{a}$:

$$\overrightarrow{M_a} = M_a\,\overrightarrow{e_a} = \left(\overrightarrow{M_A} \cdot \overrightarrow{e_a}\right)\overrightarrow{e_a} = \left[\left(\overrightarrow{r_{AB}} \times \vec{F}\right) \cdot \overrightarrow{e_a}\right]\overrightarrow{e_a} \qquad [2.21]$$

*2.6.1.1 Equivalencia del momento de una fuerza respecto a una recta realizado en forma escalar y vectorial

Para probarlo se ha reproducido la *fig.2-29a* en la *fig.2-30a*.

Definimos al vector unitario $\overrightarrow{e_b}$ en la dirección de la recta $\boldsymbol{b}$ que es la intersección de los planos π_2 y π_1.

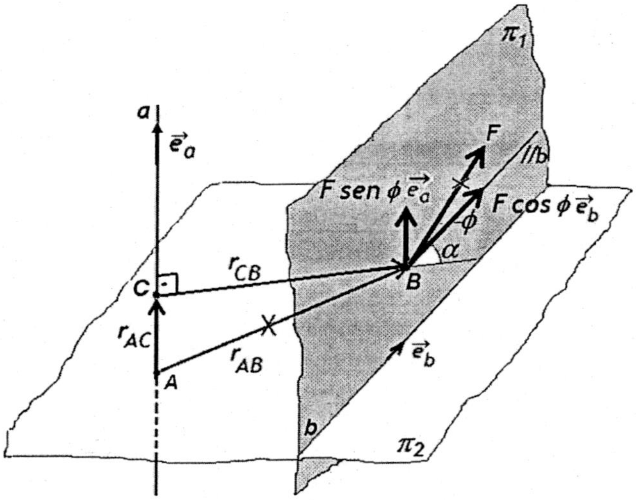

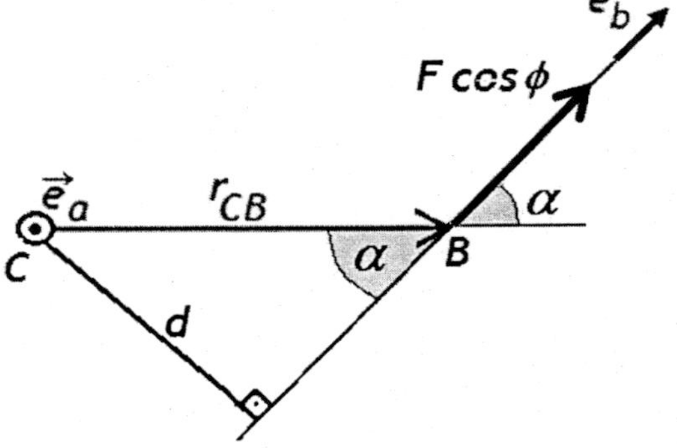

fig.2-30 a) b)

Descomponemos a la fuerza en una componente en la dirección $\overrightarrow{e_a}$ y en otra en la dirección $\overrightarrow{e_b}$, ambas en el plano π_1 También descomponemos al vector posición $\overrightarrow{r_{AB}}$, en una componente $\overrightarrow{r_{AC}}$ en la dirección $\overrightarrow{e_a}$ y otra $\overrightarrow{r_{CB}}$ en la dirección normal a $\overrightarrow{e_a}$ pasante por ***B***.

$$\vec{F} = F\,sen\,\varphi\ \overrightarrow{e_a} + F\cos\varphi\ \overrightarrow{e_b} \qquad\qquad \overrightarrow{r_{AB}} = \overrightarrow{r_{AC}} + \overrightarrow{r_{CB}} = r_{AC}\,\overrightarrow{e_a} + \overrightarrow{r_{CB}}$$

Los vectores $\overrightarrow{r_{CB}}$ y $F\cos\varphi\,\overrightarrow{e_b}$ son coplanares y están en un plano (no dibujado), que es paralelo al π_2 y perpendicular a la recta ***a*** en ***C***. Una vista desde la dirección $\overrightarrow{e_a}$, *fig.2-30b*:

Reemplazando $\vec{F}$ y $\overrightarrow{r_{AB}}$ en la expresión vectorial del momento de la fuerza respecto a la recta ***a***, *ec.[2.20]*:

$$M_a = (\overrightarrow{r_{AB}} \times \vec{F}) \cdot \overrightarrow{e_a} = [(r_{AC}\,\overrightarrow{e_a} + \overrightarrow{r_{CB}}) \times (F\,sen\,\phi\ \overrightarrow{e_a} + F\cos\varphi\ \overrightarrow{e_b})] \cdot \overrightarrow{e_a}$$

Distribuyendo las multiplicaciones vectorial primero y escalar después, se obtiene:

$$M_a = (r_{AC}\,\overrightarrow{e_a} \times F\,sen\,\phi\ \overrightarrow{e_a}) \cdot \overrightarrow{e_a} + (\overrightarrow{r_{CB}} \times F\,sen\,\phi\ \overrightarrow{e_a}) \cdot \overrightarrow{e_a} + (r_{AC}\,\overrightarrow{e_a} \times F\cos\phi\ \overrightarrow{e_b}) \cdot \overrightarrow{e_a} + (\overrightarrow{r_{CB}} \times F\cos\phi\ \overrightarrow{e_b}) \cdot \overrightarrow{e_a}$$

Los tres primeros productos son nulos, por lo que: $M_a = (\overrightarrow{r_{CB}} \times F\cos\phi\ \overrightarrow{e_b}) \cdot \overrightarrow{e_a}$ [2.22]

El módulo del producto vectorial de la *ec.[2.22]*, es, *fig.2-30b*:

$$|\overrightarrow{r_{CB}} \times F\cos\phi\ \overrightarrow{e_b}| = r_{CB}\,F\cos\phi\ sen\,\alpha = (r_{CB}\ sen\,\alpha)\,F\cos\phi = d\,F\cos\phi$$

Por lo que la *ec.[2.22]*, queda finalmente:

$$M_a = (\overrightarrow{r_{CB}} \times F\cos\phi\ \overrightarrow{e_b}) \cdot \overrightarrow{e_a} = d\,F\cos\phi\ \overrightarrow{e_a} \cdot \overrightarrow{e_a} = F\cos\phi\ d$$

que da validez al cálculo escalar, (*ec.[2.19]*), planteado un tanto arbitrariamente.

2.6.1.2 Otra demostración

Para el cálculo del momento de una fuerza, respecto a una recta, se puede elegir cualquier punto sobre la recta *a* y cualquier punto sobre la línea de acción de la fuerza, para definir al vector $\overrightarrow{r_{AB}}$, *fig.2-31*.

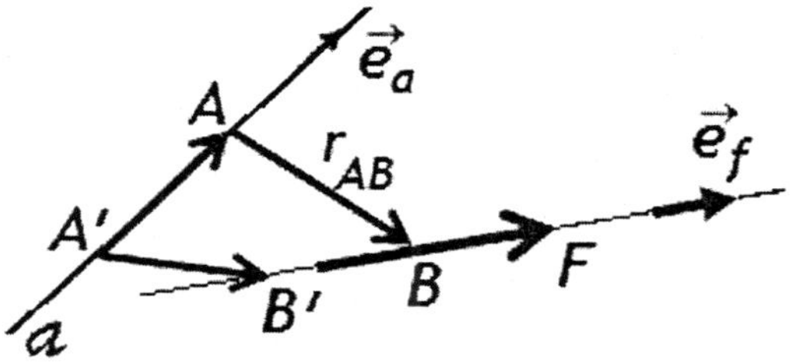

fig.2-31

El momento considerando los puntos ***A*** y ***B*** es, *ec.[2.20]*: $\boldsymbol{M_a} = \left(\overrightarrow{\boldsymbol{r_{AB}}} \times \overrightarrow{\boldsymbol{F}}\right) \cdot \overrightarrow{\boldsymbol{e_a}}$

Para otros dos puntos diferentes ***A'*** y ***B'***, el momento es: $\boldsymbol{M'_a} = \left(\overrightarrow{\boldsymbol{r_{A'B'}}} \times \overrightarrow{\boldsymbol{F}}\right) \cdot \overrightarrow{\boldsymbol{e_a}}$

En el cuadrilátero vectorial espacial, de vértices ***A'ABB'***, puede escribirse que:

$$\overrightarrow{\boldsymbol{r_{A'B'}}} = \overrightarrow{r_{A'A}} + \overrightarrow{r_{AB}} + \overrightarrow{r_{BB'}} = \boldsymbol{r_{A'A}}\, \overrightarrow{\boldsymbol{e_a}} + \overrightarrow{\boldsymbol{r_{AB}}} + \boldsymbol{r_{BB'}}\left(-\overrightarrow{\boldsymbol{e_f}}\right)$$

Reemplazando en $\boldsymbol{M'_a}$:

$$\boldsymbol{M'_a} = \left[\left(r_{A'A}\,\overrightarrow{e_a} + \overrightarrow{r_{AB}} - r_{BB'}\,\overrightarrow{e_f}\right) \times \overrightarrow{F}\right] \cdot \overrightarrow{e_a} = \boldsymbol{r_{A'A}}\left(\overrightarrow{\boldsymbol{e_a}} \times \overrightarrow{\boldsymbol{F}}\right) \cdot \overrightarrow{\boldsymbol{e_a}} + \left(\overrightarrow{\boldsymbol{r_{AB}}} \times \overrightarrow{\boldsymbol{F}}\right) \cdot \overrightarrow{\boldsymbol{e_a}} - \boldsymbol{r_{BB'}}\left(\overrightarrow{\boldsymbol{e_f}} \times \overrightarrow{\boldsymbol{F}}\right) \cdot \overrightarrow{\boldsymbol{e_a}}$$

Los productos de las multiplicaciones mixtas, primera y última, son nulos, por lo que queda finalmente:

$$\boldsymbol{M'_a} = \left(\overrightarrow{\boldsymbol{r_{AB}}} \times \overrightarrow{\boldsymbol{F}}\right) \cdot \overrightarrow{\boldsymbol{e_a}} = \boldsymbol{M_a}$$

lo que demuestra que la elección de los puntos $\boldsymbol{A}$ y $\boldsymbol{B}$ puede hacerse arbitrariamente.

2.6.2 Fuerza y recta coplanares

1. Si la fuerza es paralela a la recta respecto a la cual calculamos el momento, entonces este momento es nulo. En efecto, *fig.2-29a*, la proyección de la fuerza sobre la recta $\boldsymbol{b}$ (con $\boldsymbol{\phi} = \boldsymbol{\pi/2}$), es un punto, porque su línea de acción al ser paralela a la recta también es perpendicular al plano π_2, por lo que $\boldsymbol{F\, cos\, \phi} = \boldsymbol{0}$.

Vectorialmente: $\overrightarrow{\boldsymbol{e_f}} = \pm\overrightarrow{\boldsymbol{e_a}}$ luego: $\boldsymbol{M_a} = \left[\overrightarrow{\boldsymbol{r_{AB}}} \times \left(\pm \boldsymbol{F}\, \overrightarrow{\boldsymbol{e_a}}\right)\right] \cdot \overrightarrow{\boldsymbol{e_a}} = \boldsymbol{0}$

2. Si la línea de acción de la fuerza corta a la recta respecto a la cual estamos calculando el momento, entonces este momento es nulo. Ahora, *fig.2-29a*, el plano π_1 contiene a la recta ***a*** y la recta ***b*** corta a la ***a***. Resulta en este caso $\boldsymbol{d} = \boldsymbol{0}$, y $\boldsymbol{M_a} = \boldsymbol{0}$.

Vectorialmente si se toma como punto sobre la recta y sobre la línea de acción de la fuerza, el de concurrencia, *fig.2-32a*, es:

$$\overrightarrow{\boldsymbol{r_{AB}}} = \boldsymbol{0} \qquad \text{y luego} \qquad \boldsymbol{M_a} = \boldsymbol{0}$$

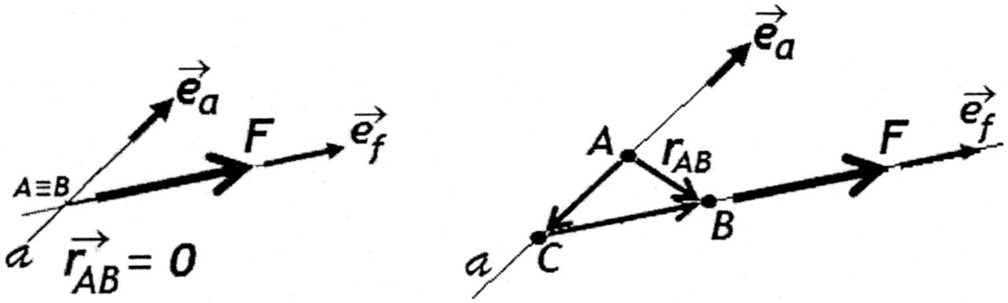

fig.2-32 a) b)

Sin embargo si consideramos el caso general, *fig.2-32b*, en el cual ***A*** y ***B*** no son coincidentes, tendremos que en:

$$M_a = (\overrightarrow{r_{AB}} \times F\, \overrightarrow{e_f}) \cdot \overrightarrow{e_a}$$

es: $\overrightarrow{r_{AB}} = -\, r_{AC}\, \overrightarrow{e_a} + r_{CB}\, \overrightarrow{e_f}$ luego:

$$M_a = \left[\left(-\,r_{AC}\,\overrightarrow{e_a} + r_{CB}\,\overrightarrow{e_f}\right) \times F\,\overrightarrow{e_f}\right] \cdot \overrightarrow{e_a} = -\,r_{AC}\left(\overrightarrow{e_a} \times F\,\overrightarrow{e_f}\right) \cdot \overrightarrow{e_a} + r_{CB}\left(\overrightarrow{e_f} \times F\,\overrightarrow{e_f}\right) \cdot \overrightarrow{e_a} = 0$$

2.6.3 Forma vectorial cartesiana del momento de una fuerza respecto a una recta

Si usamos vectores cartesianos para el cálculo de: $M_a = (\overrightarrow{r_{AB}} \times F\, \overrightarrow{e_f}) \cdot \overrightarrow{e_a}$
y son, *fig.2-33a*, x_A, y_A, z_A las coordenadas de un punto cualquiera ***A*** de la recta, y x_B, y_B, z_B las de un punto cualquiera ***B*** de la línea de acción de la fuerza.

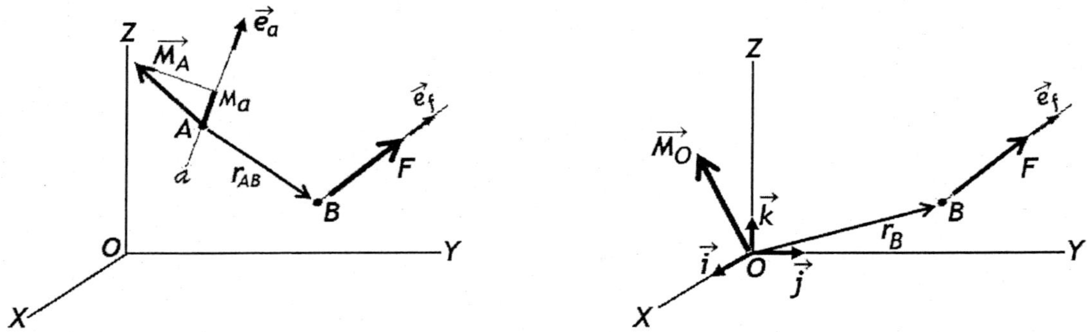

fig.2-33 a) b)

El vector posición relativa de ***B***, respecto al ***A*** es: $\overrightarrow{r_{AB}} = (x_B - x_A)\vec{\imath} + (y_B - y_A)\vec{\jmath} + (z_B - z_A)\vec{k}$
y las expresiones cartesianas de $\vec{F}$ y $\overrightarrow{e_a}$:

$$\vec{F} = F_X\,\vec{\imath} + F_Y\,\vec{\jmath} + F_Z\,\vec{k} = F\left(\cos\alpha\,\vec{\imath} + \cos\beta\,\vec{\jmath} + \cos\gamma\,\vec{k}\right)$$

y

$$\overrightarrow{e_a} = \cos\alpha_a\,\vec{\imath} + \cos\beta_a\,\vec{\jmath} + \cos\gamma_a\,\vec{k}$$

$$M_a = (\overrightarrow{r_{AB}} \times F\, \overrightarrow{e_f}) \cdot \overrightarrow{e_a} = \begin{vmatrix} x_B - x_A & y_B - y_A & z_B - z_A \\ F_X & F_Y & F_Z \\ \cos\alpha_a & \cos\beta_a & \cos\gamma_a \end{vmatrix} = F \begin{vmatrix} x_B - x_A & y_B - y_A & z_B - z_A \\ \cos\alpha & \cos\beta & \cos\gamma \\ \cos\alpha_a & \cos\beta_a & \cos\gamma_a \end{vmatrix}$$

El vector momento correspondiente al momento respecto a la recta a y sus componentes cartesianas:

$$\overrightarrow{\boldsymbol{M_a}} = M_a\,\overrightarrow{e_a} = M_{aX}\,\vec{\imath} + M_{aY}\,\vec{\jmath} + M_{aZ}\,\vec{k} = \boldsymbol{M_a}\left(\cos\alpha_a\,\vec{\imath} + \cos\beta_a\,\vec{\jmath} + \cos\gamma_a\,\vec{k}\right)$$

que también pueden obtenerse haciendo:

$$\boldsymbol{M_{aX}} = \overrightarrow{M_a}\cdot\vec{\imath} = \boldsymbol{M_a}\ \cos\alpha_a \qquad \boldsymbol{M_{aY}} = \boldsymbol{M_a}\ \cos\beta_a \qquad \boldsymbol{M_{aZ}} = \boldsymbol{M_a}\ \cos\gamma_a$$

Si calculamos el momento con respecto a las rectas coordenadas y tomamos como punto sobre cada eje al origen coordenado ***O***, que es común a los tres ejes, *fig.2-33b,* tendremos:

$$\boldsymbol{M_X} = \left(\overrightarrow{r_B}\times\vec{F}\right)\cdot\vec{\imath} \qquad \boldsymbol{M_Y} = \left(\overrightarrow{r_B}\times\vec{F}\right)\cdot\vec{\jmath} \qquad \boldsymbol{M_Z} = \left(\overrightarrow{r_B}\times\vec{F}\right)\cdot\vec{k}$$

Por otra parte, el momento de la fuerza con respecto al origen coordenado es:

$$\overrightarrow{\boldsymbol{M_O}} = \overrightarrow{r_B}\times\vec{F} = \boldsymbol{M_{OX}}\,\vec{\imath} + \boldsymbol{M_{OY}}\,\vec{\jmath} + \boldsymbol{M_{OZ}}\,\vec{k}$$

donde son: $\boldsymbol{M_{OX}} = \overrightarrow{M_O}\cdot\vec{\imath} = \left(\overrightarrow{r_{OB}}\times\vec{F}\right)\cdot\vec{\imath} = \boldsymbol{M_X} \qquad \boldsymbol{M_{OY}} = \overrightarrow{M_O}\cdot\vec{\jmath} = \boldsymbol{M_Y} \qquad \boldsymbol{M_{OZ}} = \boldsymbol{M_Z}$

Así las componentes cartesianas del momento de una fuerza con respecto al origen coordenado, son los momentos de la fuerza respecto a las respectivas rectas coordenadas.

Ejemplo 6: El brazo tiene aplicado en la rótula ***A***, la fuerza ***F*** que forma con las tres direcciones ortogonales los ángulos indicados. Para un estudio dinámico posterior, determinar el momento de la fuerza respecto al eje ***e*** alrededor del cual puede girar el brazo. Realizar el cálculo en forma vectorial y escalar.

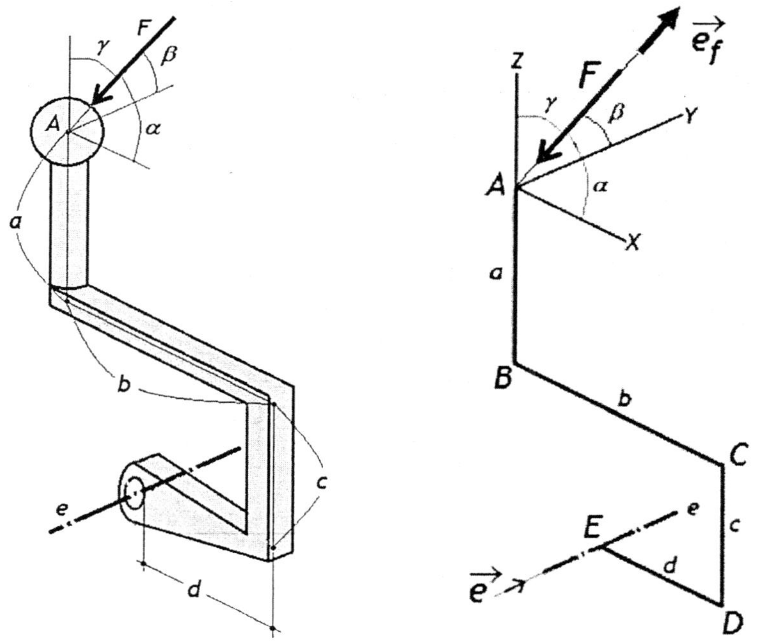

a = 50 mm   b = 100 mm   c = 55 mm   d = 45 mm   α = 65°   γ = 40°   F = 600 N

Modelamos el cuerpo como se indica y adoptamos el origen coordenado en el centro ***A*** de la rótula. Debemos calcular el momento de la fuerza con respecto al eje ***e***.

Vectorialmente es:

$$M_e = (\vec{r} \times \vec{F}) \cdot \vec{e}$$

Determinamos las expresiones vectoriales del segundo miembro:

$\vec{r}$ es el vector de posición de un punto cualquiera de la línea de acción de la fuerza, con respecto a un punto cualquiera del eje. Tomamos respectivamente los puntos ***A*** y ***E***:

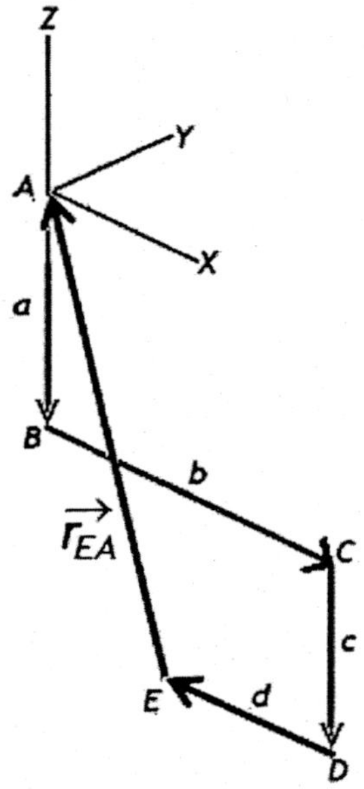

$$\overrightarrow{r_{EA}} = \vec{r_A} - \vec{r_E} = 0 - \vec{r_E} = -(\overrightarrow{r_{AB}} + \overrightarrow{r_{BC}} + \overrightarrow{r_{CD}} + \overrightarrow{r_{DE}})$$

$$\overrightarrow{r_{EA}} = -[a(-\vec{k}) + b\,\vec{\imath} + c(-\vec{k}) + d(-\vec{\imath})] = (-b+d)\,\vec{\imath} + (a+c)\vec{k} = \mathbf{-55\;\vec{\imath} + 105\,\vec{k}\;mm}$$

La fuerza: Para ello, dado que están informados sólo dos de los ángulos que su línea de acción forma con el sistema coordenado, para poder expresar el vector unitario de su línea de acción, debemos determinar el coseno director faltante a partir de la relación que hay entre los tres:

$cos^2\alpha + cos^2\beta + cos^2\gamma = 1$ de la que: $\boldsymbol{cos\,\beta} = \sqrt{1 - cos^2\alpha - cos^2\gamma} = \mathbf{0.484}$ $\quad \boldsymbol{\beta = 61°}$

Con el coseno director calculado, definimos al vector unitario y la fuerza:

$$\vec{e_f} = cos\,\alpha\,\vec{\imath} + cos\,\beta\,\vec{\jmath} + cos\,\gamma\,\vec{k} = \mathbf{0.423\;\vec{\imath} + 0.484\;\vec{\jmath} + 0.766\,\vec{k}}$$
$$\vec{F} = F\,(-\vec{e_f}) = \mathbf{-253.6\;\vec{\imath} - 290.6\,\vec{\jmath} - 459.6\,\vec{k}\;N}$$

El vector unitario $\vec{e}$ en dirección del eje alrededor del cual giraría, coincide con el vector base en dirección del eje ***Y***, por lo que: $\vec{e} \equiv \vec{\jmath}$

Con $\vec{r} = \overrightarrow{r_{EA}}$ el momento de la fuerza respecto al eje, es: $\boldsymbol{M_e} = (\overrightarrow{r_{EA}} \times \vec{F}) \cdot \vec{e} = \mathbf{-51.9\;Nm}$

El vector momento de la fuerza respecto al eje: $\overrightarrow{M_e} = M_e\,\vec{e} = \mathbf{-51.9\,\vec{\jmath}\;Nm}$

Para el cálculo escalar usamos el teorema de *Varignon*. Con las componentes cartesianas de la fuerza:

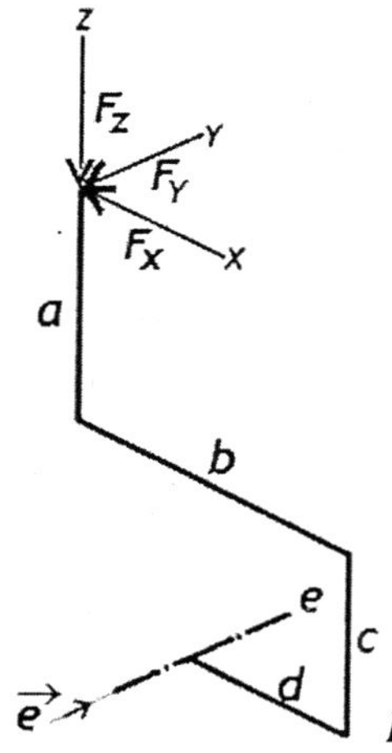

$F_X = \vec{F} \cdot \vec{\imath} = -253.6\ N \quad F_Y = \vec{F} \cdot \vec{\jmath} = -290.6\ N \quad F_Z = \vec{F} \cdot \vec{k} = -459.6\ N$

Determinamos, escalarmente, el momento respecto al eje ***e***, haciéndolo con los componentes de la fuerza en lugar de ella (que es su resultante).

$$M_e = |F_X|(a + c)(-1) + |F_Z|(b - d)(-1) = -51.9\ Nm$$

Obsérvese que el momento de la componente F_Y no entra en el cálculo porque su línea de acción es paralela al eje ***e***.

2.7 Vector desplazamiento y vector rotación

Cuando un cuerpo rígido, libre o parcialmente libre, en una cierta posición respecto a un sistema de referencia, pasa a otra, se dice que tuvo lugar un *movimiento* del cuerpo.

La curva que une las infinitas posiciones intermedias de un punto del cuerpo, entre la posición inicial y final, es la *trayectoria* del punto del cuerpo y puede ser cualquier curva, abierta o cerrada.

El *vector desplazamiento* de un punto del cuerpo es el vector cuyo origen está en la posición inicial del punto y su extremo o punta en la final; su módulo es la longitud del segmento de la recta que pasa por los puntos en las posiciones inicial y final, independientemente de la trayectoria del punto. Si la trayectoria del punto es un segmento de recta entonces la longitud de la trayectoria (o *recorrido*) que realizó el punto coincide con el módulo del vector desplazamiento.

Hay dos tipos de movimientos simples del cuerpo: *traslación* y *rotación*. El movimiento general de un cuerpo puede considerarse el resultado de la composición de ambos movimientos simples.

El movimiento es de traslación cuando los vectores desplazamiento de todos sus puntos son iguales (paralelos y de igual sentido y módulo), *fig.2-34a*:

Si designamos con $\vec{a}$ al vector desplazamiento, para los puntos ***A***, ***B***, ...***P***, son:

$$\vec{a_A} = \vec{a_B} = \cdots = \vec{a_P}$$

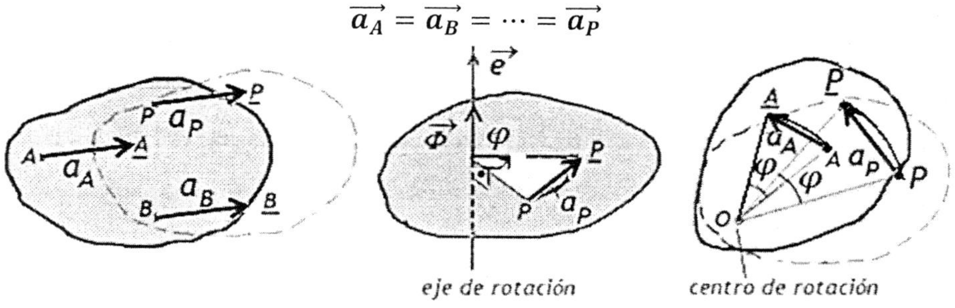

fig.2-34 a) b) c)

Por ello, para caracterizar al movimiento de traslación de un cuerpo, basta con conocer el vector desplazamiento de cualquier punto del mismo.

Cuando el movimiento del cuerpo es tal que las trayectorias de sus puntos son arcos de circunferencia que tienen sus centros sobre una misma recta, el movimiento es de rotación, *fig.2-34b* y el vector desplazamiento del punto coincide con la cuerda de la circunferencia, entre la posición inicial ***P*** y final ***P̲***; el ángulo entre los radios de ambas posiciones es el *ángulo de giro* $\boldsymbol{\varphi}$.

La recta que contiene los centros de las circunferencias es el *eje de rotación*, que puede atravesar al cuerpo o estar fuera de él. Si el eje atraviesa al cuerpo, los puntos sobre el mismo no se desplazan durante la rotación. Las circunferencias están en planos paralelos y perpendiculares al eje de rotación.

Se define al vector rotación $\overrightarrow{\boldsymbol{\Phi}}$, *fig.2-34b*, cuyo módulo es el ángulo de giro $\boldsymbol{\varphi}$ y su línea de acción el eje de rotación y sentido dado por el pulgar de la mano derecha, cuando la palma rodea al eje y los otros dedos van en el sentido de la rotación. Está expresado por:

$$\overrightarrow{\boldsymbol{\Phi}} = \varphi\,\vec{e}$$

donde $\vec{e}$ es el vector unitario en dirección del eje de rotación.

Si por el movimiento del cuerpo, las trayectorias de sus puntos son curvas planas tales que los planos que las contienen son paralelos entre sí, se dice que el cuerpo tiene movimiento plano y puede estudiarse en cualquiera de esos planos.

Si en el movimiento de rotación el eje permanece con su dirección constante el movimiento es plano y se puede estudiar en cualquiera de los planos normales al eje de rotación. El punto que resulta de la intersección del eje de rotación con el plano en el que se lo estudia, se llama *centro de rotación*, *fig.2-34c*, y al que designamos con ***O***.

Señalemos que un conjunto de vectores desplazamiento pueden componerse y el vector desplazamiento resultante es independiente del orden en el cual se lo hace. En cambio para los vectores rotación la rotación resultante depende del orden en que se hace la composición, pues si por ejemplo a un cuerpo de forma general, se le aplican dos rotaciones no colineales en forma sucesiva, la posición final es diferente según el orden en que se apliquen las rotaciones.

El movimiento plano de traslación de un cuerpo puede considerarse como un movimiento de rotación cuyo centro de rotación está en un punto del plano infinitamente alejado, en la dirección normal al desplazamiento, *fig.2-35*.

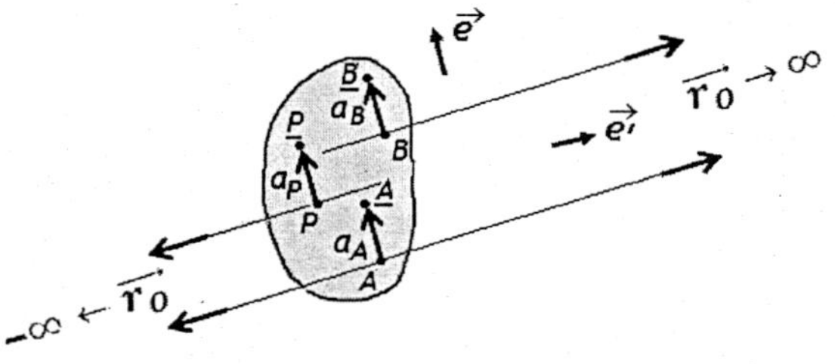

fig.2-35

Si la dirección del movimiento de traslación viene caracterizada por el vector unitario $\vec{e}$, la posición del centro de rotación es: $\overrightarrow{r_O} = \pm r_\infty \overrightarrow{e'}$

siendo $\overrightarrow{e'}$ el vector unitario normal a la dirección del desplazamiento y tal que $\overrightarrow{e'} \cdot \vec{e} = \mathbf{0}$.

2.7.1 Movimientos de magnitud muy pequeña

Los movimientos descriptos dan lugar, en general, a desplazamientos y ángulos de giro de cualquier valor y pueden cambiar, significativamente, la configuración del cuerpo.

En el estudio de la estática de los cuerpos rígidos, tienen interés principal los movimientos de magnitud muy pequeña (no infinitesimales). Los módulos de los vectores desplazamientos son del orden de las milésimas de las longitudes características del cuerpo y los ángulos de giro, del orden del milésimo de radián.

En el movimiento de traslación los desplazamientos de pequeña magnitud no difieren de los de magnitud "grande". En el movimiento de rotación con un ángulo de giro $\Delta\varphi$ muy pequeño, *fig.2-36*, tal como ocurría con el giro finito, el vector desplazamiento de un punto tiene la dirección de la cuerda del arco de la circunferencia que es su trayectoria. Sin embargo para giros muy pequeños, el vector desplazamiento, sin gran error, tiene la dirección de la tangente a la circunferencia.

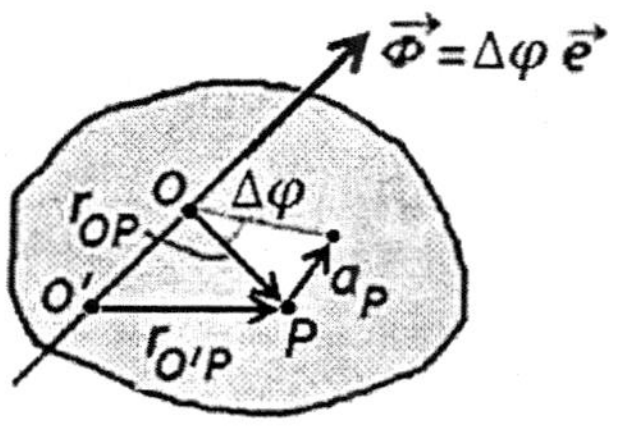

fig.2-36

El vector rotación es: $$\overrightarrow{\boldsymbol{\Phi}} = \Delta\varphi\,\vec{e} \qquad [2.23]$$

En este caso particular en el que el vector rotación tiene un módulo de pequeña magnitud, puede tratárselo como un vector general, pues por ejemplo para un cuerpo sometido a un conjunto sucesivo de rotaciones con ángulos de giro muy pequeños, la posición final es independiente del orden de aplicación de las rotaciones. El desplazamiento del punto ***P*** es:

$$\overrightarrow{a_P} = \overrightarrow{\Phi}\times\overrightarrow{r_{O'P}} = \boldsymbol{\Delta\varphi}\,\vec{e}\times\overrightarrow{r_{O'P}} \qquad [2.24]$$

Donde $\overrightarrow{r_{O'P}}$ es el vector posición relativa del punto respecto a cualquier punto del eje de rotación. La expresión vale, en particular, para el punto ***O*** en el plano normal al eje de rotación y que contiene a ***P***, dado que es, *fig.2-36*:

$$\overrightarrow{r_{O'P}} = r_{O'O}\,\vec{e} + \overrightarrow{r_{OP}}$$

luego:

$$\overrightarrow{a_P} = \Delta\varphi\,\vec{e}\times(r_{O'O}\,\vec{e} + \overrightarrow{r_{OP}}) = \Delta\varphi\,(\vec{e}\times r_{O'O}\,\vec{e} + \vec{e}\times\overrightarrow{r_{OP}}) = \boldsymbol{\Delta\varphi}\,(\vec{e}\times\overrightarrow{r_{OP}})$$

$$\overrightarrow{a_P} = \overrightarrow{\Phi}\times\overrightarrow{r_{OP}} = \boldsymbol{\Delta\varphi}\,\vec{e}\times\overrightarrow{r_{OP}} \qquad [2.25]$$

Sea ahora el cuerpo rígido libre, *fig.2-37*, con un movimiento rototraslatorio general de pequeña magnitud, caracterizado por el vector desplazamiento $\overrightarrow{a_O}$ de un punto ***O*** cualquiera del cuerpo, que tomamos sobre el eje de rotación y el vector rotación $\overrightarrow{\boldsymbol{\Phi}}$. Sus expresiones cartesianas, son:

$$\overrightarrow{a_O} = u_O\,\vec{i} + v_O\,\vec{j} + w_O\,\vec{k} \quad \text{y} \quad \overrightarrow{\boldsymbol{\Phi}} = \varphi_X\,\vec{i} + \varphi_Y\,\vec{j} + \varphi_Z\,\vec{k} \qquad [2.26]$$

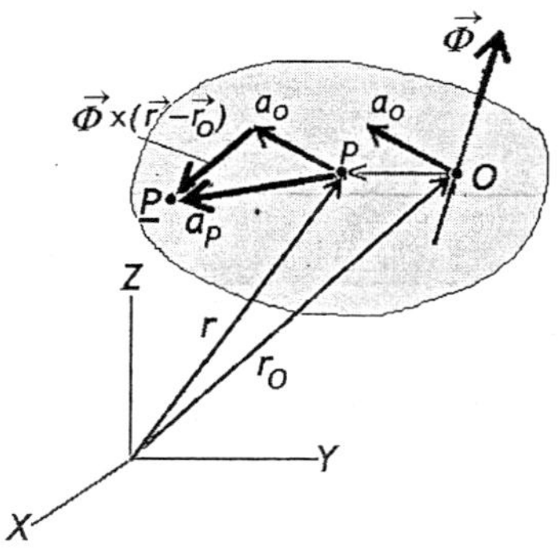

fig.2-37

El desplazamiento total de un punto cualquiera ***P***, que no está sobre el eje de rotación, es la suma vectorial del desplazamiento correspondiente al movimiento de traslación más el desplazamiento a que da lugar la rotación, *ec.[2.25]*:

$$\overrightarrow{\boldsymbol{a_P}} = \overrightarrow{a_O} + \overrightarrow{\Phi}\times\overrightarrow{r_{OP}} = \overrightarrow{\boldsymbol{a_O}} + \overrightarrow{\boldsymbol{\Phi}}\times(\overrightarrow{\boldsymbol{r_P}} - \overrightarrow{\boldsymbol{r_O}}) \qquad [2.27]$$

2.7.1.1 Movimiento plano

Si el movimiento es en un plano y asociamos el plano del movimiento al ***X-Y***, *fig.2-38*, el vector desplazamiento y el vector rotación son:

$$\overrightarrow{\boldsymbol{a_O}} = \boldsymbol{u_O}\,\vec{\boldsymbol{\imath}} + \boldsymbol{v_O}\,\vec{\boldsymbol{\jmath}} \qquad \text{y} \qquad \overrightarrow{\boldsymbol{\Phi}} = \varphi_Z\,\vec{k} = \boldsymbol{\Delta\varphi}\,\vec{\boldsymbol{k}} \qquad [2.28]$$

donde el ángulo de giro $\boldsymbol{\Delta\varphi}$ es de magnitud muy pequeña; las otras componentes son:

$$\boldsymbol{w_O} = \boldsymbol{0} \qquad \text{y} \qquad \boldsymbol{\varphi_X} = \boldsymbol{\varphi_Y} = \boldsymbol{0}$$

En el plano al vector $\overrightarrow{\boldsymbol{\Phi}}$ se lo indica con un trazo curvo con una flecha que va en el sentido de rotación correspondiente con los dedos de la mano derecha cuando rodean al eje.

El desplazamiento de un punto ***P***, *fig.2-38c*, se compone del correspondiente al movimiento de traslación, *fig.2-38a*, más el correspondiente al de rotación, *fig.2-38b*:

$$\overrightarrow{\boldsymbol{a_P}} = \overrightarrow{a_O} + \overrightarrow{\Phi}\times\overrightarrow{r_{OP}} = \overrightarrow{\boldsymbol{a_O}} + \boldsymbol{\Delta\varphi}\,\vec{\boldsymbol{k}}\times(\overrightarrow{\boldsymbol{r_P}} - \overrightarrow{\boldsymbol{r_O}})$$

siendo $\overrightarrow{\boldsymbol{r_{OP}}}$ la posición relativa del punto respecto al centro de rotación.

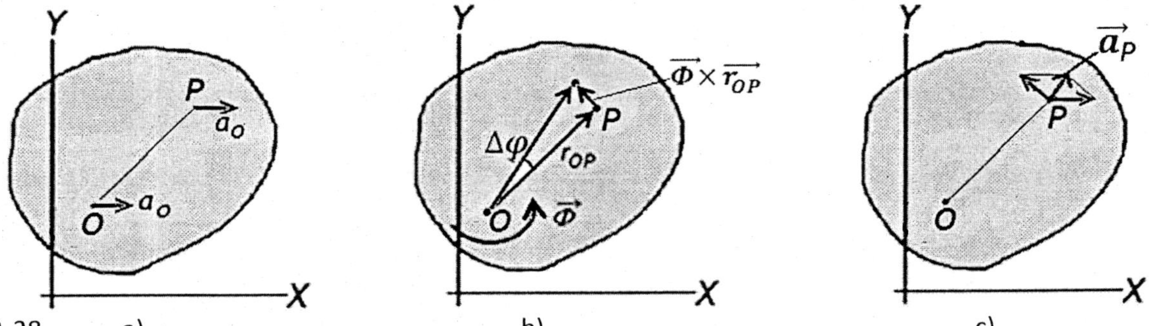

fig.2-38 a) b) c)

En componentes cartesianas: $\overrightarrow{\boldsymbol{a_P}} = \boldsymbol{u_P}\,\vec{\boldsymbol{\imath}} + \boldsymbol{v_P}\,\vec{\boldsymbol{\jmath}}$ con: $\overrightarrow{\boldsymbol{r_{OP}}} = (\boldsymbol{x_P} - \boldsymbol{x_O})\,\vec{\boldsymbol{\imath}} + (\boldsymbol{y_P} - \boldsymbol{y_O})\,\vec{\boldsymbol{\jmath}}$

son:

$$\boldsymbol{u_P} = \overrightarrow{a_P}\cdot\vec{\imath} = u_O + \Delta\varphi\left(\vec{k}\times\overrightarrow{r_{OP}}\right)\cdot\vec{\imath} = \boldsymbol{u_O} - \boldsymbol{\Delta\varphi}\,(\boldsymbol{y_P} - \boldsymbol{y_O}) \qquad [2.29]$$

$$\boldsymbol{v_P} = \overrightarrow{a_P}\cdot\vec{\jmath} = v_O + \Delta\varphi\left(\vec{k}\times\overrightarrow{r_{OP}}\right)\cdot\vec{\jmath} = \boldsymbol{v_O} + \boldsymbol{\Delta\varphi}\,(\boldsymbol{x_P} - \boldsymbol{x_O}) \qquad [2.30]$$

Dado que puede expresarse al vector posición relativa de ***P*** respecto al centro de rotación como, *fig.2-39*:

$$\overrightarrow{\boldsymbol{r_{OP}}} = r_{OP}\,\overrightarrow{e_r} = \boldsymbol{r}\,\overrightarrow{\boldsymbol{e_r}} \qquad [2.31]$$

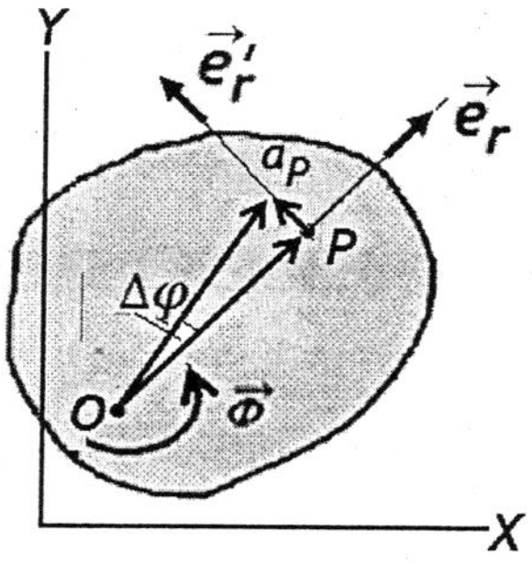

fig.2-39

el desplazamiento en la rotación, puede ser escrito también:

$$\overrightarrow{\boldsymbol{a_P}} = \Delta\varphi\ \vec{k}\times r\ \overrightarrow{e_r} = \Delta\varphi\ r\ \vec{k}\times\overrightarrow{e_r} = \boldsymbol{\Delta\varphi\ r\ \overrightarrow{e_r'}} \qquad [2.32]$$

Capítulo 3
El cuerpo libre cargado-Síntesis y equilibrio

Vamos a considerar al cuerpo libre, o sea no unido materialmente con ningún otro, cargado con fuerzas y pares, y efectuar la simplificación de estas cargas a la entidad más simple y plantear las condiciones que deben cumplirse para que el cuerpo esté en equilibrio bajo la acción de esas cargas.

3.1 Equivalencia de reducciones

Sea el cuerpo libre, *fig.3-1a*, sobre el cual actúa un conjunto de ***n*** fuerzas $\overrightarrow{F_i}$ y ***m*** pares de momento $\overrightarrow{M_{C_j}}$.a los que en lo sucesivo designamos $\overrightarrow{M_j}$.

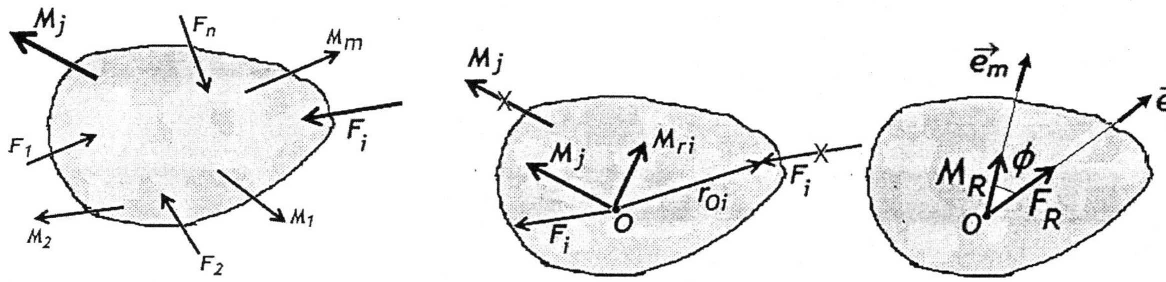

fig.3-1 a) b) c)

Reducimos las fuerzas a un punto ***O*** del espacio, *fig.3-1b*, teniendo en cuenta que al hacerlo aparece en ese punto la fuerza $\overrightarrow{F_i}$ y el par de reducción de momento:

$$\overrightarrow{M_{ri}} = \overrightarrow{r_{Oi}} \times \overrightarrow{F_i}$$

donde $\overrightarrow{r_{Oi}}$ es el vector que va desde el centro de reducción ***O*** hasta un punto de la línea de acción de la fuerza.

Llevamos también al punto ***O*** a los vectores $\overrightarrow{M_j}$ correspondientes a los pares o cuplas actuantes, sin ningún cambio, porque son vectores libres.

Sumamos todas las fuerzas, ahora concurrentes en ***O***. Sumamos también a los momentos de las cuplas y los momentos de reducción de las fuerzas. Sus sumas son, respectivamente, la fuerza y momento resultantes, *fig.3-1c*.

$$\overrightarrow{F_R} = \sum_n \overrightarrow{F_i} \qquad [3.1]$$

$$\overrightarrow{M_R} = \sum_m \overrightarrow{M_j} + \sum_n \overrightarrow{M_{ri}} = \sum_m \overrightarrow{M_j} + \sum_n \overrightarrow{r_{Oi}} \times \overrightarrow{F_i} \qquad [3.2]$$

Los vectores unitarios correspondientes a las resultantes son:

$$\overrightarrow{e_f} = \frac{\overrightarrow{F_R}}{F_R} \qquad \overrightarrow{e_m} = \frac{\overrightarrow{M_R}}{M_R} \qquad [3.3]$$

El ángulo ϕ que forman las resultantes entre sí, se obtiene a partir de: $\overrightarrow{e_f} \cdot \overrightarrow{e_m} = cos\,\phi$ [3.4]

Demostremos que si reducimos el sistema de cargas a un punto del espacio ***O*** y calculamos sus resultantes con *ecs.[3.1]* y *[3.2]* y que luego a estas resultantes las reducimos, a su vez, a un segundo punto ***O'***, es igual a reducir el sistema original de cargas, directamente al punto ***O'***.

Consideremos para ello un cuerpo, con un sistema de cargas, como el de *fig.3-1*, que hemos reducido a un punto ***O*** del espacio, *fig.3-2a*, cuyas resultantes de fuerza y momento tendrán por expresiones a las *ecs.[3.1]* y *[3.2]*.

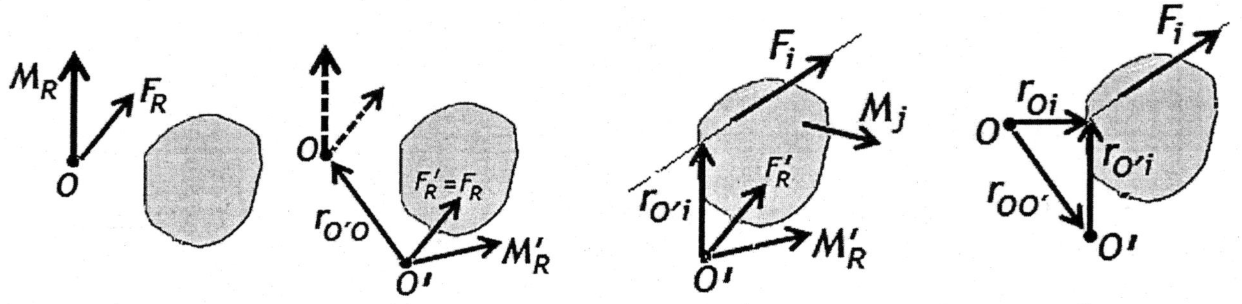

fig.3-2

A partir de aquí podemos considerar que $\overrightarrow{M_R}$ es el momento de cierta cupla y por lo tanto un vector libre.

Reduzcamos ahora las $\overrightarrow{F_R}$ y $\overrightarrow{M_R}$ desde el punto ***O*** a un nuevo punto ***O´***, *fig.3-2b*. Las nuevas resultantes:

$$\overrightarrow{F'_R} = \overrightarrow{F_R} \qquad \text{y} \qquad \overrightarrow{M'_R} = \overrightarrow{M_R} + \overrightarrow{r_{O'O}} \times \overrightarrow{F_R}$$

y con: $\overrightarrow{r_{O'O}} = -\overrightarrow{r_{OO'}}$ por lo que: $\overrightarrow{M'_R} = \overrightarrow{M_R} - \overrightarrow{r_{OO'}} \times \overrightarrow{F_R}$

Por otra parte la reducción directa del sistema de cargas al punto ***O´***, *fig.3-2c*:

$$\overrightarrow{F'_R} = \overrightarrow{F_R} \qquad \text{y} \qquad \overrightarrow{M'_R} = \textstyle\sum_m \overrightarrow{M_j} + \sum_n \overrightarrow{r_{O'i}} \times \overrightarrow{F_i}$$

Como se ve en *fig.3-2d*, es: $\overrightarrow{r_{Oi}} = \overrightarrow{r_{OO'}} + \overrightarrow{r_{O'i}}$ de la cual: $\overrightarrow{r_{O'i}} = \overrightarrow{r_{Oi}} - \overrightarrow{r_{OO'}}$

Luego:

$$\overrightarrow{M'_R} = \sum_m \overrightarrow{M_j} + \sum_n \overrightarrow{r_{Oi}} \times \overrightarrow{F_i} - \sum_n \overrightarrow{r_{OO'}} \times \overrightarrow{F_i}$$

Los dos primeros términos son el momento resultante de la reducción al punto ***O***, es decir:

$$\overrightarrow{M'_R} = \overrightarrow{M_R} - \sum_n \overrightarrow{r_{OO'}} \times \overrightarrow{F_i}$$

Dado que $\overrightarrow{r_{OO'}}$ es independiente de la fuerza, puede sacarse como factor común, luego:

$$\overrightarrow{M'_R} = \overrightarrow{M_R} - \overrightarrow{r_{OO'}} \times \sum_n \overrightarrow{F_i}$$

y siendo: $\sum_n \overrightarrow{F_i} = \overrightarrow{F_R}$ se obtiene: $\overrightarrow{M'_R} = \overrightarrow{M_R} - \overrightarrow{r_{OO'}} \times \overrightarrow{F_R}$

Lo que demuestra que la reducción de un sistema de cargas a un punto del espacio, *fig.3-2c*, es equivalente a hacerlo por reducciones sucesivas a puntos intermedios, con el último de estos puntos coincidente con aquel al cual se hizo la reducción directamente, *fig.3-2b*.

3.2 Síntesis de las cargas

En el caso general, reducidas las cargas a un punto, las resultantes forman un ángulo cualquiera $\boldsymbol{\phi}$ y determinan un plano, *fig.3-3a*:

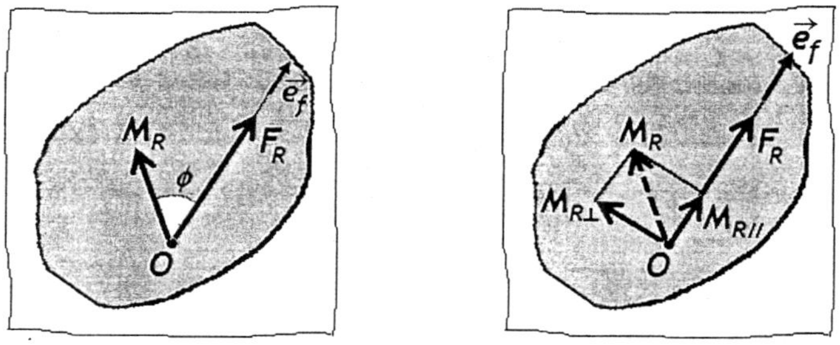

fig.3-3 a) b)

Descomponemos a $\overrightarrow{\boldsymbol{M}_R}$, *fig.3-3b*, en una componente que llamamos $\overrightarrow{\boldsymbol{M}_{R||}}$ (momento resultante paralelo), porque es la componente del momento resultante, en la dirección de $\overrightarrow{\boldsymbol{F}_R}$ y es:

$$\overrightarrow{\boldsymbol{M}_{R||}} = \left(\overrightarrow{M_R} \cdot \overrightarrow{e_f}\right)\overrightarrow{e_f} = \frac{\overrightarrow{\boldsymbol{M}_R} \cdot \overrightarrow{\boldsymbol{F}_R}}{F_R^2}\overrightarrow{\boldsymbol{F}_R} \qquad [3.5]$$

y en otra componente, normal a $\overrightarrow{\boldsymbol{F}_R}$, a la que llamamos $\overrightarrow{\boldsymbol{M}_{R\_|\_}}$ (momento resultante perpendicular) porque es la componente del momento resultante, en la dirección perpendicular a $\overrightarrow{\boldsymbol{F}_R}$ y que es la diferencia vectorial:

$$\overrightarrow{\boldsymbol{M}_{R\_|\_}} = \overrightarrow{\boldsymbol{M}_R} - \overrightarrow{\boldsymbol{M}_{R||}} \qquad [3.6]$$

y que puede escribirse en término de los vectores $\overrightarrow{\boldsymbol{F}_R}$ y $\overrightarrow{\boldsymbol{M}_R}$, *ec.[3.5]*:

$$\overrightarrow{\boldsymbol{M}_{R\_|\_}} = \overrightarrow{M_R} - \left(\overrightarrow{M_R} \cdot \overrightarrow{e_f}\right)\overrightarrow{e_f} = \overrightarrow{\boldsymbol{M}_R} - \frac{\overrightarrow{\boldsymbol{M}_R} \cdot \overrightarrow{\boldsymbol{F}_R}}{F_R^2}\overrightarrow{\boldsymbol{F}_R} \qquad [3.7]$$

Reduzcamos las resultantes $\overrightarrow{\boldsymbol{M}_R}$, $\overrightarrow{\boldsymbol{F}_R}$ desde su posición ***O***, a otro punto ***O'***, *fig.3-4a*:

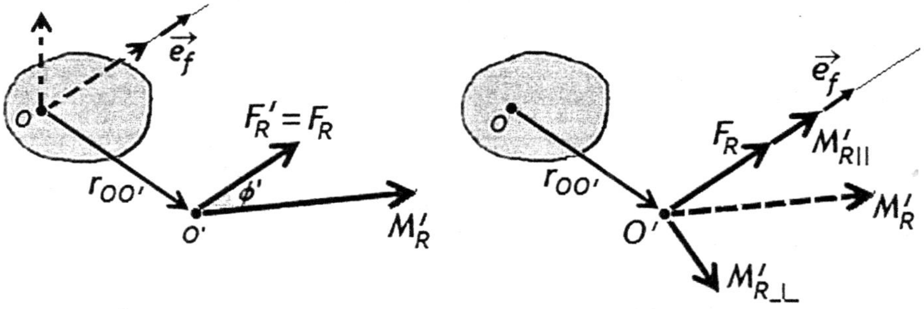

fig.3-4 a) b)

Obtenemos: $\overrightarrow{\boldsymbol{F}_R'} = \overrightarrow{\boldsymbol{F}_R}$ y $\overrightarrow{\boldsymbol{M}_R'} = \overrightarrow{\boldsymbol{M}_R} - \overrightarrow{\boldsymbol{r}_{OO'}} \times \overrightarrow{\boldsymbol{F}_R}$ [3.8]

Descomponemos luego a $\overrightarrow{\boldsymbol{M}_R'}$, *fig.3-4b*, en una componente $\overrightarrow{\boldsymbol{M}_{R||}'}$ coincidente con la dirección de la fuerza resultante $\overrightarrow{\boldsymbol{F_R}}$ y una componente perpendicular a ella $\overrightarrow{\boldsymbol{M'_{R\_|\_}}}$:

$$\overrightarrow{\boldsymbol{M'_{R||}}} = \left(\overrightarrow{\boldsymbol{M'_R}} \cdot \overrightarrow{\boldsymbol{e_f}}\right) \overrightarrow{\boldsymbol{e_f}} \quad [3.9]$$

$$\overrightarrow{\boldsymbol{M'_{R\_|\_}}} = \overrightarrow{\boldsymbol{M'_R}} - \overrightarrow{\boldsymbol{M'_{R||}}} \quad [3.10]$$

Con $\overrightarrow{\boldsymbol{M'_R}}$, de *ec.[3.9]*, resulta su componente paralela (a $\overrightarrow{\boldsymbol{F_R}}$) en $\boldsymbol{O'}$:

$$\overrightarrow{\boldsymbol{M'_{R||}}} = \left[\left(\overrightarrow{\boldsymbol{M_R}} - \overrightarrow{\boldsymbol{r_{OO'}}} \times \boldsymbol{F_R}\, \overrightarrow{\boldsymbol{e_f}}\right) \cdot \overrightarrow{\boldsymbol{e_f}}\right] \overrightarrow{\boldsymbol{e_f}} \quad [3.11]$$

distribuyendo: $\overrightarrow{M'_{R||}} = \left\{\overrightarrow{M_R} \cdot \overrightarrow{e_f} - F_R\left[\left(\overrightarrow{r_{OO'}} \times \overrightarrow{e_f}\right) \cdot \overrightarrow{e_f}\right]\right\} \overrightarrow{e_f}$

y siendo: $\left(\overrightarrow{r_{OO'}} \times \overrightarrow{e_f}\right) \cdot \overrightarrow{e_f} = 0$, resulta la *ec.[3.11]*:

$$\overrightarrow{\boldsymbol{M'_{R||}}} = \left(\overrightarrow{\boldsymbol{M_R}} \cdot \overrightarrow{\boldsymbol{e_f}}\right) \overrightarrow{\boldsymbol{e_f}} \equiv \overrightarrow{\boldsymbol{M_{R||}}} \quad [3.12]$$

Es decir que cualquiera sea el punto tomado como centro de reducción de las cargas, la componente del momento resultante, en la dirección de la fuerza resultante $\overrightarrow{\boldsymbol{M_{R||}}}$, no varía.

La componente perpendicular $\overrightarrow{\boldsymbol{M'_{R\_|\_}}}$, en el nuevo punto $\boldsymbol{O'}$ son, *ecs.[3.10], [3.8]* y *[3.12]*:

$$\overrightarrow{\boldsymbol{M'_{R\_|\_}}} = \overrightarrow{M'_R} - \overrightarrow{M'_{R||}} = \overrightarrow{\boldsymbol{M_R}} - \overrightarrow{\boldsymbol{r_{OO'}}} \times \overrightarrow{\boldsymbol{F_R}} - \left(\overrightarrow{\boldsymbol{M_R}} \cdot \overrightarrow{\boldsymbol{e_f}}\right)\overrightarrow{\boldsymbol{e_f}} \quad [3.13]$$

3.2.1 Invariantes

Como conclusión de todo lo visto, no importa a qué punto reduzcamos sistema de cargas, la fuerza resultante es siempre el mismo vector y por ello se lo designa:

$$\boldsymbol{Invariante\ Vectorial} = \overrightarrow{\boldsymbol{F_R}}$$

Asimismo vimos que la proyección sobre la dirección de la fuerza resultante, del momento resultante $\overrightarrow{\boldsymbol{M_R}}$, que es el segmento que designamos como $\boldsymbol{M_{R||}}$, es un valor constante no importa donde esté el centro de reducción. Por ello a la proyección en dirección de la línea de acción de la fuerza resultante, del vector momento resultante del sistema de cargas actuantes se lo llama:

$$\boldsymbol{Invariante\ Escalar} = \boldsymbol{M_{R||}} = \overrightarrow{\boldsymbol{M_R}} \cdot \overrightarrow{\boldsymbol{e_f}} = \frac{\overrightarrow{\boldsymbol{M_R}} \cdot \overrightarrow{\boldsymbol{F_R}}}{\boldsymbol{F_R}}$$

3.3 Torsor de fuerzas - Eje central

Como surge de lo expuesto, según sea la posición del centro de reducción $\boldsymbol{O'}$, *ec.[3.13]*, variará $\overrightarrow{\boldsymbol{M'_{R\_|\_}}}$. Busquemos aquel punto del espacio, que tomado como centro de reducción de las cargas, anule a $\overrightarrow{\boldsymbol{M'_{R\_|\_}}}$. En ese caso quedan como únicas entidades, la fuerza resultante $\overrightarrow{\boldsymbol{F_R}}$ y la componente del momento resultante $\overrightarrow{\boldsymbol{M'_R}} = \overrightarrow{\boldsymbol{M'_{R||}}} \equiv \overrightarrow{\boldsymbol{M_{R||}}}$ (porque para este nuevo punto es $\overrightarrow{\boldsymbol{M'_R}} = \boldsymbol{0}$).

Para este punto particular $\overrightarrow{\boldsymbol{F_R}}$ y $\overrightarrow{\boldsymbol{M'_R}}(= \overrightarrow{\boldsymbol{M'_{R||}}})$ son colineales y el sistema de cargas queda reducido a la mínima expresión $\overrightarrow{F_R}$ y $\overrightarrow{M_{R||}}$.

Si llamamos C al punto para el cual se cumple esto, *fig.3-5a*, haciendo nula la *ec.[3.13]*, ahora con $C \equiv O'$:

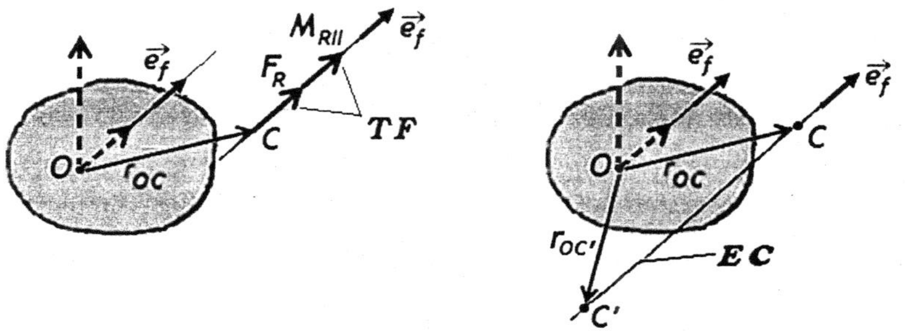

fig.3-5 a) b)

$$\overrightarrow{M_R} - \overrightarrow{r_{OC}} \times \overrightarrow{F_R} - \left(\overrightarrow{M_R} \cdot \overrightarrow{e_f}\right) \overrightarrow{e_f} = \mathbf{0} \qquad [3.14]$$

ecuación de la cual obtendríamos la posición de C.

Al conjunto de los vectores colineales $\overrightarrow{F_R}$ y $\overrightarrow{M_{R||}}$ se lo designa el *Torsor de Fuerzas* (***TF***) del sistema de cargas del cuerpo y que sintetiza en él, a todas ellas.

El cuerpo sometido a la acción de una fuerza igual a $\overrightarrow{F_R}$, ubicada en C y a un par $\overrightarrow{M_{R||}}$ cuyo plano de acción es perpendicular a $\overrightarrow{F_R}$, es equivalente al sistema de cargas en el sentido de que los efectos mecánicos externos a que dan lugar sobre el cuerpo el ***TF***, son iguales a los de las cargas actuantes.

Reduzcamos ahora las resultantes en el punto ***O***, al punto ***C´*** ubicado sobre la recta pasante por el punto ***C***, de dirección $\overrightarrow{e_f}$, *fig.3-5b*, (no dibujadas):

con la *ec.[3.13]*: $\overrightarrow{M_R} - \overrightarrow{r_{OC'}} \times \overrightarrow{F_R} - \left(\overrightarrow{M_R} \cdot \overrightarrow{e_f}\right)\overrightarrow{e_f}$

Si el vector posición de ***C'***, respecto a ***O***, que es: $\overrightarrow{r_{OC'}} = \overrightarrow{r_{OC}} + r_{CC'}\left(-\overrightarrow{e_f}\right)$
es sustituido en la ecuación anterior:

$$\overrightarrow{M_R} - \overrightarrow{r_{OC}} \times \overrightarrow{F_R} + r_{CC'}\, \overrightarrow{e_f} \times \overrightarrow{F_R} - \left(\overrightarrow{M_R} \cdot \overrightarrow{e_f}\right)\overrightarrow{e_f} = \overrightarrow{M_R} - \overrightarrow{r_{OC}} \times \overrightarrow{F_R} - \left(\overrightarrow{M_R} \cdot \overrightarrow{e_f}\right) \overrightarrow{e_f}$$

que es la misma *ec.[3.14]*.

Como conclusión podemos decir que existen infinitos puntos en el espacio, situados sobre una recta de dirección $\overrightarrow{e_f}$, para los cuales, tomados como centros de reducción de las cargas del cuerpo, dan lugar a la menor expresión del sistema de cargas, que son el $\overrightarrow{F_R}$ y $\overrightarrow{M_{R||}}$. Esta recta se designa el *Eje Central* (***EC***) y es la línea de acción del ***TF***.

3.4 Síntesis: formulación vectorial cartesiana

A fin de poder determinar en forma concreta el ***TF*** y el ***EC***, utilizamos vectores cartesianos.

Consideremos un cuerpo libre, cargado con fuerzas $\overrightarrow{F_i}$ y pares de momento $\overrightarrow{M_j}$, referido a un sistema cartesiano ortogonal, con origen en un punto ***O***, *fig.3-6a* y reduzcamos estas cargas a ***O***.

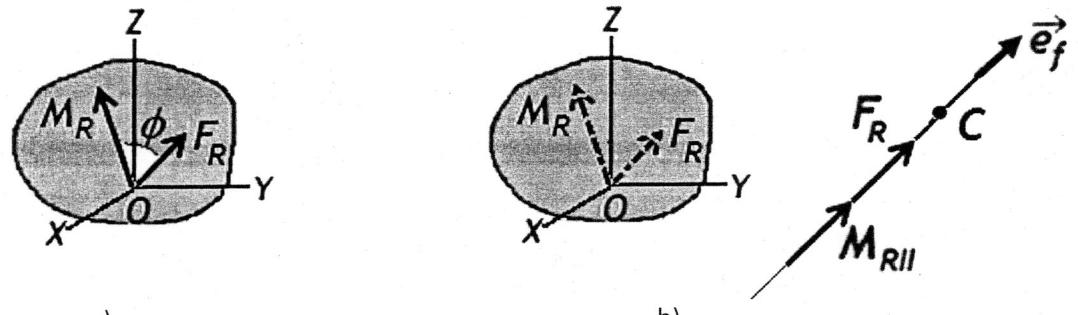

fig.3-6 a) b)

Las expresiones cartesianas de los vectores resultantes son:

$$\overrightarrow{F_R} = F_{RX}\,\vec{\imath} + F_{RY}\,\vec{\jmath} + F_{RZ}\,\vec{k} = \sum_{i=0}^{n} \vec{F_i}$$

$$\overrightarrow{M_R} = M_{RX}\,\vec{\imath} + M_{RY}\,\vec{\jmath} + M_{RZ}\,\vec{k} = \sum_{j=0}^{m} \overrightarrow{M_{Cj}} + \sum_{i=0}^{n} \overrightarrow{r_{Oi}} \times \vec{F_i}$$

cuyas componentes son: $F_{RX} = \sum_n F_{iX}$ $\quad F_{RY} = \sum_n F_{iY}$ $\quad F_{RZ} = \sum_n F_{iZ}$ [3.15]

$$\boldsymbol{M_{RX}} = \sum_m \boldsymbol{M_{jX}} + \sum_n(\boldsymbol{y_i\, F_{iZ}} - \boldsymbol{z_i\, F_{iY}})$$

$$\boldsymbol{M_{RY}} = \sum_m \boldsymbol{M_{jY}} + \sum_n(\boldsymbol{z_i\, F_{iX}} - \boldsymbol{x_i\, F_{iZ}}) \qquad [3.16]$$

$$\boldsymbol{M_{RZ}} = \sum_m \boldsymbol{M_{jZ}} + \sum_n(\boldsymbol{x_i\, F_{iY}} - \boldsymbol{y_i\, F_{iX}})$$

siendo las $\boldsymbol{x_i}, \boldsymbol{y_i}, \boldsymbol{z_i}$ las coordenadas de un punto cualquiera de la recta de acción de las fuerzas.

Los vectores unitarios correspondientes a las resultantes, *ec.[3.3]*:

$$\overrightarrow{e_f} = \frac{F_{RX}\,\vec{\imath} + F_{RY}\,\vec{\jmath} + F_{RZ}\,\vec{k}}{F_R} \qquad \text{y} \qquad \overrightarrow{e_m} = \frac{M_{RX}\,\vec{\imath} + M_{RY}\,\vec{\jmath} + M_{RZ}\,\vec{k}}{M_R}$$

El ángulo $\boldsymbol{\phi}$ entre ambos vectores, de la *ec.[3.4]*:

$$\boldsymbol{\phi} = arc\ cos\left(\overrightarrow{e_f} \cdot \overrightarrow{e_m}\right) = \boldsymbol{arc\ cos}\left(\frac{\boldsymbol{F_{RX}\, M_{RX} + F_{RY}\, M_{RY} + F_{RZ}\, M_{RZ}}}{\boldsymbol{F_R\, M_R}}\right)$$

La expresión vectorial de la componente de $\overrightarrow{\boldsymbol{M_R}}$, en dirección de $\overrightarrow{\boldsymbol{F_R}}$ es, *ec.[3.5]*:

$$\overrightarrow{\boldsymbol{M_{R||}}} = \left(\overrightarrow{M_R} \cdot \overrightarrow{e_f}\right)\overrightarrow{e_f} = \frac{\overrightarrow{M_R} \cdot \overrightarrow{F_R}}{F_R^2}\,\overrightarrow{F_R} = \frac{\overrightarrow{\boldsymbol{M_R}} \cdot \overrightarrow{\boldsymbol{F_R}}}{\boldsymbol{F_R^2}}\left(\boldsymbol{F_{RX}\,\vec{\imath}} + \boldsymbol{F_{RY}\,\vec{\jmath}} + \boldsymbol{F_{RZ}\,\vec{k}}\right)$$

El invariante escalar: $\boldsymbol{M_{R||}} = \overrightarrow{M_R} \cdot \overrightarrow{e_f} = \dfrac{\overrightarrow{M_R} \cdot \overrightarrow{F_R}}{F_R}$

Un signo negativo de $\boldsymbol{M_{R||}}$ significa que $\overrightarrow{\boldsymbol{M_{R||}}}$ está en el sentido opuesto de $\overrightarrow{\boldsymbol{F_R}}$.

La componente normal de $\overrightarrow{\boldsymbol{M_R}}$, a la dirección de $\overrightarrow{\boldsymbol{F_R}}$, se obtiene a partir de *ec.[3.7]*:

$$\overrightarrow{\boldsymbol{M}_{R\_|\_}} = \overrightarrow{\boldsymbol{M}_R} - \frac{\overrightarrow{\boldsymbol{M}_R} \cdot \overrightarrow{\boldsymbol{F}_R}}{\boldsymbol{F}_R^2} \overrightarrow{\boldsymbol{F}_R}$$

En componentes cartesianas:

$$M_{R\_|\_X} = M_{RX} - \frac{\overrightarrow{M_R} \cdot \overrightarrow{F_R}}{F_R^2} F_{RX}$$

$$M_{R\_|\_Y} = M_{RY} - \frac{\overrightarrow{M_R} \cdot \overrightarrow{F_R}}{F_R^2} F_{RY} \qquad [3.17]$$

$$M_{R\_|\_Z} = M_{RZ} - \frac{\overrightarrow{M_R} \cdot \overrightarrow{F_R}}{F_R^2} F_{RZ}$$

Para precisar la posición de un punto ***C*** del eje central, *fig.3-6b*, en la *ec.[3.14]* reemplazamos $\overrightarrow{\boldsymbol{e}_f} = \frac{\overrightarrow{\boldsymbol{F}_R}}{\boldsymbol{F}_R}$:

$$\overrightarrow{\boldsymbol{M}'_{R\_|\_}} = \overrightarrow{\boldsymbol{M}_R} - \overrightarrow{\boldsymbol{r}_C} \times \overrightarrow{\boldsymbol{F}_R} - \left(\overrightarrow{\boldsymbol{M}_R} \cdot \frac{\overrightarrow{\boldsymbol{F}_R}}{\boldsymbol{F}_R}\right) \frac{\overrightarrow{\boldsymbol{F}_R}}{\boldsymbol{F}_R} = \boldsymbol{0} \qquad [3.18]$$

reescrita como:

$$\overrightarrow{\boldsymbol{r}_C} \times \overrightarrow{\boldsymbol{F}_R} = \overrightarrow{\boldsymbol{M}_R} - \frac{\overrightarrow{\boldsymbol{M}_R} \cdot \overrightarrow{\boldsymbol{F}_R}}{\boldsymbol{F}_R^2} \overrightarrow{\boldsymbol{F}_R} \qquad [3.19]$$

En componentes cartesianas, esta última conduce al siguiente sistema de ecuaciones:

$$y_C \boldsymbol{F}_{RZ} - z_C \boldsymbol{F}_{RY} = \boldsymbol{M}_{RX} - \frac{\overrightarrow{\boldsymbol{M}_R} \cdot \overrightarrow{\boldsymbol{F}_R}}{\boldsymbol{F}_R^2} \boldsymbol{F}_{RX}$$

$$z_C \boldsymbol{F}_{RX} - x_C \boldsymbol{F}_{RZ} = \boldsymbol{M}_{RY} - \frac{\overrightarrow{\boldsymbol{M}_R} \cdot \overrightarrow{\boldsymbol{F}_R}}{\boldsymbol{F}_R^2} \boldsymbol{F}_{RY} \qquad [3.20]$$

$$x_C \boldsymbol{F}_{RY} - y_C \boldsymbol{F}_{RX} = \boldsymbol{M}_{RZ} - \frac{\overrightarrow{\boldsymbol{M}_R} \cdot \overrightarrow{\boldsymbol{F}_R}}{\boldsymbol{F}_R^2} \boldsymbol{F}_{RZ}$$

o también como:

$$\begin{bmatrix} \boldsymbol{0} & \boldsymbol{F}_{RZ} & -\boldsymbol{F}_{RY} \\ -\boldsymbol{F}_{RZ} & \boldsymbol{0} & \boldsymbol{F}_{RX} \\ \boldsymbol{F}_{RY} & -\boldsymbol{F}_{RX} & \boldsymbol{0} \end{bmatrix} \begin{Bmatrix} x_C \\ y_C \\ z_C \end{Bmatrix} = \begin{Bmatrix} \boldsymbol{M}_{RX} \\ \boldsymbol{M}_{RY} \\ \boldsymbol{M}_{RZ} \end{Bmatrix} - \frac{\overrightarrow{\boldsymbol{M}_R} \cdot \overrightarrow{\boldsymbol{F}_R}}{\boldsymbol{F}_R^2} \begin{Bmatrix} \boldsymbol{F}_{RX} \\ \boldsymbol{F}_{RY} \\ \boldsymbol{F}_{RZ} \end{Bmatrix} \qquad [3.20]$$

que tiene como incógnitas a las coordenadas $\boldsymbol{x_C}, \boldsymbol{y_C}, \boldsymbol{z_C}$ de ***C***.

El determinante de la matriz de los coeficientes del sistema de *ecs.[3.20]* es nulo, lo que indica que la posición de ***C*** queda indeterminada porque, en efecto, el punto para el cual $\overrightarrow{\boldsymbol{M}'_{R\_|\_}} = \boldsymbol{0}$, puede estar en cualquier lugar del ***EC***.

Si llamamos $\boldsymbol{C_O}$ al punto de intersección del ***EC*** con el plano ***X-Y***, es $\boldsymbol{z_{C_o}} = \boldsymbol{0}$. Luego resolviendo entre las dos primeras *ecs.[3.20]* para x_{C_o}, y_{C_o}, se obtiene:

$$x_{Co} = -\frac{M_{RY} - \frac{\overrightarrow{M_R} \cdot \overrightarrow{F_R}}{F_R^2} F_{RY}}{F_{RZ}} \qquad y_{Co} = \frac{M_{RX} - \frac{\overrightarrow{M_R} \cdot \overrightarrow{F_R}}{F_R^2} F_{RX}}{F_{RZ}} \qquad z_{Co} = \boldsymbol{0} \qquad [3.21]$$

*

Los valores de x_{C_o}, y_{C_o} satisfacen la tercera de las *ecs.[3.20]*. En efecto si reemplazamos en ella

$$\frac{M_{RY}+\dfrac{\overrightarrow{M_R}\cdot\overrightarrow{F_R}}{F_R^2}F_{RY}}{F_{RZ}}F_{RY}+\frac{M_{RX}-\dfrac{\overrightarrow{M_R}\cdot\overrightarrow{F_R}}{F_R^2}F_{RX}}{F_{RZ}}F_{RX}+M_{RZ}-\frac{\overrightarrow{M_R}\cdot\overrightarrow{F_R}}{F_R^2}F_{RZ}=0$$

Que puede ponerse:

$$\frac{M_{RY}\,F_R^2\,F_{RY}-\left(\overrightarrow{M_R}\cdot\overrightarrow{F_R}\right)F_{RY}^2+M_{RX}F_R^2\,F_{RX}-\left(\overrightarrow{M_R}\cdot\overrightarrow{F_R}\right)F_{RX}^2+M_{RZ}F_R^2\,F_{RZ}-\left(\overrightarrow{M_R}\cdot\overrightarrow{F_R}\right)F_{RZ}^2}{F_R^2\,F_{RZ}}=0$$

El numerador es:

$$\frac{M_{RY}\,F_R^2\,F_{RY}+M_{RX}F_R^2\,F_{RX}+M_{RX}F_R^2\,F_{RX}-\left(\overrightarrow{M_R}\cdot\overrightarrow{F_R}\right)\left(F_{RY}^2+F_{RX}^2+F_{RZ}^2\right)}{F_R^2\,F_{RZ}}=$$

$$=\frac{\left(M_{RY}\,F_{RY}+M_{RX}\,F_{RX}+M_{RX}\,F_{RX}\right)F_R^2-\left(\overrightarrow{M_R}\cdot\overrightarrow{F_R}\right)F_R^2}{F_R^2\,F_{RZ}}=\frac{\overrightarrow{M_R}\cdot\overrightarrow{F_R}-\overrightarrow{M_R}\cdot\overrightarrow{F_R}}{F_{RZ}}=0$$

Tomando como punto de referencia al $\boldsymbol{C_O}$, la ecuación vectorial del **EC**: $\vec{r}=\overrightarrow{r_{Co}}+\lambda\,\overrightarrow{e_f}$

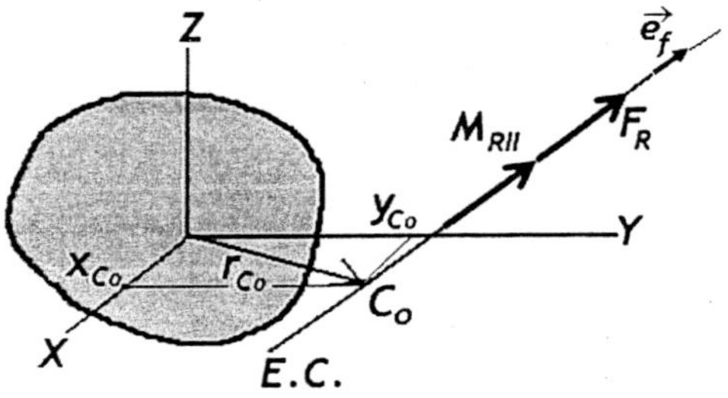

fig.3-7

Como conclusión, podemos decir, que el sistema original de cargas de *fig.3-1*, puede reemplazarse por el de *fig.3-7*, porque ambos provocan en el cuerpo iguales efectos mecánicos externos.

Debe señalarse que la reducción puede también realizarse para un grupo parcial de cargas y reemplazar ese grupo por su torsor de fuerzas parcial.

Ejemplo 1: El cuerpo con la forma de una pirámide de base cuadrada tiene aplicadas las cargas indicadas.

a) Reducir las cargas al origen de coordenadas y calcular las resultantes de fuerza y momento.

b) Reducir luego el sistema al punto ***A*** y comprobar que la reducción directa a ***A***, es equivalente a hacerlo primero respecto al origen ***O*** y luego desde allí al ***A***. Calcular las componentes paralela y perpendicular, a la fuerza resultante, en ambos puntos ***O*** y ***A***, de los respectivos momentos resultantes.

c) Determinar las coordenadas del punto en el que el eje central corta al plano ***X-Y***.

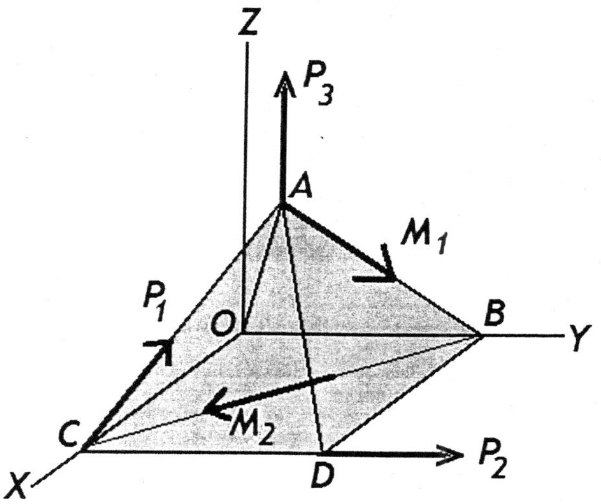

A(2,2,3)m B(0,4,0)m C(4,0,0)m D(4,4,0)m

P_1= 30 kN P_2= 60 kN P_3= 20 kN M_1= 40 KNm M_2= 10 kNm

Los vectores posición de los vértices de la pirámide:

$$\vec{r_A} = 2\,\vec{\imath} + 2\,\vec{\jmath} + 3\,\vec{k}\;m \qquad \vec{r_B} = 4\,\vec{\jmath}\;m \qquad \vec{r_C} = 4\,\vec{\imath}\;m \qquad \vec{r_D} = 4\,\vec{\imath} + 4\,\vec{\jmath}\;m$$

Definimos los vectores unitarios en dirección de las fuerzas y los pares para poder expresarlos vectorialmente:

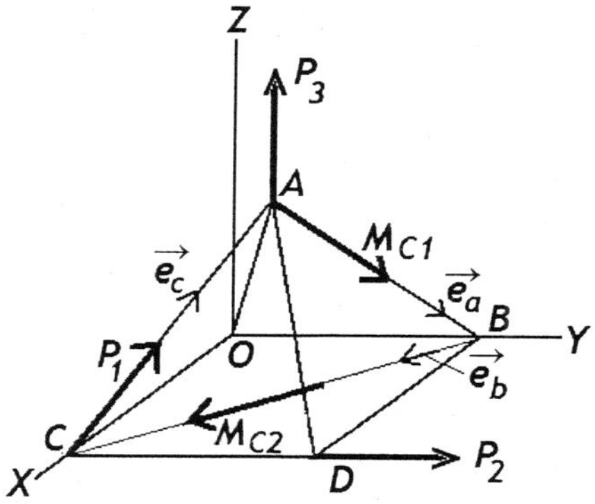

$$\vec{e_a} = \frac{\vec{r_{AB}}}{r_{AB}} \qquad \vec{r_{AB}} = \vec{r_B} - \vec{r_A} = -2\,\vec{\imath} + 2\,\vec{\jmath} - 3\,\vec{k}\;m \qquad r_{AB} = 4.123\;m$$

$$\vec{e_a} = -0.485\,\vec{\imath} + 0.485\,\vec{\jmath} - 0.728\,\vec{k}$$

$$\vec{e_b} = \frac{\vec{r_{BC}}}{r_{BC}} \qquad \vec{r_{BC}} = \vec{r_C} - \vec{r_B} = 4\,\vec{\imath} - 4\,\vec{\jmath}\;m \qquad r_{BC} = 5.657\;m$$

$$\vec{e_b} = 0.707\,\vec{\imath} - 0.707\,\vec{\jmath}$$

$$\vec{e_c} = \frac{\vec{r_{CA}}}{r_{CA}} \qquad \vec{r_{CA}} = \vec{r_A} - \vec{r_C} = -2\,\vec{\imath} + 2\,\vec{\jmath} + 3\,\vec{k}\;m \qquad r_{CA} = 4.123\;m$$

$$\vec{e_c} = -0.485\,\vec{\imath} + 0.485\,\vec{\jmath} + 0.728\,\vec{k}$$

Los vectores fuerza y momento de los pares:

$$\vec{P_1} = P_1\,\vec{e_c} = -14.552\,\vec{\imath} + 14.552\,\vec{\jmath} + 21.828\,\vec{k}\;kN$$

$$\overrightarrow{P_2} = P_2\,\vec{j} = 60\,\vec{j}\,kN \qquad \overrightarrow{P_3} = P_3\,\vec{k} = 20\,\vec{k}\,kN$$

$$\overrightarrow{M_1} = M_1\,\overrightarrow{e_a} = -19.403\,\vec{i} + 19.403\,\vec{j} - 29.104\,\vec{k}\,kNm$$

$$\overrightarrow{M_2} = M_2\,\overrightarrow{e_b} = 7.071\,\vec{i} - 7.071\,\vec{j}\,kNm$$

a) Reducción al origen coordenado ***O***.

La fuerza resultante, su módulo, el vector unitario y su orientación:

$$\overrightarrow{F_R} = \textstyle\sum_3 \vec{F_i} = \vec{P_1} + \vec{P_2} + \vec{P_3} = -14.552\,\vec{i} + 74.552\,\vec{j} + 41.828\,\vec{k}\,kN \qquad F_R = 86.714\,kN$$

$$\overrightarrow{e_f} = \frac{\overrightarrow{F_R}}{F_R} = -0.168\,\vec{i} + 0.86\,\vec{j} + 0.482\,\vec{k}$$

$$\alpha_f = arc\,cos(\overrightarrow{e_f}\cdot\vec{i}) = 99.7° \quad \beta_f = arc\,cos(\overrightarrow{e_m}\cdot\vec{j}) = 30.7° \quad \gamma_f = arc\,cos(\overrightarrow{e_f}\cdot\vec{k}) = 61.2°$$

Al reducir las cargas al origen coordenado, sumamos a los momentos de las cuplas, los momentos de reducción de cada fuerza. El momento resultante, su módulo, el vector unitario y su orientación, son:

$$\overrightarrow{M_R} = \overrightarrow{M_1} + \overrightarrow{M_2} + \overrightarrow{r_C}\times\overrightarrow{P_1} + \overrightarrow{r_D}\times\overrightarrow{P_2} + \overrightarrow{r_A}\times\overrightarrow{P_3} = 27.668\,\vec{i} - 114.981\,\vec{j} + 269.104\,\vec{k}\,kNm$$

$$M_R = 293.944\,kNm \qquad \overrightarrow{e_m} = \frac{\overrightarrow{M_R}}{M_R} = 0.094\,\vec{i} - 0.391\,\vec{j} + 0.915\,\vec{k}$$

$$\alpha_m = arc\,cos(\overrightarrow{e_m}\cdot\vec{i}) = 84.6° \quad \beta_m = arc\,cos(\overrightarrow{e_m}\cdot\vec{j}) = 113° \quad \gamma_m = arc\,cos(\overrightarrow{e_m}\cdot\vec{k}) = 23.7°$$

El ángulo que forman ambas resultantes en el origen coordenado, se obtiene a partir del producto escalar de los vectores unitarios correspondientes:

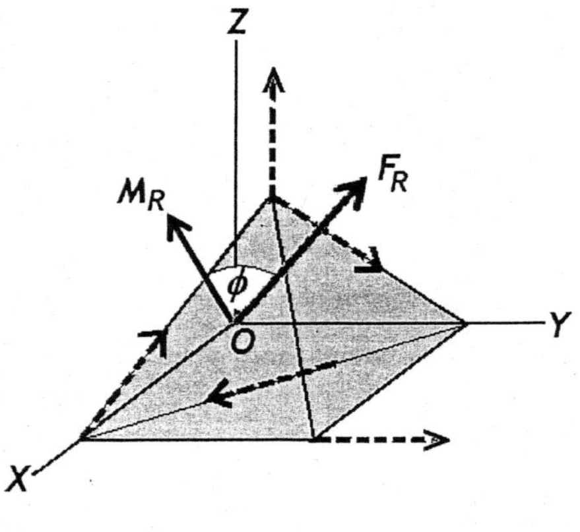

$$\phi = arc\,cos(\overrightarrow{e_f}\cdot\overrightarrow{e_m}) = 84.9°$$

Descomponemos al momento resultante $\overrightarrow{M_R}$ en una componente en la dirección de $\overrightarrow{F_R}$, llamada componente paralela $\overrightarrow{M_{R||}}$, y en otra perpendicular a $\overrightarrow{F_R}$, llamada componente perpendicular $\overrightarrow{M_{R\_|\_}}$. Son ellas:

$$\overrightarrow{M_{R||}} = (\overrightarrow{M_R}\cdot\overrightarrow{e_f})\,\overrightarrow{e_f} = -4.4\,\vec{i} + 22.6\,\vec{j} + 12.7\,\vec{k}\,kNm \qquad M_{R||} = 23.6\,kNm$$

$$\overrightarrow{M_{R\_|\_}} = \overrightarrow{M_R} - \overrightarrow{M_{R||}} = 32.1\,\vec{i} - 137.6\,\vec{j} + 256.4\,\vec{k}\,kNm$$

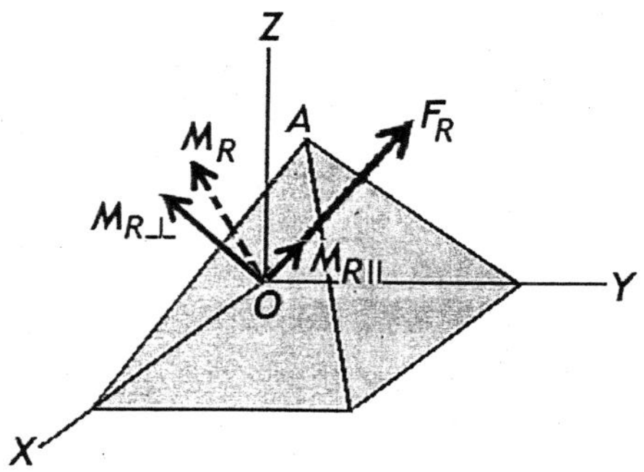

b) Reducidas las cargas al origen coordenado y halladas las dos resultantes, reduzcamos ahora ambas resultantes al nuevo punto ***A***.

Al trasladar a ***A*** permanecen iguales $\overrightarrow{F_R}$ y $\overrightarrow{M_R}$, y a este último se agrega el momento de reducción, por el traslado de $\overrightarrow{F_R}$.

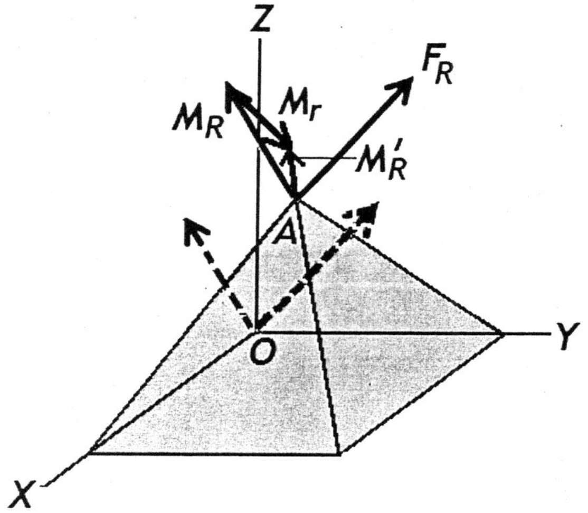

La fuerza resultante: $\overrightarrow{F_R'} = \overrightarrow{F_R} = -14.552\,\vec{\imath} + 74.552\,\vec{\jmath} + 41.828\,\vec{k}\ kN$

El momento de reducción de la fuerza resultante, al punto ***A***:

$$\overrightarrow{M_r} = -\overrightarrow{r_A}\times\overrightarrow{F_R} = 140\,\vec{\imath} + 127.313\,\vec{\jmath} - 178.209\,\vec{k}\ kNm$$

y el momento resultante total, su módulo y orientación:

$$\overrightarrow{M_R'} = \overrightarrow{M_R} + \overrightarrow{M_r} = \overrightarrow{M_R} - \overrightarrow{r_A}\times\overrightarrow{F_R} = 167.7\,\vec{\imath} + 12.3\,\vec{\jmath} + 90.9\,\vec{k}\ kNm \qquad M_R' = 191.1\ kNm$$

$$\overrightarrow{e_m'} = \frac{\overrightarrow{M_R'}}{M_R'} = 0.877\,\vec{\imath} + 0.065\,\vec{\jmath} + 0.476\,\vec{k}$$

$$\alpha_m' = arc\ cos\left(\overrightarrow{e_m'}\cdot\vec{\imath}\right) = 28.7° \quad \beta_m' = arc\ cos\left(\overrightarrow{e_m'}\cdot\vec{\jmath}\right) = 86.3° \quad \gamma_m' = arc\ cos\left(\overrightarrow{e_m'}\cdot\vec{k}\right) = 61.6°$$

El ángulo entre $\overrightarrow{M_R'}$ y $\overrightarrow{F_R'}$: $\phi' = arc\ cos\left(\overrightarrow{e_f'}\cdot\overrightarrow{e_m'}\right) = 82.1°$

La componente paralela y su módulo:

$$\overrightarrow{M'_{R||}} = \left(\overrightarrow{M'_R} \cdot \overrightarrow{e_f}\right)\overrightarrow{e_f} = -4.4\,\vec{\imath} + 22.6\,\vec{\jmath} + 12.7\,\vec{k}\ kNm \equiv \overrightarrow{\boldsymbol{M_{R||}}} = \mathbf{-4.4\,\vec{\imath} + 22.6\,\vec{\jmath} + 12.7\,\vec{k}\ kNm}$$

$$\boldsymbol{M'_{R||} \equiv M_{R||} = 26.31\ kNm}$$

La conclusión es que al cambiar el centro de reducción a otro punto como el ***A***, la componente del momento resultante, paralelo a la fuerza resultante $\overrightarrow{\boldsymbol{M_{R||}}}$, no cambia respecto al valor que tiene en el origen coordenado.

Comprobemos que reducido el sistema original de cargas, directamente a ***A***, da el mismo resultado que reducir primero al centro coordenado ***O*** y luego al ***A***.

Los vectores posición de los puntos por los que pasan las fuerzas con respecto a ***A***, son:

$$\overrightarrow{\boldsymbol{r_{AC}}} = \overrightarrow{r_C} - \overrightarrow{r_A} = \mathbf{2\,\vec{\imath} - 2\,\vec{\jmath} - 3\,\vec{k}\ m}$$
$$\overrightarrow{\boldsymbol{r_{AD}}} = \overrightarrow{r_D} - \overrightarrow{r_A} = \mathbf{2\,\vec{\imath} + 2\,\vec{\jmath} - 3\,\vec{k}\ m}$$
$$\overrightarrow{\boldsymbol{r_{AA}}} = \mathbf{0}$$

El momento resultante, formado por la suma de los momentos de los pares, más los de reducción de las fuerzas, respecto a ***A***:

$$\overrightarrow{\boldsymbol{M_{RA}}} = \overrightarrow{M_1} + \overrightarrow{M_2} + \overrightarrow{r_{AC}}\times\overrightarrow{P_1} + \overrightarrow{r_{AD}}\times\overrightarrow{P_2} + 0\times\overrightarrow{F_3} = \mathbf{167.7\,\vec{\imath} + 12.3\,\vec{\jmath} + 90.9\,\vec{k}\ kNm} \equiv \overrightarrow{\boldsymbol{M'_R}}$$

El invariante escalar: $\boldsymbol{M_{R||}} = \overrightarrow{M_R} \cdot \overrightarrow{e_f} = \mathbf{26.31\ kNm}$

c) Las coordenadas del punto $\boldsymbol{C_O}$ en que el eje central corta al plano ***X-Y***:

$$x_{C_o} = \frac{-M_{RY} + \dfrac{\overrightarrow{M_R}\cdot\overrightarrow{F_R}}{F_R^2}F_{RY}}{F_{RZ}} = \mathbf{3.29\ m} \qquad y_{C_o} = \frac{M_{RX} - \dfrac{\overrightarrow{M_R}\cdot\overrightarrow{F_R}}{F_R^2}F_{RX}}{F_{RZ}} = \mathbf{0.767\ m}$$

y su vector posición:

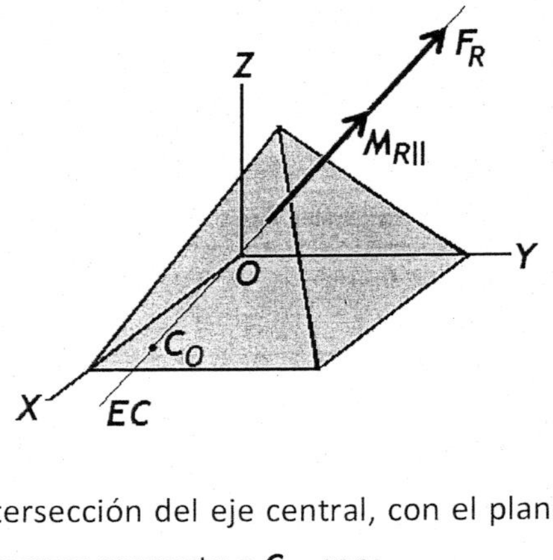

$$\overrightarrow{\boldsymbol{r_{C_o}}} = x_{C_o}\,\vec{\imath} + y_{C_o}\,\vec{\jmath} = \mathbf{3.29\,\vec{\imath} + 0.767\,\vec{\jmath}\ m}$$

Reduzcamos el sistema original de cargas al punto $\boldsymbol{C_O}$ de intersección del eje central, con el plano ***X-Y***. Los vectores posición de un punto de cada recta de acción de las fuerzas respecto a $\boldsymbol{C_O}$, son:

$$\overrightarrow{\boldsymbol{r_{C_oC}}} = \overrightarrow{r_C} - \overrightarrow{r_{C_o}} = \mathbf{0.71\,\vec{\imath} - 0.767\,\vec{\jmath}\ m}$$
$$\overrightarrow{\boldsymbol{r_{C_oD}}} = \overrightarrow{r_D} - \overrightarrow{r_{C_o}} = \mathbf{0.71\,\vec{\imath} + 3.233\,\vec{\jmath}\ m}$$
$$\overrightarrow{\boldsymbol{r_{C_oA}}} = \overrightarrow{r_A} - \overrightarrow{r_{C_o}} = \mathbf{-1.29\,\vec{\imath} + 1.233\,\vec{\jmath} + 3\,\vec{k}\ m}$$

El momento resultante respecto a $\boldsymbol{C_O}$:

$$\overrightarrow{\boldsymbol{M}_{RC_O}} = \overrightarrow{M_1} + \overrightarrow{M_2} + \overrightarrow{r_{C_OC}}\times\overrightarrow{P_1} + \overrightarrow{r_{C_OD}}\times\overrightarrow{P_2} + \overrightarrow{r_{C_OA}}\times\overrightarrow{P_3} = -\mathbf{4.4}\,\vec{\imath} + \mathbf{22.6}\,\vec{\jmath} + \mathbf{12.7}\,\vec{k}\;\boldsymbol{kNm}$$

La componente paralela y su módulo:

$$\overrightarrow{\boldsymbol{M}_{RC_{O_{||}}}} = \left(\overrightarrow{M_{RCo}}\cdot\overrightarrow{e_f}\right)\overrightarrow{e_f} = -\mathbf{4.4}\,\vec{\imath} + \mathbf{22.6}\,\vec{\jmath} + \mathbf{12.7}\,\vec{k}\;\boldsymbol{kNm} \equiv \overrightarrow{\boldsymbol{M}_{RCo}}$$

que coincide con los $\overrightarrow{\boldsymbol{M}_{R||}}$ del punto *a*), y $\overrightarrow{\boldsymbol{M}'_{R||}}$ del *b*): $\overrightarrow{\boldsymbol{M}_{RC_{O_{||}}}} \equiv \overrightarrow{M_{R||}} \equiv \overrightarrow{M'_{R||}}$

y también coinciden los invariantes escalares: $\boldsymbol{M}_{RCo||} = \mathbf{26.3}\;\boldsymbol{kNm} \equiv \boldsymbol{M}_{R||} \equiv \boldsymbol{M}'_{R||}$

La componente perpendicular de $\overrightarrow{\boldsymbol{M}_{RCo}}$, es: $\overrightarrow{\boldsymbol{M}_{RC_{O_{\perp}}}} = \overrightarrow{\boldsymbol{M}_{RCo}} - \overrightarrow{\boldsymbol{M}_{RC_{O_{||}}}} = \mathbf{0}$

Esto último nos permite comprobar que, en efecto, el punto $\boldsymbol{C_O}$ pertenece al eje central.

Las componentes del torsor de fuerzas:

$$\overrightarrow{\boldsymbol{F}_R} = -\mathbf{14.552}\,\vec{\imath} + \mathbf{74.552}\,\vec{\jmath} + \mathbf{41.828}\,\vec{k}\;\boldsymbol{kN} \qquad \overrightarrow{\boldsymbol{M}_{R||}} = -\mathbf{4.4}\,\vec{\imath} + \mathbf{22.6}\,\vec{\jmath} + \mathbf{12.7}\,\vec{k}\;\boldsymbol{kNm}$$

y el invariante escalar: $\overrightarrow{\boldsymbol{M}_R}\cdot\overrightarrow{\boldsymbol{e}_f} = \mathbf{26.31}\;\boldsymbol{kNm}$

Si bien los vectores $\overrightarrow{\boldsymbol{F}_R}$ y $\overrightarrow{\boldsymbol{M}_{R||}}$ son colineales, veamos sus sentidos relativos. Para ello obtenemos el vector unitario que corresponde a $\overrightarrow{\boldsymbol{M}_{R||}}$:

$$\overrightarrow{\boldsymbol{e}_{m||}} = \frac{\overrightarrow{M_{R||}}}{M_{R||}} = -\mathbf{0.168}\,\vec{\imath} + \mathbf{0.86}\,\vec{\jmath} + \mathbf{0.482}\,\vec{k}$$

Como son: $\overrightarrow{\boldsymbol{e}_{m||}} = \overrightarrow{\boldsymbol{e}_f} = -\mathbf{0.168}\,\vec{\imath} + \mathbf{0.86}\,\vec{\jmath} + \mathbf{0.482}\,\vec{k}$

$\overrightarrow{\boldsymbol{F}_R}$ y $\overrightarrow{\boldsymbol{M}_{R||}}$ tienen igual sentido.

*3.4.1 Síntesis. Forma alternativa

Supongamos un sistema de cargas actuante sobre un cuerpo y calculadas las resultantes de fuerza y momento respecto a un punto del espacio y el ángulo $\boldsymbol{\phi}$ entre sus respectivos vectores, *fig.3-8a*.

Para facilitar la explicación supongamos dispuesto el sistema coordenado con origen de ***O*** y tal que el eje ***Z*** coincida con $\overrightarrow{\boldsymbol{M}_R}$ y que $\overrightarrow{\boldsymbol{F}_R}$ quede en el plano ***Z-X***, formando el ángulo $\boldsymbol{\phi}$ con ***Z*** (y $\overrightarrow{\boldsymbol{M}_R}$):

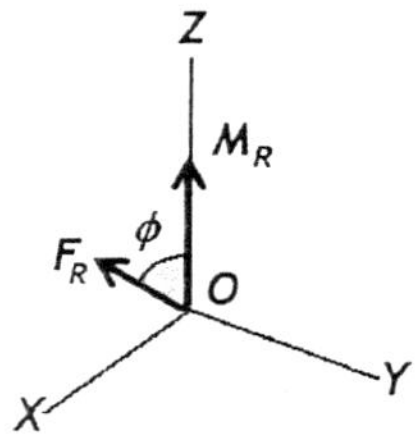

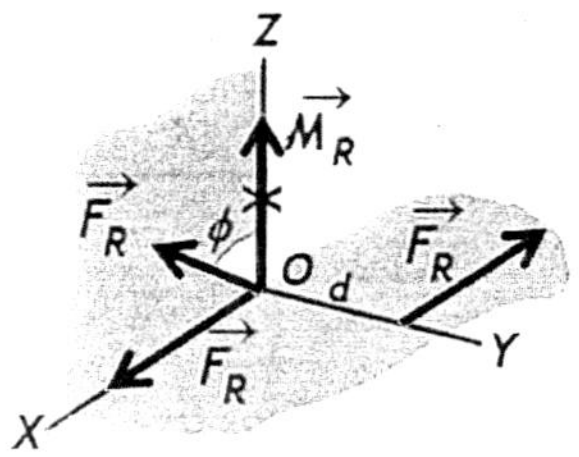

fig.3-8 a) b)

Si al momento $\overrightarrow{M_R}$ lo consideramos como el correspondiente a un par de fuerzas $\overrightarrow{F_R}$, separadas las distancias $\boldsymbol{d}$, tal que sea esta $d = \frac{|\overrightarrow{M_R}|}{|\overrightarrow{F_R}|}$ y ubicadas como se indica en *fig.3-8b*, una sobre el eje $\boldsymbol{X}$ y la otra paralela a él, y por simplicidad con origen sobre el eje $\boldsymbol{Y}$, el sistema queda transformado en las tres fuerzas $\overrightarrow{F_R}$, ubicadas sobre los planos coordenados ***X-Y*** y ***Z-X***, que se muestran grisados.

Compuestas las dos fuerzas $\overrightarrow{F_R}$ en el plano ***Z-X***, *fig.3-9a*, se obtiene la resultante:

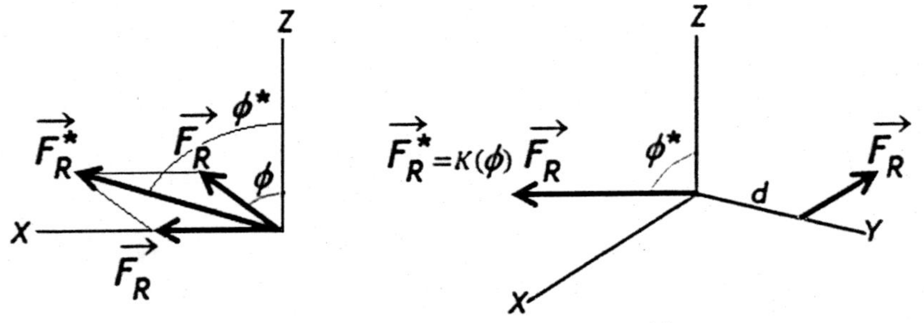

fig.3-9 a) b)

$$\overrightarrow{F_R^*} = \sqrt{2}\,\sqrt{1 + \,sen\,\phi}\;\overrightarrow{F_R} = K(\phi)\,\overrightarrow{F_R}$$

que queda en el plano ***Z-X*** y que coincide con la bisectriz del ángulo que forman las dos $\overrightarrow{F_R}$ .Su ángulo con el eje ***Z*** es: $\phi^* = \frac{\phi}{2} + \frac{\pi}{4}$

En un caso más general, *fig.3-10a*, podemos descomponer a $\overrightarrow{M_R}$ en un par de fuerzas cuyo brazo $\boldsymbol{d}$ forme un ángulo cualquiera θ con el eje $\boldsymbol{X}$, por lo que $\overrightarrow{F_R}$ será tangente a una circunferencia (en el plano ***X-Y***) de radio $d = \frac{|\overrightarrow{M_R}|}{|\overrightarrow{F_R}|}$. La otra fuerza del par puede sumarse con la fuerza resultante $\overrightarrow{F_R}$ (que está en el plano ***Z-X***). El resultado final es el sistema de dos fuerzas $\overrightarrow{F_R}$ y $\overrightarrow{F_R^*} = K(\phi,\theta)\,\overrightarrow{F_R}$, *fig.3-10b*.

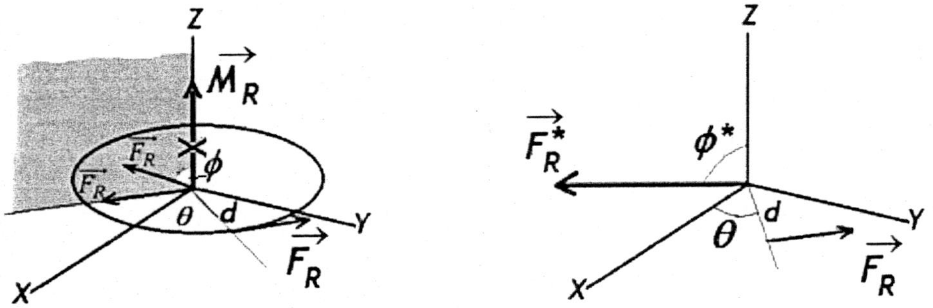

fig.3-10 a) b)

3.5 Equilibrio del cuerpo libre

Estudiemos el caso del cuerpo libre con un sistema de cargas tal que al reducirlas a cualquier punto del espacio, las resultantes sean nulas:

$$\overrightarrow{F_R} = 0 \qquad \text{y} \qquad \overrightarrow{M_R} = 0 \qquad [3.22]$$

En esta situación el cuerpo libre se dice que está en equilibrio, lo cual significa que no se mueve o, que si lo hace, es con velocidad vectorial constante.

Las *ecs.[3.22]* son las condiciones necesaria y suficiente que deben satisfacer las cargas para que el cuerpo esté en equilibrio: que la fuerza resultante sea nula y que el momento resultante de las cargas, respecto a cualquier punto del espacio, sea también nulo.

Como en principio $\overrightarrow{M_R}$ depende de la posición del punto respecto al cual se lo calcula, demostremos que, si para las ***n*** fuerzas $\overrightarrow{F_i}$ actuantes, es $\overrightarrow{F_R} = \mathbf{0}$, entonces el $\overrightarrow{M_R} = \mathbf{0}$ es independiente del punto del espacio que se toma para su cálculo.

Para ello consideremos un cuerpo libre cargado con ***n*** fuerzas y ***m*** pares, *fig.3-11a*, y tal que la fuerza resultante $\overrightarrow{F_R} = \sum_n \overrightarrow{F_i} = \mathbf{0}$:

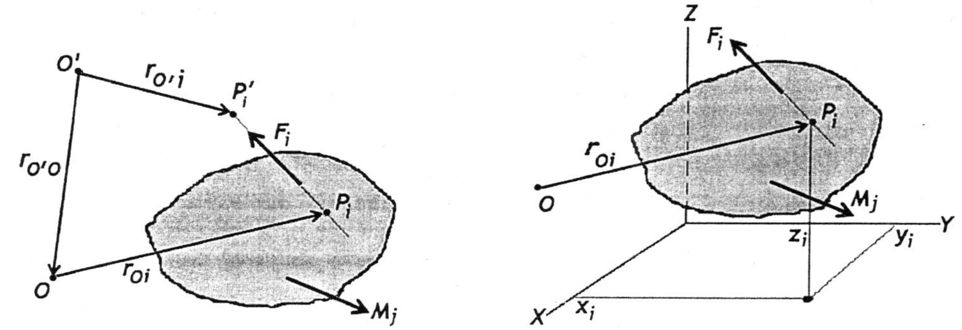

fig.3-11 a) b)

Si es ***O*** un punto del espacio, perteneciente o no al cuerpo, $\boldsymbol{P_i}$ un punto de la línea de acción de la fuerza $\overrightarrow{F_i}$ y $\overrightarrow{r_{Oi}}$ es el vector posición de $\boldsymbol{P_i}$ respecto a ***O***, el momento resultante, *ec.[3.2]*, es:

$$\overrightarrow{M_R} = \sum_m \overrightarrow{M_j} + \sum_n \overrightarrow{r_{Oi}} \times \overrightarrow{F_i} \qquad [3.23]$$

Para otro punto cualquiera ***O'***, *fig.3-11a*, el momento respecto a él, tomando el mismo punto $\boldsymbol{P_i}$, u otro sobre la línea de acción, como el $\boldsymbol{P_i'}$, es:

$$\overrightarrow{M_R'} = \sum_m \overrightarrow{M_j} + \sum_n \overrightarrow{r_{O'i}} \times \overrightarrow{F_i} \qquad [3.24]$$

En el cuadrilátero vectorial $\boldsymbol{O'OP_iP_i'}$, es: $\overrightarrow{r_{O'i}} = \overrightarrow{r_{O'O}} + \overrightarrow{r_{Oi}} + \overrightarrow{r_{P_iP_i'}}$

que reemplazado en la *ec.[3.24]* y distribuida la multiplicación vectorial:

$$\overrightarrow{M_R'} = \sum_m \overrightarrow{M_j} + \sum_n \overrightarrow{r_{O'O}} \times \overrightarrow{F_i} + \sum_n \overrightarrow{r_{Oi}} \times \overrightarrow{F_i} + \sum_n \overrightarrow{r_{P_iP_i'}} \times \overrightarrow{F_i}$$

Como $\overrightarrow{r_{O'O}}$ es independiente de las fuerzas, puede sacarse como factor común de la sumatoria, mientras que el último producto es nulo. Luego, con *ec.[3.23]*:

$$\overrightarrow{M_R'} = \sum_m \overrightarrow{M_j} + \sum_n \overrightarrow{r_{Oi}} \times \overrightarrow{F_i} + \overrightarrow{r_{O'O}} \times \sum_n \overrightarrow{F_i} = \overrightarrow{M_R} + \overrightarrow{r_{O'O}} \times \overrightarrow{F_R}$$

y siendo $\overrightarrow{F_R} = \mathbf{0}$, resulta: $\overrightarrow{M_R'} = \overrightarrow{M_R} = \mathbf{0}$.

Es decir que para que un cuerpo libre cargado esté en la condición de equilibrio, la resultante de las fuerzas debe ser $\overrightarrow{F_R} = \mathbf{0}$, y el momento resultante de todas las cargas, con respecto a cualquier punto del espacio, ser $\overrightarrow{M_R} = \mathbf{0}$.

3.5.1 Fuerzas concurrentes

En el caso particular que sobre un cuerpo sólo actúan fuerzas y que sean ellas concurrentes a un punto que puede o no pertenecer al cuerpo, *fig.3-12a*, y es o puede considerarse como un punto material, sólo pueden existir o tener entidad física fuerzas aplicadas al punto, sin la existencia de pares, *fig.3-12b*,

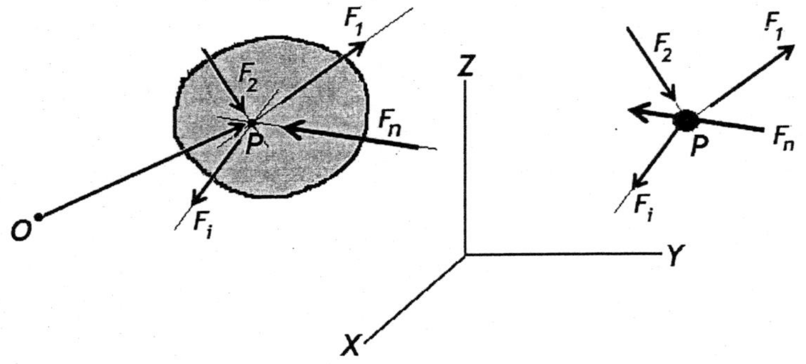

fig.3-12 a) b)

La ecuación de equilibrio: $\overrightarrow{F_R} = \sum_n \vec{F_i} = \mathbf{0}$

La otra, teniendo en cuenta que no hay pares: $\overrightarrow{M_R} = \sum_n \overrightarrow{r_{Oi}} \times \vec{F_i}$

Como se trata del cálculo del momento de un sistema de fuerzas concurrentes respecto a un punto, de acuerdo al teorema de Varignon, puede ponerse como igual al de la fuerza resultante, es decir:

$$\overrightarrow{M_R} = \overrightarrow{r_{OP}} \times \overrightarrow{F_R} = 0$$

debido a la nulidad de $\overrightarrow{\boldsymbol{F_R}}$.

En definitiva, para este especial sistema de cargas, hay una sola ecuación vectorial de equilibrio.

$$\overrightarrow{F_R} = \sum_n \vec{F_i} = 0 \qquad \text{ó} \qquad \overrightarrow{M_R} = \sum_n \overrightarrow{r_{Oi}} \times \vec{F_i} = 0$$

3.5.2 Formulación vectorial cartesiana del equilibrio

Elegido un sistema cartesiano de referencia, las ecuaciones vectoriales de equilibrio escritas en sus componentes cartesianas son:

$$\overrightarrow{\boldsymbol{F_R}} = \boldsymbol{F_{RX}}\,\vec{\imath} + \boldsymbol{F_{RY}}\,\vec{\jmath} + \boldsymbol{F_{RZ}}\,\vec{k} = \left(\sum_n \boldsymbol{F_{iX}}\right)\vec{\imath} + \left(\sum_n \boldsymbol{F_{iY}}\right)\vec{\jmath} + \left(\sum_n \boldsymbol{F_{iZ}}\right)\vec{k} = \mathbf{0}$$

que conducen a las ecuaciones escalares:

$$\boldsymbol{F_{RX}} = \sum_n \boldsymbol{F_{iX}} = \mathbf{0} \qquad \boldsymbol{F_{RY}} = \sum_n \boldsymbol{F_{iY}} = \mathbf{0} \qquad \boldsymbol{F_{RZ}} = \sum_n \boldsymbol{F_{iZ}} = \mathbf{0} \qquad [3.25]$$

Para la segunda ecuación vectorial de equilibrio, si tomamos como punto para el cálculo del momento, cualquier punto ***O*** del espacio, *ec.[3.23]*, *fig.3-11b*, o al origen coordenado:

$$\overrightarrow{\boldsymbol{M_R}} = \boldsymbol{M_{RX}}\,\vec{\imath} + \boldsymbol{M_{RY}}\,\vec{\jmath} + \boldsymbol{M_{RZ}}\,\vec{k} = \sum_m \overrightarrow{M_j} + \sum_n (\vec{r_i} - \vec{r_O}) \times \vec{F_i} = 0$$

que desarrollada y separada en sus componentes cartesianas, quedan:

$$M_{RX} = \sum_m M_{jX} + \sum_n [(y_i - y_O)\, F_{iZ} - (z_i - z_O)\, F_{iY}] = 0$$

$$M_{RY} = \textstyle\sum_m M_{jY} + \sum_n [(z_i - z_O)\, F_{iX} - (x_i - x_O)\, F_{iZ}] = 0 \qquad [3.26]$$

$$M_{RZ} = \sum_m M_{jZ} + \sum_n [(x_i - x_O)\, F_{iY} - (y_i - y_O)\, F_{iX}] = 0$$

Las *ecs.[3.25]* y *[3.26]* son las ecuaciones escalares cartesianas de equilibrio, equivalentes a las dos vectoriales, *ecs.[3.22]*.

En tanto que para un sistema de fuerzas concurrentes, las ecuaciones escalares de equilibrio, son cualquiera del conjunto de las *ecs.[3.26']*:

$$F_{RX} = 0 \quad F_{RY} = 0 \quad F_{RZ} = 0 \qquad \text{ó} \qquad M_{RX} = 0 \quad M_{RY} = 0 \quad M_{RZ} = 0 \qquad [3.26']$$

3.6. Casos particulares de sistemas de cargas. Equilibrio

En la práctica, frecuentemente las cargas tienen formas particulares para las que las resultantes y las ecuaciones de equilibrio pueden expresarse en forma más simple que las generales y que se derivan de ellas.

Se supone un sistema cartesiano de referencia y que el sistema de cargas del cuerpo, se ha reducido al origen de coordenadas.

3.6.1 $\overrightarrow{M_R} = 0 \qquad \overrightarrow{F_R} \neq 0$

Al ser: $\overrightarrow{F_R} \neq 0$ entonces $\overrightarrow{F_i} \neq 0$.

Si no hay cuplas, $\overrightarrow{M_j} = 0$, y para que sea $\overrightarrow{M_R} = 0$, deberá ser: $\sum_n \vec{r_i} \times \overrightarrow{F_i} = 0$

Si hay cuplas, $\overrightarrow{M_j} \neq 0$, para que sea $\overrightarrow{M_R} = 0$, deberá ser: $\sum_m \overrightarrow{M_j} = -\sum_n \vec{r_i} \times \overrightarrow{F_i}$

Las componentes del ***TF*** son: $\overrightarrow{F_R} \neq 0$ y $\overrightarrow{M_{R||}} = 0$.

El ***EC*** es la recta de acción de $\overrightarrow{F_R}$ y pasa por el origen de coordenadas.

3.6.2 $\overrightarrow{F_R} = 0 \qquad \overrightarrow{M_R} \neq 0$

Si son $\overrightarrow{F_i} = 0$, deberán existir $\overrightarrow{M_j} \neq 0$, para que resulte: $\overrightarrow{M_R} = \sum_m \overrightarrow{M_j} \neq 0$

Si son $\overrightarrow{F_i} \neq 0$, entonces deberá ser: $\overrightarrow{F_R} = \sum_n \overrightarrow{F_i} = 0$ $\qquad \overrightarrow{M_R} = \sum_m \overrightarrow{M_j} + \sum_n \vec{r_i} \times \overrightarrow{F_i} \neq 0$

o aún siendo $\overrightarrow{M_j} = 0$, deberá ser: $\overrightarrow{M_R} = \sum_n \vec{r_i} \times \overrightarrow{F_i} \neq 0$

Las componentes del ***TF*** son: $\overrightarrow{F_R} = 0$ y $\overrightarrow{M_{R||}} = \overrightarrow{M_R}$

El ***EC*** es cualquier recta del espacio en la dirección que establece $\overrightarrow{M_R}$.

3.6.3. Resultantes $\overrightarrow{F_R} \neq 0$ y $\overrightarrow{M_R} \neq 0$, $\phi = \pi/2$, *fig.3-14a.*

Esta situación ocurre cuando las resultantes de reducción del sistema de cargas:

$\overrightarrow{F_R} = F_R\,\overrightarrow{e_f}$ y $\overrightarrow{M_R} = M_R\,\overrightarrow{e_m}$, son perpendiculares entre sí, por lo que: $\overrightarrow{F_R} \cdot \overrightarrow{M_R} = 0$

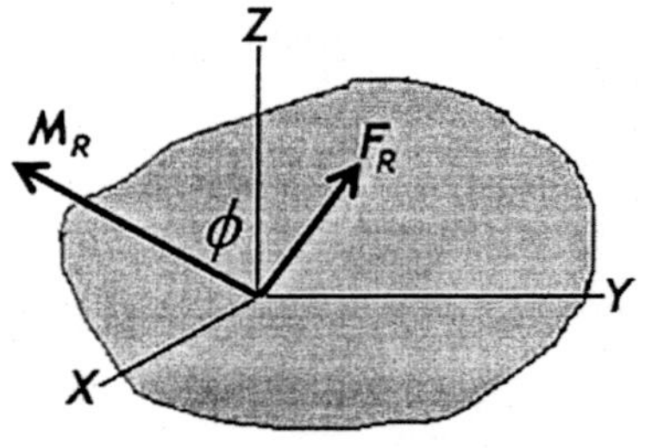

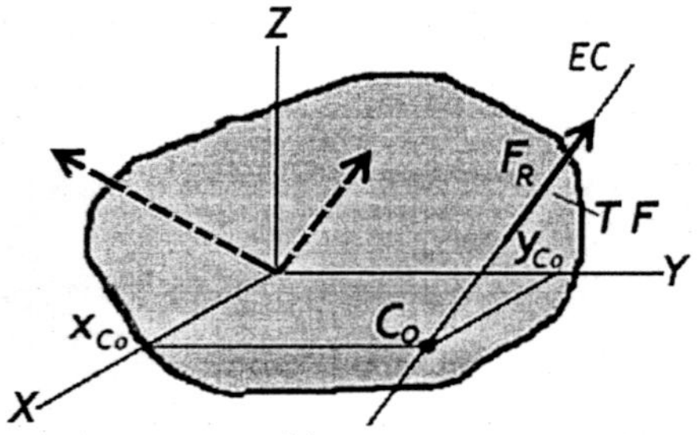

fig.3-14 a) b)

El ***TF*** está compuesto sólo por $\overrightarrow{F_R}$, ya que su ortogonalidad con $\overrightarrow{M_R}$ hace que: $\overrightarrow{M_{R||}} = \frac{\overrightarrow{M_R}\cdot\overrightarrow{F_R}}{F_R^2}\overrightarrow{F_R} = 0.$

Las coordenadas del punto de intersección del eje central con el plano ***X-Y***, *ec.[3.21]* y *fig.3-14b*, en que al ser $\overrightarrow{F_R} \cdot \overrightarrow{M_R} = 0$:

$$x_{Co} = -\frac{M_{RY} - \frac{\overrightarrow{F_R}\cdot\overrightarrow{M_R}}{F_R^2}F_{RY}}{F_{RZ}} = -\frac{M_{RY}}{F_{RZ}} \qquad y_{Co} = \frac{M_{RX}}{F_{RZ}} \qquad z_{Co} = 0 \qquad [3.27]$$

El eje central es una recta con la dirección de la fuerza resultante, cuya ecuación es:

$$\overrightarrow{r} = \overrightarrow{r_{Co}} + \lambda\,\overrightarrow{e_f}$$

Hay dos sistemas de cargas particulares y frecuentes en la práctica, que llevan a que $\phi = \pi/2$.

3.6.3.1 Fuerzas paralelas y pares en planos paralelos a las fuerzas

Supongamos al cuerpo libre bajo la acción de un conjunto de fuerzas paralelas y con cierta dirección y pares cuyos planos de acción son también paralelos a esa dirección, *fig.3-15a*.

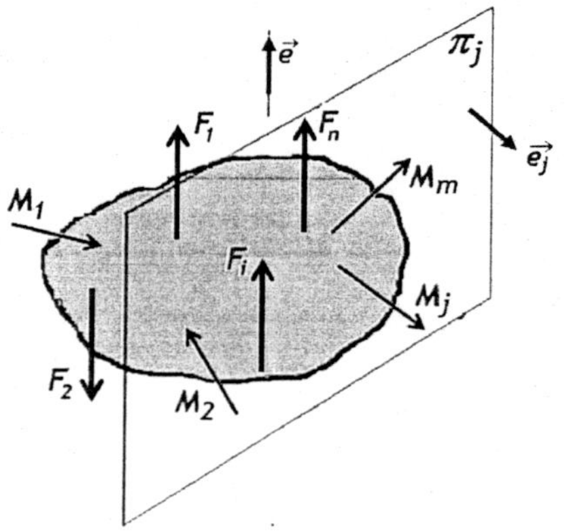

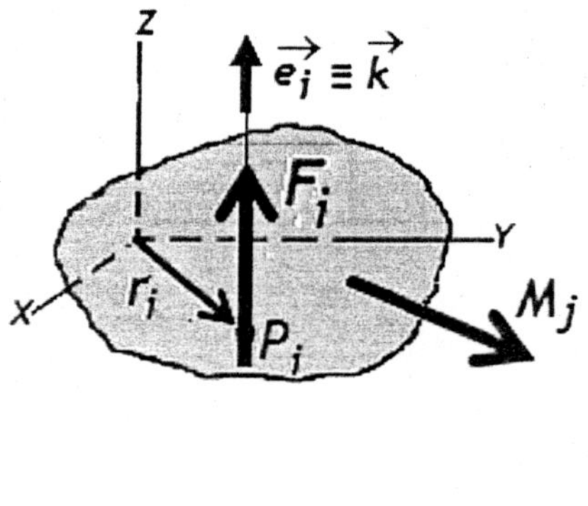

fig.3-15 a) b)

Estas fuerzas y pares pueden expresarse vectorialmente como: $\overrightarrow{F_i} = F_i\,\vec{e}$ y $\overrightarrow{M_j} = M_j\,\overrightarrow{e_j}$ siendo $\boldsymbol{\pi_j}$ el plano de acción de los pares y tal que $\vec{e}\cdot\overrightarrow{e_j} = \mathbf{0}$ para todo *j*.

Orientando el sistema coordenado para que la dirección de las fuerzas coincida con alguno de los ejes, por ejemplo el ***Z***, resulta $\vec{e} \equiv \vec{k}$, *fig.3-15b*; las expresiones vectoriales de las fuerzas y pares son:

$$\overrightarrow{F_\iota} = F_{iZ}\,\vec{k} \qquad (F_{iX} = 0 \;\; y \;\; F_{iY} = 0) \qquad [3.28]$$

$$\overrightarrow{M_J} = M_{jX}\,\vec{\iota} + M_{jY}\,\vec{J} \qquad (M_{jZ} = 0) \qquad [3.29]$$

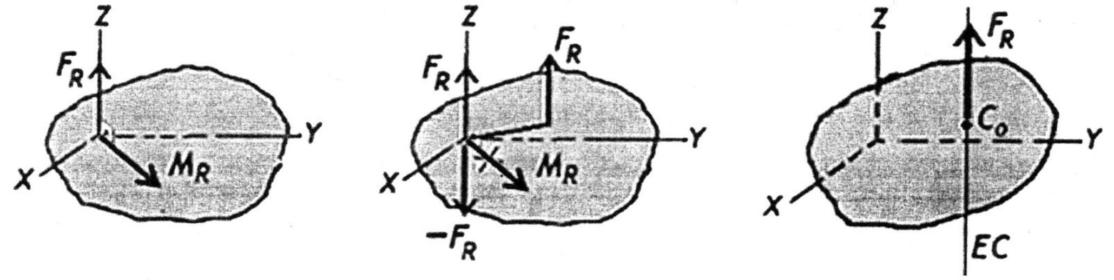

fig.3-16 a) b) c)

Reducidas las cargas al origen coordenado y sumadas, tendremos las respectivas resultantes, *fig.3-16a*.

$$\overrightarrow{F_R} = \textstyle\sum_n \overrightarrow{F_\iota} = \sum_n F_{iZ}\,\vec{k} = F_{RZ}\,\vec{k} \qquad [3.30]$$

$$\overrightarrow{M_R} = \textstyle\sum_m \overrightarrow{M_J} + \sum_n \overrightarrow{r_\iota}\times\overrightarrow{F_\iota} \qquad [3.31]$$

Si es ***P**$_i$**(x**$_i$**,y**$_i$**)*** el punto de intersección de la línea de acción de cada fuerza con el plano ***X-Y*** y $\overrightarrow{r_\iota} = x_i\,\vec{\iota} + y_i\,\vec{J}$ su vector posición, el momento resultante, con *ec.[3.31]*, es:

$$\overrightarrow{M_R} = \left(\textstyle\sum_m M_{jX} + \sum_n y_i\,F_{iZ}\right)\vec{\iota} + \left(\sum_m M_{jY} - \sum_n x_i\,F_{iZ}\right)\vec{J} = M_{RX}\,\vec{\iota} + M_{RY}\,\vec{J} \qquad [3.32]$$
$$(M_{RZ} = 0)$$

Las componentes del ***TF*** son: $\overrightarrow{F_R}$ y $\overrightarrow{M_{R||}} = \mathbf{0}$

Las coordenadas del punto de intersección ***C**$_O$* del ***EC*** con el plano ***X-Y*** se obtienen con las *ecs.[3.21]*, con $\overrightarrow{F_R}\cdot\overrightarrow{M_R} = \mathbf{0}$, o las *ecs.[3.27]*:

$$x_{C_o} = -\frac{M_{RY}}{F_{RZ}} \qquad y_{C_o} = \frac{M_{RX}}{F_{RZ}} \qquad z_{C_o} = \mathbf{0}$$

En forma intuitiva se ve, *fig.3-16b*, que se ha reemplazado $\overrightarrow{M_R}$ por las dos fuerzas $\pm\overrightarrow{F_R}$, lo cual permite cancelar las $\overrightarrow{F_R}$ opuestas en el origen coordenado, dejando sólo a $\overrightarrow{F_R}$ pasante por ***C**$_O$*.

El ***EC*** es la recta paralela al eje ***Z***, *fig.3-16c*, de ecuación:

$$\vec{r} = \overrightarrow{r_{C_o}} + \lambda\,\vec{k} \qquad [3.33]$$

Si resulta $\overrightarrow{F_R} = \mathbf{0}$, el ***TF*** está formado sólo por $\overrightarrow{M_{R||}} = \overrightarrow{M_R}$ y el ***EC*** es cualquier recta del espacio en el plano ***X-Y*** o cualquier otro paralelo a él, con la dirección que establece $\overrightarrow{M_R}$.

Si sobre el cuerpo actúa este caso particular de cargas y resultan las respectivas resultantes nulas, de las seis ecuaciones escalares generales de equilibrio, *ecs.[3.25]* y *[3.26]*, sólo son significativas:

$$\boldsymbol{F_{RZ}} = \sum_n F_{iZ} = \mathbf{0} \qquad [3.34]$$

$$\boldsymbol{M_{RX}} = \sum_m M_{jX} + \sum_n y_i\, F_{iZ} = \mathbf{0} \qquad \boldsymbol{M_{RY}} = \sum_m M_{jY} - \sum_n x_i F_{iZ} = \mathbf{0} \qquad [3.35]$$

Si la reducción se hace con respecto a otro punto ***O´***, diferente del origen coordenado, *fig.3-17*:

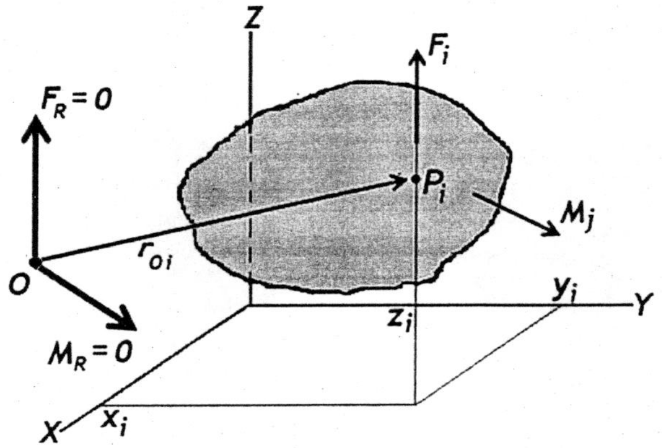

fig.3-17

La primera ecuación vectorial de equilibrio permanece igual: $\overrightarrow{\boldsymbol{F_R}} = \sum_n F_{iz}\,\vec{k} = \mathbf{0}$

y la segunda ecuación es: $\overrightarrow{\boldsymbol{M_R}} = \sum_m \overrightarrow{M_j} + \sum_n \overrightarrow{r_{Oi}} \times \overrightarrow{F_i} = \mathbf{0}$

en la cual: $\overrightarrow{r_{Oi}} = (x_i - x_O)\,\vec{\imath} + (y_i - y_O)\,\vec{\jmath} + (z_i - z_O)\,\vec{k}$

Las tres ecuaciones escalares de equilibrio resultan ahora:

$$\boldsymbol{F_{RZ}} = \sum_n F_{iz} = \mathbf{0}$$
$$\boldsymbol{M_{RX}} = \sum_m M_{jX} + \sum_n (y_i - y_O)\, F_{iZ} = \mathbf{0}$$
$$\boldsymbol{M_{RY}} = \sum_m M_{jY} - \sum_n (x_i - x_O) F_{iZ} = \mathbf{0}$$

[3.36]

Ejemplo 2: Sobre una gran placa circular apoyan dos columnas ***C1*** y ***C2*** y un tabique ***T***, con la disposición indicada. Las acciones que sobre la placa ejercen las columnas son fuerzas verticales y el tabique una fuerza vertical y un par, cuyo plano de acción está en una superficie coordenada ***X*** (paralela al plano ***Y-Z***).

a) Calcular la fuerza y el momento resultantes, respecto al centro de la placa y el sistema más simple (el torsor de fuerza) y la ubicación, con respecto al centro de la placa, de la intersección del eje central con su plano medio ***X-Y***.

b) A fin de evitar el ladeo de la placa, se decide mover las columnas (sin cambiar el valor de las fuerzas) para que estén sobre la circunferencia de radio ***2 c*** (el tabique no cambia de posición), de modo que el eje central coincida con el eje ***Z***. Determinar la ubicación angular, respecto a la dirección ***X***, que deberían tener las columnas para que la resultante pase por el centro de la placa.

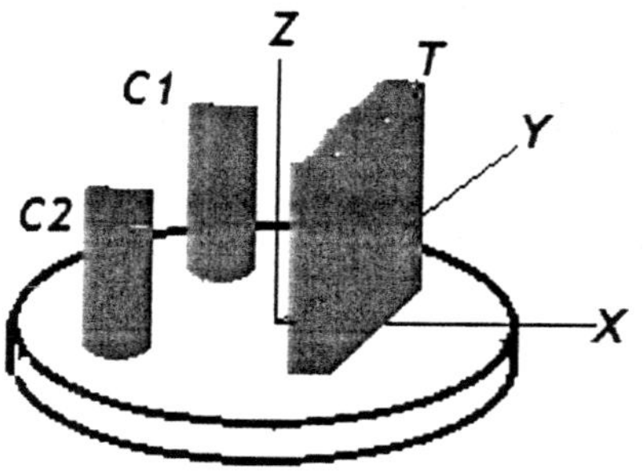

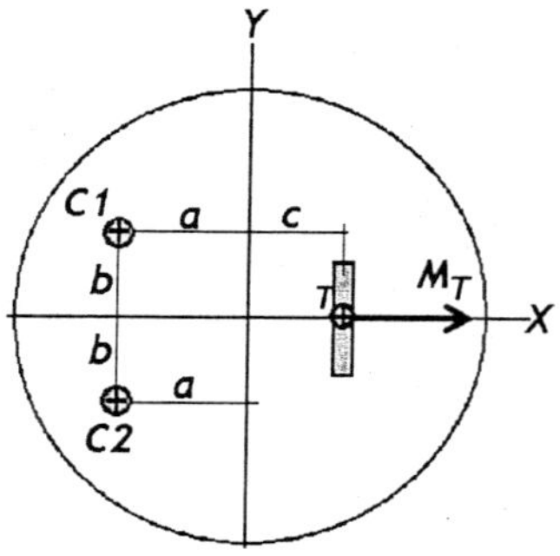

a = 5 m *b = 3 m* *c = 4 m*

$C_1 = 80\ kN$ $C_2 = 70\ kN$ $T = 90\ kN$ $M_T = 100\ kNm$

a) Para el sistema coordenado inicialmente adoptado, con origen en el centro de la placa, y con el plano ***X-Y*** coincidente con su plano medio, las coordenadas de los centros de las columnas y del tabique son:

$$x_1 = -a = -5\ m \qquad y_1 = b = 3\ m \qquad x_2 = -a = -5\ m \qquad y_2 = -b = -3\ m$$
$$x_T = c = 4\ m \qquad y_T = 0$$

Las expresiones vectoriales de las fuerzas y el par que las columnas y tabique ejercen sobre la placa son:

$$\overrightarrow{C_1} = C_1(-\vec{k}) \qquad \overrightarrow{C_2} = C_2(-\vec{k}) \qquad \vec{T} = T(-\vec{k}) \qquad \overrightarrow{M_T} = M_T\,\vec{\imath}$$

Los vectores posición de los centros de las columnas y el tabique:

$$\overrightarrow{r_1} = x_1\,\vec{\imath} + y_1\,\vec{\jmath} = -5\ \vec{\imath} + 3\,\vec{\jmath}\ m$$
$$\overrightarrow{r_2} = x_2\,\vec{\imath} + y_2\,\vec{\jmath} = -5\ \vec{\imath} - 3\,\vec{\jmath}\ m$$
$$\overrightarrow{r_T} = x_T\,\vec{\imath} + y_T\,\vec{\jmath} = 4\,\vec{\imath}\ m$$

La fuerza resultante se obtiene sumando las actuantes:

$$\overrightarrow{F_R} = \sum_{3} \overrightarrow{F_\imath} = \overrightarrow{C_1} + \overrightarrow{C_2} + \vec{T} = -240\,\vec{k}\ kN$$

El momento resultante con respecto al origen de coordenadas, su módulo y el ángulo con el eje ***X***:

$$\overrightarrow{M_R} = \sum \overrightarrow{M_\jmath} + \sum_{i=3} \overrightarrow{r_\imath}\times\overrightarrow{F_\imath} = \overrightarrow{M_T} + \overrightarrow{r_1}\times\overrightarrow{C_1} + \overrightarrow{r_2}\times\overrightarrow{C_2} + \overrightarrow{r_T}\times\vec{T} = 70\,\vec{\imath} - 390\,\vec{\jmath}\ kNm$$

$$M_R = 396.2\ kNm \qquad \phi_M = arc\ tan\frac{M_{RY}}{M_{RX}} = -79.8°$$

La posición del punto en que el eje central intersecta al plano ***X-Y***:

$$x_{Co} = -\frac{M_{RY}}{F_{RZ}} = -1.625\ m \qquad y_{Co} = \frac{M_{RX}}{F_{RZ}} = -0.292\ m \qquad z_{Co} = 0$$

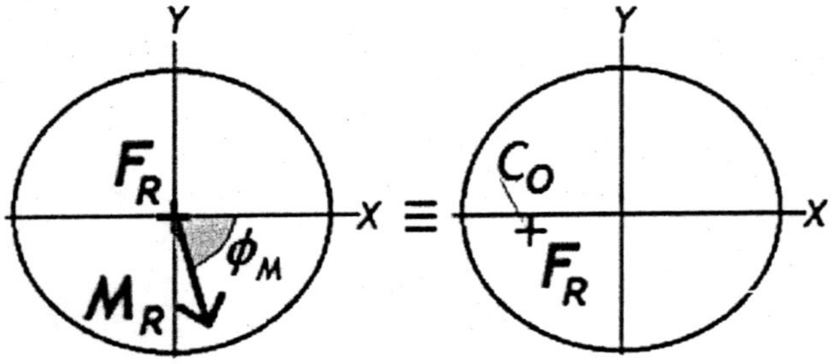

b) Si el punto de intersección de la fuerza resultante de las cargas debe coincidir con el centro de la placa, en ese caso serán:

$$x_{Co} = 0 \qquad y_{Co} = 0$$

que es equivalente a decir que: $M_{RX} = M_{RY} = 0$

Desplazadas las columnas a puntos ubicados sobre una circunferencia de radio ***2c*** cuyos radios forman los ángulos $\boldsymbol{\phi}$, $\boldsymbol{\theta}$ con el eje ***X*** y que suponemos, en forma genérica, se encuentran en el primer cuadrante, por lo que las nuevas posiciones son:

$$\overrightarrow{r_1'} = x_1' \vec{\imath} + y_1' \vec{\jmath} = \mathbf{2\ c\ (cos\ \phi\ \vec{\imath} + sen\ \phi\ \vec{\jmath})}$$

$$\overrightarrow{r_2'} = x_2' \vec{\imath} + y_2' \vec{\jmath} = \mathbf{2\ c\ (cos\ \theta\ \vec{\imath} + sen\ \theta\ \vec{\jmath})}$$

De acuerdo a lo afirmado tendremos que: $\overrightarrow{\boldsymbol{M_R}} = \overrightarrow{M_T} + \overrightarrow{r_1'}\times\overrightarrow{C_1} + \overrightarrow{r_2'}\times\overrightarrow{C_2} + \overrightarrow{r_T}\times\overrightarrow{T} = \mathbf{0}$

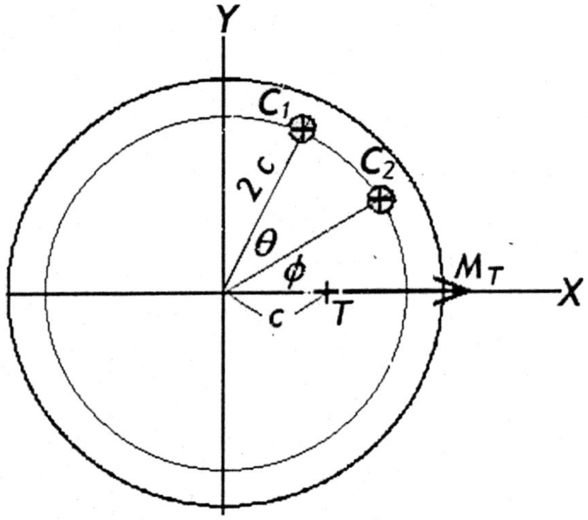

que expresada en componentes cartesianas, conduce a:

$$M_T - C_1\ 2\ c\ sen\ \phi - C_2\ 2\ c\ sen\ \theta - y_T\ T = 0 \qquad [1]$$

$$C_1\ 2\ c\ cos\ \phi + C_2\ 2\ c\ cos\ \theta + x_T\ T = 0 \qquad [2]$$

Este sistema no lineal de ecuaciones, que tiene como incógnitas los ángulos $\boldsymbol{\phi}$ y $\boldsymbol{\theta}$ que los radios pasantes por los centros de las columnas forman con el eje ***X***.

Para su solución se supone un valor inicial $\boldsymbol{\phi_0}$ y se obtiene de la [1] el valor:

$$\theta_0 = arc\ sen\left(\frac{M_T - C_1\ 2\ c\ sen\ \phi_0 - y_T\ T}{C_2\ 2\ c}\right)$$

Que introducido en la [2], se obtiene un nuevo valor de $\boldsymbol{\phi_1}$:

$$\phi_1 = arc\ cos\left(-\frac{C_2\ 2\ c\ cos\ \theta_0 + x_T\ T}{C_1\ 2\ c}\right)$$

valor con el cual se reinicia el cálculo hasta llegar a un valor con suficiente precisión. El resultado es:

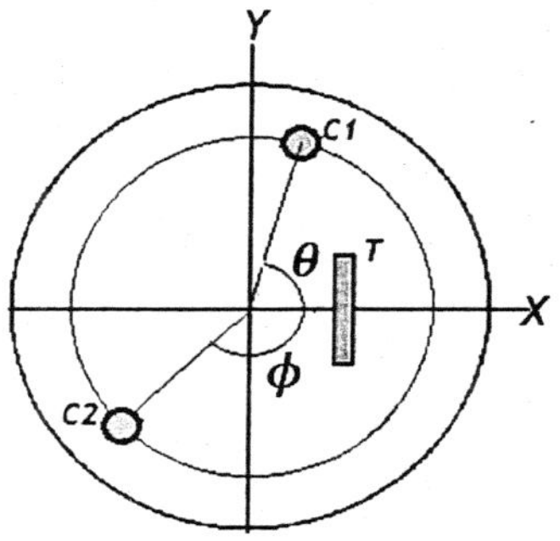

$$\boldsymbol{\phi = -135°} \qquad \boldsymbol{\theta = 80.5°}$$

3.6.3.2. Fuerzas y pares coplanares o sistema plano de cargas

Es el caso del cuerpo cargado con fuerzas $\overrightarrow{\boldsymbol{F_\iota}}$ que están en un mismo plano y que es también el de acción de los pares $\overrightarrow{\boldsymbol{M_{CJ}}}$, *fig.3-18a*. Sus expresiones vectoriales son:

$\overrightarrow{F_\iota} = F_i\,\overrightarrow{e_\iota}$ y $\overrightarrow{M_J} = M_j\,\overrightarrow{e}$ y tal que $\overrightarrow{e}\cdot\overrightarrow{e_\iota} = 0$ para todo ***i***.

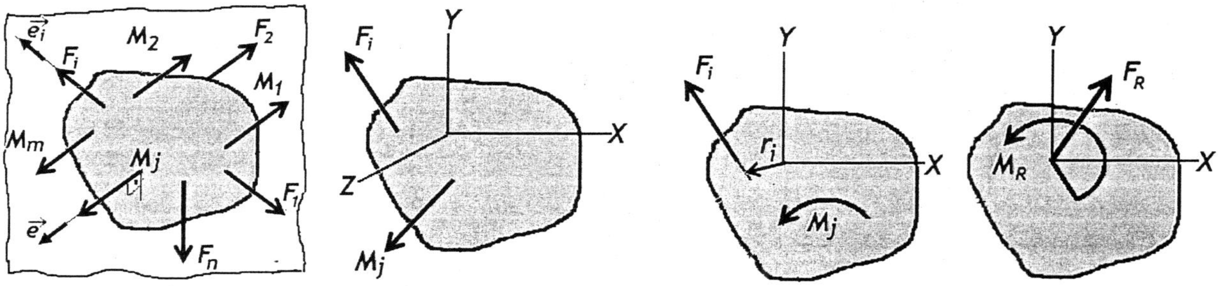

fig.3-18 a) b) c) d)

Si orientamos el sistema coordenado de modo que el plano de las cargas sea el ***X-Y***, *fig.3-18b*, sus expresiones vectoriales cartesianas son:

$$\overrightarrow{\boldsymbol{F_\iota}} = \boldsymbol{F_{iX}\,\vec{\iota} + F_{iY}\,\vec{J}} \qquad \text{y} \qquad \overrightarrow{\boldsymbol{M_J}} = \boldsymbol{M_{jZ}\,\vec{k}}$$

En la representación del cuerpo y las cargas, puede prescindirse del eje ***Z***, aunque sí debe tenerse presente su sentido, *fig.3-18c*.

El vector posición de un punto de la línea de acción de cada fuerza, *fig.3-18c*: $\vec{r_\iota} = x_i\,\vec{\iota} + y_i\,\vec{J}$

Reduciendo las fuerzas y pares al origen de coordenadas y sumados, se obtienen las resultantes, representadas en *fig.3-18d*:

$$\overrightarrow{F_R} = (\textstyle\sum_n F_{iX})\,\vec{\imath} + (\sum_n F_{iY})\,\vec{\jmath} = \boldsymbol{F_{RX}}\,\vec{\boldsymbol{\imath}} + \boldsymbol{F_{RY}}\,\vec{\boldsymbol{\jmath}} \qquad (\boldsymbol{F_{RZ}} = \mathbf{0})$$

$$\overrightarrow{M_R} = \textstyle\sum_m \overrightarrow{M_j} + \sum_n \vec{r_i}\times\vec{F_i} = \left[\sum_m M_{jZ} + \sum_n (x_i F_{iY} - y_i F_{iX})\right]\vec{k} = \boldsymbol{M_{RZ}}\,\vec{\boldsymbol{k}} \qquad [3.37]$$

$$(\boldsymbol{M_{RX}} = \boldsymbol{M_{RY}} = \mathbf{0})$$

Como en el caso general en que $\phi = \frac{\pi}{2}$, las componentes del ***TF*** son: $\overrightarrow{F_R} \neq \mathbf{0}$ y $\overrightarrow{M_{R||}} = \mathbf{0}$.

Teniendo en cuenta que: $\overrightarrow{F_R}\cdot\overrightarrow{M_R} = 0 \qquad F_{RZ} = 0 \qquad M_{RX} = 0$ y $M_{RY} = 0$

el sistema de *ecs.[3.21]* en el plano ***X-Y***, queda simplificado a:

$$-z_C\,F_{RY} = 0 \qquad z_C\,F_{RX} = 0 \qquad x_C\,\boldsymbol{F_{RY}} - y_C\,\boldsymbol{F_{RX}} = \boldsymbol{M_{RZ}}$$

Dado que $\boldsymbol{F_{RX}}$ y $\boldsymbol{F_{RY}}$ no son simultáneamente nulas, las dos primeras conducen a que es $z_C = 0$, por lo que el ***EC*** está en el plano ***X-Y***, *fig.3-19*:

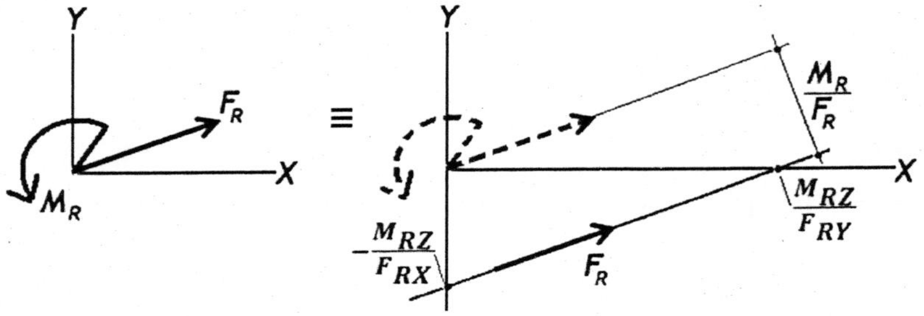

fig.3-19

Haciendo variable a ***C(x,y)***, se obtiene la ecuación del ***EC***, cuya expresión es:

$$x\,\boldsymbol{F_{RY}} - y\,\boldsymbol{F_{RX}} = \boldsymbol{M_{RZ}} \qquad [3.38]$$

o en forma segmentaria:

$$\frac{x}{\frac{M_{RZ}}{F_{RY}}} + \frac{y}{-\frac{M_{RZ}}{F_{RX}}} = \mathbf{1} \qquad [3.38']$$

Si resulta $\overrightarrow{F_R} = \mathbf{0}$ el ***TF*** está formado sólo por $\overrightarrow{M_{R||}} = \overrightarrow{M_R}$ y el ***EC*** es cualquier recta paralela al eje ***Z***, que en el plano ***X-Y*** es un punto con cualquier ubicación.

Ejemplo 3: Sobre la viga, apoyada en sus extremos, y la plataforma unida a ella (que forman un único cuerpo), actúan las cargas indicadas, todas en el mismo plano.

a) Reducir las cargas al extremo ***A*** de la viga.

b) Determinar el torsor de fuerzas, el eje central y representarlos.

c) Realizar estas mismas determinaciones en forma escalar.

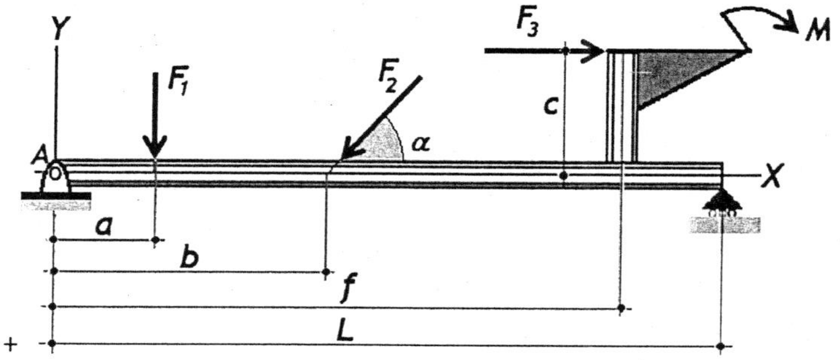

$a = 1\ m$ $b = 3\ m$ $c = 1.5\ m$ $f = 6\ m$ $L = 7\ m$

$F_1 = 500\ N$ $F_2 = 800\ N$ $\alpha = 45°$ $F_3 = 200\ N$ $M = 1000\ Nm$

Dado que las fuerzas son coplanares y el plano de acción del par es el de las fuerzas, se lo trata como un problema plano.

Se adopta el sistema coordenado ***X-Y***, con origen en ***A*** y donde el eje ***X*** coincide con el eje de la viga.

Las expresiones vectoriales de las cargas:

$$\overrightarrow{F_1} = F_1(-\vec{j}) = -\mathbf{500}\,\vec{\boldsymbol{j}}\,\boldsymbol{N} \qquad \overrightarrow{F_2} = F_2\,(-\cos\alpha\,\vec{\imath} - sen\,\alpha\,\vec{j}) = -\,\mathbf{565.7}\,\vec{\boldsymbol{\imath}} - \mathbf{565.7}\,\vec{\boldsymbol{j}}\,\boldsymbol{N}$$

$$\overrightarrow{F_3} = F_3\,\vec{\imath} = \mathbf{200}\,\vec{\boldsymbol{\imath}}\,\boldsymbol{N} \qquad \overrightarrow{M_C} = M\,(-\vec{k}) = -\mathbf{1000}\,\vec{\boldsymbol{k}}\,\boldsymbol{Nm}$$

a) Reducimos las cargas al origen coordenado.

La fuerza resultante, sus componentes y módulo:

$$\overrightarrow{F_R} = \overrightarrow{F_1} + \overrightarrow{F_2} + \overrightarrow{F_3} = -\mathbf{365.7}\,\vec{\boldsymbol{\imath}} - \mathbf{1065.7}\,\vec{\boldsymbol{j}}\,\boldsymbol{N}$$

$$\boldsymbol{F_{RX}} = -\mathbf{365.7}\,\boldsymbol{N} \qquad \boldsymbol{F_{RY}} = -\mathbf{1065.7}\,\boldsymbol{N} \qquad \boldsymbol{F_R} = \mathbf{1126.7}\,\boldsymbol{N}$$

El ángulo que forma la resultante con el eje ***X***, a partir de: $tan\,\phi_R = \frac{F_{RY}}{F_{RX}}$ $\boldsymbol{\phi_R} = \mathbf{71.1°}$

Con los vectores posición de un punto de la línea de acción de cada fuerza:

$$\overrightarrow{r_1} = a\,\vec{\imath} = \mathbf{1}\,\vec{\boldsymbol{\imath}}\,\boldsymbol{m} \qquad \overrightarrow{r_2} = b\,\vec{\imath} = \mathbf{3}\,\vec{\boldsymbol{\imath}}\,\boldsymbol{m} \qquad \overrightarrow{r_3} = f\,\vec{\imath} + c\,\vec{j} = \mathbf{6}\,\vec{\boldsymbol{\imath}} + \mathbf{1.5}\,\vec{\boldsymbol{j}}\,\boldsymbol{m}$$

calculamos el momento resultante respecto al origen coordenado y su módulo:

$$\overrightarrow{M_R} = \overrightarrow{M_C} + \overrightarrow{r_1}\times\overrightarrow{F_1} + \overrightarrow{r_2}\times\overrightarrow{F_2} + \overrightarrow{r_3}\times\overrightarrow{F_3} = -\mathbf{3497.1}\,\vec{\boldsymbol{k}}\,\boldsymbol{Nm} \qquad \boldsymbol{M_R} = \mathbf{3497.1}\,\boldsymbol{Nm}$$

Obsérvese que no interesa en realidad en qué lugar del cuerpo actúa el par pues su vector momento es un vector libre y por ello no era necesario el dato de su ubicación.

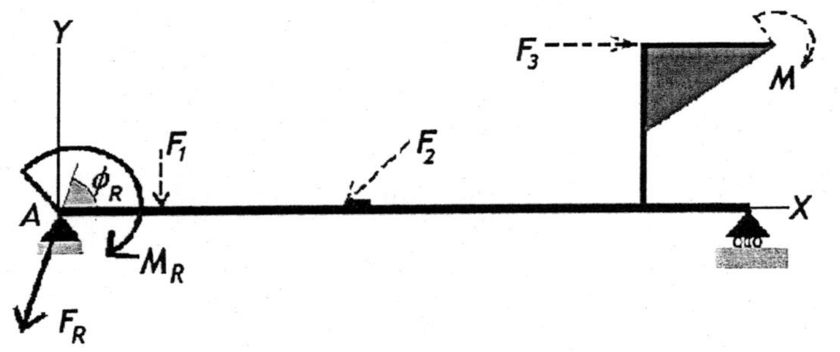

b) En este estado plano de cargas, la ecuación del eje central, *ec.[3.38]*, o *[3.38´]*:

$$x\,F_{RY} - y\,F_{RX} = M_{RZ} \qquad \text{ó} \qquad \frac{x}{\frac{M_{RZ}}{F_{RY}}} + \frac{y}{-\frac{M_{RZ}}{F_{RX}}} = 1$$

La abscisa y ordenada al origen de la recta son: $\frac{M_{RZ}}{F_{RY}} = 3.282\ \text{m}$ $\quad -\frac{M_{RZ}}{F_{RX}} = -9.563\ m$

La distancia desde ***A*** a la línea de acción de la fuerza: $d = \frac{|\overrightarrow{M_R}|}{|\overrightarrow{F_R}|} = 3.104\ m$

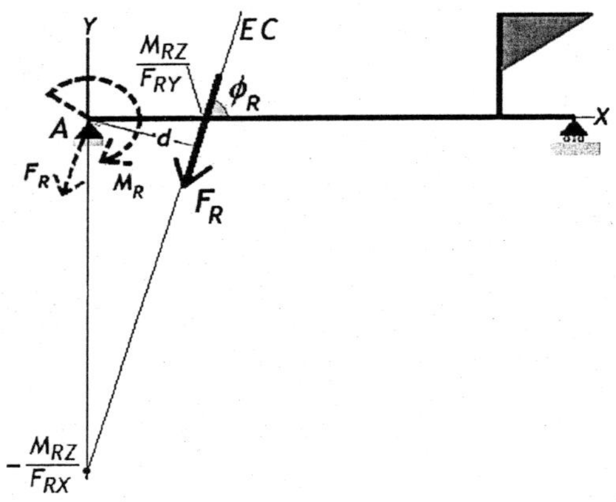

c) Para calcular la fuerza resultante en forma escalar, determinamos las componentes cartesianas de cada fuerza, luego sumamos las componentes correspondientes de las fuerzas y luego con las resultantes de la suma de las componentes, su módulo y orientación:

$$F_{RX} = \sum_3 F_{iX} = -F_2 \cos\alpha + F_3 = -365.7\ N \qquad F_{RY} = \sum_3 F_{iY} = -F_1 - F_2\, sen\,\alpha = -1065.7\ N$$

$$F_R = \sqrt{F_{RX}^2 + F_{RY}^2} = 1126.7\ N$$

El ángulo con el eje ***X***, con la misma expresión anterior.
Calculamos en forma escalar el momento de cada fuerza respecto a ***A***.

El de F_1: $\quad M_1 = |\overrightarrow{F_1}|\, a\,(-1) = -500\ Nm$

el factor *(-1)*, es para dar el signo cuando se usa la regla de la mano derecha.

Para el cálculo del momento de F_2, necesitamos la distancia desde su línea de acción al origen coordenado. La obtenemos a partir de la relación trigonométrica: $d_2 = b\ sen\ \alpha$

Alternativamente podemos calcular el momento de F_2 a partir de las componentes cartesianas:

$$F_{2X} = -F_2 \cos\alpha \qquad\qquad F_{2Y} = -F_2 \, sen\,\alpha$$

$$\boldsymbol{M_2} = |F_{2X}|\,0 + \;|F_{2Y}|\,b\,(-1) = \;-F_2\,sen\,\alpha\,b \;=\; \mathbf{-1697.1\,Nm}$$

Los momentos de $\boldsymbol{F_3}$, del par $\boldsymbol{M}$ y el total:

$$\boldsymbol{M_3} = \left|\overrightarrow{F_3}\right| c\,(-1) = \mathbf{-300\,Nm} \qquad \boldsymbol{M_C} = M\,(-1) = \mathbf{-1000\,Nm}$$
$$\boldsymbol{M_R} = M_1 + M_2 + M_3 + M_C = \mathbf{-3497.1\,Nm}$$

3.6.3.3 Sistema seudoplano de cargas

Las cargas sobre el cuerpo (no dibujado) presentan una distribución espacial con la siguiente particularidad, *fig.3-20a*:

Existen fuerzas de a dos con la misma dirección, sentido y módulo, líneas de acción paralelas y dispuestas simétricamente respecto a un plano, llamado *plano director*, equidistante de ellas.

Si hay fuerzas únicas, deben estar en el plano director.

Si hay cuplas sus planos de acción son paralelos al plano director.

En la *fig.3-20a* el plano director es el ***X-Y***. A este particular sistema de cargas lo llamamos sistema *seudoplano* de cargas.

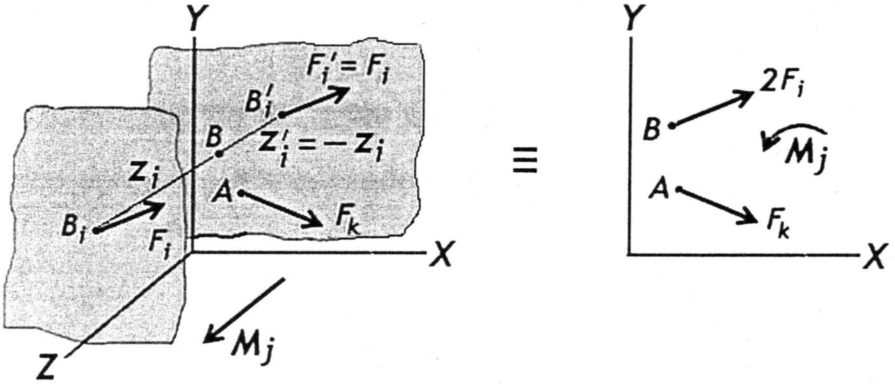

fig.3-20 a) b)

Transformamos el sistema original de cargas del siguiente modo: a los pares los consideramos en el plano director. Las fuerzas de a dos, simétricamente dispuestas, las reducimos al punto de intersección del plano director con la recta que une dos puntos homólogos $\boldsymbol{B_i}$ y $\boldsymbol{B_i'}$ de las fuerzas (que es el ***B*** de la *fig.3-20a*), ya que los momentos de reducción a ***B***, de ambas fuerzas, se cancelan entre sí, *fig.3-20b*.

En el plano director quedan las cargas:

$$\overrightarrow{\boldsymbol{F}_k} = \boldsymbol{F}_{kX}\,\vec{\imath} + \boldsymbol{F}_{kY}\,\vec{\jmath} \qquad 2\,\overrightarrow{\boldsymbol{F}_i} = 2\,\boldsymbol{F}_{iX}\,\vec{\imath} + 2\,\boldsymbol{F}_{iY}\,\vec{\jmath} \qquad \overrightarrow{\boldsymbol{M}_j} = \boldsymbol{M}_j\,\vec{k}$$

Está claro que si todas las fuerzas son coplanares y las cuplas están en planos paralelos al mismo, el plano que contiene a las fuerzas es el plano director.

La fuerza y momento resultantes son las mismas *ecs.[3.37]*, y la posición del ***EC*** se obtiene con la *ec.[3.38]*, y queda en el plano director.

3.6.3.4 Equilibrio del cuerpo libre con un sistema plano o seudoplano de cargas

El planteo de las ecuaciones para evaluar el equilibrio de un cuerpo libre, con un estado plano, *fig.3-21a*, o seudoplano, *fig.3-21b,* de cargas, se hace en el plano director, en el cual se dispone el plano coordenado *X-Y.*

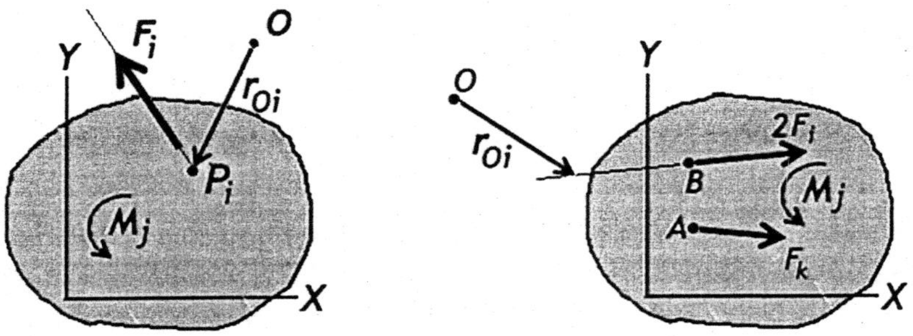

fig.3-21

De las seis ecuaciones escalares de equilibrio, *ec.[3.25/26]*, sólo son significativas:

$$\boldsymbol{F}_{RX} = \sum_{n} F_{iX} = \mathbf{0}$$

$$\boldsymbol{F}_{RY} = \sum_{n} F_{iY} = \mathbf{0}$$

$$\boldsymbol{M}_{RO} = \sum_{m} M_{jz} + \sum_{n} [(x_i - x_O)\, F_{iY} - (y_i - y_O)\, F_{iX}] = \mathbf{0} \qquad [3.39]$$

3.6.3.5 Formas alternativas de las ecuaciones de equilibrio en los sistemas planos

Alternativa 1: Si consideramos dos rectas no paralelas del plano y definimos los vectores unitarios en las direcciones de ellas $\overrightarrow{e_1}$ y $\overrightarrow{e_2}$, *fig.3-22*, las ecuaciones escalares de equilibrio pueden escribirse, en forma más general, haciendo nulas las sumas de las componentes de las fuerzas en esas direcciones, manteniéndose igual la tercera de las *ecs.[3.39]*:

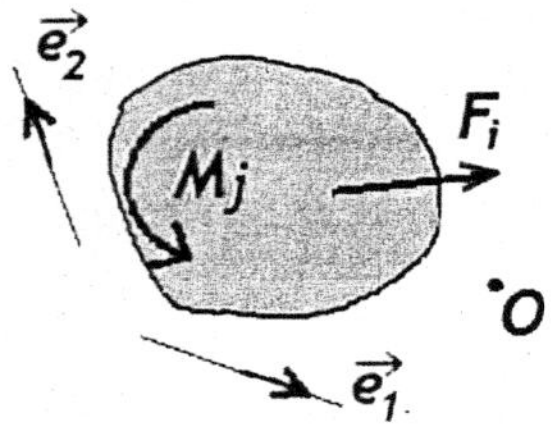

fig.3-22

$$\boldsymbol{F}_{R1} = \textstyle\sum_n \overrightarrow{F_i} \cdot \overrightarrow{e_1} = \mathbf{0} \qquad \boldsymbol{F}_{R2} = \textstyle\sum_n \overrightarrow{F_i} \cdot \overrightarrow{e_2} = \mathbf{0} \qquad \boldsymbol{M}_{RO} = \mathbf{0} \qquad [3.40]$$

Alternativa 2: Una ecuación es la suma nula de las proyecciones de las fuerzas sobre una dirección $\vec{e}$, *fig.3-23a*. Las otras dos ecuaciones son la nulidad de los momentos de las cargas con respecto a dos puntos del plano director, con la condición que la recta determinada por estos dos puntos, no sea normal a la dirección $\vec{e}$, es decir: $\overrightarrow{r_{AB}} \cdot \vec{e} \neq \mathbf{0}$

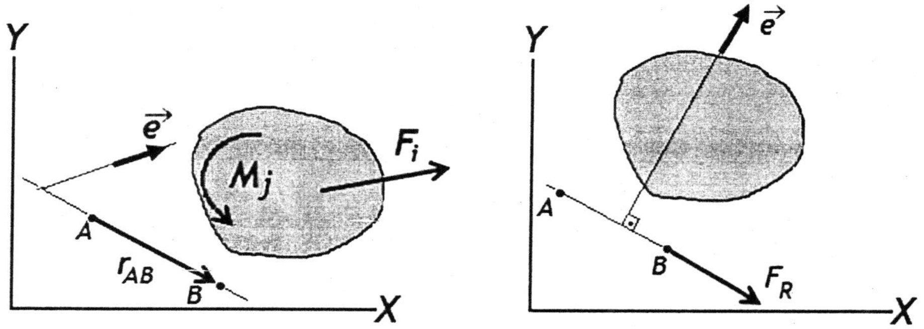

fig.3-23 a) b)

$$F_R = \sum_n \vec{F_i} \cdot \vec{e} = 0$$

$$M_{RA} = \overrightarrow{M_{RA}} \cdot \vec{k} = \left(\sum_m \overrightarrow{M_j} + \sum_n \overrightarrow{r_{Ai}} \times \vec{F_i} \right) \cdot \vec{k} = 0$$

[3.41]

$$M_{RB} = \overrightarrow{M_{RB}} \cdot \vec{k} = \left(\sum_m \overrightarrow{M_j} + \sum_n \overrightarrow{r_{Bi}} \times \vec{F_i} \right) \cdot \vec{k} = 0$$

porque puede ocurrir, *fig.3-23b*, que si es $\overrightarrow{F_R} \neq 0$ y $\overrightarrow{r_{AB}}$ _|_ $\vec{e}$, se tendría $\overrightarrow{F_R} \cdot \vec{e} = 0$. Asimismo si ***A*** y ***B*** están sobre la línea de acción de $\overrightarrow{F_R} \neq 0$, serían $M_{RA} = M_{RB} = 0$; se cumplirían las *ecs.[3.41]* y, pero el cuerpo no está en equilibrio.

Alternativa 3: Otra forma de las ecuaciones de equilibrio, es la nulidad de los momentos respecto a tres puntos del plano director, *fig.3-24a*, que no deben estar alineados:

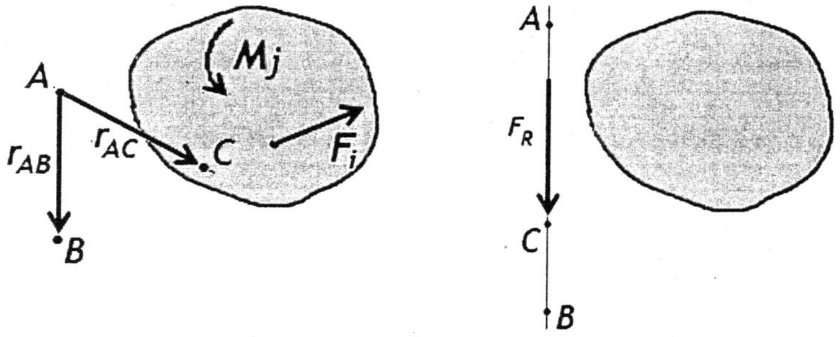

fig.3-24 a) b)

$$M_{RA} = 0 \qquad M_{RB} = 0 \qquad M_{RC} = 0 \qquad [3.42]$$

Si se toma uno de los tres puntos, como el ***A***, como origen de los vectores posición relativa de los otros puntos ***B*** y ***C***, la condición de no alineamiento deberá cumplir que:

$$\overrightarrow{r_{AB}} \times \overrightarrow{r_{AC}} \neq 0$$

porque, *fig.3-24b*, si los puntos están alineados y $\overrightarrow{F_R} \neq 0$ tiene como línea de acción a la recta que pasa por ***A***, ***B*** y ***C*** se cumplirían las *ecs.[3.42]*, pero no hay equilibrio.

A pesar de las restricciones de estas dos últimas alternativas, en algunos casos las ecuaciones de equilibrio es más conveniente formularlas de este modo.

3.7 Equivalencia entre sistemas de carga en un mismo cuerpo

Vamos a ver las condiciones que deben cumplir distintos sistemas de carga sobre un cuerpo rígido libre, para que haya equivalencia mecánica respecto a los efectos externos sobre el cuerpo, para los sistemas de carga.

Supongamos un cuerpo rígido sobre el cual actúa un sistema de cargas que da lugar a efectos mecánicos externos determinados y que designamos sistema de cargas ***1***. Lo reducimos a un punto $\boldsymbol{O_1}$ del espacio, *fig.3-25a*, obteniendo la fuerza y momentos resultantes $\overrightarrow{\boldsymbol{F_{R1}}}$ y $\overrightarrow{\boldsymbol{M_{R1}}}$. Este sistema de cargas puede sustituirse en cuanto a sus efectos, por el correspondiente torsor de fuerzas $\overrightarrow{\boldsymbol{F_{R1}}}$ y $\overrightarrow{\boldsymbol{M_{R||1}}}$ y ubicados sobre el $\boldsymbol{EC_1}$.

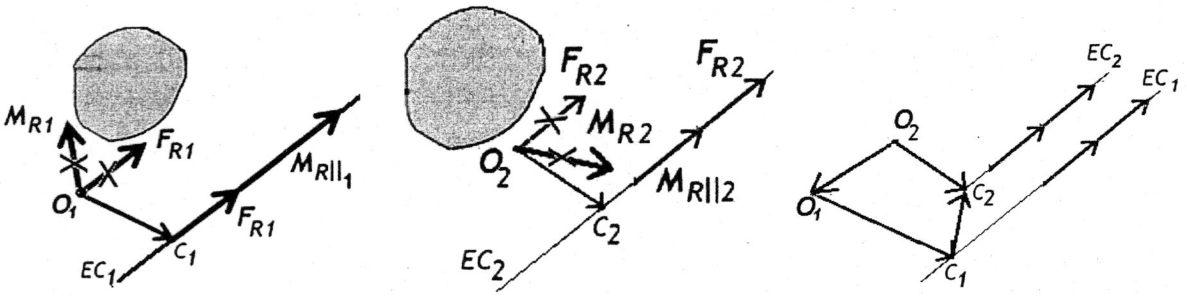

fig.3-25 a) b) c)

Consideremos ahora al mismo cuerpo sobre el cual actúa otro sistema de cargas ***2***, diferente e independiente del anterior (y no superpuesto o agregado al *1*). Lo reducimos a otro punto $\boldsymbol{O_2}$ del espacio, *fig.3-25b*, obteniendo la fuerza y momentos resultantes $\overrightarrow{\boldsymbol{F_{R2}}}$ y $\overrightarrow{\boldsymbol{M_{R2}}}$. También este sistema de cargas puede sustituirse en cuanto a sus efectos, por el correspondiente torsor de fuerzas $\overrightarrow{\boldsymbol{F_{R2}}}$y $\overrightarrow{\boldsymbol{M_{R||2}}}$ ubicados sobre el $\boldsymbol{EC_2}$.

Hechas las reducciones de los sistemas de carga a $\boldsymbol{O_1}$ y $\boldsymbol{O_2}$, reduzcámoslos luego a los puntos $\boldsymbol{C_1}$ y $\boldsymbol{C_2}$ sobre los respectivos ***EC***. Como la reducción se hace al eje central, el momento de reducción de los $\overrightarrow{\boldsymbol{F_{R\iota}}}$ y $\overrightarrow{\boldsymbol{M_{R\iota}}}$ es el correspondiente $\overrightarrow{\boldsymbol{M_{R||\iota}}}$ pues en el ***EC*** desaparecen los $\overrightarrow{\boldsymbol{M_{R\_|\_\iota}}}$.

Los momentos resultantes paralelos:

$$\overrightarrow{M_{RC_1}} = \overrightarrow{M_{R||1}} = \overrightarrow{M_{R1}} - \overrightarrow{r_{O_1C_1}} \times \overrightarrow{F_{R1}} \qquad \text{y} \qquad \overrightarrow{M_{RC_2}} = \overrightarrow{M_{R||2}} = \overrightarrow{M_{R2}} - \overrightarrow{r_{O_2C_2}} \times \overrightarrow{F_{R2}}$$

Para que ambos sistemas de carga, actuando independientemente uno del otro, sobre el mismo cuerpo, den lugar a idénticos efectos mecánicos externos, deberán ser iguales sus torsores de fuerza y congruentes sus ejes centrales, es decir:

$$\overrightarrow{\boldsymbol{F_{R1}}} = \overrightarrow{\boldsymbol{F_{R2}}} \qquad \overrightarrow{\boldsymbol{M_{R||1}}} = \overrightarrow{\boldsymbol{M_{R||2}}} \qquad \text{y} \qquad \boldsymbol{EC_1} \equiv \boldsymbol{EC_2}$$

De modo que: $\overrightarrow{\boldsymbol{M_{R||1}}} = \overrightarrow{M_{R1}} - \overrightarrow{r_{O_1C_1}} \times \overrightarrow{F_{R1}} = \overrightarrow{\boldsymbol{M_{R||2}}} = \overrightarrow{M_{R2}} - \overrightarrow{r_{O_2C_2}} \times \overrightarrow{F_{R2}}$

Como puede verse en *fig.3-25c*, es: $\overrightarrow{r_{O_2C_2}} = \overrightarrow{r_{O_2O_1}} + \overrightarrow{r_{O_1C_1}} + \overrightarrow{r_{C_1C_2}}$

y al ser los ***TF*** iguales, son: $\overrightarrow{\boldsymbol{F_{R1}}} = \overrightarrow{\boldsymbol{F_{R2}}} = \overrightarrow{\boldsymbol{F_R}}$

por lo que la anterior: $\overrightarrow{M_{R1}} - \overrightarrow{r_{O_1C_1}} \times \overrightarrow{F_R} = \overrightarrow{M_{R2}} - \left(\overrightarrow{r_{O_2O_1}} + \overrightarrow{r_{O_1C_1}} + \overrightarrow{r_{C_1C_2}}\right) \times \overrightarrow{F_R}$

$$\overrightarrow{M_{R1}} - \overrightarrow{r_{O_1C_1}} \times \overrightarrow{F_R} = \overrightarrow{M_{R2}} - \overrightarrow{r_{O_2O_1}} \times \overrightarrow{F_R} - \overrightarrow{r_{O_1C_1}} \times \overrightarrow{F_R} - \overrightarrow{r_{C_1C_2}} \times \overrightarrow{F_R}$$

Simplificando los términos iguales: $$\overrightarrow{\boldsymbol{M_{R1}}} = \overrightarrow{\boldsymbol{M_{R2}}} - \overrightarrow{\boldsymbol{r_{O_2O_1}}} \times \overrightarrow{\boldsymbol{F_R}} - \overrightarrow{\boldsymbol{r_{C_1C_2}}} \times \overrightarrow{\boldsymbol{F_R}} \qquad [3.43]$$

Como los ejes centrales de ambos sistemas deben ser coincidentes para que sean equivalentes, los puntos $\boldsymbol{C_1}$ y $\boldsymbol{C_2}$ deberán estar sobre la misma recta, *fig.3.26*, por lo que el último término de la *ec.[3.43]*, es:

$$\overrightarrow{r_{C_1C_2}} \times \overrightarrow{F_R} = 0 \qquad \text{luego con:} \qquad -\overrightarrow{r_{O_2O_1}} = \overrightarrow{r_{O_1O_2}}$$

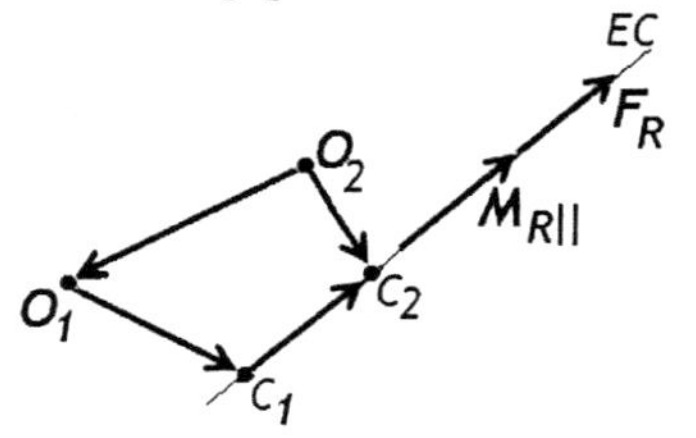

fig.3-26

$$\overrightarrow{\boldsymbol{M_{R1}}} = \overrightarrow{\boldsymbol{M_{R2}}} + \overrightarrow{\boldsymbol{r_{O_1O_2}}} \times \overrightarrow{\boldsymbol{F_R}} \qquad [3.44]$$

Si elegimos como centro de reducción inicial de cada sistema de cargas, al mismo punto, o sea $\boldsymbol{O_1} \equiv \boldsymbol{O_2} = \boldsymbol{O}$, tendremos que: $\overrightarrow{r_{O_1O_2}} = 0$

Las condiciones de equivalencia quedan: $$\overrightarrow{\boldsymbol{F_{R1}}} = \overrightarrow{\boldsymbol{F_{R2}}} \qquad [3.45]$$

$$\overrightarrow{\boldsymbol{M_{R1}}} = \overrightarrow{\boldsymbol{M_{R2}}} \qquad [3.46]$$

Como conclusión podemos decir que dos sistemas de cargas distintos, actuando por separado sobre un cuerpo son, respecto a sus efectos externos, mecánicamente equivalentes, si son vectorialmente iguales sus fuerzas resultantes e iguales sus momentos resultantes calculados respecto al mismo punto del espacio, *ecs.[3.45]* y *[3.46]*. Si la reducción de cada uno de los sistemas de carga se hace a puntos $\boldsymbol{O_1}, \boldsymbol{O_2}$ diferentes, entonces la segunda condición de equivalencia es la *ec.[3.44]* (en lugar de la *[3.46]*).

3.8 Reemplazo de sistemas de carga

A través del cumplimiento de las *ec.[3.45]* y *ec.[3.46]* (o la *ec.[3.44]*) se puede reemplazar un sistema de cargas por otro sistema de cargas, donde los primeros miembros en esas ecuaciones son datos, pues se obtienen del sistema de cargas a sustituir, debiendo especificarse cómo debe ser el sistema sustituyente.

Al plantear las ecuaciones escalares correspondientes a las *ecs.[3.45,46]*, se llega a un sistema de seis ecuaciones, de modo que el sistema sustituyente no puede tener más que seis incógnitas.

Si el sistema sustituyente consta de ***n*** fuerzas y ***m*** pares y las incógnitas son los módulos de las ***n*** fuerzas $\boldsymbol{F_i}$ y los ***m*** pares $\boldsymbol{M_j}$, deben ser ***n+m=6***, donde son datos las orientaciones $\overrightarrow{e_i}$ y un punto de la recta de acción de las fuerzas $\boldsymbol{F_i}$ y la orientación de los momentos de los pares $\overrightarrow{e_j}$, lo cual conduce a un sistema lineal de ecuaciones que es el caso más simple.

Si se eligen como incógnita o incógnitas las orientaciones de las fuerzas y/o momentos, se cuenta con la relación adicional:

$$cos^2\,\alpha_{i,j} + cos^2\,\beta_{i,j} + cos^2\,\gamma_{i,j} = 1$$

que en general conduce a un sistema de ecuaciones no lineal.

Del mismo modo si entre las incógnitas está el punto de paso de una o más fuerzas, se puede tomar como incógnitas las coordenadas del cruce de la línea de acción de la fuerza con un plano coordenado es decir, por ejemplo, haciendo $\boldsymbol{z_i} = \boldsymbol{0}$. Dependiendo qué otras incógnitas se tomen, puede resultar un sistema de ecuaciones lineal o no lineal.

Ejemplo 4: Para la pirámide del ejemplo 1, sustituir el sistema de cargas actuante por otro equivalente formado por seis fuerzas que tengan las direcciones 1 a 6 indicadas.

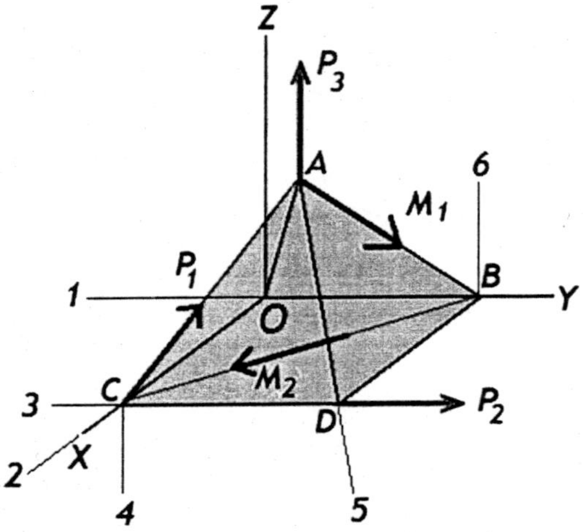

A(2,2,3)m B(0,4,0)m C(4,0,0) D(4,4,0)m

P_1= 30 kN P_2= 60 kN P_3= 20 kN M_1= 40 kNm M_2= 10 kNm

De las fuerzas sustituyentes conocemos sus direcciones y un punto de su línea de acción, debemos determinar sus módulos.

Definimos los vectores unitarios de las rectas de acción de las fuerzas:

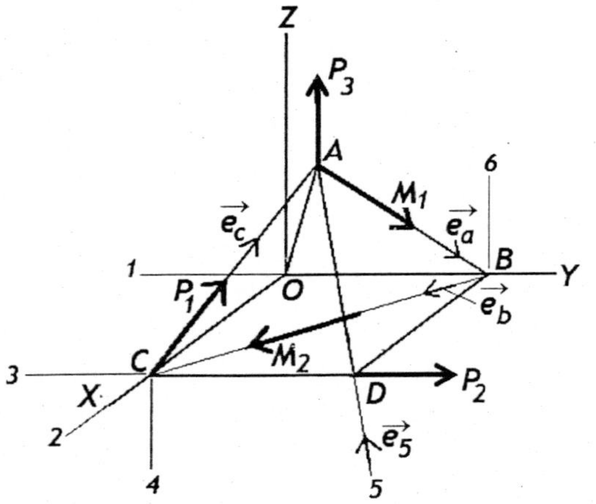

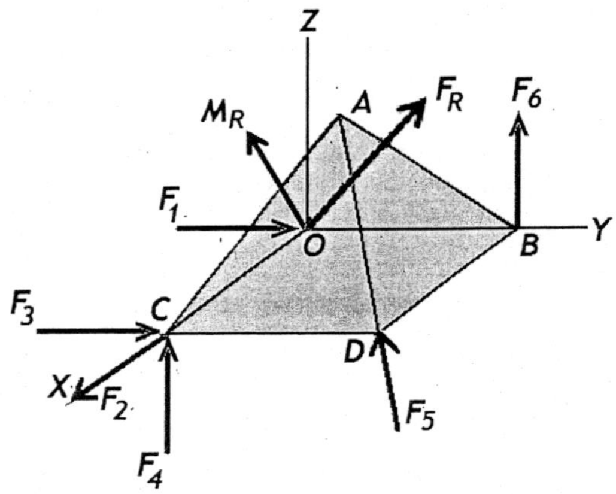

$$\vec{e_1} = \vec{j} \qquad \vec{e_2} = \vec{i} \qquad \vec{e_3} = \vec{j} \qquad \vec{e_4} = \vec{k} \qquad \vec{e_6} = \vec{k}$$

en tanto que el vector unitario $\overrightarrow{e_5}$ correspondiente a la fuerza *5*, se obtiene a partir de:

$$\overrightarrow{r_{DA}} = -2\,\vec{i} - 2\,\vec{j} + 3\,\vec{k}\,m \qquad r_{DA} = 4.123\ m \qquad \vec{e_5} = \frac{\overrightarrow{r_{DA}}}{r_{DA}} = -0.485\,\vec{i} - 0.485\,\vec{j} + 0.728\,\vec{k}$$

Para que exista la equivalencia mecánica de ambos sistemas de cargas, el original y el que lo sustituye, deberán tener iguales torsores de fuerza y congruencia de sus ejes centrales, lo cual conduce a que sean iguales las respectivas fuerzas resultantes:

$$\overrightarrow{F_{R2}} = \Sigma_6 \vec{F_i} = \Sigma_6 F_i\ \vec{e_i} = \overrightarrow{F_{R1}} \qquad \text{con} \qquad \vec{e_i} = \cos\alpha_i\ \vec{i} + \cos\beta_i\ \vec{j} + \cos\gamma_i\ \vec{k}$$

La fuerza resultante, calculada en el ejemplo 1: $\overrightarrow{\boldsymbol{F_{R1}}} = -\mathbf{14.552}\,\vec{\boldsymbol{\imath}} + \mathbf{74.552}\,\vec{\boldsymbol{\jmath}} + \mathbf{41.828}\,\vec{\boldsymbol{k}}\ \boldsymbol{kN}$

Las tres ecuaciones escalares correspondientes:

$$F_1\ cos\,\alpha_1 + F_2\ cos\,\alpha_2 + F_3\ cos\,\alpha_3 + F_4\ cos\,\alpha_4 + F_5\ cos\,\alpha_5 + F_6\ cos\,\alpha_6 = -14.552\,kN \quad (1)$$
$$F_1\ cos\,\beta_1 + F_2\ cos\,\beta_2 + F_3\ cos\,\beta_3 + F_4\ cos\,\beta_4 + F_5\ cos\,\beta_5 + F_6\ cos\,\beta_6 = 74.552\,kN \quad (2)$$
$$F_1\ cos\,\gamma_1 + F_2\ cos\,\gamma_2 + F_3\ cos\,\gamma_3 + F_4\ cos\,\gamma_4 + F_5\ cos\,\gamma_5 + F_6\ cos\,\gamma_6 = 41.828\,kN \quad (3)$$

La segunda condición de equivalencia, que los momentos resultantes de ambos sistemas de carga respecto a un mismo punto del espacio, sean iguales, la planteamos eligiendo como punto al origen coordenado.

$$\overrightarrow{\boldsymbol{M_{R2}}} = \overrightarrow{\boldsymbol{M_{R1}}}$$

En el ejemplo 1 era: $\overrightarrow{\boldsymbol{M_R}} = \overrightarrow{\boldsymbol{M_{R1}}} = \mathbf{27.668}\,\vec{\boldsymbol{\imath}} - \mathbf{114.981}\,\vec{\boldsymbol{\jmath}} + \mathbf{269.104}\,\vec{\boldsymbol{k}}\ \boldsymbol{kNm}$

El $\overrightarrow{\boldsymbol{M_{R2}}} = \sum_6 \overrightarrow{r_{O\iota}} \times \vec{F_\iota} = \sum_{\boldsymbol{6}} \overrightarrow{\boldsymbol{r_{O\iota}}} \times \boldsymbol{F_i}\,\overrightarrow{\boldsymbol{e_\iota}}$

donde es $\overrightarrow{\boldsymbol{r_{O\iota}}}$ es el vector posición respecto al origen coordenado, de un punto $\boldsymbol{P_i}$ de la recta de acción de cada una de las fuerzas sustituyentes.

Las tres ecuaciones escalares se obtienen multiplicando escalarmente por los vectores base, o sea:

$$\textstyle\sum_6 (\overrightarrow{r_{O\iota}} \times F_i\,\overrightarrow{e_\iota}) \cdot \vec{\imath} = \overrightarrow{M_{R1}} \cdot \vec{\imath} \quad (4)$$
$$\textstyle\sum_6 (\overrightarrow{r_{O\iota}} \times F_i\,\overrightarrow{e_\iota}) \cdot \vec{\jmath} = \overrightarrow{M_{R1}} \cdot \vec{\jmath} \quad (5)$$
$$\textstyle\sum_6 (\overrightarrow{r_{O\iota}} \times F_i\,\overrightarrow{e_\iota}) \cdot \vec{k} = \overrightarrow{M_{R1}} \cdot \vec{k} \quad (6)$$

Teniendo en cuenta que el punto $\boldsymbol{O}$ coincide con el origen coordenado, es $\overrightarrow{\boldsymbol{r_{O\iota}}} = \overrightarrow{\boldsymbol{r_{P_\iota}}}$. Explícitamente:

$$[(\overrightarrow{r_O} \times \overrightarrow{e_1}) \cdot \vec{\imath}]\,F_1 + [(\overrightarrow{r_C} \times \overrightarrow{e_2}) \cdot \vec{\imath}]\,F_2 + [(\overrightarrow{r_C} \times \overrightarrow{e_3}) \cdot \vec{\imath}]\,F_3 + [(\overrightarrow{r_C} \times \overrightarrow{e_4}) \cdot \vec{\imath}]\,F_4 + [(\overrightarrow{r_D} \times \overrightarrow{e_5}) \cdot \vec{\imath}]\,F_5 + [(\overrightarrow{r_B} \times \overrightarrow{e_6}) \cdot \vec{\imath}]\,F_6 = 27.668\,kNm \quad (4)$$

$$[(\overrightarrow{r_O} \times \overrightarrow{e_1}) \cdot \vec{\jmath}]\,F_1 + [(\overrightarrow{r_C} \times \overrightarrow{e_2}) \cdot \vec{\jmath}]\,F_2 + [(\overrightarrow{r_C} \times \overrightarrow{e_3}) \cdot \vec{\jmath}]\,F_3 + [(\overrightarrow{r_C} \times \overrightarrow{e_4}) \cdot \vec{\jmath}]\,F_4 + [(\overrightarrow{r_D} \times \overrightarrow{e_5}) \cdot \vec{\jmath}]\,F_5 + [(\overrightarrow{r_B} \times \overrightarrow{e_6}) \cdot \vec{\jmath}]\,F_6 = -114.981\,kNm \quad (5)$$

$$\left[(\overrightarrow{r_O} \times \overrightarrow{e_1}) \cdot \vec{k}\right] F_1 + \left[(\overrightarrow{r_C} \times \overrightarrow{e_2}) \cdot \vec{k}\right] F_2 + \left[(\overrightarrow{r_C} \times \overrightarrow{e_3}) \cdot \vec{k}\right] F_3 + \left[(\overrightarrow{r_C} \times \overrightarrow{e_4}) \cdot \vec{k}\right] F_4 + \left[(\overrightarrow{r_D} \times \overrightarrow{e_5}) \cdot \vec{k}\right] F_5 + \left[(\overrightarrow{r_B} \times \overrightarrow{e_6}) \cdot \vec{k}\right] F_6 = 269.104\,kNm \quad (6)$$

La solución del sistema de ecuaciones (1) a (6):

$$\boldsymbol{F_1} = \mathbf{3.165}\ \boldsymbol{kN} \qquad \boldsymbol{F_2} = -\mathbf{18.663}\ \boldsymbol{kN} \qquad \boldsymbol{F_3} = \mathbf{67.276}\ \boldsymbol{kN}$$
$$\boldsymbol{F_4} = \mathbf{34.911}\ \boldsymbol{kN} \qquad \boldsymbol{F_5} = -\mathbf{8.474}\ \boldsymbol{kN} \qquad \boldsymbol{F_6} = \mathbf{13.083}\ \boldsymbol{kN}$$

Los valores negativos de $\boldsymbol{F_2}$ y $\boldsymbol{F_5}$ significan que los sentidos de las fuerzas son opuestos al del vector unitario respectivo. En la figura se indican los sentidos verdaderos de las fuerzas sustituyentes:

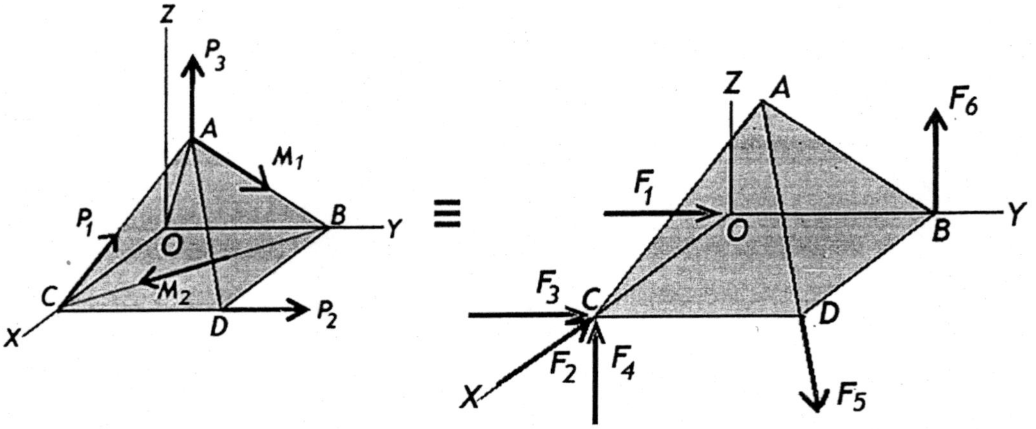

3.8.1 Reemplazo de una fuerza o un par por un sistema de cargas general

En la práctica se presentan también problemas en los que es de interés que en un cuerpo sobre el cual actúa o deba actuar una fuerza de determinado valor, en una cierta dirección y sentido y que pase por un punto, sea reemplazada por un sistema de cargas. Otra situación similar es cuando una fuerza no pueda aplicarse con sus especificaciones requeridas para lograr determinado efecto externo, pero podamos lograr los mismos efectos, reemplazando a la fuerza por un sistema de cargas.

Similarmente cuando la acción que ejerce un par deba sustituirse por la que provocaría un sistema de cargas equivalente.

Tratamos, seguidamente, algunos casos particulares, con vectores cartesianos.

3.8.1.1 Reemplazo de una fuerza por seis fuerzas

Supongamos un cuerpo que está bajo la acción de una fuerza $\overrightarrow{F}$ y a la que hay que reemplazar por un sistema de seis fuerzas dispuestas en el espacio y no todas concurrentes entre sí, ni con la fuerza a sustituir.

La fuerza está totalmente definida: se conoce su magnitud, el vector unitario y las coordenadas de uno de un punto ***P*** de su recta de acción, *fig.3-27*:

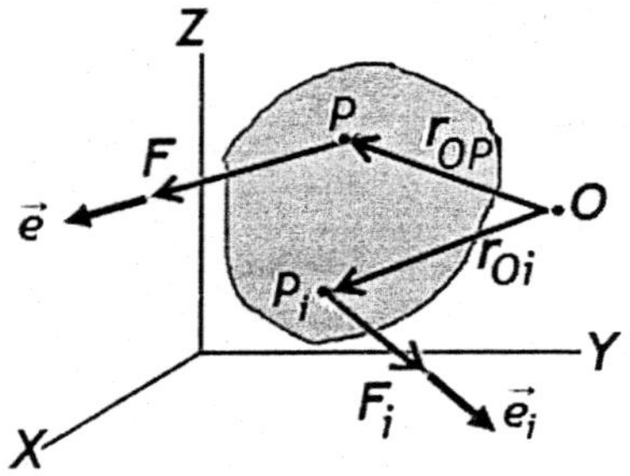

fig.3-27

$$\overrightarrow{F} = F\,\overrightarrow{e} = F\left(\cos\alpha\ \vec{\imath} + \cos\beta\ \vec{\jmath} + \cos\gamma\,\vec{k}\right) \qquad \overrightarrow{r_P} = x_P\,\vec{\imath} + y_P\,\vec{\jmath} + z_P\,\vec{k}$$

Para la fuerza original, la fuerza resultante es ella misma y que debe ser igual a la fuerza resultante del sistema de las seis fuerzas, por lo que la primera ecuación de equivalencia, *ec.[3.45]*:

$$\overrightarrow{F_{R1}} = \overrightarrow{F} = \overrightarrow{F_{R2}} = \textstyle\sum_6 \overrightarrow{F_\imath} \qquad [3.47]$$

Para la segunda ecuación de equivalencia, si el momento de la fuerza y el momento de la resultante del sistema de seis fuerzas sustituyentes, lo calculamos respecto al mismo punto ***O*** del espacio, *ec.[3.46]*:

$$\overrightarrow{M_{RO}} = \overrightarrow{r_{OP}} \times \overrightarrow{F} = \textstyle\sum_6 \overrightarrow{r_{O\iota}} \times \overrightarrow{F_\iota} \qquad [3.48]$$

Las ecuaciones escalares correspondientes a las *ecs.[3.47/48]* conducen a un sistema de seis ecuaciones.

El caso más simple es cuando de las seis fuerzas se especifica su dirección y un punto del espacio $\boldsymbol{P_i}$ por el que pasan. Es decir son datos:

$$\overrightarrow{e_\iota} = \cos\alpha_i\ \vec{\imath} + \cos\beta_i\ \vec{\jmath} + \cos\gamma_i\ \vec{k} \qquad \overrightarrow{r_\iota} = x_i\ \vec{\imath} + y_i\ \vec{\jmath} + z_i\ \vec{k} \qquad i = 1 \dots 6$$

y las incógnitas son sus módulos $\boldsymbol{F_i}$.

Con la expresión vectorial de las fuerzas sustituyentes $\overrightarrow{F_\iota} = F_i\ \overrightarrow{e_\iota}$, el planteo explícito de la *ec.[3.47]*:

$$\sum_6 F_i\ \cos\alpha_i = F\cos\alpha$$
$$\sum_6 F_i\ \cos\beta_i = F\cos\beta$$
$$\sum_6 F_i\ \cos\gamma_i = F\cos\gamma$$

y la *ec.[3.48]*, tomando como centro de momento al origen de coordenadas:

$$\sum_6 (y_i\cos\gamma_i - z_i\cos\beta_i)\ F_i = (y_P\cos\gamma - z_P\ \cos\beta)\ F$$
$$\sum_6 (z_i\cos\alpha_i - x_i\cos\gamma_i)\ F_i = (z_P\ \cos\alpha - x_P\ \cos\gamma)\ F$$
$$\sum_6 (x_i\cos\beta_i - y_i\cos\alpha_i)\ F_i = (x_P\ \cos\beta - y_P\ \cos\alpha)\ F$$

[3.49]

En un caso más general puede tenerse como datos de las seis fuerzas sustituyentes, los módulos, los puntos del espacio por los que pasan, o la orientación; como incógnitas estas mismas magnitudes en cualquier combinación. Si entre las incógnitas de la fuerza está su orientación, entonces hay sólo dos ángulos incógnitos puesto que el tercer ángulo se determina con la relación:

$$\cos^2\alpha_i + \cos^2\beta_i + \cos^2\gamma_i = 1$$

O si entre las incógnitas está la posición del punto del espacio por el cual debe pasar la recta de acción de cada fuerza sustituyente, implicarían las tres coordenadas incógnitas. Sin embargo como el punto puede elegirse en cualquier lugar sobre la recta de acción, se deja como incógnita, las coordenadas del punto en que la recta corta al plano ***X-Y*** (o cualquiera de los otros ***Y-Z*** ó ***Z-X***), con lo cual la tercer coordenada es $\boldsymbol{z_i=0}$ (ó $\boldsymbol{x_i}=0$ ó $\boldsymbol{y_i}=0$).

En cualquier caso el número de incógnitas no debe superar al de ecuaciones disponibles, llegándose, salvo el caso más simple, a un sistema de ecuaciones no lineal.

3.8.1.2 Reemplazo de un par por seis fuerzas

Si hay un par de momento $\overrightarrow{M}$, que debe ser sustituido por seis fuerzas dispuestas en el espacio (no concurrentes), se plantean ecuaciones similares a las *ecs.[3.49]*. En las tres primeras ecuaciones los segundos miembros son nulos y en las otras tres ecuaciones, los segundos miembros son, respectivamente:

$$M_X = \overrightarrow{M} \cdot \vec{\imath} \qquad M_Y = \overrightarrow{M} \cdot \vec{\jmath} \qquad M_Z = \overrightarrow{M} \cdot \vec{k}$$

3.8.2 Reemplazo de una fuerza o un par, por un sistema plano de cargas

Como caso particular del más general, reemplazamos una fuerza o un par actuante en un cuerpo por un sistema sustituyente coplanar con la fuerza o el plano de acción del par a sustituir. Si entre el sistema sustituyente hay un par, su plano de acción es coplanar con la fuerza a sustituir.

3.8.2.1 Reemplazo de una fuerza por tres fuerzas coplanares no concurrentes

Supongamos un cuerpo libre sobre el que actúa una fuerza, que pasa por un punto especificado. Se la debe reemplazar por tres fuerzas que son coplanares con la fuerza y no concurrentes con ella.

Si asociamos el plano de todas las fuerzas al ***X-Y***, *fig.3-28*, la fuerza a reemplazar es:

$$\overrightarrow{\boldsymbol{F}} = F\,\vec{e} = F\,(\cos\alpha\ \vec{\imath} + \cos\beta\ \vec{\jmath}) = \boldsymbol{F}\,(\boldsymbol{\cos\alpha}\ \vec{\boldsymbol{\imath}} + \boldsymbol{sen\,\alpha}\ \vec{\boldsymbol{\jmath}})$$

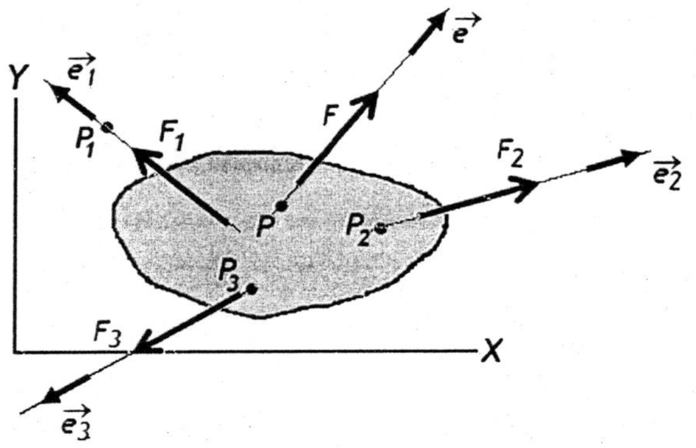

fig.3-28

cuya línea de acción pasa por el punto ***P(x_P,y_P)***. Las fuerzas sustituyentes y los puntos $\boldsymbol{P_j}$ por los que pasan sus líneas de acción son:

$$\overrightarrow{\boldsymbol{F_\iota}} = F_i\,\overrightarrow{e_\iota} \qquad \overrightarrow{e_\iota} = \cos\alpha_i\,\vec{\imath} + \ sen\,\alpha_i\ \vec{\jmath} \qquad \overrightarrow{r_\iota} = \ x_i\,\vec{\imath} + \ y_i\,\vec{\jmath} \qquad (i = 1...3)$$

Las ecuaciones a plantear, en este caso plano, son las ecuaciones generales *ec.[3.47]*:

$$\overrightarrow{F_1} + \overrightarrow{F_2} + \overrightarrow{F_3} = \overrightarrow{F}$$

y la *ec.[3.48]*: $\sum_3 \overrightarrow{r_\iota}\times\overrightarrow{F_\iota} = \overrightarrow{r_P}\times\overrightarrow{F}$

Las escalares correspondientes conducen al sistema de ecuaciones:

$$\begin{aligned} &F_1\ \cos\alpha_1 + F_2\ \cos\alpha_2 + F_3\ \cos\alpha_3 = F\ \cos\alpha \\ &F_1\ sen\,\alpha_1 + F_2\ sen\,\alpha_2 + F_3\ sen\,\alpha_3 = F\ sen\,\alpha \\ &\quad(x_1\,sen\,\alpha_1\ -\ y_1\ \cos\alpha_1)\,F_1 + (x_2\,sen\,\alpha_2\ -\ y_2\ \cos\alpha_2)\,F_2 + (x_3\,sen\,\alpha_3\ -\ y_3\ \cos\alpha_3)\,F_3 \\ &\qquad\qquad = (x_P\,sen\,\alpha\ -\ y_P\ \cos\alpha)\,F \end{aligned} \qquad [3.50]$$

El caso más simple es cuando de las fuerzas sustituyentes se conoce su orientación (α_j) y un punto $\boldsymbol{P_j(x_j,y_j)}$ del plano, por el que pasa la línea de acción. Las incógnitas son los módulos de la fuerzas.

En el caso más general, en el sistema de *ecs.[3.50]*, en el miembro izquierdo hay un conjunto de nueve magnitudes (tres módulos, tres ángulos y tres puntos).

Las incógnitas no pueden ser más que tres, para que quede un sistema resoluble. Pueden ser los módulos (como en el ejemplo precedente), los ángulos o el punto del plano por donde pasa la recta de acción de las fuerzas. Si una de las incógnitas es el punto del plano por el cual debe pasar la fuerza, se toma como incógnita la abscisa x_i en el cual la línea de acción cruza al eje X (haciendo $y_i=0$). También cualquier combinación entre esas magnitudes y, según cuáles sean ellas, tendremos un sistema lineal o no lineal de ecuaciones. Algunos ejemplos se muestran en las tablas siguientes:

Datos	*Incógnitas*	*Datos*	*Incógnitas*
$\alpha_1 ; P_1$	F_1	$\alpha_1 ; P_1$	F_1
$\alpha_2 ; P_2$	F_2	$F_2 ; P_2$	α_2
$F_3 ; P_3$	α_3	$F_3 ; \alpha_3$	$x_3 (y_3 = 0)$

Si entre las incógnitas está el módulo de una o más fuerzas y la solución resulta de signo negativo, significa que la fuerza está en el sentido opuesto al definido como positivo por el vector unitario en la dirección de la fuerza.

Ejemplo 5: Una pesada máquina está unida a una plataforma rígida que está apoyada en un piso rugoso. Se debe desplazar al conjunto en el sentido indicado por la flecha punteada. La fuerza de fricción a vencer entre la plataforma y el piso es $\boldsymbol{F}$ que se supone concentrada en $\boldsymbol{P}$ y que es donde está el centro de masa del conjunto. Por obstrucciones del entorno, no puede tirarse de $\boldsymbol{P}$ en la dirección α. Se va a sustituir la acción de $\boldsymbol{F}$ traccionando la plataforma con cables tomados de los puntos $\boldsymbol{P_1}$ y $\boldsymbol{P_2}$ con las direcciones indicadas usando dos grúas móviles y empujando con otro vehículo en el punto $\boldsymbol{P_3}$. Tomando como referencia el centro de la plataforma, con los ejes coordenados mostrados, determinar las fuerzas que deben ejercer los móviles.

$F = 45\ kN \qquad P(0.5m,\ 1.5m) \qquad \alpha = 40°$

$P_1 = (2.5m, 1m) \quad \alpha_1 = 15° \quad P_2 = (-2.5m, 3m) \quad \alpha_2 = 60° \quad P_3 = (2m, -3m) \quad \alpha_3 = 90°$

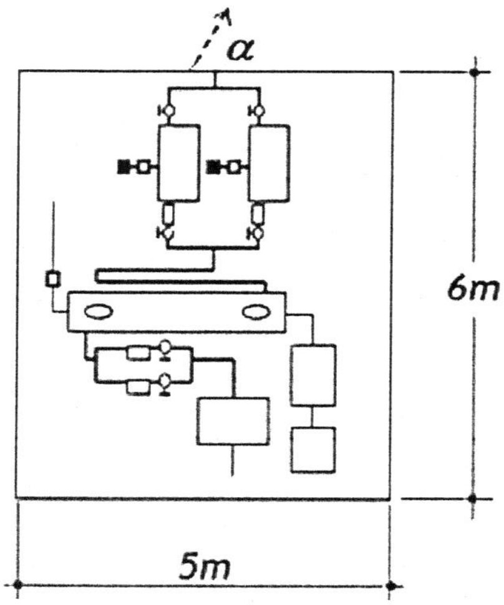

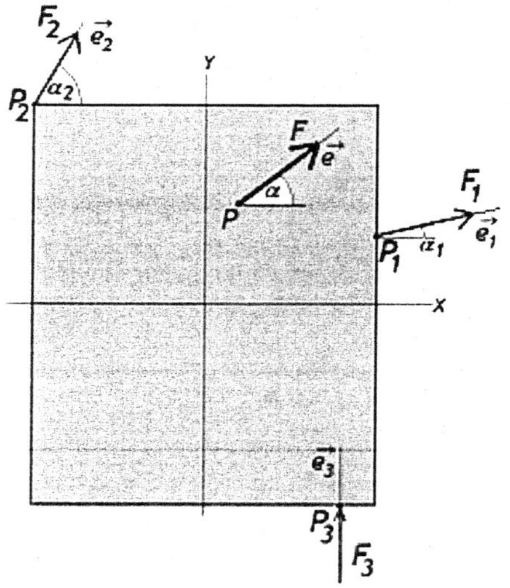

Puede modelarse al conjunto formado por la plataforma y la máquina como un único cuerpo. El problema es reemplazar la fuerza $\overrightarrow{F}$ por otras tres, de modo de provocar los mismos efectos, que en este caso es desplazar la plataforma en la dirección α.

La igualdad de la resultante de las fuerzas sustituyentes con $\overrightarrow{F}$:

$$\overrightarrow{F_1} + \overrightarrow{F_2} + \overrightarrow{F_3} = F_1\,\overrightarrow{e_1} + F_2\,\overrightarrow{e_2} + F_3\,\overrightarrow{e_3} = \overrightarrow{F} = F\,\vec{e} \qquad (1)$$

Asimismo deberá haber igualdad del momento de la fuerza original, respecto al origen coordenado y el momento de las fuerzas sustituyentes:

$$\sum_3 \overrightarrow{r_i} \times F_i\,\overrightarrow{e_i} = \overrightarrow{r_P} \times F\,\vec{e} \qquad (2)$$

Los vectores unitarios en dirección y sentido de las fuerzas son: $\overrightarrow{e_i} = cos\,\alpha_i \vec{i} + sen\,\alpha_i \vec{j}$

$\overrightarrow{e_f} = 0.766\ \vec{i} + 0.643\,\vec{j}$ $\quad \overrightarrow{e_1} = 0.966\ \vec{i} + 0.259\,\vec{j}$ $\quad \overrightarrow{e_2} = 0.5\,\vec{i} + 0.866\,\vec{j}$ $\quad \overrightarrow{e_3} = \vec{j}$

Los vectores posición de los puntos sobre las líneas de acción de las fuerzas:

$\overrightarrow{r_P} = 0.5\,\vec{i} + 1.5\,\vec{j}\,m$ $\quad \overrightarrow{r_1} = 2.5\,\vec{i} + 1\,\vec{j}\,m$ $\quad \overrightarrow{r_2} = -2.5\,\vec{i} + 3\,\vec{j}\,m$ $\quad \overrightarrow{r_3} = 2\,\vec{i} - 3\,\vec{j}\,m$

Las ecuaciones escalares correspondientes a las vectoriales *(1)* y *(2)*, conducen al sistema lineal de ecuaciones:

$$F_1\,cos\,\alpha_1 + F_2\,cos\,\alpha_2 + F_3\,cos\,\alpha_3 = F\,cos\,\alpha$$
$$F_1\,sen\,\alpha_1 + F_2\,sen\,\alpha_2 + F_3\,sen\,\alpha_3 = F\,sen\,\alpha$$
$$(x_1\,sen\,\alpha_1 - y_1\,cos\,\alpha_1)\,F_1 + (x_2\,sen\,\alpha_2 - y_2\,cos\,\alpha_2)\,F_2 + (x_3\,sen\,\alpha_3 - y_3\,cos\,\alpha_3)\,F_3 = (x_P\,sen\,\alpha_P - y_P\,cos\,\alpha_P)\,F$$

Cuya solución es: $\quad F_1 = 28.885\ kN \quad F_2 = 13.143\ kN \quad F_3 = 10.067\ kN$

El problema puede resolverse también a partir del siguiente planteamiento: consideramos al cuerpo bajo un sistema de cargas formado por la fuerza original y el sistema sustituto pero de sentido opuesto cuya resultante sea $-\overrightarrow{F}$ y cuyo ***EC*** coincida con la línea de acción de la fuerza a sustituir, por lo que el cuerpo queda bajo un sistema nulo de cargas y por consiguiente en equilibrio.

En los sistemas planos, la condición de equilibrio puede plantearse como la nulidad del momento del sistema de cargas respecto a tres puntos no alineados ***A***, ***B*** y ***C***, es decir:

$$\sum M_{RA} = \left[\overrightarrow{r_{AP}} \times \overrightarrow{F} + \overrightarrow{r_{A1}} \times (-\overrightarrow{F_1}) + \overrightarrow{r_{A2}} \times (-\overrightarrow{F_2}) + \overrightarrow{r_{A3}} \times (-\overrightarrow{F_3})\right] \cdot \vec{k} = 0$$
$$\sum M_{RB} = \left[\overrightarrow{r_{BP}} \times \overrightarrow{F} + \overrightarrow{r_{B1}} \times (-\overrightarrow{F_1}) + \overrightarrow{r_{B2}} \times (-\overrightarrow{F_2}) + \overrightarrow{r_{B3}} \times (-\overrightarrow{F_3})\right] \cdot \vec{k} = 0$$
$$\sum M_{RC} = \left[\overrightarrow{r_{CP}} \times \overrightarrow{F} + \overrightarrow{r_{C1}} \times (-\overrightarrow{F_1}) + \overrightarrow{r_{C2}} \times (-\overrightarrow{F_2}) + \overrightarrow{r_{C3}} \times (-\overrightarrow{F_3})\right] \cdot \vec{k} = 0$$

Que conduce a un sistema de tres ecuaciones (acopladas), con las magnitudes de las tres fuerzas como incógnitas.

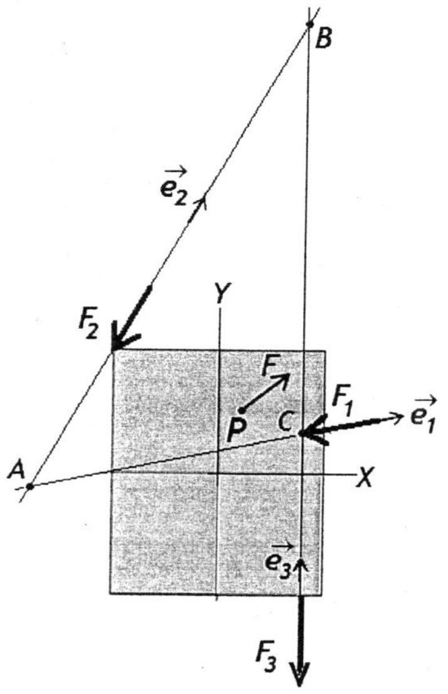

Si elegimos como puntos ***A***, ***B*** y ***C***, los que resultan de la intersección de las rectas de acción de las tres fuerzas, tendremos una importante simplificación. Esos puntos de intersección se determinan seguidamente:

El ***A*** entre las rectas ***1*** y ***2***: $$\overrightarrow{r_A} = \overrightarrow{r_1} + \frac{[(\overrightarrow{r_2}-\overrightarrow{r_1}) \times \overrightarrow{e_2}] \cdot \vec{k}}{(\overrightarrow{e_1} \times \overrightarrow{e_2}) \cdot \vec{k}} \overrightarrow{e_1} = \mathbf{-4.781\,\vec{\imath} - 0.951\,\vec{\jmath}\,m}$$

El ***B*** entre las rectas ***2*** y ***3***: $$\overrightarrow{r_B} = \overrightarrow{r_2} + \frac{[(\overrightarrow{r_3}-\overrightarrow{r_2}) \times \overrightarrow{e_3}] \cdot \vec{k}}{(\overrightarrow{e_2} \times \overrightarrow{e_3}) \cdot \vec{k}} \overrightarrow{e_2} = \mathbf{2\,\vec{\imath} + 10.794\,\vec{\jmath}\,m}$$

El ***C*** entre las rectas ***3*** y ***1***: $$\overrightarrow{r_C} = \overrightarrow{r_3} + \frac{[(\overrightarrow{r_1}-\overrightarrow{r_3}) \times \overrightarrow{e_1}] \cdot \vec{k}}{(\overrightarrow{e_3} \times \overrightarrow{e_1}) \cdot \vec{k}} \overrightarrow{e_3} = \mathbf{2\,\vec{\imath} + 0.866\,\vec{\jmath}\,m}$$

Comprobemos que estos tres puntos no están alineados. Para lo cual deberá ser:

$$\overrightarrow{r_{AB}} \times \overrightarrow{r_{AC}} = (\overrightarrow{r_B} - \overrightarrow{r_A}) \times (\overrightarrow{r_C} - \overrightarrow{r_A}) = -67.324\,\vec{k}\,m^2 \neq \mathbf{0}$$

Las posiciones relativas del punto ***P*** de la fuerza ***F*** respecto a los puntos de encuentro ***A***, ***B*** y ***C*** entre las rectas, son:

$$\overrightarrow{r_{AP}} = \overrightarrow{r_P} - \overrightarrow{r_A} = \mathbf{5.281\,\vec{\imath} + 2.451\,\vec{\jmath}\,m}$$
$$\overrightarrow{r_{BP}} = \overrightarrow{r_P} - \overrightarrow{r_B} = \mathbf{-1.5\,\vec{\imath} - 9.294\,\vec{\jmath}\,m}$$
$$\overrightarrow{r_{CP}} = \overrightarrow{r_P} - \overrightarrow{r_C} = \mathbf{-1.5\,\vec{\imath} + 0.634\,\vec{\jmath}\,m}$$

Los vectores posición de los puntos P_i de las rectas de acción de las fuerzas, respecto a los ***A***, ***B*** y ***C*** son:

del P_3 de F_3, respecto al de encuentro ***A*** de las rectas de F_1 y F_2:

$$\overrightarrow{r_{A3}} = \overrightarrow{r_3} - \overrightarrow{r_A} = \mathbf{6.781\,\vec{\imath} - 2.049\,\vec{\jmath}\,m}$$

del P_1 de F_1, respecto al de encuentro ***B*** de las rectas de F_2 y F_3:

$$\overrightarrow{r_{B1}} = \overrightarrow{r_1} - \overrightarrow{r_B} = \mathbf{-0.5\,\vec{\imath} - 9.794\,\vec{\jmath}\,m}$$

del P_2 de F_2, respecto al de encuentro ***C*** de las rectas de F_3 y F_1:

$$\overrightarrow{r_{C2}} = \overrightarrow{r_2} - \overrightarrow{r_C} = \mathbf{-4.5\,\vec{\imath} + 2.134\,\vec{\jmath}\,m}$$

Al usar los puntos de intersección ***A***, ***B*** y ***C*** para calcular el momento de la fuerza original y las sustituyentes, sólo es no nulo el momento de aquella fuerza cuya línea de acción no pasa por el punto de cruce, lo cual permite obtener la fuerza y su magnitud en forma directa.

Es entonces el momento respecto al punto ***B***, de encuentro de las rectas ***2*** y ***3***:

$$\overrightarrow{r_{BP}}\times\vec{F} + \overrightarrow{r_{B1}}\times\left(-\vec{F_1}\right) = 0 \qquad \text{de la que:} \qquad \overrightarrow{r_{BP}}\times\vec{F} = \overrightarrow{r_{B1}}\times\vec{F_1}$$

y lo mismo respecto al punto de encuentro ***C*** de las rectas ***3-1***:

$$\overrightarrow{r_{CP}}\times\vec{F} + \overrightarrow{r_{C2}}\times\left(-\vec{F_2}\right) = 0 \qquad \text{de la que:} \qquad \overrightarrow{r_{CP}}\times\vec{F} = \overrightarrow{r_{C2}}\times\vec{F_2}$$

y ***A*** de las rectas ***1-2***:

$$\overrightarrow{r_{AP}}\times\vec{F} + \overrightarrow{r_{A3}}\times\left(-\vec{F_3}\right) = 0 \qquad \text{de la que:} \qquad \overrightarrow{r_{AP}}\times\vec{F} = \overrightarrow{r_{A3}}\times\vec{F_3}$$

Para obtener de cada una de la ecuaciones anteriores, los vectores fuerza sustituyente, hacemos lo siguiente: por ejemplo para obtener $\vec{\boldsymbol{F}_1}$, si en:

$$\overrightarrow{\boldsymbol{r}_{BP}}\times\vec{\boldsymbol{F}} = \overrightarrow{r_{B1}}\times\vec{F_1} = \boldsymbol{F}_1(\overrightarrow{\boldsymbol{r}_{B1}}\times\overrightarrow{\boldsymbol{e}_1})$$

multiplicamos vectorialmente ambos miembros por el vector unitario normal a $\vec{\boldsymbol{F}_1}$, (el $\overrightarrow{\boldsymbol{e}'_1}$) y desarrollado luego el segundo miembro:

$$\left(\overrightarrow{r_{BP}}\times\vec{F}\right)\times\overrightarrow{e'_1} = F_1(\overrightarrow{r_{B1}}\times\overrightarrow{e_1})\times\overrightarrow{e'_1} = F_1\left[\left(\overrightarrow{r_{B1}}\cdot\overrightarrow{e'_1}\right)\overrightarrow{e_1} - \left(\overrightarrow{e_1}\cdot\overrightarrow{e'_1}\right)\overrightarrow{r_{B1}}\right]$$

y siendo $\overrightarrow{\boldsymbol{e}_1}\cdot\overrightarrow{\boldsymbol{e}'_1} = \mathbf{0}$, podemos obtener el: $\vec{\boldsymbol{F}_1} = \dfrac{(\overrightarrow{\boldsymbol{r}_{BP}}\times\vec{\boldsymbol{F}})\times\overrightarrow{\boldsymbol{e}'_1}}{\overrightarrow{\boldsymbol{r}_{B1}}\cdot\overrightarrow{\boldsymbol{e}'_1}}$

y similarmente los $\vec{\boldsymbol{F}_2}$ y $\vec{\boldsymbol{F}_3}$.

Los vectores unitarios normales a las direcciones de las fuerzas se obtienen con: $\overrightarrow{\boldsymbol{e}'_i} = \vec{\boldsymbol{k}}\times\overrightarrow{\boldsymbol{e}_i}$

$$\overrightarrow{\boldsymbol{e}'_1} = -\mathbf{0.259}\,\vec{\boldsymbol{\imath}} + \mathbf{0.966}\vec{\boldsymbol{\jmath}} \qquad \overrightarrow{\boldsymbol{e}'_2} = -\mathbf{0.866}\,\vec{\boldsymbol{\imath}} + \mathbf{0.5}\vec{\boldsymbol{\jmath}} \qquad \overrightarrow{\boldsymbol{e}'_3} = -\,\vec{\boldsymbol{\imath}}$$

Luego:

$$\vec{\boldsymbol{F}_1} = \frac{\left(\overrightarrow{r_{BP}}\times\vec{F}\right)\times\overrightarrow{e'_1}}{\overrightarrow{r_{B1}}\cdot\overrightarrow{e'_1}} = \mathbf{27.901}\,\vec{\boldsymbol{\imath}} + \mathbf{7.476}\,\vec{\boldsymbol{\jmath}}\,\boldsymbol{kN}$$

$$\vec{\boldsymbol{F}_2} = \frac{\left(\overrightarrow{r_{CP}}\times\vec{F}\right)\times\overrightarrow{e'_2}}{\overrightarrow{r_{C2}}\cdot\overrightarrow{e'_2}} = \mathbf{6.571}\,\vec{\boldsymbol{\imath}} + \mathbf{11.382}\,\vec{\boldsymbol{\jmath}}\,\boldsymbol{kN}$$

$$\vec{\boldsymbol{F}_3} = \frac{\left(\overrightarrow{r_{AP}}\times\vec{F}\right)\times\overrightarrow{e'_3}}{\overrightarrow{r_{A3}}\cdot\overrightarrow{e'_3}} = \mathbf{10.067}\,\vec{\boldsymbol{\jmath}}\,\boldsymbol{kN}$$

$$\boldsymbol{F}_1 = \mathbf{28.885}\,\boldsymbol{kN} \qquad \boldsymbol{F}_2 = \mathbf{13.143}\,\boldsymbol{kN} \qquad \boldsymbol{F}_3 = \mathbf{10.067}\,\boldsymbol{kN}$$

Para definir el sentido de la fuerza, con relación al inicialmente supuesto, hacemos el producto escalar entre el vector unitario inicial definido en el sentido de la fuerza, por el vector unitario definido a partir de la fuerza calculada:

$$\overrightarrow{e_1} \cdot \frac{\overrightarrow{F_1}}{|\overrightarrow{F_1}|} = 1 \qquad \overrightarrow{e_2} \cdot \frac{\overrightarrow{F_2}}{|\overrightarrow{F_2}|} = 1 \qquad \overrightarrow{e_3} \cdot \frac{\overrightarrow{F_3}}{|\overrightarrow{F_3}|} = 1$$

Es decir que efectivamente las fuerzas deben ejercerse en el sentido de los vectores unitarios respectivos.

3.8.2.2 Reemplazo de una fuerza por dos fuerzas coplanares no concurrentes con la fuerza y por un par

Se supone que sobre el cuerpo actúa una fuerza que debe ser reemplazada por otras dos fuerzas, coplanares con la fuerza, y un par cuyo plano de acción es paralelo al de las fuerzas.

Este caso como en los anteriores, la *ec.[3.47]* y la *ec.[3.48]*:

$$\overrightarrow{F} = \overrightarrow{F_1} + \overrightarrow{F_2} \qquad \overrightarrow{r_P} \times \overrightarrow{F} = M\,\vec{k} + \overrightarrow{r_1} \times F_1\,\overrightarrow{e_1} + \overrightarrow{r_2} \times F_2\,\overrightarrow{e_2}$$

Las ecuaciones escalares correspondientes a las anteriores conducen al sistema de ecuaciones:

$$F_1\ cos\,\alpha_1 + F_2\ cos\,\alpha_2 = F\ cos\,\alpha$$
$$F_1\ sen\,\alpha_1 + F_2\ sen\,\alpha_2 = F\ sen\,\alpha$$
$$(x_1\,sen\,\alpha_1 - y_1\ cos\,\alpha_1)\,F_1 + (x_2\,sen\,\alpha_2 - y_2\ cos\,\alpha_2)\,F_2 + M = (x_P\,sen\,\alpha - y_P\ cos\,\alpha)\,F$$

También es este caso pueden plantearse varias posibilidades entre datos e incógnitas.

Ejemplo 6: Se debe desplazar un buque en dirección de la flecha punteada, ejerciendo la fuerza de módulo ***F***, cuya línea de acción forma el ángulo α con el eje del buque ***X*** y que pasa por el centro de gravedad ***P***. Este efecto debe lograrse por la acción de arrastre $\boldsymbol{F_2}$ que produce un remolcador actuando en la proa ($\boldsymbol{P_2}$), y el empuje $\boldsymbol{F_1}$ que ejerce otro, en el costado ($\boldsymbol{P_1}$), y el par que producen las hélices orientables $\boldsymbol{H_1}$ y $\boldsymbol{H_2}$ del propio buque.

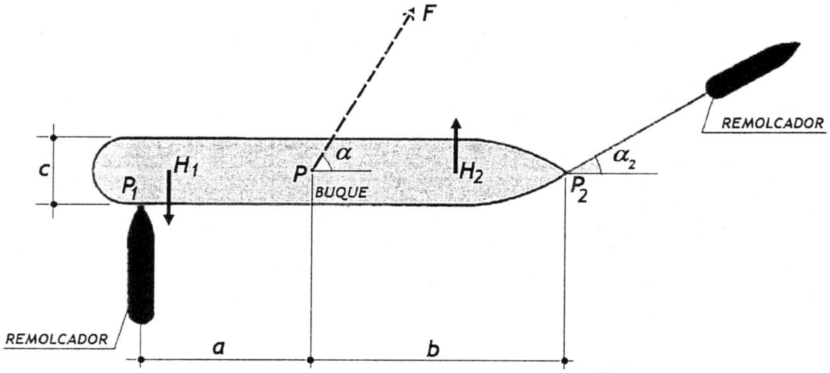

F = 700 kN $\qquad$ α *= 60°* $\qquad$ *a = 70m* $\qquad$ *b = 100m* $\qquad$ *c = 15m* $\qquad$ α_2 *= 62°*

Para el sistema coordenado, las posiciones de los puntos de aplicación de las fuerzas ***P*** y $\boldsymbol{P_i}$ son:

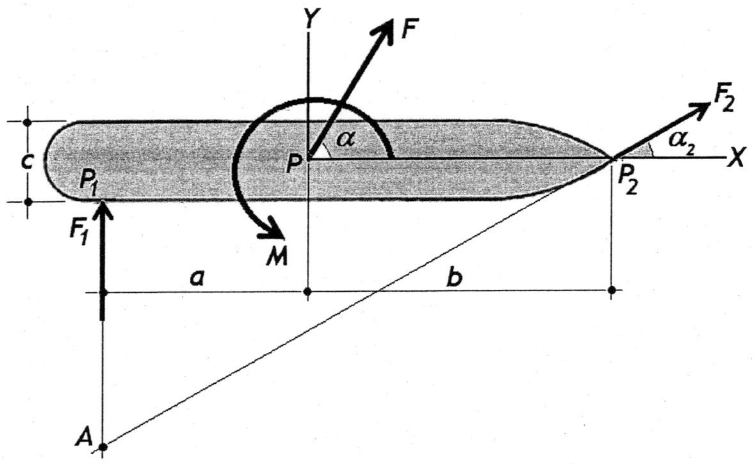

$$\overrightarrow{r_P} = 0 \qquad \overrightarrow{r_1} = -a\,\vec{\imath} - \frac{c}{2}\,\vec{\jmath} = -70\,\vec{\imath} - 7.5\,\vec{\jmath}\,m \qquad \overrightarrow{r_2} = b\,\vec{\imath} = 100\,\vec{\imath}\,m$$

La resultante de las fuerzas sustituyentes debe ser igual a la $\vec{F}$:

$$\overrightarrow{F_1} + \overrightarrow{F_2} = F_1\,\overrightarrow{e_1} + F_2\,\overrightarrow{e_2} = \vec{F} = F\,\vec{e} \qquad (1)$$

Siendo los vectores unitarios: $\overrightarrow{e_i} = \cos\alpha_i\,\vec{\imath} + \operatorname{sen}\alpha_i\,\vec{\jmath}$

$$\vec{e} = 0.5\,\vec{\imath} + 0.866\,\vec{\jmath} \qquad \overrightarrow{e_1} = \vec{\jmath} \qquad \overrightarrow{e_2} = 0.743\,\vec{\imath} + 0.669\,\vec{\jmath}$$

La segunda ecuación vectorial es la del momento de las fuerzas $\overrightarrow{F_i}$, respecto al origen de coordenadas, más el momento $\vec{M}$ del par, igual al momento de la fuerza original respecto al origen:

$$\vec{M} + \textstyle\sum_2 \overrightarrow{r_i} \times F_i\,\overrightarrow{e_i} = \overrightarrow{r_P} \times F\,\vec{e} \qquad (2)$$

Las escalares correspondientes a las *(1)* y *(2)*:

$$F_1 \cos\alpha_1 + F_2 \cos\alpha_2 = F \cos\alpha$$
$$F_1 \operatorname{sen}\alpha_1 + F_2 \operatorname{sen}\alpha_2 = F \operatorname{sen}\alpha$$
$$M + (x_1 \operatorname{sen}\alpha_1 - y_1 \cos\alpha_1)\,F_1 + (x_2 \operatorname{sen}\alpha_2 - y_2 \cos\alpha_2)\,F_2 = (x_P \operatorname{sen}\alpha_P - y_P \cos\alpha_P)\,F$$

La solución de este sistema de ecuaciones es:

$$F_1 = 291.076\,kN \qquad F_2 = 470.971\,kN \qquad M = -11138.8\,kNm$$

Si el cálculo lo hacemos a partir de consideraciones de equilibrio, las tres ecuaciones escalares las escribimos como dos de proyección respecto a dos direcciones y una de momento. A fin de tener ecuaciones desacopladas, tomamos como direcciones de proyección a las normales a cada una de las líneas de acción de las dos fuerzas, con lo cual aparece en cada ecuación sólo una fuerza incógnita. Para la tercera ecuación tomamos como centro de momentos el punto de intersección ***A*** de las rectas de acción de las dos fuerzas sustituyentes.

Los vectores unitarios normales a los de las fuerzas son: $\overrightarrow{e_i'} = \vec{k} \times \overrightarrow{e_i}$

$$\overrightarrow{e_1'} = -\vec{\jmath} \qquad \overrightarrow{e_2'} = -0.669\,\vec{\imath} + 0.743\,\vec{\jmath}$$

La intersección $\boldsymbol{A}$ de las rectas de acción de las dos fuerzas sustituyentes:

$$\overrightarrow{\boldsymbol{r_A}} = \overrightarrow{r_1} + \frac{[(\overrightarrow{r_2} - \overrightarrow{r_1})\times\overrightarrow{e_2}]\cdot\vec{k}}{(\overrightarrow{e_1}\times\overrightarrow{e_2})\cdot\vec{k}}\overrightarrow{e_1} = -\boldsymbol{70\,\vec{\imath} - 153.069\,\vec{\jmath}\,m}$$

El vector posición de $\boldsymbol{P}$ respecto a $\boldsymbol{A}$: $\overrightarrow{\boldsymbol{r_{AP}}} = \overrightarrow{r_P} - \overrightarrow{r_A} = \overrightarrow{r_A} = \boldsymbol{70\,\vec{\imath} + 153.069\,\vec{\jmath}\,m}$

La proyección de las fuerzas en dirección de la normal a la fuerza $\boldsymbol{F_1}$ es:

$(F\,\vec{e})\cdot\overrightarrow{e_1'} - (F_2\,\overrightarrow{e_2})\cdot\overrightarrow{e_1'} = 0$ de la que: $\boldsymbol{F_2} = \frac{\vec{e}\cdot\overrightarrow{e_1'}}{\overrightarrow{e_2}\cdot\overrightarrow{e_1'}}F = \boldsymbol{470.971\,kN}$

y la proyección de las fuerzas en dirección de la normal a la fuerza $\boldsymbol{F_2}$ es:

$(F\,\vec{e})\cdot\overrightarrow{e_2'} - (F_1\,\overrightarrow{e_1})\cdot\overrightarrow{e_2'} = 0$ de la que: $\boldsymbol{F_1} = \frac{\vec{e}\cdot\overrightarrow{e_2'}}{\overrightarrow{e_1}\cdot\overrightarrow{e_2'}}F = \boldsymbol{291.076\,kN}$

La ecuación de momento respecto al punto $\boldsymbol{A}$ de intersección de las fuerzas:

$(\overrightarrow{r_{AP}}\times F\,\vec{e})\cdot\vec{k} - M = 0$ de la que: $\boldsymbol{M} = (\overrightarrow{r_{AP}}\times F\,\vec{e})\cdot\vec{k} = \boldsymbol{-11138.8\,kNm}$

El signo negativo del momento del momento del par sustituyente, significa que para obtener el propósito deseado las hélices $\boldsymbol{H_1}$ y $\boldsymbol{H_2}$ deberán girar en el sentido opuesto al indicado en la figura inicial para dar lugar a un momento contrario al supuesto.

*3.8.2.3 Reemplazo de un par por tres fuerzas no concurrentes y coplanares con el par

Se trata ahora, dentro del marco general de sustituir un sistema de cargas sobre un cuerpo rígido, por otro equivalente, el de reemplazar un par de momento $\boldsymbol{M}$ por tres fuerzas no concurrentes, *fig.3-28.*

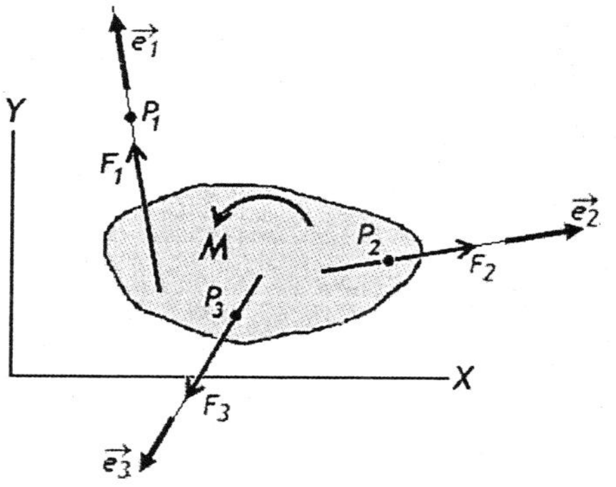

fig.3-28

El sistema sustituyente está formado por tres fuerzas coplanares con el par y no concurrentes. Las *ecs.[3.47,48]*, de equivalencia, quedan:

$$\overrightarrow{\boldsymbol{F_{R1}}} = 0 = \overrightarrow{F_{R2}} = \textstyle\sum_3 \overrightarrow{\boldsymbol{F_\imath}} \qquad \text{y} \qquad \overrightarrow{M_{R1}} = \boldsymbol{M\,\vec{k}} = \overrightarrow{M_{R2}} = \textstyle\sum_3 \overrightarrow{\boldsymbol{r_{Oi}}}\times\overrightarrow{\boldsymbol{F_i}}$$

Como en los problemas precedentes, dependiendo de qué datos e incógnitas de las fuerzas se elijan, la solución es más o menos compleja.

3.8.2.4 Reemplazar una fuerza por dos fuerzas coplanares

Se trata de reemplazar un fuerza $\vec{F} = F\,\vec{e}$ y que pasa por un punto $\boldsymbol{P}$ dado del plano, por dos fuerzas coplanares con ella, *fig.3-29a*. De estas fuerzas se conocen los puntos por los que pasan y de una de ellas su dirección. Se debe determinar el módulo de la que se da su dirección y el valor de la otra. O sea son:

Datos: $\vec{e_1}$, P_1, P_2 Incógnitas: F_1, $\vec{F_2} = F_2\,\vec{e_2}$

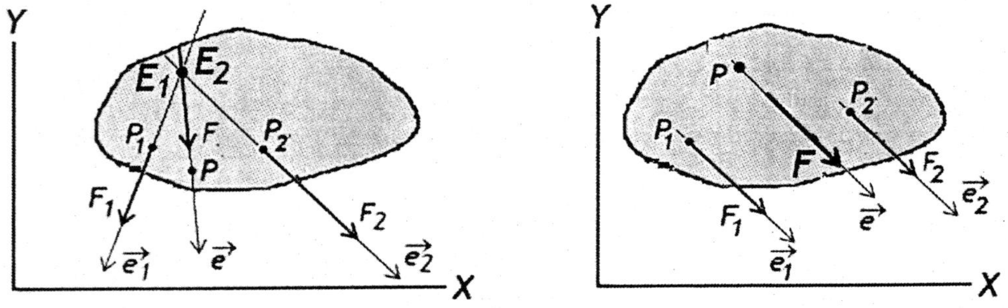

fig.3-29 a) b)

La equivalencia entre la fuerza y sus sustituyentes hace que: $\vec{F} = \vec{F_1} + \vec{F_2}$

La otra ecuación de equivalencia, la igualdad del momento de ambos sistemas respecto a un mismo punto, la formulamos como el momento respecto al punto por el cual pasa la línea de acción de la fuerza a sustituir (***P***), por lo que: $0\times\vec{F} = \overrightarrow{r_{PP_1}}\times\vec{F_1} + \overrightarrow{r_{PP_2}}\times\vec{F_2}$ **[*]**

De la primera ecuación: $\vec{F_2} = \vec{F} - \vec{F_1}$ reemplazada en la segunda y distribuyendo:

$$\overrightarrow{r_{PP_1}}\times\vec{F_1} + \overrightarrow{r_{PP_2}}\times\vec{F} - \overrightarrow{r_{PP_2}}\times\vec{F_1} = [\vec{r_{P_1}} - \vec{r_P} - (\vec{r_{P_2}} - \vec{r_P})]\times\vec{F_1} + \overrightarrow{r_{PP_2}}\times\vec{F} = (\vec{r_{P_1}} - \vec{r_{P_2}})\times\vec{F_1} + \overrightarrow{r_{PP_2}}\times\vec{F}$$
$$= \overrightarrow{r_{P_2P_1}}\times\vec{F_1} + \overrightarrow{r_{PP_2}}\times\vec{F} = 0$$

De esta última igualdad: $\overrightarrow{r_{P_1P_2}}\times\vec{F_1} = \overrightarrow{r_{PP_2}}\times\vec{F}$

Si multiplicamos escalarmente por $\vec{k}$, se obtiene la magnitud de $\vec{F_1}$:

$$F_1 = \frac{(\overrightarrow{r_{PP_2}} \times \vec{e})\cdot\vec{k}}{(\overrightarrow{r_{PP_2}} \times \vec{e_1})\cdot\vec{k}}F \qquad \text{y} \qquad \vec{F_1} = F_1\,\vec{e_1} \qquad \text{con la cual se obtiene luego:} \qquad \vec{F_2} = \vec{F} - \vec{F_1}$$

*Se demuestra a continuación que el punto de encuentro de la línea de acción de la fuerza $\vec{F_2}$ coincide con el de encuentro de $\vec{F}$ y $\vec{F_1}$. El punto de encuentro de estas últimas y de $\vec{F}$ y $\vec{F_2}$ son:

$$\overrightarrow{r_{E_1}} = \vec{r_P} + \frac{(\overrightarrow{r_{PP_1}} \times \vec{e_1})\cdot\vec{k}}{(\vec{e} \times \vec{e_1})\cdot\vec{k}}\vec{e} \qquad \overrightarrow{r_{E_2}} = \vec{r_P} + \frac{(\overrightarrow{r_{PP_2}} \times \vec{e_2})\cdot\vec{k}}{(\vec{e} \times \vec{e_2})\cdot\vec{k}}\vec{e}$$

Siendo el vector unitario en dirección de la fuerza $\vec{F_2}$: $\vec{e_2} = \frac{\vec{F_2}}{F_2} = \frac{\vec{F} - \vec{F_1}}{F_2}$

Reemplazando en el denominador de $\overrightarrow{r_{E_2}}$:

$$\overrightarrow{r_{E_2}} = \overrightarrow{r_P} + \frac{\left(\overrightarrow{r_{PP_2}} \times \overrightarrow{e_2}\right) \cdot \vec{k}}{\left(\vec{e} \times \dfrac{\vec{F} - \overrightarrow{F_1}}{F_2}\right) \cdot \vec{k}} \vec{e} = \overrightarrow{r_P} + \frac{\left(\overrightarrow{r_{PP_2}} \times \dfrac{\overrightarrow{F_2}}{F_2}\right) \cdot \vec{k}}{\left(\dfrac{\vec{e} \times \vec{F} - \vec{e} \times \overrightarrow{F_1}}{F_2}\right) \cdot \vec{k}} \vec{e} = \overrightarrow{r_P} + \frac{\left(\overrightarrow{r_{PP_2}} \times \overrightarrow{F_2}\right) \cdot \vec{k}}{\left(-\vec{e} \times \overrightarrow{F_1}\right) \cdot \vec{k}} \vec{e}$$

A su vez reemplazando en el numerador, a partir de **[*]**: $\overrightarrow{r_{PP_2}} \times \overrightarrow{F_2} = -\overrightarrow{r_{PP_1}} \times \overrightarrow{F_1}$

$$\overrightarrow{r_{E_2}} = \overrightarrow{r_P} + \frac{\left(-\overrightarrow{r_{PP_1}} \times \overrightarrow{F_1}\right) \cdot \vec{k}}{\left(-\vec{e} \times \overrightarrow{F_1}\right) \cdot \vec{k}} \vec{e} = \overrightarrow{r_P} + \frac{\left(\overrightarrow{r_{PP_1}} \times F_1 \overrightarrow{e_1}\right) \cdot \vec{k}}{\left(\vec{e} \times F_1 \overrightarrow{e_1}\right) \cdot \vec{k}} \vec{e} = \overrightarrow{r_P} + \frac{\left(\overrightarrow{r_{PP_1}} \times \overrightarrow{e_1}\right) \cdot \vec{k}}{\left(\vec{e} \times \overrightarrow{e_1}\right) \cdot \vec{k}} \vec{e} \equiv \overrightarrow{r_{E_1}}$$

Si las fuerzas que reemplazan a la dada, *fig.3-29b*, deben ser paralelas a ella y pasar por los puntos $\boldsymbol{P_1}$ y $\boldsymbol{P_2}$, entonces $\overrightarrow{\boldsymbol{e_1}} \equiv \overrightarrow{\boldsymbol{e_2}} \equiv \overrightarrow{\boldsymbol{e}}$ y las ecuaciones precedentes, se transforman a:

$$\overrightarrow{\boldsymbol{F_1}} = \frac{\left(\overrightarrow{\boldsymbol{r_{2P}}} \times \overrightarrow{\boldsymbol{e}}\right) \cdot \overrightarrow{\boldsymbol{k}}}{\left(\overrightarrow{\boldsymbol{r_{21}}} \times \overrightarrow{\boldsymbol{e}}\right) \cdot \overrightarrow{\boldsymbol{k}}} \boldsymbol{F} \overrightarrow{\boldsymbol{e}} \qquad \overrightarrow{\boldsymbol{F_2}} = \frac{\left(\overrightarrow{\boldsymbol{r_{1P}}} \times \overrightarrow{\boldsymbol{e}}\right) \cdot \overrightarrow{\boldsymbol{k}}}{\left(\overrightarrow{\boldsymbol{r_{12}}} \times \overrightarrow{\boldsymbol{e}}\right) \cdot \overrightarrow{\boldsymbol{k}}} \boldsymbol{F} \overrightarrow{\boldsymbol{e}}$$

Capítulo 4
Estudio de las fuerzas

En este capítulo describimos en detalle cómo son las fuerzas que se ejercen sobre los cuerpos.

En general las fuerzas sobre los cuerpos tienen diversos orígenes y actúan en forma individual o conjunta y están distribuidas en toda su masa y en toda o parte de la superficie de los mismos.

4.1 Fuerzas de volumen

Son las que actúan sobre la masa del cuerpo y se deben, por ejemplo, a que se encuentra en un campo de aceleración o a que el cuerpo, cargado eléctrica o magnéticamente, está bajo la acción de un campo electromagnético o, en general, de un campo de fuerzas.

Consideremos un cuerpo, *fig.4-1*, de masa $\boldsymbol{m}$ y volumen $\boldsymbol{V}$, en un campo de aceleración $\overrightarrow{\boldsymbol{a}}$. Para un punto $\boldsymbol{P}$ y un elemento de volumen $\boldsymbol{\Delta V}$ y masa $\boldsymbol{\Delta m}$, que contiene a $\boldsymbol{P}$, la fuerza elemental $\overrightarrow{\boldsymbol{\Delta F}}$ sobre la masa $\boldsymbol{\Delta m}$, suponiendo que la aceleración para los puntos dentro de $\boldsymbol{\Delta V}$ es aproximadamente la misma que para $\boldsymbol{P}$, por la segunda ley de Newton es:

$$\overrightarrow{\boldsymbol{\Delta F}} = \boldsymbol{\Delta m}\,\overrightarrow{\boldsymbol{a}} \qquad [4.1]$$

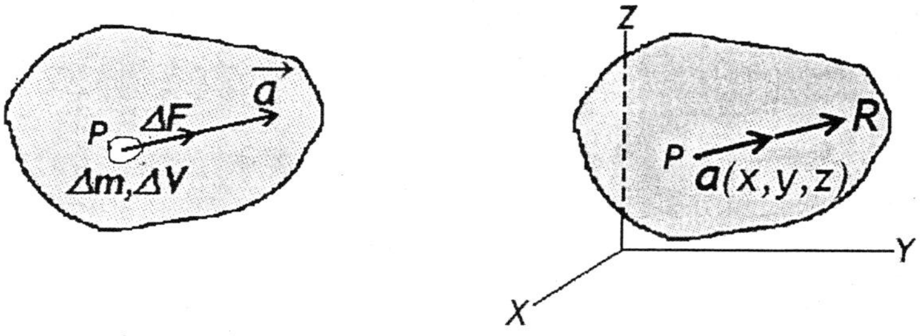

fig.4-1 a) b)

Llamamos *fuerza volumétrica media* en el volumen $\boldsymbol{\Delta V}$: $\overrightarrow{R_m} = \frac{\Delta\vec{F}}{\Delta V}$

y *fuerza volumétrica* o fuerza por unidad de volumen, en el punto $\boldsymbol{P}$, *fig.4-1b*:

$$\overrightarrow{\boldsymbol{R}} = \lim_{\Delta V \to P} \overrightarrow{R_m} = \lim_{\Delta V \to P} \frac{\Delta\vec{F}}{\Delta V} = \frac{\boldsymbol{d}\,\vec{\boldsymbol{F}}}{\boldsymbol{dV}} \qquad [4.2]$$

Por otra parte con la *ec.[4.1]*:

$$\overrightarrow{\boldsymbol{R}} = \lim_{\Delta V \to 0} \frac{\Delta m\,\vec{a}}{\Delta V} = \vec{a}\,\frac{dm}{dV} = \overrightarrow{\boldsymbol{a}}\,\boldsymbol{\rho}$$

donde $\boldsymbol{\rho}$ es la masa específica. La unidad de esta fuerza es: $[R] = \frac{N}{m^3}$

Si el cuerpo no es homogéneo, su masa específica es variable y si la aceleración también es variable con el punto, la fuerza de volumen en general depende del punto, o sea es:

$$\overrightarrow{\boldsymbol{R}}(x,y,z) = R_X\,\vec{\imath} + R_Y\,\vec{\jmath} + R_Z\,\vec{k} = \boldsymbol{\rho}(x,y,z)\,\overrightarrow{\boldsymbol{a}}(x,y,z)$$

Para un cuerpo en proximidad de la superficie terrestre, la aceleración es la gravitacional $\boldsymbol{g}$, cuya magnitud es aproximadamente constante. Para el sistema coordenado, *fig.4-2*, la aceleración y la fuerza de volumen:

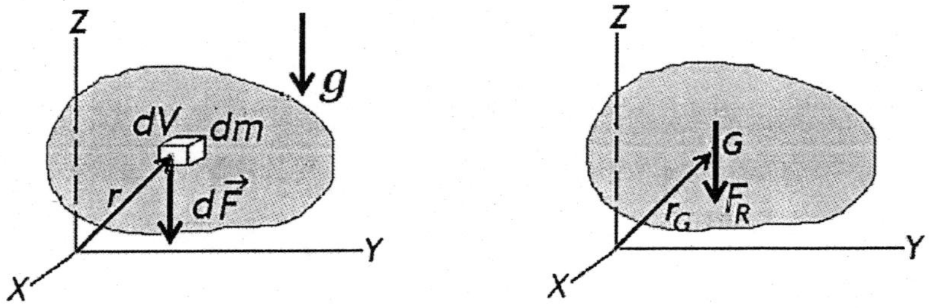

fig.4-2 a) b)

$$\vec{a} = -g\,\vec{k} \qquad \vec{R} = -\rho\,g\,\vec{k} = -\boldsymbol{\gamma}\,\vec{\boldsymbol{k}}$$

Sus componentes resultan: $\boldsymbol{R_X = R_Y = 0},\ \boldsymbol{R_Z} = -\,\rho\,g = -\,\boldsymbol{\gamma}$

donde $\boldsymbol{\rho\,g = \gamma}$, es el peso específico.

Si el cuerpo es homogéneo, o sea $\boldsymbol{\rho = cte}, \boldsymbol{\gamma = cte}$, es: $\boldsymbol{R_Z} = -\gamma = \boldsymbol{cte}$

La fuerza total sobre el cuerpo se obtiene sumando las infinitas fuerzas diferenciales:

$$d\vec{F} = \vec{R}\,dV$$

que son paralelas y en dirección del eje ***Z***.

A partir de la *ec.[4.2]*, integrando en todo el volumen del cuerpo, se obtiene la fuerza resultante:

$$\overrightarrow{\boldsymbol{F_R}} = \int_V \vec{R}\,dV = \int_V -\gamma\,\vec{k}\,dV = -\boldsymbol{\gamma}\,\boldsymbol{V}\,\vec{\boldsymbol{k}}$$

que se denomina *peso* del cuerpo.

Reduciendo estas fuerzas diferenciales al origen de coordenadas, se obtiene su momento resultante, que igualado al momento de la fuerza resultante (el peso), permite conocer la posición de su línea de acción:

$$\overrightarrow{\boldsymbol{M_R}} = \int_V \vec{r}\times\vec{R}\,dV = \int_V \vec{r}\times\left(-\gamma\,\vec{k}\right)dV = \overrightarrow{\boldsymbol{r_G}}\times\overrightarrow{\boldsymbol{F_R}}$$

donde ***G*** es un punto de la línea de acción de $\overrightarrow{\boldsymbol{F_R}}$, *fig.4-2b*.

Como se vio, cuando se analizó el cuerpo bajo la acción de un sistema de fuerzas paralelas, el torsor de fuerzas tiene una única componente que es $\overrightarrow{\boldsymbol{F_R}}$ y el eje central tiene la dirección de las fuerzas (el eje ***Z***).

Si el cuerpo es homogéneo, el peso pasa por el centro geométrico del cuerpo, o *baricentro* (o *centroide*) y que en este contexto lo denominamos *centro de gravedad*.

4.2 Fuerzas de superficie

Se deben a la acción que ejercen sobre el cuerpo, por contacto directo, otros cuerpos sólidos y/o un fluido en reposo o en movimiento relativo al cuerpo. Se aplica sobre aquella parte de la superficie del cuerpo en la que se realiza el contacto.

Se supone que el contacto comienza lentamente (se dice que se realiza en forma estática) y no por choque o impacto, que dan lugar a fenómenos esencialmente dinámicos.

El contacto entre los cuerpos, *fig.4-3a*, se realiza a través de una superficie de área $\boldsymbol{A_S}$. Un detalle a nivel microscópico en esa superficie, *fig.4-3b*, muestra que el contacto se hace en puntos aislados. Sin embargo consideramos idealmente que tiene lugar en los infinitos puntos dentro de A_S.

Señalemos que a la fuerza que ejerce un cuerpo sobre el otro, le corresponde otra fuerza de igual módulo y dirección y sentido opuesto, que el segundo cuerpo ejerce sobre el primero. Es decir que a la acción de un cuerpo hay una reacción del otro, y en términos generales hablamos de una fuerza de interacción en cada punto en la zona de contacto.

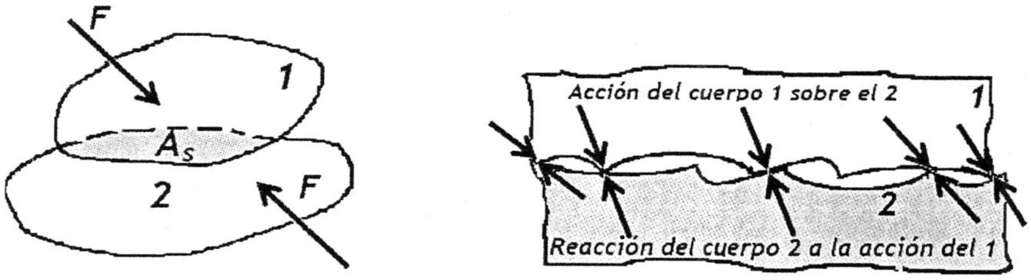

fig.4-3 a) b)

Así consideremos dentro de la superficie de contacto del cuerpo ***2***, *fig.4-4a*, un punto ***P*** y una superficie elemental ΔS de área ΔA que contiene a ***P***.

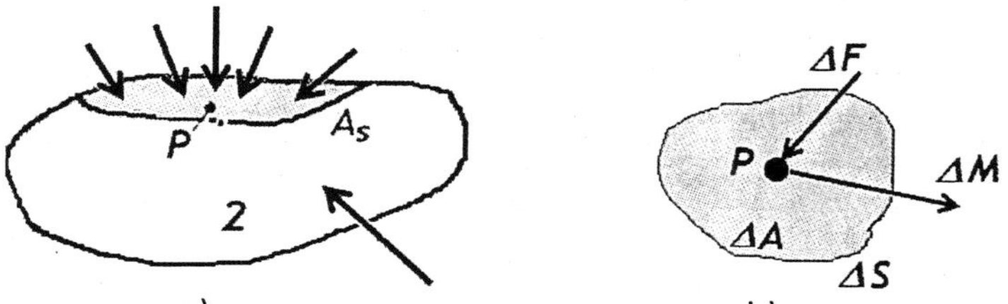

fig.4-4 a) b)

Teniendo en cuenta que el cuerpo ***1*** ejerce una fuerza en cada punto de ΔS, reduzcamos todas estas fuerzas, contenidas en ΔS, al punto ***P***, *fig.4-4b*, obteniendo las resultantes $\Delta\vec{F}$ y $\Delta\vec{M}$.

Llamamos *fuerza superficial media* en la superficie ΔS y área ΔA, al cociente: $\vec{p_m} = \frac{\Delta\vec{F}}{\Delta A}$

y *fuerza superficial* en el punto ***P***:

$$\vec{p} = \lim_{\Delta S \to P} \vec{p_m} = \lim_{\Delta A \to 0} \frac{\Delta\vec{F}}{\Delta A} = \frac{d\vec{F}}{dA} \qquad [4.3]$$

En cuanto al: $\lim_{\Delta A \to 0} \frac{\Delta\vec{M}}{\Delta A} \to 0$

porque el numerador es un infinitésimo de orden superior respecto al denominador, puesto que en ΔS es el producto de dos magnitudes infinitesimales: la fuerza y la distancia.

Si es $\vec{e_n}$ el vector unitario normal y saliente del cuerpo ***2***, *fig.4-5a*, la componente de la fuerza superficial, en la dirección normal a la superficie es:

$$\vec{p_n} = (\vec{p} \cdot \vec{e_n})\,\vec{e_n}$$

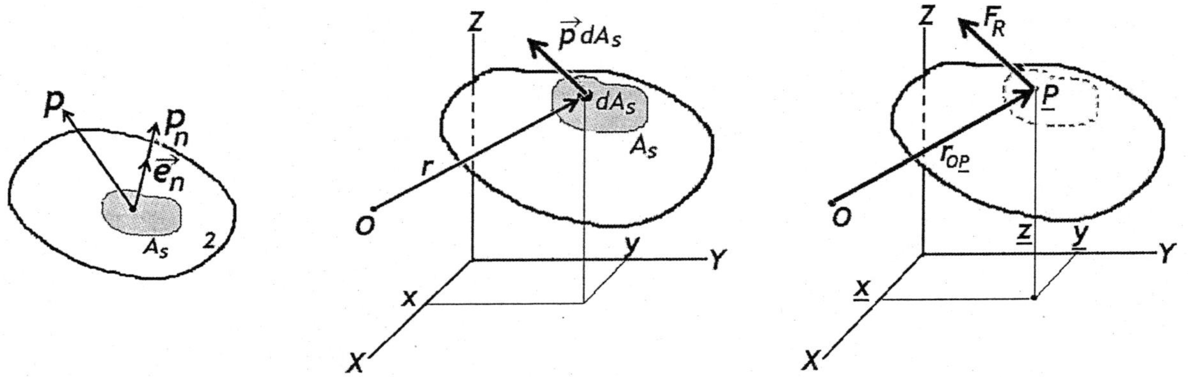

fig.4-5 a) b) c)

Según sea el signo de la magnitud de $\overrightarrow{p_n}$, si: $\vec{p}\cdot\overrightarrow{e_n}<0$ es *presión*, y si: $\vec{p}\cdot\overrightarrow{e_n}>0$ *succión*

La acción superficial por contacto con otros cuerpos sólidos o de un fluido en reposo es, en general, una presión.

La acción de un fluido en movimiento, es más compleja y se estudia en Mecánica de los Fluidos; en ese caso la componente normal puede ser presión o succión, existiendo además una componente en el plano tangente a la superficie, debido al rozamiento del fluido con la superficie.

Para el sistema coordenado, *fig.4-5b*, la superficie del cuerpo es una función $z = f(x,y)$, por lo que la fuerza superficial es, en general:

$$\vec{p}[x,y,z(x,y)] = p_X(x,y)\,\vec{\imath} + p_Y(x,y)\,\vec{\jmath} + p_Z(x,y)\,\vec{k}$$

La unidad de $\vec{p}$ y los múltiplos prácticos son:

$$[p] = \frac{N}{m^2} = \boldsymbol{Pa}\ (Pascal) \qquad \frac{kN}{m^2} = \boldsymbol{kPa}\ (kiloPascal) \qquad \frac{MN}{m^2} = \boldsymbol{MPa}\ (megaPascal)$$

Para la superficie cargada, la fuerza total que se ejerce a través de ella sobre el cuerpo, se obtiene sumando las infinitas fuerzas diferenciales $\vec{p}\,dA_S$, *fig.4-5b*:

$$\overrightarrow{F_R} = \int_{A_s} \vec{p}\, dA_S \qquad [4.4]$$

Para definir la posición $\underline{P}$ de la fuerza resultante, igualamos respecto a un punto O del espacio la suma de los momentos las fuerzas diferenciales, con el momento de la fuerza resultante, *fig.4-5c*:

$$\overrightarrow{M_{RO}} = \int_{A_s} \vec{r}\times\vec{p}\, dA_S = \overrightarrow{r_{O\underline{P}}}\times\overrightarrow{F_R} \qquad [4.5]$$

Cuando la superficie de contacto entre los cuerpos es muy reducida, frente a la superficie del cuerpo, puede reemplazarse la fuerza superficial por su resultante y aplicada en un punto interior de esa superficie pequeña. El resultado es una fuerza idealizada como concentrada, que es la forma como la habíamos considerado hasta ahora.

4.3 Fuerzas superficiales - Casos particulares

Si bien lo anterior vale cualquiera sea la forma de la superficie y la distribución de las fuerzas sobre ella, vamos a tratar los casos en que la superficie cargada es plana y de la fuerza superficial, sólo consideramos la componente normal a la superficie.

4.3.1 Fuerzas distribuidas sobre una superficie plana

Sea el cuerpo, *fig.4-6a*, con una parte de su superficie que es plana y en la cual, en toda o en parte, actúa una fuerza superficial $\vec{p}$, cuya dirección es normal a la superficie.

Situemos el sistema coordenado de modo que el plano $Z-X$ coincida o sea paralelo a la superficie plana cargada. La expresión vectorial cartesiana de la fuerza superficial es:

$$\vec{p}(x,z) = p_Y\,\vec{j} \qquad p_X = p_Z = 0$$

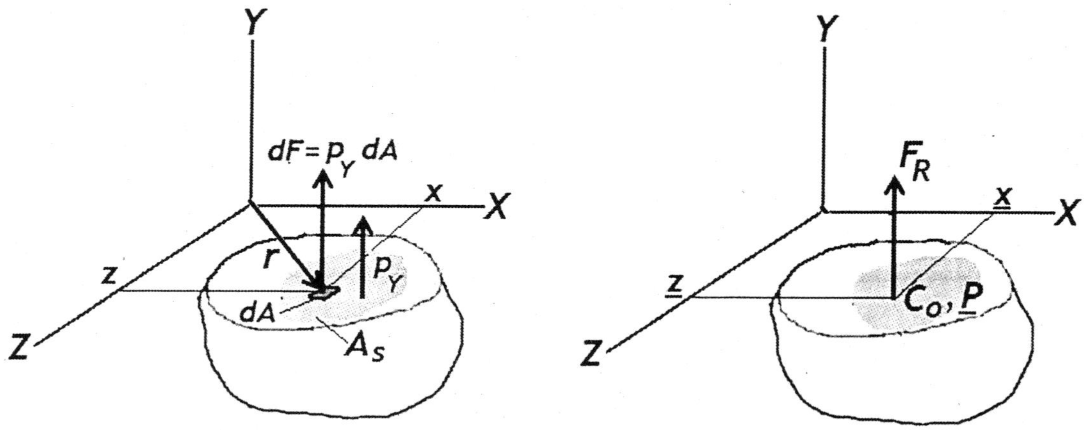

fig.4-6 a) b)

Para un punto de la superficie cargada con la fuerza $\vec{p}$ y un área diferencial $dA_S = dA = dx\,dz$ que lo contenga, la fuerza (diferencial) resultante:

$$\overrightarrow{dF} = \vec{p}\,dA = p_Y\,dA\,\vec{j}$$

Si reducimos al centro de coordenadas estas infinitas fuerzas paralelas y las sumamos, obtendremos la fuerza y momentos resultantes, *ecs.[4.4]* y *[4.5]*, que expresadas en sus componentes cartesianas, son:

$$\overrightarrow{F_R} = \int_{A_s} p_Y\,\vec{j}\,dA = F_{RY}\,\vec{j} \qquad F_{RY} = \int_{A_s} p_Y\,dA$$

Geométricamente la resultante F_{RY} es, en unidades de fuerza, igual al volumen encerrado entre la superficie plana cargada y la superficie representada por la función $p_Y(x,z)$.

El momento resultante de la reducción al origen de coordenadas:

$$\overrightarrow{M_R} = \int_{A_s} \vec{r}\times\vec{p}\,dA \qquad \text{con:} \qquad \vec{r} = x\,\vec{i} + z\,\vec{k}$$

$$\overrightarrow{M_R} = \int_{A_s} (x\,\vec{i} + z\,\vec{k})\times p_Y\,\vec{j}\,dA = \int_{A_s} -z\,p_Y\,dA\,\vec{i} + \int_{A_s} x\,p_Y\,dA\,\vec{k} = M_{RX}\,\vec{i} + M_{RZ}\,\vec{k}$$

$$M_{RX} = -\int_{A_s} z\,p_Y\,dA \qquad M_{RZ} = \int_{A_s} x\,p_Y\,dA$$

Como las fuerzas diferenciales son paralelas, el torsor de fuerzas tiene como única componente a la fuerza resultante (si $\overrightarrow{F_R} \neq 0$). A partir de la igualdad:

$$\underline{\vec{r}}\times\overrightarrow{F_R} = \overrightarrow{M_R} \qquad (\underline{x}\,\vec{i} + \underline{z}\,\vec{k})\times F_{RY}\,\vec{j} = M_{RX}\,\vec{i} + M_{RZ}\,\vec{k}$$

se obtiene el punto $C_O = \underline{P(x,z)}$ del plano ***Z-X***, en el que la línea de acción de la resultante (el ***EC***) lo corta:

$$\underline{x} = \frac{M_{RZ}}{F_{RY}} = \frac{\int_{A_S} x\, p_Y\, dA}{\int_{A_S} p_Y\, dA} \qquad \underline{z} = -\frac{M_{RX}}{F_{RY}} = -\frac{\int_{A_S} -z\, p_Y\, dA}{\int_{A_S} p_Y\, dA} = \frac{\int_{A_S} z\, p_Y\, dA}{\int_{A_S} p_Y\, dA} \qquad [4.6]$$

Estas coordenadas coinciden con las coordenadas ***x, z*** del baricentro o centro geométrico del volumen que representa $\boldsymbol{p_Y(x,z)}$.

El punto de intersección de la fuerza resultante con la superficie cargada se denomina *centro de presión* (***CP***).

Ejemplo 1: Se carga la bodega de una barcaza arenera con grava que se extrae del fondo de un río. La manga de carga lo hace por el borde ***C***. Los niveles que alcanza la grava en las otras aristas son los indicados y la superficie superior es aproximadamente plana. Si es γ el peso específico de la grava mojada y la presión en un punto del fondo es el producto del peso específico de la grava por la altura, determinar la magnitud de la resultante de la fuerza superficial que la grava ejerce sobre el fondo de la bodega y la posición del centro de presión.

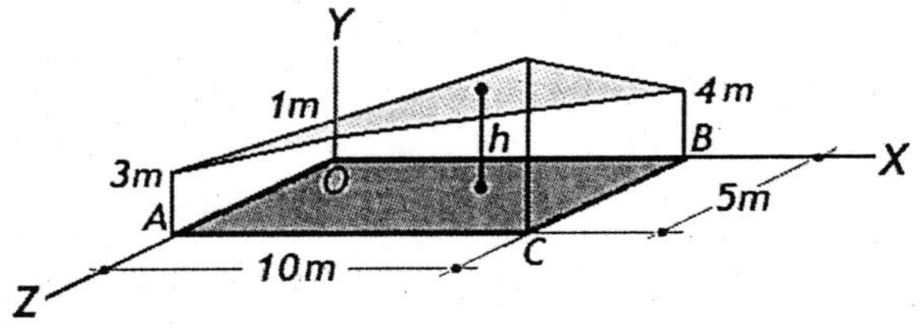

$$\gamma = 25\,\frac{kN}{m^3}$$

La fuerza superficial sobre cada punto del fondo es: $p = \gamma\, h$

Establecemos el sistema coordenado con origen en el vértice ***O*** del fondo de la bodega que queda en el plano $\boldsymbol{Z - X}$. La fuerza superficial se expresa como:

$$\vec{p} = p_Y(x,z)\vec{j} = -\,\boldsymbol{\gamma\, h(x,z)\,\vec{j}}$$

La fuerza superficial sobre el fondo de la bodega, cuya única componente es $\boldsymbol{p_Y}$, en función de las coordenadas de los puntos del fondo es un plano de ecuación:

$$\boldsymbol{p_Y(x,z) = a\,x + b\,z + c} = -\,\gamma\, h(x,z)$$

Determinamos los coeficientes $\boldsymbol{a, b, c}$ que definen a $\boldsymbol{p_Y}$, a partir de la altura que alcanza la grava en las aristas verticales de la bodega:

En *O(0,0,0)* es *h = 1m* $\quad a\,0 + b\,0 + c = -\gamma\,1m \quad$ $\boldsymbol{c} = -\gamma\,1m = \boldsymbol{-25\,kPa}$

En *A(0,0,5m)* es *h = 3m* $\quad a\,0 + b\,5m - \gamma\,1m = -\gamma\,3m \quad$ $\boldsymbol{b} = -\frac{2}{5}\gamma = \boldsymbol{-10\,\frac{kPa}{m}}$

En *B(10m,0,0)* es *h= 4m* $\quad \gamma\,10m + b\,0 - \gamma\,1m = -\gamma\,4m \quad$ $\boldsymbol{a} = -\frac{3}{10}\gamma = \boldsymbol{-7.5\,\frac{kPa}{m}}$

$$\boldsymbol{p_Y = -\left(\frac{7.5}{m}x + \frac{10}{m}z + 25\right) kPa}$$

con la cual podemos determinar la presión en los vértices del fondo y la altura que alcanza en la arista ***C***.

En *O(0,0,0)*: $\quad \boldsymbol{p_{YO}} = -\left(\frac{7.5}{m}0 + \frac{10}{m}0 + 25\right) kPa = \boldsymbol{-25\,kPa}$

En $A(0,0,5m)$: $p_{YA} = -\left(\frac{7.5}{m}0 + \frac{10}{m}5m + 25\right) kPa = \mathbf{-75\ kPa}$

En $B(10m,0,0)$: $p_{YB} = -\left(\frac{7.5}{m}10m + \frac{10}{m}0 + 25\right) kPa = \mathbf{-100\ kPa}$

En $C(10m,0,5m)$: $p_{YC} = -\left(\frac{7.5}{m}10m + \frac{10}{m}5m + 25\right) kPa = \mathbf{-150\ kPa}$

Con el valor de esta última determinamos la altura que alcanza en $\boldsymbol{C}$: $h_C = \left|\frac{p_{YC}}{\gamma}\right| = \mathbf{6\ m}$

La representación de $\boldsymbol{p_Y}$:

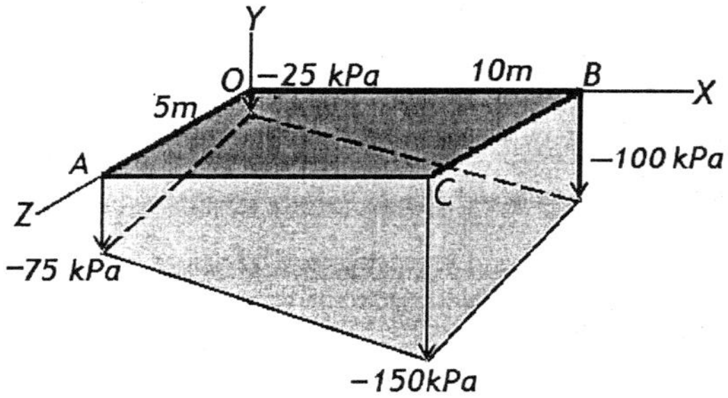

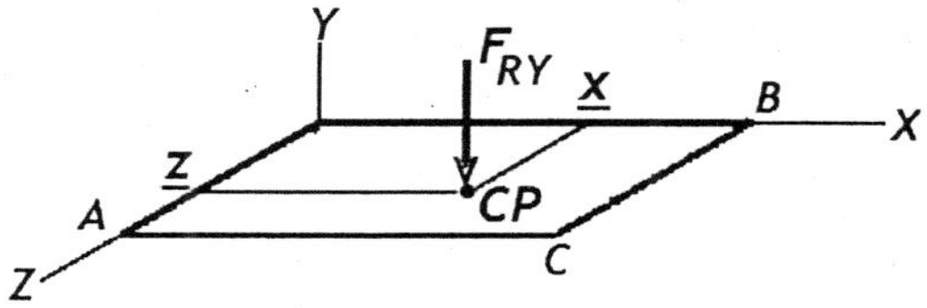

La fuerza resultante, de esta fuerza superficial: $\overrightarrow{F_R} = \int_{A_S} \vec{p}\ dA$

Explícitamente:

$$\overrightarrow{\boldsymbol{F_R}} = F_{RY}\,\vec{j} = \int_{A_S} p_Y\ dA\,\vec{j} = -\int_0^{10m}\int_0^{5m}\left(\frac{\mathbf{7.5}}{\boldsymbol{m}}\ \boldsymbol{x} + \frac{\mathbf{10}}{\boldsymbol{m}}\boldsymbol{z} + \mathbf{25}\right)\boldsymbol{kPa\ dx\ dz\,\vec{j}}$$

$$F_{RY} = \mathbf{-4375\ kN}$$

Ubicamos el punto ***P(x,z)*** del fondo, por donde pasa la resultante, o centro de presión (***CP***), a partir de la igualdad entre los momentos de la fuerza resultante y de la suma de los momentos de las infinitas fuerzas elementales correspondiente a la fuerza superficial, calculados ambos respecto al origen de coordenadas:

$$\underline{\vec{r}}\times\overrightarrow{\boldsymbol{F_R}} = \int_{A_S} \vec{\boldsymbol{r}}\times\vec{\boldsymbol{p}}\ \boldsymbol{dA}$$

Explícitamente: $(\underline{x}\,\vec{\imath} + \underline{z}\,\vec{k})\times F_{RY}\,\vec{j} = \int_{A_S}(x\,\vec{\imath} + z\,\vec{k})\times p_Y\,\vec{j}\ dA$

Las coordenadas del ***CP***:

$$\underline{x} = \frac{\int_{A_S} x\ p_Y\ dA}{F_{RY}} = \frac{\int_0^{5m}\int_0^{10m} -\left(\frac{7.5}{m}x + \frac{10}{m}z + 25\right) kPa\ x\ dx\ dz}{F_{RY}} = \mathbf{5.174\ m}$$

$$\underline{z} = \frac{\int_{A_S} z\ p_Y\ dA}{F_{RY}} = \frac{\int_0^{5m}\int_0^{10m} -\left(\frac{10}{m}x + \frac{7.5}{m}z + 25\right) kPa\ z\ dx\ dz}{F_{RY}} = \mathbf{2.738\ m}$$

4.3.1.1 Fuerzas distribuidas sobre una superficie plana rectangular

Frecuentemente, *fig.4-7*, la superficie plana cargada es rectangular y la fuerza superficial varía a lo largo de uno sólo de los lados, manteniéndose constante en la dirección del otro lado de dimensión ***a***.

Orientemos el sistema coordenado tal que la dimensión ***a*** quede paralela al eje ***Z***, y el eje ***X*** pase por la mitad del ancho $\boldsymbol{a}$, de modo que la fuerza superficial queda expresada como:

$$\overrightarrow{\boldsymbol{p}} = p_Y(x,z)\,\vec{j} = \boldsymbol{p_Y(x)\,\vec{j}}$$

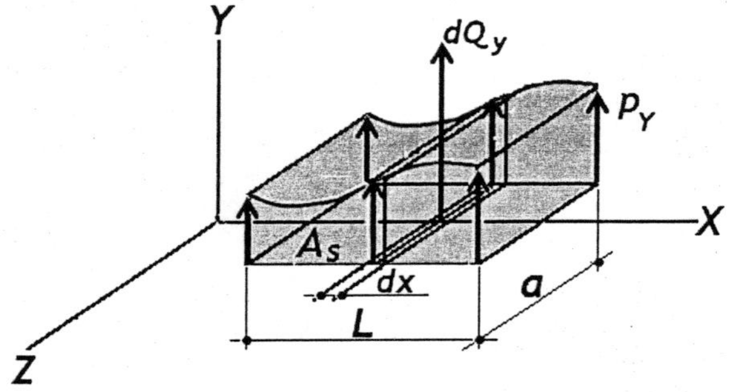

fig.4-7

Para una superficie cargada diferencial, $\boldsymbol{a\,dx}$, la fuerza resultante diferencial es:

$$\boldsymbol{d\,\overrightarrow{Q_Y} = p_Y(x)\,a\,dx\,\vec{j}}$$ ubicada sobre el eje ***X***.

Distribuimos esta fuerza diferencial en la longitud ***dx***, para lo cual la dividimos por ***dx*** y obtenemos la fuerza distribuida sobre una línea o *fuerza por unidad de longitud*:

$$\frac{\boldsymbol{d\,\overrightarrow{Q_Y}}}{\boldsymbol{dx}} = \overrightarrow{q_y}(x) = p_Y(x)\,a\,\vec{j} = \boldsymbol{q_y(x)\,\vec{j}}$$

Su unidad: $[q_y] = \frac{N}{m}, \frac{kN}{m}, \frac{MN}{m}$

Si bien la fuerza real es superficial, podemos tratar más fácilmente con esta fuerza transformada en una fuerza por unidad de longitud.

La línea sobre la que actúa esta fuerza distribuida se denomina *línea de carga*; en este caso es la longitud ***L*** sobre el eje ***X***, *fig.4-8a*.

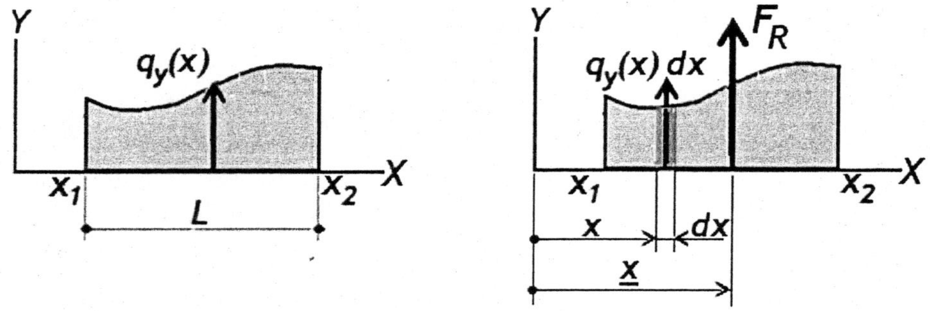

fig.4-8 a) b)

Para un elemento diferencial de longitud de la línea de carga ***dx***, *fig. 4-8b*, la fuerza diferencial resultante es $\boldsymbol{\overrightarrow{q_y}\,dx}$.

Si sumamos estas infinitas fuerzas elementales, obtenemos la resultante de la fuerza por unidad de longitud:

$$\overrightarrow{\boldsymbol{F_R}} = \int_L q_y(x)\,dx\,\vec{j} = \boldsymbol{F_{RY}\,\vec{j}} \qquad \boldsymbol{F_{RY}} = \int_{x_1}^{x_2} \boldsymbol{q_y(x)\,dx} \qquad [4.7]$$

Geométricamente la integral representa el área encerrada por la línea de carga (el eje ***X***) y la curva representativa de la función de la fuerza distribuida $q_y(x)$.

Esta correspondencia geométrica facilita el cálculo de la resultante, en particular cuando q_y varía linealmente con x y su representación gráfica es un rectángulo, triángulo o trapecio.

Si $\overrightarrow{F_R} \neq 0$, para hallar la posición de la fuerza resultante igualamos el momento de las infinitas fuerzas diferenciales, con el momento de la fuerza resultante respecto al origen coordenado:

$$\overrightarrow{M_R} = \int_L \vec{r} \times \overrightarrow{q_y}\, dx = \underline{\vec{r}} \times \overrightarrow{F_R} \qquad [4.8]$$

Con las expresiones de: $\vec{r} = x\,\vec{i}$ $\quad \overrightarrow{q_y} = q_y(x)\,\vec{j}$ $\quad \underline{\vec{r}} = \underline{x}\,\vec{i}$ $\quad \overrightarrow{F_R} = F_{RY}\,\vec{j}$

el momento de la fuerza distribuida, respecto al origen coordenado es:

$$\overrightarrow{M_R} = \int_{x_1}^{x_2} x\,\vec{i} \times q_y(x)\,\vec{j}\; dx = \int_{x_1}^{x_2} x\, q_y(x)\; dx\,\vec{k} = \boldsymbol{M_{RZ}}\,\vec{\boldsymbol{k}}$$

Asimismo el momento de la fuerza resultante, respecto al origen:

$$\underline{\vec{r}} \times \overrightarrow{F_R} = \underline{x}\,\vec{i} \times F_{RY}\,\vec{j} = \underline{x}\, F_{RY}\,\vec{k}$$

Con lo cual la *ec.[4.8]*: $\int_{x_1}^{x_2} x\, q_y(x)\; dx = M_{RZ} = \underline{x}\, F_{RY}$

Con M_{RZ} y F_{RY}, la posición de la resultante:

$$\underline{x} = \frac{M_{RZ}}{F_{RY}} = \frac{\int_{x_1}^{x_2} x\, q_y(x)\, dx}{\int_{x_1}^{x_2} q_y(x)\, dx} \qquad [4.9]$$

que coincide con el centro geométrico (*baricentro* o *centroide*) del área representada por q_y. Para fuerzas que varían linealmente con x, en la *fig.4-9* se indican la resultante y su posición:

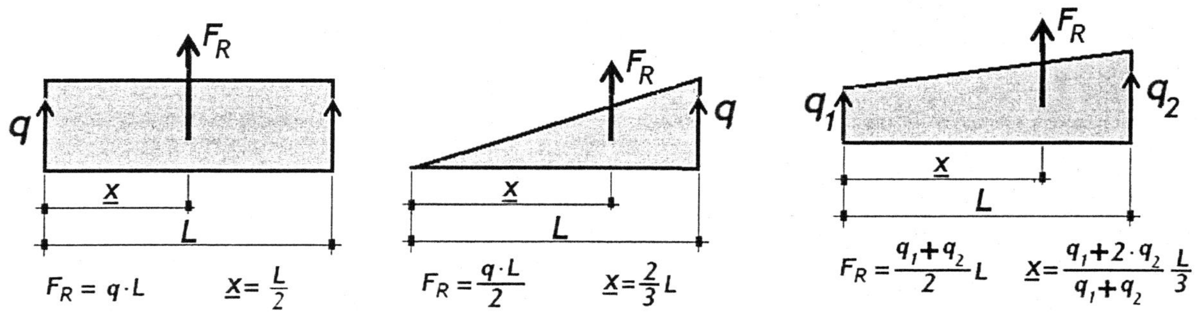

fig.4-9 a) b) c)

La definición del baricentro de una figura plana se da en el Apéndice A.

Ejemplo 2: Una viga comercial de acero laminado, que es un cuerpo prismático cuyas bases tienen la forma **I**, se apoya en dos columnas de hormigón. La viga tiene colocada sobre la superficie superior, en todo su ancho a, una pared de mampostería como se indica. Incluyendo el peso de la viga, determinar el valor de la resultante de estas cargas y su posición.

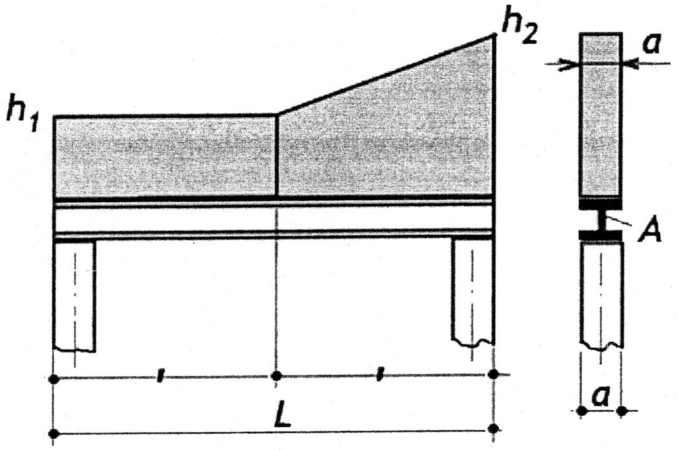

$a = 160\ mm$ $L = 6\ m$ $h_1 = 2.5\ m$ $h_2 = 5.5\ m$ $A = 54.8\ cm^2$

Peso por unidad de longitud de la viga: $q_o = 430\,\frac{N}{m}$

Peso específico del acero de la viga y de la mampostería: $\gamma_{Ac} = 78.5\,\frac{kN}{m^3}$ $\gamma_m = 24\,\frac{kN}{m^3}$

De los cuatro cuerpos que interactúan: las dos columnas, la viga y la pared, el cuerpo que estudiamos es la viga. Las fuerzas que actúan sobre la viga son la superficial a que da lugar la pared y la fuerza de volumen que corresponde al peso propio de la viga. La fuerza de interacción de la viga con las columnas la estudiamos en capítulos posteriores.

La *fuerza superficial* es la presión que ejerce la pared sobre la superficie superior de la viga en todo el ancho $\boldsymbol{a}$. Para modelar esta fuerza consideremos, en una pared de altura variable y ancho constante, un diferencial de longitud de la pared:

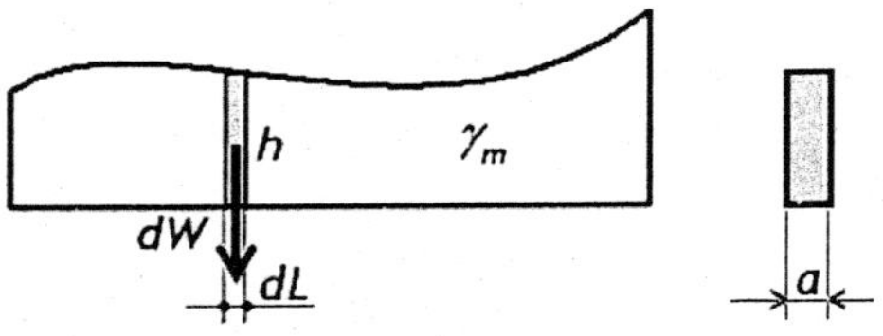

El volumen y el peso de este elemento diferencial de longitud de pared son:

$$\boldsymbol{dV} = h\,a\,dL = \boldsymbol{h\,dA} \qquad \boldsymbol{dW} = \gamma_m\,dV = \boldsymbol{\gamma_m\,h\,dA}$$

siendo $\boldsymbol{dA} = \boldsymbol{a\,dL}$ el diferencial del área de la superficie de contacto de la pared con la viga.

Si distribuimos este peso en la superficie de contacto de área $\boldsymbol{dA}$, obtenemos la fuerza superficial, cuyo módulo, es:

$$\boldsymbol{p} = \frac{dW}{dA} = \boldsymbol{\gamma_m h}$$

De modo que la fuerza superficial varía como lo hace la altura $\boldsymbol{h}$ de la pared y no varía en el ancho $\boldsymbol{a}$. Para este problema, los valores característicos de la fuerza superficial son:

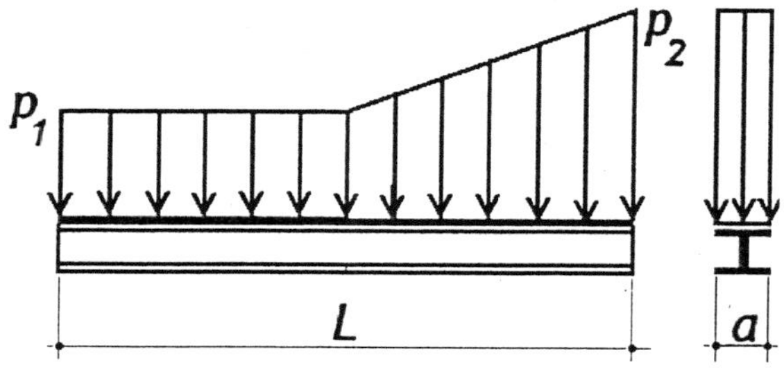

$$\boldsymbol{p_1} = \gamma_m\, h_1 = \mathbf{60}\ \boldsymbol{kPa} \qquad \boldsymbol{p_2} = \gamma_m\, h_2 = \mathbf{132}\ \boldsymbol{kPa}$$

Si se multiplica la fuerza superficial $\boldsymbol{p}$ por el ancho $\boldsymbol{a}$, se obtiene la fuerza por unidad de longitud correspondiente.

$$\boldsymbol{q} = p\ a = \boldsymbol{\gamma_m h\ a} \qquad q_1 = p_1\ a = \mathbf{9.6}\,\frac{\boldsymbol{kN}}{\boldsymbol{m}} \qquad q_2 = p_2\ a = \mathbf{21.12}\,\frac{\boldsymbol{kN}}{\boldsymbol{m}}$$

y que varía del mismo modo que lo hace $\boldsymbol{p}$:

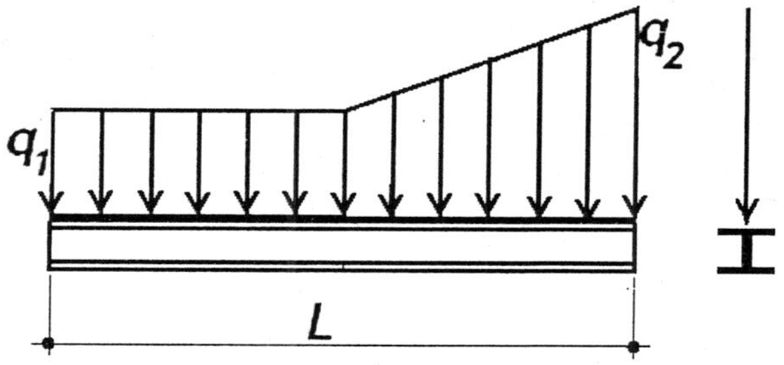

La fuerza de volumen de la viga proviene de que está en el campo gravitatorio terrestre. Su magnitud:

$$\boldsymbol{R} = \rho_{Ac}\ a = \rho_{Ac}\ g = \boldsymbol{\gamma_{Ac}}$$

donde es $\boldsymbol{\gamma_{Ac}}$ es el peso específico del acero.

La forma prismática de la viga facilita la transformación de esta fuerza en una fuerza por unidad de longitud. Para ello consideremos un diferencial de longitud de la viga $\boldsymbol{dL}$:

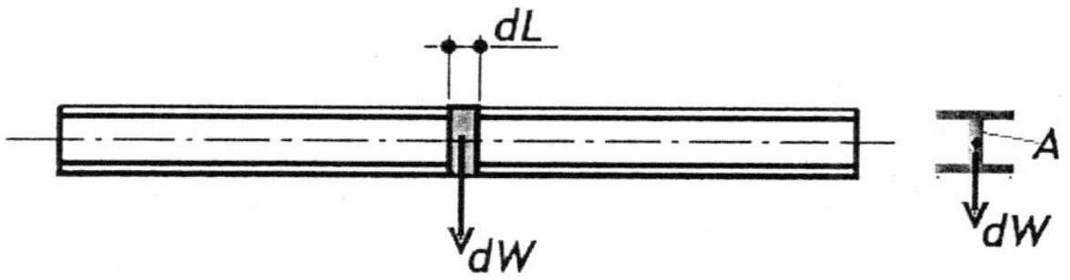

Si $\boldsymbol{A}$ es el área de la superficie de la base del prisma, que es la viga, la fuerza correspondiente al volumen diferencial $\boldsymbol{A \cdot dL}$ es:

$$\boldsymbol{dW} = \gamma_{Ac}\ \boldsymbol{A\ dL}$$

cuyo punto de aplicación coincide con el centro geométrico de la superficie. La línea que pasa por los baricentros de todos los infinitos elementos de viga es el *eje* de la viga y está indicada por la línea de trazo y punto en el dibujo.

Si distribuimos este peso en la longitud dL, obtenemos la fuerza o peso por unidad de longitud, de módulo:

$$q_o = \frac{dW}{dL} = \gamma_{Ac}\, A$$

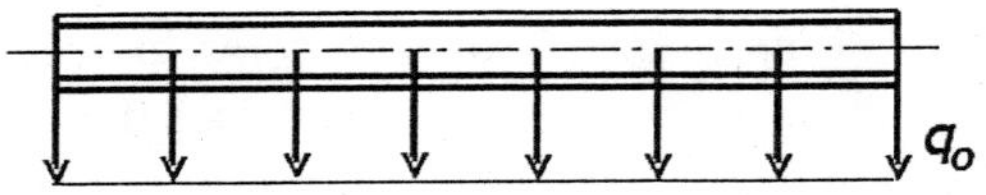

y se designa peso propio por unidad de longitud y que en vigas comerciales, como esta, es un dato.

La viga con las cargas a que da lugar la pared y el peso de la propia viga, transformadas en fuerzas por unidad de longitud quedan esquematizadas como se muestra en la figura siguiente:

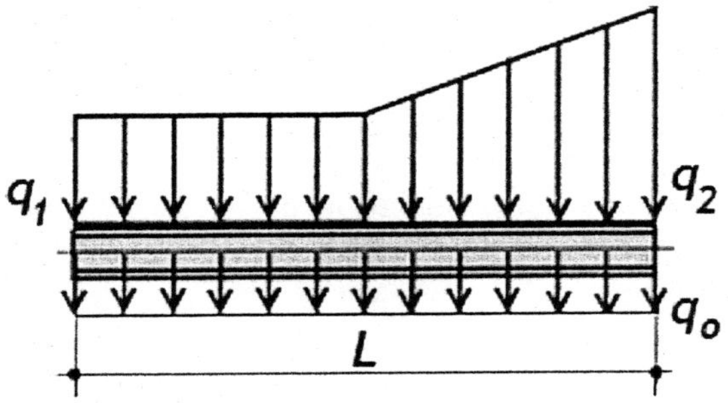

La fuerza distribuida por unidad de longitud correspondiente a la pared puede considerarse formada por una fuerza de distribución uniforme (de forma rectangular) en la mitad izquierda y otra de variación lineal (de forma trapecial) en la mitad derecha de la viga.

La fuerza q_o, correspondiente al peso propio de la viga, está uniformemente distribuida en toda su longitud.

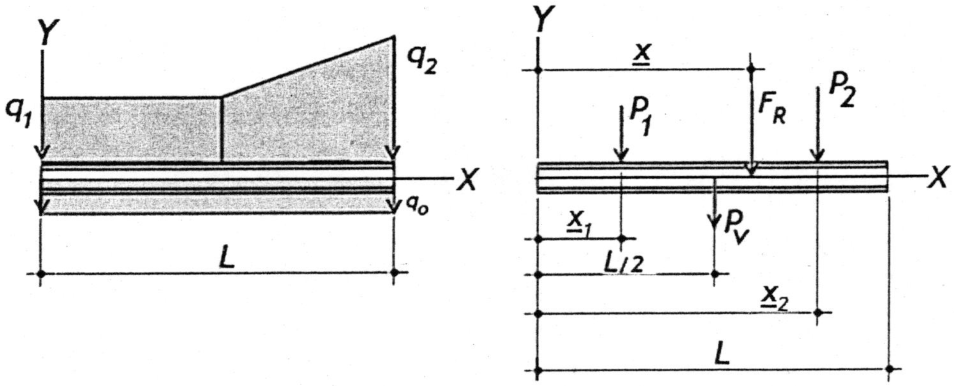

Modeladas las cargas, calculamos la fuerza total actuante sobre la viga.

Las resultantes de cada una de las tres fuerzas distribuidas son iguales a las áreas de las figuras que las representan. Se obtienen directamente:

$$P_V = q_o\, L = \mathbf{2.58\ kN} \qquad P_1 = q_1\, \frac{L}{2} = \mathbf{28.8\ kN} \qquad P_2 = \frac{q_1 + q_2}{2}\, \frac{L}{2} = \mathbf{46.08\ kN}$$

que se muestran como vectores fuerza concentrada en la figura.

La posición relativa al extremo izquierdo de la viga, de cada una de estas resultantes parciales, es la del centro geométrico de cada una de las figuras.

La rectangular de la mitad izquierda de la viga: $\underline{x}_1 = \frac{1}{2}\frac{L}{2} = \mathbf{1.5\ m}$

Para la trapecial de la mitad derecha, (*fig.4-9c*): $\underline{x}_2 = \frac{L}{2} + \frac{q_1 + 2\,q_2}{q_1 + q_2}\,\frac{\frac{L}{2}}{3} = \mathbf{4.688\ m}$

Tratándose de un sistema de fuerzas coplanar y paralelas, la magnitud de la resultante más simple es:

$$\boldsymbol{F_R} = P_V + P_1 + P_2 = \mathbf{77.46\ kN}$$

Ubicamos su posición a partir de: $\underline{x}\,F_R = P_V\,\frac{L}{2} + P_1\,\underline{x}_1 + P_2\,\underline{x}_2$

$$\underline{x} = \frac{P_V\,\frac{L}{2} + P_1\,\underline{x}_1 + P_2\,\underline{x}_2}{F_R} = \mathbf{3.446\ m}$$

Otra forma de considerar la carga distribuida correspondiente a la pared, es dividirla en una uniforme (rectangular) extendida en toda la longitud y otra lineal (triangular) en la mitad derecha:

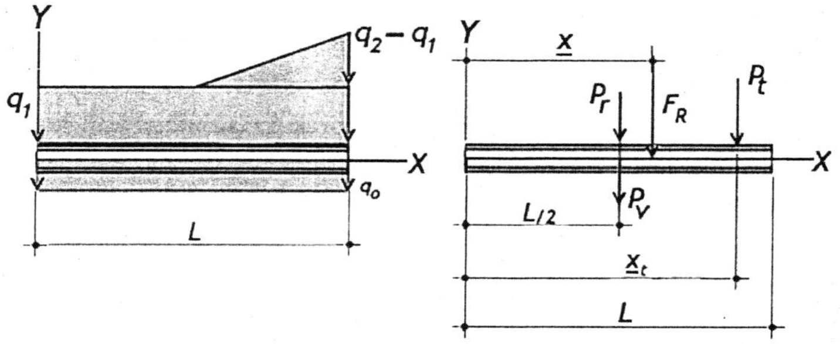

Sus resultantes respectivas: $\boldsymbol{P_r} = q_1 L = \mathbf{57.6\ kN}$ $\boldsymbol{P_t} = \frac{q_2 - q_1}{2}\,\frac{L}{2} = \mathbf{17.28\ kN}$

La posición de la resultante de la triangular: $\underline{\boldsymbol{x}}_{\boldsymbol{t}} = \frac{L}{2} + \frac{2}{3}\,\frac{L}{2} = \mathbf{5\ m}$

La resultante total y su posición: $\boldsymbol{F_R} = P_V + P_r + P_t = \mathbf{77.46\ kN}$

$$\underline{x} = \frac{P_V\,\frac{L}{2} + P_r\,\frac{L}{2} + P_t\,\underline{x}_t}{F_R} = \mathbf{3.446\ m}$$

Como la fuerza rectangular de la pared se extiende por toda la longitud de la viga puede sumarse al peso propio de la viga, dado que al cumplirse el principio de transmisibilidad, la fuerza de la pared se puede considerar aplicada en el eje de la viga:

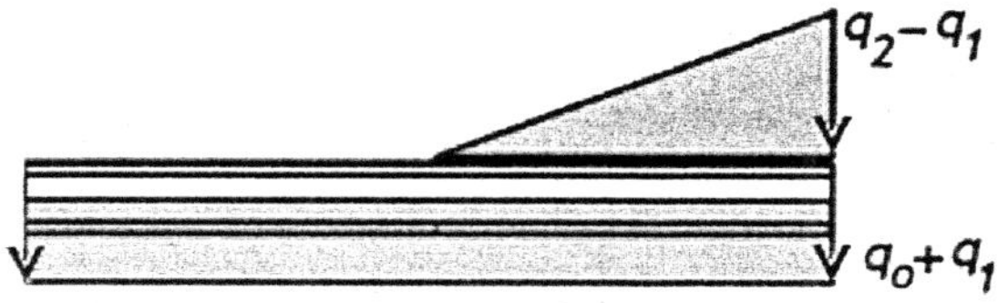

4.3.2 Fuerza distribuida sobre una superficie curva cilíndrica

Consideremos una superficie cilíndrica, *fig. 4-10a*, sobre la que actúa una fuerza superficial cuya magnitud es constante en dirección de la generatriz y del ancho ***a*** y varía sólo a lo largo de la curva directriz de la superficie.

Si orientamos el sistema coordenado de modo que el eje ***Z*** quede paralelo a la recta generatriz, la superficie queda expresada como ***y(x)*** y la fuerza superficial como:

$$\vec{p}(x,y) = \vec{p}(x) = p_X(x)\,\vec{i} + p_Y(x)\,\vec{j}$$

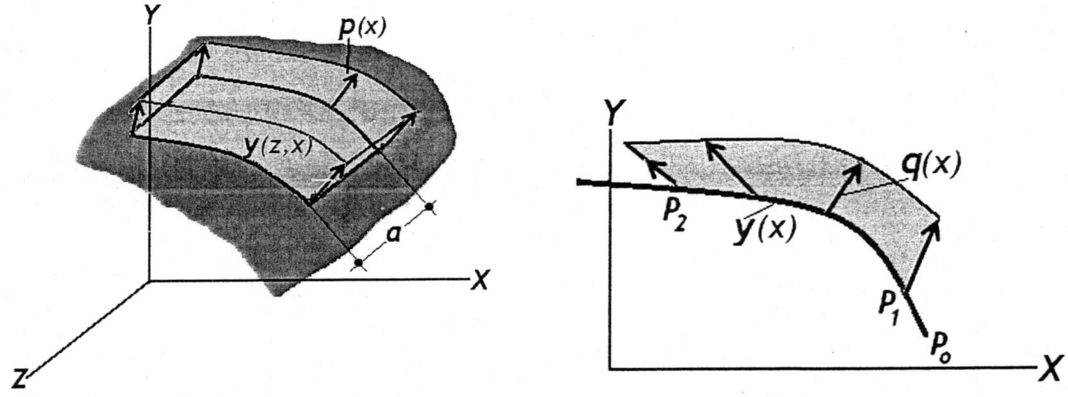

fig.4-10 a) b)

Al ser la fuerza superficial constante en el ancho *a*, la transformamos en una fuerza distribuida por unidad de longitud $\vec{q}$, cuya línea de carga es parte de la curva plana ***y(x)***, *fig. 4-10b*, y que se extiende entre los puntos $\boldsymbol{P_1}$ y $\boldsymbol{P_2}$:

$$\vec{q} = \vec{p}(x)\, a = \vec{q}(x)$$

Expresamos la ecuación de la línea de carga ***y(x)*** en forma paramétrica, tomando como parámetro la coordenada longitudinal ***s*** a lo largo de la curva, a partir de cierto punto $\boldsymbol{P_o}$, *fig.4-11a*:

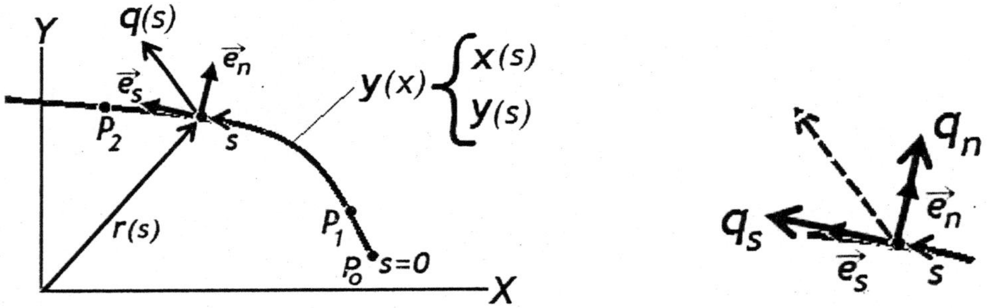

fig.4-11 a) b)

Con lo cual es: $\vec{q}[x(s)] = \vec{q}(s)$ y la longitud de la línea de carga: $L = s_2 - s_1$

El vector posición de un punto de la curva: $\vec{r}(s) = x(s)\,\vec{\imath} + y(s)\,\vec{\jmath}$ [4.10]

y los correspondientes vectores unitarios, tangente: $\overrightarrow{e_s} = \dfrac{d\,\vec{r}(s)}{ds} = \dfrac{d\,x(s)}{ds}\vec{\imath} + \dfrac{d\,y(s)}{ds}\vec{\jmath}$ [4.11]

y normal: $\overrightarrow{e_n} = \overrightarrow{e_s} \times \vec{k} = \dfrac{d\,y(s)}{ds}\vec{\imath} - \dfrac{d\,x(s)}{ds}\vec{\jmath}$ [4.12]

La expresión de la fuerza distribuida, *fig.4-11b*, en términos de las componentes normal y tangencial a la curva, es:

$$\vec{q}(s) = q_n(s)\,\overrightarrow{e_n} + q_s(s)\,\overrightarrow{e_s} \qquad [4.13]$$

Si reemplazamos los vectores unitarios tangente y normal (*ecs.[4.11]* y *[4.12]*), la fuerza distribuida referida al sistema base, es:

$$\vec{q}(s) = \left(q_n \frac{dy}{ds} + q_s \frac{dx}{ds}\right)\vec{\imath} + \left(-q_n \frac{dx}{ds} + q_s \frac{dy}{ds}\right)\vec{\jmath} \qquad [4.14]$$

Si a la fuerza diferencial $\vec{q}(s)ds$, *fig.4-12a*, la reducimos al origen coordenado:

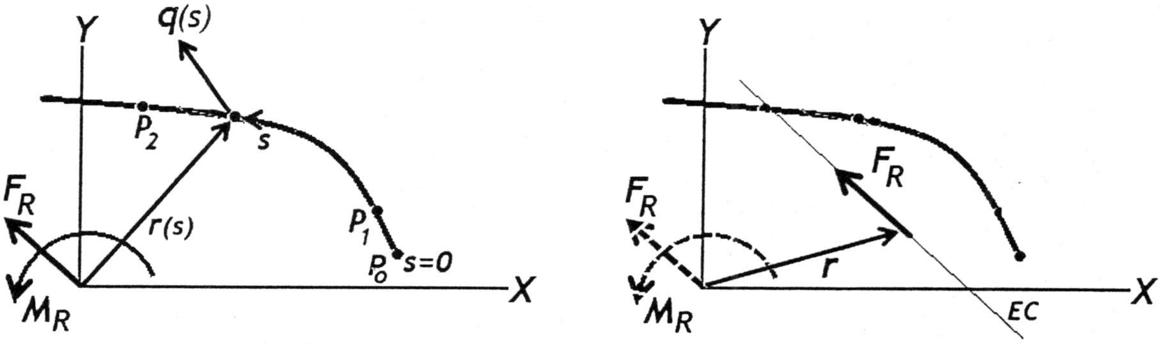

fig.4-12 a) b)

tendremos a esta fuerza y al momento de reducción diferencial, $\vec{r}(s)\times\vec{q}(s)ds$:

La fuerza resultante de las infinitas fuerzas diferenciales:

$$\vec{F_R} = \int_L \vec{q}(s)\ ds \qquad [4.15]$$

y con $\vec{q}(s)$, (*ec.[4.14]*):

$$\vec{F_R} = \int_{s_1}^{s_2}\left(q_n \frac{dy}{ds} + q_s \frac{dx}{ds}\right) ds\,\vec{\imath} + \int_{s_1}^{s_2}\left(-q_n \frac{dx}{ds} + q_s \frac{dy}{ds}\right) ds\,\vec{\jmath} = F_{RX}\,\vec{\imath} + F_{RY}\,\vec{\jmath} \qquad [4.16]$$

y el momento resultante, con *ecs.[4.10]* y *[4.14]*, es:

$$\vec{M_R} = \int_L \vec{r}(s)\times\vec{q}(s)\ ds = \int_L [x(s)\,\vec{\imath} + y(s)\,\vec{\jmath}]\times\left[\left(q_n \frac{dy}{ds} + q_s \frac{dx}{ds}\right)\vec{\imath} + \left(-q_n \frac{dx}{ds} + q_s \frac{dy}{ds}\right)\vec{\jmath}\right] ds \qquad [4.17]$$

El producto de la multiplicación vectorial del integrando:

$$\vec{M_R} = \int_{s_1}^{s_2}\left[x\left(-q_n \frac{dx}{ds} + q_s \frac{dy}{ds}\right) - y\left(q_n \frac{dy}{ds} + q_s \frac{dx}{ds}\right)\right] ds\,\vec{k} = M_{RZ}\,\vec{k} \qquad [4.18]$$

Si $\vec{F_R} \neq 0$, la ecuación del eje central de este estado plano de cargas, *fig.4-12b*, puede obtenerse a partir de:

$$\vec{r}\times\vec{F_R} = \vec{M_R} \qquad (x\,\vec{\imath} + y\,\vec{\jmath})\times(F_{RX}\,\vec{\imath} + F_{RY}\,\vec{\jmath}) = M_{RZ}\,\vec{k}$$

que es la ecuación de la recta:

$$x\,F_{RY} - y\,F_{RX} = M_{RZ} \qquad [4.19]$$

***Ejemplo 3**: La barra curva está empotrada (fija) en P_1 y libre en el extremo P_2. Su eje es un arco de circunferencia de radio R y abarca el ángulo ϕ entre el empotramiento y el extremo libre. Sobre ella actúa una fuerza distribuida lineal de valor constante y dirección horizontal. Determinar la resultante y su posición.

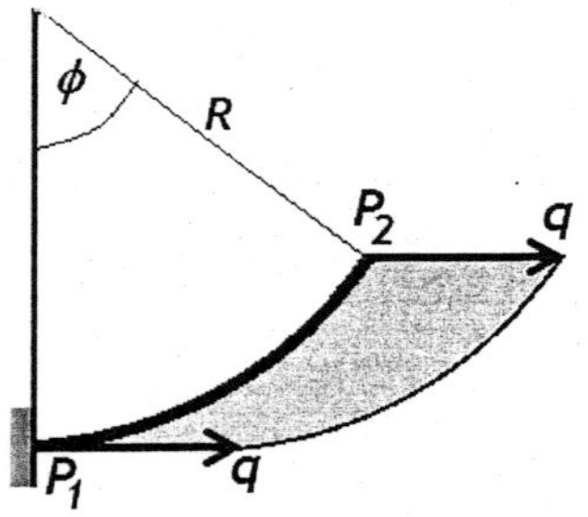

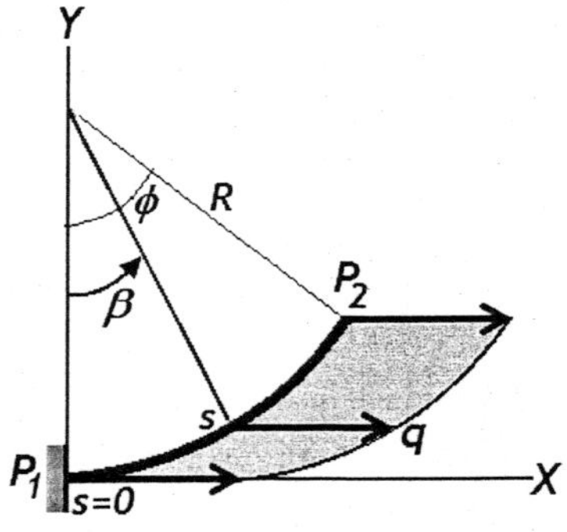

Establecemos un sistema coordenado con origen en el empotramiento $\boldsymbol{P_1}$ y expresamos, en función del parámetro $\boldsymbol{s}$ que es la longitud del arco desde $\boldsymbol{P_1}$, la ecuación del eje de la barra:

$$x(s) = R\ sen\frac{s}{R} \qquad\qquad y(s) = R - R\ cos\frac{s}{R}$$

Como es $\boldsymbol{s = \beta\ R}$, cambiamos la variable $\boldsymbol{s}$ por el ángulo β, por lo que:

$$\boldsymbol{x(\beta) = R\ sen\ \beta} \qquad\qquad \boldsymbol{y(\beta) = R\ (1 - cos\ \beta)}$$

con lo cual el vector posición: $\vec{r}(s) = x(s)\,\vec{\imath} + y(s)\,\vec{\jmath}$ se transforma en:

$$\boldsymbol{\vec{r}(\beta) = R\ [\ sen\ \beta\ \vec{\imath} + (1 - cos\ \beta)\vec{\jmath}\ ]}$$

La expresión de la fuerza distribuida es: $\boldsymbol{\vec{q}(s)} = \vec{q}(\beta) = \boldsymbol{q\ \vec{\imath}}$

Reducimos al origen coordenado esta fuerza distribuida por unidad de longitud. La fuerza resultante:

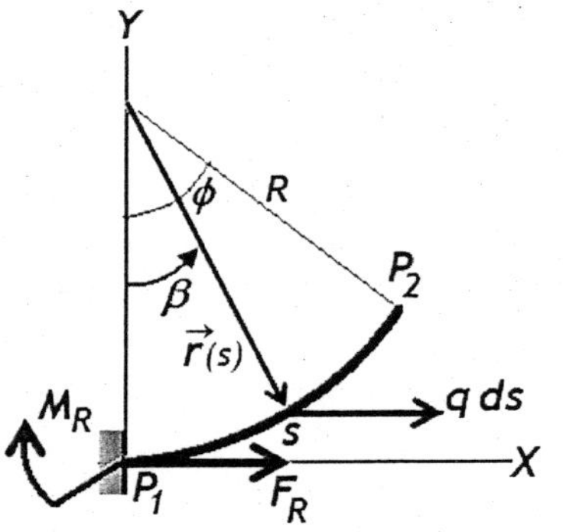

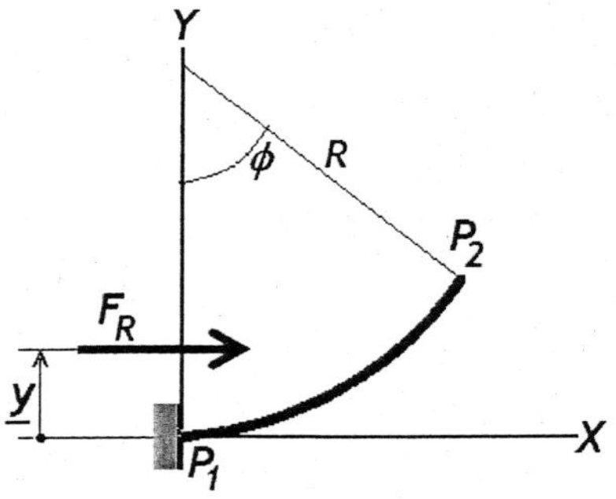

$$\overrightarrow{F_R} = \int_{P_1}^{P_2} \vec{q}(s)\,ds\ = \int_0^{\phi} \boldsymbol{q\ \vec{\imath}\ d(R\ \beta)} \qquad \text{donde:} \qquad \boldsymbol{ds} = d\ (R\ \beta) = \boldsymbol{R\ d\beta}$$

Realizada la integración: $\overrightarrow{F_R} = q\ R\ \phi\ \vec{\imath} = \boldsymbol{F_{RX}\,\vec{\imath}}$ $\qquad$ $\boldsymbol{F_{RX} = q\ R\ \phi}$

donde $\boldsymbol{R\ \phi}$ es la longitud de todo el arco.

El momento resultante de la fuerza distribuida, respecto al origen coordenado:

$$\overrightarrow{M_R} = \int_{P_1}^{P_2} \vec{r}\times\vec{q}\ ds$$

$$\overrightarrow{M_R} = \int_0^{\phi} R\,[\,sen\,\beta\,\vec{\imath} + (1 - cos\,\beta)\,\vec{\jmath}]\ \times q\,\vec{\imath}\,d(R\,\beta)\ = \boldsymbol{q\,R^2 \int_0^{\phi} -(1 - cos\,\beta)\,d\beta\,\vec{k}}$$

$$\overrightarrow{M_R} = M_{RZ}\,\vec{k} = \boldsymbol{-q\,R^2\,(\phi - sen\,\phi)\,\vec{k}}$$

Para obtener la posición de la recta de acción de la resultante (el ***EC***), a partir de:

$$\underline{\vec{r}} \times \overrightarrow{F_R} = \overrightarrow{M_R} \qquad \left(\underline{x}\,\vec{\imath} + \underline{y}\,\vec{\jmath}\right) \times q\,R\,\phi\,\vec{\imath} = -q\,R^2(\phi - sen\,\phi)\,\vec{\imath}$$

$$\underline{y} = \frac{\phi - sen\,\phi}{\phi}\,R$$

Si el arco abarca un cuarto de circunferencia son: $\phi = \frac{\pi}{2}$ $\qquad F_R = \frac{\pi}{2}\,q\,R$ $\qquad \underline{y} = \frac{\pi - 2}{\pi}\,R$

Si es una semicircunferencia: $\qquad \phi = \pi \qquad F_R = \pi\,q\,R \qquad \underline{y} = R$

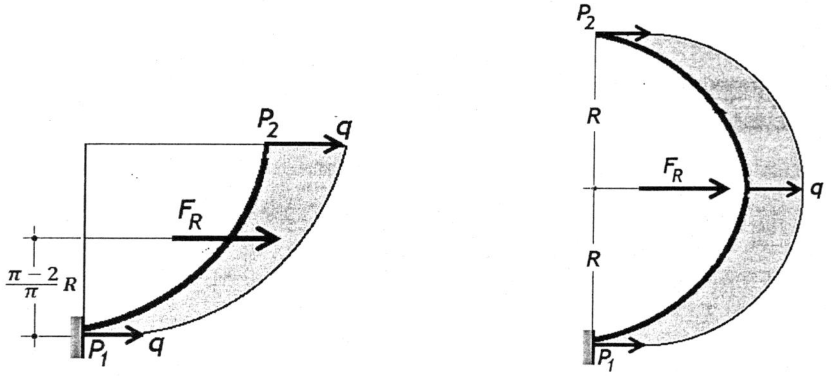

***Ejemplo 4**: La barra está empotrada en P_1 y libre en el extremo P_2. Su eje es un arco de circunferencia de radio R y el ángulo entre el empotramiento y el extremo libre ϕ. Sobre ella actúa una fuerza distribuida de valor constante y dirección radial. Determinar la resultante y la posición del eje central.

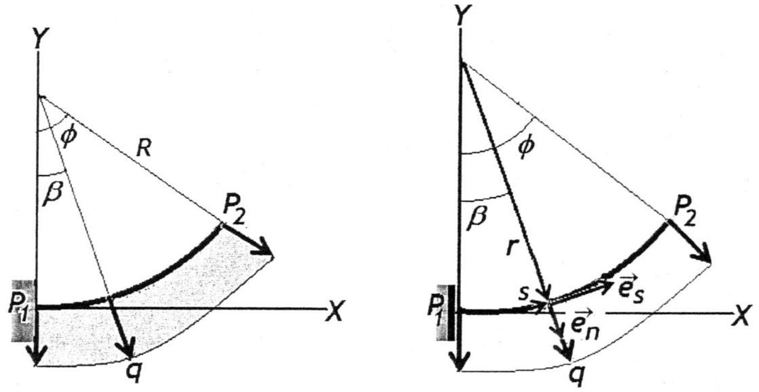

Con el vector posición de un punto del arco del ejemplo anterior:

$$\vec{r}(s) = R\,\left[\,sen\frac{s}{R}\,\vec{\imath} + \left(1 - cos\frac{s}{R}\right)\vec{\jmath}\right]$$

El vector unitario tangente:

$$\overrightarrow{e_s} = \frac{d\,\vec{r}(s)}{ds} = \frac{d\,x(s)}{ds}\vec{\imath} + \frac{d\,y(s)}{ds}\vec{\jmath} = \boldsymbol{cos\frac{s}{R}}\,\vec{\imath} + \boldsymbol{sen\frac{s}{R}}\,\vec{\jmath}$$

Cambiando a la variable $\frac{s}{R} = \boldsymbol{\beta}$: $\overrightarrow{e_s} = cos\,\beta\,\vec{\imath} + sen\,\beta\,\vec{\jmath}$

El vector unitario normal: $\overrightarrow{e_n} = \overrightarrow{e_s} \times \vec{k} = \boldsymbol{sen\,\beta\,\vec{\imath} - cos\,\beta\vec{\jmath}}$

La expresión de la fuerza $\vec{q}(\boldsymbol{s})$ expresada en la variable $\boldsymbol{\beta}$: $\vec{q}(\boldsymbol{\beta}) = q\,\overrightarrow{e_n} = \boldsymbol{q\,(sen\,\beta\,\vec{\imath} - cos\,\beta\,\vec{\jmath})}$

Reducida esta fuerza distribuida por unidad de longitud, al origen coordenado, la fuerza resultante, es:

$$\overrightarrow{F_R} = \int_{P_1}^{P_2} \vec{q}(s)\;ds = \int_0^{\phi} \vec{q}(\boldsymbol{\beta})\;R\,d\boldsymbol{\beta} \;= \boldsymbol{q\,R}\int_0^{\phi} (\boldsymbol{sen\,\beta\,\vec{\imath} - cos\,\beta\,\vec{\jmath}})\;\boldsymbol{d\beta}$$

$$\overrightarrow{F_R} = q\,R\,[(1 - cos\,\phi)\vec{\imath} - sen\,\phi\,\vec{\jmath}] = \boldsymbol{F_{RX}\,\vec{\imath} + F_{RY}\,\vec{\jmath}}$$

$$\boldsymbol{F_{RX} \;=\; q\,R\,(1 - cos\,\phi)} \qquad\qquad \boldsymbol{F_{RY} \;= -\,q\,R\,sen\,\phi}$$

El módulo de la resultante:

$$\boldsymbol{F_R} = \sqrt{2}\,q\,R\,\sqrt{1 - cos\,\phi} = 2\,q\,R\,sen\frac{\phi}{2} = \boldsymbol{q}\,\left[2\left(\boldsymbol{R\,sen}\frac{\phi}{2}\right)\right] \qquad \boldsymbol{F_R = q\,c}$$

Es decir que el módulo de la resultante es el producto de la fuerza distribuida por la longitud de la cuerda del arco y su línea de acción es la bisectriz del ángulo $\boldsymbol{\phi}$.

El ángulo de la resultante con el eje $\boldsymbol{X}$, a partir de:

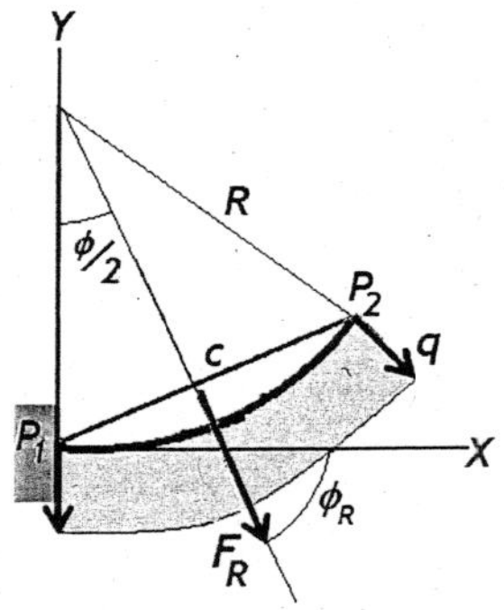

$$\boldsymbol{tan\,\phi_R} = \frac{F_{RY}}{F_{RX}} = \frac{-\,sen\,\phi}{1 - cos\,\phi} = -\frac{\mathbf{1}}{\boldsymbol{tan}\frac{\phi}{2}} \qquad \text{y} \qquad \boldsymbol{\phi_R} = \frac{\pi}{2} - \frac{\phi}{2}$$

El momento resultante: $\overrightarrow{M_R} = \int_{P_1}^{P_2} \vec{r} \times \vec{q}\;ds$ y con $\vec{r} \;=\; R\,\overrightarrow{e_n}$ $\qquad \vec{q} \;=\; q\,\overrightarrow{e_n}$

$$\overrightarrow{M_R} = \int_{P_1}^{P_2} R\,\overrightarrow{e_n} \times q\,\overrightarrow{e_n}\,ds \,=\, 0$$

Es decir que el eje central es la recta de ecuación: $\boldsymbol{y} = \; \boldsymbol{tan\,\phi_R\,x + R} = -\frac{\mathbf{1}}{\boldsymbol{tan}\frac{\phi}{2}}\boldsymbol{x + R}$

4.4 Fuerza hidrostática sobre un cuerpo sumergido estacionario

Vamos a determinar la resultante y su posición, de la fuerza que ejerce un líquido incompresible de peso específico γ, sobre la superficie de un cuerpo sumergido en él, *fig.4-13*. Si no hay movimiento relativo entre el cuerpo y el líquido, a la fuerza se la denomina *hidrostática*. Si hay movimiento relativo entre el cuerpo y el líquido, se la llama fuerza hidrodinámica y se estudia en la Mecánica de Fluidos.

La *ley de Pascal* establece que la presión sobre un punto de una superficie sumergida en un líquido, a la profundidad $\boldsymbol{h}$, medida desde la superficie libre $\boldsymbol{SL}$ del mismo (), es: $p = \gamma\, h$

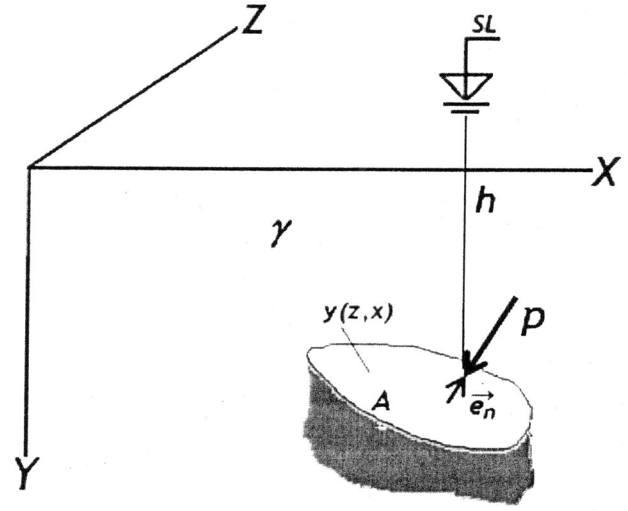

fig.4-13

Adoptado un sistema coordenado en el cual el plano ***Z-X*** coincide con la superficie libre del líquido, orientando al eje ***Y*** hacia la profundidad, la ecuación de la superficie sumergida se expresa como ***y(z,x)***.

La fuerza superficial tiene componente sólo en la dirección normal a la superficie sumergida y en general es una presión. La *ley de Pascal* se escribe más precisamente ahora:

$$\vec{p}(z,x) = \gamma\, y(z,x)\,(-\overrightarrow{e_n}) \qquad [4.20]$$

siendo $\overrightarrow{e_n}$ el vector unitario normal saliente de la superficie del cuerpo hacia el líquido.

La fuerza y el momento resultantes de esta fuerza superficial son *ecs.[4.4]* y *[4.5]*:

$$\overrightarrow{F_R} = \int_A \vec{p}\; dA \qquad\qquad \overrightarrow{M_R} = \int_A \vec{r} \times \vec{p}\; dA$$

A partir de esta última se puede precisar la posición de la fuerza resultante y el punto en que su línea de acción intercepta a la superficie sumergida y que llamamos *centro de presión* (***CP***).

Si la superficie sumergida es una superficie cilíndrica con su generatriz que es paralela a la superficie libre del líquido y con un ancho $\boldsymbol{a}$ constante, *fig.4-14a*, disponemos el sistema coordenado de modo que el eje $\boldsymbol{Z}$ quede en dirección de la generatriz y del ancho $\boldsymbol{a}$, y que es parte de una línea coordenada ***Z (l.c.z.)***:

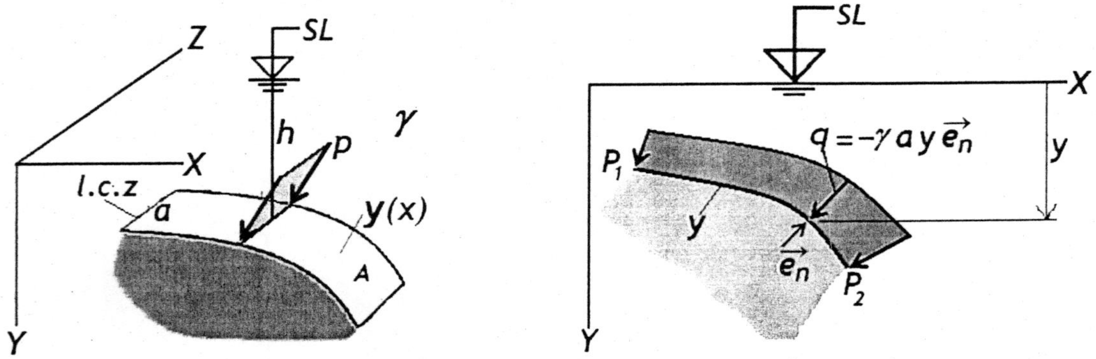

fig.4-14 a) b)

Como la generatriz es paralela a la superficie libre en todo el ancho $\boldsymbol{a}$, los puntos en ella tienen la misma presión porque están a la misma profundidad y podemos hacer un análisis bidimensional en el plano ***X-Y***, *fig.4-14b*, como fue hecho en el *apartado 4.3.2*.

Transformamos a la fuerza superficial $\vec{p}$ en una distribuida por unidad de longitud $\vec{q} = \vec{p}\, \boldsymbol{a}$, cuya línea de carga es la función ***y(x)***, *fig.4-14b*. Expresamos la ecuación de la línea de carga ***y(x)*** en forma paramétrica, usando como parámetro la longitud $\boldsymbol{s}$ de la curva, medida desde uno de los extremos, *fig.4-15a*:

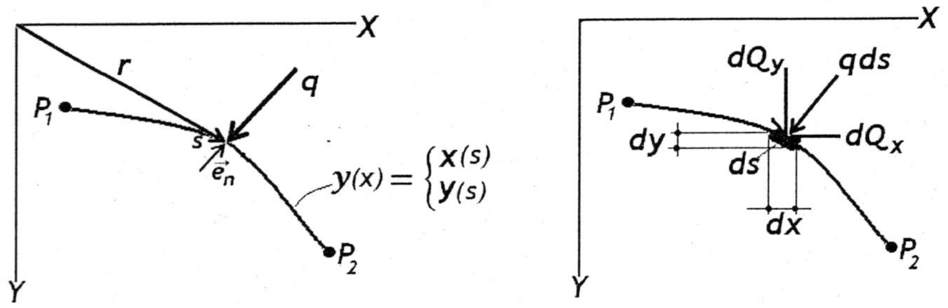

fig.4-15 a) b)

La fuerza distribuida sobre la curva como función de $\boldsymbol{s}$, con $q_s = 0$, es:

$$\vec{q}(s) = q_n\,(-\vec{e_n}) = -\gamma\, a\, y\, \vec{e_n} \tag{4.21}$$

y con $\vec{e_n}$, *ec.[4.12]*, la fuerza distribuida, sobre la línea representativa de la superficie sumergida, en sus componentes cartesianas, es:

$$\vec{q}(s) = -\gamma\, a\, y \left[\frac{d\,y(s)}{ds}\vec{\imath} - \frac{d\,x(s)}{ds}\vec{\jmath}\right] \tag{4.22}$$

La fuerza diferencial actuante sobre un elemento diferencial de longitud ds, *fig.4-15b*:

$$d\vec{Q} = \vec{q}\,ds = -\gamma\, a\, y \left[\frac{d\,y(s)}{ds}\vec{\imath} - \frac{d\,x(s)}{ds}\vec{\jmath}\right] ds = dQ_X\,\vec{\imath} + dQ_Y\,\vec{\jmath}$$

cuyas componentes son: $dQ_X = -\,\gamma\, a\, y\, dy \qquad dQ_Y = \gamma\, a\, y\, dx$

Dividiendo ambas por $\boldsymbol{dy}, \boldsymbol{dx}$, respectivamente, se obtiene la fuerza por unidad de longitud horizontal y vertical, que actúan sobre la superficie sumergida y cuya representación se muestra en *fig.4-16a*:

$$\frac{d\,Q_X}{dy} = q_x(y) = -\boldsymbol{\gamma\, a\, y} \qquad \frac{d\,Q_Y}{dx} = q_y(x) = \boldsymbol{\gamma\, a\, y(x)} \qquad [4.23]$$

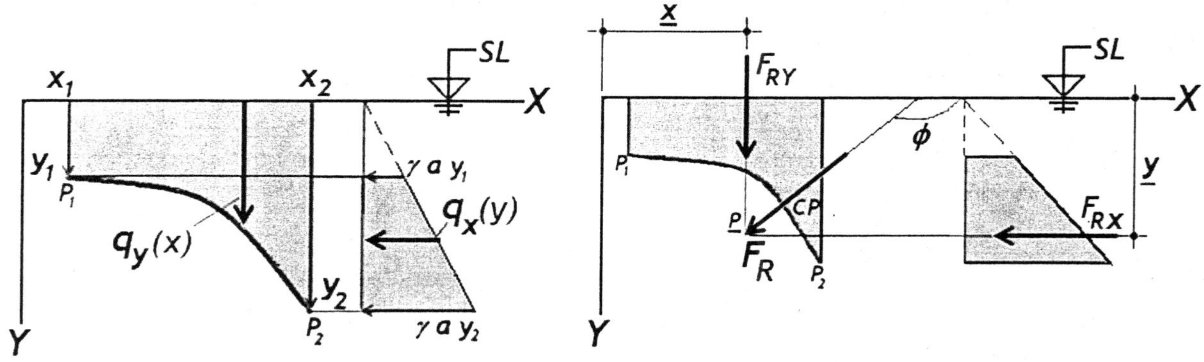

fig.4-16 a) b)

La fuerza resultante correspondiente a la fuerza distribuida vertical es:

$$\boldsymbol{F_{RY}} = \int q_y(x)\,dx = \int_{x_1}^{x_2} \gamma\, a\, y(x)\,dx = \boldsymbol{\gamma\, a \int_{x_1}^{x_2} y(x)\,dx} \qquad [4.24]$$

que es igual al peso del líquido contenido en el volumen definido por el área comprendida entre la superficie curva, las verticales por los puntos extremos de la curva y la superficie libre del líquido, por el ancho $\boldsymbol{a}$, multiplicado por el peso específico del líquido, *fig.4-16a*. La línea de acción de $\boldsymbol{F_{RY}}$ pasa por el baricentro de la superficie que queda entre la curva y la superficie libre del líquido. Su posición, *fig.4-16a*, se obtiene a partir de:

$$\underline{x}\,\vec{\imath}\times \boldsymbol{F_{RY}}\,\vec{\jmath} = \int_{x_1}^{x_2} \boldsymbol{x\,\vec{\imath}\times q_y\,\vec{\jmath}\ dx} \qquad \underline{x}\times\boldsymbol{\gamma\, a}\int_{x_1}^{x_2} \boldsymbol{y(x)\ dx\,\vec{k}} = \int_{x_1}^{x_2} \boldsymbol{x\,\gamma\, a\, y(x)\ dx\,\vec{k}}$$

de la que: $$\underline{x} = \frac{\int_{x_1}^{x_2} x\,y(x)\,dx}{\int_{x_1}^{x_2} y(x)\,dx} \qquad [4.25]$$

Si la superficie es plana y vertical, no existe $\boldsymbol{F_{RY}}$.

La resultante de la fuerza distribuida horizontal es:

$$\boldsymbol{F_{RX}} = \int q_x(y)\,dy = \int_{y_1}^{y_2} -\gamma\, a\, y\,dy = -\frac{\gamma\, a}{2}\left(\boldsymbol{y_2^2 - y_1^2}\right) \qquad [4.26]$$

que es igual al peso del líquido contenido en el volumen del prisma de base trapecial, cuyos lados paralelos tienen los valores $\gamma\,\boldsymbol{y_1}$, $\gamma\,\boldsymbol{y_2}$, por la diferencia de profundidades $\boldsymbol{y_2 - y_1}$, por el ancho $\boldsymbol{a}$. En efecto, considerada como una fuerza distribuida de variación lineal, con forma trapecial, tiene como resultante:

$$\boldsymbol{F_{RX}} = -(\gamma\, a\, y_1 + \gamma\, a\, y_2)\frac{y_2 - y_1}{2} = -\frac{\boldsymbol{\gamma\, a}}{\boldsymbol{2}}\left(\boldsymbol{y_2^2 - y_1^2}\right)$$

Su línea de acción pasa por el baricentro del trapecio, *fig.4-16b*, y su posición se obtiene a partir de:

$$\underline{y}\,\vec{\jmath}\times F_{RX}\,\vec{\imath} = \int_{y_1}^{y_2} y\,\vec{\jmath}\times q_x\,\vec{\imath}\ dy$$

Con las expresiones de $\boldsymbol{q_x}$ y $\boldsymbol{F_{RX}}$, *ecs.[4.23], [4.26]*:

$$\underline{y} = \frac{\int_{y_1}^{y_2} y\, q_x\, dy}{F_{RX}} = \frac{\int_{y_1}^{y_2} y\,(-\gamma\, a\, y)\, dy}{-\frac{\gamma\, a}{2}\,(y_2^2 - y_1^2)} = \frac{\frac{1}{3}(y_2^3 - y_1^3)}{\frac{1}{2}(y_2^2 - y_1^2)}$$

$$\underline{y} = \frac{2}{3}\frac{y_1^2 + y_2^2 + y_1\, y_2}{y_1 + y_2} \qquad [4.27]$$

que es la posición del baricentro de la superficie trapecial respecto a la superficie libre.

Si la superficie sumergida es horizontal, no existe $\boldsymbol{F_{RX}}$.

La fuerza resultante del líquido sobre la superficie sumergida, con las componentes $\boldsymbol{F_{RX}}$ y $\boldsymbol{F_{RY}}$ es:

$$\overrightarrow{F_R} = F_{RX}\,\vec{\imath} + F_{RY}\,\vec{\jmath}$$

El módulo de la resultante y su ángulo con el eje ***X***, *fig.4-17*:

$$F_R = \sqrt{F_{RX}^2 + F_{RY}^2} \qquad [4.28]$$

$$\phi = arc\ tan\frac{F_{RY}}{F_{RX}} \qquad [4.29]$$

El momento resultante, respecto al origen coordenado: $\overrightarrow{M_R} = \int_{P_1}^{P_2} \vec{r}\,(s) \times \vec{q}\,(s)\, ds$

y con $\vec{q}\,(s)$, *ec.[4.22]*, y: $\vec{r}(s) = x\,\vec{\imath} + y\,\vec{\jmath}$

$$\overrightarrow{M_R} = \int_{P_1}^{P_2} (x\,\vec{\imath} + y\,\vec{\jmath}) \times \left\{-\gamma\, a\, y\left[\frac{d\,y(s)}{ds}\vec{\imath} - \frac{d\,x(s)}{ds}\vec{\jmath}\right]\right\} ds = -\gamma\, a\left[-\int_{x_1}^{x_2} x\, y(x)\, dx - \int_{y_1}^{y_2} y^2\, dy\right]\vec{k} = M_{RZ}\,\vec{k}$$

$$M_{RZ} = \gamma\, a\left[\int_{x_1}^{x_2} y(x)\, x\, dx + \frac{1}{3}(y_2^3 - y_1^3)\right] \qquad [4.30]$$

$\boldsymbol{M_{RZ}}$ puede obtenerse, más simplemente como: $M_{RZ} = \left(\underline{x}\,\vec{\imath} \times F_{RY}\vec{\jmath} + \underline{y}\,\vec{\jmath} \times F_{RX}\vec{\imath}\right) \cdot \vec{k}$ [4.30´]

La ecuación de la línea de acción de la resultante (el ***EC***), se obtiene a partir de: $\vec{r} \times \overrightarrow{F_R} = \overrightarrow{M_R}$

$$x\, F_{RY} - y\, F_{RX} = M_{RZ} \qquad [4.31]$$

La secuencia del cálculo es: se determinan $\boldsymbol{F_{RX}}$ (*ec.[4.26]*), y con la ecuación ***y(x)*** de la superficie sumergida, la $\boldsymbol{F_{RY}}$ (*ec.[4.24]*). Con la *ec.[4.30, 30´]* se obtiene la constante $\boldsymbol{M_{RZ}}$, con lo cual queda definido el ***EC*** y la posición de $\boldsymbol{F_R}$.

Para obtener el centro de presión $CP = (x_{CP}, y_{CP})$, reemplazamos en la *ec.[4.31]*, en ***y(x)***, la coordenada ***x*** por $\boldsymbol{x_{CP}}$, con lo que se obtiene una ecuación en la incógnita $\boldsymbol{x_{CP}}$:

$$x_{CP}\, F_{RY} - y(x_{CP})\, F_{RX} = M_{RZ} \qquad [4.32]$$

Resuelta de esta última la incógnita $\boldsymbol{x_{CP}}$, luego se obtiene la ordenada $\boldsymbol{y_{CP}}$:

$$y_{CP} = \frac{x_{CP}\, F_{RY} - M_{RZ}}{F_{RX}} \qquad [4.33]$$

*4.4.1 Superficie sumergida cilíndrica de ancho variable

Ahora si la superficie sumergida es cilíndrica, pero de ancho variable con la profundidad, ***a(x)***, ***a(y)***, *fig.4-17a*:

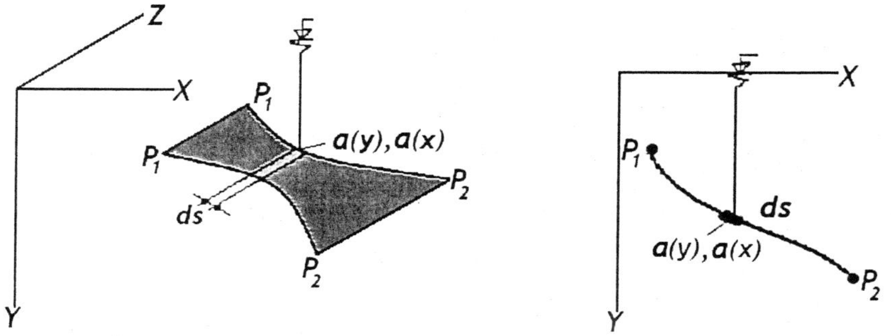

fig.4-17 a) b)

Con un análisis semejante son las componentes de $\vec{q}$:

$$q_x(y) = -\gamma\, a(y)\, y \qquad\qquad q_y(x) = \gamma\, a(x)\, y(x)$$

Las componentes de la fuerza resultante, *ecs.[4.24]* y *[4.26]*, quedan transformadas en:

$$F_{RY} = \int_{x_1}^{x_2} q_y(x)\ dx = \gamma \int_{x_1}^{x_2} a(x)\, y(x)\, dx \qquad [4.34]$$

$$F_{RX} = \int_{y_1}^{y_2} q_x\ dy = -\gamma \int_{y_1}^{y_2} a(y)\, y\, dy \qquad [4.35]$$

La posición de estas resultantes se obtienen a partir de *ecs.[4.25]* y *[4.27]*:

$$\underline{y} = \frac{\int_{y_1}^{y_2} y\,(-\gamma\, a\, y)\, dy}{F_{RX}} = \frac{\int_{y_1}^{y_2} a(y)\, y^2\, dy}{\int_{y_1}^{y_2} a(y)\, y\, dy} \qquad [4.36]$$

$$\underline{x} = \frac{\int_{x_1}^{x_2} a(x)\, x\ y(x)\, dx}{\int_{x_1}^{x_2} a(x)\, y(x)\, dx} \qquad [4.37]$$

Ejemplo 5: Determinar la fuerza que se ejerce sobre el fondo plano inclinado de ancho constante ***a*** de un recinto que contiene un líquido de peso específico γ, y la posición del centro de presión.

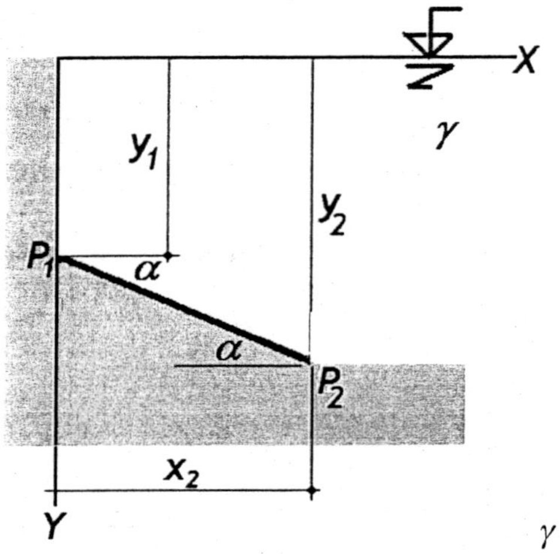

$\gamma = 10\ kN/m \qquad y_1 = 5\ m \qquad y_2 = 8\ m\ x_2 = 2.5\ m \qquad a = 2\ m$

El ángulo con la horizontal y la longitud del fondo inclinado:

$$\alpha = arc\ tan\ \frac{y_2 - y_1}{x_2} = \mathbf{50.2°} \qquad \boldsymbol{L} = \sqrt{x_2^2 + (y_2 - y_1)^2} = \mathbf{3.905\ m}$$

Con el sistema coordenado adoptado, la ecuación de la superficie del fondo, es la recta:

$$y(x) = y_1 + \frac{y_2 - y_1}{x_2}\ x$$

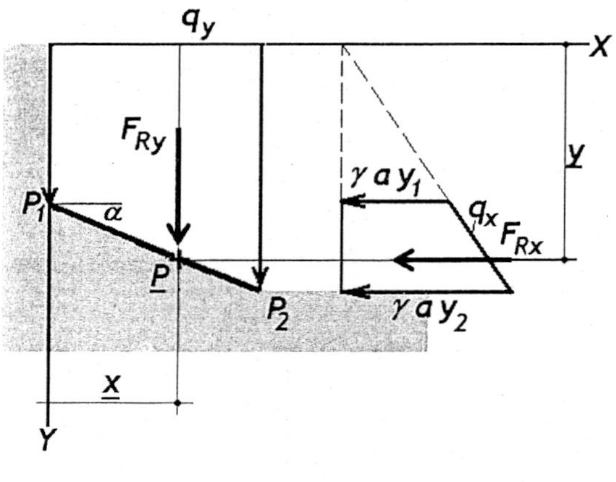

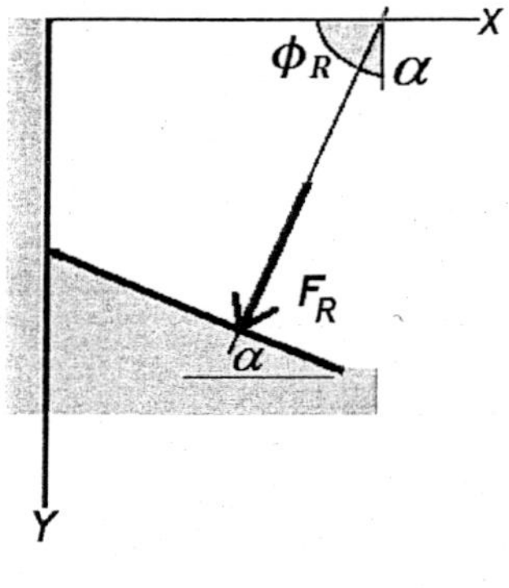

Las fuerzas por unidad de longitud de direcciones horizontal y vertical, que actúan sobre el plano inclinado:

$$\boldsymbol{q_x(y) = -\gamma\ a\ y} \qquad \boldsymbol{q_y(x)} = \gamma\ a\ y(x) = \boldsymbol{\gamma\ a\left(y_1 + \frac{y_2 - y_1}{x_2}\ x\right)}$$

Las fuerzas resultantes respectivas, son:

$$\boldsymbol{F_{RY}} = \int q_y(x)\,dx = \int_{x_1}^{x_2} \gamma\ a\ y(x)\,dx = \gamma\ a \int_0^{x_2} \left(y_1 + \frac{y_2 - y_1}{x_2}\ x\right) dx = \frac{\gamma\ a}{2} x_2\ (y_1 + y_2) = \mathbf{325\ kN}$$

$$\boldsymbol{F_{RX}} = \int q_x(y)\,dy = \int_{y_1}^{y_2} -\gamma\ a\ y\,dy = -\frac{\gamma\ a}{2}\ (y_2^2 - y_1^2) = \mathbf{-390\ kN}$$

$\boldsymbol{F_{RY}}$ es el peso del volumen de líquido, que está por encima del fondo inclinado. $\boldsymbol{F_{RX}}$ es el peso del volumen de líquido contenido en el prisma horizontal, de base trapecial y longitud $\boldsymbol{a}$.

Las líneas de acción de las resultantes pasan por los baricentros de las respectivas superficies. Sus posiciones:

$$\underline{x} = \frac{\int_0^{x_2} \gamma\, a\, x\, y(x)\, dx}{F_{RY}} = \frac{1}{3}\,\frac{y_1 + 2\, y_2}{y_1 + y_2} x_2 = \mathbf{1.346}\ \boldsymbol{m}$$

$$\underline{y} = \frac{2}{3}\,\frac{y_1^2 + y_1 y_2 + y_2^2}{y_1 + y_2} = \mathbf{6.615}\ \boldsymbol{m}$$

La fuerza resultante y el ángulo con la horizontal:

$$\boldsymbol{F_R} = \sqrt{F_{RX}^2 + F_{RY}^2} = \mathbf{507.7}\ \boldsymbol{kN} \qquad \boldsymbol{\phi_R} = arc\ tan\ \frac{F_{RY}}{F_{RX}} = \mathbf{-39.8°}$$

Como es $|\phi_R| + \alpha = 90°$, se cumple que: $\boldsymbol{tan\,\alpha\ tan\,\phi_R} = \frac{y_2 - y_1}{x_2}\left(-\frac{x_2}{y_2 - y_1}\right) = \mathbf{-1}$

por lo que la fuerza resultante es normal a la superficie.

El momento resultante de reducción de las fuerzas distribuidas $\boldsymbol{q_y}, \boldsymbol{q_x}$, respecto al origen coordenado:

$$\boldsymbol{M_{RZ}} = \gamma\, a \left\{\frac{1}{3}(y_2^3 - y_1^3) + \int_0^{x_2}\left[y_1 + \frac{y_2 - y_1}{x_2}\, x\right] x\ dx\right\} = \frac{\gamma\, a}{6}\ [2\,(y_2^3 - y_1^3) + (y_1 + 2\, y_2)\, x_2^2]$$
$$= \mathbf{3017.5}\ \boldsymbol{kN\ m}$$

O también: $\boldsymbol{M_{RZ}} = \underline{x}\,|F_{RY}| + \underline{y}\ |F_{RX}| = \mathbf{3017.5}\ \boldsymbol{kN\ m}$

La ecuación del *EC*: $x\, F_{RY} - y\, F_{RX} = M_{RZ}$, o sea: $\mathbf{325}\ \boldsymbol{x} + \mathbf{390}\ \boldsymbol{y} = \mathbf{3017.5}\ \boldsymbol{m}$

Para determinar el centro de presión, que es el punto en el cual la línea de acción de la resultante corta a la superficie sumergida, se iguala la ecuación de la superficie sumergida con la ecuación del ***EC***:

$$y(x_{CP}) = \boldsymbol{y_1} + \frac{\boldsymbol{y_2 - y_1}}{\boldsymbol{x_2}}\boldsymbol{x_{CP}} = \frac{x_{CP}\, F_{RY} - M_{RZ}}{F_{RX}} = \frac{\boldsymbol{x_{CP}}\ \mathbf{325}\ \boldsymbol{kN} - \mathbf{3017.5}\ \boldsymbol{kN\ m}}{\mathbf{-390}\ \boldsymbol{kN}}$$

De la que se obtiene la posición del centro de presión: $\boldsymbol{x_{CP}} = \mathbf{1.346}\ \boldsymbol{m} \equiv \underline{\boldsymbol{x}}$

La otra coordenada, reemplazando en la expresión de ***y(x)***:

$$\boldsymbol{y_{CP}} = y(x_{CP}) = y_1 + \frac{y_2 - y_1}{x_2} x_{CP} = \mathbf{6.615}\ \boldsymbol{m} \equiv \underline{\boldsymbol{y}}$$

es decir que el centro de presión coincide con el punto de paso de la resultante.

El problema también puede resolverse considerando la fuerza distribuida actuante sobre el fondo inclinado y perpendicular a él. Dado que el fondo es recto (varía linealmente con la profundidad) y de ancho constante, la acción del líquido puede modelarse como una fuerza distribuida de variación lineal y cuya línea de carga es el fondo inclinado:

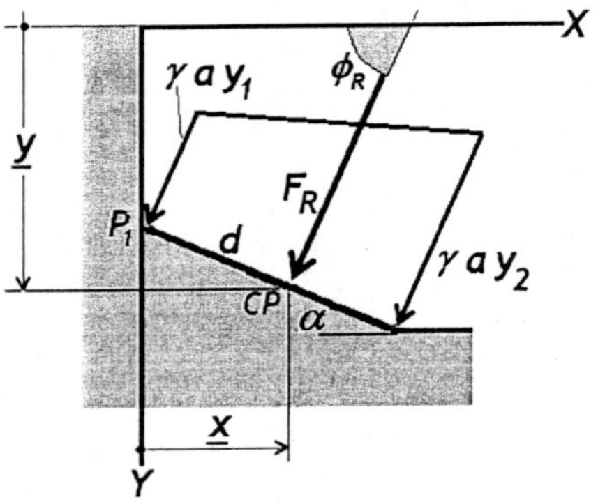

La fuerza resultante de una fuerza distribuida de variación lineal, sobre una línea de carga recta de longitud L y cuya representación es un trapecio es:

$$F_R = \frac{\gamma\, a}{2}(y_1 + y_2) = \mathbf{507.7\ kN}$$

Como la fuerza resultante es perpendicular a la línea de carga, es: $\phi_R = 90° - \alpha = \mathbf{39.8°}$

La distancia del centro de presión al punto P_1, medido en dirección de la línea de carga, *fig.4-9c*:

$$d = \frac{\gamma\, a\, y_1 + 2\,(\gamma\, a\, y_2)}{\gamma\, a\, y_1 + \gamma\, a\, y_2}\frac{L}{3} = \mathbf{2.103\ m}$$

Comprobemos que la posición del centro de presión, calculada de este modo, coincide con el valor obtenido más arriba con un análisis más general:

$$\underline{y} = y_1 + \ d\ sen\ \alpha = \mathbf{6.615\ m} \qquad \underline{x} = \ d\ cos\ \alpha = \mathbf{1.346\ m}$$

Ejemplo 6: Determinar la fuerza que ejerce un líquido de peso específico γ, sobre el fondo semicircular de una pileta de ancho constante $\boldsymbol{a}$, y la posición del centro de presión.

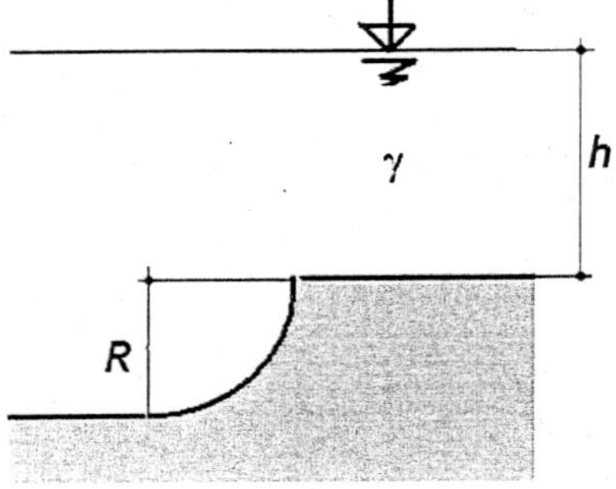

$\gamma = 10\ kN/m^3$ $\quad a = 4\ m$ $\quad h = 5\ m$ $\quad R = 2\ m$

Con el sistema coordenado adoptado, la ecuación de la curva de intersección de la superficie cilíndrica circular del fondo, con el plano ***X-Y*** es:

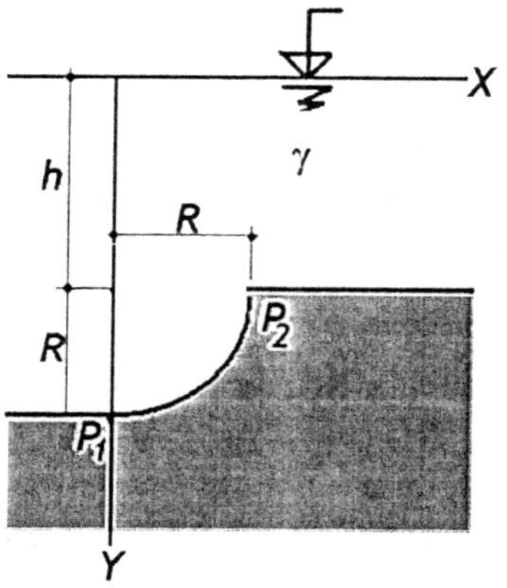

$$x^2 + (y - h)^2 = R^2$$

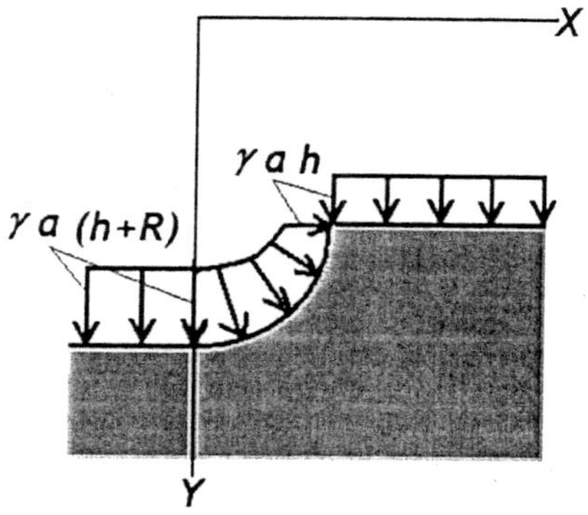

La fuerza por unidad de longitud del fondo tiene la variación cualitativa indicada. En la parte circular la dirección de la fuerza es radial. Las fuerzas componentes horizontal y vertical:

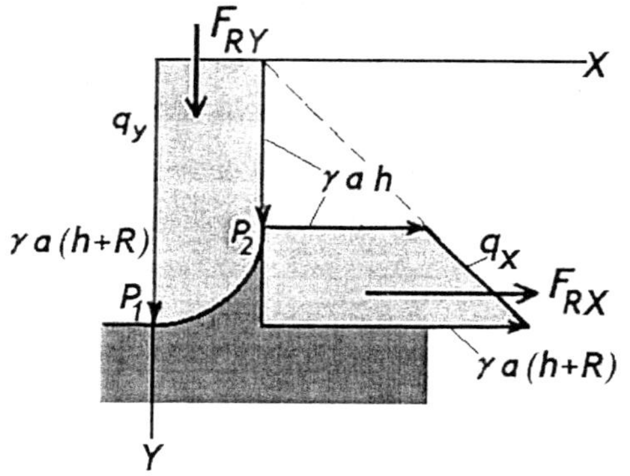

$$q_x(y) = \gamma\, a\, y \qquad\qquad q_y(x) = \gamma\, a\, y(x)$$

q_X varía linealmente con la profundidad ***y***, q_Y varía como lo hace el fondo con ***x***.

La componente F_{RX} es el peso del volumen de líquido contenido en el prisma (horizontal) de base trapecial y longitud ***a***. La F_{RY} es el peso del volumen de líquido, por encima de la parte del fondo que es circular.

$$F_{RX} = \int_{P_1}^{P_2} q_x(y)\, dy = \int_{h}^{h+R} \gamma\, a\, y\, dy = \frac{\gamma\, a}{2}\, R\,(2\,h + R) = \mathbf{480\ kN}$$

$$F_{RY} = \int_{P_1}^{P_2} \gamma\, a\, y(x)\, dx \qquad \text{con:} \qquad y(x) = h + \sqrt{R^2 - x^2}$$

$$F_{RY} = \gamma\, a \int_0^R \left(h + \sqrt{R^2 - x^2}\right) dx = \frac{\gamma\, a}{2}\left(2\,h\,R + \frac{\pi\, R^2}{2}\right) = \mathbf{525.7\ kN}$$

La resultante y su ángulo: $F_R = \sqrt{F_{RX}^2 + F_{RY}^2} = \mathbf{711.8\ kN}$ $\qquad \phi_R = arc\tan\frac{F_{RY}}{F_{RX}} = \mathbf{47.6°}$

Las líneas de acción de las componentes de la resultante, pasan por los baricentros de las superficies que definen las cargas $\boldsymbol{q_x}$ y $\boldsymbol{q_y}$. La posición de las componentes de la resultante:

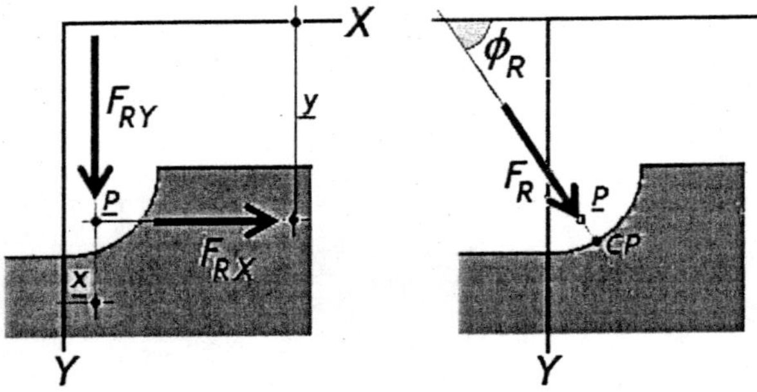

$$\underline{y}\,\vec{j}\times F_{RX}\,\vec{\imath} = \int_{P_2}^{P_1} y\,\vec{j}\times q_x(y)\,\vec{\imath}\,dy$$

$$\underline{y} = \frac{\int_{y_2}^{y_1} y\,q_x(y)\,dy}{F_{RX}} = \frac{\int_h^{h+R} y\,(\gamma\,a\,y)\,dy}{\frac{\gamma\,a}{2}\,R\,(2\,h+R)} = \frac{2}{3}\,\frac{3\,h^2+3\,h\,R\,+R^2}{2\,h+R} = \mathbf{6.056}\,\boldsymbol{m}$$

y la abscisa, a partir de: $\underline{x}\,\vec{\imath}\times F_{RY}\,\vec{j} = \int_{x_1}^{x_2} x\,\vec{\imath}\times q_y\,\vec{j}\,dx$ $\quad \underline{x} = \frac{\int_{x_1}^{x_2} x\,\gamma\,a\,y(x)\,dx}{F_{RY}}$

donde son: $x_1 = 0$ $\quad x_2 = R$ $\quad y(x) = h+\sqrt{R^2-x^2}$

$$\underline{x} = \frac{\gamma\,a\int_{x_1}^{x_2} x\,(h+\sqrt{R^2-x^2})\,dx}{\frac{\gamma\,a}{2}\left(2\,h\,R+\frac{\pi\,R^2}{2}\right)} = \frac{2}{3}\,\frac{3\,h+2\,R}{4\,h+\pi R} = \mathbf{0.964}\,\boldsymbol{m}$$

La ecuación del ***EC***: $x\,F_{RY} - y\,F_{RX} = M_{RZ}$

donde la única componente del momento de reducción:

$$\boldsymbol{M_{RZ}} = \underline{x}\,|F_{RY}| - \underline{y}\,|F_{RX}| = -\frac{\boldsymbol{\gamma\,a}}{\mathbf{2}}\,\boldsymbol{h\,R\,(2\,h+R)} = \mathbf{-2400}\,\boldsymbol{kN\,m}$$

La ecuación de la ***EC***: $\mathbf{525.7}\,\boldsymbol{x} - \mathbf{480}\,\boldsymbol{y} = \mathbf{-2400}\,\boldsymbol{m}$

Para determinar el centro de presión, que es el punto en el cual la línea de acción de la resultante corta a la superficie sumergida:

$$y(\boldsymbol{x_{CP}}) = h+\sqrt{R^2-x_{CP}^2} = \frac{\boldsymbol{x_{CP}\,F_{RY} - M_{Rz}}}{\boldsymbol{F_{RX}}}$$

De la que se obtiene la posición del centro de presión: $\boldsymbol{x_{CP}} = \mathbf{1.349}\,\boldsymbol{m}$
Que reemplazada en la expresión de ***y(x)***:

$$\boldsymbol{y_{CP}} = y_1 + \frac{y_2-y_1}{x_2}\,x_{CP} = \mathbf{6.477}\,\boldsymbol{m}$$

Como comprobación: $\boldsymbol{y_{CP}} = h+\sqrt{R^2-x_{CP}^2} = \mathbf{6.477}\,\boldsymbol{m}$

4.5 Fuerzas de fricción

Si el vínculo de un cuerpo con otros del sistema o con el exterior es a través de una superficie de contacto rugosa y existe la posibilidad de movimiento relativo entre los cuerpos, aparece, en el plano tangente una fuerza superficial, *fig.4-3b*, que se designa fuerza de *fricción* o *rozamiento* y que se opone al deslizamiento relativo de uno de los cuerpos respecto a los otros y/o al exterior. Si no hay fluido que haga de lubricante entre las superficies de contacto, se la designa *fricción seca*.

También se desarrolla fricción, y una fuerza sobre el cuerpo, cuando hay un movimiento relativo entre un fluido y el cuerpo: se denomina *rozamiento viscoso* y su estudio, así como cuando hay fluido lubricante entre las superficies que se mueven relativamente, se hace en la Mecánica de los Fluidos.

Otra fuerza que existe en el plano de contacto, tiene su origen en la deformación localizada de ambos cuerpos, y que se opone al movimiento existente o potencial, *fig.4-18*. La deformación es más acentuada cuando la superficie de contacto es pequeña, como cuando uno de los cuerpos rueda sobre el otro, *fig.4-18a* y que se denomina, por extensión, 'fricción por rodadura'. Este fenómeno es mucho menor si la superficie de contacto es extensa, *fig.4-18b*. Estas deformaciones localizadas se estudian en la Mecánica de los Cuerpos Deformables.

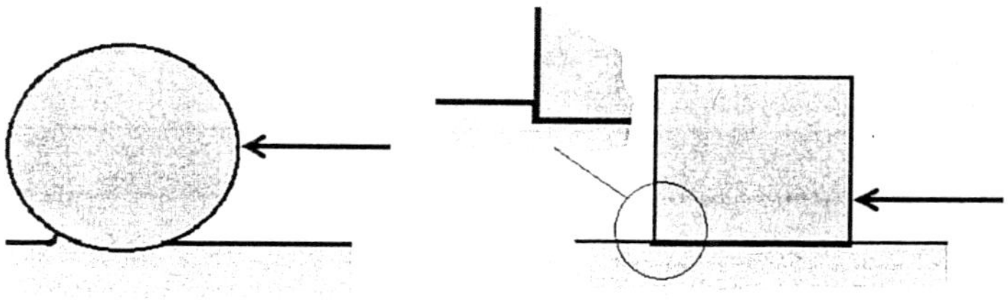

fig.4-18 a) b)

Sólo consideraremos la fricción seca que con más detalle veremos en los *caps.5* y *6*. Dado que la 'fricción por rodadura' implica considerar la deformabilidad de los cuerpos no la estudiamos aquí.

4.6 Reemplazo de una fuerza distribuida por otra

Muchas veces sobre el cuerpo actúa una fuerza distribuida $\vec{q}(s)$ sobre una línea de carga L, *fig.4-19a*, y que queremos reemplazar por otra fuerza $\vec{q}'(s)$ sobre otra línea de carga L', *fig.4-19b*, de modo que tengan iguales torsores de fuerza y eje central y consecuentemente iguales efectos mecánicos externos sobre el cuerpo.

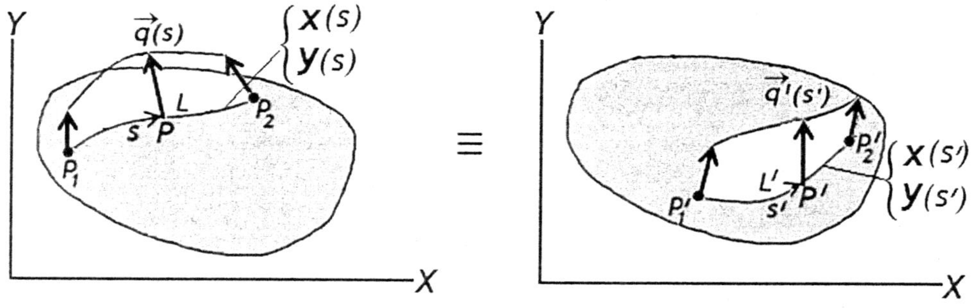

fig.4-19 a) b)

Esto significa que deberán ser vectorialmente iguales la fuerza resultante y el momento resultante respecto a un mismo punto para ambas cargas. Así la fuerza y momento resultantes respecto al origen de coordenadas, para ambas fuerzas son, *ecs.[4.15]* y *[4.17]*:

$$\overrightarrow{\boldsymbol{F_R}} = \int_L \vec{q}\,(s)\,ds = \overrightarrow{\boldsymbol{F'_R}} = \int_{L'} \vec{q'}\,(s')\,ds'$$

$$\overrightarrow{\boldsymbol{M_R}} = \int_L \vec{r}\,(s)\times\vec{q}\,(s)\,ds = \overrightarrow{\boldsymbol{M'_R}} = \int_{L'} \vec{r}(s')\times\vec{q'}\,(s')\,ds'$$

A partir de las cuales se pueden obtener los parámetros que definen a la nueva carga $\overrightarrow{\boldsymbol{q}'}$.

Ejemplo 7: Se va a considerar la carga de nieve en una nave industrial cuyo esquema se muestra, en la zona urbana de Bariloche. La información estadística de la carga de nieve que se deposita en una superficie horizontal transformada en una carga por unidad de longitud es $\boldsymbol{q}$. En la parte central de la nave y a lo largo de toda ella, hay un lucernario para la entrada de luz natural, que debido a su gran pendiente no acumula nieve; aquella que cae sobre él desliza hacia el resto de la cubierta en la que se deposita. Es decir que la que cae en el ancho ***2L*** se distribuye en la longitud ***2L´***, suponiendo que la forma de la carga de nieve acumulada es aproximadamente trapecial. Definir los valores que la caracterizan:

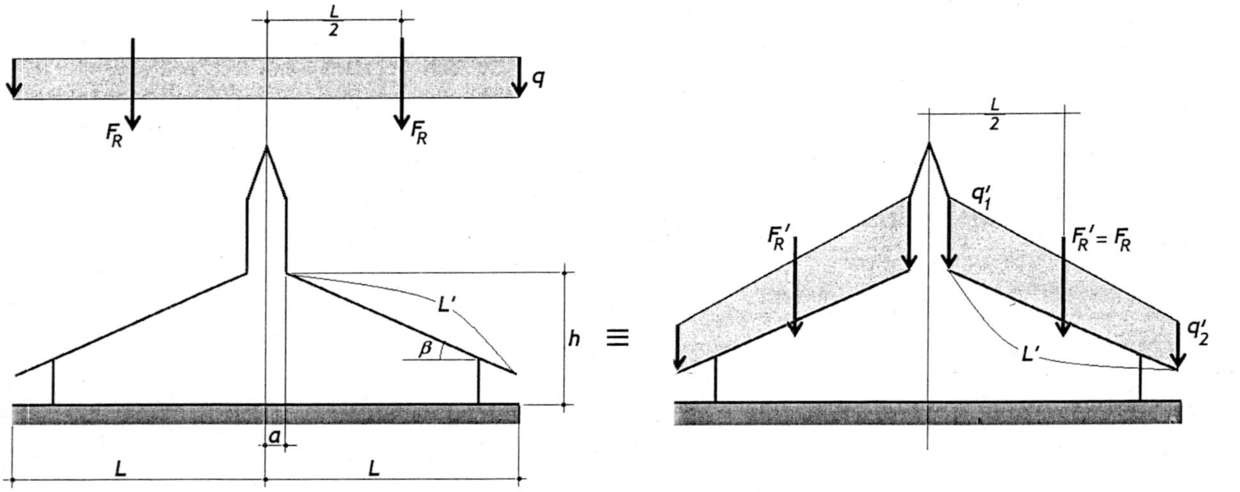

$$L = 13\,m \qquad h = 7\,m \qquad a = 1\,m \qquad \beta = 22° \qquad q = 10\,\frac{kN}{m}$$

Suponemos que hipotéticamente existe una superficie plana unida al cuerpo de ancho ***2L*** y sobre la que cae toda la nieve y debemos reemplazar la fuerza distribuida a que da lugar, por otra actuante sobre la superficie inclinada ***L´*** hacia cada lado. Dada la simetría analizamos la mitad derecha.

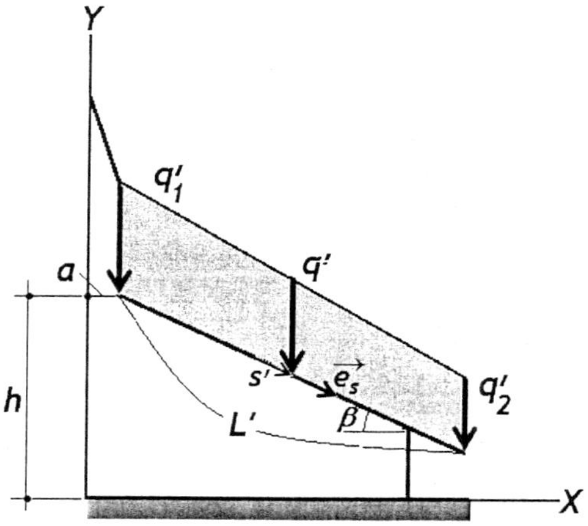

De acuerdo a lo expresado en forma general, tendremos que deben ser iguales las resultantes:

$$\overrightarrow{F_R} = \int_L \vec{q}\,(s)\,ds = \overrightarrow{F'_R} = \int_{L'} \vec{q'}\,(s')\,ds' \qquad [*]$$

$$\overrightarrow{M_R} = \int_L \vec{r}\,(s)\times\vec{q}\,(s)\,ds = \overrightarrow{M'_R} = \int_{L'} \vec{r}\,(s')\times\vec{q'}\,(s')\,ds' \qquad [**]$$

Los primeros miembros de ambas ecuaciones, dada la simpleza de la carga son:

$$\overrightarrow{F_R} = -q\,L\,\vec{j} \qquad\qquad \overrightarrow{M_R} = -\frac{q\,L^2}{2}\,\vec{k}$$

Con las expresiones de $\vec{q'}(s') = -\left(\frac{q_2'-q_1'}{L'}s' + q_1'\right)\vec{j}$

y de $\vec{r}(s') = h\vec{j} + a\vec{i} + s'\vec{e_s}$ $\qquad \vec{e_s} = s'(cos\,\beta\,\vec{i} - sen\,\beta\,\vec{j}\,)$

Luego: $\qquad \vec{r}(s') = (a + s'\,cos\,\beta)\,\vec{i} + (h - s'sen\,\beta)\vec{j}$

Las resultantes de la carga trapecial, son:

$$\overrightarrow{F'_R} = \int_0^{L'} -\left(\frac{q_2' - q_1'}{L'}s' + q_1'\right)ds'\vec{j} = -\frac{q_1' + q_2'}{2}L'\,\vec{j}$$

$$\overrightarrow{M'_R} = \int_0^{L'} [(a + s'\,cos\,\beta)\,\vec{i} + (h - s'sen\,\beta)\vec{j}]\times\left[-\left(\frac{q_2' - q_1'}{L'}s' + q_1'\right)\vec{j}\right]ds'$$

$$\overrightarrow{M'_R} = -\left[\left(3\,a\,L' + L'^2\,cos\,\beta\right)q_1' + \left(3\,a\,L' + 2\,L'^2\,cos\,\beta\right)q_2'\right]\vec{k}$$

Reemplazando en [*] y [**], se obtiene el sistema de ecuaciones lineales:

$$-q\,L = -\frac{q_1' + q_2'}{2}L' \qquad [*]$$

$$-\frac{q\,L^2}{2} = -\left[\left(3\,a\,L' + L'^2\,cos\,\beta\right)q_1' + \left(3\,a\,L' + 2\,L'^2\,cos\,\beta\right)q_2'\right] \qquad [**]$$

Cuya solución es, con: $L' = \frac{L-a}{\cos\beta}$

$$q_1' = \frac{6\,a\,L + 4\,L\,L'\cos\beta - 3\,L^2}{L'^2\cos\beta}\,q = \frac{\boldsymbol{L^2 + 2\,a\,L}}{\boldsymbol{(L-a)^2}}\boldsymbol{\cos\beta\ q}$$

$$q_2' = \frac{3\,L^2 - 6\,a\,L - 2\,L\,L'\cos\beta}{L'^2\cos\beta}\,q = \frac{\boldsymbol{L^2 - 4\,a\,L}}{\boldsymbol{(L-a)^2}}\boldsymbol{\cos\beta\ q}$$

Los valores que definen la fuerza trapecial, de dirección vertical distribuida en la longitud $\boldsymbol{L'}$ son:

$$q_1' = \mathbf{12.556}\frac{\boldsymbol{kN}}{\boldsymbol{m}} \qquad q_2' = 7.553\frac{\boldsymbol{kN}}{\boldsymbol{m}}$$

La posición de la resultante coincide con la que correspondería a la carga uniforme $\boldsymbol{q}$.

Si el lucernario no existe, es $\boldsymbol{a} = \mathbf{0}$ y $\boldsymbol{L} = \boldsymbol{L'}$ resultan: $q_1' = q_2' = \boldsymbol{q\ \cos\beta}$ distribuida uniformemente en toda la cubierta.

Para ciertos propósitos a veces es conveniente descomponer la fuerza $\boldsymbol{q'}$ en componentes longitudinal y normal a la línea de carga:

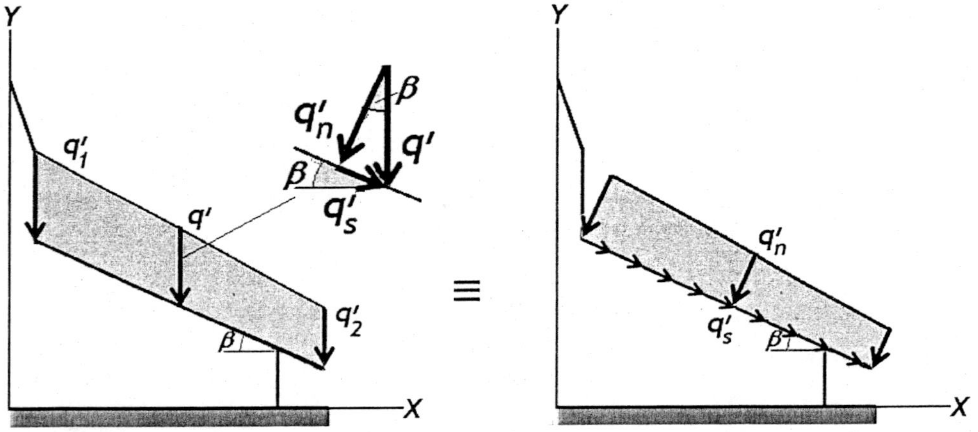

$$q_s' = q'\,sen\,\beta = (q\cos\beta)\,sen\,\beta = \boldsymbol{q\ sen\,\beta\ \cos\beta}$$

$$q_n' = q'\cos\beta = (q\cos\beta)\cos\beta = \boldsymbol{q\ \cos^2\beta}$$

*4.7 Cargas de barra

Existe un cuerpo de gran uso en la ingeniería que se denomina genéricamente *barra* y cuyo estudio como cuerpo deformable, es de primordial importancia en la Mecánica del Sólido deformable.

Para simplificar el tratamiento de este cuerpo, a las fuerzas de superficie y de volumen que actúan sobre él, se las transforma, como se explica en este apartado, en las llamadas *cargas de barra*. Esta transformación de las cargas reales a cargas de barra también es útil cuando se estudia a la barra como cuerpo rígido.

Pero previamente describimos como es este cuerpo.

*4.7.1 Generación de una barra

Para su generación consideremos, *fig.4-20a*, una curva plana o espacial de longitud $\boldsymbol{L}$, abierta o cerrada y una superficie plana cerrada, simple o múltiplemente conexa y dispuesta en forma perpendicular a la tangente a la curva, en uno de sus extremos si la curva es abierta, o a partir de cierto punto si es cerrada y tal que el baricentro G de la superficie plana, esté sobre la curva.

Si desplazamos a la superficie plana por la longitud L de la curva, manteniéndola siempre perpendicular a ella y con el baricentro G sobre la curva, el volumen que se genera lo denominamos barra. La curva por la que desplazamos a la superficie y contiene a los G, se denomina el *eje de la barra*.

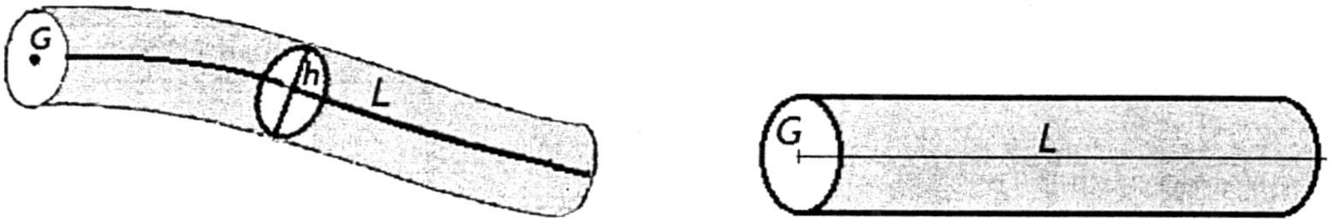

fig.4-20 a) b)

A la superficie plana cuyo desplazamiento genera la barra se la denomina la *sección normal* (o simplemente sección) de la barra. Algunos ejemplos de secciones de barras se indican en la *fig.4.21*.

Si el eje de la barra es una curva plana, y es h la dimensión de la sección de la barra en el plano que contiene al eje, *fig.4-20a*, se la designa como *barra esbelta* si se cumple que $h \ll L$.

Si el eje de la barra es recto y la sección de forma y área constantes, el cuerpo generado tiene la forma de un prisma y se lo denomina *barra prismática, fig.4.20b*.

Centrándonos en barras de eje recto (prismática o no), llamamos superficie lateral a la longitudinal exterior y a la interior de los posibles huecos (*figs.4.21e/f*), los que se suponen que son prismáticos.

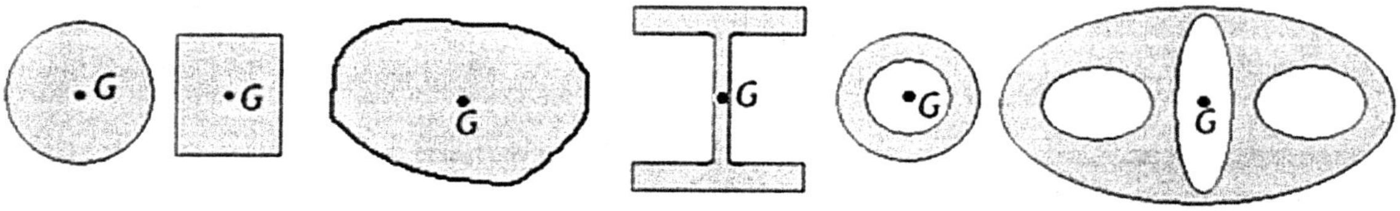

a) b) c) d) e) f)
fig.4-21

Barras son las columnas y vigas en las estructuras portante de edificios, puentes, grúas; partes de bastidores, los ejes y árboles en mecanismos y máquinas; las estructuras de refuerzo (largueros y travesaños) de buques, aeronaves y cohetes, las tuberías, etc.

La transformación de las fuerzas de volumen y superficie, en cargas de barra, se explica para las barras de eje recto.

*4.7.2 Transformación de las fuerzas en cargas de barra

Consideremos la barra de eje recto y el sistema coordenado indicado en la *fig.4-22a*, cuyo origen es el baricentro $\boldsymbol{G}$ de la sección extrema de la barra. Los ejes $\boldsymbol{y}$-$\boldsymbol{z}$ están en el plano de esa sección y el eje coordenado $\boldsymbol{x}$ coincide con el eje de la barra.

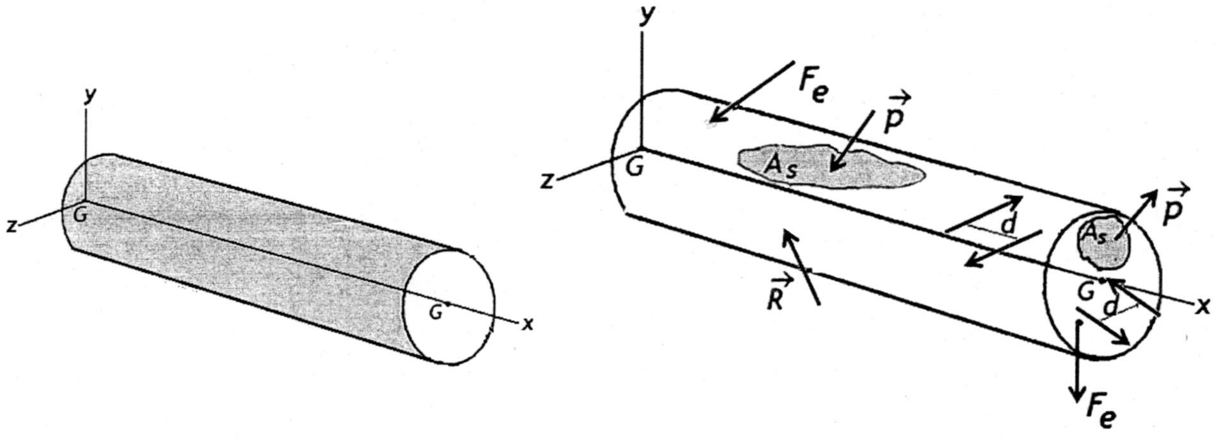

fig.4-22 a) b)

Las fuerzas actuantes sobre la barra son, en general, *fig.4-22b*:

Las de volumen: $\overrightarrow{R} = R_x\,\vec{\imath} + R_y\,\vec{\jmath} + R_z\,\vec{k}$ en la masa de la barra.

Las de superficie: $\overrightarrow{p} = p_x\,\vec{\imath} + p_y\,\vec{\jmath} + p_z\,\vec{k}$ en una superficie A_S que puede ser una parte o toda la superficie. Puede haber fuerzas superficiales en distintas partes de la superficie con distintas leyes de distribución y generada por diversas causas.

Para transformar las fuerzas $\overrightarrow{p}$ y $\overrightarrow{R}$, consideremos un diferencial de longitud de barra **dx**, *fig.4-23*.

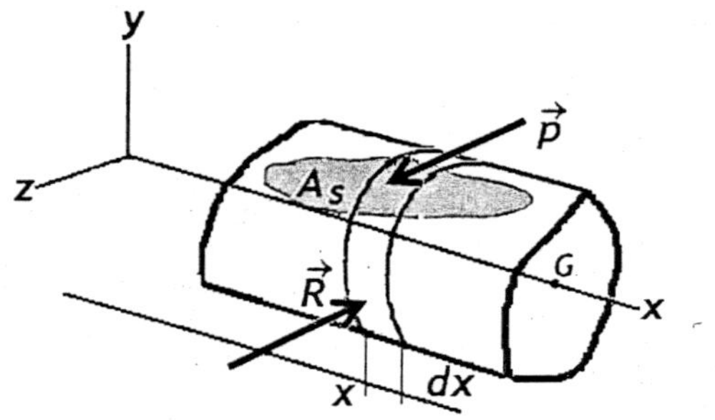

fig.4-23

Reducimos las fuerzas diferenciales en la superficie lateral y en la masa del elemento, al centro del eje del volumen diferencial (a $\frac{dx}{2}$ de sus extremos), *fig.4-24a*.

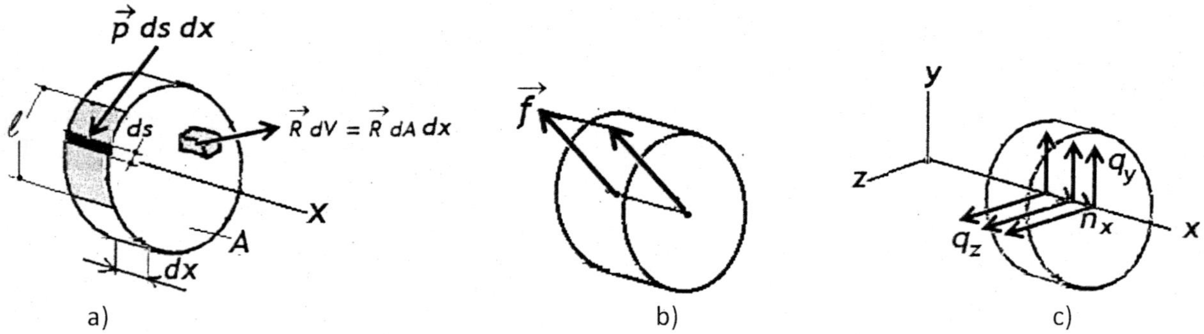

a) b) c)

fig.4-24

La fuerza resultante diferencial, de ambas fuerzas: $d\,\overrightarrow{F} = \left(\int_l \overrightarrow{p}\,ds\right)dx + \left(\int_A \overrightarrow{R}\,dA\right)dx$

Donde ℓ es la longitud del contorno, sobre la que actúa $\overrightarrow{p}$ y A el área de la sección de la barra.

Si dividimos a esta fuerza diferencial $d\vec{F}$ por la longitud del segmento dx, obtendremos la fuerza distribuida, por unidad de longitud, *fig.4-24b*:

$$\frac{d\vec{F}}{dx} = \vec{f} = \int_l \vec{p}\, ds + \int_A \vec{R}\, dA = \vec{n} + \vec{q} = n_x\,\vec{i} + q_y\,\vec{j} + q_z\,\vec{k}$$

Cuyas componentes, son, *fig.4-24c*:

$$n_x = \int_l p_x\, ds + \int_A R_x\, dA \qquad q_y = \int_l p_y\, ds + \int_A R_y\, dA \qquad q_z = \int_l p_z\, ds + \int_A R_z\, dA$$

El momento resultante diferencial, de la reducción de cada fuerza diferencial al centro del eje de la barra de longitud diferencial, *fig.4-25a*:

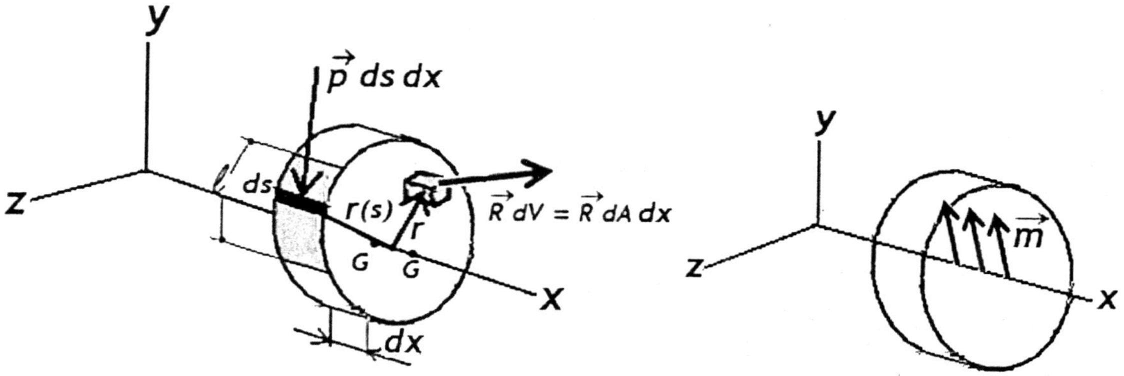

fig.4-25 a) b)

$$d\,\vec{M_r} = \left(\int_l \vec{r}(s)\times\vec{p}\,ds\right) dx + \left(\int_A \vec{r}\times\vec{R}\, dA\right) dx$$

Donde son: $\vec{r}(s) = y(s)\,\vec{j} + z(s)\,\vec{k}$ y $\vec{r} = y\,\vec{j} + z\,\vec{k}$, los vectores posición de la superficie lateral cargada y de los puntos interiores donde hay material, respectivamente.

Dividiendo por la longitud del segmento dx, obtendremos un par distribuido, cuyo momento, por unidad de longitud, es:

$$\frac{d\,\vec{M_r}}{dx} = \vec{m} = \int_l \vec{r}(s)\times\vec{p}\, ds + \int_A \vec{r}\times\vec{R}\, dA$$

$$\vec{m} = \int_l \begin{bmatrix} \vec{i} & \vec{j} & \vec{k} \\ 0 & y(s) & z(s) \\ p_x & p_y & p_z \end{bmatrix} ds + \int_A \begin{bmatrix} \vec{i} & \vec{j} & \vec{k} \\ 0 & y & z \\ R_x & R_y & R_z \end{bmatrix} dA$$

Realizados los productos vectoriales, se obtiene:

$$\vec{m} = m_x\,\vec{i} + m_y\,\vec{j} + m_z\,\vec{k}$$
$$= \left\{\int_l \left[y(s)\,p_z - z(s)\,p_y\right] ds + \int_A \left(y\,R_z - z\,R_y\right) dA\right\}\vec{i}$$
$$+ \left[\int_l z(s)\,p_x\, ds + \int_A z\,R_x\, dA\right]\vec{j} + \left[-\int_l y(s)\,p_x\, ds - \int_A y\,R_x\, dA\right]\vec{k}$$

Que es un vector momento por unidad de longitud correspondiente al par distribuido a lo largo del eje de la barra, aplicado en el baricentro, *fig.4-25b*. Su unidad es la de un momento por unidad de longitud: $[\overrightarrow{m}] = \frac{N\,m}{m} = \boldsymbol{N}$. El $\boldsymbol{m}$ de la unidad es metro y no el módulo del vector $\overrightarrow{\boldsymbol{m}}$.

Estas fuerzas y pares distribuidos, por unidad de longitud, en general varían a lo largo de la barra, es decir que:

$$\overrightarrow{n}(x) = n_x\,\vec{\imath} \qquad \overrightarrow{q}(x) = q_y\,\vec{\jmath} + q_z\,\vec{k} \qquad \overrightarrow{m}(x) = m_x\,\vec{\imath} + m_y\,\vec{\jmath} + m_z\,\vec{k}$$

Si una fuerza superficial actúa en una pequeña superficie (frente a las dimensiones de la barra), *fig.4-26a*, es mucho más práctico y no altera los efectos que ella produce si la reemplazamos por la resultante y a la que consideramos como una fuerza concentrada $\overrightarrow{F_e}$, aplicada en un punto dentro de esa pequeña superficie. La reducimos también al baricentro de la sección de la barra, que contiene al punto de aplicación de la fuerza concentrada $\overrightarrow{F_e}$, agregándose el momento de reducción en el baricentro $\overrightarrow{M_e}$.

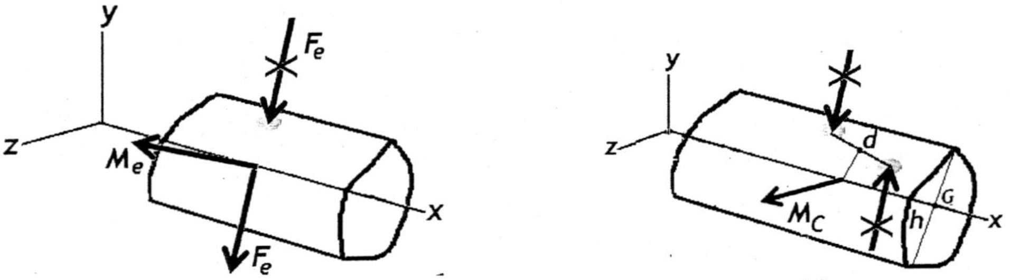

fig.4-26 a) b)

Si hay dos de estas fuerzas concentradas $\overrightarrow{F_e}$, que forman un par cuyo brazo $\boldsymbol{d}$ es del orden de la dimensión $\boldsymbol{h}$ de la sección, *fig.4-26b*, se las reemplaza por un vector momento de módulo igual al del par $\overrightarrow{M_c}$ y que se considera aplicado en un punto ubicado en la mitad de la distancia $\boldsymbol{d}$. Llevamos al vector momento de la cupla $\overrightarrow{M_c}$ al baricentro de la sección que contiene al punto medio de su brazo.

Con estas reducciones las cargas de barra en que se transformaron las originales se muestran en la *fig.4-27*.

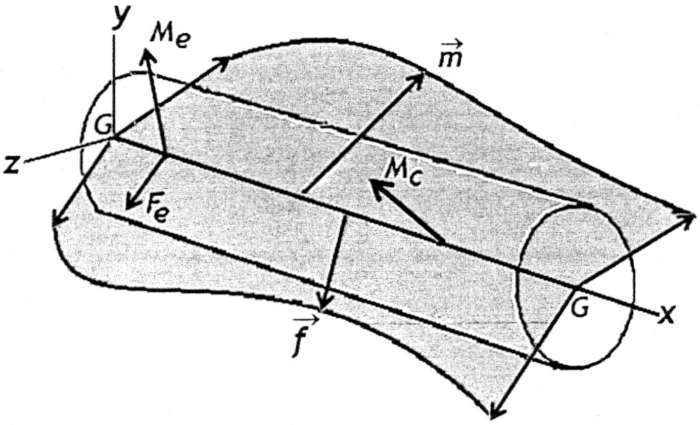

fig.4-27

Si en las superficies extremas de la barra hay fuerzas distribuidas $\vec{p}$, fuerzas concentradas $\vec{F_e}$ y pares concentrados de momento $\vec{M_c}$, *fig.4-28a*, se los reduce al baricentro de esas superficies. Así por ejemplo para la superficie $x = L$, tendríamos, *fig.4-28b*:

$$\vec{F_p} = \int_{A_S} \vec{p}(L, y, z)\, dA \qquad \vec{M_p} = \int_{A_S} \vec{r} \times \vec{p}\, dA \qquad \vec{M_e} = \vec{r_e} \times \vec{F_e}$$

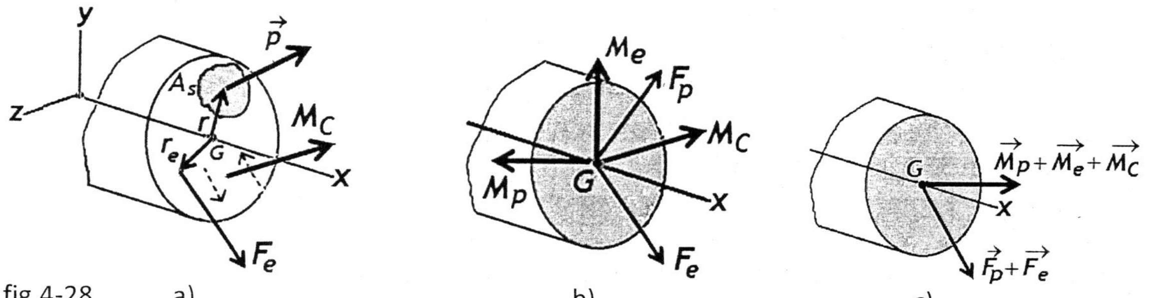

fig.4-28 a) b) c)

Sumamos las fuerzas y los vectores momentos de reducción y de pares; quedan en la sección extrema una fuerza y un vector momento, aplicados en el baricentro, *fig.4-28c*.

$$\vec{F_L} = \vec{F_p} + \vec{F_e} \qquad \vec{M_L} = \vec{M_p} + \vec{M_e} + \vec{M_C}$$

Iguales consideraciones valen para la superficie extrema $x = 0$, en la cual las resultantes son $\vec{F_0}$ y $\vec{M_0}$.

Las cargas reducidas al eje de la barra se representan sobre el eje sin necesidad de representar la forma de la sección, *fig.4-29*.

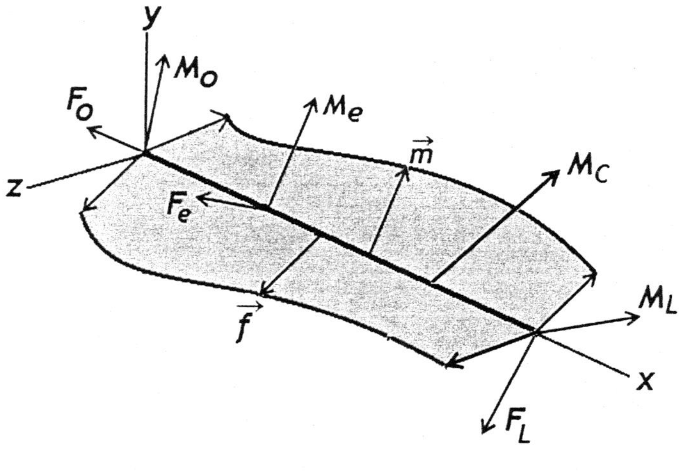

fig.4-29

Ejemplo 8**: La viga-ménsula (empotrada-libre) de acero laminado de sección **I**, tiene apoyada sobre la mitad de su ancho superior una pared (no dibujada) que da lugar a la fuerza superficial p_y indicada. La acción lateral del viento sobre la pared se transfiere por fricción, de la pared a la viga, dando lugar a la fuerza superficial p_z. Para mejorar la resistencia de la viga, en el punto extremo ***C del ala, se une un alambre que ejerce una fuerza F. Este alambre está conectado exteriormente a un punto ***E***. Transformar todas estas fuerzas, en cargas de barra, tomando en cuenta también la fuerza de volumen correspondiente al peso propio de la viga q_o.

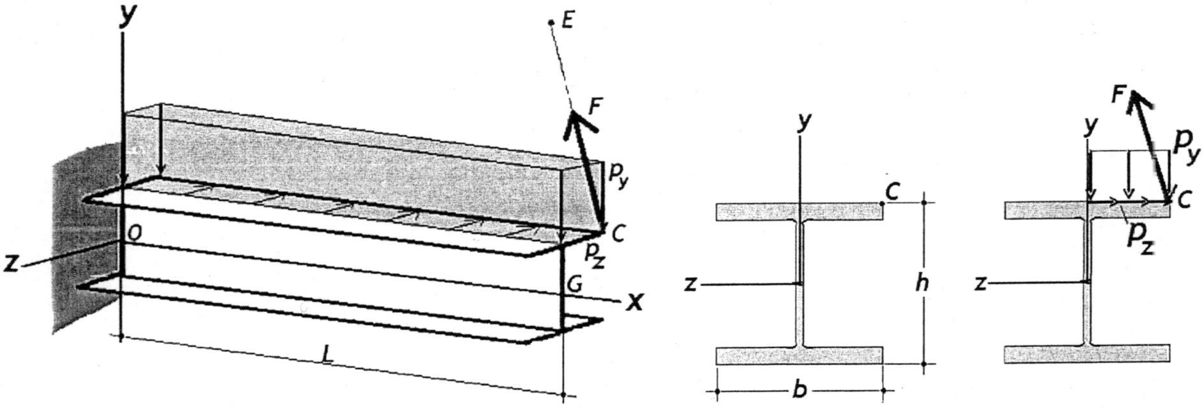

$L = 3m \qquad b = 300\ mm \qquad h = 300\ mm \qquad E\ (2L,\ 1.5L\ ,\ 0.7L)$

$p_z = 30\ kPa \qquad p_y = 85\ kPa \qquad F = 5\ kN \qquad q_o = 1.17\frac{kN}{m}$

La expresión vectorial de la fuerza superficial actuante sobre la semiala superior de la viga, es:

$$\vec{p} = p_y(-\vec{j}) + p_z(-\vec{k})$$

Dada la uniformidad de las componentes de la fuerza superficial, las transformamos, antes de la reducción al eje de la barra, en una fuerza por unidad de longitud a lo largo de la viga. Si se multiplica el ancho de la superficie cargada, que es igual a la mitad del ancho del ala de la viga, por cada una de las componentes de la fuerza superficial, obtenemos:

$$q_y' = p_y\frac{b}{2} = \mathbf{12.75}\frac{\boldsymbol{kN}}{\boldsymbol{m}} \qquad\qquad q_z' = p_z\frac{b}{2} = \mathbf{4.5}\frac{\boldsymbol{kN}}{\boldsymbol{m}}$$

Cuya ubicación en el cuerpo se indica en las figuras, así como la debida al peso propio.

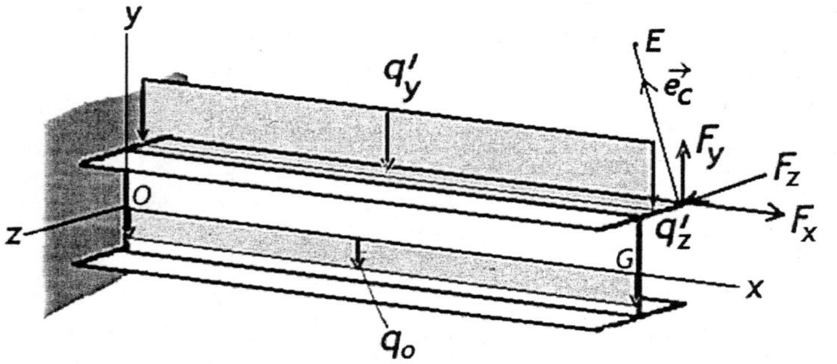

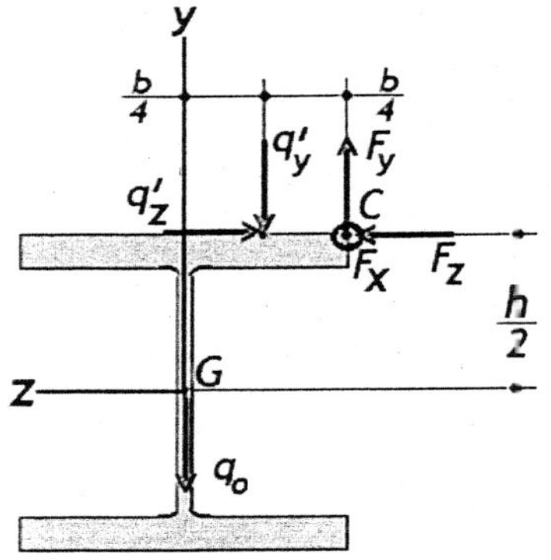

Para la reducción de la fuerza concentrada, debida a la acción del alambre, aplicada en el vértice **C** de la sección extrema de la viga, obtengamos su expresión vectorial. Con los vectores posición de los puntos **E** y **C**:

$$\overrightarrow{r_C} = L\,\vec{\imath} + \frac{h}{2}\,\vec{\jmath} + \frac{-b}{2}\,\vec{k} = \mathbf{3}\ \vec{\boldsymbol{\imath}} + \mathbf{0.15}\,\vec{\boldsymbol{\jmath}} - \mathbf{0.15}\,\vec{\boldsymbol{k}}\,\boldsymbol{m}$$

$$\overrightarrow{r_E} = 2\,L\,\vec{\imath} + 1.5\,L\,\vec{\jmath} + 0.7\,L\,\vec{k} = \mathbf{6}\,\vec{\boldsymbol{\imath}} + \mathbf{4.5}\,\vec{\boldsymbol{\jmath}} + \mathbf{2.1}\,\vec{\boldsymbol{k}}\,\boldsymbol{m}$$

El vector unitario en la dirección del alambre, es:

$$\vec{e_c} = \frac{\overrightarrow{r_{CE}}}{r_{CE}} = \frac{\overrightarrow{r_E} - \overrightarrow{r_C}}{|\overrightarrow{r_E} - \overrightarrow{r_C}|} = \mathbf{0.522}\,\vec{\boldsymbol{\imath}} + \mathbf{0.757}\,\vec{\boldsymbol{\jmath}} + \mathbf{0.392}\,\vec{\boldsymbol{k}}$$

La fuerza: $\overrightarrow{F} = F\,\overrightarrow{e_c} = \mathbf{2.612}\vec{\imath} + \mathbf{3.787}\,\vec{\jmath} + \mathbf{1.959}\,\vec{k}\,\boldsymbol{kN}$

$$\boldsymbol{F_x} = \mathbf{2.612}\,\boldsymbol{kN} \qquad \boldsymbol{F_y} = \mathbf{3.787}\,\boldsymbol{kN} \qquad \boldsymbol{F_z} = \mathbf{1.959}\,\boldsymbol{kN}$$

La representación de estas fuerzas se indica en el esquema general, y vista desde el extremo ***L***, con los sentidos indicados.

Concretado este paso, reducimos al eje de la viga las fuerzas $\boldsymbol{q'_y}$ y $\boldsymbol{q'_z}$ y la fuerza concentrada en ***C***.

Dada la simpleza de la geometría hacemos el cálculo en forma escalar.

Al reducir la fuerza longitudinalmente distribuida $\overrightarrow{\boldsymbol{q'}}$, aparece la misma fuerza que estaba aplicada en la mitad de la semiala. A la componente $\boldsymbol{q'_y}$ le sumamos la fuerza $\boldsymbol{q_o}$:

$$\boldsymbol{q_y} = q'_y + q_o = \mathbf{13.92}\,\frac{\boldsymbol{kN}}{\boldsymbol{m}} \qquad \boldsymbol{q_z} = q'_z = \mathbf{4.5}\,\frac{\boldsymbol{kN}}{\boldsymbol{m}}$$

La componente longitudinal: $\boldsymbol{n_x} = \mathbf{0}$

El momento de reducción de la fuerza elemental $\overrightarrow{\boldsymbol{q'}}\boldsymbol{dx}$, tiene como componentes, por unidad de longitud a:

$\boldsymbol{m_z} = \mathbf{0}$ porque la fuerza $\boldsymbol{q'_z}\,\boldsymbol{dx}$ es paralela a la línea coordenada ***z***, y la $\boldsymbol{q'_y}\,\boldsymbol{dx}$ es normal a esa misma línea coordenada.

$\boldsymbol{m_y} = \mathbf{0}$ porque la fuerza $\boldsymbol{q'_z}\,\boldsymbol{dx}$ es normal a la línea coordenada ***y***, y la $\boldsymbol{q'_y}\,\boldsymbol{dx}$ es paralela a esa línea coordenada.

La tercera componente del momento de reducción, por unidad de longitud:

$$\boldsymbol{m_x} = -q'_y\frac{b}{4} - q'_z\frac{h}{2} = -\mathbf{1.631}\,\frac{\boldsymbol{kN\,m}}{\boldsymbol{m}}$$

En el cálculo de $\boldsymbol{m_x}$ no entra $\boldsymbol{q_o}$ porque su línea de carga coincide con el eje ***x*** de la viga.

Vectorialmente las cargas de barra son:

Las distribuidas: $\overrightarrow{\boldsymbol{q}} = \boldsymbol{q_y}\,\vec{\boldsymbol{\jmath}} + \boldsymbol{q_z}\,\vec{\boldsymbol{k}}$ y $\overrightarrow{\boldsymbol{m}} = \boldsymbol{m_x}\vec{\boldsymbol{\imath}}$ constantes en toda la barra.

La reducción al baricentro de la sección extrema, que contiene al punto de aplicación de la fuerza concentrada, conduce a un momento de reducción cuyo cálculo podemos hacerlo en forma escalar o vectorial. En forma escalar a partir de las componentes de la fuerza en ***C***:

$$\boldsymbol{M_{ex}} = F_z\frac{h}{2} + F_y\frac{b}{2} = \mathbf{0.862}\,\boldsymbol{kNm} \quad \boldsymbol{M_{ey}} = -F_x\frac{b}{2} = -\mathbf{0.392}\,\boldsymbol{kNm} \quad \boldsymbol{M_{ez}} = -F_x\frac{h}{2} = -\mathbf{0.392}\,\boldsymbol{kNm}$$

En forma vectorial: $\overrightarrow{\boldsymbol{M_e}} = \overrightarrow{r_{GC}}\times\overrightarrow{F} = (\overrightarrow{r_C} - \overrightarrow{r_G})\times\overrightarrow{F}$

$$\overrightarrow{\boldsymbol{M_e}} = \left[\left(3\,\vec{\imath} + 0.15\,\vec{\jmath} - 0.15\,\vec{k}\,m\right) - 3\,\vec{\imath}\,m\right]\times\left(1.959\,\vec{\imath} - 3.787\,\vec{\jmath} + 2.612\,\vec{k}\,\,kN\right)$$

$$\overrightarrow{\boldsymbol{M_e}} = \mathbf{0.862}\,\vec{\boldsymbol{\imath}} - \mathbf{0.392}\,\vec{\boldsymbol{\jmath}} - \mathbf{0.392}\vec{\boldsymbol{k}}\,\,\boldsymbol{kNm}$$

La representación final de las cargas de barra:

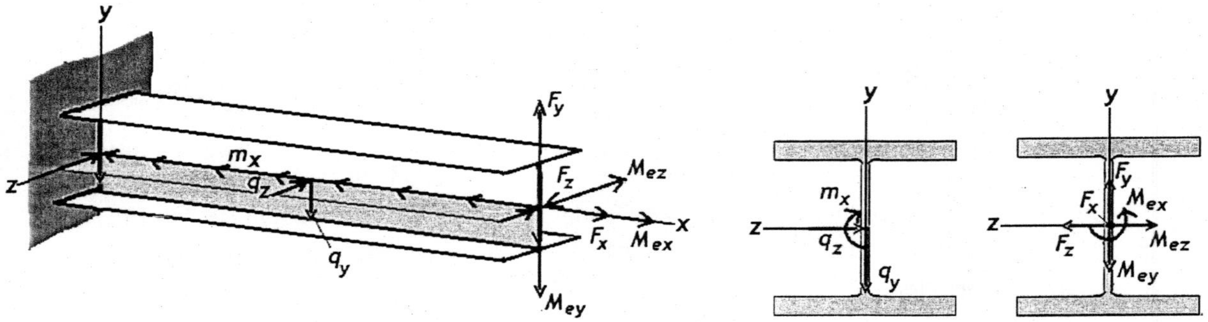

Capítulo 5
El cuerpo vinculado

Para los cuerpos libres cargados, sólo podemos estudiar su equilibrio y permanecer en el marco de la Estática cuando el cuerpo se encuentra en reposo respecto a un sistema de referencia inercial, o en movimiento con velocidad vectorial constante.

Estudiamos en este capítulo los cuerpos que no son libres y que se encuentran unidos materialmente, por medio de *vínculos* a la Tierra o a otros cuerpos que son o se consideran externos al mismo.

Un vínculo impone una limitación o impedimento a los movimientos que pudiera tener el cuerpo, de ser este libre, con respecto a los otros. Si el movimiento lo impide un cuerpo externo, al vínculo se lo llama *externo* (o *absoluto*).

Para comprender como eliminar uno o más de los movimientos posibles de un cuerpo, estudiamos cuántos y cómo son éstos y las distintas formas de limitarlos.

5.1 Configuración de un cuerpo

Es la posición que ocupan todos los puntos del cuerpo en un mismo instante, respecto a un sistema coordenado de referencia.

Cuando el cuerpo es o se considera un punto material que puede estar en cualquier lugar del espacio, son necesarias tres coordenadas para conocer su configuración, *fig.5-1a*:

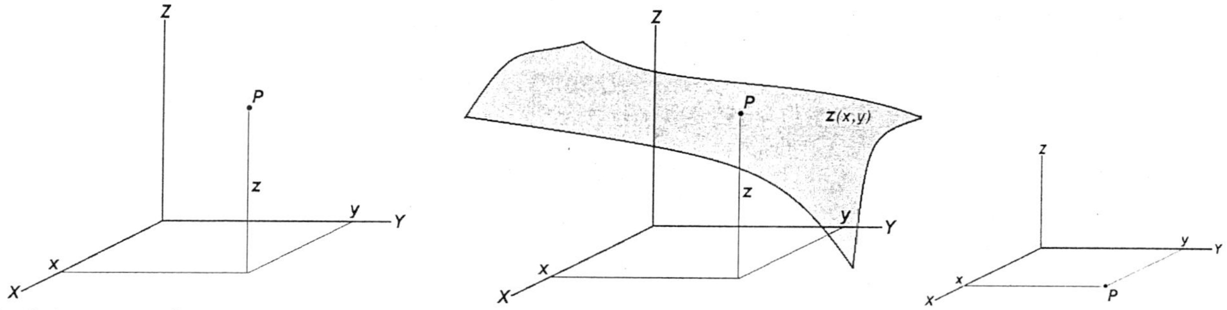

fig.5-1 a) b) c)

Si el punto está unido a una superficie $z(x, y)$, *fig.5-1b*, son necesarias sólo dos coordenadas para dar su configuración, porque la tercera coordenada la fijaría la superficie a la cual está unido, $P[x, y, z(x, y)]$. Si en particular esta superficie es el plano ***X-Y*** ($z(x, y) = 0$), evidentemente bastan las ***x***, ***y*** del punto, *fig.5-1c*.

Si el sistema lo forman dos puntos materiales P_1 y P_2, libres e independientes (no unidos) en el espacio, son necesarias seis coordenadas (tres para cada uno de los puntos), para dar la posición de ambos en el mismo instante. Si el movimiento de estos dos puntos sólo es posible en un plano y elegimos los ejes coordenados ***X-Y*** en el mismo, *fig.5-2a*, deben conocerse las cuatro coordenadas x_1, y_1 y x_2, y_2, para dar la posición de ambos, en el mismo instante.

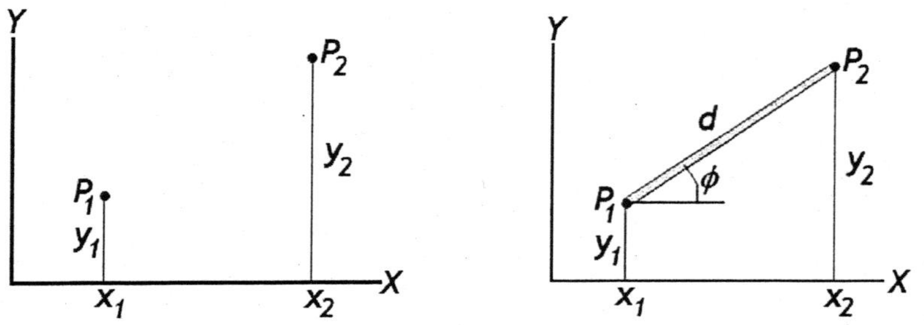

fig.5-2 a) b)

Si la distancia ***d*** entre los dos puntos es conocida e invariable, *fig.5-2b*, es suficiente dar sólo tres de las cuatro coordenadas; por ejemplo x_1, y_1 y x_2, para conocer la configuración, pues la y_2 se puede obtener a partir de:

$$y_2 = \sqrt{d^2 - (x_2 - x_1)^2} + y_1 \qquad [5.1]$$

o también, con las coordenadas x_1, y_1 y el ángulo ϕ, se obtienen las otras dos coordenadas x_2, y_2, con:

$$x_2 = x_1 + d\ cos\,\phi \qquad y_2 = y_1 + d\ sen\,\phi \qquad [5.2]$$

Por extensión si los puntos P_1 y P_2, están en el espacio y la distancia ***d*** entre ellos se mantiene constante, son necesarias cinco coordenadas (en lugar de las seis) para dar la configuración de ambos puntos en un mismo instante.

Para un cuerpo, que está formado por un número infinito de puntos, sería necesario, en principio, dar un número infinito de coordenadas para conocer su configuración.

Para una configuración de referencia se conoce la posición relativa de cualquier par de puntos del cuerpo entre sí y la distancia entre ellos porque el propio cuerpo es en sí mismo un dato.

Consideremos ahora al cuerpo referido a un sistema cartesiano y una cierta configuración ***C***, *fig.5-3a*, y dos puntos cualesquiera del mismo $P_i(x_i, y_i, z_i)$ y $P_j(x_j, y_j, z_j)$ siendo la distancia entre esos puntos:

$$d_{ij} = \sqrt{(x_j - x_i)^2 + (y_j - y_i)^2 + (z_j - z_i)^2} \qquad [5.3]$$

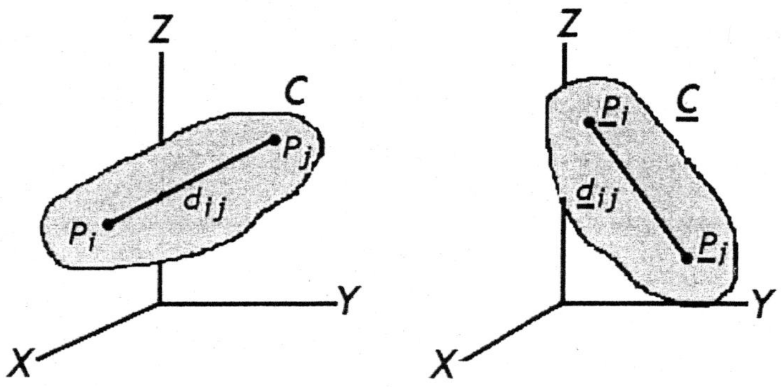

fig.5-3 a) b)

Si independientemente de la causa, el cuerpo pasa a otra configuración $\underline{C}$, *fig.5-3b*, cambiando las posiciones de aquellos puntos a $\underline{P}_i(\underline{x}_i, \underline{y}_i, \underline{z}_i)$ y $\underline{P}_j(\underline{x}_j, \underline{y}_j, \underline{z}_j)$, la distancia entre ellos pasa a ser ahora:

$$\underline{d}_{ij} = \sqrt{(\underline{x}_j - \underline{x}_i)^2 + (\underline{y}_j - \underline{y}_i)^2 + (\underline{z}_j - \underline{z}_i)^2} \qquad [5.4]$$

Si para cualquier par de puntos P_i, P_j del cuerpo, se cumple que la distancia d_{ij}, entre ellos en una configuración inicial y en todas las configuraciones intermedias, es igual a la distancia $\underline{d}_{ij}$ en la final, entonces el cuerpo se dice que es *rígido*.

Para un cuerpo rígido libre que sólo puede tener o realizar un movimiento general rototraslatorio plano, el número mínimo de coordenadas para conocer su configuración son tres: las dos coordenadas de un punto y una de un segundo punto, ya que conocemos la distancia entre cualesquiera de ellos.

Para dar la configuración de un cuerpo rígido libre en el espacio, se necesitan seis coordenadas independientes: las tres coordenadas de un punto $A(x_A, y_A, z_A)$, dos de otro punto $B(x_B, y_B)$, y una sexta coordenada z_C de un tercer punto C, no alineado con los otros, *fig.5-4*:

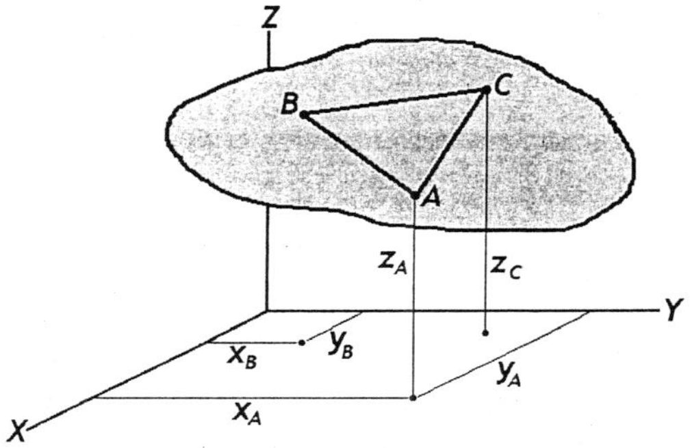

fig.5-4

Ello puede justificarse con el siguiente razonamiento: fijado un punto A, el cuerpo puede rotar alrededor de A; cualquier otro punto B del cuerpo se movería por una trayectoria contenida en una superficie esférica de radio:

$$d_{AB} = \sqrt{(x_B - x_A)^2 + (y_B - y_A)^2 + (z_B - z_A)^2}$$

Para limitar este movimiento alrededor de A, fijamos dos coordenadas del otro punto, B, como las x_B, y_B. La tercera coordenada z_B, se obtiene a partir de la anterior:

$$z_B = z_A + \sqrt{d_{AB}^2 - (x_B - x_A)^2 - (y_B - y_A)^2}$$

Sin embargo el cuerpo todavía conserva la capacidad de rotar alrededor de la recta AB. Por eso si finalmente fijamos la coordenada de un tercer punto C, (no alineado con A y B) tal como z_C, en ese caso el cuerpo queda inmóvil.

Las distancias desde este tercer punto a los otros son:

$$d_{BC} = \sqrt{(x_C - x_B)^2 + (y_C - y_B)^2 + (z_C - z_B)^2} \qquad a)$$

[5.5]

$$d_{CA} = \sqrt{(x_A - x_C)^2 + (y_A - y_C)^2 + (z_A - z_C)^2} \qquad b)$$

Las coordenadas restantes x_C, y_C se obtienen resolviendo el sistema de ecuaciones *[5.5a,b]* en esas incógnitas.

Como conclusión para dar la configuración de un cuerpo, es necesario conocer un número mínimo de coordenadas, que se denomina el número de *coordenadas independientes* del cuerpo.

Si el cuerpo es libre o parcialmente libre, tendrá tantas componentes de los dos movimientos (traslación y rotación) posibles como coordenadas independientes tenga. Por ello al número de coordenadas independientes se lo denomina *grados de libertad* (***GL***), o también de movilidad.

5.2. Vínculos

Si el cuerpo no es libre, sino que está unido a la Tierra o a otros cuerpos considerados como externos, tendrá alguno o todos sus movimientos independientes o grados de libertad limitados o impedidos.

Los elementos que impiden los movimientos se denominan *vínculos* que son de formas y características muy diversa y van desde el simple contacto hasta un dispositivo mecánico relativamente complejo.

Cuando el vínculo impide el movimiento en un sentido, pero no en el opuesto, el vínculo se denomina *unilateral*. Es bilateral si el movimiento impedido lo es en los dos sentidos.

Si el vínculo no modifica sus características, y en particular, si no lo hacen las interacciones con el exterior a lo largo del tiempo, se denomina *esclerónomo*. Si depende del tiempo, al vínculo se lo designa *reónomo*.

En todo este texto a los vínculos los consideramos bilaterales y esclerónomos.

Dado que la parte del cuerpo en la que se localizan los vínculos es, en general, de pequeña extensión con relación al tamaño del cuerpo, se los idealiza y considera puntualmente localizados. Se los esquematiza en un grupo reducido de formas, como se mostrará luego.

En las figuras siguientes un movimiento de traslación y de rotación posible se indican con una flecha recta o curva. Cuando el movimiento está impedido, estas flechas aparecen cruzadas:

Traslación y Rotación libres

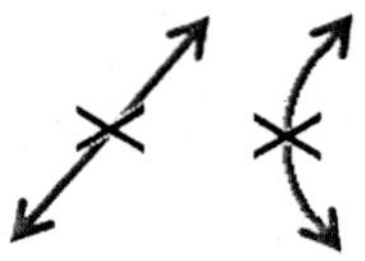

Traslación y Rotación impedidos

En los apartados siguientes se describen los distintos tipos de vínculos y los movimientos permitidos e impedidos por los mismos, clasificados de acuerdo a si el movimiento posible es en el plano o en el espacio y dentro de estas categorías por el número de grados de libertad que limitan.

5.2.1 Vínculos que limitan el movimiento en el plano

Un cuerpo libre con movimiento plano, puede trasladarse en cualquier dirección en ese plano. La traslación en una cierta dirección puede considerarse la composición de dos traslaciones en dos direcciones no paralelas (frecuentemente ortogonales). El otro movimiento independiente que puede tener es el de rotación alrededor de un eje perpendicular a ese plano.

5.2.1.1 Traslación impedida en una dirección, figs.5-5/12

Contacto puntual con una superficie lisa

Cuando el contacto con la Tierra u otros cuerpos externos se hace directamente a través de una superficie, que es frecuentemente pequeña y que puede considerarse como puntual, queda impedida la traslación del cuerpo en la dirección normal y hacia la superficie. No quedan impedidos la traslación normal en el sentido opuesto, ni en dirección de la tangente a la superficie, ni la rotación del cuerpo alrededor del punto de contacto.

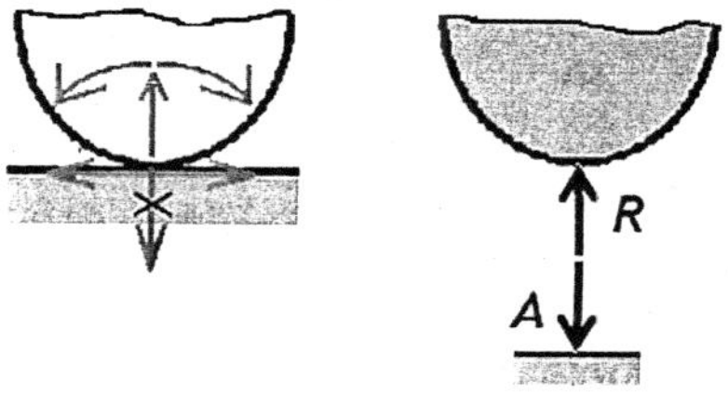

fig.5-5

Cable inextensible y cadena

Está impedida la traslación en la dirección del cable o cadena, en el sentido del alejamiento del cuerpo externo.

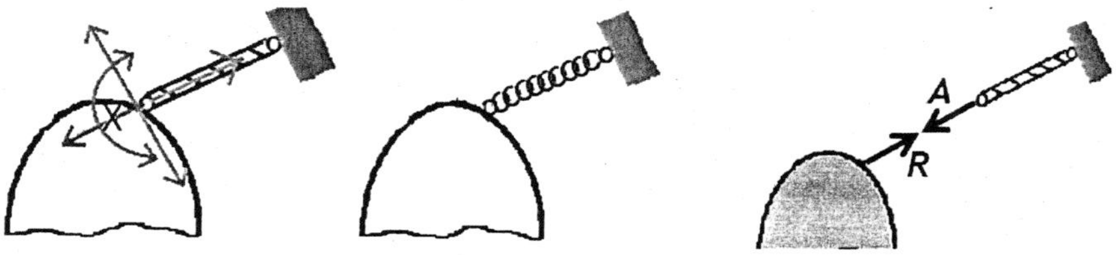

fig.5-6

y está permitida la traslación hacia el cuerpo externo, así como en la dirección normal al cable y la rotación alrededor de los puntos de amarre del cable al cuerpo y al exterior.

Apoyo móvil articulado o articulación móvil

Es un dispositivo mecánico que permite al cuerpo trasladarse en la dirección tangente a la superficie de deslizamiento e impide la traslación en la dirección normal hacia la superficie y la permite en el sentido opuesto. Este vínculo permite además la rotación.

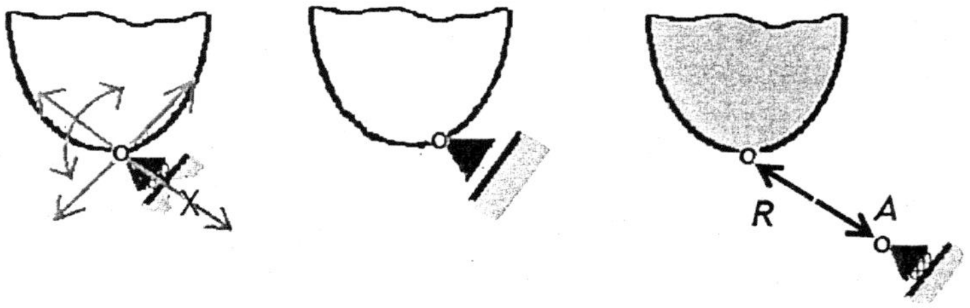

fig.5-7

Rodillo-Bola-Apoyo oscilante

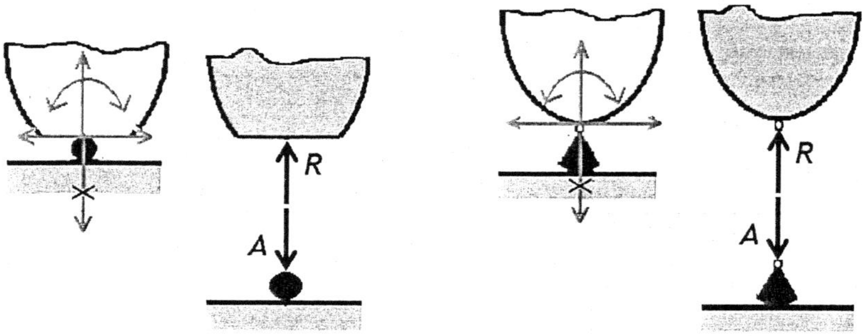

fig.5-8

Los vínculos descriptos en las *figs.5-5/8* impiden la traslación del cuerpo en un solo sentido por lo que son unilaterales; sin embargo, como se dijo, consideraremos que limitan la traslación en ambos sentidos y son, por lo tanto, bilaterales.

Biela rígida

La biela es un elemento rígido y en general de corta longitud, conectado con una articulación al cuerpo y otra al exterior. Se denomina eje de la biela a la recta que pasa por las dos articulaciones. Si bien se la dibuja como una barra recta corta, puede tener cualquier forma y longitud, lo que importa es la dirección del eje de la misma.

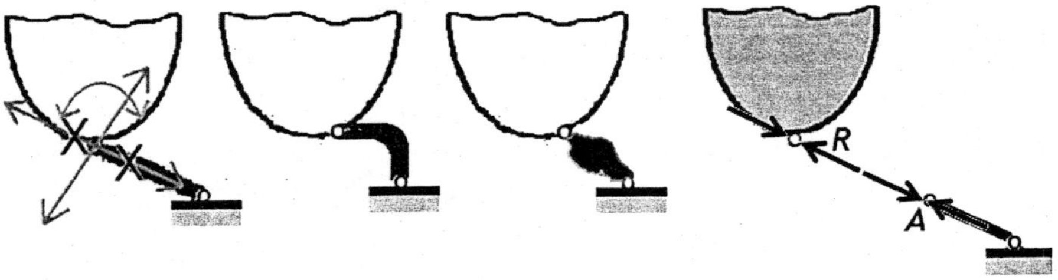

fig.5-9

La biela permite la traslación del cuerpo en dirección perpendicular a su eje, y si la longitud del eje de la misma es pequeña, con relación al tamaño del cuerpo, los desplazamientos de la articulación con el cuerpo, son de muy pequeña magnitud y en general así los supondremos, a menos que se indique lo contrario. Permite también la rotación del cuerpo alrededor de ambas articulaciones.

Rodillo y pasador confinados a una guía o corredera y articulados al cuerpo y con contacto liso, *fig.5-10*

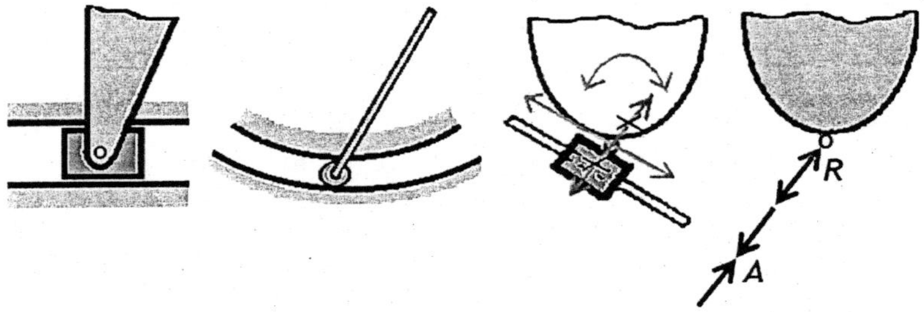

fig.5-10

Todos los vínculos descriptos precedentemente restringen ***1GL***.

5.2.1.2 Traslación impedida en cualquier dirección

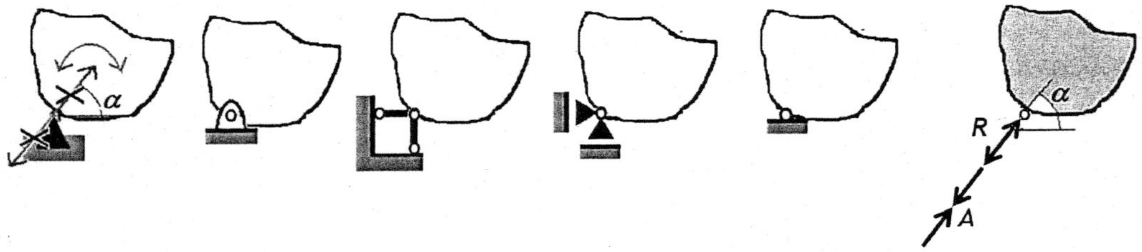

fig.5-11

Los vínculos de las *figs.5-11*, al impedir la traslación en ambos sentidos en forma efectiva, son estrictamente bilaterales. Restringen ***2GL***.

Los vínculos de *figs.5-6,7,9,11* se usan también cuando el cuerpo puede considerarse un punto material o partícula, con movimiento posible sólo en un plano.

5.2.1.3 Traslación y rotación impedidos

Empotramiento

Este vínculo, *fig.5-12*, limita en sí mismo todos los posibles movimientos independientes del cuerpo en el plano y por lo tanto restringe los ***3GL*** del cuerpo.

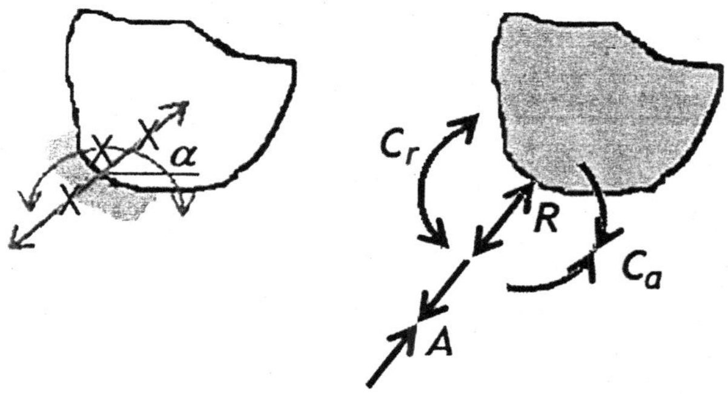

fig.5-12

5.2.1.4 Traslación impedida en una sola dirección y rotación impedida

Empotramiento deslizable: este vínculo, *fig.5-13*, a diferencia del empotramiento total, permite la traslación en una dirección y la limita en la dirección normal a ella y también impide la rotación. Restringe ***2GL***.

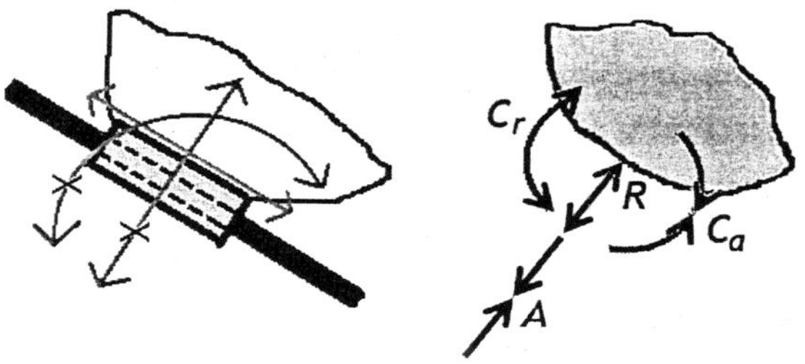

fig.5-13

5.2.2 Vínculos en el espacio

Los vínculos en el espacio son de una variedad mayor que en el plano.

La superficie lisa de contacto, cable inextensible o cadena, apoyo sobre bola: son cualitativamente iguales a los casos planos.

En los dibujos siguientes sólo se indican las traslaciones y rotaciones impedidas.

Rótula esférica o tres bielas rígidas no coplanares, *figs.5-14*

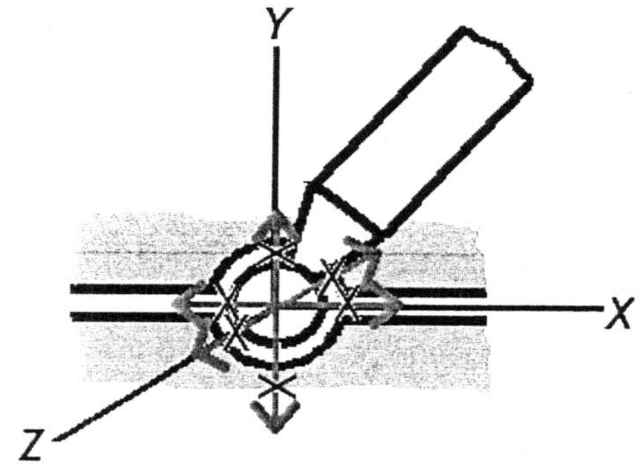

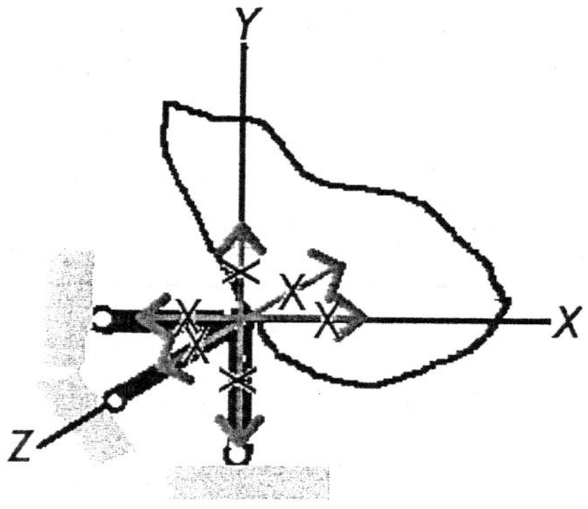

fig.5-14

Cojinete de bolillas y Cojinete cilíndrico o de rodillos, *figs.5-15a,b*

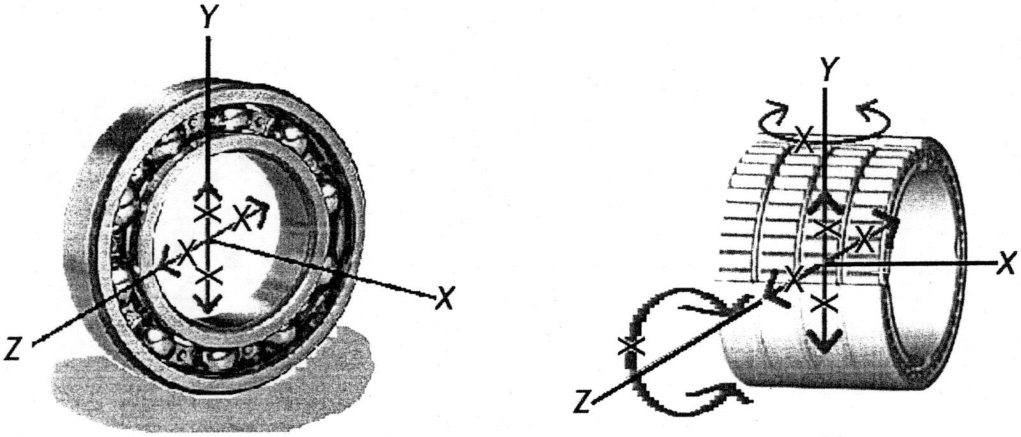

fig.5-15 a) b)

Cojinete de empuje y Bisagra, *figs.5-16a,b*

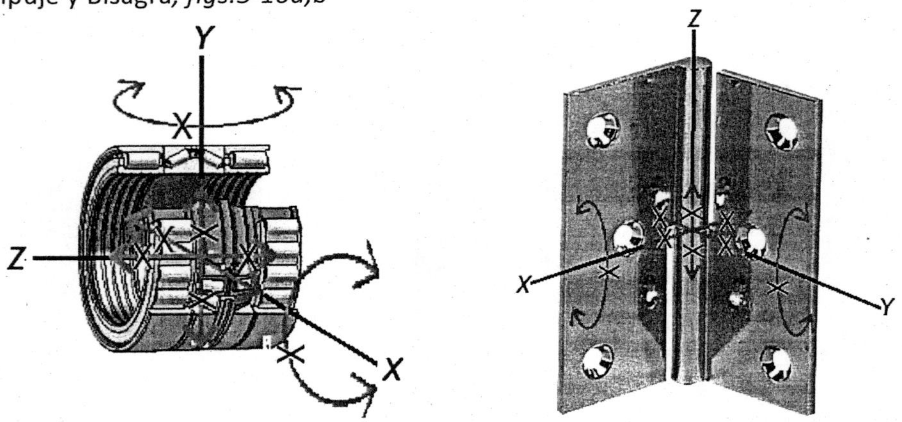

fig.5-16 a) b)

Empotramiento, *figs.5-17*

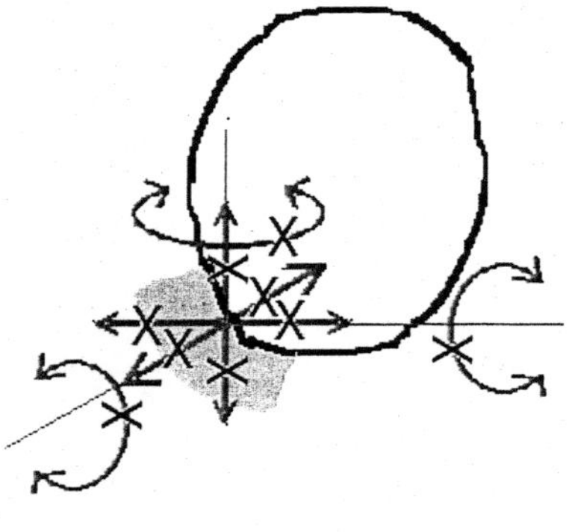

fig.5-17

Lo dicho para el punto material en el plano es extensivo al punto material en el espacio.

Las limitaciones de los vínculos a los distintos movimientos dan lugar a que si el cuerpo está cargado tengan lugar fuerzas y/o pares de interacción en coincidencia con ellos.

5.3 Número mínimo de vínculos y su disposición para inmovilizar un cuerpo.

Para eliminar alguno o todos los movimientos independientes de un cuerpo libre que tendría bajo la acción de un sistema general de cargas, se deben disponer uno o más vínculos entre el cuerpo y el exterior.

El número mínimo de vínculos para eliminar todos los grados de libertad y dejar inmóvil al cuerpo bajo la acción de las cargas, depende de las posibilidades de movimiento del cuerpo y de las características y del tipo de vínculo.

5.3.1 Partícula o punto material

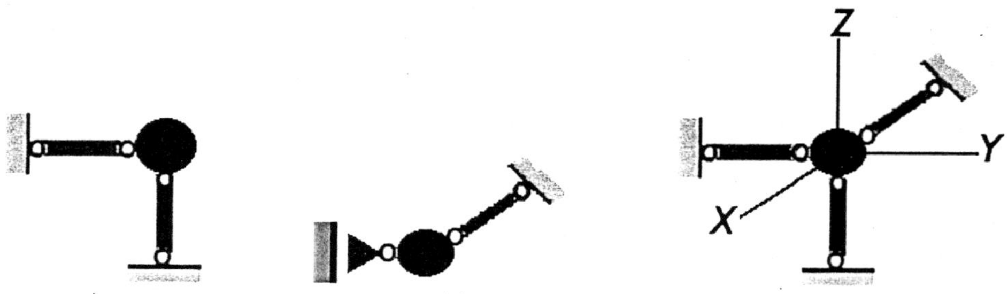

fig.5-18 a) b) c)

Para un punto confinado en el plano y que tiene ***2GL***, el movimiento que podría realizar se puede eliminar con dos bielas cuyos ejes no sean colineales y dispuestas en ese plano *fig.5-18a* o cualquier vínculo que sea capaz de eliminar el movimiento de traslación en el plano, *fig.5-18b*.

En el espacio los ***3GL*** se eliminan con tres bielas no coplanares u otros vínculos capaces de eliminar la traslación, *fig.5-18c*.

Para un punto material no cabe hablar de movimiento de rotación.

5.3.2 Formas de inmovilizar un cuerpo en el plano

Sus ***3GL*** se pueden eliminar de diversos modos.

Empotramiento: impide las dos traslaciones independientes y la rotación, *fig.5-19a*.

Articulación fija y móvil *fig.5-19b*: el apoyo fijo elimina la posibilidad de traslación en cualquier dirección en el plano (***2GL***). El movimiento que le resta, el de rotación alrededor de la articulación, se elimina con un apoyo o articulación móvil, cable, apoyo liso, biela o apoyo oscilante, ubicado en otro punto del cuerpo, diferente de aquel en que se encuentra la articulación fija.

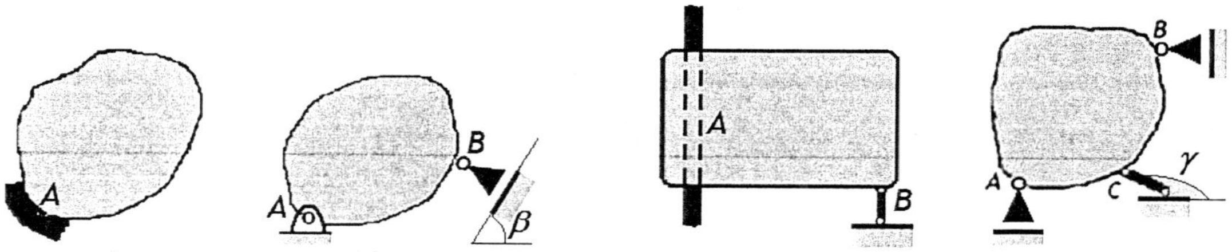

fig.5-19 a) b) c) d)

La dirección del movimiento de traslación que permite el apoyo móvil debe cumplir una condición adicional que se explica más adelante bajo el título de inmovilidad aparente. Un cuerpo con este tipo de vinculación se dice simplemente apoyado.

Empotramiento móvil más apoyo móvil *fig.5-19c*: como el empotramiento móvil impide la rotación y la traslación normal a la guía, pero no impide la traslación en la dirección de ella, se debe disponer un apoyo móvil que impida esta traslación.

Tres apoyos móviles o sus equivalentes, *fig.5-19d*: cables, apoyos lisos, bielas, apoyo oscilante, o una combinación entre ellos.

Para comprender porque en este caso se logra la inmovilidad, hagamos el siguiente razonamiento: consideremos al cuerpo con sólo dos apoyos, los ***A*** y ***B***, *fig.5-20a*, los que eliminan las dos traslaciones independientes del cuerpo libre en el plano. Le queda como ***GL***, la posibilidad de rotar alrededor del centro de rotación, el cual debemos determinar.

En una rotación de pequeña magnitud los desplazamientos de los puntos del cuerpo son perpendiculares al radio desde el centro de rotación.

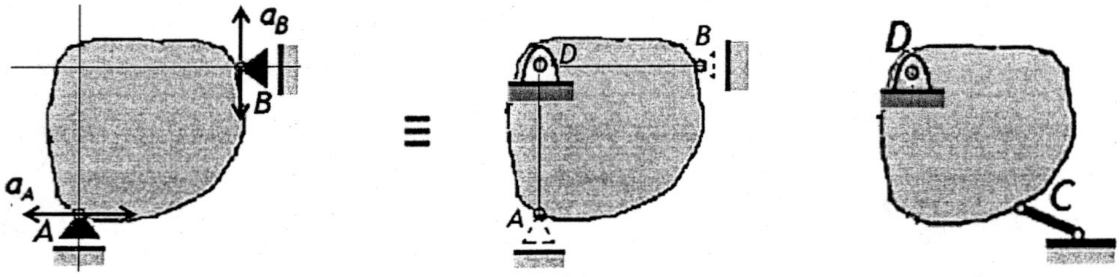

fig.5-20 a) b) c)

De los únicos puntos del cuerpo que conocemos la dirección de los desplazamientos son los de apoyo ***A*** y ***B***, que sólo pueden desplazarse en la dirección que estos apoyos permiten. Para cada uno de ellos, el centro de rotación está sobre la respectiva normal a la dirección de los apoyos. El único punto del plano que cumple la condición de ser simultáneamente el centro de rotación del cuerpo para el que son posibles los dos desplazamiento indicados, se encuentra en el punto de encuentro ***D*** de las normales a los apoyos, *fig.5-20b*.

Desde el punto de vista cinemático es como si el cuerpo tuviera una articulación fija en ***D***, en lugar de los dos apoyos móviles que efectivamente tiene en ***A*** y ***B***, ya que esta articulación fija impediría las traslaciones, tal como lo hacen los verdaderos y los desplazamientos de esos puntos tendrían las direcciones que les permiten los apoyos reales, por lo que los apoyos móviles pueden sustituirse por la articulación fija ficticia o virtual en ***D***.

Para completar la inmovilización se agrega el tercer apoyo móvil en ***C***, *fig.5-20c*, que anula la posibilidad de rotación alrededor de la articulación ficticia ***D***.

Se pueden definir tres articulaciones ficticias tomando de a dos los apoyos, en todas sus combinaciones, *figs.5-21b,c,d*:

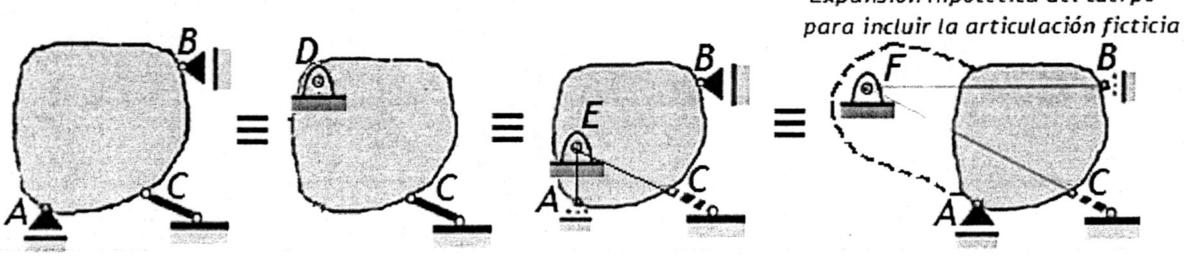

fig.5-21 a) b) c) d)

Como en el caso de *fig.5-21d*, en que la articulación fija ficticia queda fuera del cuerpo, se imagina a este hipotéticamente prolongado de modo que la articulación ficticia se encuentre incluida en la expansión del cuerpo, dado que el eje de rotación de un cuerpo y su equivalente, el centro de rotación, puede estar fuera del cuerpo.

Señalemos que si hay dos apoyos móviles que limitan la traslación, en la misma dirección, como los ***A*** y ***B*** de la *fig.5-22a*:

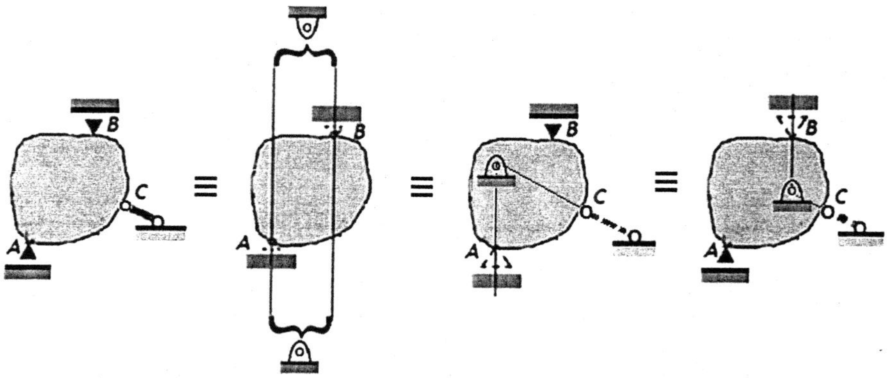

fig.5-22 a) b) c) d)

las normales en ***A*** y ***B*** son asimismo paralelas, por lo que el punto de su encuentro estará infinitamente alejado en esa dirección normal y en cualquiera de los dos sentidos, *fig.5-22b*; queda definida una articulación fija ficticia que se encuentra, como antes, en la intersección de las normales a aquellas direcciones.

Pueden definirse también otras dos articulaciones ficticias, combinando las ***A*** y ***B*** con la ***C***, *figs.5.22c,d*.

5.3.3 Formas para inmovilizar un cuerpo en el espacio

Los ***6GL*** que tiene como cuerpo libre pueden eliminarse de muchas formas diferentes. Así si se dispone un vínculo que elimina ***n < 6GL***, se puede elegir otro u otros vínculos que eliminen los ***(6-n)GL*** restantes.

5.4 Isostaticidad

Un cuerpo con el número mínimo necesario de vínculos, tal que considerados en conjunto, eliminen todos los movimientos independientes que pueda tener (que es igual al número de grados de libertad), de modo que ante cualquier sistema de cargas permanezca estacionario, se dice que está *isostáticamente* vinculado. Se requiere, además, que estos vínculos estén correctamente dispuestos, cuestión que se analizará posteriormente. Los cuerpos de *figs.5-18/22*, están isostáticamente sustentados.

5.5 Interacciones en los vínculos en cuerpos isostáticamente unidos - Su cálculo

Como se había expresado, si el vínculo de un cuerpo limita la traslación en una dirección en el mismo, cuando esté cargado, surge una fuerza de interacción en la dirección de la traslación, como son los casos de *figs.5-5/17*. Si el movimiento impedido es el de rotación, la interacción es un par, *figs.5-12,13,15,16,17*.

Como sabemos las cargas de un cuerpo pueden resumirse en el torsor de fuerzas, que llamamos activo, por provenir de las acciones externas. No obstante la existencia de estas cargas, el cuerpo de estar adecuadamente vinculado permanece inmóvil, lo cual se explica por la existencia de fuerzas y/o pares reactivos tal que el torsor de fuerzas de las reacciones en conjunto, y que podemos llamar torsor de fuerzas reactivo, son de igual valor y sentido opuesto al torsor de fuerzas activo y ambos con el mismo eje central.

Quienes ejercen esas fuerzas y pares antagónicos, son la Tierra y/o los cuerpos a los que se haya unido el cuerpo cargado. Esas fuerzas y pares se aplican al cuerpo a través de los vínculos y se los designa *fuerzas* y *pares* o *cuplas reactivas*, o más genéricamente reacciones de vínculo y que son los que hacen que el cuerpo quede en definitiva en equilibrio.

Designamos $\overrightarrow{A}$ a la fuerza activa que el cuerpo ejerce sobre el vínculo y este sobre la Tierra o cuerpo externo al que se vincula, *fig.5-23*, y con $\overrightarrow{R}$ la fuerza reactiva que sobre el cuerpo ejerce la Tierra o el cuerpo externo al que se une, a través del vínculo, y que es un vector colineal al $\overrightarrow{A}$ de igual módulo y sentido opuesto.

En aquellos casos en que el vínculo impide la rotación, la interacción es una cupla o par, que en las figuras indicamos con $\overrightarrow{C_a}$ a la *cupla activa* que el cuerpo ejerce, a través del vínculo, sobre el exterior y $\overrightarrow{C_r}$ la *cupla reactiva* que es la reacción exterior, a la acción del cuerpo. Los vectores momento de ambas son de igual módulo y sentidos opuestos.

Supongamos un cuerpo en el plano, simplemente apoyado y cargado, *fig.5-23a*, de modo que las cargas pueden sintetizarse en la fuerza $\boldsymbol{F_e}$. Reemplazamos a $\boldsymbol{F_e}$ por dos fuerzas, la $\boldsymbol{A_A}$ en dirección de la normal al apoyo ***A*** y la otra fuerza $\boldsymbol{A_B}$ pasante por el apoyo fijo ***B*** (usando el procedimiento descripto en *3.9.2.4*). Estas son las acciones que ejerce el cuerpo sobre la Tierra o cuerpos externos a través de los apoyos ***A*** y ***B***, contra los que reaccionan, a través de esos mismos vínculos, con las fuerzas $\boldsymbol{R_A}$, $\boldsymbol{R_B}$, que son las reacciones de vínculo.

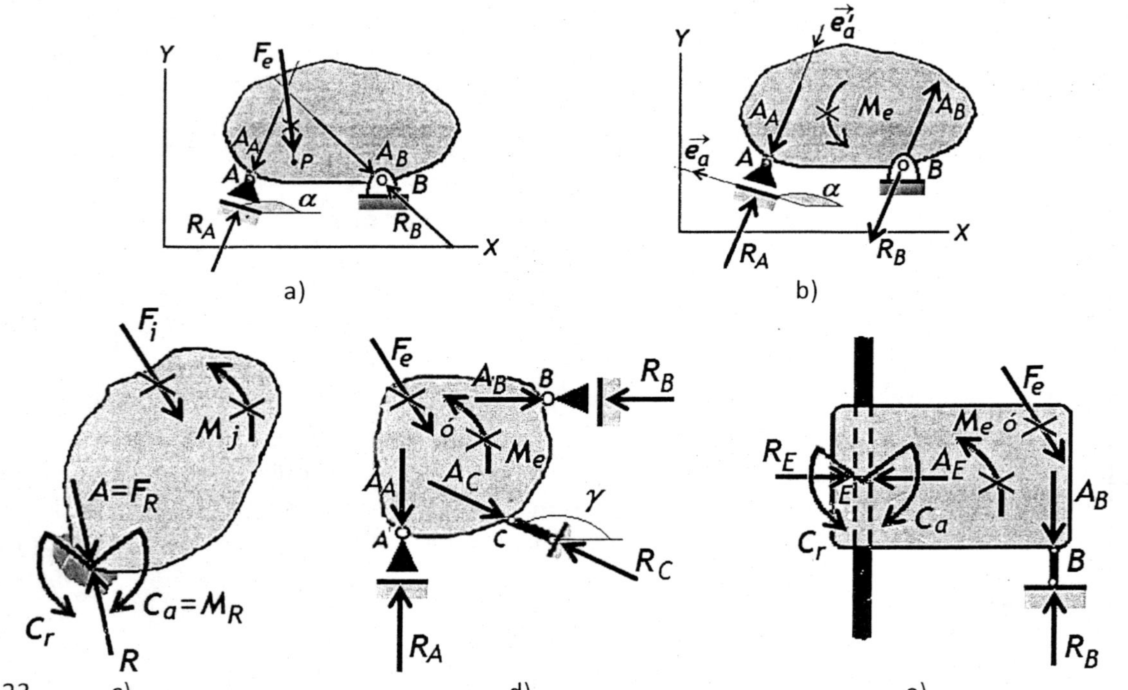

fig.5-23 c) d) e)

Si las cargas externas sobre el cuerpo se sintetizan por un par de momento $\boldsymbol{M_e}$, con similares consideraciones, *fig.5-23b*, reemplazamos al $\boldsymbol{M_e}$ por dos fuerzas aplicadas en los apoyos con la dirección de las fuerzas activas definidas por la normal al apoyo ***A***. Las acciones que el cuerpo ejerce sobre el exterior a través de los apoyos, *ec.[2.18]*:

$$\overrightarrow{A_A} = \frac{\overrightarrow{M_e} \cdot \vec{k}}{\left(\overrightarrow{r_{BA}} \times \vec{e'_a}\right) \cdot \vec{k}} \overrightarrow{e'_a} \qquad \text{y con} \qquad \overrightarrow{e_a} = \cos\alpha\,\vec{\imath} + \operatorname{sen}\alpha\,\vec{\jmath} \qquad \vec{e'_a} = \vec{k} \times \overrightarrow{e_a} \qquad \overrightarrow{A_B} = -\overrightarrow{A_A}$$

o en término de los datos originales:

$$\overrightarrow{A_A} = \frac{\overrightarrow{M_e} \cdot \vec{k}}{\overrightarrow{r_{AB}} \cdot \overrightarrow{e_a}} \vec{k} \times \overrightarrow{e_a}$$

Sus antagónicos, las reacciones externas a esas acciones, son: $\overrightarrow{R_A} = -\overrightarrow{A_A}$ $\qquad \overrightarrow{R_B} = -\overrightarrow{A_B}$

En el caso de *fig.5-23c*, reducidas directamente las cargas al empotramiento, la fuerza activa es la fuerza resultante de reducción de las cargas; la cupla activa es el momento resultante de reducción de las cargas. La fuerza y cupla reactivas son las reacciones exteriores a las acciones que el cuerpo ejerce sobre el empotramiento.

El caso de *fig.5-23d*, las cargas se reemplazan por tres fuerzas no concurrentes que pasan por los puntos de vinculación y tienen la dirección especificada por las normales a la dirección de los apoyos móviles o la de los ejes de las bielas o la del cable si estos son los apoyos, problema que fue resuelto en *3.9.2.1* y *3.9.1.2*. El de *fig.5-23e*, corresponde al problema tratado en *3.9.1.3*.

En todos los casos las acciones en los apoyos son estáticamente equivalentes a las cargas originales porque dan lugar a los mismos efectos estáticos, que en este caso son las mismas reacciones de vínculo en ambos casos.

Como conclusión podemos decir que si el vínculo impide el movimiento de traslación del cuerpo, la reacción es una fuerza y si el vínculo impide la rotación, la reacción es un par.

Las direcciones de estas fuerzas y pares reactivos son las del movimiento que impide el vínculo. El sentido de la reacción es opuesto al sentido del movimiento impedido.

Lo expresado no es más que el principio de acción y reacción, el cuerpo ejerce acciones (fuerzas y pares) sobre la Tierra, u otros cuerpos externos, y estos reaccionan con fuerzas y pares, de igual dirección y módulo, y sentido opuesto a las de acción del cuerpo.

Vamos a considerar al cuerpo vinculado y cargado con diversos sistemas de cargas y determinar los valores de las reacciones, sus direcciones y sentido.

En general no es necesario realizar la secuencia anterior, es decir reemplazar las cargas actuantes por fuerzas y o pares activos que correspondan con los vínculos y tomar como reacciones a sus opuestos, sino que directamente, con el conjunto de cargas actuantes, se pueden calcular las reacciones de vínculo simplificando considerablemente el proceso, como se describe en los siguientes puntos.

5.5.1 Diagrama del Cuerpo Libre (D.C.L.)

Para calcular las interacciones entre el cuerpo y el exterior a través de los vínculos, se deja al cuerpo libre con las cargas actuantes y se reemplazan los vínculos (eliminándolos) por las reacciones que les corresponderían y cuyos valores son, en general, incógnitos.

La representación del cuerpo cuando se eliminan los vínculos de denomina el *Diagrama del Cuerpo Libre* (***DCL***), porque lo imaginamos como un cuerpo libre de sus vínculos, con las cargas externas actuantes y en los lugares donde estaban los vínculos, actuando las reacciones del exterior sobre el mismo. Dependiendo del tipo de vínculo se desconoce en general la magnitud de la reacción, su dirección y sentido. Por eso, a las reacciones, se les atribuye inicialmente una dirección y sentido; una vez calculadas, el signo de sus resultados corroboran o no el sentido asignado en principio.

Al cuerpo transformado en libre con las cargas exteriores y las reacciones de vínculo aplicadas, se lo trata como un cuerpo libre. Se plantean las ecuaciones de equilibrio para los cuerpos libres, en las que las reacciones de vínculo aparecen como incógnitas. Según sean las particularidades del cuerpo y las cargas se tienen diversos casos.

En la descripción de los tipos de vínculos que se hizo en el *pto.5.2* se muestran las fuerzas y pares de interacción para cada uno de ellos, cuando se los desvincula, *figs.5-5/17*.

Para los cuerpos de la *fig.5-19*, con una carga general, se tendrán los correspondientes ***DCLs***, *fig.5.24*.

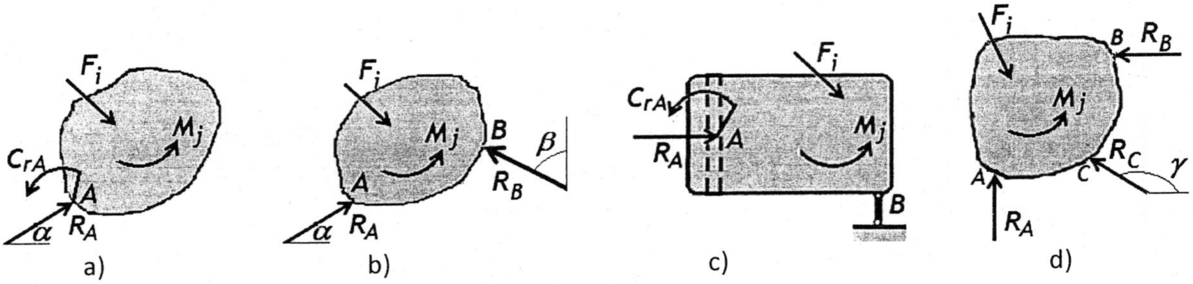

fig.5-24

Los sentidos de las reacciones se han elegido arbitrariamente. En los casos *a)* y *b)* es también una incógnita el ángulo α que forma la reacción con la dirección horizontal. En cambio los casos *b*, *d*, los ángulos β y γ son datos.

5.5.2 Cálculo de las reacciones de vínculo

Realizado el ***DCL*** del cuerpo y si designamos con $\overrightarrow{\boldsymbol{R}}$ a la fuerza reactiva y $\overrightarrow{\boldsymbol{C_r}}$ al momento de la cupla o par reactivo, tendremos que el cuerpo, considerado libre con las cargas exteriores y las reacciones de vínculo $\overrightarrow{\boldsymbol{R}}$ y $\overrightarrow{\boldsymbol{C_r}}$, está en equilibrio, pues así se encontraba originalmente al estar vinculado.

Tratado entonces como un cuerpo libre en equilibrio, deben cumplirse las dos ecuaciones vectoriales de equilibrio, o sea la nulidad de la fuerza resultante de todas las fuerzas (exteriores y reactivas) y la nulidad del momento de todas las cargas exteriores y reactivas, con respecto a cualquier punto del espacio:

$$\overrightarrow{F_R} = \sum_n \overrightarrow{F_i} + \sum \overrightarrow{R_k} = 0$$

$$\overrightarrow{M_R} = \sum_m \overrightarrow{M_j} + \sum_n \overrightarrow{r_i} \times \overrightarrow{F_i} + \sum \overrightarrow{r_k} \times \overrightarrow{R_k} + \sum \overrightarrow{C_r} = 0 \qquad [5.6]$$

$\overrightarrow{r_i}$, $\overrightarrow{r_k}$, son los vectores posición, respecto al mismo punto del espacio tomado para el cálculo del momento, de cualquier punto de la línea de acción de las fuerzas exteriores y de las reacciones de fuerza respectivamente, en el caso general puede haber más de una cupla reactiva. Para cada tipo de cuerpo, las anteriores adquieren una forma particular.

Al introducir vectores cartesianos para explicitar las ecuaciones escalares equivalentes de equilibrio y si el cuerpo está isostáticamente vinculado, el número de reacciones incógnita es igual al de ecuaciones y si los vínculos estaban correctamente dispuestos, se obtiene una solución.

Seguidamente vemos, con más detalle, el planteo de las ecuaciones de equilibrio para los correspondientes ***DCLs*** para el punto material, el cuerpo con cargas y vínculos en el plano director de las cargas y reacciones, y en el espacio, isostáticamente vinculados.

5.5.2.1 Punto material

Si el punto material cargado, está vinculado con tres apoyos móviles de direcciones no coplanares, queda espacialmente unido y la fuerza exterior puede tener cualquier dirección, *fig.5-25a*.

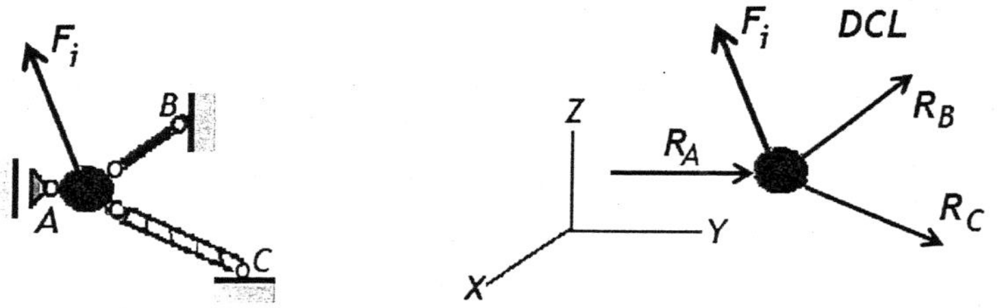

fig.5-25

Se realiza el ***DCL*** reemplazando los vínculos por las reacciones que a través de ellos, el exterior ejerce sobre la partícula. Las direcciones de las reacciones incógnitas R_A, R_B y R_C están dadas por la normal al apoyo móvil, por la de la recta que contiene al eje de la biela, y por la dirección del cable, respectivamente. En este ejemplo les atribuimos los sentidos indicados en la *fig.5-25b*.

Por tratarse de una partícula la condición de equilibrio que se plantea es una sola, que la fuerza resultante de las fuerzas exteriores y reacciones sea nula:

$$\overrightarrow{F_R} = \sum_n \overrightarrow{F_i} + \overrightarrow{R_A} + \overrightarrow{R_B} + \overrightarrow{R_C} = \sum_n \overrightarrow{F_i} + R_A\,\overrightarrow{e_a} + R_B\,\overrightarrow{e_b} + R_C\,\overrightarrow{e_c} = 0$$

Adoptado un sistema cartesiano de referencia, con origen en la partícula u otro punto del espacio, se plantean las tres ecuaciones escalares de equilibrio equivalentes. La solución del sistema permite conocer las magnitudes de las reacciones; el signo negativo de un resultado significa que la fuerza reactiva tiene sentido opuesto al atribuido inicialmente en el ***DCL***.

Si los apoyos son dos, la fuerza exterior sólo puede actuar en el plano que definen las direcciones de los apoyos.

Ejemplo 1: Se improvisa una pluma con un puntal ***OA*** y dos cables ***AB*** y ***AC*** para poder elevar la carga ***P*** que cuelga de un cable unido al anillo en ***A***. El puntal se apoya en el piso en el cual se ubica el origen del sistema coordenado y forma con el eje ***Z*** el ángulo γ, y está en el plano π que forma el ángulo α' con la pared. Un cable se amarra a la pared en ***B*** y el otro cable en el punto ***C*** ubicado en el encuentro de la pared-piso y sobre el eje ***Y***. Determinar las fuerzas que se ejercen sobre el puntal y los cables.

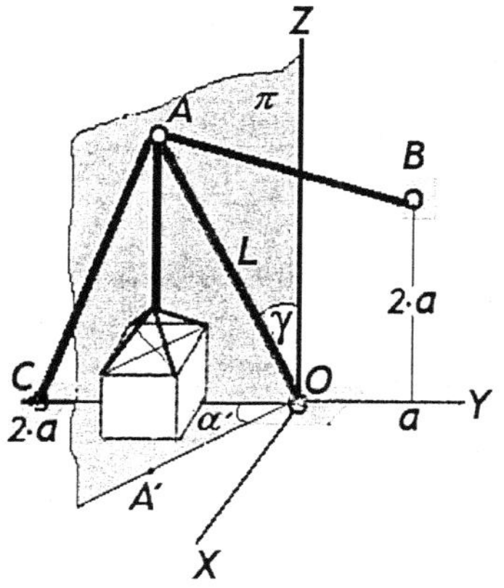

a = 2 m *L = 5 m* *α´= 55°* *γ= 20°* *P = 2 kN*

Este problema puede resolverse de diferentes formas. El anillo ***A*** por sus dimensiones, frente al resto lo consideramos a como un punto material en el espacio, isostáticamente vinculado, con la fuerza externa ***P***. La limitación al movimiento de traslación del anillo, la imponen los cables y el puntal al que asimilamos a una biela rígida.

Realizamos el ***DCL*** del anillo ***A***, considerado como una partícula. Las reacciones de los vínculos son: las fuerzas que los cables ***AB*** y ***AC***, y el puntal ***AO***, ejercen sobre el anillo en las direcciones definidas por sus extremos, donde R_B, R_C y R_O son los módulos de las reacciones.

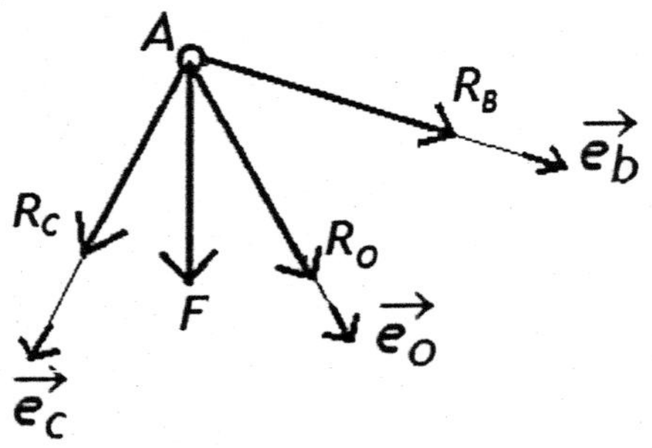

Los vectores unitarios en las direcciones de los cables y el puntal se determinan a partir de las coordenadas de ***A***, ***B***, ***C*** y ***O***.

La posición de ***A***, la obtenemos a partir de las coordenadas ***x-y*** de ***A´***, que es la proyección del ***A*** en el plano ***X-Y***:

$$x_A = x_{A'} = (L\,sen\,\gamma)\,sen\,\alpha' = \mathbf{1.401\,m}$$
$$y_A = y_{A'} = -(L\,sen\,\gamma)\,cos\,\alpha' = \mathbf{-0.981\,m}$$

La tercera coordenada: $z_A = L\,cos\,\gamma = \mathbf{4.698\,m}$

El vector posición de ***A***: $\vec{r_A} = x_{A'}\,\vec{i} + y_{A'}\,\vec{j} + z_A\,\vec{k} = \mathbf{1.401\,\vec{i} - 0.981\,\vec{j} + 4.698\,\vec{k}\,m}$

Los vectores posición de los puntos de amarre ***B*** y ***C***: $\vec{r_B} = a\,\vec{j} + 2\,a\,\vec{k} = \mathbf{2\,\vec{j} + 4\,\vec{k}\,m}$

$$\vec{r_C} = -2\,a\,\vec{j} = \mathbf{-4\,\vec{j}\,m}$$

Los vectores posición relativa a ***A***, de los extremos de los elementos de soporte:

$$\overrightarrow{r_{AB}} = \vec{r_B} - \vec{r_A} = \mathbf{-1.401\,\vec{i} + 2.981\,\vec{j} - 0.698\,\vec{k}\,m}$$
$$\overrightarrow{r_{AC}} = \vec{r_C} - \vec{r_A} = \mathbf{-1.401\,\vec{i} - 3.019\,\vec{j} - 4.698\,\vec{k}\,m}$$
$$\overrightarrow{r_{AO}} = \vec{r_O} - \vec{r_A} = \mathbf{-1.401\,\vec{i} + 0.981\,\vec{j} - 4.698\,\vec{k}\,m}$$

Con los cuales determinamos los vectores unitarios en las direcciones de los cables y el puntal:

$$\vec{e_b} = \frac{\overrightarrow{r_{AB}}}{r_{AB}} = \mathbf{-0.416\,\vec{i} + 0.885\,\vec{j} - 0.207\,\vec{k}}$$
$$\vec{e_c} = \frac{\overrightarrow{r_{AC}}}{r_{AC}} = \mathbf{-0.243\,\vec{i} - 0.524\,\vec{j} - 0.816\,\vec{k}}$$
$$\vec{e_o} = \frac{\overrightarrow{r_{AO}}}{r_{AO}} = \mathbf{-0.28\,\vec{i} + 0.196\,\vec{j} - 0.94\,\vec{k}}$$

La expresión vectorial de la fuerza: $\vec{F} = P(-\vec{k}) = \mathbf{-2\,\vec{k}\,kN}$

Como al cuerpo (el anillo) lo consideramos una partícula, corresponde plantear sólo una ecuación vectorial de equilibrio:

$$\overrightarrow{F_R} = \sum_n \vec{F_i} + \sum_3 \overrightarrow{R_k} = \vec{F} + R_B\,\vec{e_b} + R_C\,\vec{e_c} + R_O\,\vec{e_o} = 0$$

Las ecuaciones escalares se obtienen multiplicando escalarmente a $\overrightarrow{F_R}$ por los vectores base, lo cual conduce a un sistema lineal de ecuaciones en el cual las incógnitas son los módulos de las reacciones de los cables y el puntal:

$$\left(R_B\,\overrightarrow{e_b} + R_C\,\overrightarrow{e_c} + R_O\,\overrightarrow{e_o} + \vec{F}\right)\cdot\vec{\imath} = 0$$

$$\left(R_B\,\overrightarrow{e_b} + R_C\,\overrightarrow{e_c} + R_O\,\overrightarrow{e_o} + \vec{F}\right)\cdot\vec{\jmath} = 0$$

$$\left(R_B\,\overrightarrow{e_b} + R_C\,\overrightarrow{e_c} + R_O\,\overrightarrow{e_o} + \vec{F}\right)\cdot\vec{k} = 0$$

Explícitamente:
$$\begin{bmatrix}-0.416 & -0.243 & -0.28\\ 0.885 & -0.524 & 0.196\\ -0.207 & -0.816 & -0.94\end{bmatrix}\begin{Bmatrix}R_B\\R_C\\R_O\end{Bmatrix}+\begin{Bmatrix}0\\0\\-2\end{Bmatrix}kN=\{0\}$$

Cuya solución es:
$$\begin{Bmatrix}R_B\\R_C\\R_O\end{Bmatrix}=\begin{Bmatrix}1.683\\1.439\\-3.75\end{Bmatrix}kN$$

El análisis del resultado muestra que las fuerzas reactivas que los cables ejercen sobre el anillo, tienen los sentidos asumidos inicialmente. Los cables "tiran" del anillo ***A*** y este de los cables. En cambio para el puntal, al resultar con signo negativo, significa que el puntal "empuja" al anillo y este empuja o comprime al puntal, contra la suposición inicial.

Considerando las acciones que el anillo ejerce sobre cada elemento de soporte diríamos que ejerce una tracción en los cables y una compresión en el puntal.

5.5.2.2 Cuerpo con vinculación en el plano director

Se supone que el cuerpo está bajo la acción de un sistema plano o seudoplano de cargas. La vinculación que lo inmoviliza se dispone de tal modo que las reacciones constituyen un sistema plano o seudoplano, cuyo plano director es el mismo que el de las cargas. La vinculación general del cuerpo puede hacerse de cuatro modos diferentes, con sus correspondientes ***DCL*** y ecuaciones de equilibrio, *figs.5-26*:

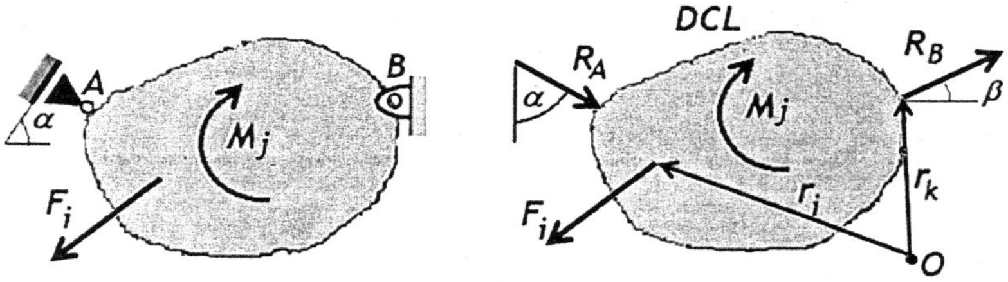

a)

$$\sum_n \overrightarrow{F_\iota} + \sum_2 \overrightarrow{R_k} = 0 \qquad \sum_n \overrightarrow{r_\iota}\times\overrightarrow{F_\iota} + \sum_m \overrightarrow{M_\jmath} + \sum_2 \overrightarrow{r_k}\times\overrightarrow{R_k} = 0$$

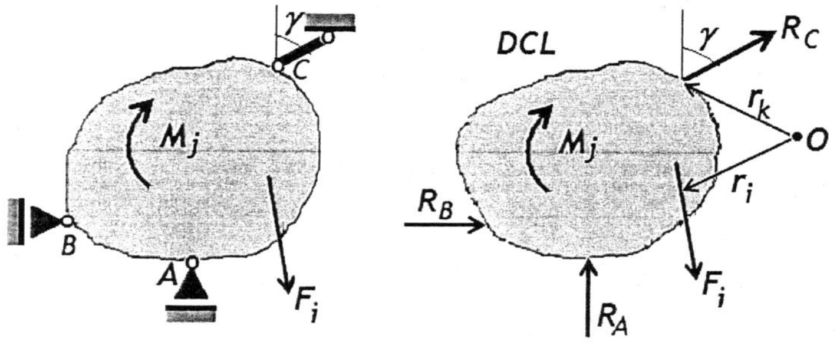

b)

$$\sum_n \overrightarrow{F_\iota} + \sum_3 \overrightarrow{R_k} = 0 \qquad \sum_n \overrightarrow{r_\iota}\times\overrightarrow{F_\iota} + \sum_m \overrightarrow{M_\jmath} + \sum_3 \overrightarrow{r_k}\times\overrightarrow{R_k} = 0$$

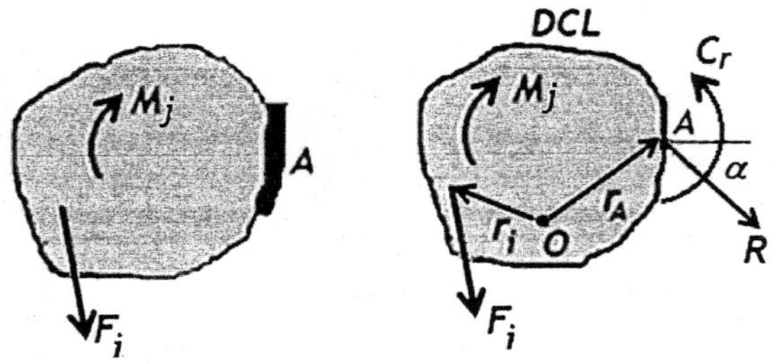

c)

$$\sum_n \overrightarrow{F_i} + \vec{R} = 0 \qquad \sum_n \overrightarrow{r_i}\times\overrightarrow{F_i} + \sum_m \overrightarrow{M_j} + \overrightarrow{r_A}\times\vec{R} + \overrightarrow{C_r} = 0$$

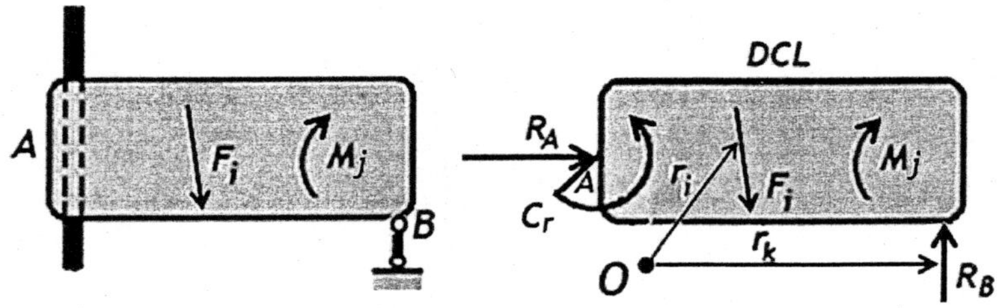

fig.5-26 d)

$$\sum_n \overrightarrow{F_i} + \sum_2 \overrightarrow{R_k} = 0 \qquad \sum_n \overrightarrow{r_i}\times\overrightarrow{F_i} + \sum_m \overrightarrow{M_j} + \sum_2 \overrightarrow{r_k}\times\overrightarrow{R_k} + \overrightarrow{C_r} = 0$$

donde $\overrightarrow{r_i}$ y $\overrightarrow{r_k}$ son, respectivamente, los vectores posición de un punto de la línea de acción de las fuerzas exteriores y de las reacciones de fuerza incógnitas, respecto a un mismo punto cualquiera ***O*** del plano, utilizado para el cálculo del momento de las fuerzas. Explicitadas las ecuaciones escalares equivalentes de equilibrio, se llega a un sistema de ecuaciones cuyas incógnitas son las reacciones de vínculo.

También pueden usarse como ecuaciones escalares de equilibrio las formas alternativas descriptas en el *pto.3.7.2.3.*

Obsérvese que si: $\sum_n \overrightarrow{F_i} = 0$ y $\sum_n \overrightarrow{r_i}\times\overrightarrow{F_i} + \sum_m \overrightarrow{M_j} = 0$

o sea que en definitiva es el torsor de fuerzas activo de componentes nula, las reacciones de vínculo son todas nulas.

Ejemplo 2: La viga está vinculada en su extremo ***B*** con una articulación fija y con un apoyo móvil en el otro extremo ***A***, con el sistema de cargas coplanar indicado. Determinar las acciones de la viga sobre los vínculos y las reacciones de los mismos sobre la viga.

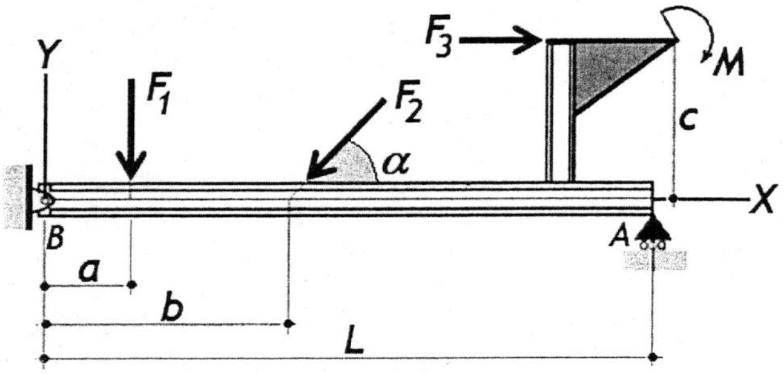

a = 1 m *b = 3 m* *c = 1.5 m* *L = 7 m* *α = 45°*

F_1 = 500 N *F_2 = 800 N* *F_3 = 200 N* *M = 1000 Nm*

Asociamos los ejes ***X-Y*** al plano de las cargas, con el origen coordenado en el extremo ***B***; el eje ***X*** se orienta hacia el extremo ***A*** y coincide con el eje de la viga.

Las acciones de la viga sobre los vínculos la determinamos indirectamente, calculando las fuerzas reactivas que a través de los vínculos ejerce el exterior sobre la viga. Las fuerzas opuestas a las reacciones son las acciones de la viga sobre el exterior y al que se vincula.

Hacemos el ***DCL*** de la viga. Para ello eliminamos la articulación fija en ***B*** y el apoyo móvil en ***A***.

Como en ***B*** hay una articulación fija, que impide el movimiento de traslación en cualquier dirección, la fuerza reactiva $\boldsymbol{R_B}$ puede tener cualquier orientación β. Al apoyo móvil ***A*** que impide el movimiento de traslación de la viga en dirección del eje ***Y***, le corresponde una fuerza reactiva $\boldsymbol{R_A}$ en esa dirección. Suponemos que los sentidos que tendrán las reacciones son los del dibujo.

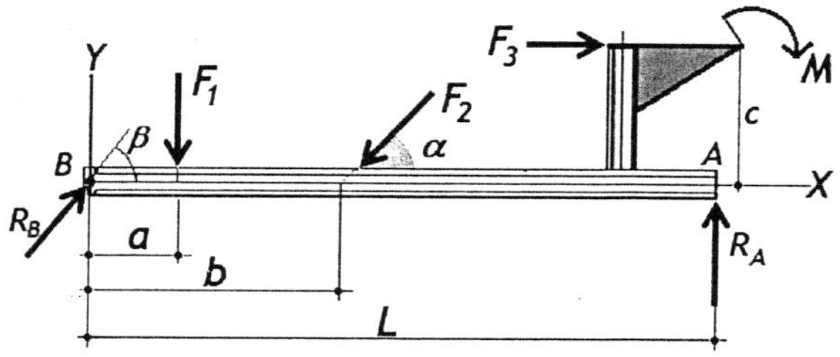

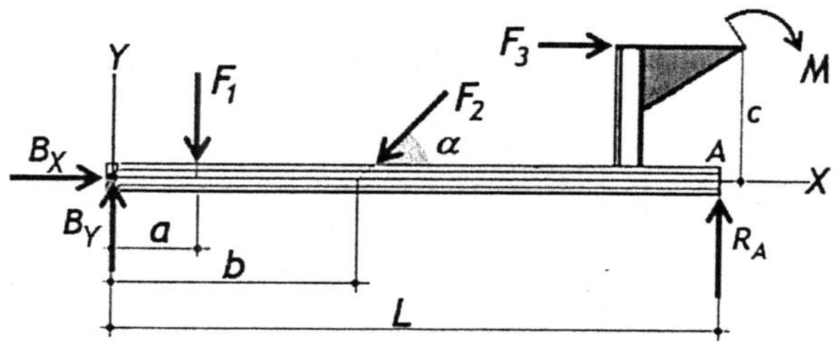

Para la viga transformada en libre con el sistema plano de cargas actuantes y las reacciones, planteamos las tres ecuaciones escalares de equilibrio. Dos de ellas son la nulidad de las componentes cartesianas de la fuerza resultante:

$$\sum F_X = R_B \cos\beta - F_2 \cos\alpha + F_3 = 0 \qquad [1]$$

$$\sum F_Y = R_B \operatorname{sen}\beta - F_1 - F_2 \operatorname{sen}\alpha + R_A = 0 \qquad [2]$$

La tercera ecuación es el momento de las cargas y las reacciones, respecto a cualquier punto del plano. De entre ellos elegimos el ***B***, respecto al cual no aparecerá la reacción $\boldsymbol{R_B}$, lo que facilita la solución:

$$\sum M_B = -F_1\, a - F_2 \operatorname{sen}\alpha\, b - F_3\, c - M + R_A\, L = 0 \qquad [3]$$

Como la línea de acción de la componente $F_2 \cos\alpha$, pasa por ***B***, su momento es nulo y por eso no aparece en la ecuación. De la *ec.[3]* se obtiene:

$$R_A = 499.6\ N$$

De las *ecs.[2]* y *[1]*:

$$R_B \operatorname{sen}\beta = F_1 + F_2 \operatorname{sen}\alpha - R_A \qquad [2']$$

$$R_B \cos\beta = F_2 \cos\alpha - F_3 \qquad [1']$$

Con el cociente de ambas se puede determinar la orientación de la reacción con respecto al eje ***X***:

$$\tan\beta = \frac{F_1 + F_2 \operatorname{sen}\alpha - R_A}{F_2 \cos\alpha - F_3} \qquad \beta = 57.1°$$

Luego con cualquiera de las ecuaciones *[2´]* ó *[1´]*, al valor de la reacción en ***B***:

$$R_B = 673.9\ N$$

Dado que en la solución, los signos de $\boldsymbol{R_A}$ y $\boldsymbol{R_B}$ resultaron positivos, significa que los sentidos supuestos para ellas en el ***DCL***, son los que en realidad tienen esas reacciones.

Si bien esta forma de solución es correcta, no es la más conveniente desde el punto de vista práctico, pues dio lugar a un sistema no lineal de ecuaciones, en que las incógnitas son las reacciones y el ángulo β.

Para tener un sistema lineal, en lugar de las incógnitas $\boldsymbol{R_B}$ y β, conviene considerar las componentes cartesianas de $\boldsymbol{R_B}$ que llamamos $\boldsymbol{B_X}$ y $\boldsymbol{B_Y}$. La elección de los sentidos de las componentes de la reacción $\boldsymbol{B_X}$ y $\boldsymbol{B_Y}$ (y también de $\boldsymbol{R_A}$), es arbitraria. Ahora las ecuaciones escalares de equilibrio resultan:

$$\sum F_X = B_X - F_2\ cos\,\alpha + F_3 = 0$$
$$\sum F_Y = B_Y - F_1 - F_2\,sen\,\alpha + R_A = 0$$
$$\sum M_B = -F_1\,a - F_2\,sen\,\alpha\ b - F_3\,c - M + R_A\,L = 0$$

La solución de este sistema de ecuaciones:

$$R_A = 499.6\,N \qquad B_X = 365.7\,N \qquad B_Y = 566.1\,N$$

que al resultar todos positivos significa que sus sentidos son los supuestos originalmente.

Con las componentes de la reacción en $\boldsymbol{B}$ determinamos su módulo y orientación:

$$R_B = \sqrt{B_X^2 + B_Y^2} = 673.9\,N \qquad \beta = arc\ tan\frac{B_Y}{B_X} = 57.1°$$

Las acciones que la viga ejerce sobre el exterior, a través de la articulación fija $\boldsymbol{B}$, y el apoyo móvil $\boldsymbol{A}$, son:

$$\boldsymbol{A_B} = -\boldsymbol{R_B} \qquad \boldsymbol{A_A} = -\boldsymbol{R_A}$$

Ejemplo 3: Se accede al nivel ***A*** por medio de una escalera ***AB*** que está articulada en ***A***. Cuando no se usa se mantiene horizontal por medio de un cable, como se esquematiza. La longitud de la escalera es ***L*** y tiene un peso por unidad de longitud $\boldsymbol{q_O}$.

a. Determinar las reacciones en la articulación fija ***A*** y en el cable.

b. Se suelta el cable y el extremo ***B*** de la escalera se apoya en el piso, que se supone liso y luego se la carga como se detalla más adelante. Determinar las reacciones de apoyo en ***A*** y en ***B***.

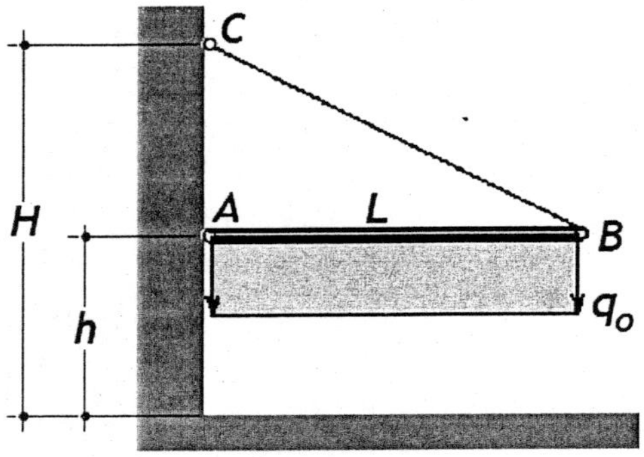

$H = 6.5\ m \qquad h = 3\ m \qquad L = 6\ m \qquad q_O = 2\ kN/m$

a) Al tener la escalera una unión articulada fija en ***A***, tiene limitada en el plano, la traslación en cualquier dirección y sentido. Esta limitación da lugar a que la pared reaccione a la acción que ejerce la escalera con una fuerza de valor, dirección y sentido desconocidos.

La posibilidad de girar alrededor de ***A***, queda limitada por el cable, lo cual significa que el punto ***B*** no puede tener un desplazamiento en la dirección ***CB***. Esta restricción significa que el cable ejerce sobre la escalera una fuerza reactiva en la dirección de cable y en el sentido ***BC***.

Con estas ideas podemos hacer el ***DCL*** del cuerpo. Transformamos al cuerpo en libre con la carga de su propio peso y las fuerzas reactivas $\boldsymbol{R_A}$ y $\boldsymbol{R_C}$ con las orientaciones α y β respectivamente:

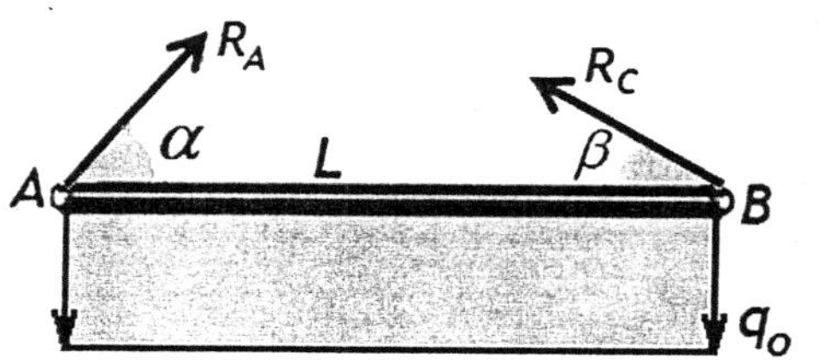

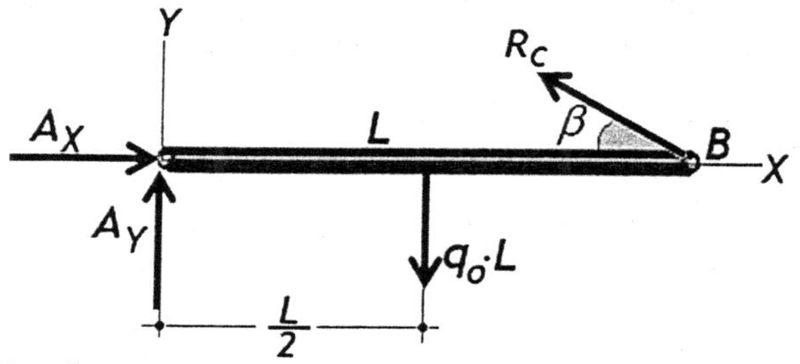

$$\beta = arc\ tan\frac{H-h}{L} = \mathbf{30.3°}$$

Las incógnitas son $\boldsymbol{R_C}$, $\boldsymbol{R_A}$ y α.

Es conveniente reemplazar la fuerza por unidad de longitud correspondiente al peso propio $\boldsymbol{q_O}$, por su resultante.

Por tratarse de un sistema plano de cargas y reacciones, planteamos tres ecuaciones escalares de equilibrio equivalentes a las dos ecuaciones vectoriales. Para el planteo del equilibrio adoptamos los ejes ***X-Y*** con origen en ***A***.

Para tener un sistema lineal de ecuaciones, conviene considerar las componentes cartesianas de $\boldsymbol{R_A}$ que llamamos $\boldsymbol{A_X}$ y $\boldsymbol{A_Y}$. Las ecuaciones escalares de equilibrio:

$$\sum \boldsymbol{F_X = A_X - R_C\ cos\,\beta = 0} \quad [1]$$

$$\sum \boldsymbol{F_Y = A_Y - q_o L + R_C\ sen\,\beta = 0} \quad [2]$$

$$\sum \boldsymbol{M_A = -q_o L\frac{L}{2} + R_C\ sen\,\beta\ L = 0} \quad [3]$$

Obteniéndose como solución: $\boldsymbol{A_X = 10.286\ kN}$ $\boldsymbol{A_Y = 6\ kN}$ $\boldsymbol{R_C = 11.908\ kN}$

El módulo y la orientación de la reacción en ***A***:

$$\boldsymbol{R_A = \sqrt{A_X^2 + A_Y^2} = 11.908\ kN} \qquad \alpha = arc\ tan\frac{A_Y}{A_X} = \mathbf{30.3°}$$

Es posible utilizar otro conjunto de ecuaciones escalares de equilibrio: las de momento respecto a los puntos ***A*** y ***B*** y una de proyección en ***X***. La dirección utilizada para la proyección cumple la condición de no perpendicularidad:

$$\boldsymbol{\overrightarrow{r_{AB}} \cdot \vec{e} = \overrightarrow{r_{AB}} \cdot \vec{\imath} = L \neq 0}$$

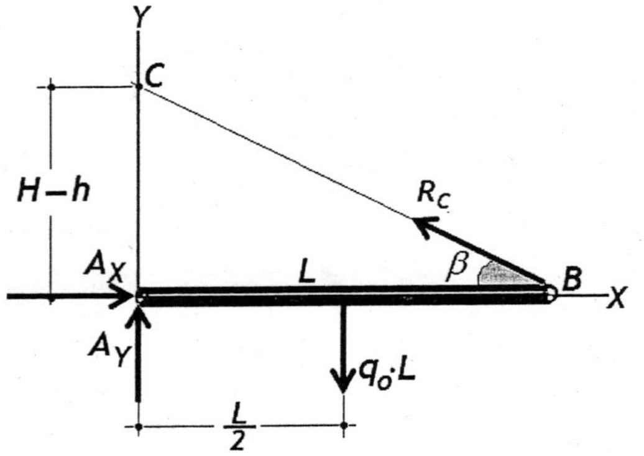

$$\sum M_A = -q_o L \ \frac{L}{2} + R_C \, sen \, \beta \ L = 0$$
$$\sum M_B = -A_Y \ L \ + \ q_o L \ \frac{L}{2} = 0$$
$$\sum F_X = A_X - R_C \ cos \, \beta = 0$$

El haber elegido ***A*** y ***B*** como puntos para cada una de las ecuaciones de momento, permite el cálculo inmediato de las incógnitas A_Y y R_C. La solución es, naturalmente, la misma que antes.

La tercera forma de planteo del equilibrio, es la nulidad de los momentos respecto a tres puntos del plano y no alineados como son los ***A***, ***B***, ***C***:

$$\sum M_A = -q_o L \ \frac{L}{2} + R_C \, sen \, \beta \ L = 0$$
$$\sum M_B = -A_Y \ L \ + \ q_o L \ \frac{L}{2} = 0$$
$$\sum M_C = -q_o L \ \frac{L}{2} + A_X (H - h) = 0$$

b) Se suelta el cable y el extremo libre de la escalera se apoya en el piso, que se supone liso. Calcular las reacciones cuando tres operarios suben cargados por la escalera y con la separación indicada:

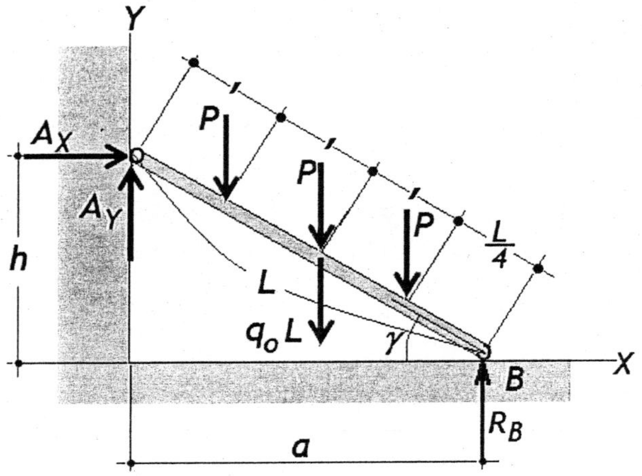

P = 1 kN

$$a = \sqrt{L^2 - h^2} = 5.196 \, m \qquad \gamma = arc \, tan \frac{h}{a} = 30°$$

En la misma figura del cuerpo vinculado, se han representado las reacciones de vínculo que aparecerían si se hubiera hecho el ***DCL***. Ahora el sistema coordenado se redefine con su origen en el vértice de la pared y el piso.

Por ser la superficie del piso lisa, la reacción en **B** es normal al mismo. Las ecuaciones escalares de equilibrio y su solución:

$$\sum F_X = A_X = 0$$

$$\sum F_Y = A_Y - q_o L - 3\,P + R_B = 0$$

$$\sum M_A = -q_o L\,\frac{a}{2} - P\,\frac{a}{4} - P\,\frac{a}{2} - P\,\frac{3}{4}a + R_B\,a = 0$$

$A_X = 0$ $\quad A_Y = 7.5\ kN$ $\quad R_B = 7.5\ kN$ y $\quad R_A = A_Y = 7.5\ kN$

Ejemplo 4: Para propósito de diseño se deben determinar las acciones que sobre la columna de una nave industrial ejerce una viga corta, denominada *ménsula*, sobre la cual hay otra viga y un riel, cuyos pesos forman parte de las cargas. Sobre el riel se apoya la rueda de un puente-grúa que aplica las fuerzas ***G*** y ***F***.

La ménsula está empotrada en la columna y el conjunto de la ménsula, viga y riel están unidos entre sí de modo que no hay movimiento relativo entre ellos.

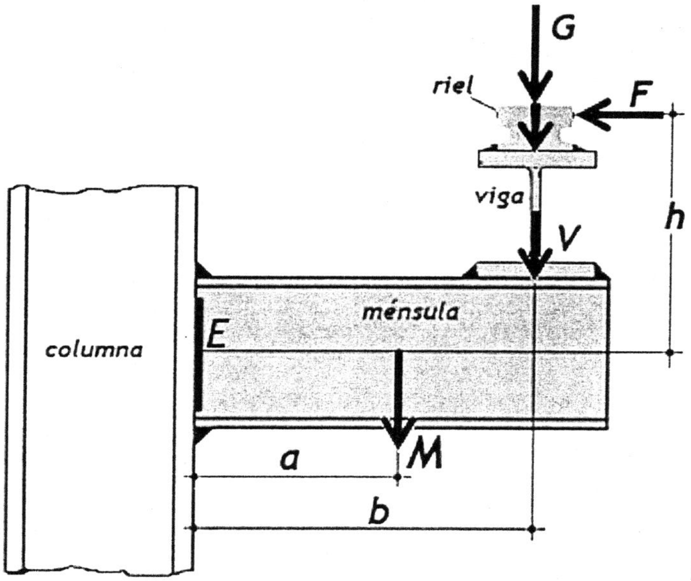

b = 1 m *h = 500 mm* *a = 543 mm*

Peso de la ménsula: *M = 588 N*
Peso de la viga: *V = 2.6 kN*
Peso del riel: *R = 3.45 kN*
Fuerzas de la rueda: *G = 80 kN* *F = 11.2 kN*

Al estar el conjunto de la ménsula, la viga y el riel unidos sin posibilidad de movimiento relativo entre sí, podemos considerarlo como un único cuerpo, que se indica grisado en la figura. Está empotrado en la columna y debemos determinar las acciones que este cuerpo ejerce sobre ella. Determinamos primero las componentes reactivas que ejerce la columna sobre la ménsula, luego sus opuestos serán las acciones que se ejercen sobre la columna.

Hacemos el ***DCL*** y consideramos que el empotramiento está concentrado en ***E***. Adoptamos el sistema coordenado con origen en ***E*** y luego planteamos las tres ecuaciones escalares de equilibrio:

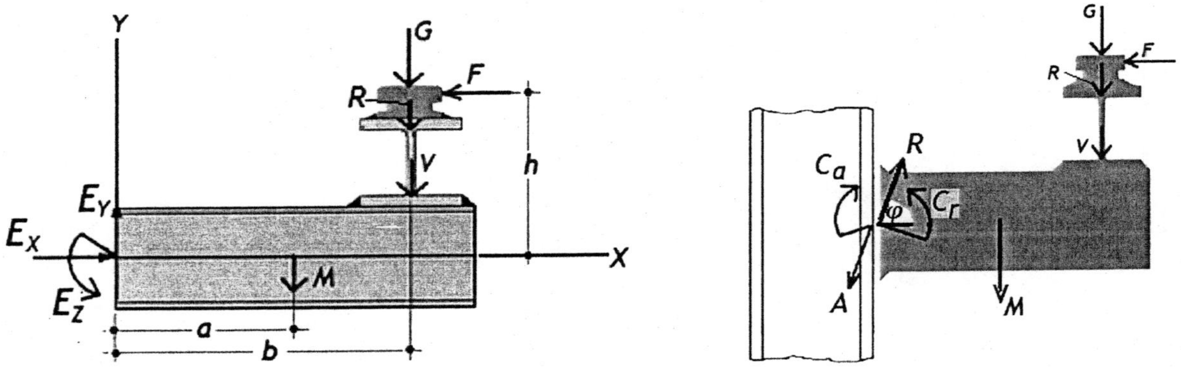

$$\sum F_X = E_X - F = 0$$
$$\sum F_Y = E_Y - M - V - R - G = 0$$
$$\sum M_A = E_Z - M\,a - (V + R + G)\,b + F\,h = 0$$

Cuya solución:

$$E_X = F = 11.2\ kN$$
$$E_Y = M + V + R + G = 86.638\ kN$$
$$E_Z = M\,a + (V + R + G)\,b - F\,h = 80.769\ kNm$$

El módulo y orientación de la fuerza reactiva:

$$R_E = \sqrt{E_X^2 + E_Y^2} = 87.359\ kN \qquad \varphi_R = arc\ tan\frac{E_Y}{E_X} = 82.6°$$

y la cupla o par reactivo de momento: $C_r = E_Z = 80.769\ kNm$

Las acciones de la ménsula sobre la columna son:

La fuerza: $\vec{A} = -\vec{R}_E \qquad \vec{A} = A_X\,\vec{\imath} + A_Y\,\vec{\jmath} = -E_X\,\vec{\imath} - E_Y\,\vec{\jmath} = -11.2\,\vec{\imath} - 86.638\,\vec{\jmath}\ kN$

El par activo de momento: $\vec{C_a} = -C_r\,\vec{k} = -80.769\,\vec{k}\ kNm$

5.5.2.3 Cuerpo en el espacio

Para el cuerpo isostáticamente vinculado en el espacio, *fig.5-27a*, y realizado el **DCL**, *fig.5-27b*, con el reemplazo de los vínculos por las correspondientes reacciones, se plantean las dos ecuaciones vectoriales de equilibrio *ecs.[5.6]*, para calcular las reacciones:

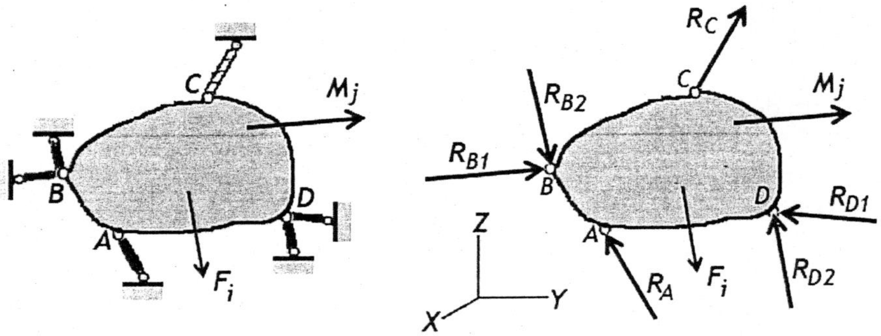

fig.5-27 a) b)

$$\overrightarrow{F_R} = \sum_n \overrightarrow{F_i} + \sum \overrightarrow{R_k} = 0$$

$$\overrightarrow{M_R} = \sum_m \overrightarrow{M_j} + \sum_n \overrightarrow{r_i} \times \overrightarrow{F_i} + \sum \overrightarrow{r_k} \times \overrightarrow{R_k} + \sum \overrightarrow{C_r} = 0 \quad [5.6]$$

Se adopta un sistema coordenado de referencia y se escriben las ecuaciones escalares de equilibrio. En estas ecuaciones aparecen las componentes cartesianas de las fuerzas y reacciones, y las componentes del momento de los pares exteriores, de los pares reactivos y los momentos de las fuerzas exteriores y fuerzas reactivas respecto a un mismo punto. O lo que es lo mismo, el momento respecto a tres rectas coordenadas pasantes por el punto.

También para los cuerpos en el espacio como ecuaciones alternativas de equilibrio en lugar de los ejes coordenados pueden elegirse tres rectas ni coplanares ni paralelas para proyectar las fuerzas y calcular el momento respecto a ellas.

Ejemplo 5: El soporte del cartel ***C*** consta de un poste vertical que es un tubo circular de acero, de altura ***h***. Tiene en su parte superior, soldado un brazo reticulado, dispuesto en el plano ***Y-Z***, y de peso P_b, cuyo centro de gravedad está en ***B***. Este brazo sostiene un cartel circular de peso P_c, cuyo centro está en el extremo ***C*** del brazo. El tubo, que pesa P_t, se apoya en una rótula y se estabiliza en la posición vertical mediante cables de retenida, de los cuales sólo se muestran los activos, cuando el viento sopla en la dirección del eje ***X***, ejerciendo una presión p_v; dos de estos cables se toman del tubo en ***A*** y ***J*** y están unidos a tierra, en tanto que otro está unido al extremo ***C*** del brazo y a un punto ***E*** de un edificio próximo (no mostrado).

Las cargas son la acción del viento cuando sopla en la dirección del eje ***X*** sobre el cartel, y los pesos del tubo, brazo y cartel. Determinar las fuerzas en los cables ***AG***, ***JD*** y ***CE*** y la reacción en la rótula de la base en módulo y orientación, respecto al sistema coordenado indicado.

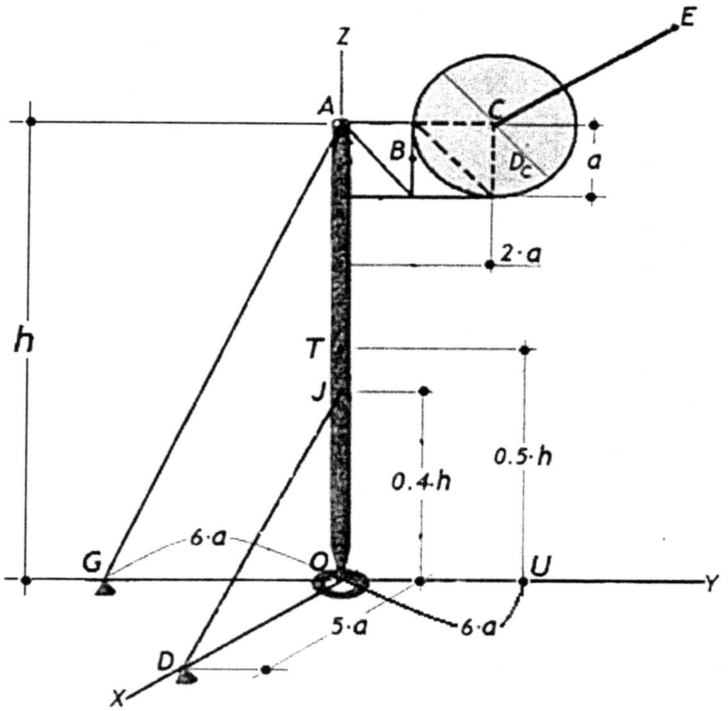

h = 10 m *a = 1 m* *D*$_C$ *= 2 m* *E (5a, 10a, 1.5h)*

$P_t = 5\ kN \qquad P_c = 10\ kN \qquad P_b = 1.2\ kN \qquad p_v = 0.7\ kN/m^2$

El cuerpo está formado por el tubo, el brazo y el cartel, los cuales se hallan unidos entre sí, de modo que no existe la posibilidad de movimiento relativo entre ellos. Los vínculos son la rótula inferior y los tres cables (los activos).

Antes de realizar el ***DCL*** vamos a definir las fuerzas que actúan sobre cada parte y un punto de su línea de acción, para el sistema coordenado indicado:

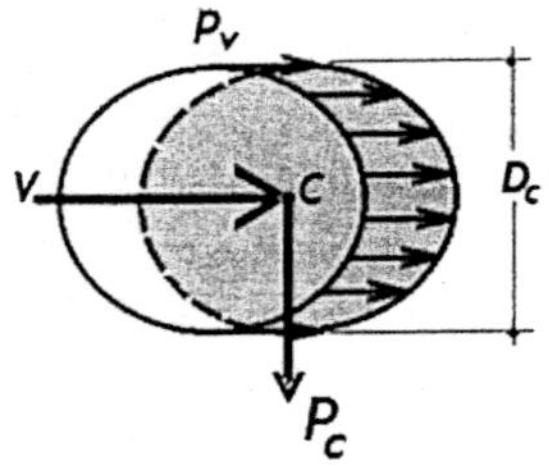

Cartel: Peso:

$$\overrightarrow{P_c} = P_c\left(-\vec{k}\right) = -10\vec{k}\ kN$$
$$\overrightarrow{r_C} = h\,\vec{k} + 2\,a\,\vec{j} = 2\,\vec{j} + 10\,\vec{k}\ m$$

Viento: el viento ejerce sobre el cartel una presión uniforme en la superficie del mismo.

$$\vec{V} = p_v \frac{\pi}{4} D_c^2(-\vec{\imath}) = -2.2\,\vec{\imath}\ kN$$

El viento da lugar a fuerzas también en el brazo y el tubo. Requieren un cálculo especial y para no desviarnos del tema no las consideramos relevantes.

Brazo reticulado: $\overrightarrow{P_b} = P_b\left(-\vec{k}\right) = -1.2\,\vec{k}\ kN$ $\overrightarrow{r_B} = (h - 0.5a)\,\vec{k} + a\,\vec{j} = 1\,\vec{j} + 9.5\,\vec{k}\ m$

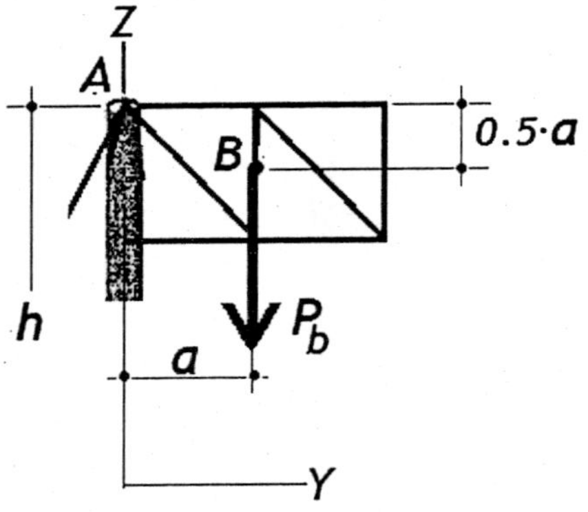

Tubo: La línea de acción de su peso coincide con el eje del tubo y está aplicado en el centro de gravedad considerado en la mitad de su longitud:

$$\overrightarrow{P_t} = P_t\left(-\vec{k}\right) = -5\,\vec{k}\ kN \qquad \overrightarrow{r_T} = \frac{h}{2}\,\vec{k} = 5\vec{k}\ m$$

Hacemos el ***DCL***: En la rótula ***O***, colocamos la fuerza reactiva en sus componentes rectangulares. Completamos con las fuerzas reactivas que ejercen los cables en ***A***, ***J*** y ***C***:

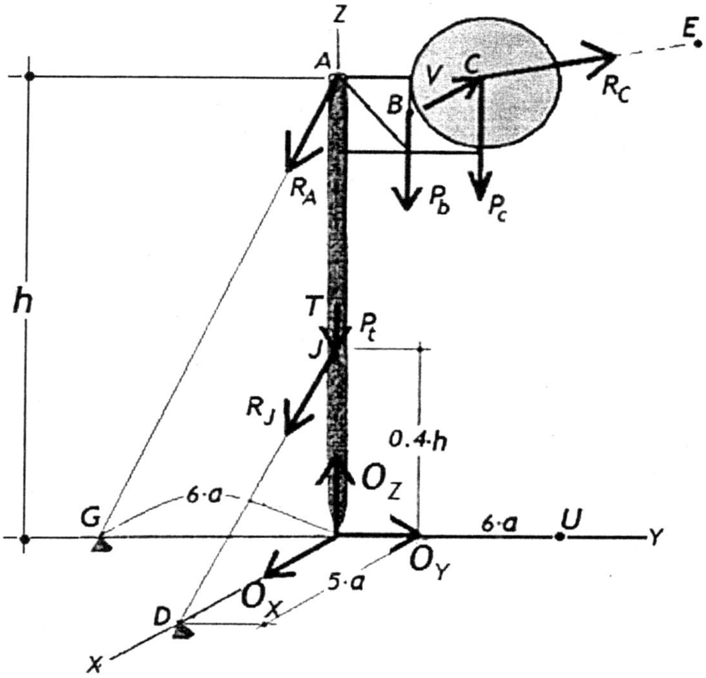

Calculamos las fuerzas reactivas incógnitas, para lo cual planteamos las ecuaciones escalares de equilibrio correspondientes a las dos ecuaciones vectoriales.

Las fuerzas reactivas ejercidas por los cables las expresamos vectorialmente como el producto de su módulo, por el vector unitario en la dirección del cable. A partir de los vectores posición de los puntos ***A***, ***G***, ***J***, ***D***, ***C*** y ***E***, son:

$$\overrightarrow{r_A} = h\,\vec{k} = \mathbf{10}\,\vec{\boldsymbol{k}}\ \boldsymbol{m} \qquad \overrightarrow{r_G} = 6a\,(-\vec{j}) = -\mathbf{6}\,\vec{\boldsymbol{j}}\,\boldsymbol{m} \qquad \overrightarrow{r_J} = 0.4h\,\vec{k} = \mathbf{4}\,\vec{\boldsymbol{k}}\,\boldsymbol{m}$$

$$\overrightarrow{r_D} = 5a\,\vec{i} = \mathbf{5}\,\vec{\boldsymbol{i}}\ \boldsymbol{m} \qquad \overrightarrow{r_E} = 5a\,\vec{i} + 10a\,\vec{j} + 1.5h\,\vec{k} = \mathbf{5}\,\vec{\boldsymbol{i}} + \mathbf{10}\,\vec{\boldsymbol{j}} + \mathbf{15}\,\vec{\boldsymbol{k}}\ \boldsymbol{m}$$

y los vectores unitarios:

$$\overrightarrow{e_a} = \frac{\overrightarrow{r_{AG}}}{r_{AG}} = -\mathbf{0.514}\,\vec{\boldsymbol{j}} - \mathbf{0.857}\,\vec{\boldsymbol{k}}$$

$$\overrightarrow{e_J} = \frac{\overrightarrow{r_{JD}}}{r_{JD}} = \mathbf{0.781}\,\vec{\boldsymbol{i}} - \mathbf{0.625}\,\vec{\boldsymbol{k}}$$

$$\overrightarrow{e_c} = \frac{\overrightarrow{r_{CE}}}{r_{CE}} = \mathbf{0.468}\,\vec{\boldsymbol{i}} + \mathbf{0.749}\,\vec{\boldsymbol{j}} + \mathbf{0.468}\,\vec{\boldsymbol{k}}$$

Las expresiones vectoriales de las cuatro fuerzas reactivas incógnitas:

$$\overrightarrow{R_A} = R_A\,\overrightarrow{e_a} \qquad \overrightarrow{R_J} = R_J\,\overrightarrow{e_J} \qquad \overrightarrow{R_C} = R_C\,\overrightarrow{e_c} \qquad \vec{O} = O_X\,\vec{i} + O_Y\,\vec{j} + O_Z\,\vec{k}$$

Las ecuaciones vectoriales de equilibrio: la de fuerza resultante y de momento resultante respecto al origen coordenado, nulas:

$$\overrightarrow{F_R} = \sum_4 \overrightarrow{F_\iota} + \sum_4 \overrightarrow{R_k} = 0 \qquad \overrightarrow{M_R} = \sum_4 \overrightarrow{r_\iota} \times \overrightarrow{F_\iota} + \sum_4 \overrightarrow{r_k} \times \overrightarrow{R_k} = 0$$

Explícitamente:

$$\overrightarrow{P_t} + \overrightarrow{P_b} + \overrightarrow{P_c} + \vec{V} + \overrightarrow{R_J} + \overrightarrow{R_A} + \overrightarrow{R_C} + \vec{O} = 0$$

$$\overrightarrow{r_T} \times \overrightarrow{P_t} + \overrightarrow{r_B} \times \overrightarrow{P_b} + \overrightarrow{r_C} \times (\overrightarrow{P_c} + \vec{V}) + \overrightarrow{r_J} \times \overrightarrow{R_J} + \overrightarrow{r_A} \times \overrightarrow{R_A} + \overrightarrow{r_C} \times \overrightarrow{R_C} + 0 \times \vec{O} = 0$$

Las ecuaciones escalares, se obtienen multiplicando escalarmente por los vectores base a estas dos ecuaciones vectoriales, lo cual conduce al sistema:

$$(\overrightarrow{P_t} + \overrightarrow{P_b} + \overrightarrow{P_c} + \vec{V} + R_A\,\overrightarrow{e_a} + R_J\,\overrightarrow{e_J} + R_C\,\overrightarrow{e_c}) \cdot \vec{\imath} + O_x = 0$$

$$(\overrightarrow{P_t} + \overrightarrow{P_b} + \overrightarrow{P_c} + \vec{V} + R_A\,\overrightarrow{e_a} + R_J\,\overrightarrow{e_J} + R_C\,\overrightarrow{e_c}) \cdot \vec{\jmath} + O_y = 0$$

$$(\overrightarrow{P_t} + \overrightarrow{P_b} + \overrightarrow{P_c} + \vec{V} + R_A\,\overrightarrow{e_a} + R_J\,\overrightarrow{e_J} + R_C\,\overrightarrow{e_c}) \cdot \vec{k} + O_z = 0$$

$$[\overrightarrow{r_T} \times \overrightarrow{P_t} + \overrightarrow{r_B} \times \overrightarrow{P_b} + \overrightarrow{r_C} \times (\overrightarrow{P_c} + \vec{V} + R_C\,\overrightarrow{e_c}) + \overrightarrow{r_J} \times R_J\,\overrightarrow{e_J} + \overrightarrow{r_A} \times R_A\,\overrightarrow{e_a}] \cdot \vec{\imath} = 0$$

$$[\overrightarrow{r_T} \times \overrightarrow{P_t} + \overrightarrow{r_B} \times \overrightarrow{P_b} + \overrightarrow{r_C} \times (\overrightarrow{P_c} + \vec{V} + R_C\,\overrightarrow{e_c}) + \overrightarrow{r_J} \times R_J\,\overrightarrow{e_J} + \overrightarrow{r_A} \times R_A\,\overrightarrow{e_a}] \cdot \vec{\jmath} = 0$$

$$[\overrightarrow{r_T} \times \overrightarrow{P_t} + \overrightarrow{r_B} \times \overrightarrow{P_b} + \overrightarrow{r_C} \times (\overrightarrow{P_c} + \vec{V} + R_C\,\overrightarrow{e_c}) + \overrightarrow{r_J} \times R_J\,\overrightarrow{e_J} + \overrightarrow{r_A} \times R_A\,\overrightarrow{e_a}] \cdot \vec{k} = 0$$

Cuya solución es:

$$R_J = 0 \qquad R_A = 10.105\ kN \qquad R_C = 4.696\ kN$$
$$O_X = 0 \qquad O_Y = 1.68\ kN \qquad O_Z = 22.665\ kN$$

El módulo de la reacción de la rótula y su orientación:

$$O = \sqrt{O_X^2 + O_Y^2 + O_Z^2} = 22.728\ kN \qquad \overrightarrow{e_o} = \frac{O_X\,\vec{\imath} + O_Y\,\vec{\jmath} + O_Z\,\vec{k}}{O} = 0.074\,\vec{\jmath} + 0.997\,\vec{k}$$

$$\alpha = arc\ cos(\overrightarrow{e_o} \cdot \vec{\imath}) = 90°$$
$$\beta = arc\ cos(\overrightarrow{e_o} \cdot \vec{\jmath}) = 85.8°$$
$$\gamma = arc\ cos(\overrightarrow{e_o} \cdot \vec{k}) = 4.2°$$

Comprobamos los resultados, verificando que el momento de todas las fuerzas respecto a un punto cualquiera del espacio, tal como el ***U***, sea nulo. Con: $\overrightarrow{r_U} = 6\,a\,\vec{\jmath}$

$$\overrightarrow{M_{RU}} = \overrightarrow{r_{UT}} \times \overrightarrow{P_t} + \overrightarrow{r_{UB}} \times \overrightarrow{P_b} + \overrightarrow{r_{UC}} \times (\overrightarrow{P_c} + \vec{V} + R_C\,\overrightarrow{e_c}) + \overrightarrow{r_{UJ}} \times R_J\,\overrightarrow{e_J} + \overrightarrow{r_{UA}} \times R_A\,\overrightarrow{e_a} + \overrightarrow{r_{UO}} \times \vec{O} = 0$$

5.6. Principio de superposición

En numerosos problemas de la Mecánica (y otras ramas de la Física), cuando hay una relación lineal entre los efectos y sus causas, se pueden superponer, es decir sumar los efectos provocados por sus respectivas causas.

Si como frecuentemente ocurre, los efectos que provocan causas individuales son conocidos o pueden calcularse más fácilmente, el efecto final que provocan el conjunto de causas actuando colectivamente se obtiene sumando los efectos individuales. Esto vale para las reacciones de vínculo que es uno de los efectos que provocan las cargas.

Como puede apreciarse en las ecuaciones vectoriales de equilibrio planteadas para los cuerpos libres de la *fig.5-26*, son lineales en las fuerzas y pares reactivos.

Consideremos por ejemplo el cuerpo de *fig.5-26d* y las ecuaciones de equilibrio, escritas como:

$$\overrightarrow{R_A} + \overrightarrow{R_B} = -\sum_n \overrightarrow{F_\iota} \qquad \overrightarrow{r_A}\times\overrightarrow{R_A} + \overrightarrow{r_B}\times\overrightarrow{R_B} + \overrightarrow{C_r} = -\left(\sum_n \overrightarrow{r_\iota}\times\overrightarrow{F_\iota} + \sum_m \overrightarrow{M_J}\right)$$

Supongamos que de las ***n*** fuerzas y ***m*** pares que forman las cargas, actúan $n_1 < n$ fuerzas y $m_1 < m$ pares, que llamamos ***estado de cargas 1***. Las ecuaciones de equilibrio correspondientes son:

$$\overrightarrow{R_{A1}} + \overrightarrow{R_{B1}} = -\sum_{n_1} \overrightarrow{F_\iota} \qquad \overrightarrow{r_A}\times\overrightarrow{R_{A1}} + \overrightarrow{r_B}\times\overrightarrow{R_{B1}} + \overrightarrow{C_{r1}} = -\left(\sum_{n_1} \overrightarrow{r_\iota}\times\overrightarrow{F_\iota} + \sum_{m_1} \overrightarrow{M_J}\right)$$

donde $\overrightarrow{R_{A1}}$, $\overrightarrow{R_{B1}}$, $\overrightarrow{C_{r1}}$ son las fuerzas y pares reactivos a que da lugar el estado de cargas ***1***.

Supongamos que sobre el cuerpo ahora actúan las $n_2 = n - n_1$ fuerzas y $m_2 = m - m_1$ pares que llamamos ***estado de cargas 2*** (sin las cargas del estado ***1***). Ahora las ecuaciones de equilibrio son:

$$\overrightarrow{R_{A2}} + \overrightarrow{R_{B2}} = -\sum_{n_2} \overrightarrow{F_\iota} \qquad \overrightarrow{r_A}\times\overrightarrow{R_{A2}} + \overrightarrow{r_B}\times\overrightarrow{R_{B2}} + \overrightarrow{C_{r2}} = -\left(\sum_{n_2} \overrightarrow{r_\iota}\times\overrightarrow{F_\iota} + \sum_{m_2} \overrightarrow{M_{CJ}}\right)$$

siendo $\overrightarrow{R_{A2}}$, $\overrightarrow{R_{B2}}$, $\overrightarrow{C_{r2}}$ las fuerzas y pares reactivos a que da lugar este otro estado de cargas.

Sumemos en principio las dos ecuaciones de equilibrio (las de la resultante nula):

$$\overrightarrow{R_{A1}} + \overrightarrow{R_{B1}} + \overrightarrow{R_{A2}} + \overrightarrow{R_{B2}} = -\sum_{n_1+n_2} \overrightarrow{F_\iota} = -\sum_n \overrightarrow{F_\iota}$$

y siendo: $-\sum_n \overrightarrow{F_\iota} = \overrightarrow{R_A} + \overrightarrow{R_B}$ en la anterior:

$$\left(\overrightarrow{R_{A1}} + \overrightarrow{R_{A2}}\right) + \left(\overrightarrow{R_{B1}} + \overrightarrow{R_{B2}}\right) = \overrightarrow{R_A} + \overrightarrow{R_B}$$

Como $\overrightarrow{R_{A1}}, \overrightarrow{R_{A2}}, \overrightarrow{R_A}$ están aplicados en el vínculo ***A***, es evidentemente: $\overrightarrow{R_A} = \overrightarrow{R_{A1}} + \overrightarrow{R_{A2}}$

y del mismo modo en el otro apoyo ***B***: $\overrightarrow{R_B} = \overrightarrow{R_{B1}} + \overrightarrow{R_{B2}}$

Ahora sumemos las segundas ecuaciones de equilibrio, las relativas al momento resultante nulo:

$$\begin{aligned}
&\left(\overrightarrow{r_A}\times\overrightarrow{R_{A1}} + \overrightarrow{r_B}\times\overrightarrow{R_{B1}} + \overrightarrow{C_{r1}}\right) + \left(\overrightarrow{r_A}\times\overrightarrow{R_{A2}} + \overrightarrow{r_B}\times\overrightarrow{R_{B2}} + \overrightarrow{C_{r2}}\right)\\
&\quad = \overrightarrow{r_A}\times\left(\overrightarrow{R_{A1}} + \overrightarrow{R_{A2}}\right) + \overrightarrow{r_B}\times\left(\overrightarrow{R_{B1}} + \overrightarrow{R_{B2}}\right) + \overrightarrow{C_{r1}} + \overrightarrow{C_{r2}}\\
&\quad = \overrightarrow{r_A}\times\overrightarrow{R_A} + \overrightarrow{r_B}\times\overrightarrow{R_B} + \overrightarrow{C_{r1}} + \overrightarrow{C_{r2}} = -\left(\sum_{n_1+n_2} \overrightarrow{r_\iota}\times\overrightarrow{F_\iota} + \sum_{m_1+m_2} \overrightarrow{M_J}\right)\\
&\quad = \overrightarrow{r_A}\times\overrightarrow{R_A} + \overrightarrow{r_B}\times\overrightarrow{R_B} + \overrightarrow{C_r} = -\left(\sum_n \overrightarrow{r_\iota}\times\overrightarrow{F_\iota} + \sum_m \overrightarrow{M_{CJ}}\right)
\end{aligned}$$

De esta última se obtiene que: $\overrightarrow{C_{r1}} + \overrightarrow{C_{r2}} = \overrightarrow{C_r}$

Como conclusión podemos decir que si conocemos las reacciones a que dan lugar dos estados de carga independientes, podemos obtener las reacciones de vínculo que provocarían los dos estados superpuestos o sea actuando simultáneamente, sumando (vectorialmente) las respectivas reacciones.

Como una extensión de este principio, consideremos al cuerpo vinculado bajo la acción de una sola fuerza $\overrightarrow{F_1}$ y las ecuaciones de equilibrio:

$$\overrightarrow{R_{A1}} + \overrightarrow{R_{B1}} = -\overrightarrow{F_1} \qquad \text{y} \qquad \overrightarrow{r_A}\times\overrightarrow{R_{A1}} + \overrightarrow{r_B}\times\overrightarrow{R_{B1}} + \overrightarrow{C_{r1}} = -\overrightarrow{r_1}\times\overrightarrow{F_1}$$

Supongamos como otro estado de carga la fuerza $\overrightarrow{F_2}$. Similarmente:

$$\overrightarrow{R_{A2}} + \overrightarrow{R_{B2}} = -\overrightarrow{F_2} \qquad \text{y} \qquad \overrightarrow{r_A}\times\overrightarrow{R_{A2}} + \overrightarrow{r_B}\times\overrightarrow{R_{B2}} + \overrightarrow{C_{r2}} = -\overrightarrow{r_2}\times\overrightarrow{F_2}$$

Si hacemos actuar ambas fuerzas, de acuerdo a lo explicado previamente, serán para las fuerzas $\overrightarrow{F_1} + \overrightarrow{F_2}$:

$$\overrightarrow{R_{A1}} + \overrightarrow{R_{B1}} + \overrightarrow{R_{A2}} + \overrightarrow{R_{B2}} = \overrightarrow{R'_A} + \overrightarrow{R'_B} = -\overrightarrow{F_1} - \overrightarrow{F_2}$$

con: $\overrightarrow{R'_A} = \overrightarrow{R_{A1}} + \overrightarrow{R_{A2}}$ $\qquad$ $\overrightarrow{R'_B} = \overrightarrow{R_{B1}} + \overrightarrow{R_{B2}}$

$$\overrightarrow{r_A}\times\overrightarrow{R'_A} + \overrightarrow{r_B}\times\overrightarrow{R'_B} + \overrightarrow{C'_r} = -\overrightarrow{r_1}\times\overrightarrow{F_1} - \overrightarrow{r_2}\times\overrightarrow{F_2} \qquad \text{con:} \qquad \overrightarrow{C'_r} = \overrightarrow{C_{r1}} + \overrightarrow{C_{r2}}$$

Si hacemos $\overrightarrow{F_2} = \overrightarrow{F_1}$ aplicada en el mismo punto que $\overrightarrow{F_1}$ las ecuaciones de equilibrio quedan:

$$-2\,\overrightarrow{F_1} = \overrightarrow{R'_A} + \overrightarrow{R'_B}$$
$$-\overrightarrow{r_1}\times 2\,\overrightarrow{F_1} = \overrightarrow{r_A}\times\overrightarrow{R'_A} + \overrightarrow{r_B}\times\overrightarrow{R'_B} + \overrightarrow{C'_r}$$

Resuelta las reacciones del sistema anterior obtendríamos $\overrightarrow{R'_A}, \overrightarrow{R'_B}, \overrightarrow{C'_r}$ y siendo

$$\overrightarrow{R_{A2}} = \overrightarrow{R_{A1}}, \qquad \overrightarrow{R_{B2}} = \overrightarrow{R_{B1}}, \qquad \overrightarrow{C_{r2}} = \overrightarrow{C_{r1}}$$

Se obtiene finalmente que: $\overrightarrow{R'_A} = \overrightarrow{R_{A1}} + \overrightarrow{R_{A2}} = 2\,\overrightarrow{R_{A1}}$, $\overrightarrow{R'_B} = 2\,\overrightarrow{R_{B1}}$, $\overrightarrow{C'_r} = 2\,\overrightarrow{C_{r1}}$

Es decir que si se duplica la carga se duplican las reacciones. Generalizando este caso particular, si un sistema de cargas, para el cual se tiene las correspondientes reacciones, se multiplican todas las cargas por una constante real α, las reacciones tendrán valores α veces los originales.

Para cualquiera de los otros casos de *fig.5-26*, valen demostraciones similares.

Ejemplo 6: Resolvamos el ejemplo *2* suponiendo que el estado de cargas ***1*** lo forman las fuerzas $\overrightarrow{F_1}$ y $\overrightarrow{F_3}$, en tanto que el estado de cargas ***2*** la fuerza $\overrightarrow{F_2}$ y $\overrightarrow{M}$. Calcular por separado las reacciones de vínculo para ambos estados de carga, luego superponer las respectivas resultados y constatar su igualdad con la solución completa obtenida en el problema original.

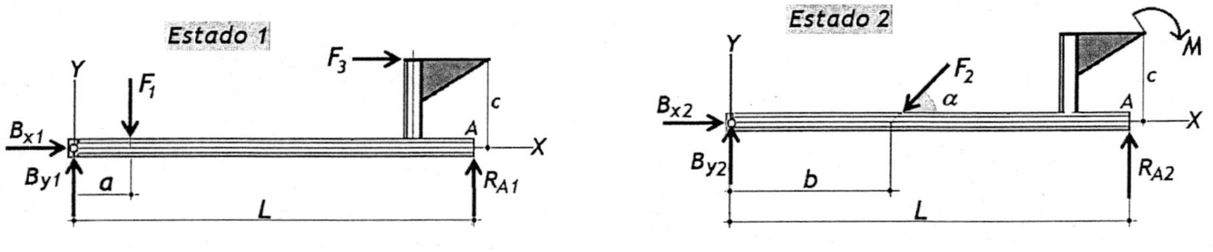

a = 1 m $\qquad$ *b = 3 m* $\qquad$ *c = 1.5 m* $\qquad$ *L = 7 m* $\qquad$ *α = 45°*

$F_1 = 500\ N$ $\qquad$ $F_2 = 800\ N$ $\qquad$ $F_3 = 200\ N$ $\qquad$ $M = 1000\ Nm$

Estado 1: Las ecuaciones de equilibrio:

$$\sum F_X = B_{X1} - F_3 = 0$$
$$\sum F_Y = B_{Y1} - F_1 + R_{A1} = 0$$
$$\sum M_B = -F_1\, a - F_3\, c + R_{A1}\, L = 0$$

La solución del sistema: $B_{X1} = -200\ N$ $B_{Y1} = 385.7\ N$ $R_{A1} = 114.3\ N$

Estado 2: Las ecuaciones de equilibrio:

$$\sum F_X = B_{X2} - F_2\ cos\,\alpha = 0$$
$$\sum F_Y = B_{Y2} - F_2\, sen\,\alpha + R_{A2} = 0$$
$$\sum M_B = -F_2\, sen\,\alpha\ b - M + R_{A2}\, L = 0$$

La solución del sistema: $B_{X2} = 565.7\ N$ $B_{Y2} = 180.4\ N$ $R_{A2} = 385.3\ N$

Superponiendo, se obtiene:

$$B_{X1}+B_{X2} = 365.7\ N \equiv B_X$$
$$B_{Y1}+B_{Y2} = 566.1\ N \equiv B_Y$$
$$R_{A1} + R_{A2} = 499.6\ N \equiv R_A$$

5.7 Cuerpos hipo e hiperestáticamente vinculados

En los cuerpos vinculados considerados hasta ahora (partícula, cuerpo con cargas y vinculación en un plano y espacial), el número de movimientos independientes impedidos por los vínculos igualaba al de ***GL*** (***3***, ***3***, ***6***). Al plantear el equilibrio del cuerpo, transformado en libre y bajo la acción de las cargas y reacciones, el número de ecuaciones escalares de equilibrio resultó igual al de reacciones incógnitas.

Los cuerpos en que el número de las reacciones de vínculo incógnitas es igual al de ecuaciones escalares de equilibrio significativas (que no son idénticamente nulas) y cuyos vínculos están correctamente dispuestos, se dice que son *estáticamente determinados*, porque pueden calcularse las reacciones de vínculo para cualquier carga. Los cuerpos isostáticamente vinculados son estáticamente determinados.

Cuando no todos los movimientos quedan limitados por los vínculos, siendo estos insuficientes para una sustentación isostática, se dice que el cuerpo está *hipostáticamente* sustentado; tiene uno o más ***GL*** y sólo puede mantenerse inmóvil bajo formas particulares de las cargas.

Si el número de vínculos es mayor que el que corresponde a la vinculación isostática, el cuerpo está *hiperestáticamente* vinculado y, a menos que los vínculos estén incorrectamente dispuestos, quedará estacionario ante cualquier tipo de carga. En este caso las reacciones de vínculo no pueden calcularse porque el número de reacciones incógnitas es mayor que el número de ecuaciones de equilibrio que pueden plantearse, por lo que el cuerpo se dice *estáticamente indeterminado*. Para la solución se requiere renunciar a la hipótesis de rigidez del cuerpo y considerar la deformabilidad del mismo y/o de los vínculos.

Los siguientes son ejemplos de cuerpos hipo e hiperestáticamente sustentados.

5.7.1 Hipostáticos

En las figuras se indican, para cada tipo de cuerpo, los ***GL*** (en trazo interrumpido) y las fuerzas y/o pares para los cuales el cuerpo permanece estacionario.

Partícula plana, *fig.5-28a* y espacial *fig.5-28b*

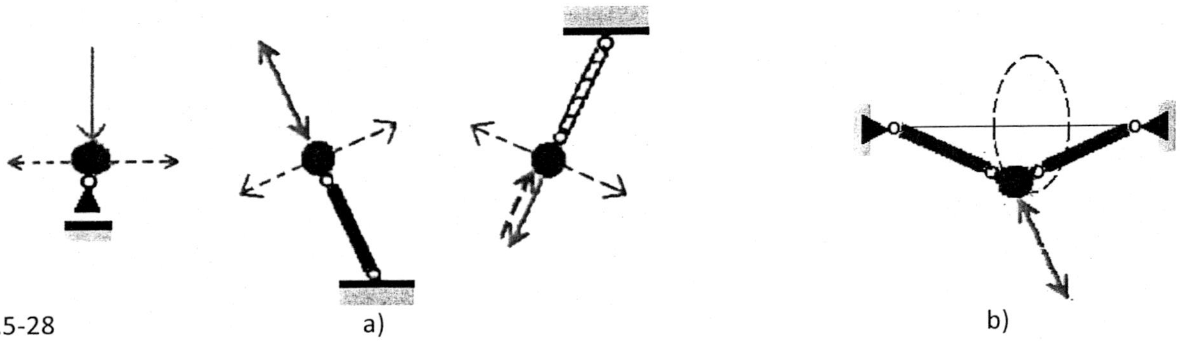

fig.5-28

Para la partícula espacial, *fig.5-28b*, el movimiento posible es una rotación alrededor de una recta que pasa por las articulaciones de las dos bielas con el exterior, con una trayectoria circular que está en un plano perpendicular a aquella recta. Permanece estacionaria sólo si la resultante de las fuerzas actuantes es coplanar con los ejes de las bielas.

Cuerpo con movimiento plano, *fig.5-29*

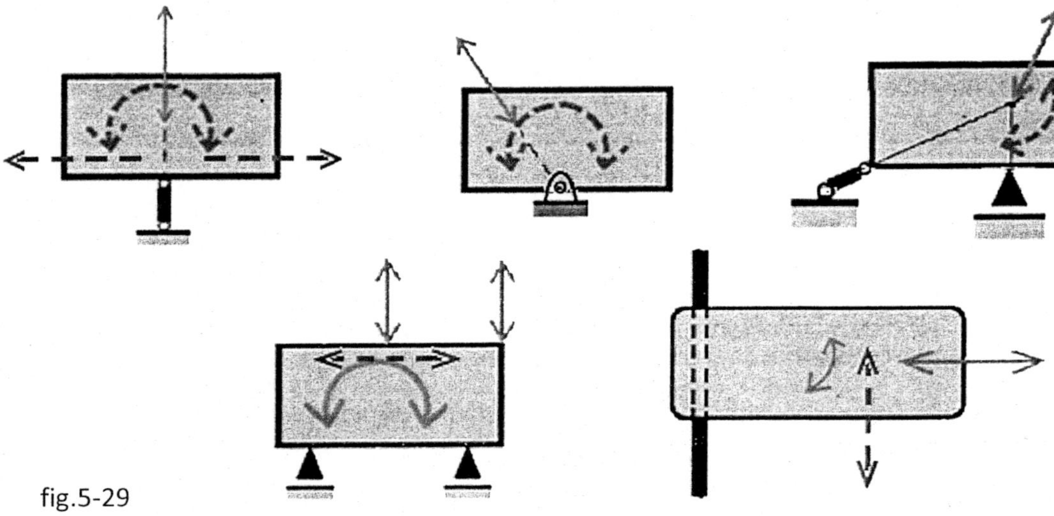

fig.5-29

Cuerpo Espacial: se tienen condiciones de *hipostaticidad* cuando el número de movimientos impedidos por los vínculos son *1*, *2*, *3*, *4* ó *5*.

5.7.2 Hiperestáticos

Para un cuerpo vinculado si sumados los grados de libertad que eliminan el conjunto de vínculos menos el de grados de libertad que tendría como cuerpo libre (si esta diferencia es positiva), es el *grado de hiperestaticidad* (***GH***). También para el cuerpo con una carga general, puede obtenerse el ***GH*** como la diferencia entre el número de componentes de reacciones de vínculo incógnitas y el número de ecuaciones de equilibrio significativas que pueden escribirse. En lo que sigue "***i***" son las incógnitas y "***e***" ecuaciones.

En las siguientes representaciones se han omitido los ***DCL***, por brevedad, y se indican las reacciones de vínculo directamente en el cuerpo vinculado. $\boldsymbol{F_e}$ o $\boldsymbol{M_e}$ son las componentes del ***TF*** de las cargas y consideramos sólo los cuerpos con un estado plano de cargas y vinculación.

Punto material, *fig.5-30*:

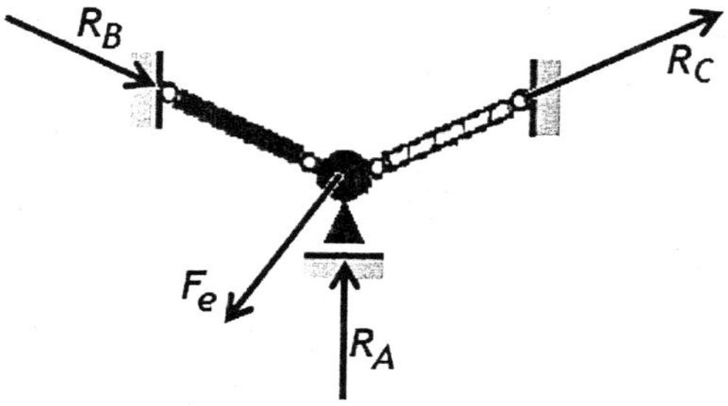

$i = R_A\,, R_B, R_C$

fig.5-30

$3i - 2e = 1GH$

Cuerpo con vínculos y cargas en un plano, *fig.5-31*:

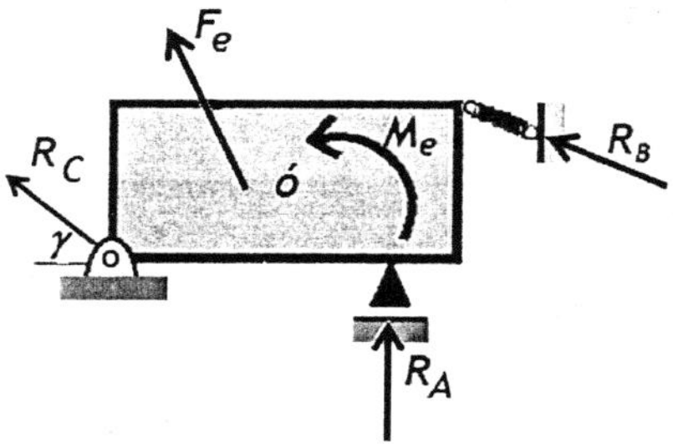

$i = R_A, R_B, R_C, \gamma \quad 4i - 3e = 1\ GH$

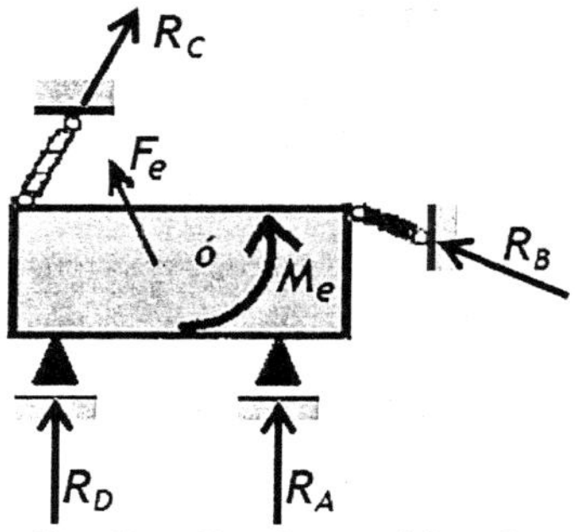

$i = R_A, R_B, R_C, R_D \quad 4i - 3e = 1\ GH$

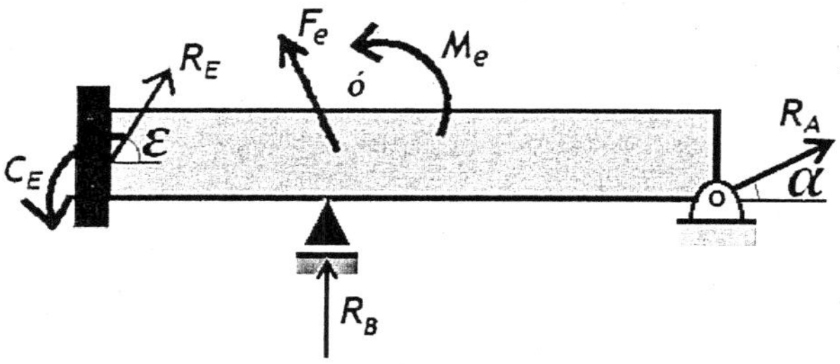

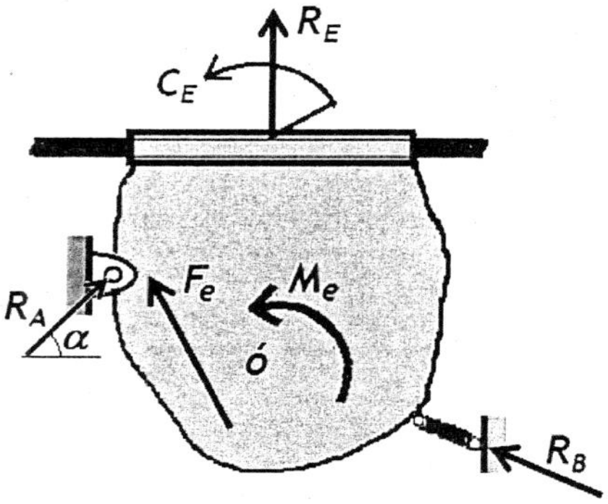

$i = R_A, \alpha, R_B, R_E, \varepsilon, C_E \quad 6i - 3e = 3\ GH$

$i = R_A, \alpha, R_B, R_E, C_E \quad 5i - 3e = 2\ GH$

fig.5-31

5.8 Inmovilidad aparente

Como se dijo, para que un cuerpo libre y con cualquier sistema de cargas permanezca inmóvil, es necesario introducirle vínculos que aseguren la eliminación de sus grados de libertad. Sin embargo la igualdad entre el número de grados de libertad y el de movimientos supuestamente impedidos por esos vínculos, no es suficiente para garantizar la inmovilidad del cuerpo.

Para que la inmovilidad sea total, los vínculos deben disponerse de modo tal que se elimine cualquier clase de movimiento, aún los de magnitud muy pequeña. No debe ocurrir que a pesar de tener los vínculos suficientes, el cuerpo presente un estado llamado de *inmovilidad aparente*.

El único caso en que un cuerpo vinculado logra la inmovilidad total, sin poder darse la inmovilidad aparente, es cuando el vínculo es un empotramiento.

Si los vínculos logran la inmovilidad total se dice que los vínculos están correctamente dispuestos. Los ejemplos siguientes lo aclaran.

5.8.1 Partícula

En la *fig.5-32a*, el número de traslaciones que aparentemente impedirían los vínculos es dos e igual a los ***2GL*** de una partícula en el plano. Sin embargo, por la forma en que se disponen el cable y la biela, las traslaciones que impiden son en una sola dirección, la ***Y***. No está impedido un desplazamiento, de pequeña magnitud, en la dirección perpendicular ***X***.

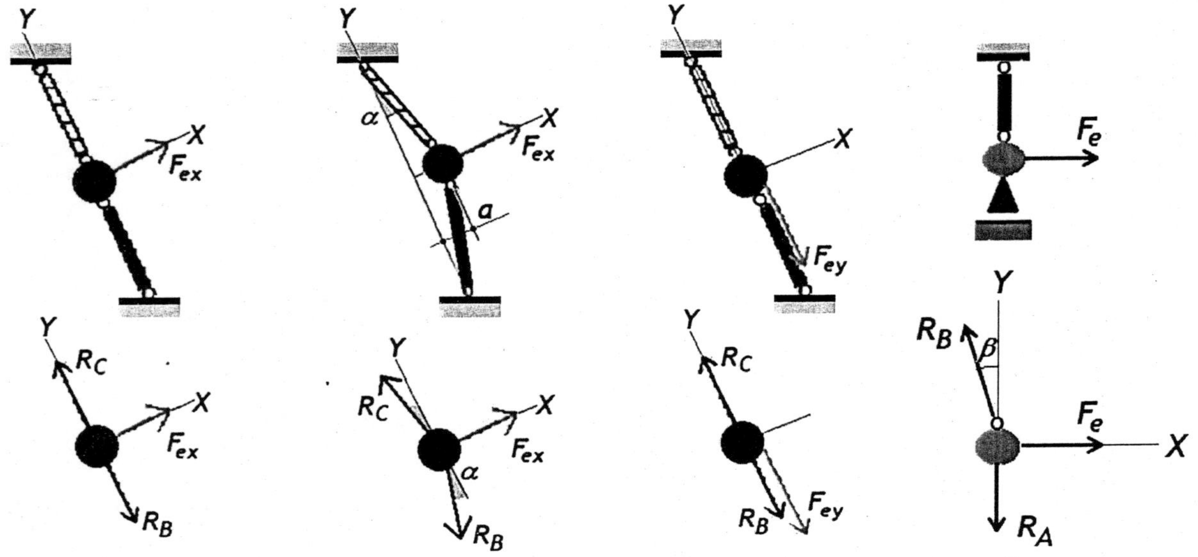

fig.5-32 a) b) c) d)

Por eso si la fuerza resultante externa tiene dirección normal a la dirección de los vínculos, como la F_{ex}, en las condiciones de la *fig.5-32a*, no es posible el equilibrio puesto que en el ***DCL*** se ve que la fuerza resultante:

$$\overrightarrow{F_R} = F_{ex}\,\vec{\imath} + R_C\,\vec{\jmath} - R_B\,\vec{\jmath} \neq 0$$

La F_{ex} no equilibrada por las reacciones de los vínculos en la configuración inicial, provocará un pequeño desplazamiento de la partícula en la dirección ***X***, normal al eje de la biela y cable, hasta que estos se inclinen un pequeño ángulo α quedando, ahora sí, en equilibrio, *fig.5-32b*.

Las fuerzas que ejercen los vínculos sobre la partícula, como se muestra en el ***DCL*** (si las longitudes del cable y biela son iguales), son de módulo:

$$R_B = R_C = \frac{F_{ex}}{2\ sen\ \alpha}$$

Como el desplazamiento de la partícula, transversal al eje de la biela y cable, es muy pequeño es muy próximo a cero el $sen\ \alpha$, por lo que las reacciones R_B y R_C pueden adquirir valores muy grandes que pueden comprometer la resistencia de la biela y/o el cable.

Sin embargo, aun contando con que se produce este pequeño desplazamiento $\vec{a}$, para el establecimiento del equilibrio, el sistema queda indeterminado en cuanto a que no pueden calcularse las reacciones porque se desconoce el ángulo α al desconocerse $\vec{a}$.

Si la resultante de las fuerzas exteriores, es F_{ey}, *fig.5-32c*, que tiene la dirección del eje de la biela y el cable, entonces no hay movimiento y la ecuación de equilibrio:

$$\overrightarrow{F_R} = -F_{ey}\vec{j} + R_C\vec{j} - R_B\vec{j} = 0$$

y no pueden determinarse los valores de las reacciones incógnitas R_C y R_B, porque esta es la única ecuación de equilibrio significativa que puede plantearse. Es decir en cualquier acaso es estáticamente indeterminado.

Similarmente en el caso de *fig.5-32d*:

$$-R_B\, sen\, \beta + F_{ex} = 0 \qquad R_B \cos \beta - R_A = 0$$

No se pueden calcular las reacciones R_A y R_B, porque se desconoce el ángulo β para el cual se establece el equilibrio. Por lo que queda estáticamente indeterminado.

Con tres bielas coplanares

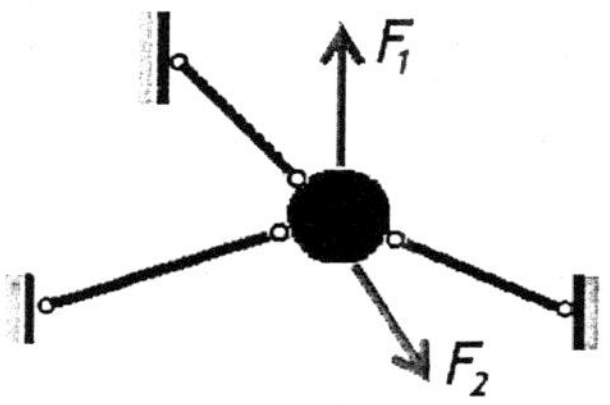

fig.5-33

Si la resultante de las fuerzas no está en el plano de las bielas, *fig.5-33*, como la F_1, que es normal al plano de estas, habrá un desplazamiento muy pequeño de la partícula en la dirección normal al plano en el que están las bielas, dándose una situación similar al caso plano anterior. No habrá desplazamiento si la fuerza es como la F_2, que está en el plano de las bielas, aunque no puedan determinarse los valores de las reacciones.

5.8.2 Cuerpo con cargas y vínculos en un plano

En la, *fig.5-34a*, por la forma en que están los vínculos en el cuerpo, el punto ***B*** puede desplazarse transversalmente a la recta ***AB***. Este desplazamiento no queda limitado por el apoyo en ***B*** porque la dirección de él permite un desplazamiento pequeño normal a ***AB***. En consecuencia está inadecuadamente sustentado, no siendo capaz de impedir un movimiento de rotación pequeña alrededor de ***A***.

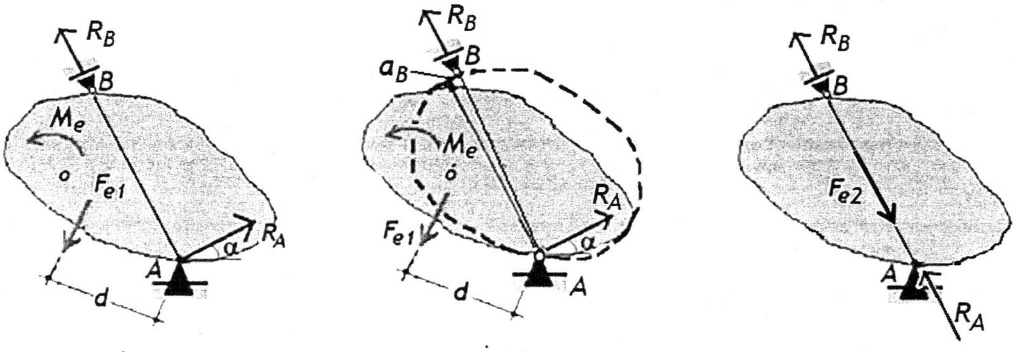

fig.5-34 a) b) c)

Esto se pone de manifiesto si sobre el cuerpo actúa un sistema de cargas cuya resultante $\boldsymbol{F_{e1}}$ es tal que su línea de acción no coincide con la recta ***AB*** o también si el sistema de cargas se reduce a un par $\boldsymbol{M_e}$. No se cumple la ecuación escalar de equilibrio para los cuerpos planos. Así la suma de momentos respecto a la articulación ***A***, es:

$$\boldsymbol{F_{e1}\, d + R_B\, 0\ \neq 0} \qquad \text{ó} \qquad \boldsymbol{M_e + R_B\, 0\ \neq 0}$$

El incumplimiento de la condición de equilibrio se manifiesta en un pequeño movimiento de rotación del cuerpo alrededor de ***A***. Al producirse el desplazamiento muy pequeño $\boldsymbol{a_B}$, *fig.5-34b*, el cuerpo se 'traba' en una posición muy próxima a la inicial y la línea de acción de la reacción $\boldsymbol{R_B}$, queda a la distancia muy pequeña, igual a $\boldsymbol{a_B}$ respecto a ***A***. La ecuación de equilibrio correspondiente a la nulidad del momento de la resultante de las cargas y la reacción, respecto a ***A*** queda:

$$\boldsymbol{F_{e1}\, d + R_B\, a_B = 0} \qquad \boldsymbol{R_B = -\frac{d}{a_B} F_{e1}} \qquad \text{o} \qquad \boldsymbol{M_e + R_B\, a_B = 0} \qquad \boldsymbol{R_B = -\frac{M_e}{a_B}}$$

y siendo en general $\boldsymbol{a_B << d}$, la reacción $\boldsymbol{R_B}$ adquiere un valor muy grande, que puede resultar inadmisible. Al desconocerse $\boldsymbol{a_B}$, no puede calcularse la reacción.

Permanecería inmóvil si esa resultante $\boldsymbol{F_{e2}}$ tuviese por línea de acción a ***AB*** (y $\boldsymbol{M_e = 0}$), *fig.5-34c*. Sin embargo no puede determinarse el valor de las reacciones porque las reacciones $\boldsymbol{R_A}$, $\boldsymbol{R_B}$, son colineales con $\boldsymbol{F_{e2}}$, y solo hay una ecuación de equilibrio que puede plantearse.

Como conclusión para cuerpos planos simplemente apoyados, hay inmovilidad aparente cuando la normal a la dirección del apoyo móvil pasa por la articulación fija. Para los vínculos equivalentes, biela o cable, si sus ejes pasan por la articulación fija.

Otros ejemplos de vinculación que deja al cuerpo con inmovilidad aparente son, *fig.5-35a*, en la cual

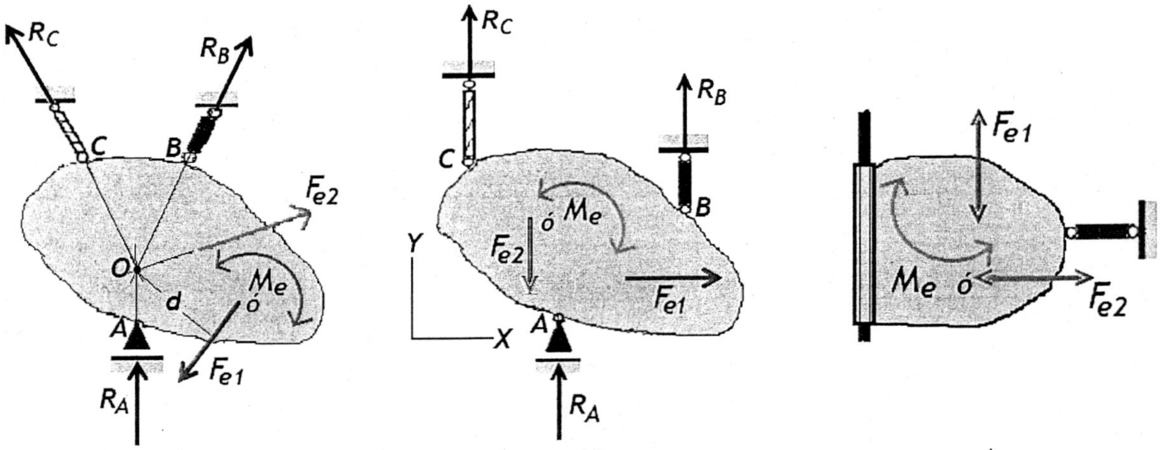

fig.5-35 a) b) c)

las direcciones de las tres reacciones son concurrentes en un punto ***O***. Si las resultantes de las acciones exteriores son $\boldsymbol{F_{e1}}$ ó $\boldsymbol{M_e}$, hacemos el ***DCL*** y planteamos la ecuación escalar de equilibrio, como por ejemplo la de momento respecto a ***O***, obtenemos que:

$$\boldsymbol{\textstyle\sum_3 R_i\, 0\ + F_{e1}\, d\ \neq 0} \qquad \text{o} \qquad \boldsymbol{\textstyle\sum_3 R_i\, 0\ + M_e \neq 0}$$

Es decir que el cuerpo no queda en equilibrio y tiene un giro pequeño (alrededor de ***O***), "trabándose" y quedando en equilibrio en una configuración próxima a la inicial. Permanece inmóvil si la resultante $\boldsymbol{F_{e2}}$ pasa por $\boldsymbol{O}$, pero en ese caso no puede determinarse el valor de las tres reacciones porque sólo hay dos ecuaciones de equilibrio significativas.

El cuerpo de *fig.5-35b*, tampoco queda en equilibrio bajo la acción de $\boldsymbol{F_{e1}}$, porque la suma de las proyecciones horizontales de las fuerzas y reacciones de apoyo, no cumple la ecuación de equilibrio:

$$\sum F_x = \sum_{3} R_{ix} + F_{e1} \neq 0$$

Tendrá una traslación horizontal de pequeña magnitud hasta que se "traba" y queda inmóvil.

En cambio permanece inmóvil si la dirección de la resultante de las fuerzas externas es $\boldsymbol{F_{e2}}$, que tiene la dirección $\boldsymbol{Y}$, o también si el sistema exterior de cargas tiene como resultante un $\overrightarrow{M_e}$. Sin embargo los valores de las reacciones quedan indeterminadas y por tratarse de un sistema de fuerzas paralelo se dispone de sólo dos ecuaciones escalares de equilibrio.

Como conclusión podemos decir que en un cuerpo con tres apoyos móviles existe inmovilidad aparente si las normales a las direcciones del movimiento que permiten los apoyos móviles concurren a un punto. En el caso de, *fig.5-35b*, el punto de concurrencia está infinitamente alejado.

El cuerpo de *fig.5-35c*, no queda en equilibrio bajo la acción de $\boldsymbol{F_{e1}}$, ya que los vínculos existentes no pueden desarrollar reacciones que la anulen. Se mantendría inmóvil si la dirección de la resultante fuese $\boldsymbol{F_{e2}}$, que es perpendicular a la dirección del movimiento que permiten los vínculos o si las cargas se reducen a $\boldsymbol{M_e}$.

5.8.3 Cuerpo espacial

En los ejemplos siguientes, *figs.5-36a,b*, pueden verse, la disposición inadecuada de los vínculos.

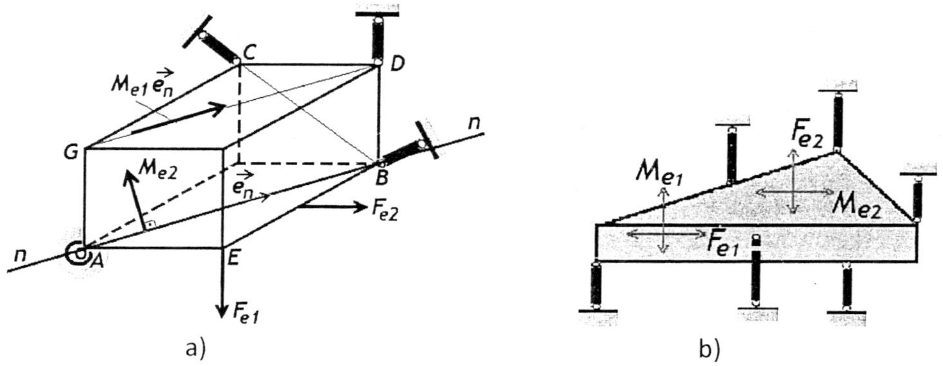

fig.5-36 a) b)

En la *fig.5-36a*, dado que la rótula $\boldsymbol{A}$ y las rectas que pasan por los ejes de las bielas de apoyo son cortados por la misma recta $\boldsymbol{n\text{-}n}$ que va por la diagonal $\boldsymbol{AB}$, el cuerpo espacial está inadecuadamente soportado; una fuerza tal como la $\boldsymbol{F_{e1}}$ o un par de momento $\boldsymbol{M_{e1}}$ (que va por la diagonal $\boldsymbol{GD}$ paralela a la $\boldsymbol{n\text{-}n}$) dan un momento no nulo con respecto a la línea $\boldsymbol{n\text{-}n}$ y es nulo el momento de las reacciones de las bielas, respecto a $\boldsymbol{n\text{-}n}$. Sólo se mantendría inmóvil para una fuerza externa, tal como la $\boldsymbol{F_{e2}}$ cuya línea de acción corta a la recta $\boldsymbol{n\text{-}n}$, o pares cuyos planos de acción sean paralelos a la recta $\boldsymbol{n\text{-}n}$, como el $\boldsymbol{M_{e2}}$

En la *fig.5-36b*, dado que los ejes de las bielas son paralelos, el cuerpo está inadecuadamente soportado. Si la resultante de las fuerzas exteriores tiene una componente perpendicular a los ejes de las bielas tal como la $\boldsymbol{F_{e1}}$, ó un par resultante cuyo plano de acción es perpendicular a las bielas como el $\boldsymbol{M_{e1}}$, lo harían trasladarse horizontalmente o rotar, sin poder ser equilibrado por las reacciones en esa configuración, "trabándose" en otra. Sólo se mantendría inmóvil si la línea de acción de la fuerza resultante es paralela a las bielas como la F_{e2}, ó existe un par resultante cuyo plano de acción sea también paralelo a las bielas como es el M_{e2}, en cuyo caso el cuerpo permanece inmóvil pero no pueden calcularse las reacciones en los vínculos.

*5.8.4 Condición analítica en la inmovilidad aparente

El análisis cualitativo anterior, acerca de la correcta disposición de los vínculos, para evitar la inmovilidad aparente, puede hacerse de un modo general.

Si el número de movimientos independientes restringidos por los vínculos, es igual al de grados de libertad, entonces el cuerpo, en principio, quedará estacionario e inmóvil bajo la acción de cualquier carga.

Sin embargo, si al plantear las ecuaciones de equilibrio para el **DCL** del cuerpo, en el que las incógnitas son las reacciones, la matriz de los coeficientes del sistema de ecuaciones es singular, significa que el cuerpo está inadecuadamente sustentado.

En ese caso las cargas no pueden equilibrarse en la configuración inicial y se producen movimientos de pequeña magnitud que alteran la configuración original y el cuerpo pasa a una nueva posición, tal que en esa nueva posición, la matriz de los coeficientes del sistema de ecuaciones de equilibrio, resultará no singular.

Si la matriz de los coeficientes del sistema de ecuaciones no es singular, existe solución y pueden determinarse las reacciones; el cuerpo está isostáticamente sustentado y con los vínculos correctamente dispuestos. La inmovilidad es efectiva y no aparente.

Tomemos, por ejemplo, el cuerpo de la *fig.5-37*, el **DCL** y las correspondientes ecuaciones de equilibrio:

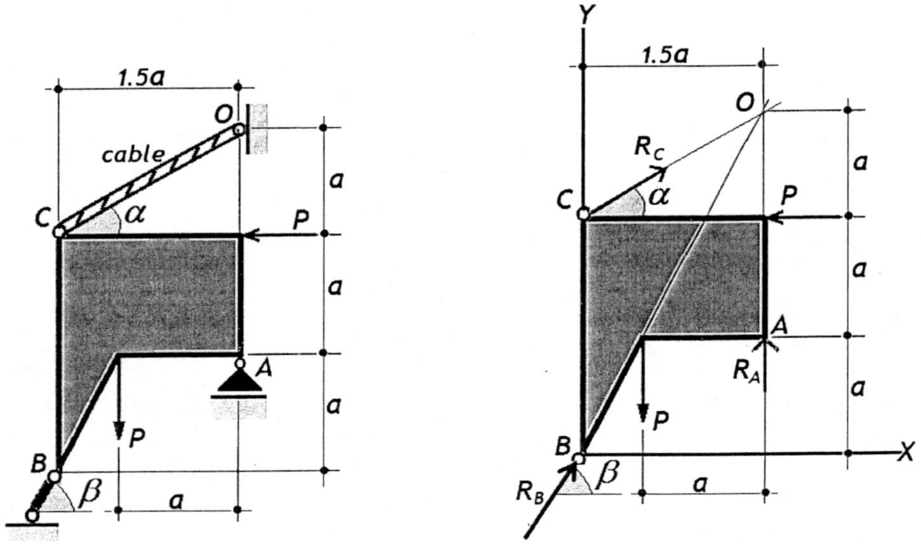

fig.5-37

$$\sum F_X = R_B \cos\beta + R_C \cos\alpha - P = 0$$

$$\sum F_Y = R_A + R_B \operatorname{sen}\beta + R_C \operatorname{sen}\alpha - P = 0$$

$$\sum M_C = R_A \frac{3}{2} a + (R_B \cos\beta)\, 2\, a - P \frac{a}{2} = 0$$

Matricialmente:

$$\begin{bmatrix} 0 & \cos\beta & \cos\alpha \\ 1 & \operatorname{sen}\beta & \operatorname{sen}\alpha \\ \frac{3}{2} & 2\cos\beta & 0 \end{bmatrix} \begin{Bmatrix} R_A \\ R_B \\ R_C \end{Bmatrix} + \begin{Bmatrix} -P \\ -P \\ -\frac{P}{2} \end{Bmatrix} = \{0\}$$

Con los valores: $\operatorname{sen}\alpha = \frac{2}{\sqrt{13}}$ $\quad \cos\alpha = \frac{3}{\sqrt{13}}$ $\quad \operatorname{sen}\beta = \frac{2}{\sqrt{5}}$ $\quad \cos\beta = \frac{1}{\sqrt{5}}$

El determinante de la matriz de los coeficientes es: $\begin{vmatrix} 0 & \frac{1}{\sqrt{5}} & \frac{3}{\sqrt{13}} \\ 1 & \frac{2}{\sqrt{5}} & \frac{2}{\sqrt{13}} \\ \frac{3}{2} & \frac{2}{\sqrt{5}} & 0 \end{vmatrix} = 0$

Por lo que quedan indeterminadas las reacciones de apoyo porque estos apoyos están mal dispuestos y la inmovilidad del cuerpo es aparente; habrá un pequeño movimiento de rotación, alrededor de ***O***, que es el punto al cual concurren la normal a la dirección del desplazamiento que permite el apoyo ***A***, el eje de la biela en ***B*** y el cable en ***C***, "trabándose" en una configuración próxima. En esta nueva configuración el determinante del sistema de ecuaciones es no nulo.

En los cuerpos hiperestáticamente vinculados, para que los vínculos estén correctamente dispuestos y no haya inmovilidad aparente, se analizan la totalidad de los sistemas isostáticos que se obtienen excluyendo vínculos del sistema hiperestático original; si todos estos isostáticos quedan con inmovilidad aparente (las matrices de los sistemas de ecuaciones en las reacciones son singulares), entonces los vínculos del sistema hiperestático lo dejan con una inmovilidad aparente. Bastaría que en uno sólo de esos esquemas isostáticos no resulte con inmovilidad aparente, para que el sistema de vínculos esté correctamente dispuesto en el cuerpo hiperestáticamente sustentado.

5.9 Fuerzas de fricción

Cuando un cuerpo cargado está en contacto con otros a través de una superficie rugosa y existe la posibilidad de movimiento relativo entre ellos, se desarrolla en la superficie de contacto de los cuerpos y en dirección tangencial a esa superficie, una fuerza llamada de *fricción* o *rozamiento* que tiene sentido opuesto al sentido del movimiento, potencial o existente.

Si no hay fluido entre las superficies de contacto de los cuerpos, se la designa *fricción seca*, o de *rozamiento por deslizamiento*.

5.9.1 Valor de la fuerza de fricción

Consideremos al cuerpo, *fig.5-38a*, con un apoyo móvil en ***A***, y un apoyo directo de contacto a través de una superficie lisa relativamente pequeña, en ***B***. El cuerpo está hipostáticamente sustentado y tiene ***1GL***.

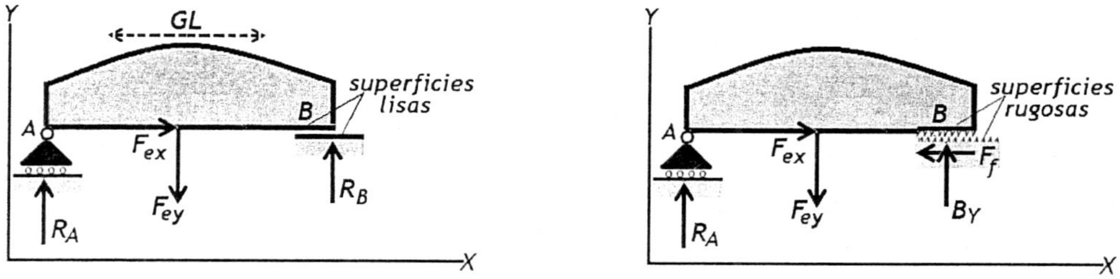

fig.5-38 a) b)

Supongamos que sobre el cuerpo actúan dos fuerzas, una vertical F_{ey} de valor fijo, en el centro de la distancia de la recta que pasa por los puntos ***A*** y ***B*** y otra horizontal F_{ex} cuyo módulo puede variar.

Las reacciones en ambos apoyos, a la fuerza exterior F_{ey}, son: $R_A = R_B = \frac{F_{ey}}{2}$

Respecto a la otra fuerza F_{ex}, dado que los vínculos del cuerpo no tienen la posibilidad de reaccionar a ella comenzará a trasladarse en la dirección del ***GL***, con un movimiento acelerado en la dirección ***X***.

Supongamos ahora al cuerpo en las mismas condiciones anteriores pero con las superficies en contacto en B, rugosas, *fig.5-38b*. Las reacciones verticales de apoyo R_A, B_Y son iguales al caso anterior; además se desarrolla en B, una fuerza interactiva denominada *fuerza de fricción* F_f, de dirección tangente a la superficie.

Para el cuerpo esta fuerza de fricción F_f tiene el carácter de una fuerza reactiva horizontal, cuyo valor es igual a la fuerza exterior F_{ex} y tiene sentido opuesto a ella, de modo tal que el cuerpo queda en equilibrio:

$$B_X = F_f = F_{ex}$$

Supongamos que la fuerza exterior F_{ex} aumenta gradualmente su valor. Si representamos la variación de la fuerza de fricción en función de la reacción externa en el apoyo, en la dirección tangente a la superficie y que en este modelo es B_X, tendremos, *fig.5-39*:

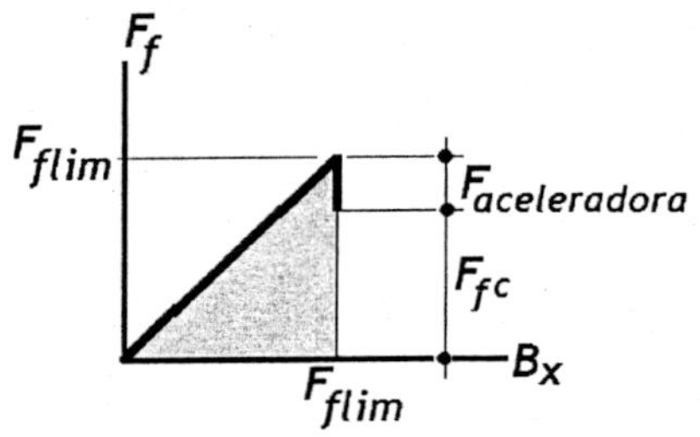

fig.5-39

Sin embargo el valor que la fuerza de fricción tiene un valor límite máximo que es proporcional a la fuerza reactiva perpendicular a la superficie de contacto de las superficies rugosas:

$$F_{flim} = \mu\, B_Y$$

El factor de proporcionalidad μ se denomina *coeficiente de fricción* o de *rozamiento estático*; es adimensional y función de los materiales de los cuerpos en contacto, del grado de rugosidad o pulimento de las superficies y se determina experimentalmente. Es independiente de la magnitud de la componente reactiva normal B_Y (para valores no demasiado grandes) y del tamaño de la superficie de contacto.

De modo que cuando la fuerza reactiva paralela a la superficie alcanza el valor límite $B_X = F_{flim}$ se está en una condición límite de deslizamiento inminente del cuerpo. Si la fuerza exterior F_{ex} aumenta en una magnitud diferencial, comienza el movimiento y la fuerza de fricción cae por debajo de F_{flim} a un valor menor, denominado *fuerza de fricción cinética* F_{fc}, *fig.5-39*.

Si una vez iniciado el movimiento se deja sin cambio la fuerza exterior F_{ex} el cuerpo se acelera con la fuerza $F_{ex} - F_{fc}$ Para que el cuerpo no se acelere y se mueva con velocidad constante se debe reducir la fuerza exterior F_{ex} para que la reacción se iguale a $F_{ex} = F_{fc}$.

El valor de la *fuerza de fricción cinética*, es: $F_{fc} = \mu_c\, B_Y$

donde μ_c es el *coeficiente de fricción cinético*; sus valores son del orden de **0.75** del μ estático.

La explicación del cambio de valor en la fuerza de fricción del valor estático al cinético está en que a nivel microscópico las superficies son irregulares y el contacto real entre las superficies es puntual, *fig.5-40a*. A medida que aumenta F_{ex}, llega un momento en que se produce una deformación plástica que da lugar a un 'redondeamiento' de esos picos de contacto o directamente su ruptura. En ese momento comienza el deslizamiento y esto justifica el menor valor que adquiere la fuerza de fricción.

*5.9.2 Ángulo de fricción

Si en la condición límite $(F_{flim} = \mu\, B_Y)$, determinamos la resultante entre la fuerza de fricción y la reacción, *fig.5-40b*, el ángulo ϕ que forman la resultante y la reacción normal, se obtiene a partir de:

$$tan\,\phi = \frac{|F_{flim}|}{|B_Y|} = \frac{\mu\,|B_Y|}{|B_Y|} = \mu$$

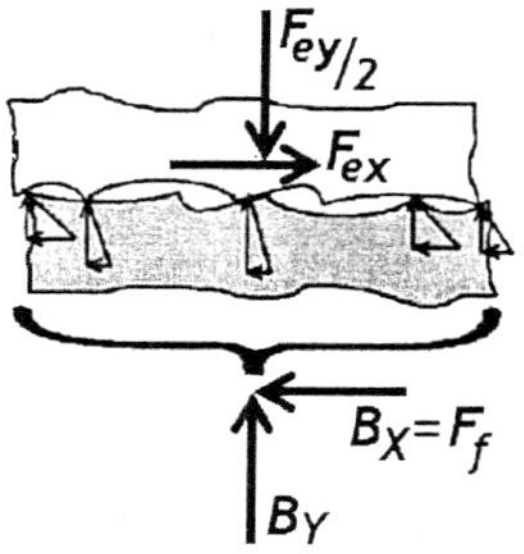

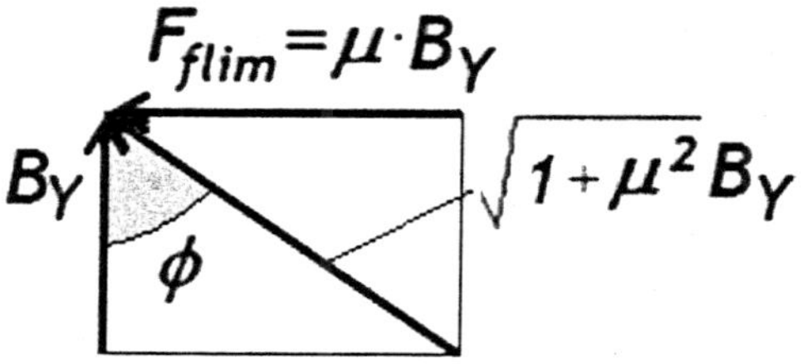

fig.5-40 a) b)

En la condición límite es: $\phi_{lim} = arc\,tan\,\mu$

que es el *ángulo límite de fricción*.

Es decir que si el ángulo entre la resultante de la reacción B_Y y la fuerza de fricción es $\phi < \phi_{lim}$, no hay movimiento relativo entre los cuerpos en contacto. Si $\phi = \phi_{lim}$, se está en condición de movimiento inminente.

5.9.3 Tipo de problemas

Cuando se considera la fuerza de fricción, pueden tenerse dos situaciones:
1. Determinar el valor de las cargas o alguna de sus características (orientación, posición, etc.) que hagan que el cuerpo esté en la condición de movimiento inminente. Para ello se requiere conocer o anticipar el sentido que tendría el movimiento. La dirección de la fuerza de fricción es tangente a la superficie de contacto, su sentido opuesto al del movimiento inminente y su valor igual a la fuerza de fricción límite:

$$F_{flim} = \mu\,R_B$$

2. Otra situación es cuando no se sabe si el cuerpo quedará en equilibrio. En este caso, de la fuerza de fricción, se conoce la dirección que es tangente a la superficie de contacto, aunque no se conoce su sentido ni valor. Realizado el ***DCL*** y calculada las reacciones en la superficie rugosa, se contrasta el valor de la componente de la reacción tangente a la superficie que es la necesaria para el equilibrio y que es proporcionada por la fricción, con el valor límite dado por el producto de la componente reactiva normal, y el coeficiente de rozamiento: si la fuerza necesaria para mantener el equilibrio es menor que la de fricción límite, el cuerpo quedará en reposo y si es mayor que la límite habrá movimiento.

En el caso que se establezca un movimiento uniforme por vencimiento de la fuerza de fricción se la considera como fuerza más, cuyo valor es igual a la componente reactiva normal a la superficie de deslizamiento relativo, por el coeficiente de fricción cinética y con sentido opuesto al del movimiento.

Ejemplo 7: El bloque homogéneo de forma de paralelepípedo y peso ***P***, está inmóvil y apoyado en el plano inclinado el ángulo α la horizontal cuya superficie es rugosa y tiene un coeficiente de fricción estático μ. Sobre el bloque y en la arista ***B***, tiene aplicado una fuerza ***Q***, que forma el ángulo β con la superficie del plano inclinado. Suponiendo que en la condición de movimiento inminente, se levanta levemente en ***D***, quedando apoyado sólo en el extremo ***C***, determinar el valor de la fuerza ***Q*** y el ángulo β, para que sea inminente el inicio del deslizamiento hacia abajo del bloque.

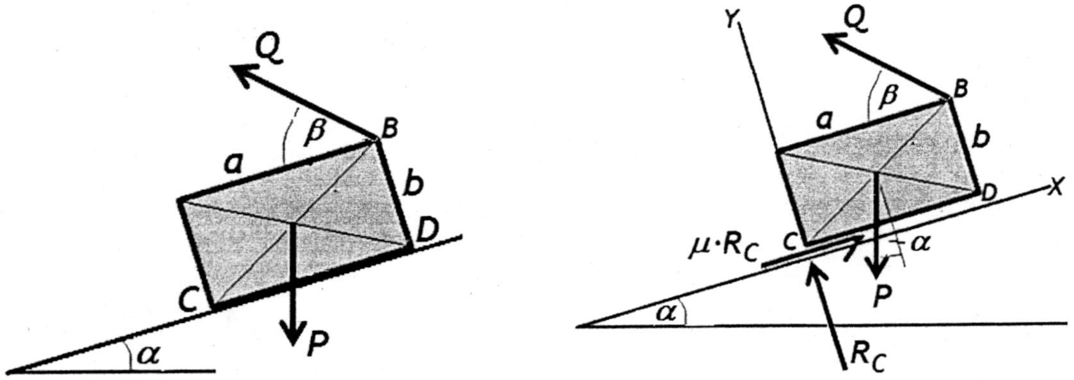

$a = 0.8\ m$ $b = 0.6\ m$ $\alpha = 15°$ $\mu = 0.55$ $P = 400\ N$

Ha de entenderse que el sistema de fuerzas mostrado es el que corresponde al plano director de las mismas.

Si en la condición de movimiento inminente, se produce un levantamiento en el borde ***D*** y queda sólo apoyado en la arista ***C***, la reacción del plano inclinado y la fuerza de fricción se concentran allí.

Como estamos en la condición de movimiento inminente, la fuerza de rozamiento es la límite y su valor que es proporcional en el coeficiente de rozamiento, a la reacción perpendicular a la superficie de deslizamiento; su sentido es opuesto al sentido de la traslación del bloque, que es hacia abajo.

Hacemos un ***DCL*** del bloque y con el sistema coordenado adoptado, las ecuaciones escalares de equilibrio son:

$$\sum F_X = \mu R_C - P\ sen\ \alpha - Q\ cos\,\beta = 0 \qquad [1]$$

$$\sum F_Y = R_C - P\ cos\,\alpha + Q\ sen\,\beta = 0 \qquad [2]$$

$$\sum M_C = -\ P\ cos\,\alpha\ \frac{a}{2} + P\ sen\ \alpha\ \frac{b}{2} + Q\ cos\,\beta\ b + Q\ sen\,\beta\ a = 0 \qquad [3]$$

Multiplicadas la *[1]* por ***b***, y la *[2]* por ***a*** y luego sumadas y rearregladas, se obtiene:

$$Q\ cos\,\beta\ b + Q\ sen\,\beta\ a = (\mu R_C - P\ sen\ \alpha)\ b + (P\ cos\,\varphi - R_C)\ a$$

a partir de la *[3]*: $$Q\ cos\,\beta\ b + Q\ sen\,\beta\ a = P\ cos\,\alpha\ \frac{a}{2} - P\ sen\ \alpha \frac{b}{2}$$

e igualadas: $$(\mu R_C - P\ sen\ \alpha)\ b + (P\ cos\,\alpha - R_C)\ a = P\ cos\,\alpha\ \frac{a}{2} - P\ sen\ \alpha \frac{b}{2}$$

de la cual obtenemos:

$$R_C = \frac{a\ cos\,\alpha - b\ sen\ \alpha}{2\ (a - \mu\ b)} P = 262.7\ N$$

Arreglando las *[2]* y *[1]* como: $$Q\ sen\,\beta = P\ cos\,\alpha - R_C$$

$$Q\ cos\,\beta = \mu R_C - P\ sen\ \alpha$$

Divididas, conducen al valor de β: $$tan\,\beta = \frac{P\ cos\,\alpha\ - R_C}{\mu R_C - P\ sen\ \alpha}$$

y con el R_C: $$\beta = arc\ tan \frac{P\ cos\,\alpha\ - R_C}{P\ cos\,\alpha\ - \mu R_C} = 71.7°$$ y $$Q = \frac{\mu R_C - P\ sen\ \alpha}{cos\,\beta} = 130.2\ N$$

Ejemplo 8: A la rueda de peso ***W*** y diámetro ***D***, se le aplica la fuerza horizontal ***F*** en el punto ***E***. Si los coeficientes de rozamiento estático con la pared ***A*** y el piso ***B*** son iguales, analizar las siguientes alternativas:
a) Si el piso es liso y la pared rugosa si ocurre movimiento.
b) Si el piso rugoso y la pared lisa si ocurre movimiento.
c) Si el piso y la pared son rugosos, para qué valor de la fuerza, el movimiento de la rueda es inminente.

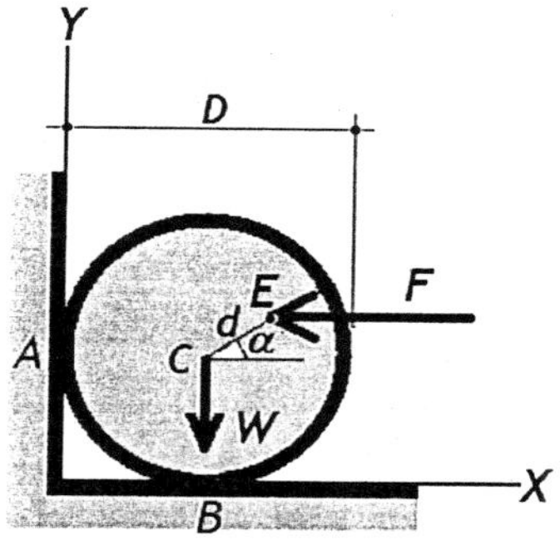

$D = 1\ m$ $W = 60\ kN$ $d = 350\ mm$ $F = 15\ kN$ $\alpha = 35°$ $\mu = 0.30$

Para los tres casos utilizamos el sistema cartesiano de referencia.

a) En la situación en que el piso es liso, no hay fuerza de fricción allí. En la pared, al ser rugosa, además de la reacción normal existe la fuerza de fricción. Su sentido sobre el cuerpo es opuesto al sentido de desplazamiento relativo del punto de contacto de la rueda, a que daría lugar la fuerza, si la pared fuese lisa.

Determinamos el valor de la fuerza de fricción necesaria para mantener a la rueda en equilibrio.

El ***DCL*** y las ecuaciones de equilibrio:

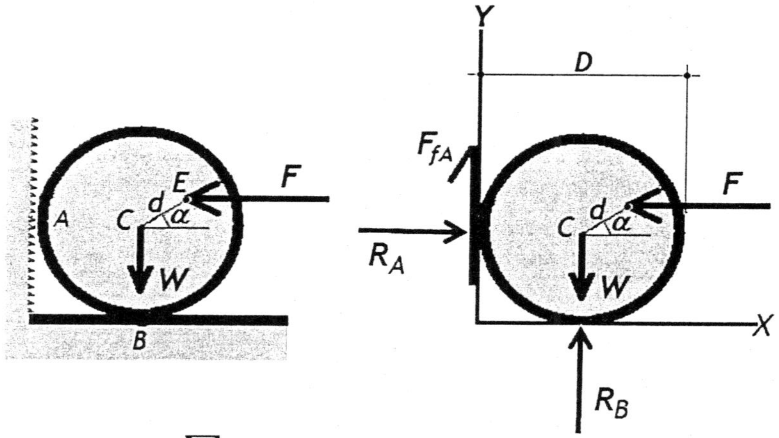

$$\sum F_X = R_A - F = 0$$

$$\sum F_Y = R_B - W + F_{fA} = 0$$

$$\sum M_C = -\ F_{fA}\ \frac{D}{2} + F\ d\ sen\,\alpha = 0$$

de las cuales: $R_A = 15\ kN$ $F_{fA} = 6.023\ kN$ $R_B = 53.977\ kN$

La máxima fuerza de fricción que puede desarrollarse es: $F_{flim} = \mu\, R_A = \mathbf{4.5}\ \boldsymbol{kN}$

que es menor que la necesaria para mantener el equilibrio: $\boldsymbol{F_{fA} = 6.023\ kN}$

por lo que en estas condiciones se producirá la rotación de la rueda.

b)

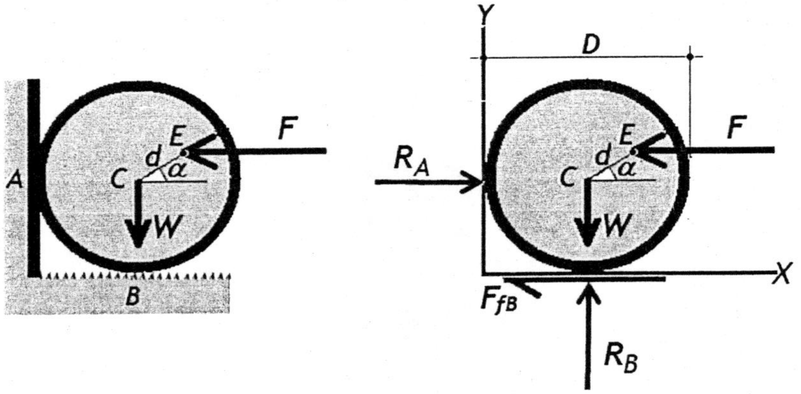

En esta otra alternativa, tendremos:

$$\sum F_X = R_A - F - F_{fB} = 0$$

$$\sum F_Y = R_B - W = 0$$

$$\sum M_C = -F_{fB}\frac{D}{2} + F\,d\ sen\,\alpha = 0$$

de las que:

$$F_{fB} = 2\,\frac{d}{D}\ sen\,\alpha\ F = \mathbf{6.023\ kN}$$

$$R_B = W = \mathbf{60\ kN}$$

$$R_A = F + F_{fB} = \mathbf{21.023\ kN}$$

La máxima fuerza de fricción que puede desarrollarse: $\boldsymbol{F_{flim}} = \mu R_B = \mathbf{18\ kN}$

Al ser la máxima fuerza de fricción que puede desarrollarse $\boldsymbol{F_{flim} = 18\ kN}$, mayor que la necesaria para mantener el equilibrio $\boldsymbol{F_{fB} = 6.023\ kN}$, hace que la rueda quede inmóvil.

c)

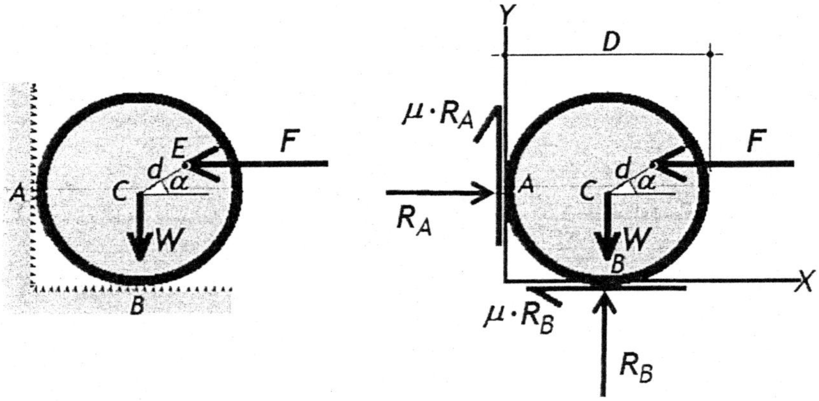

En este caso con ambas superficies rugosas, veremos cuál debe ser el valor de la fuerza para que estemos en la condición de movimiento inminente. Ahora sabemos que las fuerzas de fricción adquieren su valor límite por lo que, aun cuando estamos en la condición límite, sigue siendo de equilibrio.

Como ecuaciones de equilibrio usamos las de momentos con respecto a los puntos ***A***, ***B***, ***C***:

$$\sum M_A = -\ W\ \frac{D}{2} + F\ d\ \ sen\ \alpha + R_B\ \frac{D}{2} - \mu\, R_B\ \frac{D}{2} = 0 \qquad [1]$$

$$\sum M_B = F\ \left(d\ sen\ \alpha + \frac{D}{2}\right) - R_A\ \frac{D}{2} - \mu\, R_A\ \frac{D}{2} = 0 \qquad [2]$$

$$\sum M_C = F\ \ d\ sen\ \alpha - \mu\, R_A\ \frac{D}{2} - \mu\, R_B\ \frac{D}{2} = 0 \qquad [3]$$

Expresando R_B y R_A en términos de ***F***, a partir de las *[1]* y *[2]* respectivamente:

$$R_A = \frac{1 + 2\frac{d}{D} sen\, \alpha}{1+\mu} F \qquad\qquad R_B = \frac{W - 2\frac{d}{D} sen\ \alpha\ \ F}{1-\mu}$$

Reemplazando en la *[3]*, se obtiene para ***F*** y las reacciones normales, R_B y R_A:

$$F = \frac{(1+\mu)\ \mu}{2\ (1+\mu^2)\ \frac{d}{D}\ sen\ \alpha - \mu + \mu^2} W = \mathbf{102.794}\ kN$$

$$R_A = \mathbf{110.824}\ kN \qquad\qquad R_B = \mathbf{26.754}\ kN$$

Capítulo 6
Sistema de cuerpos vinculados

Designamos como sistema mecánico de cuerpos vinculados, al conjunto de cuerpos simples unidos materialmente entre sí con conexiones que permiten un movimiento relativo potencial entre los cuerpos.

Cuando el sistema mecánico tiene partes móviles que se diseñan para transmitir y alterar el efecto de las cargas, se lo designa como mecanismo, máquina, dispositivo, vehículo. Si el sistema mecánico debe ser estacionario, sin partes móviles, y que se usa generalmente para soportar cargas, se denomina estructura portante, marco, reticulado, bastidor, etc.

Habíamos designado, en forma genérica, como vínculos externos a aquellos dispositivos que unían a un cuerpo con el exterior y que limitaban uno o más de sus movimientos posibles. Las uniones entre los cuerpos del sistema y que impiden uno o más movimientos relativos entre los cuerpos del sistema se designan como *vínculos interiores*, *internos* o *relativos*.

Hacer el estudio estático de estos sistemas cuando están cargados significa que si el sistema es libre o tiene uno o más grados de libertad, determinar las condiciones de las cargas para el equilibrio. En los sistemas de cuerpos cargados y vinculados isostáticamente, es la determinación de las fuerzas y pares de interacción en los vínculos internos entre los cuerpos y en los vínculos exteriores con la Tierra y otro u otros cuerpos externos al sistema con el cual se vincula. Si los vínculos están correctamente dispuestos y no hay inmovilidad aparente y el sistema no está hiperestáticamente vinculado se pueden calcular las reacciones de vínculo externo e interacciones en los vínculos internos.

6.1 Disposición de los vínculos en los sistemas planos de dos cuerpos

Consideremos dos cuerpos libres no unidos entre sí, con posibilidad de movimiento en un mismo plano, *fig.6-1*, el número de grados de libertad (***n°GL***), de cada cuerpo es tres, por lo que el ***n°GL*** del conjunto es seis.

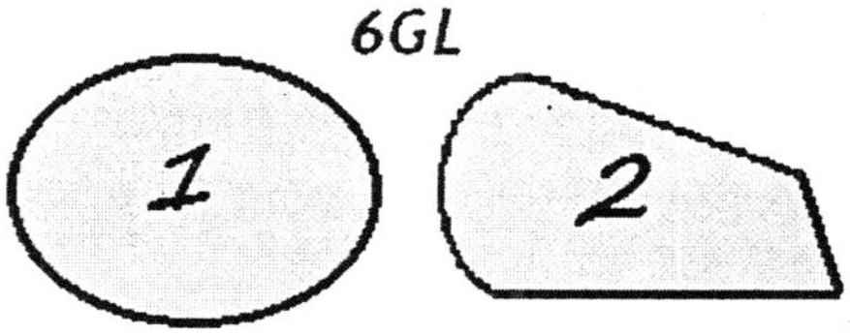

fig.6-1

6.1.1 Vinculación interna

Si unimos los cuerpos con una articulación interna A_{12}, *fig.6-2a*, que permite la rotación relativa entre los cuerpos e impide la traslación relativa en cualquier dirección, el ***n°GL*** se reduce de seis a cuatro.

Una forma de justificarlo es suponer al cuerpo ***1*** fijo, de modo que al ***2*** le resta un único movimiento posible en el plano, que es rotar alrededor de la articulación común A_{12}; sumado este ***GL*** a los ***3GL*** del cuerpo ***1*** (que era en realidad libre), resultan los ***4GL*** para el sistema de dos cuerpos libres unidos por articulación.

La vinculación interna por articulación puede ser real o ficticia. Es real cuando es como en la *fig.6-2a*, o la unión se hace con dos barras rígidas o bielas interna b_1, b_2, biarticuladas a los dos cuerpos, que se unen en un mismo punto en uno de los cuerpos como en *fig. 6-2b*. La articulación es ficticia cuando la unión se realiza con dos bielas, tal como se muestran, en sus distintas variantes, en las *figs.6-2c,d,e*. La intersección de sus ejes, A_{12}, equivale a una articulación interna ficticia y puede estar en cualquier lugar del plano.

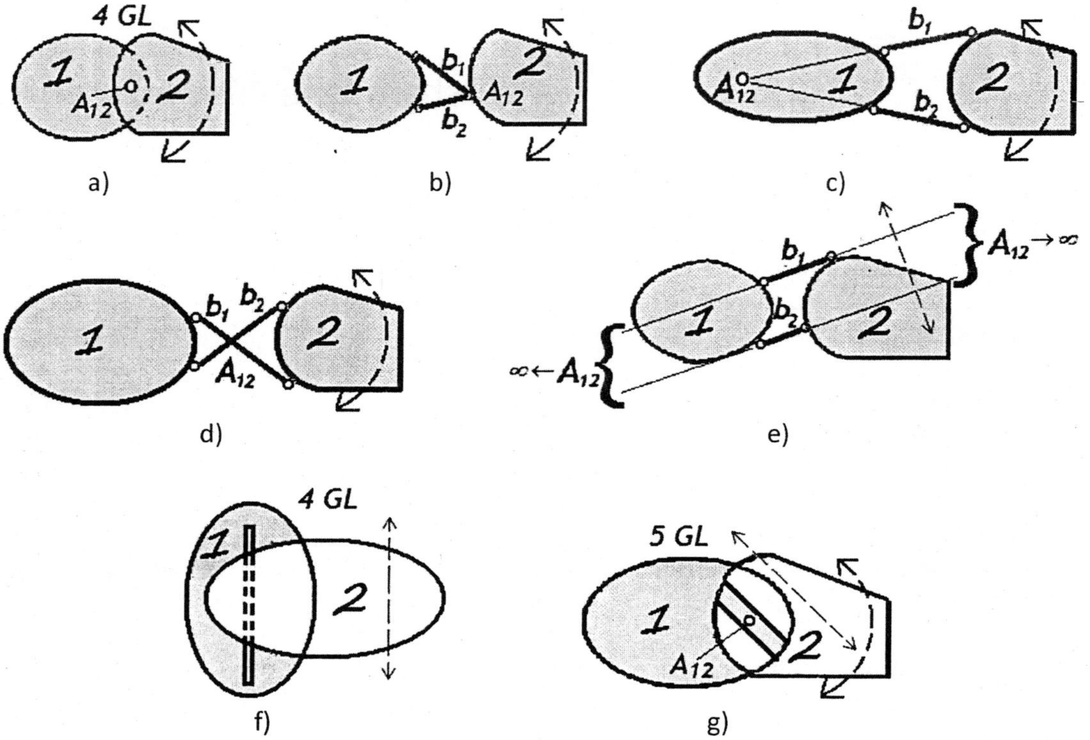

fig.6-2

La vinculación interna también puede hacerse con un empotramiento deslizante de uno de los cuerpos en el otro, *fig.6-2f*, que posibilita la traslación relativa entre los cuerpos, o también por una articulación desplazable que además de permitir la rotación relativa entre los cuerpos, también posibilita la traslación relativa en la dirección de una guía situada en uno de los cuerpos *fig.6-2g*.

En todas las *figs.6-2* se indica, en trazo interrumpido, el tipo de movimiento relativo que pueden realizar los dos cuerpos entre sí. La rotación relativa se hace respecto al punto $\boldsymbol{A_{12}}$.

En la *fig.6-2e*, en que los ejes de las bielas son paralelos, el movimiento relativo entre los cuerpos es una traslación perpendicular a los ejes de las bielas, lo que es equivalente a una rotación respecto a una articulación ficticia infinitamente alejada en la dirección de ellas.

En las *fig.6-2a,b,c,d,e,f*, el conjunto tiene ***4GL***. El sistema de *fig.6-2g*, al ser la unión una guía articulada, que restringe sólo ***1GL***, tiene ***5GL***.

6.1.2 Vinculación externa

Para dejar inmóvil a los cuerpos ya unidos entre sí, respecto al exterior, debemos colocar vínculos tales que eliminen sus ***GL***. En las *fig.6-3* se muestran distintas formas de disponer los vínculos externos donde se indica, encima de los cuerpos, el ***n°GL*** limitados en cada caso.

Para la *fig.6-3h*, los vínculos que eliminarían estos ***5GL*** pueden también elegirse de diversos modos:

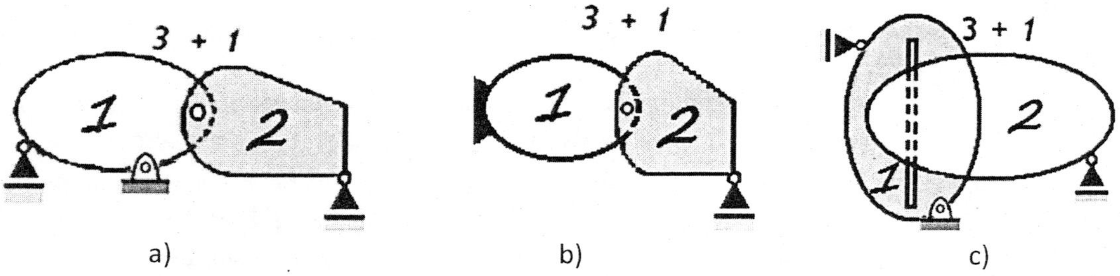

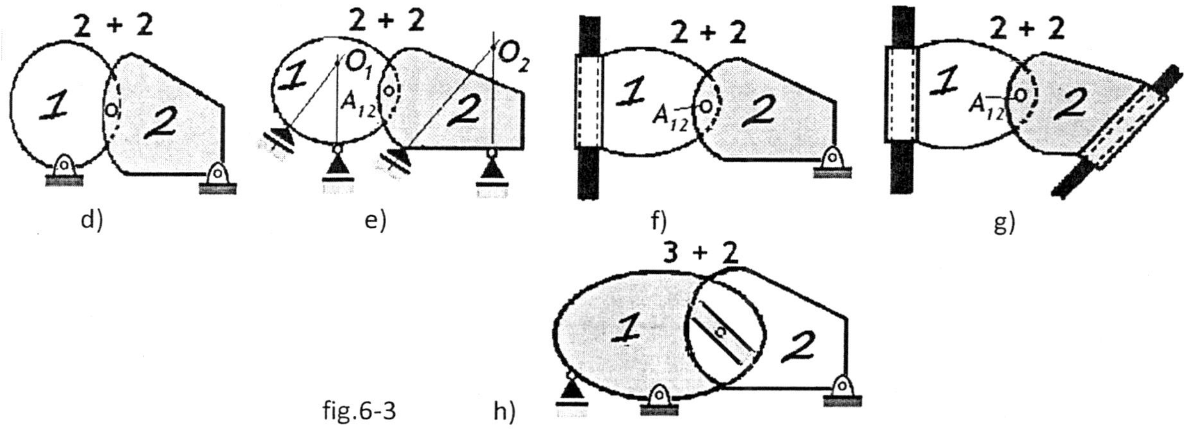

d) e) f) g)

fig.6-3 h)

6.1.3 Casos de hipostatismo (1GL) e hiperestatismo

En las *figs.6-4a/d*, se ven sistemas de dos cuerpos vinculados hipostáticamente con ***1GL***. En trazo interrumpido se indica el movimiento posible de los cuerpos y con O_i al centro de rotación del cuerpo *i*.

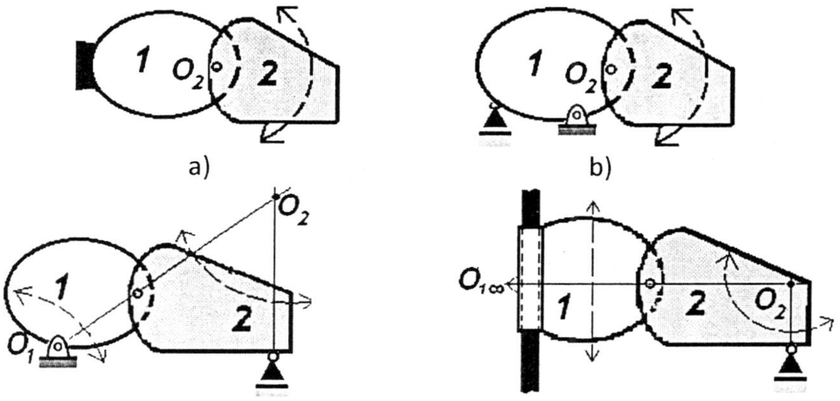

a) b)

fig.6-4 c) d)

Si al sistema isostático, como los de la *fig.6-3*, le agregamos más vínculos a uno o a ambos cuerpos, el sistema se transforma en hiperestático de grado igual al número de movimientos que restringirían los vínculos adicionales.

En la *fig.6-5*, la distribución de los vínculos es incorrecta para una sustentación isostática, ya que el cuerpo ***1***, queda hiperestáticamente unido, en tanto que el ***2*** lo está hipostáticamente, a pesar que el número de ***GL*** que teóricamente limitan todos los vínculos, es igual a los ***4GL*** del sistema vinculado internamente considerado como libre.

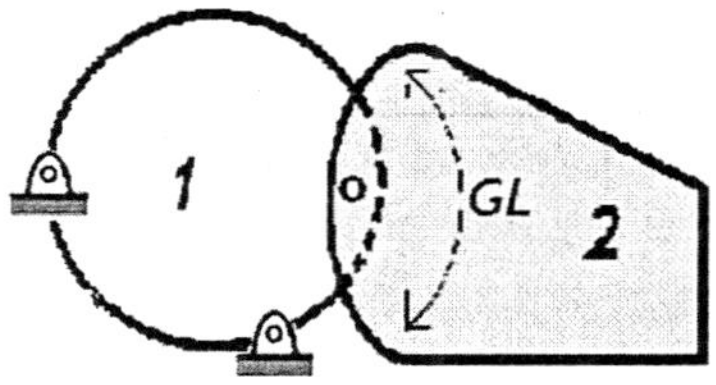

fig.6-5

6.1.3.1 Inmovilidad aparente

Habíamos mencionado en el capítulo anterior que existe *inmovilidad aparente* cuando la vinculación limita un número de movimientos independientes igual a los ***GL*** y tendríamos, supuestamente, un sistema isostáticamente vinculado que permanecería inmóvil ante cualquier tipo de carga. Sin embargo, cuando los vínculos están incorrectamente dispuestos, el sistema tiene posibilidad de moverse con desplazamientos y giros, en general de valores muy pequeños (o a veces también grandes), en el que el equilibrio se alcanzaría en una posición diferente, aunque próxima a la inicial si el movimiento posible es de pequeña magnitud, o en otra posición muy diferente a la original. Las *figs.6-6a/g* ilustran algunas de estas situaciones, en los cuales se indican con flechas los sentidos de los posibles movimientos y en donde son los O_i los centros de rotación.

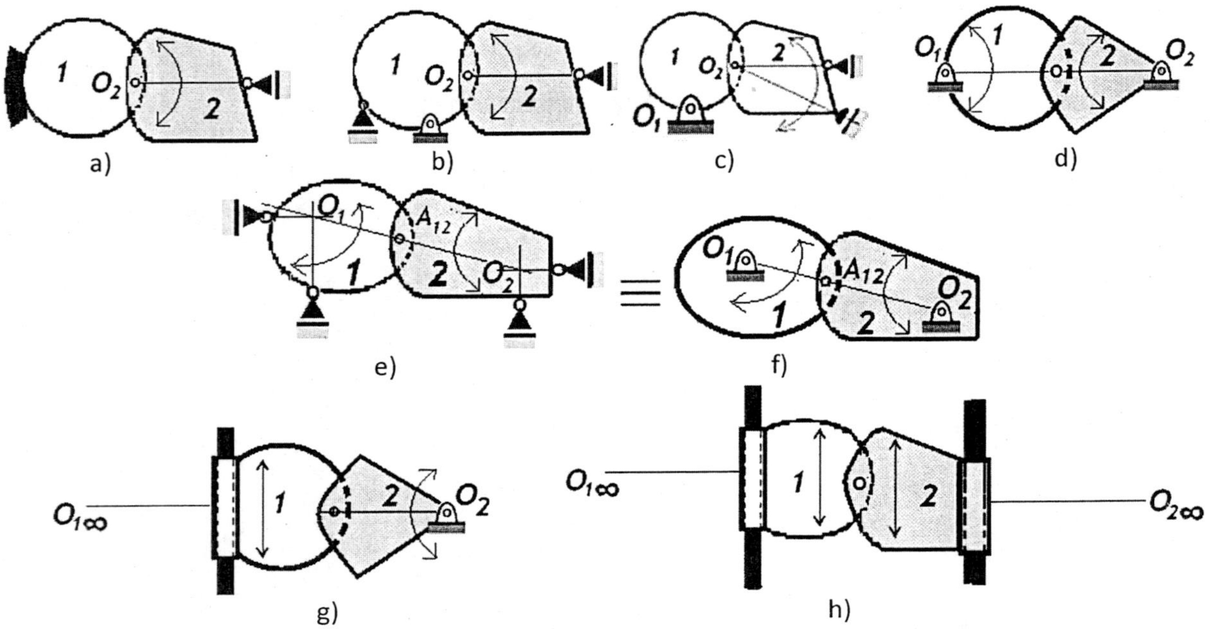

fig.6-6

6.2 Sistema plano de tres cuerpos articulados

Si tenemos tres cuerpos libres no vinculados entre sí, con movimiento posible en un mismo plano, el sistema tiene un total de ***9GL***. Si unimos dos de ellos por articulación, disminuye a ***4GL+3GL = 7GL***. Si vinculamos el tercer cuerpo, por articulación, con los dos ya unidos, podremos tener distintas configuraciones, según como unamos este tercer cuerpo a los otros dos.

6.2.1 Disposición en cadena abierta

Si el tercer cuerpo, *fig.6-7a*, se une a los ya unidos, *fig.6-7b*, en un punto que no coincide con la articulación interna existente, la configuración del sistema se designa como *cadena abierta* de ***3*** cuerpos. Los ***7GL*** se reducen a ***5GL***, ya que la segunda articulación relativa elimina ***2GL*** del tercer cuerpo.

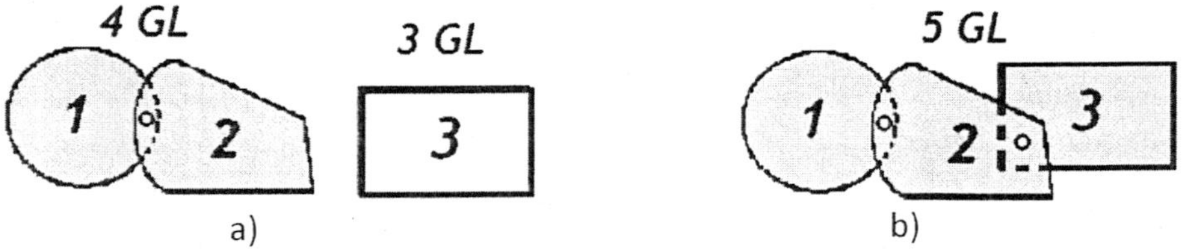

fig.6-7

Para lograr una vinculación isostática del sistema de tres cuerpos, hay que eliminar los ***5GL***. Los vínculos deben distribuirse entre los cuerpos de modo que en ninguno se eliminen más de ***3GL*** (que tendría individualmente considerado) porque quedaría como hiperestático y el resto del sistema como hipostático, y tal que no exista inmovilidad aparente. Los vínculos pueden disponerse en los cuerpos o en coincidencia con las articulaciones internas.

En la tabla siguiente se indican el número de ***GL*** que eliminan los vínculos a disponer en cada uno de los cuerpos; el número ***1*** debe interpretarse como cualquiera que limita ***1GL*** (apoyo móvil, cable, biela, rodillo, etc), el número ***2*** limita ***2GL*** (articulación fija, dos apoyos móviles o un empotramiento deslizable) y el ***3*** cualquier combinación que elimine ***3GL*** de uno de los cuerpos, un empotramiento, ó un apoyo fijo y otro móvil, ó tres apoyos móviles.

Cuerpo 1	*Cuerpo 2*	*Cuerpo 3*
3	*1*	*1*
1	*3*	*1*
3	*0*	*2*
2	*2*	*1*
2	*1*	*2*

En la *fig.6-8*, se muestran algunos casos de vinculación externa indicados en la tabla anterior:

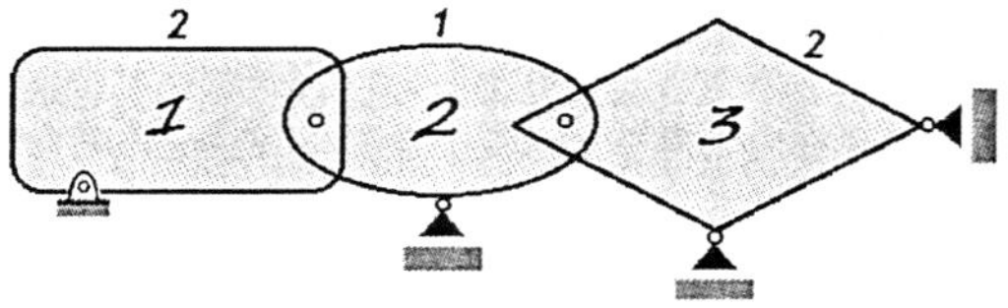

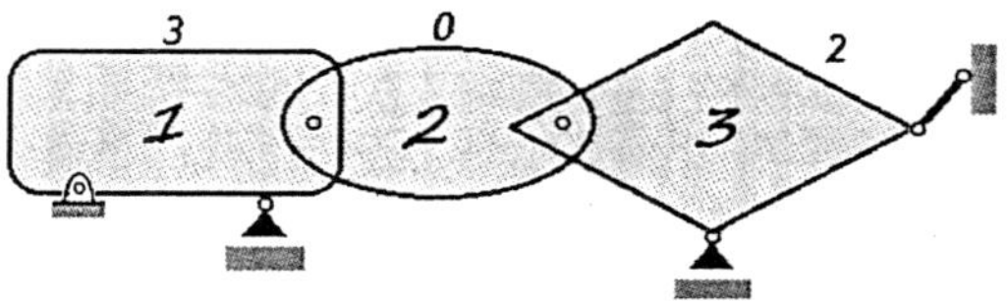

fig.6-8 a) b)

El ***n°GL*** de una cadena abierta, en función del número de cuerpos que la forman, de acuerdo a lo visto es:

$$1 \text{.. cuerpo} \rightarrow 3GL$$
$$2 \text{.. cuerpos} \rightarrow 4GL$$
$$3 \text{.. cuerpos} \rightarrow 5GL$$

Como conclusión podemos decir que en un sistema de *n* cuerpos unidos por articulación que forman una cadena abierta es ***n°GL=n+2***.

Si hay una ó más articulaciones que pueden a su vez moverse por una guía, se agrega ***1GL*** más por cada uno de las que son de este tipo.

6.2.2 Disposición en estrella

Si los tres cuerpos se unen en una sola articulación, *fig.6-9a*, su disposición se designa como en estrella. El conjunto tiene ***5GL***. Las variantes para su vinculación isostática son sólo dos, *figs.6-9b/e*.

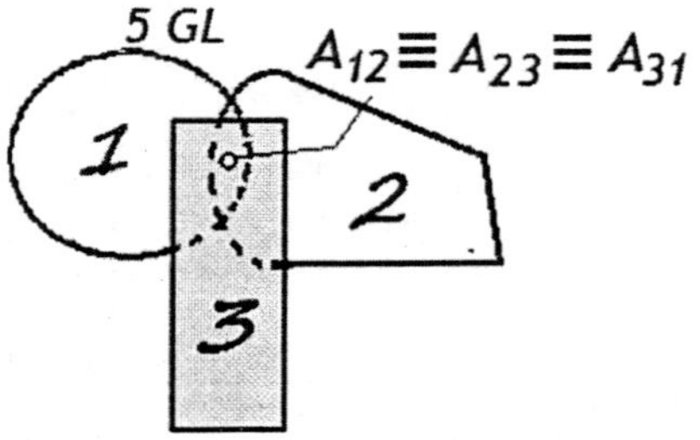

a)

Cuerpo 1	Cuerpo 2	Cuerpo 3
3	1	1
2	2	1

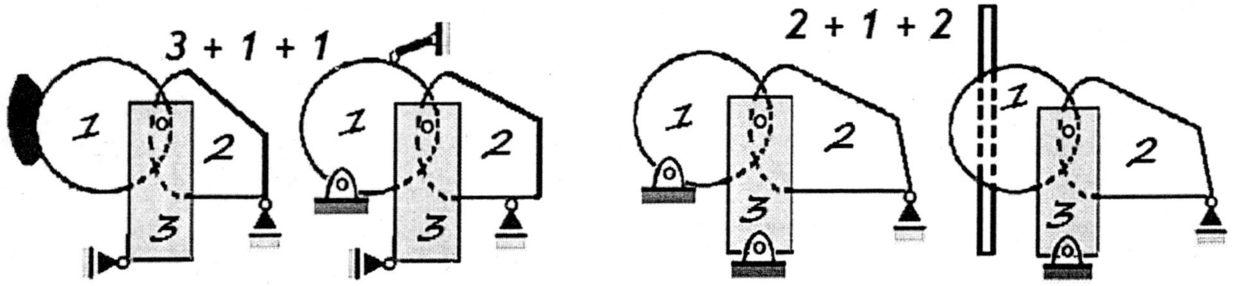

fig.6-9 b) c) d) e)

6.2.3 Disposición en cadena cerrada o triángulo

Si el tercer cuerpo, *fig.6-10a*, lo unimos con la articulación $\boldsymbol{A_{23}}$ al cuerpo ***3*** y con $\boldsymbol{A_{31}}$, al cuerpo al cuerpo ***1*** que son diferentes a la $\boldsymbol{A_{12}}$ entre los cuerpos ***1*** y ***2***, tendremos un sistema cerrado considerado como un megacuerpo con ***3GL*** cuyas tres articulaciones internas son los vértices de un triángulo y sus lados los segmentos que las unen.

Para no tener inmovilidad aparente las tres articulaciones no deben quedar alineadas, *fig.6-10b*.

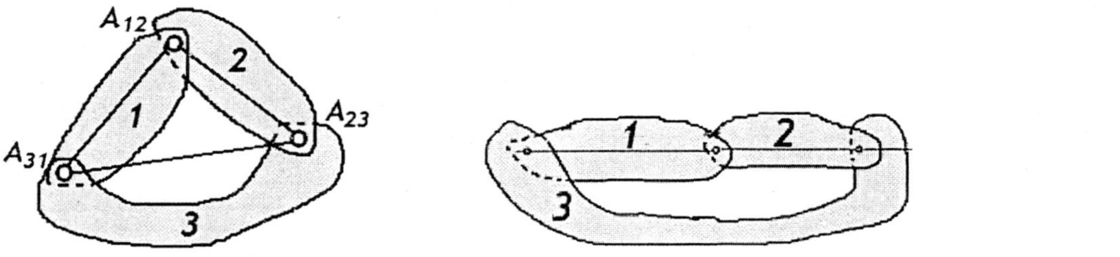

fig.6-10 a) b)

Para inmovilizarlo serían necesarios vínculos que eliminen los ***3GL***, *fig.6-11*. Los vínculos pueden disponerse de diversos modos y según los ***GL*** que limitan, ubicarse en uno, *fig.6-11a,b*, en dos, *fig.6-11c,* o los tres cuerpos, *fig.6-11d*; si son apoyos fijos o móviles (en todas sus variantes) pueden colocarse también en coincidencia con las articulaciones, *fig.6-11e,f*.

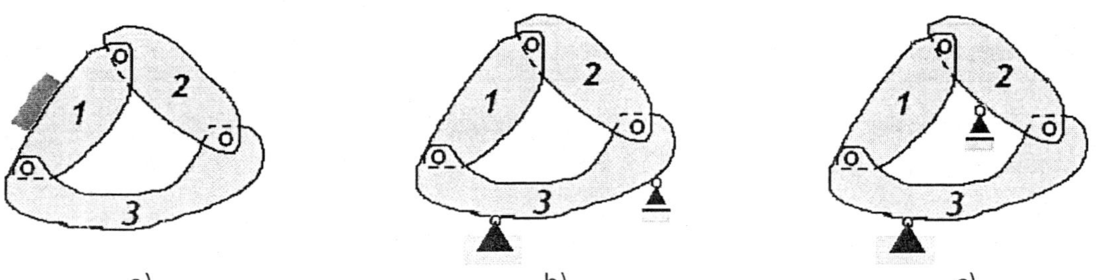
a) b) c)

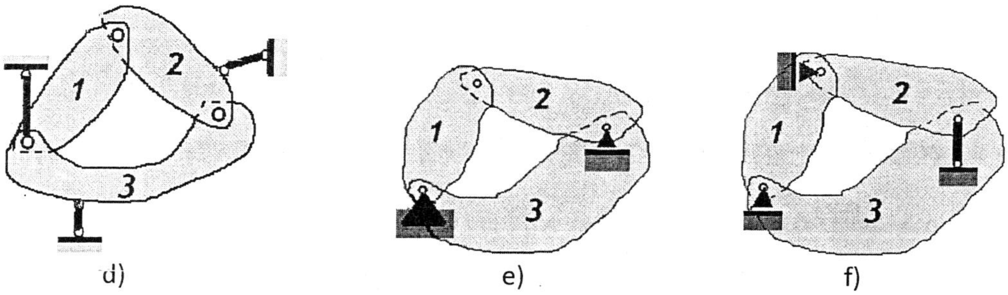

fig.6-11

El sistema de tres cuerpos, *fig.6-12a*, que no sigue la regla anterior, respecto de la unión del tercer cuerpo, es una cadena abierta formada por el megacuerpo ***1-3*** y el cuerpo ***2***:

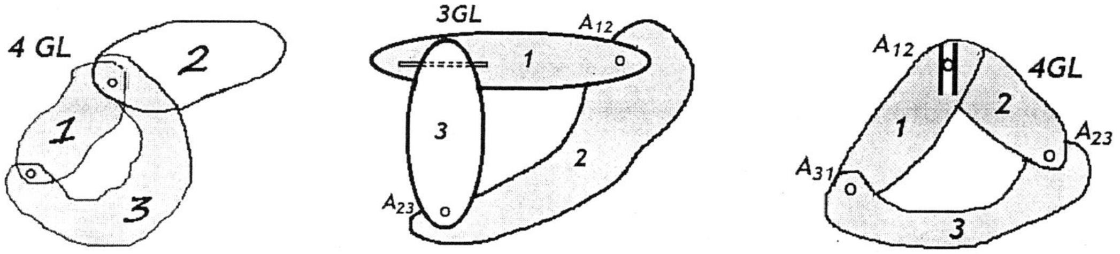

fig.6-12 a) b) c)

Si el vínculo interno es un empotramiento guiado, *fig.6-12b*, tiene también ***3GL***.

Si una de las articulaciones puede desplazarse por una guía, como la $\boldsymbol{A_{12}}$ de la *fig.6-12b*, podríamos considerarlo no un sistema cerrado sino parcialmente abierto. Tiene ***4GL***.

6.2.4 Sistema plano de n cuerpos

Para la disposición en cadena abierta simple y en estrella el ***n°GL***, es ***n+2***, *figs.6-13a,b*.

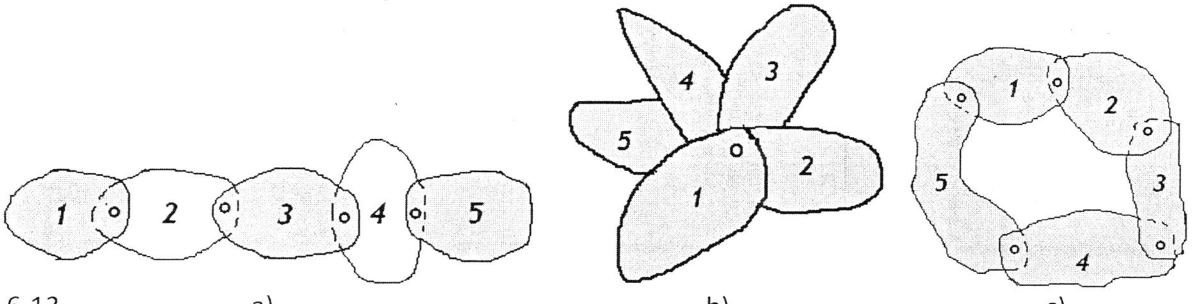
fig.6-13 a) b) c)

Para la disposición en cadena cerrada simple, *fig.6-13c*, el ***n°GL*** se obtiene del siguiente análisis: para el conjunto de cinco cuerpos, formando una cadena abierta, teníamos ***n+2 = 7 GL***; si cerramos la cadena, uniendo el cuerpo ***5*** al ***1***, con una nueva articulación, reducimos el ***nºGL*** en ***2***, por lo que ***nºGL=7-2=5GL=n***. El ***nºGL=n*** indica que deben disponerse vínculos tales que eliminen esos ***n*** movimientos independientes.

Para ***n*** cuerpos, la disposición puede resultar muy variada, pudiendo presentarse como subsistemas alguno de los anteriores. Para la vinculación, la regla es que no debe eliminarse de un cuerpo, más de ***3GL***, y que no queden movimientos independientes de los cuerpos o subgrupos de cuerpos y no haya en cualquier parte del sistema, inmovilidad aparente.

6.3 Cálculo de las reacciones de vínculo externo e interacción en las uniones internas para sistemas planos de cuerpos vinculados.

En el capítulo anterior se explicó como determinar las fuerzas y pares reactivos para un único cuerpo cargado y vinculado. En este capítulo hacemos lo propio para un sistema de cuerpos vinculados, determinando además las fuerzas y pares de interacción en las uniones internas entre los cuerpos del sistema. Se supone que el sistema está isostáticamente vinculado tanto interna como externamente, así como que no hay inmovilidad aparente de ningún cuerpo o grupo de cuerpos.

A las fuerzas y pares de interacción entre los cuerpos entre sí y de los cuerpos con el exterior, a través de los vínculos internos y externos respectivamente, los denominamos *interacciones de vínculo*.

Para el cálculo de estas interacciones se realizan los ***DCL*** de cada cuerpo, para lo cual se los desvincula del exterior y de los restantes cuerpos del sistema. Sobre cada cuerpo van las cargas externas que actúan sobre él (si las hay) y las reacciones de los vínculos externos, si hay algunos dispuestos en ese cuerpo, y las acciones que los otros cuerpos ejercen a través de los vínculos internos.

Si la conexión entre cuerpos es una articulación, hay una fuerza de interacción de módulo y dirección desconocida. Si el vínculo es a través de una guía por la cual los cuerpos pueden trasladarse relativamente sin la posibilidad de rotación, como en *figs.6-2f,12b* habrá una fuerza interactiva normal a la guía y un par interactivo. Si por la guía hay un rodillo o una corredera articulados, *figs.6-2g,12c*, la interacción es sólo una fuerza normal a la guía.

También puede tomarse un grupo de cuerpos y realizar su ***DCL***, con las cargas en los cuerpos, las reacciones de vínculo externo y las acciones que el resto del sistema ejerce sobre el grupo de cuerpos, sólo en aquellos lugares donde se hace la desconexión.

Luego se plantean las tres ecuaciones escalares de equilibrio para cada uno de los cuerpos (o grupo de cuerpos) para los cuales se realizó el ***DCL***; se obtienen ***3n*** ecuaciones, siendo ***n*** el número de cuerpos (un grupo cuenta como ***1***) para los que se realizó el ***DCL***, que deberá ser igual al número de reacciones de vínculo externo e interno incógnitos que quedan expuestos al hacer los ***DCLs***.

6.3.1 Fuerzas de interacción en los vínculos internos

Consideremos dos cuerpos ***i*** y ***j*** de un sistema de cuerpos vinculados y conectados por una articulación interna ***B***, *fig.6-14a*, a la que consideramos como materializada por un hipotético perno cilíndrico rígido de pequeñas dimensiones. Supongamos que los cuerpos conectados están cargados y no hay fuerza externa en la articulación. Los ***DCLs*** de los cuerpos y el perno, están representados en la *fig.6-14b*.

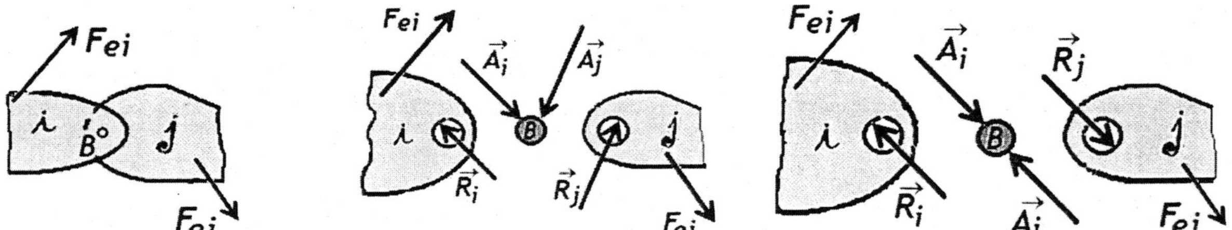

fig.6-14 a) b) c)

Los cuerpos ejercen sobre el perno las acciones $\vec{A_i}$, $\vec{A_j}$ y que pasan por el eje del perno y este ejerce las fuerzas reactivas $\vec{R_i}$, $\vec{R_j}$ sobre los cuerpos y tal que: $\vec{R_i} = -\vec{A_i}$, $\vec{A_i} = -\vec{R_i}$

El equilibrio del perno bajo el sistema de fuerzas concurrente $\vec{A_i}$, $\vec{A_j}$, hace que:

$$\vec{A_i} + \vec{A_j} = -\vec{R_i} - \vec{R_i} = 0$$

De la que: $\overrightarrow{R_J} = -\overrightarrow{R_\iota} = \overrightarrow{R_B}$

Esto último muestra que se puede considerar que en la articulación hay una interacción directa entre ambos cuerpos sin necesidad de suponer la existencia de un perno, *fig.6-15a*. Dado que se desconoce además la dirección de la fuerza de interacción, se prefiere tratar con las componentes en dos direcciones ortogonales, *fig.6-15b*. En la figura se eligieron arbitrariamente los sentidos en uno de los cuerpos, en el otro tienen los sentidos opuestos.

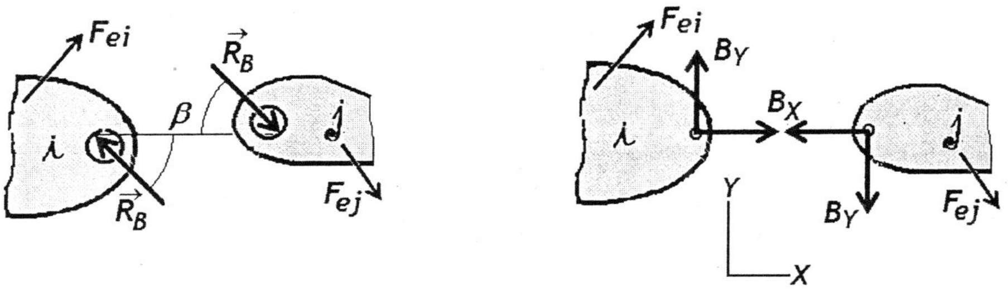

fig.6-15 a) b)

Una vez calculadas B_X, B_Y, se puede determinar el módulo de la fuerza de interacción $\overrightarrow{R_B}$ y su orientación.

Ejemplo 1: El sistema de dos cuerpos formados por barras y unidos por articulación, corresponde a la estructura portante de una nave industrial. Las cargas son: la fuerza distribuida uniforme, de dirección vertical, debida al peso de la nieve acumulada sobre el techo y las fuerzas y par concentrados en el extremo de la ménsula, que se deben a la acción de un puente grúa (no representado) y cuya acción sobre la barra-ménsula de longitud ***e***, son ***P***, ***Q*** y ***M***. Determinar las reacciones de apoyo en las articulaciones fijas externas ***A*** y ***C*** y la fuerza de interacción en la articulación interna ***B***.

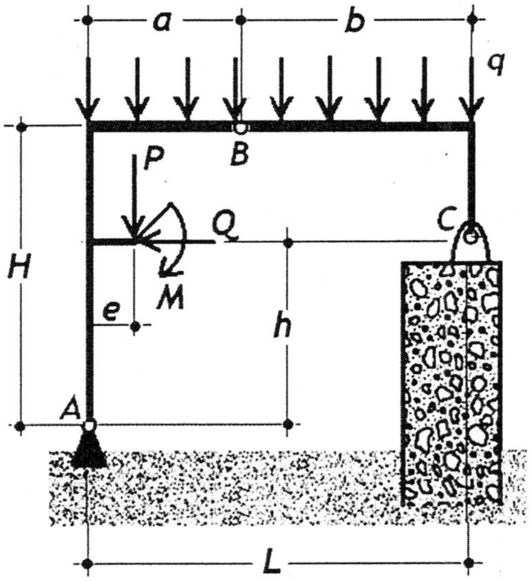

$H = 8m$ $L = 10m$ $h = 5m$ $a = 4m$ $b = 6m$ $e = 1\ m$

$P = 60\ kN$ $Q = 8\ kN$ $q = 8\ kN/m$ $M = 7\ kNm$

El sistema está formado por dos cuerpos unidos por la articulación ***B*** y vinculados con el exterior por los apoyos fijos articulados ***A*** y ***C***. La sustentación es isostática y como las tres articulaciones ***A***, ***B*** y ***C*** no están alineadas, no hay inmovilidad aparente.

Como la fuerza distribuida actúa sobre ambos cuerpos, la dividimos en dos partes: una aplicada al cuerpo ***1*** con una longitud ***a*** y la otra en el ***2*** en la longitud ***b***. Luego calculamos sus resultantes y las ubicamos correspondientemente en ambos cuerpos.

Estas resultantes y las cargas en la ménsula están en un mismo plano. Las fuerzas reactivas forman un sistema plano cuyo plano director es el mismo que el de las cargas, por lo que lo tratamos como un problema plano.

Adoptamos el sistema coordenado indicado:

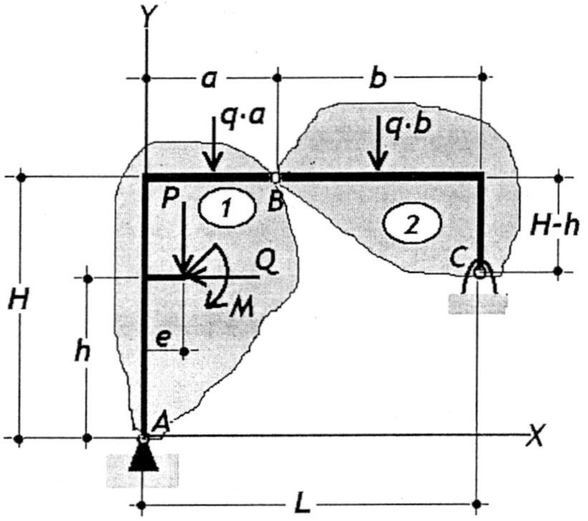

Hacemos el ***DCL*** de los cuerpos. Como los vínculos externos son articulaciones fijas y en la articulación interna ***B*** en que los dos cuerpos concurren, las incógnitas son el módulo y la dirección de las fuerzas reactivas externas y la fuerza interactiva interna. En lugar del módulo y la dirección de las fuerzas reactivas y de interacción, tomamos como incógnitas a sus componentes en las direcciones coordenadas.

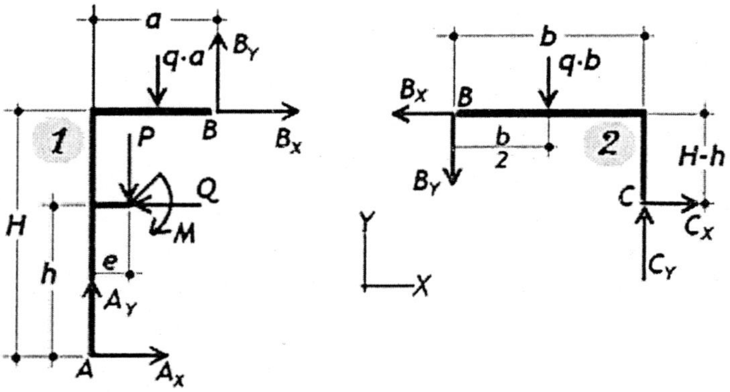

De acuerdo a lo explicado, como en la articulación interna ***B***, no hay una fuerza concentrada, la interacción es directa. Si elegimos los sentidos de las componentes en uno de los cuerpos, en el otro deben tener los sentidos opuestos. Planteamos las tres ecuaciones escalares de equilibrio para cada cuerpo.

Para el ***DCL*** del cuerpo ***1***:

$$\sum F_X = A_X - Q + B_X = 0 \qquad [1]$$

$$\sum F_Y = A_Y - P - q\,a + B_Y = 0 \qquad [2]$$

$$\sum M_B = A_X\,H - A_Y\,a + P\,(a - e) - Q\,(H - h) - M + q\,a\frac{a}{2} = 0 \qquad [3]$$

Para el ***DCL*** del cuerpo ***2***:

$$\sum F_X = -B_X + C_X = 0 \qquad [4]$$
$$\sum F_Y = -B_Y - q\,b + C_Y = 0 \qquad [5]$$
$$\sum M_B = -q\,b\,\frac{b}{2} + C_X\,(H-h) + C_Y\,b = 0 \qquad [6]$$

La solución del sistema de ecuaciones:

$A_X = 26.7\ kN$ $A_Y = 106.65\ kN$ $B_X = -18.7\ kN$ $B_Y = -14.65\ kN$

$C_X = -18.7\ kN$ $C_Y = 33.35\ kN$

Aquella incógnita cuyo resultado tiene signo negativo indica que su sentido es contrario al dibujado en los ***DCL***.

Los módulos de las fuerzas reactivas y de interacción, y los ángulos con el eje ***X***:

$$A = \sqrt{A_X^2 + A_Y^2} = 109.941\ kN \qquad \varphi_A = arc\,tan\frac{A_Y}{A_X} = 75.9°$$
$$B = \sqrt{B_X^2 + B_Y^2} = 23.755\ kN \qquad \varphi_B = arc\,tan\frac{B_Y}{B_X} = 38.1°$$
$$C = \sqrt{C_X^2 + C_Y^2} = 38.235\ kN \qquad \varphi_C = arc\,tan\frac{C_Y}{C_X} = -60.7°$$

En la figura se indican los sentidos y orientaciones de las reacciones de apoyo y la fuerza de interacción en la articulación interna.

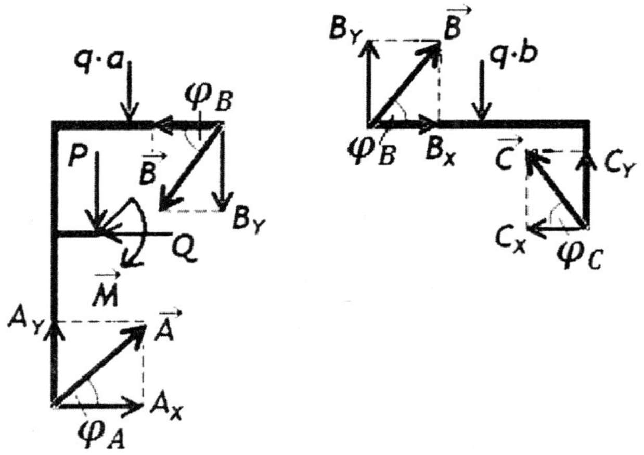

Para calcular inicialmente sólo las reacciones de vínculo externo, sin determinar la interacción en la articulación interna, puede resolverse del siguiente modo:

Consideremos en primer lugar el equilibrio de todo el sistema. Para lo cual hacemos el ***DCL*** de todo el conjunto sin desvincular los cuerpos entre sí, sino sólo externamente. Las ecuaciones de equilibrio correspondiente, son:

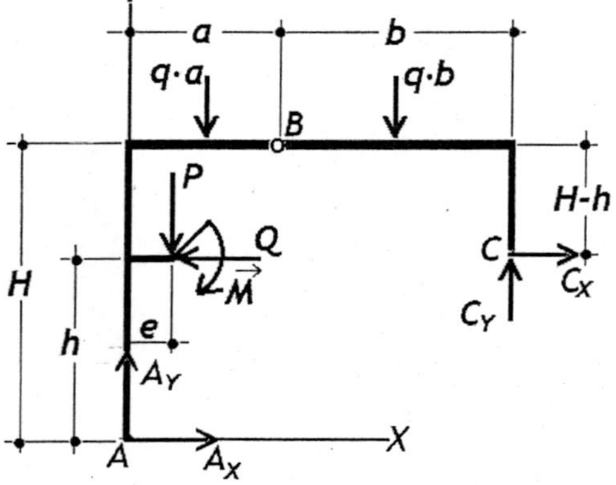

$$\sum F_X = A_X - Q + C_X = 0 \qquad [7]$$
$$\sum F_Y = A_Y - P - q\,a - q\,b + C_Y = 0 \qquad [8]$$
$$\sum M_A = -P\,e + Q\,h - M - q\,a\frac{a}{2} - q\,b\left(a + \frac{b}{2}\right) - C_X h + C_Y(a+b) = 0 \quad [9]$$

Si complementariamente consideramos el equilibrio de cualquiera de los cuerpos como por ejemplo el ***2***, con el ***DCL*** correspondiente, las ecuaciones de equilibrio resultan como antes para este cuerpo:

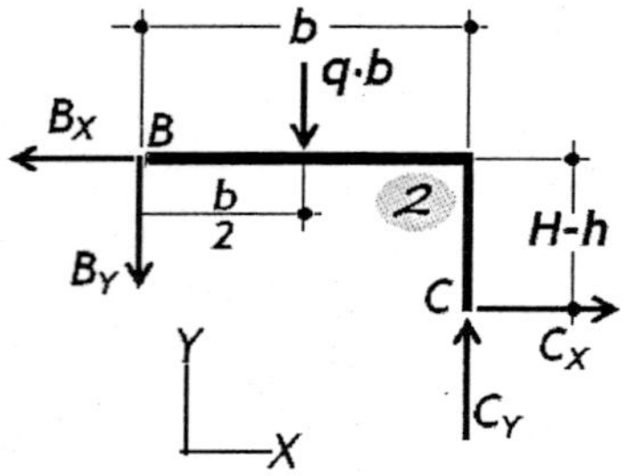

$$\sum F_X = -B_X + C_X = 0 \qquad [4]$$
$$\sum F_Y = -B_Y - q\,b + C_Y = 0 \qquad [5]$$
$$\sum M_B = -q\,b\frac{b}{2} + C_X\,(H-h) + C_Y\,b = 0 \qquad [6]$$

Obsérvese que en el subsistema de ecuaciones *[7], [8], [9]* y *[6]*, no figuran las incógnitas $\boldsymbol{B_X}$ y $\boldsymbol{B_Y}$. Al resolver este subsistema, se obtienen las reacciones externas $\boldsymbol{A_X}$, $\boldsymbol{A_Y}$, $\boldsymbol{C_X}$, $\boldsymbol{C_Y}$.

De modo que una vez halladas las reacciones de vínculo externo, pueden calcularse luego las componentes $\boldsymbol{B_X}$, $\boldsymbol{B_Y}$ de la fuerza de interacción en ***B***, a partir de las ecuaciones *[4]* y *[5]*.

Si se hubiese elegido plantear el equilibrio del ***DCL*** del cuerpo ***1*** (en lugar del ***2***), las ecuaciones a escribir serían las *[1], [2], [3]* (en lugar de las *[4], [5], [6]*), de modo que ahora el subsistema de ecuaciones a resolver sería el *[7], [8], [9]* y *[3]*.

Ejemplo 2: Para el sistema de cuerpos vinculados de la figura, determinar las reacciones en los apoyos fijos externos y las fuerzas de interacción en las articulaciones internas ***D, E*** y ***G***.

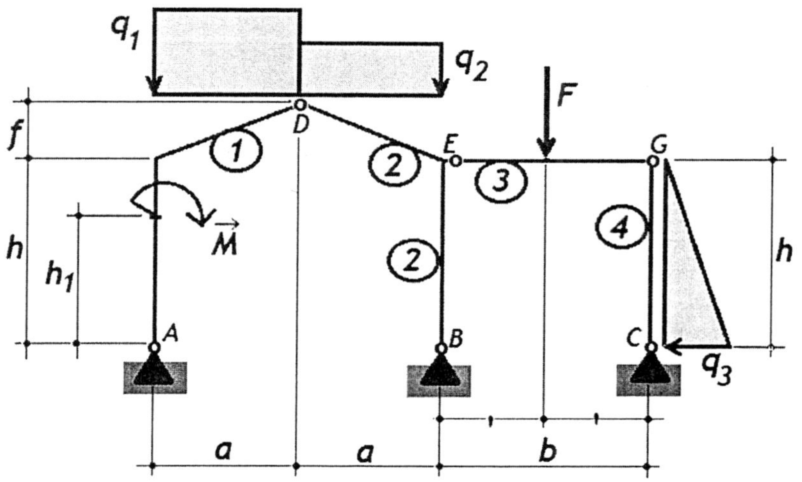

$a = 3m$ $b = 4m$ $h = 5m$ $h_1 = 3m$ $f = 1.2m$

$F = 3\ kN$ $q_1 = 4\ kN/m$ $q_2 = 2\ kN/m$ $q_3 = 3\ kN/m$ $M = 1\ kNm$

El sistema es una cadena abierta de cuatro cuerpos isostáticamente vinculados y sin inmovilidad aparente.

Reemplazamos las fuerzas distribuidas por sus resultantes en las correspondientes posiciones.

Los ***DCL*** de cada uno de los cuerpos y las correspondientes ecuaciones escalares de equilibrio:

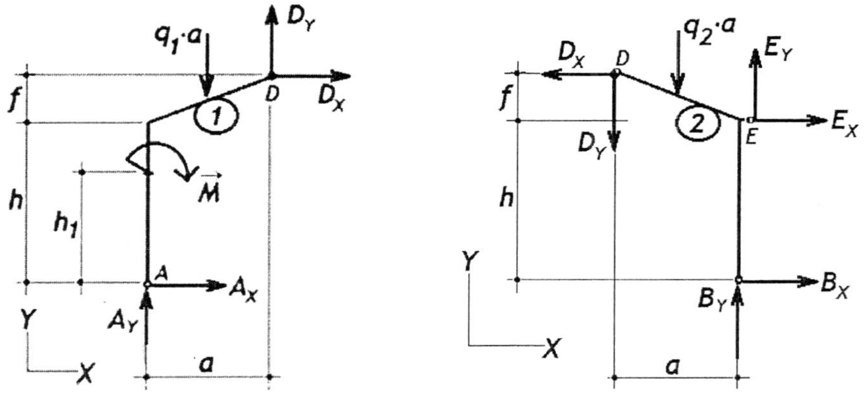

Para el cuerpo *1*:

$$\sum F_X = A_X + D_X = 0$$

$$\sum F_Y = A_Y + D_Y - q_1\, a = 0$$

$$\sum M_D = A_X(h + f) - A_Y\, a - M + q_1 a\, \frac{a}{2} = 0$$

Para el cuerpo *2*:

$$\sum F_X = -\, D_X + B_X + E_X = 0$$

$$\sum F_Y = -\, D_Y + E_Y + B_Y - q_2\, a = 0$$

$$\sum M_E = D_X\, f + D_Y\, a + B_X h + q_2 a\, \frac{a}{2} = 0$$

Para el cuerpo *3*:

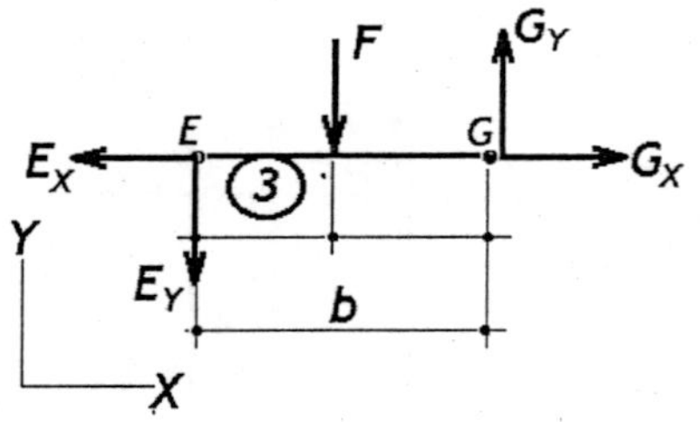

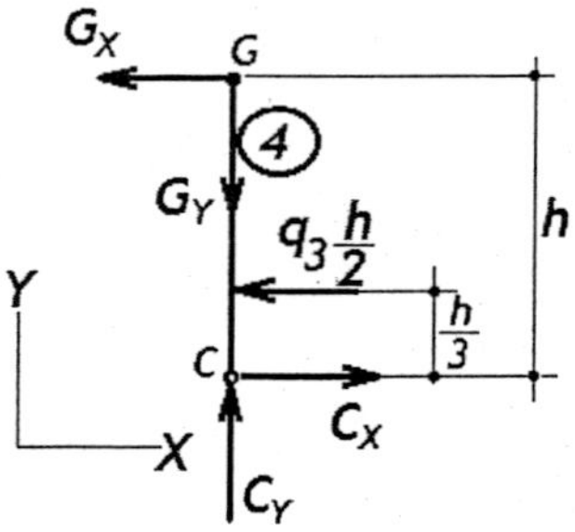

$$\sum F_X = -E_X + G_X = 0$$
$$\sum F_Y = -E_Y + G_Y - F = 0$$
$$\sum M_E = -F\frac{b}{2} + G_Y\, b = 0$$

Para el cuerpo *4*:

$$\sum F_X = -G_X + C_X - q_3\,\frac{h}{2} = 0$$
$$\sum F_Y = -G_Y + C_Y = 0$$
$$\sum M_G = C_X h - q_3\,\frac{h}{2}\,\frac{2}{3}h\ = 0$$

Resuelto el sistema de ecuaciones, se obtienen las componentes de las reacciones de apoyo:

$$A_X = 3.266\ kN \qquad A_Y = 12.417\ kN \qquad B_X = -0.766\ kN \qquad B_Y = 7.083\ kN$$
$$C_X = 5\ kN \qquad C_Y = 1.5\ kN$$

y las componentes de las fuerzas de interacción en las articulaciones internas:

$$D_X = -3.266\ kN \qquad D_Y = -0.417\ kN \qquad E_X = -2.5\ kN \qquad E_Y = -1.5\ kN$$
$$G_X = -2.5\ kN \qquad G_Y = 1.5\ kN$$

Alternativamente a esta forma de solución y dado que el sistema es una cadena abierta, podemos en primer lugar determinar las reacciones de vínculo externo, para posteriormente, las fuerzas de interacción en las articulaciones internas.

Para ello dibujamos el ***DCL*** de todo el sistema mecánico sin desvincular entre sí los cuerpos, y se plantean las ecuaciones de equilibrio:

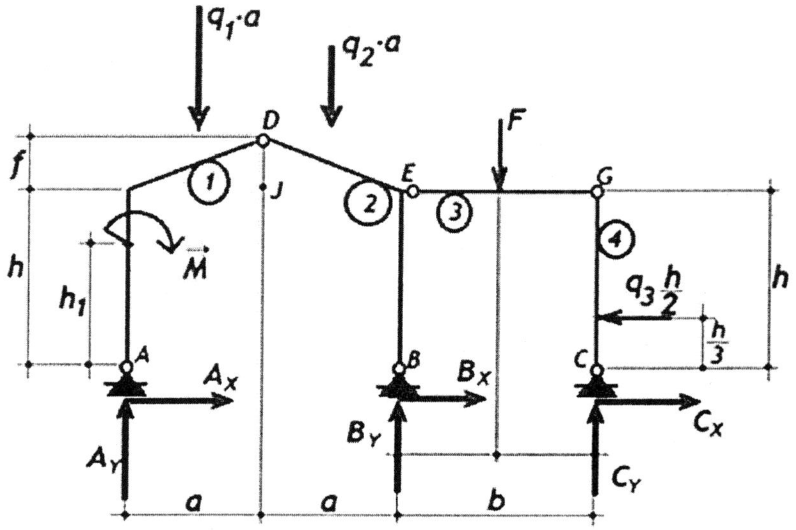

$$\sum F_X = A_X + B_X + C_X - q_3\frac{h}{2} = 0 \qquad [1]$$

$$\sum F_Y = A_Y + B_Y + C_Y - q_1 a - q_2 a - F = 0 \qquad [2]$$

$$\sum M_A = B_Y\, 2a + C_Y\,(2a+b) - M - q_1 a\frac{a}{2} - q_2\, a\, \frac{3}{2}a - F\left(2a + \frac{b}{2}\right) + \frac{q_3 h}{2}\,\frac{h}{3} = 0 \qquad [3]$$

Desvinculamos sucesivamente al sistema por cada una de las articulaciones internas, quedando en general dos subcadenas. Realizados los dos ***DCL***, se escribe la ecuación de momento de las cargas actuantes y reacciones sobre uno de los subsistemas, respecto a la articulación por la que se las desvinculó.

Por ejemplo al desvincular por la articulación ***D***, queda un subsistema formado por el cuerpo ***1*** sólo y otro subsistema formado por los cuerpos ***2-3-4***. La ecuación de momentos respecto a la articulación ***D*** conviene hacerla para el subsistema formado sólo por el cuerpo ***1***, porque es menor el número de cargas y de incógnitas involucradas en la ecuación:

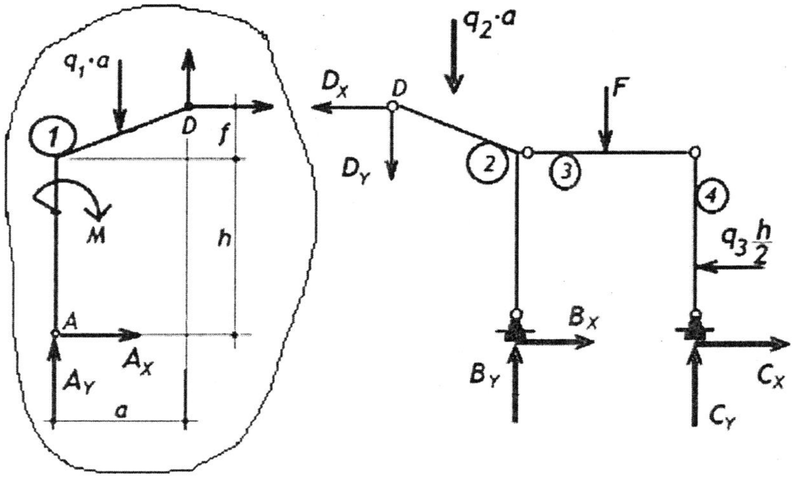

$$\sum M_D^{(1} = A_X\,(h+f) - A_Y\, a - M + q_1 a\frac{a}{2} = 0 \qquad [4]$$

La desvinculación por la articulación ***E***, deja un subsistema formado por los cuerpos ***1-2*** y otro subsistema formado por los ***3-4***.

La ecuación de momento complementaria, respecto a ***E***, puede hacerse para cualquiera de las dos subcadenas. Lo hacemos para la ***3-4***:

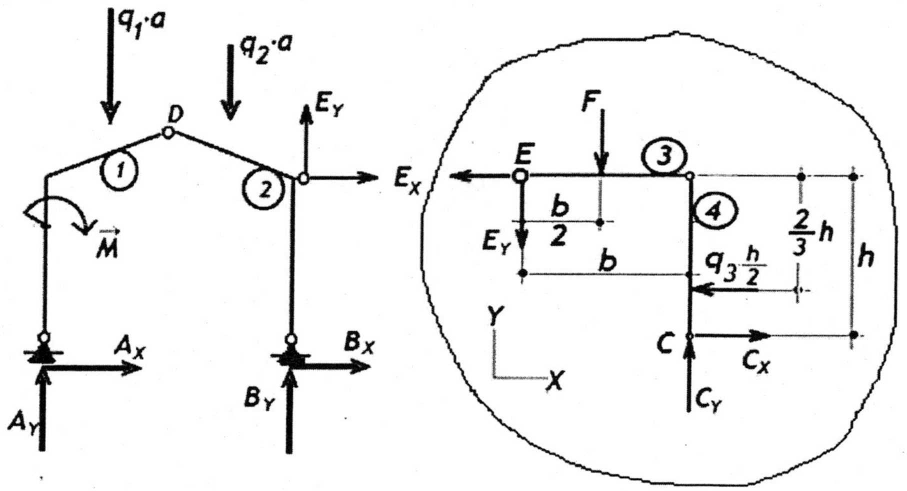

$$\sum M_E^{(3-4} = C_X\, h + C_Y\, b - F\frac{b}{2} - q_3\,\frac{h}{2}\,\frac{2}{3}h = 0 \qquad [5]$$

Por último al desvincular por ***G***, de los dos subsistemas que quedan, se toma el formado por sólo el cuerpo ***4***. La ecuación de momento nulo, respecto a ***G***, es:

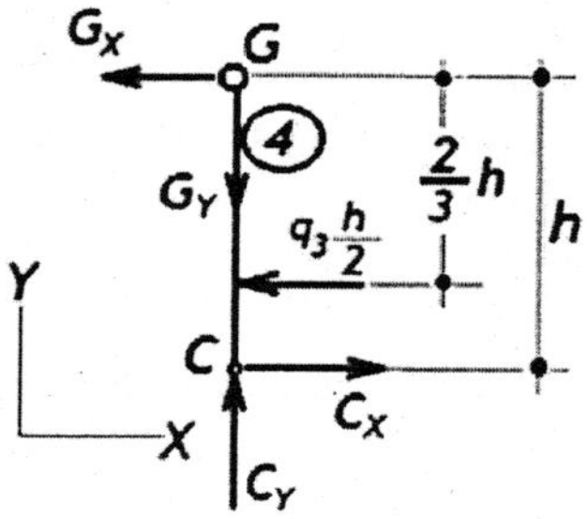

$$\sum M_G^{(4} = C_X\, h - q_3\,\frac{h}{2}\,\frac{2}{3}h = 0 \qquad [6]$$

Resuelto el sistema de seis ecuaciones *[1]* a *[6]* se obtiene, como antes:

$A_X = 3.266\ kN$ $\quad A_Y = 12.417\ kN$ $\quad B_X = -0.766\ kN$ $\quad B_Y = 7.083\ kN$

$C_X = 5\ kN$ $\quad C_Y = 1.5\ kN$

Las reacciones se muestran con los sentidos reales que tienen de acuerdo a los resultados.

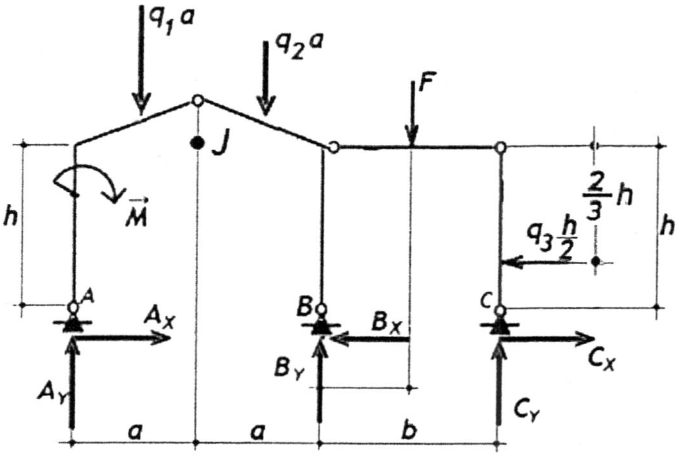

Comprobemos si las reacciones de vínculo son las correctas, calculando el momento respecto a un punto cualquiera del plano, tal como el ***J***:

$$M_J = (A_X - B_X + C_X)h - A_Y a + B_Y a + C_Y(a+b) - M + \frac{q_1 a^2}{2} - \frac{q_2 a^2}{2} - F\left(a + \frac{b}{2}\right) - \frac{q_3 h}{2}\frac{2}{3}h = 0$$

El proceso de separar la cadena en dos subcadenas, en correspondencia con cada articulación interna y luego plantear la ecuación de equilibrio como el momento nulo respecto a la articulación, de las cargas y reacciones de una de las dos subcadenas, evita que en la ecuación aparezca la fuerza de interacción en la articulación en que se hizo la desvinculación. Cuando esto se realiza sistemáticamente con todas las articulaciones intermedias, se llega a un sistema de ecuaciones en que las únicas incógnitas son las reacciones de vínculo externas.

6.3.1.1 Fuerzas de interacción en una articulación múltiple

Si la articulación interna vincula tres o más cuerpos (como los sistemas en estrella), *figs.6-16a*, o allí hay un apoyo articulado fijo o móvil, *figs.6-16b*, o en la articulación entre dos (o más) cuerpos, hay una fuerza concentrada exterior, *figs.6-16c*, en estos casos no puede decirse, en principio, como es la interacción entre los cuerpos, o como se reparte la reacción de apoyo o la fuerza, entre los cuerpos unidos por la articulación.

fig.6-16 a) b) c)

Por eso, además de los ***DCL*** de los cuerpos, *fig.6-17*, se debe hacer el ***DCL*** de un hipotético perno que materializa la articulación:

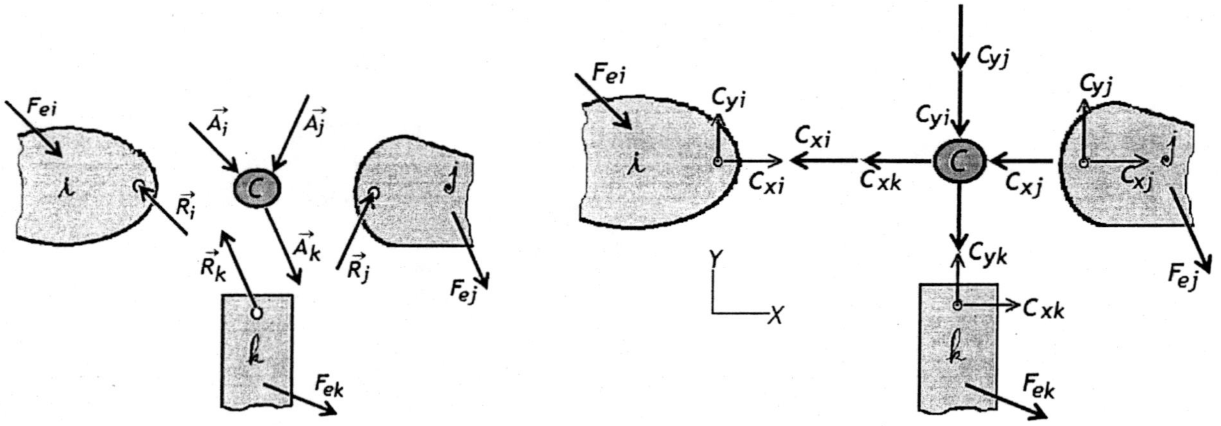

fig.6-17 a) b)

A las ecuaciones de equilibrio para cada uno de los cuerpos, se agregan las de equilibrio del perno. Si son $\vec{A_i}$, $\vec{A_j}$, $\vec{A_k}$ las acciones que los respectivos cuerpos ejercen sobre el perno, *fig.6-17a*, deberán ser tales que su suma vectorial sea nula, pues el perno, considerado como un punto material, está en equilibrio. O sea:

$$\vec{A_i} + \vec{A_j} + \vec{A_k} = -\vec{R_i} - \vec{R_i} - \vec{R_k} = 0$$

o las cartesianas equivalentes que asociamos a la articulación (***C***), *fig.6-17b*:

$$-C_{xi} - C_{xj} - C_{xk} = 0 \qquad\qquad -C_{yi} - C_{yj} - C_{yk} = 0$$

Si se eligen con un sentido en cada cuerpo, en el perno tienen el sentido opuesto.

Las ecuaciones de equilibrio que corresponderían para cada uno de los otros casos de *figs.6-16b,c* y *6-18a,b*, son:

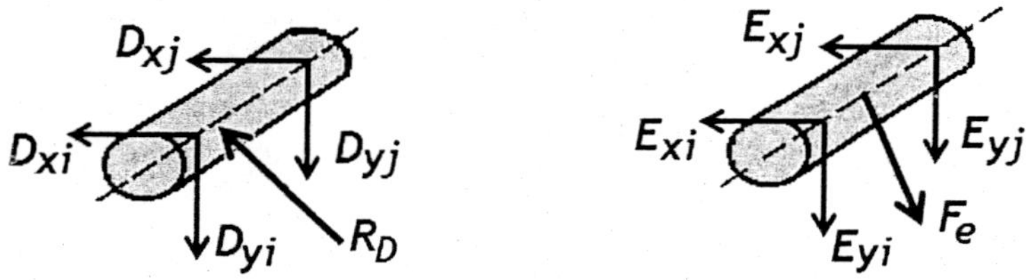

fig.6-18 a) b)

$$\vec{A_i} + \vec{A_j} + \vec{R_D} = 0 \quad \text{ó} \quad D_{xi} + D_{xj} + R_{Dx} = 0 \quad \text{y} \quad D_{yi} + D_{yj} + R_{Dy} = 0$$

$$\vec{A_i} + \vec{A_j} + \vec{F_e} = 0 \quad \text{ó} \quad E_{xi} + E_{xj} + F_{ex} = 0 \quad \text{y} \quad E_{yi} + E_{yj} + F_{ey} = 0$$

Si existe un par que parece aplicado en la articulación, se considera que lo está en alguno de los cuerpos que conecta la articulación. Cuando se plantea el equilibrio del perno, este par no entra en la ecuación pues se supone que actúa sobre alguno de los cuerpos, dado que al tratar al perno como a una partícula, sobre el mismo sólo pueden actuar fuerzas y no pares.

6.3.1.2 Interacciones en otras formas de vinculación interna

Como fue descripto en el punto 6.1.1, *figs.6-2f,g*, la vinculación interior además de articulada puede ser por un empotramiento deslizante, *fig.6-19a*, o una articulación guiada, *fig.6-19c*. En el caso de *fig.6-19a*, hay entre los cuerpos una fuerza de interacción perpendicular a la dirección de la traslación relativa entre los cuerpos y un par de interacción como se muestra en el ***DCL*** del cuerpo ***j***, *fig.6-19b*. En el caso de *fig.6-19c*, la interacción es sólo una fuerza perpendicular a la dirección de la guía, como lo muestra el ***DCL*** de *fig 6-19d*, del cuerpo ***j***.

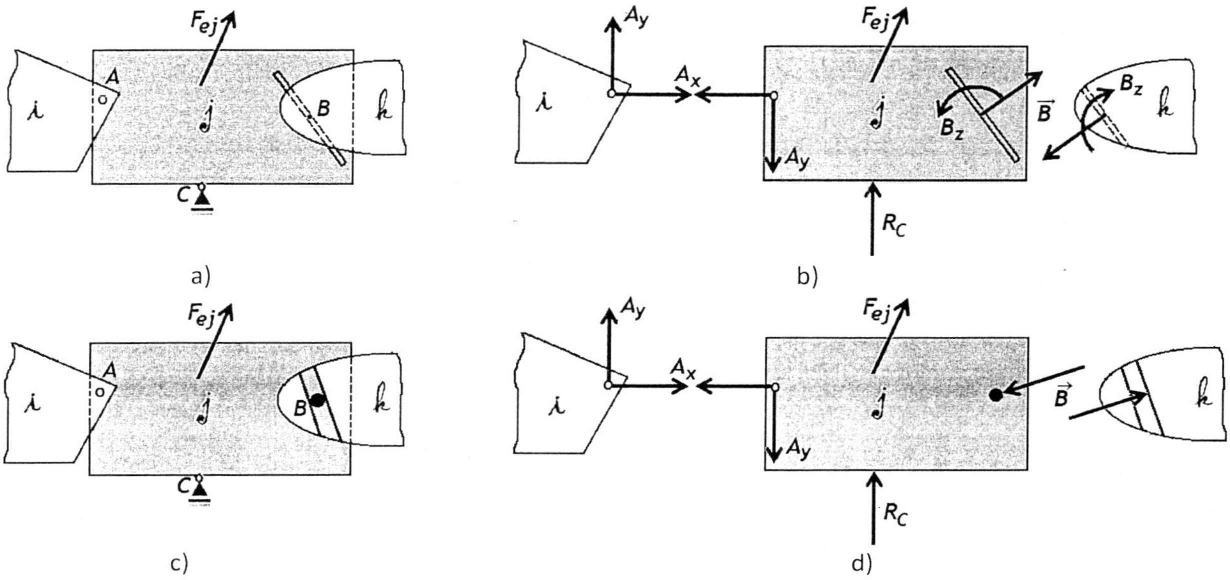

fig.6-19

En ambos casos al ser uno de los movimientos relativos el de traslación, se supone que la fuerza interactiva está concentrada en cierto punto ***B*** en el de *fig.6-19a*, y que se conoce la posición de la articulación dentro de la guía en el cuerpo ***k***, *fig.6-19c*.

6.3.2 Cuerpo sin carga externa unido por dos articulaciones

Consideremos un sistema de cuerpos vinculados y un cuerpo del sistema que se conecta al resto con dos articulaciones, *fig.6-20a*, o que está vinculado con una articulación fija al exterior y la otra al resto del sistema, *fig.6-20b*, y en ambos casos ninguna carga exterior actúa sobre el cuerpo, o que si lo hacen tienen resultantes de fuerza y momento nulas. A los cuerpos que cumplen esta condición de carga y vinculación, independientemente de la forma real de los mismos, los designamos como bielas internas o *eslabones*. Obsérvese que en el caso de *fig.6-20b*, es justamente una biela, en este caso externa, tal como la describimos en el *cap. 5*.

fig.6-20 a) b)

Hagamos el ***DCL*** del eslabón ***i***, *fig.6-21a*, donde $\overrightarrow{A_j}$, $\overrightarrow{A_k}$, son las acciones en las respectivas articulaciones, que los otros cuerpos o la articulación fija exterior ejercen sobre el cuerpo en cuestión:

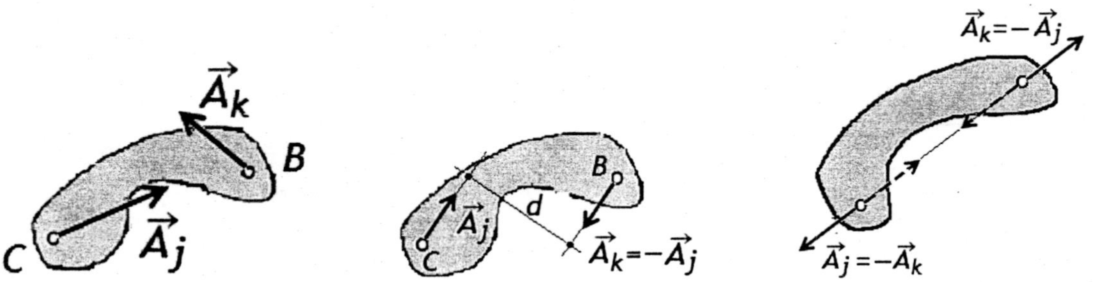

fig.6-21 a) b) c)

La primera ecuación de equilibrio:

$$\overrightarrow{F_R} = \overrightarrow{A_j} + \overrightarrow{A_k} = \mathbf{0} \qquad \text{o sea} \qquad \overrightarrow{A_k} = -\overrightarrow{A_j} \qquad \text{y} \qquad \overrightarrow{A_j} = -\overrightarrow{A_k}$$

por lo que el cuerpo quedaría bajo la acción del par, *fig.6-21b*.

La segunda ecuación de equilibrio, planteada en forma escalar: $M_R = |\overrightarrow{A_j}|\, d = |\overrightarrow{A_k}|\, d = 0$

ya que en general son $\overrightarrow{A_j} = -\overrightarrow{A_k} \neq \mathbf{0}$, deberá ser: $d = 0$ para que $M_R = 0$.

Es decir las fuerzas de interacción son colineales, de igual módulo y sentidos opuestos, *fig.6-21c*. De modo que se conoce la dirección de la fuerza de interacción, obtenida a partir de las coordenadas de las articulaciones y queda por determinar el módulo y sentido.

Si el vínculo interno se hace por medio de dos bielas rígidas se tendría, *fig.6-22a*: $\vec{B} = -\vec{C}$

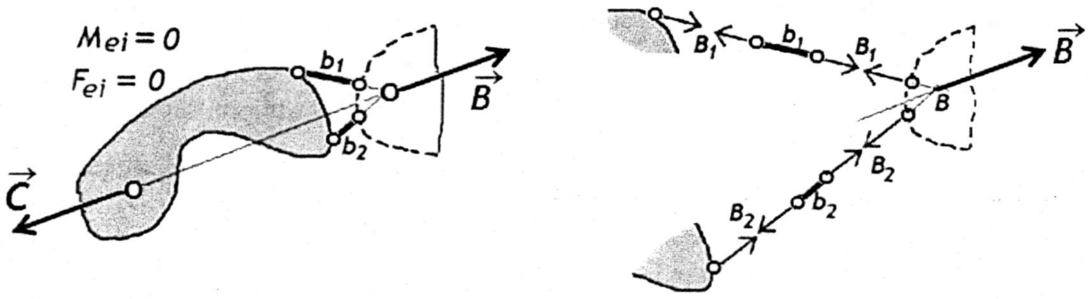

fig.6-22 a) b)

La fuerza en la articulación ficticia ***B***, se manifiesta en forma real sobre las bielas, *fig.6-22b*:

$$\vec{B} = \overrightarrow{B_1} + \overrightarrow{B_2} = -\vec{C}$$

De modo que una vez calculada $\vec{B}$, las acciones sobre las bielas se obtienen reemplazando $\vec{B}$ por las fuerzas $\overrightarrow{B_1}$ y $\overrightarrow{B_2}$.

Si las bielas son paralelas, *fig.6-23a*, y sus direcciones dadas por $\vec{e}$. La ecuación de equilibrio para el ***DCL***, *fig.6-23b*:

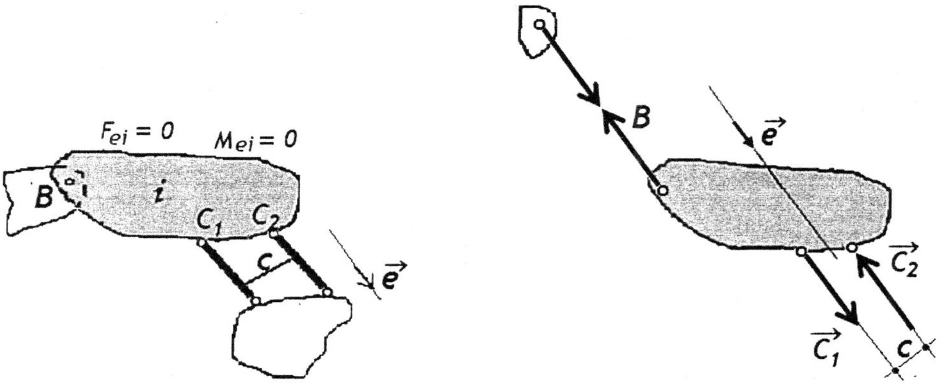

fig.6-23 a) b)

$$\vec{B} + \vec{C_1} + \vec{C_2} = \mathbf{0}, \text{ conduce a que sea } \vec{B} = -\left(\vec{C_1} + \vec{C_2}\right) = -\left(C_1 + C_2\right)\vec{e} = B\,\vec{e}$$

Es decir que la fuerza de interacción en la otra articulación (***B***), debe tener la dirección de las bielas y las fuerzas en las cuales serán, en general, distintas.

La otra ecuación de equilibrio, del momento nulo con respecto a ***B***, permite escribir la ecuación adicional:

$$\overrightarrow{r_{BC_1}} \times C_1\,\vec{e} + \overrightarrow{r_{BC_2}} \times C_2\,\vec{e} = 0$$

En el caso siguiente, *figs.6-24a,b*, el ***DCL***:

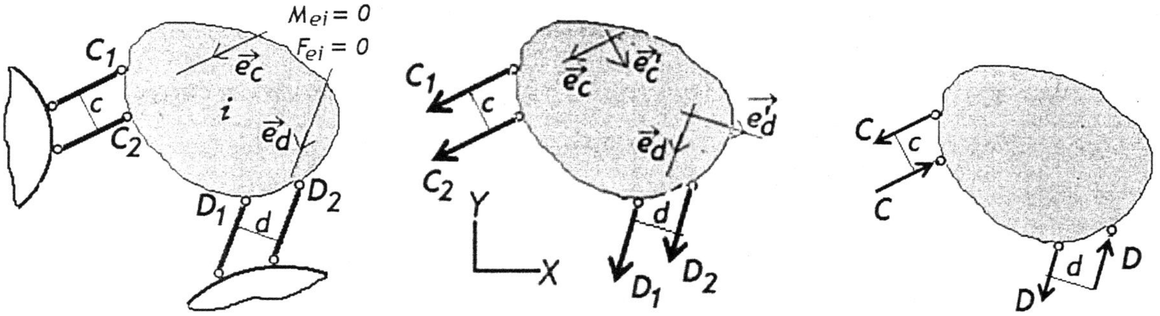

fig.6-24 a) b) c)

Los vectores unitarios en direcciones normales a las bielas, *ec.[2.9]*, son:

$$\overrightarrow{e_c'} = \vec{k} \times \overrightarrow{e_c} \qquad \text{y} \qquad \overrightarrow{e_d'} = \vec{k} \times \overrightarrow{e_d}$$

Si escribimos las ecuaciones escalares de equilibrio como dos ecuaciones de proyección de las fuerzas en las direcciones $\overrightarrow{e_c'}$ y $\overrightarrow{e_d'}$ normales a las bielas:

$$D_1\overrightarrow{e_d} \cdot \overrightarrow{e_c'} + D_2\overrightarrow{e_d} \cdot \overrightarrow{e'_c} = 0 \qquad \text{y} \qquad C_1\,\overrightarrow{e_c} \cdot \overrightarrow{e_d'} + C_2\,\overrightarrow{e_c} \cdot \overrightarrow{e_d'} = 0$$

De ambas: $$(D_1 + D_2)\left(\overrightarrow{e_d} \cdot \overrightarrow{e_c'}\right) = 0 \qquad \text{y} \qquad (C_1 + C_2)\left(\overrightarrow{e_c} \cdot \overrightarrow{e'_d}\right) = 0$$

Como son: $$\overrightarrow{e_d} : \overrightarrow{e_c'} \neq 0 \qquad \text{y} \qquad \overrightarrow{e_c} \cdot \overrightarrow{e_d'} \neq 0$$

resultan:

$$C_2 = -C_1 = C \qquad \text{y} \qquad D_2 = -D_1 = D$$

De modo que el cuerpo, *fig.6-24c*, queda sometido a dos pares ***C***, ***c*** y ***D***, ***d***. La tercera ecuación escalar de equilibrio, conduce a la relación:

$$C\,c + D\,d = 0$$

cuyos momentos son de módulos opuestos: $C\,c = -D\,d$

Si se tuviera que: $\overrightarrow{e_d} \cdot \overrightarrow{e_c'} = \overrightarrow{e_d} \cdot (\vec{k} \times \overrightarrow{e_c}) = (\overrightarrow{e_c} \times \overrightarrow{e_d}) \cdot \vec{k} = 0$, significa que la dirección de las bielas ***C*** es la misma que las ***D*** y el problema queda indeterminado, porque las cuatro bielas son paralelas y el cuerpo queda con una inmovilidad aparente.

Si el cuerpo sin carga está unido por articulación al resto del sistema y externamente con dos apoyos móviles, *fig.6-25a*:

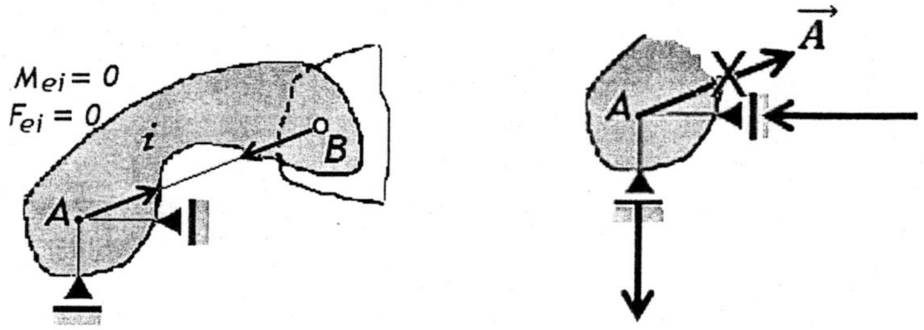

fig.6-25 a) b)

que son equivalentes a una articulación fija ficticia en ***A***, estamos en el mismo caso que la *fig.6-20b*.

Una vez calculada $\vec{A}$, *fig.6-25b*, se la descompone en las direcciones de las normales a los apoyos móviles para tener las reacciones en los mismos.

Si los dos apoyos móviles son paralelos, *fig.6-25*, la fuerza de interacción en la articulación debe tener la dirección de las reacciones de apoyo (que son paralelas) cuyos valores han de ser tales que dejen a ese cuerpo en equilibrio, como caso similar al de *fig.6-23*.

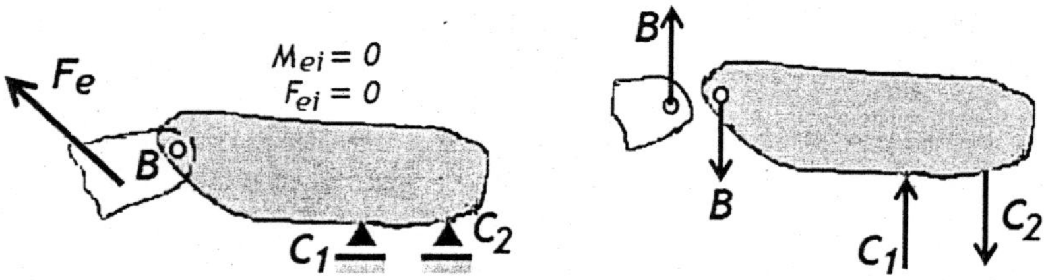

fig.6-25 a) b)

Si el cuerpo sin carga está unido externamente con apoyo móvil extremo, *fig.6-27a*, la reacción en ***A***, y la fuerza de interacción en ***B***, son nulas, porque de existir la reacción de apoyo en ***A***, que sería normal al mismo, no pasa por ***B***, por lo que este cuerpo no queda en equilibrio.

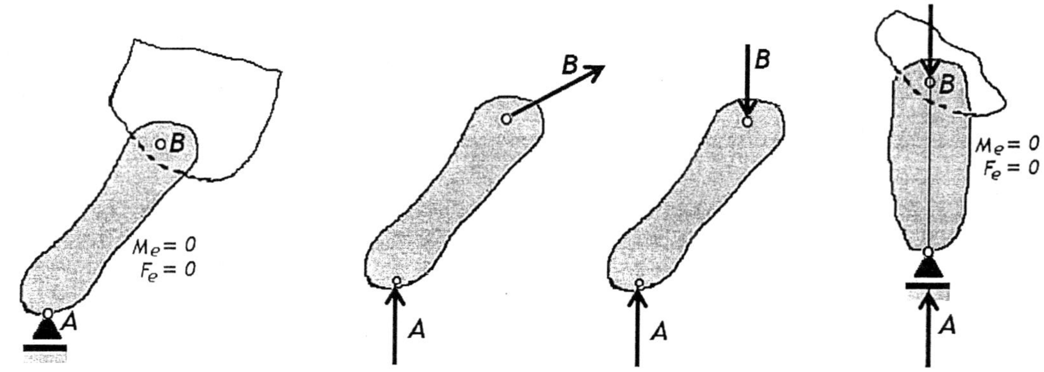

fig.6-27 a) b) c)

En efecto el ***DCL*** muestra que para que la fuerza resultante: $\overrightarrow{F_R} = \overrightarrow{A} + \overrightarrow{B} = 0$ debe ser, *fig.6-27b* $\overrightarrow{B} = -\overrightarrow{A}$. Sin embargo no se cumple la segunda ecuación de equilibrio ya que es $\overrightarrow{M_R} \neq 0$ por lo que necesariamente: $\overrightarrow{A} = \overrightarrow{B} = 0$

Para el caso de *fig.6-27c*, pueden resultar $\overrightarrow{A} = -\overrightarrow{B} \neq 0$, aunque se trata de una vinculación que conduce a una inmovilidad aparente.

Todo lo expuesto precedentemente, es extensible a cuerpos espaciales conectados internamente con rótulas.

Ejemplo 3: Para el sistema mecánico de tres cuerpos unidos y que forman una cadena abierta, determinar las reacciones de vínculo externas, la fuerza de interacción en la articulación ***D*** y las fuerzas sobre las bielas ***B_1***, ***B_2***. Los tres cuerpos están vinculados externa e internamente del siguiente modo:

El cuerpo ***1*** está empotrado en ***A*** y vinculado con dos bielas paralelas al cuerpo ***2***.

El cuerpo ***2*** está unido externamente con un apoyo móvil en ***C*** y vinculado con la articulación ***D***, con el cuerpo ***3***.

El cuerpo ***3***, es un reticulado que está unido externamente con una biela vertical ***EG***.

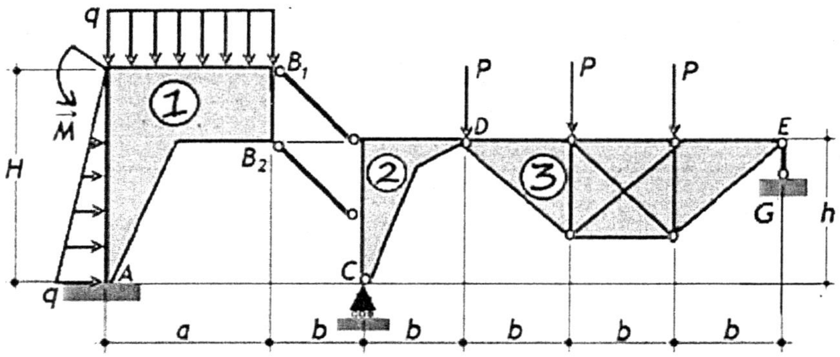

a = 6m b = 4m h = 5m H = 8m P = 60 kN q = 8 kN/m M = 1 kNm

Hacemos los ***DCL*** de los tres cuerpos y escribimos las correspondientes ecuaciones de equilibrio.

Para el cuerpo ***1***: A partir de la posición de los puntos de unión de la biela ***B_1*** a los cuerpos obtenemos el ángulo β con la horizontal:

$$\beta = arc\ tan \frac{H - h}{b} = 36.9°$$

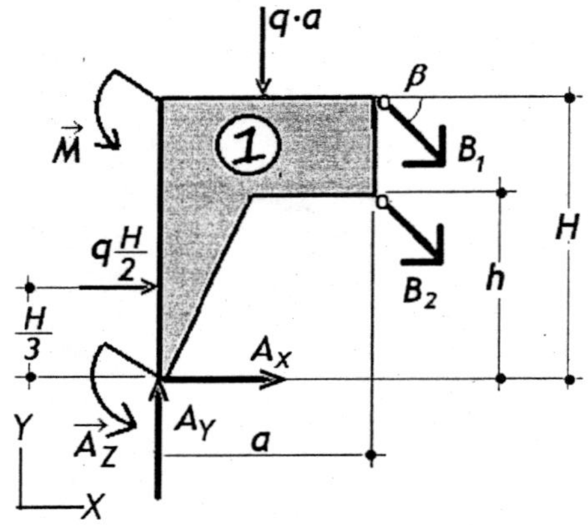

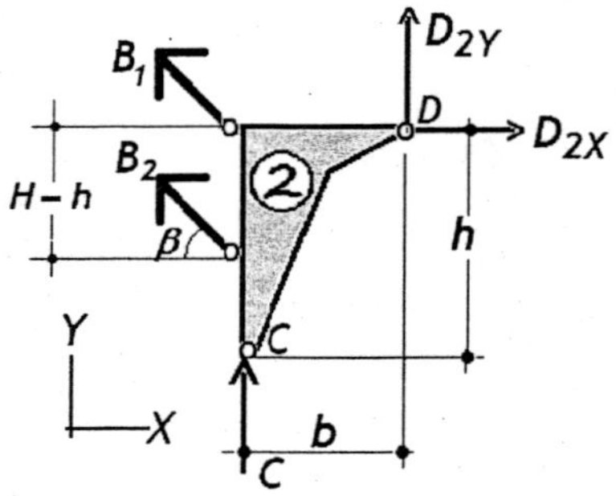

$$A_X + q\ \frac{H}{2} + (B_1 + B_2)\cos\beta = 0 \qquad [1]$$
$$A_Y - q\ a - (B_1 + B_2)\, sen\,\beta = 0 \qquad [2]$$
$$\sum M_A = A_Z - q\ \frac{H}{2}\frac{H}{3} + M - q\ a\ \frac{a}{2} - (B_1 + B_2)\, sen\,\beta\ a - B_1\cos\beta\ H - B_2\cos\beta\ h = 0 \qquad [3]$$

Para el cuerpo ***2***: Dado que en la articulación interna ***D*** hay una fuerza aplicada, la fuerza de interacción entre los cuerpos ***2*** y ***3***, tienen distinto valor. Llamamos $\boldsymbol{D_2}$ a la que se ejerce sobre el ***2***:

$$-(B_1 + B_2)\cos\beta + D_{2X} = 0 \qquad [4]$$
$$(B_1 + B_2)\, sen\,\beta + C + D_{2Y} = 0 \qquad [5]$$
$$\sum M_{B1} = -\ B_2\cos\beta\ (H - h) + D_{2Y}\, b = 0 \qquad [6]$$

Para el cuerpo ***3***: Similares comentarios respecto a la fuerza que se ejerce sobre el cuerpo ***3*** a través de la articulación ***D*** y que designamos $\boldsymbol{D_3}$.

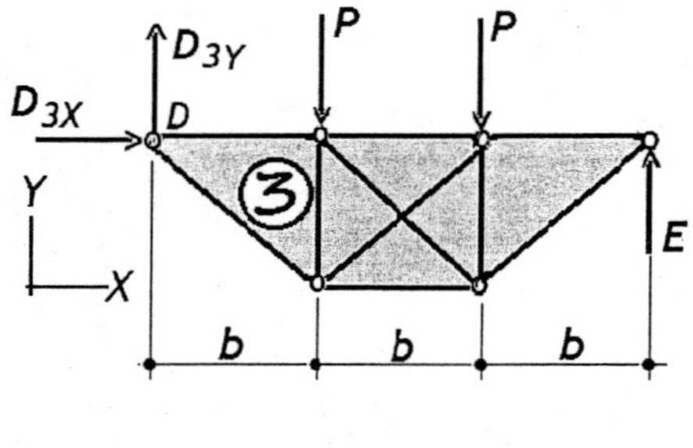

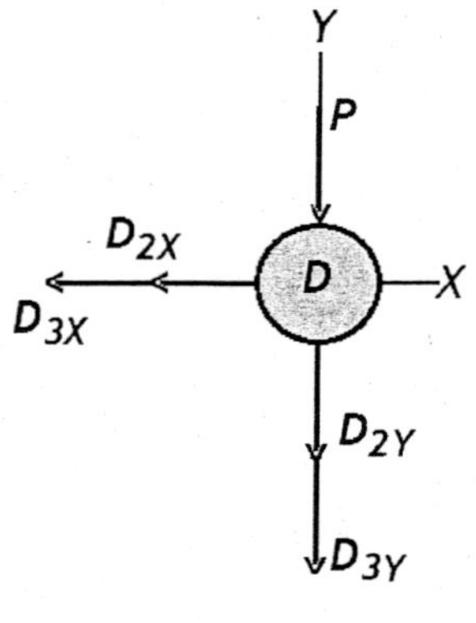

$$D_{3X} = 0 \qquad [7]$$
$$D_{3Y} - 2\ P + E = 0 \qquad [8]$$
$$\sum M_D = -\ P\ b - P\ 2b + E\ 3b = 0 \qquad [9]$$

Obsérvese que la fuerza ***P*** actuante en ***D*** no lo hace en ninguno de los dos cuerpos sino sobre la propia articulación y para ella es una fuerza externa.

Para la articulación ***D***: Como hay una fuerza externa, debemos plantear el equilibrio de un hipotético perno que conecta a los cuerpos ***2*** y ***3***:

$$-D_{3X} - D_{2X} = 0 \qquad [10]$$
$$-D_{3Y} - D_{2Y} - P = 0 \qquad [11]$$

La solución del sistema de once ecuaciones es:

$$A_X = -32\ kN \qquad A_Y = 48\ kN \qquad A_Z = 708.3\ kNm$$
$$C = 120\ kN \qquad E = 60\ kN$$
$$B_1 = 200\ kN \qquad B_2 = -200\ kN$$
$$D_{2X} = 0 \qquad D_{2Y} = -120\ kN \qquad D_{3X} = 0 \qquad D_{3Y} = 60\ kN$$

Solución alternativa

Dado que el sistema es una cadena abierta podemos, en primer lugar, determinar las reacciones de vínculo externo para, posteriormente, las interacciones en los vínculos internos. Planteamos los siguientes ***DCL***:

De todo el sistema mecánico sin desvincular internamente los cuerpos sino sólo externamente.

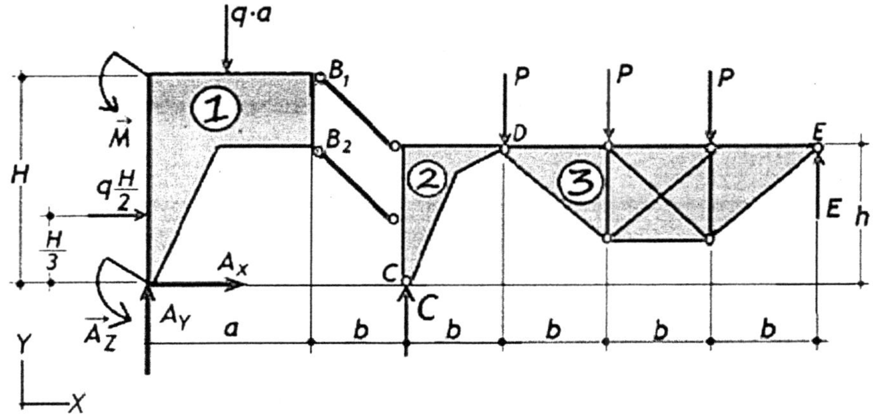

$$A_X + q\ \frac{H}{2} = 0 \qquad [12]$$

$$A_Y - q\ a + C - 3\ P + E = 0 \qquad [13]$$

$$\sum M_A = A_Z - q\ \frac{H}{2}\frac{H}{3} + M - q\ a\ \frac{a}{2} + C\ (a+b) - P\ (a+2b) - P\ (a+3b) - P\ (a+4b) + E\ (a+5b) = 0 \qquad [14]$$

Para obtener ecuaciones complementarias, desvinculamos sucesivamente al sistema, por cada uno de los vínculos internos y planteamos una ecuación de equilibrio para uno u otro de los subsistemas que quedan, de modo que en esa ecuación de equilibrio, no aparezca la fuerza de interacción.

Desvinculando por las bielas $\boldsymbol{B_1}$ y $\boldsymbol{B_2}$ cuya dirección está dada por el vector unitario $\vec{e}$.

Quedan dos subsistemas: por un lado el cuerpo ***1*** y por el otro los ***2-3***. La ecuación de equilibrio a plantear, en la cual no aparecerían las fuerzas de fuerzas de interacción en el vínculo interno y que en este caso son las bielas, es una de proyección y que la dirección $\vec{e'} = \vec{k} \times \vec{e}$ normal a las bielas:

$$\vec{e} = \cos\beta\ \vec{\imath} - \operatorname{sen}\beta\ \vec{\jmath} \qquad \vec{e'} = \vec{k} \times \vec{e} = \operatorname{sen}\beta\ \vec{\imath} + \cos\beta\ \vec{\jmath}$$

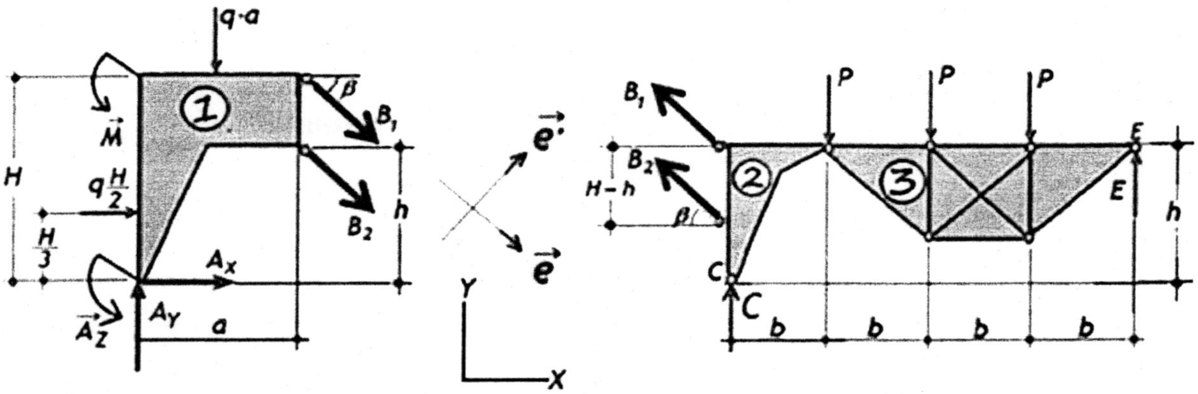

$$\left[q\ \frac{H}{2}\ \vec{\imath} - q\ a\,\vec{\jmath} + A_X\,\vec{\imath} + A_Y\,\vec{\jmath} + (B_1 + B_2)\,\vec{e}\right]\cdot\vec{e'}$$

$$= \left[\left(q\ \frac{H}{2} + A_X\right)\vec{\imath} + (-q\ a\ + A_Y)\,\vec{\jmath}\right]\cdot\vec{e'} + (B_1 + B_2)\,\vec{e}\cdot\vec{e'} = 0$$

Y siendo: $\vec{e}\cdot\vec{e'} = 0$ es $(B_1 + B_2)\,\vec{e}\cdot\vec{e'} = 0$

y realizado el producto escalar del término remanente:

$$\left(q\ \frac{H}{2} + A_X\right) sen\,\beta + (-q\ a\ + A_Y)\cos\beta = 0 \qquad [15]$$

Alternativamente a la *ec.[15]*, puede plantearse una ecuación de equilibrio para el subsistema de los cuerpos ***2*** y ***3***:

$$[(C + E - 3P)\,\vec{\jmath} + (B_1 + B_2)\,(-\vec{e})\,]\cdot\vec{e'} = (C + E - 3P)\,\vec{\jmath}\cdot\vec{e'} + (B_1 + B_2)\,(-\vec{e})\cdot\vec{e'} = 0$$

que conduce a: $(C + E - 3P)\cos\beta = 0$ [15']

Si ahora desvinculamos por ***D***, quedan dos subsistemas: el formado por los cuerpos ***1-2*** y el formado por el ***3*** sólo.

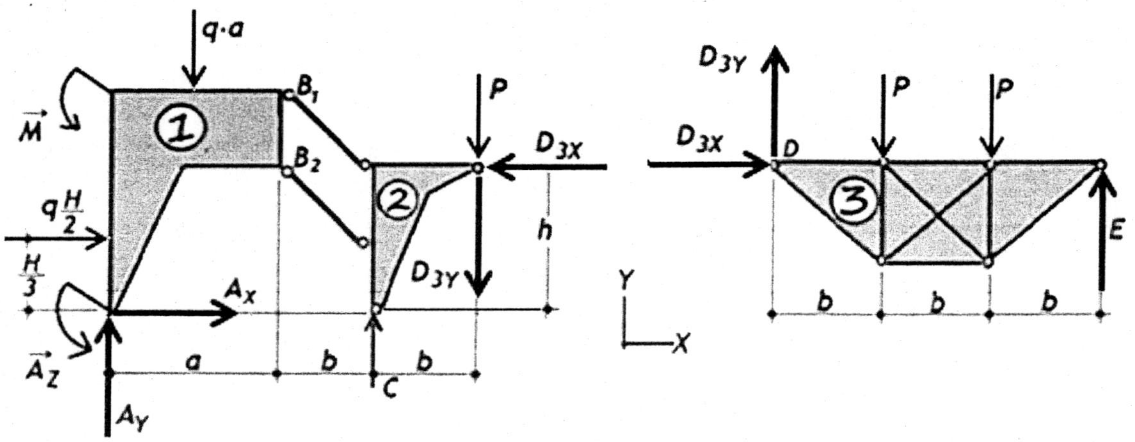

Dado que la ecuación de equilibrio a plantear para cualquiera de los subsistemas es una de momento respecto a la articulación ***D*** por la que se los desvincula, la fuerza ***P*** puede considerarse como fuerza externa en cualquiera de ellos.

La ecuación de momento respecto a ***D***, del subsistema de los cuerpos ***1-2***, es:

$$\sum M_D^{(1-2} = A_X\, h - A_Y\,(a+2b) + A_Z + q\frac{H}{2}\left(h-\frac{H}{3}\right) + M + q\,a\,\left(\frac{a}{2}+\,2b\right) - C\,b = 0 \qquad [16]$$

O alternativamente para el subsistema que está formado sólo por el cuerpo ***3***, también con el momento respecto a ***D***:

$$\sum M_D^{(3} = -\,P\,b - P\,2b + E\,3b = 0 \qquad [16']$$

Tenemos cinco ecuaciones para determinar las cinco reacciones de vínculo externo que son las *[12], [13], [14]* y la *[15]* (ó la *[15´]*) y la *[16]* (ó la *[16´]*). La solución es la misma que antes:

$$A_X = -32\;kN \qquad A_Y = 48\;kN \qquad A_Z = 708.3\;kNm$$
$$C = 120\;kN \qquad E = 60\;kN$$

Conocidas las reacciones de vínculo externo, para hallar las fuerzas de interacción entre los cuerpos, con los ***DCL*** en donde ellas están expuestas, se plantean dos ecuaciones de equilibrio lo que permite obtenerlas.

Así, por ejemplo, para determinar las fuerzas en las bielas B_1 B_2, a partir del ***DCL*** del cuerpo ***1***, con las reacciones externas con los verdaderos sentidos que resultaron, podemos calcularlas usando dos ecuaciones de momento respecto a las articulaciones de las bielas al cuerpo:

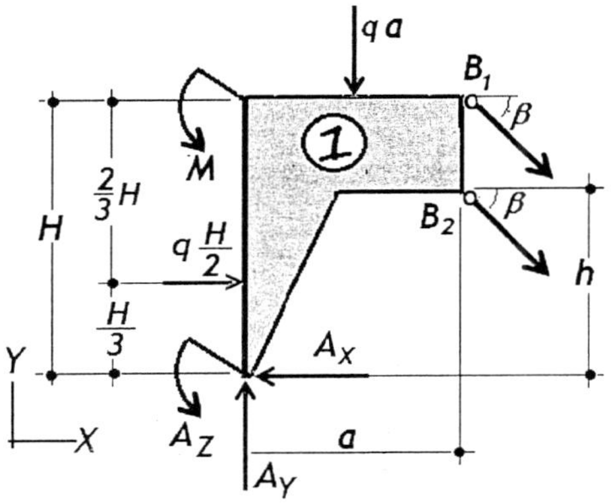

$$\sum M_{B1} = -A_X\,H - A_Y\,a + A_Z + q\frac{H}{2}\frac{2}{3}H + M + q\,a\,\frac{a}{2} + B_2\cos\beta\;(H-h) = 0$$

$$\sum M_{B2} = -A_X\,h - A_Y\,a + A_Z + q\frac{H}{2}\left(h-\frac{H}{3}\right) + M + q\,a\,\frac{a}{2} - B_1\cos\beta\;(H-h) = 0$$

de las cuales: $B_1 = 200\;kN$ $\qquad B_2 = -200\;kN$

6.4 Cadenas y cables

Frecuentemente se utilizan para transmitir y cambiar la dirección de las fuerzas elementos mecánicos como cadenas y cables.

Una cadena, *fig.6-28a*, está formada por un conjunto de cuerpos iguales, los eslabones, unidos de un modo que puede asimilarse a una articulación. Tiene tantos grados de libertad como el número de eslabones más ***2*** (si la consideramos en un plano).

Un cable es esencialmente un único cuerpo. Sin embargo, por sus características físicas, lo modelamos como formado por una cadena de infinitos eslabones rígidos de longitud infinitamente pequeña, *fig.6-28b*, y conectados por articulación, constituyendo una cadena abierta. Por ello podemos suponer en el cable la existencia de una articulación en cualquier lugar de su longitud.

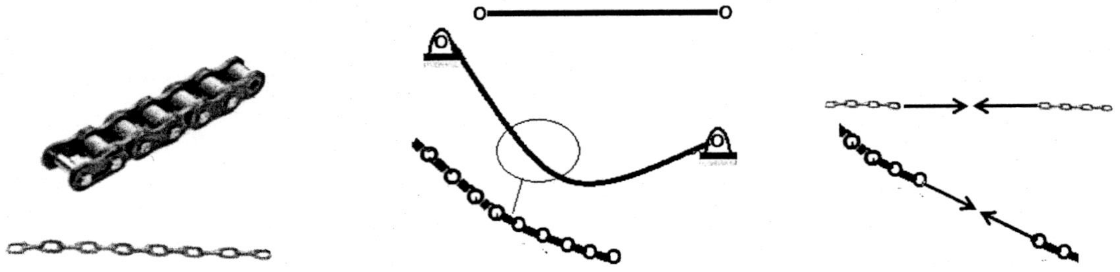

fig.6-28 a) b) c)

Lo dicho precedentemente para cables, es extensivo a otros elementos con un comportamiento similar, como son los hilos, alambres de pequeño diámetro, correas, cuerdas, bandas planas, que también son usados para transmitir fuerzas y que forman parte de sistemas de cuerpos vinculados, permaneciendo rectos por tramos y frecuentemente rodeando superficies curvas, tales como poleas a las que suponemos estacionarias.

Otra forma en que se los utiliza es suspendidos entre dos puntos y sobre los cuales actúan fuerzas concentradas y/o distribuidas. Si las fuerzas son concentradas la configuración es en todo o por tramos rectos. Si las fuerzas están distribuidas adopta una configuración de equilibrio curvada.

En general se considera, además, que el peso del cable es despreciable a menos que se indique lo contrario.

La fuerza de interacción entre los eslabones de la cadena o en la articulación que suponemos en el cable, son fuerzas en dirección de la tangente y de modo que produzcan tracción, *fig.6-28c*.

6.4.1 Cable estacionario sobre una superficie curva

Se considera que el contacto del cable con la superficie (de ecuación conocida) es sin fricción, no desliza respecto a ella y permanece inmóvil.

La dirección del cable en aquellos puntos en que empieza y termina el contacto con la superficie curva es por las respectivas tangentes a la superficie, *fig.6-29a*. Si por las características de la superficie el contacto en uno o ambos extremos es como en la *fig.6-29b* el análisis debe hacerse tomando en cuenta esta situación.

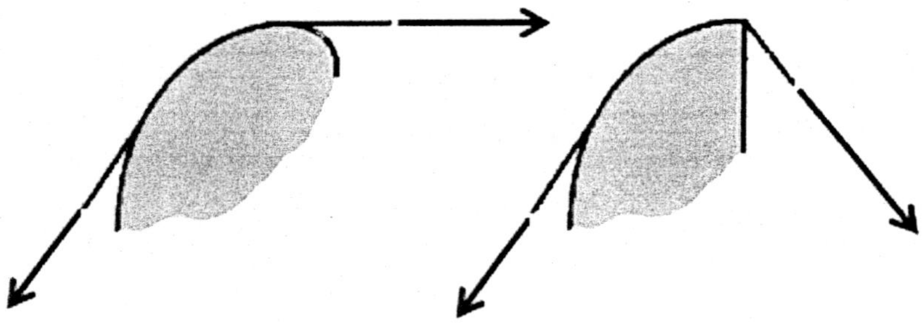

fig.6-28 a) b)

Entre el cable y la superficie sobre la que se apoya existe una interacción en la forma de una fuerza distribuida, *fig.6-30a*.

Hacemos el tratamiento en el plano, por lo que reemplazamos a la superficie de contacto entre el cable y el apoyo por la curva plana en el plano del dibujo y a la fuerza superficial por la distribuida a lo largo de la curva. La dirección de la fuerza de interacción cable-superficie, en cada punto de contacto, es perpendicular a la curva y pasa por el centro de curvatura (***C.C.***). La acción del cable sobre la curva es una fuerza distribuida $\vec{q}$ y la reacción sobre el cable es la misma $\vec{q}$ con sentido opuesto, *figs.6-30a*. El ***DCL*** del cable muestra las fuerzas que sobre él actúan y que son: las fuerzas T_A, T_B en sus extremos y la fuerza reactiva $\vec{q}$.

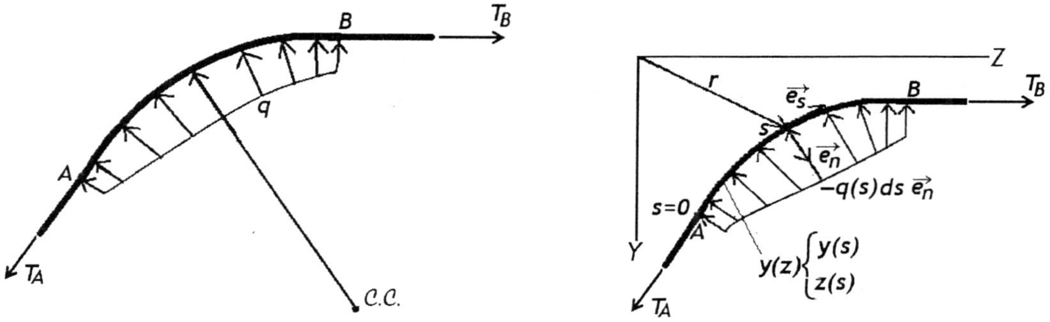

fig.6-30 a) b)

Planteamos el equilibrio del cable ya que este se encuentra inmóvil. Para ello expresamos paramétricamente la ecuación de la curva, usando como parámetro la longitud ***s*** del arco a partir de ***A***, *fig.6-30b*. El vector posición de un punto del cable en la zona de contacto es $\vec{r}(s) = y(s)\,\vec{j} + z(s)\,\vec{k}$, y los vectores unitarios tangente y normal:

$$\overrightarrow{e_s} = \frac{d\,\vec{r}(s)}{d\,s} = \frac{d\,y(s)}{d\,s}\,\vec{j} + \frac{d\,z(s)}{d\,s}\,\vec{k} \qquad \overrightarrow{e_n} = \overrightarrow{e_s}\times\vec{\imath} = \frac{d\,z(s)}{d\,s}\,\vec{j} - \frac{d\,y(s)}{d\,s}\,\vec{k}$$

Si es $q(s)(-\overrightarrow{e_n})$ la fuerza reactiva de la superficie, son las ecuaciones vectoriales de equilibrio del cable:

$$\overrightarrow{T_A} + \overrightarrow{T_B} + \int_A^B q(s)\,(-\overrightarrow{e_n})\,ds = 0 \qquad [6.1]$$

$$\overrightarrow{r_A}\times\overrightarrow{T_A} + \overrightarrow{r_B}\times\overrightarrow{T_B} + \int_A^B \vec{r}(s)\times[\,q(s)\,(-\overrightarrow{e_n})\,]ds = 0 \qquad [6.2]$$

Se supone que la forma de variación de la fuerza de interacción ***q(s)***, es inversamente proporcional al radio de curvatura R_C:

$$q(s) = \frac{K}{R_c(s)} \qquad [6.3]$$

Con la constante ***K*** a determinarse. El radio de curvatura en coordenadas paramétricas es:

$$R_c = \frac{\sqrt{\left(y'^2 + z'^2\right)^3}}{y'\,z'' - y''\,z'} \qquad \text{donde son:} \qquad y',\ z' = \frac{d}{d\,s}(y, z)$$

Si el cable apoya sobre una superficie plana, *fig.6-31*, es $R_c = \infty$ y $q(s) = 0$

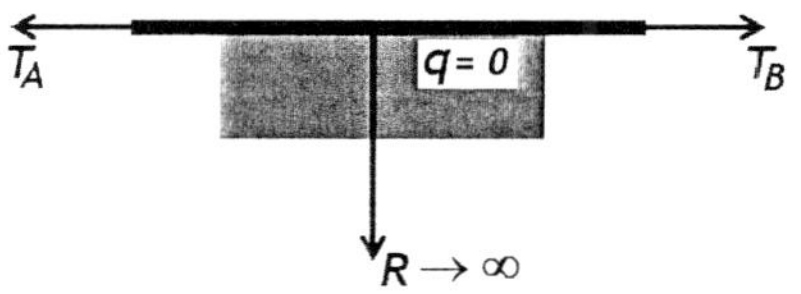

fig.6-31

y evidentemente: $\overrightarrow{T_A} = -\overrightarrow{T_B}$ y $T_A = T_B$

Si la curva es un arco circular, *fig.6-32*, es $R_c = r = cte$, por lo que la fuerza: $q(s) = \frac{K}{r} = cte$

Así el ***DCL*** del cable estacionario, que tiene aplicadas las fuerzas extremas T_A y T_B, y que rodea a una superficie circular abarcando un ángulo ϕ, *fig.6-32a*, la fuerza reactiva tiene una distribución ***q(s)*** uniforme, *fig.6-32b*.

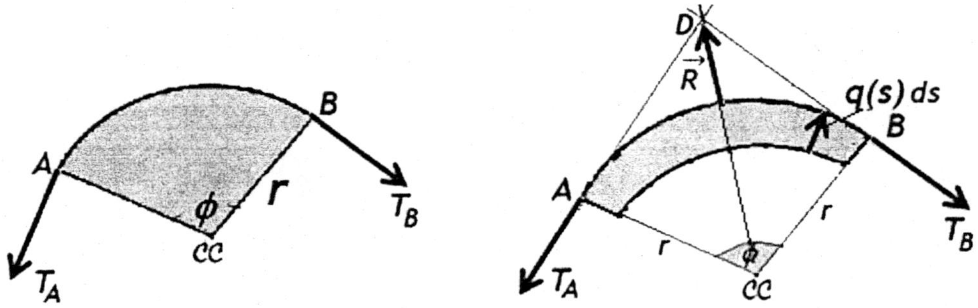

fig.6-32 a) b)

En la ecuación de equilibrio del momento nulo, calculado respecto al centro de la circunferencia, en forma escalar, al ser la fuerza reactiva diferencial $q(s)\ ds$, radial y pasar por el centro de la circunferencia, su momento es nulo, por lo que en esa ecuación resulta:

$$T_A\, r - T_B\, r + \int_A^B 0\ q(s)\ ds = T_A\, r - T_B\, r = 0 \qquad \text{luego:} \qquad T_A = T_B = T \qquad [6.4]$$

Es decir que cuando un cable estacionario rodea una superficie circular las fuerzas en los extremos del cable son iguales. Por otra parte la resultante de la suma vectorial parcial de las fuerzas extremas en los cables, queda sobre la bisectriz del ángulo abarcado, *fig.6-33a*. Su módulo es:

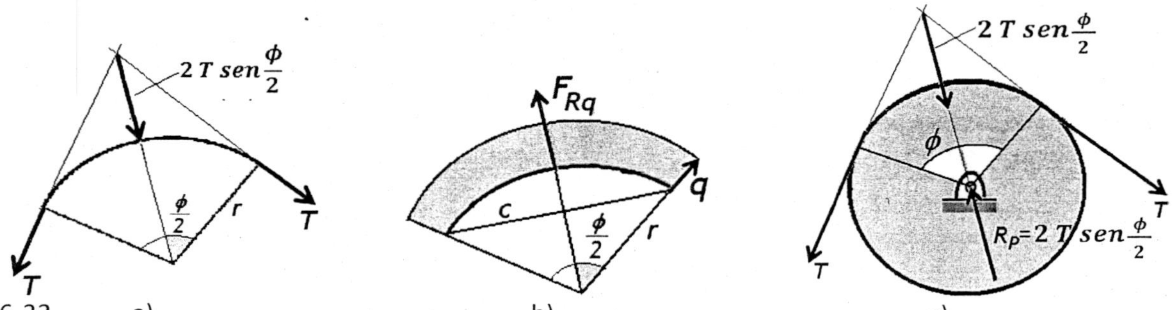

fig.6-33 a) b) c)

$$2\,T\,sen\frac{\phi}{2} \qquad [6.5]$$

Asimismo la resultante de la fuerza reactiva distribuida en el arco de contacto, *fig.6-33b*, atento a su distribución uniforme (*ej.4*, *cap.4*), es:

$$F_{Rq} = q\,c = q\,2\,r\,sen\frac{\phi}{2} \qquad [6.6]$$

El equilibrio del cable conduce a que: $2\,T\,sen\frac{\phi}{2} = q\,2\,r\,sen\frac{\phi}{2}$

De la cual se obtiene la magnitud de la fuerza distribuida de interacción entre el cable y el arco de circunferencia en la que se apoya es:

$$T = q\,r \qquad \text{y} \qquad q = \frac{T}{r} = cte \qquad [6.7]$$

Si la superficie circular sobre la que se apoya el cable es la de una polea articulada en su centro y estacionaria, *fig.6-33c*, la reacción en el eje de la polea a la acción del cable es igual y contraria a la resultante de las fuerzas extremas del cable, es decir, *ec.[6.5]*: $$R_P = 2\ T\ sen\frac{\phi}{2}$$

6.4.2 Sistemas de poleas y cables

Cuando el sistema mecánico incluye un conjunto de poleas sobre las que actúa un cable continuo que pasa por ellas, al realizar el ***DCL*** supondremos que el cable, con la forma que tiene en la configuración que estudiamos, tiene como acciones externas a las dos fuerzas en sus extremos y como reactivas las fuerzas distribuidas ***q***, antes descriptas, de las poleas a las que rodea.

Reemplazamos a las fuerzas reactivas distribuidas, por fuerzas concentradas resultantes, cuya dirección es la bisectriz del ángulo que abarca en cada una de ellas.

Por ejemplo para el sistema mecánico, *fig.6-34a*, formado por cuatro poleas de radios ***r***, sobre las que actúa un cable sometido a la fuerza ***F*** en un extremo y que está amarrado en el otro, del que se desea determinar la reacción en el extremo ***E*** y las reacciones de las poleas sobre el cable. Luego a partir de esas reacciones, las acciones de las poleas sobre sus ejes. El ***DCL*** del cable, *fig.6-34b*:

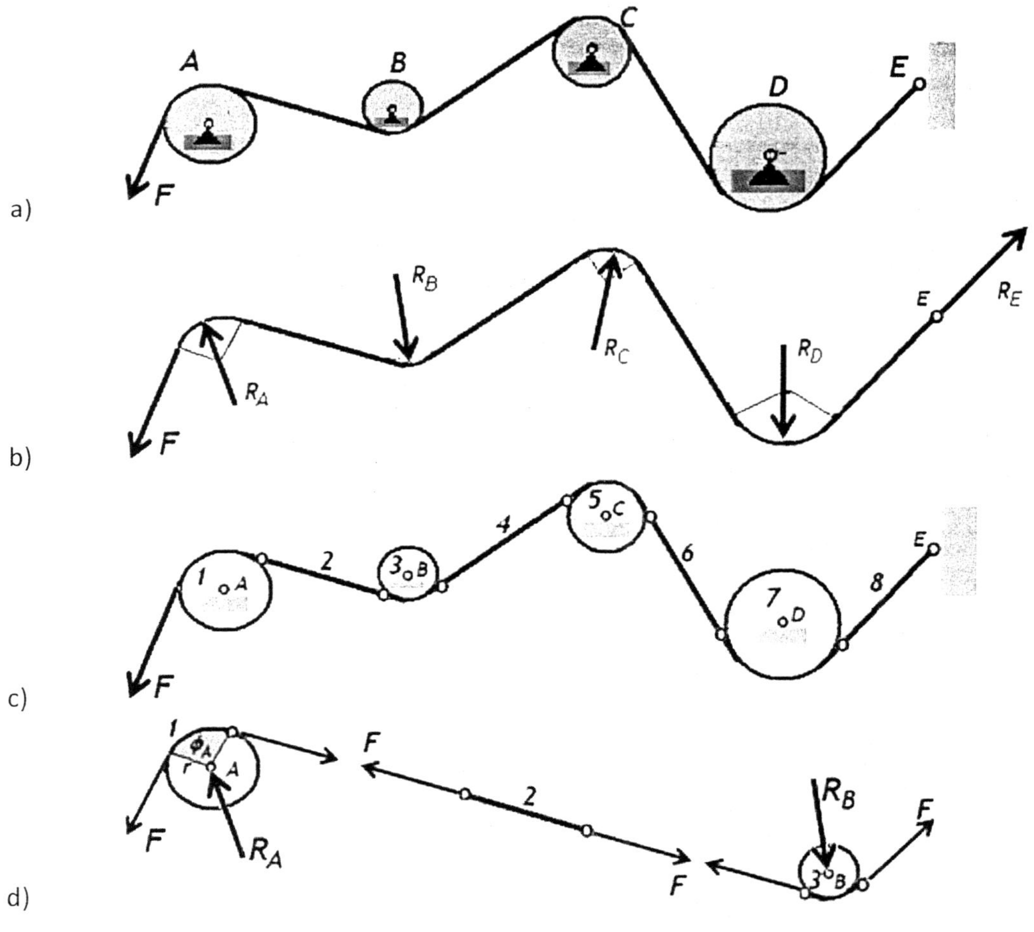

e) 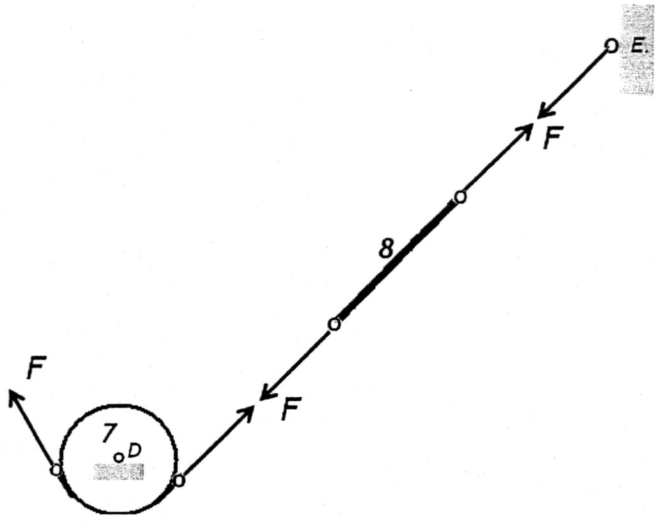

fig.6-34

Conocidas las posiciones relativas de los centros de las poleas, sus radios y del extremo ***E***, podemos conocer la orientación de las reacciones $\boldsymbol{R_i}$ sobre cada polea, aunque no su valor.

Así considerado el problema quedaría como indeterminado; hay cinco reacciones de vínculo y sólo tres ecuaciones de equilibrio. Sin embargo de acuerdo al modelo que hicimos para el cable, podemos considerar que el punto donde se inicia y termina el contacto del cable con cada polea, hay una articulación, y que la parte del cable en contacto con la polea forman una unidad, quedando el sistema como una cadena abierta, *fig.6-34c*. El tramo de cable entre poleas y entre la última y ***E***, queda en las condiciones de un cuerpo biarticulado y sin carga que habíamos designado como eslabón.

Podremos describir al sistema como una cadena abierta de ocho cuerpos (cuatro poleas y cuatro cables) que tiene ***10GL***. Los vínculos son: para las poleas articulaciones fijas en sus centros; para los tramos rectos de cables, entre las poleas, uniones articuladas a ellas; el último cable unido articuladamente al exterior (punto ***E***). El número de movimientos restringidos es también diez, por lo que se trata de un sistema isostático.

Si hacemos, *fig.6-34d*, los ***DCL*** de la poleas ***1*** y ***3*** y el tramo del cable entre ellas (cuerpo ***2***) tendremos que la fuerza de interacción entre la polea ***1*** y el cable es, *ec.[6.4]*, la fuerza ***F***, la que actúa sobre el otro extremo del cable ***2***, porque este es un eslabón, y que ***F*** lo hace sobre la polea ***3***. La misma situación se va propagando por las sucesivas poleas y cable, resultando en definitiva, *fig.6-34e*, que la acción sobre el extremo ***E***, es igual a la fuerza ***F***.

La reacción sobre el eje de cada polea es: $$\boldsymbol{R_i = 2\ F\ sen\frac{\phi_i}{2}}$$

Siendo $\boldsymbol{\phi_i}$ el ángulo que abarca el contacto del cable con la polea.

Ejemplo 4: La máquina de la figura consta de una estructura de soporte ligera (de peso despreciable) ***AB***, vinculada externamente con una articulación fija ***A*** y por una articulación interna ***B***, a una pesada viga de eje quebrado ***ACD***, unida exteriormente en ***C*** y ***D***, con apoyos móviles.

Determinar las reacciones de vínculo externo y las fuerzas de interacción en las articulaciones internas.

Sobre el eje (o "perno") que materializa la articulación ***B***, se monta una pesada polea y sobre el eje en ***C*** otra polea (de peso despreciable). Por ambas poleas pasa un cable; uno de cuyos extremos está unido al piso en ***E*** y el otro sostiene un peso ***P***.

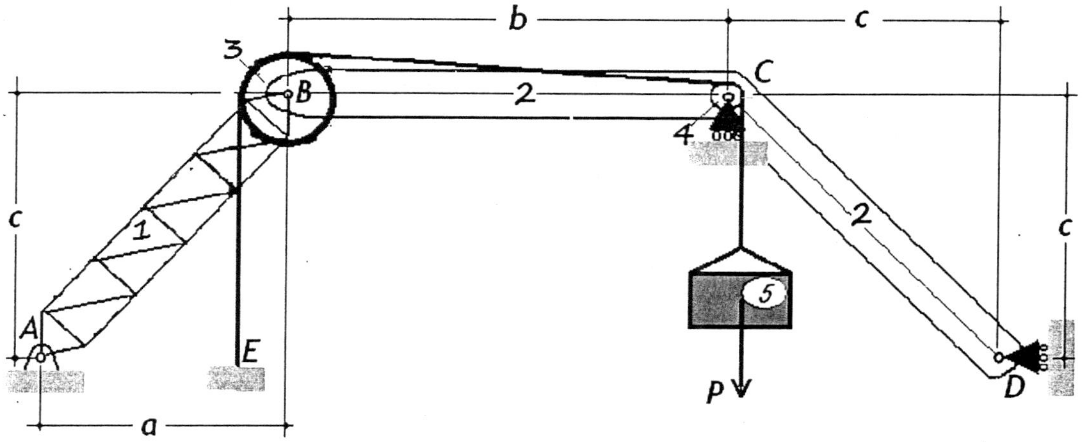

$a = 3m$ $b = 5m$ $c = 4m$ $R = 500mm$ $r = 200mm$

$P = 50\ kN$ $P_2 = 100\ kN$ $P_3 = 10\ kN$

El sistema está formado por:

1. Una estructura de soporte ***AB*** de peso despreciable.
2. Un cuerpo ***BCD*** de peso P_2, cuyo centro de gravedad está en ***C***.
3. Una polea de peso P_3, de radio ***R***, cuyo eje es la articulación ***B*** entre los cuerpos ***1*** y ***2***.
4. Una polea de peso despreciable, de radio ***r***, montada sobre un eje que coincide con el apoyo móvil ***C***.
5. El peso sostenido por el cable.
6. El eje que vincula a los cuerpos ***1***, ***2*** y la polea ***3***.
7. El eje sobre el cual se dispone el apoyo móvil ***C*** y la polea ***4***.

Completa el sistema el cable que como habíamos expresado, puede considerárselo como un cuerpo biarticulado en los puntos de contacto con las poleas como se muestra en los ***DCLs*** de las poleas, cable y peso:

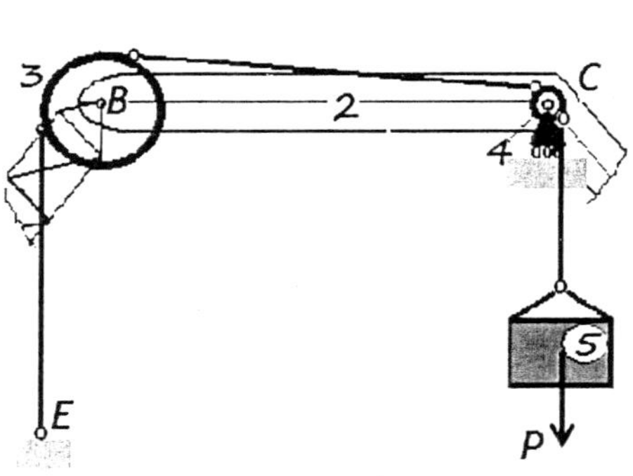

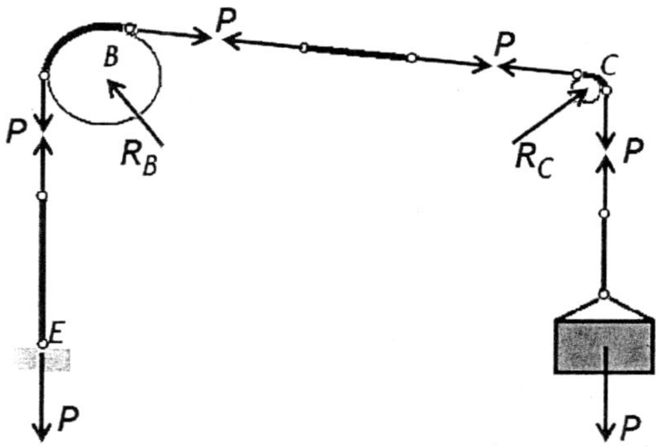

Como vimos las acciones en los extremos del cable, donde se inicia y termina el contacto con la polea, son fuerzas de valor ***P*** y dirección tangencial. El ángulo β del cable con la horizontal a partir de:

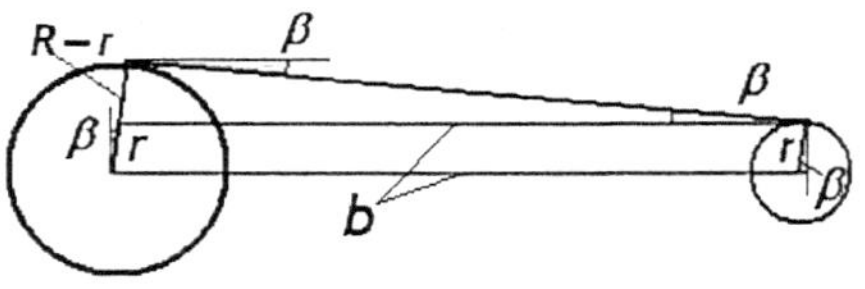

$$\beta = arc\ tan\ \frac{R-r}{b} = 3.4°$$

Realizamos los ***DCL*** de los cuatro cuerpos y escribimos las correspondientes ecuaciones escalares de equilibrio.

<u>Cuerpo 1</u>: Si se desprecia el peso propio, tenemos al cuerpo con las características de un eslabón cuyas articulaciones son la externa ***A***, e interna ***B***, por lo que la fuerza reactiva en ***A*** y la de interacción en ***B*** son colineales, de igual módulo y sentidos opuestos. Las suponemos con los sentidos mostrados.

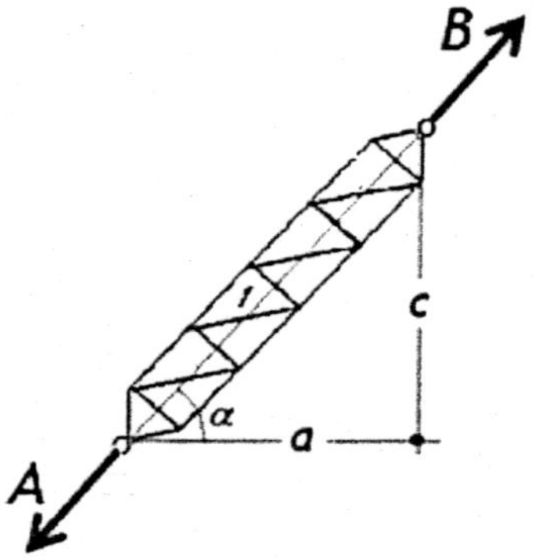

$$\alpha = arc\,tan\,\frac{c}{a} = \mathbf{53.1°} \qquad A = B \qquad [1]$$

<u>Cuerpo 2</u>: Como en la conexión ***B*** está montada la polea *3*, la interacción es entre el cuerpo ***1***, la polea ***3*** y el cuerpo ***2***, desconocemos la acción que el "perno" ***B*** ejerce sobre los tres cuerpos que conecta. La que ejerce sobre el cuerpo ***2*** la tomamos, más convenientemente, en sus componentes cartesianas que designamos B_{2X}, B_{2Y}. Similares consideraciones valen para el apoyo en ***C***. P_2, es el peso del cuerpo ***2*** cuyo centro de gravedad coincide con ***C***.

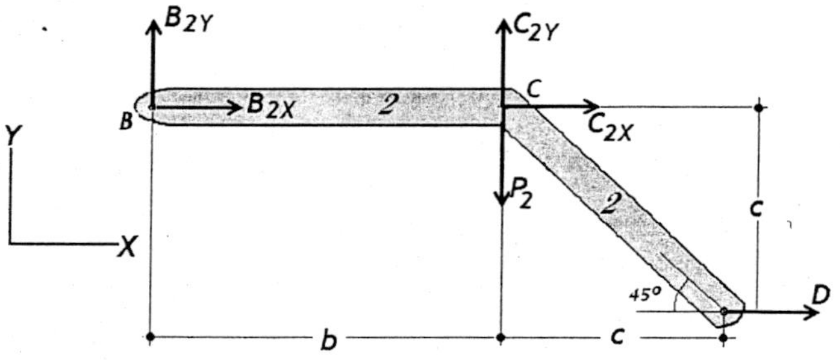

Las ecuaciones de equilibrio:

$$\sum F_X = B_{2X} + C_{2X} + D = 0 \qquad [2]$$

$$\sum F_Y = B_{2Y} + C_{2Y} - P_2 = 0 \qquad [3]$$

$$\sum M_B = -P_2\, b + C_{2Y}\, b + D\, c = 0 \qquad [4]$$

<u>Cuerpo 3</u>: En este caso sobre la polea actúan su peso propio P_3, la acción del cable en donde comienza y termina el contacto (las fuerzas ***P***), pues suponemos que la parte del cable en el arco de contacto (que abarca el ángulo ***90°+β***) forma una unidad con la polea, y la que el eje (cuerpo ***6***) ejerce sobre ella $(\overrightarrow{B_3})$ y a la que consideramos en sus componentes rectangulares:

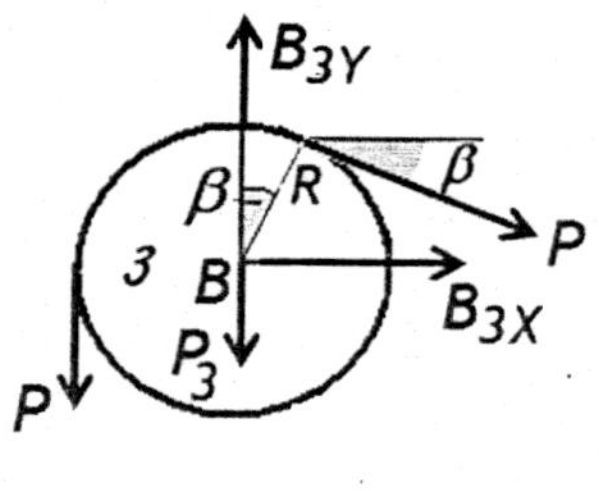

$$\sum F_X = P\;cos\,\beta + B_{3X} = 0 \qquad [5]$$

$$\sum F_Y = B_{3Y} - P - P_3 - P\ sen\ \beta = 0 \quad [6]$$

$$\sum M_B = P\ R\ - P\ R = 0\ ,$$ que no aporta nada significativo.

Cuerpo 4: Esta polea, de peso despreciable, recibe la acción del cable y la acción del eje ***7***, descompuesta en sus componentes rectangulares:

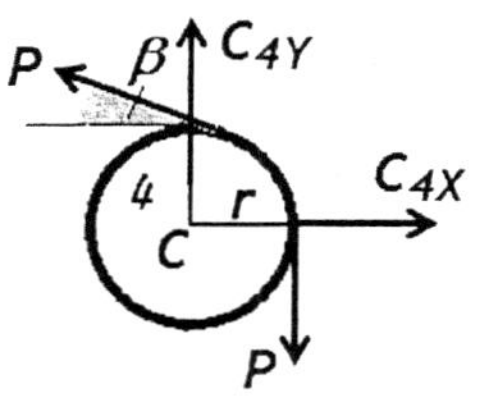

$$\sum F_X = -P\ cos\ \beta + C_{4X} = 0 \quad [7]$$

$$\sum F_Y = P\ sen\ \beta +\ C_{4Y} - P = 0 \quad [8]$$

Hay ecuaciones adicionales, que son las que corresponden al equilibrio del elemento que conecta, en la articulación ***B***, los cuerpos ***1, 2, 3*** y que llamamos, genéricamente, eje o perno.

Cuerpo 6: El eje que recibe la acción de los cuerpos que conecta.

Como son fuerzas concurrentes sólo se plantean dos ecuaciones:

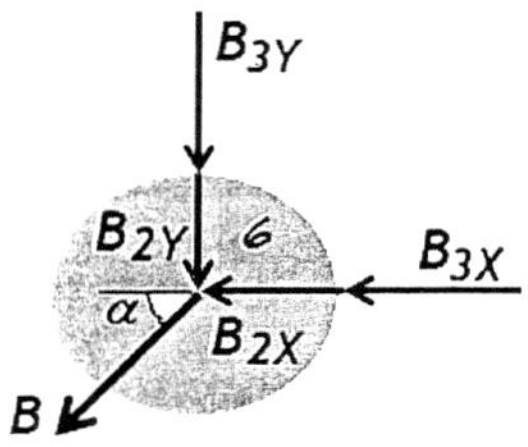

$$\sum F_X = -\ B\ \ cos\ \alpha - B_{2X} - B_{3X} = 0 \quad [9]$$

$$\sum F_Y = -\ B\ \ sen\ \alpha - B_{2Y} - B_{3Y} = 0 \quad [10]$$

Cuerpo 7: El eje que recibe la acción de la viga ***2***, la polea ***4***, y la reacción de apoyo en ***C***:

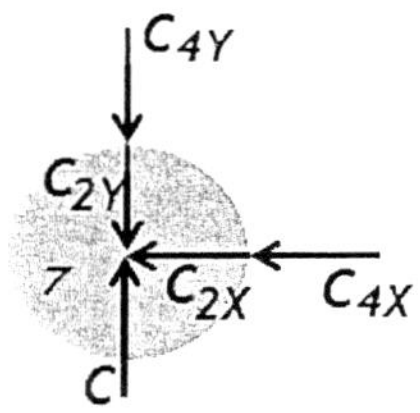

$$\sum F_X = -\ C_{2X} - C_{4X} = 0 \quad [11]$$

$$\sum F_Y = C - C_{2Y} - C_{4Y} = 0 \quad [12]$$

Tenemos doce ecuaciones. Las incógnitas son las interacciones ***B***, B_{2X}, B_{2Y}, B_{3X}, B_{3Y}, C_{2X}, C_{2Y}, C_{4X}, C_{4Y} y las reacciones externas ***A***, ***C***, ***D***.

$$B = -49.219\ kN$$

$$B_{2X} = 79.441\ kN \qquad B_{2Y} = -23.625\ kN$$

$$B_{3X} = -49.91\ kN \qquad B_{3Y} = 63\ kN$$

$$C_{2X} = -49.91\ kN \qquad C_{2Y} = 123.625\ kN$$

$$C_{4X} = 49.91\ kN \qquad C_{4Y} = 47\ kN$$

$$A = -49.219\ kN \qquad C = 170.625\ kN \qquad D = -29.531\ kN$$

Con las componentes de las fuerzas de interacción, se obtienen éstas y su ángulo con el eje ***X***, con:

$$F = \sqrt{F_X^2 + F_Y^2} \qquad \varphi = arc\ tan\frac{F_Y}{F_X}$$

$$\begin{array}{ll} B_2 = 82.88\ kN & \varphi_{B2} = -16.6° \\ B_3 = 80.374\ kN & \varphi_{B3} = -51.6° \\ C_2 = 133.32\ kN & \varphi_{C2} = -68° \\ C_4 = 68.557\ kN & \varphi_{C4} = 43.3° \end{array}$$

Para el sistema, el cuerpo ***1*** se comporta como si fuera una biela rígida cuyo eje forma el ángulo α con la horizontal.

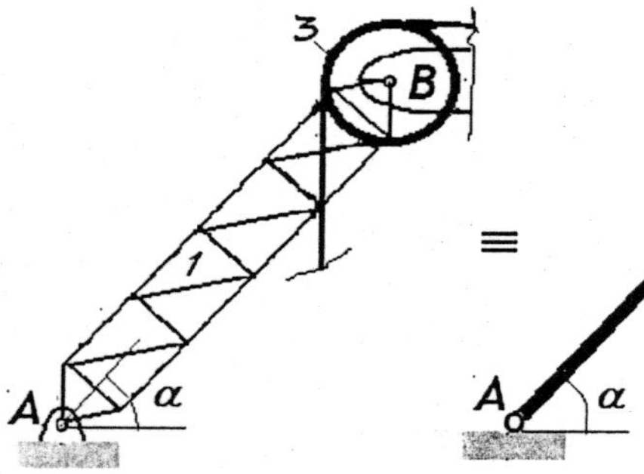

Así interpretado el cuerpo ***1*** como una biela rígida, en este caso si quisiéramos resolver sólo las reacciones de vínculo externo no es necesario desvincular todo el sistema. Puede considerarse como un todo único a la viga y a las poleas y sustentado con ***2*** apoyos móviles (***C*** y ***D***) y como tercer apoyo a la biela en ***B***. Como conocemos el valor de la fuerza en el cable podemos desvincularlo en ***E***, para tener efectivamente un sistema con tres apoyos. Su ***DCL***:

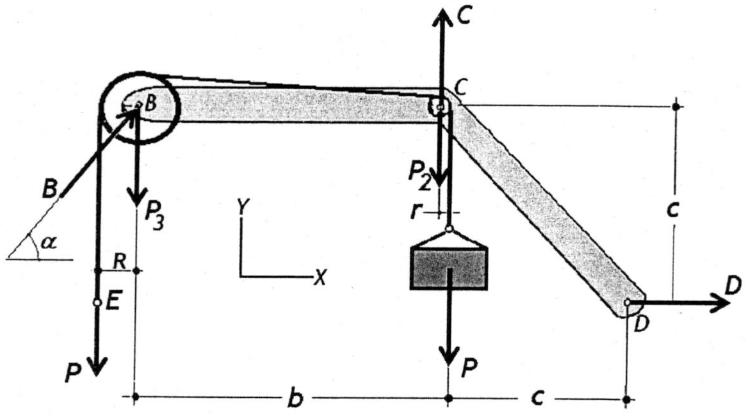

$$\sum F_X = B\cos\alpha + D = 0$$
$$\sum F_Y = B\ sen\ \alpha - P - P_3 - P_2 - P + C = 0$$
$$\sum M_B = P\,R - P_2\,b - P\,(b + r) + C\,b + D\,c = 0$$

$$C = 170.625\ kN \qquad D = -29.531\ kN \qquad B = 49.219\ kN$$

El resultado respecto al sentido de la reacción en ***B***, está de acuerdo con lo que habíamos obtenido en la primera parte del problema (allí indicada como reacción en ***A***).

6.4.3 Cables suspendidos

Los cables suspendidos entre dos articulaciones fijas ***A*** y ***B***, tal que su longitud L_c es mayor que la distancia $\overline{AB}$, son cuerpos que entran en la forma general de barra y cuya configuración cuando está cargado es desconocida, salvo casos particulares de carga. Las cargas son fuerzas longitudinalmente distribuidas y/o fuerzas concentradas.

Tal como se expresara el cable sólo admite fuerzas que produzcan tracción en él. Sin embargo, atento al modelo, de considerarlo como una cadena abierta de infinitos cuerpos rígidos de longitud diferencial y articulados, el cable cargado no aumenta su longitud dada la indeformabilidad de los cuerpos, es decir que es inextensible.

Se supone que las cargas son coplanares y es en ese plano en que el cable adquiere su configuración de equilibrio, y en el cual se plantea el mismo.

Para la carga actuante y la posición relativa entre sus articulaciones extremas, obtendremos la forma del cable y la fuerza de interacción en él.

6.4.3.1 Cables suspendidos con fuerzas concentradas

El cable extendido entre los puntos ***A*** y ***B***, está cargado con fuerzas concentradas cuyas magnitudes son muy superiores al peso propio del cable y a otras fuerzas distribuidas que pudiera haber, de modo que la forma que adopta el cable en el equilibrio se compone de segmentos rectos entre los puntos de aplicación de las fuerzas y sus amarres extremos, *fig.6-35*.

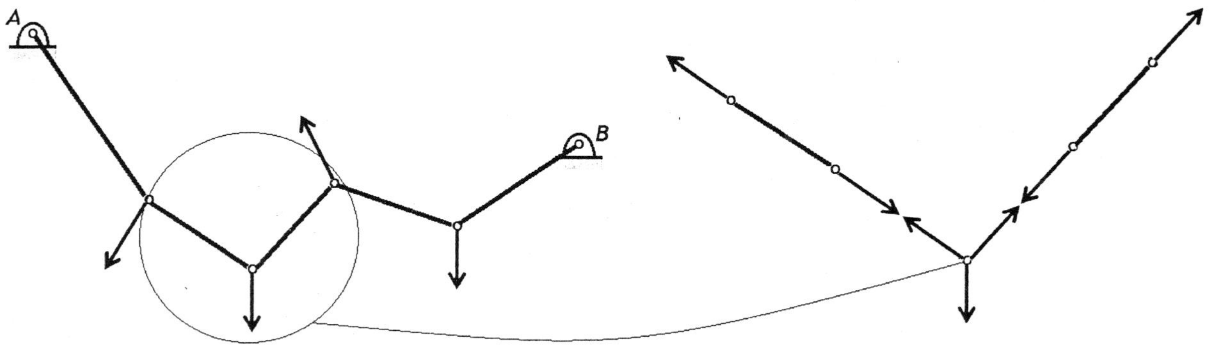

fig.6-35

En el lugar donde se aplica una fuerza concentrada se supone la existencia de una articulación por lo que cada tramo del cable entre las fuerzas concentradas y entre ellas y los amarres, se comporta como un cuerpo biarticulado sin carga intermedia, al que habíamos designado como un eslabón.

Si hay ***n*** fuerzas concentradas, al suponer una articulación en coincidencia con ella, queda formada una cadena abierta de ***n+1*** eslabones, que de ser libre tendría ***(n+1+2)GL***. Los amarres extremos limitan ***4GL***, por lo que queda una cadena abierta hipostática de ***n+3-4=(n-1)GL***. Si hay una sola fuerza ***n=1*** el sistema es isostático.

Son datos en general la posición relativa de los amarres y alguna de las coordenadas de cada punto donde se aplican las fuerzas concentradas, y el valor de estas últimas.

Deben determinarse la fuerza de interacción de cada tramo de cable entre fuerzas o de la fuerza sobre los amarres o sus contrarios las reacciones de apoyo y la posición definitiva de los puntos de aplicación de las fuerzas.

Para ello se pueden plantear para cada una de las articulaciones definidas donde se aplican las fuerzas concentradas, las dos ecuaciones escalares de equilibrio correspondientes a la primera ecuación vectorial de equilibrio ya que consideramos a la articulación como un punto material sobre el cual actúan la fuerza externa y las fuerzas que ejercen los tramos del cable a uno y otro lado. También puede tratársela como una cadena abierta planteando las tres ecuaciones escalares de equilibrio para todo el conjunto y ecuaciones complementarias que resultan de separar por una articulación la cadena en dos subcadenas y plantear como ecuación de equilibrio el momento nulo de las fuerzas sobre una de las dos subcadenas respecto a la articulación por la cual se la separa. En general para ambas formas de plantear el equilibrio, se requiere plantear condiciones geométricas adicionales a partir de los datos de las posiciones relativas de las fuerzas y los amarres. Se obtiene en general un sistema no lineal de ecuaciones que tiene como incógnitas fuerzas y magnitudes geométricas.

Ejemplo 5: El tubo de un gasoducto, debe salvar un pequeño valle para lo cual se lo soportará de un cable amarrado de los puntos ***A*** y ***B***. El tubo se une a los puntos intermedios ***C*** y ***D*** del cable, en ***C*** en forma directa y en ***D***, que se encuentra en el mismo nivel que ***A***, por medio de un alambre vertical ***DD'***.

Determinar, en los distintos tramos del cable, la fuerza ejercida sobre ellos y la posición de los puntos de amarre del tubo ***C*** y ***D'***. También la inclinación con la vertical, de los tramos de los cables.

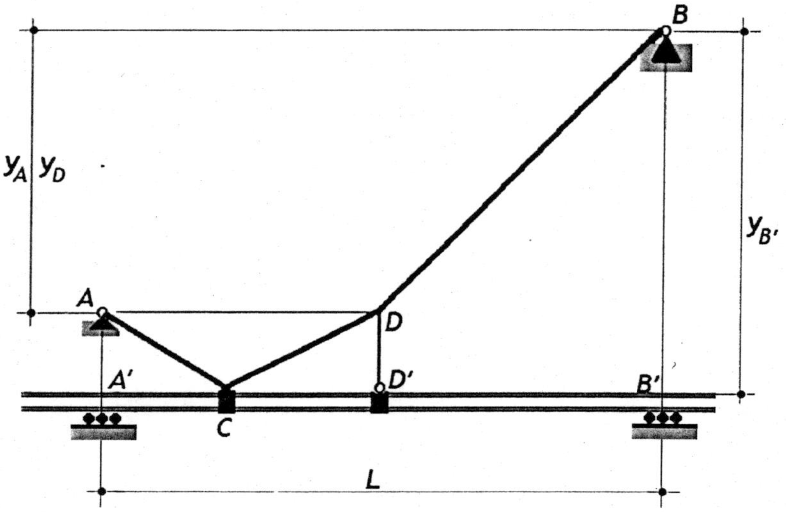

$L=130\ m$ $y_A=y_D=50\ m$ $L_C=165\ m$ $q=10\ kN/m$

Modelamos el problema como el de un cable sometido a dos fuerzas concentradas en los puntos ***C*** y ***D*** cuyo nivel se conoce. La carga que corresponde a cada uno de estos puntos es la incidente del tramo del tubo en cada uno de ellos. Se supone, por simplicidad, que la carga incidente en el punto ***C*** es el peso del tubo entre la mitad de la distancia entre los puntos ***A'*** y ***C*** y la mitad entre ***C*** y ***D'***. También la carga que toma el alambre en ***D'*** es el peso del tubo entre la mitad de la distancia ***CD'*** y ***D'B'***. La carga de los medios tramos ***A'C*** y ***D'B'***, junto a los apoyos externos ***A'*** y ***B'***, inciden sobre esos apoyos:

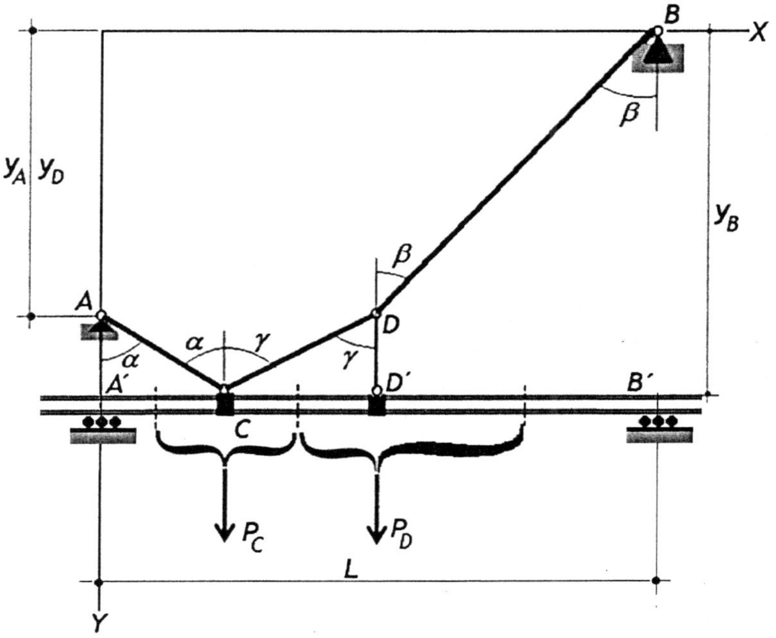

Hacemos el ***DCL*** de los puntos ***C*** y ***D*** del cable, considerándolos como puntos materiales y cargados con las fuerzas de los pesos incidentes del tubo y las fuerzas de los cables. Las ecuaciones de equilibrio correspondientes son:

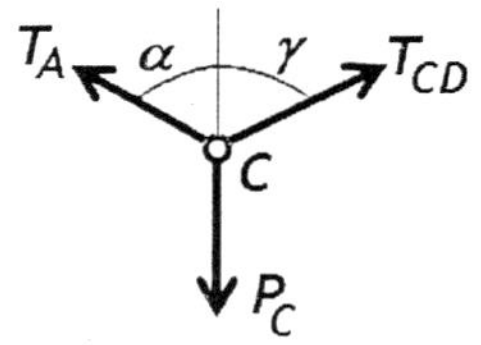

Para el punto ***C***:

$$-T_A \; sen \; \alpha + T_{CD} \; sen \; \gamma = 0 \qquad [1]$$

$$-T_A \cos \alpha - T_{CD} \cos \gamma + P_C = 0 \qquad [2]$$

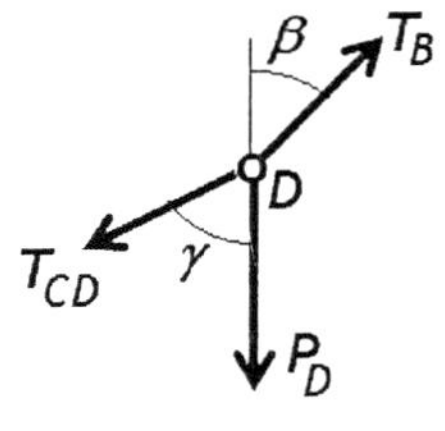

Para el punto ***D***:

$$-T_{CD} \; sen \; \gamma + T_B \; sen \; \beta = 0 \qquad [3]$$

$$T_{CD} \cos \gamma - T_B \cos \beta + P_D = 0 \qquad [4]$$

Las cargas del tubo incidentes sobre cada punto del cable y que se indican entre líneas punteadas del dibujo:

$$\boldsymbol{P_C} = q\left(\frac{A'C}{2} + \frac{CD'}{2}\right) = \boldsymbol{q}\left[\frac{(y_C - y_A)\; \tan \alpha}{2} + \frac{(y_C - y_D)\; \tan \gamma}{2}\right]$$

$$\boldsymbol{P_D} = q\left(\frac{CD'}{2} + \frac{D'B}{2}\right) = \boldsymbol{q}\left[\frac{(\boldsymbol{y_C} - \boldsymbol{y_D})\ \boldsymbol{tan\,\gamma}}{\boldsymbol{2}} + \frac{\boldsymbol{y_D}\ \boldsymbol{tan\,\beta}}{\boldsymbol{2}}\right]$$

Hay además dos condiciones geométricas complementarias:

Como la ubicación en que el cable se toma al tubo ***C*** y ***D'*** están indefinidas, su posición deben ser tales que la proyección horizontal de las longitudes de los tramos, sea igual a la separación en horizontal de los puntos de amarre ***A*** y ***B***, o sea:

$$\overline{A'C} + \overline{CD'} + \overline{D'B'} = L$$

que escrita en términos de las incógnitas:

$$(y_C - y_A)\ tan\,\alpha + (y_C - y_D)\ tan\,\gamma + y_D\, tan\,\beta = L \qquad [5]$$

La otra condición es que la suma de las longitudes de los tramos de cable, sea igual a la longitud del cable, o sea:

$$\overline{AC} + \overline{CD} + \overline{DB} = L_c$$

y escrita en términos de las incógnitas: $$\frac{y_C - y_A}{cos\,\alpha} + \frac{y_C - y_D}{cos\,\gamma} + \frac{y_D}{cos\,\beta} = L_c \qquad [6]$$

Se tiene un sistema no lineal de ecuaciones con las incógnitas $\boldsymbol{T_A},\ \boldsymbol{T_{CD}},\ \boldsymbol{T_B},\ \boldsymbol{\alpha},\ \boldsymbol{\beta},\ \boldsymbol{\gamma}$.

La solución del sistema se puede hacer del siguiente modo: se supone inicialmente un valor $\boldsymbol{\alpha_0}$ y obtener de la [6], $\boldsymbol{cos\,\gamma}$ y con $\boldsymbol{tan\,\gamma} = \frac{\sqrt{1-cos^2\gamma}}{cos\,\gamma}$ reemplazarla en [5], queda una ecuación trascendente en $\boldsymbol{\beta}$. Resuelta, se obtiene $\boldsymbol{\beta_0}$ y luego en [6], obtener $\boldsymbol{\gamma_0}$. Con $\boldsymbol{\alpha_0}, \boldsymbol{\beta_0}, \boldsymbol{\gamma_0}$ se calculan $\boldsymbol{P_C}$ y $\boldsymbol{P_D}$ y se resuelve el sistema lineal [3], [4] obteniéndose $\boldsymbol{T_{CD}^{(0}}\ \boldsymbol{T_B^{(0}}$ y con estos en [2] se obtiene $\boldsymbol{T_A^{(0}}$ y con esta y $\boldsymbol{T_{CD}^{(0}}\ \boldsymbol{\gamma_0}$, se obtiene en [1], $\boldsymbol{\alpha_1}$ con el cual se reinicia el cálculo. En este caso el sistema ha sido resuelto con un programa de computación:

$$\boldsymbol{T_A = 487\ kN} \qquad \boldsymbol{T_{CD} = 570.6\ kN} \qquad \boldsymbol{T_B = 799.8\ kN}$$
$$\boldsymbol{\alpha = 73.1°} \qquad \boldsymbol{\gamma = 54.8°} \qquad \boldsymbol{\beta = 35.6°}$$

Las coordenadas ***x*** de los puntos ***C*** y ***D'***:

$$\boldsymbol{x_C} = (y_C - y_A)\ tan\,\alpha = \boldsymbol{65.852\ m}$$
$$\boldsymbol{x_{D'}} = z_C + (y_C - y_D)\ tan\,\gamma = \boldsymbol{94.15\ m}$$

La longitud de cada tramo de cable:

$$\boldsymbol{AC} = \frac{y_C - y_A}{cos\,\alpha} = \boldsymbol{68.822\ m} \qquad \boldsymbol{CD} = \frac{y_C - y_D}{cos\,\gamma} = \boldsymbol{34.657\ m} \qquad \boldsymbol{DB} = \frac{y_D}{cos\,\beta} = \boldsymbol{61.521\ m}$$

Fin ejemplo 5

Para los cables suspendidos cargados con fuerzas distribuidas a lo largo de una cierta dirección y a lo largo de él, véase el apéndice B.

6.5 Resorte

Es un cuerpo de múltiples formas y usos en la Ingeniería. Para nuestro propósito utilizaremos al resorte que se realiza con un alambre al que se le da forma helicoidal cilíndrica, con dos articulaciones extremas, *fig.6-36a*. Es más o menos deformable según sea su material, longitud, diámetro, diámetro del alambre, etc. Su comportamiento mecánico interno se analiza en la Mecánica de los cuerpos deformables.

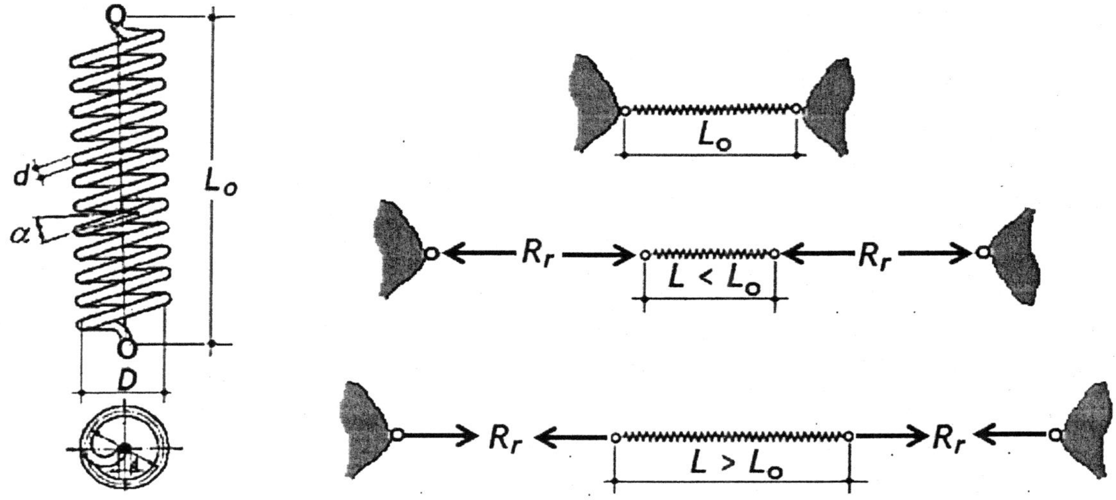

fig.6-36 a) b)

Las fuerzas en las articulaciones extremas, para acortarlo o alargarlo desde su longitud original descargado $\boldsymbol{L_o}$, *fig.6-35b*, es proporcional al cambio de longitud $\Delta \boldsymbol{L}$. La relación es:

$$\boldsymbol{R_r} = k\,\Delta L = \boldsymbol{k}\,|\boldsymbol{L} - \boldsymbol{L_o}| \qquad [6.8]$$

siendo ***L*** la longitud que adquiere el resorte bajo la acción de la fuerza $\boldsymbol{R_r}$, suponiendo que son las únicas fuerzas que pueden actuar. El factor de proporcionalidad ***k***, se lo designa como la *constante de rigidez* del resorte y sus unidades son: ***[k] = N/m***, ó, ***kN/m***.

En general cuando un resorte de rigidez ***k***, con una longitud diferente de la libre $\boldsymbol{L_o}$, *fig.6-36b*, forme parte de un sistema mecánico de cuerpos vinculados y se realice un ***DCL*** del mismo, como en todo eslabón, la fuerza de interacción en las articulaciones extremas son de igual módulo, colineales y de sentidos opuestos y correspondiente con el carácter del cambio de longitud que tiene en el sistema y un valor dado por la *ec.[6.8]*.

Ejemplo 6: El sistema mecánico de la figura está formado por el cuerpo ***1*** que es una barra quebrada ***ABCJ*** y un cuerpo de forma circular ***2***. La barra se conecta externamente por la articulación fija ***C*** y con el cuerpo ***2*** por medio de una articulación que puede moverse por una guía diametral y también por un resorte de rigidez $\boldsymbol{k_1}$. El cuerpo ***2***, se conecta exteriormente con una articulación fija ***E*** y un resorte de rigidez $\boldsymbol{k_2}$. Las longitudes libres de los resortes antes de su montaje son $\boldsymbol{L_{o1}}$ y $\boldsymbol{L_{o2}}$. Determinar el valor de la carga ***P*** a aplicar para que el sistema quede en equilibrio en la posición de la figura. Calcular, para ese valor de ***P***, las reacciones de vínculo en las articulaciones externas ***C*** y ***E***, y la fuerza de interacción en la articulación guiada ***J***.

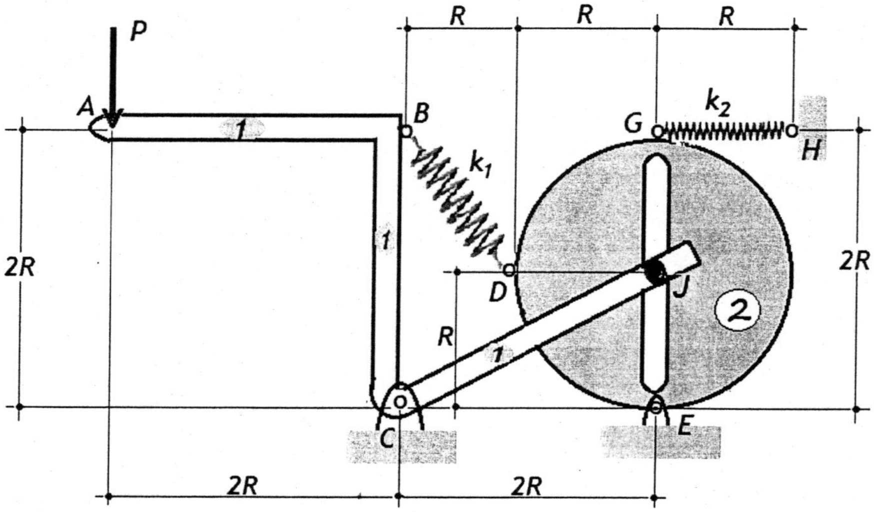

$R = 100mm \qquad L_{o1} = R \qquad L_{o2} = 1.2\,R \qquad k_1 = 100\ N/mm \qquad k_2 = 50\ N/mm$

Teniendo en cuenta que los resortes en la posición dibujada quedan con longitudes diferentes a la que tenían antes de ser montados, las fuerzas iguales y opuestas en sus extremos de unión, tienen el sentido en consonancia con el cambio de longitud que tuvieron.

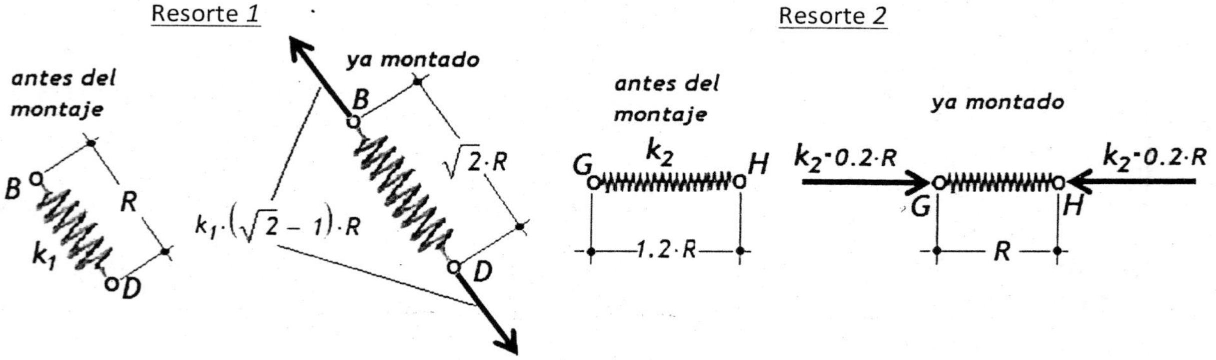

En este problema los cuerpos ***1*** y ***2***, están conectados por una articulación que puede desplazarse por la guía recta, el único movimiento relativo que queda limitado entre ambos cuerpos es la traslación en dirección normal a la guía, por lo que la fuerza de interacción es una fuerza con esa dirección.

Si reemplazamos los resortes por su acción sobre los cuerpos, ya que conocemos las fuerzas con las que interactúan con los cuerpos a los que se une, tendremos el sistema de dos cuerpos, con ***1GL***. Este valor surge del hecho que de los ***6GL*** de los cuerpos desvinculados, al unirlos por la articulación desplazable ***J***, restringimos ***1GL***, de modo que de los ***5GL*** restantes, ***4GL*** están eliminados por las articulaciones fijas externas ***C*** y ***E***.

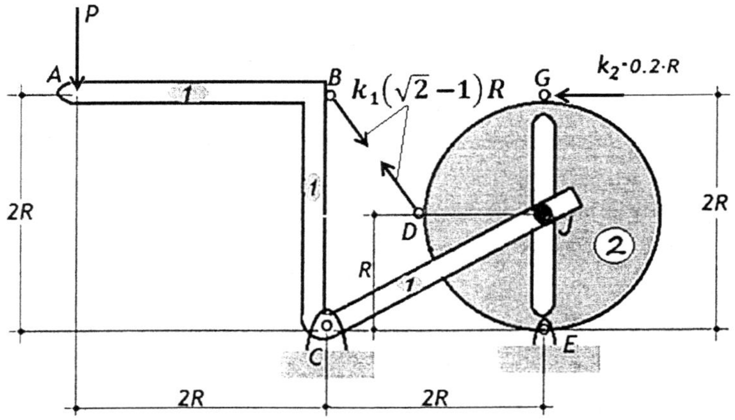

Con los ***DCL*** de los cuerpos ***1*** y ***2***, las correspondientes ecuaciones escalares de equilibrio son:

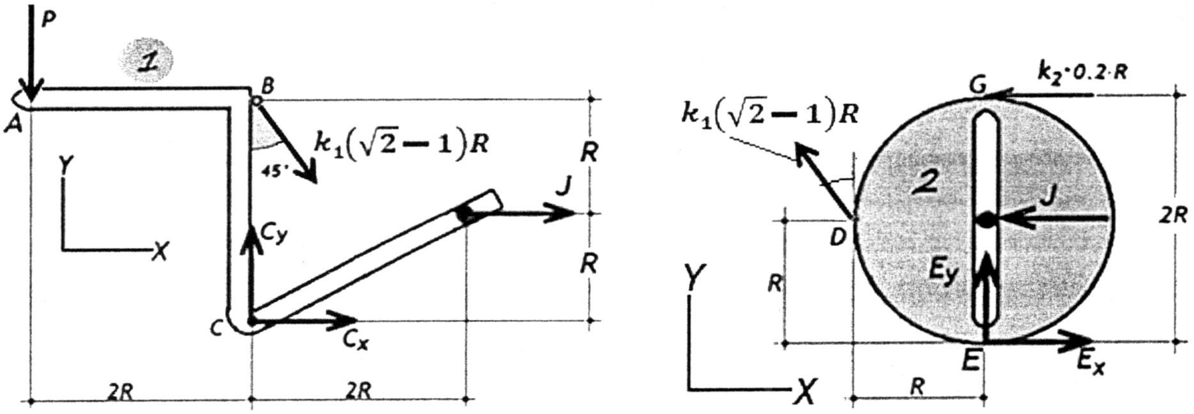

Para el cuerpo ***1***:

$$\sum F_X = C_X + k_1\left(\sqrt{2}-1\right)R\ sen\ 45° + J = 0$$
$$\sum F_Y = -\ P - k_1\left(\sqrt{2}-1\right)R\ cos\ 45° + C_Y = 0$$
$$\sum M_C = P\ 2R\ - \left[k_1\left(\sqrt{2}-1\right)R\ sen\ 45°\right]\ 2R - J\ R = 0$$

Para el cuerpo ***2***:

$$\sum F_X = -\ k_1\left(\sqrt{2}-1\right)R\ \ sen\ 45° - k_2\ 0.2R - J + E_X = 0$$
$$\sum F_Y = k_1\left(\sqrt{2}-1\right)R\ \ cos\ 45° + E_Y = 0$$
$$\sum M_E = \left[k_1\left(\sqrt{2}-1\right)R\ \ sen\ 45°\right]R - \left[k_1\left(\sqrt{2}-1\right)R\ \ cos\ 45°\right]R + \left[k_2\ 0.2R\right]2R + J\ R = 0$$

El sistema de ecuaciones tiene por solución:

$$P = 1.929\ kN$$
$$C_X = -0.929\ kN \qquad C_Y = 4.858\ kN$$
$$J = \ -2\ kN$$
$$E_X = 1.929\ kN \qquad E_Y = -2.929\ kN$$

Con las componentes de ***C*** y ***E*** se obtienen:

$$C = 4.946\ kN \qquad \varphi_C = 100.8° \qquad\qquad E = 3.507\ kN \qquad \varphi_E = -56.6°$$

6.6 Fuerzas de fricción

Dado un sistema de cuerpos en que la conexión entre ellos y/o con el exterior, en todos, *fig.6-37a*, o sólo en algunos, *fig.6-37b*, son por simple contacto a través de superficies rugosas y tal que los cuerpos pueden moverse relativamente entre sí, pueden tenerse dos situaciones:

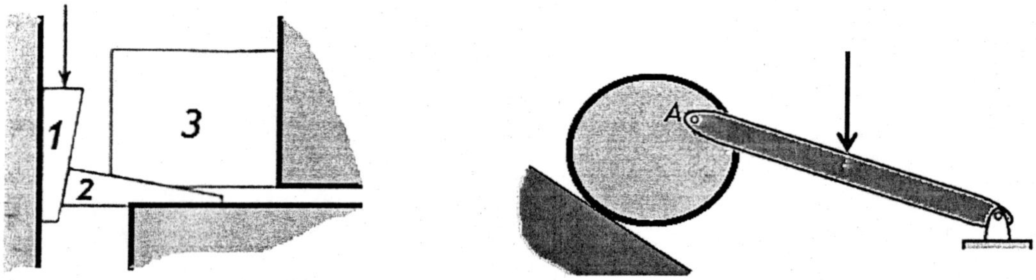

fig.6-37 a) b)

1. Determinar las condiciones de las cargas (valor, orientación, posición) que lleven a que uno, algunos o todos los cuerpos del sistema estén en la condición de movimiento inminente, lo cual requiere conocer o anticipar el sentido de dicho movimiento. En ese caso se conoce el sentido de la fuerza de fricción ejercida sobre el cuerpo (opuesto al sentido del movimiento inminente real o potencial) y su valor que es la límite:

$$F_{flim} = \mu R \qquad [6.9]$$

donde ***R*** es la reacción normal a la superficie potencial de deslizamiento del cuerpo con el que está en contacto, sea este parte del sistema o del exterior.

2. Otra situación es cuando no se sabe si se está en la condición de movimiento inminente, en cuyo caso de la fuerza de fricción se conoce la dirección, que es tangente a la superficie de contacto, pero es una incógnita el valor y su sentido. Una vez calculada como una fuerza reactiva más, se la compara con el valor límite: si es menor hay reposo, si mayor habrá movimiento.

En las *figs.6-38*, se muestran los ***DCL*** de uno de los cuerpos de los sistemas de la *fig.6-36*, las reacciones normales y las fuerzas de fricción que tienen lugar. El sentido del movimiento potencial se indica en trazo interrumpido.

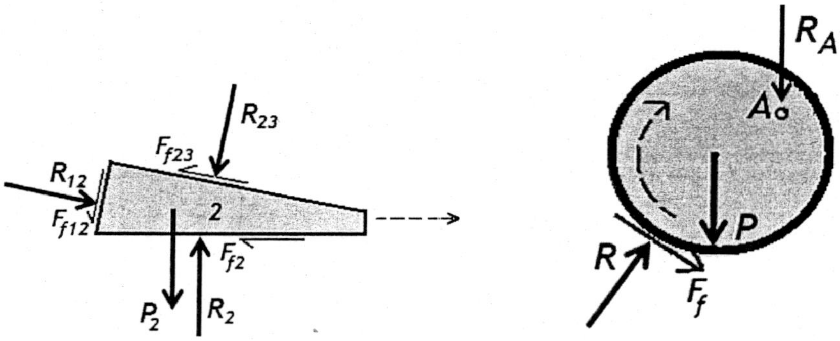

fig.6-38

Ejemplo 7: El sistema de la figura son dos barras articuladas y unidas a una pared y al piso con apoyos fijos. Los centros de gravedad de las barras están en la mitad de la longitud y tienen los pesos indicados. Sostienen a la carga ***P*** aplicada en la articulación interna ***C***.

a) Determinar las reacciones de apoyo.

b) Suponiendo los apoyos deslizables y la pared y piso rugosos con coeficientes de fricción μ_A y μ_B, ver si para la carga dada se produce el deslizamiento de los apoyos.

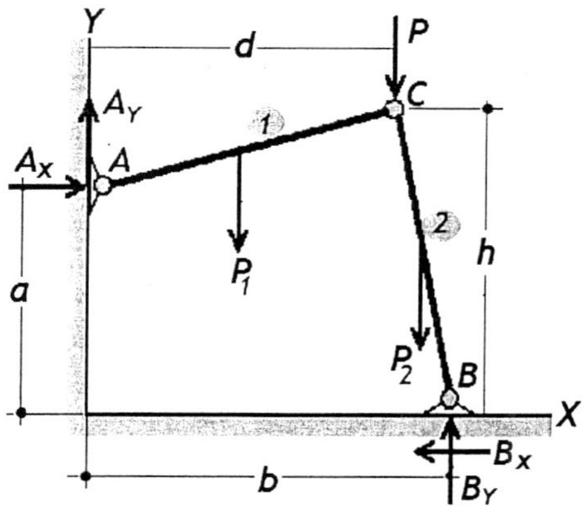

$a = 2.1m$ $P_1 = 105\ N$ $d = 3.2m$ $\mu_A = 0.35$

$b = 3.8m$ $P_2 = 160\ N$ $h = 2.8m$ $\mu_B = 0.20$

$P = 1\ kN$

a) Para determinar las reacciones de vínculo, hacemos el ***DCL*** de todo el sistema sin desvincularlo en ***C***.

Las ecuaciones de equilibrio correspondientes son:

$$\sum F_X = A_X - B_X = 0 \qquad [1]$$
$$\sum F_Y = A_Y + B_Y - P - P_1 - P_2 = 0 \qquad [2]$$
$$\sum M_A = -P\,d - P_1\frac{d}{2} - P_2\frac{b+d}{2} - B_X\,a + B_Y\,b = 0 \qquad [3]$$

Dado que sólo estamos interesados en las reacciones de vínculo, la ecuación de equilibrio en la cual no aparece la fuerza de interacción en la articulación ***C***, es una ecuación de momentos respecto al punto ***C***, planteada para el ***DCL*** del cuerpo ***1*** o del ***2***.

La ecuación complementaria de equilibrio del cuerpo ***2***:

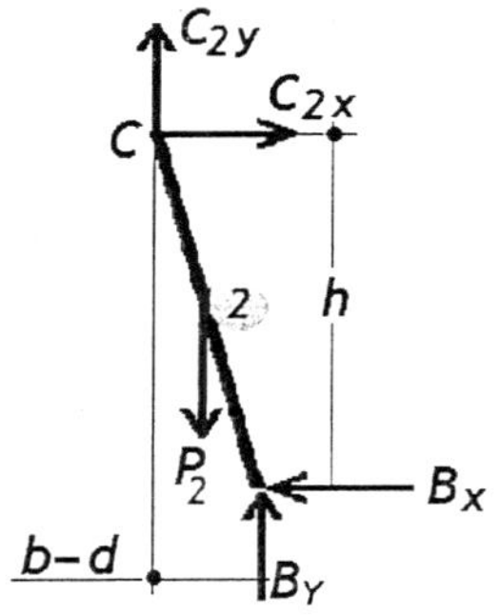

$$\sum M_C^{(2} = -P_2\frac{b-d}{2} - B_X\,h + B_Y\,(b-d) = 0 \qquad [4]$$

Otra ecuación complementaria alternativa a la anterior, en el ***DCL*** del cuerpo ***1***, es el momento respecto a ***C***.

La solución del sistema de ecuaciones [1] á [4]:

$A_X = 231.8\ N$ $A_Y = 103.2\ N$ $A = 253.7\ N$ $\varphi_A = 24°$

$B_X = 231.8\ N$ $B_Y = 1161.8\ N$ $B = 1184.7\ N$ $\varphi_B = 78.7°$

b) Si los apoyos son móviles y las superficies de la pared y piso rugosas, veremos si se produce deslizamiento en alguno de los apoyos.

Como la máxima fuerza de rozamiento en la pared que puede desarrollarse es: $\mu_A A_X = 81.8\ N$
es menor que la fuerza que debe proporcionar el apoyo para mantener el equilibrio: $A_Y = 103.2\ N$
habrá deslizamiento en la pared.

Para el piso la máxima fuerza de rozamiento es: $\mu_B B_Y = 232.4\ N$
que es mayor que la necesaria para mantener el equilibrio: $B_X = 231.8\ N$
por lo que no habrá deslizamiento en el piso.

6.7 Cadena cerrada plana múltiple

Analizaremos a continuación la generación de las cadenas cerradas de más de tres cuerpos de modo que resulte un sistema de ***3GL*** e internamente isostática. Luego estudiamos una importante derivación de estos sistemas generales y de gran uso como sistema portante. Pero previamente explicamos la cuestión de la isostaticidad interna en una cadena cerrada de múltiples cuerpos y ***3GL***.

6.7.1 Isostaticidad interna

Los sistemas de cuerpos vinculados, analizados previamente, son integralmente isostáticos porque en ellos se podían determinar las reacciones de vínculo externo y las de interacción entre los cuerpos en los vínculos internos, con las ecuaciones de equilibrio.

Cuando en el sistema de cuerpos vinculados no pueden determinarse la totalidad de las reacciones externas e interacciones internas, o sólo pueden serlo algunas de ellas, se dice que el sistema es estáticamente indeterminado. Por ejemplo para los sistemas de las *figs.6-39*, se pueden calcular las reacciones de vínculo externo por planteo de los ***DCL*** de todo el sistema, pero no pueden determinarse las fuerzas de interacción en las articulaciones internas; por lo que son este caso estáticamente indeterminados (internamente).

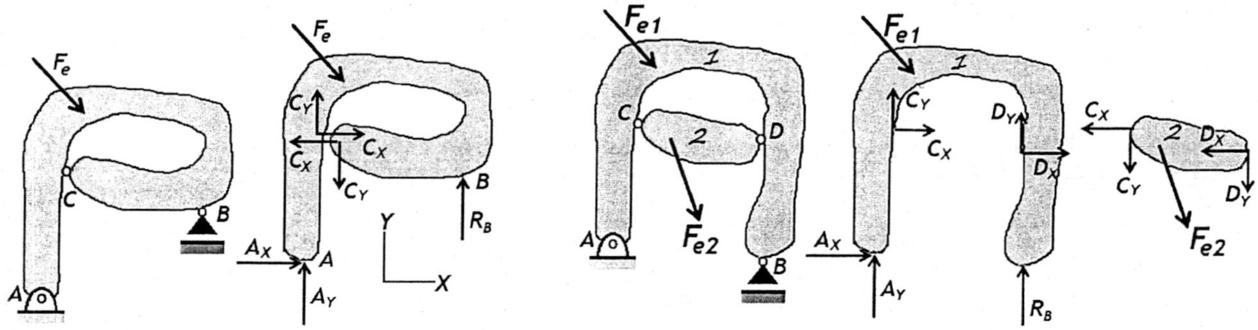

fig.6-39 a) b)

Asimismo bastaría que se agregasen uno o más vínculos externos en estos cuerpos, para que se transformen además, externamente en estáticamente indeterminados.

6.7.2 Formación de una cadena cerrada múltiple, internamente isostática

El sistema base para la generación de una cadena cerrada de más de tres cuerpos, vinculados por articulación, lo constituye la cadena cerrada de tres cuerpos (o disposición en triángulo) y que tiene como conjunto ***3GL***.

Para propósitos prácticos, se amplía el sistema con más cuerpos unidos de modo tal de seguir teniendo ***3GL***.

Para que al ampliarlo el sistema mantenga la isostaticidad interna, se agregan, *fig.6-40*, dos nuevos cuerpos (***4*** y ***5***) con dos articulaciones cada uno. Se deben articular entre sí (***D***) y las otras dos que quedan, se unen al sistema base, ya sea a articulaciones existentes (***B*** y ***C***), *fig.6-40a*, o a otra nueva articulación en los cuerpos (***G*** y ***H***), *fig.6-40b,c,d*.

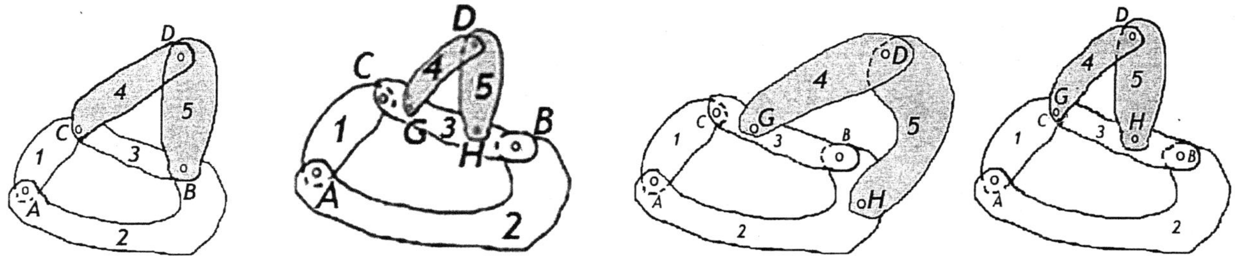

fig.6-40 a) b) c) d)

Con el agregado de dos nuevos cuerpos (***6-7***), *fig.6-41*, unidos entre sí en la articulación ***E*** y luego las dos articulaciones libres, a dos existentes (***B*** y ***C***), *fig.6-41a*, o a dos nuevas (***G*** y ***H***) como en la *fig.6-41b*:

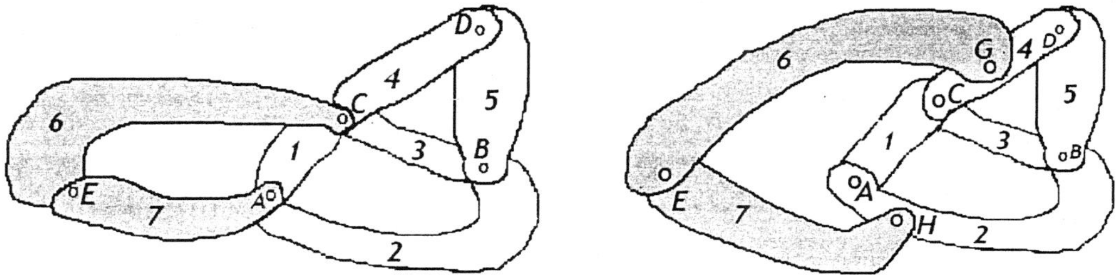

fig.6-41 a) b)

Repitiendo este proceso se obtiene un sistema múltiple configurado como un megacuerpo con ***3GL*** e internamente isostático. Si exteriormente está isostáticamente vinculado, sin inmovilidad aparente, se pueden determinar las reacciones de vínculo externo y las fuerzas de interacción en las articulaciones entre los cuerpos, cualquiera sea el sistema de cargas.

Si la generación del sistema no se hace como se ha indicado (agregar dos cuerpos unidos entre sí y las otras articulaciones al resto), se tendría un megacuerpo con ***3GL*** pero internamente, estáticamente indeterminado.

Si se une un sólo cuerpo al sistema isostático existente o se unen dos pero individualmente (no compartiendo una articulación entre ellos), se obtiene un sistema internamente indeterminado.

Para vincularlo isostáticamente a tierra u otros cuerpos externos, se usa cualquier sistema de vínculos que limiten los ***3GL*** del sistema.

6.7.3 Sistemas reticulados

Del sistema general anterior, que es una cadena cerrada múltiple de ***3GL***, se deriva un sistema particular de gran uso para soportar cargas, denominado sistema reticulado.

Para ello se considera que en la generación de la cadena cerrada se siguen las reglas antes descriptas, pero con la limitación que de los dos nuevos cuerpos que se van agregando sucesivamente, las articulaciones se hagan a dos preexistentes, como en *figs.6-40a* y *6-41a*.

Los vínculos externos son articulaciones fijas y/o móviles (o sus equivalentes) y dispuestas en coincidencia con las articulaciones *figs.6-42*. No hay empotramientos ni apoyos externos en el medio de un cuerpo.

Las cargas son sólo fuerzas y están aplicadas a las articulaciones.

A esta cadena cerrada múltiple particular, se la designa más propiamente como sistema reticulado, que en este caso es plano, *fig.6-42*.

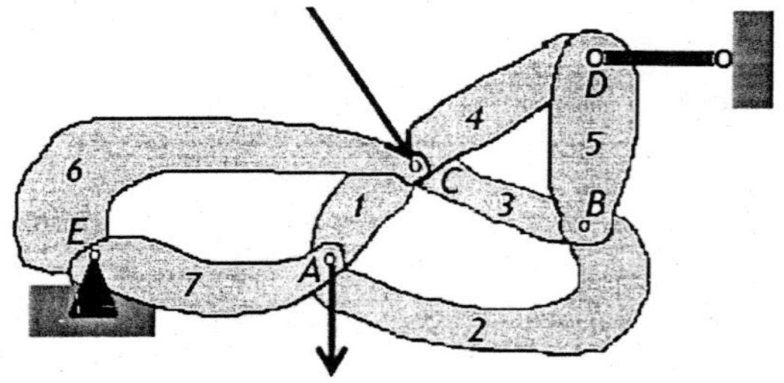

fig.6-42

En estos sistemas se deben determinar las reacciones de vínculo externo y las fuerzas de interacción entre cada cuerpo y la articulación a la que se une. Como las fuerzas exteriores y las reacciones de vínculo están aplicadas a las articulaciones, cada cuerpo independientemente de su forma está en la condición de biarticulado y sin cargas intermedias, a los que habíamos categorizado como eslabón. Por ello la fuerza de interacción del cuerpo con las articulaciones a las que se une son dos fuerzas iguales y opuestas.

6.8 Reticulado ideal

Si bien la caracterización como reticulado es válida cualquiera sea la forma de los cuerpos, la mayor eficiencia estructural se logra cuando los cuerpos tienen la forma de una barra de eje recto, y con articulaciones en los extremos, *fig.6-43a*:

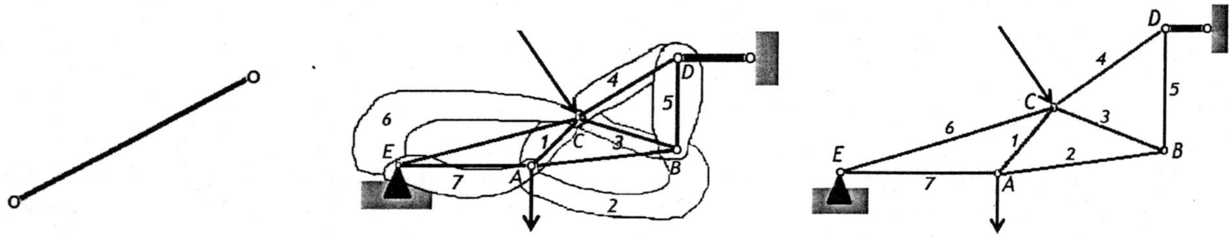

fig.6-43 a) b) c)

En lo sucesivo, consideraremos que cada cuerpo del sistema, es una barra de eje recto con dos articulaciones extremas.

Si el sistema cumple con todas estas restricciones enumeradas, al sistema formado se lo denomina *reticulado ideal*. Por ello el reticulado ideal que se derivaría del reticulado de *fig.6-43b*, es el de *fig.6-43c*.

El cálculo estático de un sistema reticulado ideal es el mismo que para la cadena cerrada múltiple de la cual deriva, que es determinar las reacciones de vínculo externo y las fuerzas de interacción entre las articulaciones y las barras que concurren a ellas.

Si como se dijo, sólo hay fuerzas aplicadas a las articulaciones, las fuerzas de interacción entre cada barra y sus articulaciones tienen como línea de acción la recta que une las articulaciones y son de igual valor y sentidos opuestos.

Si el sistema es externamente isostático y no existe inmovilidad aparente, pueden calcularse las reacciones de vínculo externo y las fuerzas de interacción en todas las articulaciones y barras.

A los sistemas reticulados ideales se los llama, de acuerdo al destino y sus particularidades: armadura, cercha, cabriada, celosía, etc.

6.8.1 Más sobre la formación de los reticulados ideales

Como se explicó, la generación del sistema se inicia a partir del triángulo base, *fig.6-44a*, considerado como un megacuerpo con ***3GL***, excluido el caso límite del triángulo de área nula, *fig.6-44b*, en el que las tres articulaciones quedan alineadas.

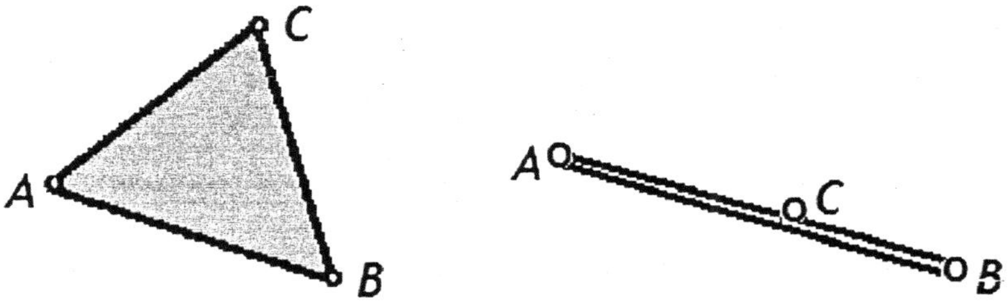

fig.6-44 a) b)

Al ampliar el sistema base incorporando dos barras (***CD*** y ***BD***) y según sea la posición de la articulación ***D***, respecto al sistema existente, se tendrán cuatro formas alternativas, *fig.6-45*:

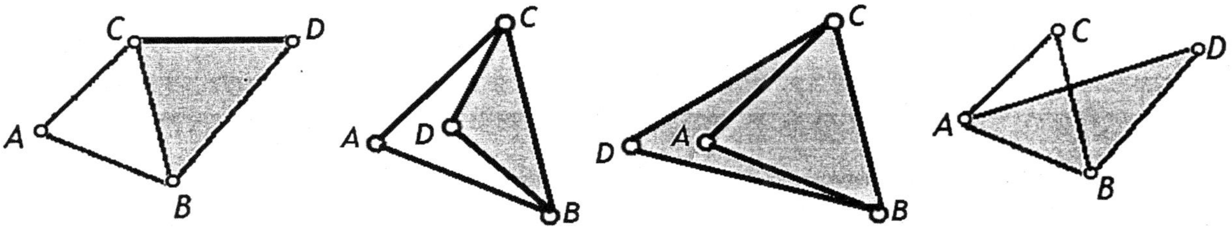

fig.6-45 a) b) c) d)

La forma de *fig.6-45a*, con la nueva articulación ***D***, fuera del sistema preexistente, corresponde a los denominados *reticulados simples*. Los de *figs.6-45b,c,d* son llamados reticulados complejos.

Para obtener un reticulado con más barras, se agregan otras dos que se unen entre sí en una articulación (***E***). Si las otras dos articulaciones se unen a los extremos de una sola barra del contorno, el reticulado es simple. Los reticulados de las *figs.6-46b,c,d*, son complejos.

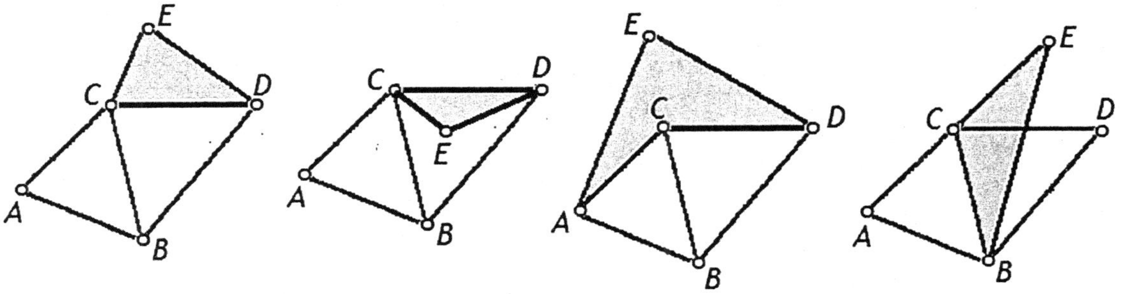

fig.6-46 a) b) c) d)

Agregando otras dos barras, y siguiendo esta regla de unirlas entre sí en una articulación común y las otras dos a los extremos de una misma barra del contorno existente, resulta un reticulado simple.

Si las dos barras agregadas forman entre sí un ángulo ni nulo ni de ***180°***, y se unen en una articulación común antes de unir las dos restantes a otras articulaciones existentes, se obtiene un reticulado interiormente isostático (sea este simple o complejo) y sin inmovilidad aparente interna y si está isostáticamente vinculado, puede resolverse estáticamente.

Si de un reticulado isostático se elimina alguna o algunas barras, queda un reticulado interiormente hipostático y con movilidad interna.

Si a un reticulado simple o complejo, con vinculación isostática externa, *fig.6-47a*, se agregan una o más barras que se unen individualmente a articulaciones existentes del reticulado, *fig.6-47b,c*, resultará un reticulado interiormente hiperestático.

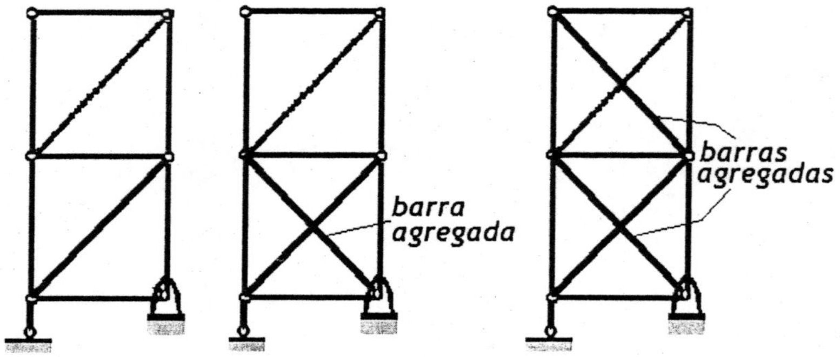

fig.6-47 a) b) c)

6.8.2 Relación entre el número de articulaciones y barras de un reticulado

La relación que hay entre el número total de barras (***b***) y articulaciones (***a***) que conduce a que en un sistema puedan determinarse, en principio, las acciones sobre las barras es:

$$\boldsymbol{b = 2\,a - 3} \qquad [6.10]$$

La explicación de esta relación es la siguiente: como vimos, a partir del triángulo base, la relación entre barras y articulaciones nuevas es:

$$\boldsymbol{b_{agregadas} = 2\,a_{agregadas}}$$

Al considerar las tres articulaciones y tres barras del triángulo base, tendríamos adicionalmente $\boldsymbol{2 \cdot 3\ art.base = 6\ barras}$, sin embargo son sólo tres las barras iniciales, luego: $\boldsymbol{b_{base} = 6 - 3}$

$$\boldsymbol{b_{base} = 2\,a_{base} - 3}$$

Para tener una única relación que contemple la totalidad de barras y articulaciones:

$$\boldsymbol{b_{total}} = b_{base} + b_{agregadas} = (2\,a_{base} - 3) + 2\,a_{agregadas} = 2\left(a_{base} + a_{agregadas}\right) - 3$$

$$\boldsymbol{b_{total} = 2\,a_{total} - 3}$$

que es la *ec.[6.10]*.

El cumplimiento de la *ec.[6.10]*, ante una distribución arbitraria de barras de un reticulado, no garantiza que el sistema sea internamente inmóvil. Por ejemplo, *fig.6-48a*, el reticulado es simple, y resulta:

$$\boldsymbol{b = 13} \quad \boldsymbol{a = 8} \qquad \boldsymbol{b} = 13 = 2 \cdot 8 - 3 = \boldsymbol{13}$$

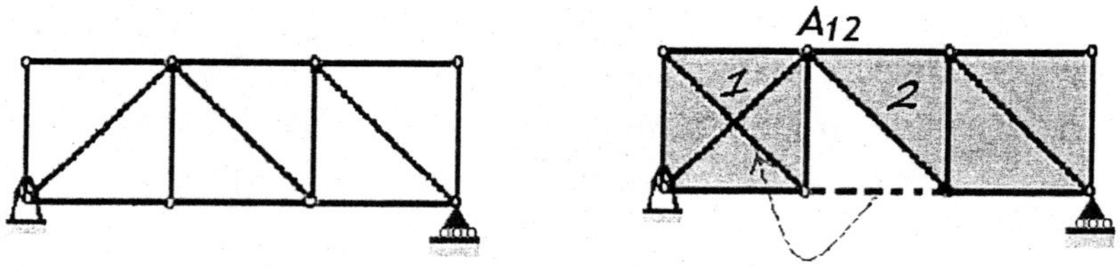

fig.6-48 a) b)

Si cambiamos de posición una de las barras, *fig.6-48b*, la relación *[6.10]* sigue cumpliéndose, pero queda transformada en una cadena abierta de **2** megacuerpos unidos por la articulación A_{12} y con **1GL**.

Si la *ec.[6.10]* no se cumple y es $b < 2\ a - 3$, el reticulado es hipostático y permanece en equilibrio sólo para formas particulares de la carga.

Si $b > 2\ a - 3$ el sistema reticulado es internamente hiperestático. Sin embargo, aún en este caso, puede darse que las barras están dispuestas de tal modo que queden partes con movilidad interna.

6.8.3 Cálculo de las interacciones entre las barras y las articulaciones

Si el reticulado está isostáticamente vinculado y sin inmovilidad aparente, podemos calcular las reacciones de vínculo externo, tratándolo como un único cuerpo.

El cálculo de las interacciones que se ejercen entre las articulaciones y las barras, se hace a partir del planteo del equilibrio. Como las barras son eslabones (las fuerzas exteriores están aplicadas en las articulaciones), la dirección de las fuerzas de interacción con las dos articulaciones a las que se conecta, la define la recta que pasa por ambas articulaciones y que es colineal con el eje de la barra. Las incógnitas son el valor de la fuerza de interacción y su sentido.

Para el cálculo de estas fuerzas de interacción, hacemos diversos **DCL** y de acuerdo a como sean estos, veremos dos métodos: el de *equilibrio de las articulaciones* y el de *equilibrio de subreticulados*. En ambos casos, en general, es conveniente determinar previamente las reacciones de vínculo externo.

6.8.3.1 Método del equilibrio de las articulaciones

En este método se realiza el **DCL** de cada articulación, considerando las fuerzas exteriores actuantes sobre la misma (incluyendo las reacciones de vínculo, si coincide con la articulación en cuestión) y las acciones de las barras concurrentes a ella. A la articulación se la considera como un punto material sobre el que actúan las fuerzas mencionadas y para la cual se plantean las dos ecuaciones escalares de equilibrio: la suma nula de las proyecciones de todas las fuerzas en la articulación, respecto a dos direcciones no paralelas.

Ejemplo 8: Para ilustrar el método calcularemos el siguiente reticulado simple, isostático y sin inmovilidad aparente ni interna ni externa, cargado como se indica.

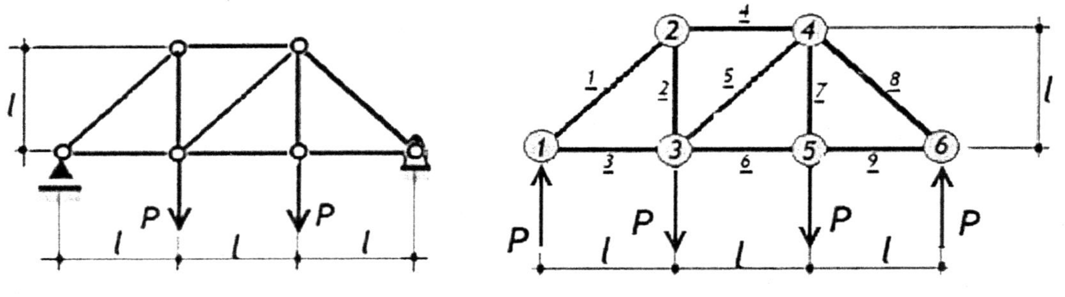

La relación entre el número de barras y articulaciones, *ec.[6.10]*: $b = 9 = 2 \cdot 6\ - 3 = 9.$

Al ser un reticulado ideal simple no hay movimientos relativos entre partes del reticulado y se comporta globalmente como un único cuerpo. Calculamos las reacciones de apoyo que quedan expuestas en el **DCL**.

A fin de identificar cada barra y articulación, las designamos con números o letras. La adoptada, es una posible.

Comenzamos haciendo el **DCL** de una articulación que conecte sólo dos barras y tenga aplicada una fuerza, o por una articulación a la que concurran dos barras y corresponda a un apoyo para el cual se calculó la reacción.

Como se desconoce el sentido de la fuerza de interacción, se supone que la barra ejerce sobre la articulación una fuerza de tracción. Al resolver el sistema de ecuaciones escalares de equilibrio de esta articulación, el signo del resultado, corroborará la suposición inicial: si el resultado es positivo significa que efectivamente la acción de la barra sobre la articulación es de tracción (y también de articulación sobre la barra). Si el resultado es un valor negativo entonces la barra comprime a la articulación y esta comprime a la barra, contra la suposición inicial.

Así para este ejemplo comenzamos con la articulación ***1*** que coincide con el apoyo izquierdo, sobre el cual actúa la reacción y concurren sólo dos barras, la ***1*** y ***3***. Adoptado el sistema coordenado indicado, tendremos que las dos ecuaciones escalares de equilibrio son:

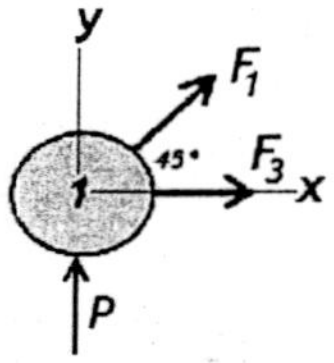

$$\Sigma F_x = F_3 + F_1 \cos 45° = 0 \qquad \text{y} \qquad \Sigma F_y = F_1 \operatorname{sen} 45° + P = 0$$

Su solución es: $F_1 = -\sqrt{2}\,P \qquad F_3 = P$

Como el resultado para F_1 fue negativo, significa que la acción de la barra ***1*** sobre articulación ***1*** (y de la articulación sobre la barra) no es de tracción, como se había supuesto, sino de compresión. En cambio la acción que la barra ***3*** ejerce sobre la articulación es de tracción.

Ahora podemos pasar al ***DCL*** de la articulación ***2***: de las tres barras concurrentes conocemos el valor y sentido de F_1 del cálculo anterior. Determinaremos los valores de F_2 y F_4.

En la figura siguiente, se dibujó a F_1 con el sentido correspondiente al resultado obtenido, que en este caso es de compresión de la articulación (y de la propia barra). Además se ve que la fuerza F_1 actuante sobre la articulación ***1***, es la misma que actúa sobre la ***2***. Las ecuaciones de equilibrio de la articulación ***2***:

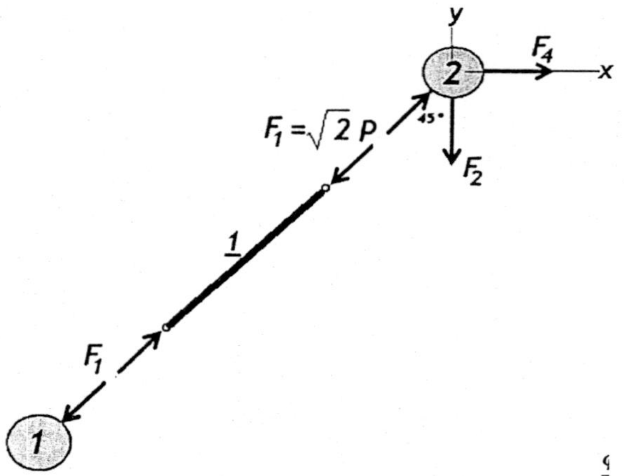

$$\Sigma F_x = F_4 + \sqrt{2}\,P \operatorname{sen} 45° = 0$$
$$\Sigma F_y = -F_2 + \sqrt{2}\,P \cos 45° = 0$$

de las que: $F_2 = P \qquad F_4 = -P$

En este punto podríamos continuar con el equilibrio de las articulaciones ***3*** ó ***4***. No podemos con la articulación ***4***, pues en ella hay tres barras de las cuales desconocemos sus valores (las ***5***, ***7***, ***8***), y no podríamos resolver el sistema de ecuaciones, porque disponemos de sólo dos ecuaciones.

Continuamos con el equilibrio de la articulación ***3***, porque de las barras concurrentes en ella, conocemos los valores y sentidos de F_2 y F_4, y hay dos incógnitas las fuerzas sobre las barras ***5*** y ***6***. Consideramos entre las fuerzas actuantes sobre la articulación ***3***, la fuerza exterior ***P***:

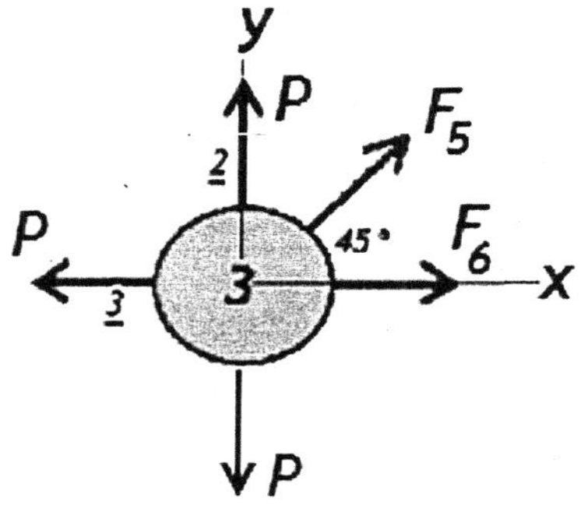

$$\Sigma F_x = -P + F_6 + F_5 \cos 45° = 0$$
$$\Sigma F_y = P - P + F_5 \operatorname{sen} 45° = 0$$

de las que: $F_5 = 0$ $F_6 = P$

En este momento podemos seguir, indistintamente, con la articulación ***4*** ó ***5***. Para la ***4***:

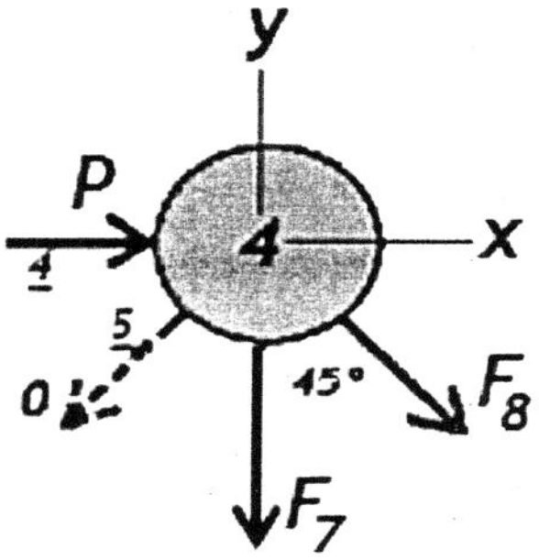

$$\Sigma F_x = P + F_8 \operatorname{sen} 45° = 0 \qquad \Sigma F_y = -F_7 - F_8 \cos 45° = 0$$
$$F_8 = -\sqrt{2}\,P \qquad F_7 = -F_8 \cos 45° = -\left(-\sqrt{2}\,P\right)\frac{1}{\sqrt{2}} \qquad F_7 = P$$

Obsérvese que en la ecuación para calcular F_7, se utiliza el valor con su signo de F_8; finalizado el cálculo de ambas fuerzas se hace la interpretación de los signos correspondiente. Ahora con la ***5***:

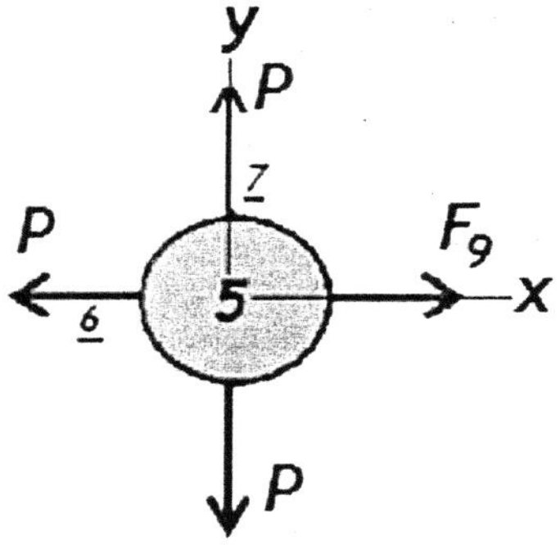

$$\Sigma F_x = -P + F_9 = 0 \qquad \Sigma F_y = -P + F_7 = 0$$

obteniéndose: $F_7 = P$ $F_9 = P$

Como comprobación para la articulación correspondiente al apoyo ***6***, debe quedar en equilibrio bajo la acción de las fuerzas que ejercen las barras ***8***, ***9***, y la reacción de apoyo.

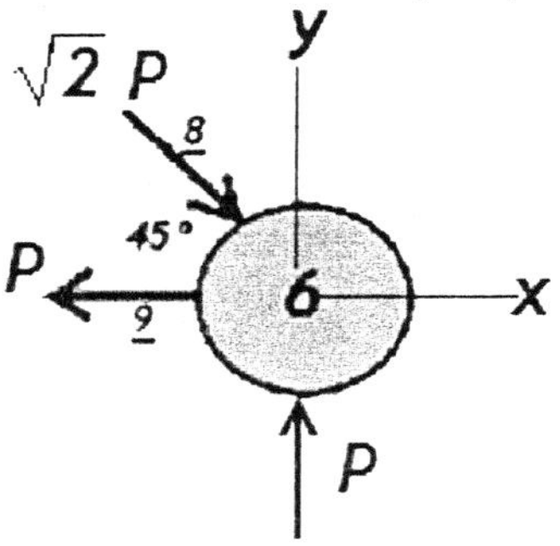

$$\Sigma F_x = -P + \sqrt{2}\,P \cos 45° = 0 \qquad \Sigma F_y = -\sqrt{2}\,P \operatorname{sen} 45° + P = 0$$

6.8.3.2 Conclusiones del método

Si hay una articulación ***i***, *fig.6-49a*, sin fuerza externa aplicada en ella ni que corresponda a un apoyo y a la que concurren dos barras ***j*** y ***k*** no colineales, las fuerzas de interacción entre la articulación y las barras son nulas. Las ecuaciones de equilibrio de la articulación:

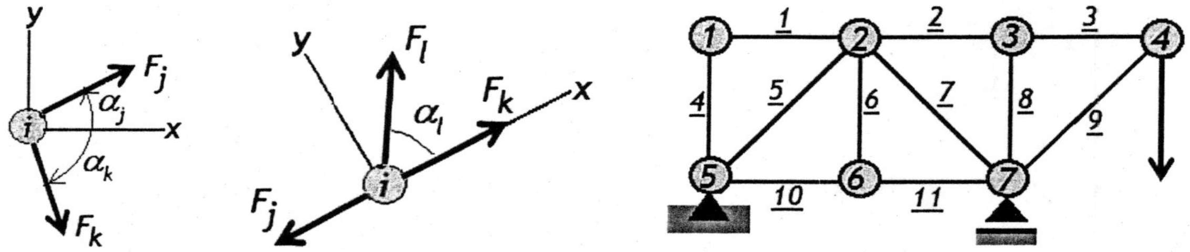

fig.6-49 a) b) c)

$$\Sigma F_x = F_j \cos\alpha_j + F_k \cos\alpha_k = 0$$
$$\Sigma F_y = F_j\, sen\,\alpha_j - F_k\, sen\,\alpha_k = 0$$

De las que se obtiene que: $F_j = F_k = 0$

Si la articulación ***i***, *fig.6-49b*, sin carga exterior ni correspondiente a un apoyo, a la que concurren tres barras, de las cuales las ***j*** y ***k*** son colineales, mientras que la tercera ***l*** forma cierto ángulo con ellas, las ecuaciones de equilibrio:

$$\Sigma F_x = -F_j + F_k + F_l \cos\alpha_l = 0$$
$$\Sigma F_y = F_l\, sen\,\alpha_l = 0$$

conducen a que: $F_l = 0$ $F_j = F_k$

O sea que la fuerza de interacción entre las barras colineales son iguales y del mismo valor y signo, mientras que la fuerza en la tercer barra es nula.

Véase que los ejes ***x-y*** utilizados no son vertical y horizontal, porque se los puede orientar arbitrariamente. El planteo del equilibrio de la articulación es un cálculo puramente local por lo que la orientación del sistema coordenado puede adaptarse con el fin de simplificar las ecuaciones de equilibrio.

De lo expuesto, en el reticulado de *fig.6-49c*, podemos concluir sin hacer ningún cálculo, que:

$$F_1 = 0 \qquad F_4 = 0 \qquad F_2 = F_3 \qquad F_8 = 0 \qquad F_{10} = F_{11} \qquad F_6 = 0$$

*6.8.3.3 Solución matricial elemental

El método de equilibrio de articulaciones de sistemas reticulados interior y exteriormente isostáticos, puede sistematizarse y plantearse simultáneamente para todas las articulaciones.

Además de las fuerzas en las barras, se pueden determinar los valores de las reacciones de apoyo, sin necesidad de obtenerlas previamente.

El planteo del equilibrio para todas las ***a*** articulaciones, conduce a un sistema de ***2a*** ecuaciones, con un número de incógnitas igual al número de barras ***b***, más las tres reacciones de vínculo (***rv***), o sea:

$$b + 3\,rv = (2\,a - 3) + 3\,rv = 2a\ incógnitas$$

Se sistematiza la escritura de las ecuaciones fijando ciertas reglas para considerar las fuerzas de las barras sobre la articulación, las fuerzas externas y las reacciones de apoyo.

Se comienza adoptando un sistema coordenado ***X-Y*** que será de referencia para el planteo del equilibrio de todas las articulaciones.

Así, *fig.6-50a*, para cierta articulación ***i*** a la que concurren las barras $\underline{j}$, $\underline{k}$, $\underline{l}$ y tiene aplicada la fuerza externa $\boldsymbol{P_i}$, hacemos el ***DCL*** de la misma, *fig.6-50b*.

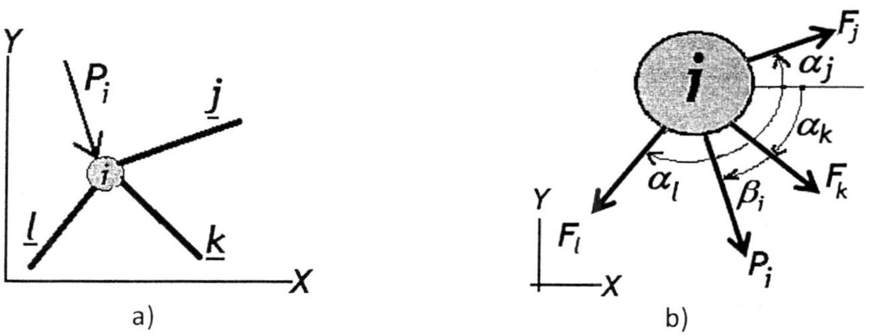

fig.6-50

Las fuerzas que ejercen las barras se consideran todas de tracción; tomamos al ángulo α que forma la cola de la fuerza con el eje ***X*** tal que $-\pi \leq \alpha \leq \pi$. La fuerza externa, e independientemente de la forma en que actúa, se la representa traccionando a la articulación, (dada la transmisibilidad admitida para la fuerza externa). La articulación con todas estas fuerzas, queda representada como se indica en *fig.6-50b*. Las ecuaciones de equilibrio:

$$\Sigma F_X = F_j \cos\alpha_j + F_k \cos(-\alpha_k) + F_l \cos(-\alpha_l) + P_i \cos(-\beta_i) = 0$$
$$\Sigma F_Y = F_j \,sen\,\alpha_j + F_k \,sen(-\alpha_k) + F_l \,sen(-\alpha_l) + P_i \,sen(-\beta_i) = 0$$

Todos los términos se ponen como positivos, el signo de cada uno de ellos lo da el seno o coseno del ángulo.

Si estamos en una articulación de apoyo, *fig.6-51*, y el apoyo es móvil lo reemplazamos por una biela, si el apoyo es fijo, por dos bielas en las direcciones coordenadas, luego se considera a estas bielas como una o dos barras más, suponiéndolas también que ejercen fuerzas de tracción sobre la articulación de apoyo.

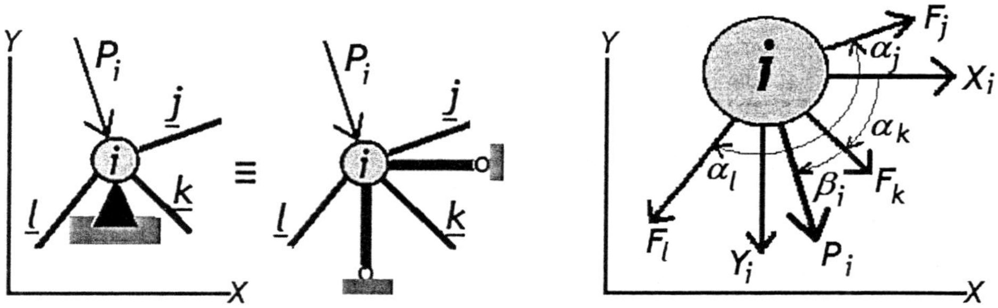

fig.6-51

Las ecuaciones de equilibrio para esta articulación coincidente con un apoyo:

$$\Sigma F_X = F_j \cos\alpha_j + F_k \cos(-\alpha_k) + F_l \cos(-\alpha_l) + X_i \cos(0) + Y_i \cos\left(-\frac{\pi}{2}\right) + P_i \cos(-\beta_i) = 0$$
$$\Sigma F_Y = F_j \,sen\,\alpha_j + F_k \,sen(-\alpha_k) + F_l \,sen(-\alpha_l) + X_i \,sen(0) + Y_i \,sen\left(-\frac{\pi}{2}\right) + P_i \,sen(-\beta_i) = 0$$

Hecho lo anterior para todas las articulaciones, se llega al sistema de ecuaciones:

$$[C]\begin{Bmatrix}\{F_i\}\\\{R_i\}\end{Bmatrix}+\{P_i\}=\{0\}$$

donde los elementos de la matriz $[C]$ son: en las filas impares los cosenos de los ángulos, con el eje X,de las barras y/o de la biela de apoyo que concurren a la articulación i. En las filas pares los senos de los mismos ángulos de la fila impar anterior. Los restantes elementos son cero.

El vector columna de las incógnitas: $\begin{Bmatrix}\{F_i\}\\\{R_i\}\end{Bmatrix}$

contiene en las primeras n filas las fuerzas de interacción barra-articulación $\{F_i\}$ y en las filas $n+1$ a $n+3$ las reacciones de apoyo $\{R_i\}$. Los elementos del vector $\{P_i\}$son: en las filas impares la proyección en X de la fuerza exterior actuante sobre la articulación y en la fila par siguiente la proyección en Y de la fuerza exterior.

La solución se obtiene con: $\begin{Bmatrix}\{F_i\}\\\{R_i\}\end{Bmatrix}=-[C]^{-1}\{P_i\}$

Ejemplo 9: Para el reticulado ideal del ejemplo ***1***, plantear los arreglos para realizar el cálculo matricial.

Adoptamos el sistema coordenado general que será de referencia para el equilibrio de todas las articulaciones. Reemplazamos los apoyos por bielas. Planteamos las dos ecuaciones escalares de equilibrio de todas las articulaciones.

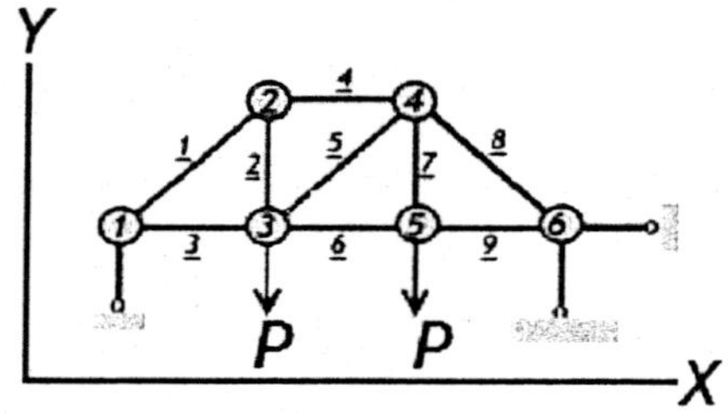

A fin de simplificar la construcción de la matriz de los coeficientes, realizamos una tabla en la cual asociamos con cada columna el número asignado a cada barra; desde las columnas ***1*** a ***9*** son para las barras, las tres siguientes para las bielas y la última corresponde al vector de las cargas externas.

Las filas corresponden con las articulaciones. En la fila de orden impar van los cosenos de los ángulos que con X, forman las barras que concurren a la articulación y en la última columna la componente en X de la fuerza sobre la articulación. En la fila de abajo (que es de orden par) los senos de los mismos ángulos de la fila impar anterior.

i	F_1	F_2	F_3	F_4	F_5	F_6	F_7	F_8	F_9	Y_1	X_6	Y_6	P_i	i
1	cos 45	0	cos 0	0	0	0	0	0	0	cos(-90)	0	0	0	1
	sen 45	0	sen 0	0	0	0	0	0	0	sen(-90)	0	0	0	
2	cos(-135)	cos(-90)	0	cos 0	0	0	0	0	0	0	0	0	0	2
	sen(-135)	sen(-90)	0	sen 0	0	0	0	0	0	0	0	0	0	
3	0	cos 90	cos 180	0	cos 45	cos(0)	0	0	0	0	0	0	P· cos(-90)	3
	0	sen 90	sen 180	0	sen 45	sen(0)	0	0	0	0	0	0	P· sen(-90)	
4	0	0	0	cos 180	cos(-135)	0	cos(-90)	cos(-45)	0	0	0	0	0	4
	0	0	0	sen 180	sen(-135)	0	sen(-90)	sen(-45)	0	0	0	0	0	
5	0	0	0	0	0	cos 180	cos 90	0	cos 0	0	0	0	P· cos(-90)	5
	0	0	0	0	0	sen 180	sen 90	0	sen 0	0	0	0	P· sen(-90)	
6	0	0	0	0	0	0	0	cos 135	cos 180	0	cos 0	cos(-90)	0	6
	0	0	0	0	0	0	0	sen 135	sen 180	0	sen 0	sen(-90)	0	

A partir de la tabla anterior componemos la matriz de los coeficientes y el vector de las cargas. Luego puede obtenerse el vector solución que da las fuerzas en cada barra y las componentes en ***X*** e ***Y*** de las reacciones de vínculo.

6.8.3.4 Método de equilibrio de subreticulados

También pueden calcularse, haciendo uso de las ecuaciones de equilibrio, las fuerzas de interacción articulación-barra particularmente cuando queremos el valor sólo en alguna de ellas, sin necesidad de calcularlas todas.

En general es conveniente tener calculadas previamente las reacciones de apoyo.

El fundamento del método es que si un reticulado se separa en dos subreticulados, desvinculando las barras por dos o más de las articulaciones y haciendo actuar en la barra y en la articulación en la cual se la desvincula, la correspondiente fuerza de interacción (incógnita), se puede plantear el equilibrio de estos subreticulados para determinar las fuerzas en las barras desvinculadas, las que aparecerán como incógnitas en las correspondientes ecuaciones de equilibrio.

Para que quede un sistema de ecuaciones resoluble, la desvinculación debe ser completa e involucrar no más de tres barras.

Para simplificar la solución, las tres ecuaciones de equilibrio se plantean de modo que en cada ecuación aparezca una sola incógnita. En general esto se consigue escribiéndolas en alguna de las tres formas alternativas vistas en el *cap.5*.

Ejemplo 10: Para el mismo esquema reticulado ideal del ejemplo anterior pero con otras cargas, determinar primero las fuerzas en las barras centrales ***4***, ***5*** y ***6***. Luego para las barras ***6***, ***7***, ***8***.

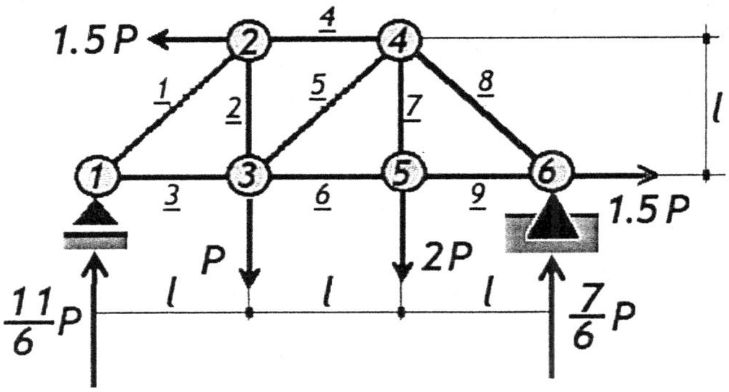

Usamos las mismas designaciones para barras y articulaciones del ejemplo anterior. Las reacciones de vínculo ya calculadas se indican en la figura.

Desvinculamos el reticulado por las articulaciones ***2*** y ***3***. Quedan los subreticulados derecho e izquierdo:

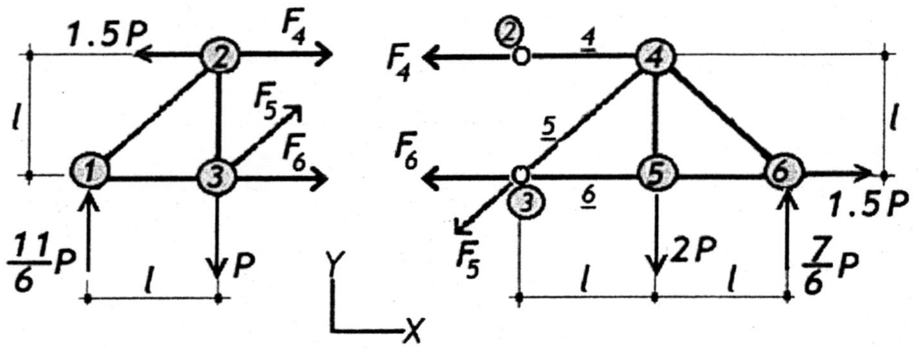

Al desvincular de las articulaciones ***2*** y ***3*** las barras ***4***, ***5*** y ***6*** quedan unidas al subreticulado derecho, como barras "sueltas". Las barras ***5*** y ***6*** no quedan unidas en la articulación ***3***, parecen estarlo porque sus extremos coinciden en el mismo punto, pero no lo están.

El equilibrio del subreticulado izquierdo, que tiene como cargas a dos de las fuerzas exteriores, a la reacción de apoyo y las acciones de las barras ***4***, ***5*** y ***6***, exige la nulidad de las tres ecuaciones escalares de equilibrio. Una es, por ejemplo, la de momento respecto a la articulación ***3***:

$$\Sigma\, M_3 = -\frac{11}{6} P\, l + 1.5 P\, l - F_4\, l = 0 \qquad F_4 = -\frac{1}{3} P = -0.333\, P$$

Obsérvese que al haber elegido la articulación ***3***, no aparecen en la ecuación las fuerzas $\boldsymbol{F_5}$ y $\boldsymbol{F_6}$ porque sus líneas de acción pasan por allí, y sólo está presente la fuerza incógnita $\boldsymbol{F_4}$, lo cual permitió su cálculo inmediato.

Otra ecuación es la de la suma de las fuerzas en la dirección ***Y***:

$$\Sigma\, F_Y = \frac{11}{6} P - P + F_5 \cos 45° = 0 \qquad F_5 = -\frac{5\sqrt{2}}{6} P = -1.179\, P$$

Nuevamente la ecuación de equilibrio se formuló de modo tal que aparezca en ella sólo la fuerza incógnita $\boldsymbol{F_5}$. Si en lugar de esta ecuación, hubiéramos elegido la de momentos respecto a la articulación ***1***, no estaría la $\boldsymbol{F_6}$ y sí la $\boldsymbol{F_4}$ que, si bien ya ha sido calculada, su momento debería introducirse con el valor y sentido correcto (opuesto al dibujado). Por eso la ecuación de proyección elegida, facilita el cálculo.

Por último para determinar la fuerza en la barra $\boldsymbol{F_6}$, con el subreticulado izquierdo y como ecuación, se plantea la de momentos respecto al punto que coincide con la articulación ***4***, porque por allí pasan las fuerzas $\boldsymbol{F_4}$ y $\boldsymbol{F_5}$. Si bien este punto pertenece al subreticulado derecho se lo toma como un punto conveniente del plano, independientemente del hecho que pertenezca al otro subreticulado.

$$\Sigma\, M_4 = -\frac{11}{6} P\, 2l + P\, l + F_6\, l = 0 \qquad F_6 = \frac{8}{3} P = 2.267\, P$$

Si el equilibrio lo planteamos para el subreticulado derecho, tendremos:

$$\Sigma\, M_4 = F_6\, l + 1.5 P\, l + \frac{7}{6} P\, l = 0$$

$$\Sigma\, M_3 = F_4 l - 2P\, l + \frac{7}{6} P\, 2l = 0$$

$$\Sigma\, F_Y = -F_5 \cos 45° - 2P + \frac{7}{6} P = 0$$

Obtendríamos el mismo resultado que para el subreticulado izquierdo.

Para determinar las fuerzas en las barras ***6***, ***7***, ***8*** desvinculamos estas barras de las articulaciones ***3*** y ***4***. Queda el subreticulado izquierdo y un conjunto de dos articulaciones (***5***, ***6***) conectadas por la barra ***9***, a las que se unen tres barras "sueltas" (***6***, ***7***, ***8***). Nuevamente los extremos de las barras ***7*** y ***8*** coinciden en ***4***, pero están desvinculados entre sí.

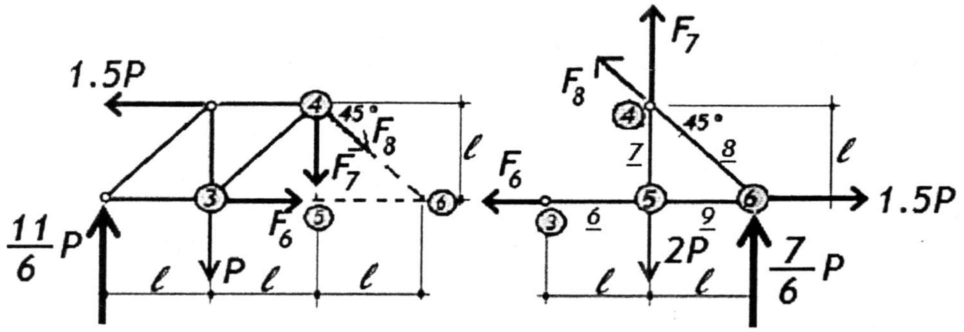

Para determinar F_6, F_7 y F_8 podemos plantear las ecuaciones escalares de equilibrio para cualquiera de los dos subreticulados.

Subreticulado Izquierdo:

$$\Sigma M_4 = -\frac{11}{6}P\,2l + P\,l + F_6\,l = 0 \qquad F_6 = \frac{8}{3}P = 2.267\,P$$

$$\Sigma M_6 = -\frac{11}{6}P\,3l + P\,2l + 1.5\,P\,l + F_7\,l = 0 \qquad F_7 = 2\,P$$

La fuerza exterior ***2P***, actuante en la articulación ***5***, no entra en las ecuaciones de equilibrio porque no está aplicada sobre el subreticulado izquierdo. La tercera ecuación:

$$\Sigma M_5 = -\frac{11}{6}P\,2l + P\,l + 1.5\,P\,l - F_8\,\cos 45°\,l = 0 \qquad F_8 = -\frac{7}{6}\sqrt{2}\,P = -1.65\,P$$

Si hacemos lo mismo para el subreticulado derecho:

$$\Sigma M_4 = \frac{7}{6}P\,l + 1.5P\,l - F_6\,l = 0$$
$$\Sigma M_6 = 2\,P\,l - F_7\,l = 0$$
$$\Sigma M_5 = \frac{7}{6}P\,l + F_8\,sen\,45°\,l = 0$$

De este último sistema de tres ecuaciones independientes, se obtiene el valor y sentido de las fuerzas, F_6, F_7 y F_8, que coinciden con los calculados en el subreticulado izquierdo.

Resumimos, en la tabla siguiente, las fuerzas sobre las barras y las reacciones de vínculo, considerando al reticulado con los dos estados de cargas actuando en forma independiente:

Estado 1	Fuerza	Estado 2
−1.414 P	F_1	−2.593 P
P	F_2	1.833 P
P	F_3	1.833 P
−P	F_4	−0.333 P
0	F_5	−1.179 P
P	F_6	2.267 P
P	F_7	2 P
−1.414 P	F_8	−1.65 P
P	F_9	2.267 P
−P	Y_1	−1.833 P
0	X_6	1.5 P
−P	Y_6	−1.167 P

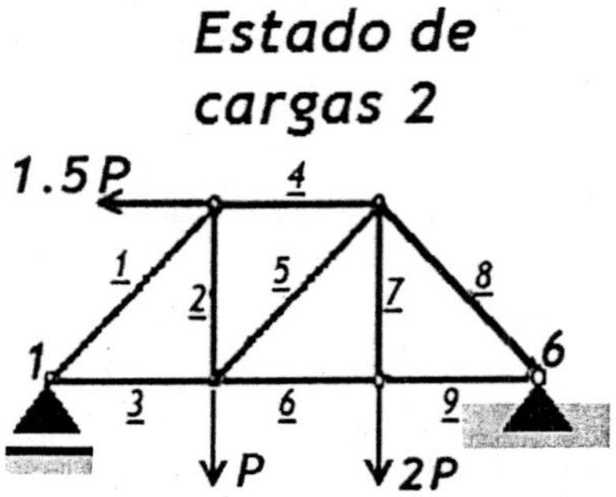

*6.8.4 Reticulados ideales espaciales

En el caso de los reticulados espaciales ideales, los cuerpos y más específicamente las barras pueden tener cualquier disposición en el espacio. Las articulaciones a las que concurren las barras son rótulas esféricas.

La vinculación extrema es por medio de rótulas y/o bielas unidas a las articulaciones.

Las cargas sólo son fuerzas concentradas, con cualquier orientación, aplicadas en las articulaciones.

El sistema base para la formación de un reticulado espacial es el tetraedro que involucra seis barras y cuatro articulaciones no coplanares, *fig.6-52a* y que es un megacuerpo con *6GL*.

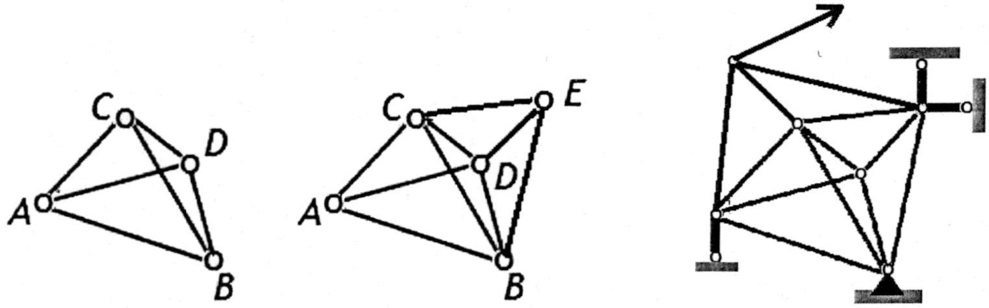

fig.6-52 a) b) c)

Para tener una estructura con más barras se agregan tres barras (no coplanares), unidas entre sí en una articulación (***E***) y las otras tres barras a los vértices de un triángulo del contorno; la articulación común ***E***, de estas tres nuevas barras, debe quedar fuera del volumen del reticulado existente, *fig.6-52b*. El seguimiento de estas reglas de conformación de la estructura, da lugar a un reticulado espacial simple, que no tiene inmovilidad aparente, es interiormente isostático, y en el que pueden calcularse las fuerzas en todas las barras, si está vinculado externamente en forma isostática.

La vinculación externa, para una sustentación isostática, debe ser tal que elimine los ***6GL*** del megacuerpo en que se ha transformado el sistema reticulado espacial. En la *fig.6-52c*, se muestra una posible. Esta vinculación externa ha de ser tal que se asegure que no haya inmovilidad aparente.

La relación que debe haber entre el número de barras y articulaciones en un reticulado espacial para que sea internamente potencialmente isostático es:

$$b = 3\,a - 6$$

Que es una condición necesaria, aunque no suficiente, que no garantiza la inmovilidad interior, para lo cual las barras deben estar correctamente dispuestas.

*6.8.4.1 Cálculo

Como en el caso plano, se puede realizar por el método del equilibrio de las articulaciones o el del equilibrio de subreticulados.

Para el método del equilibrio de articulaciones, determinadas las reacciones de apoyo, se inicia el cálculo con una articulación cargada o una articulación que coincida con un apoyo, a la cual concurren no más de tres barras no coplanares.

Consideremos, *fig.6-53*, cierta articulación $\boldsymbol{I}$ y las barras ***j***, ***k***, ***l***, que las conecta a las otras articulaciones ***J***, ***K***, ***L***, y cuyas coordenadas respecto a un sistema de referencia son conocidas y sobre la cual actúa una fuerza. Las posiciones relativas de las articulaciones ***J***, ***K***, ***L***, respecto a la $\boldsymbol{I}$, son:

$$\overrightarrow{r_{IJ}} = \overrightarrow{r_J} - \overrightarrow{r_I} \qquad \overrightarrow{r_{IK}} = \overrightarrow{r_K} - \overrightarrow{r_I} \qquad \overrightarrow{r_{IL}} = \overrightarrow{r_L} - \overrightarrow{r_I}$$

y los vectores unitarios en las direcciones de las barras, definidos a partir de la $\boldsymbol{I}$:

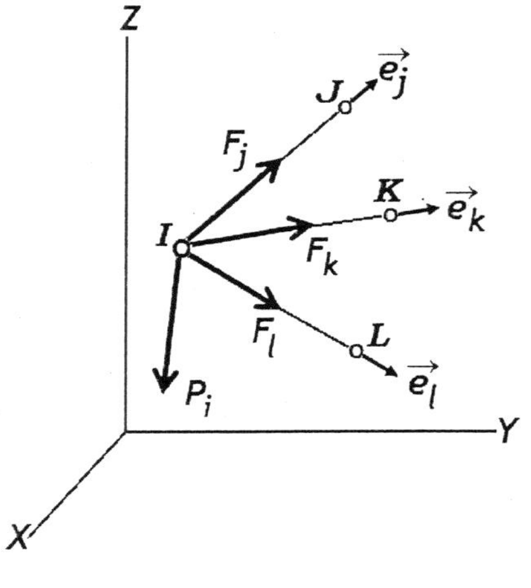

fig.6-53

$$\overrightarrow{e_J} = \frac{\overrightarrow{r_{IJ}}}{r_{IJ}} \qquad \overrightarrow{e_k} = \frac{\overrightarrow{r_{IK}}}{r_{IK}} \qquad \overrightarrow{e_l} = \frac{\overrightarrow{r_{IL}}}{r_{IL}}$$

Suponiendo que las acciones de las barras sobre la articulación ***i*** son de tracción, junto con la fuerza exterior actuante sobre ella, se plantea la ecuación de equilibrio:

$$F_j\,\overrightarrow{e_J} + F_k\,\overrightarrow{e_k} + F_l\,\overrightarrow{e_l} + \overrightarrow{P_\iota} = 0$$

cuya solución determina los valores de F_j, F_k, F_l. Luego se continúa con otra articulación, tal que al realizar su ***DCL*** no queden más de tres barras con las fuerzas indeterminadas.

El cálculo se puede hacer de un modo más general planteando simultáneamente el equilibrio de todas las articulaciones, incluyendo entre las incógnitas a las reacciones de vínculo (como se hizo en el caso plano).

Se tendrá así un conjunto de ***3a*** de ecuaciones escalares. El número de incógnitas son las ***b*** barras más las seis reacciones en los vínculos externos. Es decir que para que en el reticulado espacial isostático, sea posible calcular las acciones sobre las barras y las reacciones de vínculo debe cumplirse que:

$$\boldsymbol{b + 6 = 3\,a}$$

que es precisamente la relación que debe haber entre el número de barras y articulaciones.

Con el método de equilibrio de subreticulados se determinan las acciones sólo en las barras, que se desvinculan del reticulado. Se pueden plantear hasta seis ecuaciones escalares de equilibrio para el subreticulado que resulte más simple.

Este procedimiento se ilustra con el de *fig.6-54a*, en el cual se muestra el extremo de un reticulado espacial sobre el cual actúan las fuerzas indicadas y se desea determinar las acciones sobre las barras del panel ***ABCDEGHJ***.

Desvinculamos el reticulado por las articulaciones ***A***, ***B***, ***C*** y ***D***, y consideramos el subreticulado que contiene las fuerzas exteriores, *fig.6-54b*:

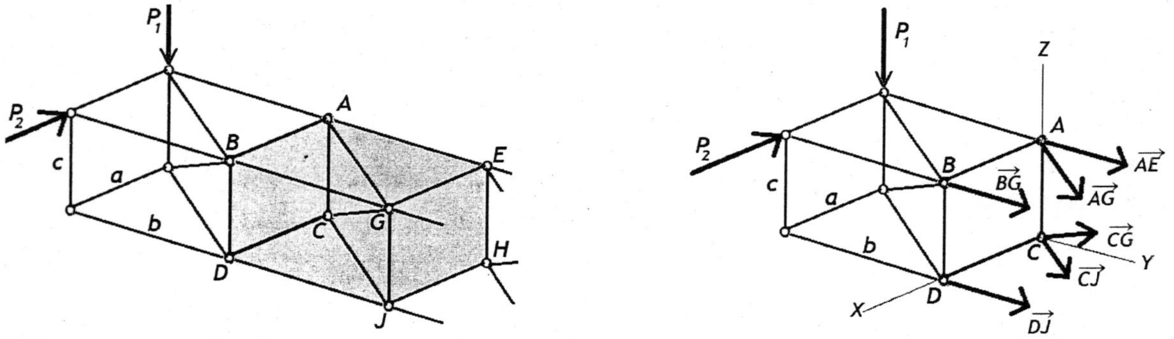

fig.6-54 a) b)

Para la determinación de las fuerzas sobre las barras ***AE***, ***AG***, ***BG***, ***CJ***, ***CG*** y ***DJ***, definimos el sistema cartesiano con origen en ***C***. Planteamos las seis ecuaciones escalares de equilibrio, tres de proyección de las fuerzas externas y las acciones de las barras desvinculadas sobre los ejes coordenados y las otras tres del momento respecto a ***C*** y obtenemos las seis fuerzas de interacción incógnita.

Capítulo 7
Movimientos pequeños de los cuerpos en el plano

Vamos a estudiar los movimientos de pequeña magnitud realizados en el plano, de los sistemas de cuerpos vinculados con ***1GL***.

Como habíamos visto, si el movimiento de un cuerpo es de traslación, para caracterizarlo, basta conocer el vector desplazamiento de uno de sus puntos.

En el movimiento de rotación plana, *fig.7-1a*, el eje de rotación se transforma en un centro de rotación que está en el plano del movimiento y el vector rotación que es perpendicular a dicho plano.

Si el cuerpo está vinculado con una articulación fija solamente, el movimiento posible es el de rotación alrededor de la misma, y que es un centro de rotación permanente. Si está vinculado con sólo dos apoyos móviles (o sus equivalentes), que limitan la traslación en direcciones diferentes, definen una articulación fija ficticia. La posición del centro de rotación coincide con la posición de esta articulación ficticia, la cual es válida para esa configuración del cuerpo. Dependiendo de las características físicas de los apoyos móviles, si el giro que puede tener el cuerpo es "grande", la articulación ficticia y el centro de rotación, puede tener otra posición en la nueva configuración del cuerpo, por lo que para una dada configuración, es un centro instantáneo de rotación.

Como habíamos descripto en el *cap.2* la trayectoria que realiza cualquier punto $\boldsymbol{P}$, durante la rotación plana del cuerpo, alrededor del centro $\boldsymbol{O}$, *fig.7-1a*, es un arco de circunferencia con centro en $\boldsymbol{O}$. El desplazamiento $\overrightarrow{\boldsymbol{a_P}}$ de cualquier punto es el vector cuyo módulo es la cuerda de la circunferencia y su origen y extremo son las posiciones inicial y final respectivamente.

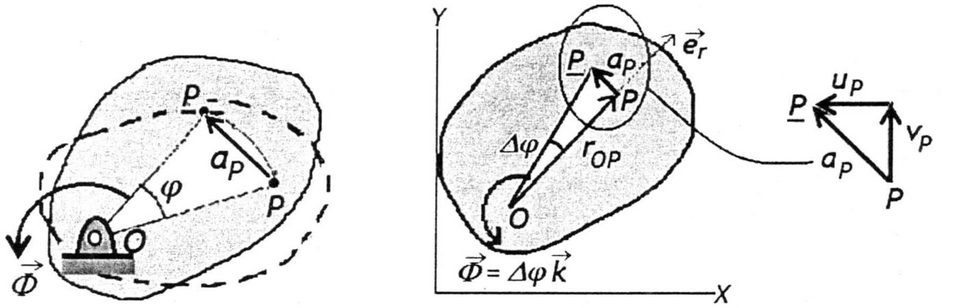

fig.7-1 a) b)

Al movimiento de traslación, de un cuerpo, puede considerárselo como uno de rotación cuyo centro de rotación está infinitamente alejado en dirección de la normal a la dirección de la traslación.

El movimiento de un cuerpo es en general rototraslatorio y puede cambiar, significativamente, la configuración del mismo.

7.1 Rotación plana de magnitud muy pequeña

Revisten especial interés los movimientos cuyos desplazamientos y giros son de magnitud finita pero muy pequeña (no infinitésima), del orden de las milésimas de las longitudes características del cuerpo y ángulos de giro del orden de las milésimas de radián, de modo que siempre que hablemos de movimiento, ha de entenderse que se trata de uno plano y de pequeña magnitud y en este contexto de desplazamientos y giros pequeños, la distinción entre centro de rotación permanente o instantáneo carece de importancia.

Consideremos entonces al cuerpo, *fig.7-1b*, que experimenta una rotación con un ángulo de giro pequeño $\Delta\varphi$ alrededor del centro de rotación ***O*** y un punto ***P*** no coincidente con ***O***, a causa del cual se habrá movido a ***P̲***. Si dibujamos al cuerpo en su posición final, esta sería prácticamente coincidente con la posición inicial previa a la rotación, debido a la pequeñez del giro.

Como el giro es muy pequeño la cuerda del pequeño arco de circunferencia que recorre el punto, es casi perpendicular al radio, por lo que la dirección del vector desplazamiento coincide, sin gran error, con la tangente por ***P***, a la circunferencia de centro ***O*** y que es perpendicular al radio ***OP***.

Establecido el sistema coordenado de referencia, el vector rotación es $\overrightarrow{\boldsymbol{\Phi}} = \Delta\varphi\,\vec{\boldsymbol{k}}$ cuya dirección es normal al plano del movimiento; el sentido positivo de rotación coincide con el sentido positivo del eje ***Z***, es decir cuando la rotación es de ***+X*** a ***+Y***. El desplazamiento de ***P*** es, *ec.[2.25]*:

$$\overrightarrow{a_P} = u_P\,\vec{i} + v_P\,\vec{j} = \vec{\Phi}\times\overrightarrow{r_{OP}} = \Delta\varphi\,\vec{k}\times\overrightarrow{r_{OP}} \qquad [7.1]$$

siendo u_P, v_P sus componentes cartesianas.

El vector posición relativa del punto, respecto al centro de rotación ***O***, puede ponerse también como:

$$\overrightarrow{r_{OP}} = r_{OP}\,\overrightarrow{e_r}$$

siendo $\overrightarrow{e_r}$ el vector unitario en la dirección radial. Por lo que el vector desplazamiento:

$$\overrightarrow{a_P} = \Delta\varphi\,\vec{k}\times r_{OP}\,\overrightarrow{e_r} \qquad [7.2]$$

Las componentes cartesianas son, con la *ec.[7.1]*:

$$\begin{aligned} u_P &= \overrightarrow{a_P}\cdot\vec{i} = \Delta\varphi\left(\vec{k}\times\overrightarrow{r_{OP}}\right)\cdot\vec{i} = \Delta\varphi\left(\vec{i}\times\vec{k}\right)\cdot\overrightarrow{r_{OP}} = \Delta\varphi\,(-\vec{j})\cdot\overrightarrow{r_{OP}} = -\Delta\varphi\,(y_P - y_O) \\ v_P &= \overrightarrow{a_P}\cdot\vec{j} = \Delta\varphi\,(\overrightarrow{r_{OP}}\cdot\vec{i}) = \Delta\varphi\,(x_P - x_O) \end{aligned} \qquad [7.3]$$

Evidentemente si $P \equiv O$ es $\overrightarrow{r_{OP}} = \mathbf{0}$ y $\overrightarrow{a_P} = \mathbf{0}$, por lo que el desplazamiento del centro de rotación es nulo.

7.2 Distintos problemas

En los siguientes problemas consideramos que el cuerpo realiza movimientos en el plano con desplazamientos y giros de pequeña magnitud. Se supone conocida la posición de cualquier punto del cuerpo respecto al sistema de referencia y se plantea determinar diferentes magnitudes relacionadas, debidas al movimiento.

1. Cuerpo con un movimiento de rotación, *fig.7-1b*, del cual se conocen: la posición $\overrightarrow{r_O}$ del centro de rotación ***O*** y el desplazamiento $\overrightarrow{a_P}$ de un punto ***P***. Se debe determinar el vector rotación $\overrightarrow{\boldsymbol{\Phi}} = \Delta\varphi\,\vec{\boldsymbol{k}}$.

Si en la relación $\overrightarrow{a_P} = \overrightarrow{\Phi}\times\overrightarrow{r_{OP}}$ postmultiplicamos vectorialmente por el vector unitario radial $\overrightarrow{e_r}$:

$$\overrightarrow{a_P}\times\overrightarrow{e_r} = \left(\overrightarrow{\Phi}\times\overrightarrow{r_{OP}}\right)\times\overrightarrow{e_r} \qquad [7.4]$$

y desarrollamos la doble multiplicación vectorial, su producto es, *ec.[1.32]*:

$$\left(\overrightarrow{\Phi}\times\overrightarrow{r_{OP}}\right)\times\overrightarrow{e_r} = \left(\overrightarrow{\Phi}\cdot\overrightarrow{e_r}\right)\overrightarrow{r_{OP}} - \left(\overrightarrow{r_{OP}}\cdot\overrightarrow{e_r}\right)\overrightarrow{\Phi}$$

Los productos escalares son: $\overrightarrow{\Phi}\cdot\overrightarrow{e_r} = \Delta\varphi\,1\,cos\frac{\pi}{2} = 0$ y $\overrightarrow{r_{OP}}\cdot\overrightarrow{e_r} = r_{OP}$

con lo que resulta: $\left(\overrightarrow{\Phi}\times\overrightarrow{r_{OP}}\right)\times\overrightarrow{e_r} = -\,r_{OP}\,\overrightarrow{\Phi}$

Luego la *ec.[7.4]*: $\overrightarrow{a_P}\times\overrightarrow{e_r} = -\,r_{OP}\,\overrightarrow{\Phi}$

De la que se obtiene el vector rotación para la el cual el desplazamiento del punto es $\overrightarrow{a_P}$:

$$\overrightarrow{\Phi} = \frac{\overrightarrow{e_r} \times \overrightarrow{a_P}}{r_{OP}} \qquad [7.5]$$

que también puede ponerse, con: $\overrightarrow{e_r} = \frac{\overrightarrow{r_{OP}}}{r_{OP}}$ como $\overrightarrow{\Phi} = \frac{\overrightarrow{r_{OP}} \times \overrightarrow{a_P}}{r_{OP}^2}$

[7.5´]

1.1 Si el dato es una de las componentes del desplazamiento $\overrightarrow{a_P}$ de un punto ***P***, como por ejemplo $\boldsymbol{v_P}$, *fig.7-1b* y se debe determinar el vector rotación $\overrightarrow{\Phi} = \Delta\varphi\,\vec{k}$.

De las *ecs.[7.1],[7.3]*:

$$v_P = \overrightarrow{a_P} \cdot \vec{j} = \left(\overrightarrow{\Phi} \times \overrightarrow{r_{OP}}\right) \cdot \vec{j} = \Delta\varphi\,(\overrightarrow{r_{OP}} \times \vec{j}) \cdot \vec{k} = \Delta\varphi\,\left(\vec{j} \times \vec{k}\right) \cdot \overrightarrow{r_{OP}} = (\overrightarrow{r_{OP}} \cdot \vec{i})\,\Delta\varphi$$

De la cual se obtiene el módulo del vector rotación: $\Delta\varphi = \frac{v_P}{\overrightarrow{r_{OP}} \cdot \vec{i}}$

y el propio vector: $\overrightarrow{\Phi} = \Delta\varphi\,\vec{k} = \frac{v_P}{\overrightarrow{r_{OP}} \cdot \vec{i}}\vec{k}$

Similarmente si se da la componente $\boldsymbol{u_P}$: $\overrightarrow{\Phi} = -\frac{u_P}{\overrightarrow{r_{OP}} \cdot \vec{j}}\vec{k}$

La expresión del vector rotación en término de cualquiera de las componentes del desplazamiento:

$$\overrightarrow{\Phi} = \frac{v_P}{\overrightarrow{r_{OP}} \cdot \vec{i}}\vec{k} = -\frac{u_P}{\overrightarrow{r_{OP}} \cdot \vec{j}}\vec{k} \qquad [7.6]$$

la cual permite obtener una componente del desplazamiento en términos de la otra:

$$v_P = -\frac{\overrightarrow{r_{OP}} \cdot \vec{i}}{\overrightarrow{r_{OP}} \cdot \vec{j}}u_P \qquad u_P = -\frac{\overrightarrow{r_{OP}} \cdot \vec{j}}{\overrightarrow{r_{OP}} \cdot \vec{i}}v_P$$

El vector desplazamiento expresado en función de una de las componentes:

$$\overrightarrow{a_P} = u_P\,\vec{i} + v_P\,\vec{j} = \left(-\frac{\overrightarrow{r_{OP}} \cdot \vec{j}}{\overrightarrow{r_{OP}} \cdot \vec{i}}\vec{i} + \vec{j}\right)v_P = \left(\vec{i} - \frac{\overrightarrow{r_{OP}} \cdot \vec{i}}{\overrightarrow{r_{OP}} \cdot \vec{j}}\vec{j}\right)u_P \qquad [7.7]$$

2. Son datos: la posición del centro de rotación $\overrightarrow{r_O}$ y el vector desplazamiento de un punto $\overrightarrow{a_P}$, debido a la rotación $\overrightarrow{\Phi} = \Delta\varphi\,\vec{k}$. Determinar el punto del cuerpo que tuvo el desplazamiento $\overrightarrow{a_P}$.

A partir de la *ec.[7.1]* el desplazamiento del punto es: $\overrightarrow{a_P} = \overrightarrow{\Phi} \times \overrightarrow{r_{OP}}$

Postmultiplicando vectorialmente por $\vec{k}$:

$$\overrightarrow{a_P} \times \vec{k} = \left(\overrightarrow{\Phi} \times \overrightarrow{r_{OP}}\right) \times \vec{k} = \left(\overrightarrow{\Phi} \cdot \vec{k}\right)\overrightarrow{r_{OP}} - \left(\overrightarrow{r_{OP}} \cdot \vec{k}\right)\overrightarrow{\Phi} = \left(\overrightarrow{\Phi} \cdot \vec{k}\right)\overrightarrow{r_{OP}}$$

De la cual se obtiene el vector posición del punto: $\overrightarrow{r_{OP}} = \overrightarrow{r_P} - \overrightarrow{r_O} = \frac{\overrightarrow{a_P} \times \vec{k}}{\overrightarrow{\Phi} \cdot \vec{k}}$

$$\overrightarrow{r_P} = \overrightarrow{r_O} + \frac{\overrightarrow{a_P} \times \vec{k}}{\overrightarrow{\Phi} \cdot \vec{k}} \qquad [7.8]$$

2.1 Ahora el dato es: la posición del centro de rotación $\overrightarrow{r_O}$ y una de las componentes del vector desplazamiento de un punto, como por ejemplo v_P, debido a la rotación $\overrightarrow{\Phi} = \Delta\varphi\,\vec{k}$ y debe determinarse el punto del cuerpo que tiene como componente del desplazamiento v_P.

El vector desplazamiento de un punto ***P***, conocida una de las componentes es, *ec.[7.7]*:

$$\overrightarrow{a_P} = \left(-\frac{\overrightarrow{r_{OP}}\cdot\vec{j}}{\overrightarrow{r_{OP}}\cdot\vec{i}}\vec{i} + \vec{j}\right)v_P$$

Introduciendo $\overrightarrow{a_P}$ en la *ec.[7.8]* y realizada la multiplicación vectorial del segundo miembro, se obtiene como posición de ***P***:

$$\overrightarrow{r_P} = \overrightarrow{r_O} + \left(\vec{i} + \frac{\overrightarrow{r_{OP}}\cdot\vec{j}}{\overrightarrow{r_{OP}}\cdot\vec{i}}\vec{j}\right)\frac{v_P}{\Delta\varphi}$$

En componentes cartesianas: $x_P = x_O + \frac{v_P}{\Delta\varphi}$ $\qquad y_P = y_O + \frac{y_P - y_O}{x_P - x_O}\frac{v_P}{\Delta\varphi}$

Reemplazando x_P en la segunda ecuación se obtiene la identidad $y_P = y_P$, por lo que el resultado es indeterminado.

3. Son datos: el desplazamiento $\overrightarrow{a_P}$ de un punto ***P*** debido a una rotación $\overrightarrow{\Phi}$ y debe determinarse la posición $\overrightarrow{r_O}$ del centro de rotación ***O***.

A partir del caso anterior, de la *ec.[7.8]* se obtiene: $$\overrightarrow{r_O} = \overrightarrow{r_P} - \frac{\overrightarrow{a_P}\times\vec{k}}{\overrightarrow{\Phi}\cdot\vec{k}} \qquad [7.9]$$

4. Son datos: los desplazamientos de dos puntos $\overrightarrow{a_A}$, $\overrightarrow{a_B}$.

Determinar el vector rotación $\overrightarrow{\Phi}$ y la posición del centro de rotación $\overrightarrow{r_O}$, *fig.7-2a*.

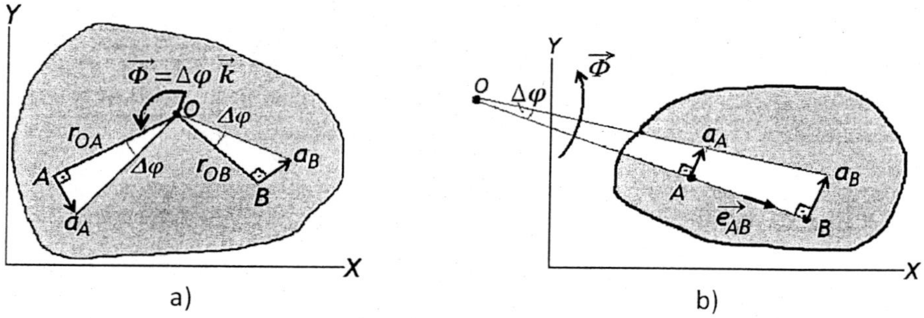

fig.7-2

Los desplazamientos de ***A*** y ***B***, en términos de $\overrightarrow{\Phi}$ y $\vec{r}$ son, *ec.[7.1]*:

$$\overrightarrow{a_A} = \overrightarrow{\Phi}\times\overrightarrow{r_{OA}} \qquad \text{y} \qquad \overrightarrow{a_B} = \overrightarrow{\Phi}\times\overrightarrow{r_{OB}}$$

Restando ambos:

$$\overrightarrow{a_B} - \overrightarrow{a_A} = \overrightarrow{\Phi}\times(\overrightarrow{r_{OB}} - \overrightarrow{r_{OA}}) = \overrightarrow{\Phi}\times[\overrightarrow{r_B} - \overrightarrow{r_O} - (\overrightarrow{r_A} - \overrightarrow{r_O})] = \overrightarrow{\Phi}\times(\overrightarrow{r_B} - \overrightarrow{r_A}) = \overrightarrow{\Phi}\times\overrightarrow{r_{AB}}$$

Postmultiplicando ambos miembros por el vector unitario: $\overrightarrow{e_{AB}} = \dfrac{\overrightarrow{r_{AB}}}{r_{AB}}$

$$(\overrightarrow{a_B} - \overrightarrow{a_A})\times\overrightarrow{e_{AB}} = (\overrightarrow{\Phi}\times\overrightarrow{r_{AB}})\times\overrightarrow{e_{AB}}$$

El doble producto vectorial del segundo miembro es, *ec.[1.32]*:

$$(\overrightarrow{\Phi}\times\overrightarrow{r_{AB}})\times\overrightarrow{e_{AB}} = (\overrightarrow{\Phi}\cdot\overrightarrow{e_{AB}})\,\overrightarrow{r_{AB}} - (\overrightarrow{r_{AB}}\cdot\overrightarrow{e_{AB}})\,\overrightarrow{\Phi}$$

Como es: $\overrightarrow{\Phi}\cdot\overrightarrow{e_{AB}} = 0$ y $\overrightarrow{r_{AB}}\cdot\overrightarrow{e_{AB}} = r_{AB}$

resulta: $(\overrightarrow{a_B} - \overrightarrow{a_A})\times\overrightarrow{e_{AB}} = -r_{AB}\,\overrightarrow{\Phi}$

De la que se obtiene el vector rotación: $\overrightarrow{\Phi} = \dfrac{\overrightarrow{e_{AB}}\times(\overrightarrow{a_B}-\overrightarrow{a_A})}{r_{AB}} = \dfrac{\overrightarrow{r_{AB}}\times(\overrightarrow{a_B}-\overrightarrow{a_A})}{r_{AB}^2}$ [7.10]

Obtenido el vector rotación $\overrightarrow{\Phi}$, estamos ahora en el caso ***3***, *ec.[7.9]*, y podemos determinar $\overrightarrow{r_O}$, solo que ahora con $P \equiv A$, (o también $P \equiv B$):

$$\overrightarrow{r_O} = \overrightarrow{r_A} - \frac{\overrightarrow{a_A}\times\vec{k}}{\overrightarrow{\Phi}\cdot\vec{k}} = \overrightarrow{r_B} - \frac{\overrightarrow{a_B}\times\vec{k}}{\overrightarrow{\Phi}\cdot\vec{k}} \qquad [7.11]$$

Si es $\overrightarrow{a_B} = \overrightarrow{a_A}$ pero $B \neq A$ resulta: $\overrightarrow{\Phi} = \dfrac{\overrightarrow{r_{AB}}\times(\overrightarrow{a_B}-\overrightarrow{a_A})}{r_{AB}^2} = 0$ y $\overrightarrow{r_O}\to\infty$

Evidentemente si dos puntos del cuerpo rígido tienen igual vector desplazamiento, el movimiento es de traslación.

4.1 Como caso particular del anterior, en que los vectores desplazamiento de dos puntos son paralelos y perpendiculares a la recta que une esos puntos. Se deben determinar el vector rotación $\overrightarrow{\Phi}$ y la posición del centro de rotación $\overrightarrow{r_O}$, *fig.7-2b*. Es decir:

Son datos: $\overrightarrow{a_A}$, $\overrightarrow{a_B} = \alpha\,\overrightarrow{a_A}$ con $\alpha \neq 0$ y 1, y tal que: $\overrightarrow{a_A}\cdot\overrightarrow{r_{AB}} = 0$ y $\overrightarrow{a_B}\cdot\overrightarrow{r_{AB}} = 0$

El vector rotación, *ec.[7.10]*:

$$\overrightarrow{\Phi} = \frac{\overrightarrow{r_{AB}}\times(\alpha\,\overrightarrow{a_A} - \overrightarrow{a_A})}{r_{AB}^2} = (1-\alpha)\frac{\overrightarrow{a_A}\times\overrightarrow{r_{AB}}}{r_{AB}^2} = (1-\alpha)\frac{\overrightarrow{a_A}\times\overrightarrow{e_{AB}}}{r_{AB}}$$

y la posición del centro de rotación, *ec.[7.11]*:

$$\overrightarrow{r_O} = \overrightarrow{r_A} - \frac{\overrightarrow{a_A}\times\vec{k}}{\overrightarrow{\Phi}\cdot\vec{k}} = \overrightarrow{r_A} - \frac{r_{AB}^2}{1-\alpha}\,\frac{\overrightarrow{a_A}\times\vec{k}}{(\overrightarrow{a_A}\times\overrightarrow{r_{AB}})\cdot\vec{k}} = \overrightarrow{r_A} + \frac{r_{AB}^2}{1-\alpha}\,\frac{\overrightarrow{a_A}\times\vec{k}}{(\overrightarrow{a_A}\times\vec{k})\cdot\overrightarrow{r_{AB}}}$$

En el numerador es el producto: $\overrightarrow{a_A}\times\vec{k} = \left(\pm\,|\overrightarrow{a_A}|\;1\;sen\frac{\pi}{2}\right)\overrightarrow{e_{AB}} = \pm\,|\overrightarrow{a_A}|\;\overrightarrow{e_{AB}}$

y del denominador: $(\overrightarrow{a_A}\times\vec{k})\cdot\overrightarrow{r_{AB}} = \pm\,|\overrightarrow{a_A}|\;\overrightarrow{e_{AB}}\cdot\overrightarrow{r_{AB}} = \pm\,|\overrightarrow{a_A}|\;r_{AB}$

Luego reemplazando se obtiene la posición del centro de rotación:

$$\overrightarrow{r_O} = \overrightarrow{r_A} + \frac{r_{AB}^2}{1 - \alpha} \frac{\pm |\overrightarrow{a_A}| \overrightarrow{e_{AB}}}{\pm |\overrightarrow{a_A}| r_{AB}} = \overrightarrow{r_A} + \frac{r_{AB}}{1 - \alpha} \overrightarrow{e_{AB}} = \overrightarrow{r_A} + \frac{\overrightarrow{\boldsymbol{r_{AB}}}}{\mathbf{1 - \alpha}}$$

y también: [7.12]

$$\overrightarrow{r_O} = \overrightarrow{r_A} + \frac{\overrightarrow{r_{AB}}}{1 - \alpha} = \frac{\overrightarrow{\boldsymbol{r_B}} - \alpha \overrightarrow{\boldsymbol{r_A}}}{\mathbf{1 - \alpha}}$$

Si $\boldsymbol{\alpha = -1}$, es: $\overrightarrow{\boldsymbol{r_O}} = \frac{\overrightarrow{\boldsymbol{r_A}} + \overrightarrow{\boldsymbol{r_B}}}{\mathbf{2}}$

es decir que el centro de rotación está en la mitad del segmento *AB*.

Si $\boldsymbol{\alpha = 2}$, es: $\overrightarrow{\boldsymbol{r_O}} = \mathbf{2}\,\overrightarrow{\boldsymbol{r_A}} - \overrightarrow{\boldsymbol{r_B}}$

Si $\boldsymbol{\alpha \to 1}$, es en *ec.[7.12]*:

$$\overrightarrow{r_O} = \lim_{\alpha \to 1}\left(\overrightarrow{r_A} + \frac{r_{AB}\,\overrightarrow{e_{AB}}}{1 - \alpha}\right) = \overrightarrow{r_A} + \left(\lim_{\alpha \to 1} \frac{r_{AB}}{1 - \alpha}\right)\overrightarrow{e_{AB}} = \overrightarrow{r_A} + r_\infty\,\overrightarrow{e_{AB}} = \boldsymbol{r_\infty}\,\overrightarrow{\boldsymbol{e_{AB}}}$$

Por lo que el centro de rotación está infinitamente alejado en dirección normal a los desplazamientos lo que es equivalente a decir que el movimiento corresponde a una traslación, o sea $\overrightarrow{\boldsymbol{\Phi}} = \mathbf{0}$.

7.3 Centro de rotación de un cuerpo con 1 GL

Está claro que si un cuerpo tiene movimiento en el plano y está vinculado con una articulación fija, su único grado de libertad es la posibilidad de rotar alrededor de la articulación, que es un centro permanente de rotación.

Si el cuerpo está unido con dos apoyos móviles (en cualquiera de sus tipos) que limitan la posibilidad de traslación en dos direcciones, la articulación fija ficticia que definen, se transforma en el centro de rotación y que vale para esa configuración, *fig.7-3a*. Ante una rotación de pequeña magnitud, el punto del cuerpo en el que está el centro de rotación permanece estacionario; si el centro de rotación queda fuera del cuerpo, se lo supone hipotéticamente prolongado hasta incluirlo, *fig.7-3b*.

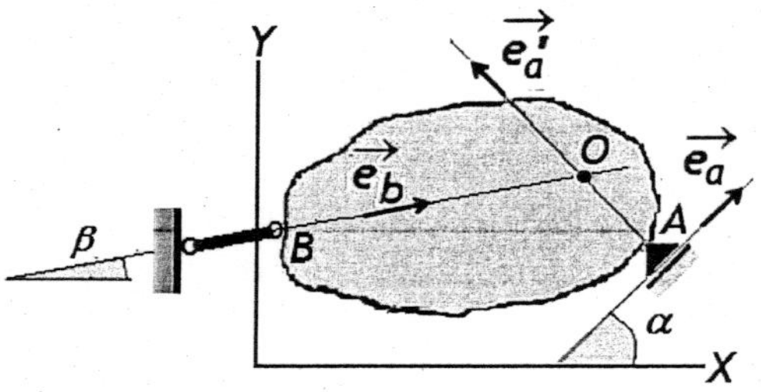

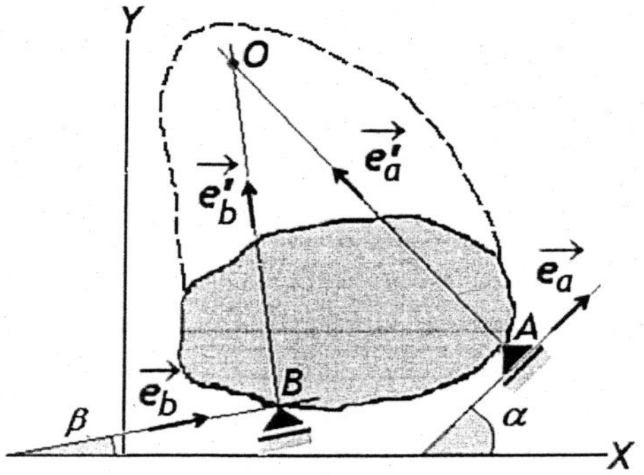

fig.7-3 a) b)

Si en el cuerpo de *fig.7-3a* caracterizamos a la dirección del eje de la biela ***B*** por el vector unitario $\overrightarrow{e_b}$ y por $\overrightarrow{e'_a}$ la normal a la dirección $\overrightarrow{e_a}$ del desplazamiento permitido del apoyo ***A***:

$$\overrightarrow{e_a} = \cos\alpha\ \vec{\imath} + \operatorname{sen}\alpha\ \vec{\jmath} \qquad \text{y} \qquad \overrightarrow{e'_a} = \vec{k}\times\overrightarrow{e_a} = -\operatorname{sen}\alpha\ \ \vec{\imath} + \cos\alpha\ \vec{\jmath}$$

la posición del centro de rotación ***O*** se determina con, *ec.[1.51]*:

$$\overrightarrow{r_O} = \overrightarrow{r_A} + \frac{(\overrightarrow{r_{AB}} \times \overrightarrow{e_b})\cdot\vec{k}}{\left(\overrightarrow{e'_a} \times \overrightarrow{e_b}\right)\cdot\vec{k}}\ \overrightarrow{e'_a} \qquad [7.13]$$

Para definir la posición del centro de rotación del cuerpo de *fig.7-3b*, con los vectores unitarios normales a los apoyos $\overrightarrow{e'_a}$ y $\overrightarrow{e'_b}$: $\overrightarrow{e_b} = \cos\beta\ \vec{\imath} +\ \operatorname{sen}\beta\ \vec{\jmath}$ y $\overrightarrow{e'_b} = \vec{k}\times\overrightarrow{e_b}$

se determina también el centro de rotación ***O***:

$$\overrightarrow{r_O} = \overrightarrow{r_A} + \frac{\left(\overrightarrow{r_{AB}} \times \overrightarrow{e'_b}\right)\cdot\vec{k}}{\left(\overrightarrow{e'_a} \times \overrightarrow{e'_b}\right)\cdot\vec{k}}\ \overrightarrow{e'_a} \qquad [7.13]$$

Conocida la posición de ***O***, puede calcularse el desplazamiento $\overrightarrow{a_P}$ de un punto ***P***, para un dado giro $\overrightarrow{\boldsymbol{\Phi}}$, *ec.[7.1]*, u obtener el $\overrightarrow{\boldsymbol{\Phi}}$, para un cierto $\overrightarrow{a_P}$, *ec.[7.5]*.

En el caso particular que los dos apoyos móviles son de direcciones paralelas, *fig.7-4a*, el único ***GL*** corresponde a un movimiento de traslación en esa dirección. Siguiendo la regla anterior, al ser la dirección del movimiento permitida la misma para ambos apoyos, las normales a ella serán paralelas y por lo tanto el punto de encuentro de las mismas está infinitamente alejado y allí se supone que está el centro de rotación.

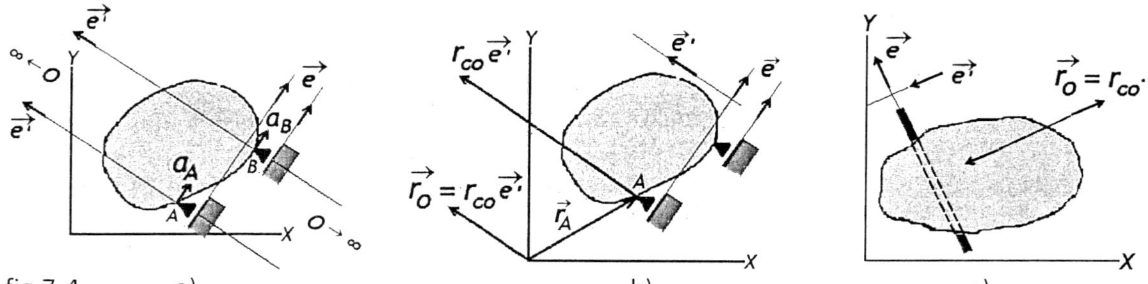

fig.7-4 a) b) c)

En efecto, son: $\overrightarrow{e_a} \equiv \overrightarrow{e_b} = \vec{e}$ y las direcciones normales: $\overrightarrow{e'_a} = \overrightarrow{e'_b} = \overrightarrow{e'} = \vec{k}\times\vec{e}$

La posición del centro de rotación se puede escribir a partir de la ecuación de la recta que pasa por el apoyo ***A*** y tiene la dirección $\overrightarrow{e'_a} = \overrightarrow{e'}$:

$$\overrightarrow{r_O} = \overrightarrow{r_A} + \lambda\,\overrightarrow{e'} \qquad \text{donde} \quad \lambda \to \pm\infty$$

Llamamos a este $\boldsymbol{\lambda} = \pm\boldsymbol{r}_\infty$. Luego la posición del centro de rotación, es:

$$\overrightarrow{r_O} = \overrightarrow{r_A} + \lambda\,\overrightarrow{e'} = \overrightarrow{r_A} \pm \boldsymbol{r}_\infty\,\overrightarrow{e'} = \pm\boldsymbol{r}_\infty\,\overrightarrow{e'}$$

Gráficamente, *fig.7-4b*, se ve que el resultado de sumar al vector de módulo finito $\overrightarrow{r_A}$, un vector de módulo infinito y dirección $\overrightarrow{e'}$, da como resultado un vector de módulo infinito, con la dirección $\overrightarrow{e'}$. Es decir que está infinitamente alejado, en dirección de la normal, en cualquiera de los dos sentidos, a la que puede trasladarse el cuerpo. Al mismo resultado y conclusión se hubiera llegado a partir del apoyo ***B***.

Si el cuerpo tiene como vínculo un empotramiento deslizable en una cierta dirección $\vec{e}$, *fig.7.4c*, y es $\vec{e'} = \vec{k}\times\vec{e}$ la dirección normal, la ubicación del centro de rotación es:

$$\vec{r_O} = \pm r_\infty \vec{e'}$$

es decir que está infinitamente alejado en la dirección normal a la que puede trasladarse el cuerpo.

Como conclusión podemos decir que si el centro de rotación está determinado, el cuerpo tendrá en principio como movimiento posible el de rotación. Si el centro de rotación está infinitamente alejado en cierta dirección, el movimiento posible del cuerpo es de traslación en la dirección normal a esa dirección.

7.4 Movimiento de dos cuerpos articulados y con 1GL

Estudiamos el movimiento plano de un sistema de dos cuerpos vinculados por articulación con ***1GL***.

Para que el sistema tenga ***1GL***, deben existir vínculos tales que limiten tres de los ***4GL*** de los dos cuerpos unidos y considerados como libres, ***2GL*** de uno de ellos y ***1GL*** en el otro. Queda excluido el caso en que los ***3GL*** son eliminados en uno de los cuerpos, pues el otro quedaría con ***1GL***, lo cual remite al caso de un único cuerpo con ***1GL***.

Si uno de los cuerpos tiene una articulación fija, ella es su centro de rotación. Si está vinculado con dos apoyos móviles, el centro de rotación coincide con la articulación fija ficticia que definen ambos apoyos móviles. Queda por determinar el centro de rotación del otro cuerpo con el apoyo móvil.

Por ejemplo, *fig.7.5a*, para el cuerpo ***1***, el centro de rotación $\boldsymbol{O_1}$ está en la articulación fija ***C***. El centro de rotación del cuerpo ***2***, a partir del hecho que el movimiento posible del cuerpo ***2*** es de rotación porque las traslaciones están limitadas en dos direcciones no paralelas: la que impone el apoyo ***B*** y en la dirección ***CA***, dado que para el cuerpo ***2***, el cuerpo ***1*** se comporta como si fuera una biela de eje ***CA***, *fig.7.5b*.

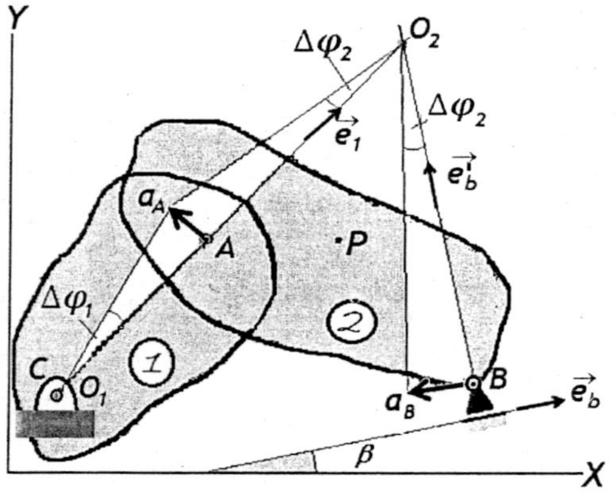

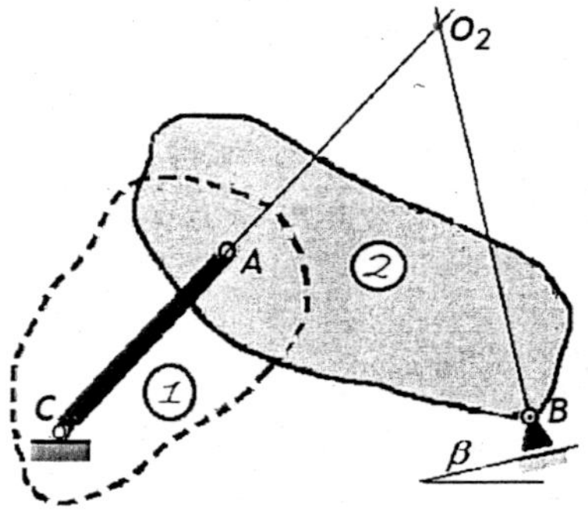

fig.7-5 a) b)

El centro de rotación del cuerpo *2* es coincidente con la articulación ficticia que definen el apoyo ***B*** y la "biela" ***CA***.

Otra forma de considerarlo es suponer una rotación del cuerpo ***1***, a causa de lo cual el desplazamiento de la articulación ***A*** es perpendicular a la recta $\boldsymbol{O_1A}$. Dado que ***A*** pertenece también al cuerpo ***2***, visto el desplazamiento de ***A*** como el resultado de la rotación del cuerpo ***2***, el centro de rotación de este deberá encontrarse sobre la recta que definen $\boldsymbol{O_1}$ y ***A***. Asimismo como la dirección del desplazamiento posible del punto de apoyo ***B***, es la del apoyo, el centro de rotación estará sobre la recta normal a la dirección $\vec{e_b}$, por ***B*** (que es $\vec{e_b'}$). De modo que en la intersección de la recta $\boldsymbol{O_1A}$ y la normal a la dirección de $\vec{e_b}$, por ***B***, está el centro de rotación $\boldsymbol{O_2}$ del cuerpo ***2***.

De la discusión anterior surge que la relación entre los centros de rotación de los cuerpos que forman parte de un sistema de cuerpos vinculados por articulación con ***1GL***, es que debe haber alineación entre los centros de rotación de los cuerpos contiguos y la articulación entre ellos. Esta condición de alineamiento de los tres puntos, puede expresarse vectorialmente, como:

$$\vec{r}_{AO_i} \times \vec{r}_{AO_{i+1}} = \mathbf{0} \qquad \text{o, igualmente} \qquad \vec{r}_{O_iA} \times \vec{r}_{O_{i+1}A} = \mathbf{0} \qquad [7.14]$$

En lo sucesivo, para sistemas de dos o más cuerpos, designamos al vector posición de un centro de rotación $\boldsymbol{O_i}$ de un cuerpo $\boldsymbol{i}$, como:

$$\vec{r}_{O_i} = \vec{r}_i$$

Para el sistema de *fig.7-5a*, son conocidos los vectores posición de los apoyos ***C*** y ***B***, de la articulación relativa ***A*** y del ángulo β del apoyo ***B***. Estos datos permiten determinar los vectores unitarios en las direcciones de ***CA***:

$$\overrightarrow{e_1} = \frac{\overrightarrow{r_{CA}}}{r_{CA}}$$

y del apoyo móvil y la normal al mismo: $\overrightarrow{e_b} = \cos\beta\ \vec{\imath} + \operatorname{sen}\beta\ \vec{\jmath} \qquad \overrightarrow{e'_b} = \vec{k} \times \overrightarrow{e_b} = -\operatorname{sen}\beta\ \vec{\imath} + \cos\beta\ \vec{\jmath}$

Así que: $\vec{r}_{O_1} = \vec{r}_1 = \vec{r}_C$

Como el centro de rotación $\boldsymbol{O_2}$ está en la intersección de las rectas $\boldsymbol{O_1A}$ y _|_***B***, su vector posición, en función de $\overrightarrow{r_1}$, $\overrightarrow{r_B}$, $\overrightarrow{e_1}$, $\overrightarrow{e'_b}$, es, *ec.[1.51]*, si se toma a $\boldsymbol{O_1}$ como punto de referencia de la recta $\boldsymbol{O_1A}$:

$$\overrightarrow{r_2} = \overrightarrow{r_1} + \frac{\left(\overrightarrow{r_{1B}} \times \overrightarrow{e'_b}\right) \cdot \vec{k}}{\left(\overrightarrow{e_1} \times \overrightarrow{e'_b}\right) \cdot \vec{k}}\ \overrightarrow{e_1}$$

Cuando se impone el desplazamiento de un punto de cualquiera de los cuerpos, o se impone un giro a uno de ellos, el movimiento a que dan lugar se propaga al otro cuerpo. Los puntos que corresponden a los centros de rotación son puntos del cuerpo que no tienen desplazamiento y los llamamos *puntos estacionarios*.

Para ver como se propaga el movimiento, supongamos que aplicamos al cuerpo ***1*** un giro $\overrightarrow{\boldsymbol{\Phi}_1} = \Delta\varphi_1\,\vec{k}$

Con el cual puede determinarse el desplazamiento de cualquiera punto del cuerpo ***1***, así como el de la articulación ***A***:

$$\overrightarrow{a_A} = \overrightarrow{\boldsymbol{\Phi}_1} \times \overrightarrow{r_{1A}} = \Delta\varphi_1\,\vec{k} \times \overrightarrow{r_{1A}}$$

a partir de la cual se obtiene el giro inducido en el cuerpo *2*, *ec.[7.5]*: $\overrightarrow{\boldsymbol{\Phi}_2} = \dfrac{\overrightarrow{r_{2A}} \times \overrightarrow{a_A}}{r_{2A}^2}$

con este giro $\overrightarrow{\boldsymbol{\Phi}_2}$, puede conocerse el desplazamiento de cualquier punto ***P*** del cuerpo ***2***:

$$\overrightarrow{a_P} = \overrightarrow{\boldsymbol{\Phi}_2} \times \overrightarrow{r_{2P}} \qquad \text{con:} \qquad \overrightarrow{r_{2P}} = \overrightarrow{r_P} - \overrightarrow{r_2}$$

y también del apoyo ***B***: $\overrightarrow{a_B} = \overrightarrow{\boldsymbol{\Phi}_2} \times \overrightarrow{r_{2B}} \qquad \overrightarrow{r_{2B}} = \overrightarrow{r_B} - \overrightarrow{r_2}$

Ante un movimiento impuesto, el punto del cuerpo correspondiente a $\boldsymbol{O_2}$ queda estacionario. El $\boldsymbol{O_1}$ es estacionario porque es una articulación fija.

Si el vínculo exterior de uno de los cuerpos es un empotramiento deslizable, *fig.7.6*, el centro de rotación del mismo está infinitamente alejado en la dirección normal a la del movimiento de traslación que permite el empotramiento deslizable. Como el cuerpo ***1*** sólo puede trasladarse en la dirección $\overrightarrow{e_1}$, cualquier punto del mismo se desplazará en esa dirección y también lo hará la articulación relativa ***A*** entre los cuerpos. Como ***A*** pertenece también al cuerpo ***2*** y el desplazamiento del apoyo ***B*** sólo puede hacerse en la dirección $\overrightarrow{e_b}$, el centro de rotación O_2 deberá estar sobre la recta normal a esta dirección, $\overrightarrow{e'_b}$, y allí donde se encuentre con la normal a $\overrightarrow{e_1}$ (la $\overrightarrow{e'_1}$) pasante por ***A***.

Aquí también se cumple la regla de alineamiento entre los centros de rotación y la articulación común.

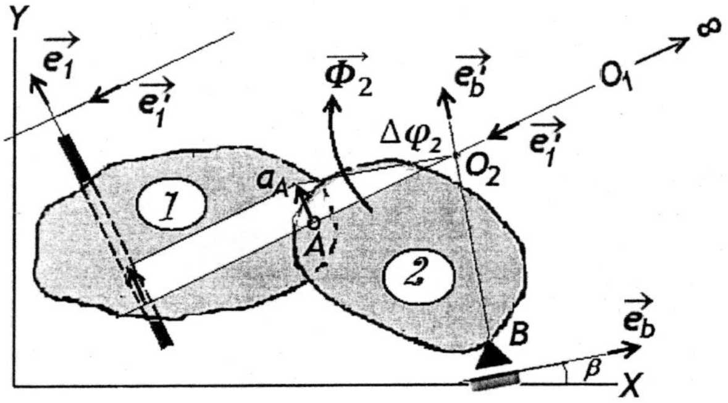

fig.7-6

Son entonces las posiciones de los centros de rotación:

$$\overrightarrow{r_1} = \pm r_\infty \, \overrightarrow{e'_1} \qquad \text{y} \qquad \overrightarrow{r_2} = \overrightarrow{r_A} + \frac{\left(\overrightarrow{r_{AB}} \times \overrightarrow{e'_b}\right)\cdot\vec{k}}{\left(\overrightarrow{e'_1} \times \overrightarrow{e'_b}\right)\cdot\vec{k}} \, \overrightarrow{e'_1}$$

Si por ejemplo imponemos el desplazamiento de un punto cualquiera del cuerpo ***1***, será el mismo que tiene la articulación ***A***:

$$\overrightarrow{a_A} = \overrightarrow{a_1} = a_1 \, \overrightarrow{e_1}$$

y a partir del cual, el giro que se induce en el cuerpo ***2***, es: $\overrightarrow{\Phi_2} = \dfrac{\overrightarrow{r_{2A}} \times \overrightarrow{a_A}}{r_{2A}^2}$

con el cual puede calcularse el desplazamiento de cualquiera de sus puntos, con: $\overrightarrow{a_P} = \overrightarrow{\Phi_2} \times \overrightarrow{r_{2P}}$

En muchos casos el giro inducido en el cuerpo, cuando se conoce el giro en un cuerpo contiguo, puede determinarse sin necesidad de obtener, como paso intermedio, el desplazamiento de la articulación común, como se realizó previamente. Si reemplazamos el desplazamiento:

$$\overrightarrow{a_A} = \overrightarrow{\Phi_1} \times \overrightarrow{r_{1A}}$$

en la rotación inducida en el cuerpo ***2***:

$$\overrightarrow{\Phi_2} = \frac{\overrightarrow{r_{2A}} \times \overrightarrow{a_{A_i}}}{r_{2A}^2} = \frac{\overrightarrow{r_{2A}} \times \left(\overrightarrow{\Phi_1} \times \overrightarrow{r_{1A}}\right)}{r_{2A}^2} = -\frac{\left(\overrightarrow{\Phi_1} \times \overrightarrow{r_{1A}}\right) \times \overrightarrow{r_{2A}}}{r_{2A}^2}$$

Desarrollado la doble multiplicación vectorial: $\overrightarrow{\Phi_2} = -\dfrac{\left(\overrightarrow{\Phi_1}\cdot\overrightarrow{r_{2A}}\right)\overrightarrow{r_{1A}} - \left(\overrightarrow{r_{1A}}\cdot\overrightarrow{r_{2A}}\right)\overrightarrow{\Phi_1}}{r_{2A}^2}$

y siendo, por perpendiculares: $\overrightarrow{\Phi_1} \cdot \overrightarrow{r_{2A}} = 0$ se obtiene:

$$\overrightarrow{\Phi_2} = \frac{\overrightarrow{r_{1A}} \cdot \overrightarrow{r_{2A}}}{r_{2A}^2} \, \overrightarrow{\Phi_1} \qquad [7.15]$$

Ejemplo 1: Para los dos cuerpos unidos por articulación, y vinculados exteriormente y con ***1GL***, determinar sus centros de rotación. Luego suponiendo un giro positivo $\Delta\varphi_1$ impuesto al cuerpo ***1***, calcular el desplazamiento de la articulación ***A*** y del apoyo ***B***.

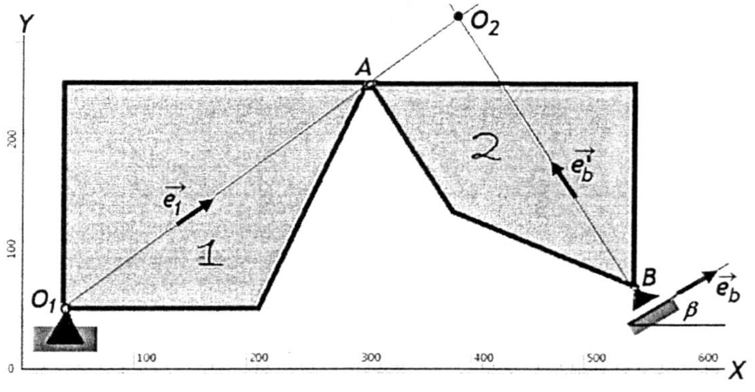

$$\Delta\varphi_1 = 0.003\, rad$$

Para el sistema coordenado adoptado, la posición del apoyo fijo O_1, la articulación relativa ***A***, el punto de apoyo ***B*** y el ángulo β con la horizontal, en *unidades de longitud = ul* de las escalas de los ejes coordenados, son:

$$\vec{r_1} = 36\,\vec{i} + 56\,\vec{j}\,ul \qquad \vec{r_A} = 308\,\vec{i} + 261\,\vec{j}\,ul \qquad \vec{r_B} = 545\,\vec{i} + 73\,\vec{j}\,ul \qquad \beta = 33°$$

El vector unitario en la dirección O_1A a partir de la posición relativa de ***A*** respecto a O_1:

$$\vec{r_{1A}} = \vec{r_A} - \vec{r_1} = 272\,\vec{i} + 205\,\vec{j}\,ul \qquad r_{1A} = 340.6\,ul \qquad \vec{e_1} = \frac{\vec{r_{1A}}}{r_{1A}} = 0.799\,\vec{i} + 0.602\,\vec{j}$$

El vector unitario en la dirección del desplazamiento del apoyo ***B*** y el unitario normal al mismo:

$$\vec{e_b} = \cos\beta\,\vec{i} + \operatorname{sen}\beta\,\vec{j} = 0.839\,\vec{i} + 0.545\,\vec{j} \qquad \vec{e'_b} = \vec{k}\times\vec{e_b} = -0.545\,\vec{i} + 0.839\,\vec{j}$$

El centro de rotación O_2 del cuerpo ***2***, se encuentra en la intersección de la recta O_1A y la normal al apoyo ***B***. Siendo: $\vec{r_{1B}} = \vec{r_B} - \vec{r_1} = 509\,\vec{i} + 17\,\vec{j}\,ul$

$$\vec{r_2} = \vec{r_1} + \frac{\left(\vec{r_{1B}} \times \vec{e'_b}\right)\cdot\vec{k}}{\left(\vec{e_1} \times \vec{e'_b}\right)\cdot\vec{k}}\,\vec{e_1} = 385.2\,\vec{i} + 319.1\,\vec{j}\,ul$$

También puede hallarse $\vec{r_2}$, directamente en función de la dirección $\vec{e_b}$, *ec.[1.57]*:

$$\vec{r_2} = \vec{r_1} + \frac{\vec{r_{1B}}\cdot\vec{e_b}}{\vec{e_1}\cdot\vec{e_b}}\,\vec{e_1} = 385.2\,\vec{i} + 319.1\,\vec{j}\,ul$$

Dado que los centros de rotación quedan determinados, el movimiento posible de ambos cuerpos es el de rotación. O_2 es un punto estacionario del cuerpo ***2*** (hipotéticamente prolongado hasta abarcarlo).

Al imponer al cuerpo ***1***, un giro $\Delta\varphi_1$, el vector rotación correspondiente es: $\vec{\Phi_1} = \Delta\varphi_1\,\vec{k}$

El desplazamiento de la articulación ***A*** y su módulo:

$$\vec{a_A} = \vec{\Phi_1}\times\vec{r_{1A}} = -0.615\,\vec{i} + 0.816\,\vec{j}\,ul \qquad a_A = 1.022\,ul$$

El giro que se induce en el cuerpo **2**, conectado por articulación con el **1**, con:

$$\overrightarrow{r_{2A}} = \overrightarrow{r_A} - \overrightarrow{r_2} = -77.2\,\vec{\imath} - 358.1\,\vec{\jmath}\ ul \qquad r_{2A} = 366.3\ ul$$ es:

$$\overrightarrow{\Phi_2} = \frac{\overrightarrow{r_{1A}} \cdot \overrightarrow{r_{2A}}}{r_{2A}^2}\overrightarrow{\Phi_1} = -0.0106\ \vec{k}\,rad$$

Como comprobación, el desplazamiento calculado como perteneciente al cuerpo *2*:

$$\overrightarrow{a_A} = \overrightarrow{\Phi_2} \times \overrightarrow{r_{2A}} = -0.615\,\vec{\imath} + 0.816\,\vec{\jmath}\ ul$$

que es igual al determinado como perteneciente al cuerpo **1**.

Con $\overrightarrow{\Phi_2}$ y la posición relativa del apoyo **B**, respecto al centro O_2:

$$\overrightarrow{r_{2B}} = \overrightarrow{r_B} - \overrightarrow{r_2} = 159.8\,\vec{\imath} - 246.1\,\vec{\jmath}\ ul$$

se determina el desplazamiento del apoyo y su módulo:

$$\overrightarrow{a_B} = \overrightarrow{\Phi_2} \times \overrightarrow{r_{2B}} = -2.603\,\vec{\imath} - 1.691\,\vec{\jmath}\,ul \qquad a_B = 3.104\ ul$$

Las componentes de $\overrightarrow{a_B}$ muestran que el punto de apoyo **B** se mueve hacia abajo.

Ejemplo 2: Para los dos cuerpos unidos por articulación y con ***1GL***, determinar los centros de rotación de ambos. Si se impone un desplazamiento $\overrightarrow{a_B}$ al apoyo **B** en el sentido ascendente, determinar los giros de los cuerpos y los desplazamientos de la articulación **A** y de los apoyos **C** y **D**.

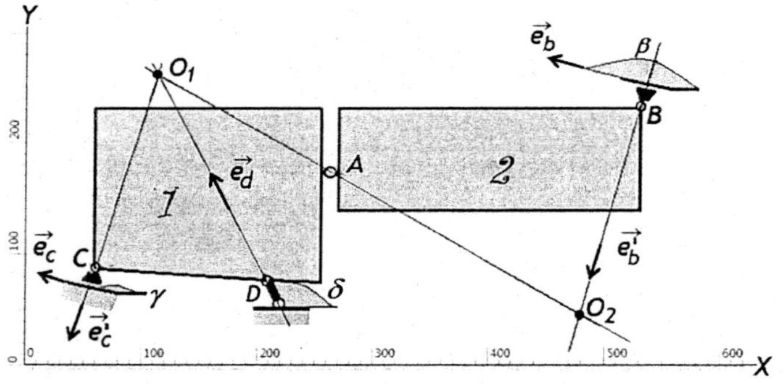

$$a_B = 1\,ul$$

Para el sistema coordenado, las posiciones de los puntos de apoyo **B**, **C**, **D**, de la articulación relativa **A**, expresadas en ***unidades de longitud=ul***:

$$\overrightarrow{r_B} = 530\,\vec{\imath} + 231\,\vec{\jmath}\,ul \qquad \overrightarrow{r_C} = 60\,\vec{\imath} + 89\,\vec{\jmath}\,ul \qquad \overrightarrow{r_D} = 205\,\vec{\imath} + 82\,\vec{\jmath}\,ul \quad \overrightarrow{r_A} = 262\,\vec{\imath} + 172\,\vec{\jmath}\,ul$$

y los ángulos de las direcciones de los puntos de apoyo **B**, **C** y del eje de la biela **D**:

$$\gamma = 165° \qquad \beta = 165° \qquad \delta = 117°$$

Los vectores unitarios en dirección de los apoyos móviles y las normales a ellos:

$$\overrightarrow{e_b} = \cos\beta\,\vec{\imath} + \operatorname{sen}\beta\,\vec{\jmath} = -0.966\,\vec{\imath} + 0.259\,\vec{\jmath} \qquad \overrightarrow{e_b'} = \vec{k} \times \overrightarrow{e_b} = -0.259\,\vec{\imath} - 0.966\,\vec{\jmath}$$

$$\overrightarrow{e_c} = \cos\gamma\,\vec{\imath} + sen\,\gamma\,\vec{\jmath} = -0.966\,\vec{\imath} + 0.259\,\vec{\jmath} \qquad \overrightarrow{e_c'} = \vec{k}\times\overrightarrow{e_c} = -0.259\,\vec{\imath} - 0.966\,\vec{\jmath}$$

y en la dirección del eje de la biela: $\overrightarrow{e_d} = \cos\delta\,\vec{\imath} + sen\,\delta\,\vec{\jmath} = -0.454\,\vec{\imath} + 0.891\,\vec{\jmath}$

En el cuerpo ***1*** hay dos apoyos móviles que son equivalentes, desde el punto de vista cinemático, a una articulación fija ficticia, cuya posición se encuentra en el punto de encuentro de la normal al apoyo ***C***, que tiene la dirección $\overrightarrow{e_c'}$ y la recta que pasa por ***D***, en dirección $\overrightarrow{e_d}$ del eje de la biela. El centro de rotación del cuerpo ***1***, O_1, coincide con la posición de esta articulación fija ficticia. A partir de:

$$\overrightarrow{r_{CD}} = \overrightarrow{r_D} - \overrightarrow{r_C} = 145\,\vec{\imath} - 7\vec{\jmath}\ ul \qquad \text{es:} \qquad \overrightarrow{r_1} = \overrightarrow{r_C} + \frac{(\overrightarrow{r_{CD}} \times \overrightarrow{e_d})\cdot\vec{k}}{\left(\overrightarrow{e_c'} \times \overrightarrow{e_d}\right)\cdot\vec{k}}\,\overrightarrow{e_c'} = 108.7\,\vec{\imath} + 270.9\,\vec{\jmath}\,ul$$

Determinada la posición de O_1, el centro de rotación del cuerpo ***2*** está en el encuentro de la recta O_1A y la normal al apoyo ***B***, es decir la recta de dirección $\overrightarrow{e_b'}$. Con la expresión que da el punto de encuentro de dos rectas, a partir de la forma en que se dan ellas, una que pasa por los dos puntos O_1 y ***A***, y la otra por ***B*** con la dirección $\overrightarrow{e_b'}$, *ec.[1.56]*:

$$\overrightarrow{r_2} = \overrightarrow{r_A} + \frac{\left(\overrightarrow{r_{AB}} \times \overrightarrow{e_b'}\right)\cdot\vec{k}}{\left(\overrightarrow{r_{1A}} \times \overrightarrow{e_b'}\right)\cdot\vec{k}}\,\overrightarrow{r_{1A}} = \overrightarrow{r_A} + \frac{\left[(\overrightarrow{r_B} - \overrightarrow{r_A})\times\overrightarrow{e_b'}\right]\cdot\vec{k}}{\left[(\overrightarrow{r_A} - \overrightarrow{r_1})\times\overrightarrow{e_b'}\right]\cdot\vec{k}}\,(\overrightarrow{r_A} - \overrightarrow{r_1}) = 477\,\vec{\imath} + 33.2\,\vec{\jmath}\,ul$$

De acuerdo a los resultados tenemos que el movimiento posible de ambos cuerpos es el de rotación pues sus centros de rotación, los O_1 y O_2, quedaron determinados y siendo estos puntos estacionarios para cada cuerpo.

Obtenidos los centros de rotación, pueden determinarse desplazamientos y giros ante un movimiento impuesto.

De acuerdo a lo enunciado se impone al apoyo ***B*** el desplazamiento a_B ascendente, por lo que el vector desplazamiento correspondiente está en el sentido del vector unitario $\overrightarrow{e_b}$:

$$\overrightarrow{a_B} = a_B\,\overrightarrow{e_b} = -0.966\,\vec{\imath} + 0.259\,\vec{\jmath}\,ul$$

El giro que $\overrightarrow{a_B}$ provoca en el cuerpo ***2*** es, *ec.[7.5´]*, con el vector posición relativa del apoyo ***B***, respecto a O_2: $\overrightarrow{r_{2B}} = \overrightarrow{r_B} - \overrightarrow{r_2} = 53\,\vec{\imath} + 197.8\,\vec{\jmath}\,ul \qquad r_{2B} = 204.8\,ul$

$$\overrightarrow{\Phi_2} = \frac{\overrightarrow{r_{2B}} \times \overrightarrow{a_B}}{r_{2B}^2} = 0.0049\,\vec{k}\,rad = \Delta\varphi_2\,\vec{k}$$

Con el vector posición relativa de la articulación ***A***, respecto a O_2:

$$\overrightarrow{r_{2A}} = \overrightarrow{r_A} - \overrightarrow{r_2} = -215\vec{\imath} + 138.8\,\vec{\jmath}\,ul$$

se obtiene el desplazamiento a que da lugar $\overrightarrow{\Phi_2}$: $\overrightarrow{a_A} = \overrightarrow{\Phi_2}\times\overrightarrow{r_{2A}} = -0.678\,\vec{\imath} - 1.05\,\vec{\jmath}\,ul$

Conocido el desplazamiento $\overrightarrow{a_A}$ de la articulación ***A***, que es también un punto del cuerpo ***1*** y el vector posición relativa de ***A***, respecto a O_1:

$$\overrightarrow{r_{1A}} = \overrightarrow{r_A} - \overrightarrow{r_1} = 153.3\vec{\imath} - 98.9\,\vec{\jmath}\,ul \qquad r_{1A} = 182.4\,ul$$

se obtiene el giro inducido en el cuerpo ***1***: $\overrightarrow{\Phi_1} = \frac{\overrightarrow{r_{1A}} \times \overrightarrow{a_A}}{r_{1A}^2} = -0.0069\,\vec{k}\,rad = \Delta\varphi_1\,\vec{k}$

Con el cual determinamos los desplazamientos de los puntos de apoyo ***C*** y ***D***, siendo sus vectores posición relativa al centro de rotación O_1:

$$\overrightarrow{r_{1C}} = \overrightarrow{r_C} - \overrightarrow{r_1} = -48.7\vec{\imath} - 181.9\,\vec{\jmath}\,ul \qquad \overrightarrow{r_{1D}} = \overrightarrow{r_D} - \overrightarrow{r_1} = 96.3\vec{\imath} - 188.9\,\vec{\jmath}\,ul$$

$$\overrightarrow{a_C} = \overrightarrow{\Phi_1} \times \overrightarrow{r_{1C}} = -1.246\,\vec{\imath} + 0.334\,\vec{\jmath}\,ul \qquad a_C = 1.29\,ul$$
$$\overrightarrow{a_D} = \overrightarrow{\Phi_1} \times \overrightarrow{r_{1D}} = -1.294\,\vec{\imath} - 0.66\,\vec{\jmath}\,ul \qquad a_D = 1.453\,ul$$

Comprobemos que las direcciones de estos desplazamientos coinciden con la que permiten el apoyo móvil y la biela. Para el apoyo móvil ***C***, el ángulo del vector desplazamiento con la horizontal, es:

$$arc\,tan\frac{v_C}{u_C} = arc\,tan\frac{\overrightarrow{a_C}\cdot\vec{\jmath}}{\overrightarrow{a_C}\cdot\vec{\imath}} = -15° \equiv 180° - \gamma$$

que, de acuerdo al signo de las componentes de $\overrightarrow{a_C}$, es el que forma el apoyo ***C*** con el eje ***X***.

Para la biela ***D***, el ángulo que $\overrightarrow{a_D}$ forma con el eje ***X***: $arc\,tan\frac{\overrightarrow{a_D}\cdot\vec{\jmath}}{\overrightarrow{a_D}\cdot\vec{\imath}} = 27° \equiv \delta - 90°$

y de acuerdo al signo de sus componentes, se ve que la normal a $\overrightarrow{a_D}$ forma el ángulo δ, que es precisamente el que la biela forma con el eje ***X***.

Cualitativamente el cuadro de desplazamientos y giros queda:

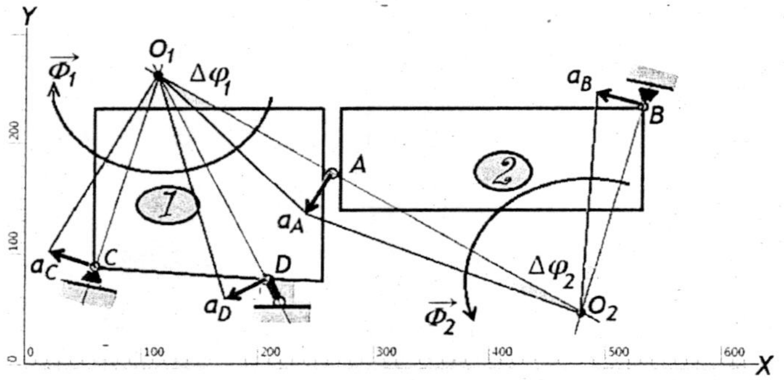

7.4.1 Ejemplos de un sistema de dos cuerpos vinculados y con 1GL en los que la articulación relativa y/o el centro de rotación están infinitamente alejados

1. Vínculo interno formado por dos bielas rígidas, de ejes paralelos y orientación dada, *fig.7-7*.

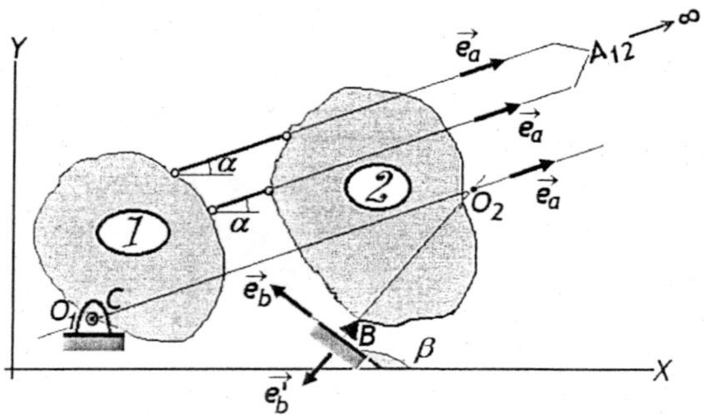

fig.7-7

La articulación relativa $\boldsymbol{A_{12}}$ entre los cuerpos está infinitamente alejada en la dirección $\overrightarrow{e_a}$ de las bielas, sobre cualquiera de las rectas que contienen los ejes de las bielas y también toda recta paralela a ellas, es decir:

$$\overrightarrow{r_{A_{12}}} = \pm \boldsymbol{r}_\infty \, \overrightarrow{e_a}$$

dado que al ser el vector unitario $\overrightarrow{e_a}$ un vector libre, puede concebirse la posición de $\boldsymbol{A_{12}}$ sobre cualquier recta, con esa dirección e infinitamente alejada.

El centro de rotación del cuerpo ***1***: $\overrightarrow{r_1} = \overrightarrow{r_C}$

De acuerdo a la regla de alineamiento entre centros de rotación y articulación de dos cuerpos contiguos unidos por ella, el centro de rotación $\boldsymbol{O_2}$, está alineado con $\boldsymbol{O_1}$ y con $\boldsymbol{A_{12}}$. De modo que en el encuentro de la recta $\boldsymbol{O_1 A_{12}}$ con la normal al apoyo ***B*** y a partir de los vectores unitarios direccionales $\overrightarrow{e_a}, \overrightarrow{e_b}$:

$$\overrightarrow{e_a} = \cos\alpha \, \vec{\imath} + sen\,\alpha \, \vec{\jmath} \qquad \overrightarrow{e_b} = \cos\beta \, \vec{\imath} + sen\,\beta \, \vec{\jmath} \qquad \overrightarrow{e'_b} = \vec{k} \times \overrightarrow{e_b}$$

se obtiene, *ec.[1.55]*, la posición de $\boldsymbol{O_2}$:

$$\overrightarrow{r_2} = \overrightarrow{r_1} + \frac{\left(\overrightarrow{r_{1B}} \times \overrightarrow{e'_b}\right) \cdot \vec{k}}{\left(\overrightarrow{e_a} \times \overrightarrow{e'_b}\right) \cdot \vec{k}} \, \overrightarrow{e_a}$$

Al quedar determinados ambos centros de rotación, los movimientos posibles de los cuerpos son de rotación. El cuerpo ***2***, hipotéticamente prolongado hasta incluir al $\boldsymbol{O_2}$, tiene a este punto como estacionario.

Si se supone un giro $\overrightarrow{\boldsymbol{\Phi_1}}$ del cuerpo ***1***, el giro inducido en el ***2***, *ec.[7.15]*:

$$\overrightarrow{\boldsymbol{\Phi_2}} = \frac{\overrightarrow{r_{1A}} \cdot \overrightarrow{r_{2A}}}{r_{2A}^2} \, \overrightarrow{\boldsymbol{\Phi_\iota}} = \frac{\pm r_\infty \overrightarrow{e_a} \cdot \pm r_\infty \overrightarrow{e_a}}{r_\infty^2} \, \overrightarrow{\boldsymbol{\Phi_1}} = \overrightarrow{\boldsymbol{\Phi_1}}$$

2. Cuerpos unidos con dos bielas paralelas y con el apoyo móvil del cuerpo ***2*** normal a las bielas de unión interna, *fig.7-8a:*

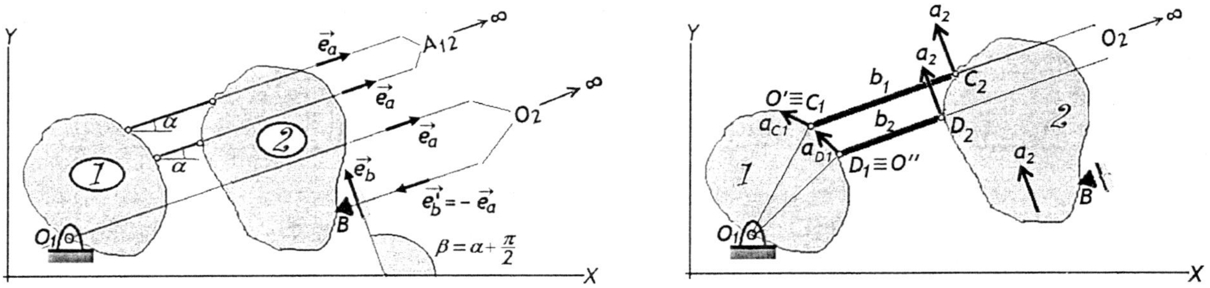

fig.7-8 a) b)

El centro de rotación del cuerpo ***1*** es $\overrightarrow{r_1}$. Al ser la dirección del apoyo ***B*** normal a las bielas, la normal al apoyo, está en la dirección de las bielas, por lo que:

$$\overrightarrow{e'_b} = \vec{k} \times \overrightarrow{e_b} = -\overrightarrow{e_a} \qquad \text{y} \qquad \overrightarrow{r_2} = \pm \boldsymbol{r}_\infty \, \overrightarrow{e_a}$$

Es decir que el centro $\boldsymbol{O_2}$ se encontrará infinitamente alejado en la misma dirección que las bielas internas; se cumple la condición de alineamiento entre los centros de rotación y la articulación común.

Como conclusión el cuerpo ***1*** al tener determinado el centro de rotación, tiene como movimiento posible el de rotación, en cambio el cuerpo ***2***, con su centro de rotación infinitamente alejado, tiene como movimiento posible la traslación en dirección perpendicular a los ejes de las bielas.

Un estudio más minucioso de este sistema, *fig.7-8b*, muestra que el cuerpo ***2*** al tener como movimiento posible el de traslación, los desplazamientos de las articulaciones C_2 y D_2 de las bielas ***1*** y ***2*** respectivamente, son iguales e iguales al de todo el cuerpo ***2***. Por otra parte como el movimiento posible del cuerpo ***1*** es de rotación, las otras articulaciones de las bielas, C_1 y D_1, tendrán desplazamientos perpendiculares al radio desde el centro O_1. Conocidos los desplazamientos de dos puntos de cada biela, el centro de rotación de cada una de ellas estará en la intersección e las normales a las direcciones de los desplazamientos (*fig.7-2*); estas normales para la biela se encuentran en C_1 y allí estará su centro de rotación ***O'*** y del mismo modo para la biela ***2*** cuyo centro ***O''*** coincide con D_1.

La conclusión de todo lo anterior es que el cuerpo ***1*** por tener tres puntos estacionarios el O_1 y los ***O'*** y ***O''***, permanecerá inmóvil y el ***GL*** queda para el cuerpo ***2***.

Este caso, bajo otro enfoque, se estudia más adelante, véase el ejemplo 9.

3. Cuerpos articulados uno de los cuales está vinculado con dos apoyos móviles paralelos, *fig.7-9*:

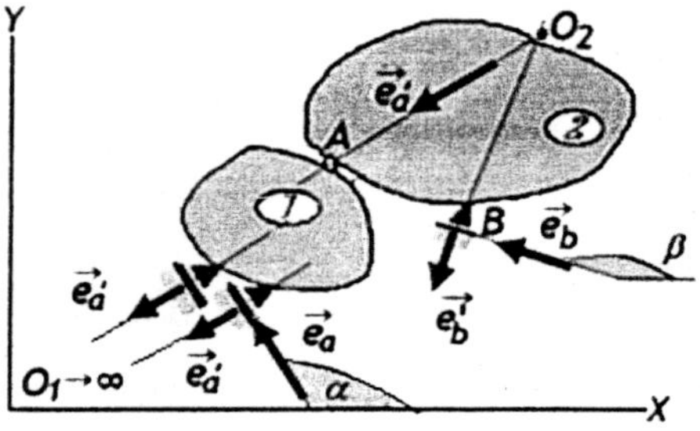

fig.7-9

Los vectores unitarios en dirección de los apoyos y en la normal, son:

$$\overrightarrow{e_a} = \cos\alpha\ \vec{\imath} + \operatorname{sen}\alpha\ \vec{\jmath} \qquad \overrightarrow{e'_a} = \vec{k}\times\overrightarrow{e_a} \qquad \text{y} \qquad \overrightarrow{e_b} = \cos\beta\ \vec{\imath} + \operatorname{sen}\beta\ \vec{\jmath} \qquad \overrightarrow{e'_b} = \vec{k}\times\overrightarrow{e_b}$$

El centro de rotación del cuerpo ***1*** está infinitamente alejado en la dirección normal a la que pueden desplazarse los apoyos, es decir:

$$\overrightarrow{r_1} = \pm r_\infty\ \overrightarrow{e'_a}$$

Para el cuerpo ***2***, a partir de la recta determinada por el centro del ***1*** (infinitamente alejado en la dirección $\overrightarrow{e'_a}$) y por la articulación ***A***, allí donde se cruza con la recta de dirección $\overrightarrow{e'_b}$, normal al apoyo ***B***, determinan el centro O_2, *ec.[1.59]*:

$$\overrightarrow{r_2} = \overrightarrow{r_A} + \frac{\left(\overrightarrow{r_{AB}} \times \overrightarrow{e'_b}\right)\cdot\vec{k}}{\left(\overrightarrow{e'_a} \times \overrightarrow{e'_b}\right)\cdot\vec{k}}\ \overrightarrow{e'_a}$$

Se concluye que el cuerpo ***1*** por tener el centro de rotación infinitamente alejado, tiene como movimiento posible el de traslación perpendicular a la dirección del desplazamiento que permiten sus apoyos. El cuerpo ***2***, al quedar determinado en el plano su centro de rotación, tiene, como movimiento posible, el de rotación alrededor del punto estacionario O_2.

4. Cuerpos articulados uno de los cuales está vinculado con dos apoyos móviles paralelos y el otro cuerpo con un apoyo móvil que tiene la misma dirección que los apoyos del primer cuerpo, *fig.7-10*:

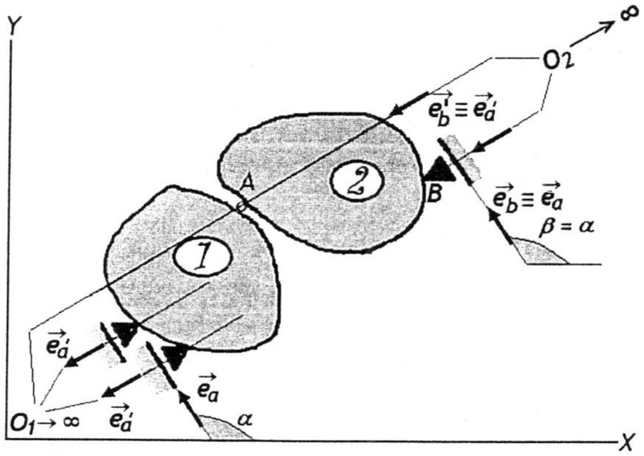

fig.7-10

Los vectores unitarios en dirección de los apoyos y de la normal:

$\overrightarrow{e_a} = \cos\alpha\,\vec{\imath} + \,sen\,\alpha\,\vec{\jmath} = \overrightarrow{e_b}$ y como es: $\overrightarrow{e_b} \equiv \overrightarrow{e_a}$ son: $\overrightarrow{e_a'} = \vec{k}\times\overrightarrow{e_a} = \overrightarrow{e_b'}$

El centro de rotación del cuerpo *1*: $\overrightarrow{r_1} = \pm\boldsymbol{r}_\infty\,\overrightarrow{e_a'}$

Para el cuerpo *2*, la posición del centro de rotación es: $\overrightarrow{r_2} = \overrightarrow{r_A} \pm\, r_\infty\,\overrightarrow{e_b'} = \pm\boldsymbol{r}_\infty\,\overrightarrow{e_b'}$

Es decir que el centro $\boldsymbol{O_2}$, está infinitamente alejado en la dirección: $\overrightarrow{e_b'} = \overrightarrow{e_a'}$

Obsérvese que por la forma en que se disponen los vínculos externos, el sistema tiene como ***GL*** la posibilidad de trasladarse en la dirección que le permiten los tres apoyos, es decir $\overrightarrow{e_a}$, lo cual queda reafirmado porque los centros de rotación de los dos cuerpos están infinitamente alejados en la misma dirección.

7.5 Sistema de tres cuerpos en cadena abierta, con 1GL

Ahora consideremos tres cuerpos articulados entre sí, dispuestos en cadena abierta, con vínculos externos que limitan cuatro de los ***5GL*** del sistema. Estos vínculos externos necesariamente deben disponerse de modo que limiten a lo sumo ***2GL*** en uno o dos de los cuerpos, para que el sistema quede con ***1GL*** y no dé lugar a un caso trivial, o a uno tratado previamente.

La disposición de los vínculos para la eliminación de los ***4GL*** puede hacerse con las siguientes alternativas: $\boldsymbol{2GL\ (cuerpo\ 1) + 1GL\ (cuerpo\ 2) + 1GL\ (cuerpo\ 3) = 4GL}$, ó $\boldsymbol{1 + 2 + 1 = 4GL}$ o, por último, $\boldsymbol{2 + 0 + 2 = 4GL}$. En todos los casos de aquel cuerpo que tiene limitados ***2GL***, puede conocerse la posición de su centro de rotación y es a partir del cual se determinan los centros de rotación de los otros dos cuerpos.

Sea por ejemplo, los tres cuerpos de *fig.7-11a*:

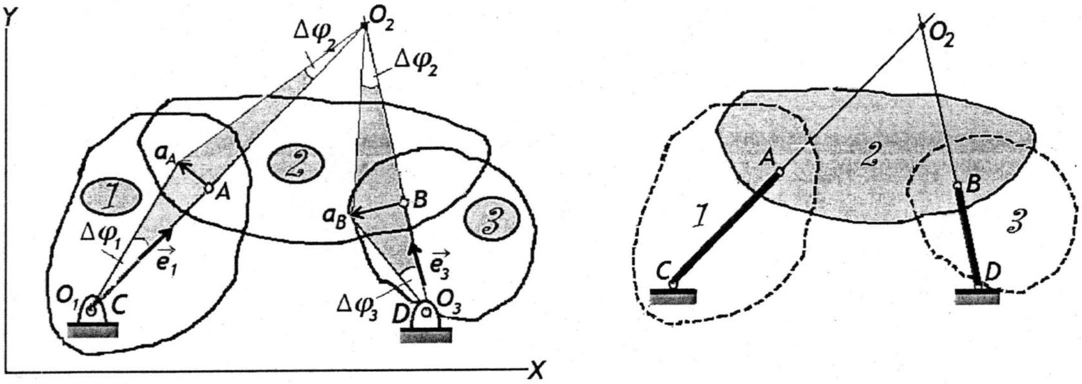

fig.7-11 a) b)

En este caso las articulaciones fijas de los cuerpos ***1*** y ***3*** son sus centros de rotación O_1 y O_3, es decir:

$$\vec{r_1} = \vec{r_C} \qquad \text{y} \qquad \vec{r_3} = \vec{r_D}$$

Dado que ambos cuerpos sólo pueden rotar alrededor de esos centros, el desplazamiento de cualquier punto de ellos, será normal a la recta pasante por el respectivo centro de rotación y el punto.

Esto último también vale para las articulaciones relativas ***A*** y ***B***. De modo que vistas ***A*** y ***B*** como pertenecientes al cuerpo ***2***, su centro de rotación O_2, debe estar en la intersección de las rectas O_1A y O_3B.

También, similarmente a lo explicado en *7.4*, *fig.7-11b*, para el cuerpo ***2***, los cuerpos ***1*** y ***3*** hacen de bielas de apoyo, las cuales definen la articulación fija ficticia O_2 en la intersección de los ejes de esas "bielas".

Para calcular numéricamente la posición de O_2 determinamos los dos vectores unitarios en las direcciones de la recta pasante por O_1 y ***A***: $\vec{e_1} = \dfrac{\vec{r_{1A}}}{r_{1A}}$

y de la que pasa por O_3 y ***B***: $\vec{e_3} = \dfrac{\vec{r_{3B}}}{r_{3B}}$

La intersección de las rectas que pasan por esos puntos, como señalamos, es el centro de rotación O_2. Su vector posición es, *ec.[1.51]*:

$$\vec{r_2} = \vec{r_1} + \frac{(\vec{r_{13}} \times \vec{e_3}) \cdot \vec{k}}{(\vec{e_1} \times \vec{e_3}) \cdot \vec{k}}\,\vec{e_1}$$

o en términos de las posiciones de los puntos que definen las rectas O_1A y O_3B, sin determinar $\vec{e_1}$ y $\vec{e_3}$, *ec.[1.53]*:

$$\vec{r_2} = \vec{r_1} + \frac{(\vec{r_{13}} \times \vec{r_{3B}}) \cdot \vec{k}}{(\vec{r_{1A}} \times \vec{r_{3B}}) \cdot \vec{k}}\,\vec{r_{1A}}$$

También puede obtenerse, de la condición de alineamiento de O_2, con ***A***, O_1 y de O_2 con ***B***, O_3. Es decir que deben cumplirse simultáneamente:

$$\vec{r_{A1}} \times \vec{r_{A2}} = (\vec{r_1} - \vec{r_A}) \times (\vec{r_2} - \vec{r_A}) = 0$$

$$\vec{r_{B2}} \times \vec{r_{B3}} = (\vec{r_2} - \vec{r_B}) \times (\vec{r_3} - \vec{r_B}) = 0$$

Con las coordenadas de los puntos involucrados, ambas condiciones conducen al sistema lineal de ecuaciones:

$$(y_A - y_1)\,x_2 - (x_A - x_1)\,y_2 = -x_A\,y_1 + y_A\,x_1$$
$$-(y_B - y_3)\,x_2 + (x_B - x_3)\,y_2 = x_B\,y_3 - y_B\,x_3$$

cuya solución da las coordenadas del centro de rotación $\boldsymbol{O_2}$, del cuerpo ***2***:

$$x_2 = \frac{(x_3 - x_B)\,(x_A\,y_1 - y_A\,x_1) - (x_1 - x_A)\,(x_B\,y_3 - y_B\,x_3)}{(y_A - y_1)\,(x_B - x_3) - (y_B - y_3)\,(x_A - x_1)}$$

$$y_2 = \frac{(y_3 - y_B)\,(x_A\,y_1 - y_A\,x_1) - (y_1 - y_A)\,(x_B\,y_3 - y_B\,x_3)}{(y_A - y_1)\,(x_B - x_3) - (y_B - y_3)\,(x_A - x_1)}$$

Hallados los centros de rotación, puede calcularse cualquier magnitud cinemática ante un giro impuesto a un cuerpo o el desplazamiento de un punto de cualquiera de ellos. De modo que por ejemplo, para un giro aplicado al cuerpo ***1***, $\overrightarrow{\boldsymbol{\Phi_1}} = \Delta\boldsymbol{\varphi_1}\,\vec{\boldsymbol{k}}$, puede obtenerse el desplazamiento de la articulación ***A***:

$$\overrightarrow{\boldsymbol{a_A}} = \overrightarrow{\Phi_1} \times \overrightarrow{r_{1A}}$$

y con este desplazamiento $\overrightarrow{\boldsymbol{a_A}}$, el giro inducido en el cuerpo ***2***: $\overrightarrow{\boldsymbol{\Phi_2}} = \dfrac{\overrightarrow{r_{2A}} \times \overrightarrow{a_A}}{r_{2A}^2}$

Con este giro $\overrightarrow{\boldsymbol{\Phi_2}}$, podemos luego calcular el desplazamiento de cualquier punto ***P*** del cuerpo ***2***:

$$\overrightarrow{\boldsymbol{a_P}} = \overrightarrow{\Phi_2} \times \overrightarrow{r_{2P}}$$

y también el de la articulación ***B***: $\overrightarrow{\boldsymbol{a_B}} = \overrightarrow{\Phi_2} \times \overrightarrow{r_{2B}}$

en las cuales son: $\overrightarrow{\boldsymbol{r_{2P}}} = \overrightarrow{r_P} - \overrightarrow{r_2}$ y $\overrightarrow{\boldsymbol{r_{2B}}} = \overrightarrow{r_B} - \overrightarrow{r_2}$

Con el desplazamiento $\overrightarrow{\boldsymbol{a_B}}$ de ***B***, puede determinarse el giro del cuerpo ***3***: $\overrightarrow{\boldsymbol{\Phi_3}} = \dfrac{\overrightarrow{r_{3B}} \times \overrightarrow{a_B}}{r_{3B}^2}$

Ejemplo 3: Para los tres cuerpos unidos por articulación y con ***1GL***, determinar sus centros de rotación. Si se impone la componente vertical del desplazamiento de la articulación ***A***, $v_A = \mathbf{1}\,\boldsymbol{ul}$, determinar los vectores desplazamiento y su magnitud, de las articulaciones ***A*** y ***B*** y los giros de los tres cuerpos.

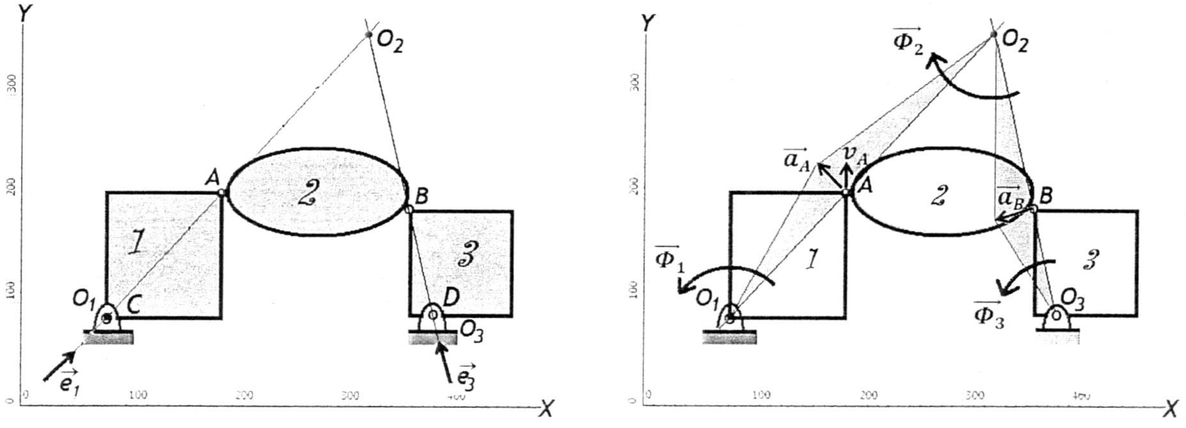

Para el sistema coordenado la posición de los puntos de apoyo y de las articulaciones, son:

$$\overrightarrow{r_C} = 82\,\vec{\imath} + 87\,\vec{\jmath}\ ul \qquad \overrightarrow{r_D} = 389\,\vec{\imath} + 87\,\vec{\jmath}\ ul$$
$$\overrightarrow{r_A} = 188\,\vec{\imath} + 205\,\vec{\jmath}\,ul \qquad \overrightarrow{r_B} = 365\,\vec{\imath} + 190\,\vec{\jmath}\,ul$$

En este caso se tienen, en forma inmediata, los centros de rotación O_1 y O_3 de los cuerpos ***1*** y ***3***, porque coinciden con las articulaciones fijas ***C*** y ***D*** de ellos.

$$\overrightarrow{r_1} = \overrightarrow{r_C} = 82\,\vec{\imath} + 87\,\vec{\jmath}\ ul \qquad \overrightarrow{r_3} = \overrightarrow{r_D} = 389\,\vec{\imath} + 87\,\vec{\jmath}\ ul$$

Como se explicó en el *pto.7.5*, para determinar el centro de rotación O_2 del cuerpo ***2***, dado que la articulación relativa ***A*** es el mismo punto perteneciente a los cuerpos ***1*** y ***2***, su desplazamiento es normal a la recta que une O_1 con ***A*** y sobre la que está el centro O_2.

Asimismo la otra articulación ***B*** por pertenecer al cuerpo ***3***, tiene el desplazamiento $\overrightarrow{a_B}$ normal a la recta O_3B y como ***B*** también pertenece al cuerpo ***2***, este $\overrightarrow{a_B}$ es normal a la recta O_2B, de modo que el lugar del plano donde está O_2 es el de la intersección de las rectas O_1A y O_3B. Con los vectores posición relativa $\overrightarrow{r_{1A}}$, $\overrightarrow{r_{3B}}$, $\overrightarrow{r_{13}}$:

$$\overrightarrow{r_{1A}} = \overrightarrow{r_A} - \overrightarrow{r_1} = 106\,\vec{\imath} + 118\,\vec{\jmath}\,ul \quad \overrightarrow{r_{3B}} = \overrightarrow{r_B} - \overrightarrow{r_3} = -24\,\vec{\imath} + 103\,\vec{\jmath}\,ul \quad \overrightarrow{r_{13}} = \overrightarrow{r_3} - \overrightarrow{r_1} = 307\,\vec{\imath}\,ul$$

obtenemos la posición de O_2, *ec.[1.53]*:

$$\overrightarrow{r_2} = \overrightarrow{r_1} + \frac{(\overrightarrow{r_{13}} \times \overrightarrow{r_{3B}}) \cdot \vec{k}}{(\overrightarrow{r_{1A}} \times \overrightarrow{r_{3B}}) \cdot \vec{k}}\ \overrightarrow{r_{1A}} = 325.8\,\vec{\imath} + 358.4\,\vec{\jmath}\,ul$$

La conclusión es que los tres cuerpos tendrán como movimiento posible la rotación. Asimismo, el punto O_2 es un punto estacionario del cuerpo ***2***, hipotéticamente prolongado hasta incluirlo.

Cálculo de las magnitudes cinemáticas pedidas.

Determinamos primeramente el vector desplazamiento de la articulación ***A***, a partir de conocer una de sus componentes; con la *ec.[7.7]* y con $\overrightarrow{r_{1A}}$, se obtiene:

$$\overrightarrow{a_A} = \left(-\frac{\overrightarrow{r_{1A}} \cdot \vec{\jmath}}{\overrightarrow{r_{1A}} \cdot \vec{\imath}}\ \vec{\imath} + \vec{\jmath}\right) v_A = -1.113\,\vec{\imath} + 1\,\vec{\jmath}\,ul$$

Si el cálculo lo hiciésemos a partir del centro de rotación O_2, con:

$$\overrightarrow{r_{2A}} = \overrightarrow{r_A} - \overrightarrow{r_2} = -137.8\,\vec{\imath} - 153.4\,\vec{\jmath}\,ul \qquad r_{2A} = 206.2\,ul$$

obtendríamos, igualmente: $\overrightarrow{a_A} = \left(-\frac{\overrightarrow{r_{2A}} \cdot \vec{\jmath}}{\overrightarrow{r_{2A}} \cdot \vec{\imath}}\vec{\imath} + \vec{\jmath}\right) v_A = -1.113\,\vec{\imath} + 1\,\vec{\jmath}\,ul \qquad a_A = 1.496\,ul$

Con el desplazamiento de la articulación ***A***, pueden determinarse los giros de los cuerpos ***1*** y ***2***, que la tienen en común, *ec.[7.5´]*:

$$\overrightarrow{\Phi_1} = \frac{\overrightarrow{r_{1A}} \times \overrightarrow{a_A}}{r_{1A}^2} = 0.0094\,\vec{k}\,rad \qquad \overrightarrow{\Phi_2} = \frac{\overrightarrow{r_{2A}} \times \overrightarrow{a_A}}{r_{2A}^2} = -0.0073\,\vec{k}\,rad$$

El desplazamiento de la articulación ***B***, a partir del giro $\overrightarrow{\Phi_2}$, con:

$$\overrightarrow{r_{2B}} = \overrightarrow{r_B} - \overrightarrow{r_2} = 39.2\,\vec{\imath} - 168.4\,\vec{\jmath}\,ul$$

$$\overrightarrow{a_B} = \overrightarrow{\Phi_2} \times \overrightarrow{r_{2B}} = -1.222\,\vec{\imath} - 0.285\,\vec{\jmath}\,ul \qquad a_B = 1.255\,ul$$

El giro del cuerpo ***3***, con: $r_{3B} = 105.8\,ul$

$$\overrightarrow{\Phi_3} = \frac{\overrightarrow{r_{3B}} \times \overrightarrow{a_B}}{r_{3B}^2} = 0.0119\,\vec{k}\,rad$$

Ejemplo 4: Para los tres cuerpos dispuestos en cadena abierta y con ***1GL***, con el cuerpo central unido a los otros con dos pares de bielas paralelas, pero con distinta orientación, determinar cualitativamente los centros de rotación de los cuerpos.

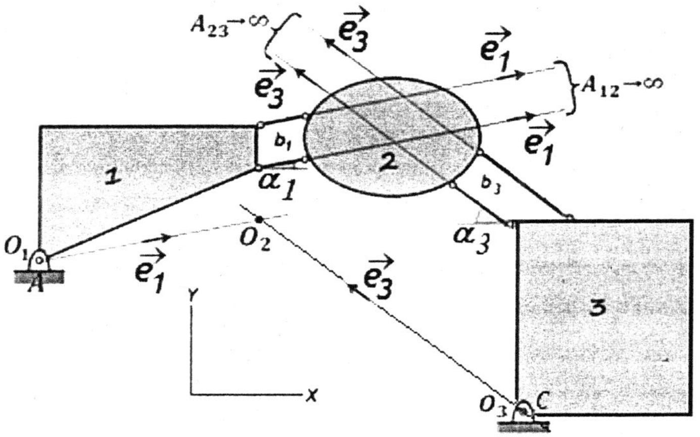

Las posiciones de los centros de los cuerpos ***1*** y ***3*** coinciden con las articulaciones fijas de ellos. El del cuerpo ***2*** está en la intersección de la recta O_1A_{12} de dirección $\overrightarrow{e_1}$ y la recta O_3A_{23}, de dirección $\overrightarrow{e_3}$, y dada por:

$$\overrightarrow{r_2} = \overrightarrow{r_1} + \frac{(\overrightarrow{r_{13}} \times \overrightarrow{e_3}) \cdot \vec{k}}{(\overrightarrow{e_1} \times \overrightarrow{e_3}) \cdot \vec{k}}\,\overrightarrow{e_1}$$

Como conclusión al quedar definidos los centros de rotación de los tres cuerpos todos ellos tienen como movimiento posible el de rotación, y siendo el O_2 un punto estacionario del ***2***.

Ejemplo 5: Para los tres cuerpos unidos por articulación, y con ***1GL***, determinar sus centros de rotación. Si se impone un desplazamiento descendente al apoyo ***D***, $a_D = 1\,ul$, determinar los giros de los cuerpos ***1*** y ***3***, los desplazamientos de las articulaciones ***A*** y ***B***, y de los apoyos ***C***, ***E***, y ***F***.

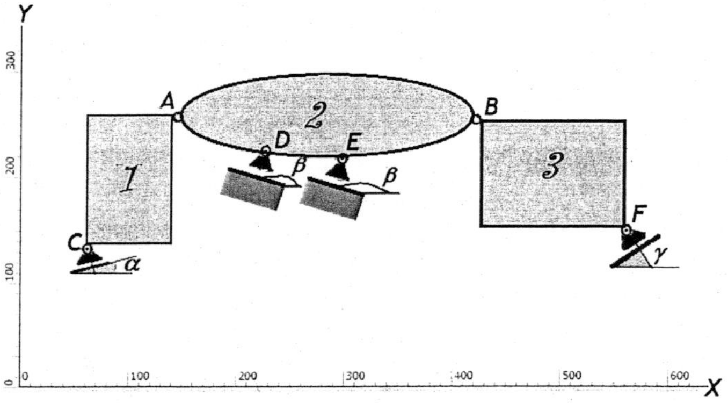

Para el sistema coordenado, las posiciones de los puntos ***A*** á ***F*** y los ángulos de los apoyos, son:

$$\overrightarrow{r_C} = \mathbf{62\,\vec{\imath} + 130\,\vec{\jmath}\,ul} \qquad \alpha = \mathbf{14°} \qquad \overrightarrow{r_A} = \mathbf{145\,\vec{\imath} + 256\,\vec{\jmath}\,ul}$$
$$\overrightarrow{r_D} = \mathbf{227\,\vec{\imath} + 222\,\vec{\jmath}\,ul} \qquad \overrightarrow{r_E} = \mathbf{298\,\vec{\imath} + 215\,\vec{\jmath}\,ul} \qquad \beta = \mathbf{165°}$$
$$\overrightarrow{r_B} = \mathbf{421\,\vec{\imath} + 251\,\vec{\jmath}\,ul}$$
$$\overrightarrow{r_F} = \mathbf{561\,\vec{\imath} + 148\,\vec{\jmath}\,ul} \qquad \gamma = \mathbf{30°}$$

Los vectores unitarios en dirección de los apoyos móviles:

$$\overrightarrow{e_c} = \cos\alpha\,\vec{\imath} + sen\,\alpha\,\vec{\jmath} = \mathbf{0.97\,\vec{\imath} + 0.242\,\vec{\jmath}} \qquad \overrightarrow{e_d} = \overrightarrow{e_e} = \cos\beta\,\vec{\imath} + sen\,\beta\,\vec{\jmath} = \mathbf{-0.966\,\vec{\imath} + 0.259\,\vec{\jmath}}$$

$$\overrightarrow{e_f} = \cos\gamma\,\vec{\imath} + sen\,\gamma\,\vec{\jmath} = \mathbf{0.866\,\vec{\imath} + 0.5\,\vec{\jmath}}$$

y en las direcciones normales a estas: $\overrightarrow{e'} = \vec{k}\times\vec{e}$

$$\overrightarrow{e'_c} = \mathbf{-0.242\,\vec{\imath} + 0.97\,\vec{\jmath}} \qquad \overrightarrow{e'_d} = \mathbf{-0.259\,\vec{\imath} - 0.966\,\vec{\jmath}} = \overrightarrow{e'_e} \qquad \overrightarrow{e'_f} = \mathbf{-0.5\,\vec{\imath} + 0.866\,\vec{\jmath}}$$

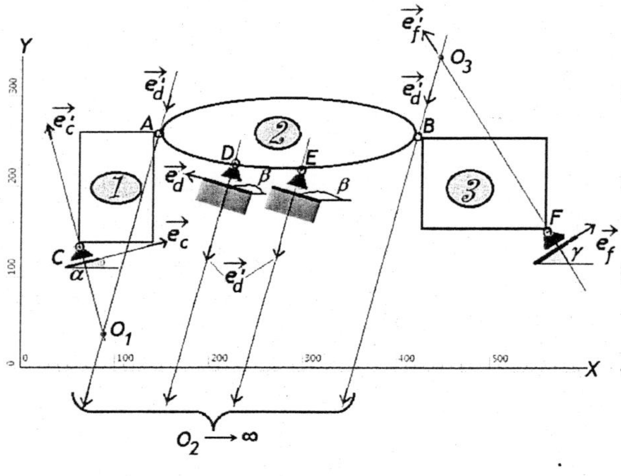

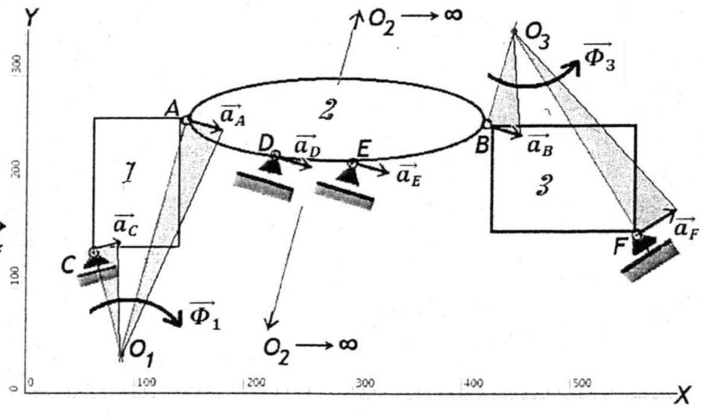

Sabemos que el cuerpo ***2*** por tener dos apoyos móviles, su centro de rotación coincide con el punto de encuentro de las normales a los mismos, y que por ser ellos paralelos, está infinitamente alejado, es decir que es:

$$\overrightarrow{r_2} = \pm r_\infty \overrightarrow{e'_d}$$

El centro del cuerpo ***1***, estará alineado con la articulación ***A*** y con el centro O_2, es decir que estará sobre la recta O_2A (de dirección $\overrightarrow{e'_d}$) y sobre la normal al apoyo ***C*** ($\overrightarrow{e'_c}$). De modo que en la intersección de la recta O_2A y la normal por ***C***, tendremos, con:

$$\overrightarrow{r_{CA}} = \overrightarrow{r_A} - \overrightarrow{r_C} = 83\,\vec{\imath} + 126\,\vec{\jmath}\,ul \qquad \overrightarrow{r_1} = \overrightarrow{r_C} + \frac{\left(\overrightarrow{r_{CA}} \times \overrightarrow{e'_d}\right)\cdot\vec{k}}{\left(\overrightarrow{e'_c} \times \overrightarrow{e'_d}\right)\cdot\vec{k}}\,\overrightarrow{e'_c} = 85.7\,\vec{\imath} + 34.8\,\vec{\jmath}\,ul$$

El centro O_3 también estará alineado con O_2 y la articulación ***B***, o sea donde la recta O_2B (de dirección $\overrightarrow{e'_d}$) corte a la normal al apoyo ***F*** ($\overrightarrow{e'_f}$) y siendo:

$$\overrightarrow{r_{BF}} = \overrightarrow{r_F} - \overrightarrow{r_B} = 446.5\,\vec{\imath} + 346.3\,\vec{\jmath}\,ul$$

$$\overrightarrow{r_3} = \overrightarrow{r_B} + \frac{\left(\overrightarrow{r_{BF}} \times \overrightarrow{e'_f}\right)\cdot\vec{k}}{\left(\overrightarrow{e'_d} \times \overrightarrow{e'_f}\right)\cdot\vec{k}}\,\overrightarrow{e'_d} = 446.5\,\vec{\imath} + 346.3\,\vec{\jmath}\,ul$$

Los movimientos posibles de los cuerpos son: de rotación para los cuerpos ***1*** y ***3***, con los puntos O_1 y O_3 estacionarios. El cuerpo ***2*** tendrá como movimiento posible el de traslación. Podría preverse esto, porque los apoyos ***D*** y ***E*** son móviles y paralelos; ninguno de sus puntos es estacionario.

Con el desplazamiento impuesto $\overrightarrow{a_D}$, en sentido descendente, cuya expresión vectorial es:

$$\overrightarrow{a_D} = a_D(-\overrightarrow{e_d}) = 0.966\;\vec{\imath} - 0.259\;\vec{\jmath}\,ul$$

el giro del cuerpo ***2***, *ec.[7.5´]*:
$$\overrightarrow{\Phi_2} = \frac{\overrightarrow{r_{2D}} \times \overrightarrow{a_D}}{r_{2D}^2} = \frac{r_\infty\,\overrightarrow{e'_d} \times \overrightarrow{a_D}}{r_\infty^2} = \frac{\overrightarrow{e'_d} \times \overrightarrow{a_D}}{r_\infty} = 0$$

Al ser el movimiento posible del cuerpo ***2*** de traslación, queda caracterizado por el desplazamiento del punto ***D***. Como los puntos ***E***, ***A*** y ***B***, son del cuerpo ***2***, sus desplazamientos son iguales al del apoyo ***D***:

$$a_E = a_A = a_B = a_D$$

con $\overrightarrow{a_A}$, y: $\overrightarrow{r_{1A}} = \overrightarrow{r_A} - \overrightarrow{r_1} = 59.3\,\vec{\imath} + 221.2\,\vec{\jmath}\,ul$ y $r_{1A} = 229\,ul$

se obtiene el giro inducido en el cuerpo ***1***:
$$\overrightarrow{\Phi_1} = \frac{\overrightarrow{r_{1A}} \times \overrightarrow{a_A}}{r_{1A}^2} = -0.0044\,\vec{k}\,rad$$

Con este giro puede conocerse el desplazamiento del apoyo ***C***, siendo:

$$\overrightarrow{r_{1C}} = \overrightarrow{r_C} - \overrightarrow{r_1} = -23.7\,\vec{\imath} + 95.2\,\vec{\jmath}\,ul \quad \overrightarrow{a_C} = \overrightarrow{\Phi_1}\times\overrightarrow{r_{1C}} = 0.416\,\vec{\imath} + 0.104\,\vec{\jmath}\,ul \qquad a_C = 0.43\,ul$$

Comprobemos que la dirección de este desplazamiento coincide con la que le permite el apoyo:

$$\alpha_C = arc\;tan\frac{v_C}{u_C} = arc\;tan\;\frac{\overrightarrow{a_C}\cdot\vec{\jmath}}{\overrightarrow{a_C}\cdot\vec{\imath}} = 14° \equiv \alpha$$

El giro inducido por el desplazamiento $\overrightarrow{a_D}$, en el cuerpo ***3***, con:

$$\overrightarrow{r_{3B}} = \overrightarrow{r_B} - \overrightarrow{r_3} = -25.5\,\vec{\imath} - 95.3\,\vec{\jmath}\,ul \qquad r_{3B} = 98.6\,ul$$

$$\overrightarrow{\boldsymbol{\Phi}_3} = \frac{\overrightarrow{r_{3B}} \times \overrightarrow{a_B}}{r_{3B}^2} = \mathbf{0.0101}\,\vec{\boldsymbol{k}}\,\boldsymbol{rad}$$

y el desplazamiento de ***F***, con: $\overrightarrow{\boldsymbol{r_{3F}}} = \overrightarrow{r_F} - \overrightarrow{r_3} = \mathbf{114.5}\,\vec{\boldsymbol{\imath}} - \mathbf{198.3}\,\vec{\boldsymbol{\jmath}}\,\boldsymbol{ul}$

$$\overrightarrow{\boldsymbol{a_F}} = \overrightarrow{\Phi_3} \times \overrightarrow{r_{3F}} = \mathbf{2.01}\,\vec{\boldsymbol{\imath}} + \mathbf{1.161}\,\vec{\boldsymbol{\jmath}}\,\boldsymbol{ul} \qquad \boldsymbol{a_F} = \mathbf{2.321}\,\boldsymbol{ul}$$

La dirección de este desplazamiento coincide con la que le permite el apoyo. En efecto es:

$$\boldsymbol{\alpha_F} = arc\ tan\frac{v_F}{u_F} = arc\ tan\frac{\overrightarrow{a_F}\cdot\vec{\jmath}}{\overrightarrow{a_F}\cdot\vec{\imath}} = \mathbf{30°} \equiv \boldsymbol{\gamma}$$

7.6 Sistema de n cuerpos en cadena abierta con 1GL

Generalicemos los resultados obtenidos para las cadenas de dos y tres cuerpos.

En el caso de un sistema de ***n*** cuerpos que forman una cadena abierta y con ***1GL*** en la cual los cuerpos se unen por articulación, la determinación de los centros de rotación sigue las reglas y lineamientos explicados para los sistemas de dos y tres cuerpos.

Una vez determinados los centros de rotación de todos los cuerpos podremos concluir acerca de sus movimientos posibles.

Los cuerpos cuyo centro de rotación está determinado tendrán como movimiento posible el de rotación. Aquellos cuyo centro de rotación está infinitamente alejado en cierta dirección tendrán como movimiento posible el de traslación.

Si el centro de rotación de cierto cuerpo coincide con la articulación con un cuerpo contiguo, como ocurre con el cuerpo ***i+1***, de *fig.7-12*, para el cual su centro de rotación $\boldsymbol{O_{i+1}}$ coincide con $\boldsymbol{A_i}$, el cuerpo con el cual comparte la articulación (el ***i***), tendrá como puntos estacionarios su propio centro de rotación $\boldsymbol{O_i}$ y la articulación común, ya que al ser también ésta el centro $\boldsymbol{O_{i+1}}$,que es estacionario del cuerpo ***i+1***, conduce a que el cuerpo ***i*** permanezca estacionario ante cualquier clase de movimiento impuesto al sistema.

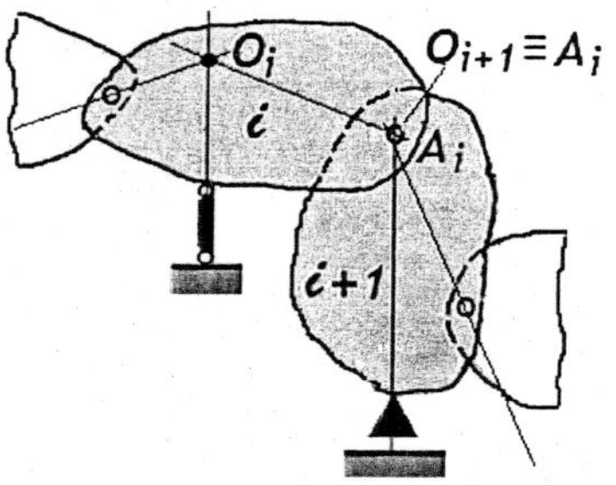

fig.7-12

7.6.1 Giro inducido en cuerpos de una cadena abierta con 1GL

Supongamos una cadena abierta de ***n*** cuerpos vinculados por articulación y con ***1GL***, de la cual se determinaron los centros de rotación de cada cuerpo y se trata de obtener el giro $\overrightarrow{\boldsymbol{\Phi}_{i+1}}$ de un cuerpo ***i+1***, conocido el giro $\overrightarrow{\boldsymbol{\Phi}_i}$ del cuerpo contiguo ***i*** de la cadena, *fig.7-13*:

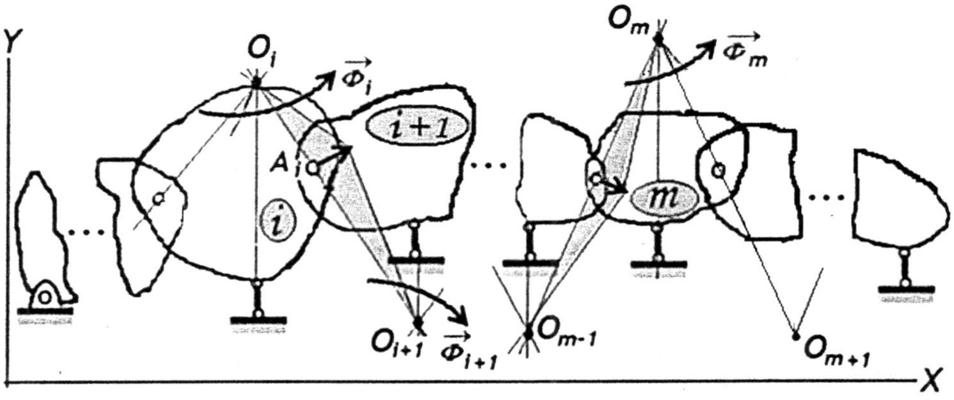

fig.7-13

Para ello generalizamos la *ec.[7.15]*, ahora el cuerpo ***1*** es un cuerpo genérico ***i*** de la cadena y su contiguo ***i+1***, por lo que se tiene:

$$\overrightarrow{\boldsymbol{\Phi}}_{i+1} = \frac{\overrightarrow{r_{iA}} \cdot \vec{r}_{i+1,A}}{r^2_{i+1,A}} \overrightarrow{\boldsymbol{\Phi}_i} \qquad [7.16]$$

Donde el ***A*** es la articulación genérica $A_i$entre los cuerpos contiguos.

Del mismo modo el giro inducido en el cuerpo ***i+2***, a partir del ***i+1*** será: $\overrightarrow{\boldsymbol{\Phi}}_{i+2} = \frac{\vec{r}_{i+1,A} \cdot \overrightarrow{r_{i+2,A}}}{r^2_{i+2,A}} \overrightarrow{\boldsymbol{\Phi}}_{i+1}$

y reemplazando $\overrightarrow{\boldsymbol{\Phi}}_{i+1}$, de *ec.[7.16]*:

$$\overrightarrow{\boldsymbol{\Phi}}_{i+2} = \frac{\overrightarrow{r_{iA}} \cdot \vec{r}_{i+1,A}}{r^2_{i+1,A}} \frac{\vec{r}_{i+1,A} \cdot \vec{r}_{i+2,A}}{r^2_{i+2,A}} \overrightarrow{\boldsymbol{\Phi}_i}$$

Esta última puede generalizarse para obtener el giro inducido $\overrightarrow{\boldsymbol{\Phi}_m}$, en un cuerpo ***m***, cuando se impone o se conoce el giro $\overrightarrow{\boldsymbol{\Phi}_i}$ de otro cuerpo ***i*** precedente de la cadena, no necesariamente contiguo.

$$\overrightarrow{\boldsymbol{\Phi}_m} = \left(\prod_{j=i}^{j=m-1} \frac{\vec{r}_{O_jA} \cdot \vec{r}_{O_{j+1}A}}{r^2_{O_{j+1}A}} \right) \overrightarrow{\boldsymbol{\Phi}_i} \qquad [7.17]$$

donde nuevamente ***A*** es la articulación genérica entre los cuerpos contiguos, ***j*** y ***j+1***.

Ejemplo 6: Para los tres cuerpos unidos por articulación, y con ***1GL***, determinar sus centros de rotación. Si se impone un giro al cuerpo ***3*** $\Delta\varphi_3 = 0.005\, \boldsymbol{rad}$, determinar los giros de los otros cuerpos y los desplazamientos de los puntos ***M*** y ***N***.

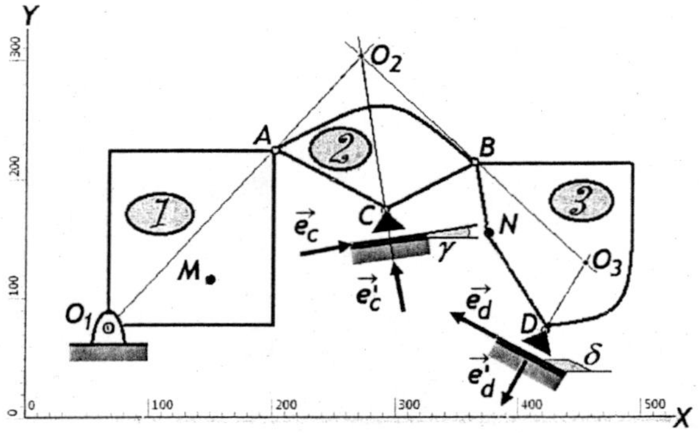

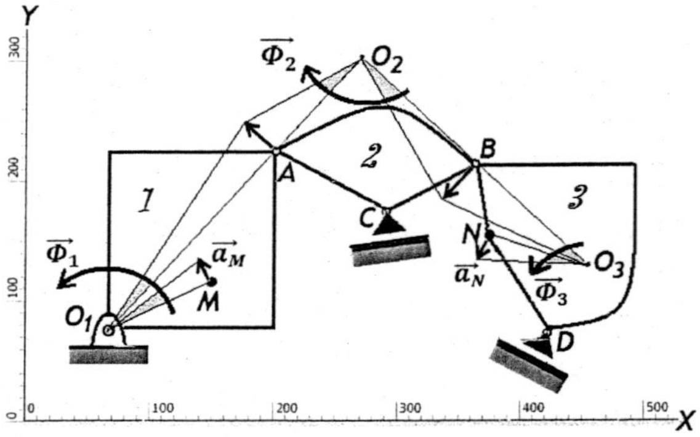

Para el sistema coordenado, las posiciones de todos los puntos indicados en la figura y los ángulos de los apoyos:

$$\overrightarrow{r_1} = \mathbf{65}\,\vec{\imath} + \mathbf{78}\,\vec{\jmath}\,\boldsymbol{ul} \qquad \overrightarrow{r_A} = \mathbf{198}\,\vec{\imath} + \mathbf{224}\,\vec{\jmath}\,\boldsymbol{ul} \qquad \overrightarrow{r_C} = \mathbf{290}\,\vec{\imath} + \mathbf{175}\,\vec{\jmath}\,\boldsymbol{ul}$$

$$\overrightarrow{r_M} = \mathbf{149}\,\vec{\imath} + \mathbf{117}\,\vec{\jmath}\,\boldsymbol{ul} \qquad \overrightarrow{r_B} = \mathbf{363}\,\vec{\imath} + \mathbf{214}\,\vec{\jmath}\,\boldsymbol{ul} \qquad \overrightarrow{r_N} = \mathbf{372}\,\vec{\imath} + \mathbf{152}\,\vec{\jmath}\,\boldsymbol{ul}$$

$$\overrightarrow{r_D} = \mathbf{421}\,\vec{\imath} + \mathbf{77}\,\vec{\jmath}\,\boldsymbol{ul} \qquad \gamma = 9^\circ \qquad \delta = 149^\circ$$

Los vectores unitarios en la dirección en la que pueden trasladarse los apoyos móviles, y las direcciones normales a estas son:

$$\overrightarrow{e_c} = \cos\gamma\,\vec{\imath} + sen\,\gamma\,\vec{\jmath} = \mathbf{0.988}\,\vec{\imath} + \mathbf{0.156}\,\vec{\jmath} \qquad \overrightarrow{e_d} = \cos\delta\,\vec{\imath} + sen\,\delta\,\vec{\jmath} = -\mathbf{0.857}\,\vec{\imath} + \mathbf{0.515}\,\vec{\jmath}$$

$$\overrightarrow{e'} = \vec{k}\times\vec{e} \qquad \overrightarrow{e'_c} = -\mathbf{0.156}\,\vec{\imath} + \mathbf{0.988}\,\vec{\jmath} \qquad \overrightarrow{e'_d} = -\mathbf{0.515}\,\vec{\imath} - \mathbf{0.857}\,\vec{\jmath}$$

Determinamos los centros de rotación de los cuerpos ***2***, ***3***.
El centro de rotación $\boldsymbol{O_2}$ está en la intersección de $\boldsymbol{O_1A}$ y la normal por el apoyo ***C***:

$$\overrightarrow{r_2} = \overrightarrow{r_1} + \frac{\left[(\overrightarrow{r_C} - \overrightarrow{r_1}) \times \overrightarrow{e'_c}\right] \cdot \vec{k}}{\left[(\overrightarrow{r_A} - \overrightarrow{r_1}) \times \overrightarrow{e'_c}\right] \cdot \vec{k}}\,(\overrightarrow{r_A} - \overrightarrow{r_1}) = \mathbf{269.8}\,\vec{\imath} + \mathbf{302.8}\,\vec{\jmath}\,\boldsymbol{ul}$$

La posición del $\boldsymbol{O_3}$ está en la intersección de $\boldsymbol{O_2B}$ y la normal por el apoyo ***D***:

$$\overrightarrow{r_3} = \overrightarrow{r_B} + \frac{\left[(\overrightarrow{r_D} - \overrightarrow{r_B}) \times \overrightarrow{e'_d}\right] \cdot \vec{k}}{\left[(\overrightarrow{r_B} - \overrightarrow{r_2}) \times \overrightarrow{e'_d}\right] \cdot \vec{k}}\,(\overrightarrow{r_B} - \overrightarrow{r_2}) = \mathbf{452.3}\,\vec{\imath} + \mathbf{129}\,\vec{\jmath}\,\boldsymbol{ul}$$

De acuerdo a los resultados de las posiciones de los centros de rotación, los tres cuerpos tendrán como movimiento posible la rotación.
A partir del giro $\overrightarrow{\boldsymbol{\Phi_3}}$ impuesto al cuerpo ***3***, es ***m = 3*** y para el cuerpo ***1*** es ***i = 1***, luego:

$$\overrightarrow{\Phi_3} = \Delta\varphi_3\,\vec{k} = \left(\prod_{j=1}^{2} \frac{\vec{r}_{O_jA} \cdot \vec{r}_{O_{j+1}A}}{r^2_{O_{j+1}A}}\right)\overrightarrow{\Phi_\iota} = \frac{\overrightarrow{r_{1A}} \cdot \overrightarrow{r_{2A}}}{r^2_{2A}}\;\frac{\overrightarrow{r_{2B}} \cdot \overrightarrow{r_{3B}}}{r^2_{3B}}\;\overrightarrow{\Phi_1}$$

Con las posiciones relativas a los centros de rotación de las articulaciones que unen los cuerpos:

$$\overrightarrow{r_{1A}} = \overrightarrow{r_A} - \overrightarrow{r_1} = \mathbf{133}\,\vec{\imath} + \mathbf{146}\,\vec{\jmath}\,\boldsymbol{ul} \qquad \text{y} \qquad r_{1A} = \mathbf{197.5}\,\boldsymbol{ul}$$

$$\overrightarrow{r_{2A}} = \overrightarrow{r_A} - \overrightarrow{r_2} = -\mathbf{71.8}\,\vec{\imath} - \mathbf{78.8}\,\vec{\jmath}\,\boldsymbol{ul} \qquad \text{y} \qquad r_{2A} = \mathbf{106.6}\,\boldsymbol{ul}$$

$$\overrightarrow{r_{2B}} = \overrightarrow{r_B} - \overrightarrow{r_2} = 93.2\,\vec{\imath} - 88.8\,\vec{\jmath}\,ul \qquad \text{y} \qquad r_{2B} = 128.7\,ul$$
$$\overrightarrow{r_{3B}} = \overrightarrow{r_B} - \overrightarrow{r_3} = -89.3\,\vec{\imath} + 85\,\vec{\jmath}\,ul \qquad \text{y} \qquad r_{3B} = 123.2\,ul$$

Reemplazando en la expresión anterior, se obtiene el giro del cuerpo ***1***, a partir del giro impuesto al cuerpo ***3***:

$$\overrightarrow{\Phi_1} = \frac{r_{2A}^2}{\overrightarrow{r_{1A}} \cdot \overrightarrow{r_{2A}}} \; \frac{r_{3B}^2}{\overrightarrow{r_{2B}} \cdot \overrightarrow{r_{3B}}} \; \overrightarrow{\Phi_3} = 0.0026\,\vec{k}\,rad$$

Para el cuerpo ***2*** es ***i = 2***: $\overrightarrow{\Phi_3} = \frac{\overrightarrow{r_{2B}} \cdot \overrightarrow{r_{3B}}}{r_{3B}^2} \overrightarrow{\Phi_2}$ de la cual:

$$\overrightarrow{\Phi_2} = \frac{r_{3B}^2}{\overrightarrow{r_{2B}} \cdot \overrightarrow{r_{3B}}} \overrightarrow{\Phi_3} = -0.0048\,\vec{k}\,rad$$

Los desplazamientos de los puntos ***M*** y ***N***, a partir de sus posiciones relativas a los centros de rotación de los respectivos cuerpos:

$$\overrightarrow{r_{1M}} = \overrightarrow{r_M} - \overrightarrow{r_1} = 84\,\vec{\imath} + 39\,\vec{\jmath}\,ul \qquad \overrightarrow{r_{3N}} = \overrightarrow{r_N} - \overrightarrow{r_3} = -80.3\,\vec{\imath} + 23\,\vec{\jmath}\,ul$$

$$\overrightarrow{a_M} = \overrightarrow{\Phi_1} \times \overrightarrow{r_{1M}} = -0.101\,\vec{\imath} + 0.217\,\vec{\jmath}\,ul \qquad a_M = 0.239\,ul$$

$$\overrightarrow{a_N} = \overrightarrow{\Phi_3} \times \overrightarrow{r_{3N}} = -0.115\,\vec{\imath} - 0.401\,\vec{\jmath}\,ul \qquad a_N = 0.417\,ul$$

Ejemplo 7: Para los tres cuerpos cuyas uniones intermedias son dos bielas rígidas paralelas y una articulación, y con ***1GL***, determinar los centros de rotación de los cuerpos. Si se impone un giro $\overrightarrow{\Phi_1} = \Delta\varphi_1\,\vec{k} = 0.004\,\vec{k}\,rad$ al cuerpo ***1***, determinar los giros de los otros cuerpos y los desplazamientos de los puntos ***E*** y ***F*** pertenecientes a los cuerpos ***2*** y ***1***.

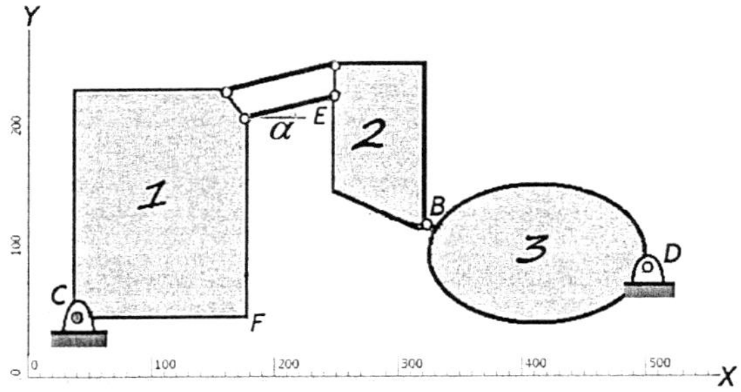

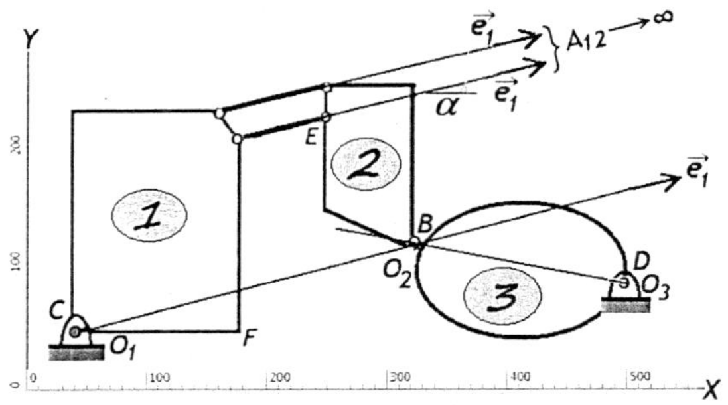

Para el sistema coordenado la posición de los puntos de apoyo, la articulación, los puntos ***E*** y ***F***, y el ángulo de las bielas:

$$\overrightarrow{r_C} = 40\,\vec{\imath} + 51\,\vec{\jmath}\,ul \qquad \overrightarrow{r_D} = 500\,\vec{\imath} + 90\,\vec{\jmath}\,ul \qquad \overrightarrow{r_B} = 323\,\vec{\imath} + 127\,\vec{\jmath}\,ul$$
$$\overrightarrow{r_E} = 248\,\vec{\imath} + 236\,\vec{\jmath}\,ul \qquad \overrightarrow{r_F} = 178\,\vec{\imath} + 51\,\vec{\jmath}\,ul \qquad \alpha = 15°$$

El vector unitario en la dirección de las bielas: $\overrightarrow{e_1} = \cos\alpha\,\vec{\imath} + sen\,\alpha\,\vec{\jmath} = 0.966\,\vec{\imath} + 0.259\,\vec{\jmath}$

Como la vinculación entre los cuerpos ***1*** y ***2*** se hace por medio de dos bielas paralelas, la articulación relativa $A_{12} \equiv A$ entre ellos, está infinitamente alejada en dirección de los ejes de las bielas, o sea es:

$$\overrightarrow{r_A} = \pm r_\infty\,\overrightarrow{e_1}$$

Los centros de rotación de los cuerpos ***1*** y ***3***, coinciden con las articulaciones fijas ***C*** y ***D***:

$$\overrightarrow{r_1} = \overrightarrow{r_C} = 40\,\vec{\imath} + 51\,\vec{\jmath}\,ul \qquad \overrightarrow{r_3} = \overrightarrow{r_D} = 500\,\vec{\imath} + 90\,\vec{\jmath}\,ul$$

El centro de rotación del cuerpo ***2***, se obtiene de la condición de alineamiento entre los centros de dos cuerpos contiguos y la articulación entre ellos, el O_2 se encontrará en el punto de intersección de la recta que pasa por O_1 y por la articulación A_{12}, que está infinitamente alejada en la dirección $\overrightarrow{e_1}$ y la recta que pasa por O_3 y ***B***. Para ello nos valemos de la expresión de la intersección de dos rectas cuando una de ellas está definida por dos puntos, *ec.[1.54]*:

$$\overrightarrow{r_{13}} = \overrightarrow{r_3} - \overrightarrow{r_1} = 400\,\vec{\imath} + 39\,\vec{\jmath}\,ul \qquad \text{y} \qquad \overrightarrow{r_{3B}} = \overrightarrow{r_B} - \overrightarrow{r_3} = -177\,\vec{\imath} + 37\,\vec{\jmath}\,ul$$

$$\overrightarrow{r_2} = \overrightarrow{r_1} + \frac{(\overrightarrow{r_{13}} \times \overrightarrow{r_{3B}}) \cdot \vec{k}}{(\overrightarrow{e_1} \times \overrightarrow{r_{3B}}) \cdot \vec{k}}\,\overrightarrow{e_1} = 323\,\vec{\imath} + 127\,\vec{\jmath}\,ul \equiv \overrightarrow{r_B}$$

El centro O_2 coincide con la articulación ***B*** entre los cuerpos ***2*** y ***3***. Como la articulación ***B*** también pertenece al cuerpo ***3***, hace que este tenga dos puntos estacionarios el ***B*** y el ***D*** en que está su propio centro de rotación O_3, por lo que el cuerpo ***3*** queda inmóvil. El movimiento (la rotación) sólo es posible para los cuerpos ***1*** y ***2***.

Si suponemos impuesto al cuerpo ***1*** el giro $\overrightarrow{\boldsymbol{\Phi}_1} = \Delta\varphi_1\,\vec{k}$, para determinar el giro inducido en el cuerpo ***2***, usamos la *ec.[7.16]*:

$$\overrightarrow{\boldsymbol{\Phi}_2} = \frac{\overrightarrow{r_{1A}} \cdot \overrightarrow{r_{2A}}}{r_{2A}^2}\,\overrightarrow{\boldsymbol{\Phi}_1}$$

Donde: $\overrightarrow{r_{1A}} = \pm r_\infty\,\overrightarrow{e_1}$ y $\overrightarrow{r_{2A}} = \pm r_\infty\,\overrightarrow{e_1}$

$$\overrightarrow{\boldsymbol{\Phi}_2} = \frac{\pm r_\infty\,\overrightarrow{e_1} \cdot (\pm r_\infty\,\overrightarrow{e_1})}{r_\infty^2}\,\overrightarrow{\boldsymbol{\Phi}_1} = \overrightarrow{\boldsymbol{\Phi}_1} = \Delta\varphi_1\,\vec{k} = 0.004\,\vec{k}\,rad$$

Los desplazamientos de los puntos ***E*** y ***F*** y de la articulación ***B***, a partir de los giros de los cuerpos a los que pertenecen:

$$\overrightarrow{r_{2E}} = \overrightarrow{r_E} - \overrightarrow{r_2} = -75.4\,\vec{\imath} + 109.1\vec{\jmath}\,ul \qquad \text{y} \qquad \overrightarrow{r_{1F}} = \overrightarrow{r_F} - \overrightarrow{r_1} = 138\,\vec{\imath}\,ul$$

$$\overrightarrow{a_E} = \overrightarrow{\Phi_2} \times \overrightarrow{r_{2E}} = -0.436\,\vec{\imath} - 0.301\,\vec{\jmath}\,ul \qquad a_E = 0.53\,ul$$

$$\overrightarrow{a_F} = \overrightarrow{\Phi_1} \times \overrightarrow{r_{1F}} = 0.552\,\vec{\jmath}\,ul \qquad a_F = 0.552\,ul$$

y como $B \equiv O_2$, es $\overrightarrow{a_B} = 0$

7.7 Centros de rotación de un sistema de cuerpos con disposición en estrella con 1GL

Consideremos el sistema de ***n*** cuerpos vinculados entre sí con una sola articulación común ***A***, en la disposición que habíamos denominado en estrella, y vinculados exteriormente de modo tal que todo el sistema tenga ***1GL***. Para no tener un caso trivial supongamos que en un cierto cuerpo ***i*** hay un vínculo que limita ***2GL*** y en los restantes, vínculos que limitan ***1GL*** en cada uno de ellos.

Si es ***i*** el cuerpo con ***2GL*** limitados, podemos determinar en forma inmediata su centro de rotación. Si se impone un movimiento a este cuerpo, la articulación común del sistema tendrá un desplazamiento que es el mismo para el resto de los cuerpos, por lo que el centro de rotación de cada uno de estos cuerpos, deberá encontrarse sobre la recta que une el centro de rotación del ***i*** con la articulación ***A***, *fig.7-14*.

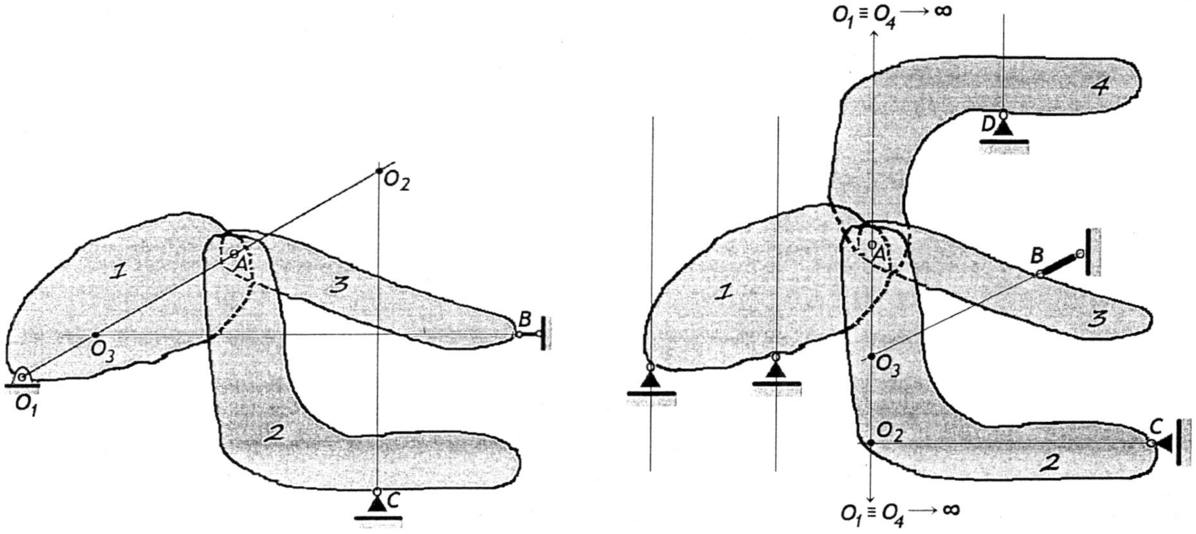

fig.7-14 a) b)

Para poder definir la posición sobre esta recta, de los centros de rotación de cada uno de los restantes cuerpos, es a partir del encuentro con la normal al apoyo móvil de cada cuerpo o de la recta que contiene al eje de la biela si este es el modo de vínculo del cuerpo. Como conclusión tenemos que todos los centros de rotación están sobre la recta $\boldsymbol{O_i A}$, que une al del cuerpo ***i*** con la articulación ***A***, *figs.7-14*.

De modo que si se impone un giro $\overrightarrow{\boldsymbol{\Phi_j}}$ a un cuerpo ***j*** que tenga el centro de rotación determinado $\boldsymbol{O_j}$, el desplazamiento de la articulación común será:

$$\overrightarrow{\boldsymbol{a_A}} = \overrightarrow{\boldsymbol{\Phi_j}} \times \overrightarrow{\boldsymbol{r_{jA}}}$$

Los giros inducidos en los otros cuerpos son, *figs.7-15*:

$$\overrightarrow{\boldsymbol{\Phi}_k} = \frac{\overrightarrow{r_{kA}} \times \overrightarrow{a_A}}{r_{kA}^2} = \frac{\overrightarrow{r_{kA}} \times \left(\overrightarrow{\Phi_j} \times \overrightarrow{r_{jA}}\right)}{r_{kA}^2} = \frac{\overrightarrow{\boldsymbol{r_{jA}}} \cdot \overrightarrow{\boldsymbol{r_{kA}}}}{\boldsymbol{r_{kA}^2}} \overrightarrow{\boldsymbol{\Phi_j}}$$

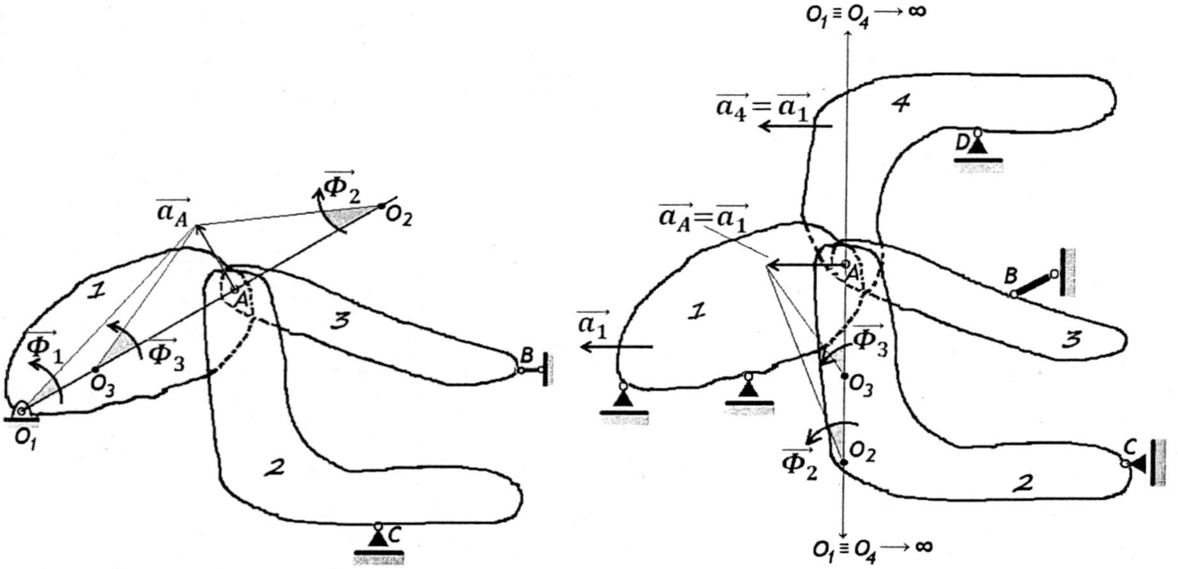

fig.7-15 a) b)

Si imponemos el desplazamiento de un cuerpo con movimiento posible de traslación, *fig.7-15b*, el mismo desplazamiento tendrá la articulación común en aquellos cuerpos que tengan el centro de rotación determinado. La rotación se determina con:

$$\overrightarrow{\Phi_k} = \frac{\overrightarrow{r_{kA}} \times \overrightarrow{a_A}}{r_{kA}^2}$$

7.8 Centros de rotación de un sistema de cuatro cuerpos en cadena cerrada con 1GL

Consideremos al sistema mecánico de cuatro cuerpos unidos por articulación y que forman una cadena cerrada plana libre, *fig.7-16*, la cual tiene ***4GL***.

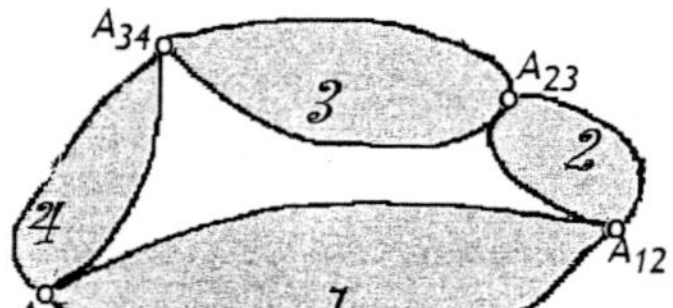

fig.7-16

7.8.1 Formas de sustentar cuatro cuerpos en cadena cerrada tener 1GL

Al tener el sistema ***4GL***, para dejar ***1GL***, debemos imponer vínculos que limiten ***3GL***. De las posibles variantes de vinculación, *figs.7-17a/e*, se excluyen los de *figs.7-17d,e*, porque ubicar todos los vínculos en un solo cuerpo, transforma al sistema en uno de tres cuerpos en cadena abierta, haciendo que el cuerpo con todos los vínculos externos (el *1*), de "Tierra" o exterior.

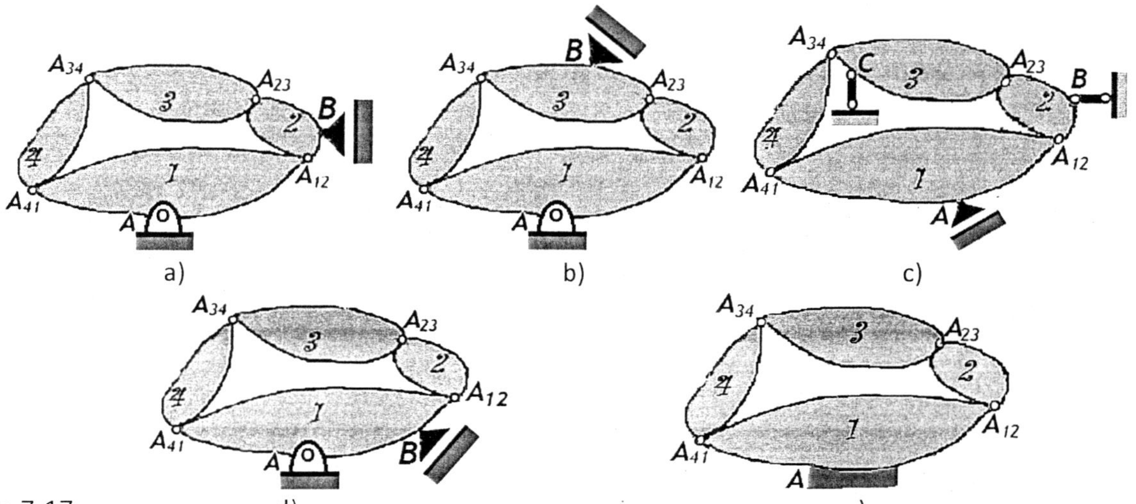

fig.7-17 d) e)

Al considerar la vinculación externa que la deje con ***1GL*** y poder determinar los centros de rotación de los cuatro cuerpos, es importante ubicar las articulaciones relativas entre los cuerpos no contiguos ***1-3*** y ***2-4***.

Para ello, e independientemente de cómo se dispongan los vínculos, hagamos las siguientes consideraciones: tomando como referencia los cuerpos ***1*** y ***3***, podemos imaginar que los cuerpos ***2*** y ***4*** son dos bielas rígidas que los conectan, *fig.7-18a*, de modo que la articulación relativa (ficticia) entre ***1*** y ***3***, A_{13}, queda en la intersección de las direcciones de los ejes de las "bielas" ***2*** y ***4***.

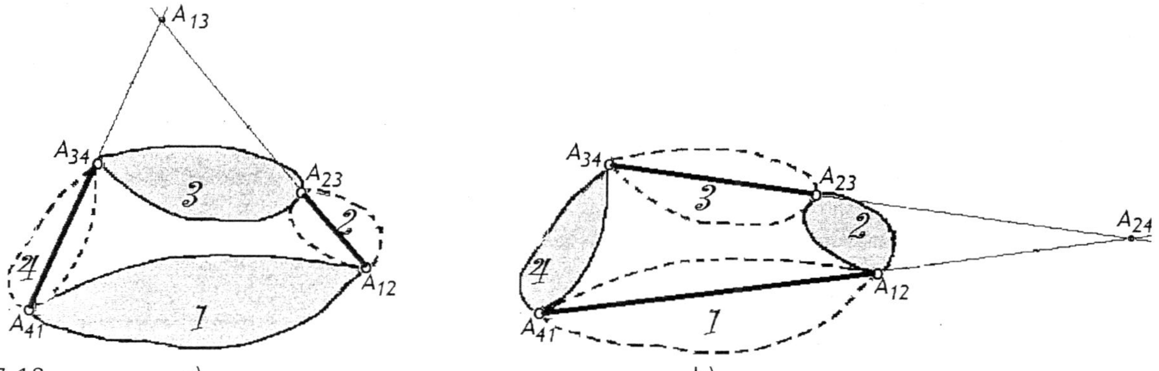

fig.7-18 a) b)

Lo mismo puede decirse si tomamos como referencia a los cuerpos ***2*** y ***4***, y a los ***1*** y ***3*** como bielas que los unen, para definir la articulación relativa A_{24}, *fig.7-18b*.

Ejemplo 8: Para el conjunto de cuatro barras articuladas que forman una cadena cerrada, determinar la posición de las articulaciones relativas entre las no contiguas:

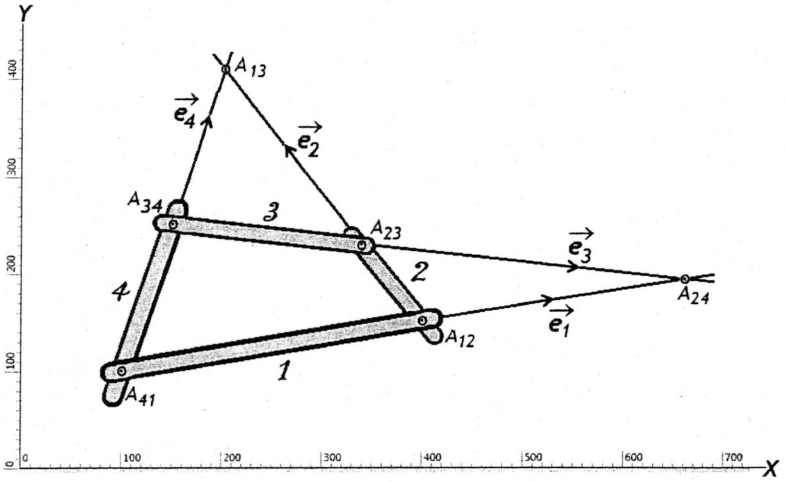

Posición de las articulaciones entre cuerpos contiguos:

$$\overrightarrow{r_{12}} = 400\,\vec{\imath} + 150\,\vec{\jmath}\,ul \qquad \overrightarrow{r_{23}} = 340\,\vec{\imath} + 230\,\vec{\jmath}\,ul$$
$$\overrightarrow{r_{34}} = 150\,\vec{\imath} + 250\,\vec{\jmath}\,ul \qquad \overrightarrow{r_{41}} = 100\,\vec{\imath} + 100\,\vec{\jmath}\,ul$$

En lo sucesivo, llamamos $\overrightarrow{r_\iota} = \overrightarrow{r_{O_\iota}}$ al vector posición de los centros de rotación y $\overrightarrow{r_{jk}} = \overrightarrow{r_{A_jA_k}}$ al de la articulación interna entre los cuerpos ***j*** y ***k***.

Los vectores unitarios en dirección de las rectas que pasan por las articulaciones de cada cuerpo, con los contiguos:

$$\overrightarrow{e_1} = \frac{\overrightarrow{r_{12}} - \overrightarrow{r_{41}}}{|\overrightarrow{r_{12}} - \overrightarrow{r_{41}}|} = 0.986\,\vec{\imath} + 0.164\,\vec{\jmath} \qquad \overrightarrow{e_3} = \frac{\overrightarrow{r_{23}} - \overrightarrow{r_{34}}}{|\overrightarrow{r_{23}} - \overrightarrow{r_{34}}|} = 0.995\,\vec{\imath} - 0.105\,\vec{\jmath}$$

$$\overrightarrow{e_2} = \frac{\overrightarrow{r_{23}} - \overrightarrow{r_{12}}}{|\overrightarrow{r_{23}} - \overrightarrow{r_{12}}|} = -0.6\,\vec{\imath} + 0.8\,\vec{\jmath} \qquad \overrightarrow{e_4} = \frac{\overrightarrow{r_{34}} - \overrightarrow{r_{41}}}{|\overrightarrow{r_{34}} - \overrightarrow{r_{41}}|} = 0.316\,\vec{\imath} + 0.949\,\vec{\jmath}$$

Posición de las articulaciones relativas de cuerpos no contiguos, $\boldsymbol{A_{13}}$ y $\boldsymbol{A_{24}}$:

$$\overrightarrow{r_{13}} = \overrightarrow{r_{12}} + \frac{[(\overrightarrow{r_{41}} - \overrightarrow{r_{12}}) \times \overrightarrow{e_4}] \cdot \vec{k}}{(\overrightarrow{e_2} \times \overrightarrow{e_4}) \cdot \vec{k}}\,\overrightarrow{e_2} = 203.8\,\vec{\imath} + 411.5\,\vec{\jmath}\,ul$$

$$\overrightarrow{r_{24}} = \overrightarrow{r_{41}} + \frac{[(\overrightarrow{r_{34}} - \overrightarrow{r_{41}}) \times \overrightarrow{e_3}] \cdot \vec{k}}{(\overrightarrow{e_1} \times \overrightarrow{e_3}) \cdot \vec{k}}\,\overrightarrow{e_1} = 671\,\vec{\imath} + 195.2\,\vec{\jmath}\,ul$$

Para esta cadena cerrada, vinculada de modo que quede con ***1GL*** y para distintas formas de disponer los vínculos, determinar los centros de rotación de cada cuerpo del sistema.

Caso a: apoyo fijo en un cuerpo y móvil en uno contiguo.

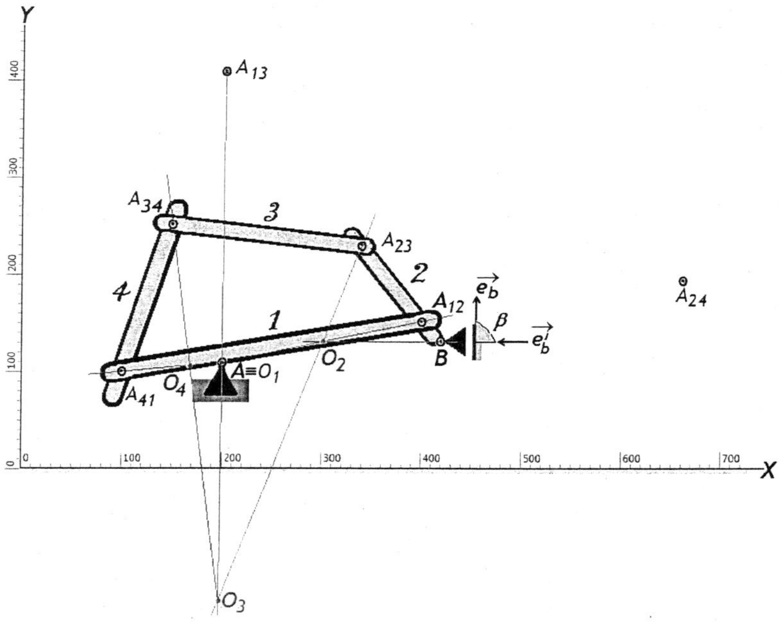

Posiciones de los puntos de apoyo: $\overrightarrow{r_A} = \mathbf{200}\,\vec{\imath} + \mathbf{110}\,\vec{\jmath}\,\boldsymbol{ul}$

$\overrightarrow{r_B} = \mathbf{420}\,\vec{\imath} + \mathbf{130}\,\vec{\jmath}\,\boldsymbol{ul}$ $\qquad \boldsymbol{\beta} = \mathbf{90°}$

Centro de rotación del cuerpo ***1***: $\overrightarrow{r_1} = \overrightarrow{r_A} = \mathbf{200}\,\vec{\imath} + \mathbf{110}\,\vec{\jmath}\,\boldsymbol{ul}$

Vector unitario en la dirección de la recta que pasa por el apoyo ***B*** y el normal:

$$\overrightarrow{e_b} = \cos\beta\,\vec{\imath} + \operatorname{sen}\beta\,\vec{\jmath} = \vec{\jmath} \qquad \overrightarrow{e_b'} = \vec{k}\times\overrightarrow{e_b} = -\vec{\imath}$$

Posición del centro de rotación del cuerpo ***2***: se obtiene a partir de la intersección de la recta que pasa por $\boldsymbol{O_1}$ y $\boldsymbol{A_{12}}$, con la normal al apoyo ***B***, *ec.[1.56]*:

$$\overrightarrow{r_2} = \overrightarrow{r_A} + \frac{\left[(\overrightarrow{r_B} - \overrightarrow{r_A}) \times \overrightarrow{e_b'}\right] \cdot \vec{k}}{\left[(\overrightarrow{r_{12}} - \overrightarrow{r_A}) \times \overrightarrow{e_b'}\right] \cdot \vec{k}}\,(\overrightarrow{r_{12}} - \overrightarrow{r_A}) = \mathbf{300}\,\vec{\imath} + \mathbf{130}\,\vec{\jmath}\,\boldsymbol{ul}$$

Posición del centro de rotación del cuerpo ***3***: se determina a partir de la intersección de la recta que pasa por $\boldsymbol{O_1}$ y $\boldsymbol{A_{13}}$, con la recta que pasa por $\boldsymbol{O_2}$ y $\boldsymbol{A_{23}}$, *ec.[1.53]*:

$$\overrightarrow{r_3} = \overrightarrow{r_1} + \frac{[(\overrightarrow{r_2} - \overrightarrow{r_1}) \times (\overrightarrow{r_{23}} - \overrightarrow{r_2})] \cdot \vec{k}}{[(\overrightarrow{r_{13}} - \overrightarrow{r_1}) \times (\overrightarrow{r_{23}} - \overrightarrow{r_2})] \cdot \vec{k}}\,(\overrightarrow{r_{13}} - \overrightarrow{r_1}) = \mathbf{197}\,\vec{\imath} - 127.6\,\vec{\jmath}\,\boldsymbol{ul}$$

Posición del centro de rotación del cuerpo ***4***: a partir de la intersección de la recta que pasa por $\boldsymbol{O_1}$ y $\boldsymbol{A_{41}}$, con la recta que pasa por $\boldsymbol{O_3}$ y $\boldsymbol{A_{34}}$, *ec.[1.53]*:

$$\overrightarrow{r_4} = \overrightarrow{r_1} + \frac{[(\overrightarrow{r_3} - \overrightarrow{r_1}) \times (\overrightarrow{r_{34}} - \overrightarrow{r_3})] \cdot \vec{k}}{[(\overrightarrow{r_{41}} - \overrightarrow{r_1}) \times (\overrightarrow{r_{34}} - \overrightarrow{r_3})] \cdot \vec{k}}\,(\overrightarrow{r_{41}} - \overrightarrow{r_1}) = \mathbf{167.8}\,\vec{\imath} + \mathbf{106.8}\,\vec{\jmath}\,\boldsymbol{ul}$$

Para asegurarnos que la solución es correcta, se deben cumplir las condiciones de alineamiento entre los centros de rotación de los cuerpos y sus articulaciones.

Entre los cuerpos contiguos:

$$\overrightarrow{r_{A_{12}O_1}} \times \overrightarrow{r_{A_{12}O_2}} = (\overrightarrow{r_1} - \overrightarrow{r_{12}}) \times (\overrightarrow{r_2} - \overrightarrow{r_{12}}) = 0 \qquad (1)$$

$$\overrightarrow{r_{A_{23}O_2}} \times \overrightarrow{r_{A_{23}O_3}} = (\overrightarrow{r_2} - \overrightarrow{r_{23}}) \times (\overrightarrow{r_3} - \overrightarrow{r_{23}}) = 0 \qquad (2)$$

$$\overrightarrow{r_{A_{34}O_3}} \times \overrightarrow{r_{A_{34}O_4}} = (\overrightarrow{r_3} - \overrightarrow{r_{34}}) \times (\overrightarrow{r_4} - \overrightarrow{r_{34}}) = 0 \qquad (3)$$

$$\overrightarrow{r_{A_{41}O_4}} \times \overrightarrow{r_{A_{41}O_1}} = (\overrightarrow{r_4} - \overrightarrow{r_{41}}) \times (\overrightarrow{r_1} - \overrightarrow{r_{41}}) = 0 \qquad (4)$$

Entre los cuerpos no contiguos:

$$\overrightarrow{r_{A_{13}O_1}} \times \overrightarrow{r_{A_{13}O_3}} = (\overrightarrow{r_1} - \overrightarrow{r_{13}}) \times (\overrightarrow{r_3} - \overrightarrow{r_{13}}) = 0 \qquad (5)$$

$$\overrightarrow{r_{A_{24}O_4}} \times \overrightarrow{r_{A_{24}O_2}} = (\overrightarrow{r_4} - \overrightarrow{r_{24}}) \times (\overrightarrow{r_2} - \overrightarrow{r_{24}}) = 0 \qquad (6)$$

Como método alternativo para la obtención de las posiciones de $\boldsymbol{O_3}$ y $\boldsymbol{O_4}$, a partir de la posición de $\boldsymbol{O_1}$ y de $\boldsymbol{O_2}$, se utilizan las condiciones de alineamiento (*2*) á (*5*), que conduce al siguiente sistema de ecuaciones que tiene como incógnitas a las coordenadas de $\boldsymbol{O_3}$ y $\boldsymbol{O_4}$

$$[(\overrightarrow{r_2} - \overrightarrow{r_{23}}) \times (\overrightarrow{r_3} - \overrightarrow{r_{23}})] \cdot \vec{k} =$$
$$= (x_2 - x_{23})(y_3 - y_{23}) - (y_2 - y_{23})(x_3 - x_{23}) = 0 \qquad (2)$$

$$[(\overrightarrow{r_3} - \overrightarrow{r_{34}}) \times (\overrightarrow{r_4} - \overrightarrow{r_{34}})] \cdot \vec{k} =$$
$$= (x_3 - x_{34})(y_4 - y_{34}) - (y_3 - y_{34})(x_4 - x_{34}) = 0 \qquad (3)$$

$$[(\overrightarrow{r_4} - \overrightarrow{r_{41}}) \times (\overrightarrow{r_1} - \overrightarrow{r_{41}})] \cdot \vec{k} =$$
$$= (x_4 - x_{41})(y_1 - y_{41}) - (y_4 - y_{41})(x_1 - x_{41}) = 0 \qquad (4)$$

$$[(\overrightarrow{r_1} - \overrightarrow{r_{13}}) \times (\overrightarrow{r_3} - \overrightarrow{r_{13}})] \cdot \vec{k} =$$
$$= (x_1 - x_{13})(y_3 - y_{13}) - (y_1 - y_{13})(x_3 - x_{13}) = 0 \qquad (5)$$

Obsérvese que las *ecs.(2)* y *(5)* forman un subsistema lineal, en $\boldsymbol{x_3}$ y $\boldsymbol{y_3}$. Resuelto este luego se resuelve el también subsistema lineal de las *ecs.(3)* y *(4)*, obteniéndose del mismo $\boldsymbol{x_4}$ y $\boldsymbol{y_4}$.

Su solución es: $x_3 = \mathbf{197}$ $\qquad y_3 = \mathbf{-127.6}$ $\qquad x_4 = \mathbf{167.8}$ $\qquad y_4 = \mathbf{106.8}$

$$\overrightarrow{r_3} = x_3\,\vec{\imath} + y_3\,\vec{\jmath} = \mathbf{197}\,\vec{\imath} - \mathbf{127.6}\,\vec{\jmath}\ \boldsymbol{ul} \qquad \overrightarrow{r_4} = x_4\,\vec{\imath} + y_4\,\vec{\jmath} = \mathbf{167.8}\,\vec{\imath} + \mathbf{106.8}\,\vec{\jmath}\ \boldsymbol{ul}$$

Si en el sistema de ecuaciones se hubiera utilizado la ecuación (*6*), en lugar de la (*5*), para determinar la posición de $\boldsymbol{O_3}$, $\boldsymbol{O_4}$, los resultados no cambian.

Caso b: articulación fija en un cuerpo y apoyo móvil en el opuesto (no contiguo).

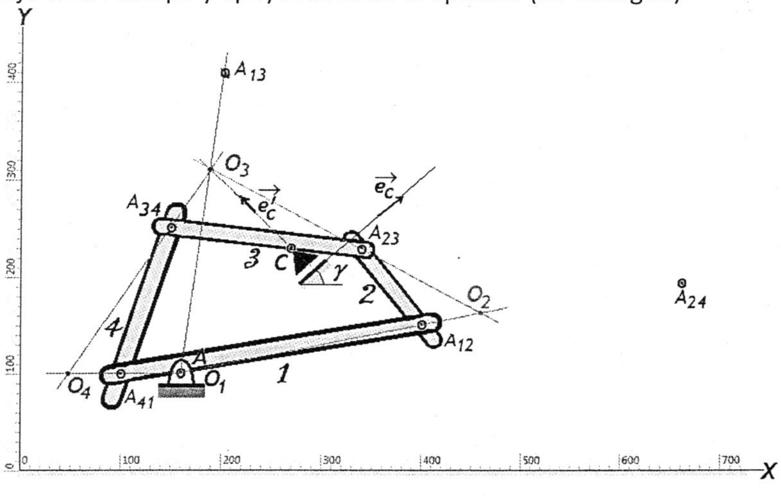

Posición de los puntos de apoyos:

del cuerpo ***1***: $\overrightarrow{r_A} = 160\,\vec{\imath} + 100\,\vec{\jmath}\; ul$

del cuerpo ***3***: $\overrightarrow{r_C} = 270\,\vec{\imath} + 230\,\vec{\jmath}\; ul$ $\qquad \gamma = 45°$

Centro de rotación del cuerpo ***1***: $\overrightarrow{r_1} = \overrightarrow{r_A} = 160\,\vec{\imath} + 100\,\vec{\jmath}\; ul$

Centro de rotación del cuerpo ***3***: a partir de la intersección de la recta que pasa por O_1 y A_{13}, con la recta normal al apoyo ***C***, donde el vector unitario en dirección del apoyo ***C*** y el normal a esa dirección, son:

$$\overrightarrow{e_c} = cos\,\gamma\,\vec{\imath} + sen\,\gamma\,\vec{\jmath} \qquad\qquad \overrightarrow{e'_c} = \vec{k}\times\overrightarrow{e_c} = -0.707\,\vec{\imath} + 0.707\,\vec{\jmath}$$

Con la *ec.[1.56]*, la intersección de las rectas, da la posición del centro de rotación del cuerpo ***3***:

$$\overrightarrow{r_3} = \overrightarrow{r_A} + \frac{\left[\left(\overrightarrow{r_C} - \overrightarrow{r_A}\right)\times\overrightarrow{e'_c}\right]\cdot\vec{k}}{\left[\left(\overrightarrow{r_{13}} - \overrightarrow{r_A}\right)\times\overrightarrow{e'_c}\right]\cdot\vec{k}}\left(\overrightarrow{r_{13}} - \overrightarrow{r_A}\right) = 189.6\,\vec{\imath} + 310.4\,\vec{\jmath}\; ul$$

Centro de rotación del cuerpo ***2***: se determina a partir de la intersección de la recta que pasa por O_1 y A_{12}, con la recta que pasa por O_3 y A_{23}, *ec.[1.53]*:

$$\overrightarrow{r_2} = \overrightarrow{r_1} + \frac{\left(\overrightarrow{r_{13}}\times\overrightarrow{r_{3A_{23}}}\right)\cdot\vec{k}}{\left(\overrightarrow{r_{1A_{12}}}\times\overrightarrow{r_{3A_{23}}}\right)\cdot\vec{k}}\,\overrightarrow{r_{1A_{12}}} = \overrightarrow{r_1} + \frac{\left[\left(\overrightarrow{r_3} - \overrightarrow{r_1}\right)\times\left(\overrightarrow{r_{23}} - \overrightarrow{r_3}\right)\right]\cdot\vec{k}}{\left[\left(\overrightarrow{r_{12}} - \overrightarrow{r_1}\right)\times\left(\overrightarrow{r_{23}} - \overrightarrow{r_3}\right)\right]\cdot\vec{k}}\left(\overrightarrow{r_{12}} - \overrightarrow{r_1}\right)$$

$$\overrightarrow{r_2} = 464.5\,\vec{\imath} + 163.4\,\vec{\jmath}\; ul$$

Centro de rotación del cuerpo ***4***: a partir de la intersección de la recta que pasa por O_1 y A_{41}, con la recta que pasa por O_3 y A_{34}, *ec.[1.53]*:

$$\overrightarrow{r_4} = \overrightarrow{r_1} + \frac{\left(\overrightarrow{r_{1-3}}\times\overrightarrow{r_{3\,A_{34}}}\right)\cdot\vec{k}}{\left(\overrightarrow{r_{1\,A_{41}}}\times\overrightarrow{r_{3\,A_{34}}}\right)\cdot\vec{k}}\,\overrightarrow{r_{1\,A_{41}}} = \overrightarrow{r_1} + \frac{\left[\left(\overrightarrow{r_3} - \overrightarrow{r_1}\right)\times\left(\overrightarrow{r_{34}} - \overrightarrow{r_3}\right)\right]\cdot\vec{k}}{\left[\left(\overrightarrow{r_{41}} - \overrightarrow{r_1}\right)\times\left(\overrightarrow{r_{34}} - \overrightarrow{r_3}\right)\right]\cdot\vec{k}}\left(\overrightarrow{r_{41}} - \overrightarrow{r_1}\right) = 51.6\,\vec{\imath} + 100\,\vec{\jmath}\; ul$$

Para asegurar que la solución es correcta, se debe cumplir la condición de alineamiento entre los centros de rotación de los cuerpos O_2 y O_4 y la articulación A_{24}:

$$\overrightarrow{r_{A_{24}O_4}} \times \overrightarrow{r_{A_{24}O_2}} = (\overrightarrow{r_4} - \overrightarrow{r_{24}})\times(\overrightarrow{r_2} - \overrightarrow{r_{24}}) = 0 \qquad (6)$$

Como método alternativo con O_1 y O_3 obtenidos, para determinar los centros O_2 y O_4 usamos las condiciones de alineamiento, *ecs.(1)* a *(4)*:

$$[(\overrightarrow{r_1} - \overrightarrow{r_{12}})\times(\overrightarrow{r_2} - \overrightarrow{r_{12}})] \cdot \vec{k} =$$
$$= (x_1 - x_{12})(y_2 - y_{12}) - (x_2 - x_{12})(y_1 - y_{12}) = 0 \qquad [1]$$

$$[(\overrightarrow{r_2} - \overrightarrow{r_{23}})\times(\overrightarrow{r_3} - \overrightarrow{r_{23}})] \cdot \vec{k} =$$
$$= (x_2 - x_{23})(y_3 - y_{23}) - (x_3 - x_{23})(y_2 - y_{23}) = 0 \qquad [2]$$

$$[(\overrightarrow{r_3} - \overrightarrow{r_{34}})\times(\overrightarrow{r_4} - \overrightarrow{r_{34}})] \cdot \vec{k} =$$
$$= (x_3 - x_{34})(y_4 - y_{34}) - (x_4 - x_{34})(y_3 - y_{34}) = 0 \qquad [3]$$

$$[(\overrightarrow{r_4} - \overrightarrow{r_{41}})\times(\overrightarrow{r_1} - \overrightarrow{r_{41}})] \cdot \vec{k} =$$
$$= (x_4 - x_{41})(y_1 - y_{41}) - (x_1 - x_{41})(y_4 - y_{41}) = 0 \qquad [4]$$

Resultan dos subsistemas desacoplados. De las *[1]* y *[2]* se obtienen x_2 e y_2. De las *[3]* y *[4]* x_4 e y_4.

Caso c: tres apoyos móviles, uno en cada cuerpo

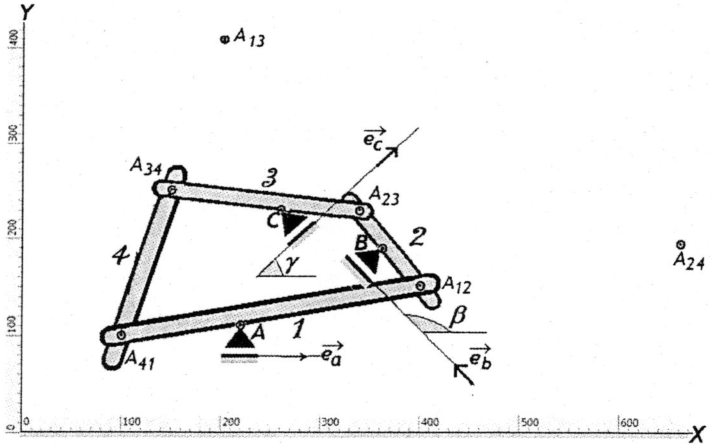

Posiciones de los puntos de los tres apoyos móviles y los ángulos de los mismos:

$$\overrightarrow{r_A} = 220\,\vec{i} + 110\,\vec{j}\,ul \qquad \alpha = 0$$
$$\overrightarrow{r_B} = 360\,\vec{i} + 190\,\vec{j}\,ul \qquad \beta = 135°$$
$$\overrightarrow{r_C} = 260\,\vec{i} + 230\,\vec{j}\,ul \qquad \gamma = 45°$$

Vectores unitarios en dirección del movimiento permitido de los apoyos y de los vectores unitarios normales a ellas:

$$\overrightarrow{e_a} = \vec{i} \qquad \overrightarrow{e'_a} = \vec{k}\times\overrightarrow{e_a} = \vec{j}$$
$$\overrightarrow{e_b} = \cos\beta\,\vec{i} + sen\,\beta\,\vec{j} \qquad \overrightarrow{e'_b} = \vec{k}\times\overrightarrow{e_b} = -0.707\,\vec{i} - 0707\,\vec{j}$$
$$\overrightarrow{e_c} = \cos\gamma\,\vec{i} + sen\,\gamma\,\vec{j} \qquad \overrightarrow{e'_c} = \vec{k}\times\overrightarrow{e_c} = -0.707\,\vec{i} + 0.707\,\vec{j}$$

Para la solución, al no tener un apoyo fijo con el cual iniciar la determinación de los centros de rotación, se plantean las condiciones de alineamiento entre los centros de los cuerpos y la articulación entre ellos, que se expresan por los seis productos vectoriales, *ecs.(1)* a *(6)*, expuestas en el caso ***a***.

Tenemos ocho incógnitas que son las coordenadas de los cuatro centros de rotación. Para reducir el número de incógnitas expresamos los vectores posición de los centros de rotación no por sus dos coordenadas sino por la ecuación de la recta perpendicular a la dirección del apoyo del respectivo punto, tomando como punto de referencia para definir la recta al del apoyo:

Es decir la posición del centro ***i*** se define como: $\vec{r_i} = \vec{r}_{apoyo\ i} + \lambda_i \overrightarrow{e'}_{apoyo\ i}$

Esto hace que las incógnitas ahora son los λ_i de los cuerpos en los que están los apoyos, que en este ejemplo son los ***1***, ***2***, ***3***, cuyo conocimiento permiten obtener las posiciones de los centros $\boldsymbol{O_1}$, $\boldsymbol{O_2}$, $\boldsymbol{O_3}$ y sí quedan como incógnitas las coordenadas del centro $\boldsymbol{O_4}$.

Condición de alineamiento entre $\boldsymbol{O_1}$, $\boldsymbol{A_{12}}$, $\boldsymbol{O_2}$:

$$\overrightarrow{r_{A_{12}O_1}} \times \overrightarrow{r_{A_{12}O_2}} = (\vec{r_1} - \vec{r_{12}}) \times (\vec{r_2} - \vec{r_{12}}) = 0$$

La recta $\vec{r_1} = \vec{r_A} + \lambda_1 \overrightarrow{e'_a}$, que es normal a la dirección del apoyo ***A***, y sobre la que está $\boldsymbol{O_1}$, contiene al parámetro λ_1 como incógnita. La posición de $\boldsymbol{O_2}$, también la definimos a partir de la recta normal al apoyo ***B***, $\vec{r_2} = \vec{r_B} + \lambda_2 \overrightarrow{e'_b}$, que tiene como incógnita al parámetro λ_2. De modo que expresadas $\vec{r_1}$ y $\vec{r_2}$ de esta forma, la condición de alineamiento anterior queda:

$$\left[\left(\vec{r_A} + \lambda_1 \overrightarrow{e'_a} - \vec{r_{12}}\right) \times \left(\vec{r_B} + \lambda_2 \overrightarrow{e'_b} - \vec{r_{12}}\right)\right] \cdot \vec{k} = 0 \qquad \{1\}$$

Condición de alineamiento entre $\boldsymbol{O_2}$, $\boldsymbol{A_{23}}$, $\boldsymbol{O_3}$:

$$\overrightarrow{r_{A_{23}O_2}} \times \overrightarrow{r_{A_{23}O_3}} = (\vec{r_2} - \vec{r_{23}}) \times (\vec{r_3} - \vec{r_{23}}) = 0$$

Aquí, como en la ecuación anterior, la posición de $\boldsymbol{O_3}$ la definimos a partir de la recta normal al apoyo ***C***, $\vec{r_3} = \vec{r_C} + \lambda_3 \overrightarrow{e'_c}$, que tiene como incógnita al parámetro λ_3:

$$\left[\left(\vec{r_B} + \lambda_2 \overrightarrow{e'_b} - \vec{r_{23}}\right) \times \left(\vec{r_C} + \lambda_3 \overrightarrow{e'_c} - \vec{r_{23}}\right)\right] \cdot \vec{k} = 0 \qquad \{2\}$$

La condición de alineamiento entre $\boldsymbol{O_3}$, $\boldsymbol{A_{34}}$, $\boldsymbol{O_4}$, queda expresada:

$$\overrightarrow{r_{A_{34}O_3}} \times \overrightarrow{r_{A_{34}O_4}} = (\vec{r_3} - \vec{r_{34}}) \times (\vec{r_4} - \vec{r_{34}}) = 0$$

Sin embargo en este caso la posición del centro $\boldsymbol{O_4}$, no podemos definirla a partir de una recta de una dirección especificada, por lo que la expresamos en términos de sus dos coordenadas:

$$\left[\left(\vec{r_C} + \lambda_3 \overrightarrow{e'_c} - \vec{r_{34}}\right) \times \left(x_4\, \vec{\imath} + y_4\, \vec{\jmath} - \vec{r_{34}}\right)\right] \cdot \vec{k} = 0 \qquad \{3\}$$

La condición de alineamiento entre $\boldsymbol{O_4}$, $\boldsymbol{A_{41}}$, $\boldsymbol{O_1}$, queda expresada:

$$\overrightarrow{r_{A_{41}O_4}} \times \overrightarrow{r_{A_{41}O_1}} = (\vec{r_4} - \vec{r_{41}}) \times (\vec{r_1} - \vec{r_{41}}) = 0$$

$$\left[(x_4\,\vec{i} + y_4\,\vec{j} - \overrightarrow{r_{41}})\times\left(\overrightarrow{r_A} + \lambda_1\,\overrightarrow{e'_a} - \overrightarrow{r_{41}}\right)\right]\cdot\vec{k} = 0 \qquad \{4\}$$

Las cuatro ecuaciones anteriores las condiciones de alineamiento entre centros de rotación y articulaciones se daban entre cuerpos contiguos. Agregamos la condición de alineamiento entre centro de rotación y articulación, entre cuerpos no contiguos como son los ***1*** y ***3***:

$$\overrightarrow{r_{A_{13}\,O_1}}\times\overrightarrow{r_{A_{13}\,O_3}} = (\overrightarrow{r_1} - \overrightarrow{r_{13}})\times(\overrightarrow{r_3} - \overrightarrow{r_{13}}) = 0$$

$$\left[\left(\overrightarrow{r_A} + \lambda_1\,\overrightarrow{e'_a} - \overrightarrow{r_{13}}\right)\times\left(\overrightarrow{r_C} + \lambda_3\,\overrightarrow{e'_c} - \overrightarrow{r_{13}}\right)\right]\cdot\vec{k} = 0 \qquad \{5\}$$

Las ecuaciones *{1}, {2}, {3}, {4}, {5}* del sistema aparecen multiplicadas escalarmente por $\vec{k}$ para tener un sistema de ecuaciones escalares. Las incógnitas son los parámetros $\boldsymbol{\lambda_{1,2,3}}$ y las coordenadas $\boldsymbol{x_4}$ e $\boldsymbol{y_4}$ del centro $\boldsymbol{O_4}$.

El sistema se puede resolver por aproximaciones sucesivas del siguiente modo: suponemos un valor inicial de $\boldsymbol{\lambda_1^{(0}}$ que se introduce en la *ec.{1}*, y se obtiene de ella $\boldsymbol{\lambda_2^{(0}}$ Luego con $\boldsymbol{\lambda_1^{(0}}$ y $\boldsymbol{\lambda_2^{(0}}$, de la *ec.{2}*, se obtiene $\boldsymbol{\lambda_3^{(0}}$. Con este último, se determina, con la *ec.{5}*, un valor mejorado de $\boldsymbol{\lambda_1^{(1}}$, con el cual se reinicia el cálculo, en un proceso iterativo, que se lleva hasta determinar los $\boldsymbol{\lambda_{1,2,3}}$con una dada precisión.

Luego se resuelve el subsistema lineal de *ecs.{3}* y *{4}* obteniéndose las coordenadas de $\boldsymbol{O_4}$. La solución del sistema de ecuaciones es:

$$\lambda_1 = 651.2 \qquad \lambda_2 = -30.8 \qquad \lambda_3 = 87.2 \qquad x_4 = 123 \qquad y_4 = 226.7$$

Con los parámetros $\boldsymbol{\lambda_{1,2,3}}$y las coordenadas del cuarto centro $\boldsymbol{O_4}$, damos finalmente la posición de los centros de rotación:

$$\overrightarrow{r_1} = \overrightarrow{r_A} + \lambda_1\,\overrightarrow{e'_a} = 220\,\vec{i} + 761.2\,\vec{j}\,ul$$
$$\overrightarrow{r_2} = \overrightarrow{r_B} + \lambda_2\,\overrightarrow{e'_b} = 381.8\,\vec{i} + 211.8\,\vec{j}\,ul$$
$$\overrightarrow{r_3} = \overrightarrow{r_C} + \lambda_3\,\overrightarrow{e'_c} = 198.3\,\vec{i} + 291.7\,\vec{j}\,ul$$
$$\overrightarrow{r_4} = x_4\,\vec{i} + y_4\,\vec{j} = 123\,\vec{i} + 226.7\,\vec{j}\,ul$$

Comprobamos que se cumplen las condiciones de alineamiento de los centros de rotación y la articulación de cuerpos contiguos:

$$\overrightarrow{r_{A_{12}O_1}}\times\overrightarrow{r_{A_{12}O_2}} = (\overrightarrow{r_1} - \overrightarrow{r_{12}})\times(\overrightarrow{r_2} - \overrightarrow{r_{12}}) = 0 \qquad (1)$$

$$\overrightarrow{r_{A_{23}O_2}}\times\overrightarrow{r_{A_{23}O_3}} = (\overrightarrow{r_2} - \overrightarrow{r_{23}})\times(\overrightarrow{r_3} - \overrightarrow{r_{23}}) = 0 \qquad (2)$$

$$\overrightarrow{r_{A_{34}O_3}}\times\overrightarrow{r_{A_{34}O_4}} = (\overrightarrow{r_3} - \overrightarrow{r_{34}})\times(\overrightarrow{r_4} - \overrightarrow{r_{34}}) = 0 \qquad (3)$$

$$\overrightarrow{r_{A_{41}O_4}}\times\overrightarrow{r_{A_{41}O_1}} = (\overrightarrow{r_4} - \overrightarrow{r_{41}})\times(\overrightarrow{r_1} - \overrightarrow{r_{41}}) = 0 \qquad (4)$$

y también entre los cuerpos no contiguos:

$$\overrightarrow{r_{A_{13}O_1}}\times\overrightarrow{r_{A_{13}O_3}} = (\overrightarrow{r_1} - \overrightarrow{r_{13}})\times(\overrightarrow{r_3} - \overrightarrow{r_{13}}) = 0 \qquad (5)$$

$$\overrightarrow{r_{A_{24}O_4}}\times\overrightarrow{r_{A_{24}O_2}} = (\overrightarrow{r_4} - \overrightarrow{r_{24}})\times(\overrightarrow{r_2} - \overrightarrow{r_{24}}) = 0 \qquad (6)$$

En la figura se ve la posición de los centros de rotación, los cuales cumplen con las condiciones de alineamiento:

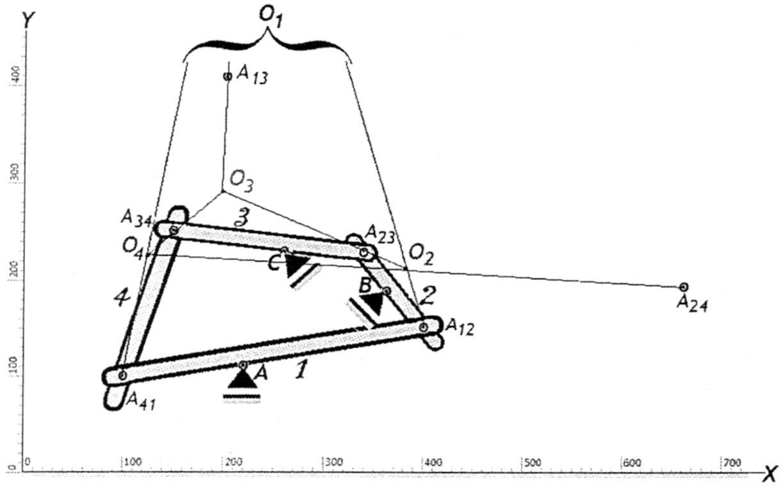

Ejemplo 9: Estudiar cinemáticamente en forma cualitativa los dos cuerpos unidos con dos bielas internas paralelas y con una articulación fija en uno de los cuerpos y un apoyo móvil en el otro cuerpo cuyo desplazamiento posible es en la dirección normal a las bielas internas.

Lo consideramos una cadena cerrada de cuatro cuerpos con ***1GL***, haciendo las bielas de cuerpos ***2*** y ***4***. Estamos en el caso ***b*** visto en el ejemplo anterior.

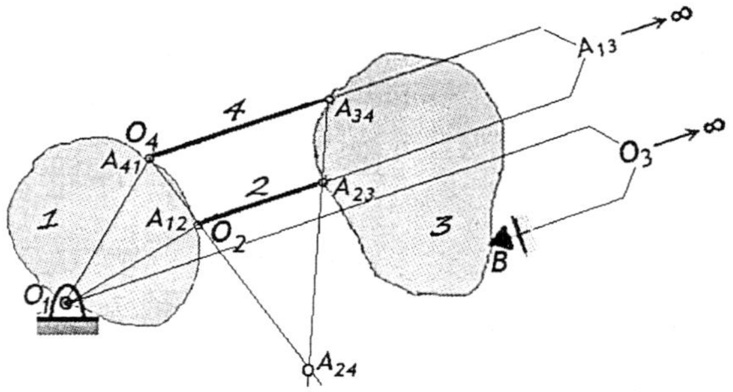

Obtenemos primeramente la posición de las articulaciones internas entre cuerpos no contiguos A_{13} y A_{24} y luego con las reglas vistas de alineamiento entre cuerpos contiguos y articulación común, se determinan los centros de rotación de las bielas y del otro cuerpo. Resulta que las articulaciones entre las bielas y el cuerpo con la articulación fija (el ***1***) son los centros de rotación de las respectivas bielas.

Como conclusión acerca del tipo de movimiento posible de cada cuerpo: el ***1*** permanece estacionario pues tiene tres puntos estacionarios, la articulación fija y las articulaciones de las bielas que son, como se dijo, los centros de rotación de ellas. El ***GL*** queda sólo para el cuerpo ***3***, cuyo movimiento posible es una traslación, en dirección del apoyo móvil y que es perpendicular a las bielas dado que su centro de rotación está infinitamente alejado en la dirección de ellas.

7.9 Desplazamiento relativo y variación de distancia entre dos puntos de un sistema con 1GL

Consideremos cualquier sistema de cuerpos vinculados como los vistos, tal como la cadena abierta y con ***1GL*** de la *fig.7-19a*, y dos puntos ***A*** y ***B*** pertenecientes a distintos cuerpos del sistema, en una dada configuración. Supongamos imponer un movimiento de pequeña magnitud, que da lugar a que estos puntos tengan los desplazamientos $\overrightarrow{a_A}$ y $\overrightarrow{a_B}$, y por lo que pasan a la posición $\underline{\boldsymbol{A}}$ y $\underline{\boldsymbol{B}}$.

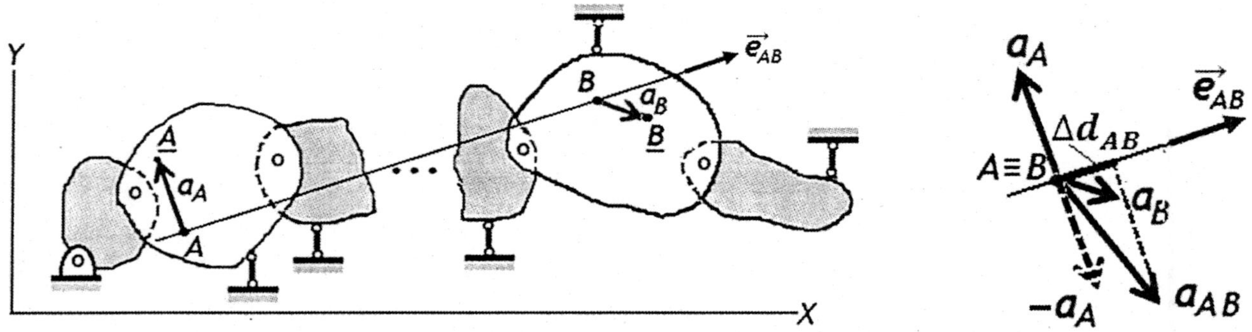

fig.7-19 a) b)

Llamamos desplazamiento relativo del punto ***B*** respecto al ***A*** a:

$$\overrightarrow{a_{AB}} = \overrightarrow{a_B} - \overrightarrow{a_A} \qquad [7.18]$$

Los desplazamientos $\overrightarrow{a_A}$ y $\overrightarrow{a_B}$ se obtienen como resultado de la diferencia entre las posiciones finales $\underline{\boldsymbol{A}}$ y $\underline{\boldsymbol{B}}$ y las iniciales ***A*** y ***B***, esto es:

$$\overrightarrow{a_A} = \overrightarrow{r_{\underline{A}}} - \overrightarrow{r_A} \qquad \overrightarrow{a_B} = \overrightarrow{r_{\underline{B}}} - \overrightarrow{r_B}$$

El desplazamiento relativo del punto ***B*** respecto al ***A***, en término de los vectores posición de los respectivos puntos:

$$\overrightarrow{a_{AB}} = \overrightarrow{a_B} - \overrightarrow{a_A} = \overrightarrow{r_{\underline{B}}} - \overrightarrow{r_B} - \left(\overrightarrow{r_{\underline{A}}} - \overrightarrow{r_A}\right) = \left(\overrightarrow{r_{\underline{B}}} - \overrightarrow{r_{\underline{A}}}\right) - \left(\overrightarrow{r_B} - \overrightarrow{r_A}\right)$$

$$\overrightarrow{a_{AB}} = \overrightarrow{r_{\underline{AB}}} - \overrightarrow{r_{AB}} \qquad [7.19]$$

En la *fig.7-19b*, se ha llevado a un punto común los orígenes de los vectores desplazamiento y el vector desplazamiento relativo.

Llamamos variación de distancia entre los puntos ***A*** y ***B***, a la proyección del vector desplazamiento relativo sobre la dirección que definen los puntos ***A*** y ***B***:

$$\Delta d_{AB} = \overrightarrow{a_{AB}} \cdot \overrightarrow{e_{AB}}$$

Con la *ec.[7.19]*: $\Delta d_{AB} = \left(\overrightarrow{r_{\underline{AB}}} - \overrightarrow{r_{AB}}\right) \cdot \overrightarrow{e_{AB}} = \overrightarrow{r_{\underline{AB}}} \cdot \overrightarrow{e_{AB}} - \overrightarrow{r_{AB}} \cdot \overrightarrow{e_{AB}}$

y siendo: $\overrightarrow{r_{AB}} \cdot \overrightarrow{e_{AB}} = r_{AB}$

$$\Delta d_{AB} = \overrightarrow{r_{\underline{AB}}} \cdot \overrightarrow{e_{AB}} - r_{AB} \qquad [7.20]$$

Es decir que es la diferencia entre la proyección del vector posición relativa de ***B*** respecto a ***A*** en la configuración final, sobre la dirección original $\overrightarrow{AB}$, menos la distancia entre ***A*** y ***B*** en la configuración inicial, *fig.7-20*.

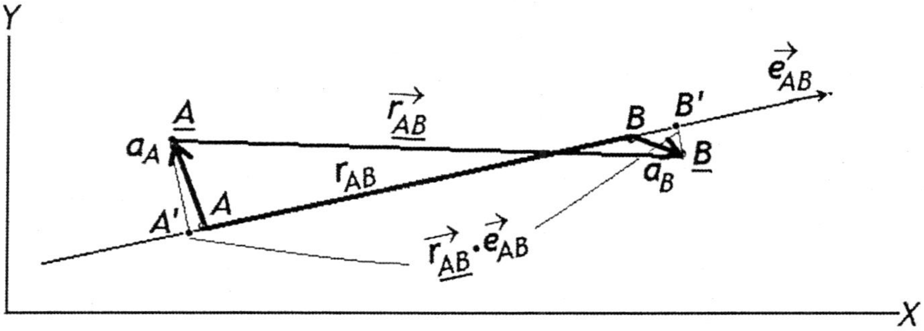

fig.7-20

Para este ejemplo la variación de distancia es la suma: $\Delta d_{AB} = \overline{A'B'} + \overline{AB} = \overline{A'A} + \overline{BB'}$ y por ser el primer término de la *ec.[7.20]*, mayor que el segundo, el resultado es positivo, lo que significa que los puntos ***A*** y ***B*** se alejan. En general si:

$$\Delta \boldsymbol{d}_{AB} = \overrightarrow{a_{AB}} \cdot \overrightarrow{e_{AB}} > \mathbf{0}$$

los puntos se alejan y aumentan su separación. Si $\Delta \boldsymbol{d}_{AB} < \mathbf{0}$ ocurre lo opuesto.

Ejemplo 10: Para los dos cuerpos del ejemplo ***1***, calcular la variación de distancia entre los puntos ***M*** y ***N***.

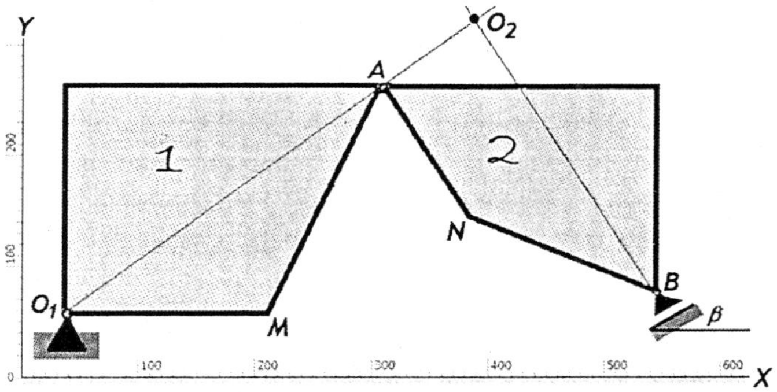

$$\overrightarrow{r_M} = \mathbf{210}\,\vec{\imath} + \mathbf{56}\,\vec{\jmath}\,\boldsymbol{ul} \qquad \overrightarrow{r_N} = \mathbf{382}\,\vec{\imath} + \mathbf{144}\,\vec{\jmath}\,\boldsymbol{ul},$$

La posición de estos puntos, relativa a los centros de rotación de los cuerpos a los que pertenecen:

$$\overrightarrow{r_{1M}} = \overrightarrow{r_M} - \overrightarrow{r_1} = \mathbf{174}\,\vec{\imath}\,\boldsymbol{ul} \qquad \overrightarrow{r_{2N}} = \overrightarrow{r_N} - \overrightarrow{r_2} = -\mathbf{3.2}\,\vec{\imath} - \mathbf{175.1}\vec{\jmath}\,\boldsymbol{ul}$$

Los desplazamientos y sus magnitudes, con: $\overrightarrow{\boldsymbol{\Phi}_1} = \mathbf{0.003}\,\vec{k}\ \boldsymbol{rad} \qquad \overrightarrow{\boldsymbol{\Phi}_2} = -\mathbf{0.0106}\ \vec{k}\ \boldsymbol{rad}$

$$\overrightarrow{a_M} = \overrightarrow{\Phi_1} \times \overrightarrow{r_{1M}} = \mathbf{0.522}\,\vec{\jmath}\,\boldsymbol{ul} \qquad \boldsymbol{a_M} = \mathbf{0.522}\ \boldsymbol{ul}$$

$$\overrightarrow{a_N} = \overrightarrow{\Phi_2} \times \overrightarrow{r_{2N}} = -\mathbf{1.852}\,\vec{\imath} + \mathbf{0.033}\,\vec{\jmath}\,\boldsymbol{ul} \qquad \boldsymbol{a_N} = \mathbf{1.853}\ \boldsymbol{ul}$$

El desplazamiento relativo y su magnitud:

$$\overrightarrow{a_{MN}} = \overrightarrow{a_N} - \overrightarrow{a_M} = -\mathbf{1.852}\,\vec{\imath} - \mathbf{0.489}\,\vec{\jmath}\,\boldsymbol{ul} \qquad \boldsymbol{a_{MN}} = \mathbf{1.916}\ \boldsymbol{ul}$$

La variación de distancia entre los puntos ***M*** y ***N*** es la proyección en la dirección de la recta pasante por esos puntos, en la configuración inicial, del desplazamiento relativo: $\Delta \boldsymbol{d}_{MN} = \overrightarrow{a_{MN}} \cdot \overrightarrow{e_{MN}}$

Con: $\overrightarrow{e_{MN}} = \frac{\overrightarrow{r_{MN}}}{r_{MN}} = \mathbf{0.89\,\vec{\imath} + 0.455\,\vec{\jmath}}$ se obtiene $\Delta \boldsymbol{d}_{MN} = \mathbf{-1.872\,ul}$

El signo negativo de la variación de distancia indica que la distancia original entre ***M*** y ***N*** disminuye debido al movimiento impuesto, por lo que estos puntos se acercan entre sí.

La distancia original entre ***M*** y ***N***: $\boldsymbol{d}_{MN} = r_{MN} = |\overrightarrow{r_N} - \overrightarrow{r_M}| = \mathbf{193.2\,ul}$

La distancia final entre estos puntos: $\boldsymbol{d}_{\underline{MN}} = d_{MN} + \Delta d_{MN} = \mathbf{191.3\,ul}$

Ejemplo 11: Para los tres cuerpos del ejemplo *6*, determinar el desplazamiento relativo entre los puntos ***M*** y ***N***, y la variación de distancia entre ellos.

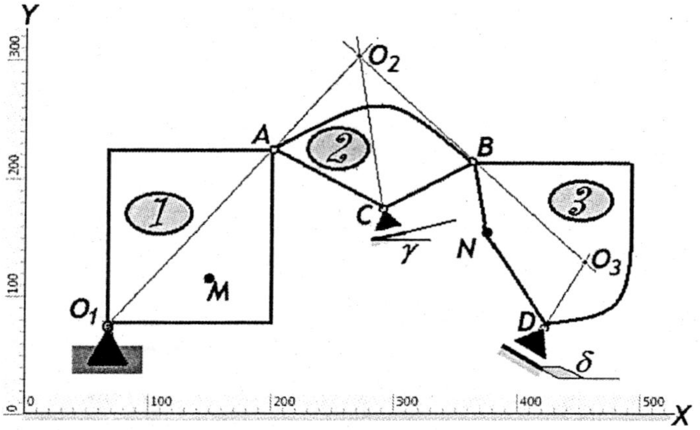

$\overrightarrow{r_M} = \mathbf{149\,\vec{\imath} + 117\,\vec{\jmath}\,ul}$ $\overrightarrow{r_N} = \mathbf{372\,\vec{\imath} + 152\,\vec{\jmath}\,ul}$

Al imponer un giro positivo al cuerpo ***3*** de magnitud $\Delta\boldsymbol{\varphi}_3 = \mathbf{0.005\,rad}$ y moverse todos los cuerpos, habrá un cambio de las posiciones relativas entre puntos de distintos cuerpos.

Los desplazamientos de los puntos ***M*** y ***N***, de los cuerpos ***1*** y ***3***, obtenidos previamente eran:

$\overrightarrow{a_M} = \mathbf{-0.101\,\vec{\imath} + 0.217\,\vec{\jmath}\,ul}$ $\overrightarrow{a_N} = \mathbf{-0.115\,\vec{\imath} - 0.401\,\vec{\jmath}\,ul}$

El desplazamiento relativo y la variación de distancia entre los puntos ***M*** y ***N***:

$\overrightarrow{\boldsymbol{a}_{MN}} = \overrightarrow{a_N} - \overrightarrow{a_M} = \mathbf{-0.014\,\vec{\imath} - 0.618\,\vec{\jmath}\,ul}$ $\boldsymbol{a}_{MN} = \mathbf{0.618\,ul}$

$$\Delta \boldsymbol{d}_{MN} = \overrightarrow{a_{MN}} \cdot \overrightarrow{e_{MN}} = \overrightarrow{a_{MN}} \cdot \frac{\overrightarrow{r_N} - \overrightarrow{r_M}}{|\overrightarrow{r_N} - \overrightarrow{r_M}|} = \mathbf{-0.11\,ul}$$

El signo de $\Delta \boldsymbol{d}_{MN}$ indica que hay un acercamiento entre ***M*** y ***N***.

La distancia inicial entre ***M*** y ***N***: $\boldsymbol{d}_{MN} = r_{MN} = |\overrightarrow{r_N} - \overrightarrow{r_M}| = \mathbf{225.7\,ul}$

La distancia final entre estos puntos: $\boldsymbol{d}_{\underline{MN}} = d_{MN} + \Delta d_{MN} = \mathbf{225.6\,ul}$

*7.10 Movimientos en sistemas unidos por una articulación desplazable

Consideremos dos cuerpos ***i*** y ***j*** de un sistema de cuerpos vinculados por una articulación ***A*** que puede, además, desplazarse por una guía recta, de modo que los movimientos relativos posibles entre los cuerpos son una rotación y una traslación en dirección de la guía.

Para ello supongamos que la articulación es una corredera o rodillo unido al cuerpo ***i*** y que puede desplazarse por una guía recta y sin fricción dispuesta en el otro cuerpo ***j***, *fig.7-21*.

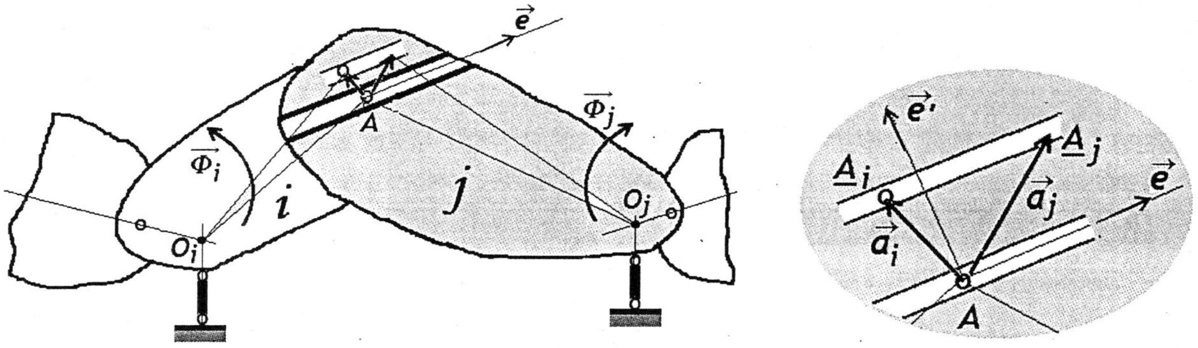

fig.7-21

Supongamos que el cuerpo ***i*** está sujeto a un movimiento de rotación con un giro de pequeña magnitud $\overrightarrow{\boldsymbol{\Phi}_i} = \boldsymbol{\varphi}_i\,\vec{\boldsymbol{k}}$, y determinaremos el giro inducido en el otro cuerpo ***j***, $\overrightarrow{\boldsymbol{\Phi}_j} = \boldsymbol{\varphi}_j\,\vec{\boldsymbol{k}}$.

La rotación del cuerpo ***j*** hace que la guía también lo haga; sin embargo como el giro es de pequeña magnitud, en la configuración posterior al giro, la guía permanece sensiblemente paralela a la posición que tenía originalmente.

Debido a las rotaciones de los cuerpos, el rodillo o corredera, se desplaza perpendicularmente al radio desde $\boldsymbol{O_iA}$, mientras que el mismo punto de la guía se mueve perpendicularmente al radio $\boldsymbol{O_jA}$, como se muestra en el detalle ampliado en la zona de la unión.

Dado que el rodillo en la posición final debe quedar dentro de la guía, las componentes del desplazamiento de ambos puntos en la dirección perpendicular a la guía deben ser iguales. Es decir:

$$\overrightarrow{\boldsymbol{a}_i}\cdot\overrightarrow{\boldsymbol{e}'} = \overrightarrow{\boldsymbol{a}_j}\cdot\overrightarrow{\boldsymbol{e}'} \qquad [7.21]$$

Siendo: $\overrightarrow{\boldsymbol{a}_i} = \overrightarrow{\Phi_i}\times\overrightarrow{r_{O_iA}}$ $\qquad \overrightarrow{\boldsymbol{a}_j} = \overrightarrow{\Phi_j}\times\overrightarrow{r_{O_jA}}$ $\qquad \overrightarrow{\boldsymbol{e}'} = \vec{k}\times\vec{e}$

Luego en la *ec.[7.20]*: $\left(\overrightarrow{\Phi_i}\times\overrightarrow{r_{O_iA}}\right)\cdot\overrightarrow{e'} = \left(\overrightarrow{\Phi_j}\times\overrightarrow{r_{O_jA}}\right)\cdot\overrightarrow{e'}$

o también: $-\left(\vec{e}'\times\overrightarrow{r_{O_iA}}\right)\cdot\overrightarrow{\Phi_i} = -\left(\vec{e}'\times\overrightarrow{r_{O_jA}}\right)\cdot\overrightarrow{\Phi_j}$

$$\left[\left(\vec{k}\times\vec{e}\right)\times\overrightarrow{r_{O_iA}}\right]\cdot\overrightarrow{\Phi_i} = \left[\left(\vec{k}\times\vec{e}\right)\times\overrightarrow{r_{O_jA}}\right]\cdot\overrightarrow{\Phi_j}$$

Es: $\left(\vec{k}\times\vec{e}\right)\times\overrightarrow{r_{O_iA}} = \left(\vec{k}\cdot\overrightarrow{r_{O_iA}}\right)\vec{e} - \left(\vec{e}\cdot\overrightarrow{r_{O_iA}}\right)\vec{k} = -\left(\vec{e}\cdot\overrightarrow{r_{O_iA}}\right)\vec{k}$

Del mismo modo el doble producto vectorial del otro miembro, conduce a:

$$\left(\vec{e}\cdot\overrightarrow{r_{O_iA}}\right)\vec{k}\cdot\varphi_i\vec{k}=\left(\vec{e}\cdot\overrightarrow{r_{O_jA}}\right)\vec{k}\cdot\varphi_j\vec{k} \qquad \text{de la que:} \qquad \varphi_j=\frac{\overrightarrow{r_{O_iA}}\cdot\vec{e}}{\overrightarrow{r_{O_jA}}\cdot\vec{e}}\varphi_i$$

Por lo que el vector rotación inducida en el cuerpo ***j*** es, en términos del vector rotación del cuerpo ***i*** con el que se conecta con una articulación desplazable, es:

$$\overrightarrow{\Phi_j}=\frac{\overrightarrow{r_{O_iA}}\cdot\vec{e}}{\overrightarrow{r_{O_jA}}\cdot\vec{e}}\overrightarrow{\Phi_i} \tag{7.22}$$

Señalemos que si la normal a la guía por la articulación del cuerpo ***j***, pasa por el centro de rotación O_j, entonces se tendrá una indeterminación en la *ec.[7.22]* ($\overrightarrow{r_{O_jA}}\cdot\vec{e}=0$). Físicamente significa que el movimiento del cuerpo ***j*** es independiente del cuerpo ***i***. De modo que si a la *ec.[7.22]*, la ponemos como:

$$\overrightarrow{\Phi_i}=\frac{\overrightarrow{r_{O_jA}}\cdot\vec{e}}{\overrightarrow{r_{O_iA}}\cdot\vec{e}}\overrightarrow{\Phi_j} \qquad [7.22']$$

e imponemos un $\overrightarrow{\Phi_j}$, tendremos que $\overrightarrow{\Phi_i}=0$ (si $\overrightarrow{r_{O_iA}}\cdot\vec{e}\neq 0$).

Si uno o ambos cuerpos conectados por una articulación desplazable tiene como movimiento posible el de traslación, entonces para determinar cómo se propaga el movimiento de uno al otro cuerpo, se parte de la *ec.[7.21]*.

Ejemplo 12**: Al mecanismo de la figura y en la configuración indicada, se le aplica, a la barra ***1, un giro positivo de ***0.001 rad***, determinar el giro del cuerpo ***2*** y el desplazamiento del punto superior ***D***.

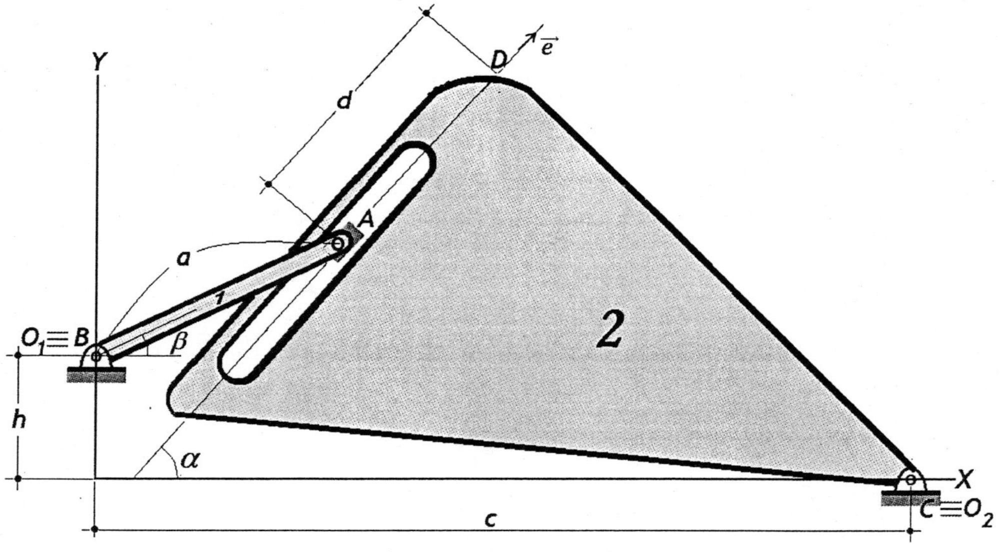

a=2.76m *c=8.14m* *d=2.26m* *h=1.25m* *α=55°* *β=25°*

Si suponemos aplicado a la barra ***1*** un giro de: $\overrightarrow{\Phi_1}=\varphi\,\vec{k}=0.001\,\vec{k}\,rad$

El giro inducido del cuerpo ***2***, *ec.[7.22]*: $\overrightarrow{\Phi_2}=\frac{\overrightarrow{r_{1A}}\cdot\vec{e}}{\overrightarrow{r_{2A}}\cdot\vec{e}}\overrightarrow{\Phi_1}$

Donde son:

$$\overrightarrow{r_{1A}}=a\,(\cos\beta\,\vec{i}+\operatorname{sen}\beta\,\vec{j})$$
$$\overrightarrow{r_{2A}}=-\,(c-a\cos\beta\,)\,\vec{i}+(h+a\operatorname{sen}\beta\,)\,\vec{j}$$

$$\vec{e} = \boldsymbol{cos\ \alpha\ \vec{\imath} + sen\ \alpha\ \vec{\jmath}}$$

$$\overrightarrow{\boldsymbol{\Phi_2}} = \frac{a\ (cos\ \beta\ cos\ \alpha + sen\ \beta\ sen\ \alpha)}{-\ (c - a\ cos\ \beta\ )cos\ \alpha + (h + a\ sen\ \beta\ )sen\ \alpha} \overrightarrow{\boldsymbol{\Phi_1}} = \frac{\boldsymbol{a\ cos(\alpha - \beta)}}{\boldsymbol{h\ sen\ \alpha - c\ cos\ \alpha + a\ cos(\alpha - \beta)}} \overrightarrow{\boldsymbol{\Phi_1}}$$

Con los datos: $\overrightarrow{\boldsymbol{\Phi_2}} = \boldsymbol{-1.91}\ \overrightarrow{\boldsymbol{\Phi_1}} = \boldsymbol{-0.0019\ \vec{k}\ rad}$

El desplazamiento del punto ***D***, es: $\overrightarrow{\boldsymbol{a_D}} = \overrightarrow{\boldsymbol{\Phi_2}} \times \overrightarrow{\boldsymbol{r_{2D}}}$

Con: $\overrightarrow{\boldsymbol{r_{2D}}} = \overrightarrow{r_D} - \overrightarrow{r_2} = -[\boldsymbol{c - (a\ cos\ \beta + d\ cos\ \alpha)}]\ \vec{\boldsymbol{\imath}} + (\boldsymbol{h + a\ sen\ \beta + d\ sen\ \alpha})\ \vec{\boldsymbol{\jmath}}$

$$\overrightarrow{\boldsymbol{r_{2D}}} = \boldsymbol{-\ 4.342\ \vec{\imath} + 4.268\ \vec{\jmath}\ m}$$

$$\overrightarrow{\boldsymbol{a_D}} = \overrightarrow{\Phi_2} \times \overrightarrow{r_{2D}} = -0.00191\ \vec{k} \times (-\ 4.342\ \vec{\imath} + 4.268\ \vec{\jmath})\ m = \boldsymbol{8.1\ \vec{\imath} + 8.3\ \vec{\jmath}\ \mathrm{mm}}$$

El módulo del desplazamiento de ***D***: $\boldsymbol{a_D = 11.6\ mm}$

Capítulo 8
Trabajo virtual

Hasta ahora para evaluar el equilibrio de puntos materiales, cuerpos y sistemas de cuerpos libres o vinculados y cargados, con uno o más grados de libertad, el equilibrio lo formulamos en el caso de aquellos que estaban vinculados, realizando el ***DCL*** y planteando las ecuaciones vectoriales de equilibrio. En los casos en que el sistema estaba isostáticamente vinculado la realización del ***DCL*** permitía determinar las fuerzas y/o los momentos de los pares reactivos o interactivos, también a través de las ecuaciones de equilibrio.

En este capítulo veremos un método alternativo para resolver el mismo tipo de problemas y que está basado en el concepto de trabajo de una fuerza

El método del trabajo virtual no ofrece ventajas apreciables en el caso de un punto material o un cuerpo aislado libre o con algún ***GL*** o isostáticamente vinculado respecto de los métodos vistos antes.

Las ventajas se ponen de manifiesto para los sistemas de cuerpos vinculados para los que no es necesario en el caso de los libres o con algún ***GL*** realizar el equilibrio de cada cuerpo individualmente con la consiguiente introducción como incógnitas de las reacciones de vínculo externo o interacciones en los vínculos internos.

Del mismo modo por este método pueden calcularse individualmente las reacciones e interacciones en los sistemas hipostáticamente vinculado como explicamos luego.

8.1 Trabajo de una fuerza

Consideremos el cuerpo que se mueve en el espacio. En el movimiento, cada punto ***P*** del mismo, describe una trayectoria, *fig.8-1*, y entre las posiciones $\boldsymbol{P_1}$ y $\boldsymbol{P_2}$ tendrá el desplazamiento:

$$\vec{a} = \vec{r_2} - \vec{r_1}$$

que, para dos posiciones infinitamente próximas, el desplazamiento diferencial es $d\vec{a} = d\vec{r}$.

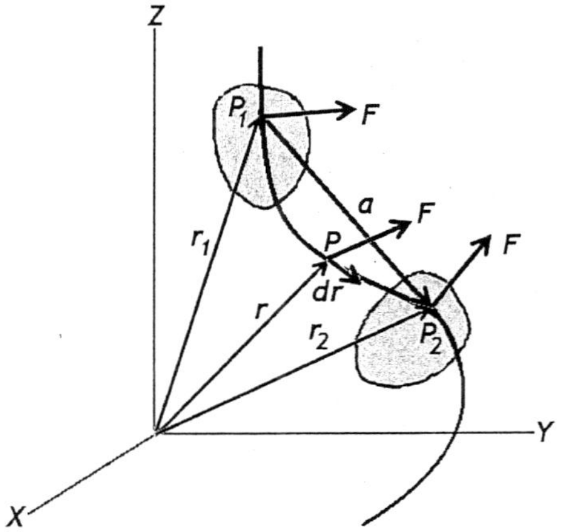

fig.8-1

Si en el punto y a lo largo de la trayectoria, actúa una fuerza $\vec{F}$, se realiza, en el desplazamiento diferencial, el trabajo diferencial:

$$dW = \vec{F} \cdot d\vec{r} \qquad [8.1]$$

El trabajo realizado por la fuerza sobre el cuerpo, al recorrer la trayectoria finita entre los puntos $\boldsymbol{P_1}$ y $\boldsymbol{P_2}$, es la suma de los infinitos trabajos diferenciales, es decir:

$$W_{12} = \int_{P_1}^{P_2} \vec{F} \cdot d\vec{r} \qquad [8.2]$$

Si la fuerza es constante a lo largo de la trayectoria entre esos puntos, el trabajo realizado por $\vec{F}$ resulta:

$$W_{12} = \vec{F} \cdot (\vec{r_2} - \vec{r_1}) = \vec{F} \cdot \vec{a} \qquad [8.3]$$

8.2 Trabajo de un sistema de cargas sobre un cuerpo en un movimiento rototraslatorio de pequeña magnitud

Consideremos al cuerpo rígido libre en el espacio y referido a un sistema cartesiano, *fig.8-2a*, cuyo movimiento de rotación está caracterizado por el vector rotación $\vec{\Phi}$ y el de traslación por el vector desplazamiento de un punto cualquiera del cuerpo. Tomamos como representativo la $\vec{a_O}$ de un punto cualquiera $\boldsymbol{O}$ del eje de rotación, cuyas expresiones cartesianas son:

$$\vec{a_O} = u_O\,\vec{i} + v_O\,\vec{j} + w_O\,\vec{k} \quad \text{y} \quad \vec{\Phi} = \varphi_X\,\vec{i} + \varphi_Y\,\vec{j} + \varphi_Z\,\vec{k} \qquad [8.4]$$

El desplazamiento total de un punto $\boldsymbol{P}$, que no está sobre el eje de rotación, es la suma vectorial del desplazamiento de traslación más el desplazamiento debido a la rotación, *ec.[2.27]*:

$$\vec{a} = \vec{a}_O + \vec{\Phi} \times (\vec{r} - \vec{r}_O) \qquad [8.5]$$

donde $\vec{r}$ es el vector posición de $\boldsymbol{P}$ y $\vec{r}_O$ el del punto $\boldsymbol{O}$ del eje de rotación.

Si sobre este cuerpo, *fig.8-2a*, actúan las fuerzas $\vec{F_i}$ que se mantienen constantes durante el movimiento, y es P_i un punto de su línea de acción, el trabajo total que realizan estas fuerzas en el movimiento rototraslatorio de pequeña magnitud es:

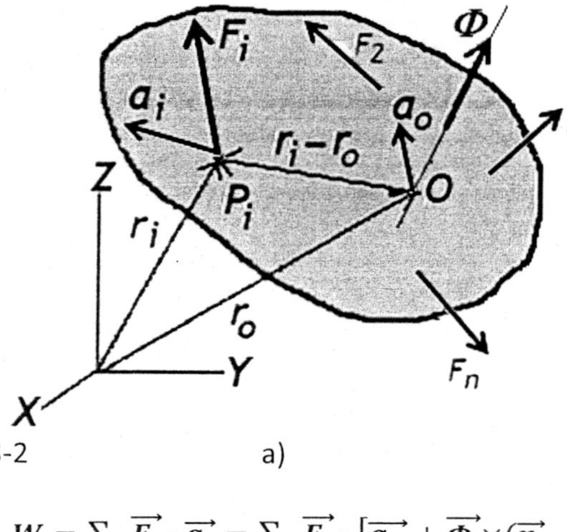

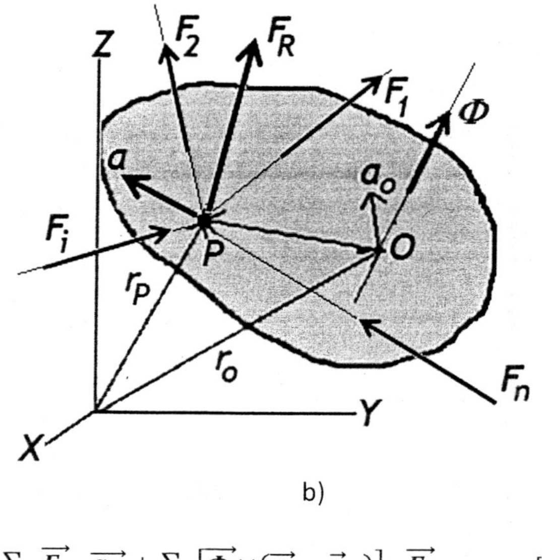

fig.8-2 a) b)

$$W = \sum_n \vec{F_i} \cdot \vec{a_i} = \sum_n \vec{F_i} \cdot \left[\vec{a_O} + \vec{\Phi} \times (\vec{r_i} - \vec{r}_O)\right] = \sum_n \vec{F_i} \cdot \vec{a_O} + \sum_n \left[\vec{\Phi} \times (\vec{r_i} - \vec{r}_O)\right] \cdot \vec{F_i} \qquad [8.6]$$

Expresada la multiplicación mixta como: $\left[\vec{\Phi} \times (\vec{r_i} - \vec{r}_O)\right] \cdot \vec{F_i} = \left[(\vec{r_i} - \vec{r}_O) \times \vec{F_i}\right] \cdot \vec{\Phi}$

Dado que $\overrightarrow{a_O}$ es el mismo para todos los puntos del cuerpo porque corresponde al movimiento de traslación y a que el vector rotación $\overrightarrow{\Phi}$ es del cuerpo e independiente del punto, por lo que pueden sacarse como factores común de las respectivas sumas de la *ec.[8.6]*:

$$W = \overrightarrow{a_O} \cdot \sum_n \overrightarrow{F_\iota} + \overrightarrow{\Phi} \cdot \sum_n (\overrightarrow{r_\iota} - \vec{r}_O) \times \overrightarrow{F_\iota} \qquad [8.7]$$

En esta última $\sum_n \overrightarrow{F_\iota} = \overrightarrow{F_R}$ es la fuerza resultante y $\sum_n (\overrightarrow{r_\iota} - \vec{r}_O) \times \overrightarrow{F_\iota} = \overrightarrow{M_{RO}}$ el momento resultante de las fuerzas, respecto al punto ***O***, por lo que el trabajo realizado por el sistema de fuerzas durante el movimiento resulta:

$$W = \overrightarrow{F_R} \cdot \overrightarrow{a_O} + \overrightarrow{M}_{RO} \cdot \overrightarrow{\Phi} \qquad [8.8]$$

Si las fuerzas son concurrentes en un punto ***P***, perteneciente o no al cuerpo, *fig.8-2b*, tomando como punto de la línea de acción de cada fuerza al ***P***, la *ec.[8.6]*, es ahora:

$$W = \sum_n \overrightarrow{F_\iota} \cdot \overrightarrow{a_O} + \sum_n \overrightarrow{F_\iota} \cdot [\overrightarrow{\Phi} \times (\overrightarrow{r_P} - \vec{r}_O)]$$

Como $\overrightarrow{a_O}$ y $\overrightarrow{\Phi}$ son comunes en todos los términos de las respectivas sumas, y $\overrightarrow{r_P} - \vec{r}_O$ es el mismo para todas las fuerzas, tenemos que:

$$W = \overrightarrow{a_O} \cdot \sum_n \overrightarrow{F_\iota} + [\overrightarrow{\Phi} \times (\overrightarrow{r_P} - \vec{r}_O)] \cdot \sum_n \overrightarrow{F_\iota} = [\overrightarrow{a_O} + \overrightarrow{\Phi} \times (\overrightarrow{r_P} - \vec{r}_O)] \cdot \sum_n \overrightarrow{F_\iota}$$

En esta expresión es: $\overrightarrow{a_O} + \overrightarrow{\Phi} \times (\overrightarrow{r_P} - \vec{r}_O) = \overrightarrow{a_P}$ el desplazamiento de ***P***, y $\sum_n \overrightarrow{F_\iota} = \overrightarrow{F_R}$ la fuerza resultante. Luego el trabajo:

$$W = \overrightarrow{F_R} \cdot \overrightarrow{a_P} \qquad [8.9]$$

Es decir que el trabajo realizado por un conjunto de fuerzas concurrentes en un punto ***P***, en un movimiento rototraslatorio de pequeña magnitud, es el producto de la multiplicación escalar de la resultante de las fuerzas y el desplazamiento del punto de concurrencia de ellas.

Consideremos ahora al cuerpo rígido libre sobre el cual actúan ***m*** pares $\overrightarrow{M_J}$, *fig.8-3a*, que se mantienen constantes, y que tiene un movimiento rototraslatorio general de pequeña magnitud, por el cual un punto tiene el desplazamiento dado por la *ec.[8.5]*:

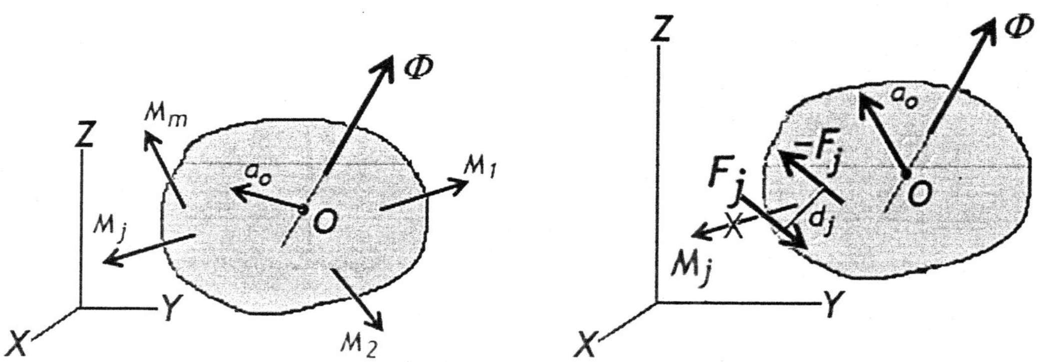

fig.8-3 a) b)

Si reemplazamos cada vector momento por las dos fuerzas $\pm\overrightarrow{F_j}$, separadas d_j, como se ha hecho en la *fig.8-3b* para el par genérico $\overrightarrow{M_j}$, tendremos que la *ec.[8.7]*:

$$W = \overrightarrow{a_O} \cdot \sum_{2m} \overrightarrow{F_j} + \overrightarrow{\Phi} \cdot \sum_{2m} (\overrightarrow{r_j} - \vec{r}_O) \times \overrightarrow{F_j} = \overrightarrow{a_O} \cdot \overrightarrow{F_R} + \overrightarrow{\Phi} \cdot \overrightarrow{M}_{RO}$$

Las sumas comprenden **2m** términos porque al vector momento de cada par, le corresponden dos fuerzas. Como las cargas son sólo pares, la fuerza resultante: $\sum_{2m} \overrightarrow{F_j} = \overrightarrow{F_R} = 0$

Asimismo el momento de cada par es independiente del punto ***O***, por lo que:

$$\overrightarrow{M}_{RO} = \overrightarrow{M_R} = \sum_{2m} (\overrightarrow{r_j} - \vec{r}_O) \times \overrightarrow{F_j} = \sum_{m} \overrightarrow{M_j}$$

Por lo tanto el trabajo realizado por los pares, durante el movimiento rototraslatorio del cuerpo es:

$$W = \overrightarrow{\Phi} \cdot \overrightarrow{M_R} = \overrightarrow{\Phi} \cdot \textstyle\sum_m \overrightarrow{M_j} \qquad [8.10]$$

Queda claro que los pares actuantes en un cuerpo no realizan trabajo en el movimiento de traslación sino sólo en el de rotación.

En el caso general en el que sobre el cuerpo actúan un conjunto de ***n*** fuerzas y ***m*** pares, y tiene lugar un movimiento rototraslatorio, de magnitud pequeña, el trabajo que realiza este sistema de cargas es la suma de los trabajos individuales y dados por las *ecs.[8.7]*, *[8.10]*, esto es:

$$W = \overrightarrow{a_O} \cdot \overrightarrow{F_R} + \overrightarrow{\Phi} \cdot \textstyle\sum_n (\overrightarrow{r_i} - \vec{r}_O) \times \overrightarrow{F_i} + \overrightarrow{\Phi} \cdot \sum_m \overrightarrow{M_j} = \overrightarrow{F_R} \cdot \overrightarrow{a_O} + \overrightarrow{M}_{RO} \cdot \overrightarrow{\Phi} \qquad [8.11]$$

Donde ahora el $\overrightarrow{M}_{RO} = \left[\sum_n (\overrightarrow{r_i} - \vec{r}_O) \times \overrightarrow{F_i} + \sum_m \overrightarrow{M_j}\right]$ es el momento resultante de todas las cargas respecto a ***O***.

Si el cuerpo no es libre y está vinculado de modo que sus ***GL<6***, sigue siendo válida la *ec.[8.11]*, sólo que ahora son nulas alguna de las componentes de $\overrightarrow{a_O}$ y/o $\overrightarrow{\Phi}$.

8.2.1 Punto material

Si el cuerpo es un punto material libre en el espacio, *fig.8-4*, sobre el que actúa un conjunto de fuerzas y que tiene un desplazamiento pequeño $\vec{a}$, el trabajo realizado por estas fuerzas, es, *ec.[8.9]*:

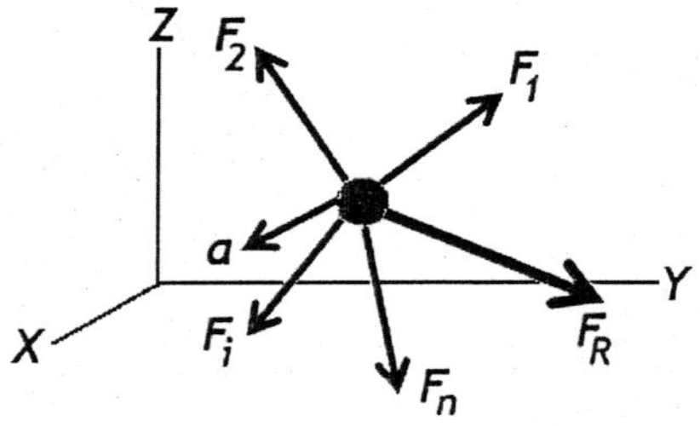

fig.8-4

$$W = \overrightarrow{F_R} \cdot \vec{a}$$

Hay que consignar que el desplazamiento corresponde sólo a la traslación, pues no cabe hablar de rotación de un punto.

8.2.2 Cuerpo con un movimiento en el plano director de las cargas

Cuando sobre el cuerpo libre actúa un sistema plano o seudoplano de cargas y que realiza un movimiento en un plano que coincide o es paralelo al plano director de las cargas al que asociamos los ejes ***X-Y***, *fig.8-5*, las magnitudes que entran en la expresión del trabajo, *ec.[8.11]*, son:

$$\overrightarrow{a_O} = u_O\,\vec{\imath} + v_O\,\vec{\jmath} \qquad \vec{\Phi} = \varphi_z\,\vec{k} = \varphi\,\vec{k} \qquad \vec{F_i} = F_{iX}\,\vec{\imath} + F_{iY}\,\vec{\jmath} \qquad \vec{M_j} = M_j\,\vec{k}$$

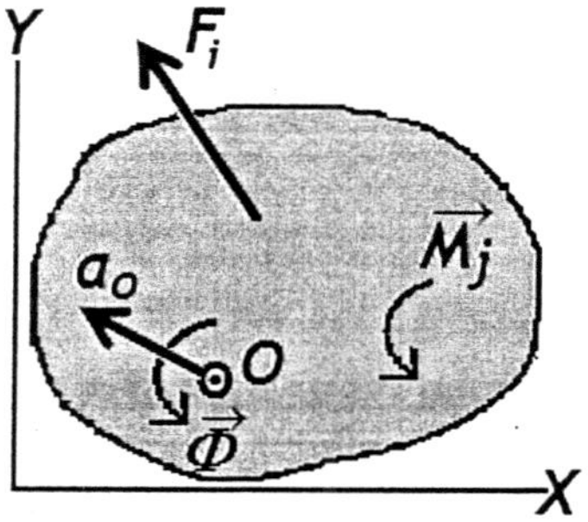

fig.8-5

Por lo que la expresión general, *ec.[8.11]*, resulta en término de todas estas componentes:

$$W = u_O \sum_n F_{iX} + v_O \sum_n F_{iY} + \left[\sum_n (x_i - x_O)F_{iY} - (y_i - y_O)F_{iX} + \sum_m M_j\right]\varphi \qquad [8.12]$$

Si sólo hay pares, el trabajo es: $$W = \vec{\Phi}\cdot\vec{M}_{RO} = \varphi\,\vec{k}\cdot\sum_m M_j\,\vec{k} = \left(\sum_m M_j\right)\varphi \qquad [8.13]$$

8.2.2.1 Trabajo de una carga distribuida en un movimiento plano

Veamos el trabajo que realiza una carga distribuida sobre una línea de carga de longitud ***L*** entre los puntos P_1P_2, del cuerpo rígido libre, *fig.8-6a*, cuando tiene lugar un movimiento rototraslatorio de pequeña magnitud en el plano director de las cargas, caracterizado, *fig.8-6b*, por el desplazamiento $\overrightarrow{a_O}$ de cierto punto P_O, debido a la traslación, y por la rotación $\vec{\Phi}$ respecto al centro de rotación ***O*** del cuerpo.

Si ***s*** es la coordenada curvilínea a lo largo de la línea de carga a partir del punto P_1, *fig.8-6a*, las expresiones de las cargas distribuidas son, en general:

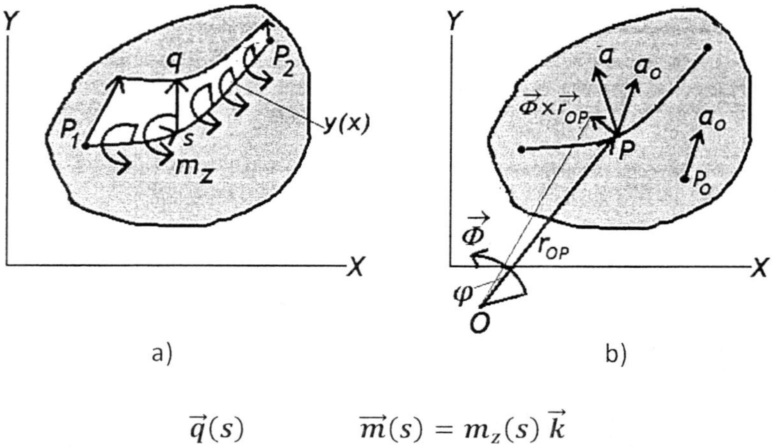

fig.8-6 a) b)

$$\vec{q}(s) \qquad \vec{m}(s) = m_z(s)\,\vec{k}$$

El desplazamiento total de un punto ***P*** de la línea de carga es, *fig.8-6b*: $\vec{a} = \overrightarrow{a_O} + \vec{\Phi}\times\vec{r}_{OP}$

Durante este movimiento, la fuerza diferencial $\vec{q}(s)ds$ y el momento diferencial $m_z(s)ds\,\vec{k}$, del par, *fig.8-7a*

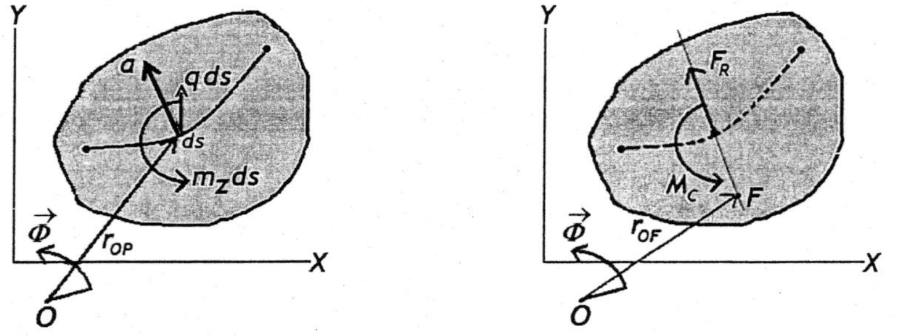

fig.8-7 a) b

realizan el trabajo diferencial: $$dW = \vec{q}(s)\,ds \cdot \vec{a} + m_z(s)\,ds\,\vec{k} \cdot \vec{\Phi}$$

El trabajo total que realizan las cargas distribuidas:

$$W = \int_{P_1}^{P_2} \left[\vec{q}(s) \cdot \left(\overrightarrow{a_O} + \vec{\Phi} \times \overrightarrow{r_{OP}}\right) + m_z(s)\,\vec{k} \cdot \vec{\Phi}\right] ds$$

$$= \int_L \overrightarrow{a_O} \cdot \vec{q}(s)\; ds + \int_L \left(\vec{\Phi} \times \overrightarrow{r_{OP}}\right) \cdot \vec{q}(s)\; ds + \int_L m_z(s)\,\vec{k} \cdot \vec{\Phi}\,ds$$

[8.14]

En esta expresión cada una de las integrales conduce a lo siguiente:

La primera de ellas: $$\int_L \vec{q}(s) \cdot \overrightarrow{a_o}\;ds = \overrightarrow{a_o} \cdot \int_L \vec{q}(s)ds = \overrightarrow{F_R} \cdot \overrightarrow{a_o}$$

porque $\overrightarrow{a_O}$ es el mismo para todos los puntos del cuerpo y también para los de la línea de carga y la suma de las infinitas fuerzas diferenciales es la fuerza resultante de la fuerza distribuida.

La segunda integral de la *ec.[8.14]*, resulta:

$$\int_L \left(\vec{\Phi} \times \overrightarrow{r_{OP}}\right) \cdot \vec{q}(s)\; ds = \int_L \left[\overrightarrow{r_{OP}} \times \vec{q}(s)ds\right] \cdot \vec{\Phi} = \vec{\Phi} \cdot \int_L \overrightarrow{r_{OP}} \times \vec{q}(s)ds = \left(\overrightarrow{r_{OF}} \times \overrightarrow{F_R}\right) \cdot \vec{\Phi}$$

el vector rotación queda fuera de la integral porque también es de todo el cuerpo. Su factor, la integral, es el momento de la fuerza respecto al centro de rotación ***O*** y que es igual al momento de la resultante de la fuerza distribuida, respecto a ***O***, donde ***F*** es un punto de su línea de acción.

La última integral de *ec.[8.14]*, tiene como resultado:

$$\int_L m_z(s)\,\vec{k} \cdot \vec{\Phi}\,ds = \vec{\Phi} \cdot \int_L m_z(s)\,ds\,\vec{k} = \vec{\Phi} \cdot \overrightarrow{M_C}$$

donde $\overrightarrow{M_C}$ es el momento resultante del par distribuido y que es un vector libre e independiente del centro de rotación.

De modo que puede ponerse que el trabajo realizado por las cargas distribuidas:

$$W = \overrightarrow{F_R} \cdot \overrightarrow{a_O} + \overrightarrow{\Phi} \cdot \overrightarrow{M}_{OF_R} + \overrightarrow{\Phi} \cdot \overrightarrow{M_C} = \overrightarrow{F_R} \cdot \overrightarrow{a_O} + \overrightarrow{\Phi} \cdot \overrightarrow{M}_{RO} \qquad [8.15]$$

Es decir que el trabajo que realizan las cargas distribuidas en un movimiento rototraslatorio de pequeña magnitud es equivalente al que realizan las respectivas resultantes de las cargas distribuidas en ese mismo movimiento.

8.3 Trabajo virtual

El trabajo realizado por las cargas sobre el cuerpo que hasta ahora evaluamos lo es en un movimiento de magnitud muy pequeña, pero finita, y que dura un cierto tiempo, por lo que es un trabajo que consideramos real.

8.3.1 Movimiento virtual

Si en el cuerpo o sistema de cuerpos cargados, libre o hipostáticamente vinculado con uno o más grados de libertad, imaginamos la ocurrencia de un movimiento de magnitud infinitamente pequeña, compatible y arbitrario, a tal movimiento imaginado y con esas cualidades, lo denominamos *movimiento virtual*.

Que el movimiento sea compatible significa que es posible de ocurrir: si el cuerpo es libre, entonces cualquier movimiento es posible. Si está vinculado y tiene ***1*** ó más ***GL***, el movimiento imaginado debe ser tal que corresponda con el o los grados de libertad. Que sea arbitrario significa que puede adoptar cualquier valor (siempre infinitamente pequeño), o quedar como un valor indefinido.

En el movimiento virtual, las cargas realizarán en el cuerpo o sistema de cuerpos, consecuentemente, un trabajo que es imaginario por serlo el movimiento y al que llamamos *trabajo virtual*, que es independiente del tiempo.

Para poner de manifiesto que el movimiento es imaginado o virtual, a los desplazamientos y giros, atento a su carácter infinitesimal, los designamos $\delta\vec{a}$ y $\delta\vec{\Phi}$ para distinguirlos de los reales y enfatizar que son desplazamientos y giros virtuales.

8.4 Trabajo virtual sobre un cuerpo rígido

Consideremos un cuerpo rígido en el espacio, libre o con algún grado de libertad, *fig.8-8a*, sobre el cual actúa un conjunto de cargas. Imaginemos impuesto un movimiento rototraslatorio virtual, constituido por un giro $\delta\vec{\Phi}$, y un desplazamiento $\delta\overrightarrow{a_O}$ de un punto ***O*** del eje de rotación y que son arbitrarios y no nulos, infinitesimales, e independientes entre sí, es decir sin ninguna relación ni dependencia entre ellos y posibles o sea compatibles con los vínculos, si ellos existen, y en dirección de sus ***GL***.

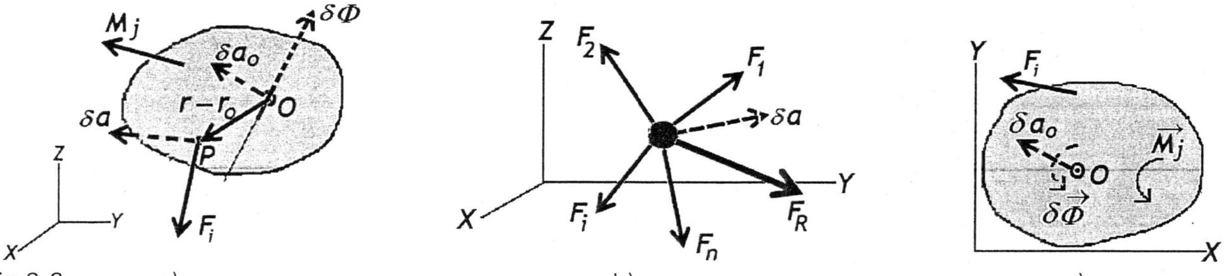

fig.8-8 a) b) c)

El desplazamiento virtual de un punto ***P***, que no pertenece al eje de rotación, haciendo extensiva la *ec.[8.5]*, es:

$$\delta\vec{a} = \delta\overrightarrow{a_O} + \delta\vec{\Phi} \times (\vec{r} - \overrightarrow{r_O}) \qquad [8.16]$$

En este movimiento rototraslatorio virtual las cargas realizarán un trabajo virtual y que, para evidenciar su carácter virtual, lo designamos δW (y no dW) y que tiene por expresión a la *ec.[8.6]*, más la *ec.[8.10]*, sólo que ahora los desplazamientos y giros son virtuales:

$$\delta W = \sum_n \overrightarrow{F_\iota} \cdot \delta\overrightarrow{a_O} + \sum_n \overrightarrow{F_\iota} \cdot [\delta\overrightarrow{\Phi} \times (\overrightarrow{r_\iota} - \vec{r}_O)] + \sum_m \overrightarrow{M_J} \cdot \delta\overrightarrow{\Phi}$$

Dado que $\delta\overrightarrow{a_O}$ es el mismo para todo punto del cuerpo y por lo tanto para el punto de la línea de acción de cada fuerza, y a que $\delta\overrightarrow{\Phi}$ es del cuerpo, ambas magnitudes cinemáticas virtuales pueden sacarse como factor común de las respectivas sumas:

$$\delta W = \left(\textstyle\sum_n \overrightarrow{F_\iota}\right) \cdot \delta\overrightarrow{a_O} + \left[\textstyle\sum_n (\overrightarrow{r_\iota} - \vec{r}_O) \times \overrightarrow{F_\iota} + \sum_m \overrightarrow{M_J}\right] \cdot \delta\overrightarrow{\Phi} \qquad [8.17]$$

Los factores de $\delta\overrightarrow{a_O}$ y $\delta\overrightarrow{\Phi}$ son, la fuerza resultante y el momento resultante de las cargas respecto al punto ***O***, respectivamente, por lo que:

$$\delta W = \overrightarrow{F_R} \cdot \delta\overrightarrow{a_O} + \overrightarrow{M}_{RO} \cdot \delta\overrightarrow{\Phi} \qquad [8.18]$$

Para el trabajo virtual que realizan las cargas distribuidas, valen la mismas conclusiones que para el trabajo real, acerca que puede calcularse como el que realizan sus respectivas resultantes.

8.4.1 Trabajo virtual sobre un punto material

Si el cuerpo puede considerarse como un punto material y que es libre o vinculado, pero con algún grado de libertad, sobre el que actúa un conjunto de fuerzas cuyas líneas de acción pasan por el punto, e imaginamos un desplazamiento virtual $\delta\vec{a}$, es decir infinitesimal, posible y en dirección de alguno de sus grados de libertad, dado que no es posible un $\delta\overrightarrow{\Phi}$, por ser el cuerpo un punto material, *fig.8-8b*, el trabajo virtual realizado por todas las fuerzas en el desplazamiento virtual es:

$$\delta W = \textstyle\sum_n \overrightarrow{F_\iota} \cdot \delta\vec{a} = \left(\sum_n \overrightarrow{F_\iota}\right) \cdot \delta\vec{a} = \overrightarrow{F_R} \cdot \delta\vec{a} \qquad [8.19]$$

8.4.2 Trabajo virtual en un cuerpo con movimiento posible en el plano

Para un cuerpo con un sistema plano o seudoplano de cargas, *fig.8-8c*, que tiene la posibilidad de realizar un movimiento virtual en el plano director de las cargas u otro paralelo al mismo, se puede utilizar para evaluarlo, la *ec.[8.17]*, en la cual ahora las magnitudes cinemáticas virtuales son:

$$\delta\overrightarrow{a_O} = \delta u_O\,\vec{\imath} + \delta v_O\,\vec{\jmath} \qquad\qquad \delta\overrightarrow{\Phi} = \delta\varphi\,\vec{k} \qquad [8.20]$$

8.5 Principio del trabajo virtual-Formulación del equilibrio

En los capítulos anteriores formulamos la condición de equilibrio de los cuerpos libres cargados, constatando que la fuerza resultante fuese nula y que el momento resultante de las cargas, respecto a cualquier punto del espacio fuese también nulo.

Para un cuerpo vinculado hipostáticamente y con algún grado de libertad, al realizar el diagrama de cuerpo libre la condición de equilibrio exige que la fuerza resultante, así como el momento resultante respecto a cualquier punto del espacio, de las cargas y las reacciones de vínculo fuese nula.

Otro modo de comprobar el equilibrio de los cuerpos libres o con algún ***GL*** es por medio del *Principio de* *los Trabajos Virtuales* (***PTV***) que establece:

Dado un cuerpo o un sistema de cuerpos rígidos y cargados, libres o con algún ***GL*** y para los cuales se imagina la ocurrencia de un movimiento virtual, si el trabajo virtual realizado por las cargas en el movimiento virtual es nulo, entonces el cuerpo está en equilibrio bajo la acción de las cargas.

Alternativamente puede decirse también que si en un cuerpo rígido o sistemas de cuerpos rígidos cargados, libre o con algún ***GL***, está en equilibrio, entonces el trabajo virtual realizado por las cargas durante un movimiento virtual del cuerpo o del sistema de cuerpos vinculados, es nulo.

De modo que igualando a cero el trabajo virtual, *ec.[8.18]*, se tiene la condición de equilibrio:

$$\delta W = \overrightarrow{F_R} \cdot \delta\overrightarrow{a_O} + \overrightarrow{M}_{RO} \cdot \delta\overrightarrow{\Phi} = 0$$

De acuerdo a lo dicho de que $\delta\overrightarrow{a_O}$ y $\delta\overrightarrow{\Phi}$ son arbitrarios, no nulos e independientes entre sí, la nulidad de δW implica que deban ser, simultáneamente:

$$\overrightarrow{F_R} = 0 \quad \text{y} \quad \overrightarrow{M}_{RO} = 0 \qquad [8.21]$$

Si el cuerpo es libre entonces el eje de rotación puede imaginarse pasante por cualquier punto del espacio y con cualquier orientación, atento que se trata de una rotación virtual. Por eso para el cuerpo libre mantiene su vigencia lo que habíamos demostrado en el *cap.3*, acerca de que la ecuación vectorial de equilibrio del momento nulo de las cargas, podía calcularse respecto a cualquier punto del espacio.

Si el cuerpo está hipostáticamente vinculado y si entre sus movimientos posible está el de rotación, entonces en la segunda *ec.[8.21]* el momento de las fuerzas debe ser evaluado respecto a un punto del eje de rotación junto con el momento de los pares que actúan sobre ese cuerpo del sistema (si hay más de un cuerpo).

8.6 Solución de problemas con el método del trabajo virtual

En general para evaluar el equilibrio de un cuerpo o un punto material libre o con algún ***GL***, hacerlo aplicando el ***PTV***, no dan ninguna ventaja apreciable que hacerlo para el cuerpo o partícula planteando el ***DCL*** y las correspondientes ecuaciones de equilibrio.

Una situación en la cual el método del trabajo virtual es particularmente ventajoso es cuando en los sistemas de varios cuerpos conectados, con ***1*** o más ***GL***, se debe determinar la relación entre las cargas para tener una cierta configuración de equilibrio u obtener la configuración del sistema en la que se alcanza el equilibrio, ante unas dadas cargas.

Asimismo en sistemas de cuerpos isostáticamente vinculados cuando se deba calcular alguna de las reacciones de vínculo externo, o la interacción en la vinculación interna entre los cuerpos del sistema. En este caso la ventaja, como se explica más adelante, radica en que no es necesario desmontar el sistema mecánico y realizar el diagrama de cuerpo libre de cada uno de los cuerpos y plantear luego su equilibrio, lo cual lleva, en general, a resolver un sistema de ecuaciones con un elevado número de incógnitas.

Veremos dos métodos para resolver distintos problemas de sistemas de cuerpos vinculados y cargados con un sistema plano o seudoplano de cargas con movimiento posible en el plano y con ***1GL***:

Método de los centros de rotación: se determinan los centros de rotación de los cuerpos. Si el centro de rotación de un cuerpo está determinado, o sea tiene una posición concreta en el plano, el cuerpo tiene como movimiento posible el de rotación. Si el centro de rotación de uno o más cuerpos está infinitamente alejado en cierta dirección, estos cuerpos tendrán como movimiento posible el de traslación. Como se explicó en el capítulo anterior pueden existir cuerpos del sistema que son estacionarios.

Luego se imagina un movimiento virtual que puede ser el desplazamiento o la componente de desplazamiento de un punto de un cuerpo del sistema, o el giro de un cuerpo, movimiento que en general se propaga al resto de los cuerpos. Se calcula el trabajo virtual que realiza cada fuerza en el desplazamiento virtual de su punto de aplicación y el que realiza cada par, en el giro virtual del cuerpo sobre el cual actúa. Si un cuerpo tiene como movimiento posible el de traslación, los pares que actúan sobre ellos no realizan trabajo. Si uno o más cuerpos permanecen estacionarios las cargas en los mismos no realizan trabajo.

La ecuación del trabajo virtual, *ec.[8.17]*, se transforma a:

$$\delta W = \sum_{k_t}\left(\sum_{n}\overrightarrow{F_\iota}\right)\cdot\delta\overrightarrow{a_k} + \sum_{k_r}\left[\sum_{n}(\overrightarrow{r_\iota}-\overrightarrow{r_k})\times\overrightarrow{F_\iota} + \sum_{m}\overrightarrow{M_J}\right]\cdot\delta\overrightarrow{\Phi_k} \quad [8.22]$$

En esta ecuación $\boldsymbol{k_t}$ es el número de cuerpos que tienen como movimiento posible el de traslación y $\delta\overrightarrow{a_k}$ es el desplazamiento virtual de cualquier punto de ese cuerpo. $\boldsymbol{k_r}$ es el número de cuerpos con movimiento posible de rotación y $\boldsymbol{\delta\overrightarrow{\Phi}_k}$ es el giro virtual alrededor del centro de rotación $\boldsymbol{O_k}$ y posición $\overrightarrow{r_k}$, de cada uno de estos $\boldsymbol{k_r}$ cuerpos. La *ec.[8.22]* puede ponerse en forma condensada, como:

$$\boldsymbol{\delta W = \sum\nolimits_{k_t}\overrightarrow{F_{Rk}}\cdot\delta\overrightarrow{a_k} + \sum\nolimits_{k_r}\overrightarrow{M_{Rk}}\cdot\delta\overrightarrow{\Phi_k}} \quad [8.22']$$

Donde son:

$\overrightarrow{\boldsymbol{F_{Rk}}}$: la fuerza resultante en cada uno de los cuerpos que tiene como movimiento posible el de traslación.

$\overrightarrow{\boldsymbol{M_{Rk}}}$: el momento resultante de las fuerzas y pares que actúan en cada uno de los cuerpos, respecto al centro de rotación, del cuerpo que tienen como movimiento posible la rotación.

Este método es adecuado para resolver problemas en sistemas con ***1GL*** en el que para unas dadas cargas hay que determinar la configuración de equilibrio o, para una configuración especificada determinar la relación de las cargas para tenerla. También, como se expone más adelante, para el cálculo de reacciones de vínculo externo e interacciones internas en sistemas isostáticos.

<u>Método de variación de las coordenadas independientes</u>: como sabemos para un cuerpo o sistema de cuerpos, el número de grados de libertad es igual al de coordenadas independientes que definen la configuración del mismo. Por ello para un sistema de cuerpos vinculados y con ***1GL***, su configuración queda descripta por una cierta coordenada independiente β.

Se determinan, respecto a un sistema de referencia fijo, los vectores posición de los puntos de aplicación de cada una de las fuerzas externas y que son, en general, función de la coordenada independiente $\overrightarrow{\boldsymbol{r(\beta)}}$, por lo que si se varía esta coordenada en un $\boldsymbol{d\beta}$, variarán, en general, los vectores posición de los puntos de aplicación de las fuerzas, con el consiguiente desplazamiento del punto:

$$d\,\vec{r} = \frac{\partial\vec{r}}{\partial\beta}d\beta$$

Si la variación $\boldsymbol{\delta\beta}$ de la coordenada independiente es virtual, los puntos del cuerpo variarán en forma virtual su posición y que es igual al desplazamiento virtual, *fig.8-9*:

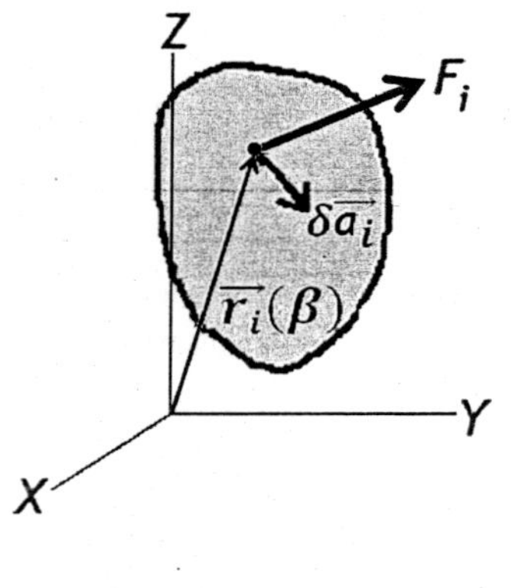

fig.8-9

$$\delta \vec{r_\iota} = \frac{\partial \vec{r_\iota}}{\partial \beta}\delta\beta = \delta\,\vec{a_\iota} \qquad [8.23]$$

y en el cual las fuerzas realizarán el correspondiente trabajo virtual:

$$\delta\, W = \sum_n \vec{F_\iota}\cdot\delta\vec{a_\iota} = \left(\sum_n \vec{F_\iota}\cdot\frac{\partial\vec{r_\iota}}{\partial\beta}\right)\delta\beta \qquad [8.24]$$

De acuerdo al principio del trabajo virtual, en la condición de equilibrio es nulo el trabajo virtual a que da lugar la variación virtual de la coordenada, esto es:

$$\delta\, W = \left[\sum_n \vec{F_\iota}\cdot\frac{\partial\vec{r_\iota}(\beta)}{\partial\beta}\right]\delta\beta = 0$$

Como se dijo que la variación de la coordenada independiente era virtual (no nula, arbitraria e infinitamente pequeña), es $\boldsymbol{\delta\beta \neq 0}$, por lo que: $\sum_n \vec{F_\iota}\cdot\frac{\partial\vec{r_\iota}(\beta)}{\partial\beta} = \mathbf{0}$

Si entre las cargas hay cuplas de momento ***M***, se los sustituye por un par de fuerzas actuantes en dos puntos convenientemente elegidos en el cuerpo en el que actúan, *ec.[2.38]*.

Si el sistema tiene más de ***1GL***, o sea que la configuración se define por más de una coordenada independiente, se varían las coordenadas de a una y se escribe la correspondiente ecuación de trabajo virtual nulo. Se obtiene un sistema de ecuaciones igual al de grados de libertad, a partir del cual se pueden determinar las incógnitas del problema.

Este método es adecuado para determinar la coordenada independiente que corresponde a la configuración de equilibrio, o para una dada configuración caracterizada por un cierto valor de la coordenada independiente, determinar las cargas para las cuales tiene lugar. En general no es conveniente como método para calcular las reacciones de vínculo de sistemas isostáticos, para una configuración ya definida.

En los ejemplos que siguen se ilustran ambos métodos y la conveniencia de uno u otro

Ejemplo 1: Determinar el ángulo β para el cual la tabla queda en equilibrio, suponiendo que las superficies de contacto son lisas. El peso de la tabla es ***Q*** y está aplicado en el centro de su longitud.

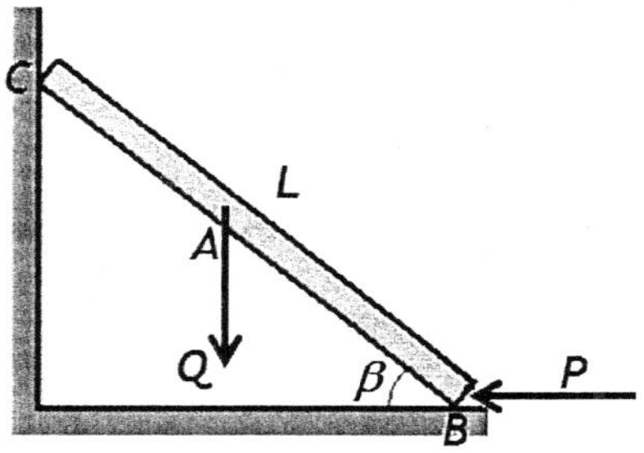

Si la tabla debe quedar en contacto con la pared y el piso, tiene restringidas las dos traslaciones posibles y queda, por lo tanto con ***1GL***; el único movimiento compatible con los vínculos es la rotación.

Su configuración se describe por una coordenada independiente, que puede ser la posición del punto de contacto ***B*** ó ***C***, o el ángulo β. Consideraremos este último como coordenada independiente.

<u>Método del centro de rotación</u>: adoptado el sistema coordenado de la figura y atento a que los puntos de apoyo sólo pueden desplazarse en contacto con el piso y la pared, el centro de rotación se encontrará en el punto de intersección de las normales al piso y pared, por los puntos de contacto de la tabla, punto en el que estaría la articulación fija ficticia.

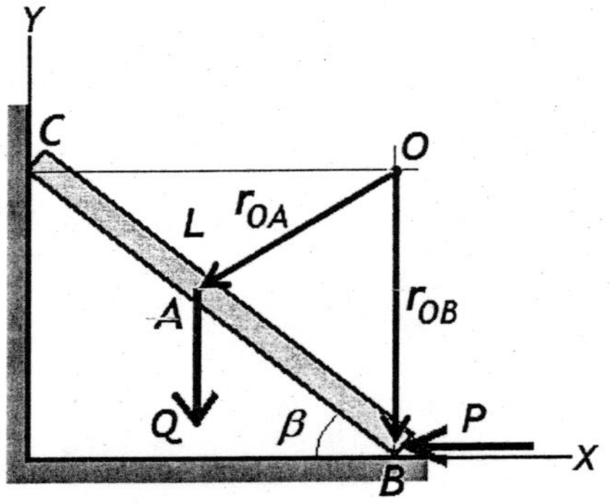

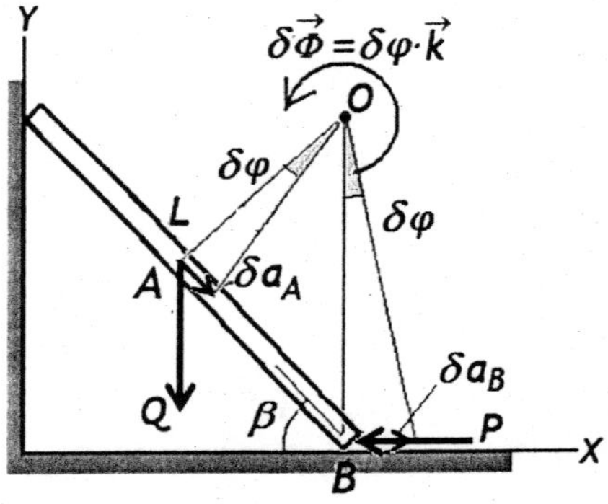

Su posición es: $\overrightarrow{r_O} = L\,(\cos\beta\ \vec{\imath} + sen\,\beta\ \vec{\jmath})$

Para obtener la configuración de equilibrio para las cargas dadas, usamos el Principio del Trabajo Virtual. Para ello imaginamos un movimiento virtual tal como un giro virtual de la tabla $\delta\vec{\Phi} = \delta\varphi\,\vec{k}$ en la que se muestra el cuadro de desplazamientos virtuales de los puntos de aplicación de las fuerzas.

Teniendo en cuenta que hay un sólo cuerpo y que no hay pares la *ec.[8.22]* resulta:

$$\delta W = \overrightarrow{M_{RO}} \cdot \delta\vec{\Phi}$$

El momento resultante de las fuerzas, respecto al centro de rotación, lo evaluamos directamente en forma escalar:

$$\delta W = \left(Q\frac{L}{2}\cos\beta - P\,L\ sen\,\beta\right)\vec{k}\cdot\delta\vec{\Phi}$$

En la condición de equilibrio, es: $\delta W = 0$

y como es: $\delta\vec{\Phi} \neq 0$ por arbitrario, resulta: $\frac{Q}{2}\cos\beta - P\ sen\,\beta = 0$ de la cual:

$$\beta = arc\ tan\frac{Q}{2\,P}$$

El cálculo del momento resultante respecto al centro de rotación, en forma vectorial:

$$\overrightarrow{M_{RO}} = \overrightarrow{r_{OA}}\times\vec{Q} + \overrightarrow{r_{OB}}\times\vec{P}$$

Con los vectores posición respecto al centro de rotación de los puntos donde están aplicadas las fuerzas:

$$\overrightarrow{r_{OA}} = -\frac{L}{2}(\cos\beta\ \vec{\imath} + sen\,\beta\ \vec{\jmath}) \qquad \overrightarrow{r_{OB}} = -\,L\ sen\,\beta\ \vec{\jmath}$$

y la expresión vectorial de las dos fuerzas: $\vec{Q} = -Q\,\vec{\jmath}$ $\vec{P} = -P\,\vec{\imath}$ el trabajo virtual resulta:

$$\delta W = \overrightarrow{M_{RO}}\cdot\delta\vec{\Phi} = \left[-\frac{L}{2}(\cos\beta\ \vec{\imath} + sen\,\beta\ \vec{\jmath})\times(-Q\,\vec{\jmath}) + (-\,L\ sen\,\beta\ \vec{\jmath})\times(-P\,\vec{\imath})\right]\cdot\delta\vec{\Phi}$$

Realizadas las multiplicaciones vectoriales, se obtiene: $\delta W = \left(Q\frac{L}{2}\cos\beta - P\,L\ sen\,\beta\right)\vec{k}\cdot\delta\vec{\Phi}$

La condición de equilibrio exige que sea: $\delta W = 0$ y como es $\boldsymbol{\delta \overrightarrow{\Phi} \neq 0}$, luego:

$$Q \frac{L}{2} \cos\beta - P\,L\,sen\beta = 0$$

<u>**Método de variación de la coordenada independiente**</u>: los vectores posición de los puntos de aplicación de las fuerzas, en términos de la coordenada independiente $\boldsymbol{\beta}$, son:

$$\overrightarrow{r_A} = \frac{L}{2}(\cos\beta\ \vec{\imath} + sen\beta\ \vec{\jmath}) \qquad \overrightarrow{r_B} = L\ \cos\beta\ \vec{\imath}$$

Variamos virtualmente la coordenada independiente $\boldsymbol{\beta}$, con lo cual variarán los vectores posición de los puntos y produciéndose un desplazamiento virtual de cada uno de los puntos donde se aplican las fuerzas:

$$\delta\overrightarrow{a_\iota} = \frac{d\,\overrightarrow{r_\iota}}{d\,\beta}\delta\beta$$

Los desplazamientos virtuales de los puntos ***A*** y ***B***, son:

$$\delta\overrightarrow{a_A} = \frac{d\,\overrightarrow{r_A}}{d\,\beta}\delta\beta = \frac{L}{2}(-\,sen\beta\ \vec{\imath} + \cos\beta\ \vec{\jmath})\,\delta\beta \qquad \delta\overrightarrow{a_B} = \frac{d\,\overrightarrow{r_B}}{d\,\beta}\delta\beta = (-L\,sen\beta\ \vec{\imath})\,\delta\beta$$

El trabajo virtual a que da lugar la variación de la coordenada independiente:

$$\delta W = \vec{Q}\cdot\delta\overrightarrow{a_A} + \vec{P}\cdot\delta\overrightarrow{a_B}$$

Con las expresiones vectoriales de las fuerzas y los desplazamientos virtuales, e igualado a cero el trabajo virtual, para establecer la condición de equilibrio:

$$\delta W = -Q\,\vec{\jmath}\cdot\frac{L}{2}(-\,sen\beta\ \vec{\imath} + \cos\beta\ \vec{\jmath})\,\delta\beta + (-P\,\vec{\imath})\cdot(-L\,sen\beta\ \vec{\imath})\,\delta\beta = 0$$

y como es $\boldsymbol{\delta\beta \neq 0}$, luego: $-Q\frac{L}{2}\cos\beta + P\,L\ sen\beta = 0$

De la cual se obtiene: $\beta = arc\ tan\frac{Q}{2\,P}$

Ejemplo 2: Determinar la fuerza desarrollada por el cilindro hidráulico sobre el eje del rodillo liso ***C***, para mantener al sistema de dos brazos articulados, en la posición indicada.

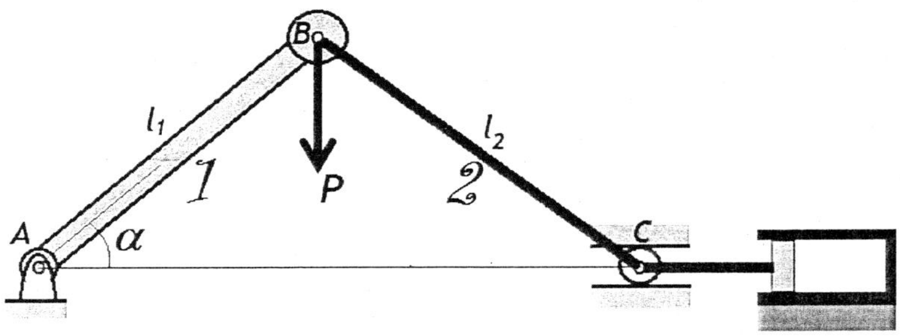

$$l_1 = 0.6\,m \qquad l_2 = 0.7\,m \qquad \alpha = 45° \qquad P = 200\,N$$

El sistema tiene ***1GL*** y su configuración se describe por medio de una coordenada independiente, que puede ser la posición relativa del rodillo ***C*** respecto a la articulación fija ***A***, o la altura de la articulación ***B***, o bien el ángulo del brazo ***AB*** con la horizontal o la vertical. De entre ellas, elegimos a α para definir la configuración. El sistema de dos cuerpos articulados, lo esquematizamos como formado por dos barras que forman un cadena abierta con ***1GL***.

Método de los centros de rotación: determinamos los centros de rotación: el de la barra ***1*** coincide con la articulación fija ***A***. El del cuerpo ***2*** se encontrará sobre la recta que definen el centro O_1 y la articulación interna ***B***, en su intersección con la recta normal a la dirección ***X***, que es por la que el eje del rodillo ***C*** puede desplazarse.

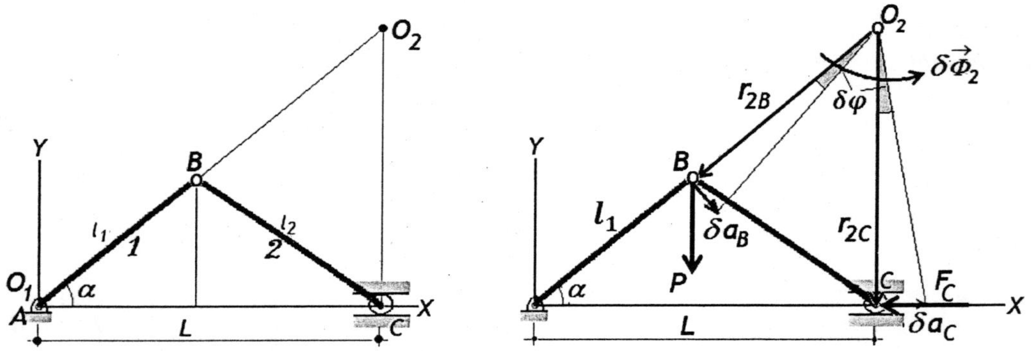

Sus vectores posición son: $\overrightarrow{r_1} = 0$ $\overrightarrow{r_2} = L\,(\vec{\imath} + tan\,\alpha\,\vec{\jmath})$

En la expresión general del trabajo virtual, *ec.[8.22']*:

$$\delta W = \sum_{k_t} \overrightarrow{F_{Rk}} \cdot \delta\vec{a}_k + \sum_{k_r} \overrightarrow{M_{Rk}} \cdot \delta\overrightarrow{\Phi_k}$$

Al quedar determinados los centros de rotación de ambos cuerpos, el movimiento virtual que pueden realizar, es una rotación virtual, es decir que serán:

$$\delta\vec{a}_k \equiv 0 \qquad \text{y} \qquad \delta\overrightarrow{\Phi_k} \neq 0$$

Son además:

$k_t = 0$ no hay cuerpos que se trasladan

$k_r = 2$ los dos cuerpos rotan

Por lo que la expresión general del trabajo virtual queda reducida a:

$$\delta W = \sum_{k_r=2} \overrightarrow{M_{Rk}} \cdot \delta\overrightarrow{\Phi_k}$$

Al estar la fuerza ***P*** en la articulación ***B***, que también pertenece al cuerpo ***2***, puede suponérsela actuando sobre este cuerpo.

La expresión del trabajo virtual se simplifica si se impone como movimiento una rotación virtual del cuerpo ***2***, porque al estar las cargas sólo sobre este cuerpo, es en él en el cual se realiza trabajo y no interesa el movimiento virtual del cuerpo ***1***.

Imaginado entonces el giro virtual $\delta\overrightarrow{\Phi_2} = \delta\varphi\,\vec{k}$ del cuerpo ***2***, el momento resultante de las dos fuerzas en él, respecto al centro O_2, expresada en forma escalar, introducidos en la ecuación del trabajo virtual:

$$\delta W = [P\,(L - l_1\,cos\,\alpha) - F_C\,L\,tan\,\alpha]\,\vec{k} \cdot \delta\overrightarrow{\Phi}$$

En la condición de equilibrio es $\delta W = 0$, y siendo $\delta\overrightarrow{\Phi} \neq 0$, se obtiene:

$$F_C = \frac{L - l_1 \cos\alpha}{L \tan\alpha} P$$

Expresando la longitud ***L***, en término de los datos:

$$L = l_1 \cos\alpha + \sqrt{l_2^2 - l_1^2\, sen^2\alpha} = l_1 \left[\cos\alpha + \sqrt{\left(\frac{l_2}{l_1}\right)^2 - sen^2\alpha}\right]$$

La fuerza a ejercer sobre el rodillo ***C***, es:

$$F_C = \frac{\sqrt{\left(\frac{l_2}{l_1}\right)^2 - sen^2\alpha}}{\left[\cos\alpha + \sqrt{\left(\frac{l_2}{l_1}\right)^2 - sen^2\alpha}\right]\tan\alpha} P = 113.5\ N$$

Método de variación de la coordenada independiente: los vectores posición de los puntos ***B*** y ***C***, de aplicación de las fuerzas ***P*** y F_C, en términos de α, son:

$$\overrightarrow{r_B} = l_1\,(\cos\alpha\ \vec{i} + sen\,\alpha\ \vec{j}) \qquad \overrightarrow{r_C} = L\,\vec{i}$$

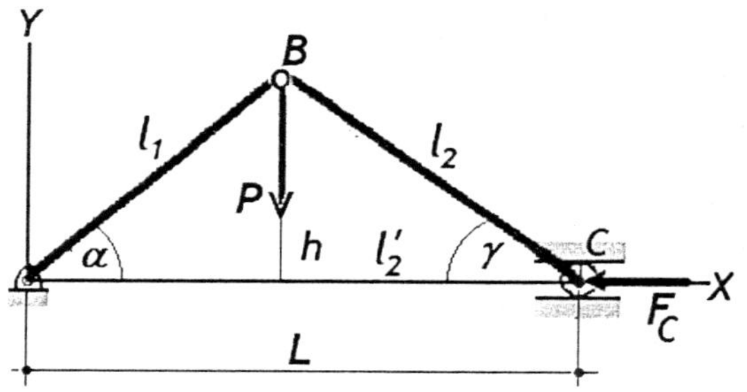

Variando virtualmente la coordenada α, variarán correspondientemente los vectores posición de los puntos de aplicación de las dos fuerzas y tendrán lugar los desplazamientos virtuales:

$$\delta\overrightarrow{a_\iota} = \frac{d\,\overrightarrow{r_\iota}}{d\,\alpha}\,\delta\alpha$$

$$\delta\,\overrightarrow{a_B} = \frac{d\,\overrightarrow{r_B}}{d\,\alpha}\,\delta\alpha = l_1(-sen\,\alpha\ \vec{i} + \cos\alpha\ \vec{j})\,\delta\alpha$$

$$\delta\,\overrightarrow{a_C} = \frac{d\,\overrightarrow{r_C}}{d\,\alpha}\,\delta\alpha = \frac{d\,L}{d\,\alpha}\,\vec{i}\,\delta\alpha = -l_1\,sen\,\alpha\left[1 + \frac{\cos\alpha}{\sqrt{\left(\frac{l_2}{l_1}\right)^2 - sen^2\alpha}}\right]\vec{i}\,\delta\alpha$$

El trabajo virtual que realizan las fuerzas en el desplazamiento virtual a que da lugar la variación virtual del ángulo $\boldsymbol{\alpha}$:

$$\delta\, W = \vec{P} \cdot \delta\vec{a_B} + \vec{F_C} \cdot \delta\vec{a_C}$$

Con las expresiones vectoriales de las fuerzas y de los desplazamientos virtuales de sus puntos de aplicación, e igualando a cero el ***TV***, para establecer la condición de equilibrio:

$$\boldsymbol{\delta W} = -P\,\vec{j} \cdot l_1(-\,sen\,\alpha\;\vec{\imath} +\; cos\,\alpha\;\vec{j})\;\boldsymbol{\delta\alpha} - F_C\,\vec{\imath} \cdot \left\{ -l_1\,sen\,\alpha \left[1 + \frac{cos\,\alpha}{\sqrt{\left(\frac{l_2}{l_1}\right)^2 - sen^2\alpha}} \right] \right\} \vec{\imath}\;\boldsymbol{\delta\alpha} = \mathbf{0}$$

Siendo $\boldsymbol{\delta\alpha} \neq \mathbf{0}$, se obtiene la fuerza $\boldsymbol{F_C}$ que debe ejercer el cilindro, y que es la misma expresión que resultó con el método de los centros de rotación.

Ejemplo 3: Para el sistema de cuerpos rígidos, en el cual el resorte (de constante de rigidez ***k***), se une a una guía horizontal lisa, que lo mantiene siempre vertical, determinar la configuración de equilibrio, suponiendo que las fuerzas ***P*** se mantienen siempre verticales.

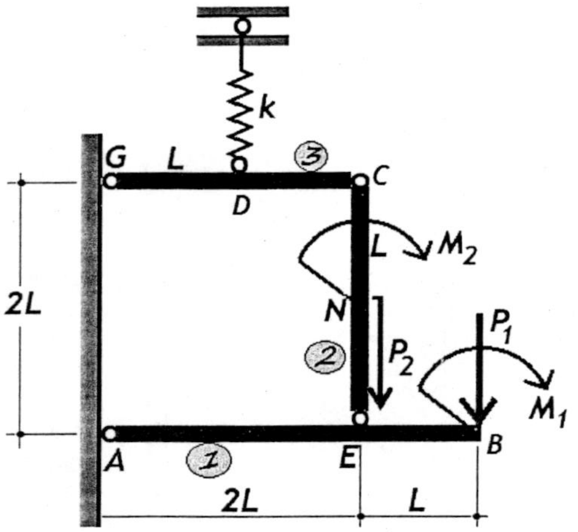

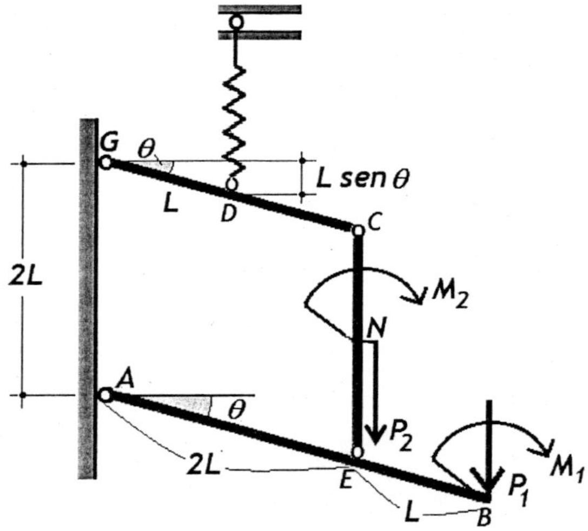

$$L = 0.5\,m \quad k = 20\,\frac{kN}{m} \quad P_1 = 0.4\,kN \qquad M_1 = 1\,kN\,m \quad P_2 = 0.6\,kN \qquad M_2 = 2\,kN\,m$$

Desvinculamos el resorte del cuerpo ***3*** y colocamos la fuerza de interacción que existe en el punto de vinculación ***D*** ya que podemos relacionarla con las variables del problema. Como el resorte resulta alargado en la configuración mostrada, la fuerza tendrá la dirección y el sentido que se indica en la figura.

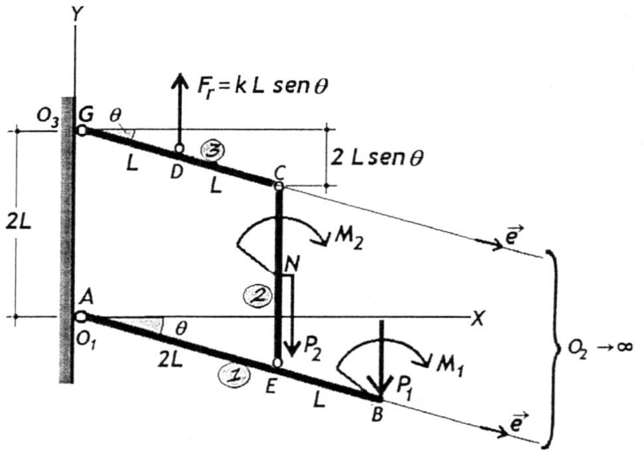

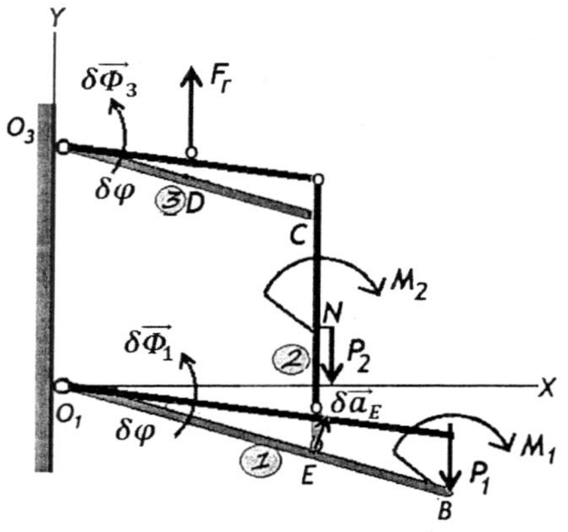

Al desvincular el resorte queda formada una cadena abierta de tres cuerpos con ***1GL***, cuya configuración se describe, por ejemplo, con el ángulo θ que las barras ***AB*** y ***GC*** forman con el eje coordenado ***X***.

Método de los centros de rotación: determinamos de cada cuerpo los centros de rotación. Los de los cuerpos ***1*** y ***3*** son las articulaciones fijas ***A*** y ***G*** respectivamente.

El centro de rotación del cuerpo ***2*** se encuentra en la intersección de las rectas $\boldsymbol{O_1E}$ y $\boldsymbol{O_3C}$. Por ser estas paralelas, el centro estará infinitamente alejado en dirección de ellas. El vector unitario en dirección de estas rectas es:

$$\vec{e} = \cos\theta\ \vec{\imath} - sen\,\theta\ \vec{\jmath}$$

En resumen las posiciones de los centros de rotación:

$$\overrightarrow{r_1} = 0 \qquad \overrightarrow{r_2} = \pm \boldsymbol{r}_\infty\, \vec{e} \qquad \overrightarrow{r_3} = 2\,L\,\vec{\jmath}$$

A partir de los cuales podemos concluir que los movimientos posibles de los cuerpos ***1*** y ***3*** son rotaciones y el cuerpo ***2*** una traslación en dirección perpendicular a $\vec{e}$.

Impuesto un movimiento virtual a uno de los cuerpos del sistema con ***1GL***, se deben determinar los movimientos inducidos en los otros, para poder aplicar el *Principio del Trabajo Virtual* y determinar la configuración de equilibrio.

Imaginamos que el cuerpo ***1*** tiene el giro virtual: $\delta\overrightarrow{\boldsymbol{\Phi}_1} = \delta\varphi\,\vec{k}$.

Para determinar el giro inducido en el cuerpo ***3*** que provoca el movimiento impuesto al ***1***, usamos la *ec.[7.17]*:

$$\delta\,\overrightarrow{\boldsymbol{\Phi}_3} = \left(\prod_{j=1}^{2} \frac{\overrightarrow{r_{O_jA}} \cdot \overrightarrow{r_{O_{j+1}A}}}{r^2_{O_{j+1}A}}\right) \delta\,\overrightarrow{\boldsymbol{\Phi}_1} = \frac{\overrightarrow{r_{1E}} \cdot \overrightarrow{r_{2E}}}{r^2_{2E}}\ \frac{\overrightarrow{r_{2C}} \cdot \overrightarrow{r_{3C}}}{r^2_{3C}}\,\delta\,\overrightarrow{\boldsymbol{\Phi}_1}$$

Las posiciones respecto a los centros de rotación de las articulaciones entre los cuerpos.

$$\overrightarrow{\boldsymbol{r}_{1E}} = \overrightarrow{r_E} - \overrightarrow{r_1} = 2\,L\,\vec{e} = \boldsymbol{2\,L\,(\cos\theta\ \vec{\imath} - sen\,\theta\ \vec{\jmath})} \qquad \overrightarrow{\boldsymbol{r}_{2E}} = \pm\boldsymbol{r}_\infty\,\vec{e} \qquad \boldsymbol{r}^2_{2E} = \boldsymbol{r}^2_\infty$$

$$\overrightarrow{\boldsymbol{r}_{2C}} = \pm\boldsymbol{r}_\infty\vec{e} \qquad \overrightarrow{\boldsymbol{r}_{3C}} = \overrightarrow{r_C} - \overrightarrow{r_3} = \boldsymbol{2\,L\,\vec{e}} \qquad \boldsymbol{r}^2_{3C} = \boldsymbol{4\,L^2}$$

$$\delta\,\overrightarrow{\boldsymbol{\Phi}_3} = \frac{2\,L\,\vec{e} \cdot (\pm r_\infty)\,\vec{e}}{r^2_\infty}\ \frac{(\pm r_\infty)\,\vec{e} \cdot 2\,L\,\vec{e}}{4\,L^2}\,\delta\,\overrightarrow{\boldsymbol{\Phi}_1} = \delta\,\overrightarrow{\boldsymbol{\Phi}_1} = \delta\varphi\,\vec{\boldsymbol{k}}$$

Como el cuerpo ***2*** se traslada, su desplazamiento es el mismo que el de la articulación ***E***, que también pertenece al cuerpo ***1*** y que determinamos con:

$$\delta\overrightarrow{\boldsymbol{a}_E} = \delta\overrightarrow{\Phi_1} \times \overrightarrow{r_{1E}} = \delta\varphi\,\vec{k} \times 2\,L(\cos\theta\,\vec{\imath} - sen\,\theta\,\vec{\jmath}) = \boldsymbol{2\,L\,(sen\,\theta\,\vec{\imath} + \cos\theta\,\vec{\jmath})\,\delta\varphi}$$

El desplazamiento del punto $\boldsymbol{N}$ que es donde está aplicada $\boldsymbol{P_2}$ es igual al de la articulación $\boldsymbol{E}$, o sea:

$$\boldsymbol{\delta \overrightarrow{a_N}} = \boldsymbol{\delta \overrightarrow{a_E}} = 2\,L\,(sen\,\theta\;\vec{\imath} + cos\,\theta\;\vec{\jmath})\;\delta\varphi = \boldsymbol{\delta \overrightarrow{a_2}}$$

Conocidos los giros virtuales de los cuerpos que pueden rotar, y el desplazamiento virtual del que se traslada, el trabajo virtual:

$$\boldsymbol{\delta W} = \sum_{k_t=1} \overrightarrow{F_{Rk}} \cdot \delta\overrightarrow{a_k} + \sum_{k_r=2} \overrightarrow{M_{Rk}} \cdot \delta\overrightarrow{\Phi_k} = \boldsymbol{\overrightarrow{F_{R2}} \cdot \delta\overrightarrow{a_2} + \overrightarrow{M_{R1}} \cdot \delta\overrightarrow{\Phi_1} + \overrightarrow{M_{R3}} \cdot \delta\overrightarrow{\Phi_3}}$$

Las expresiones vectoriales de las fuerzas y los pares:

$$\boldsymbol{\overrightarrow{F_r} = k\,L\;sen\,\theta\;\vec{\jmath}} \qquad \boldsymbol{\overrightarrow{P_1} = -P_1\,\vec{\jmath}} \qquad \boldsymbol{\overrightarrow{M_1} = -M_1\,\vec{k}} \qquad \boldsymbol{\overrightarrow{P_2} = -P_2\,\vec{\jmath}} \qquad \boldsymbol{\overrightarrow{M_2} = -M_2\,\vec{k}}$$

Los términos que corresponden al momento de las cargas en cada cuerpo con posibilidad de rotar, respecto a su centro de rotación, se pueden evaluar directamente en forma escalar, por lo que:

$$\boldsymbol{\delta W} = (-P_2\,\vec{\jmath}) \cdot 2\,L\,(sen\,\theta\;\vec{\imath} + cos\,\theta\;\vec{\jmath})\;\boldsymbol{\delta\varphi} + [-P_1 3\,L\;cos\,\theta - M_1]\,\vec{k} \cdot \boldsymbol{\delta\varphi\,\vec{k}} + (F_r\,L\;cos\,\theta)\,\boldsymbol{\vec{k} \cdot \delta\varphi\,\vec{k}}$$

Como el sistema está en equilibrio:

$$\boldsymbol{\delta W} = [-\,2\,P_2\,L\,cos\,\theta - 3\,P_1\,L\,cos\,\theta\; - M_1 + k\,L\;sen\,\theta\;L\;cos\,\theta]\boldsymbol{\delta\varphi} = \boldsymbol{0}$$

y dado que $\boldsymbol{\delta\varphi}$ es arbitrario y no nulo, para que el trabajo virtual sea nulo, deberá ser:

$$\boldsymbol{-(2\,P_2 + 3\,P_1)\,L\,cos\,\theta - M_1 + k\,L^2\,sen\,\theta\;\;cos\,\theta = 0}, \text{ cuya raíz es: } \qquad \boldsymbol{\theta = 27.8°}$$

Método de variación de la coordenada independiente: variamos virtualmente la coordenada independiente $\boldsymbol{\theta}$ lo cual hace que varíen las posiciones de los puntos de aplicación de las fuerzas y tenga lugar un desplazamiento virtual de esos puntos. Para evaluar el trabajo de los pares y no tener que determinar el giro del cuerpo a que da lugar la variación de la coordenada independiente, reemplazamos los vectores momento, por dos fuerzas convenientemente dispuestas. En este problema se eligen como se indica:

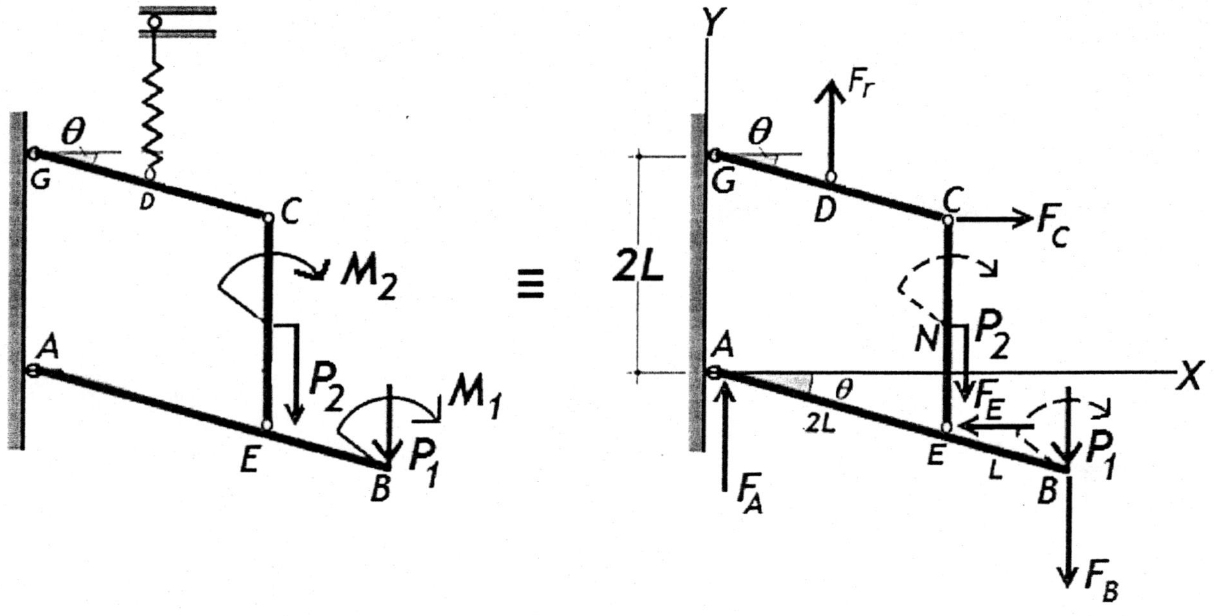

$$\overrightarrow{M_1} \rightarrow \boldsymbol{\overrightarrow{F_A}} = \frac{M_1}{3\,L\;cos\,\theta}\vec{\jmath} = -\boldsymbol{\overrightarrow{F_B}} \qquad \text{y} \qquad \overrightarrow{M_2} \rightarrow \boldsymbol{\overrightarrow{F_C}} = \frac{M_2}{2\,L}\vec{\imath} = -\boldsymbol{\overrightarrow{F_E}}$$

Luego escribimos los vectores posición de un punto de la línea de acción de cada fuerza, en términos de la coordenada independiente θ:

$$\begin{aligned}
\overrightarrow{r_D} &= L\,[\cos\theta\ \vec{\imath} + (2 - \operatorname{sen}\theta)\vec{\jmath}] \\
\overrightarrow{r_C} &= 2L\,[\cos\theta\ \vec{\imath} + (1 - \operatorname{sen}\theta)\vec{\jmath}] \\
\overrightarrow{r_E} &= 2L\,[\cos\theta\ \vec{\imath} - \operatorname{sen}\theta\vec{\jmath}] \\
\overrightarrow{r_B} &= 3L\,[\cos\theta\ \vec{\imath} - \operatorname{sen}\theta\vec{\jmath}] \\
\overrightarrow{r_A} &= 0 \\
\overrightarrow{r_N} &= L\,[2\cos\theta\ \vec{\imath} + (1 - 2\operatorname{sen}\theta)\vec{\jmath}]
\end{aligned}$$

Si variamos virtualmente a la coordenada independiente, $\delta\theta$, los desplazamientos virtuales de los puntos de aplicación de las fuerzas:

$$\delta\overrightarrow{a_\iota} = \frac{d\,\overrightarrow{r_\iota}}{d\theta}\,\delta\theta$$

$$\begin{aligned}
\delta\,\overrightarrow{a_D} &= L\,(-\operatorname{sen}\theta\ \vec{\imath} - \cos\theta\,\vec{\jmath})\,\delta\theta \\
\delta\,\overrightarrow{a_C} &= 2L\,(-\operatorname{sen}\theta\ \vec{\imath} - \cos\theta\,\vec{\jmath})\,\delta\theta \\
\delta\,\overrightarrow{a_E} &= 2L\,(-\operatorname{sen}\theta\ \vec{\imath} - \cos\theta\,\vec{\jmath})\,\delta\theta \\
\delta\,\overrightarrow{a_B} &= 3L\,(-\operatorname{sen}\theta\ \vec{\imath} - \cos\theta\,\vec{\jmath})\,\delta\theta \\
\delta\,\overrightarrow{a_A} &= 0 \\
\delta\,\overrightarrow{a_N} &= 2\,L\,(-\operatorname{sen}\theta\ \vec{\imath} - \cos\theta\,\vec{\jmath})\,\delta\theta
\end{aligned}$$

La variación de los vectores posición provoca el desplazamiento virtual del punto de aplicación de las fuerzas, por lo que el ***TV*** que estas realizan, es:

$$\delta W = \overrightarrow{F_r}\cdot\delta\,\overrightarrow{a_D} + \overrightarrow{F_C}\cdot\delta\,\overrightarrow{a_C} + \overrightarrow{P_2}\cdot\delta\,\overrightarrow{a_N} + \overrightarrow{F_E}\cdot\delta\,\overrightarrow{a_E} + \left(\overrightarrow{P_1} + \overrightarrow{F_B}\right)\cdot\delta\,\overrightarrow{a_B}$$

Reemplazadas las fuerzas y los $\delta\,\overrightarrow{a_\iota}$:

$$\begin{aligned}
\delta W = \Big[&k\,L\ \operatorname{sen}\theta\ \vec{\jmath}\cdot L\,(-\operatorname{sen}\theta\ \vec{\imath} - \cos\theta\,\vec{\jmath}) + \frac{M_2}{2\,L}\vec{\imath}\ \cdot 2L\,(-\operatorname{sen}\theta\ \vec{\imath} - \cos\theta\,\vec{\jmath}) + (-P_2\,\vec{\jmath}) \\
&\cdot 2\,L\,(-\operatorname{sen}\theta\ \vec{\imath} - \cos\theta\,\vec{\jmath}) + \left(-\frac{M_2}{2\,L}\vec{\imath}\right)\cdot 2L\,(-\operatorname{sen}\theta\ \vec{\imath} - \cos\theta\,\vec{\jmath}) \\
&+ \left(-P_1\,\vec{\jmath} - \frac{M_1}{3\,L\cos\theta}\vec{\jmath}\right)\cdot 3L\,(-\operatorname{sen}\theta\ \vec{\imath} - \cos\theta\,\vec{\jmath}) + \frac{M_1}{3\,L\ \cos\theta}\vec{\jmath}\cdot 0\Big]\,\delta\theta
\end{aligned}$$

Realizadas las multiplicaciones escalares y cancelando los términos opuestos, se obtiene:

$$\delta W = (-k\,L^2\operatorname{sen}\theta\ \cos\theta + M_1 + 3\,P_1\,L\cos\theta + 2\,P_2\,L\cos\theta)\ \delta\theta$$

Siendo $\delta\theta \neq 0$, en la condición de equilibrio, es $\delta W = 0$ y de la cual obtenemos el ángulo para el que el sistema está en equilibrio: $\theta = 27.8°$

Ejemplo 4: Para el sistema de barras de la figura y las fuerzas ***P*** y ***Q***, encontrar el ángulo β que corresponde a la configuración de equilibrio.

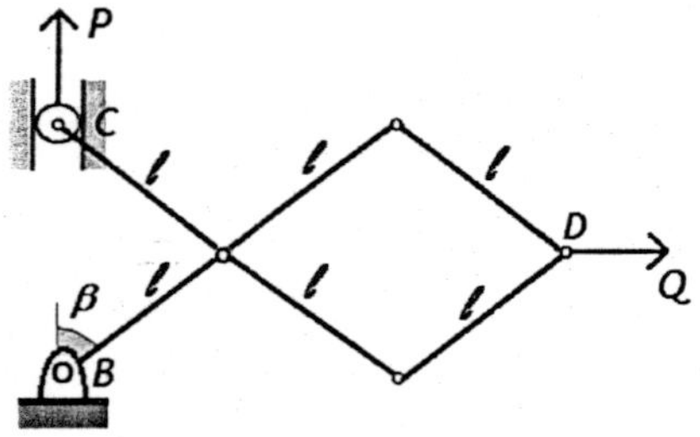

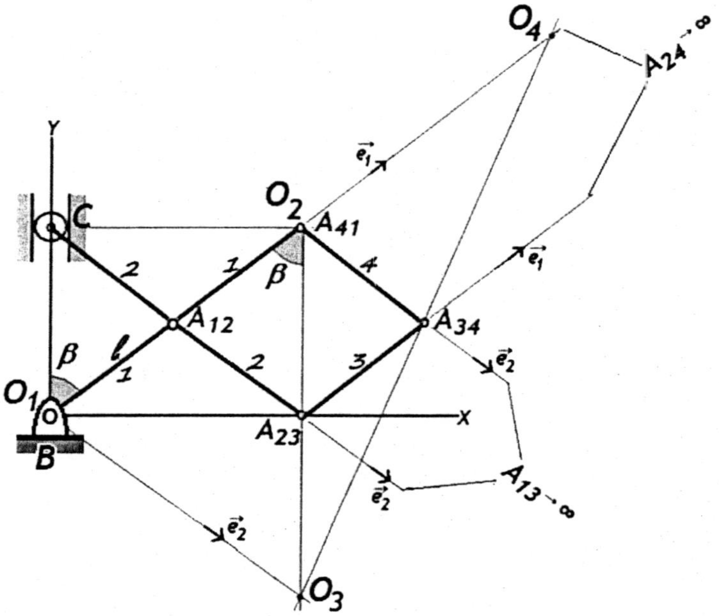

Se trata de un sistema de cuatro cuerpos que forman una cadena cerrada, con ***1GL***.

Método de los Centros de Rotación: determinamos los centros de rotación de los cuerpos.

Para el sistema coordenado las posiciones de los apoyos y articulaciones relativas de los cuerpos, son:

$$\overrightarrow{r_B} = 0 \qquad \overrightarrow{r_C} = 2\, l \cos\beta\, \vec{j}$$

$$\overrightarrow{r_{A_{12}}} = l\ (sen\,\beta\ \vec{\imath} + cos\,\beta\ \vec{j}) \qquad \overrightarrow{r_{A_{23}}} = 2\ l\ sen\,\beta\ \vec{\imath}$$

$$\overrightarrow{r_{A_{34}}} = l\ (3\ sen\,\beta\ \vec{\imath} + cos\,\beta\ \vec{j}) \qquad \overrightarrow{r_{A_{41}}} = 2\ l\,(sen\,\beta\ \vec{\imath} + cos\,\beta\ \vec{j})$$

Los vectores unitarios en dirección de las rectas BA_{12} y CA_{12}, son:

$$\overrightarrow{e_1} = sen\,\beta\ \vec{\imath} + cos\,\beta\ \vec{j} \qquad \overrightarrow{e_2} = sen\,\beta\ \vec{\imath} - cos\,\beta\ \vec{j}$$

La posición de las articulaciones entre los cuerpos no contiguos:

$$\overrightarrow{r_{A_{13}}} = \pm r_\infty\, \overrightarrow{e_2} \qquad \overrightarrow{r_{A_{24}}} = \pm r_\infty\, \overrightarrow{e_1}$$

Los centros de rotación de cada uno de los cuerpos, son:

Para el cuerpo ***1***: $\overrightarrow{r_1} \equiv \overrightarrow{r_B} = 0$

Para el cuerpo ***2*** determinamos su centro de rotación O_2, sabiendo que debe estar alineado con O_1 y A_{12}, y sobre la normal a la dirección del apoyo ***C,*** cuya dirección es la ***X***, y que coincide con la articulación relativa A_{41}:

$$\overrightarrow{r_2} \equiv \overrightarrow{r_{A_{41}}} = 2\ l\,(sen\,\beta\ \vec{\imath} + cos\,\beta\ \vec{j})$$

La posición de O_3, surge del hecho que debe estar sobre la recta O_2A_{23}, y también sobre la O_1A_{13} (de dirección $\overrightarrow{e_2}$), y en la intersección de ambas rectas:

$$\overrightarrow{r_3} = 2\,l\,(\,sen\,\beta\ \vec{\imath} - cos\,\beta\ \vec{\jmath})$$

En el cuerpo ***4***, la posición de O_4 se obtiene con la condición de alineamiento simultáneo por un lado con O_1 y A_{41}, y por otro con O_3 y A_{34}. Es decir en la intersección de ambas rectas:

$$\overrightarrow{r_4} = \overrightarrow{r_1} + \frac{\left(\overrightarrow{r_{13}} \times \overrightarrow{r_{3-A_{34}}}\right)\cdot\vec{k}}{\left(\overrightarrow{e_1} \times \overrightarrow{r_{3-A_{34}}}\right)\cdot\vec{k}}\overrightarrow{e_1} = 0 + \frac{\left[\overrightarrow{r_3} \times \left(\overrightarrow{r_{A_{34}}} - \overrightarrow{r_3}\right)\right]\cdot\vec{k}}{\left[\overrightarrow{e_1} \times \left(\overrightarrow{r_{A_{34}}} - \overrightarrow{r_3}\right)\right]\cdot\vec{k}}\overrightarrow{e_1}$$

Con: $\overrightarrow{r_{A_{34}}} - \overrightarrow{r_3} = l\ (\,sen\,\beta\ \vec{\imath} + 3\,cos\,\beta\ \vec{\jmath})$, se obtiene: $\overrightarrow{r_4} = 4l\,(\,sen\,\beta\ \vec{\imath} + cos\,\beta\ \vec{\jmath})$

Al estar determinados los centros de rotación de los cuatro cuerpos, todos tienen como movimiento posible el de rotación.

Para determinar la configuración de equilibrio que corresponde a las cargas dadas, aplicamos el ***PTV*** para lo cual imaginamos un movimiento virtual posible.

Como las cargas son fuerzas en los puntos ***C*** del cuerpo ***2*** y la articulación en A_{34} que podemos considerar como del cuerpo ***3***, suponemos que el cuerpo ***2*** tiene el giro virtual $\delta\,\overrightarrow{\Phi_2} = \delta\varphi\,\vec{k}$, y determinamos el giro virtual inducido en el cuerpo ***3***, a partir de:

$$\delta\,\overrightarrow{\Phi_3} = \frac{\overrightarrow{r_{2A_{23}}}\cdot\overrightarrow{r_{3A_{23}}}}{r_{3A_{23}}^2}\,\delta\,\overrightarrow{\Phi_2}$$

Donde son las posiciones relativas de la articulación común entre los cuerpos ***2*** y ***3*** (la A_{23}) respecto a los centros de rotación O_2 y O_3:

$$\overrightarrow{r_{2A_{23}}} = \overrightarrow{r_{A_{23}}} - \overrightarrow{r_2} = 2\,l\ sen\,\beta\ \vec{\imath} - 2\,l\,(sen\,\beta\ \vec{\imath} + cos\,\beta\ \vec{\jmath}) = -2\,l\,cos\,\beta\ \vec{\jmath}$$
$$\overrightarrow{r_{3A_{23}}} = \overrightarrow{r_{A_{23}}} - \overrightarrow{r_3} = 2\,l\ sen\,\beta\ \vec{\imath} - 2\,l\,(\,sen\,\beta\ \vec{\imath} - cos\,\beta\ \vec{\jmath}) = 2\,l\,cos\,\beta\ \vec{\jmath}$$

Con los cuales: $\delta\,\overrightarrow{\Phi_3} = \frac{-2\,l\,cos\,\beta\,\vec{\jmath}\ \cdot\ 2\,l\,cos\,\beta\,\vec{\jmath}}{(2\,l\,cos\,\beta)^2}\,\delta\,\overrightarrow{\Phi_2} = -\delta\,\overrightarrow{\Phi_2} = -\delta\varphi\,\vec{k}$

e ignoramos los giros inducidos en los otros cuerpos porque no entran en la ecuación del ***TV*** ya que en ellos no hay cargas.

El ***TV*** que se desarrolla en este movimiento virtual, al no haber cuerpos que se trasladan y que sólo los cuerpos ***2*** y ***3*** están cargados:

$$\delta\,W = \sum_{k_r=2} \overrightarrow{M_{Rk}}\cdot\delta\,\overrightarrow{\Phi_k} = \overrightarrow{M_{R2}}\cdot\delta\,\overrightarrow{\Phi_2} + \overrightarrow{M_{R3}}\cdot\delta\,\overrightarrow{\Phi_3}$$

Evaluamos en forma escalar el momento de las fuerzas en cada cuerpo respecto al centro de rotación del cuerpo al cual pertenece:

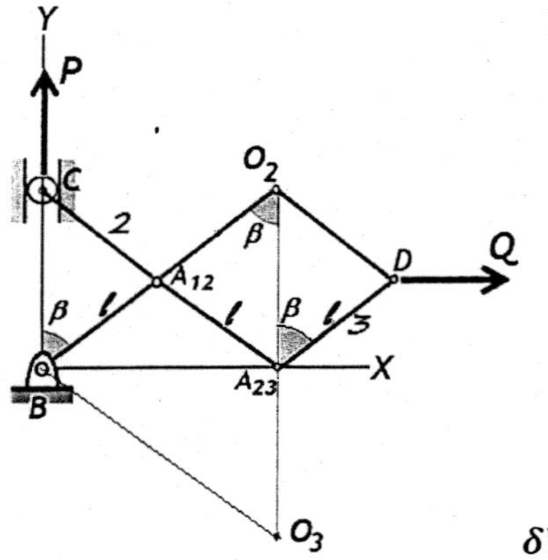

$$\delta W = \left[-P\,\overline{CO_2}\right]\vec{k}\cdot\delta\overrightarrow{\Phi_2} + \left[-Q\left(\overline{O_3A}_{23} + l\cos\beta\right)\right]\vec{k}\cdot\delta\,\overrightarrow{\Phi_3}$$

Donde son: $\overline{CO}_2 = 2\,l\,sen\,\beta$ $\quad \overline{O_3A}_{23} = \overline{BC} = 2\,l\cos\beta$ $\quad \delta\,\overrightarrow{\Phi_3} = -\delta\overrightarrow{\Phi_2}$

Desarrollado δW y planteada la condición de equilibrio:

$$\delta W = l\,(-2\,P\ sen\,\beta + 3\,Q\ \cos\beta)\vec{k}\cdot\delta\overrightarrow{\Phi_2} = 0$$

y siendo $\delta\overrightarrow{\Phi_2} \neq 0$, tendremos que: $\quad tan\,\beta = \dfrac{3}{2}\dfrac{Q}{P}$

<u>Método de variación de la coordenada independiente</u>: tomando como coordenada independiente que define la configuración del sistema al ángulo β, los vectores posición de los puntos ***C*** y ***D***, donde están las fuerzas son, en función de β:

$$\overrightarrow{r_C} = 2\,l\cos\beta\ \vec{j} \qquad \overrightarrow{r_D} = l\,(3\ sen\,\beta\ \vec{i} + \cos\beta\ \vec{j})$$

Variando virtualmente β, los desplazamientos virtuales de ***C*** y ***D***:

$$\delta\overrightarrow{a_C} = \frac{d\,\overrightarrow{r_C}}{d\,\beta}\,\delta\beta = -2\,l\ sen\,\beta\ \vec{j}\,\delta\beta$$
$$\delta\overrightarrow{a_D} = \frac{d\,\overrightarrow{r_D}}{d\,\beta}\,\delta\beta = l\,(3\cos\beta\ \vec{i} - sen\,\beta\ \vec{j})\,\delta\beta$$

Con las expresiones vectoriales de las fuerzas y los desplazamientos virtuales, el ***TV***, es:

$$\delta W = \overrightarrow{Q}\cdot\delta\overrightarrow{a_D} + \overrightarrow{P}\cdot\delta\overrightarrow{a_C} = Q\,\vec{i}\cdot l\,(3\cos\beta\ \vec{i} - sen\,\beta\ \vec{j})\,\delta\beta + P\,\vec{j}\cdot(-2\,l\,sen\,\beta)\,\vec{j}\,\delta\beta$$

igualando a cero el ***TV***, para establecer la condición de equilibrio:

$$\delta W = (3\,Q\,l\ \cos\beta - 2\,P\,l\ sen\,\beta)\ \delta\beta = 0$$

Como es $\delta\beta \neq 0$, luego: $\quad tan\,\beta = \dfrac{3}{2}\dfrac{Q}{P}$

8.7 El método del trabajo virtual para el cálculo de las reacciones de vínculo

Como se adelantó, para un sistema mecánico isostático tanto interna como externamente, puede utilizarse el método del trabajo virtual como procedimiento alternativo para el cálculo de una reacción o una componente de la reacción de vínculo externo, y también de una interacción en un vínculo interno.

Para ello se lleva al sistema mecánico a uno con ***1GL*** eliminando o transformando el vínculo, de modo que quede expuesta, como una carga más, la reacción externa o interacción interna a determinar.

8.7.1 Vínculos externos

El modo de transformar al sistema en uno con ***1GL***, depende del tipo de apoyo o vínculo.

Seguidamente se muestra cómo hacerlo para los diversos tipos de vínculo. Por simplicidad lo ejemplificamos para un cuerpo isostático cargado, aunque es lo mismo para el mismo tipo de vínculo en un sistema mecánico más complejo.

Para determinar la reacción correspondiente a un apoyo móvil, *fig.8-10a*, se elimina el apoyo ***A*** y se lo

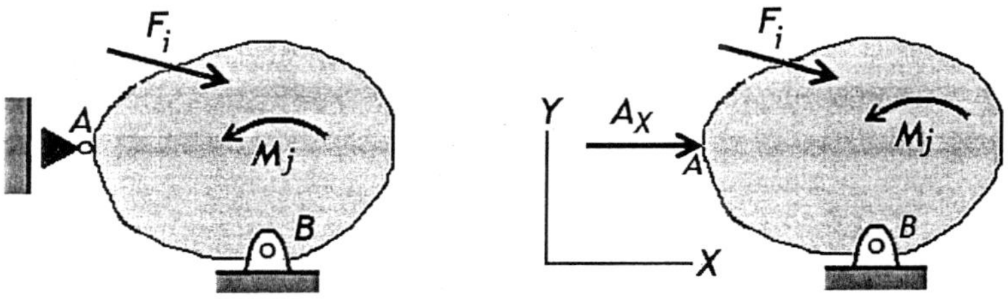

fig.8-10 a) b)

sustituye por la fuerza reactiva A_X, *fig.8-10b*. Queda el cuerpo con la posibilidad de rotar alrededor de la articulación fija ***B***. Aplicado el ***PTV***, se puede calcular la reacción A_X.

Si se trata de determinar una de las componentes de la fuerza reactiva correspondiente a un apoyo fijo como el ***B***, de *fig.8-10a*, se lo transforma en uno equivalente formado por dos apoyos móviles y se elimina aquel cuya componente reactiva debe determinarse, *figs.8-11a,b*, ó *c*.

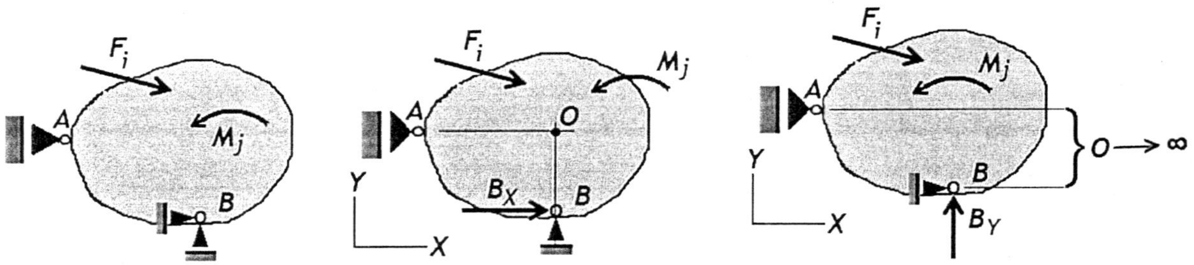

fig.8-11 a) b) c)

Si el vínculo es un empotramiento, *fig.8-12a* y se quiere determinar el par reactivo, se lo transforma en una articulación fija y se coloca allí el par reactivo incógnito, *fig.8-12b*. Si se debe calcular una componente de la fuerza reactiva del empotramiento, se lo transforma en un empotramiento deslizante en la dirección en la que quiere calcularse la componente de la fuerza reactiva, *fig.8-12c*.

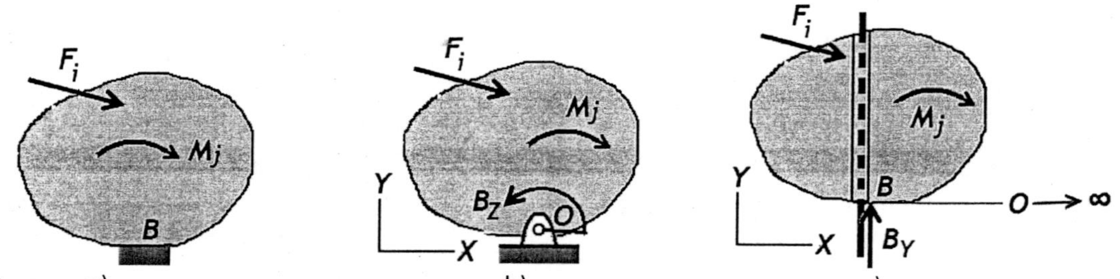

fig.8-12 a) b) c)

Ejemplo 5: Calcular el momento del par reactivo para la barra empotrada en su extremo inferior, cuyo eje es un cuarto de circunferencia, que está cargada con la fuerza vertical uniforme y distribuida en toda su longitud, usando el método del ***TV***. Comparar con el método del equilibrio del ***DCL***.

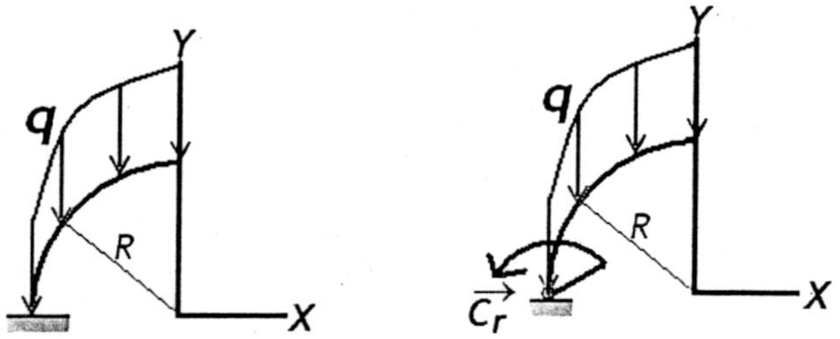

Método del *TV*: como se trata de una barra rígida, isostáticamente vinculada, al no ser posible ningún movimiento, no podemos plantear el ***TV*** de la fuerza.

Si transformamos al sistema isostático en uno con ***1GL*** eliminando un vínculo y reemplazándolo por la reacción correspondiente podremos, ahora sí, imaginar un movimiento virtual.

Dado que vamos a determinar el par reactivo, reemplazamos el empotramiento por una articulación fija y haciendo aparecer el momento del par reactivo, como carga externa agregada a la fuerza distribuida.

Método de los centros de rotación: al transformar el empotramiento en una articulación fija, esta es el centro de rotación ***O*** de la barra.

Si imaginamos impuesto un giro virtual $\delta\overrightarrow{\Phi} = \delta\varphi\,\vec{k}$, el desplazamiento virtual de un punto ***P*** de la barra:

$$\delta\overrightarrow{a_P} = \delta\overrightarrow{\Phi}\times\overrightarrow{r_{OP}}$$

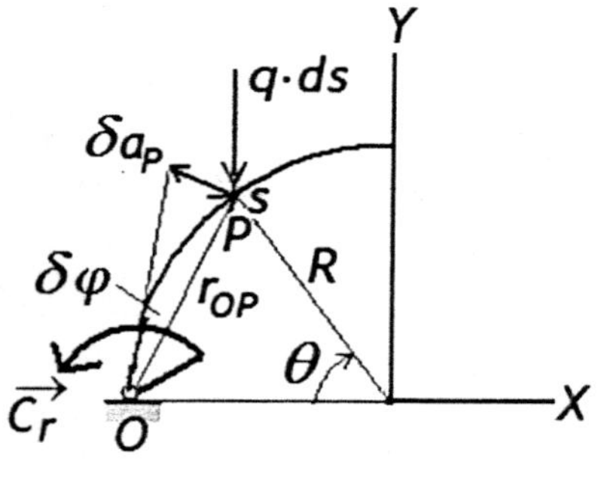

El ***TV*** realizado por las cargas en el movimiento virtual:

$$\delta W = \int_0^L \vec{q}(s)\,ds\cdot\delta\overrightarrow{a_P}(s) + \overrightarrow{C_r}\cdot\delta\overrightarrow{\Phi}$$

En lugar de la coordenada lineal $\boldsymbol{s}$, expresamos a la fuerza distribuida en términos del ángulo θ, dada su dependencia directa:

$\theta = \frac{s}{R}$ $\quad ds = R\, d\theta$ $\quad \vec{q}(s) = q\,\vec{j}$ $\quad$ los límites de integración: $\quad (0, L) \rightarrow (0, \frac{\pi}{2})$

El vector posición de la fuerza diferencial $\vec{q}(s)\, ds$, $\overrightarrow{r_{OP}}$, se obtiene a partir de:

$$\overrightarrow{r_P} = R\,(-\cos\theta\ \vec{i} + sen\,\theta\ \vec{j}) \qquad \overrightarrow{r_O} = -R\,\vec{i} \qquad \overrightarrow{r_{OP}} = R\,[(1-\cos\theta)\,\vec{i} + sen\,\theta\ \vec{j}]$$

Reemplazando $\delta\overrightarrow{a_P}$ en la expresión del ***TV***:

$$\delta W = \int_0^{\frac{\pi}{2}} \vec{q}\cdot\left(\delta\vec{\Phi}\times\overrightarrow{r_{OP}}\right) R\,d\theta + \overrightarrow{C_r}\cdot\delta\vec{\Phi} = \left(R\int_0^{\frac{\pi}{2}} \overrightarrow{r_{OP}}\times\vec{q}\ d\theta\right)\cdot\delta\vec{\Phi} + \overrightarrow{C_r}\cdot\delta\vec{\Phi}$$

$$\delta W = \left\{R\int_0^{\frac{\pi}{2}} R\,[(1-\cos\theta)\,\vec{i} + sen\,\theta\ \vec{j}]\times(-q\,\vec{j})\ d\theta\ +\ \overrightarrow{C_r}\right\}\cdot\delta\vec{\Phi}$$

$$\delta W = \left[-q\,R^2\left(\frac{\pi}{2} - 1\right) + C_r\right]\vec{k}\cdot\delta\vec{\Phi}$$

Como la barra está en equilibrio, debe ser $\delta W = 0$, y siendo $\delta\vec{\Phi} \neq 0$, tendremos:

$$C_r = \frac{\pi - 2}{2}\,q\,R^2$$

Reemplazamos la fuerza distribuida por su resultante. Con los resultados del ejemplo *3* del *cap.4*:

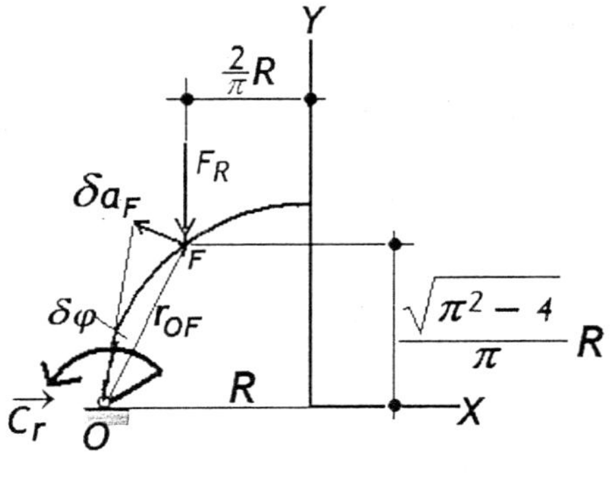

La fuerza resultante y su posición: $\quad \overrightarrow{F_R} = q\,\frac{\pi}{2}R\,\vec{j} \qquad \underline{x} = -\frac{2}{\pi}R$

Si imaginamos el giro virtual $\delta\vec{\Phi} = \delta\varphi\,\vec{k}$, el ***TV*** de la fuerza resultante, evaluado en forma directamente escalar:

$$\delta W = \left[C_r - F_R\left(R - \frac{2}{\pi}R\right)\right]\vec{k}\cdot\delta\vec{\Phi}$$

En la condición de equilibrio: $\quad \delta W = 0$

Como es $\delta\vec{\Phi} \neq 0$, y con F_R se obtiene: $\quad C_r = \frac{\pi-2}{2}\,q\,R^2$

Método de variación de la coordenada independiente: deberíamos suponer una configuración genérica y una coordenada independiente que la dé. Luego expresar en ella el vector posición de la fuerza. De la fuerza, además, conocer cuál es su orientación en la configuración genérica, si se mantiene vertical o acompaña a la barra manteniendo su orientación relativa respecto a ella.

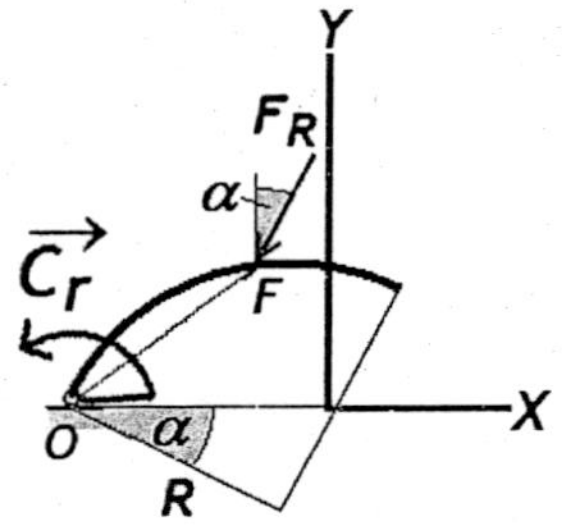

Supongamos una configuración genérica, y usando como coordenada independiente al ángulo α que forma el radio con el eje ***X***.

Con la expresión del vector posición del punto ***F***, en términos de α, que en este ejemplo es un tanto laborioso de obtener, luego se varía α, y se escribe la ecuación del ***TV***:

$$\delta W = F_R(-\,sen\,\alpha\;\vec{\imath} - cos\,\alpha\,\vec{\jmath}) \cdot \frac{d\,\overrightarrow{a_F}(\alpha)}{d\,\alpha}\;\delta\alpha + C_r\,\vec{k}\cdot\delta\alpha\,\vec{k}$$

anular δW, considerar $\delta\alpha \neq 0$. Como la posición de la barra, es como se muestra en el enunciado, en la expresión de $\delta W = 0$ se hace $\alpha = 0$ y se obtiene C_r.

En este ejemplo se pone de manifiesto que este método no es conveniente, pues al estar definida la posición en la cual evaluar el equilibrio, no hay una coordenada que describa la configuración.

Método del *DCL*: realizado el ***DCL***, las ecuaciones de equilibrio conducen a:

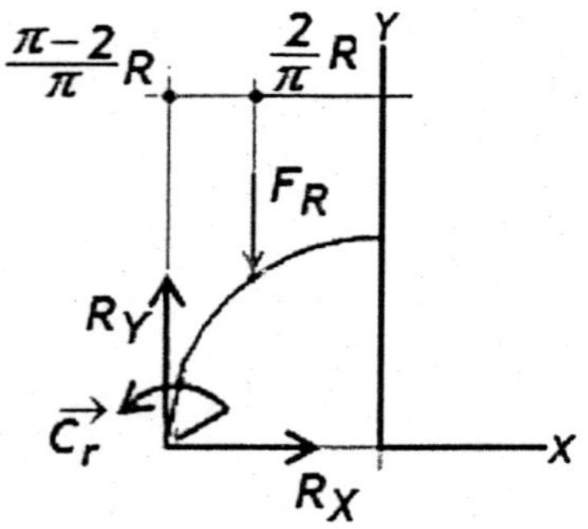

$$R_X = 0 \qquad R_Y = F_R = \frac{\pi}{2}\,q\,R \qquad C_r = \frac{\pi-2}{2}\,q\,R^2$$

Aquí se pone de manifiesto, que cuando se trata de un sólo cuerpo, el método del trabajo virtual, no es mejor que el del ***DCL*** para el cálculo de las reacciones de apoyo.

Ejemplo 6: Para el ejemplo 1 del cap. 6, determinar las componente horizontal de la reacción externa ***A*** y la componente vertical de la reacción del apoyo ***C***, aplicando el ***PTV***.

Reemplazamos en el sistema original la fuerza distribuida por las resultantes parciales incidentes en cada uno de los dos cuerpos y adoptamos el sistema coordenado:

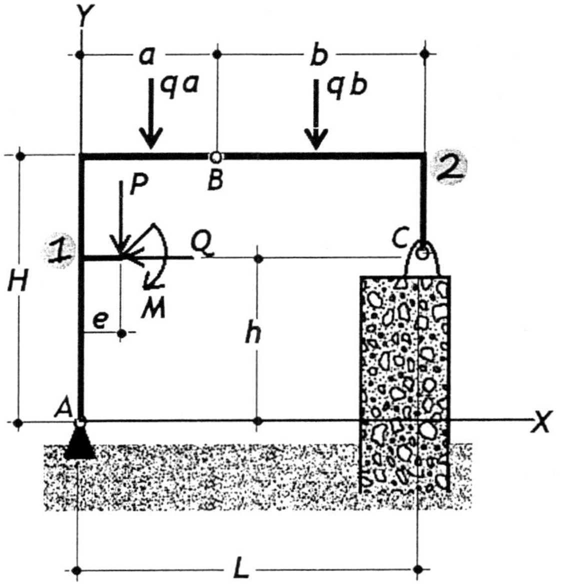

$$a = 4\,m \qquad b = 6\,m \qquad L = 10\,m \qquad H = 8\,m$$

$$h = 5\,m \qquad e = 1\,m \qquad q = 8\,\frac{kN}{m} \qquad P = 60\,kN \qquad Q = 8\,kN \qquad M = 7\,kNm$$

<u>**Componente horizontal de la reacción *A***</u>: transformamos el apoyo ***A*** de modo que aparezca la reacción incógnita A_X. Para el sistema con ***1GL*** determinamos los centros de rotación de los dos cuerpos. El del ***2*** es la articulación fija ***C***:

$$\vec{r}_2 = L\,\vec{\imath} + h\,\vec{\jmath}$$

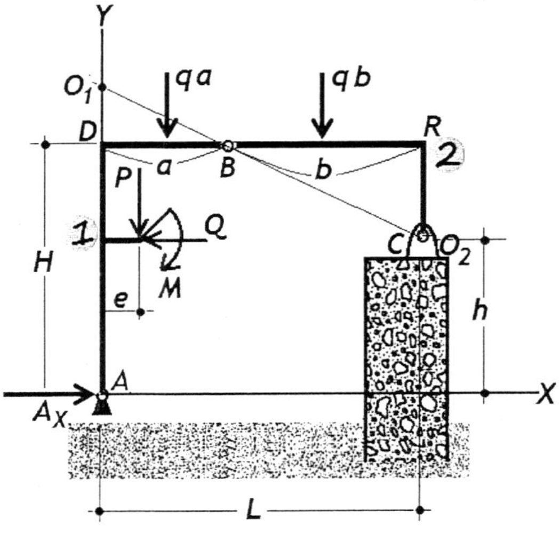

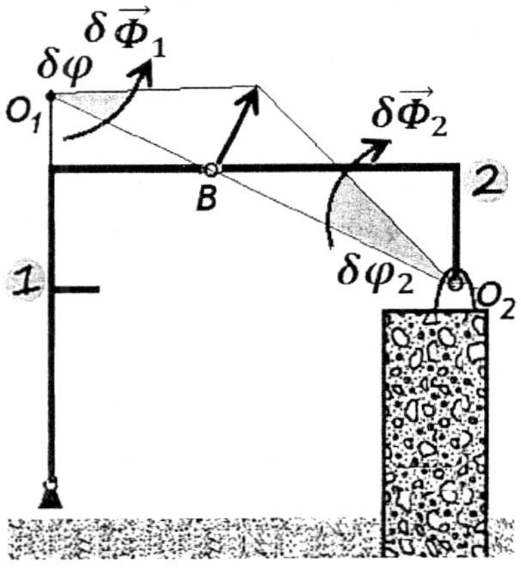

El del ***1***, está en el encuentro de la recta O_2B y la normal al apoyo móvil ***A***. La ordenada de O_1, es:

$$y_1 = H + \overline{DO_1} = H + \frac{a}{b}(H - h) \qquad \text{luego:} \qquad \vec{r}_1 = \left[H + \frac{a}{b}(H - h)\right]\vec{\jmath}$$

Dado que ambos centros de rotación están determinados, los movimientos posibles de los cuerpos son de rotación.

Imaginamos un giro virtual $\boldsymbol{\delta\vec{\Phi}_1}$ del cuerpo ***1***, que induce en el cuerpo ***2***, el giro virtual:

$$\boldsymbol{\delta\vec{\Phi}_2} = \frac{\vec{r}_{1B}\cdot\vec{r}_{2B}}{r_{2B}^2}\boldsymbol{\delta\vec{\Phi}_1} = \frac{\left[a\,\vec{\imath} - \frac{a}{b}(H-h)\,\vec{\jmath}\right]\cdot\left[-b\,\vec{\imath} + (H-h)\,\vec{\jmath}\right]}{b^2+(H-h)^2}\boldsymbol{\delta\vec{\Phi}_1} = -\frac{\boldsymbol{a}}{\boldsymbol{b}}\boldsymbol{\delta\vec{\Phi}_1}$$

Planteando la ecuación del ***TV***, teniendo en cuenta que no hay cuerpos que se trasladan:

$$\boldsymbol{\delta W} = \sum_{k_r}\overrightarrow{M_{Rk}}\cdot\delta\vec{\Phi}_k = \left[\sum_n(\vec{r_i}-\vec{r_1})\times\vec{F_i} + \overrightarrow{r_{1A}}\times A_X\vec{\imath} + \sum_m\overrightarrow{M_j}\right]\cdot\boldsymbol{\delta\vec{\Phi}_1} + \left[\sum_n(\vec{r_i}-\vec{r_2})\times\vec{F_i}\right]\cdot\boldsymbol{\delta\vec{\Phi}_2}$$

$$\boldsymbol{\delta W} = \left\{-q\,a\,\frac{a}{2} - P\,e - Q\,\left[(H-h)+\overline{DO_1}\right] + A_X\left(H+\overline{DO_1}\right) - M\right\}\vec{\boldsymbol{k}}\cdot\boldsymbol{\delta\vec{\Phi}_1} + \left(q\,b\,\frac{b}{2}\right)\vec{\boldsymbol{k}}\cdot\left(-\frac{a}{b}\boldsymbol{\delta\vec{\Phi}_1}\right)$$

Con: $\boldsymbol{\overline{DO_1}} = \frac{a}{b}(\boldsymbol{H}-\boldsymbol{h})$ y estableciendo la condición de equilibrio, o sea haciendo $\boldsymbol{\delta W = 0}$ y siendo $\boldsymbol{\delta\vec{\Phi}_1 \neq 0}$ se obtiene:

$$\boldsymbol{A_X} = \frac{\frac{q\,a^2}{2} + P\,e + Q\,(H-h)\frac{L}{b} + M + \frac{q\,a\,b}{2}}{\frac{L\,H - a\,h}{b}} = \boldsymbol{26.7\ kN}$$

<u>**Componente vertical de la reacción en *C***</u>: transformamos al apoyo ***C*** de modo que quede expuesta la reacción incógnita $\boldsymbol{C_Y}$. Determinamos los centros de rotación de los dos cuerpos. El del ***1*** es la articulación fija ***A***. El del ***2***, está en el encuentro de la recta $\boldsymbol{O_1B}$ y la normal al apoyo móvil ***C***. Son:

$$\vec{\boldsymbol{r}}_1 = \boldsymbol{0} \qquad \vec{r}_2 = \overline{EO_2}\,\vec{\imath} + h\,\vec{\jmath} = \boldsymbol{a}\frac{\boldsymbol{h}}{\boldsymbol{H}}\,\vec{\boldsymbol{\imath}} + \boldsymbol{h}\,\vec{\boldsymbol{\jmath}}$$

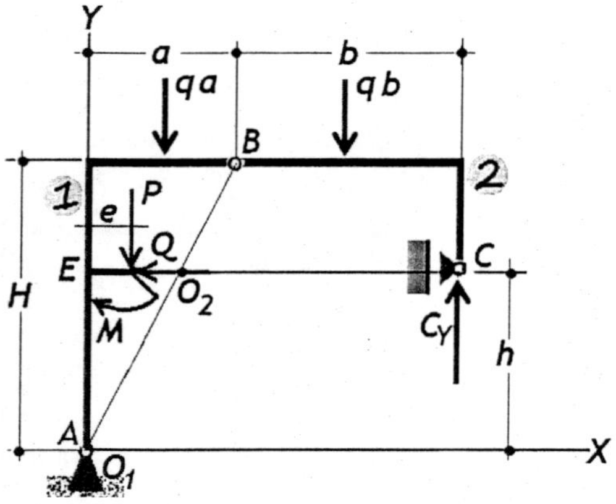

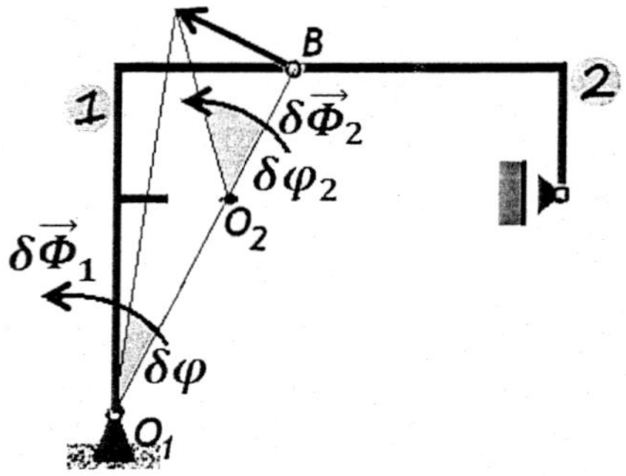

Imaginamos el giro virtual del cuerpo ***1*** $\boldsymbol{\delta\vec{\Phi}_1}$, que induce el giro virtual del cuerpo ***2***:

$$\boldsymbol{\delta\vec{\Phi}_2} = \frac{\vec{r}_{1B}\cdot\vec{r}_{2B}}{r_{2B}^2}\boldsymbol{\delta\vec{\Phi}_1} = \frac{(a\,\vec{\imath} + H\,\vec{\jmath})\cdot\left[\left(a - a\frac{h}{H}\right)\,\vec{\imath} + (H-h)\,\vec{\jmath}\right]}{a^2\frac{(H-h)^2}{H^2} + (H-h)^2}\boldsymbol{\delta\vec{\Phi}_1} = \frac{\boldsymbol{H}}{\boldsymbol{H}-\boldsymbol{h}}\boldsymbol{\delta\vec{\Phi}_1}$$

Planteando la ecuación del ***TV***, teniendo en cuenta que no hay cuerpos que se trasladan:

$$\delta W = \sum_{k_r} \overrightarrow{M_{Rk}} \cdot \delta\overrightarrow{\Phi_k} = \left[\sum_n (\vec{r_i} - \vec{r_1})\times\vec{F_i} + \sum_m \vec{M_j}\right] \cdot \delta\vec{\Phi}_1 + \left[\sum_n (\vec{r_i} - \vec{r_2})\times\vec{F_i} + \overrightarrow{r_{2C}}\times C_Y\vec{j}\right] \cdot \delta\vec{\Phi}_2$$

$$\delta W = \left\{-q\ a\ \frac{a}{2} - P\ e + Q\ h - M\right\}\vec{k} \cdot \delta\vec{\Phi}_1 + \left[-q\ b\ \left(\frac{b}{2} + a\frac{H-h}{H}\right) + C_Y\left(b + a\frac{H-h}{H}\right)\right]\vec{k} \cdot \left(\frac{H}{H-h}\delta\vec{\Phi}_1\right)$$

Con la nulidad del ***TV*** y siendo $\delta\vec{\Phi}_1 \neq 0$, se obtiene:

$$C_Y = \frac{q\ \frac{a^2}{2} + P\ e - Q\ h + M + q\ b\ \left(a + \frac{b}{2}\ \frac{H}{H-h}\right)}{a + b\frac{H}{H-h}} = \mathbf{33.35\ kN}$$

8.7.2 Vínculos internos

Si el vínculo interno es una articulación, la fuerza de interacción es conveniente determinarla en sus componentes en dos direcciones ortogonales y de una a la vez.

Para ello consideremos el sistema isostático de dos cuerpos, *fig.8-13a*, del cual determinar las componentes de la fuerza de interacción en la articulación interna ***B***.

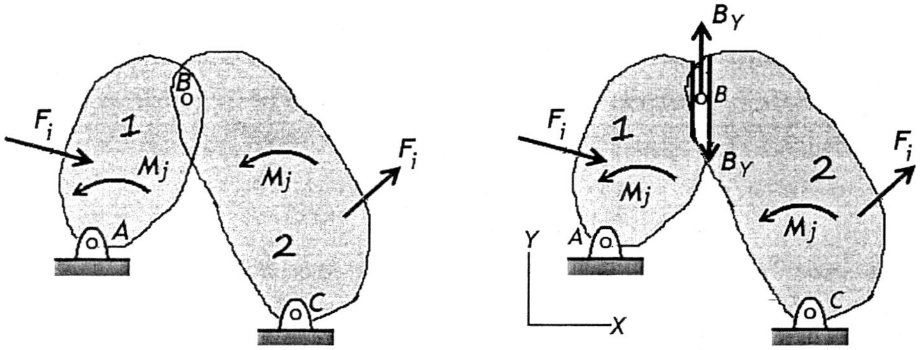

fig.8-13 a) b)

Para exponer la componente vertical de la fuerza de interacción suponemos, *fig.8-13b*, que en el punto ***B*** hay una corredera o rodillo articulado unido al cuerpo ***1*** y que en el cuerpo ***2*** hay una guía vertical que permite el desplazamiento relativo vertical del rodillo. Esta modificación de la unión mantiene la posibilidad de girar relativamente los cuerpos alrededor de ***B***. El sistema queda con ***1GL***.

Los centros de rotación de los cuerpos coinciden con las articulaciones fijas ***A*** y ***C***.

Tal como fue explicado en el *pto.7.9*, del capítulo anterior, cuando el vínculo interno es una articulación desplazable, si se impone una rotación virtual al cuerpo ***1***, el desplazamiento del punto ***B*** como perteneciente al cuerpo ***1*** será normal a la recta O_1B. Asimismo esta rotación impuesta al cuerpo ***1*** induce una rotación en el otro cuerpo. El desplazamiento del punto ***B*** del cuerpo ***2*** es normal a la recta O_2B, que en general es diferente del que tuvo el ***B*** del cuerpo ***1*** porque el rodillo puede desplazarse relativamente en dirección vertical. El cuadro de desplazamientos, se indica en *fig.8-14.*

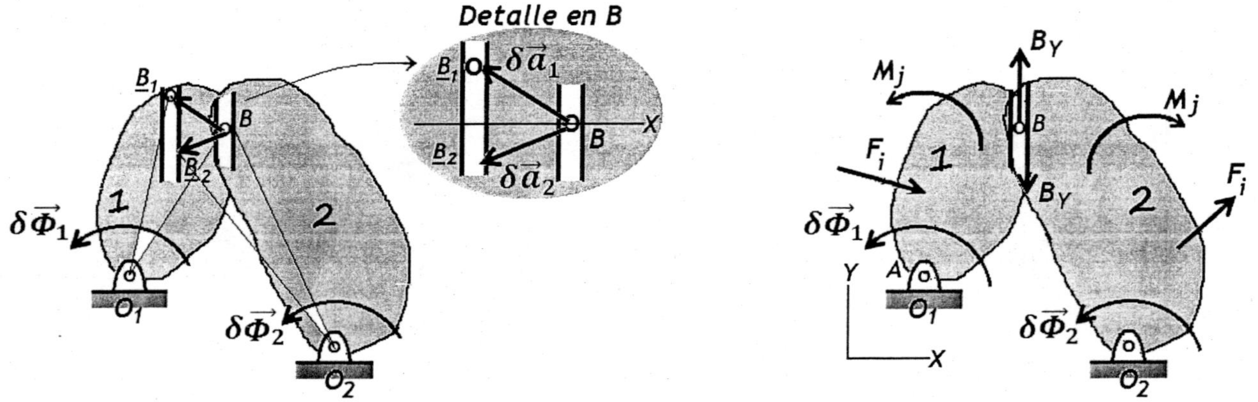

fig.8-14

Como se ve en el detalle, la rotación del cuerpo ***2*** hace que la guía vertical gire también en igual magnitud. Sin embargo debido a la magnitud infinitesimal de la rotación, sin gran error, la guía permanece vertical en el estado variado, por lo que las posiciones finales de los puntos $\boldsymbol{B_1}$ y $\boldsymbol{B_2}$ no coinciden pero deben quedar sobre la misma vertical. Esta condición se puede formular diciendo que la proyección de los desplazamientos en dirección normal a la guía, que es la dirección horizontal ***X***, deben ser iguales:

$$\delta\vec{a}_1 \cdot \vec{\imath} = \delta\vec{a}_2 \cdot \vec{\imath}$$

Expresando los desplazamientos virtuales en términos de los giros virtuales:

$$\left(\delta\vec{\Phi}_1 \times \vec{r}_{1B}\right) \cdot \vec{\imath} = \left(\delta\vec{\Phi}_2 \times \vec{r}_{2B}\right) \cdot \vec{\imath}$$

y siendo el giro inducido del cuerpo ***2***: $\delta\vec{\Phi}_2 = \delta\varphi_2\,\vec{k}$

$$\left(\delta\varphi_1\,\vec{k} \times \vec{r}_{1B}\right) \cdot \vec{\imath} = \left(\delta\varphi_2\,\vec{k} \times \vec{r}_{2B}\right) \cdot \vec{\imath}$$

$$\left(\vec{\imath} \times \vec{k}\right) \cdot \vec{r}_{1B}\,\delta\varphi_1 = \left(\vec{\imath} \times \vec{k}\right) \cdot \vec{r}_{2B}\,\delta\varphi_2$$

De la cual: $\delta\varphi_2 = \dfrac{\vec{r}_{1B} \cdot \vec{\jmath}}{\vec{r}_{2B} \cdot \vec{\jmath}}\,\delta\varphi_1$

Es decir que el giro inducido en el cuerpo ***2***, es:

$$\delta\vec{\Phi}_2 = \frac{\vec{r}_{1B} \cdot \vec{\jmath}}{\vec{r}_{2B} \cdot \vec{\jmath}}\,\delta\vec{\Phi}_1 \qquad [8.25]$$

Con el giro impuesto al cuerpo ***1*** y el inducido en el ***2***, se puede aplicar el ***PTV***. En el caso de este ejemplo, como ambos cuerpos rotan, la expresión general, *ec.[8.22]* queda reducida a:

$$\delta W = \left[\sum_n (\vec{r_i} - \vec{r_1}) \times \vec{F_i} + \overrightarrow{r_{1B}} \times B_Y\vec{\jmath} + \sum_m \overrightarrow{M_j}\right] \cdot \delta\vec{\Phi}_1 + \left[\sum_n (\vec{r_i} - \vec{r_2}) \times \vec{F_i} + \overrightarrow{r_{2B}} \times B_Y(-\vec{\jmath}) + \sum_m \overrightarrow{M_j}\right] \cdot \delta\vec{\Phi}_2$$

Sustituyendo $\delta\overrightarrow{\Phi}_2$, la condición de equilibrio, hace que deba ser:

$$\delta W = \left(\sum \overrightarrow{M_{R1}} + \overrightarrow{r_{1B}}\times B_Y\vec{j}\right)\cdot \delta\overrightarrow{\Phi}_1 + \left(\sum \overrightarrow{M_{R2}} + \overrightarrow{r_{2B}}\times B_Y(-\vec{j})\right)\cdot \frac{\vec{r}_{1B}\cdot\vec{j}}{\vec{r}_{2B}\cdot\vec{j}}\,\delta\overrightarrow{\Phi}_1 = 0$$

como es $\delta\overrightarrow{\Phi}_1 \neq 0$, de la anterior se obtiene B_Y.

Del mismo modo para la componente horizontal de la fuerza reactiva en ***B***, el modelo es, *fig.8-15*:

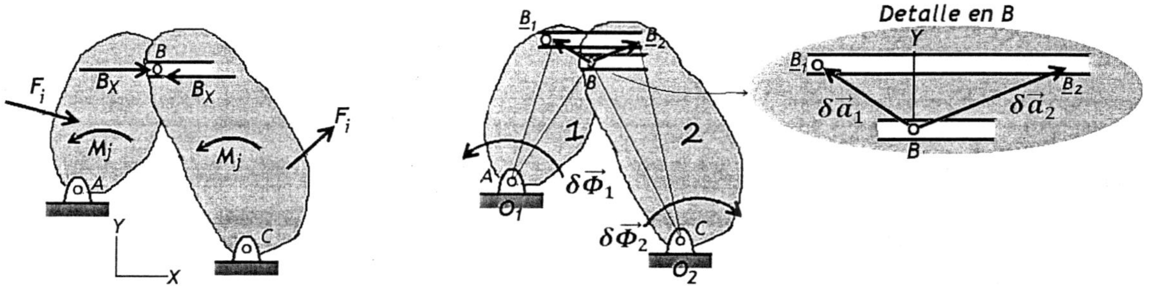

fig.8-15

Si se impone una rotación virtual al cuerpo ***1***, el desplazamiento del "rodillo" ***B*** como perteneciente al cuerpo ***1***, será normal a la recta O_1B. La rotación impuesta al cuerpo ***1*** induce una rotación en el otro cuerpo. El desplazamiento del punto ***B*** de la guía (en el ***2***), es normal a O_2B. Como en la configuración variada, la guía permanece horizontal, los desplazamientos de los dos puntos ***B*** deberán tener igual componente vertical, por lo que:

$$\delta\vec{a}_1\cdot\vec{j} = \delta\vec{a}_2\cdot\vec{j}$$

Expresando los desplazamientos virtuales en términos de los giros:

$$\delta\overrightarrow{\Phi}_1 = \delta\varphi_1\,\vec{k} \qquad\qquad \delta\overrightarrow{\Phi}_2 = \delta\varphi_2\,\vec{k}$$

Con un desarrollo similar al anterior, se obtiene el giro inducido en el cuerpo ***2***:

$$\delta\overrightarrow{\Phi}_2 = \frac{\vec{r}_{1B}\cdot\vec{i}}{\vec{r}_{2B}\cdot\vec{i}}\,\delta\overrightarrow{\Phi}_1 \qquad [8.26]$$

Ejemplo 7: Para el problema **1** del cap.6, determinar las componentes horizontal y vertical de la fuerza de interacción en la articulación intermedia ***B*** por el método del ***TV***.

Suponemos en ***B*** una guía vertical que permite el desplazamiento del "rodillo" considerado como perteneciente al cuerpo ***1***, respecto a la guía, supuesta perteneciente al cuerpo ***2***. Sobre ambas partes actúa la fuerza de interacción B_Y.

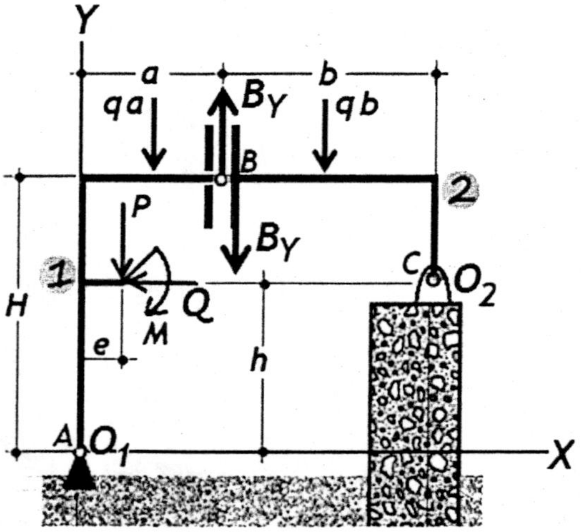

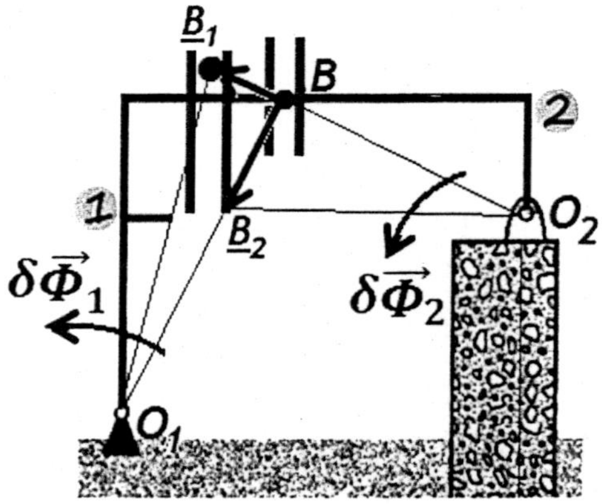

Las articulaciones fijas ***A*** y ***C*** son los centros de rotación de los cuerpos.

Imponemos la rotación virtual al cuerpo ***1*** cuyo giro es $\boldsymbol{\delta\,\overrightarrow{\phi}_1}$. El giro inducido en el cuerpo ***2*** se obtiene con la *ec.[8.25]*.

$$\delta\overrightarrow{\boldsymbol{\Phi}}_2 = \frac{\vec{r}_{1B}\cdot\vec{j}}{\vec{r}_{2B}\cdot\vec{j}}\ \delta\overrightarrow{\boldsymbol{\Phi}}_1 = \frac{(a\,\vec{\imath}+H\,\vec{j})\cdot\vec{j}}{[-b\,\vec{\imath}+(H-h)\,\vec{j}]\cdot\vec{j}}\ \delta\overrightarrow{\boldsymbol{\Phi}}_1 = \frac{\boldsymbol{H}}{\boldsymbol{H-h}}\ \delta\overrightarrow{\boldsymbol{\Phi}}_1$$

Planteando la ecuación del ***TV***, teniendo en cuenta que ninguno de los cuerpos se traslada:

$$\boldsymbol{\delta W} = \sum_{k_t}\overrightarrow{F_{Rk}}\cdot\delta\overrightarrow{a_k} + \sum_{k_r}\overrightarrow{M_{Rk}}\cdot\delta\overrightarrow{\Phi_k} = \sum_{k_r}\overrightarrow{\boldsymbol{M_{Rk}}}\cdot\boldsymbol{\delta}\overrightarrow{\boldsymbol{\Phi_k}} = \boldsymbol{0}$$

Explícitamente:

$$\boldsymbol{\delta W} = \left[\sum_n(\overrightarrow{r_\iota}-\overrightarrow{r_1})\times\overrightarrow{F_\iota} + \overrightarrow{r_{1B}}\times B_Y\,\vec{j} + \sum_m\overrightarrow{M_j}\right]\cdot\delta\overrightarrow{\boldsymbol{\Phi}}_1 + \left[\sum_n(\overrightarrow{r_\iota}-\overrightarrow{r_2})\times\overrightarrow{F_\iota} + \overrightarrow{r_{2B}}\times B_Y(-\vec{j})\right]\cdot\delta\overrightarrow{\boldsymbol{\Phi}}_2$$

$$\boldsymbol{\delta W} = \left(-q\,\frac{a^2}{2} - P\,e + Q\,h + B_Y\,a - M\right)\vec{\boldsymbol{k}}\cdot\delta\overrightarrow{\boldsymbol{\Phi}}_1 + \left(q\,\frac{b^2}{2} + B_Y\,b\right)\vec{\boldsymbol{k}}\cdot\left(\frac{H}{H-h}\,\delta\overrightarrow{\boldsymbol{\Phi}}_1\right)$$

En la condición de equilibrio $\boldsymbol{\delta W = 0}$, siendo $\delta\overrightarrow{\boldsymbol{\Phi}}_1 \neq \boldsymbol{0}$ se obtiene:

$$\boldsymbol{B_Y} = \frac{q\,\frac{a^2}{2} + P\,e - Q\,h + M - q\,\frac{b^2}{2}\,\frac{H}{H-h}}{a + b\,\frac{H}{H-h}} = \boldsymbol{-14.65\ kN}$$

La componente horizontal en ***B***: suponemos ahora la existencia en ***B*** de una guía horizontal unida al cuerpo ***2***, en tanto que el "rodillo" permanece unido al cuerpo ***1***. Sobre ambas partes actúa la fuerza de interacción $\boldsymbol{B_X}$.

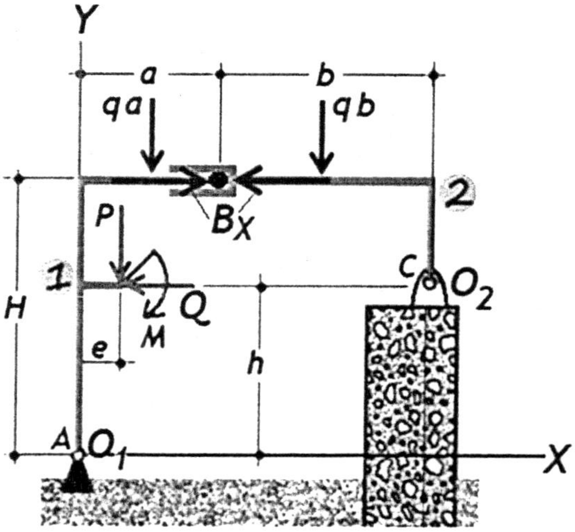

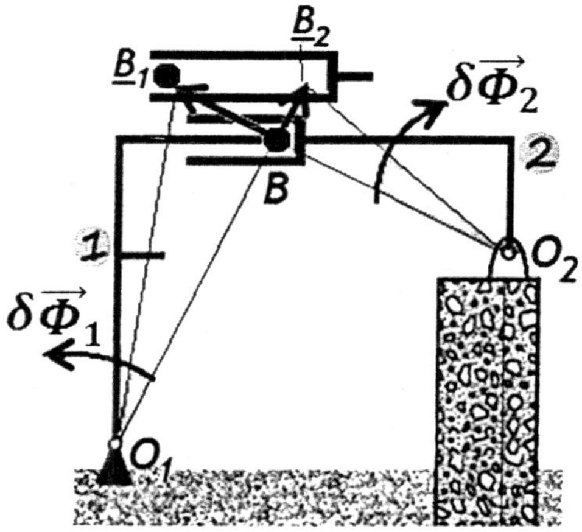

Los centros de rotación de ambos cuerpos siguen estando en coincidencia con las articulaciones fijas. Imponemos al cuerpo ***1*** el giro virtual $\delta\vec{\phi}_1$. El giro inducido en el cuerpo ***2***, se obtiene con la *ec.[8.26]*:

$$\delta\vec{\Phi}_2 = \frac{\vec{r}_{1B}\cdot i}{\vec{r}_{2B}\cdot \vec{i}}\ \delta\vec{\Phi}_1 = \frac{(a\,\vec{i} + H\,\vec{j})\cdot\vec{i}}{[-b\,\vec{i} + (H-h)\,\vec{j}]\cdot\vec{i}}\ \delta\vec{\Phi}_1 = -\frac{\boldsymbol{a}}{\boldsymbol{b}}\ \delta\vec{\Phi}_1$$

Planteando la ecuación del ***TV***:

$$\delta W = \left[\sum_n (\vec{r_i} - \vec{r_1})\times\vec{F_i} + \vec{r_{1B}}\times B_X\vec{i} + \sum_m \vec{M_j}\right]\cdot\delta\vec{\Phi}_1 + \left[\sum_n (\vec{r_i} - \vec{r_2})\times\vec{F_i} + \vec{r_{2B}}\times B_X(-\vec{i})\right]\cdot\delta\vec{\Phi}_2$$

Explícitamente:

$$\delta W = \left(-q\,\frac{a^2}{2} - P\,e + Q\,h - B_X\,H - M\right)\vec{k}\cdot\delta\vec{\Phi}_1 + \left[q\,\frac{b^2}{2} + B_X\,(H-h)\right]\vec{k}\cdot\left(-\frac{a}{b}\delta\vec{\Phi}_1\right)$$

En la condición de equilibrio $\delta W = 0$, siendo $\delta\vec{\Phi}_1 \neq 0$, se obtiene:

$$B_X = \frac{-q\,\dfrac{a^2}{2} - P\,e + Q\,h - M - q\,\dfrac{a\,b}{2}}{H + \dfrac{a}{b}(H-h)} = -\mathbf{18.7}\ \boldsymbol{kN}$$

Ejemplo 8: Determinar todas las reacciones de vínculo externo y la fuerza de interacción en la articulación interna *E*, por el método del ***TV***.

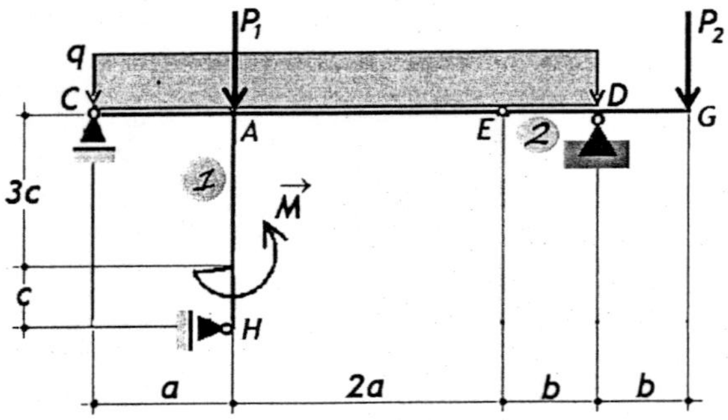

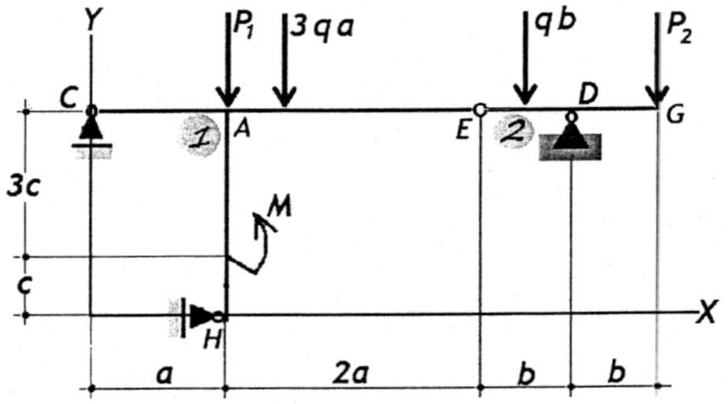

$$a = 3\,m \qquad b = 2.5\,m \qquad c = 1.5\,m$$

$$P_1 = 20\,kN \qquad P_2 = 40\,kN \qquad M = 20\,kN\,m \qquad q = 5\,\frac{kN}{m}$$

El sistema de dos cuerpos conectados en la articulación interna ***E***, está isostáticamente vinculado. Reemplazamos las fuerzas distribuidas por sus resultantes y adoptamos el sistema coordenado indicado.

Método de los centros de rotación:

Reacción del apoyo móvil *H*: eliminamos el apoyo y lo reemplazamos por la fuerza reactiva, $\overrightarrow{H}$ transformando al sistema isostático en uno hipostático con ***1GL***.

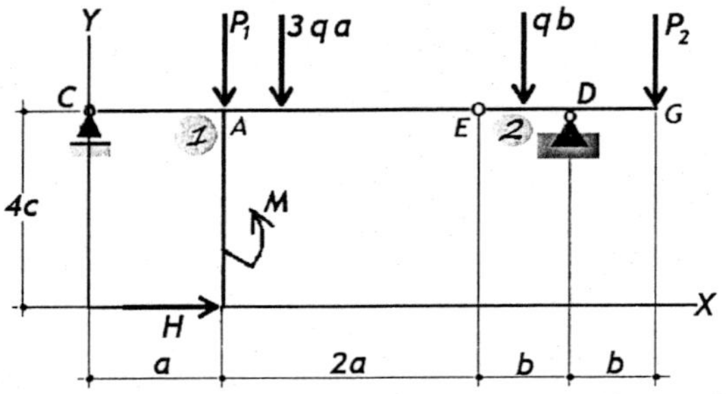

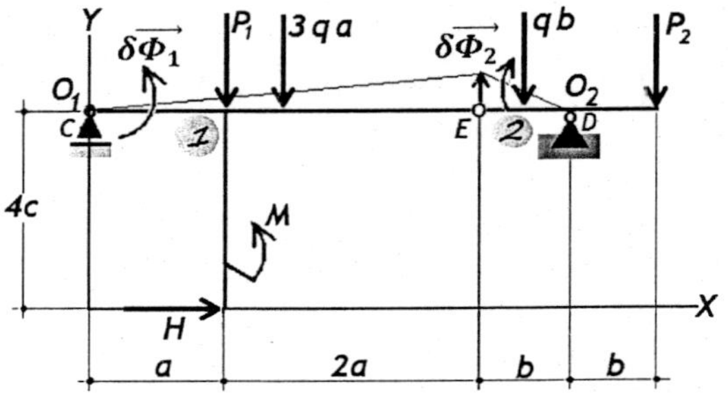

Determinamos los centros de rotación de los cuerpos. El O_2 es inmediato y coincide con la articulación fija ***D***. El centro de rotación del cuerpo ***1***, O_1, está sobre la recta que pasa por el centro O_2 y la articulación relativa ***E***, en su intersección con la recta normal al apoyo móvil ***C*** que como se ve, coincide con éste.

Al estar los centros de rotación definidos, los movimientos posibles de los cuerpos son de rotación.

Imponemos al sistema un movimiento virtual cualquiera. La expresión del ***TV***:

$$\delta W = \sum_{k_t} \overrightarrow{F_{Rk}} \cdot \delta\overrightarrow{a_k} + \sum_{k_r} \overrightarrow{M_{Rk}} \cdot \delta\overrightarrow{\Phi_k}$$

Debido a que no hay cuerpos que se trasladan ($k_t = 0$), la anterior:

$$\delta W = \sum_{k=2} \overrightarrow{M_{Rk}} \cdot \delta\overrightarrow{\Phi_k} = \sum_{k=2} \left[\sum_{n} (\overrightarrow{r_\iota} - \overrightarrow{r_k}) \times \overrightarrow{F_\iota} + \sum_{m} \overrightarrow{M_J} \right] \cdot \delta\overrightarrow{\Phi_k}$$

Si suponemos el giro virtual del cuerpo ***1***: $\delta\overrightarrow{\Phi_1} = \delta\varphi\,\overrightarrow{k}$

El giro inducido en el cuerpo **2**, lo determinamos con:

$$\overrightarrow{\delta\Phi_2} = \frac{\overrightarrow{r_{1E}} \cdot \overrightarrow{r_{2E}}}{r_{2E}^2}\ \overrightarrow{\delta\Phi_1}$$

Los vectores posición de la articulación respecto a los centros de rotación, son:

$$\overrightarrow{r_{1E}} = 3a\,\vec{\imath} \qquad\qquad \overrightarrow{r_{2E}} = -b\,\vec{\imath}$$

Con lo cual resulta: $\overrightarrow{\delta\Phi_2} = \frac{3a\,\vec{\imath}\cdot(-b\,\vec{\imath})}{b^2}\ \overrightarrow{\delta\Phi_1} = -3\frac{a}{b}\ \overrightarrow{\delta\Phi_1} = -3\frac{a}{b}\ \delta\varphi\,\vec{k}$

El cálculo del $\overrightarrow{M_{Rk}}$ realizado en forma escalar:

$$\delta W = \left(-P_1\,a + M + H\,4\,c - q\,3\,a\frac{3}{2}a\right)\vec{k}\cdot\overrightarrow{\delta\Phi_1} + \left(q\,b\frac{b}{2} - P_2\,b\right)\vec{k}\cdot\overrightarrow{\delta\Phi_2} = 0$$

Reemplazando $\overrightarrow{\delta\Phi_2}$, haciendo $\delta W = 0$, en la condición de equilibrio:

$$\delta W = \left(-P_1\,a + M + H\,4\,c - \frac{9}{2}q\,a^2\right)\vec{k}\cdot\overrightarrow{\delta\Phi_1} + \left(q\frac{b^2}{2} - P_2\,b\right)\vec{k}\cdot\left(-3\frac{a}{b}\right)\overrightarrow{\delta\Phi_1} = 0$$

y siendo $\overrightarrow{\delta\Phi_1} \neq 0$, se obtiene:

$$H = \frac{P_1\,a + q\,a\,\frac{(9\,a + 3\,b)}{2} - M - 3\,P_2\,a}{4\,c} = -10.208\ kN$$

<u>Reacción del apoyo móvil *C*</u>: eliminamos el apoyo y lo reemplazamos por la fuerza reactiva $\vec{C}$.
Los centros de rotación de los cuerpos son: el O_2 coincide con la articulación fija ***D***. El centro de rotación del cuerpo ***1***, O_1, debe estar sobre la recta que pasa por el centro O_2 y la articulación relativa ***E***, en su intersección con la recta normal al apoyo móvil ***H***. Como esta normal es paralela a la EO_2, el centro O_1 se encontrará infinitamente alejado en la dirección ***X***.

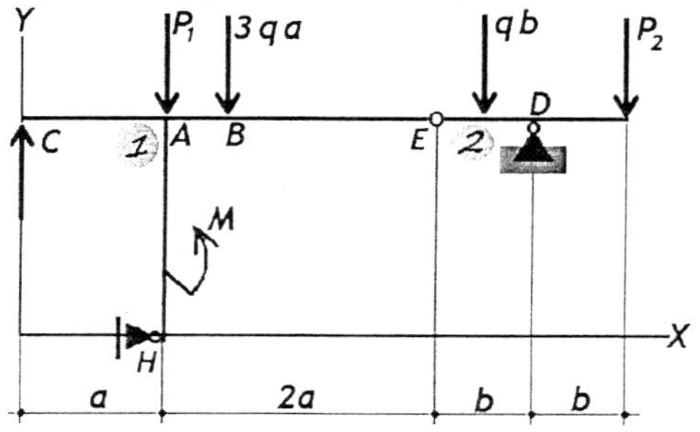

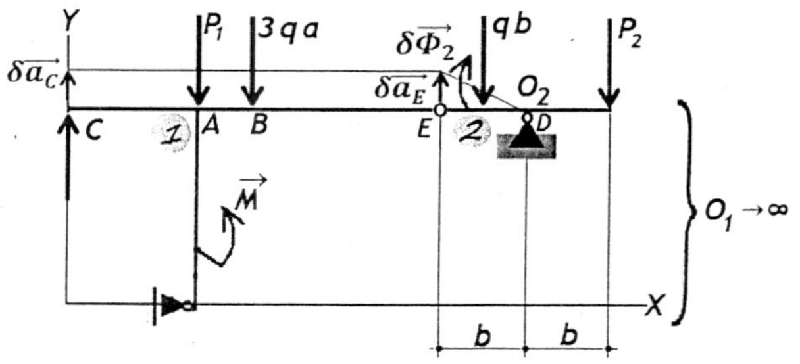

De acuerdo a como resultaron los centros de rotación, los movimientos posibles de los cuerpos son: del ***1*** la traslación vertical, y del ***2*** el de rotación.

Imponemos al sistema un movimiento cualquiera compatible, tal como un desplazamiento virtual vertical al cuerpo ***1***:

$$\overrightarrow{\delta a_1} = \delta v\,\vec{\jmath}$$

Todos los puntos de este cuerpo tienen igual desplazamiento, por lo que en aquellos en los cuales hay aplicados fuerzas y el de la articulación ***E***, son:

$$\boldsymbol{\delta \overrightarrow{a_C} = \delta \overrightarrow{a_A} = \delta \overrightarrow{a_B} = \delta \overrightarrow{a_E} = \delta \overrightarrow{a_1} = \delta v \, \vec{j}}$$

El giro virtual inducido en el cuerpo ***2***, se determina a partir del desplazamiento de la articulación ***E*** que también pertenece a él:

$$\delta \overrightarrow{\Phi_2} = \frac{\overrightarrow{r_{2E}} \times \delta \overrightarrow{a_E}}{r_{2E}^2} = \frac{-b \, \vec{\imath} \times \delta v \, \vec{\jmath}}{b^2} = -\frac{\delta v}{b} \, \vec{k}$$

La expresión general del ***TV***:

$$\delta W = \sum_{k_t=1} \overrightarrow{F_{Rk}} \cdot \delta \overrightarrow{a_k} + \sum_{k_r=1} \overrightarrow{M_{Rk}} \cdot \delta \overrightarrow{\Phi_k} = (C - P_1 - 3 \, q \, a) \, \vec{j} \cdot \delta v \, \vec{j} + \left(q \, b \, \frac{b}{2} - P_2 b\right) \vec{k} \cdot \left(-\frac{\delta v}{b} \, \vec{k}\right)$$

Obsérvese que como el cuerpo ***1*** sólo se traslada, el par de momento ***M*** que actúa en él, no realiza trabajo.

En la condición de equilibrio, $\boldsymbol{\delta W = 0}$ y teniendo en cuenta lo arbitrario y no nulo de $\boldsymbol{\delta v}$, tendremos:

$$C = P_1 + q\left(3 \, a + \frac{b}{2}\right) - P_2 = \mathbf{31.25 \, kN}$$

<u>**Reacción horizontal del apoyo fijo *D***</u>: transformamos al apoyo fijo ***D*** en uno móvil con la fuerza horizontal reactiva D_X.

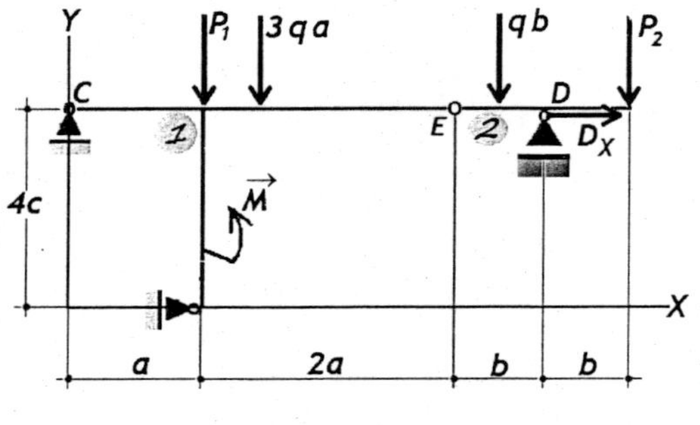

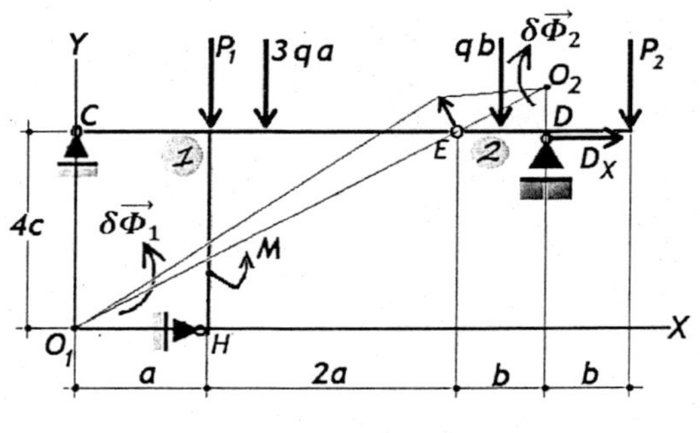

Los centros de rotación de los cuerpos son: el O_1 en el encuentro de las normales a los apoyos móviles ***C*** y ***H***. El centro de rotación del cuerpo ***2***, debe estar sobre la recta que pasa por el centro O_1 y la articulación relativa ***E***, en su intersección con la normal al ahora apoyo móvil ***D***.

$$\overrightarrow{r_1} = 0 \qquad\qquad \overrightarrow{r_2} = (3 \, a + b) \, \vec{\imath} + \left(4 \, c + \overline{DO_2}\right) \vec{\jmath}$$

A partir de la semejanza de los triángulos CO_1E y DO_2E, es: $\overline{DO_2} = \frac{4 \, c}{3 \, a} \, b$

Al estar los centros de rotación definidos, los movimientos posibles de los cuerpos son de rotación.

Si suponemos el giro virtual del cuerpo ***1***: $\delta \overrightarrow{\Phi_1} = \delta \varphi \, \vec{k}$

El giro inducido en el cuerpo ***2***, lo determinamos con:

$$\delta \overrightarrow{\Phi_2} = \frac{\overrightarrow{r_{1E}} \cdot \overrightarrow{r_{2E}}}{r_{2E}^2} \, \delta \overrightarrow{\Phi_1}$$

Los vectores posición de la articulación relativa ***E*** respecto a los centros de rotación, son:

$$\overrightarrow{r_{1E}} = \mathbf{3}\boldsymbol{a}\,\vec{\imath} + \mathbf{4}\boldsymbol{c}\,\vec{\jmath} \qquad\qquad \overrightarrow{r_{2E}} = -b\,\vec{\imath} - \overline{DO_2}\,\vec{\jmath} = -\boldsymbol{b}\,\vec{\imath} - \frac{\mathbf{4}\,\boldsymbol{c}}{\mathbf{3}\,\boldsymbol{a}}\boldsymbol{b}\,\vec{\jmath}$$

Con lo cual resulta:
$$\delta\overrightarrow{\boldsymbol{\Phi}_2} = \frac{(3a\,\vec{\imath} + 4c\,\vec{\jmath})\cdot\left(-b\,\vec{\imath} - \frac{4\,c}{3\,a}b\,\vec{\jmath}\right)}{b^2 + \left(\frac{4\,c}{3\,a}b\right)^2}\,\delta\overrightarrow{\Phi_1} = -3\,\frac{a}{b}\,\delta\overrightarrow{\boldsymbol{\Phi}_1} = -\mathbf{3}\,\frac{\boldsymbol{a}}{\boldsymbol{b}}\,\delta\boldsymbol{\varphi}\,\vec{\boldsymbol{k}}$$

El ***TV***:

$$\boldsymbol{\delta W} = \sum_{k=2}\overrightarrow{M_{Rk}}\cdot\delta\overrightarrow{\Phi_k} = \left(-P_1\,a + M - q\,3\,a\frac{3}{2}a\right)\vec{\boldsymbol{k}}\cdot\boldsymbol{\delta}\overrightarrow{\boldsymbol{\Phi}_1} + \left(q\,b\frac{b}{2} - \;P_2\,b + D_X\overline{DO_2}\right)\vec{\boldsymbol{k}}\cdot\boldsymbol{\delta}\overrightarrow{\boldsymbol{\Phi}_2}$$

En la condición de equilibrio y reemplazando $\overline{\boldsymbol{DO_2}}$ y $\boldsymbol{\delta}\overrightarrow{\boldsymbol{\Phi}_2}$:

$$\boldsymbol{\delta W} = \left(-P_1\,a + M - \frac{9}{2}q\,a^2\right)\vec{\boldsymbol{k}}\cdot\boldsymbol{\delta}\overrightarrow{\boldsymbol{\Phi}_1} + \left(q\frac{b^2}{2} - \;P_2\,b + D_X\,\frac{4\,c}{3\,a}b\right)\vec{\boldsymbol{k}}\cdot\left(-3\frac{a}{b}\right)\boldsymbol{\delta}\overrightarrow{\boldsymbol{\Phi}_1} = \mathbf{0}$$

y siendo $\boldsymbol{\delta}\overrightarrow{\boldsymbol{\Phi}_1} \neq \mathbf{0}$, se obtiene:

$$\boldsymbol{D_X} = \frac{-P_1\,a - q\,\dfrac{a\,(9\,a + 3\,b)}{2} + M + 3P_2a}{4\,c} = \mathbf{10.208}\;\boldsymbol{kN}$$

<u>**Reacción vertical del apoyo fijo *D***</u>: transformamos al apoyo fijo ***D*** en uno móvil con la fuerza vertical reactiva $\boldsymbol{D_Y}$.

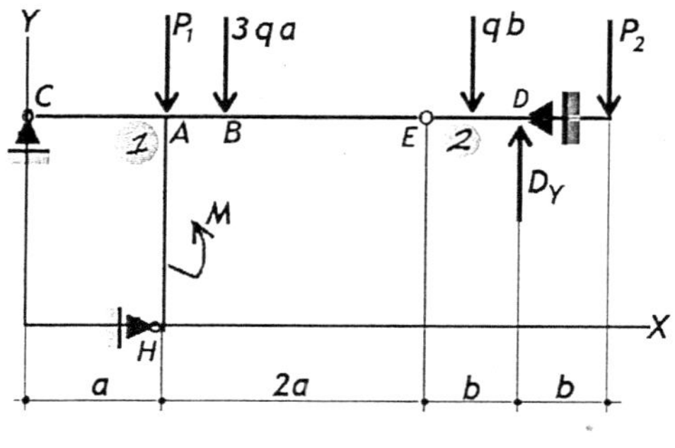

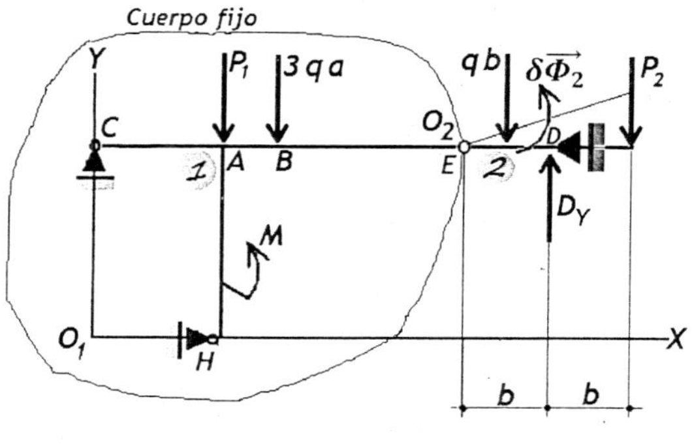

Los centros de rotación de los cuerpos son: el $\boldsymbol{O_1}$ en el encuentro de las normales a los apoyos móviles ***C*** y ***H***. El centro de rotación del cuerpo ***2***, debe estar sobre la recta que pasa por el centro $\boldsymbol{O_1}$ y la articulación relativa ***E***, en su intersección con la recta normal al apoyo móvil ***D*** y que coincide con la articulación ***E***.

$$\overrightarrow{\boldsymbol{r_1}} = \mathbf{0} \qquad\qquad \overrightarrow{\boldsymbol{r_2}} \equiv \overrightarrow{r_E} = \mathbf{3}\;\boldsymbol{a}\,\vec{\boldsymbol{\imath}} + \mathbf{4}\;\boldsymbol{c}\,\vec{\boldsymbol{\jmath}}$$

Como el centro de rotación del cuerpo ***2*** coincide con la articulación ***E***, que también pertenece al cuerpo ***1***, es un punto estacionario de éste. Como el cuerpo ***1*** también tiene como punto estacionario al punto $\boldsymbol{O_1}$, hace que, en consecuencia, todo el cuerpo ***1*** quede estacionario. El grado de libertad queda para el cuerpo ***2*** exclusivamente. Su movimiento posible es el de rotación.

Si suponemos el giro virtual del cuerpo ***2***: $\delta\overrightarrow{\Phi_2} = \delta\varphi\,\vec{k}$

El ***TV*** y en la condición de equilibrio:

$$\delta W = \left(-q\,b\,\frac{b}{2} - P_2\,2\,b + D_Y\,b\right)\vec{k}\cdot\overrightarrow{\delta\Phi_2} = 0$$

siendo $\overrightarrow{\delta\Phi_2} \neq 0$, se obtiene:

$$D_Y = \frac{q\,b}{2} + 2P_2 = 86.25\ kN$$

<u>**Componente vertical de la fuerza de interacción en la articulación interna *E***</u>: transformamos la articulación en una verticalmente deslizable con la fuerza de interacción E_Y:

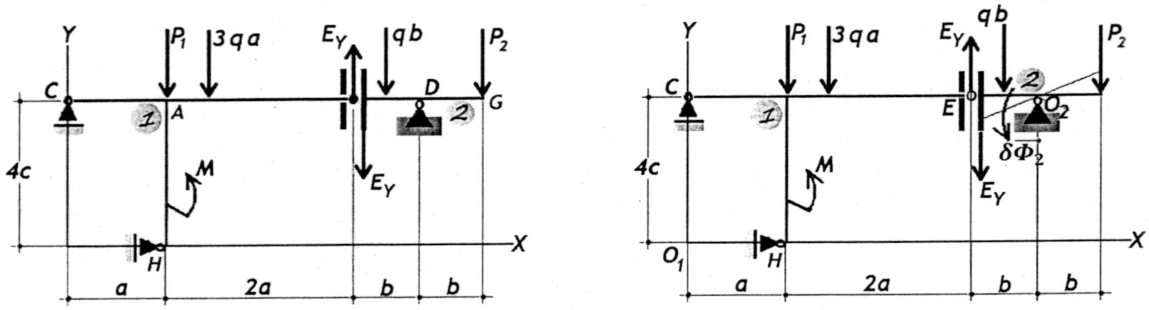

Si se intenta aplicar un giro virtual al cuerpo ***1***, se ve que en la expresión *[8.25]*:

$$\overrightarrow{\delta\phi_2} = \frac{\vec{r}_{1E}\cdot\vec{j}}{\vec{r}_{2E}\cdot\vec{j}}\ \overrightarrow{\delta\phi_1}$$

el denominador es nulo ($\vec{r}_{2E} = -b\,\vec{\imath}$), lo cual conduciría a una indeterminación en cuanto al giro inducido en el cuerpo ***2***.

Ello es porque la dirección del desplazamiento posible del punto de la guía del cuerpo ***2*** coincide con la dirección de la guía y por lo tanto el desplazamiento a que da lugar el giro del cuerpo ***2*** no se propaga al cuerpo ***2***, por lo que el grado de libertad queda sólo para el cuerpo ***2***.

Imponiendo un giro virtual al cuerpo ***2***, $\overrightarrow{\delta\phi_2}$, la ecuación del ***TV*** queda reducida a las que realizan las cargas en este cuerpo solamente. En la condición de equilibrio, con $\overrightarrow{\delta\Phi_2} \neq 0$:

$$\delta W = \left(q\,b\,\frac{b}{2} - P_2\,b + E_Y\,b\right)\vec{k}\cdot\overrightarrow{\delta\Phi_2} = 0$$

$$E_Y = P_2 - q\,\frac{b}{2} = 33.75\ kN$$

Componente horizontal de la fuerza de interacción en la articulación interna *E*: transformamos la articulación en una horizontalmente deslizable con la fuerza de interacción $\boldsymbol{E_X}$:

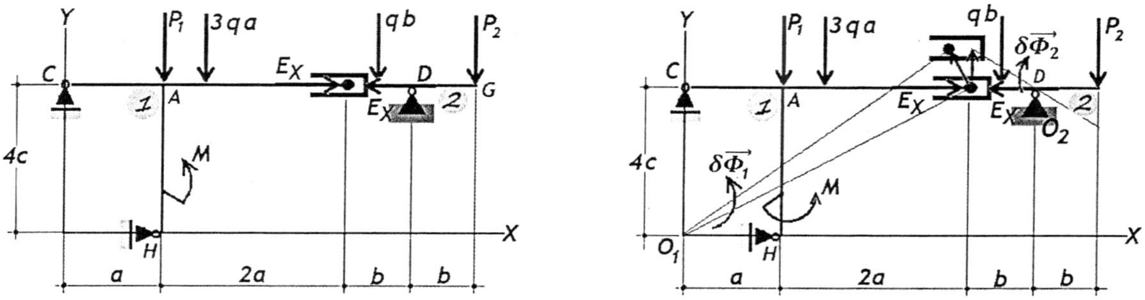

Si suponemos el giro virtual del cuerpo ***1***: $\overrightarrow{\delta\boldsymbol{\Phi}_1} = \delta\varphi\, \vec{k}$

El giro inducido en el cuerpo ***2***, con:

$$\overrightarrow{\delta\boldsymbol{\Phi}_2} = \frac{\overrightarrow{r_{1E}}\cdot\vec{\imath}}{\overrightarrow{r_{2E}}\cdot\vec{\imath}}\,\overrightarrow{\delta\boldsymbol{\Phi}_1}$$

Los vectores posición de la articulación respecto a los centros de rotación, son:

$$\overrightarrow{r_{1E}} = 3a\,\vec{\imath} + 4c\,\vec{\jmath} \qquad \overrightarrow{r_{2E}} = -b\,\vec{\imath}$$

Con lo cual resulta: $\overrightarrow{\delta\boldsymbol{\Phi}_2} = \frac{3\,a}{-b}\overrightarrow{\delta\boldsymbol{\Phi}_1} = -3\frac{a}{b}\overrightarrow{\delta\boldsymbol{\Phi}_1} = -3\frac{a}{b}\delta\varphi\,\vec{k}$

El trabajo virtual $\boldsymbol{\delta W}$, y en la condición de equilibrio, siendo $\overrightarrow{\delta\boldsymbol{\Phi}_1} \neq \mathbf{0}$:

$$\delta W = \sum_{k=2}\overrightarrow{M_{Rk}}\cdot\overrightarrow{\delta\Phi_k} = \left(-P_1\,a + M - 3\,qa\,\frac{3}{2}a - E_X\,4c\right)\vec{k}\cdot\overrightarrow{\delta\boldsymbol{\Phi}_1} + \left(q\,b\frac{b}{2} - P_2\,b\right)\vec{k}\cdot\left(-3\frac{a}{b}\overrightarrow{\delta\boldsymbol{\Phi}_1}\right) = \mathbf{0}$$

$$E_x = \frac{-P_1\,a - q\,\dfrac{a\,(9\,a + 3\,b)}{2} + M + 3\,P_2\,a}{4\,c} = \mathbf{10.208}\ \boldsymbol{kN}$$

Método de variación de la coordenada independiente: supongamos querer determinar por este método, la reacción de apoyo ***H***. Eliminamos el apoyo y lo reemplazamos por la fuerza reactiva.

Dado que para el sistema con ***1GL***, en la configuración indicada en el enunciado, no hay una coordenada que permita fijarla y no haría fácilmente aplicable este método. Para poder hacerlo deberíamos suponer una cierta configuración definida por una cualquiera de las coordenadas α_1, α_2, x_C (u otra) y escribir en términos de ella, las posiciones de los puntos de aplicación de las fuerzas, variar virtualmente la coordenada y obtener el desplazamiento de los puntos de aplicación de las fuerzas. Luego plantear la ecuación del ***TV*** nulo y obtener ***H***.

Si la coordenada elegida es por ejemplo x_C, una vez determinada la dependencia entre ***H*** y x_C, luego se hace nula a x_C (porque en la configuración en que se planteó el problema ese es el valor de x_C), se obtiene ***H***.

Este método conlleva una gran complejidad geométrica, que lo hace impracticable. Iguales conclusiones valen para el cálculo de cualquiera de las otras reacciones e interacciones.

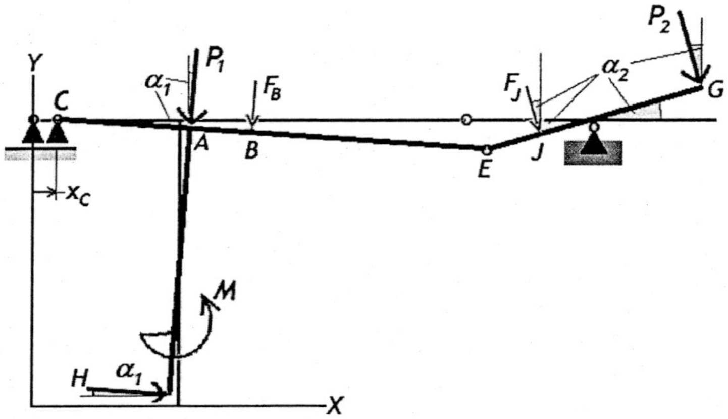

Fin del ejemplo 8

Con el método del trabajo virtual se puede determinar también la fuerza de interacción de una barra con sus articulaciones extremas de un reticulado ideal isostático, como se describe en el siguiente ejemplo.

Ejemplo 9: Para el reticulado isostático, determinar la fuerza de interacción entre la barra ***CD*** y sus articulaciones, usando el ***PTV***. Repetir el mismo cálculo para la barra ***AD***.

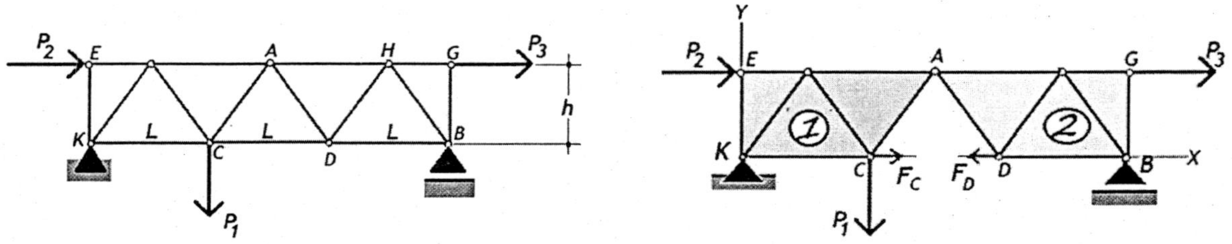

Para poder determinar las fuerzas de interacción de la barra ***CD*** con las articulaciones a la que se conecta, quitamos la barra y la reemplazamos por la acción que ejerce sobre ambas articulaciones (suponiendo que lo hace con los sentidos indicados en la figura, es decir traccionando las articulaciones).

De este modo transformamos al reticulado isostático, en un sistema de dos megacuerpos unidos por la articulación ***A*** que tiene ***1GL***. Lo forman un cuerpo ***1*** vinculado por una articulación fija ***K*** y el ***2***, vinculado al ***1*** con la articulación relativa ***A*** y al exterior con el apoyo móvil en ***B***.

<u>**Método de los centros de rotación**</u>: determinamos los centros de rotación de ambos cuerpos. El del cuerpo ***1*** es inmediato y coincide con la articulación fija ***K***, en tanto que el del ***2*** debe estar en el encuentro de la recta que pasa por el centro $O_1 \equiv K$ y la articulación relativa ***A***, con la recta normal al apoyo ***B***:

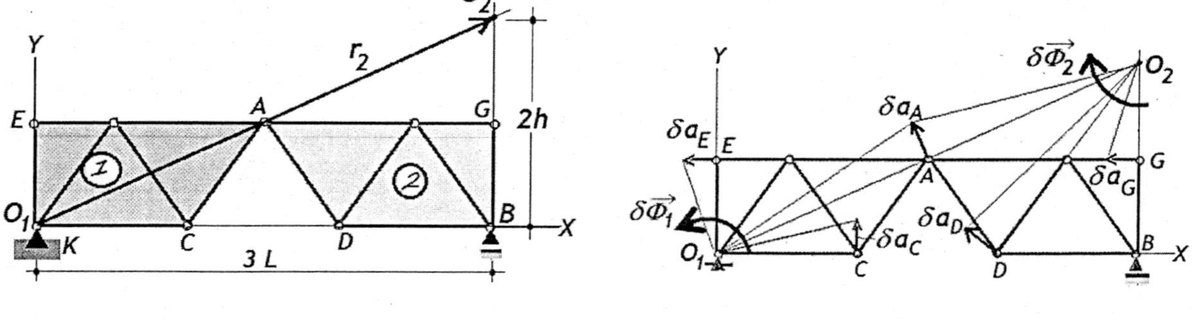

Con el sistema coordenado indicado, la posición de los centros de rotación son:

$$\vec{r_1} = 0 \qquad\qquad \vec{r_2} = 3L\,\vec{\imath} + 2h\,\vec{\jmath}$$

Si suponemos la rotación virtual del cuerpo ***1***: $\delta\overrightarrow{\Phi_1} = \delta\varphi\,\vec{k}$

El giro inducido del cuerpo ***2***, a causa del giro impuesto al cuerpo ***1***, se obtiene a partir de:

$$\delta\overrightarrow{\Phi_2} = \frac{\overrightarrow{r_{1A}}\cdot\overrightarrow{r_{2A}}}{r_{2A}^2}\,\delta\overrightarrow{\Phi_1}$$

Los vectores posición de la articulación entre los cuerpos, respecto a los centros de rotación, son:

$$\overrightarrow{r_{1A}} = \frac{3}{2}L\,\vec{\imath} + h\,\vec{\jmath} \qquad \overrightarrow{r_{2A}} = -\frac{3}{2}L\,\vec{\imath} - h\,\vec{\jmath} \qquad r_{2A}^2 = \frac{9}{4}L^2 + h^2$$

Con los cuales resulta: $\delta\overrightarrow{\Phi_2} = \dfrac{\left(\frac{3}{2}L\,\vec{\imath} + h\,\vec{\jmath}\right)\cdot\left(-\frac{3}{2}L\,\vec{\imath} - h\,\vec{\jmath}\right)}{\frac{9}{4}L^2 + h^2}\,\delta\overrightarrow{\Phi_1} = -\delta\overrightarrow{\Phi_1} = -\delta\varphi\,\vec{k}$

En la figura se muestra el cuadro de los giros de los cuerpos y los desplazamientos de los puntos donde están aplicadas las fuerzas.

La expresión del ***TV***, dado que el movimiento posible de ambos cuerpos es la rotación y las cargas sólo son fuerzas, queda reducida a:

$$\delta W = \sum\nolimits_{k=2}\overrightarrow{M_{Rk}}\cdot\delta\overrightarrow{\Phi_k} \qquad [*]$$

En la ecuación [*] realizamos el cálculo del momento de las fuerzas respecto al centro de rotación en forma escalar:

$$\delta W = (-P_2\,h - P_1\,L)\vec{k}\cdot\delta\overrightarrow{\Phi_1} + (-\,F_D\,2\,h + P_3\,h)\vec{k}\cdot\left(-\delta\overrightarrow{\Phi_1}\right)$$

En la condición de equilibrio el $\delta W = 0$, de la cual, con $\delta\overrightarrow{\Phi_1} \neq 0$

$$F_D = \frac{P_1\,L + P_2\,h + P_3\,h}{2\,h} = F_C$$

Para determinar la fuerza que la barra ***AD***, ejerce sobre sus articulaciones, la eliminamos del reticulado y reemplazamos su acción por las dos fuerzas $\overrightarrow{F_A}$ y $\overrightarrow{F_D} = -\overrightarrow{F_A}$.

Queda un sistema de dos cuerpos conectados por dos barras ***AH*** y ***CD***, que se comportan como dos bielas paralelas que vinculan los subreticulados ***1*** y ***2***:

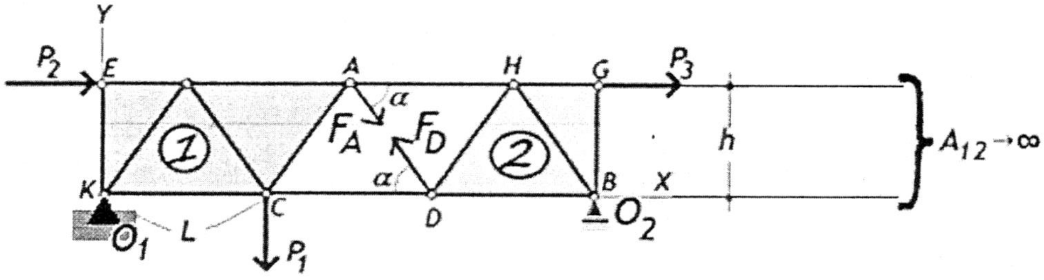

Son: $\overline{AD} = \sqrt{\dfrac{L^2}{4} + h^2}$ $\qquad sen\,\alpha = \dfrac{2h}{\sqrt{L^2 + 4h^2}}$ $\qquad cos\,\alpha = \dfrac{L}{\sqrt{L^2 + 4h^2}}$

La articulación relativa entre los cuerpos es ficticia y está infinitamente alejada en dirección ***X***.

$$\overrightarrow{r_{A_{12}}} = \pm r_\infty \vec{\imath}$$

Las posiciones de los centros de rotación: $\overrightarrow{r_1} = \mathbf{0}$ $\overrightarrow{r_2} \equiv \overrightarrow{r_B} = \mathbf{3}\, \boldsymbol{L}\, \vec{\imath}$

Imponemos como movimiento, una rotación virtual alrededor del centro de rotación $\boldsymbol{O_1}$:

$$\boldsymbol{\delta}\overrightarrow{\boldsymbol{\Phi_1}} = \boldsymbol{\delta\varphi}\, \vec{\boldsymbol{k}}$$

Siendo las posiciones de la articulación relativa, respecto a los centros de rotación:

$$\overrightarrow{r_{1A_{12}}} = \pm r_\infty \vec{\imath} \qquad \overrightarrow{r_{2A_{12}}} = \pm r_\infty \vec{\imath}$$

El giro inducido en el cuerpo ***2***, a causa del giro impuesto al cuerpo ***1***, se obtiene con:

$$\boldsymbol{\delta}\overrightarrow{\boldsymbol{\Phi_2}} = \frac{\overrightarrow{r_{1A_{12}}} \cdot \overrightarrow{r_{2A_{12}}}}{r_{2A_{12}}^2}\, \boldsymbol{\delta}\overrightarrow{\boldsymbol{\Phi_1}} = \frac{\pm r_\infty \vec{\imath} \cdot (\pm r_\infty)\vec{\imath}}{r_\infty^2}\, \boldsymbol{\delta}\overrightarrow{\boldsymbol{\Phi_1}} = \boldsymbol{\delta}\overrightarrow{\boldsymbol{\Phi_1}} = \boldsymbol{\delta\varphi}\, \vec{\boldsymbol{k}}$$

En la condición de equilibrio el trabajo virtual es:

$$\boldsymbol{\delta W} = \left(-P_2\, h - P_1\, L - F_A \cos\alpha\, h - F_A \operatorname{sen}\alpha\, \frac{3}{2} L\right) \vec{\boldsymbol{k}} \cdot \boldsymbol{\delta}\overrightarrow{\boldsymbol{\Phi_1}} + (-P_3\, h - F_D \operatorname{sen}\alpha\, L)\vec{\boldsymbol{k}} \cdot \boldsymbol{\delta}\overrightarrow{\boldsymbol{\Phi_1}} = \mathbf{0}$$

y siendo $\boldsymbol{\delta}\overrightarrow{\boldsymbol{\Phi_1}} \neq \mathbf{0}$ y $\boldsymbol{F_D} = \boldsymbol{F_A}$, se obtiene: $\boldsymbol{F_A} = \boldsymbol{F_D} = \dfrac{-P_2\, h - P_1\, L - P_3\, h}{h \cos\alpha + \frac{5}{2} L \operatorname{sen}\alpha}$

y con las expresiones de $\operatorname{sen}\alpha$ y $\cos\alpha$:

$$\boldsymbol{F_A} = -\frac{\sqrt{L^2 + 4\, h^2}}{6\, h\, L}(P_1\, L + P_2\, h + P_3\, h)$$

El signo negativo significa que la fuerza que la barra ***AD*** ejerce sobre las articulaciones ***A*** y ***D***, es de compresión, que es opuesto al sentido con que inicialmente se la supuso, que era de tracción.

<u>Método de variación de la coordenada independiente</u>: dado que para el sistema con ***1GL***, en la configuración indicada, no hay una coordenada que permita establecerla, sería complicado aplicar este método. Para hacerlo debemos suponer una cierta configuración definida por alguna coordenada, como por ejemplo el ángulo $\boldsymbol{\theta}$, y luego escribir en términos de ella, los vectores posición de los puntos de aplicación de las fuerzas, variarlos, escribir la ecuación del ***TV*** y luego hacer $\boldsymbol{\theta} = \mathbf{0}$, pues esa es la configuración del sistema.

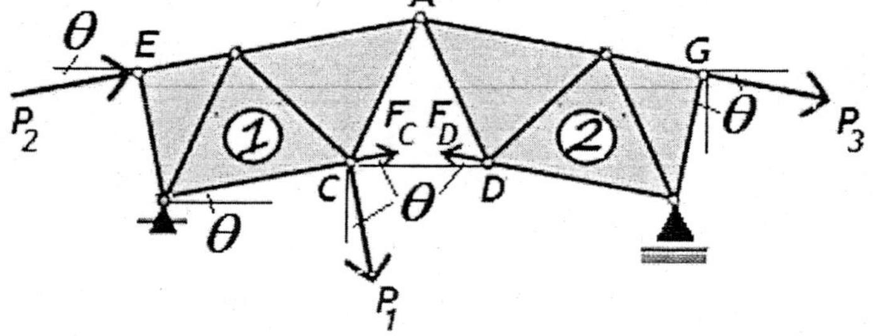

Ejemplo 10: Para el sistema mecánico del ejemplo *5* del cap.*6*, que fue resuelto por planteo del equilibrio, lo resolvemos por el ***PTV***, determinando el valor de la fuerza para que el equilibrio se dé en la configuración

mostrada.

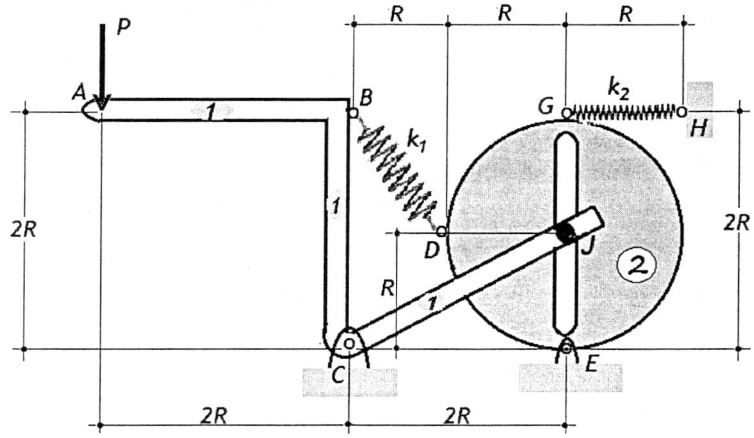

$R = 100mm$ $\qquad\qquad$ $k_1 = 100\ N/mm$ $\qquad\qquad$ $k_2 = 50\ N/mm$

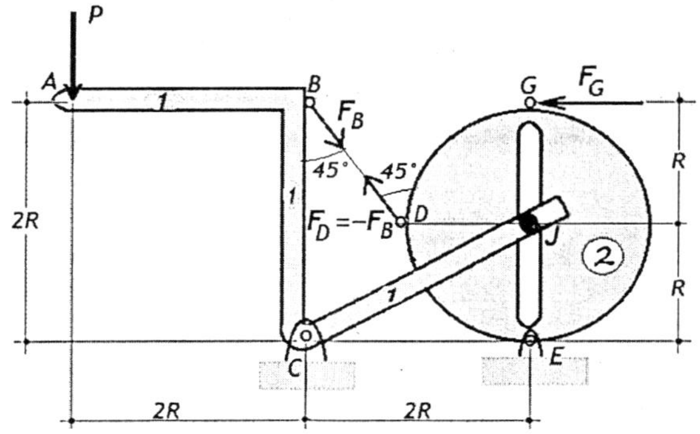

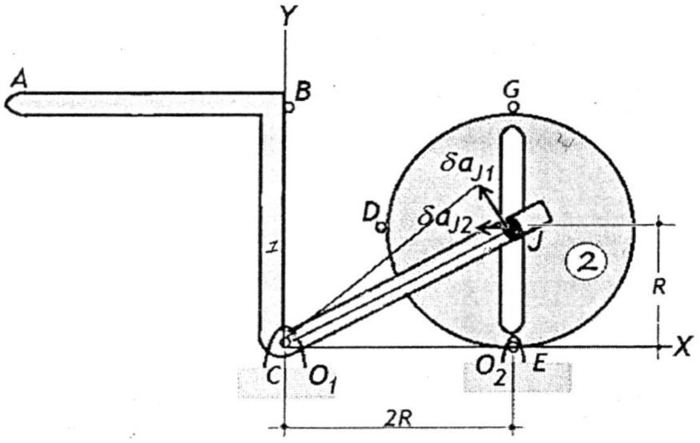

Aquí también reemplazamos los resortes por las fuerzas que ellos ejercen en los puntos de enlace con los cuerpos, pues conocemos sus valores. Llamamos:

$$\boldsymbol{F_B = F_D = \left(\sqrt{2} - 1\right) k_1 R} \qquad\qquad \boldsymbol{F_G = 0.2\ k_2\ R}$$

y sus expresiones vectoriales:

$$\overrightarrow{\boldsymbol{F_B}} = F_B \frac{\sqrt{2}}{2}(\vec{\imath} - \vec{\jmath}) = \left(\sqrt{2} - 1\right) \frac{\sqrt{2}}{2} k_1 R(\vec{\imath} - \vec{\jmath}) \quad \overrightarrow{\boldsymbol{F_D}} = -\overrightarrow{\boldsymbol{F_B}} \qquad \overrightarrow{\boldsymbol{F_G}} = F_G(-\vec{\imath}) = \boldsymbol{-0.2\ k_2\ R\ \vec{\imath}}$$

El sistema tiene ***1GL***.

Método de los Centros de Rotación: dado que ambos cuerpos están vinculados exteriormente con articulaciones fijas, ellas son los centros de rotación. Sus posiciones para el sistema coordenado adoptado:

$$\overrightarrow{r_1} \equiv \overrightarrow{r_C} = \mathbf{0} \qquad\qquad \overrightarrow{r_2} = \mathbf{2}\boldsymbol{R}\ \vec{\imath}$$

Al estar determinados los centros de rotación de ambos cuerpos sus movimientos posibles son de rotación.

Imaginada una rotación virtual para el cuerpo ***1***: $\qquad \delta\,\overrightarrow{\Phi_1} = \delta\varphi\,\vec{k}$

Teniendo en cuenta que la articulación común ***J*** es deslizable, el giro inducido en el cuerpo ***2*** es, *ec.[8.25]*:

$$\delta\vec{\Phi}_2 = \frac{\vec{r}_{1J} \cdot \vec{j}}{\vec{r}_{2J} \cdot \vec{j}} \delta\vec{\Phi}_1$$

Donde son: $\overrightarrow{r_{1J}} = 2R\,\vec{i} + R\,\vec{j}$ $\overrightarrow{r_{2J}} = R\,\vec{j}$

Luego: $\delta\vec{\Phi}_2 = \frac{R}{R}\delta\vec{\Phi}_1 = \delta\vec{\Phi}_1 = \delta\varphi\,\vec{k}$

Como no hay cuerpos con movimiento posible de traslación, ni pares como cargas, la ecuación del ***TV***:

$$\delta W = \sum_{k=2} \overrightarrow{M_{Rk}} \cdot \overrightarrow{\delta\Phi_k} = \left(\overrightarrow{r_{1A}}\times\vec{P} + \overrightarrow{r_{1B}}\times\overrightarrow{F_B}\right) \cdot \overrightarrow{\delta\Phi_1} + \left(\overrightarrow{r_{2D}}\times\overrightarrow{F_D} + \overrightarrow{r_{2G}}\times\overrightarrow{F_G}\right) \cdot \overrightarrow{\delta\Phi_2}$$

Planteando el ***PTV*** (haciendo $\delta W = 0$), y reemplazando en esta última cada uno de los vectores, obtendríamos una ecuación de la cual obtenemos la fuerza ***P***.

El $\overrightarrow{M_{Rk}}$ puede calcularse en forma escalar. De este modo:

$$\delta W = (P\,2R - F_B\cos 45°\,2R)\vec{k} \cdot \overrightarrow{\delta\Phi_1} + (F_D\,sen\,45°\,R - F_D\cos 45°\,R + F_G\,2R)\vec{k} \cdot \overrightarrow{\delta\Phi_2} = 0$$

Siendo $\overrightarrow{\delta\Phi_2} = \overrightarrow{\delta\Phi_1}$ y como es $\overrightarrow{\delta\Phi_1} \neq 0$, se obtiene:

$$P = \frac{\sqrt{2}}{2}F_B - F_G = \frac{\sqrt{2}}{2}(\sqrt{2} - 1)k_1R - 0.2\,k_2R = 1.929\,kN$$

Capítulo 9
Esfuerzos internos en barras

9.1 Introducción

Los cuerpos que hasta ahora estudiamos los consideramos como rígidos o sea indeformables. Sin embargo bajo las diversas acciones los cuerpos, en mayor o menor medida se deforman, es decir cambian de forma o, si no lo hacen, cambian sus dimensiones originales, y casi todos sus puntos se desplazan.

También los asumimos como individibles porque en el estudio del equilibrio lo consideramos en su integridad, sin cortarlo en partes.

Las estructuras portantes, máquinas y mecanismos, deben tener en todo y en cada una de sus partes, entre otros atributos, la suficiente resistencia, es decir la capacidad de resistir las acciones que sobre ellos actuarán a lo largo de su vida útil, sin que se presenten fallas o roturas. Además de evaluar su resistencia, otra parte importante del cálculo de los cuerpos sujetos a diversas acciones, es determinar las deformaciones y desplazamientos. Las deformaciones del cuerpo dan lugar a fuerzas internas cuya determinación es fundamental para juzgar sobre su resistencia.

Si bien las definiciones que daremos seguidamente son válidas cualquiera sea el material y la forma geométrica del cuerpo, centraremos luego nuestro estudio en el cuerpo con la forma de una barra de eje recto.

Los cuerpos están constituidos por átomos, que son entidades esencialmente discretas separados una cierta distancia entre sí. No obstante, consideraremos que la materia es continua y llena todo el espacio contenido por su superficie, lo cual permite hacer uso del análisis matemático, por lo que los diferenciales de volumen, por más pequeños que los imaginemos, siempre contendrán un número muy grande de átomos, lo cual justifica la admisión anterior. Consideramos al cuerpo como continuo y que se mantiene como tal en el estado deformado.

Sea el cuerpo sólido y deformable y configuración inicial ***C***, respecto a un sistema de coordenadas cartesianas fijo ***X***, ***Y***, ***Z*** y que no hay acciones sobre él *fig.9-1*.

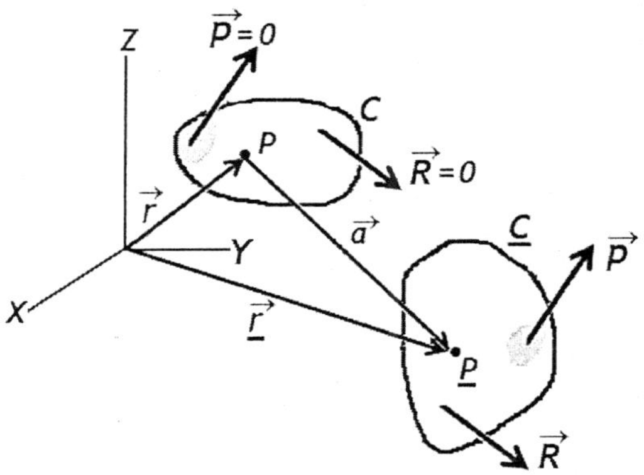

fig.9-1

Supongamos que comienzan a actuar sobre el cuerpo fuerzas de superficie $\vec{\boldsymbol{p}}$ y volumen $\vec{\boldsymbol{R}}$, aplicadas con suficiente lentitud como para no generar efectos cinéticos apreciables, quedando el cuerpo en equilibrio bajo estas acciones, una vez que las fuerzas alcanzaron su valor final. Se supone que en los estados intermedios de carga, hasta alcanzar su valor final, el cuerpo está en equilibrio.

El cuerpo se deforma globalmente como resultado de la acumulación de las deformaciones que sufre cada elemento de volumen del mismo. La deformación da lugar a desplazamientos de todos o casi todos los puntos del cuerpo, de modo que un punto ***P*** y vector posición $\vec{r}$ en la configuración inicial ***C*** pasa, en la configuración final deformada $\underline{C}$, a $\underline{P}$ y posición $\underline{\vec{r}}$, siendo:

$$\vec{a} = \underline{\vec{r}} - \vec{r}$$

el desplazamiento del punto.

9.2 Tensión

Supongamos al cuerpo sólido en equilibrio con un sistema de fuerzas de superficie y volumen aplicados y bajo las cuales se deforma. La deformación implica un cambio en la distancia relativa entre los átomos del cuerpo, respecto a la que tenían en la condición original descargada. Este cambio de la distancia relativa entre los átomos, que se acercan o alejan a causa de la deformación, origina fuerzas internas.

Consideremos, *fig.9-2*, un punto ***P*** interior del cuerpo y una superficie ***S*** que pasa por ***P*** y lo divide en dos partes de volúmenes V_1 y V_2. La superficie ***S*** puede ser una interior cerrada, *fig.9-2a*, o una superficie abierta (corta al cuerpo), *fig.9-2b*.

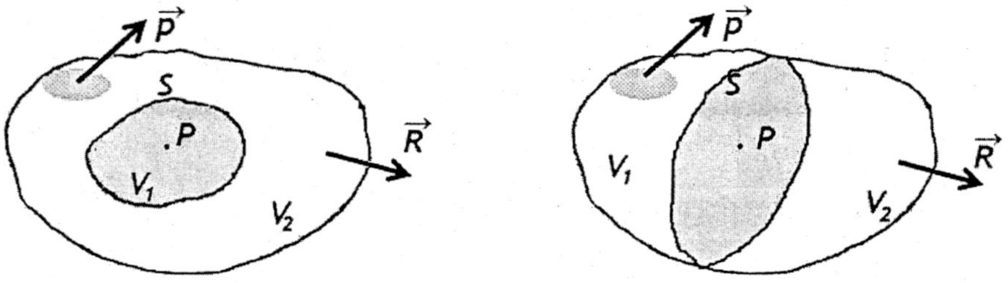

fig.9-2

En el estado deformado, a través de la superficie ***S*** hay fuerzas de interacción entre los átomos a un lado y otro de la misma y si se separan los volúmenes V_1 y V_2, estas fuerzas se hacen manifiestas y son, para cada uno de los subcuerpos, fuerzas superficiales externas actuantes en la superficie de separación ***S***.

Consideremos la *fig.9-2b*, en la que la superficie que separa al cuerpo es abierta y de los dos volúmenes, la parte de volumen V_1, *fig.9-3*.

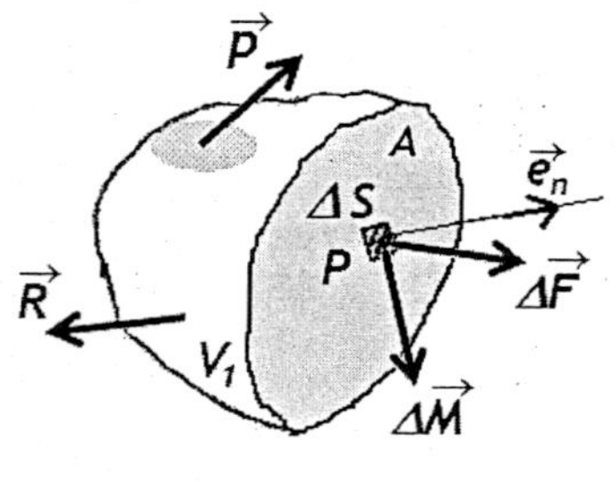

fig.9-3

Sea un punto ***P*** sobre la superficie ***S*** a la que caracterizamos por la normal $\overrightarrow{e_n}$ saliente del volumen V_1 por el punto ***P*** y consideremos un elemento ΔS de esa superficie, de área ΔA, y que contiene a ***P***. A las fuerzas de interacción en cada punto dentro de ΔS, las reducimos al punto ***P***. Las resultantes de estas fuerzas las designamos $\overrightarrow{\Delta F}$ a la de fuerza y $\overrightarrow{\Delta M}$ a la de momento de reducción respecto a ***P***, siendo ambas magnitudes vectoriales.

Se llama *tensión media* en el punto ***P***, para la superficie ***S*** pasante por el mismo y cuya normal saliente del volumen es $\overrightarrow{e_n}$, a:

$$\overrightarrow{t_m} = \frac{\overrightarrow{\Delta F}}{\Delta A}$$

y *tensión* en el punto ***P*** del cuerpo:

$$\vec{t} = \lim_{\Delta S \to P} \overrightarrow{t_m} = \lim_{\Delta A \to 0} \frac{\overrightarrow{\Delta F}}{\Delta A} = \frac{d\vec{F}}{dA}$$

que también es una magnitud vectorial por serlo $\overrightarrow{\Delta F}$, mientras que el límite del cociente incremental correspondiente al momento resultante de reducción $\overrightarrow{\Delta M}$:

$$\lim_{\Delta A \to 0} \frac{\overrightarrow{\Delta M}}{\Delta A} \to 0$$

porque este momento se forma del producto de dos magnitudes que son infinitésimas, la fuerza y la distancia.

Si hacemos pasar otra superficie por el mismo punto, y tal que la normal a la superficie y saliente del nuevo volumen $\overrightarrow{e_n}$, tenga otra orientación en el espacio, será en general también diferente la tensión $\vec{t}$ en el punto.

La explicación y definiciones son exactamente iguales si el volumen considerado es el de *fig. 9-2a*.

Adoptado un sistema coordenado de referencia cartesiano ortogonal, consideremos un punto ***P*** y una superficie coordenada pasante por ***P***, como por ejemplo la ***X***, *fig.9-4a*. Para el subcuerpo de volumen V_1 el vector normal saliente del volumen por esa superficie es $\overrightarrow{e_n} = \overrightarrow{e_X} = \vec{\imath}$. Decimos que esta superficie coordenada es positiva respecto al volumen V_1, porque el vector normal por ***P***, saliente de V_1, está en el sentido positivo de ***X***. Designamos a las tensiones en los puntos de la superficie coordenada ***X*** positiva como $\overrightarrow{t_x}$.

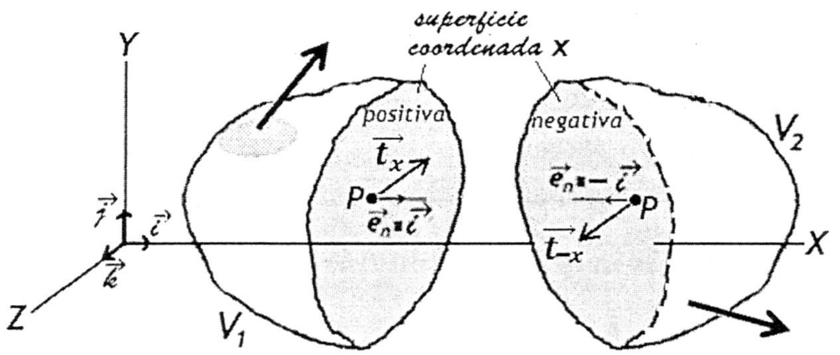

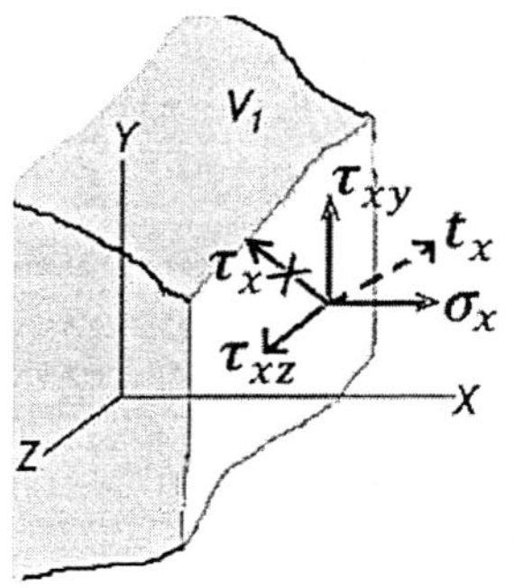

fig.9-4 a) b)

Si al punto lo consideramos como perteneciente a la superficie de la otra parte del cuerpo, de volumen V_2, el vector normal saliente de este otro volumen es $\overrightarrow{e_n} = -\vec{\imath}$; a la superficie la consideramos como negativa y la tensión la designamos $\vec{t}_{-x}$. Por el principio de acción y reacción es:

$$\vec{t}_{-x} = -\overrightarrow{t_x} \qquad [9.1]$$

y lo mismo diríamos para superficies coordenadas ***Y***, ***Z*** pasantes por ***P***: $\vec{t}_{-y} = -\vec{t_y}, \quad \vec{t}_{-z} = -\vec{t_z}$

Es decir que la tensión, para una superficie negativa, es '*menos*' la que correspondería a esa superficie si fuera positiva (para el mismo punto).

Descomponemos a $\vec{t_x}$ en las componentes normal a la superficie $\vec{\sigma_x}$ y en la superficie $\vec{\tau_x}$, *fig.9-4b*:

$$\vec{t_x} = \vec{\sigma_x} + \vec{\tau_x} = \sigma_x\,\vec{\imath} + \vec{\tau_x} \qquad [9.2]$$

La componente $\vec{\sigma_x}$, es la denominada tensión componente normal o simplemente *tensión normal*, porque su vector representativo lo es con respecto a la superficie. Si el vector tensión normal $\vec{\sigma_x}$ es saliente del volumen a través de la superficie, sea esta positiva o negativa, decimos que la tensión normal es de tracción y su signo positivo, mientras que si es entrante al volumen y apunta hacia dentro del mismo, la tensión normal es de compresión y su signo negativo.

A la componente $\vec{\tau_x}$ en el plano tangente pasante por el punto se la llama *tensión tangencial*, la que a su vez descomponemos en sus componentes cartesianas:

$$\vec{\tau_x} = \tau_{xy}\,\vec{\jmath} + \tau_{xz}\,\vec{k} \qquad [9.3]$$

Para poder distinguir las dos componentes de la tensión tangencial, *ec.[9.3]*, se consideran dos subíndices: el primero de ellos es el de la superficie coordenada pasante por el punto y el segundo la dirección del eje coordenado al cual apunta la componente. Así:

τ_{xz} es la componente tangencial de la tensión en la superficie coordenada ***X***, estando el vector representativo de esta componente en dirección del eje ***Z***.

Los signos de las componentes de la tensión tangencial los dan los ejes coordenados para una superficie positiva. De modo que el vector tensión correspondiente a una superficie coordenada ***X*** pasante por el punto, en sus componentes cartesianas, se expresa como:

$$\vec{t_x} = \sigma_x\,\vec{\imath} + \tau_{xy}\,\vec{\jmath} + \tau_{xz}\,\vec{k} \qquad [9.4]$$

y lo mismo para las tensiones asociadas a las otras dos superficies coordenadas que pasan por el punto:

$$\vec{t_y} = \sigma_y\,\vec{\jmath} + \vec{\tau_y} = \sigma_y\,\vec{\jmath} + \tau_{yx}\,\vec{\imath} + \tau_{yz}\,\vec{k} \qquad \vec{t_z} = \sigma_z\,\vec{k} + \vec{\tau_z} = \tau_{zx}\,\vec{\imath} + \tau_{zy}\,\vec{\jmath} + \sigma_z\,\vec{k} \qquad [9.4]$$

Todas ellas, en general, varían con el punto, o sea son: $\vec{t}\,(x, y, z)$

Las unidades en que se expresan las tensiones son las mismas que las de las fuerzas superficiales, esto es:

$$[\,\vec{t}\,] = \frac{N}{m^2} = Pa\ (Pascal)$$

9.3 Esfuerzos internos

Consideremos un cuerpo cargado y en equilibrio y separémoslo en dos partes a través de una superficie cualquiera, plana o no, como en *fig.9-2b*, *fig.9-5*

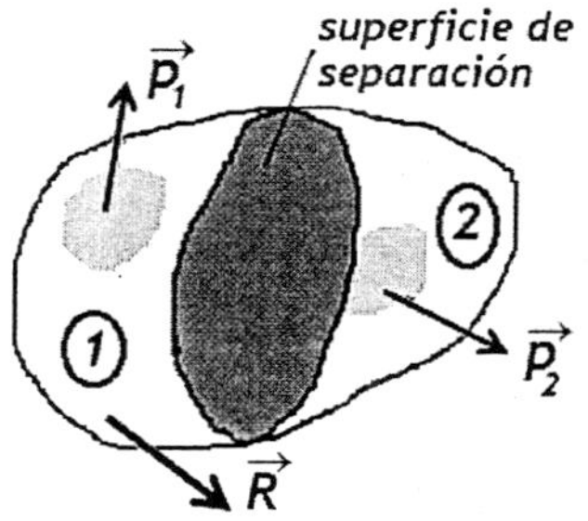

fig.9-5

Si lo separamos, las fuerzas de interacción a través de la superficie, de acción y reacción, aparecerán ahora como fuerzas superficiales externas actuantes en ambas superficies y que son las acciones que se ejercían entre sí, punto a punto, cuando se encontraban unidos. A esta fuerza interior, por unidad de superficie, la habíamos denominado tensión.

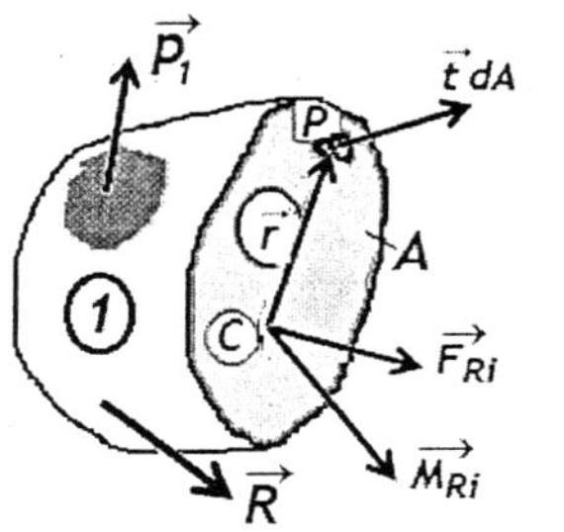

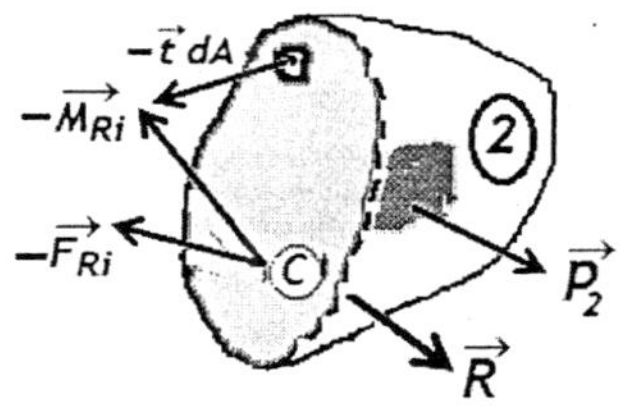

fig.9-6 a) b)

Consideremos en la superficie de separación, *fig.9-6*, un punto ***P*** y una superficie de área diferencial ***dA*** que lo contiene. Si a la tensión $\vec{t}$ en el punto, la multiplicamos por el área diferencial, tendremos la fuerza diferencial $\vec{t}\,dA$. Si sumamos estas infinitas fuerzas en toda el área de la superficie de separación y las reducimos a un punto ***C***, perteneciente o no a la superficie, obtendremos la fuerza resultante interior y el momento resultante interior, para esa superficie:

$$\overrightarrow{F_{Ri}} = \int_A \vec{t}\,dA \qquad \overrightarrow{M^C_{Ri}} = \int_A \vec{r}\times\vec{t}\,dA \qquad [9.4]$$

Ambas resultantes se las designa, en forma genérica, *esfuerzos internos* correspondientes a esa superficie de separación del cuerpo y al centro de reducción elegido.

Los esfuerzos internos resumen en sí a la fuerza y al momento internos que se ejercen entre los subcuerpos, a través de la superficie de separación.

9.4 Esfuerzos internos en las barras

Estudiamos en particular y con cierto detalle, los esfuerzos internos en los cuerpos con la forma de una barra de eje recto (prismáticas o no) y sistemas de barras cargadas, para superficies de separación perpendiculares a su eje (a las que llamamos secciones) y como centro de reducción de las fuerzas diferenciales, al baricentro ***G*** de las secciones.

9.4.1 Sistemas coordenados

Definimos dos sistemas coordenados: uno es un sistema coordenado general o global y fijo ***X-Y-Z*** para referencia general de la propia barra y del resto del sistema mecánico.

El otro sistema coordenado es local de la barra y designado como ***x-y-z***, y que está unido a la barra.

Ambos sistemas coordenados son ternas derechas y para una barra genérica son, *fig.9-7*:

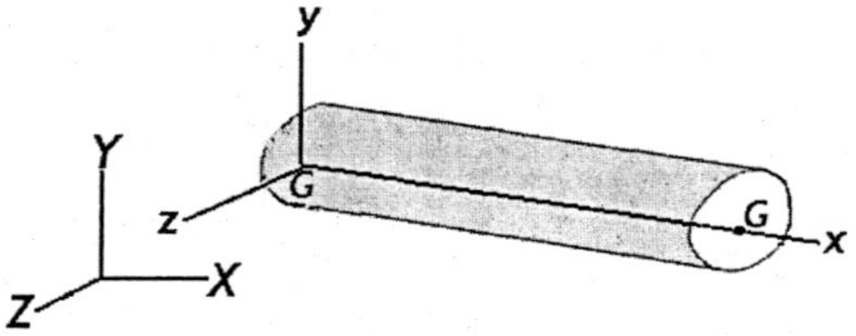

fig.9-7

El sistema coordenado local tiene su origen, en general, en uno de los extremos de la barra y sus ejes ***y-z*** son baricéntricos principales de inercia de la sección de la barra. La línea coordenada ***x*** coincide con el eje de la barra y la coordenada ***x*** es creciente hacia el otro extremo de la barra.

9.4.2 Cargas, tensiones y esfuerzos en las barras

A las fuerzas reales actuantes, superficiales y de volumen, las transformamos en cargas de barra como se explicó en *cap.4* y que resultan en general, *fig.9-8*, fuerzas y momentos de pares, por unidad de longitud, fuerzas y pares concentrados, todos aplicados en el eje. En las superficies extremas fuerzas y pares concentrados, aplicados en los baricentros.

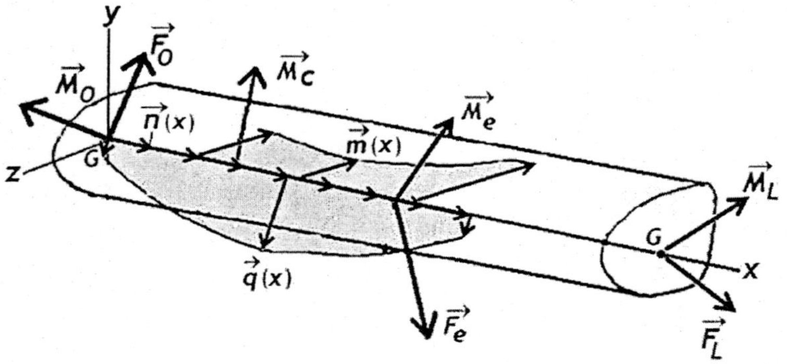

fig.9-8

Como se dijo, dado que la barra es deformable, todos o casi todos, sus puntos tendrán desplazamientos, como resultado de la acumulación de las deformaciones que ocurren en cada elemento de los infinitos elementos de volumen de la barra. A estas deformaciones le corresponderán tensiones.

Una cuestión importante es que la magnitud de los desplazamientos son pequeños con relación a las dimensiones de la barra y mucho más aún las deformaciones, por lo que la configuración deformada de equilibrio es muy próxima a la indeformada inicial. Por ello consideramos a la configuración de equilibrio, coincidente con la configuración inicial descargada. Pretender hacerlo en la configuración deformada, que es donde realmente se alcanza el equilibrio, complicaría notablemente el problema y su estudio corresponde a cursos avanzados de la Mecánica del Sólido Deformable. El error que se comete en general es despreciable, aunque en algunos casos es obligado hacer el estudio en la configuración de equilibrio.

Consideremos la barra cargada y en equilibrio y el sistema coordenado local asociado, *fig.9-9*. Dividimos y separamos a la barra en dos partes por una superficie coordenada ***x***:

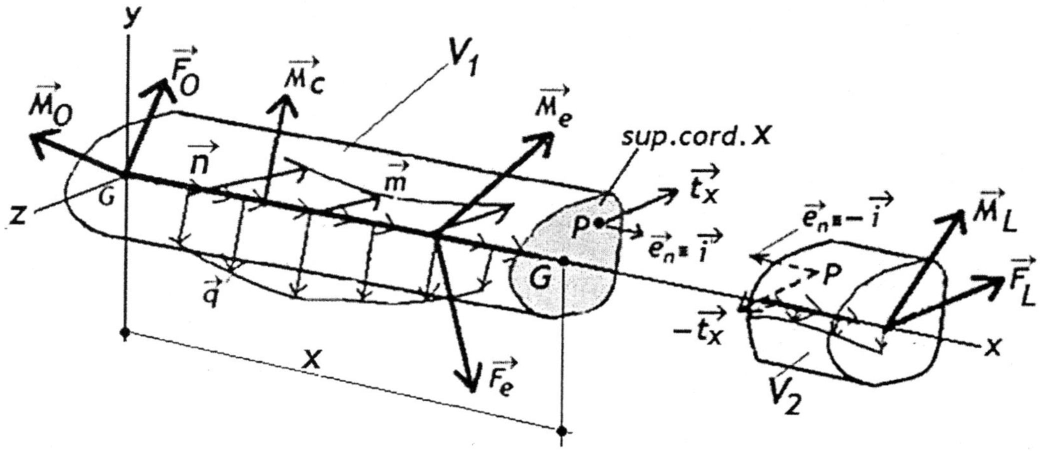

fig.9-9

La superficie de separación que corresponde al volumen V_1 (porción de barra izquierda) es una sección positiva porque la normal saliente del volumen tiene el sentido positivo de $\vec{\imath}$, o sea es $\overrightarrow{e_n} = \vec{\imath}$ y la tensión, para un punto ***P***, es $\overrightarrow{t_x}$. La otra superficie o cara, correspondiente a V_2, cuya normal es $\overrightarrow{e_n} = -\vec{\imath}$, es una sección o cara negativa y la tensión es $\vec{t}_{-x}$. Como vimos es $\vec{t}_{-x} = -\overrightarrow{t_x}$.

Para un punto ***P***, perteneciente a la sección ***x*** positiva, *fig.9-10* y para un elemento de área ***dA*** que contiene al punto, la fuerza diferencial correspondiente es $\overrightarrow{t_x}\, dA$:

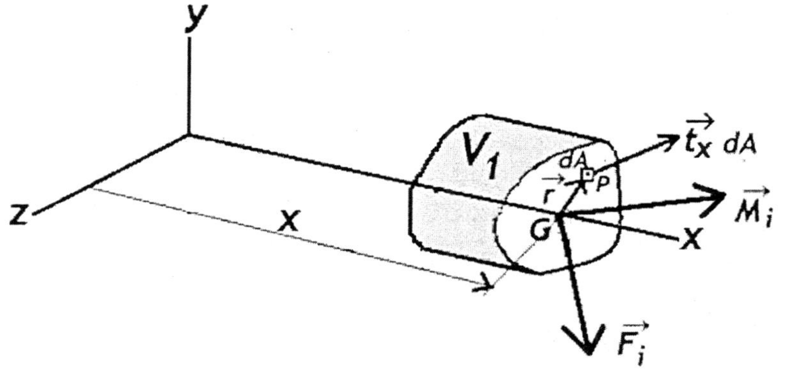

fig.9-10

Si sumamos estas infinitas fuerzas elementales en el área de la sección, tendremos la fuerza resultante interna y el momento resultante interno, respecto al baricentro ***G*** de la sección, que los habíamos designado, genéricamente, los esfuerzos internos del cuerpo que en este caso es la barra, *ec.[9.5]*:

$$\overrightarrow{F_\iota} = \int_A \overrightarrow{t_x}\, dA \qquad\qquad \overrightarrow{M_\iota} = \int_A \vec{r}\times\overrightarrow{t_x}\, dA \qquad [9.5]$$

Reemplazando la tensión en términos de sus componentes rectangulares:

$$\overrightarrow{t_x} = \sigma_x\,\vec{\imath} + \tau_{xy}\,\vec{\jmath} + \tau_{xz}\,\vec{k}$$ y siendo el vector posición del punto: $$\vec{r} = y\,\vec{\jmath} + z\,\vec{k}$$

se obtendrían ambas resultantes para la correspondiente sección de la barra.

Para determinar los esfuerzos internos en una sección de la barra debemos conocer, para cada punto de la sección, a $\overrightarrow{t_x}$ y realizar la correspondiente integración en el área de la sección. En general no se conoce $\overrightarrow{t_x}$, y su determinación es parte fundamental del estudio de la mecánica de barras deformables.

9.4.3 Componentes de los esfuerzos internos

Consideremos la barra separada en dos partes por una superficie coordenada $\boldsymbol{x}$ y el volumen que corresponde a la cara positiva, *fig.9-11a*. De la fuerza interna $\overrightarrow{\boldsymbol{F_\iota}}$, consideramos la componente normal a la superficie, $\overrightarrow{\boldsymbol{N}}$ y la componente en el plano de la superficie $\overrightarrow{\boldsymbol{Q}}$ las que se expresan, a su vez, en términos de las componentes cartesianas respecto a la terna local, *fig.9-11b*:

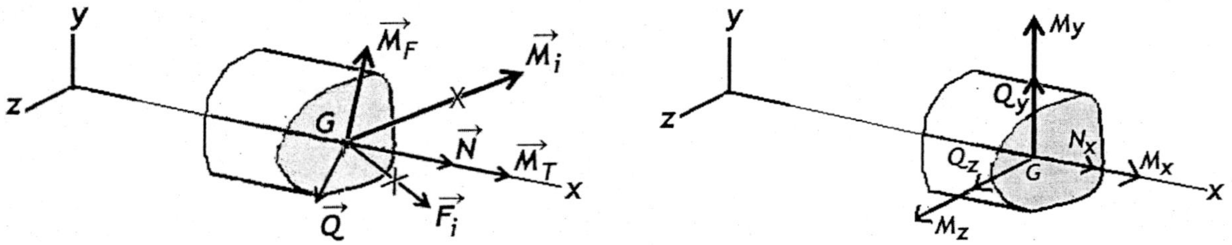

fig.9-11 a) b)

$$\overrightarrow{F_\iota} = \overrightarrow{N} + \overrightarrow{Q} = N_x\,\vec{\imath} + Q_y\,\vec{\jmath} + Q_z\,\vec{k} \qquad [9.6]$$

Se designa a $\overrightarrow{\boldsymbol{N}}$ el *esfuerzo normal* y a $\overrightarrow{\boldsymbol{Q}}$ el *esfuerzo de corte*.

$\boldsymbol{N_x}$ es la magnitud del esfuerzo normal y los $\boldsymbol{Q_y}, \boldsymbol{Q_z}$ son las componentes cartesianas de $\overrightarrow{\boldsymbol{Q}}$ y son los esfuerzos de corte en $\boldsymbol{x}$ e $\boldsymbol{y}$.

Del momento interno $\overrightarrow{\boldsymbol{M_\iota}}$ consideramos a la componente en el plano de la sección $\overrightarrow{\boldsymbol{M_F}}$, denominado *momento flexor* y la componente en dirección normal a la sección, $\overrightarrow{\boldsymbol{M_T}}$, denominado *momento torsor*. En término de sus componentes cartesianas resulta:

$$\overrightarrow{M_\iota} = \overrightarrow{M_T} + \overrightarrow{M_F} = M_x\,\vec{\imath} + M_y\,\vec{\jmath} + M_z\,\vec{k} \qquad [9.7]$$

$\boldsymbol{M_x}$ es la magnitud del momento torsor y los $\boldsymbol{M_y}, \boldsymbol{M_z}$ son los momentos flexores componentes en $\boldsymbol{y}$ y $\boldsymbol{z}$.

Los mismos resultados se hubieran obtenido, con signo opuesto, si la reducción se hiciera con las tensiones en la cara negativa. Resumiendo queda en una sección genérica $\boldsymbol{x}$, en las caras positiva y negativa, *fig.9-12*:

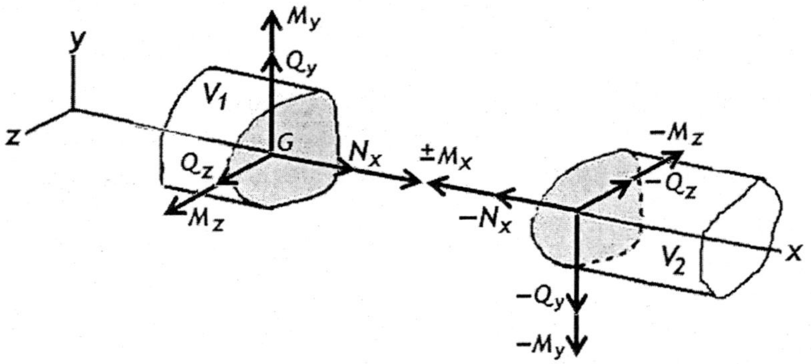

fig.9-12

Los esfuerzos internos de la barra y sus componentes dependen de cómo son las cargas y son función de la coordenada $\boldsymbol{x}$ de la sección, porque al integrar $\overrightarrow{t_x}(x, y, z)$ en el área de la sección, quedan expresadas como funciones de $\boldsymbol{x}$.

En general al desconocer $\overrightarrow{t_x}$, no podríamos determinar los esfuerzos internos. Sin embargo pueden calcularse de un modo indirecto, por planteo del equilibrio. Para ello si la barra cargada es libre y está en equilibrio o está isostáticamente vinculada o pertenece a un sistema que es interna y externamente isostático y por lo que pueden conocerse las reacciones de vínculo externas y las interacciones en las vinculaciones internas, entonces, separada en la sección de interés de una barra, por planteo del equilibrio de la parte de la barra o del cuerpo o del subsistema al que pertenece, entre las cargas actuantes sobre esa parte y los esfuerzos internos de la sección, pueden determinarse éstos, como veremos en los ejemplos.

9.5 Relación entre las componentes de los esfuerzos y las cargas

Existe una importante relación entre las cargas de barra y los esfuerzos internos.

Consideremos en la barra cargada y en equilibrio de la *fig.9-8*, un elemento diferencial de la misma, limitado por la superficies coordenadas ***x*** y ***x+dx***, *fig.9-13*. Las cargas distribuidas sobre este elemento las reducimos al centro del elemento (que está a ***dx/2*** de sus secciones extremas). Sobre las secciones extremas del elemento ejercen su acción las dos partes restantes de la barra y que se sintetizan en los esfuerzos internos correspondientes a ambas caras del elemento. En la figura se indican todas estas cargas:

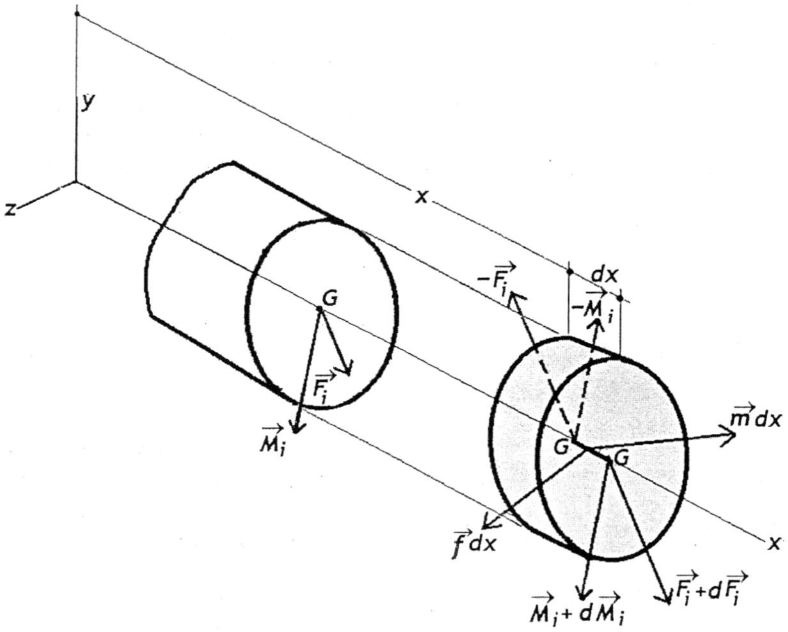

fig.9-13

Planteamos las dos ecuaciones vectoriales de equilibrio de este elemento de barra. La fuerza resultante nula:

$$-\overrightarrow{F_\iota} + \left(\overrightarrow{F_\iota} + d\,\overrightarrow{F_\iota}\right) + \vec{f}\;dx = 0$$

cancelando los términos opuestos y dividiendo por ***dx***:

$$\frac{d\,\overrightarrow{F_\iota}}{dx} + \vec{f} = 0 \qquad [9.8]$$

Las escalares correspondientes, con la fuerza distribuida externa: $\vec{f} = n_x\,\vec{\imath} + q_y\,\vec{\jmath} + q_z\,\vec{k}$

$$\frac{d\,N_x}{dx} + n_x = 0 \qquad \frac{d\,Q_y}{dx} + q_y = 0 \qquad \frac{d\,Q_z}{dx} + q_z = 0 \qquad [9.8']$$

La otra ecuación de equilibrio del elemento diferencial de volumen de la barra, la del momento resultante nulo, la formulamos respecto al baricentro de la sección coordenada ***x+dx***:

$$-\overrightarrow{M_\iota} + (-dx\,\vec{\imath})\times(-\overrightarrow{F_\iota}) + \left(-\frac{dx}{2}\right)\vec{\imath}\times\vec{f}\;dx + \overrightarrow{m}\;dx + \overrightarrow{M_\iota} + d\,\overrightarrow{M_\iota} = 0$$

Cancelando los términos opuestos, dividiendo por ***dx***:

$$\vec{\imath}\times\overrightarrow{F_\iota} - \frac{1}{2}\vec{\imath}\times\vec{f}\;dx + \overrightarrow{m} + \frac{d\,\overrightarrow{M_\iota}}{dx} = 0$$

El segundo término queda multiplicado por ***dx*** y puede despreciarse frente a los otros, con lo cual la segunda ecuación vectorial de equilibrio resulta:

$$\vec{\imath}\times\overrightarrow{F_\iota} + \frac{d\,\overrightarrow{M_\iota}}{dx} + \overrightarrow{m} = 0 \qquad [9.9]$$

y las escalares equivalentes, con el par distribuido externo de momento: $\overrightarrow{m} = m_x\,\vec{\imath} + m_y\,\vec{\jmath} + m_z\,\vec{k}$:

$$\frac{d\,M_x}{dx} + m_x = 0 \qquad -Q_z + \frac{d\,M_y}{dx} + m_y = 0 \qquad Q_y + \frac{d\,M_z}{dx} + m_z = 0 \qquad [9.9']$$

Las dos ecuaciones vectoriales de equilibrio (*ecs.[9.8]* y *[9.9]*) o sus equivalentes escalares (*ecs.[9.8´]* y *[9.9´]*), son las *ecuaciones diferenciales de equilibrio interno*, formuladas en término de los esfuerzos internos.

Estas ecuaciones se utilizan aquí para obtener la variación los esfuerzos internos en la barra y realizar un análisis cualitativo de ellos.

Del conjunto de las seis ecuaciones, se pueden establecer cuatro grupos independientes entre sí:

$$\frac{d\,Q_y}{dx} + q_y = 0 \qquad \text{y} \qquad Q_y + \frac{d\,M_z}{dx} + m_z = 0 \qquad [9.10]$$

$$\frac{d\,Q_z}{dx} + q_z = 0 \qquad \text{y} \qquad -Q_z + \frac{d\,M_y}{dx} + m_y = 0 \qquad [9.11]$$

$$\frac{d\,N_x}{dx} + n_x = 0 \qquad [9.12]$$

$$\frac{d\,M_x}{dx} + m_x = 0 \qquad [9.13]$$

9.6 Ejemplos y explicaciones adicionales importantes

Como las cargas de barra están aplicadas en el eje de la misma, a la barra frecuentemente se la representa por su eje, independientemente de la forma real de la sección.

Para el cálculo concreto de los esfuerzos internos, en general, se deben determinar las reacciones de apoyo. Luego se las dibuja en el ***DCL*** con sus sentidos correctos.

En general las fuerzas y pares concentrados pueden ocupar cualquier posición en la barra. Del mismo modo las cargas distribuidas (fuerzas y pares) pueden actuar en toda la longitud de la barra o una longitud menor, ocupando cualquier posición.

Por eso los puntos en los que hay una fuerza y/o un par concentrado, o comienza o termina una carga distribuida, son extremos del dominio de las funciones que describen las componentes de los esfuerzos internos y por lo que deben determinarse éstos en los extremos de cada dominio. Donde hay una fuerza y/o par concentrados se deben calcular los esfuerzos inmediatamente antes y después de donde están aplicados. Para las cargas distribuidas en el punto donde comienzan y terminan.

Ejemplo 1: Determinar los esfuerzos internos para la barra simplemente apoyada con una fuerza transversal uniformemente distribuida en toda su longitud y contenida en un plano.

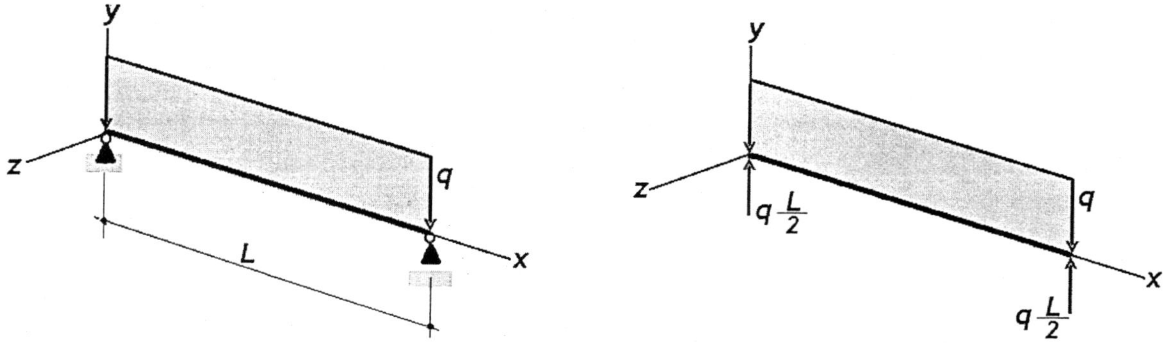

Elegimos el origen del sistema coordenado local en el baricentro de la superficie extrema izquierda, con el eje $\boldsymbol{x}$ creciente a lo largo de la longitud y los $\boldsymbol{y}$-$\boldsymbol{z}$, como se indica. La fuerza distribuida, cuya línea de carga es el eje de la barra, queda en el plano $\boldsymbol{x}$-$\boldsymbol{y}$. Con el sistema coordenado adoptado, las cargas de barra son:

$$\vec{q} = q_y\,\vec{j} = -q\,\vec{j} \qquad \vec{n} = 0 \qquad \vec{m} = 0 \qquad \vec{F_e} = 0 \qquad \vec{M_e} = 0 \qquad \vec{M_C} = 0$$

Calculamos las reacciones de apoyo, que son iguales a: $q\frac{L}{2}$

y que son las cargas actuantes en las secciones extremas: $\vec{F_O} = \vec{F_L} = q\frac{L}{2}\vec{j}$

Como la línea de carga de la fuerza distribuida es toda la longitud de la barra, las componentes de los esfuerzos internos se describen por una única función, cuyo dominio es $\boldsymbol{L}$.

Para obtener los esfuerzos internos consideremos la barra separada en dos partes por una sección genérica $\boldsymbol{x}$. En la superficie del corte, cuyo vector normal saliente del volumen queda en dirección del eje $+\boldsymbol{x}$ (cara o sección positiva), representamos las componentes de los esfuerzos internos con los signos positivos (respecto a la terna local $\boldsymbol{x}$-$\boldsymbol{y}$-$\boldsymbol{z}$).

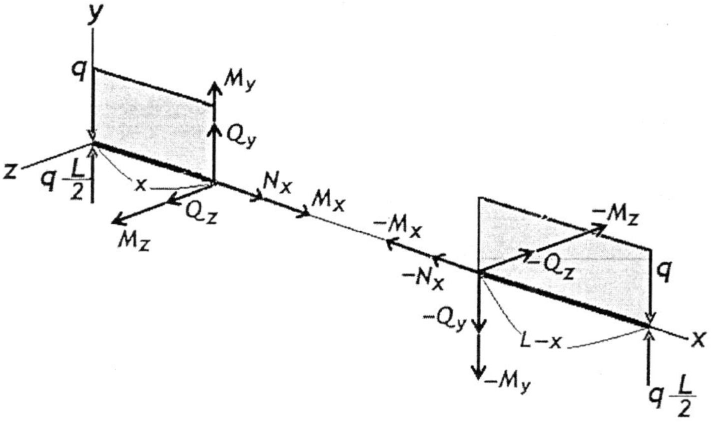

Como la barra está en equilibrio, lo estará cualquier parte de la misma de tamaño finito o infinitésimo, con las cargas actuantes sobre esa porción y las acciones (resumida en los esfuerzos internos) que la otra parte de la barra ejerce sobre la porción seleccionada.

Planteamos el equilibrio de esa parte de la barra, de longitud x. Para las ecuaciones escalares consideramos como direcciones para la proyección de las fuerzas, las del sistema coordenado local:

$$\Sigma F_x = N_x = 0$$
$$\Sigma F_y = q\frac{L}{2} - q\,x + Q_y = 0$$
$$\Sigma F_z = Q_z = 0$$

El punto del espacio respecto al cual calcular el momento de las cargas y los esfuerzos puede ser cualquiera. Sin embargo a fin de que en la ecuación no aparezcan los momentos de las componentes N_X, Q_y y Q_Z, lo calculamos con respecto al baricentro de la sección x de la barra, las componentes escalares son:

$$\Sigma M_x = M_x = 0$$
$$\Sigma M_y = M_y = 0$$
$$\Sigma M_z = -q\frac{L}{2}x + q\,x\frac{x}{2} + M_z = 0$$

De las cuales se obtienen las funciones:

$$N_x = 0 \qquad Q_y(x) = q\,x - q\,\frac{L}{2} \qquad Q_z = 0$$
$$M_x = 0 \qquad M_y = 0 \qquad M_z(x) = -q\,\frac{x^2}{2} + q\,\frac{L}{2}\,x$$

Este mismo cálculo podríamos hacerlo con la otra parte de la barra de longitud $L-x$. Las cargas actuantes sobre esta otra porción de la barra son: la carga de barra q, la de la sección extrema $x=L$ ($\overrightarrow{F_L}$)y las acciones que la parte de longitud x ejerce sobre la $L-x$ que se resumen en los esfuerzos; como la normal saliente por la sección está en el sentido negativo del eje x, se dibujan en los sentidos negativos del sistema coordenado local Con las mismas direcciones para el planteo de las ecuaciones escalares de equilibrio y el momento respecto al baricentro de la sección x, tendremos:

$$\Sigma F_x = -N_x = 0$$
$$\Sigma F_y = -Q_y - q\,(L-x) + q\frac{L}{2} = 0$$
$$\Sigma F_z = -Q_z = 0$$
$$\Sigma M_x = -M_x = 0$$
$$\Sigma M_y = -M_y = 0$$
$$\Sigma M_z = -M_z - q\,\frac{(L-x)^2}{2} + q\frac{L}{2}(L-x) = 0$$

Obteniéndose los mismos resultados.

También pueden determinarse las componentes de los esfuerzos internos, a partir de las ecuaciones diferenciales de equilibrio interno:

$$\frac{d\,N_x}{dx} + n_x = 0 \qquad \frac{d\,Q_y}{dx} + q_y = 0 \qquad \frac{d\,Q_z}{dx} + q_z = 0$$
$$\frac{d\,M_x}{dx} + m_x = 0 \qquad -Q_z + \frac{d\,M_y}{dx} + m_y = 0 \qquad Q_y + \frac{d\,M_z}{dx} + m_z = 0$$

donde son: $n_x = 0$ $\quad q_y = -q$ $\quad q_z = 0$ $\quad m_x = 0$ $\quad m_y = 0$ $\quad m_z = 0$

Con lo cual integrando:

$$N_x = N_x^* \qquad Q_y(x) = -\int -q\ dx + Q_y^* = q\,x + Q_y^* \qquad Q_z = Q_z^*$$

$$M_x = M_x^*$$

$$M_y = \int Q_z\, dx + M_y^* = Q_z^*\, x + M_y^*$$

$$M_z = -\int Q_y\, dx + M_z^* = -q\,\frac{x^2}{2} - Q_y^*\, x + M_z^*$$

Los N_x^*, Q_y^*, Q_z^*, M_x^*, M_y^* y M_z^* son constantes de integración. Las calculamos a partir de las valores en $x = 0$, para lo cual planteamos el equilibrio de un elemento diferencial de longitud de la barra junto al apoyo izquierdo. Por simplicidad hacemos la representación en el plano ***x-y***.

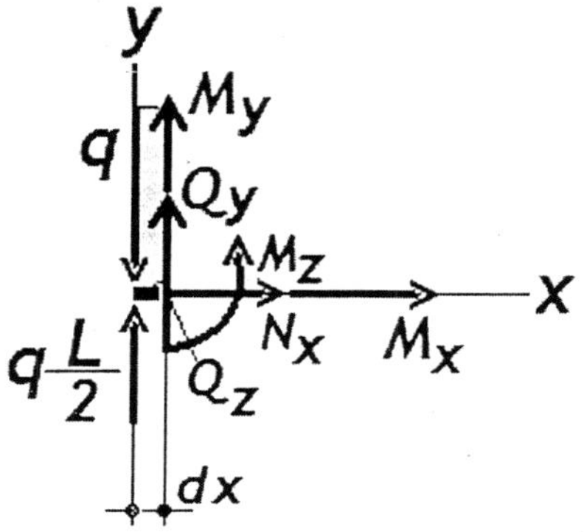

$$\Sigma F_x = N_x(0) = 0 \qquad \Sigma F_y = q\frac{L}{2} - q\ dx + Q_y(0) = 0$$

$$\Sigma F_z = Q_z(0) = 0 \qquad \Sigma M_x = M_x(0) = 0 \qquad \Sigma M_y = M_y(0) = 0$$

$$\Sigma M_z = -q\frac{L}{2}dx + q\ dx\frac{dx}{2} + M_z(0) = 0$$

Despreciando los términos multiplicados por ***dx***, respecto a los otros, tendremos:

$$N_x(0) = 0 \qquad Q_y(0) = -q\frac{L}{2} \qquad Q_z(0) = 0$$

$$M_x(0) = 0 \qquad M_y(0) = 0 \qquad M_z(0) = 0$$

De modo que en las ecuaciones de equilibrio interno integradas:

$$N_x(0) = N_x^* = 0 \qquad Q_y(0) = Q_y^* = -q\frac{L}{2} \qquad Q_z(0) = Q_z^* = 0$$

$$M_x(0) = M_x^* = 0 \qquad M_y(0) = M_y^* = 0 \qquad M_z(0) = M_z^* = 0$$

Reemplazando estas constantes se obtiene, lo mismo que antes:

$$N_x = 0 \qquad Q_y(x) = q\,x - q\frac{L}{2} \qquad Q_z = 0$$

$$M_x = 0 \qquad M_y = 0 \qquad M_z(x) = -q\,\frac{x^2}{2} + q\frac{L}{2}x$$

Representamos estos esfuerzos. Tomamos como base para la representación el propio eje de la barra; los sentidos de los mismos son en correspondencia con los sentidos del eje ***y*** de la terna local. A las representaciones se les coloca el signo, según de qué lado, positivo o negativo, quede la función. Debe indicarse también, los máximos y mínimos absolutos y relativos. A menos que sea evidente, también las abscisas de los puntos donde se anulan:

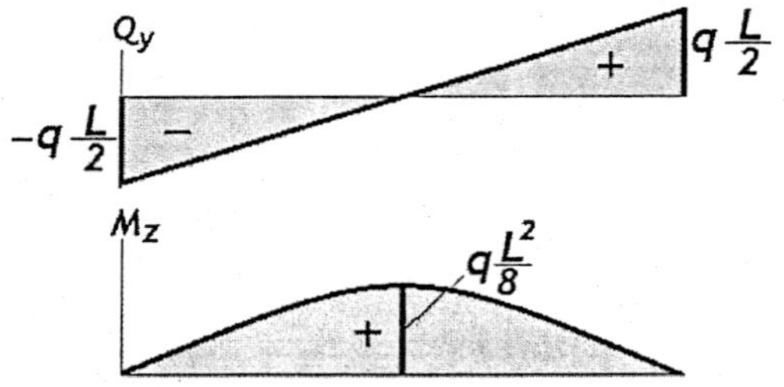

9.6.1 Fuerzas y pares concentrados intermedios

Como se dijo, en los lugares donde hay una fuerza o par concentrados, señalan la frontera que definen los dominios de definición de las funciones que describen la variación de los esfuerzos, por lo que es necesario conocerlos a un lado y otro del lugar donde hay una fuerza y/o un par concentrado, para lo cual planteamos el equilibrio de partes de la barra seccionada antes y después de la fuerza o el par. Sin embargo este doble cálculo puede hacerse en una sola de esas secciones, antes o después, lo cual se justifica a través de la siguiente explicación.

Supongamos, *fig.9-14*, en una cierta posición dentro de una barra, las fuerzas $\boldsymbol{P_x}$ y $\boldsymbol{P_y}$ y un par concentrado de momento $\boldsymbol{M}$, que tienen sentidos positivos respecto a la terna local asociada a la barra. Por simplicidad la explicación la hacemos en el plano ***x-y***:

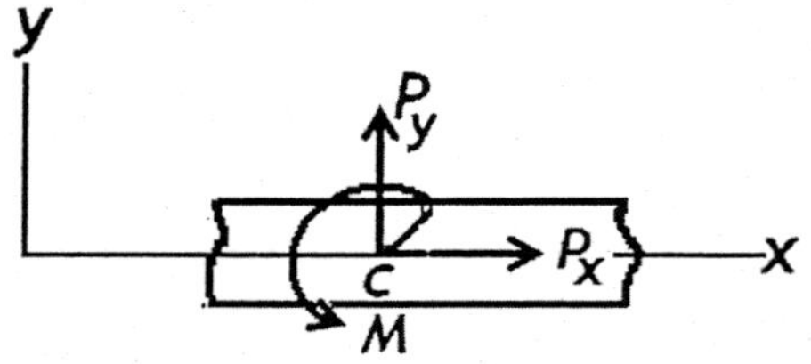

fig.9-14

Separamos un elemento diferencial de longitud de barra que contenga en su punto medio aquel en el que están aplicados las fuerzas y el vector momento representativo del par externo, *fig.9-15*. Si este punto es el ***C***, los esfuerzos en la sección inmediatamente anterior, los denotamos indicando ***C-***. A los esfuerzos en la sección inmediatamente posterior a ***C*** (en el sentido creciente de ***x***) lo indicamos ***C+***.

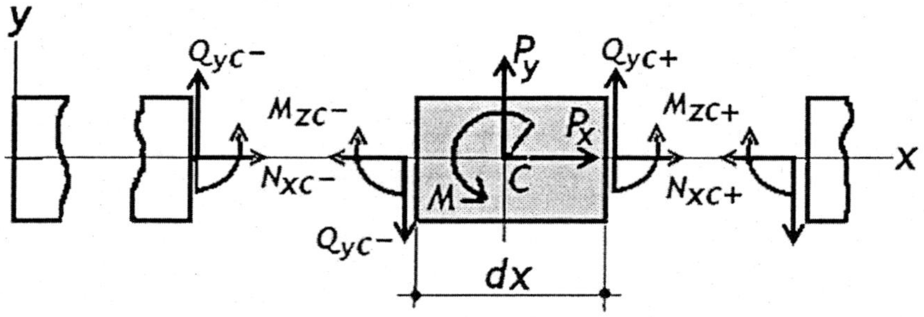

fig.9-15

Las ecuaciones que surgen del planteo del equilibrio del elemento de barra, de longitud ***dx*** y que contiene al punto donde están aplicadas las cargas externas, son:

$$-N_{xC-} + P_x + N_{xC+} = 0$$
$$-Q_{yC-} + P_y + Q_{yC+} = 0$$
$$-M_{zC-} + M + M_{zC+} = 0$$

Con las cuales podemos obtener los esfuerzos de la sección ***C+***, a partir de los de la sección precedente ***C-***:

$$\begin{aligned} N_{xC+} &= N_{xC-} - P_x \\ Q_{yC+} &= Q_{yC-} - P_y \\ M_{zC+} &= M_{zC-} - M \end{aligned} \qquad [9.14]$$

En el segundo miembro las P_x, P_y, M se introducen con el signo que tienen con relación a la terna local asumida para la barra.

La regla es que cuando hay una fuerza y/o par concentrados y si el cálculo de los esfuerzos se hace en el sentido creciente de la coordenada ***x***, a los valores calculados en la sección inmediatamente anterior de donde está la acción externa (***C-*** en esta demostración), se los decrementa en los valores de estas acciones externas, para obtener los esfuerzos en la sección inmediatamente posterior (***C+***).

Como conclusión podemos decir que si en una sección no existe una acción exterior, el esfuerzo correspondiente con ella no cambia su valor. Sólo lo hace aquel esfuerzo del mismo carácter que la acción exterior.

Ejemplo 2: Para la barra con las fuerzas y el par concentrados que forman un sistema plano, determinar los esfuerzos internos.

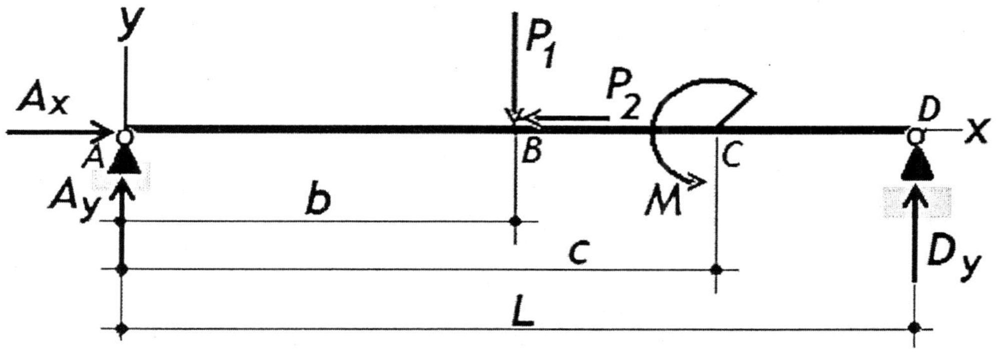

$L = 8\,m \qquad b = 4\,m \qquad c = 6\,m \qquad P_1 = 1\,kN \qquad P_2 = 2\,kN \qquad M = 3\,kNm$

Adoptamos el origen del sistema coordenado local en el extremo ***A*** y como plano ***x-y***, el de las cargas.
Las reacciones de apoyo se indican en la figura, con los sentidos que tienen en realidad:

$$A_x = P_2 = \mathbf{2}\,\boldsymbol{kN} \qquad A_y = \frac{P_1(L-b)+M}{L} = \mathbf{0.875}\,\boldsymbol{kN} \qquad D_y = \frac{P_1\,b-M}{L} = \mathbf{0.125}\,\boldsymbol{kN}$$

Cada uno de los esfuerzos internos se describe, en general, por tres funciones diferentes. Así tendremos como dominios de definición:

$$\boldsymbol{tramo\,1}:\ \mathbf{0} < \boldsymbol{x} < \boldsymbol{b} \qquad \boldsymbol{tramo\,2}:\ \boldsymbol{b} < \boldsymbol{x} < \boldsymbol{c} \qquad \boldsymbol{tramo\,3}:\ \boldsymbol{c} < \boldsymbol{x} < \boldsymbol{L}$$

De acuerdo a como se eligió el sistema coordenado existirán los esfuerzos N_x, Q_y, M_z y serán nulos los Q_z, M_x, M_y.

Calculamos los valores en los extremos de cada dominio en los puntos ***A***, ***B***, ***C*** y ***D*** y la variación en cada tramo.

Tramo 1 (A – B)

En ***A***, seccionamos la barra a un ***dx*** de él. Para esta porción de la barra la sección del corte es positiva, pues el vector unitario normal saliente del volumen diferencial de barra por esa sección, es $\vec{\imath}$. Atento a ello dibujamos los esfuerzos con sentido positivo respecto a la terna local:

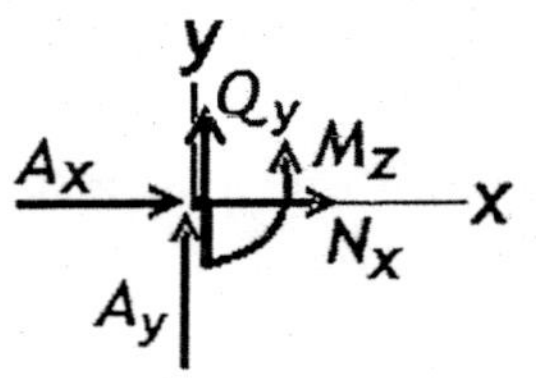

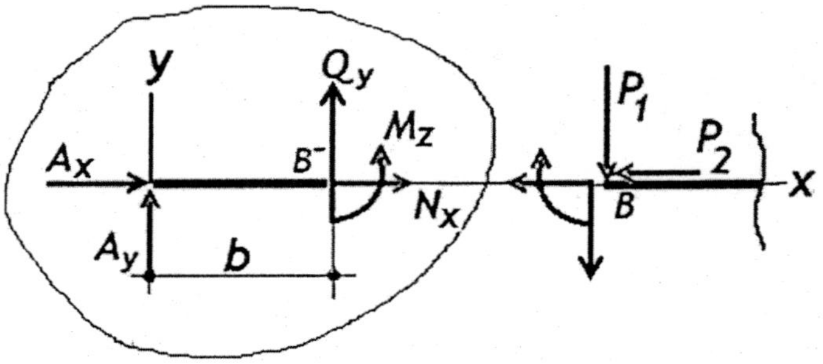

Las tres ecuaciones de equilibrio significativas:

$$\boldsymbol{\Sigma F_x = N_x + A_x = 0} \qquad \boldsymbol{\Sigma F_y = Q_y + A_y = 0} \qquad \boldsymbol{\Sigma M_z^A = M_z = 0}$$

de las que: $\boldsymbol{N_{xA} = -A_x = -2\ kN}$ $\boldsymbol{Q_{yA} = -A_y = -0.875\ kN}$ $\boldsymbol{M_{zA} = 0}$

En el punto *B*-.

En el extremo derecho del primer dominio, separamos la barra por una sección a un ***dx*** antes del punto ***B*** (que es donde están las fuerzas concentradas $\boldsymbol{P_1}$ y $\boldsymbol{P_2}$), y exponemos los esfuerzos genéricos como positivos para la sección positiva a que da lugar el corte que separa a la barra en dos partes:

Las ecuaciones de equilibrio de la porción de longitud ***b***, (la encerrada del dibujo), despreciando la longitud ***dx*** frente a la propia longitud ***b***:

$$\boldsymbol{\Sigma F_x = A_x + N_x = 0} \qquad \boldsymbol{\Sigma F_y = A_y + Q_y = 0} \qquad \boldsymbol{\Sigma M_z^{B-} = -A_y\, b + M_z = 0}$$

$$\boldsymbol{N_{xB-} = -A_x = -2\ kN} \qquad \boldsymbol{Q_{yB-} = -A_y = -0.875\ kN} \qquad \boldsymbol{M_{zB-} = A_y\, b = 3.5\ kNm}$$

Para definir la variación de estos esfuerzos en el tramo ***AB*** podríamos hacerlo integrando las ecuaciones diferenciales de equilibrio interno significativas:

$$\boldsymbol{\frac{d\,N_x}{dx} + n_x = 0} \qquad \boldsymbol{\frac{d\,Q_y}{dx} + q_y = 0} \qquad \boldsymbol{Q_y + \frac{d\,M_z}{dx} + m_z = 0}$$

Como son: $\boldsymbol{n_x = 0}$ $\boldsymbol{q_y = 0}$ y $\boldsymbol{m_z = 0}$

Las ecuaciones quedan: $\boldsymbol{\frac{d\,N_x}{dx} = 0}$ $\boldsymbol{\frac{d\,Q_y}{dx} = 0}$ $\boldsymbol{Q_y + \frac{d\,M_z}{dx} = 0}$

$\boldsymbol{\frac{d\,Q_y}{dx} = 0}$ indica que el esfuerzo de corte $\boldsymbol{Q_y}$ es constante en este tramo y se define con un sólo valor. Lo conocemos en ***A*** (y en ***B⁻***), y es el que tiene en todo el tramo.

Lo mismo se puede decir respecto al esfuerzo normal $\boldsymbol{N_x}$, analizando $\boldsymbol{\frac{d\,N_x}{dx} = 0}$.

La tercera, puesta como $\boldsymbol{\frac{d\,M_z}{dx} = -Q_y = cte}$, muestra que el momento flexor varía linealmente con ***x***. Una función lineal requiere para su definición el valor en dos puntos. Los tenemos en ***A*** y en ***B⁻***.

Tramo 2 (B – C)

En el ***B+***, a un ***dx*** del punto ***B***, ya dentro del segundo tramo, seccionamos la barra. Si consideramos la parte ***AB***, la sección correspondiente a esta porción es una sección positiva pues el vector unitario normal saliente del volumen por esa sección, es $+\vec{i}$, por lo que los esfuerzos internos los dibujamos con sentido positivo respecto a la terna local:

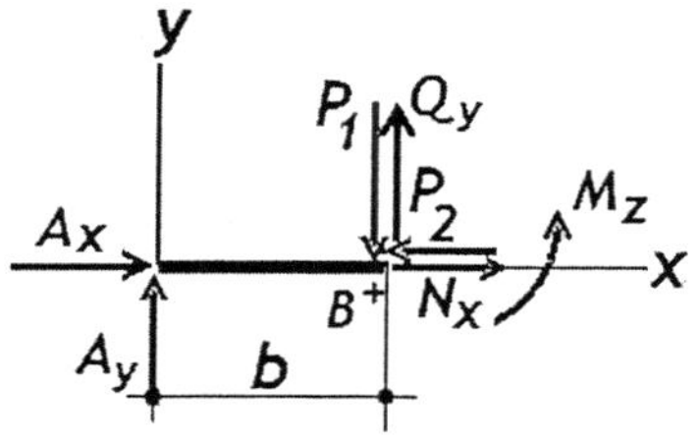

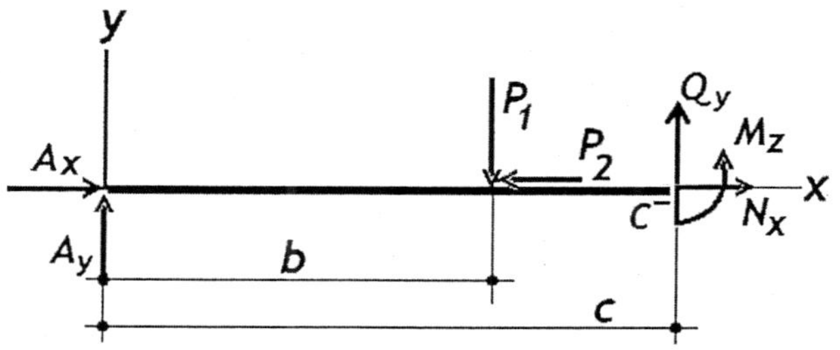

Planteamos su equilibrio:

$$\Sigma F_x = A_x - P_2 + N_x = 0 \qquad \Sigma F_y = A_y - P_1 + Q_y = 0 \qquad \Sigma M_z^{B+} = -A_y\, b + M_z = 0$$
$$N_{xB+} = P_2 - A_x = P_2 - P_2 = 0 \qquad Q_{yB+} = -A_y + P_1 = 0.125\ kN \qquad M_{zB+} = A_y\, b = 3.5\ kNm$$

El planteo formal del equilibrio de la parte de la barra seccionada en ***B+*** puede evitarse. En ***B+***, que está un ***dx*** a la derecha de ***B***, donde están las dos fuerzas concentradas, los esfuerzos pueden calcularse directamente decrementando a los de la sección ***B-***, ya calculados, en el valor de la fuerza concentrada:

$$N_{xB+} = N_{xB-} - (-P_2) = -A_x + P_2 = 0$$
$$Q_{yB+} = Q_{yB-} - (-P_1) = -A_y + P_1 = 0.125\ kN$$

El momento flexor no cambia pues allí no hay un par externo: $M_{zB+} = M_{zB-} = 3.5\ kNm$

En el punto ***C-***

En el extremo derecho del tramo ***2***, realizamos una separación de la barra en una sección a un ***dx*** antes del punto ***C***, donde está el par ***M***.

Con los esfuerzos explicitados (para esta sección positiva) y las consiguientes ecuaciones de equilibrio:

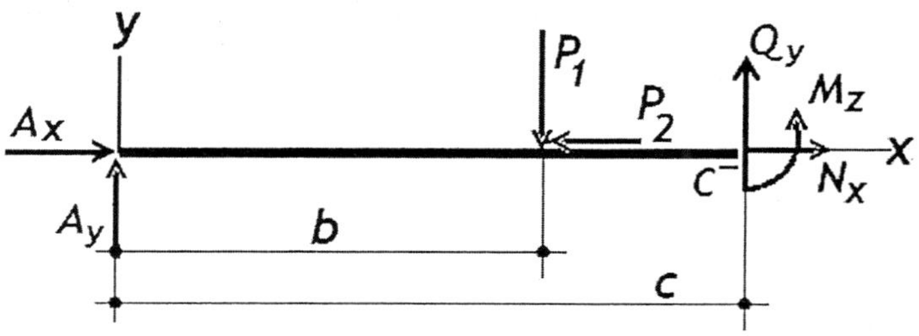

$$\Sigma F_x = A_x - P_2 + N_x = 0$$
$$\Sigma F_y = A_y - P_1 + Q_y = 0$$
$$\Sigma M_z^{C-} = -A_y\, c + P_1(c - b) + M_z = 0$$

a partir de las cuales:

$$N_{xC-} = -A_x + P_2 = 0$$
$$Q_{yC-} = -A_y + P_1 = 0.125\ kN$$
$$M_{zC-} = A_y\, c - P_1(c - b) = 3.25\ kNm$$

Respecto a la variación en el tramo, con un análisis cualitativo realizado a partir de las ecuaciones de equilibrio interno, semejante al hecho en el tramo ***1***, concluimos que la variaciones de los esfuerzos son:

$$N_x = cte = 0 \qquad Q_y = cte = Q_{yB+} \qquad M_z\!: \ variación\ lineal$$

Tramo 3 (C – D)

En el punto ***C+***, a un ***dx*** de ***C***, en el tercer tramo, seccionamos la barra. Dibujamos los esfuerzos con sentido positivo respecto a la terna local en la cara positiva, y con sentido negativo en la cara negativa del corte realizado.

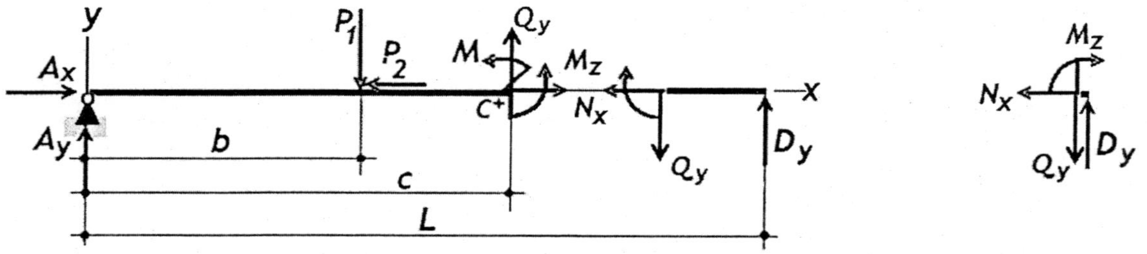

Para determinar los esfuerzos lo podemos hacer a partir del equilibrio de la porción de longitud ***c***, o de la parte restante ***L-c***. Es más simple plantear el equilibrio de esta última.

$$\Sigma F_x = -N_x = 0 \qquad \Sigma F_y = -Q_y + D_y = 0 \qquad \Sigma M_z = -M_z + D_y\,(L-c) = 0$$
$$N_{xC+} = 0 \qquad Q_{yC+} = D_y = 0.125\ kN \qquad M_{zC+} = D_y\,(L-c) = 0.25\ kNm$$

Al pasar por ***C***, al tercer tramo, podemos evitar el planteo de equilibrio como se hizo precedentemente. A los valores calculados en ***C-*** realizados en el segundo tramo, los decrementamos en los valores de las acciones actuantes en ***C***. Como allí hay sólo un par concentrado, sólo se verá cambiado el momento flexor:

$$N_{xC+} = 0 \qquad Q_{yC+} = Q_{yC-} = 0.125\ kN \qquad M_{zC+} = M_{zC-} - M = 0.25\ kNm$$

En el extremo ***D***, el equilibrio de una longitud ***dx*** de la barra junto a ***D***, lleva a que:

$$N_{xD} = 0 \qquad Q_{yD} = D_y = 0.125\ kN \qquad M_{zD} = 0$$

Respecto a la variación en este tramo, con un análisis cualitativo realizado a partir de las ecuaciones de equilibrio interno, concluimos que las variaciones de los esfuerzos son:

$$N_x = 0 \qquad Q_y = cte = Q_{yC+} = Q_{yD} \qquad M_z\text{: variación lineal}$$

Representamos los esfuerzos:

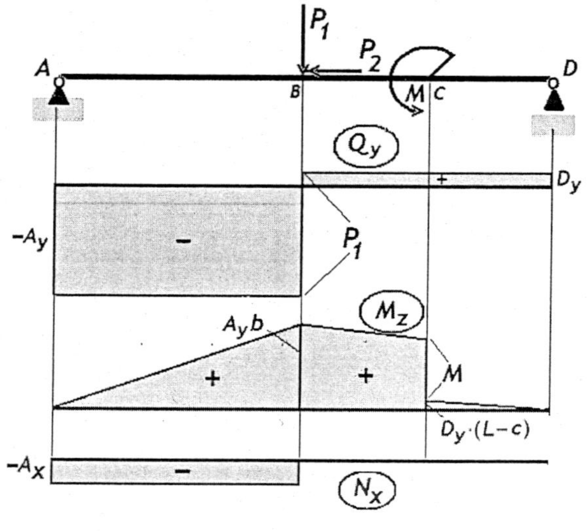

9.6.2 Cargas distribuidas intermedias

En el caso particular en el que en un cierto tramo de la barra de longitud ℓ, entre los puntos ***J*** y ***K***, de coordenadas x_J y x_K actúan sólo las cargas distribuidas $q_y(x)$, $m_z(x)$, *fig.9-16*, positivos respecto a la terna local, determinamos los esfuerzos correspondientes a este tramo intermedio, para cargas cuyo plano de acción es el ***x-y*** en el que hacemos el análisis.

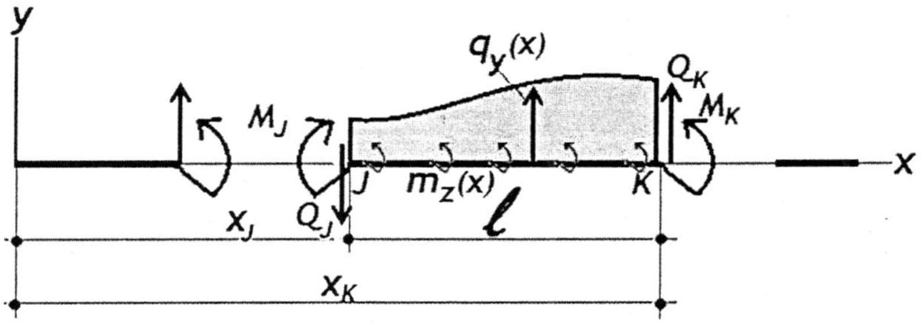

fig.9-16

Supongamos ya calculados los esfuerzos de corte y momento flexor en los puntos ***J*** y ***K***. Llamamos:

$$Q_y(x_J) = Q_J \qquad M_z(x_J) = M_J \qquad Q_y(x_K) = Q_K \qquad M_z(x_K) = M_K$$

supuestos todos positivos, como se muestra.

Dada la independencia entre N_x y Q_y, M_z omitimos la consideración de los esfuerzos normales N_x.

En una coordenada ***x*** genérica dentro del tramo ℓ, *fig.9-17*, el esfuerzo de corte se obtiene integrando a:

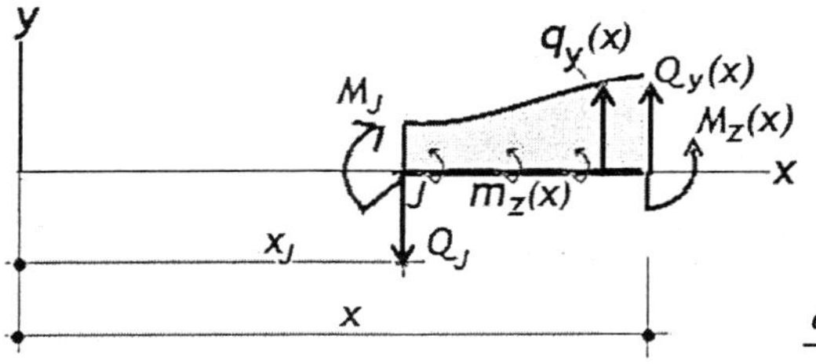

fig.9-17

$$\frac{d\,Q_y}{dx} + q_y(x) = 0 \quad Q_y(x) - Q_y(x_J) = -\int_{x_J}^{x} q_y(\xi)d\xi$$

La variable auxiliar ξ es para distinguirla del límite de integración ***x***. Siendo $Q_y(x_J) = Q_J$, se obtiene:

$$Q_y(x) = -\int_{x_J}^{x} q_y(\xi)d\xi + Q_J \tag{9.15}$$

Con el cual se obtiene el momento flexor integrando la otra ecuación de equilibrio interno:

$$Q_y + \frac{d\,M_z}{dx} + m_z(x) = 0$$

$$M_z(x) - M_z(x_J) = -\int_{x_J}^{x} [Q_y(\xi) + m_z(\xi)]d\xi$$

Siendo: $M_z(x_J) = M_J$, la función momento flexor en este tramo es:

$$M_z(x) = M_J - \int_{x_J}^{x} [Q_y(\xi) + m_z(\xi)]\,d\xi \tag{9.16}$$

A partir de las cargas $\boldsymbol{q_y(x), m_z(x)}$, las *ecs.[9.15/16]*, dan las funciones $\boldsymbol{Q_y(x), M_z(x)}$ en el dominio $\boldsymbol{x_J \leq x \leq x_K}$.

9.6.2.1 Cargas distribuidas uniformes

Desarrollamos seguidamente la obtención de los $\boldsymbol{Q_y}$, $\boldsymbol{M_z}$ para el caso particular en que las cargas son uniformes, es decir $\boldsymbol{q_y(x) = q = cte}$ y $\boldsymbol{m_z(x) = m_z = cte}$ (positivas), *fig.9-18*, en el tramo de la barra de longitud $\boldsymbol{\ell}$, entre los puntos ***J*** y ***K***.

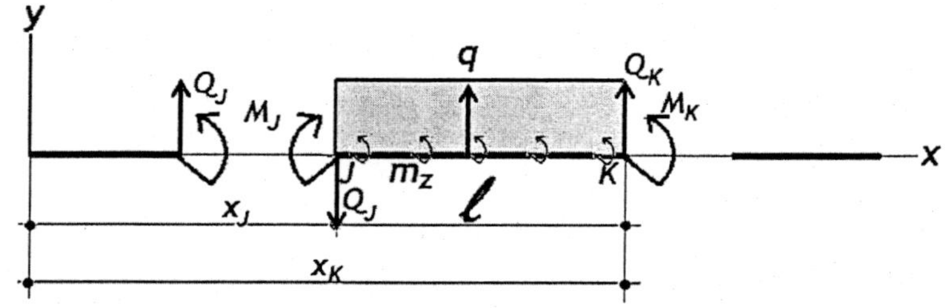

fig.9-18

Reemplazando en la *ec.[9.15]*:

$$\boldsymbol{Q_y(x)} = -\int_{x_J}^{x} q \; d\xi + Q_J = \boldsymbol{-q\,(x - x_J) + Q_J} \qquad [9.17]$$

El momento flexor, *ec.[9.16]*: $\boldsymbol{M_z(x) = M_J - \int_{x_J}^{x}[-q\,(\xi - x_J) + Q_J + m_z]\; d\xi}$

Realizada la integración, en este tramo es:

$$\boldsymbol{M_z(x) = M_J + \frac{q}{2}\,(x - x_J)^2 - (Q_J + m_z)\,(x - x_J)} \qquad [9.18]$$

Es decir que cuando $\boldsymbol{q_y, m_z}$ son constantes $\boldsymbol{Q_y(x)}$ es una función lineal y el $\boldsymbol{M_z(x)}$ es una parábola de segundo grado.

Al esfuerzo de corte $\boldsymbol{Q_J}$ lo ponemos en términos de los momentos flexores extremos $\boldsymbol{M_J, M_K}$. Para ello con la ecuación de equilibrio del tramo, *fig.9-18*, planteada como el momento nulo respecto al extremo ***K***, obtenemos:

$$\boldsymbol{\Sigma M_K = Q_J\, l - M_J - \frac{q}{2}\, l^2 + m_z\, l + M_K = 0}$$

de la cual:
$$\boldsymbol{Q_J = \frac{M_J - M_K}{l} + \frac{q}{2}\, l - m_z}$$
[9.19]

Reemplazando en $\boldsymbol{M_z(x)}$, *ec.[9.18]*:

$$\boldsymbol{M_z(x) = \frac{q}{2}\,(x - x_J)^2 - \left(\frac{M_J - M_K}{l} + \frac{q}{2}\, l\right)(x - x_J) + M_J} \qquad [9.20]$$

Para la representación de esta parábola en el tramo, de la cual conocemos sus valores en ***J*** y ***K***, obtenemos como tercer valor el momento flexor en la mitad de la longitud cargada. Reemplazando en la *ec.[9.20]*, $x = x_J + \frac{l}{2}$:

$$M_z\left(x_J + \frac{l}{2}\right) = \frac{M_J + M_K}{2} - \frac{q\,l^2}{8} \qquad [9.21]$$

Las expresiones de $Q_y(x)$ y $M_z(x)$ (*ecs.[9.17]* y *[9.20]*) son completamente generales introduciendo con sus signos todas las magnitudes intervinientes (q, m_z, Q_J, M_J, M_K). Para valores positivos de las magnitudes q, M_J, M_K, Q_J, Q_K, su representación, *fig.9-18*:

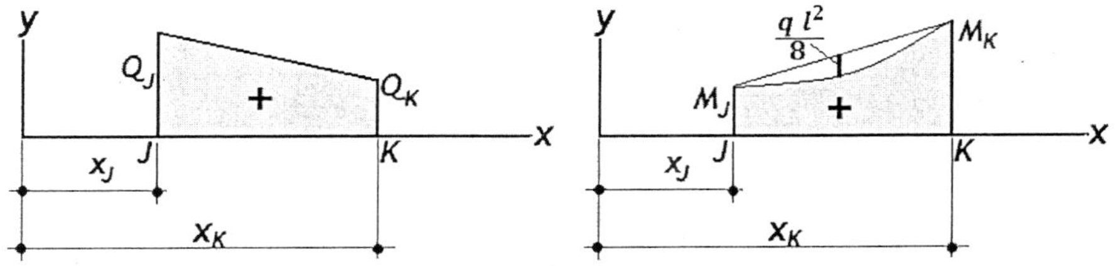

fig.9-18

Para obtener el momento flexor en la mitad del tramo cargado, es decir $M_z\left(x_J + \frac{l}{2}\right)$, con los valores extremos M_J, M_K y a partir de la cuerda que ellos determinan, se resta en la mitad de la longitud, el $\frac{q\,l^2}{8}$ con el signo que tiene y perpendicular al eje de abscisas, con lo cual se obtiene un tercer punto.

Otro punto importante de M_z en el cual es extremo relativo. Ocurrirá en la abscisa $x = x'$ tal que:

$$\frac{d\,M_z}{dx} = q\,(x' - x_J) - \left(\frac{M_J - M_K}{l} + \frac{q}{2}\,l\right) = 0$$

de la que: $$x' = x_J + \frac{l}{2} + \frac{M_J - M_K}{q\,l} \qquad [9.22]$$

El valor del momento flexor extremo relativo, se obtiene reemplazando en la expresión general de $M_z(x)$, *ec.[9.20]*, para $x = x'$

$$M_z(x') = M_J - \frac{q}{2}\left(\frac{M_J - M_K}{q\,l} + \frac{l}{2}\right)^2 \qquad [9.23]$$

Para que el extremo relativo de M_z exista, deberá x' quedar dentro de l, o sea:

$$0 \leq x' - x_J \leq l \qquad \text{o con, } ec.[9.22] \qquad 0 \leq \frac{M_J - M_K}{q\,l} + \frac{l}{2} \leq l$$

que es equivalente a expresarlo también como: $$-1 \leq \frac{M_J - M_K}{\frac{q\,l^2}{2}} \leq 1 \qquad [9.24]$$

Si $\left|\frac{M_J - M_K}{\frac{q\,l^2}{2}}\right| = 1$ el extremo relativo coincide con alguno de los puntos ***J*** o ***K***.

También obsérvese que si se deriva: $$\frac{d\,M_z}{dx} = -Q_y - m_z$$

y con $\frac{d\,Q_y}{dx} = -q_y$ se obtiene: $\frac{d^2 M_z}{dx^2} = q_y - \frac{d\,m_z}{dx}$

cuyo signo nos dice si el extremo relativo de M_z es máximo o mínimo.

Ejemplo 3: Para la barra determinar los esfuerzos internos y representarlos. La fuerza por unidad de longitud $n_x = n_2$ en dirección ***x*** es uniforme (de valor constante) en toda la longitud ***b+c***:

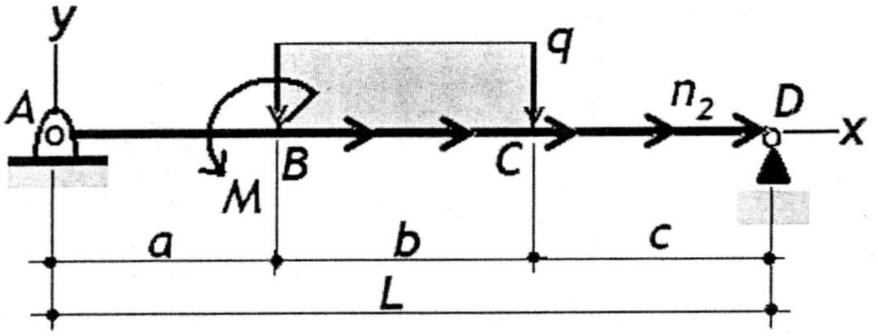

$$a = 3\,m \qquad b = 4\,m \qquad c = 3\,m \qquad q = 2\,\frac{kN}{m} \qquad n_2 = 1\,\frac{kN}{m} \qquad M = 3\,kNm$$
$$L = a + b + c = 10\,m$$

Los intervalos en que definimos los esfuerzos:

$$\textit{tramo}\ 1,\ 0 < x < a \qquad \textit{tramo}\ 2,\ a < x < a + b \qquad \textit{tramo}\ 3,\ a + b < x < L$$

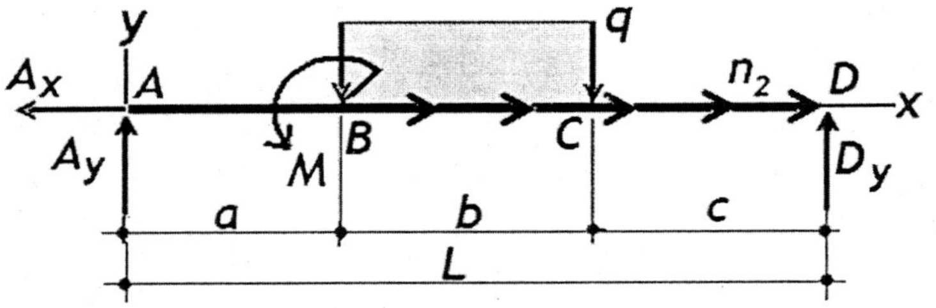

Las reacciones de apoyo se indican en la figura, con los sentidos que tienen en realidad:

$$A_x = n_2(b + c) = 7\,kN \qquad A_y = \frac{M}{L} + \frac{q\,b}{L}\left(\frac{b}{2} + c\right) = 4.3\,kN \qquad D_y = -\frac{M}{L} + \frac{q\,b}{L}\left(a + \frac{b}{2}\right) = 3.7\,kN$$

Tramo 1 (A – B)

Seccionamos la barra a un ***dx*** del apoyo ***A*** y planteamos el equilibrio del subcuerpo cuyas cargas son las reacciones y los esfuerzos, obtenemos:

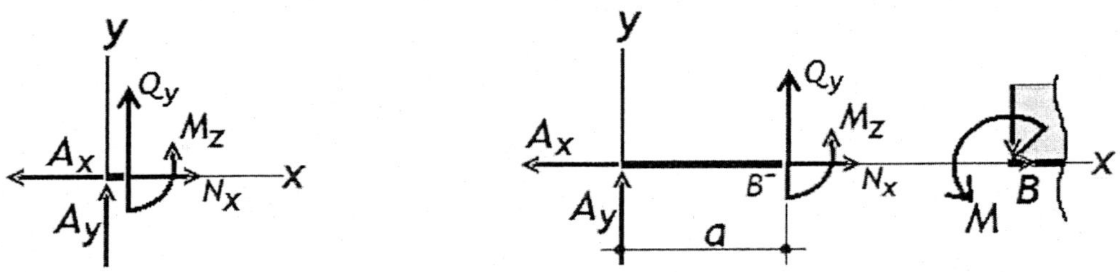

$$N_{xA} = A_x = 7\,kN \qquad Q_{yA} = -A_y = -4.3\,kN \qquad M_{zA} = 0$$

En el punto ***B-***.

En el extremo $\boldsymbol{B}$ del tramo $\boldsymbol{AB}$, seccionamos la barra a un $\boldsymbol{dx}$ del punto $\boldsymbol{B}$. Las ecuaciones de equilibrio de la porción de longitud $\boldsymbol{a}$:

$$N_{xB-} = A_x = 7\ kN \qquad Q_{yB-} = -A_y = -4.3\ kN \qquad M_{zB-} = A_y\, a = 12.9\ kNm$$

Para definir cualitativamente la variación de los esfuerzos en el tramo, a partir de las ecuaciones diferenciales de equilibrio interno. Como son:

$$q_y = 0 \qquad n_x = 0 \qquad m_z = 0$$

quedan: $$\frac{d\,N_x}{dx} = 0 \qquad \frac{d\,Q_y}{dx} = 0 \qquad Q_y + \frac{d\,M_z}{dx} = 0$$

$\frac{d\,Q_y}{dx} = \mathbf{0}$ indica que el esfuerzo de corte es constante y como conocemos el valor en $\boldsymbol{A}$, este es el valor en todo el tramo. Lo mismo se puede decir respecto al esfuerzo normal, analizando $\frac{d\,N_x}{dx} = \mathbf{0}$.

De la tercera, $\frac{d\,M_z}{dx} = -Q_y = cte$, se concluye que el momento flexor varía linealmente con $\boldsymbol{x}$. Con los valores en $\boldsymbol{A}$ y en $\boldsymbol{B}$-, queda definida.

Tramo 2 (B – C)

Con la *ecs.[9.14]*, ahora en el punto **B+**, sólo hay un cambio de valor en el momento flexor pues allí hay un par concentrado solamente.

$$N_{xB+} = N_{xB-} = 7\ kN$$
$$Q_{yB+} = Q_{yB-} = -4.3\ \ kN$$
$$M_{zB+} = M_{zB-} - M = 9.9\ kNm$$

El hecho que en $\boldsymbol{B}$ comiencen las fuerzas distribuidas $n_x = n_2, q_y = -q$ no influye en los valores de los esfuerzos en ese punto. Habrá sí un cambio de las funciones que los describen.

En el punto $\boldsymbol{C}$, las ecuaciones de equilibrio de la parte representada:

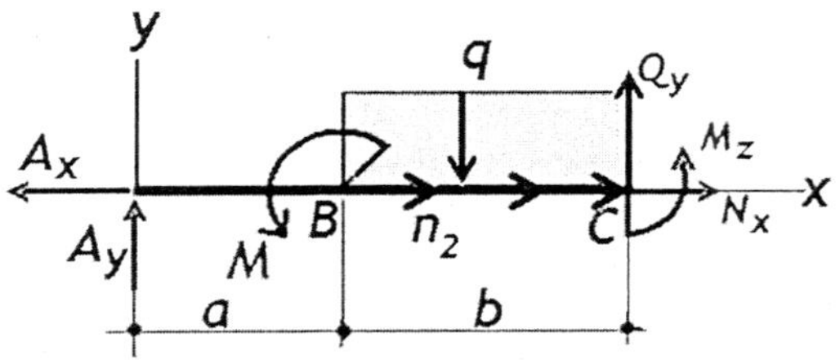

$$-A_x + n_2\, b + N_x = 0 \qquad N_{xC} = A_x - n_2\, b = 3\ kN$$
$$A_y - q\, b + Q_y = 0 \qquad Q_{yC} = -A_y + q\, b = 3.7\ kN$$
$$-A_y(a+b) + M + q\,\frac{b^2}{2} + M_z = 0 \qquad M_{zC} = A_y(a+b) - M - q\,\frac{b^2}{2} = 11.1\ kNm$$

Para definir cualitativamente la variación de los esfuerzos en el tramo, lo hacemos a partir de las ecuaciones diferenciales de equilibrio interno.

$$\frac{d\,Q_y}{dx} = q = cte$$

lo cual indica que el esfuerzo de corte varía linealmente. Conocemos sus valores en los extremos $\boldsymbol{B}$ y $\boldsymbol{C}$.

Lo mismo se puede decir respecto al esfuerzo normal, analizando que:

$$\frac{d\,N_x}{dx} = -n_2 = cte$$

En la tercera ecuación, $\frac{d\,M_z}{dx} = -Q_y$. Como Q_y varía linealmente, el momento flexor M_x es una parábola cuadrática. Tenemos sus valores en ***B*** y en ***C***. Para definirla completamente, es necesario conocer el valor en un tercer punto. Con los valores extremos $M_J = M_{zB+}$ y $M_K = M_{zC}$, en la representación, a partir de la cuerda que une sus valores y en la mitad de la longitud ***b***, se lleva el $\frac{q\,b^2}{8}$ con el signo que tiene y se determina el tercer punto.

Así tendremos en el punto de la mitad del tramo ***2***, o sea en: $a + \frac{b}{2} = 5m$

siendo: $M_J = M_{zB+} = 9.9\ kNm$ $M_K = M_{zC} = 11.1\ kNm$ q y $l = b$

la *ec.[9.21]*: $$M_z\left(a + \frac{b}{2}\right) = \frac{M_{zB+} + M_{zC}}{2} - \frac{-q\,b^2}{8} = 14.5\ kNm$$

Veamos si el extremo relativo ocurre dentro del dominio de definición de M_z, para lo cual deberá ocurrir que, *ec.[9.24]*:

$$-1 \leq \frac{M_J - M_K}{\frac{q\,l^2}{2}} \leq 1 \quad \text{luego:} \quad \frac{M_{zB+} - M_{zC}}{\frac{-q\,b^2}{2}} = 0.075 < 1$$

Por lo que el extremo relativo de M_z queda dentro de la longitud ***b***. La abscisa donde se da, es *ec.[9.22]*:

$$x' = a + \frac{b}{2} + \frac{M_{zB+} - M_{zC}}{-q\,b} = 5.15\ m$$

y el valor de M_z allí, *ec.[9.23]*:

$$M_z(x') = M_{zB+} - \frac{-q}{2}\left(\frac{M_{zB+} - M_{zC}}{-q\,b} + \frac{b}{2}\right)^2 = 14.523\ kNm$$

Tramo 3 (C – D)

En el punto ***C***.

Dado que en el punto ***C*** no hay una fuerza ni par concentrado, los esfuerzos son los mismos que en el punto ***C*** del tramo ***2***:

$$N_{xC} = 3\ kN \qquad Q_{yC} = -3.7\ kN \qquad M_{zC} = 11.1\ kNm$$

En el extremo ***D***

Seccionamos la barra a un ***dx*** del extremo ***D***. Los esfuerzos los obtenemos por planteo del equilibrio de una de las partes en que queda dividida por esa sección. Se ve claramente que es mucho más simple hacerlo con aquella que involucra sólo al extremo ***D***:

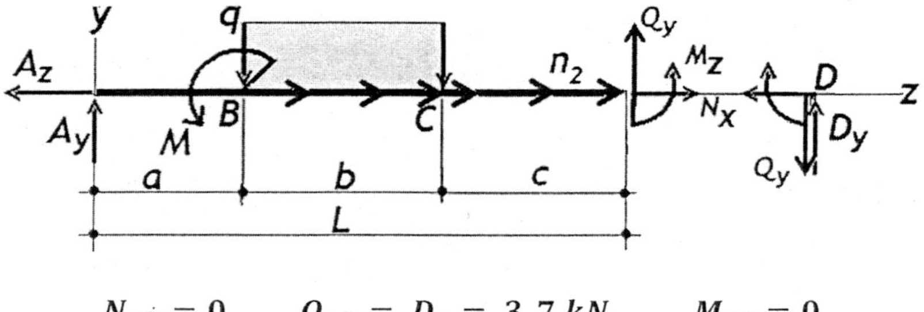

$$N_{xD} = 0 \qquad Q_{yD} = D_y = 3.7\ kN \qquad M_{zD} = 0$$

Para los puntos interiores de este tramo, al no haber carga q_y, serán respectivamente:

$Q_y = constante = Q_{yD} = 3.7\ kN$
M_z: $lineal$, y determinado por los valores $M_{zC} = 11.1\ kNm$ y $M_{zD} = 0$

Es $\frac{d\,N_x}{dx} = -n_2 = cte$ por lo que el esfuerzo normal N_x es lineal y determinado por los valores:

$$N_{xC} = 3\ kN \qquad N_{xD} = 0$$

La representación:

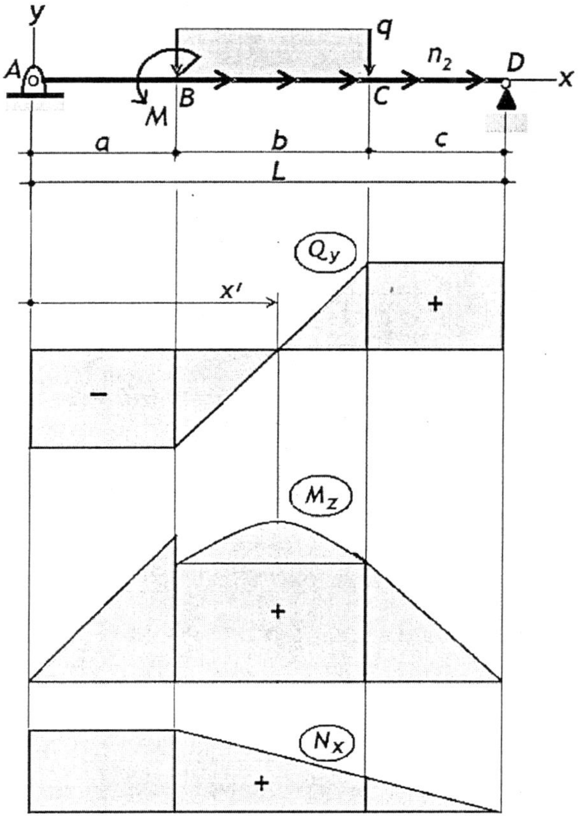

Ejemplo 4: Para la barra empotrada libre del ejemplo 8 del cap.4, determinar los esfuerzos internos.

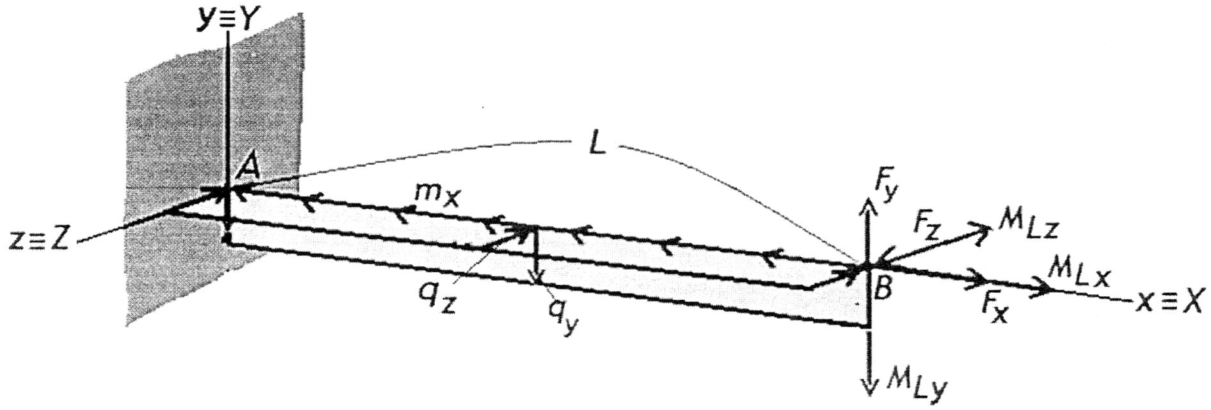

$$L = 3\ m$$

Las cargas de barra que resultaron, con sus valores y sentidos indicados en el dibujo

$$q_y = 13.92\ \frac{kN}{m} \qquad q_z = 4.5\ \frac{kN}{m} \qquad m_x = 1.631\ \frac{kN\,m}{m}$$
$$F_x = 2.612\ kN \qquad F_y = 3.787\ kN \qquad F_z = 1.959\ kN$$
$$M_{Lx} = 0.862\ kNm \qquad M_{Ly} = 0.392\ kNm \qquad M_{Lz} = 0.392\ kNm$$

Adoptamos el sistema coordenado global para determinar las reacciones de vínculo y el local para los esfuerzos internos, y que en este caso son coincidentes.

Planteadas las seis ecuaciones escalares de equilibrio para el ***DCL*** de la barra, para calcular las reacciones en el empotramiento y usando como referencia la terna global, se obtienen los valores de las mismas y con los sentidos indicados en la figura:

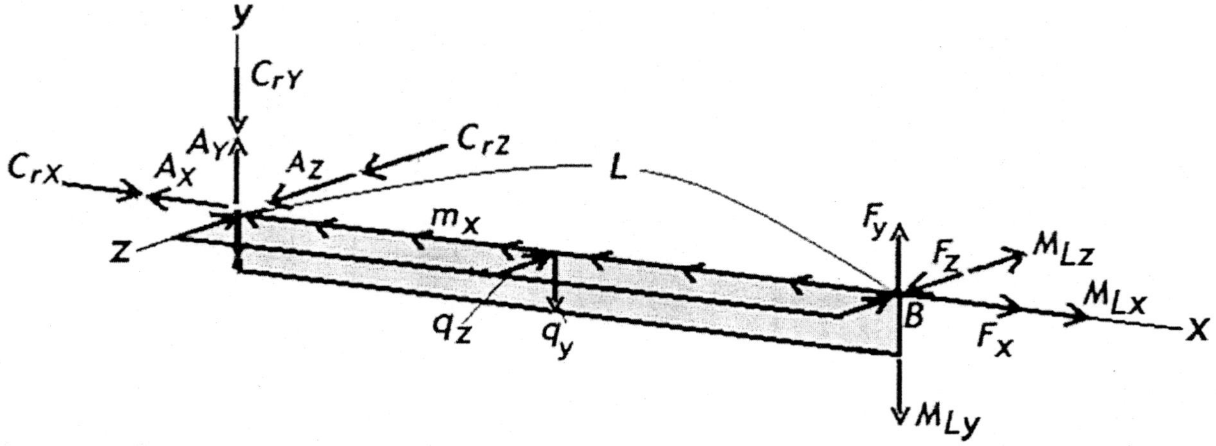

$$A_X = 2.612\ kN \qquad A_Y = 37.973\ kN, \qquad A_Z = 11.541\ kN$$
$$C_{rX} = 5.755\ kN \qquad C_{rY} = 13.981\ kNm \qquad C_{rZ} = 51.671\ kNm$$

Calculamos los esfuerzos internos. Dado que no hay cargas concentradas en puntos intermedios y que las cargas distribuidas se extienden por toda la longitud de la barra, el cálculo lo realizamos en la sección del empotramiento y en el extremo libre.

En ***A***, (fig. izq.) y por simple inspección vemos que los sentidos de los esfuerzos son opuestos a las reacciones de empotramiento:

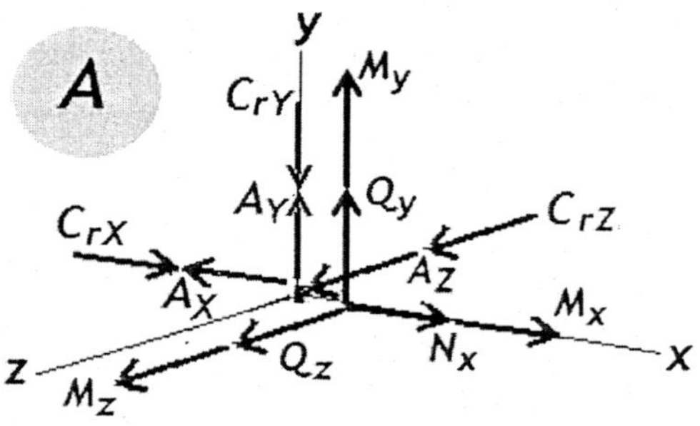

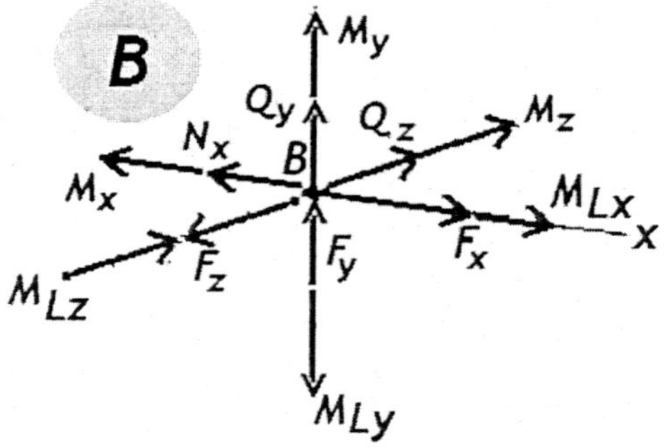

$$N_{xA} = A_X = 2.612\ kN \qquad Q_{yA} = -A_Y = -37.973\ kN \qquad Q_{zA} = -A_Z = -11.541\ kN$$
$$M_{xA} = -C_{rX} = -5.755\ kNm \qquad M_{yA} = C_{rY} = 13.981\ kNm \quad M_{zA} = -C_{rZ} = -51.671\ kNm$$

Para el análisis en el extremo ***B***, (fig.der.), por simplicidad lo hacemos por el elemento diferencial de barra, cuya sección es una cara negativa:

$$N_{xB} = F_x = 1.959\ kN \qquad Q_{yB} = -F_y = -3.787\ kN \qquad Q_{zB} = F_z = 2.612\ kN$$

$$M_{xB} = M_{Lx} = 0.862\ kNm \qquad M_{yB} = -M_{Ly} = 0.392\ kNm \qquad M_{zB} = -M_{Lz} = -0.392\ kNm$$

Dado que m_x, q_y, q_z son constantes, los M_x, Q_y, Q_z varían linealmente. Los M_y, M_z son cuadráticas y al ser $n_x = 0$, N_x es constante.

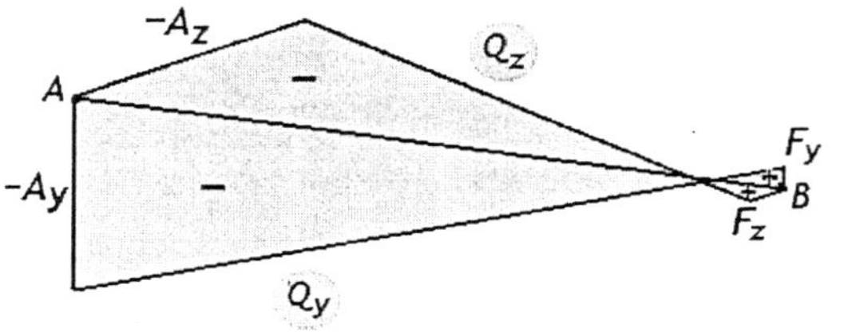

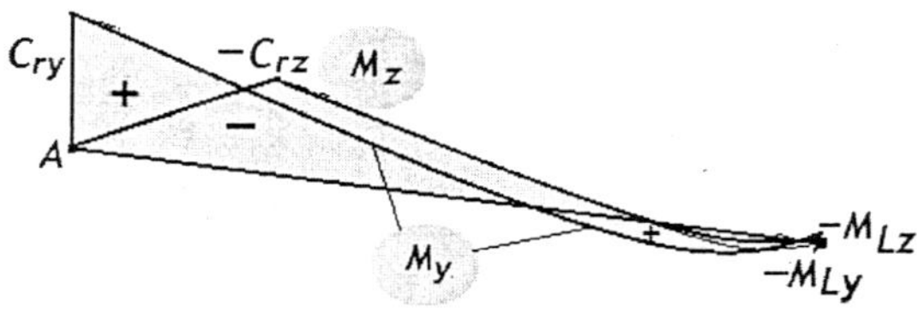

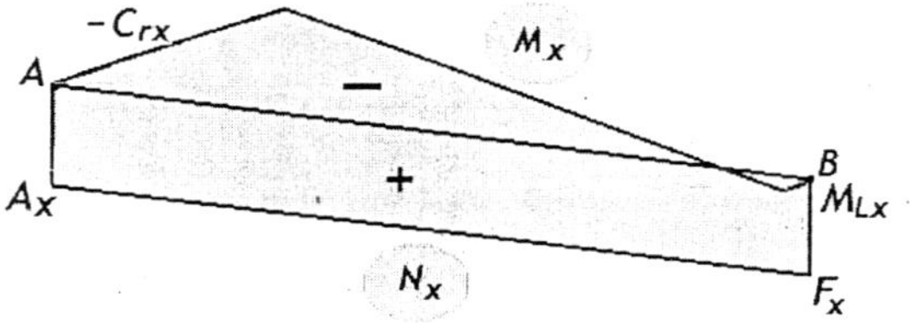

9.7 Cuerpo formado por más de una barra - Sistemas de barras

Cuando un cuerpo cargado es libre y está en equilibrio, o isostáticamente vinculado y está formado por más de una barra, recibe el nombre genérico de estructura de barras. El cálculo de los esfuerzos debe hacerse para todas las barras de la estructura.

Se supone que las barras se unen entre sí rígidamente es decir no por articulación ni otro vínculo que permita un movimiento relativo potencial entre ellas. Al punto de unión rígida de dos o más barras lo denominamos *nudo*. Pueden existir punto en los cuales algunas barras se unen rígidamente en tanto que otras están articuladas.

Si los ejes de las barras están en un mismo plano, a la estructura se la designa como estructura plana. En este caso y según como sean las cargas, el análisis se simplifica.

9.7.1 Sistema plano de barras y cargas

Si las cargas de todas las barras forman un sistema plano o seudoplano de cargas cuyo plano director coincide con el plano de los ejes de las barras, a este sistema se lo denomina, en general, estructura plana estricta o aporticada.

Si el sistema coordenados general de referencia en el plano es el ***X-Y***, para una barra genérica que une los nudos ***A*** y ***B***, *fig.9-19*, usamos como sistema coordenado local de esta barra el ***x-y*** con origen en uno de los extremos. En este caso las cargas de cada una de las barras pueden ser:

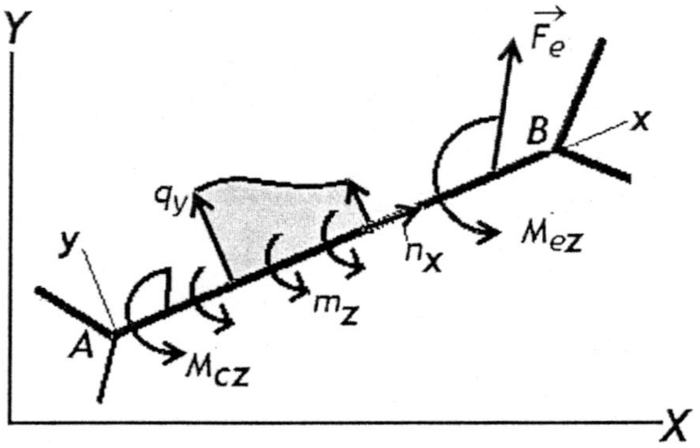

fig.9-19

$$\vec{q} = q_y\vec{j} \qquad \vec{n} = n_x\vec{i} \qquad \vec{m} = m_z\vec{k} \qquad \vec{F_e} = F_{ex}\vec{i} + F_{ey}\vec{j} \qquad \vec{M_e} = M_{ez}\vec{k} \qquad \vec{M_C} = M_{Cz}\vec{k}$$

en tanto que deben ser:

$$q_z = m_x = m_y = 0 \qquad F_{ez} = 0 \qquad M_{ex} = M_{ey} = 0 \qquad M_{Cx} = M_{Cy} = 0$$

En general existen los esfuerzos N_x, Q_y, M_z y resultan nulos los M_x, M_y, Q_z.

Ejemplo 5: Determinar los esfuerzos internos para el cuerpo formado por la unión rígida de dos barras con cargas que están en el plano que determinan los ejes de las mismas.

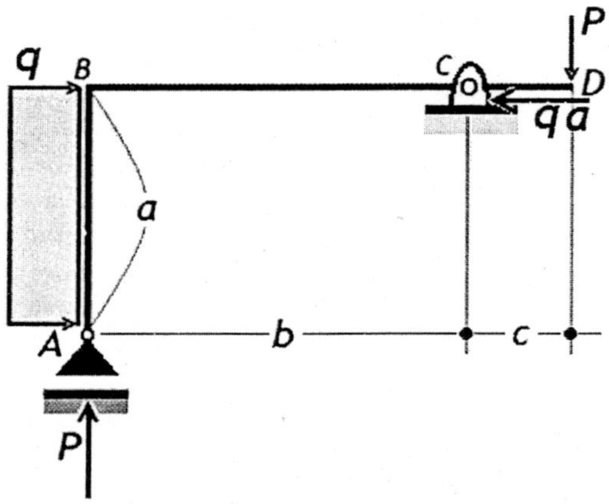

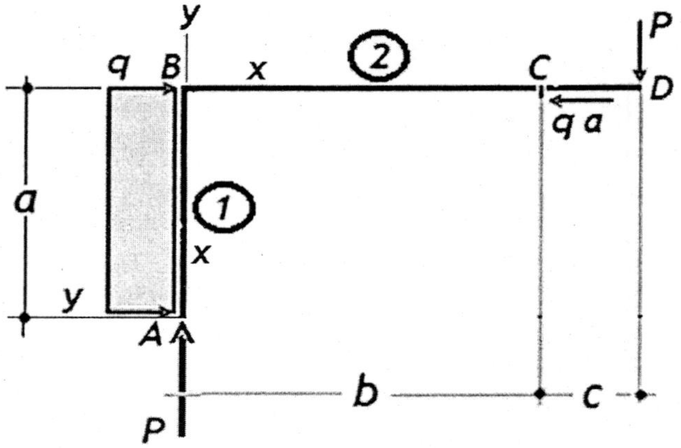

$$a = 4\,m \qquad b = 5\,m \qquad c = 1\,m \qquad q = 3\ \frac{kN}{m} \qquad P = 4\,kN$$

En el esquema de las longitudes y las cargas, se indican ya calculadas y con su sentido correcto las reacciones de vínculo. Dibujamos el ***DCL*** del cuerpo, numeramos las barras (el número está encerrado en un círculo) y adoptamos el sistema coordenado local de cada barra.

Barra 1 - AB

En esta barra los puntos singulares en los cuales determinaremos específicamente los esfuerzos son los extremos ***A*** y ***B***, pues la carga ***q*** se extiende por toda su longitud.

En ***A***. Separamos el cuerpo con una sección un ***dx*** del extremo ***A*** y planteamos el equilibrio en este cuerpo de dimensiones diferenciales. Teniendo en cuenta que se trata de una sección positiva, los esfuerzos los suponemos con los sentidos positivos de la terna local, como se indica.

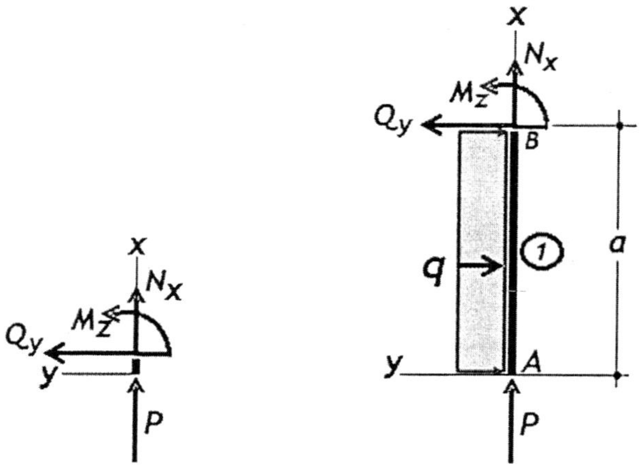

Las ecuaciones de equilibrio conducen a:

En ***A***: $\boldsymbol{N_{xA}} = -P = \boldsymbol{-4\ kN}$ $\boldsymbol{Q_{yA} = 0}$ $\boldsymbol{M_{zA} = 0}$

En ***B***. Separamos en dos partes la estructura, con una sección a un ***dx*** del nudo ***B*** y planteamos el equilibrio de esta parte:

$$\boldsymbol{N_{xB1}} = -P = \boldsymbol{-4\ kN} \qquad \boldsymbol{Q_{yB1}} = q\ a = \boldsymbol{12\ kN} \qquad \boldsymbol{M_{zB1}} = -\frac{q\ a^2}{2} = \boldsymbol{-24\ kNm}$$

el $\boldsymbol{B_1}$ de los esfuerzos significa que es en la sección próxima a ***B*** de la barra ***1***.

La variación de los esfuerzos en esta barra es, de acuerdo a lo antes explicado:

Al ser $\boldsymbol{q_y} = \boldsymbol{-q}$, el $\boldsymbol{Q_y}$ es lineal y definido por los valores extremos $\boldsymbol{Q_{yA}}, \boldsymbol{Q_{yB1}}$.

El momento flexor es una parábola de segundo grado. Tenemos los valores extremos $\boldsymbol{M_{zA}}, \boldsymbol{M_{zB1}}$; en la mitad de la longitud a partir de la recta que une estos valores, el $\frac{q\ a^2}{8}$, *ec.[9.21]* :

$$\boldsymbol{M_z}\left(\frac{\boldsymbol{a}}{\boldsymbol{2}}\right) = \frac{M_{zA} + M_{zB1}}{2} - \frac{-q\ a^2}{8} = -\frac{q\ a^2}{4} + \frac{q\ a^2}{8} = -\frac{q\ a^2}{8} = \boldsymbol{-6\ kNm}$$

Tenemos también que, *ec.[9.24]*:

$$\left|\frac{\boldsymbol{M_J - M_K}}{\frac{q\ a^2}{2}}\right| = \left|\frac{M_{zA} - M_{zB1}}{\frac{-q\ a^2}{2}}\right| = \left|\frac{0 - \frac{-q\ a^2}{2}}{\frac{-q\ a^2}{2}}\right| = \boldsymbol{1}$$

por lo que el extremo relativo está en ***A*** que es donde se anula $\boldsymbol{Q_y}$.

Al ser $\boldsymbol{n_x} = \boldsymbol{0}$, es: $\boldsymbol{N_x} = cte = N_{xA} = \boldsymbol{N_{xB1}}$.

Barra 2 - BD

Esta barra tiene dos fuerzas concentradas: una intermedia longitudinal en ***C***, que proviene de la reacción del apoyo fijo y la otra en el extremo ***D***. ***C*** es un punto singular y su posición señala la frontera entre el tramo ***1*** (***B-C), 0< x <b*** y el tramo ***2*** (***C-D***), ***b < x < b+c***.

Tramo 1 (B - C)

En ***B***. Si seccionamos la estructura por la barra ***2***, próximo al nudo ***B***, y planteamos el equilibrio de aquella parte del cuerpo cuya cara es positiva respecto a la terna local de esta barra, tendremos:

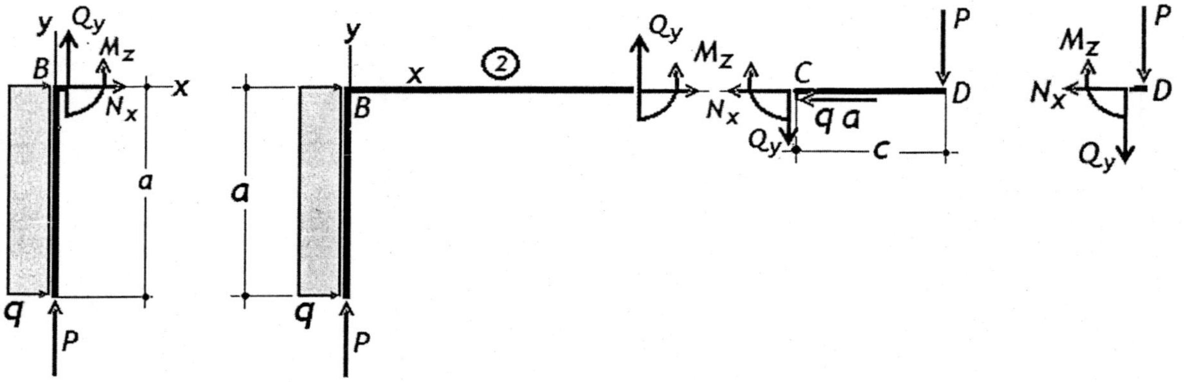

$$N_{xB2} = -q\ a = -12\ kN \qquad Q_{yB2} = -P = -4\ kN \qquad M_{zB2} = -\frac{q\ a^2}{2} = -24\ kNm$$

En ***C-***, al separar con una superficie próxima a ***C***, nos quedan los ***2*** subcuerpos. Para obtener los esfuerzos allí utilizando el sistema coordenado local de esta barra como referencia para el planteo del equilibrio de aquella para el cual la sección es negativa porque es más simple el cálculo:

$$-N_x - q\ a = 0 \qquad -Q_y - P = 0 \qquad -M_z - P\ c = 0$$
$$N_{xC-} = -q\ a = -12\ kN \qquad Q_{yC-} = -P = -4\ kN \qquad M_{zC-} = -P\ c = -4\ kNm$$

Teniendo en cuenta que en este tramo no hay carga distribuida, son:

$$Q_y = Q_{yB2} = Q_{yC-} = cte \qquad N_x = N_{xB2} = N_{xC-} = cte$$

el momento flexor es lineal y definido por los valores M_{zB2} y M_{zC-}.

Tramo 2 (C-D)

En ***C+***, no necesitamos seccionar la barra y plantear el equilibrio, ya que cuando "pasamos" a un tramo contiguo en el sentido creciente de la coordenada ***x*** de la barra, los valores los obtenemos decrementando los calculados en la sección inmediatamente anterior del ***C*** (punto ***C-***), en los valores de las fuerzas o el par concentrado. En este caso sólo hay un cambio en el esfuerzo normal porque la fuerza externa sólo tiene componente en ***x***:

$$N_{xC+} = N_{xC-} - (-\ q\ a) = 0 \qquad Q_{yC+} = Q_{yC-} = -4\ kN \qquad M_{zC+} = M_{zC-} = -4\ kN\ m$$

En el extremo ***D***. Si seccionamos la barra a un ***dx*** de ***D*** y planteamos el equilibrio de este elemento diferencial de barra, tendremos:

$$N_{xD} = 0 \qquad Q_{yD} = -P = -4\ kN \qquad M_{zD} = 0$$

Como en este tramo no hay carga distribuida, son:

$$N_x = N_{xC+} = N_{xD} = cte\ = 0 \qquad Q_y = Q_{yC+} = Q_{yD} = cte$$

el momento flexor es lineal, definido por los valores M_{zC+} y $M_{zD} = 0$.

En las figuras siguientes se representan la variación de los esfuerzos, tomando los ejes de las barras como base y el sentido del eje ***y*** local como referencia para los signos:

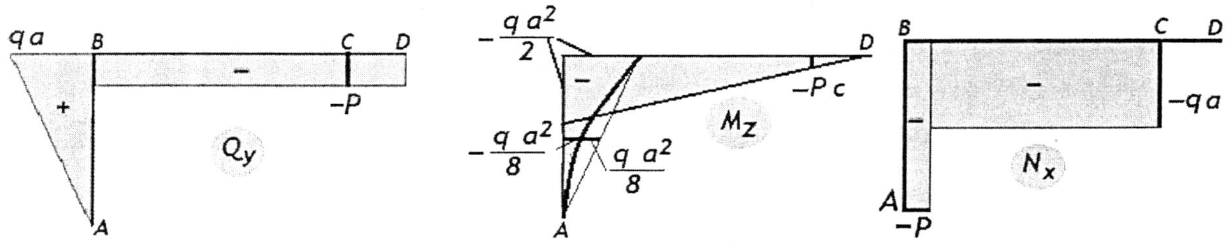

Ejemplo 6: Para la estructura de protección de un andén, que es un sistema de tres barras que forman un cuerpo único empotrado en ***A*** y que está sujeto a las cargas del peso propio y al viento transversal que sopla desde la izquierda. La fuerza y el par concentrados en el nudo ***C*** se deben a la acción del viento sobre un elemento (no dibujado) de peso despreciable. La fuerza superficial a que da lugar el viento, se muestra transformada en una carga de barra y lo mismo para el peso propio; cada una de ellas se ha dibujado aparte, aunque ambas cargas actúan simultáneamente. Determinar la distribución de los esfuerzos internos en las barras.

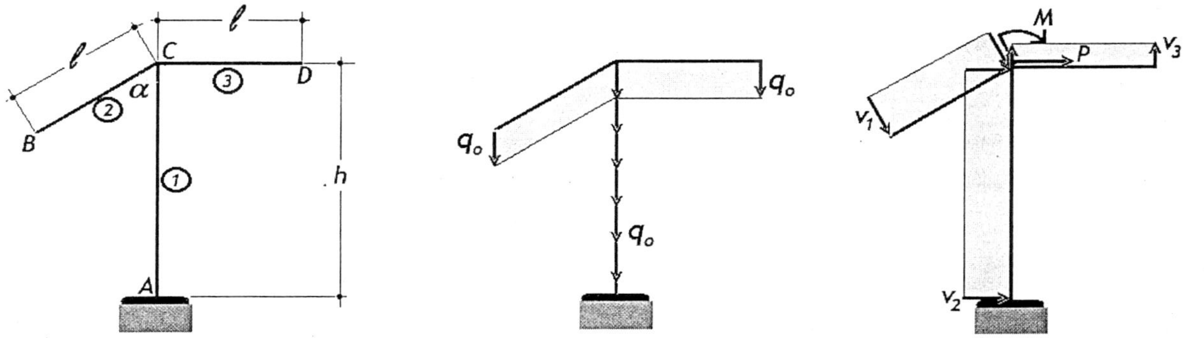

$$h = 5\,m \qquad l = 3\,m \qquad \alpha = 60°$$

$$q_o = 1.4\,\frac{kN}{m} \qquad v_1 = 1.4\,\frac{kN}{m} \qquad v_2 = 2\,\frac{kN}{m} \qquad v_3 = 1.6\,\frac{kN}{m}$$

$$P = 2.4\,kN \qquad M = 1.2\,kNm$$

Descomponemos la fuerza $\boldsymbol{q_o}$ de la barra inclinada ***2***, en una componente longitudinal y a la componente transversal a la barra le sumamos la $\boldsymbol{v_1}$; también sumamos (algebraicamente) $\boldsymbol{q_o}$ y $\boldsymbol{v_3}$ de la barra ***3***. Los valores de las fuerzas distribuidas resultan:

$$\boldsymbol{q_1} = v_1 = \mathbf{3}\,\frac{\boldsymbol{kN}}{\boldsymbol{m}} \qquad \boldsymbol{n_1} = q_o = \mathbf{1.4}\,\frac{\boldsymbol{kN}}{\boldsymbol{m}} \qquad \boldsymbol{q_2} = v_2 + q_o\,sen\,\alpha = \mathbf{3.212}\,\frac{\boldsymbol{kN}}{\boldsymbol{m}}$$

$$\boldsymbol{n_2} = q_o\cos\alpha = \mathbf{0.7}\,\frac{\boldsymbol{kN}}{\boldsymbol{m}} \qquad \boldsymbol{q_3} = |-v_3 + q_o| = \mathbf{0.2}\,\frac{\boldsymbol{kN}}{\boldsymbol{m}}$$

con los sentidos indicados en las figuras.

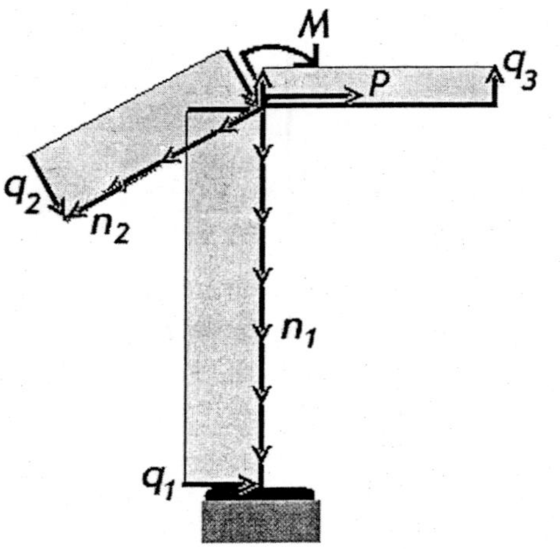

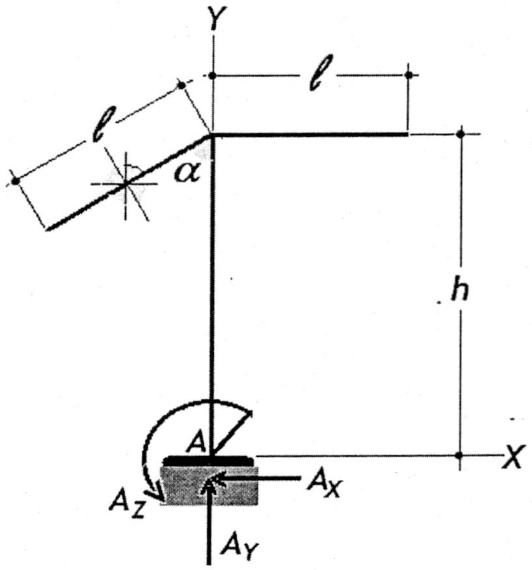

Reacciones de vínculo: con el sistema coordenado global con origen en el empotramiento ***A*** y las tres ecuaciones escalares de equilibrio, determinamos las reacciones de vínculo:

$$\boldsymbol{A_X} = q_1\, h + P + (q_2 \cos\alpha - n_2 \operatorname{sen}\alpha)\, l = \mathbf{20.4\ kN}$$
$$\boldsymbol{A_Y} = n_1\, h + (q_2 \operatorname{sen}\alpha + n_2 \cos\alpha)\, l - q_3\, l = \mathbf{15.796\ kN}$$
$$\boldsymbol{A_Z} = q_1\, h\, \frac{h}{2} - q_3\, l\, \frac{l}{2} + P\, h + M - (q_2 \operatorname{sen}\alpha + n_2 \cos\alpha)\, l\, \frac{l}{2} \operatorname{sen}\alpha$$
$$+ (q_2 \cos\alpha - n_2 \operatorname{sen}\alpha)\, l \left(h - \frac{l}{2}\cos\alpha\right) = \mathbf{50.344\ kNm}$$

y con los sentidos como están dibujados.
Esfuerzos internos: hacemos el ***DCL*** del cuerpo y elegimos el sistema coordenado local de cada barra.

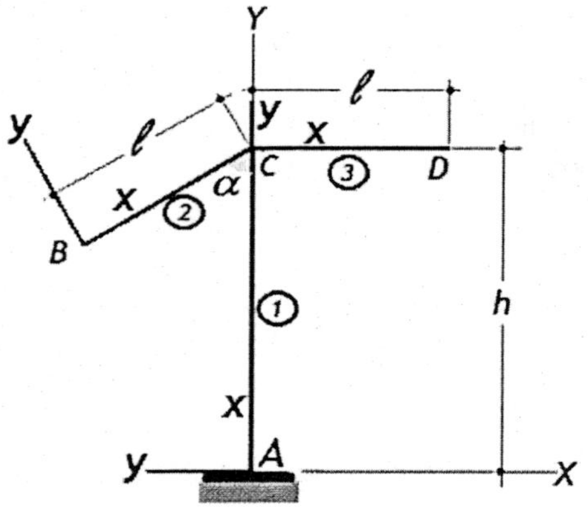

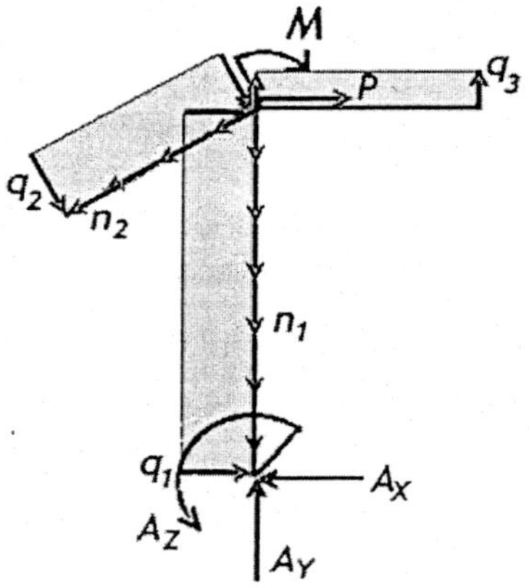

Barra 1 - AC

En el punto ***A***, los esfuerzos son de igual valor y sentido opuestos a las reacciones, como puede constatarse realizando un corte próximo a ***A*** y planteamos su equilibrio. Tendremos:

$$\boldsymbol{N_{xA}} = -A_Y = \mathbf{-15.796\ kN} \qquad \boldsymbol{Q_{yA}} = -A_X = \mathbf{-20.4\ kN} \quad \boldsymbol{M_{zA}} = -A_Z = \mathbf{-50.344\ kNm}$$

Como las cargas son sólo distribuidas y se extienden en toda la longitud de la barra, obtenemos los valores de los esfuerzos en el extremo ***C***.

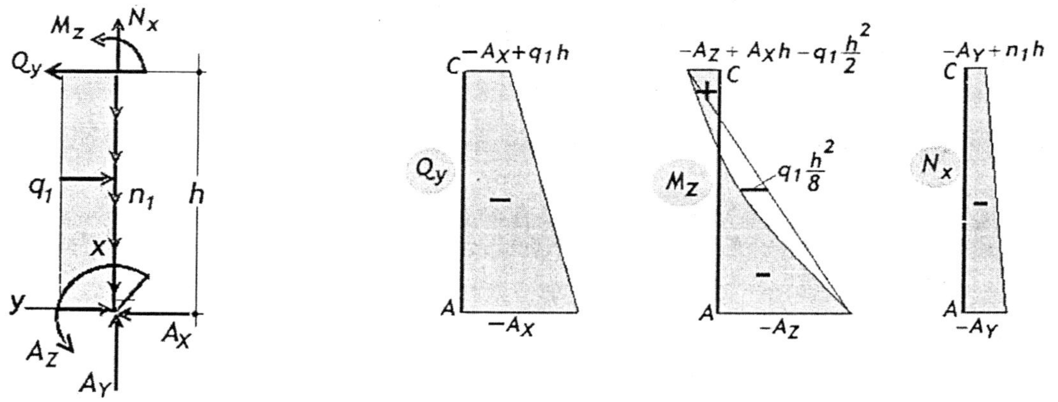

$$A_Y - n_1\,h + N_x = 0 \qquad A_X - q_1\,h + Q_y = 0 \qquad A_Z - A_X\,h + q_1\,\frac{h^2}{2} + M_z = 0$$

$$N_{xC1} = -A_Y + n_1\,h = -8.796\ kN \qquad Q_{yC1} = -A_X + q_1\,h = -5.4\ kN$$

$$M_{zC1} = -A_Z + A_X\,h - q_1\,\frac{h^2}{2} = 14.156\ kNm$$

Dada la constancia de las fuerzas distribuidas $n_x = -n_1$ y $q_y = -q_1$, la variación de los esfuerzos normal y de corte, es lineal, y cuadrática la del momento flexor. En la mitad de la altura h su valor es, *ec.[9.21]*:

$$M_z\left(\frac{h}{2}\right) = \frac{M_{zA} + M_{zC1}}{2} - \frac{-q_1\,h^2}{8} = -8.719\ kNm$$

Como es, *ec.[9.24]*: $\left|\dfrac{M_{zA}-M_{zC1}}{\frac{-q_1\,h^2}{8}}\right| = 1.72 > 1$

M_z no tiene valor extremo relativo en esta barra. A la misma conclusión se llega viendo que como es $m_z = 0$, Q_y no se anula en ningún punto (es positiva en ambos extremos):

Barra 2 - BC

Como en el extremo B no hay fuerza concentrada ni par, los esfuerzos internos allí son nulos:

$$N_{xB} = 0 \qquad Q_{yB} = 0 \qquad M_{zB} = 0$$

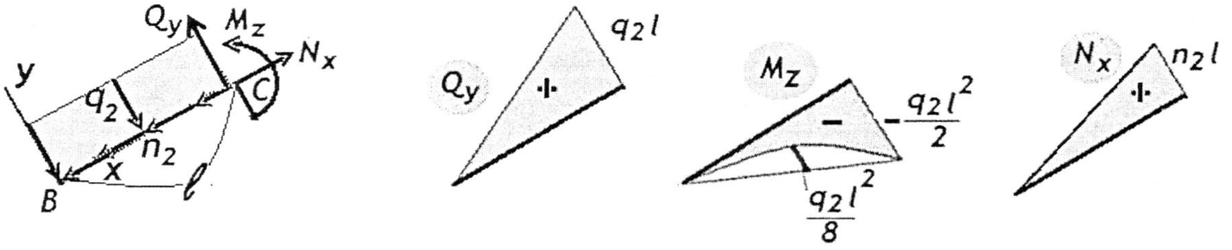

En su otro extremo, C, es:

$$N_{xC2} = n_2\,l = 2.1\ kN \qquad Q_{yC2} = q_2\,l = 9.637\ kN \qquad M_{zC2} = -q_2\,\frac{l^2}{2} = -14.456\ kNm$$

La variación es lineal para N_x y Q_y, y parabólica para M_z. El tercer punto para definir a esta última, *ec.[9.21]*:

$$M_z\left(\frac{l}{2}\right) = \frac{M_{zB} + M_{zC2}}{2} - \frac{-q_2\,l^2}{8} = -3.614\ kNm$$

Como es, *ec.[9.24]*: $\frac{M_{zB}-M_{zC2}}{\frac{-q_2\, l^2}{8}} = -1$

hay en $x = 0$, (punto ***B***), un extremo relativo. También puede verse que al ser $m_z = 0$ y ser en ***B*** $Q_{yB} = 0$, allí el M_z tiene un máximo relativo, ya que es:

$$\frac{d^2 M_z}{dx^2} = -\frac{d\,Q_y}{dx} = q_y = -q_2 < 0$$

Barra 3 - CD

Cuando seccionamos el cuerpo a un ***dx*** del nudo ***C***, dentro de esta barra, tendremos:

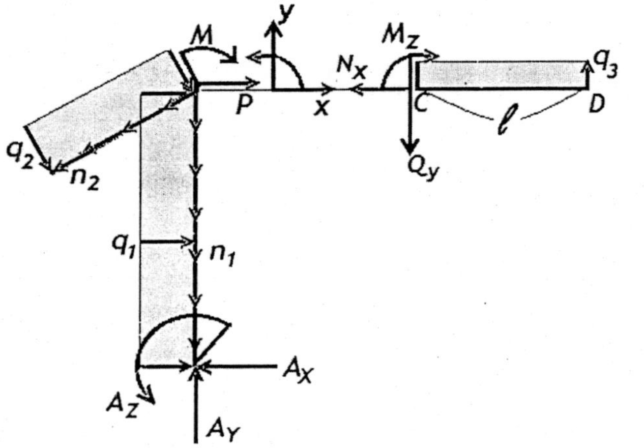

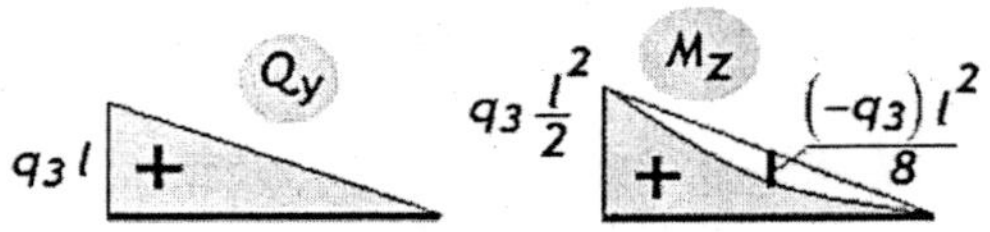

Como claramente se observa, para calcular los esfuerzos en ***C***, conviene hacerlo en la parte del cuerpo que corresponde a la sección negativa. Hacerlo con la de la cara positiva involucra un número mayor de fuerzas y la necesidad de realizar las proyecciones en dirección de la barra, de las fuerzas resultantes de q_2 y n_2. El equilibrio de la porción ***CD***:

$$-N_x = 0 \qquad -Q_y + q_3\, l = 0 \qquad -M_z + q_3\,\frac{l^2}{2} = 0$$

de las que: $N_{xC3} = 0$ $\quad Q_{yC3} = q_3\, l = 0.6\ kN$ $\quad M_{zC3} = q_3\,\frac{l^2}{2} = 0.9\ kNm$

Como en el extremo ***D*** no hay fuerza ni par, los esfuerzos son nulos allí:

$$N_{xD} = 0 \qquad Q_{yD} = 0 \qquad M_{zD} = 0$$

Las variaciones en la barra son: $N_x = 0$, Q_y lineal y M_z cuadrática. Un tercer valor en esta última, en la parte media de la longitud cargada con q_3, *ec.[9.21]*:

$$M_z\left(\frac{l}{2}\right) = \frac{M_{zC3} + M_{zD}}{2} - \frac{q_3\, l^2}{8} = 0.225\ kNm$$

Como es, *ec.[9.24]*, el extremo relativo de M_z está en ***D*** (es allí $Q_{yD} = 0$):

$$\frac{M_{zC3} - M_D}{\frac{q_3\, l^2}{2}} = 1$$

y corresponde a un mínimo, porque:

$$\frac{d^2 M_z}{dz^2} = -\frac{d\,Q_y}{dz} = q_y = q_3 > 0$$

Como comprobación debe verificarse el equilibrio de todos los nudos, entre las fuerzas y pares externos que actúan en cada nudo (si existen) y las acciones que las barras concurrentes al nudo, ejercen sobre él, manifestadas en los esfuerzos en ese lugar. Para el nudo ***C***, es:

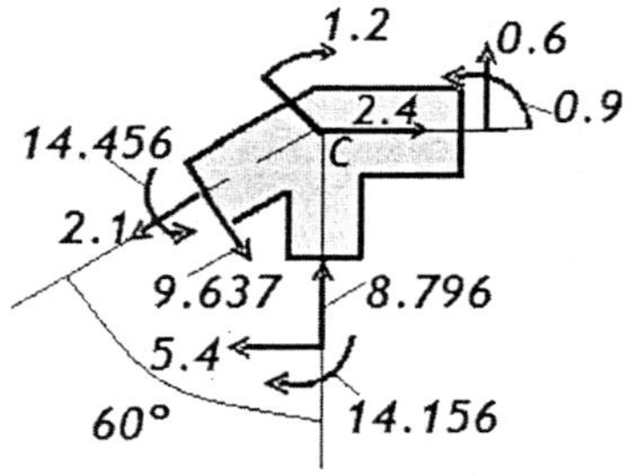

Calculadas las resultantes de fuerza y momento se constata el equilibrio del nudo ***C***.

La representación de los esfuerzos, para toda la estructura:

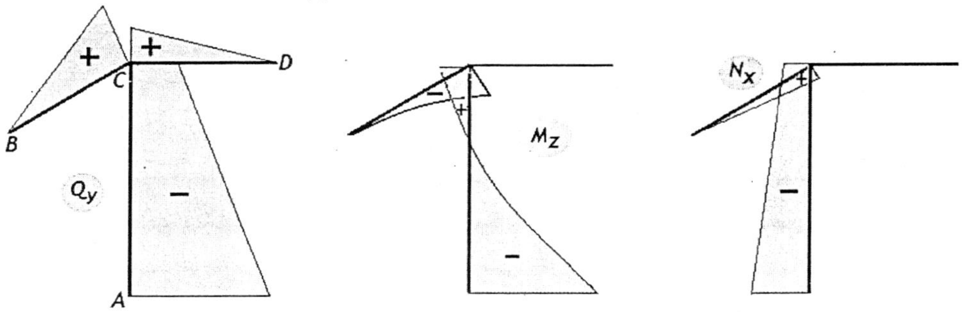

En la barra ***CD*** el M_z no es nulo, sus valores son muy pequeños y no se aprecian en la escala del dibujo.

9.7.2 Estructura de barras plano-espacial

Si los ejes de todas las barras del cuerpo están en un plano, *fig.9-20*, y las fuerzas tienen componente sólo en dirección perpendicular al plano que determinan los ejes de las barras y los planos de acción de los pares son perpendiculares a ese plano y sus respectivos vectores momentos están en el plano de las barras, a este sistema lo denominamos plano-espacial, parrilla (o emparrillado).

Usamos el sistema coordenado general ***X-Y-Z***, y el coordenado local de barra ***x-y-z***. El plano ***z-x***, coincide con el global ***Z-X*** o es paralelo a él.

Así, para cierta barra genérica que une los nudos ***A*** y ***B***, las cargas de barra pueden ser:

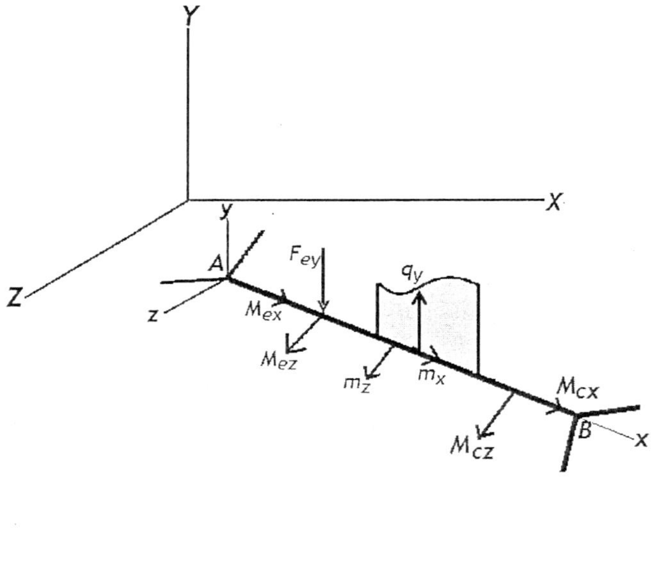

fig.9-20

$\vec{q} = q_y \vec{j}$ $\quad \vec{m} = m_x \vec{\imath} + m_z \vec{k}$ $\quad \vec{F_e} = F_{ey} \vec{j}$ $\quad \vec{M_e} = M_{ex}\vec{\imath} + M_{ez}\vec{k}$ $\quad \vec{M_C} = M_{Cx}\vec{\imath} + M_{Cz}\vec{k}$

en tanto que deben ser:

$$q_z = n_x = m_y = 0 \qquad F_{ex} = F_{ez} = 0 \qquad M_{ey} = 0 \qquad M_{Cy} = 0$$

Existen las siguientes componentes de los esfuerzos internos: el momento torsor M_x, el esfuerzo de corte Q_y y el momento flexor M_z. Resultan nulos los N_x, M_y, Q_z.

Ejemplo 7: Consideremos al cuerpo formado por ***2*** barras rectas una de las cuales está empotrada. Está cargado en el extremo libre con una fuerza perpendicular al plano que forman las barras y ***2*** pares cuyos planos de acción son perpendiculares al plano de las barras. Determinemos los esfuerzos internos.

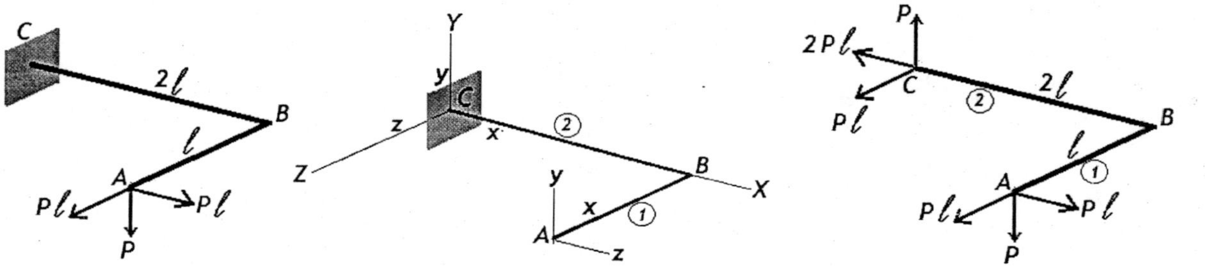

En la figura se muestran el sistema coordenado general, con origen en ***C***, que usamos para la determinación de las reacciones del empotramiento, y los sistemas coordenados locales de las dos barras para los esfuerzos. El local de la barra ***2*** coincide con el global.

Con las ***6*** ecuaciones escalares de equilibrio determinamos las reacciones de apoyo indicadas:

<u>Esfuerzos internos</u>

Barra 1 - AB

En ***A***. El equilibrio planteado como la nulidad de las proyecciones de las fuerzas respecto a los ejes locales ***x-y-z***, y de los momentos respecto a estos ejes, conduce a que las únicas significativas son:

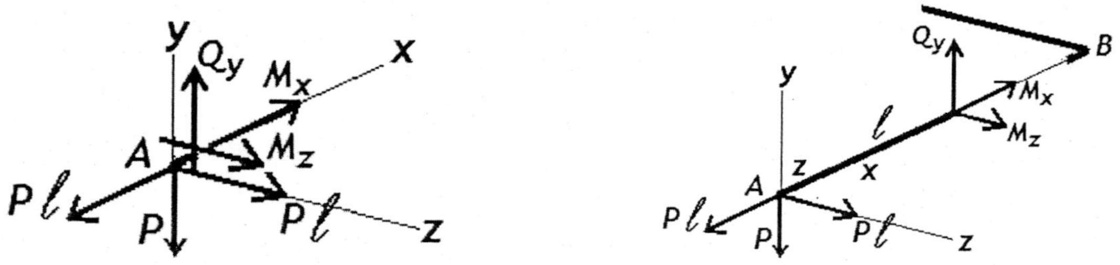

$$\Sigma F_y = -P + Q_y = 0 \qquad \Sigma M_x = -P\,l + M_x = 0 \qquad \Sigma M_z = P\,l + M_z = 0$$

De las que: $\quad Q_{yA} = P \qquad M_{xA} = P\,l \qquad M_{zA} = -P\,l$

En B. Si dividimos al cuerpo con una sección pasante a un dx del nudo B, en la barra *1* y consideramos el equilibrio de aquella parte cuya normal saliente por la superficie de separación, está en el sentido positivo de la terna local de la barra *1*, las ecuaciones de equilibrio significativas, son:

$$\Sigma F_y = -P + Q_y = 0$$

Las de momento calculadas con respecto a ejes paralelos a la terna local que pasan por la sección, ya que de este modo en las ecuaciones de equilibrio sólo aparece el esfuerzo que quiere calcularse:

$$\Sigma M_x = -P\,l + M_x = 0 \qquad\qquad \Sigma M_z = P\,l + P\,l + M_z = 0$$

de las que: $Q_{yB1} = P$ $\quad M_{xB1} = P\,l$ $\quad M_{zB1} = -2\,P\,l$

Dado que no hay cargas distribuidas, la variación de los esfuerzos a lo largo de la longitud son:

$$Q_y = cte = P \qquad M_x = cte = P\,l \qquad M_z = lineal$$

Barra 2 - CB.

En C:

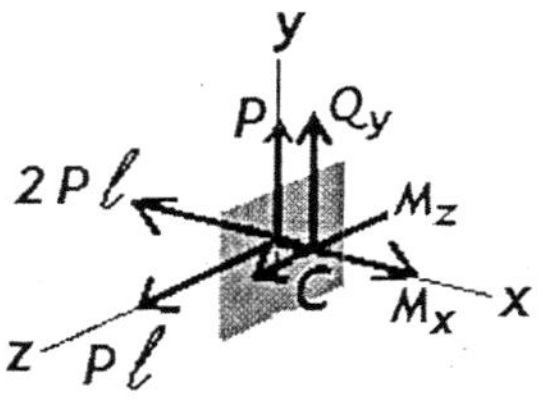

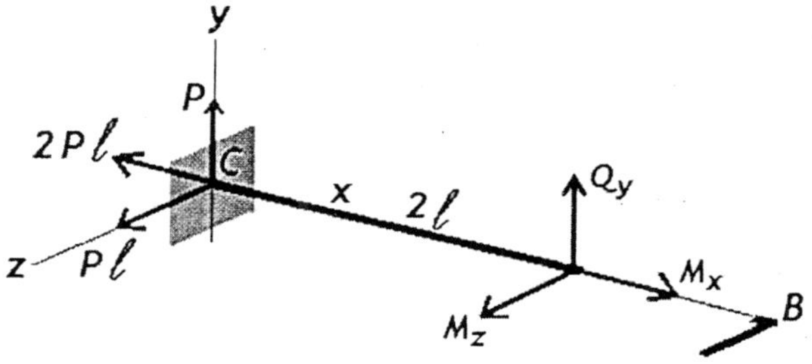

Los esfuerzos son opuestos a las reacciones de empotramiento:

$$Q_{yC} = -P \qquad M_{xC} = 2\,P\,l \qquad M_{zC} = -\,P\,l$$

En B:

$$\Sigma F_y = P + Q_y = 0 \qquad \Sigma M_x = -2P\,l + M_x = 0 \qquad \Sigma M_z = P\,l - P\,2l + M_z = 0$$

$$Q_{yB2} = -P \qquad M_{xB2} = 2\,P\,l \qquad M_{zB2} = P\,l$$

La variación de los esfuerzos son: $\quad Q_y = cte \quad M_x = cte \quad M_z = lineal$

Comprobemos que el nudo B está en equilibrio bajo las acciones de las barras que concurren a él.

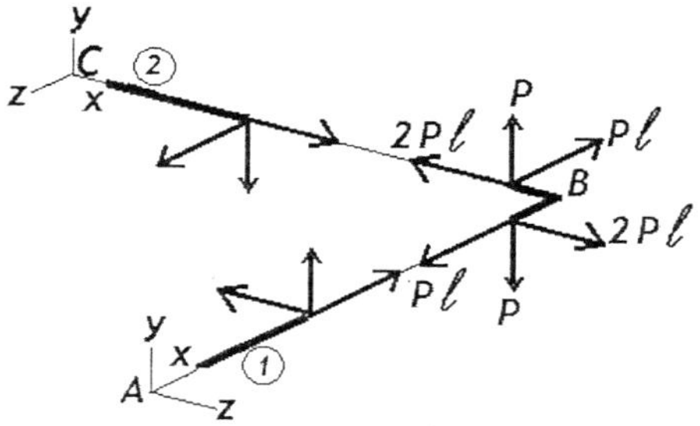

que como se ve, está en equilibrio.

La representación general de los esfuerzos:

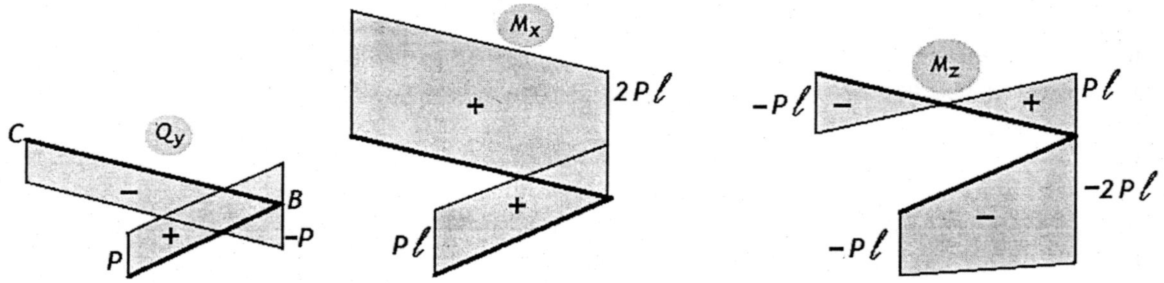

9.8 Esfuerzos internos en sistemas de cuerpos vinculados

Para un sistema de cuerpos vinculados con vínculos internos que permiten un movimiento relativo potencial entre ellos y en que los cuerpos del sistema están constituidos por una o más barras, determinamos los esfuerzos para todas ellas, de cada uno de los cuerpos que constituyen el sistema.

Para ello calculadas las reacciones de vínculo externo y las fuerzas y/o pares de interacción en los vínculos internos, tratamos separadamente a cada cuerpo del sistema, bajo la acción de las cargas de barra que actúan sobre él y las reacciones de vínculo e interacciones que les correspondan.

Ejemplo 8: Usamos el sistema de dos cuerpos del *ejemplo 1* del *cap. 6*.

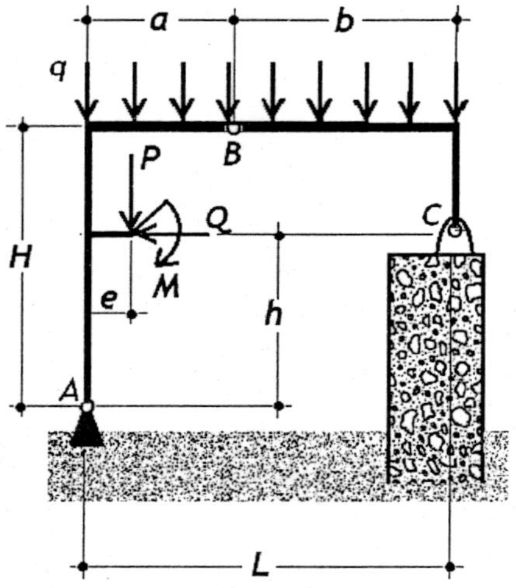

$L = 10\,m$ $\quad a = 4\,m$ $\quad b = 6\,m$ $\quad H = 8\,m$ $\quad h = 5\,m$ $\quad e = 1\,m$

$q = 8\,\frac{kN}{m}$ $\quad P = 60\,kN$ $\quad Q = 8\,kN$ $\quad M = 7\,kNm$

El sistema está formado por ***2*** cuerpos unidos por la articulación relativa ***B*** y vinculados con el exterior con las articulaciones fijas ***A*** y ***C***.

Dibujamos los ***DCLs*** de cada uno de los cuerpos con las reacciones externas y la fuerza de interacción con los sentidos que resultaron. Hacemos el análisis para cada barra de los dos cuerpos.

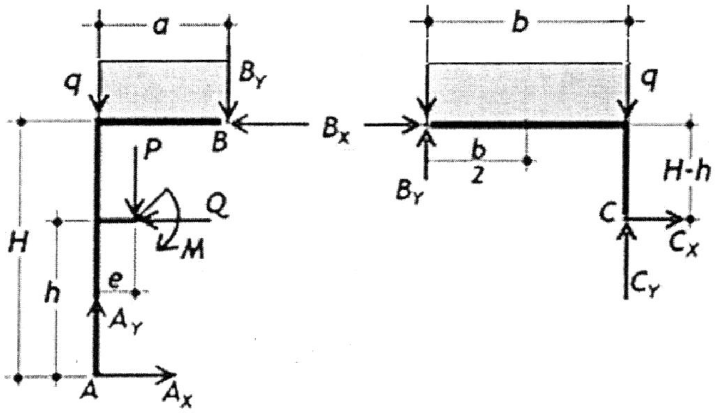

$A_X = 26.7\ kN$ $A_Y = 106.65\ kN$

$B_X = 18.7\ kN$ $B_Y = 14.65\ kN$

$C_X = 18.7\ kN$ $C_Y = 33.65\ kN$

Cuerpo ***AEGDB***: formado por ***4*** barras ***AE***, ***ED***, ***EG*** y ***DB*** y los ***2*** nudos ***E*** y ***D***.

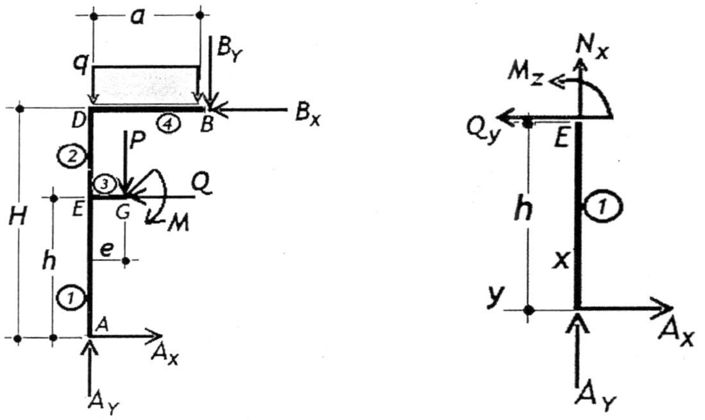

Barra 1 – AE

En el extremo *A*: $N_{xA} = -A_Y = -106.65\ kN$ $Q_{yA} = A_X = 26.7\ kN$ $M_{zA} = 0$

En el extremo ***E***: las ecuaciones de equilibrio

$$A_Y + N_x = 0 \qquad -A_X + Q_y = 0 \qquad A_X\, h + M_z = 0$$

$$N_{xE1} = -A_Y = -106.65\ kN \qquad Q_{yE1} = A_X = 26.7\ kN \qquad M_{zE1} = -A_X\, h = -133.5\ kNm$$

N_x y Q_y son constantes y M_z varía linealmente.

Barra 2 - ED

Elegido el origen del sistema coordenado local de esta barra en el nudo ***E***, seccionamos al cuerpo ***1*** a un ***dx*** del nudo ***E***, dentro de esta barra y planteamos el equilibrio de la sección positiva en que queda dividido el cuerpo. En la fig.izq, se indica el sistema coordenado local y los esfuerzos internos en ***E***:

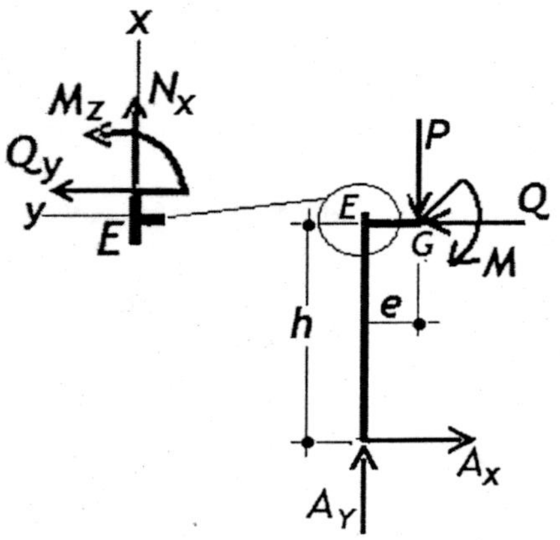

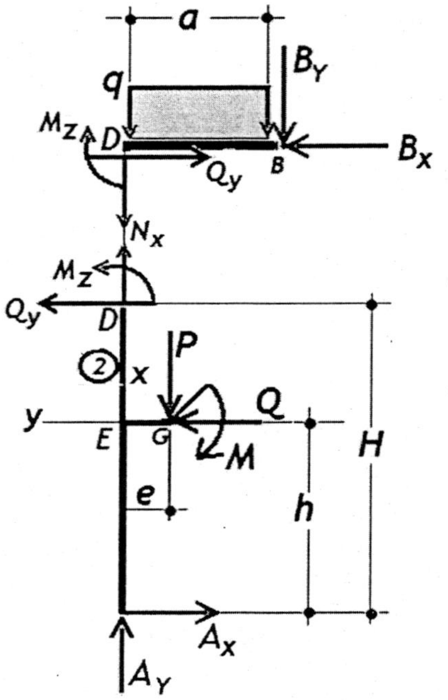

Con las ecuaciones de equilibrio:

$$A_Y - P + N_x = 0 \qquad -A_X + Q + Q_y = 0 \qquad A_X\, h - M - P\, e + M_z = 0$$

obtenemos los esfuerzos en ***E***:

$$N_{xE2} = P - A_Y = -46.65\ kN \qquad Q_{yE2} = A_X - Q = 18.7\ kN$$
$$M_{zE2} = -A_X\, h + M + P\, e = -66.5\ kNm$$

En el extremo ***D***: Seccionamos al cuerpo a un ***dx*** de ***D*** (fig.der.) y colocamos las componentes de los esfuerzos en las caras positiva y negativa. Los calculamos con el planteo del equilibrio de cualquiera de las dos partes. Las ecuaciones de equilibrio de la parte que corresponde a la cara positiva del corte (parte inferior), muestran que sólo cambia, respecto al punto ***E***, la ecuación de momento, que ahora es:

$$A_X\, H - Q(H - h) - M - P\, e + M_z = 0$$
$$M_{zD2} = -A_X\, H + Q(H - h) + M + P\, e = -122.6\ kNm$$

siendo: $N_{xD2} = N_{xE2} = -46.65\ kN \qquad Q_{yD2} = Q_{yE2} = 18.7\ kN$

El cálculo a partir del equilibrio de la otra parte (parte superior), conduce a los mismos resultados:

$$N_{xD2} = -q\, a - B_Y = -46.65\ kN \qquad Q_{yD2} = B_X = 18.7\ kN$$
$$M_{zD2} = -\frac{q\, a^2}{2} - B_Y\, a = -122.6\ kNm$$

N_x y Q_y son constantes y M_z varía linealmente.

Barra 3 - EG

Elegido el origen del sistema coordenado local de esta barra en el nudo ***E***, seccionamos al cuerpo ***1*** a un ***dx*** de ***E***, dentro de esta barra y planteamos el equilibrio de la parte cuya sección es negativa:

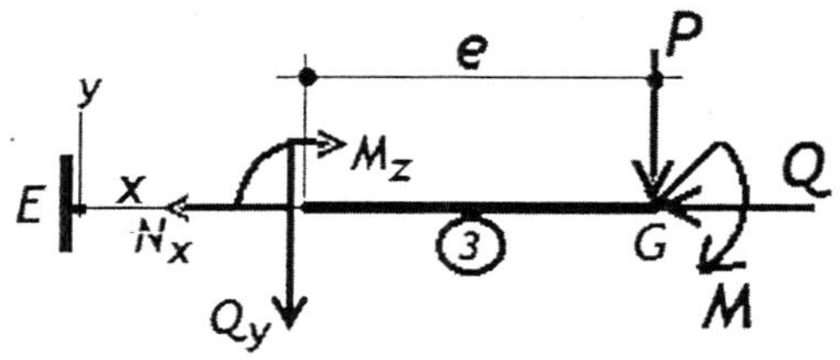

$$-N_x - Q = 0 \qquad -Q_y - P = 0 \qquad -M_z - M - P\,e = 0$$

$$N_{xE3} = -Q = -8\ kN \qquad Q_{yE3} = -P = -60\ kN \qquad M_{zE3} = -M - P\,e = -122.6\ kNm$$

En ***G***:

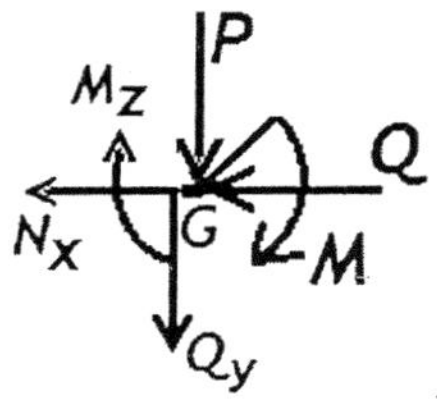

$$N_{xG} = -Q = -8\ kN \qquad Q_{yG} = -P = -60\ kN \qquad M_{zG} = -M = -7\ kNm$$

N_x y Q_y son constantes y M_z varía linealmente.

Barra 4 - DB

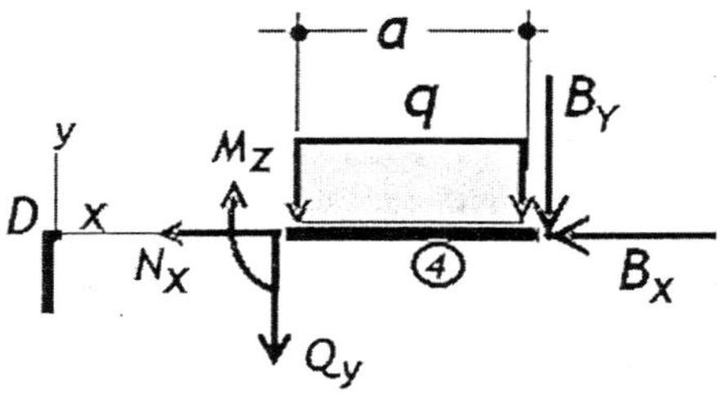

$$-N_x - B_X = 0 \qquad -Q_y - q\,a - B_Y = 0$$

$$-M_z - \frac{q\,a^2}{2} - B_Y\,a = 0$$

$$N_{xD4} = -B_X = -18.7\ kN \qquad Q_{yD4} = -q\,a - B_Y = -46.65\ kN$$

$$M_{zD4} = -\frac{q\,a^2}{2} - B_Y\,a = -122.6\ kNm$$

En el extremo ***B***, si consideramos el equilibrio de un ***dx*** que contiene a ***B***, da como resultado:

$$N_{xB4} = -B_X = -18.7\ kN \qquad Q_{yB4} = -B_Y = -14.65\ kN \qquad M_{zB4} = 0$$

Las variaciones son: N_x: constante Q_y: lineal M_z: parabólica.
En el punto medio de la longitud de la barra ***4***, *ec.[9.21]*:

$$M_z\left(\frac{a}{2}\right) = \frac{M_{zD4} + M_{zB4}}{2} - \frac{-q\,a^2}{8} = -45.3\ kNm$$

y como es, *ec.[9.24]*: $\frac{M_{zD4} - M_{zB4}}{\frac{-q\,a^2}{2}} = \mathbf{1.92}$

no existe extremo relativo de $\boldsymbol{M_z}$. ($\boldsymbol{Q_y}$ no se anula en esta barra).

Cuerpo *BRC*: formado por las ***2*** barras ***BR*** y ***CR*** y el nudo ***R***.

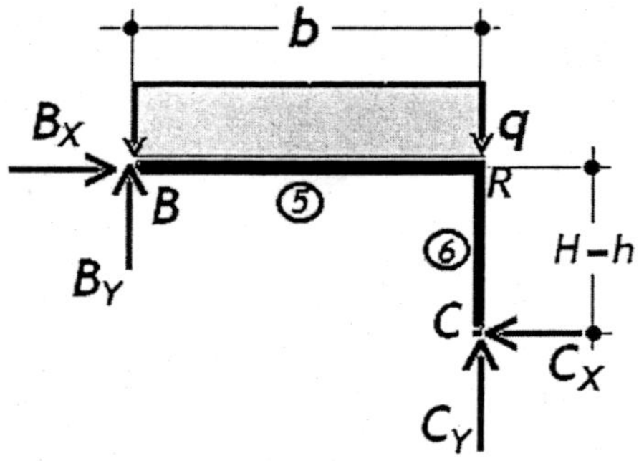

$$\boldsymbol{B_X = 18.7\ kN} \qquad \boldsymbol{B_Y = 14.65\ kN} \qquad \boldsymbol{C_X = 18.7\ kN} \qquad \boldsymbol{C_Y = 33.35\ kN}$$

Barra 5 -BR

En el extremo ***B***

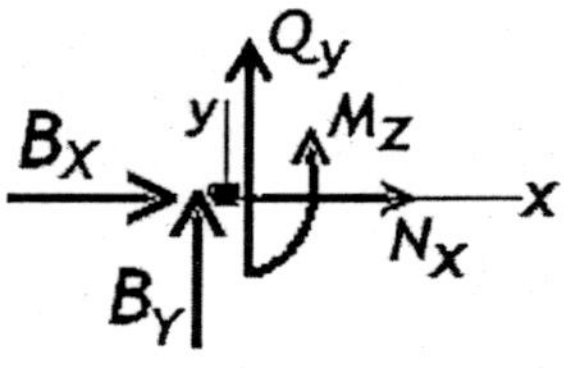

$$\boldsymbol{N_x} = -B_X = \boldsymbol{-18.7\ kN} \qquad \boldsymbol{Q_y} = -B_Y = \boldsymbol{-14.65\ kN} \qquad \boldsymbol{M_x = 0}$$

En el extremo ***R***:

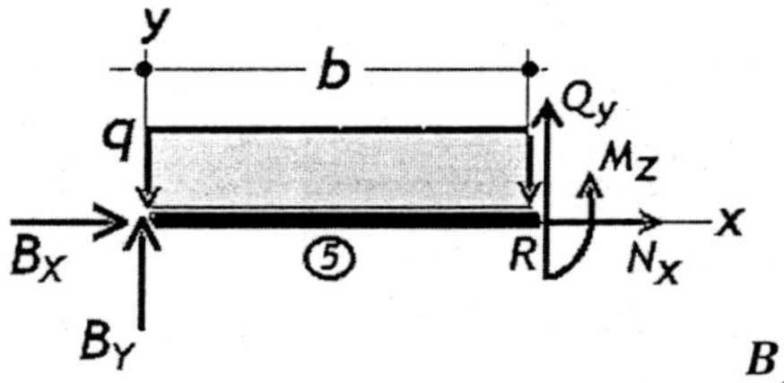

$$\boldsymbol{B_X + N_x = 0} \qquad \boldsymbol{B_Y - q\,b + Q_y = 0} \qquad \boldsymbol{-B_Y\,b + \frac{q\,b^2}{2} + M_z = 0}$$

$$\boldsymbol{N_{xR5}} = -B_X = \boldsymbol{-18.7\ kN} \quad \boldsymbol{Q_{yR5}} = q\,b - B_Y = \boldsymbol{33.35\ kN} \quad \boldsymbol{M_{zR5}} = B_Y\,b - \frac{q\,b^2}{2} = \boldsymbol{-56.1\ kNm}$$

Las variaciones son: $\boldsymbol{N_x}$: constante, $\boldsymbol{Q_y}$: lineal y $\boldsymbol{M_z}$: parabólica.

En el punto medio de la longitud de la barra ***5***, *ec.[9.21]*:

$$\boldsymbol{M_z}\left(\frac{\boldsymbol{b}}{\boldsymbol{2}}\right) = \frac{M_{zB5} + M_{zR5}}{2} - \frac{-q\,b^2}{8} = \boldsymbol{7.95\ kNm}$$

Como es, *ec.[9.24]*: $\frac{M_{zB5} - M_{zR5}}{\frac{-q\,b^2}{2}} = \mathbf{0.39 < 1}$

hay un extremo relativo de M_z, a una distancia x' del extremo B, ec.[9.22]:

$$x' = \frac{b}{2} + \frac{M_{zB5} - M_{zR5}}{-q\, b} = \mathbf{1.831\ m}$$

y su valor máximo, porque es $\frac{d^2 M_z}{dx^2} = -q$, ec.[9.23]:

$$maxM_z = M_z(x') = M_{zB5} - \frac{-q}{2}\left(\frac{M_{zB5} - M_{zR5}}{-q\, b} + \frac{b}{2}\right)^2 = \mathbf{13.414\ kNm}$$

Barra 6 -CR

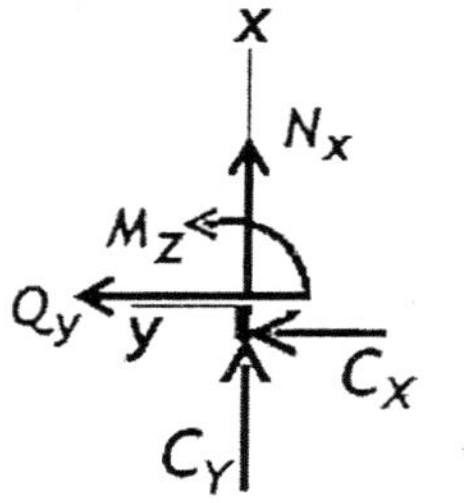

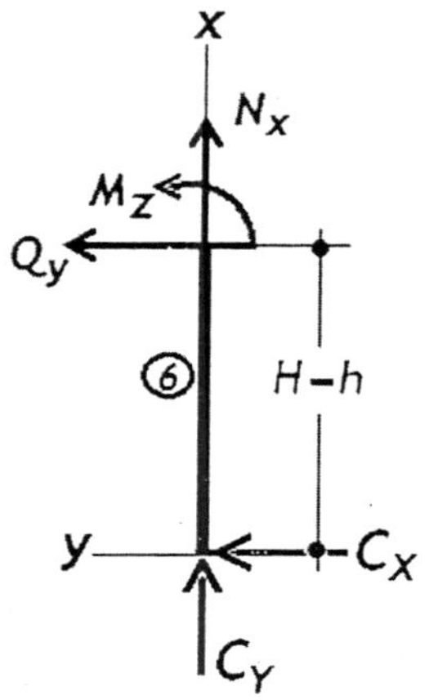

En el extremo C: $N_{xC} = -C_Y = -33.35\ kN$ $\quad Q_{yC} = -C_X = -18.7\ kN$ $\quad M_{zR5} = 0$

En el extremo R: al no haber carga entre C y R, no cambian N_x y Q_y respecto al valor en C. Luego:

$$N_{xR6} = N_{xC} = -C_Y = -33.35\ kN \qquad Q_{yR6} = Q_{yC} = -C_X = -18.7\ kN$$

y sí cambia el momento flexor: $M_{zR6} = C_X\,(H-h) = 56.1\ kNm$

N_x y Q_y son constantes y M_z varía linealmente.

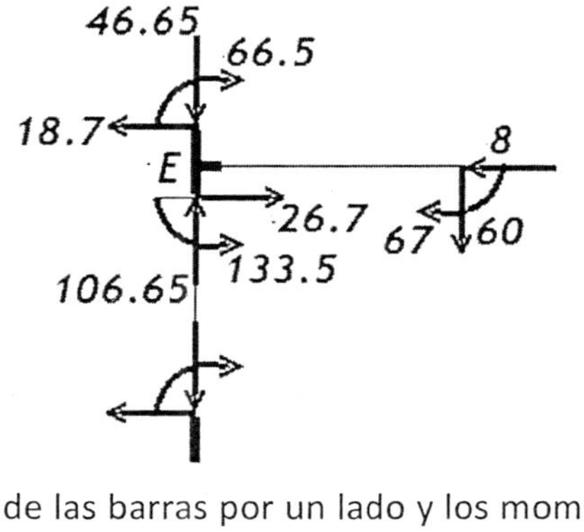

Comprobemos el equilibrio de los nudos. El E:

Si se hace la suma de los esfuerzos normal y de corte de las barras por un lado y los momentos flexores por otro, se tiene:

$$26.7 - 18.7 - 8 = 0 \qquad 106.65 - 46.65 - 60 = 0 \qquad 133.5 - 66.5 - 67 = 0$$

Del mismo modo para los nudos D y R:

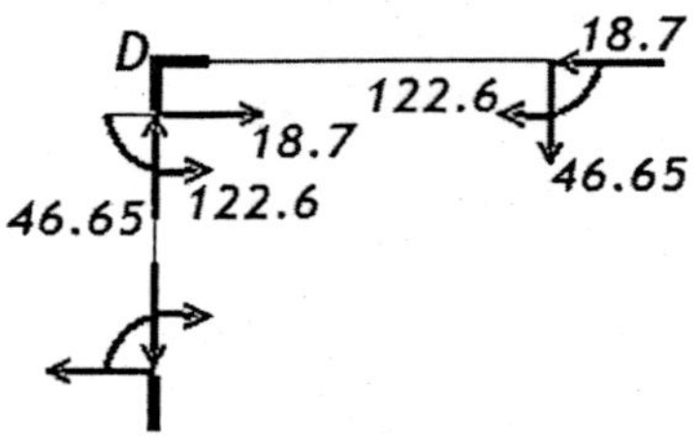

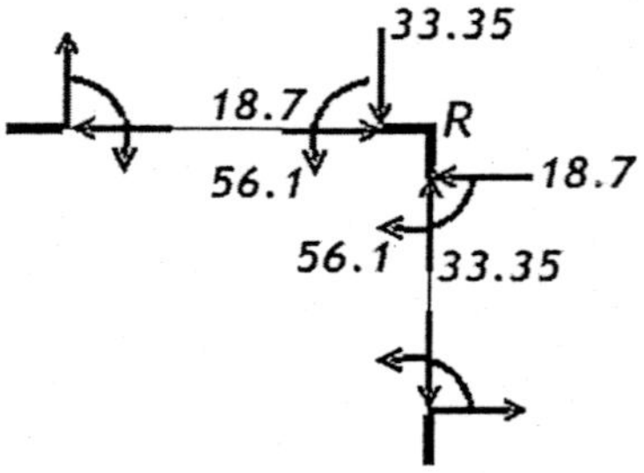

Como puede verse, por simple inspección, ambos nudos están en equilibrio bajo las acciones que ejercen las barras concurrentes a los mismos.

La representación de los esfuerzos. Para evitar la superposición de las representaciones de N_x y M_z, se lo hizo en el sentido opuesto al que convencionalmente se había establecido para representarlos.

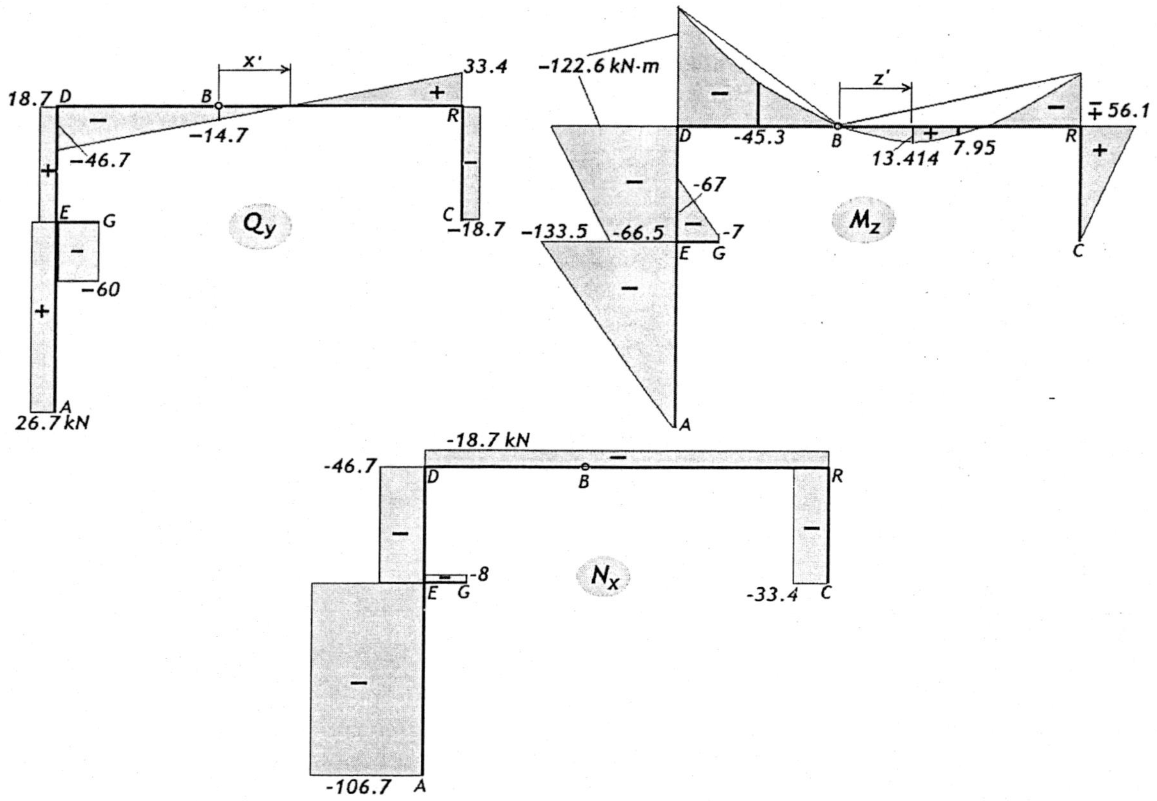

9.9 Barras biarticuladas

Cuando en un sistema de barras de eje recto, una o varias de ellas, están unidas con dos articulaciones, o con una articulación con el resto del sistema y otra articulación fija con el exterior y no hay ninguna carga sobre estas, la única componente de esfuerzo es el normal.

En el sistema de la *fig.9-21a*, esta situación se da con las barras ***AB*** y ***CD***, que están conectadas por articulación al resto y sin carga sobre ellas.

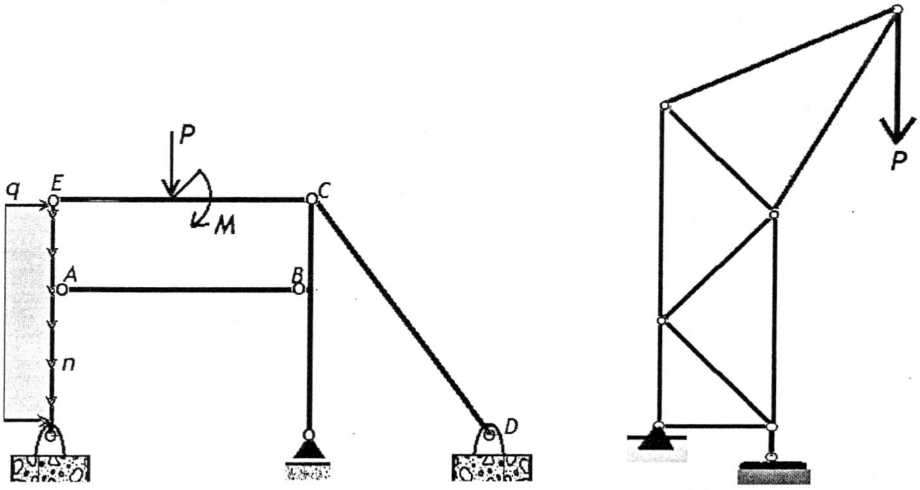

fig.9-21 a) b)

Por ejemplo para la barra ***AB***, si llamamos $\vec{A}$, a la fuerza de interacción en la articulación ***A*** y cuya dirección es la del eje de la barra, tendremos que los esfuerzos en una sección genérica, *fig.9-22*:

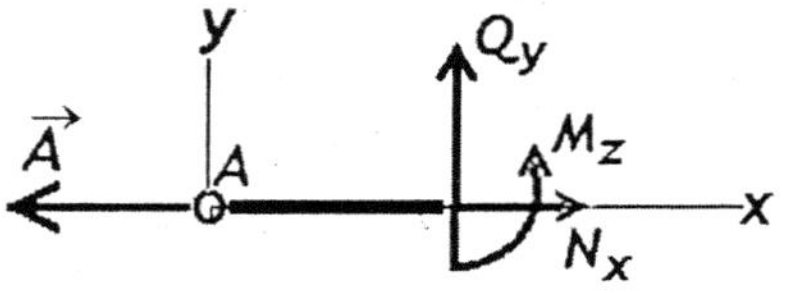

fig.9-22 $N_x = A$ $Q_y = 0$ $M_z = 0$

es decir que el único esfuerzo no nulo es el esfuerzo normal, que es constante e igual a la fuerza de interacción con la articulación y sentido opuesto al que ejerce la articulación sobre la barra.

En cambio la barra ***EC***, a pesar de ser biarticulada, como hay cargas en ellas, los esfuerzos internos, en una sección genérica, *fig.9-23*, son:

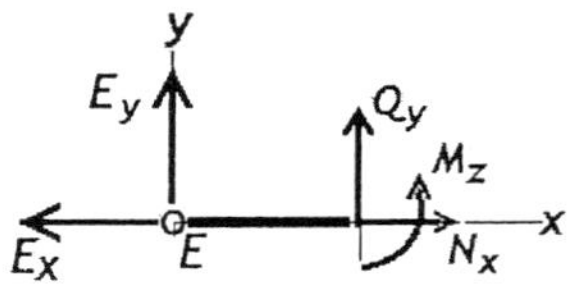

fig.9-23 $N_x \neq 0$ $Q_y \neq 0$ $M_z \neq 0$

por lo que existirán, en general, N_x, Q_y y M_z.

En un reticulado ideal, como el de la *fig.9-21b*, las acciones que las articulaciones ejercen en los extremos de cada barra, son fuerzas de igual valor, cuya línea de acción es el eje de la barra y sentidos opuestos, por lo que en las barras el único esfuerzo no nulo es el esfuerzo normal.

Como conclusión toda barra recta perteneciente a un sistema mecánico, plano o espacial, doblemente articulada con las articulaciones sobre el eje de la barra y que no tiene carga sobre ellas, sólo existe el esfuerzo normal y cuyo sentido es opuesto a la fuerza que la articulación ejerce sobre la barra.

9.10 Sistemas de barras espaciales

Si el cuerpo o sistema de cuerpos está formado por más de dos barras que no forman un sistema plano que está sometido a un sistema general de cargas, se define el sistema coordenado local de cada barra. Sin embargo las designaciones de las componentes de los esfuerzos internos son locales de cada barra. No podemos caracterizar con una única designación a un esfuerzo.

Apéndice A
Propiedades geométricas de superficies planas

En las distintas ramas de la Ingeniería es necesario conocer de una superficie plana además del área, poder caracterizar, de algún modo, su forma y orientación para lo cual se definen y calculan un conjunto de propiedades de esas superficies.

A.1 Momento de primer orden (o estático) y baricentro

Consideremos, *fig.A-1a*, la superficie plana de área ***A*** y una recta ***a*** en el plano en que está la superficie y que puede o no cortarla: se define como *momento de primer orden* (o *momento estático*) del área con respecto a la recta ***a***, a:

$$S_a = \int_A r\,dA \qquad [A.1]$$

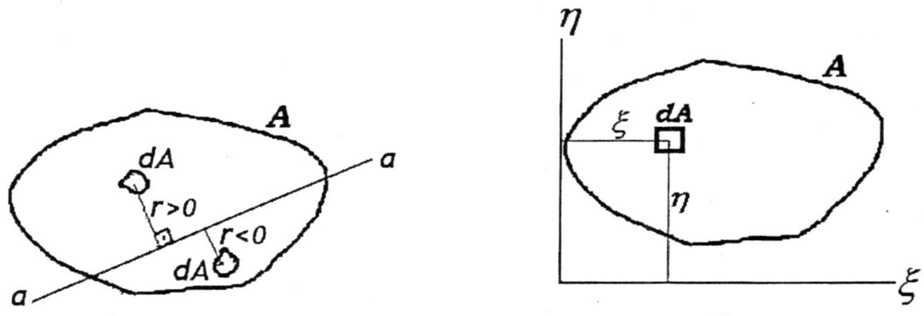

fig.A-1 a) b)

Si se conviene en tomar como positiva a ***r*** hacia un lado de la recta ***a***, y negativa hacia el otro, entonces según sea la posición relativa de la recta con respecto a la superficie, S_a será positiva, negativa o nula. Su unidad: *[S] = m³, ó mm³*.

Si se toma un sistema de referencia arbitrario ξ, η, *fig.A-1b*, cartesiano ortogonal asociado, la expresión del momento de primer orden o momento estático respecto a estos ejes es:

$$S_\xi = \int_A \eta\,dA \qquad S_\eta = \int_A \xi\,dA \qquad [A.2]$$

Si suponemos al área concentrada en un cierto punto ***G*** del plano, *fig.A-2a*, los momentos de primer orden del área concentrada en ***G***, son:

$$S_\xi = A\,\eta_G \qquad S_\eta = A\,\xi_G \qquad [A.3]$$

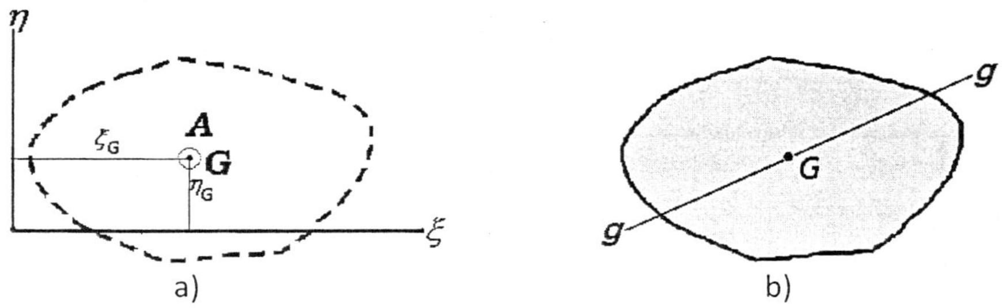

fig.A-2 a) b)

siendo ξ_G, η_G las coordenadas de ***G***.

Calculado el momento de primer orden de la superficie, *ec.[A.2]*, e igualado al momento de primer orden de la superficie supuesta concentrada en ***G***, *ec.[A.3]*:

$$S_\xi = A\,\eta_G = \int_A \eta\, dA \qquad S_\eta = A\,\xi_G = \int_A \xi\, dA$$

de las que se obtienen las coordenadas de ***G***.

$$\xi_G = \frac{S_\eta}{A} = \frac{\int_A \xi\, dA}{A} \qquad \eta_G = \frac{S_\xi}{A} = \frac{\int_A \eta\, dA}{A} \qquad [A.4]$$

El punto ***G*** en el que supone concentrada el área de la superficie y que da lugar a un momento de primer orden igual al del área encerrada por la superficie, se denomina *baricentro* o *centroide* de la misma.

En la *fig.A-3*, se muestra la posición del baricentro para algunas superficies simples. En las referencias *[11]* y *[12]* pueden encontrarse esta y otras propiedades geométricas de superficies más complejas.

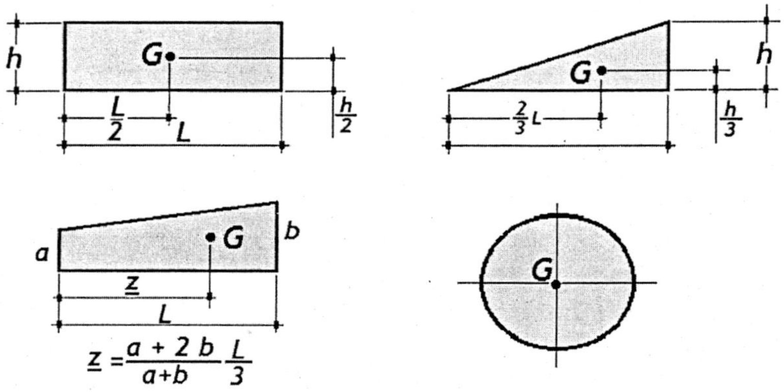

fig.A-3

Cualquier recta ***g-g***, que pase por el baricentro, *fig.A-2b*, se denomina recta o eje baricéntrico de la superficie, y respecto a ella es el momento de primer orden:

$$S_g = 0$$

A.1.1 Conclusiones respecto a *G*

La posición del baricentro ***G*** respecto a la superficie es única e independiente del sistema coordenado. Así, *fig.A-4a*, si respecto a un sistema coordenado ξ_1, η_1 es G_1 y respecto a otro sistema coordenado ξ_2, η_2, no relacionado con el anterior, es G_2, se cumple, en general que:

$$\xi_{G_2} \neq \xi_{G_1} \qquad \eta_{G_2} \neq \eta_{G_1}$$

sin embargo, se obtendrá, que $G_2 \equiv G_1$.

La posición del baricentro puede quedar dentro o fuera del contorno de la superficie, *fig.A-4b*.

Si hay dos rectas ortogonales centradas en ***G*** que son las de un sistema coordenado, se los denomina *ejes coordenados baricéntricos* (o *centroidales*).

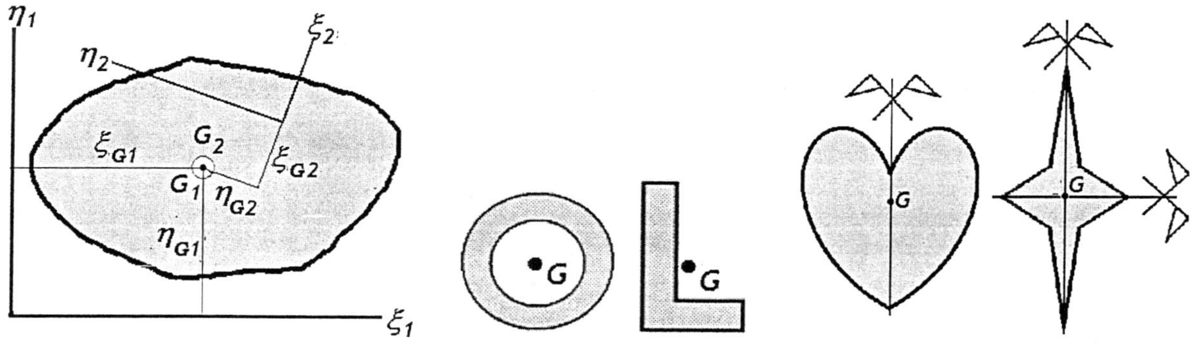

fig.A-4 a) b) c)

El momento de primer orden respecto a cualquier recta que pase por el baricentro de una superficie es nulo.

Si hay una recta respecto a la cual la superficie resulta simétrica, *fig. A-4c*, el momento de primer orden respecto a ella es nulo y por lo tanto la recta es baricéntrica y el baricentro queda sobre esa recta de simetría. Si hay sólo dos ejes de simetría, que son necesariamente ortogonales, el baricentro está en la intersección de los ejes de simetría.

Si suponemos la superficie dividida en superficies menores, *fig.A-5*, y son sus baricentros:

$$G_1\left(\xi_{G_1},\eta_{G_1}\right), G_2\left(\xi_{G_2},\eta_{G_2}\right) \dots G_i\left(\xi_{G_i},\eta_{G_i}\right) \dots G_n(\xi_{G_n},\eta_{G_n})$$

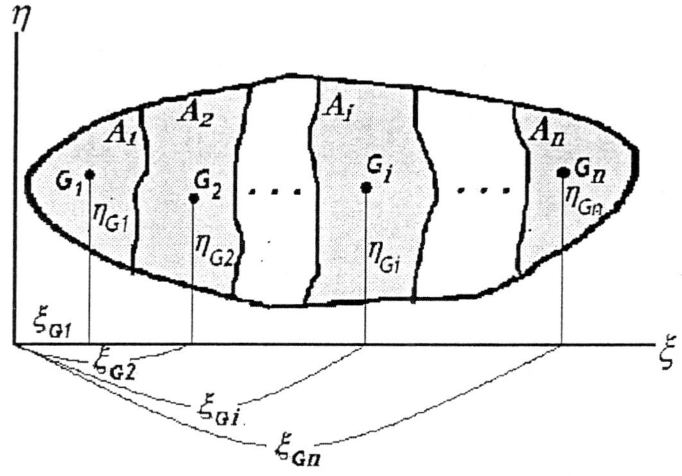

fig.A-5

determinados a partir de la *ec.[A.4]*: $\xi_{G_i} = \frac{\int_{A_i} \xi \, dA}{A_i}$ $\eta_{G_i} = \frac{\int_{A_i} \eta \, dA}{A_i}$ $A = \sum^n A_i$

Pueden determinarse las coordenadas del baricentro de la figura compuesta, a partir de las igualdades:

$$S_\xi = A\,\eta_G = \sum^n S_{\xi_i} = \sum^n A_i\,\eta_{G_i} \qquad \eta_G = \frac{\sum^n A_i\,\eta_{G_i}}{A}$$

$$S_\eta = A\,\xi_G = \sum^n S_{\eta_i} = \sum^n A_i\,\xi_{G_i} \qquad \xi_G = \frac{\sum^n A_i\,\xi_{G_i}}{A}$$

Si la superficie tiene huecos y/o entrantes, pueden considerarse a los huecos y entrantes como superficies de área con signo negativo. Por ejemplo para la superficie de la *fig.A-6*:

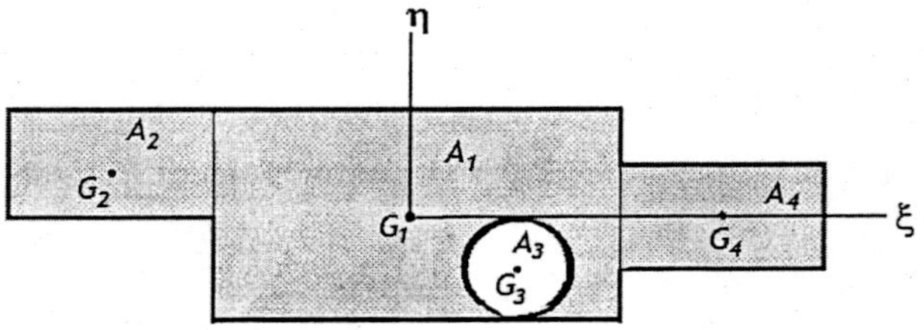

fig.A-6

Tratada el área circular como negativa tendríamos: $A = A_1 + A_2 + (-A_3) + A_4$
y la posición del baricentro:

$$\xi_G = \frac{A_1\,\xi_{G_1} + A_2\,\xi_{G_2} + (-A_3)\,\xi_{G_3} + A_4\,\xi_{G_4}}{A} \qquad \eta_G = \frac{A_1\,\eta_{G_1} + A_2\,\eta_{G_2} + (-A_3)\,\eta_{G_3} + A_4\,\eta_{G_4}}{A}$$

En estas expresiones las coordenadas ξ_{G_2}, η_{G_3}, tienen signo negativo.

A.2 Momentos de segundo orden o de inercia

En el caso general para una superficie de área $\boldsymbol{A}$ y una recta $\boldsymbol{a}$, *fig.A-7a*, se define como *momento de segundo orden* o *momento de inercia*, del área con respecto a la recta $\boldsymbol{a}$, a:

$$I_a = \int_A r^2\, dA \qquad \text{[A.5]}$$

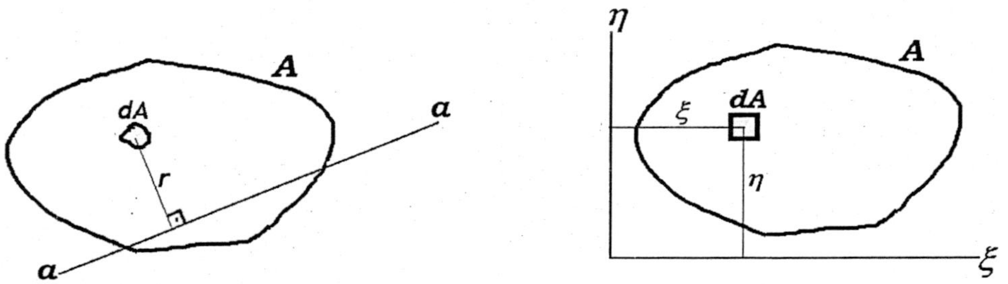

fig.A-7 a) b)

Su signo es siempre positivo (mayor que $\boldsymbol{0}$). Su unidad: $[I] = m^4, mm^4$

Si consideramos un par de ejes cartesianos ortogonales arbitrarios ξ, η, *fig.A-7b*, los momentos de segundo orden del área de la superficie respecto a ambos ejes son:

$$I_\xi = \int_A \eta^2\, dA \qquad I_\eta = \int_A \xi^2\, dA \qquad I_{\xi\eta} = \int_A \xi\,\eta\, dA \qquad \text{[A.6]}$$

A los I_ξ, I_η se los designa momentos de inercia respecto a los ejes ξ y η respectivamente y son siempre positivos. El $I_{\xi\eta}$ es el *producto de inercia*, momento de inercia mixto, cruzado ó centrífugo y puede tener cualquier signo.

Si la superficie tiene un eje de simetría, *fig.A-8*, que es uno de un sistema ortogonal coordenado, el producto de inercia de la superficie respecto a ambos ejes es $\boldsymbol{0}$.

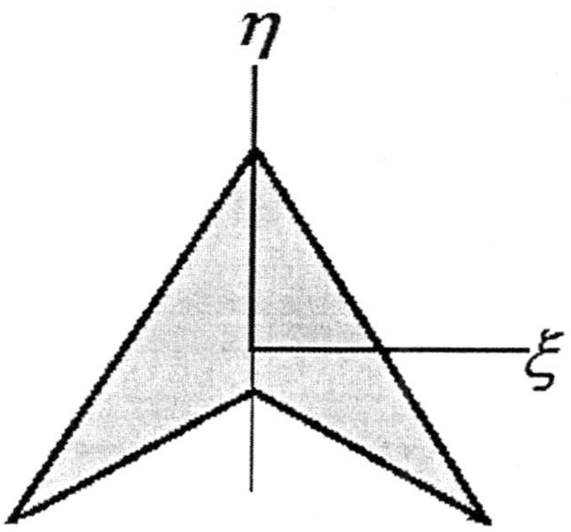

fig.A-8

Si el origen del sistema ξ, η, coincide con el baricentro de la superficie se los llama momentos de segundo orden baricéntricos.

En la *fig.A-9* se muestran los valores de los momentos de segundo orden para el rectángulo y círculo, respecto a ejes baricéntricos.

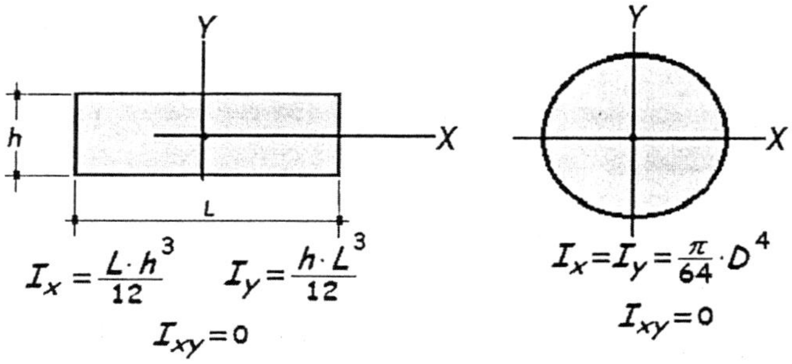

fig.A-9

A.2.1 Teorema de transferencia a ejes paralelos, o teorema de Steiner

Consideremos la superficie para la cual determinamos previamente su baricentro, *fig.A-10a*, y sean X_G e Y_G un par de ejes baricéntricos. Referido a estos ejes, los momentos de primer orden son:

$$S_{X_G} = \int_A y_G \, dA = 0 \qquad S_{Y_G} = \int_A x_G \, dA = 0$$ por ser los X_G e Y_G baricéntricos.

En tanto que los momentos de segundo orden de la superficie respecto a esos ejes, son:

$$I_{X_G} = \int_A y_G^2 \, dA \qquad I_{Y_G} = \int_A x_G^2 \, dA \qquad I_{X_G Y_G} = \int_A x_G \, y_G \, dA \qquad [A.7]$$

Consideremos ahora los ejes X' e Y', paralelos a los ejes baricéntricos X_G e Y_G, *fig.A-10b*, ubicados a las distancias a y b (*medidos a partir de los nuevos ejes*, o sea que los signos de a y b los dan los ejes X' e Y').

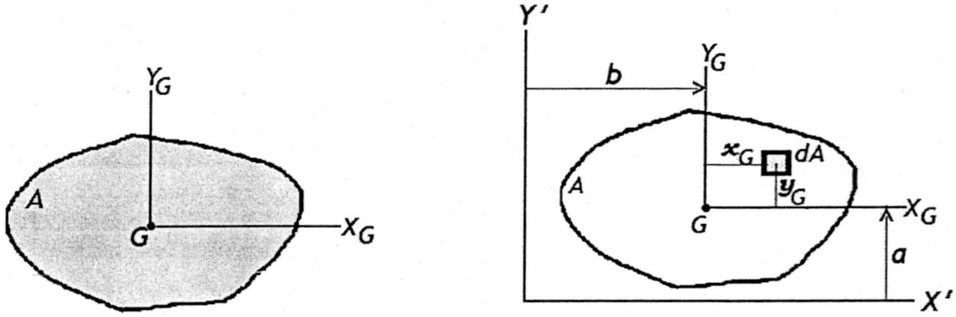

fig.A-10 a) b)

Los momentos de segundo orden de la superficie, respecto a estos nuevos ejes $\boldsymbol{X'}$ e $\boldsymbol{Y'}$, son:

$$I_{X'} = \int_A (a + y_G)^2\, dA \qquad I_{Y'} = \int_A (b + x_G)^2\, dA \qquad I_{X'Y'} = \int_A (a + y_G)\,(b + x_G)\, dA$$

Desarrollando los cuadrados y el producto bajo las integrales y distribuyendo estas en cada uno de los términos tendríamos, por ejemplo para $I_{X'}$:

$$I_{X'} = \int_A a^2\, dA + \int_A y_G^2\, dA + 2\int_A a\, y_G\, dA$$

con *a = constante*: $$I_{X'} = a^2 \int_A dA + \int_A y_G^2\, dA + 2\, a \int_A y_G\, dA$$

donde son: $$\int_A dA = A \qquad \int_A y_G^2\, dA = I_{X_G} \qquad \int_A y_G\, dA = 0$$

la última integral es nula porque es el momento de primer orden de la superficie respecto al eje baricéntrico X_G, luego:

$$I_{X'} = I_{X_G} + A\, a^2$$

y lo mismo: $$I_{Y'} = I_{Y_G} + A\, b^2 \qquad \text{[A.8]}$$

La conclusión es que el momento de inercia respecto a un eje no baricéntrico es la suma del momento de inercia respecto a un eje baricéntrico paralelo al no baricéntrico, más un término igual al área por el cuadrado de la distancia entre los dos ejes (*teorema de Steiner*). Este término agregado siempre es positivo, por lo que el momento de inercia respecto a un eje no baricéntrico es siempre mayor que el baricéntrico paralelo al eje dado.

Respecto al producto de inercia tendremos:

$$I_{X'Y'} = \int_A (a + y_G)\,(b + x_G)\, dA = a\, b \int_A dA + a \int_A x_G\, dA + b \int_A y_G\, dA + \int_A x_G\, y_G\, dA$$

siendo: $$\int_A x_G\, dA = 0 \qquad \int_A y_G\, dA = 0 \qquad \int_A x_G\, y_G\, dA = I_{X_G Y_G}$$

Resulta el producto de inercia: $$I_{X'Y'} = I_{X_G Y_G} + A\, a\, b \qquad \text{[A.9]}$$

Es decir que el producto de inercia respecto a dos ejes ortogonales no baricéntricos, paralelos a los baricéntricos, es la suma del producto de inercia respecto a ambos ejes baricéntricos paralelos, más un término igual al producto del área por las distancias entre los ejes respectivos (que es también parte del *teorema de Steiner*). En el término agregado, $A\,a\,b$, los signos de las distancias a y b entre los ejes, lo imponen los ejes no baricéntricos (***X'***, ***Y'***).

Similarmente a lo hecho antes, se puede subdividir a la superficie en subáreas y sumar los momentos de inercia de ellas para obtener el total. Si la superficie tiene huecos o faltantes se los considera como superficies parciales de área negativa y consecuentemente momentos de segundo orden "negativos".

A.3 Momentos de segundo orden respecto a un sistema cartesiano girado respecto al original

Si tenemos una superficie de área ***A*** y referida a un sistema coordenado cartesiano X_G, Y_G con origen en el baricentro ***G***, y calculados los momentos de segundo orden I_{X_G}, I_{Y_G}, y producto de inercia $I_{X_G Y_G}$ respecto a ellos y queremos a partir de éstos y del área, calcularlos respecto a otro sistema cartesiano ortogonal con el mismo origen ***G***, pero girado un ángulo α, en el sentido positivo respecto al eje X_G, *fig.A-11*.

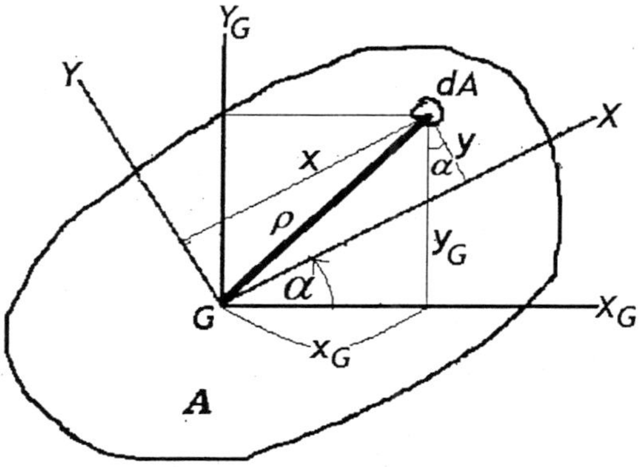

fig.A-11

Los momentos de segundo orden respecto a los ejes girados ***X*** e ***Y***, son:

$$I_X = \int_A y^2\, dA \qquad I_Y = \int_A x^2\, dA \qquad I_{XY} = \int_A x\, y\, dA \qquad [A.10]$$

Pueden escribirse las coordenadas ***x*** e ***y*** del punto en términos de x_G, y_G y α por medio de la matriz de transformación de coordenadas:

$$\begin{Bmatrix} x \\ y \end{Bmatrix} = \begin{bmatrix} \cos\alpha & \operatorname{sen}\alpha \\ -\operatorname{sen}\alpha & \cos\alpha \end{bmatrix} \begin{Bmatrix} x_G \\ y_G \end{Bmatrix} = \begin{Bmatrix} x_G \cos\alpha + y_G \operatorname{sen}\alpha \\ -x_G \operatorname{sen}\alpha + y_G \cos\alpha \end{Bmatrix}$$

o también obtenerse por consideraciones geométrico-trigonométricas. Reemplazando en las expresiones de los momentos de segundo orden, *ec.[A.10]*:

$$I_X = \int_A y^2\, dA = \int_A (-x_G \operatorname{sen}\alpha + y_G \cos\alpha)^2\, dA$$

$$I_Y = \int_A x^2\, dA = \int_A (x_G \cos\alpha + y_G \operatorname{sen}\alpha)^2\, dA$$

$$I_{XY} = \int_A x\, y\, dA = \int_A (x_G \cos\alpha + y_G \operatorname{sen}\alpha)(-x_G \operatorname{sen}\alpha + y_G \cos\alpha)\, dA$$

El desarrollo explícito de I_X conduce a:

$$I_X = \operatorname{sen}^2\alpha \int_A x_G^2\, dA + \cos^2\alpha \int_A y_G^2\, dA - 2 \operatorname{sen}\alpha \cos\alpha \int_A x_G\, y_G\, dA$$

$$I_X = I_{Y_G} \operatorname{sen}^2\alpha + I_{X_G} \cos^2\alpha - I_{X_G Y_G}\, 2 \operatorname{sen}\alpha \cos\alpha \qquad \text{[A.11]}$$

Similarmente para los otros momentos de segundo orden:

$$I_Y = I_{X_G} \operatorname{sen}^2\alpha + I_{Y_G} \cos^2\alpha + I_{X_G Y_G}\, 2 \operatorname{sen}\alpha \cos\alpha \qquad \text{[A.12]}$$

$$I_{XY} = \left(I_{X_G} - I_{Y_G}\right) \operatorname{sen}\alpha \cos\alpha + I_{X_G Y_G} (\cos^2\alpha - \operatorname{sen}^2\alpha) \qquad \text{[A.13]}$$

Haciendo uso de las identidades trigonométricas:

$$\cos 2\alpha = \cos^2\alpha - \operatorname{sen}^2\alpha \qquad \operatorname{sen} 2\alpha = 2 \operatorname{sen}\alpha \cos\alpha$$

$$\operatorname{sen}^2\alpha = \frac{1-\cos 2\alpha}{2} \qquad \cos^2\alpha = \frac{1+\cos 2\alpha}{2}$$

Reemplazándolas en *ecs.[A.11,12,13]*, quedan:

$$I_X = \frac{I_{X_G}+I_{Y_G}}{2} + \frac{I_{X_G}-I_{Y_G}}{2} \cos 2\alpha - I_{X_G Y_G} \operatorname{sen} 2\alpha \qquad \text{[A.14]}$$

$$I_Y = \frac{I_{X_G}+I_{Y_G}}{2} - \frac{I_{X_G}-I_{Y_G}}{2} \cos 2\alpha + I_{X_G Y_G} \operatorname{sen} 2\alpha \qquad \text{[A.15]}$$

$$I_{XY} = \frac{I_{X_G}-I_{Y_G}}{2} \operatorname{sen} 2\alpha + I_{X_G Y_G} \cos 2\alpha \qquad \text{[A.16]}$$

A.4 Momento de inercia polar

Para la superficie y los sistemas coordenados X_G, Y_G y X, Y, *fig.A-11*, los correspondientes momentos de segundo orden son:

$$I_{X_G} = \int_A y_G^2\, dA \qquad I_{Y_G} = \int_A x_G^2\, dA$$

$$I_X = \int_A y^2\, dA \qquad I_Y = \int_A x^2\, dA$$

Si sumamos ambos conjuntos, tendremos:

$$I_{X_G} + I_{Y_G} = \int_A \left(y_G^2 + x_G^2\right) dA \qquad I_X + I_Y = \int_A (y^2 + x^2)\, dA$$

Como se ve en la *fig.A-11*, son: $y_G^2 + x_G^2 = \rho^2$ y $y^2 + x^2 = \rho^2$

Luego: $I_{X_G} + I_{Y_G} = \int_A \rho^2\, dA \qquad I_X + I_Y = \int_A \rho^2\, dA$

es decir podemos poner: $\boldsymbol{I_{X_G} + I_{Y_G} = I_X + I_Y = \int_A \rho^2\, dA}$

que es independiente del ángulo α.

La suma de momentos de segundo orden respecto a cualquier par de ejes ortogonales centrados en G es una constante que se llama *momento de inercia polar*. Lo designamos:

$$\boldsymbol{I_P} = I_{X_G} + I_{Y_G} = I_X + I_Y = \int_A \rho^2\, dA \qquad \text{[A.17]}$$

A.5 Ejes principales

Para una superficie para la cual se han determinado los momentos de segundo orden $\boldsymbol{I_{X_G}}$, $\boldsymbol{I_{Y_G}}$ e $\boldsymbol{I_{X_GY_G}}$ para un par de ejes coordenados baricéntricos obtuvimos, *ecs.[A.14,15,16]*, que los momentos de segundo orden respecto a otro par de ejes ***X*** e ***Y*** centrados en el mismo origen ***G***, pero girado un ángulo α, son:

$$\boldsymbol{I_X(\alpha) = \frac{I_{X_G} + I_{Y_G}}{2} + \frac{I_{X_G} - I_{Y_G}}{2}\cos 2\alpha - I_{X_GY_G}\,sen\, 2\alpha}$$

$$\boldsymbol{I_Y(\alpha) = \frac{I_{X_G} + I_{Y_G}}{2} - \frac{I_{X_G} - I_{Y_G}}{2}\cos 2\alpha + I_{X_GY_G}\,sen\, 2\alpha}$$

$$\boldsymbol{I_{XY}(\alpha) = \frac{I_{X_G} - I_{Y_G}}{2}\,sen\, 2\alpha + I_{X_GY_G}\cos 2\alpha}$$

Su representación, *fig.A-12a*, en función de α, para dados valores de $\boldsymbol{I_{X_G}}$, $\boldsymbol{I_{Y_G}}$, $\boldsymbol{I_{X_GY_G}}$:

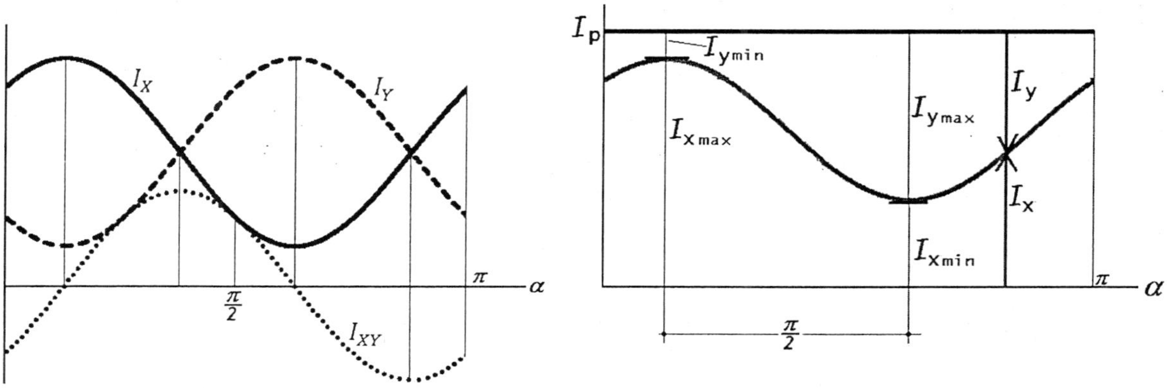

fig.A-12 a) b)

Como se observa, existen valores de α para los cuales $\boldsymbol{I_X}$, $\boldsymbol{I_Y}$ e $\boldsymbol{I_{XY}}$, alcanzan valores extremos máximo y mínimo. Para obtenerlos, derivamos, por ejemplo:

$$\frac{d\,I_X(\alpha)}{d\alpha} = \boldsymbol{-\left(I_{X_G} - I_{Y_G}\right) sen\, 2\alpha - 2\, I_{X_GY_G} \cos 2\alpha = 0}, \quad \text{de la cual:} \quad \boldsymbol{\tan 2\alpha = -2\,\frac{I_{X_GY_G}}{I_{X_G} - I_{Y_G}}}$$

y el ángulo para el cual se alcanza el extremo relativo, es:

$$\boldsymbol{\alpha_1 = \frac{1}{2}\, arc\, tan\left(-2\,\frac{I_{X_GY_G}}{I_{X_G} - I_{Y_G}}\right)} \qquad \text{[A.18]}$$

Existen dos ángulos para el cual $\boldsymbol{I_X}$ se hace extremo, uno es $\boldsymbol{\alpha_1}$ y el otro: $\boldsymbol{\alpha_2 = \alpha_1 + \frac{\pi}{2}}$

En la *fig.A-13*, se muestra, cualitativamente, este hecho.

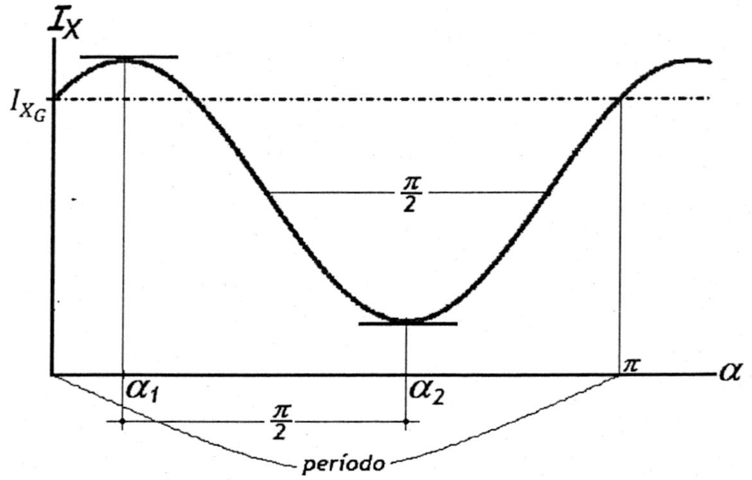

fig.A-13

Poniendo las funciones $\boldsymbol{sen\,2\alpha}$ y $\boldsymbol{cos\,2\alpha}$ en términos de $\boldsymbol{tan\,2\alpha}$:

$$\boldsymbol{sen\,2\alpha} = \frac{tan\,2\alpha}{\sqrt{1+tan^2 2\alpha}} = -2\frac{\boldsymbol{I_{X_G Y_G}}}{\sqrt{\left(\boldsymbol{I_{X_G}} - \boldsymbol{I_{Y_G}}\right)^2 + 4\,\boldsymbol{I^2_{X_G Y_G}}}}$$

$$\boldsymbol{cos\,2\alpha} = \frac{\boldsymbol{I_{X_G}} - \boldsymbol{I_{Y_G}}}{\sqrt{\left(\boldsymbol{I_{X_G}} - \boldsymbol{I_{Y_G}}\right)^2 + 4\,\boldsymbol{I^2_{X_G Y_G}}}}$$

y reemplazando estos valores en $\boldsymbol{I_X}$, *ec.[A.14]*:

$$\boldsymbol{I_X} = \frac{\boldsymbol{I_{X_G}} + \boldsymbol{I_{Y_G}} + \sqrt{\left(\boldsymbol{I_{X_G}} - \boldsymbol{I_{Y_G}}\right)^2 + 4\,\boldsymbol{I^2_{X_G Y_G}}}}{\boldsymbol{2}} \quad [A.19]$$

Reemplazado $\boldsymbol{\alpha_1}$ en la expresión de $\boldsymbol{I_Y}$, *ec.[A.15]*:

$$\boldsymbol{I_Y} = \frac{\boldsymbol{I_{X_G}} + \boldsymbol{I_{Y_G}} - \sqrt{\left(\boldsymbol{I_{X_G}} - \boldsymbol{I_{Y_G}}\right)^2 + 4\,\boldsymbol{I^2_{X_G Y_G}}}}{\boldsymbol{2}} \quad [A.20]$$

y hecho lo mismo en $\boldsymbol{I_{XY}}$, *ec.[A.16]*, resulta:

$$\boldsymbol{I_{XY}(\alpha_1)} = \frac{I_{X_G} - I_{Y_G}}{2}\left(-2\frac{I_{X_G Y_G}}{\sqrt{\left(I_{X_G} - I_{Y_G}\right)^2 + 4\,I^2_{X_G Y_G}}}\right) + I_{X_G Y_G}\frac{I_{X_G} - I_{Y_G}}{\sqrt{\left(I_{X_G} - I_{Y_G}\right)^2 + 4\,I^2_{X_G Y_G}}} = \boldsymbol{0}$$

Para el otro ángulo ($\boldsymbol{\alpha_2}$) se obtendría como expresión de $\boldsymbol{I_X}$ la *ec.[A.20]*, y para $\boldsymbol{I_Y}$ la *ec.[A.19]*; subsiste que $\boldsymbol{I_{XY}(\alpha_2) = 0}$.

A los ejes ***X*** e ***Y*** orientados $\boldsymbol{\alpha_1}$ y $\boldsymbol{\alpha_2}$ respecto al eje $\boldsymbol{X_G}$ y para los cuales los momento de segundo orden respecto a ellos se hacen máximos y mínimo y se anula el producto de inercia, los designamos como *ejes baricéntricos principales de inercia* y a los momentos de segundo orden *momentos de inercia baricéntricos* *principales* I_X e I_Y. Uno de ellos es máximo el otro mínimo y $I_{XY} = 0$.

De modo que en general dada una superficie de área ***A***, se elige un origen arbitrario y un sistema de coordenadas ξ, η y se calcula respecto a éste, la posición del baricentro, *ec.[A.4]*. Luego se considera un sistema coordenado baricéntrico X_G, Y_G, paralelo (o no) al ξ, η, y se determinan los momentos de segundo orden baricéntricos I_{X_G}, I_{Y_G} e $I_{X_G Y_G}$, *ec.[A.7]*, respecto al sistema X_G, Y_G. Con los I_{X_G}, I_{Y_G}, $I_{X_G Y_G}$ determinamos el ángulo α_1, *ec.[A.18]*, y los valores principales I_X e I_Y, *ecs.[A.19], [A.20]*.

La representación del momento de inercia polar, *fig.A-12b*, en función de α, es una constante ya que como se había demostrado:

$$I_P = I_X(\alpha) + I_Y(\alpha) = cte$$

A.6 Radio de giro

Habíamos definido para una superficie de área ***A*** y una recta ***a***, al momento de inercia del área con respecto a la recta ***a***, *ec.[A.5]*:

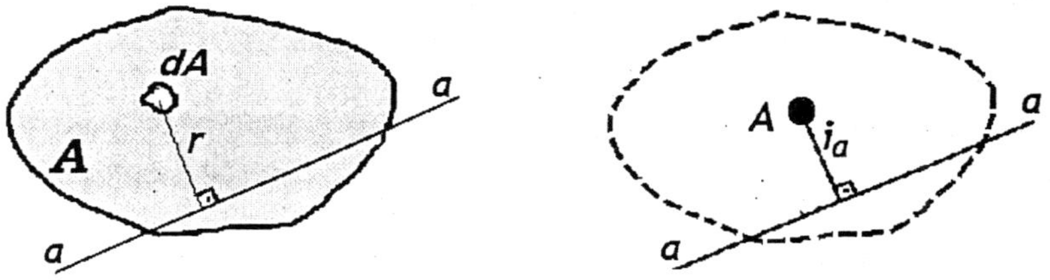

fig.A-14

$$I_a = \int_A r^2 \, dA \qquad [A.5]$$

Si consideramos al área concentrada en un punto y a una distancia i_a de la recta, *fig.A-14*, tal que dé lugar a que el momento de inercia calculado con respecto a la recta, sea igual al del área distribuida en toda la superficie, el momento de segundo orden se expresaría como:

$$I_a = A\, i_a^2 \qquad [A.21]$$

De la que: $$i_a = \sqrt{\frac{I_a}{A}}$$

A la distancia i_a se la designa como el *radio de giro* de la superficie respecto a la recta ***a***. Si en particular la recta *a* son los ejes coordenados ***X*** e ***Y***, los radios de giro son, respectivamente:

$$i_x = \sqrt{\frac{I_X}{A}} \qquad i_y = \sqrt{\frac{I_Y}{A}} \qquad [A.22]$$

También a partir del momento de inercia polar se puede definir al radio de giro polar:

$$i_p = \sqrt{\frac{I_p}{A}} \qquad [A.23]$$

Ejemplo: Para la superficie con la forma de una letra **L**, determinar sus propiedades geométricas.

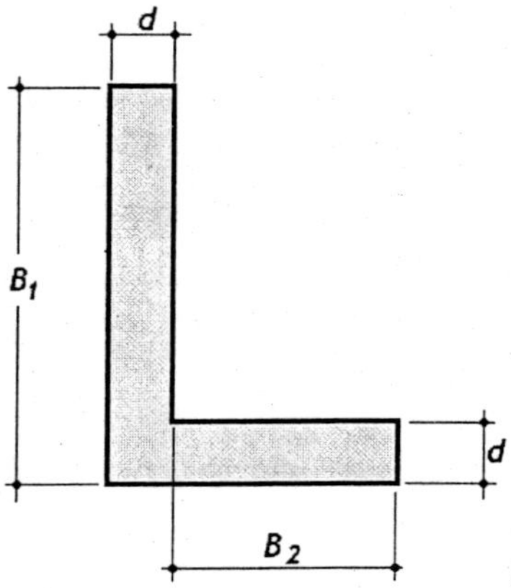

B_1 = 100 mm *B_2 = 55 mm* *d = 10 mm*

Suponemos a la superficie formada por la unión de dos rectángulos ***1*** y ***2***:

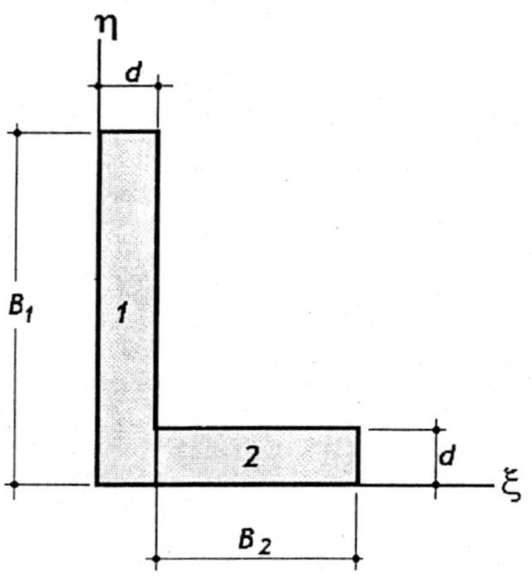

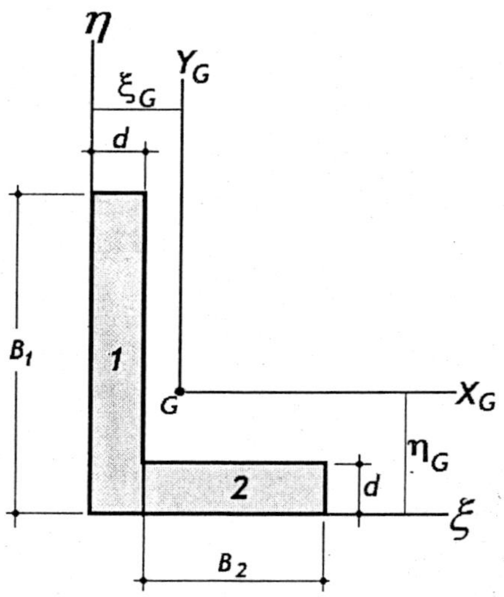

El área: $\boldsymbol{A_1} = B_1\, d = \mathbf{1000}\ \boldsymbol{mm^2}$ $\boldsymbol{A_2} = B_2\, d = \mathbf{550}\ \boldsymbol{mm^2}$ $\boldsymbol{A} = A_1 + A_2 = \mathbf{1550}\ \boldsymbol{mm^2}$

1. Momentos de primer orden

Los momentos de primer orden respecto a los ejes arbitrarios ξ, η, se obtienen sumando los de cada rectángulo, calculados a partir de las posiciones de sus respectivos baricentros y áreas:

$$\boldsymbol{\xi_{G_1}} = \frac{d}{2} = \mathbf{5}\boldsymbol{mm} \qquad \boldsymbol{\eta_{G_1}} = \frac{B_1}{2} = \mathbf{50}\boldsymbol{mm} \quad \boldsymbol{\xi_{G_2}} = d + \frac{B_2}{2} = \mathbf{37.5}\boldsymbol{mm} \qquad \boldsymbol{\eta_{G_2}} = \frac{d}{2} = \mathbf{5}\boldsymbol{mm}$$

$$\boldsymbol{S_\eta} = A_1\, \xi_{G_1} + A_2\, \xi_{G_2} = \mathbf{25625}\ \boldsymbol{mm^3} \qquad\qquad \boldsymbol{S_\xi} = A_1\, \eta_{G_1} + A_2\, \eta_{G_2} = \mathbf{527505}\ \boldsymbol{mm^3}$$

2. Posición del baricentro

Las coordenadas de ***G*** respecto a los ejes ξ y η:

$$\boldsymbol{\xi_G} = \frac{S_\eta}{A} = \mathbf{16.5}\ \boldsymbol{mm} \qquad\qquad \boldsymbol{\eta_G} = \frac{S_\xi}{A} = \mathbf{34}\ \boldsymbol{mm}$$

3. Momentos de segundo orden

Los momentos de segundo orden de cada subárea, respecto a sus ejes baricéntricos individuales X_1, Y_1 y X_2, Y_2, paralelos entre sí y a los ejes arbitrarios ξ, η, ver *fig. A-9*.

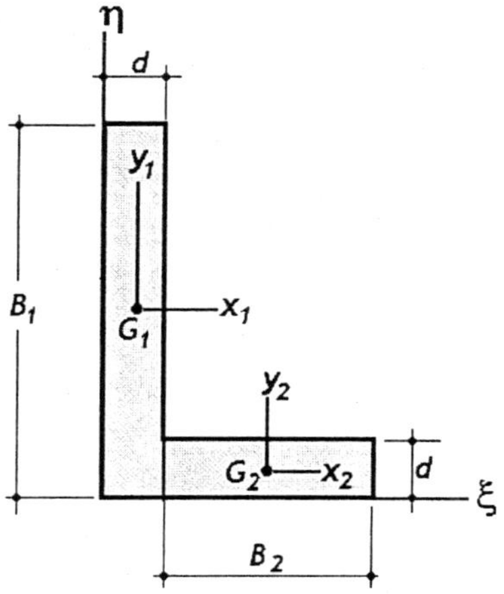

$$I_{x_1} = \frac{d\,B_1^3}{12} = \mathbf{833333\ mm^4} \qquad I_{y_1} = \frac{B_1\,d^3}{12} = \mathbf{8333\ mm^4} \qquad I_{x_1y_1} = \mathbf{0}$$

$$I_{x_2} = \frac{B_2\,d^3}{12} = \mathbf{4583\ mm^4} \qquad I_{y_2} = \frac{d\,B_2^3}{12} = \mathbf{138646\ mm^4} \qquad I_{x_2y_2} = \mathbf{0}$$

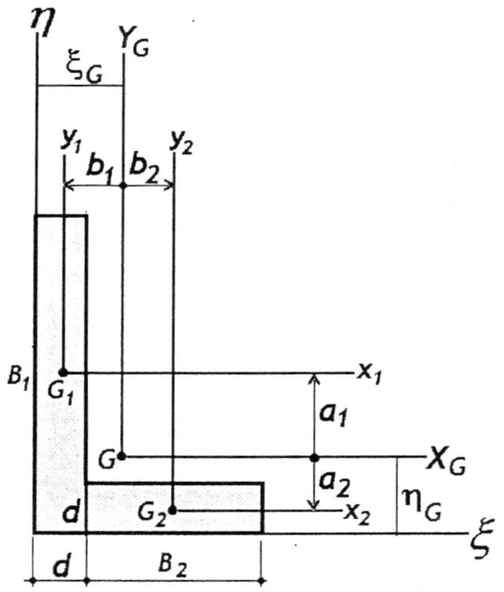

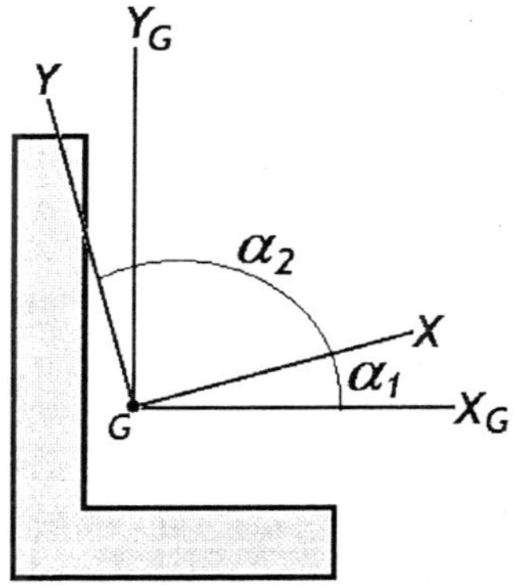

Para pasar los momentos de segundo orden individuales respecto a ejes X_1, Y_1 y X_2, Y_2, a los ejes baricéntricos de toda la superficie, los X_G, Y_G, usamos las expresiones de Steiner.

Como para cada una de las subáreas, los nuevos ejes son los X_G, Y_G, los signos de las distancia ***a*** y ***b*** para cada una de ellas que entran en las expresiones de Steiner, los dan los nuevos ejes (X_G, Y_G), tal como lo indican las flechas de la figura. Estas distancias son:

$$a_1 = \left|\frac{B_1}{2} - \eta_G\right| = \mathbf{16\ mm} \qquad b_1 = -\left|\xi_G - \frac{d}{2}\right| = \mathbf{-11.5\ mm}$$

$$a_2 = -\left|\eta_G - \frac{d}{2}\right| = \mathbf{-29\ mm} \qquad b_2 = \left|d + \frac{B_2}{2} - \xi_G\right| = \mathbf{21\ mm}$$

Los momentos de segundo orden baricéntricos:

$$\boldsymbol{I_{X_G}} = \left(I_{x_1} + A_1\, a_1^2\right) + \left(I_{x_2} + A_2\, a_2^2\right) = \mathbf{1556465}\ \boldsymbol{mm^4}$$
$$\boldsymbol{I_{Y_G}} = \left(I_{y_1} + A_1\, b_1^2\right) + \left(I_{y_2} + A_2\, b_2^2\right) = \mathbf{521778}\ \boldsymbol{mm^4}$$
$$\boldsymbol{I_{X_G Y_G}} = \left(I_{x_1 y_1} + A_1\, a_1\, b_1\right) + \left(I_{x_2 y_2} + A_2\, a_2\, b_2\right) = \mathbf{-518952}\ \boldsymbol{mm^4}$$

En esta última son: $\boldsymbol{I_{x_1 y_1} = 0}$ y $\boldsymbol{I_{x_2 y_2} = 0}$
porque los ejes $\boldsymbol{x_1}$, $\boldsymbol{y_1}$ son baricéntricos para $\boldsymbol{A_1}$ y lo mismo para los $\boldsymbol{x_2}$, $\boldsymbol{y_2}$ de $\boldsymbol{A_2}$.

4. La orientación $\boldsymbol{\alpha_1}$ de los ejes principales de inercia baricéntricos *X* e *Y*.

$$\boldsymbol{\alpha_1} = \frac{1}{2} arc\ tan\left(-2\,\frac{I_{X_G Y_G}}{I_{X_G} - I_{Y_G}}\right) = \mathbf{22.5°} \qquad\qquad \boldsymbol{\alpha_2} = \alpha_1 + 90° = \mathbf{112.5°}$$

5. Los momentos de inercia principales $\boldsymbol{I_X}$ e $\boldsymbol{I_Y}$

$$\boldsymbol{I_{min}} = \frac{I_{X_G} + I_{Y_G} - \sqrt{\left(I_{X_G} - I_{Y_G}\right)^2 + 4\, I_{X_G Y_G}^2}}{2} = \mathbf{306349}\ \boldsymbol{mm^4} = \boldsymbol{I_Y}$$

$$\boldsymbol{I_{max}} = \frac{I_{X_G} + I_{Y_G} + \sqrt{\left(I_{X_G} - I_{Y_G}\right)^2 + 4\, I_{X_G Y_G}^2}}{2} = \mathbf{1771894}\ \boldsymbol{mm^4} = \boldsymbol{I_X}$$

6. Los radios de giro principales y polar

$$\boldsymbol{i_x} = i_{máx} = \sqrt{\frac{I_X}{A}} = \mathbf{33.8}\ \boldsymbol{mm} \qquad \boldsymbol{i_y} = i_{mín} = \sqrt{\frac{I_Y}{A}} = \mathbf{14.1}\ \boldsymbol{mm} \qquad \boldsymbol{i_p} = \sqrt{\frac{I_p}{A}} = \mathbf{36.6}\ \boldsymbol{mm}$$

Apéndice B
Cables suspendidos con fuerzas distribuidas

En el *cap.6*, se estudió el cable suspendido entre dos puntos cuya longitud era mayor que la distancia entre ellos, sometido a la acción de fuerzas concentradas. Es este apéndice veremos al cable con fuerzas distribuidas a lo largo de una recta y a lo largo del mismo cable.

B.1 Fuerzas distribuidas sobre una recta

Consideramos como carga la fuerza distribuida a lo largo de una recta entre sus puntos de amarre y coplanar con el cable, *fig.B-1a*. Para el sistema coordenado adoptado, *fig.B-1b*, reemplazamos esta carga por dos fuerzas equivalentes distribuidas en esas direcciones y que varían con las correspondientes coordenadas.

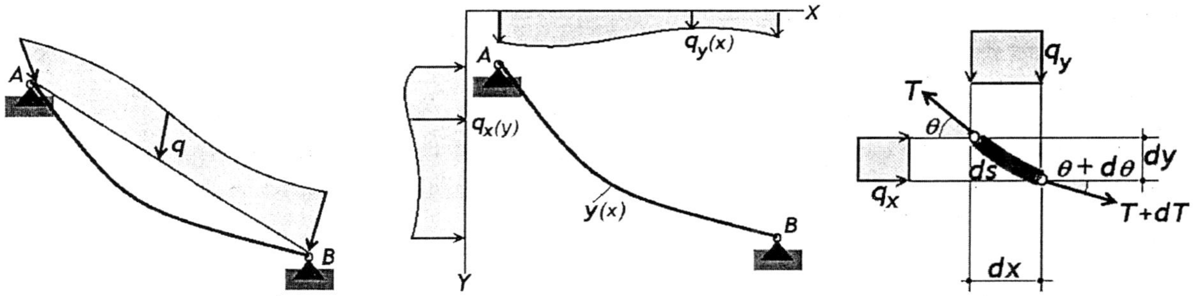

fig.B-1 a) b) c)

De acuerdo al modelo utilizado para el cable, de considerarlo una cadena abierta de infinitos cuerpos articulados de longitud diferencial, realizamos el ***DCL*** de uno de estos cuerpos infinitesimales, *fig.B-1c*. Si $\boldsymbol{T}$ es la fuerza de interacción con el elemento al que se conecta en la articulación en la coordenada $\boldsymbol{x}$ y que forma el ángulo $\boldsymbol{\theta}$ respecto al eje $\boldsymbol{X}$, la fuerza de interacción en la otra articulación es $\boldsymbol{T+dT}$ que forma el ángulo $\boldsymbol{\theta + d\theta}$. Las tres ecuaciones escalares de equilibrio, con la de momento respecto a la articulación de abscisa $\boldsymbol{x+dx}$, quedan expresadas como:

$$\sum F_X = -\boldsymbol{T}\ \boldsymbol{\cos\theta} + (\boldsymbol{T} + \boldsymbol{dT})\,\boldsymbol{\cos(\theta + d\theta)} + \boldsymbol{q_x(y)\,dy} = \boldsymbol{0} \qquad [B.1']$$

$$\sum F_Y = -\boldsymbol{T}\ \boldsymbol{sen\,\theta} + (\boldsymbol{T} + \boldsymbol{dT})\,\boldsymbol{sen(\theta + d\theta)} + \boldsymbol{q_y(x)\,dx} = \boldsymbol{0} \qquad [B.1'']$$

$$\sum M_Z = -\boldsymbol{T}\ \boldsymbol{\cos\theta\,dy} + \boldsymbol{T}\ \boldsymbol{sen\,\theta\,dx} + \boldsymbol{q_x dy}\frac{\boldsymbol{dy}}{2} - \boldsymbol{q_y dx}\frac{\boldsymbol{dx}}{2} = \boldsymbol{0} \qquad [B.1''']$$

En esta última ecuación, despreciando los dos últimos términos en relación a los otros, por ser infinitésimos de orden superior respecto a los dos primeros, se obtiene:

$$-\ \cos\theta\,dy + sen\,\theta\,dx = 0$$ lo cual conduce a la identidad: $$\frac{\boldsymbol{dy}}{\boldsymbol{dx}} = \boldsymbol{\tan\theta}$$

Por otra parte con las identidades trigonométricas:

$$\cos\,(\theta + d\theta) = \cos\theta\ \ \cos d\theta - sen\,\theta\ \ sen\,d\theta$$
$$sen\,(\theta + d\theta) = sen\,\theta\ \ \cos d\theta + \cos\theta\,sen\,d\theta$$

y considerando que: $\boldsymbol{\cos d\theta \approx 1}$ $\boldsymbol{sen\,d\theta \approx d\theta}$ resultan estas últimas:

$cos\ (\theta + d\theta) = cos\ \theta - sen\ \theta\ d\theta$ y $sen\ (\theta + d\theta) = sen\ \theta + cos\ \theta\ d\theta$

que reemplazadas en las dos ecuaciones de equilibrio *[B.1']* y *[B.1'']*:

$$-T\ cos\ \theta + T\ cos\ \theta - T\ sen\ \theta\ d\theta + cos\ \theta\ dT - sen\ \theta\ d\theta\ dT + q_x\ dy = 0 \quad [B.2']$$
$$-T\ sen\ \theta + T\ cos\ \theta\ d\theta + T\ sen\ \theta + sen\ \theta\ dT + cos\ \theta\ d\theta\ dT + q_y\ dx = 0 \quad [B.2'']$$

Luego de cancelar los términos opuestos y despreciar: $sen\ \theta\ d\theta\ dT$ y $cos\ \theta\ d\theta\ dT$ por ser infinitésimos superiores frente a los otros, se obtienen:

$$\boldsymbol{-T\ sen\ \theta\ d\theta + cos\ \theta\ dT + q_x(y)\ dy = 0} \quad [B.3]$$

$$\boldsymbol{T\ cos\ \theta\ d\theta + sen\ \theta\ dT + q_y(x)\ dx = 0} \quad [B.4]$$

dividiendo la *ec.[B.3]*, por ***dy*** y la *ec.[B.4]*, por ***dx***, se obtiene:

$$-T\ sen\ \theta\ \frac{d\theta}{dy} + cos\ \theta\ \frac{dT}{dy} = -q_x(y) \quad [B.3']$$
$$T\ cos\ \theta\ \frac{d\theta}{dx} + sen\ \theta\ \frac{dT}{dx} = -q_y(x) \quad [B.4']$$

Los primeros miembros de ambas ecuaciones pueden ponerse como la expansión de las derivadas:

$$\boldsymbol{\frac{d\ (T\ cos\ \theta)}{dy} = -q_x(y)} \quad [B.5]$$

$$\boldsymbol{\frac{d\ (T\ sen\ \theta)}{dx} = -q_y(x)} \quad [B.6]$$

Integradas las *ecs.[B.5]* y *[B.6]*:

$$\boldsymbol{T\ sen\ \theta = -\int q_y(x)\ dx + C_1'} \quad [B.7]$$

$$\boldsymbol{T\ cos\ \theta = -\int q_x(y)\ dy + C_2'} \quad [B.8]$$

Dividiendo las *[B.7]* y *[B.8]*:

$$\frac{sen\ \theta}{cos\ \theta} = tan\ \theta = y' = \frac{dy}{dx} = \frac{-\int q_y(x)\ dx + C_1'}{-\int q_x(y)\ dy + C_2'} \quad [B.9]$$

En la última igualdad separando en funciones de una misma variable y luego integrándolas:

$$\boldsymbol{\int[-\int q_x(y)\ dy]\ dy + C_2'\ y = \int[-\int q_y(x)\ dx]\ dx + C_1'\ x + C_3'} \quad [B.10]$$

A partir de la cual, con las expresiones de las cargas $\boldsymbol{q_x(y), q_y(x)}$, obtenemos la ecuación implícita del cable e indeterminada en las constantes $\boldsymbol{C_i'}$.

Elevando al cuadrado las *[B.7]* y *[B.8]*, y sumándolas, se obtiene la variación de la fuerza de interacción en un punto del cable de coordenadas ***x*** e ***y***:

$$\boldsymbol{T = \sqrt{[-\int q_y(x)\ dx + C_1']^2 + [-\int q_x(y)\ dy + C_2']^2}} \quad [B.11]$$

La longitud del cable, con *ec.[B.9]*:

$$L_c = \int_{x_A}^{x_B} \sqrt{1 + y'^2}\, dx = \int_{x_A}^{x_B} \sqrt{1 + \left[\frac{-\int q_y(x)\, dx + C_1'}{-\int q_x(y)\, dy + C_2'}\right]^2}\, dx \qquad [B.12]$$

Para obtener las constantes C_i', en general se conocen la posición de los puntos de amarre y algún dato adicional, como puede la longitud del cable, o la orientación de la tangente en algún punto, o el valor de la fuerza en los amarres, o cualquier dato que directamente o indirectamente permita plantear un sistema de tres ecuaciones.

B.1.1 Fuerza distribuida uniforme en una dirección coordenada

Supongamos el caso frecuente en que sólo hay componente de la carga en una sola dirección como puede ser la dirección vertical y con la carga de valor constante, o sea es, *fig.B-2*:

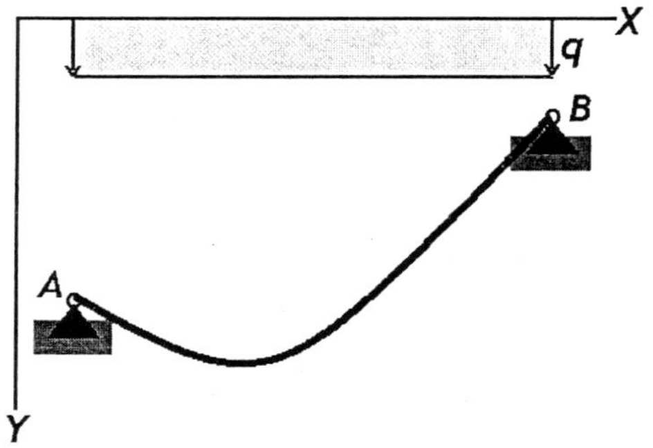

fig.B-2 $\qquad q_y(x) = q \qquad q_x = 0$

Reemplazando en *ec.[B-10]*: $\quad C_2'\, y = \int[-\int q\, dx]\, dx + C_1'\, x + C_3' \qquad$ [B-13]

se obtiene: $\quad C_2'\, y = -\frac{q}{2} x^2 + C_1'\, x + C_3'$

Dividiendo por C_2': $\quad y = -\frac{q}{2\, C_2'} x^2 + \frac{C_1'}{C_2'}\, x + \frac{C_3'}{C_2'}$

y con: $\quad \frac{q}{2\, C_2'} = C_2 \qquad \frac{C_1'}{C_2'} = C_1 \qquad \frac{C_3'}{C_2'} = C_0$

Resulta: $\quad y = -\, C_2\, x^2 + C_1\, x + C_0 \qquad$ [B-14]

Es decir que el cable adopta la forma de una parábola cuadrática.
La fuerza de interacción en un punto de abscisa x es, reemplazando en *ec.[B-12]*:

$$T(x) = \sqrt{(-q\, x + C_1')^2 + C_2'^2}$$

Reemplazando C_1' y C_2' en términos de las nuevas constantes C_1 y C_2, son:

$$C_2' = \frac{q}{2\, C_2} \qquad \text{y} \qquad C_1' = C_1\, C_2' = \frac{q}{2}\frac{C_1}{C_2}$$

$$T(x) = \frac{q}{2\,C_2}\sqrt{1 + (C_1 - 2\,C_2\,x)^2} \qquad \text{[B-15]}$$

Cuyo valor máximo absoluto ocurre en uno de los dos extremos, es decir, es:

$$T_{max} = max\,[T(x_A), T(x_B)] \qquad \text{[B-16]}$$

El valor mínimo de la fuerza de interacción se obtiene derivando ***T*** respecto a ***x*** e igualando a cero, lo cual ocurre para:

$x = \frac{C_1}{2\,C_2}$ que coincide con el vértice de la parábola, que es: $-\frac{C_1}{2\,(-C_2)}$

que como se demuestra, a través de la derivada segunda de ***T***, corresponde a un mínimo relativo y que en este caso es absoluto. El ***T*** correspondiente al mínimo es:

$$T_{min} = \frac{q}{2\,C_2}$$

La longitud del cable es, *ec.[B-12]*: $$L_c = \int_{x_A}^{x_B}\sqrt{1 + (C_1 - 2\,C_2\,x)^2}\;dx \qquad \text{[B-17]}$$

Ejemplo 1: El cable de la figura soporta una carga uniforme proveniente de un gasoducto que debe salvar un pequeño valle. El tubo se soporta del cable con alambres verticales (llamados obenques) que están separados cada ***0.5 m***. Determinar la ecuación de la curva que adopta el cable referido al sistema ***X-Y*** y la máxima tracción en el cable.

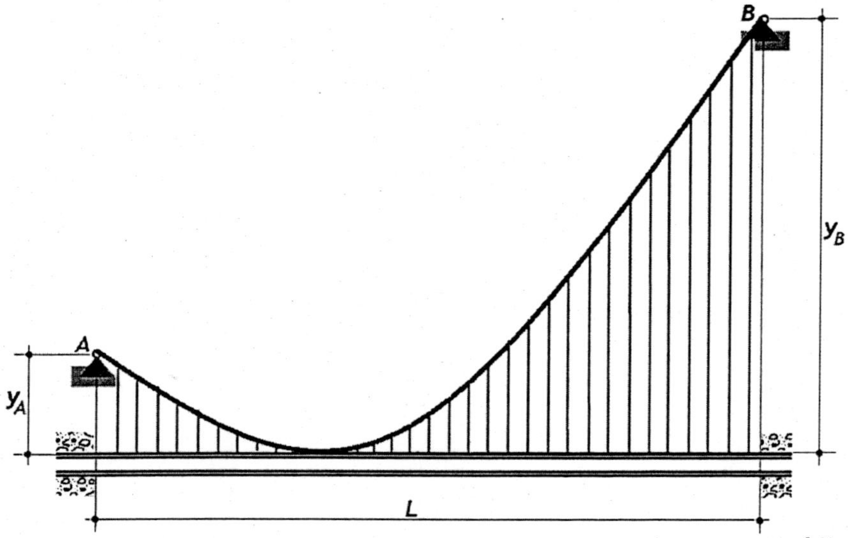

$y_A = 20\,m \qquad y_B = 70\,m \qquad L = 130\,m \qquad q = 10\,\frac{kN}{m}$

Dado que los alambres verticales que sostienen el tubo, están separados una distancia muy pequeña, en relación a la distancia entre los amarres, podemos modelar la carga del tubo sobre el cable, como una fuerza uniforme igual al peso del conducto por unidad de longitud, despreciando el peso propio del cable, los obenques y las piezas de amarre, frente al peso del ducto. A fin de facilitar la solución situamos el origen coordenado en correspondencia con el vértice de la parábola.

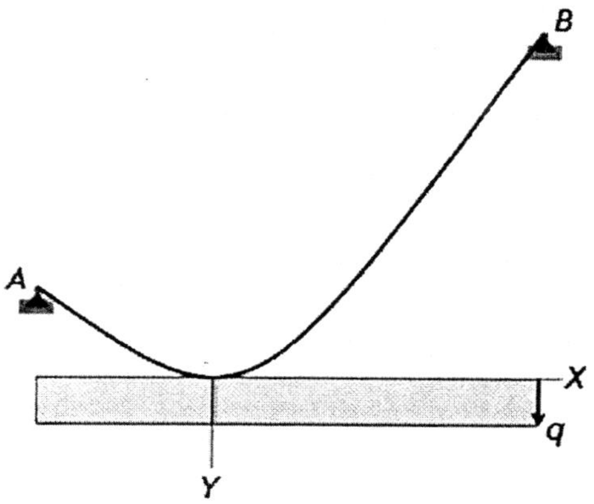

A partir de la expresión general para carga en una sola dirección, en este caso la vertical ***Y***, la ecuación de la curva del cable y su derivada son:

$$\boldsymbol{y = -\,C_2\,x^2 + C_1\,x + C_0} \qquad\qquad \boldsymbol{y' = -\,2\,C_2\,x + C_1}$$

Dos de las constantes las obtenemos a partir de las condiciones en el punto inferior, los valores nulos de la función y la pendiente, o sea en:

$$x = 0 \qquad \text{son:} \qquad y = 0 \qquad \text{e} \qquad y' = 0$$

Luego: $\boldsymbol{y(0)} = -\,C_2\,0^2 + C_1\,0 + C_0 = \boldsymbol{0}$ de la que: $\boldsymbol{C_0 = 0}$

y

$\boldsymbol{y'(0)} = -2\,C_2\,0 + C_1 = \boldsymbol{0}$ luego: $\boldsymbol{C_1 = 0}$

Por lo que la ecuación del cable es la parábola: $\boldsymbol{y = -\,C_2x^2}$

Para obtener la constante $\boldsymbol{C_2}$, nos valemos del conocimiento de la posición relativa de los puntos de amarre. Son:

$$y_A = -\,C_2\,x_A^2 \qquad\qquad y_B = -\,C_2\,x_B^2$$

Asimismo conocemos la distancia horizontal entre los puntos de sujeción, es decir son:

$$\boldsymbol{|x_A| + |x_B| = L}$$

Con las distancias de los puntos de amarre, al vértice de la parábola:

$$x_A = \sqrt{\frac{|y_A|}{C_2}} \qquad \text{y} \qquad x_B = \sqrt{\frac{|y_B|}{C_2}} \qquad\qquad \boldsymbol{\sqrt{\frac{|y_A|}{C_2}} + \sqrt{\frac{|y_B|}{C_2}} = L}$$

se obtiene la constante:

$$\boldsymbol{C_2} = \frac{\left(\sqrt{|y_A|} + \sqrt{|y_B|}\right)^2}{L^2} = \frac{0.009753}{m} = \boldsymbol{\frac{1}{102.528\,m}}$$

Las distancias horizontales de los puntos de amarre, respecto al punto inferior del cable:

$$x_A = \sqrt{\frac{|y_A|}{C_2}} = \boldsymbol{45.283\,m} \qquad\qquad x_B = \sqrt{\frac{|y_B|}{C_2}} = \boldsymbol{84.717\,m}$$

La ecuación explícita de la parábola: $y = -0.009753\,\frac{x^2}{m} = -\frac{x^2}{102.5\ m}$

La fuerza en el cable y su representación:

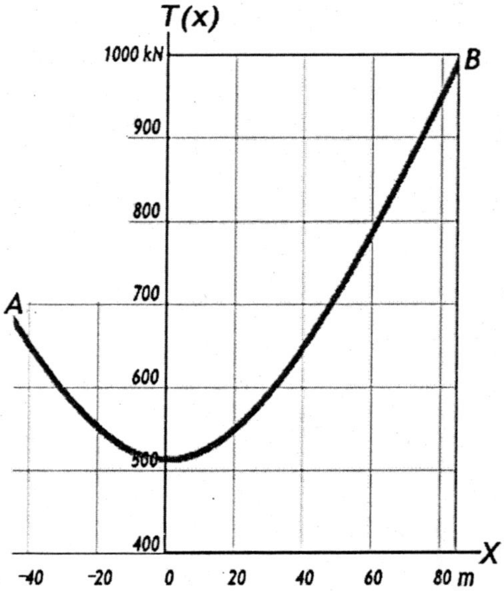

$$T(x) = \frac{q}{2\,C_2}\sqrt{1 + (C_1 - 2\,C_2\,x)^2} = \frac{q}{2\,C_2}\sqrt{1 + 4\,C_2^2\,x^2}$$

La fuerza en el cable en los amarres:

En ***A***: $T_A = T(x_A) = 684\ kN$ y en ***B***: $T_B = T(x_B) = 990.2\ kN = T_{max}$

El valor mínimo, en el vértice, es: $T_{min} = T(0) = 512.64\ kN$

La longitud del cable: $L_c = \int_{x_A}^{x_B}\sqrt{1 + (-2\,C_2\,x)^2}\,dx = 165.162\ m$

*B.2 Carga en función de la coordenada longitudinal s

Ahora, a diferencia del caso anterior, la carga se da como una función de la coordenada longitudinal ***s*** a lo largo del cable, *fig.B-3a*.

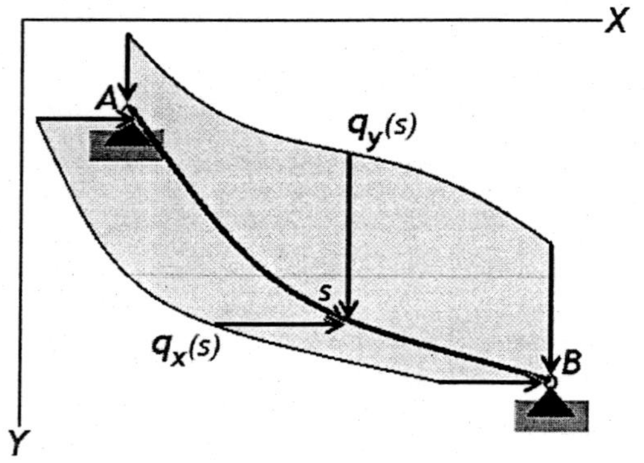

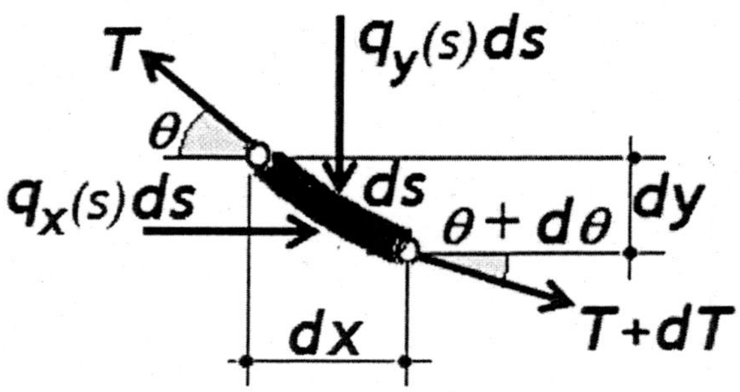

fig.B-3 a) b)

En el ***DCL*** de un cuerpo entre las coordenadas ***s*** y ***s+ds***, *fig.B-3b*, si es ***T*** la fuerza de interacción con el que se vincula en la articulación en la coordenada ***s*** y ***T+dT*** en la ***s+ds***, fuerzas que forman los ángulos ***θ*** y

$\boldsymbol{\theta + d\theta}$ con la horizontal respectivamente, las tres ecuaciones escalares de equilibrio:

$$\sum F_X = -\boldsymbol{T\ \cos\theta + (T + dT)\ \cos(\theta + d\theta) + q_x(s)ds = 0} \qquad \text{[B-18]}$$

$$\sum F_Y = -\boldsymbol{T\ sen\,\theta + (T + dT)\ sen(\theta + d\theta) + q_y(s)\ ds = 0} \qquad \text{[B-19]}$$

$$\sum M_Z = -\boldsymbol{T\ \cos\theta\, dy + T\ sen\,\theta\, dx - q_y(s)ds\ \frac{dx}{2} + q_x(s)\ ds\ \frac{dy}{2} = 0} \qquad \text{[B-20]}$$

En la *ec.[B-20]*, despreciando los últimos términos, en relación a los dos primeros, conduce a:

$$-\cos\theta\, dy + sen\,\theta\, dx = 0 \qquad \text{o sea a la identidad:} \qquad \frac{dy}{dx} = y' = \tan\theta$$

y siendo: $\cos(\theta + d\theta) = \cos\theta - sen\,\theta\, d\theta$ y $sen(\theta + d\theta) = sen\,\theta + \cos\theta\, d\theta$

Tendremos en las dos ecuaciones restantes:

$$-T\ \cos\theta + T\ \cos\theta - T\, sen\,\theta\, d\theta + \cos\theta\, dT - sen\,\theta\, d\theta\, dT + q_x(s)\ ds = 0$$
$$-T\ sen\,\theta + T\, sen\,\theta + T\ \cos\theta\, d\theta + sen\,\theta\, dT + \cos\theta\, d\theta\, dT + q_y(s)\ ds = 0$$

y despreciando: $sen\,\theta\, d\theta\, dT$ y $\cos\theta\, d\theta\, dT$ frente a los otros términos:

$$-T\, sen\,\theta\, d\theta + \cos\theta\, dT = -q_x(s)\ ds \qquad \text{[B-21]}$$

$$T\ \cos\theta\, d\theta + sen\,\theta\, dT = -q_y(s)\ ds \qquad \text{[B-22]}$$

dividiendo las *ecs.[B-21]* y *[B-22]* por ***ds***, se obtiene:

$$-T\, sen\,\theta\,\frac{d\theta}{ds} + \cos\theta\,\frac{dT}{ds} = -q_x(s) \qquad \text{[B-21']}$$

$$T\ \cos\theta\ \frac{d\theta}{ds} + sen\,\theta\ \frac{dT}{ds} = -q_y(s) \qquad \text{[B-22']}$$

Los primeros miembros de las *ecs.[B-21']* y *[B-22']* son las expansiones de las derivadas:

$$\frac{\boldsymbol{d\ (T\cos\theta)}}{\boldsymbol{ds}} = -\boldsymbol{q_x(s)} \qquad \text{[B-23]}$$

$$\frac{\boldsymbol{d\ (T\, sen\,\theta)}}{\boldsymbol{ds}} = -\boldsymbol{q_y(s)} \qquad \text{[B-24]}$$

Integradas ambas: $T\, sen\,\theta = \int -q_y(s)\ ds + C_1'$ [B-25]

$$T\cos\theta = \int -q_x(s)\ ds + C_2' \qquad \text{[B-26]}$$

y dividiendo la *ec.[B-25]* por la *[B-26]*:

$$\frac{sen\,\theta}{\cos\theta} = \tan\theta = \boldsymbol{y'} = \frac{dy}{dx} = \frac{\int -\boldsymbol{q_y(s)\ ds + C_1'}}{\int -\boldsymbol{q_x(s)\ ds + C_2'}} \qquad \text{[B-27]}$$

Por otra parte siendo el diferencial de longitud del cable: $$\boldsymbol{ds = \sqrt{1+y'^2}\ dx} \qquad \text{[B-28]}$$

De la cual: $$dx = \frac{ds}{\sqrt{1+y'^2}}$$

Reemplazando en esta última $\boldsymbol{y'^2}$ de *ec.[B-27]*, es: $$dx = \frac{ds}{\sqrt{1+\left[\frac{\int -q_y(s)\ ds + C_1'}{\int -q_x(s)\ ds + C_2'}\right]^2}} \qquad \text{[B-29]}$$

E integrando: $$\boldsymbol{x(s) = \int \frac{ds}{\sqrt{1+\left[\frac{\int -q_y(s)\ ds + C_1'}{\int -q_x(s)\ ds + C_2'}\right]^2}} + C_3} \qquad \text{[B-30]}$$

Con las expresiones de las fuerzas $\boldsymbol{q_x(s)}$ y $\boldsymbol{q_y(s)}$, realizada la integración se obtiene la coordenada ***x(s)***, indeterminada en las constantes $\boldsymbol{C_1', C_2', C_3}$.

La coordenada ***y(s)***, a partir de la *ec.[B-27]*: $$\boldsymbol{y' = \frac{dy}{dx} = \frac{\int -q_y(s)\ ds + C_1'}{\int -q_x(s)\ ds + C_2'}}$$

de la cual:

$$dy = \frac{\int -q_y(s)\ ds + C_1'}{\int -q_x(s)\ ds + C_2'}\ dx$$ y con $\boldsymbol{dx}$ de la *ec.[B-29]*

$$dy = \frac{\int -q_y(s)\ ds + C_1'}{\int -q_x(s)\ ds + C_2'} \frac{ds}{\sqrt{1+\left[\frac{\int -q_y(s)\ ds + C_1'}{\int -q_x(s)\ ds + C_2'}\right]^2}}$$

Integrando, obtenemos:

$$\boldsymbol{y(s) = \int \frac{\frac{\int -q_y(s)\ ds + C_1'}{\int -q_x(s)\ ds + C_2'}}{\sqrt{1+\left[\frac{\int -q_y(s)\ ds + C_1'}{\int -q_x(s)\ ds + C_2'}\right]^2}} ds + C_4} \qquad \text{[B-31]}$$

Que junto con $\boldsymbol{x(s)}$ (*ec.[B-30]*) son las ecuaciones paramétricas de la curva que adopta el cable bajo la carga $\boldsymbol{\vec{q}(s)}$, en función del parámetro ***s***.

Elevando al cuadrado las *ec.[B-25]* y *[B-26]*, y sumándolas, se obtiene la variación de la fuerza de interacción en un punto del cable.

$$\boldsymbol{T = \sqrt{\left[\int -q_y(s)\ ds + C_1'\right]^2 + \left[\int -q_x(s)\ ds + C_2'\right]^2}} \qquad \text{[B-32]}$$

La longitud del cable: $$\boldsymbol{L_c = \int_{x_A}^{x_B} \sqrt{1+y'^2}\ dx} \qquad \text{[B-33]}$$

Para determinar las constantes $\boldsymbol{C_1', C_2', C_{3,4}}$ nos valemos de condiciones geométricas y estáticas.

B.2.1 Fuerza uniforme

Consideremos el caso particular de carga en el que la fuerza tiene una sola componente y es además uniforme, como por ejemplo $q_y(s) = cte = q$ y $q_x(s) = 0$, *fig.B-4*:

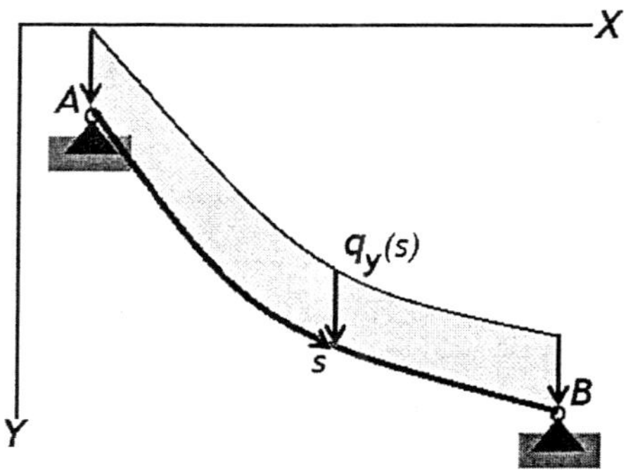

fig.B-4

La pendiente, *ec.[B-27]*: $$y' = \frac{\int -q_y(s)\, ds + C_1'}{C_2'} = \frac{\int -q\, ds}{C_2'} + \frac{C_1'}{C_2'} = -\frac{q}{C_2}\, s + C_1 \qquad [B-34]$$

donde se llamó: $C_2' = C_2$ $\quad \frac{C_1'}{C_2'} = C_1$

Resultan las coordenadas:

$$x(s) = \int \frac{ds}{\sqrt{1+\left[-\frac{q}{C_2}\, s + C_1\right]^2}} + C_3 = -\frac{C_2}{q}\, Arg\, Sh\left(-\frac{q}{C_2}\, s + C_1\right) + C_3 \qquad [B-35]$$

e

$$y(s) = \int \frac{-\frac{q}{C_2}\, s + C_1}{\sqrt{1+\left[-\frac{q}{C_2}\, s + C_1\right]^2}}\, ds + C_4 = -\frac{C_2}{q}\sqrt{1 + \left(-\frac{q}{C_2} s + C_1\right)^2} + C_4 \qquad [B-36]$$

Extrayendo el argumento de $x(s)$ de la *ec.[B-35]* y elevándolo al cuadrado:

$$\left(-\frac{q}{C_2} s + C_1\right)^2 = Sh^2\left[-\frac{q}{C_2}(x - C_3)\right] \qquad [B-37]$$

Obteniendo esto mismo de *ec.[B-36]*: $$\left(-\frac{q\, s}{C_2} + C_1\right)^2 = \left[-\frac{q}{C_2}(y - C_4)\right]^2 - 1 \qquad [B-38]$$

E igualándolo las *ecs.[B-37]* y *[B-38]*: $$\left[-\frac{q}{C_2}(y - C_4)\right]^2 - 1 = Sh^2\left[-\frac{q}{C_2}(x - C_3)\right]$$

$$\left[-\frac{q}{C_2}(y - C_4)\right]^2 = 1 + Sh^2\left[-\frac{q}{C_2}(x - C_3)\right] = Ch^2\left[-\frac{q}{C_2}(x - C_3)\right]$$

y siendo el coseno hiperbólico una función par, $Ch(-x) = Ch(x)$, se obtiene la ecuación ***y(x)*** del cable:

$$y(x) = -\frac{C_2}{q}\, Ch\left[\frac{q}{C_2}(x - C_3)\right] + C_4 \qquad [B-39]$$

Es decir que cuando actúa una fuerza constante a lo largo del cable, la forma del mismo corresponde a una función coseno hiperbólico que queda indeterminada en tres constantes (no figura la $\boldsymbol{C_1}$). A esta curva se la denomina catenaria (del latín catena, cadena).

La fuerza de interacción en un punto del cable, *ec.[B-32]*:

$$\boldsymbol{T = C_2\sqrt{\left(-\frac{q}{C_2}s + C_1\right)^2 + 1}} \qquad \text{[B-40]}$$

La longitud del cable es:

$$L_c = \int_{x_A}^{x_B} \sqrt{1 + y'^2}\, dx$$

Con: $$y'(x) = -Sh\left[\frac{q}{C_2}(x - C_3)\right]$$

$$L_c = \int_{x_A}^{x_B} \sqrt{1 + Sh^2\left[\frac{q}{C_2}(x - C_3)\right]}\, dx = \int_{x_A}^{x_B} \boldsymbol{Ch\left[\frac{q}{C_2}(x - C_3)\right] dx}$$

$$\boldsymbol{L_c = \frac{C_2}{q}\left\{Sh\left[\frac{q}{C_2}(x_B - C_3)\right] - Sh\left[\frac{q}{C_2}(x_A - C_3)\right]\right\}}$$

Las constantes $\boldsymbol{C_{1,2,3,4}}$ se determinan con los valores de la función en los puntos de amarre y condiciones complementarias tanto geométricas como estáticas.

Ejemplo 2: El cable del ejemplo ***1***, de longitud $\boldsymbol{L_c}$, queda inicialmente montado y sin unirse al conducto. Considerando como cargas el peso propio y el hielo, de espesor uniforme que previsiblemente se formará sobre su superficie, y que están distribuidas uniformemente a lo largo de su longitud, determinar la ecuación del cable y la fuerza en el mismo.

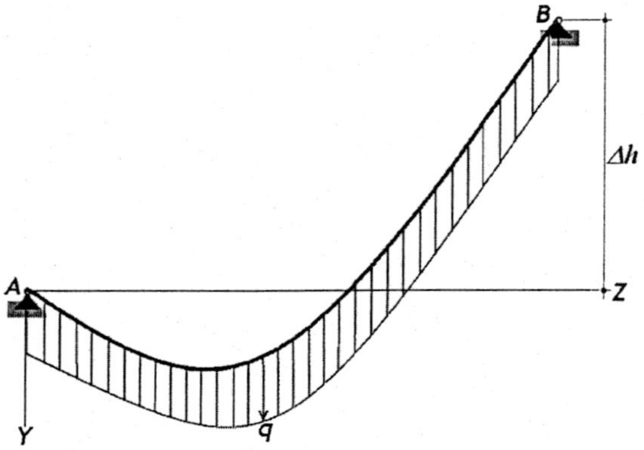

El peso propio más el hielo: $q = 0.5\ \frac{kN}{m}$

El desnivel entre los amarres: $\Delta h = 50\ m$

Distancia en horizontal entre amarres: $L = 130\ m$

La longitud del cable: $L_c = 165\ m$

Suponiendo el origen coordenado en el punto ***A***, la ecuación del cable:

$$y(x) = -\frac{C_2}{q}\, Ch\left[\frac{q}{C_2}(x - C_3)\right] + C_4$$

En el origen de coordenadas: $$\mathbf{0} = -\frac{C_2}{q}\,\boldsymbol{Ch}\left(-\frac{q}{C_2}C_3\right) + \boldsymbol{C_4} \qquad [*]$$

En el extremo $\boldsymbol{B}$: $$-\Delta \boldsymbol{h} = -\frac{C_2}{q}\,\boldsymbol{Ch}\left[\frac{q}{C_2}(\boldsymbol{L} - \boldsymbol{C_3})\right] + \boldsymbol{C_4} \qquad [**]$$

La tercera condición la obtenemos a partir de la longitud del cable. Con $\boldsymbol{x_A = 0}$ y $\boldsymbol{x_B = L}$ es:

$$\boldsymbol{L_c} = \frac{C_2}{q}\left\{\boldsymbol{Sh}\left[\frac{q}{C_2}(\boldsymbol{L} - \boldsymbol{C_3})\right] - \boldsymbol{Sh}\left(-\frac{q}{C_2}\boldsymbol{C_3}\right)\right\} \qquad [***]$$

Para resolver el sistema *[*], [**], [***]* en las constantes $\boldsymbol{C_{2,3,4}}$ se elimina $\boldsymbol{C_4}$ entre las *ecs.[*], [**]*, obteniendo:

$$\frac{q\,\Delta h}{C_2} = \boldsymbol{Ch}\left[\frac{q}{C_2}(\boldsymbol{L} - \boldsymbol{C_3})\right] - \boldsymbol{Ch}\left(\frac{q}{C_2}\boldsymbol{C_3}\right) \qquad [\&]$$

luego se supone un valor inicial de $\boldsymbol{C_2^{(0}}$ y se resuelve la ecuación trascendente *[&]* en $\boldsymbol{C_3^{(0}}$. Con este $\boldsymbol{C_3^{(0}}$ se va a la ecuación *[***]* y se resuelve la ecuación trascendente en $\boldsymbol{C_2^{(1}}$, con el cual se reinicia el cálculo. Una vez determinadas $\boldsymbol{C_2}$ y $\boldsymbol{C_3}$ con una dada precisión, se obtiene $\boldsymbol{C_4}$ de la *[*]* o de la *[**]*. Las constantes resultan:

$$\boldsymbol{C_2 = 29.1\ kN} \qquad \boldsymbol{C_3 = 46.32\ m} \qquad \boldsymbol{C_4 = 78.595\ m}$$

La pendiente en los extremos y los ángulos:

$$\boldsymbol{y'(0)} = \tan\alpha = -Sh\left(-\frac{q}{C_2}C_3\right) = \boldsymbol{0.856} \qquad \boldsymbol{\alpha} = arc\tan\ 0.856 = \boldsymbol{40.6°}$$
$$\boldsymbol{y'(L)} = \tan\beta = -Sh\left[\frac{q}{C_2}(L - C_3)\right] = \boldsymbol{-1.907} \qquad \boldsymbol{\beta} = arc\tan\ (-1.907) = \boldsymbol{-62.3°}$$

El extremo relativo, allí donde: $$y'(x) = -Sh\left[\frac{q}{C_2}(x - C_3)\right] = 0$$

corresponde a: $\boldsymbol{x'} = C_3 = \boldsymbol{46.32\ m}$.

La ordenada es allí: $\boldsymbol{y(x')} = -\frac{C_2}{q} + C_4 = \boldsymbol{18.886\ m}$

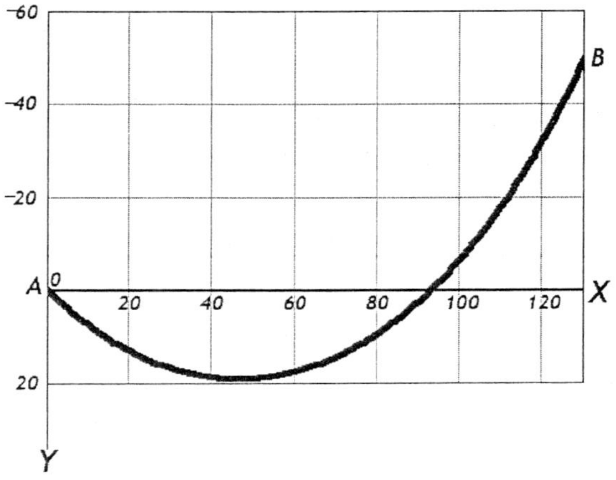

La representación de la ecuación del cable:

Determinamos las fuerzas en los puntos de amarre a partir del ***DCL*** de todo el cable entre las fuerzas en los extremos y la carga, sabiendo que las fuerzas extremas del cable son tangentes a él.

Con las dos ecuaciones escalares de equilibrio: suma nula de las fuerzas en la dirección ***Y***

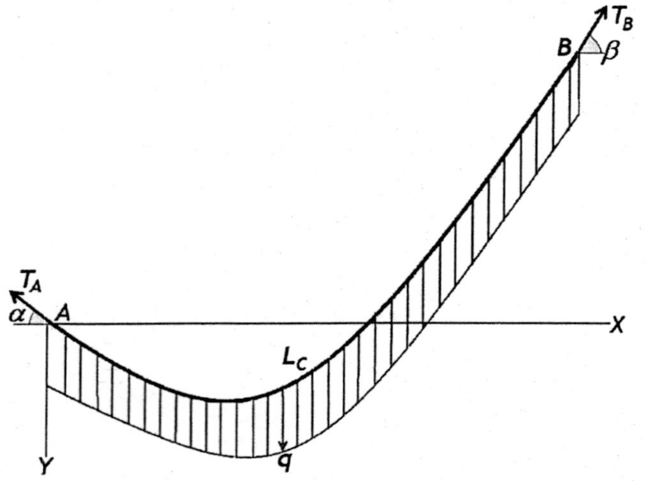

$$T_A \, sen \, \alpha + T_B \, sen \, \beta = q \, L_c$$

y suma nula de las fuerzas en dirección ***X***, que conduce a: $T_A \cos \alpha = T_B \cos \beta$

Que tienen por solución: $\boldsymbol{T_A = 38.346 \; kN}$ $\boldsymbol{T_B = 62.74 \; kN}$

A partir de la magnitud de la fuerza en el cable: $T = C_2 \sqrt{\left(-\frac{q}{C_2} s + C_1\right)^2 + 1}$

en el extremo ***A***, es decir en $\boldsymbol{s = 0}$ $T_A = C_2 \sqrt{C_1^2 + 1}$

se obtiene la constante: $\boldsymbol{C_1} = \sqrt{\left(\frac{T_A}{C_2}\right)^2 - 1} = \mathbf{0.856}$

La representación de la fuerza en el cable en función de la longitud ***s*** del mismo:

$$\boldsymbol{T(s) = C_2 \sqrt{\left(\frac{-q\,s}{C_2} + C_1\right)^2 + 1}}$$

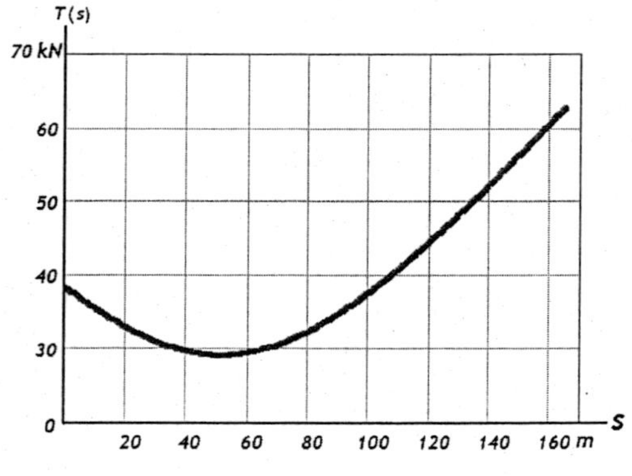

El mínimo relativo de la fuerza en el cable, es allí donde: $\dfrac{d\,T(s)}{ds} = \dfrac{-q\left(\frac{-q\,s}{C_2} + C_1\right)}{C_2\,T(s)} = 0$

lo cual ocurre para: $\boldsymbol{s'} = \frac{C_1\,C_2}{q} = \mathbf{51.108} \; \boldsymbol{m}$ $\boldsymbol{T(s')} = C_2 = \mathbf{29.131} \; \boldsymbol{kN}$

Las coordenadas en ese punto: $\boldsymbol{x(s')} = -\frac{C_2}{q} \, Arg \, Sh\left(-\frac{q\,s'}{C_2} + C_1\right) + C_3 = \mathbf{46.32} \; \boldsymbol{m}$

$$y(s') = -\frac{C_2}{q}\sqrt{1 + \left(-\frac{q\,s'}{C_2} + C_1\right)^2} + C_4 = \mathbf{18.886\ m}$$

Que coinciden con las coordenadas del mínimo relativo del cable.

Si hacemos el ***DCL*** de la parte del cable a un lado y a otro del mínimo del cable, tendríamos:

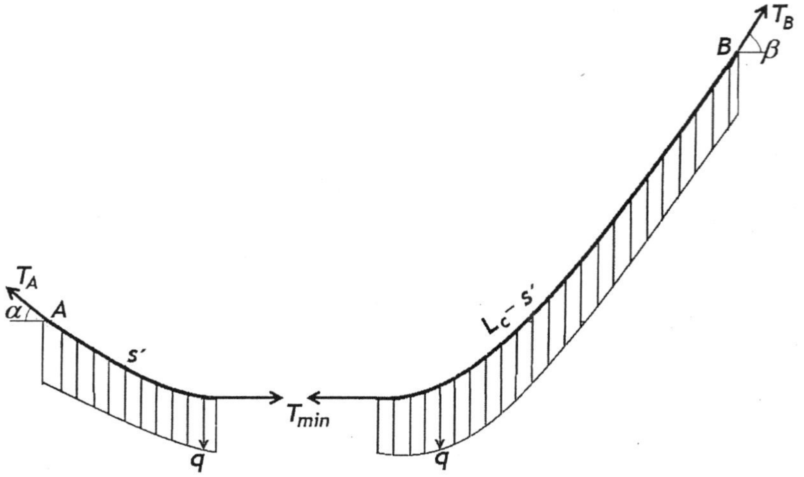

$$T_{min} = T_A\, cos(\alpha) \qquad \text{y} \qquad T_A\, sen(\alpha) = q\, s'$$

$$T_{min} = T_B\, cos(\beta) \qquad \text{y} \qquad T_B\, sen(\beta) = q\, (L_c - s')$$

Bibliografía

[1] Luis A. SANTALÓ: "Vectores y Tensores con sus aplicaciones". EUDEBA.

[2] André DELACHET: "Cálculo vectorial y Cálculo Tensorial". Ed.Tecnos.

[3] Ferdinad P. BEER y E.R. JOHNSTON: "Mecánica vectorial para Ingenieros" -Tomo I "Estática". Ed.McGraw Hill.

[4] Harry NARA: "Mecánica vectorial para ingenieros: Estática". Ed.LIMUSA.

[5] Irving H. SHAMES: "Mecánica para Ingenieros" - T I "Estática". Ed.Prentice Hall.

[6] Rusell C. HIBBELER: "Mecánica para Ingenieros" - T I "Estática". Ed.Pearson.

[7] Enrique FLIESS: "Estabilidad I". Ed.Kapelusz.

[8] S.M. TARG: "Curso breve de mecánica teórica". Ed.MIR.

[9] K.A. KISELIOV: "Mecánica de construcción", T I. Ed.MIR.

[10] Y. MESHERSKI: "Problemas de mecánica teórica". Ed.MIR.

[11] Horacio REZK: "Teoría lineal de la elasticidad". Ed.CEI.

[12] Rusell C. HIBBELER: "Mecánica de materiales". Ed.Pearson.

[13] Pisarenko-Yákoblev-Matveev: "Manual de Resistencia de Materiales". Ed.MIR.

[14] Warren Young: "Roark's Formulas for Stress & Strain". Ed.Mc Graw Hill.

Nueva Librería SRL dio término a la presente tirada
en sus propios talleres gráficos, sitos en Estados Unidos 301
(1101) C. Autónoma de Buenos Aires, Argentina.
Telefax (5411) 4362 - 9266
En el mes de Enero de 2015

www.nuevalibreria.com.ar